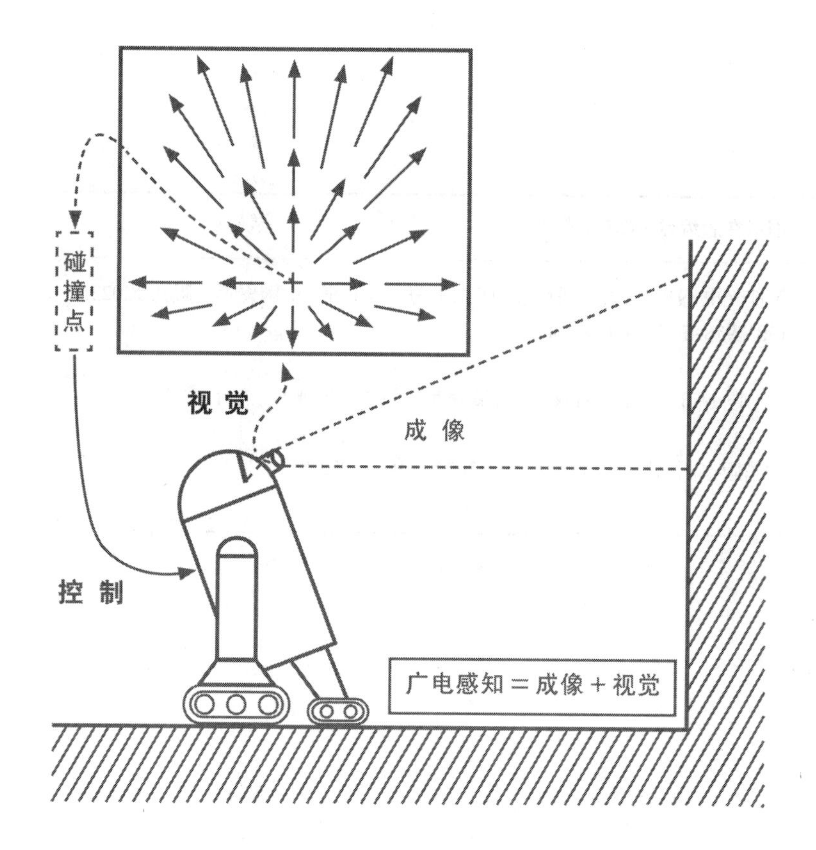

智能光电感知

王　亮　刘京京　张志勇 ⊙ 著

中国青年出版社

图书在版编目（CIP）数据

智能光电感知 / 王亮，刘京京，张志勇著. — 北京：中国青年出版社，2022.8
ISBN 978-7-5153-6681-4

I. ①智… II. ①王… ②刘… ③张… III. ①光电检测 IV. ① TP274

中国版本图书馆 CIP 数据核字（2022）第 094952 号

责任编辑：彭岩
出版发行：中国青年出版社
社　　址：北京市东城区东四十二条 21 号
网　　址：www.cyp.com.cn
编辑中心：010 – 57350407
营销中心：010 – 57350370
经　　销：新华书店
印　　刷：北京科信印刷有限公司
规　　格：710 × 1000mm　1/16
印　　张：39.25
字　　数：600 千字
插　　页：2
版　　次：2022 年 8 月北京第 1 版
印　　次：2022 年 8 月北京第 1 次印刷
定　　价：98.00 元

Berthold K.P. Horn 教授的寄语

Images can provide an enormous amount of information — in a compact form — without direct connection with the things being imaged. We can determine properties of objects and their shapes from images. This makes "photoelectric perception" such an exiting discipline. The field includes cases where we do not directly obtain an image by manipulating electromagnetic radiation using lenses or mirrors, but by using sensor that provide some function, integral or projection of the shape or texture. By understanding the physics of image formation, or the process of obtaining these projections, we can endeavor to undo the imaging transformation to discern the underlying truth. It is very satisfying, when understanding how the measurement we get are related to the physical reality, allows us to recover information about the world.

Berthold K.P. Horn
麻省理工学院电子工程系**教授**
美国工程院**院士**、AAAI **会士**

Berthold K.P. Horn 教授的个人主页：
http://people.csail.mit.edu/bkph/

机器视觉和**光电感知**方面的部分奠基性经典论文：
http://people.csail.mit.edu/bkph/selected

MIT 复制演示实验 (1970年) 是人工智能领域的一个里程碑：
http://people.csail.mit.edu/bkph/phw_copy_demo.shtml

开设世界上第一门**机器视觉**课程，使其成为一个严谨的学科：
http://people.csail.mit.edu/bkph/talkfiles/Closed_Loop_System_Test.pdf

基于自动驾驶汽车的**双边巡航控制**理论①：
http://people.csail.mit.edu/bkph/Traffic_Flow_Animation

Berthold K.P. Horn 教授主讲的 **MIT 机器视觉**课程：
http://people.csail.mit.edu/bkph/courses/6801/6801.html

Berthold K.P. Horn 教授主讲的 **MIT 计算成像**课程：
http://people.csail.mit.edu/bkph/courses/6870/6870

---

①这张合影拍摄于 2018 年，被用于博士后课题“**无人车双边巡航控制**”的新闻报道。

Gilbert Strang 教授的寄语

I am very happy to see this new book. It proves again that linear algebra has wonderful applications. An image produces a matrix, when each pixel in the image is converted to a number in the matrix. Or we may have 3 numbers to give the strengths of Red - Green - Blue in the color image. Linear algebra shows us how to compress the image or sharpen the image.

We are always looking for the special and important properties of the image. The key is to find the important properties of the matrix! This is a beautiful problem in "matrix space". I hope you enjoy this new book with new ideas, written by my good student and good friend Wang Liang[①].

Gilbert Strang

Gilbert Strang
麻省理工学院数学系**教授**
美国科学院**院士**、SIAM **主席**

---

①这张照片拍摄于2013年2月，作者刚刚完成了为期两年的访学（博士联合培养），在动身回国前与恩师合影留念。图片的使用得到了 **Gilbert Strang 教授**的许可。

Gilbert Strang 教授的个人主页：

https://klein.mit.edu/ gs/

Gilbert Strang 教授主讲的 **MIT 线性代数**课程：

https://stellar.mit.edu/S/course/18/sp13/18.06/index.html

Gilbert Strang 教授主讲的 **MIT 计算科学与工程学 I** 课程：

https://math.mit.edu/classes/18.085/2018FA/index.html

Gilbert Strang 教授主讲的 **MIT 计算科学与工程学 II** 课程：

https://math.mit.edu/classes/18.086/2005/

致《智能光电感知》的读者

数学分析在工程应用中发挥着重要作用！我很高兴地了解到：智能光电感知是一门研究如何探索物质世界的综合性学科，在军事、航天、遥感、医疗等领域得到了广泛的应用；而基础数学理论（例如：微积分和线性代数）在智能光电感知领域中起到了基础性作用。

很多时候，学习数学让人生畏却步，太多的公式、太多的定理。我们希望让数学的学习变得更加“亲切”：更多地去举例子，让公式变得生动起来；更多地去讲道理，让大家真正理解定理背后的想法。作者常常和我交流这方面的心得，相信作者在写作此书的过程中，能够以一种较为“亲切”的方式来介绍智能光电感知的相关内容，进而帮助读者从理论和实践上建立起对光电感知系统的清晰理解。对于人工智能、电子信息、计算机科学等专业的学生和研究者，这本书具有重要的参考价值。

本书还介绍了智能教育机器人，作为智能光电感知的一个具体应用，教育机器人能够真正帮助到不发达地区的众多孩子。我们一直在努力让微积分进入中小学课堂，为此，在教学方法和数学技巧上都进行了创新。希望在不久的将来，借助于教育机器人，能够将微积分的核心观念和基本思想传播到更远地方的中小学课堂上！

林 群

中国科学院院士

林群院士的个人主页：

http://sourcedb.amss.cas.cn/zw/zjrck/200907/t20090713_2066266.html

林群院士的**微积分小卡片**（科学网）：

https://blog.sciencenet.cn/blog-1252-1054538.html

林群院士的**极简主义微积分**新型教学方法（英文版）：

http://people.csail.mit.edu/wangliang/Papers/Calculus_by_Qun_Lin.pdf

序 言

光电感知是一个新兴的综合工程技术。与经典的传感技术不同，光电感知提供了从光电传感到应用处理的基本技术。与机器视觉和图像处理技术不同，光电感知系统根据光电传感的技术特性实现了传感器系统和信息处理技术相融合，提供了应用系统的实现技术。

光电感知并不是简单的光电信号采集，而是通过光电信号的采集，确定释放这些信号的物体的某些物理特性，就像人类通过视觉可以感知不同的自然或人工物体（例如通过视觉发现移动物体、辨别物体分布等）。所以，光电感知可以用“**光电传感信号系统＋信息提取输出系统**”来描述，是智能系统或智能技术的基础之一。

光电感知——感是通过光电传感器感觉到物体或对象的存在，而知则是通过对信号的处理（例如图像和视频）确切地知道是什么物体或对象。所以，光电感知分为两部分：获取不同的光信息和识别不同的光信息。无论是获得不同的光信息还是对光信息的识别，都需要相应的AI（人工智能）理论和技术。所以，光电感知技术中必然包含大量的AI技术，这就是为什么本课程的名称叫作“**智能光电感知**”的原因。实际上，光电感知已经是AI应用技术研究的重要领域（例如图像识别技术、视频跟踪技术、激光制导、自动驾驶等）。正如作者所说的：“**核心任务是感知，实现手段是光电转换技术，智能描述的是功能效果。**”

在经典物理学范围内，传感技术提供了有效的物理量检测方式和方法，可将自然事物的某些特征转换为工程信号，而光电检测是对被测物理量几乎没有影响的传感技术。一百多年前爱因斯坦发现的光电效应，为光电传感技术奠定了理论基础。经过半个多世纪的努力，伴随着电子技术，特别是集成电路技术的发展，工程师们发明了各种不同的光电传感器。光电传感器的作用就是：把物体表面的反射与辐射光转换为工程图像信号（或工程图像信号序列），用以记录：强度、色彩、色度等特征的空间分布和时间变化。这种光电传感器为现代机器视觉和图像处理技术提供了坚实的基础，近半个世纪以来，机器视觉和图像处理的理论和技术（AI理论和技术的重要组成部分）与光电传感技术密切配合、相互促进，从而形成了智能光电感知工程技术。

- **光电传感技术与信息处理技术相融合的工程技术**。

作为高新技术的重要领域，也作为人工智能重要的应用领域，智能光电感知已经成为新一代应用工程技术的重要基础和主要技术分支。在集成电路技术和5G通信技术的支持下，智能光电感知必将在可以预见的未来，成为相关工程技术的基本组成部分和重要支撑。作为两种技术的融合结果，智能光电感知技术课程的基本内容包括：

1. 光电传感技术及其应用分析；

2. 视频与图像分析的基本技术。

在传统的工科相关专业培养体系中，这两个内容是两门相互关联很少的技术课程。因为智能光电感知技术是两个重要技术融合而形成的新工程技术，所以教科书和教学过程必须适应这种融合技术的教学要求：在课程学习中建立最基本的智能光电感知技术概念、学会典型的应用方法与技术，为进一步的专业学习打下基础。

智能光电感知课程的目的是：使初学者建立有关光电感知工程系统的基本理论和技术概念。基本理论包含了基本的物理概念和典型工程应用中的相关工程概念（例如光的基本物理特征、光传导、光电转换、图像品质、图像特征等），这些基本理论不是本课程的研究内容，而是作为学习智能光电感知工程技术的基础。技术概念包含了光电传感系统的技术概念、机器视觉和图像处理的基本技术概念（例如机器视觉概念、图像增强技术、特征提取、目标识别的AI处理等技术概念）。通过典型工程应用示例来了解、掌握理论概念和工程概念，进而建立比较完整的智能光电感知技术概念和一般应用方法，是本课程的最佳教学和学习方法。

对于新工科的教学，最重要的仍然是通过课程提升学生发现和解决问题的能力。在工程问题分析中，最重要的方法是**建模分析方法**。在科学研究和工程技术应用中，模型包含两方面的含义：

1. 某个物理事件中各物理量之间的关系规则；

2. 物理量关系规则成立的充分必要条件。

由此可知，所谓模型就是对工程问题的清晰描述：这是什么系统、具有什么功能、涉及了什么关键技术、在什么条件下实现的系统。

结合智能光电感知技术的教学内容可知，如果在每个教学环节中有意识地引导学生利用概念建立相关的问题模型（例如图像亮度特征和处理模型、系统逻辑模型等），可以帮助学生很快地进入问题并学会如何用已知概念和技术来描述所面对的工程问题。所以建议的学习方法是：**用工程技术模型来描述智能光电感知的工程应用问题**。

工程技术教学的关键一环是实践——认知实践和应用实践，**“读书是学习，使用也是学习，而且是更重要的学习”**。这是历来工程教育特别强调实践的原因（例如我国工科专业所强调的实验实训、十几年前IEEE提出的“目标学习”方法等）。实践是掌握工程技术的课堂，只有通过实践，学生才能掌握工程技术和相关的工程概念。

对于智能光电感知这种多技术相融合的高新技术，只有通过充分有效的实践环节，才能在规定的课程内达到教学目标，这需要**“以应用为目标”**，直接提供工程技术的原理和应用方法，进而使学生能快速入门、直接应用（学会针对应用目标的技术组合），这也许才是新的、技术融合课程教学的必然之路。智能光电感知课程的重要学习方法就是：**通过实践来学习和掌握工程技术**。

“实践、认识、再实践”，这是基本的认知规律。毛主席在《实践论》中说：**“我们的实践证明，感觉到了的东西，我们不能立刻理解它，只有理解了的东西才能更深刻地感觉它。”**只有在学习和教学中针对应用、尊重认识论规律，才能取得好的效果。

作为智能光电感知工程技术的入门级教科书，本书提供了智能光电感知工程应用所需的关键理论概念和技术实现方法，具有理论与技术融合的特点，通过提供具体工程应用示例，不但比较清晰地展示了工程问题的描述方法——分析模型和实现模型，而且为学习者提供了充分的实践内容。本书为学习者进一步开展技术和应用研究提供了重要的基础，这正是本书的重要特征和可贵之处！

李哲英　全国优秀教师

教育部电工电子课程教学指导委员会 **委员**

2021年8月

陈佳实教授的一封书信

王亮教授：

粗看一遍，建议如下：

一、在书的前言或序言中，要反映本书内容的时代背景和技术背景，即研究的大环境；

二、本书研究方法是基于大数据的数据驱动方法。

三、感知内容分类多、范围广有视频感知、声频感知、触觉感知、姿态感知等，还有动态感知与静态感知，智能感知与非智能感知。本书重点研究光电感知，属于视频感知重点内容。

四、感知包括"感"与"知识"二部分内容。"感"是敏感，由敏感器件完成，如红外线、温度敏感元件、摄影机（二维或三维）"知"是识别，如识别是红外线光还是可见光，或激光，又如消防烟感探头，能识别是火灾烟还是抽香烟的烟等。

五、本书研究重点是视频光电感知，即在不同场景下的视频动态感知、识别、交互与控制。是系统集成的智能感知、动态识别、多模态交互与闭环控制。而智能光电感知是系统的核心和基础，应用最为广泛，是创新发展的关键。

六、序言中二种描述，有如下建议：

"感"英文是sensor，是敏感元器件，如探测红外线光的温感元件PbS

"知"英文是Identification，是辨识，如识别是红外线还是激光。

王亮教授：因为微信交流很难达到好的效果，建议有空，见面再详细交流吧。

陈佳实

2021.7.25.

前　言

2020 年秋，在**王鲁平**教授的倡导下，中山大学电子与通信工程学院为大三学生开设了“智能光电感知”课程，同时，这门课也迅速成为了广受学生欢迎的全校性公选课。对于这门课的开设，我们的内心是非常激动的！智能光电感知是一门全新的课程，目前国内外还没有这方面的教材，这使得我们有机会将自己的一些学术观点和对本学科的理解融入到课程教学和实验设计中，以便更好地帮助学生建立起相应的知识体系架构。对于电子、通信、计算机、人工智能等专业的学生来说，这门课实在是太重要了！这门课中所包含的知识和方法，是上述专业的学生深入开展后续专业课学习的基础。

“智能光电感知”这六个字，每个字的含义都非常深刻，智能光电感知这门课的全部内容就是要将这六个字解释清楚（或者试图将这六个字解释清楚）。这六个字中，核心任务是**感知**，实现手段是**光电**转换技术，**智能**描述的是功能效果。

智能:功能效果 ⟶ **光电**:实现手段 ⟶ **感知**:核心任务

1981 年，我的恩师 **Berthold K.P. Horn** 教授在 MIT 开设了世界上第一门**机器视觉**课程（编号 6.801）。四十多年来，这门课的评分一直保持在 MIT 所有课程的前 1%。我们很幸运地找到了当时的幻灯片：

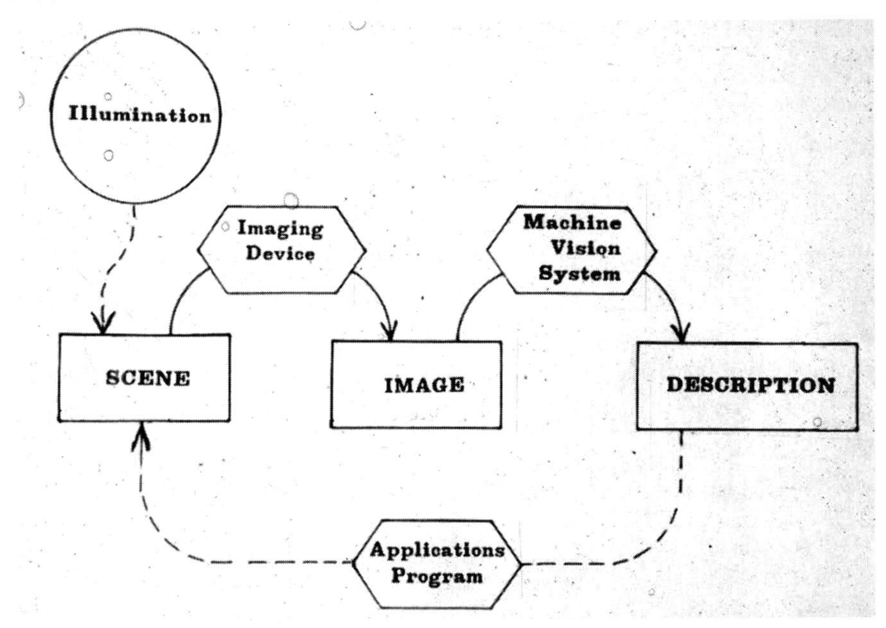

事实上，在这张幻灯片中，Horn 教授已经给出了（在“视觉感知”这一情景和语境中）“感知”两字的具体解释。首先，**感**和**知**是两个不同的过程：

- **“感”**字的意思是**成像**：通过物理系统对场景进行测量，测量结果被以图像的形式记录下来。
- **“知”**字的意思是**描述**：通过分析图像（即：对场景的测量结果），提取出关于场景（即：被测量对象）的有用信息。

“知”的过程又称为**机器视觉**。事实上，“感”的过程是由“场景”到“图像”；“知”的过程是由“图像”到“场景”。从某种意义上说，“感”和“知”这两个过程在任务上是**互逆的**。因此，在 20 世纪 70 年代，Horn 教授提出了：

- 基于**成像分析**和**逆问题**理论研究机器视觉的系统框架。

形成了机器视觉领域中的 **Horn 学派**[①]。上图中所给出的关于“感”和“知”的经典定义也经受了四十年的实践检验，一直沿用至今！

接下来的一个问题是：如何生成一张图像？通过对“感知”二字的理解，我们已经对**图像**的概念有所拓展，图像不仅仅是我们平常看见的一张张照片，还包括其他形式的场景测量结果，例如 X 光片、红外辐射图像[②]、激光雷达生成的点云图像、宇宙射线辐射图像等等。成像系统接收到的是光，包括看得见的光和看不见的光。要生成一张图像，就要把这些光给记录下来。例如早期的（基于卤化银的）胶卷，通过化学反应的形式将光的强弱转化为析出银离子的多少，光越强，析出的银离子就越多，对应位置就会越白；相反，光越弱，析出的银离子就越少，对应位置就会越黑。胶卷上的黑白亮度分布模式是：**对（照射到对应位置的）光强的转化记录结果**。随着电子技术的飞速发展，成像技术也发生了巨大变化，光信号（包括可见光和不可见光）被直接转换为电信号，相应的“图像”也以“电信号阵列”的形式被保存了下来，这个过程被称为“光电”转换。光电转换是通过半导体 PN 结实现的，每个像素均是由 PN 结和 CMOS 三极管组成的，能够将 PN 结光电转换生成的电信号导出。由大量像素组成的阵列就是图像传感器的感光单元，感光单元生成的模拟电信号经过

---

① **“Horn 学派”**最早由加拿大英属哥伦比亚大学教授 Alan Mackworth 提出。

② 疫情使得我们对这种图像格外熟悉，现在的每个火车站、汽车站、机场等都配备了红外温度成像仪器。

“模拟—数字”转换器（ADC）转变成数字信号输出。通过“光电”转换，我们将对场景的测量结果（即：“图像”）保存了下来，作为后续机器视觉（即：“知”）任务的输入。

总结一下，“光电感知”就是通过“光电转换”的手段对场景进行测量（即：成像），然后，通过分析测量结果（即：图像）得到场景相关的描述信息。最后剩下的两个字是“智能”，这也是令我感到最难解释清楚的两个字。2016 年，我在 MIT 旁听了人工智能之父、第三届图灵奖得主 **Marvin Minski** 的课“The Society of Mind”，课后我问 Marvin“什么是智能？”没想到他的回答竟然是“I don’t know！”就连“人工智能”这个词的发明者和人工智能领域的开创者都无法给出“智能”二字的确切定义，不难想象大家对于“智能”都有各自的理解。因此，如何将“智能”二字融入课程之中一直困扰着我。一次偶然的机会，**陈佳实**教授的点拨让我恍然大悟。智能二字不仅仅体现在“感知”层面，更多地是体现在智能体（例如机器人）完成任务的过程中。智能体要具备独立探索物质世界的能力，需要同时具备如下三个功能：感知、交互和控制。具体地说，

- **“成像”提供“感知”基础；“感知”是为了“交互”；“交互”离不开“控制”。**

同时，“交互”和“控制”结果的好坏也验证了“感知”效果的优劣，也就是说，**“感知”过程所获取的场景描述信息对于完成某一特定任务是否有效**！因此，

- **“感知”“交互”和“控制”应该放在一起考虑！**

因此，“智能”体现在对感知结果的应用上，而不仅仅是感知过程本身！此时，“智能”二字（在“智能光电感知”的语境下）的意义就变得清晰明确了，即：

- **根据“交互”和“控制”的需要，设计有效的“感知”手段，从而获取有用的场景描述信息！**

事实上，早在 1986 年，Horn 教授在《机器视觉》序言中就提到[①]：

- “什么时候会出现一种‘通用的’视觉系统？我的回答是：至少在可预知的未来不会有。…… 一个真正意义上的‘通用’

① 参见：*Robot Vision*, Berthold K.P. Horn, The MIT Press, 1986. 该书有对应的中译本，即：《机器视觉》，王亮、蒋新兰（译），中国青年出版社，2014。

> 视觉系统，必须能处理视觉中的所有方面，并且，它能够被用来处理所有只需要视觉信息就能够解决的问题；此外，它还将具有探索物质世界的能力。”

三十多年过去了，上述论断不仅得到证实，而且，目前我们仍未能看见出现“通用视觉系统”的任何希望（尽管视觉理论和应用都有了突飞猛进的发展）。我们开设智能光电感知这门课程，目标就是要带领学生探索上述“通用视觉系统”的实现方法，具体地说，就是：

- 从“交互”和“控制”任务出发，设计有效的光电“感知”方法，使得智能体具备“探索物质世界的能力”！

为此，我们和多家单位合作，为学生们准备了丰富的应用场景和实验环境：中国铁道科学研究院的**王胜春**博士提供了轨道交通检测的应用场景；**李春泽**领导的安比科技公司提供了智能建筑工地的应用场景；康芝药业的**洪楠方**博士所在团队提供了智能装配生产线的应用场景；航天五院的**曹哲**博士提供了航天服助力手套的应用场景；宏景大数据研究院**孙吉元**院长提供了智能交互的应用场景；华南师范大学**黄甫全**教授提供了智能教育机器人的应用场景；中广核研究院的**龚恒风**博士提供了耐腐蚀抗辐照核包壳材料研发的应用场景。中山大学深圳校区菜鸟驿站的**陈伟标**先生资助学生开展了快递自主收放系统的研发。此外，部分优秀的学生课题设计也一并收入了本书。

本书由三位作者紧密合作共同完成，贡献不分大小！**王鲁平**教授是本书的倡议者，他从系统设计、红外成像技术等角度给出了很多重要建议。**陈佳实**教授早年跟随**钱学森**先生解剖和仿制了“响尾蛇”导弹，他结合自己的宝贵经验和独到观点，一直给予我们指导、帮助和关怀，他身上展现出来的**两弹一星**精神不断地激励着我们。**朱波**教授一直在指导我们开展**“感知/控制”集成一体化**的理论与方法研究。他们的帮助对于我们写作本书和上好这门课是至关重要的！

在本书创作过程中，张志勇教授主要负责撰写光谱成像理论和相应的系统设计；刘京京副教授主要负责撰写光电转换和数据存储电路的原理和设计方法；王亮副教授主要负责撰写机器视觉方法和相应的应用案例。同时，三位顾问也一直不断地给予我们指导和帮助。**陈佳实**教授虽已近九十岁高龄，仍然通过书信不断给予我们帮助和指导，我们将其中一封书信附在了书中，聊表敬仰和感激之情。事实上，将感知、交互、控制放在一起考虑的思想也源自陈老三十多年的智能系统设计经验。**朱波**教授的开创性工作使得这一思想在多个场景中得到了落地应用，包括：分布式飞行器集群的自主协同控制、多个机器臂的合作式智能协同、空天地一体化的智能体集群系统等。

最终，在大家的共同努力之下，我们理清了“**智能光电感知**”的知识理论框架和系统研究方法，并且，以此为纲写成了本书。我们将书中章节的结构体系设计如下：

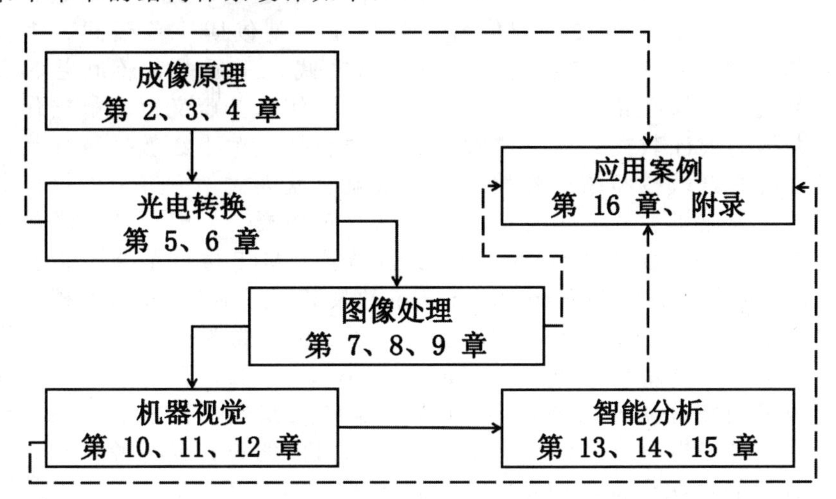

图像处理作为“**感**”和“**知**”之间的中间环节，也是非常重要的。因此，我们用了三个章节来介绍相关的重要思想和核心内容。事实上，写作这部分内容主要是出于教学的需要，我们的学生在开始学习这门课时，还没有学习过图像处理的相关内容。我们已经迫不及待地想要将这些重要的知识、理论、方法和思想传达给我们的学生，期待在今后的学习和工作中能够切实地帮助到他们！

在写作本书的过程中，我们也一直坚持着自己的风格，这在很大程度上与我的个人经历有关。在 Horn 教授和我交谈时，他常常会停下来说“what do I mean by ···”，这让当时独在异乡的我感到内心非常温暖，因为他尊重我，在意我有没有听懂。同时，也让我感到非常惭愧，因为我以前写书时从来没有注意到这个问题[①]。于是，在翻译《机器视觉》时，我常常会问自己：“这句话读者是否能看懂？”“怎样才能让人更好地理解这句话？”几经摸索，我在翻译《机器视觉》时采用了“**短句结构**”：将读者对内容的理解作为根本出发点。读者的反馈表明：这一尝试取得了很好的效果，有效地避免了出现“**句句读来都通顺，内容完全看不懂**”的尴尬情况。因此，在写作本书时，我们继续沿用了这一原则和风格。由于作者水平有限，错误

[①] 王亮，冯国臣，王兵团，《基于 MATLAB 的线性代数实用教程》，科学出版社，2008 年.

和不恰当之处在所难免。如果能够得到读者的帮助，使得本书不断得到改进和提高，我们将不胜感激[①]。

本书的出版要感谢**国家自然科学基金**（62174181）、中山大学**中青年教师科研能力提升项目**的资助。在完成本书的过程中，很多朋友给了我们有益的建议，他们是：苏燮阳、纳越越、王哲、胡迪、蒋力为、沈小宇、郁骏波、刘俊博、陈世正、刘俊博、范耀武、李登翔、董克强、张宏、张明敬、夏波、童文武、王辰尹、蒋欣兰、黄蕊、李政烨、鄢必超、郑嘉俊、章炫锐、江伟弘、廖义冠、解宏伟；中山大学胡天江教授、段克清教授、谢恺教授、黄小红教授、丘昌镇教授、唐燕群教授和戴志强教授；北京航空航天大学尹继豪教授；北京交通大学谢桦教授、吴发恩教授、李哲英教授；上海交通大学的刘当波教授；MIT 数学系的 Steve Jhonson 教授；MIT 材料系的段晓曼教授；MIT 电子工程系的 Alan Oppenheim 教授和 Dannis Freeman 教授。牛津大学的 Dominic C. O'Brien 教授和 Steve Collins 教授；德国弗劳恩霍夫协会微电子电路和系统所的 Bhaskar Choubey 教授。附录中收集了我们课题组的部分研究课题[②]，由张源同学统一整理。在本书的编排过程中，彭岩编辑给了我们很多指导。本书封面的设计灵感源自作者与 Horn 教授的一次交谈，插图中的机器人看见的不是“箭头”，而是图像，“箭头”是**机器视觉系统**根据图像计算出来的[③]。

此外，我还要特别感谢的是：中国科学院数学与系统科学研究院的**林群**院士，他是照亮我前行道路的灯塔；我的恩师 **Gilbert Strang** 教授和 **Berthold K.P. Horn** 教授，他们教给我的不单单是知识，还有真诚、善良、爱心和勇气；还有我永远都报答不尽的双亲，他们一直在背后默默地支持着我！

最后，我们要感谢我们的学生和助教，他们的学习热情不断地感染和激励着我们，正如一位伟大的教育家所说：**我从我的老师身上学到了很多东西，但是，我从我的学生身上学到了更多！**

作者
广州中山大学
2022 年 2 月

[①]我们的邮箱为：wangliang7@mail.sysu.edu.cn (王亮)，liujj77@mail.sysu.edu.cn (刘京京) 和 zhangzhy99@mail.sysu.edu.cn (张志勇)。

[②]我们课题组的全称为：中山大学电子与通信工程学院**智能光电感知教研室**。

[③]参见论文：B. K.P. Horn, et. al., “Estimating the Focus of Expansion in Analog VLSI,” *International Journal of Computer Visions*, Vol. 28, No. 3, 1998, pp. 261-277.

早期的机器视觉研究

机器视觉的研究可以追溯到19世纪60年代，**人工智能之父 Marvin Minski** 带领他的学生（包括 **Berthold K.P. Horn**）在MIT开展了**机器之眼**研究，旨在建立**视觉系统**的理论和应用模型，参见下图。

(a) **MIT 机器之眼**项目开启了视觉研究

(b) **Minski 教授**在讲解视觉系统的模型

(c) **Horn 教授**在输入**机器视觉**程序

(d) 机器视觉系统的输入是**图像**

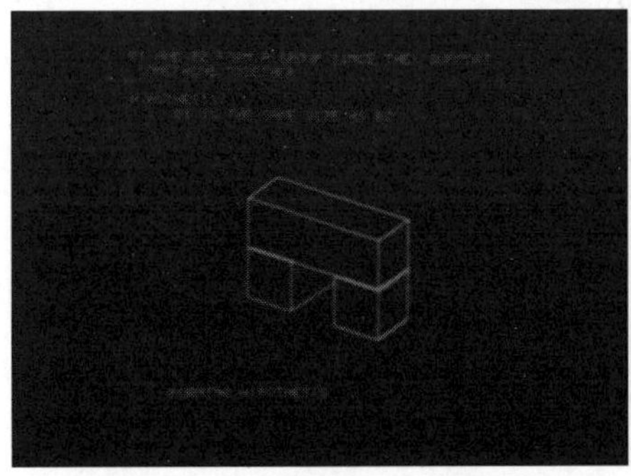

(e) **Horn-Binford** 算法输出的结构信息

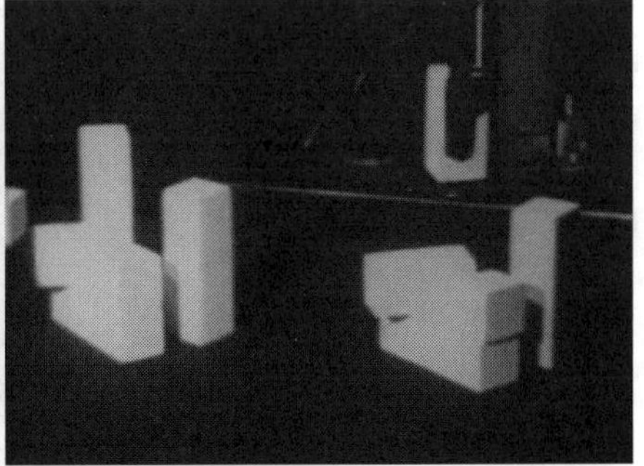

(f) **描述信息**被用来生成“类似”的结构

视觉系统的输入是**图像**，输出是一个**描述**信息。视觉系统是否有效，体现在智能体与场景之间的**交互**过程中。此后，经过几代人的不懈努力，**机器视觉**才逐渐发展成为一门严谨的学科。

相关工作总结：

[01]. Freuder, E.C. (1970, 1971) “The Object Partition Problem,” M.I.T. A.I. Laboratory, Vision Flash #4.
[02]. Freuder, E.C. (1971) “Views on Vision,” M.I.T. A.I. Laboratory, Vision Flash #5.
[03]. Winston, P.H. (1971) “Heterarchy in the M.I.T. Robot,” M.I.T. A.I. Laboratory, Vision Flash #8.
[04]. Winston, P.H. (1971) “What's what,” M.I.T. A.I. Laboratory, Vision Flash #9 “An outline of the modules used in the copy demonstration, the reasons for doing robotics, and some possible directions for further work.”
[05]. Horn, B.K.P. (1971, 1973) “The Binford-Horn Linefinder,” M.I.T. A.I. Laboratory, Vision Flash #16.
Reprinted in 1973 with additional figures as M.I.T. A.I. Laboratory Memo 285.
[06]. Winston, P.H. (1972) “Summary of Selected Vision Topics,” M.I.T. A.I. Laboratory, Working Paper 30. “This is an introduction to some of the MIT Al vision work of the last few years. The topics discussed are 1) Waltz's work on line drawing semantics, 2) heterarchy, 3) the ancient learning business and 4) copying scenes.”
[07]. Horn, B.K.P. (1972) “VISMEM - a bag of 'robotics' formulae,” M.I.T. A.I. Laboratory, Working Paper 34.
[08]. Winston, P.H. (1972) “The M.I.T. Robot,” in: Michie, D. (Ed.), Machine Intelligence 7, Edinburgh University Press, Edinburgh, Scotland.
[09]. Winston, P.H. (Ed.) (1975) The Psychology of Computer Vision, McGraw-Hill (Front cover and section 1.2, page 3).
[10]. Winston, P.H. (1977) Artificial lntelligence, Addison-Wesley, p. 209, and pp. 212-213.
[11]. Horn, B.K.P. (1986), Robot Vision, M.I.T. Press, section 15.7 “The Copy Demonstration.”

机器视觉领域中的 Horn 学派

本书的内容建立在我的恩师 **Berthold K.P. Horn** 教授的部分核心思想的基础之上。1968 年，Horn 教授成为了**人工智能之父 Marvin Minski** 的学生。那时，MIT 刚刚开展**机器视觉**的相关研究，Minski 教授给他出了一个有趣的题目：人类如何根据一张照片"想象出"图中各个物体的表面形状？并建议他以图像 (a) 为例来进行探索。

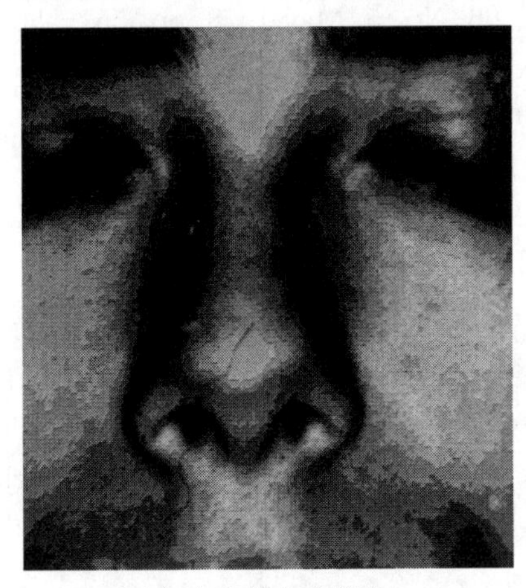

(a) 人脸的数字图像

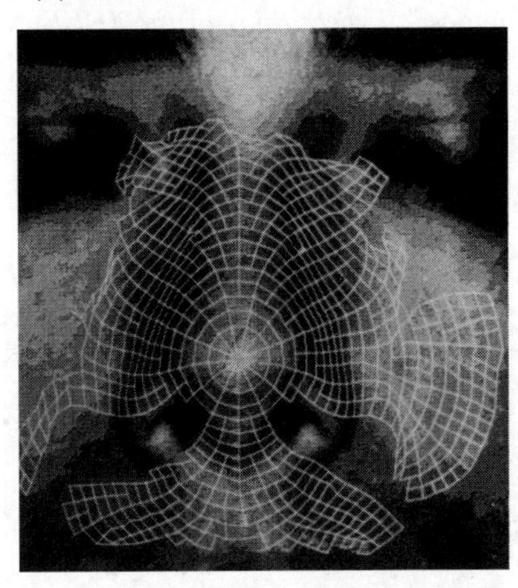

(b) 人脸的曲面形状

人类视觉系统的输入是：一张经过量化处理后的灰度图像 (a)；对应的输出是：图 (b) 中鼻子附近的曲面形状，具体表现形式为一组**等高线**。经过 8 个多月的探索，Horn 教授成功解决了这个问题，提出了"**从明暗中估计形状**"的著名算法[①]。凭借这一成果，Horn 教授在研究生二年级时顺利通过了博士论文答辩，于 1970 年初获得了 MIT 博士学位。

Horn 教授在解决这个问题的过程中，开创了一个关于机器视觉的全新研究观点：**基于成像分析的逆问题求解模型**。要理解**视觉系统**如何从图像中恢复出物体的形状，首先需要理解**成像系统**如何生成对应的图像。此前的机器视觉研究并不关心成像过程。Horn 教授的研究成果提醒了大家：**要深入地探索机器视觉，首先要认真地研究成像过程**！基于这一研究方法，Horn 教授又做出了机器视觉领域中一系列的奠基性成果，例如：**光流**、**无源导航**、**光度立体视觉**等，并于 1981 年在 MIT 开设了世界上第一门机器视觉课程。自此之后，机器视觉才成为了一门严谨的学科。在学术界，"基于成像分析的逆问题求解模型"这一研究方法也被称为：机器视觉领域中的 **Horn 学派**。

2009 年，IEEE 计算机协会授予 Horn 教授 **Azriel Rosenfeld 终身成**

[①] Minski 教授当时并没想到这一问题能被解决，只是想培养新生去探索前沿问题。

就奖，以表彰其开创性贡献。在“嫦娥四号”**登月**的报告中[4]，强调了Horn教授50年前的成果：依据图像来估算着陆点附近的月表形状。

Horn教授的另外一个重要贡献是：对**计算机层析成像**（CT）技术的完善和改进，创新性地提出了：针对**扇形扫描**和**锥束扫描**结果的可行性重建算法。相应的成果被被总结为下面两篇经典论文：

[1]. B. K.P. Horn, “Density Reconstruction Using Arbitrary Ray Sampling Schemes,” *Proceedings of the IEEE*, Vol. 66, No. 5, May 1978, pp. 551 - 562.

[2]. B. K.P. Horn, “Fan-Beam Reconstruction Methods,” *Proceedings of the IEEE*, Vol. 67, No. 12, December 1979, pp. 1616 - 1623.

这个创新性成果使得CT扫描的时间减少为原来的几十分之一[①]，大大促进了医疗诊断技术的发展。因此，上面两篇论文也被选为工程技术类最顶级期刊 **Proceedings of the IEEE** 的封面文章。

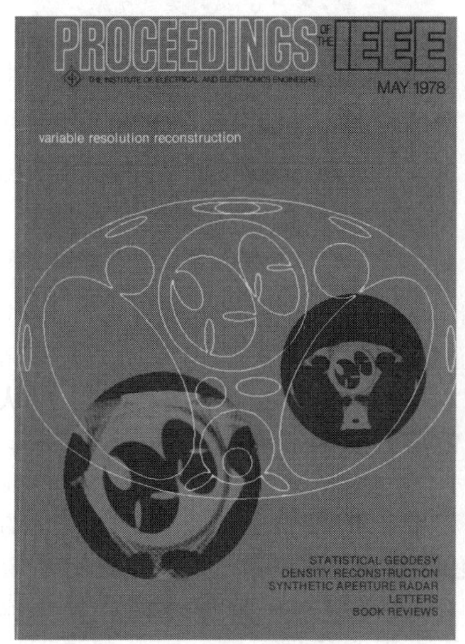

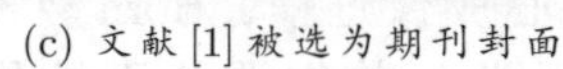
(c) 文献[1]被选为期刊封面

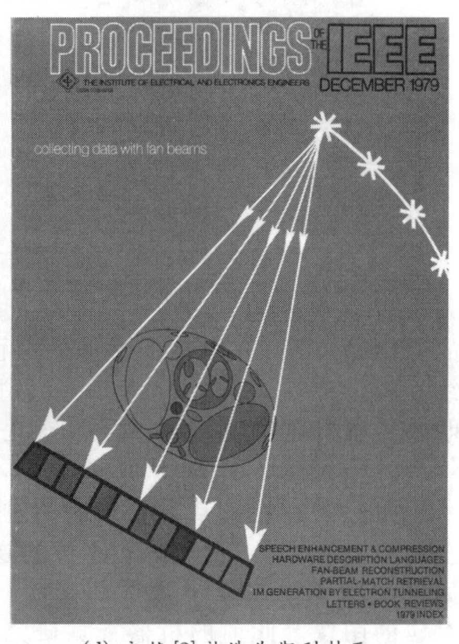

(d) 文献[2]被选为期刊封面

CT是一种**成像**技术。在探索**机器视觉**方法的过程中，首先要认真分析**成像过程**！这是**Horn学派**的一个基本观点，因此，不难理解为什么Horn教授当初会花大量的精力来研究计算机层析成像技术。

综上所述，**CT技术**作为传统成像方式的拓展，既是智能光电感知的重要组成部分，也是本书中的一个重要研究内容。

[①] Horn教授的一位恩师 **A. Cormack** 因为X射线成像方面的理论工作（1963年）而分享了1979年的**诺贝尔奖**。Cormack的CT成像理论基于**平行束扫描**方式，一次扫描只生成一条X射线。**扇形扫描**一次能生成几十条X射线，但是需要设计新的重建算法。

目　录

第1章 内容介绍

在这一章中，我们主要讨论：1) 什么是光电“感知”？2) 光电感知的主要任务是什么？同时，我们也将探索：光电感知与其他相关领域（例如图像处理、场景分析、模式识别）之间的关系。此外，我们还将介绍一种关于**智能光电感知**的独特观点：通过**“成像/视觉”一体化**的方式来探索物质世界，从而实现（与场景之间的）**智能交互**。本书将从这个观点出发，对智能光电感知进行深入探讨。

1.1 “感”与“知”

感知并不是“一个词”，而是“两个字”。这两个字分别描述了两个不同的过程，并且，这两个过程在任务上是**“互逆的”**。本书只研究**视觉感知**，此时，“感知”二字的具体过程如下：

- “**感**”字的意思是**成像**：通过物理系统对场景进行测量，测量结果被以图像的形式记录下来。
- “**知**”字的意思是**描述**：通过分析图像（即：对场景的测量结果），提取出关于场景（即：被测量对象）的有用信息。

“**感**”的过程是由“场景”到“图像”；“**知**”的过程是由“图像”到“场景”，也被称为**机器视觉**。

(e) 实际场景安装实物图（中山大学南校区西门附近）

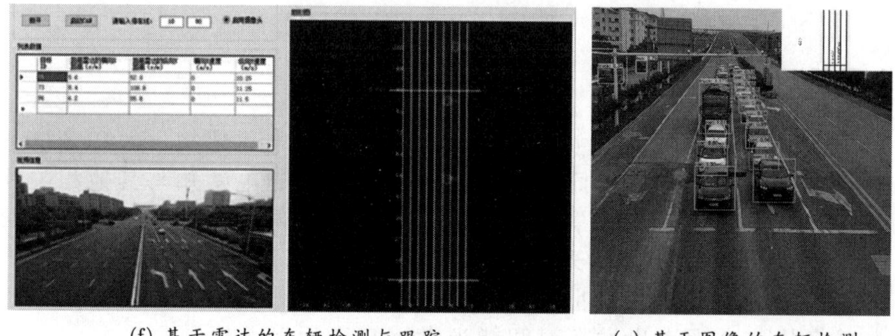

(f) 基于雷达的车辆检测与跟踪　　(g) 基于图像的车辆检测

图 1.1　智能一体化的光电感知系统用以实时地识别和跟踪道路车辆，为后续的智能交通控制任务（例如智能红绿灯管控）提供输入信息。

总结一下，“感知”过程就是：

- 首先，对场景进行**测量**（即：成像）；然后，通过**分析**测量结果（即：图像），获取关于场景的描述信息。

在图 1.1 所示的智能一体化光电感知系统中，通过多普勒雷达和（可见光）相机两种方式，分别对道路上的车辆进行成像；然后，将两种“图像”融合在一起，实时地进行目标识别和跟踪，为后续的智能交通控制任务（例如红绿灯管控）提供输入信息。所得到的信息并不是对场景的复原，而是一种关于场景的**符号描述**，例如：路口有多少辆车，车辆的状态（运动还是静止）等等。

在这门课中，我们需要对“图像”的概念进行拓展，

- **图像**是物理设备对场景的测量结果。

图像不仅仅是我们平常看见的一张张照片，还包括其他形式的场景测量结果，例如：雷达扫描得到的点阵、X光片、红外辐射图像、激光雷达生成的点云图像、宇宙射线辐射图像等等。

在这里，我们再一次强调，**机器视觉**（即：感知中的“知”）的核心问题是：

- **从一张或多张图像中生成一个关于场景的描述！**

事实上，视觉是我们最强大的感知方式，它为我们提供了关于周围环境的大量信息；从而使得我们可以在不需要进行身体接触的情况下，直接和周围环境进行智能交互。离开视觉，我们将丧失许多有利条件，因为通过视觉，我们可以了解到：物体的位置和一些其他的属性，以及物体之间的相对位置关系。因此，不难理解为什么几乎自从数字计算机出现以后，人们就不断地尝试将视觉感知赋予机器。

视觉同时又是我们最复杂的感官。我们所积累的关于生物视觉系统的实现方式的知识，仍然是不完整的；并且，这些知识主要是关于：生物视觉系统对直接来自感知器的信号的处理过程。但是，我们所知道的是：生物视觉系统的确是非常复杂的！难怪许多将视觉感知赋予机器的尝试最后都以失败告终。但是，在这个过程中，人类仍然取得了巨大的进展。现在，那些能够在各种不同环境下工作的视觉系统，已经成为很多机器的一部分。

需要指出的是，在那些使用计算机来从图像中获取不明确信息的领域中，计算机视觉所取得的进展较少。这是因为即使是人都难以对某些信息进行解释。当我们在处理那些无法由人类视觉感知的光所形成的图像时，常常会发生这种情况。这方面的一个典型例子是：对肺部的X射线成像结果进行解释。

1.2 光电感知

本书中，我们研究一种特殊的感知方式：**光电感知**。顾名思义，在光电感知系统中，成像系统接收到的信号是光（包括看得见的光和看不见的光），然后，通过**光电转换**技术，把接收到的光以电信号（阵列）的形式记录下来，形成图像。

需要指出的是，光电转换技术并不是成像的唯一手段，例如早期的胶卷，通过化学反应的形式将光的强弱转化为析出银离子的多少，光越强，析出的银离子就越多，对应位置就会越白；相反，光越弱，析出的银离子就越少，对应位置就会越黑。胶卷上的黑白亮度分布模式是：对（照射到对应位置的）光强的转化记录结果。随着电子技术的飞速发展，成像技术也发生了巨大变化，光信号（包括可见光和不可见光）被直接转换为电信号，相应的“图像”也以“电信号阵列”的形式被保存了下来，这个过程被称为“光电”转换。采用光电转换技术的一个重要原因是电信号易于和图像处理、机器视觉等（电路）系统相结合，甚至直接作为这些系统的输入。

通过“光电”转换，我们将对场景的测量结果，以电信号阵列的形式保存成**图像**信号；进而，机器视觉系统通过分析图像，来生成一个关于被成像物体（或场景）的**描述**信息，如图1.2所示。这些描述必须包含：关于被成像物体的某些方面的信息；而这些信息将被用于：实现某些特殊的任务。因此，我们把光电感知系统看作是：一个与周围环境进行交互的实体（例如机器人、无人车）中的一部分。感知系统作为（关于场景的）反馈回路中的一个单元，用以获取信息，而其他的单元则被用来：1) 做决策，2) 执行这些决策。

光电感知系统包括：光电成像系统和机器视觉系统，两个系统是级联关系（如图1.2所示）。光电成像系统对场景进行测量，将测量结果以电信号阵列的形式保存成图像（或图像序列）；机器视觉系统的输入是图像（或者图像序列），系统的输出是一个描述。这个描述需要满足下面两个准则：

1. 这个描述必须和被成像物体（或场景）有关；

2. 这个描述必须包含：完成指定任务所需要的全部信息。

第一个准则保证了：这个描述在某种意义上依赖于视觉输入；而第二个准则保证了：视觉系统的输出信息是有用的。

对物体的描述并不总是唯一的。从许多不同的观点和不同的细节层次上，我们都可以构造出：对物体的不同描述。因此，我们无法对物体进行“完全的”描述。幸运的是，我们可以避开这个潜在的哲学陷阱，而只去考虑：针对某一特殊任务的某种有效描述，也就是说，我们所需要的并不是关于被成像物体的所有描述，而只是那些有助于我们进行正确操作的描述。

在各个领域的发展过程中，都有这样的现象：随着该领域的不断发展，一些早期的方法不得不被舍弃掉，新的概念被不断引入。尽管

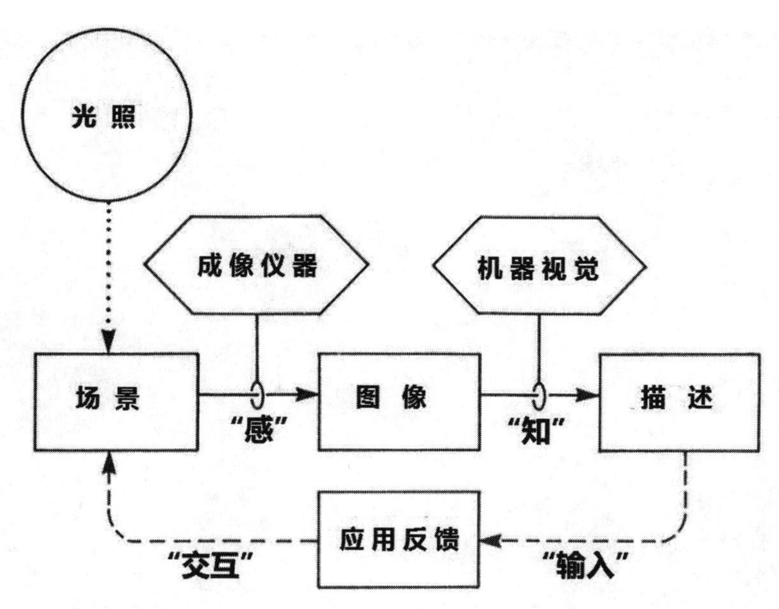

图 1.2 光电感知系统包括两部分：成像仪器对场景进行测量，生成（电信号阵列形式的）图像；机器视觉系统根据图像生成一个关于被成像物体（或场景）的符号描述。生成的描述将被用于：指导机器人系统与周围环境进行交互。

有时这会让人感到沮丧，但是，在寻找问题解决方案的过程中，这也是使人感到非常刺激的一件事情。例如，有人认为并不一定非得去理解图像的生成过程；另一些人则过度迷恋于一些没有太大通用性的启发式方法和特殊技巧。本书中，我们始终坚持

- 从**信号测量**和**信息提取**两个过程来深刻理解光电感知！

这个观点使得我们可以推导出：用于进行图像分析的数学模型，而那些“从图像中恢复出对被成像场景的描述”的算法，正是基于这些数学模型来实现的。本书所提出的一些方法，在将来的某一适当时候，无疑会被改进或舍弃。这个领域的发展实在是太快了！

当然，基于成像分析的方法，并不是光电感知的唯一研究方法。另一方面，人们可以从已知的生物视觉系统出发，来研究光电感知系统。使用这种方法所设计的智能系统，将基于神经网络系统的复杂理论（假设这些基于神经系统的理论足够有代表性）。对于光电感知中的给定问题，我们应该不断尝试各种不同的方法，但是为了避免内容的混乱，本书只重点讨论：**基于成像分析的信息提取方法**！

图 1.3　我们幸运地找到了三位 MIT 科学家 Patrick Winston（左），Berthold K.P. Horn（中）和 Eugene Freuder（右）在设计“结构复制”演示系统时的一张合影。

1.3 智能交互

光电感知系统通过“**成像**”（即：对场景进行测量，以图像的形式保存测量结果）和“**视觉**”（即：机器视觉系统根据图像生成关于场景的符号描述）两个过程，得到了关于场景的符号描述。智能体将根据：光电感知系统得到的关于场景的符号描述，生成**控制**指令，进而实现与环境或场景的智能**交互**。因此，“感知”“交互”和“控制”应该放在一起考虑！具体地说，

- “成像”提供“感知”基础；
- “感知”是为了“交互”；
- “交互”离不开“控制”；
- “控制”依赖于“感知”结果；
- “感知”要针对“控制”任务；
- “智能”体现在“交互”过程。

图 1.4 用来实现“复制演示”的机械操作系统。在这个工程中，视觉信息被用于：指导工业机器臂的运动（本图由 Steve Slesinger 拍摄）。

1.3.1 复制一个积木结构

1970 年，三位年轻的 MIT 科学家 Patrick Winston，Berthold K.P. Horn 和 Eugene Freuder 构建了一个进行“结构复制”的演示系统，如图 1.4 所示。该系统形象地展示了上述理念：感知是为了交互和控制，而交互和控制的效果体现了光电感知系统的好坏，具体地说，就是感知过程所获取的场景信息对于完成某一特定任务是否有效！

“结构复制”演示系统使用一个**边缘查找器**来对（由积木搭建起来的简单几何结构的）图像进行分析。由 Berthold K.P. Horn 和 Thomas Binford 共同开发的 Horn-Binford 线查找算法被用来从图像中得到**线条图**，进而生成一个关于场景的**符号描述**。通过这个符号描述，物体被确定下来了，并且，物体之间的空间位置关系也变得清晰明确。基于这个符号描述，我们可以得到一个算法，进而，将这个简单几何结构一步步地拆解成：一些积木（即：基本结构单元）的组合结果。

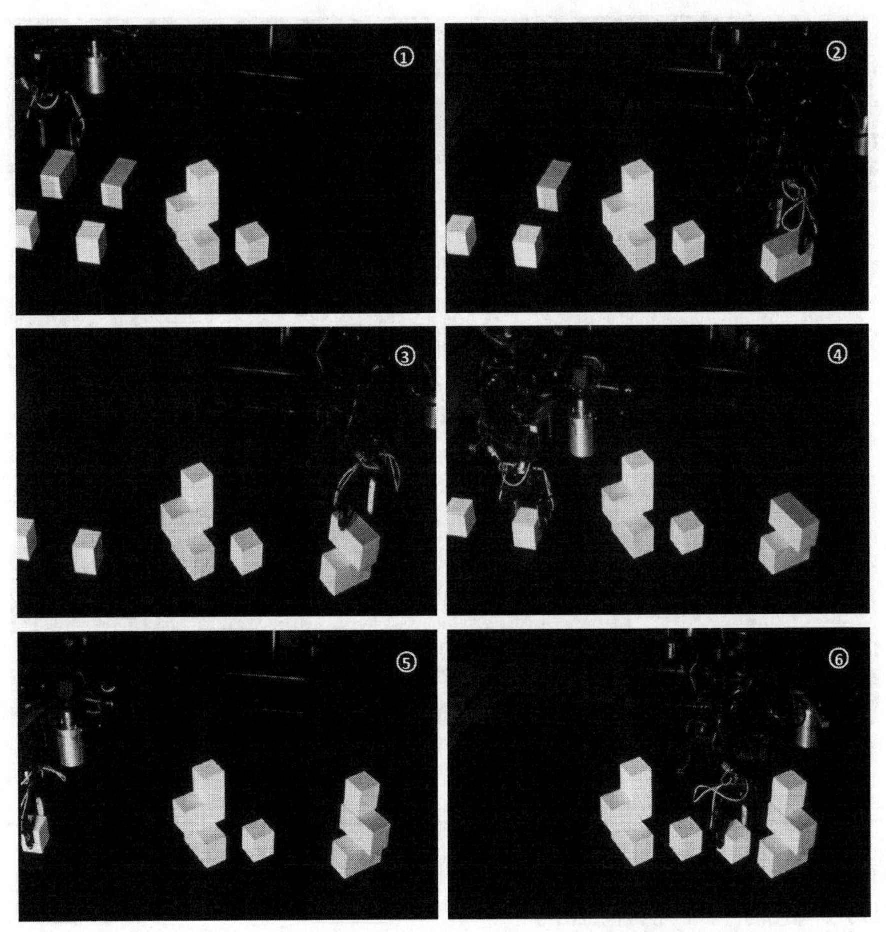

图1.5　“复制演示”系统的工作过程。场景是由几个积木搭建起来的简单几何结构；而“复制演示”系统在光电感知算法的指导之下，选取基本积木单元，搭建起一个和场景相同的几何结构。

独立的**校正**程序被用于确定：图像的“扭曲”以及**“眼—手”变换**（即：相机坐标系与机械操作坐标系之间的转换）。机械操作系统的装配过程是：我们前面得到的**拆解步骤**的逆过程。于是，机械系统使用“仓库”中多余的积木，搭建起一个和原来的简单几何结构相同的结构，如图1.5所示。在“结构复制”演示系统的运行过程中，感知和控制被有效地结合在了一起，从而实现了的“智能”交互：摆放出一个（和用户随意摆放的积木结构）相同的积木结构。这个功能体现了机器的“学习”能力，也反映出早期人工智能先驱们对人工智

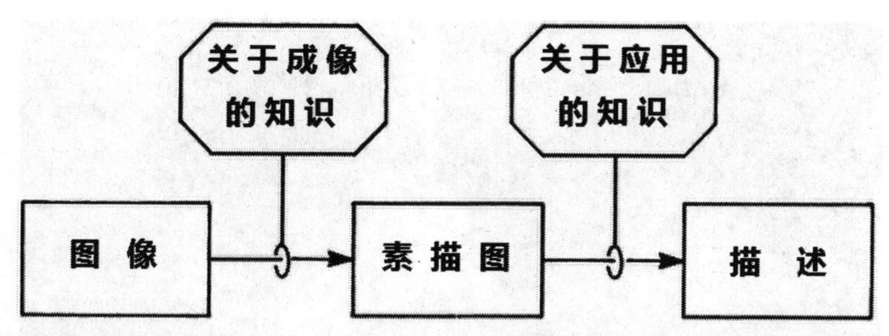

图 1.6 在很多情况下，从一张或多张图像中获取关于场景的符号描述的过程，可以被分为两个阶段。第一个阶段依赖于：我们对成像过程的理解；第二个阶段则更多地依赖于：实际应用的需要。

能技术的一些探索和思考。MIT“结构复制”演示系统是**人工智能**领域的一个里程碑，开创了**机器视觉**这个学科。需要指出的是：Patrick Winston 和 Berthold K.P. Horn 在完成这项工作时都还是学生，我们年轻人就应该以他们为榜样，建立起**勇于探索**、**敢于开创**的科学精神。

根据图 1.5 所示“结构复制”的演示系统，我们在本书中给出了一个关于**智能光电感知**的独特观点：

- 通过“**光电**”转换技术对场景进行测量，生成（电信号阵列形式的）图像（即：**感**），通过分析图像，生成关于场景的符号描述（即：**知**）。感知系统所生成的符号描述，被用来（控制智能体）实现与环境之间的**智能**交互。

对于一个智能光电感知系统，核心任务是“**感知**”，实现手段是“**光电**”转换技术，“**智能**”描述的是功能效果。

智能:功能效果 ⟶ **光电**:实现手段 ⟶ **感知**:核心任务

智能光电感知系统的输出结果是：一个对于智能交互有效的（关于场景的）符号描述。通常，从图像中生成符号描述的过程可以被分为以下两个阶段（参见图 1.6）：

- 第一阶段：生成一个**素描图**，即：一个详尽的、但是未经加工处理的描述。
- 第二阶段：生成一个简化的、有结构的**描述**，用来进行决策。

第一个阶段被称为**图像分析**，也称为**早期视觉**；第二个阶段被称为**场景分析**。这两个阶段有几分相似，其主要区别是：图像分析从图像

图 1.7　基于智能光电感知的“零件抓取”演示系统的设计者 Berthold K.P. Horn（右）与其两位博士生 K. Ikeuchi（左）和 H. K. Nishihara（中）的合影。

开始，而场景分析从素描图开始。将图像变为素描图似乎取决于：1) 图像的内容，2) 我们能从图像中直接获取的信息。另一方面，将一张粗糙的素描图变为一个完整的符号描述，则主要取决于：针对某种特殊的智能交互任务所需要的信息。

1.3.2 从容器中抓取零件

另一个经典的例子是 Berthold K.P. Horn 教授团队在 1983 年构建的“零件抓取”智能演示系统。对于图 1.8 所示的一个完整的**“眼—手”系统**，我们需要使用由“眼”（即：摄像机）所获取的信息来控制机器臂，从而实现：从一堆物体中抓取一个物体的任务。这样的一个“闭合环路”系统，提供了一种测试光电感知方法的平台。也就是说，如果该“眼—手”系统可以很好地与环境进行交互，那么，系统

图 1.8 对于“零件抓取”智能演示系统，机器人需要在一堆随机摆放的物体中，将物体一个个地抓取出来。要完成这一**智能交互**任务，机器人的**控制系统**所需要的输入信息包括：各个物体的**空间位置**和**姿态**。

中的光电感知部分应该是起作用的。较之于将结果以图像的方式显示在屏幕上，能否有效实现智能交互是一个更加“有说服力”的测试。你可能会觉得：对于一个“眼—手”系统来说，“零件抓取”任务是很容易实现的。之所以会产生这种想法，是由于人的眼、手和大脑具有非常强大的感知和处理信息的能力。但是对于机器，“零件抓取”却是一个非常困难的任务！

我们之所以关注于“零件抓取”任务，一个重要的原因是出于实际生产的需要。对于工业机器人，一个广泛存在的问题是：它们无法完成“没有精确指导”的任务。对于很多自动化系统，需要有单独的人（或装置）将原件以某种固定的“姿态”摆放在传送带上的固定位

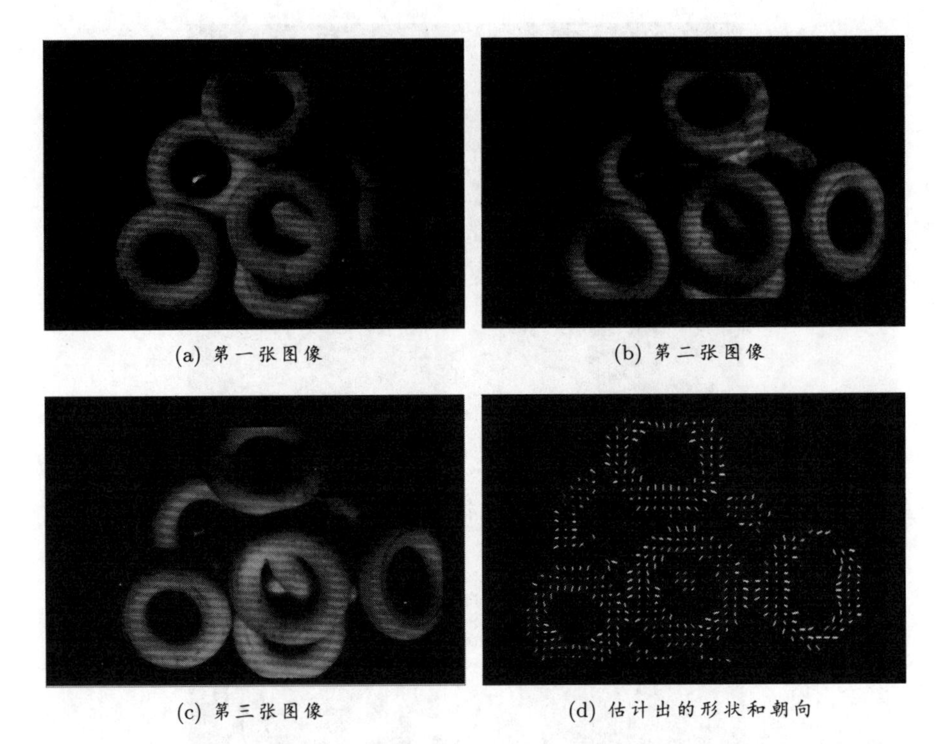

(a) 第一张图像　(b) 第二张图像　(c) 第三张图像　(d) 估计出的形状和朝向

图 1.9　使用**光度立体视觉**技术，通过控制光源，我们可以根据三张具有不同**亮度模式**的图像，来估计出物体表面**单位法向量**的分布，进而得出物体的**形状**和**姿态**。

置。这个例子中，智能交互体现在：利用光电感知方法来自动引导机器臂，从而将随机摆放的零件（从一堆零件中）一件一件地取出来。我们再次强调：

- **要实现“智能”交互，需要（从任务出发）将感知和控制有效地结合在一起！**

智能更多地体现在实现“交互”功能的过程中。

对于“零件抓取”任务，控制系统需要的信息是：1). 零件的空间位置，2). 零件的姿态。注意，上述信息是**三维**的，而图像信息是**二维**的。因此，图像并没有直接提供上述信息。我们需要通过分析（一张或多张）二维图像，推测或估计出（智能交互任务所需要的）对三维场景的有效描述信息。例如，我们可以通过使用三个（不同位置的）光源得到三张图像（图 1.9(a)、图 1.9(b) 和图 1.9(c)）；然后，根据三张图像中不同的**亮度模式**，估计出物体表面各个“小块”的**朝向**

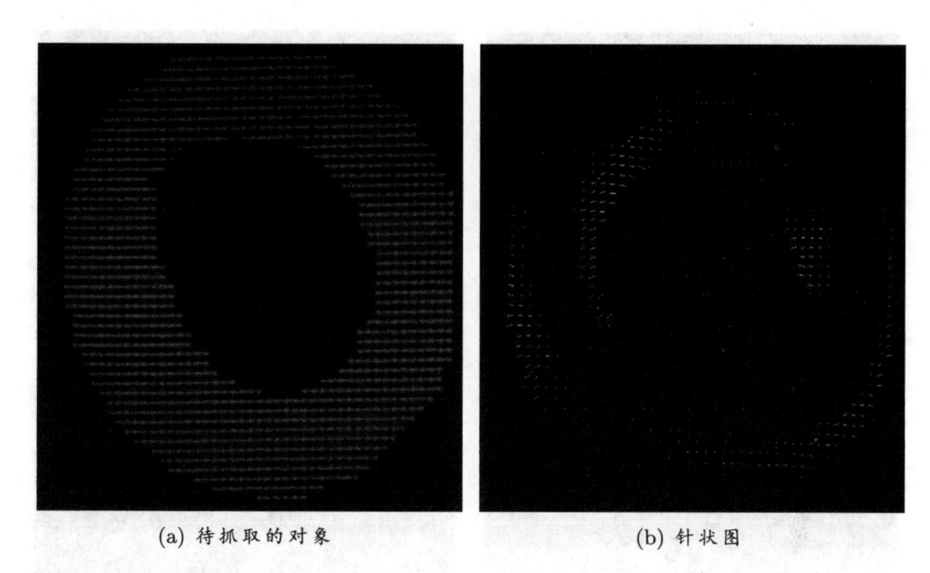

(a) 待抓取的对象 (b) 针状图

图 1.10 我们首先将图像中面积最大的“物体区域”分割出来，作为待抓取的对象；然后，根据**针状图**所描述的物体姿态，进一步确定机械臂的最佳抓取角度。

（图 1.9(d)）。根据物体表面各个“小块”的**朝向**，可以直接得出物体表面各个“小块”的形状，将所有这些“小块”拼接在一起，就得到了物体表面的**形状**，进而直接得到了物体在空间中的**姿态**。相应的机器视觉技术被称为**光度立体视觉**，参见第 3 章 3.8 小节的内容。

根据图 1.9 中的结果，我们首先将图像中面积最大的“物体区域”分割出来，作为待抓取的对象，如图 1.10(a) 所示。机器视觉系统所估计出来的（图像区域中各个像素点所对应的）物体表面各个“小块”的**朝向**构成了一张**针状图**，如图 1.10(b) 所示。针状图将被进一步用于确定机械臂的**最佳抓取姿态**。

在上述光度感知系统的“指导”下，机器臂从一堆物体中，将物体一个一个地抓取出来。图 1.11 是从完整的演示视频中选取出来的部分图片，展示了机械臂的具体操作过程。“零件抓取”这个智能交互任务的顺利完成，说明光电感知系统成功地获取到了关于场景的**有效描述信息**，即：各个物体的**空间位置**和**姿态**。再次地，我们看到，**光电感知系统**获取场景描述信息的过程包括如下两个步骤：

1. **成像系统**（在不同的光照条件下）拍摄多张图像；
2. **机器视觉系统**（根据这些图像）计算出一个针状图。

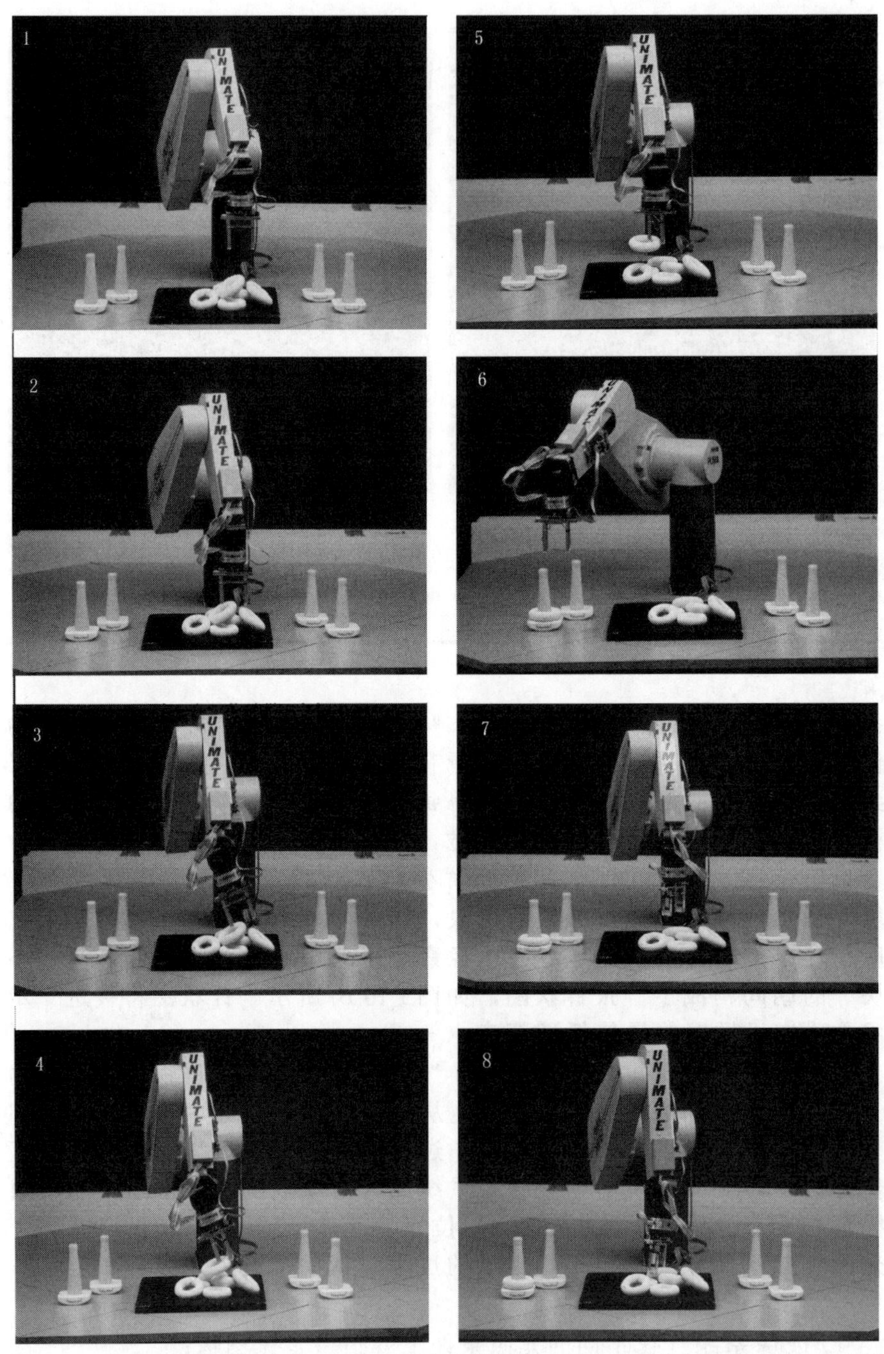

图 1.11　本序列图所展示的是：一个由**光度立体视觉**系统所指引的机器臂，从一堆（随意摆放的）物体中，将物体一个一个地抓取出来的过程。

针状图给出了物体表面各个“小块”的**朝向**。这些“小块”的朝向被逐一地用于计算**朝向统计直方图**。实验中所得到的**朝向统计直方图**被用于：和计算机所存储的（典型物体模型的）朝向统计直方图进行比较。这些事先存储的朝向统计直方图是根据物体的**典型几何模型**计算出来的。通过这种方法，我们得到了物体在空间中的**姿态**。于是，机器臂可以沿着空间中的一条射线移动，从而去抓取物体。

当然，我们也可以通过其他测量方法，来获取物体表面的相关信息，例如，通过**激光测距仪**或者**双目视觉**技术来得到**深度图**，然后，根据深度图来“指导”控制系统完成**智能交互**。通过这个例子，我们看到了：如果在简单**启发式方法**的基础上，我们再向前迈出一步，那么，一个具有鲁棒性的实用机器视觉系统就可以被设计出来。这个系统成功的关键在于：**光度立体视觉**、**朝向统计直方图**等概念。最终，我们建立起了一种关于机器视觉的新的研究观点和方法：

- 基于对**物理成像模型**的细致分析，依据**逆问题**理论和方法，通过对成像过程“**求逆**”，来获取有效的场景描述信息。

称为机器视觉领域中的 **Horn 学派**。此后，机器视觉才成为一门严谨的学科。当然，机器视觉方法是否有效还取决于**成像**，参见图 4.4。

1.4 视觉感知的相关领域

图像处理、**模式分类**和**场景分析**这三个领域是和**视觉感知**紧密联系在一起的，参见图 1.12。

图像处理主要是：从已有图像产生出一张新的图像。图像处理所使用的技术，大部分来自于**线性系统**理论。图像处理所产生的新的图像，可能经过了：噪声抑制、去模糊、边缘增强等操作；但是，它的输出结果仍然是一张图像，因此，其输出结果仍然需要人来对其进行解释。正如我们在后面将要看到的，对于：1) 理解成像系统的局限性，2) 设计光电感知处理模块，一些图像处理技术是很有用的。对于图 1.4 中的“复制演示”系统，场景的图像（灰度图）如图 1.13(a) 所示。经过简单的边缘检测，从图 1.13(a) 中得到了很多边缘“碎片”，结果被保存成一张新的图像（二值图），如图 1.13(b) 所示。

模式分类的主要任务是：对“模式”进行分类。这些“模式”通常是：一组用来表示物体属性的给定数据（或者，关于这些属性的测量结果），例如：物体的高度、重量等。尽管分类器的输入并不是图

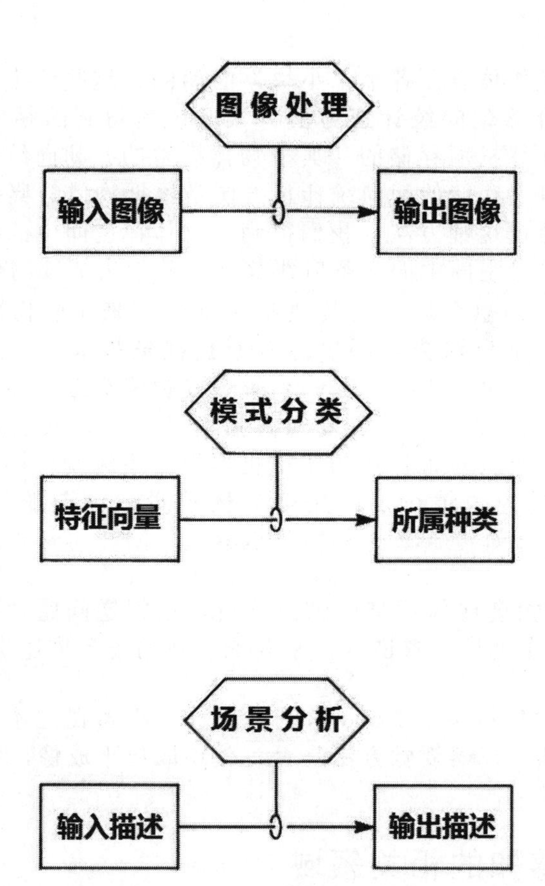

图 1.12　视觉感知的“原始范例”包括：**图像处理**、**模式分类**和**场景分析**。对于视觉感知任务，它们中的每一个都提供了许多有用的技术，但是，它们的核心问题都不是：从图像中获得符号描述。

像，但是，模式分类技术往往可以被有效地用于：对视觉系统所产生的结果进行分析。识别一个物体，就是将其归为一些已知类中的某一类。但是，需要注意的是：对物体的识别只是光电感知系统的众多任务中的一个。在对模式分类的研究过程中，我们得到了一些对图像进行测量的简单模型，但是，这些技术通常将图像看作是：一个关于亮度的二维模式。因此，对于以任意姿态出现的三维空间中的物体，我们通常无法直接使用这些模型来进行处理。

场景分析关注于：将从图像中获取的简单描述转化为一个更加复杂的描述。对于某些特定的任务，这些复杂描述会更加有用。这方面的一个经典例子是：对**线条图**进行解释（如图 1.14 所示）。这

(a) 一张关于由积木所搭建起来的简单结构的图像

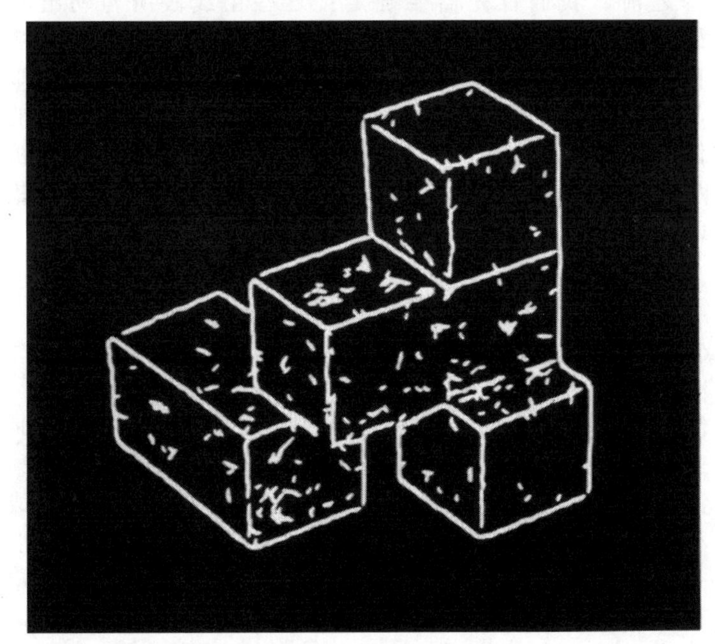

(b) 经过简单的边缘检测而得到的“边缘点”二值图

图 1.13 图像处理系统的输入是：一张关于简单积木结构的灰度图，系统的输出是：边缘检测结果所对应的二值图。

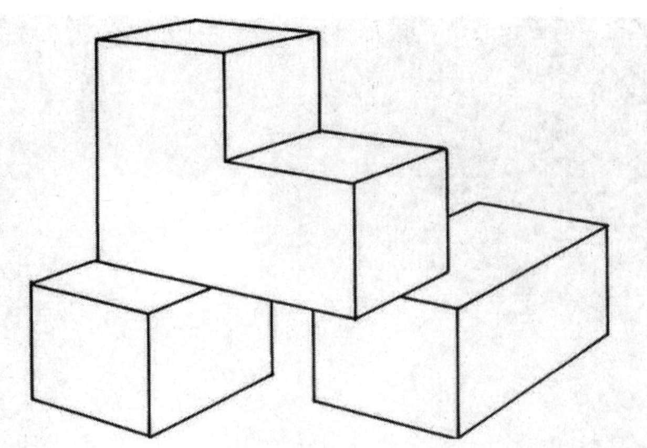

图 1.14　在场景分析中，底层的符号描述（例如：线条图）被用于生成“高级”符号描述。场景分析的输出结果包含：物体之间的位置关系、物体的形状和其他一些属性。

里，我们需要对一张由几个多面体构成的图进行解释。该图是以**线段集**（即：一组线段）的形式给出的。在我们能够用线段集来对**线条图**进行解释之前，我们首先需要确定：这些由线段所勾勒出的图像区域，是如何组合在一起（从而形成物体）的？此外，我们还想知道：物体之间是如何相互支撑的？这样，从简单的符号描述（即：线段集）中，我们获得了复杂的符号描述（包括：图像区域之间的关系，以及物体之间的相互支撑关系）。注意：在这里，我们的分析和处理并不是从图像开始的，而是从对图像的简单描述（即：线段集）开始的。因此，这并不是机器视觉的核心问题。

1.5 成像 + 视觉

我们再次强调：本书中所谈到的图像并不等同于我们平时所看见的图片或者照片，而是对环境进行测量后得到的数据记录结果。我们平时生活中所看见的图片或者照片，只是一种特殊的图像。成像的方式是多种多样的，例如：图 1.15 中所示的**折射成像**。我们可以通过对玻璃进行雕刻，使得当一束光透过玻璃时，在屏幕上形成特定图像。此时，视觉感知要解决的问题是：应该如何去雕刻这块玻璃，才能够生成给定的图像？要完成这一任务，需要对成像原理，例如：光的折射原理、叠加原理等有深刻的理解。视觉感知系统的输入还是一张给定的图像，但是，系统所输出的“描述”并不是目标识别结果，而是

(a) 通过雕刻玻璃，使得光透过玻璃形成特定图像

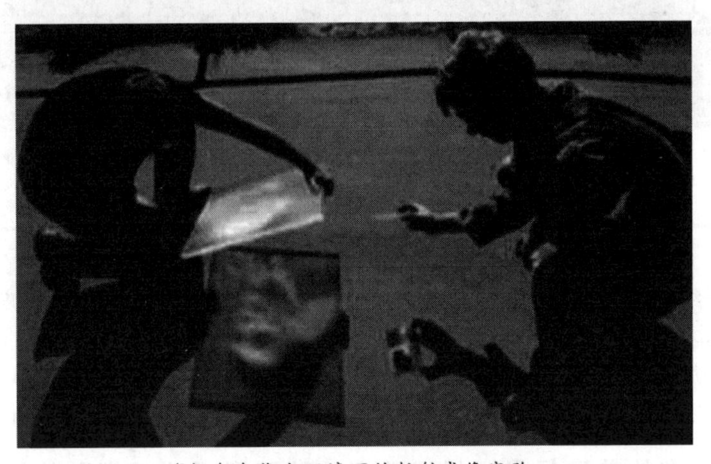

(b) 在自然光环境下的折射成像实验

图 1.15 成像的方式是多种多样的。我们可以通过对玻璃进行雕刻，使得当一束光透过玻璃时，在屏幕上形成特定图像。此时，视觉感知系统所输出的“描述”是玻璃的曲面形状。机械臂或 3D 打印机将根据该描述来制造这块玻璃。

玻璃的曲面形状。机械臂或 3D 打印机将根据该描述（曲面形状）生成指令程序，从而将这块玻璃制造（雕刻或打印）出来。

再如，图 1.16 中所示的**反射成像**。照射到河面上的光经过河面上微小波纹的反射以后，生成了桥洞底部明暗相间的“条纹状”亮度模式。因此，图 1.16 中桥洞底部的“条纹状”图像是对河面上微小波纹的一种测量结果。此时，视觉感知系统的输入是：桥洞底部明暗相间

图 1.16　照射到河面上的光经过河面上微小波纹的反射以后，生成了桥洞底部明暗相间的“条纹状”亮度模式。

的“条纹状”图像，系统所输出的“描述”是：河面上微小波纹的分布和形状。要完成这一任务，需要对成像原理，例如：光的反射原理、叠加原理等有深刻的理解。在图 1.16 中，通过直接观测河面所在的图像区域，难以推测出河面上微小波纹的分布和形状。因此，

- **要有效获取场景的描述信息，除了考虑“后端”的视觉感知算法外，还要设计“前端”的成像模式和方法！**

我们再次强调：光电感知系统的设计包括如下两个方面的内容，

1. 对成像方式和成像系统的设计；

2. 对图像分析和信息提取方法的设计。

并且，必须将两者紧密地结合在一起！我们可以用如下公式：

$$\text{光电}\textbf{感知} = \textbf{成像} + \textbf{视觉}$$

来描述一个光电感知系统。视觉算法只是光电感知的“后端”部分，“前端”的成像方式方法同样重要！本书的后续章节将围绕这两方面内容开展深入研究！

1.6 后续章节的概要

我们要研究和开发光电感知方法，需要对被处理数据的生成过程有所了解。出于这个原因，我们将以**成像**与**辐射**来开启本书的内容。这部分内容将出现在第2章和第3章中。

以辐射形式存在的光，只有一部分（波长范围在380纳米到760纳米之间的电磁波）能够被肉眼看见。我们可以用仪器测量“看不见的光”的某些物理属性（例如温度），然后将测量结果以图像形式显示出来，从而拓展人眼的感知能力。这构成了第4章的主要内容。

我们需要通过**光电转换**，将光学图像转换为电信号，才能方便地对图像进行存储、传输等操作。我们在第5章中介绍了相关的基本原理。进一步，在第6章中，我们介绍了**图像传感器**，包括：图像传感器的基本原理及其外围电路的设计方法。

最容易分析的图像是：那些能够很容易地将“物体”从“背景”中分离出来的图像，这些图像可以被轻易地转化为**二值图**。在第7章中，我们将研究二值图处理的一些基本理论和方法。我们可以用处理二值图的方法来解决一些工业问题；但是，这通常需要控制光照条件，如图1.17所示。

在第8章和第9章中，我们所考虑的问题是：使用**线性算子**来将一张灰度图变成另外一张灰度图。这些操作通常是为了：抑制噪声、增强图像中的某些部分、消除图像模糊。对于视觉系统的后续操作，我们或许更容易对被处理过的图像进行分析。这两章所介绍的滤波方法，常常被作为**边缘检测**系统的中间处理步骤。

在第10章中，我们将探索如何对图像中的**边缘**和**角点**进行检测。在一个场景中，物体之间相互遮挡部分的边界往往会导致图像亮度发生不连续变化。我们可以使用边缘检测技术来发现这些特征。此外，角点也是一个重要的视觉特征，较之于边缘，角点更加稀疏，在某些特殊应用中，我们可以通过角点匹配来实现目标跟踪。

然后，我们将探索运动视觉：如何根据图像亮度模式的变化来分析和估计物体的运动。这个任务的实现被分为两个子过程。第11章中，我们将探索如何基于图像亮度分析来估计各个像素点的运动，称为**光流**估计。第12章中，我们将探索如何基于像素点的运动来估计相机与物体之间的相对运动，称为**无源导航**。运用这些方法，我们可以从图像中恢复出物体的运动信息，例如，图1.17中的**碰撞时间**。

自此之后，我们将从图像分析转向**场景分析**。在第13章中，我们将介绍：根据特征测量结果对物体进行**分类**的一些基本方法。在第

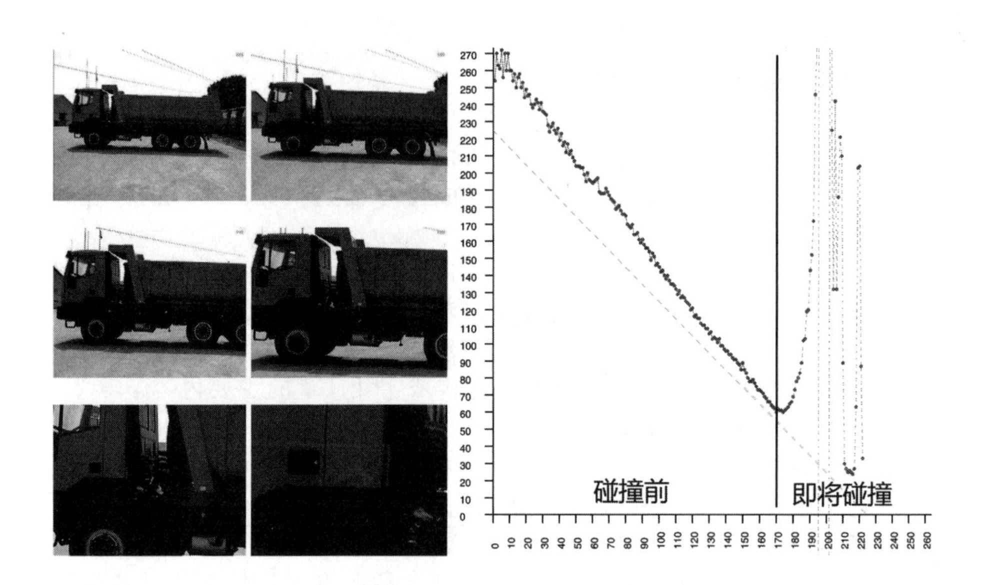

图 1.17　从时序图像中，我们算不出运动速度，但是，却能够精确估计出**碰撞时间**。

14 章和第 15 章中，我们将介绍：通过概率分析和随机过程模型来进行**智能推理**。通过应用这些数学理论，我们可以将：对单张图片的分析和理解，拓展到：对视频的分析和理解①。在第 16 章中，我们介绍了一个综合应用：**教育机器人**对学生听课状态进行智能分析和评估。最后，在本书的附录中，我们介绍了智能光电感知的一些应用实例（主要来自于课题组承担的部分科研项目）。

1.7 习题

习题 1.1　请说明**感知**的具体内容和核心任务。

习题 1.2　请解释**模式分类**、**图像处理**和**场景分析**与**视觉感知**之间的联系与区别。

习题 1.3　请调研现有的**光电感知**系统和方法，完成调研报告。

①视频是由一系列图像构成的**时间序列**。对单张图片的分析和理解结果被“合在一起”后，也会形成一个时间序列，我们需要进一步分析和理解这个时间序列。

第2章 成像系统

在这一章中，我们将探索**成像**，即“感知”中“感”的过程。成像过程包括两个步骤：1) 生成（包括可见光和不可见光的）光学图像；2) 将光学图像转换成（计算机能够处理的）的电子图像[①]。要全面理解从图像中恢复信息的方法，我们首先必须理解成像！

通过分析从三维“世界”到二维图像平面的映射过程，我们将揭示出关于**成像**的两个核心问题：

- 物体表面某一点的像出现在像平面中的什么位置？
- 物体表面所成的像的亮度由什么决定？

要回答这两个问题，我们需要用到**图像投影**和**图像辐射**的知识，本章中，我们只关注第一个问题。在下一章中，我们将对第二个问题进行详细讨论。

在学习成像时，一个至关重要的概念是：我们生活在一个非常特殊的视觉世界里。这个视觉世界的一些特殊的性质，使得我们有可能从一张或多张二维图像中恢复出三维“世界”的相关信息。我们要讨论这个问题，并且指出：存在一些特殊的成像情况，使得这些特殊的约束条件不再适用，此时，从图像中提取信息将会变得困难很多。

[①] 我们将在第5章中详细讨论**光电转换**技术，本章中，我们只关注步骤1（即：生成光学图像）的具体实现过程。

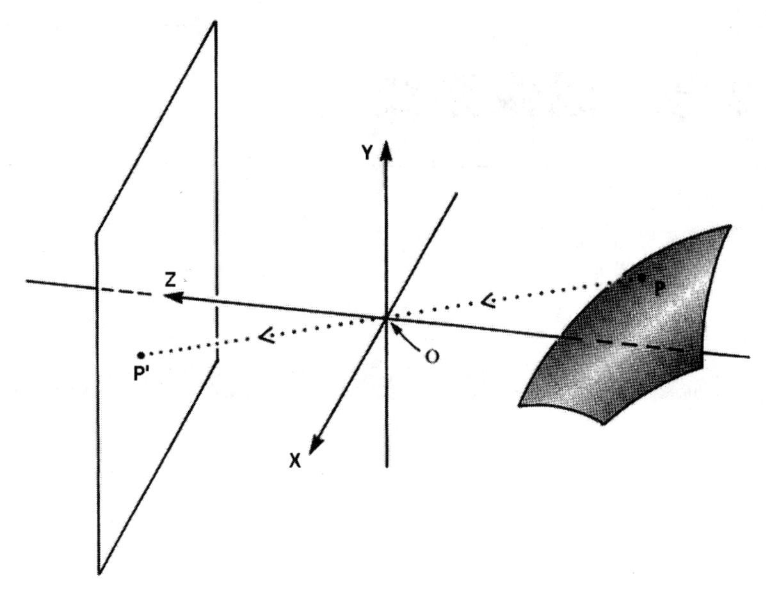

图 2.1　小孔相机通过**透视投影**来对现实世界进行成像。为了方便，在我们所使用的坐标系中，$x-y$ 平面平行于像平面，原点位于小孔 O，并且，将 z 轴选为光轴。

2.1 透视投影

在我们开始分析一张图像之前，我们必须知道它是如何形成的。**图像**是一个二维的亮度模式。这个亮度模式是如何在一个光学成像系统中生成的？这个问题有两部分内容值得好好研究：

- 首先，确定场景中的点和图像上的点之间的**几何对应关系**；
- 其次，我们必须弄清楚：是什么决定（图像中）该点的**亮度**。

本章中，我们主要研究上述第一部分内容。在下一章中，我们将对上述第二部分内容进行详细探讨。

假设：在图像平面前的固定距离处，有一个理想的小孔，并且，小孔的周围都是不透光的，因此，只有经过小孔的光才能够到达像平面，如图 2.1 所示。光是沿着直线传播的，因此，图像上的每一个点都对应于一个方向，即：从这个点出发、穿过小孔的一条射线。这就是我们所熟知的**透视投影**模型。

在这个简单的例子中，我们将**光轴**定义为：从小孔到像平面的垂线。现在，我们可以引进一个笛卡尔直角坐标系，这个坐标系的原点

O 为小孔；z–轴选为：和光轴平行并且指向像平面的方向。在这种约定下，位于相机前面的点，其 z– 坐标为负值。尽管这种选择有一些缺陷，我们仍然使用这个约定，因为，这个约定使得我们可以方便地建立右手坐标系（即：x– 轴指向右方；y– 轴指向上方）。

我们想要计算：相机前方物体表面上的某一点 $P:(X,Y,Z)^T$ 在像平面上所出现的位置 $P':(x,y,f)^T$，如图 2.1 所示。从点 $P:(X,Y,Z)^T$ 出发，射向各个方向的光中，只有经过小孔的光会射到像平面上。假设：在从 P 到 O 的射线上没有其他物体。令 $\boldsymbol{r}=(X,Y,Z)^T$ 表示：由 O 指向 P 的向量；令 $\boldsymbol{r}'=(x,y,f)^T$ 表示：由 O 指向 P' 的向量[①]。

这里，f 表示：小孔和像平面之间的距离，而 x 和 y 是：像平面上的点 P' 的坐标。两个向量 $\boldsymbol{r}$ 和 $\boldsymbol{r}'$ 共线，并且，它们之间只相差一个（负的）比例系数。如果连接 P 和 P' 的射线和光轴之间的夹角为 α，那么，向量 $\boldsymbol{r}$ 的长度为：

$$\|\boldsymbol{r}\| = -z\sec\alpha = -(\boldsymbol{r}\cdot\widehat{\boldsymbol{z}})\sec\alpha \tag{2.1}$$

其中，“$\cdot$”表示两个向量的**内积**，而 $\widehat{\boldsymbol{z}}$ 表示沿着光轴方向的单位向量。注意：相机前面所有点的 z 坐标均为负值。$\boldsymbol{r}'$ 的长度为：

$$\|\boldsymbol{r}'\| = f'\sec\alpha \tag{2.2}$$

因此，我们可以得到:

$$\frac{1}{f'}\boldsymbol{r}' = \frac{1}{\boldsymbol{r}\cdot\widehat{\boldsymbol{z}}}\boldsymbol{r} \tag{2.3}$$

我们也可以将上式写成对应的分量形式，即：

$$\frac{x}{f}=\frac{X}{Z} \qquad \text{和} \qquad \frac{y}{f}=\frac{Y}{Z} \tag{2.4}$$

有时，为了简化投影方程 (2.4)，我们对图像坐标系进行“归一化”处理，也就是说，将 x 和 y 都除以 f, 即：

$$x=\frac{X}{Z} \qquad \text{和} \qquad y=\frac{Y}{Z} \tag{2.5}$$

注意，在式 (2.4) 中，等式左右两边使用了**不同**的长度单位。在很多情况下，我们并不知道相机中像素点感光区域的实际尺寸。也就是说，我们只知道像素点在图像中的相对位置，而无法确定像素点的绝对坐标。一个直观的理解是：同一个图像文件在不同大小的屏幕上被显示成不同大小的图像。因此，通过尺度伸缩忽略掉式 (2.4) 中的 f，将简化后续的图像分析过程。

---

①本书用粗体来表示向量。通常，我们使用列向量形式，当我们需要将某一向量写成对应的行向量形式时，我们必须对列向量进行转置，转置用上标“T”来表示。

(a) 原始图像（1440 × 1080 个像素）

(b) （大于400个边缘点的）长直线边缘

图 2.2 空间中的一组（三维）平行直线的像仍然是（像平面上的）一组（二维）直线上。除了在及其特殊的情况下（例如图中的立柱），空间中一组平行直线的像将不再平行（例如图中的铁轨、横梁、站台边缘）。

2.2 平行直线与消失点

对于许多智能光电感知问题，一种重要的研究方法是：

- 首先，建立实际应用问题的数学模型；然后，通过数学理论进行模型分析，最后，根据分析结果得出一般结论。

所得到的一般性结论为后续的算法设计奠定了理论基础。

2.2.1 消失点理论

我们将通过**消失点**问题来阐明上述研究方法。我们的问题是：空间中的一组平行直线所成的图像是什么样的[①]？为了回答这个问题，

[①]图 2.2(a) 中给出了一个具体例子，图 2.2(b) 是对应的**长直线边缘**查找结果。在第 10 章 10.4.3 小节中，我们给出了：生成图 2.2(b) 的具体过程。

我们需要建立相应的数学模型。首先，需要回答如下三个子问题：

1. 在数学上如何描述空间中的直线？
2. 如何计算空间中直线的图像？
3. 如何通过数学分析描述（平行直线的）图像的性质？

对于上述三个问题，第二个问题是直观的，空间中的直线是一系列点 $(X(t),Y(t),Z(t))^T$ 的集合，我们只需要将点 $(X(t),Y(t),Z(t))^T$ 带入式 (2.4)，计算出相应的像点 $(x(t),y(t))^T$，就得到了空间中直线的图像的解析表达式。因此，解决这个问题的关键在于解决上述第一个问题，具体地说，就是：点 $(X(t),Y(t),Z(t))^T$ 的数学表达形式。

直观上，（三维空间中的）直线是从某一个定点 $(X_0,Y_0,Z_0)^T=(X(0),Y(0),Z(0))^T$ 出发，沿着某一个固定方向 $(U,V,W)^T$ 运动的点 $(X(t),Y(t),Z(t))^T$ 的轨迹。因此，直线的数学表达式为：

$$(X(t),Y(t),Z(t))^T=(X_0,Y_0,Z_0)^T+(U,V,W)^T t \tag{2.6}$$

或者，写成相应的分量形式：

$$X(t)=X_0+Ut \qquad Y(t)=Y_0+Vt \qquad \text{和} \qquad Z(t)=Z_0+Wt \tag{2.7}$$

将式 (2.7) 带入透视投影公式 (2.4) 中，就得到了空间中直线的图像：

$$x(t)=\frac{X_0+Ut}{Z_0+Wt}f \qquad \text{和} \qquad y(t)=\frac{Y_0+Vt}{Z_0+Wt}f \tag{2.8}$$

最后，我们来研究上述第三个问题：通过数学分析描述图像 $(x(t),y(t))^T$ 的性质。生活经验告诉我们，空间直线的像也是一条直线（或直线的一部分，例如射线或一个点），但是，我们很难通过式 (2.8) 直接看出：$(x(t),y(t))^T$ 是二维平面上的直线。根据上面给出的三维空间中的直线表达式 (2.7)，二维空间中的直线表达式应为：

$$x(s)=x_0+us \qquad \text{和} \qquad y(s)=y_0+vs \tag{2.9}$$

也就是说，从像平面上某一个定点 $(x_0,y_0)^T=(x(0),y(0))^T$ 出发，沿着某一个固定方向 $(u,v)^T$ 运动的点 $(x(s),y(s))^T$ 的轨迹。根据式 (2.8)，可以进一步整理得到：

$$\begin{aligned} x(t) &= \frac{(X_0+WtX_0/Z_0)+(Ut-WtX_0/Z_0)}{Z_0+Wt}f \\ &= \frac{X_0}{Z_0}f+\left(U-\frac{X_0}{Z_0}W\right)f\frac{t}{Z_0+Wt} \end{aligned} \tag{2.10}$$

$$y(t)=\frac{(Y_0+WtY_0/Z_0)+(Vt-WtY_0/Z_0)}{Z_0+Wt}f$$

$$= \frac{Y_0}{Z_0} f + \left(V - \frac{Y_0}{Z_0} W \right) f \frac{t}{Z_0 + Wt} \tag{2.11}$$

对比式 (2.9)，只需令：

$$x_0 = \frac{X_0}{Z_0} f \tag{2.12}$$

$$y_0 = \frac{Y_0}{Z_0} f \tag{2.13}$$

$$u = \left(U - \frac{X_0}{Z_0} W \right) f \tag{2.14}$$

$$v = \left(V - \frac{Y_0}{Z_0} W \right) f \tag{2.15}$$

$$s = \frac{t}{Z_0 + Wt} \tag{2.16}$$

式 (2.10) 和 (2.11) 就与式 (2.9)匹配一致。因此，

- **空间直线的像位于（二维像平面中的）直线上**[①]**。**

进一步，当 $W \neq 0$ 时，可以得到：

$$\lim_{t \to \infty} s = \lim_{t \to \infty} \frac{t}{Z_0 + Wt} = \frac{1}{W} \tag{2.17}$$

于是，根据式 (2.10) 和 (2.11)，我们计算得到：

$$x^* = \lim_{t \to \infty} x(t) = \frac{U}{W} f \quad \text{和} \quad y^* = \lim_{t \to \infty} y(t) = \frac{V}{W} f \tag{2.18}$$

点 $(x^*, y^*)^T$ 是空间直线上"无穷远"处的点（即 $(X(t), Y(t), Z(t))^T$ 在 $t \to \infty$ 时的点）所对应的像，因此，我们将其称为**消失点**。注意，（图像上的）点 $(x^*, y^*)^T$ 与（空间中的）直线 $(X(t), Y(t), Z(t))^T$ 的起始点 $(X_0, Y_0, Z_0)^T$ 无关，而只是取决于直线的方向 $(U, V, W)^T$。注意：从不同的起始点出发、具有相同方向 $(U, V, W)^T$ 的直线构成空间中的一组**平行线**，因此，一个自然的结论是[②]：

- **空间中一组平行线的像相交（或汇聚）于消失点** $(x^*, y^*)^T$**。**

结合上述两个结论，我们通过数学分析，完整地回答了本小节一开始提出的问题：

---

①注意，当 t 从 0 到 $+\infty$ 时，s 的取值并不是从 0 到 $+\infty$，而是从 0 到 $1/W$，因此，我们说空间直线的像"位于直线上"，而不说空间直线的像"是直线"。

②第 10 章 10.4.3 小节中的实验结果也进一步验证了这一结论，参见图 10.5(d)。

- 空间中的一组平行直线所成的图像是：**相交（或"汇聚"）于消失点的一组二维（像平面上的）直线**[①]**。**

当然，上述结论的成立条件是 $W \neq 0$，也就是说，空间中的直线不平行于像平面。正如上面指出的，$W \neq 0$ 是式 (2.18) 及后续分析的前提。当空间中的直线**平行**于像平面（即 $W = 0$）时，所得到的二维直线（即：空间中的一组平行直线的图像）的方向 $(u, v)^T = (Uf, Vf)^T$ 是常量（参见式 (2.14) 和 (2.15)），因此，这组二维直线是（像平面上的）一组**平行**直线。例如：图 2.2 中的立柱。

通过上面关于消失点的分析，我们了解到了对于光电感知问题的一般研究方法：

实际问题 ⟶ **数学模型** ⟶ **理论分析** ⟶ **一般规律**

2.2.2 寻找消失点

完成理论分析之后，我们需要继续考虑相应的算法实现过程。在很多情况下，我们既不知道空间直线的方向 $(U, V, W)^T$，也不知道观测方向（即：相机的光轴方向），因此，无法通过式 (2.18) 来直接计算出消失点。事实上，对于很多智能光电感知任务，我们所依据的数据就是图像，正如下一小节中将要讨论的，我们试图通过分析图像来求解出观测方向。

我们需要设法直接在图像中（例如图 2.3(a)）寻找**消失点**。上一小节中的理论分析结果为相应的算法设计提供了依据，寻找消失点的问题被分解为如下两个子问题：

1. 寻找图像中的**长直线**；
2. 计算长直线的"**交点**"。

事实上，子问题 1 已经得到广泛研究，有了解决方案。在第 10 章中，我们详细讨论了**边缘**查找方法，图 2.3(b) 中给出了相应的边缘检测结果。进一步，我们需要根据图 2.3(b) 中的**边缘点**，来确定出对应的**长直线**（由超过一定数目的边缘点所构成的直线），相应的技术被称为 **Hough 变换**（参见第 10 章 10.4.3 小节内容）。对于一条直线：

$$x \cos\theta + y \sin\theta = \rho \tag{2.19}$$

---

①准确地说，是直线上的第一部分，正如前面讨论的，（像平面上的）二维直线 $(x(s), y(s))^T$ 中 s 的取值范围是 $(0, 1/W)$ 而非 $(0, \infty)$。

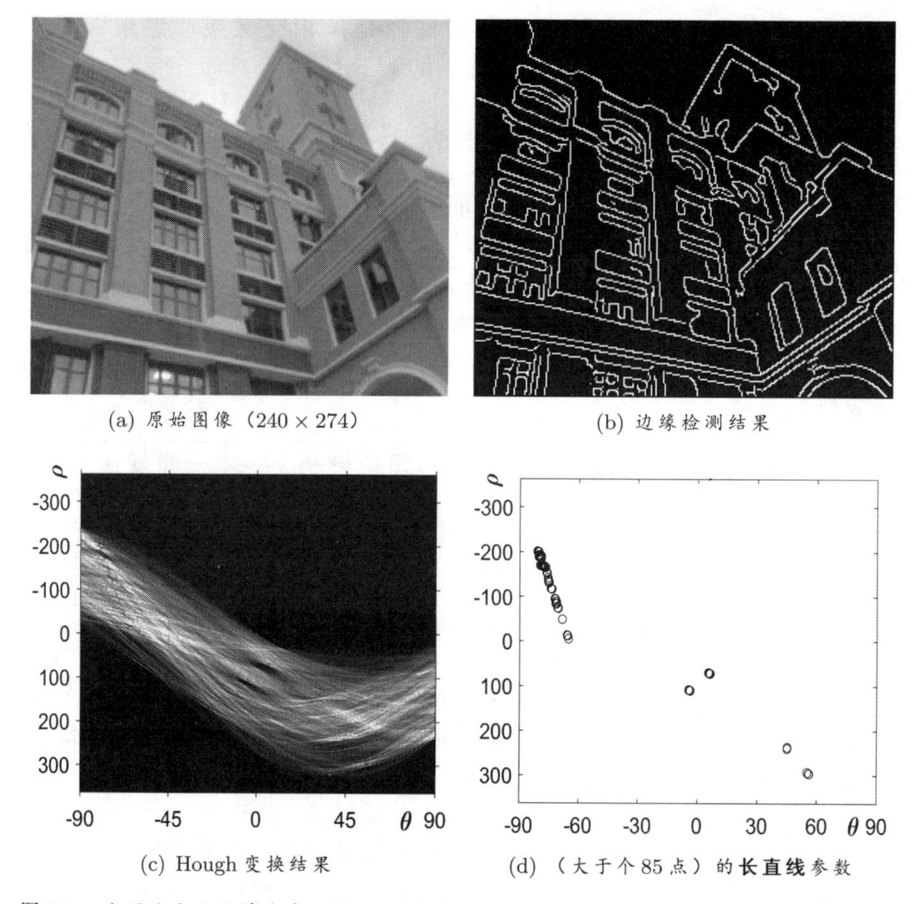

(a) 原始图像（240 × 274）　(b) 边缘检测结果

(c) Hough 变换结果　(d) （大于个 85 点）的**长直线**参数

图 2.3　在图像中寻找**消失点**。(a) 原始图像，包含（空间中）三个方向的平行直线。(b) 检测出的边缘点（参见第 10 章内容）。(c) 通过 **Hough 变换**，可以确定图中的**直线形边缘**。(c) 通过设置阈值，选择出相应的**长直线**（大于 85 个边缘点）。

向量 $(\cos\theta, \sin\theta)^T$ 称为：直线的**法向量**，ρ 表示：原点到直线的距离。在第 7 章 7.4 小节中，我们还将详细介绍相关内容（参见图 7.10）。

对于某一个固定的点 $(x, y)^T$，式 (2.19) 中的 θ 和 ρ 构成（$\theta - \rho$ 空间中的）一条**正弦曲线**：

$$\rho(\theta) = \sqrt{x^2 + y^2}\,\sin\left(\theta + \arctan(x/y)\right) \tag{2.20}$$

于是，对于图 2.3(b) 中的每一个边缘点，我们都能画出一条对应的正弦曲线，如图 2.3(c) 所示。对于某一条固定的直线，其上所有的点具有相同的 θ 和 ρ，也就是说，某一条直线中包含多少个（被检测

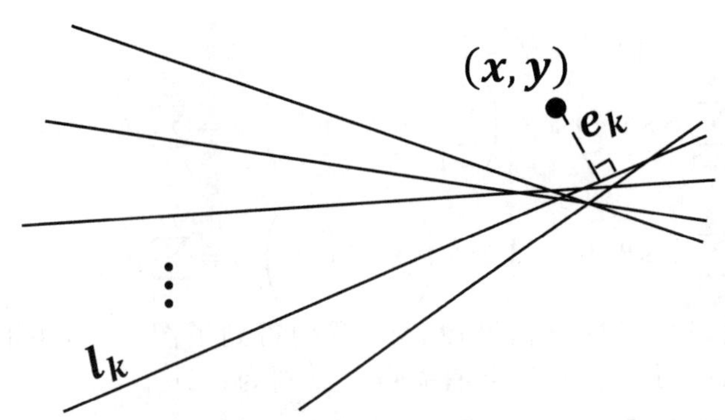

图 2.4 由于边缘提取和 Hough 变换过程中的误差，这些长直线并不相交于一点，而是汇聚于一个小区域内。我们可以通过：最小化点 $(x,y)^T$ 到所有直线的距离的平方和，来给出对消失点（在二范数意义下）的**最佳估计**。

出的）边缘点，就会有多少条（式 (2.20) 给出的）正弦曲线相交于图 2.3(c) 中的对应位置 $(\theta,\rho)^T$。因此，我们只需要对图 2.3(c) 中的各个小邻域做**统计**，即可求得每条（由参数 $(\theta,\rho)^T$ 确定的）直线所包含的**边缘点**数目。图 2.3(d) 中给出了：边缘点数目大于 85 的所有**长直线**（共 79 条）的对应参数。这 79 条长直线可以大致分为三组：1) $-90° < \theta < -60°$，2) $-20° < \theta < 20°$ 和 3) $30° < \theta < 60°$，参见图 2.3(d)。

这三组长直线中，每一组所包含的长直线数目分别为：66 条，8 条和 5 条。理论上，每一组中的所有长直线（的延长线）应该相交于同一点，但是，由于边缘提取和 Hough 变换过程中的误差，这些长直线并不相交于一点，而是汇聚于一个小区域内，如图 2.4 所示。接下来要解决的问题是：如何求这组长直线的“交点”。

空间中的任意一点 $(x,y)^T$ 到第 k 条长直线 $x_0\cos\theta_k + y_0\sin\theta_k = \rho_k$ 的距离为（参见图 2.4）：

$$e_k = x\cos\theta_k + y\sin\theta_k - \rho \tag{2.21}$$

我们可以通过：最小化点 $(x,y)^T$ 到所有直线的距离的平方和，来给出对消失点（在二范数意义下）的**最佳估计**。令：

$$\Psi(x,y) = \sum_{k=1}^{K} e_k^2 = \sum_{k=1}^{K} (x\cos\theta_k + y\sin\theta_k - \rho)^2 \tag{2.22}$$

我们可以通过**极值必要条件**[2]:

$$\frac{\partial}{\partial x}\Psi(x,y) = 0 \quad 和 \quad \frac{\partial}{\partial y}\Psi(x,y) = 0 \tag{2.23}$$

来求解最佳估计结果。

进一步，我们可以整理得到：

$$\begin{cases} \left(\sum_{k=1}^{K}\cos^2\theta_k\right)x+\left(\sum_{k=1}^{K}\cos\theta_k\sin\theta_k\right)y=\sum_{k=1}^{K}\rho_k\cos\theta_k \\ \left(\sum_{k=1}^{K}\cos\theta_k\sin\theta_k\right)x+\left(\sum_{k=1}^{K}\sin^2\theta_k\right)y=\sum_{k=1}^{K}\rho_k\sin\theta_k \end{cases} \tag{2.24}$$

最终，通过求解线性方程组 (2.24)，我们得到了图 2.3(a) 中的（三组空间平行直线所对应的）三个**消失点**，分别为：

$$A:\begin{pmatrix}656.5195\\309.9549\end{pmatrix},\quad B:\begin{pmatrix}92.3345\\-214.7940\end{pmatrix}\quad \text{和}\quad C:\begin{pmatrix}-69.0147\\403.5427\end{pmatrix}$$

注意，原点在图像的**左上角**，y 轴的方向是**向下**的。

最后，让我们进一步理解线性方程组 (2.24)。一组**长直线**所对应的方程“合在一起”，构成了如下的线性方程组[2]：

$$\underbrace{\begin{pmatrix}\cos\theta_1 & \sin\theta_1\\ \vdots & \vdots\\ \cos\theta_k & \sin\theta_k\\ \vdots & \vdots\\ \cos\theta_K & \sin\theta_K\end{pmatrix}}_{\mathbf{A}}\underbrace{\begin{pmatrix}x\\y\end{pmatrix}}_{\mathbf{u}}=\underbrace{\begin{pmatrix}\rho_1\\ \vdots\\ \rho_k\\ \vdots\\ \rho_K\end{pmatrix}}_{\mathbf{b}} \tag{2.26}$$

注意，矩阵 $\mathbf{A}$ 并不是一个方阵，因此，我们无法直接通过：求解线性方程组 $\mathbf{Au}=\mathbf{b}$，来得到**消失点**的坐标。对比线性方程组 (2.24) 和 (2.26)，不难发现两者之间的关系：式 (2.24) 可以进一步写为：

$$\mathbf{A}^T\mathbf{A}\mathbf{u}=\mathbf{A}^T\mathbf{b} \tag{2.27}$$

如果 $\mathbf{A}^T\mathbf{A}$ 可逆，那么 $\mathbf{u}=(\mathbf{A}^T\mathbf{A})^{-1}\mathbf{A}^T\mathbf{b}$ 称为式 (2.26) 的**最小二乘解**。

2.3 确定观测方向

本小节中，我们将探索一个新的问题：如何根据一个长方体的图像来确定观测方向[①]。长方体可以对应于一栋建筑物，一个无人机在空中对这个建筑物拍照，并将照片传回。我们的任务是：根据传回的图像估计出拍照时的观测方向，从而进一步确定无人机的飞行姿态。

[①] 假定相机参数（包括焦距 f 和像平面尺寸等）是已知的。我们可以将焦距 f 换算为像素长度单位，或者，将像素点的位置索引 (x,y) 换算为以 f 为基本长度单位的度量值。

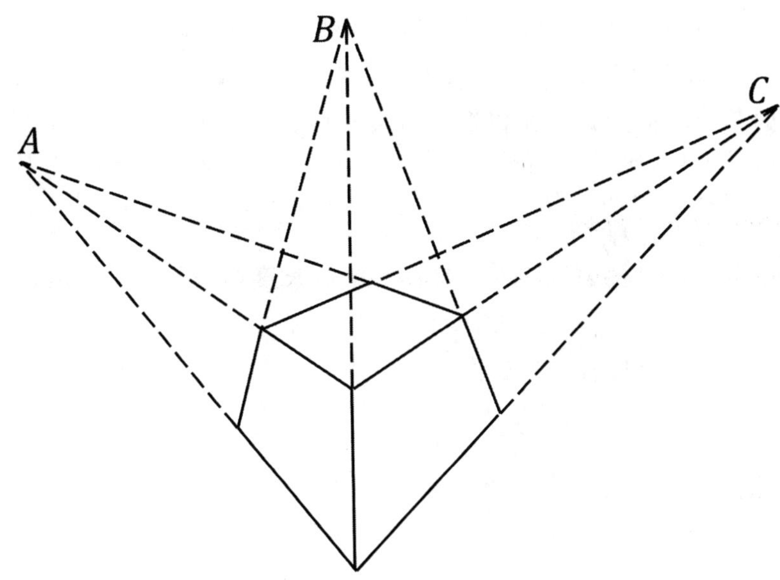

图 2.5 长方体物体的边可以被分成三组平行线，因此，会产生三个**消失点**。根据这三个消失点在图像中的位置，我们可以进一步探索：长方体物体相对于像平面的“朝向”，进而确定观测方向。

2.3.1 确定平行直线的方向

透视投影成像的结果使得：长方体各个面的图像不再是长方形，而是一个个四边形，如图 2.5 所示。我们的问题是：如何根据这些四边形的形状，估计出拍照时的观测方向。

根据上一节的分析，我们知道：（三维）空间中的一条直线被投影成（二维）像平面上的一条直线。当三维空间中的平行线被投影成二维（像平面上的）直线后，这些二维直线会（在像平面上）相交于一点。这个点被称为**消失点**。本节中，我们将探索：如何通过消失点来确定观测方向。对于一个长方体物体，通过：1) 图像中的线，2) 线与线的交点，我们可以复原出大量的信息。长方体物体的边可以被分成三组平行线，因此，会产生三个消失点，即：图 2.5 中的 A、B 和 C。我们将探索：如何根据这三个消失点在图像中的位置，来进一步判断长方体物体相对于像平面的“朝向”，进而确定相应的观测方向。假设图 2.5 中三个**消失点** A、B 和 C 的坐标分别为：

$$A: (x_A^*, y_A^*)^T, \quad B: (x_B^*, y_B^*)^T \quad 和 \quad C: (x_C^*, y_C^*)^T \tag{2.28}$$

长方体物体的（12 条）边所对应的三组平行线的方向记为：

$$(U_A, V_A, W_A)^T, \quad (U_B, V_B, W_B)^T \quad \text{和} \quad (U_C, V_C, W_C)^T \tag{2.29}$$

我们的第一个问题是：如何根据消失点 $(x_A^*, y_A^*)^T$ 来确定对应的平行直线方向 $(U_A, V_A, W_A)^T$。直接根据消失点的定义式 (2.18)，我们“似乎”无法解决这一问题。有三个未知数 U_A、V_A 和 W_A，而式 (2.18) 中只给出了两个约束方程。

注意，方向 $(U_A, V_A, W_A)^T$ 是一个**单位长度**的向量，也就是说，

$$U_A^2 + V_A^2 + W_A^2 = 1 \tag{2.30}$$

进一步，我们可以整理得到：

$$\left(\frac{U_A}{W_A}\right)^2 + \left(\frac{V_A}{W_A}\right)^2 + 1 = \frac{1}{W_A^2} \tag{2.31}$$

将式 (2.18) 代入，我们可以进一步得到：

$$\left(\frac{x_A^*}{f}\right)^2 + \left(\frac{y_A^*}{f}\right)^2 + 1 = \frac{1}{W_A^2} \tag{2.32}$$

最终，我们整理得到：

$$W_A = \frac{f}{\sqrt{(x_A^*)^2 + (y_A^*)^2 + f^2}} \tag{2.33}$$

根据式 (2.18)，我们可以整理得到：

$$U_A = \frac{x_A^*}{\sqrt{(x_A^*)^2 + (y_A^*)^2 + f^2}} \quad \text{和} \quad V_A = \frac{y_A^*}{\sqrt{(x_A^*)^2 + (y_A^*)^2 + f^2}} \tag{2.34}$$

最终，我们确定出了消失点 $(x_A^*, y_A^*)^T$ 所对应的平行直线方向：

$$\begin{pmatrix} U_A \\ V_A \\ W_A \end{pmatrix} = \frac{1}{\sqrt{(x_A^*)^2 + (y_A^*)^2 + f^2}} \begin{pmatrix} x_A^* \\ y_A^* \\ f \end{pmatrix} \tag{2.35}$$

采用同样的方法，我们可以进一步确定：另外两个消失点 $(x_B^*, y_B^*)^T$ 和 $(x_C^*, y_C^*)^T$ 所对应的平行直线方向 $(U_B, V_B, W_B)^T$ 和 $(U_C, V_C, W_C)^T$，也就是说，

$$\begin{pmatrix} U_B \\ V_B \\ W_B \end{pmatrix} = \frac{1}{\sqrt{(x_B^*)^2 + (y_B^*)^2 + f^2}} \begin{pmatrix} x_B^* \\ y_B^* \\ f \end{pmatrix} \tag{2.36}$$

$$\begin{pmatrix} U_C \\ V_C \\ W_C \end{pmatrix} = \frac{1}{\sqrt{(x_C^*)^2 + (y_C^*)^2 + f^2}} \begin{pmatrix} x_C^* \\ y_C^* \\ f \end{pmatrix} \tag{2.37}$$

进一步，以三组平行直线的方向 $(U_A, V_A, W_A)^T$、$(U_B, V_B, W_B)^T$ 和 $(U_C, V_C, W_C)^T$ 为相应的列向量，就构成了一个**正交矩阵**[2]：

$$\mathbf{A} = \begin{pmatrix} U_A & U_B & U_C \\ V_A & V_B & V_C \\ W_A & W_B & W_C \end{pmatrix} \tag{2.38}$$

也就是说，$\mathbf{A}^T\mathbf{A} = \mathbf{I}$，其中 $\mathbf{I}$ 为 3×3 的**单位矩阵**。对于正交矩阵 $\mathbf{A}$，一个直接的结论是 $\mathbf{A}^{-1} = \mathbf{A}^T$。注意，虽然正交矩阵 $\mathbf{A}$ 中的三个列向量相互**垂直**，并且每个列向量的长度都等于 1，但是，并不能确保正交矩阵 $\mathbf{A}$ 中的三个列向量构成一个**直角坐标系**。要构成一个直角坐标系，$\mathbf{A}$ 中的三个列向量还必须使得[2]：

- **矩阵 A 的行列式等于 1，而不是等于 −1。**

我们需要对正交矩阵 $\mathbf{A}$ 中的三个列向量做一些调整，从而保证这三个列向量构成一个直角坐标系。具体调整方式为：如果矩阵 $\mathbf{A}$ 的行列式等于 -1，那么就交换矩阵 $\mathbf{A}$ 中的两列，例如：令

$$\mathbf{A} = \begin{pmatrix} U_A & U_C & U_B \\ V_A & V_C & V_B \\ W_A & W_C & W_B \end{pmatrix} \tag{2.39}$$

经过上述调整后的 $\mathbf{A}$ 仍然是一个**正交矩阵**，并且，矩阵 $\mathbf{A}$ 中的三个列向量构成一个**直角坐标系**[2]。

2.3.2 判断观测方向

接下来，我们要解决的一个问题是：如何进一步确定观测方向？

为了更好地理解这个问题，我画了图 2.7(a)。我们现在有两个直角坐标系：1) 以长方体为中心的**坐标系 1**，三个坐标轴分别为 X_1 轴、Y_1 轴和 Z_1 轴；2) 以相机为中心的**坐标系 2**，三个坐标轴分别为 X_2 轴、Y_2 轴和 Z_2 轴。在坐标系 2 中，坐标系 1 的三个轴（即 X_1 轴、Y_1 轴和 Z_1 轴）的方向正好是：正交矩阵 $\mathbf{A}$ 中的三个列向量。我们要回答的问题是：在坐标系 1 中，坐标系 2 的三个轴（X_2 轴、Y_2 轴和 Z_2 轴）的方向是什么。我们要确定的观测方向就是：**坐标系 2 中的 Z_2 轴在坐标系 1 中的方向！**

让我们稍作总结：在坐标系 2 中，坐标系 1 的三个轴（X_1 轴、Y_1 轴和 Z_1 轴）的方向构成**正交矩阵 A**，坐标系 2 的三个轴（X_2 轴、Y_2 轴和 Z_2 轴）的方向构成**单位矩阵 I**；在坐标系 1 中，坐标系 1 的三个

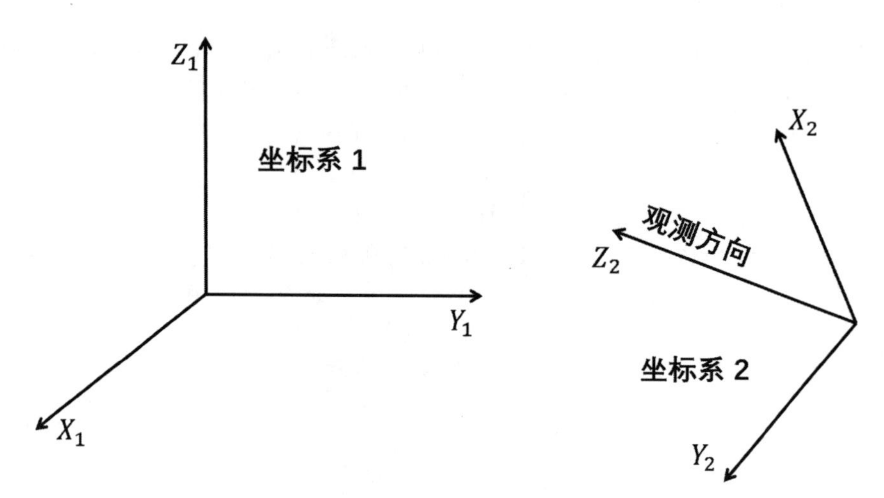

图 2.6　我们现在有两个直角坐标系：1) 以长方体为中心的**坐标系 1**，三个坐标轴分别为 X_1 轴、Y_1 轴和 Z_1 轴；2) 以相机为中心的**坐标系 2**，三个坐标轴分别为 X_2 轴、Y_2 轴和 Z_2 轴。在坐标系 2 中，坐标系 1 的三个轴的方向正好是：正交矩阵 $\mathbf{A}$ 中的三个列向量。我们要确定的观测方向是：坐标系 2 中的 Z_2 轴在坐标系 1 中的方向。

轴（X_1 轴、Y_1 轴和 Z_1 轴）的方向构成**单位矩阵 $\mathbf{I}$**，坐标系 2 的三个轴（X_2 轴、Y_2 轴和 Z_2 轴）的方向构成什么？在教学过程中，很多同学都能给出正确答案：矩阵 $\mathbf{A}$ 所对应的**逆矩阵 $\mathbf{A}^{-1}$**，但是，却解释不出原因。事实上，这是我们在线性代数的课程中学习过的一个重要内容：通过**增广矩阵**的方法实现矩阵的**求逆**运算[2]。我们将两个坐标系的两组坐标轴放在一起，组成两个增广矩阵：1) 在坐标系 2 中的两组坐标轴方向 $[\mathbf{A}\,|\,\mathbf{I}]$；2) 在坐标系 1 中的两组坐标轴方向 $[\mathbf{I}\,|\,\mathbf{B}]$。我们用 $\mathbf{R}$ 来表示这两个坐标系之间的**线性变换**（三维空间中的**旋转**），于是，可以进一步得到：

$$\mathbf{R}\,[\mathbf{A}\,|\,\mathbf{I}] = [\mathbf{I}\,|\,\mathbf{B}] \tag{2.40}$$

也就是说，

$$\mathbf{R}\mathbf{A} = \mathbf{I} \quad \text{和} \quad \mathbf{R}\mathbf{I} = \mathbf{B} \tag{2.41}$$

进一步，我们可以得到：

$$\mathbf{B} = \mathbf{R} = \mathbf{A}^{-1} \tag{2.42}$$

注意：$\mathbf{A}$ 是**正交矩阵**，因此 $\mathbf{A}^{-1} = \mathbf{A}^T$。我们求得了坐标系 2 的三个轴（$X_2$ 轴、Y_2 轴和 Z_2 轴）在坐标系 1 中的方向，即：矩阵 $\mathbf{B} = \mathbf{A}^T$ 中的三个列向量。最终，我们求得了观测方向（坐标系 2 中的 Z_2 轴在坐标

系1中方向），即：矩阵 $\mathbf{A}^T$ 中的第三列，也就是说，

$$(W_A, W_B, W_C)^T = \tag{2.43}$$

$$\left(\frac{f}{\sqrt{(x_A^*)^2+(y_A^*)^2+f^2}}, \frac{f}{\sqrt{(x_B^*)^2+(y_B^*)^2+f^2}}, \frac{f}{\sqrt{(x_C^*)^2+(y_C^*)^2+f^2}}\right)^T$$

当然，如果矩阵 **A** 的行列式等于 -1，那么，需要交换 W_B 和 W_C，也就是说，相应的观测方向变为了 $(W_A, W_C, W_B)^T$。

2.3.3 正交性约束

最后，我们可以进一步完善所得到的结果，以增强算法的鲁棒性。由于寻找**消失点**过程中会引入误差（参见式 (2.26)），我们所估计出的三组平行线的方向（即：式 (2.38) 中的三个列向量）可能并不是相互垂直的，而是"近似于"相互垂直，也就是说，式 (2.38) 中的矩阵 **A** 只是"接近于"一个正交矩阵。

于是，我们的问题可以被描述为：寻找一个**最接近**矩阵 **A** 的**正交矩阵 Q**。我们可以用多种范数来"度量"两个矩阵的接近程度，在这里，我们选用矩阵的 **Frobenius 范数**的平方，也就是说，矩阵中所有元素的平方和，来进行度量。相应的数学模型为最小化目标函数：

$$\Phi(\mathbf{Q}) = \|\mathbf{A}-\mathbf{Q}\|_F^2 = \mathrm{Tr}\left((\mathbf{A}-\mathbf{Q})^T(\mathbf{A}-\mathbf{Q})\right) \tag{2.44}$$

其中 $\mathrm{Tr}(\bullet)$ 表示**矩阵的迹**，也就是说，矩阵对角线元素之和[2]。

矩阵 **Q** 是一个**正交矩阵**，也就是说，$\mathbf{Q}^T\mathbf{Q} = \mathbf{I}$，因此，式 (2.44) 可以被进一步整理为：

$$\Phi(\mathbf{Q}) = \mathrm{Tr}(\mathbf{A}^T\mathbf{A} + \mathbf{I} - \mathbf{Q}^T\mathbf{A} - \mathbf{A}^T\mathbf{Q}) \tag{2.45}$$

$$= \mathrm{Tr}(\mathbf{A}^T\mathbf{A} + \mathbf{I}) - 2\,\mathrm{Tr}(\mathbf{Q}^T\mathbf{A}) \tag{2.46}$$

于是，我们的问题被转化为：在条件 $\mathbf{Q}^T\mathbf{Q} = \mathbf{I}$ 的约束下**最大化**目标函数 $\mathrm{Tr}(\mathbf{Q}^T\mathbf{A})$。事实上，$\mathbf{Q}^T\mathbf{A}$ 反映出矩阵 **Q** 与 **A** 中对应列向量之间的**相关性**。我们可以通过矩阵的**奇异值分解**，来求解这一类问题①。

矩阵 **A** 可以被分解为（矩阵 **A** 的**奇异值分解**）[2]：

$$\mathbf{A} = \mathbf{U}\mathbf{\Sigma}\mathbf{V}^T \tag{2.47}$$

①这需要一些灵感，我曾花费数月时间思考这个问题。在此之前，我尝试通过本章 2.2.2 小节介绍的**偏导数等于零**这一极值条件来进行求解，没有得到解析解。后来，在我的恩师 **Berthold K.P. Horn** 教授的点拨之下，才最终求出了这一问题的解析解。

其中，$\mathbf{U}$ 和 $\mathbf{V}$ 都是**正交矩阵**，$\mathbf{\Sigma}$ 是一个对角矩阵，其对角线上的 3 个元素 σ_1、σ_2 和 σ_3 称为矩阵 $\mathbf{A}$ 的**奇异值**[2]，此外，$\sigma_1 \geq \sigma_2 \geq \sigma_3 \geq 0$。

我们定义一个新的**正交矩阵** $\mathbf{R} = \mathbf{U}\mathbf{V}^T$，以及一个**对称矩阵** $\mathbf{S} = \mathbf{V}\mathbf{\Sigma}\mathbf{V}^T$，于是，式(2.47)可以被进一步写为：

$$\mathbf{A} = \mathbf{U}\mathbf{V}^T\mathbf{V}\mathbf{\Sigma}\mathbf{V}^T = \mathbf{R}\mathbf{S} \tag{2.48}$$

根据式 (2.47)，我们可以计算得到：

$$\mathbf{A}^T\mathbf{A} = \mathbf{V}\mathbf{\Sigma}^2\mathbf{V}^T \tag{2.49}$$

于是，我们可以得到：

$$\mathbf{S} = \mathbf{V}\mathbf{\Sigma}\mathbf{V}^T = \left(\mathbf{A}^T\mathbf{A}\right)^{\frac{1}{2}} \tag{2.50}$$

进一步，根据式 (2.48)，我们可以得到：

$$\mathbf{R} = \mathbf{A}\mathbf{S}^{-1} = \mathbf{A}\left(\mathbf{A}^T\mathbf{A}\right)^{-\frac{1}{2}} \tag{2.51}$$

上式给出了**正交矩阵** $\mathbf{R} = \mathbf{U}\mathbf{V}^T$ 的解析表达式，其中

$$\left(\mathbf{A}^T\mathbf{A}\right)^{-\frac{1}{2}} = \mathbf{V}\begin{pmatrix} 1/\sigma_1 & 0 & 0 \\ 0 & 1/\sigma_2 & 0 \\ 0 & 0 & 1/\sigma_3 \end{pmatrix}\mathbf{V}^T \tag{2.52}$$

因此，式 (2.51) 中关于 $\mathbf{R}$ 的计算过程并不比 $\mathbf{R} = \mathbf{U}\mathbf{V}^T$ 简单。

事实上，我们要寻找的那个**最接近** $\mathbf{A}$ 的**正交矩阵** $\mathbf{Q}$ 就是矩阵 $\mathbf{R}$。代入式 (2.48) 和 (2.50)，我们可以得到：

$$\mathrm{Tr}\left(\mathbf{Q}^T\mathbf{A}\right) = \mathrm{Tr}\left(\mathbf{Q}^T\mathbf{R}\mathbf{V}\mathbf{\Sigma}\mathbf{V}^T\right) \tag{2.53}$$

$$= \mathrm{Tr}\left(\mathbf{V}^T\mathbf{Q}^T\mathbf{R}\mathbf{V}\mathbf{\Sigma}\right) \tag{2.54}$$

我们不妨令：

$$\mathbf{P} = \mathbf{V}^T\mathbf{Q}^T\mathbf{R}\mathbf{V} \tag{2.55}$$

注意，矩阵 $\mathbf{P} = \{p_{i,j}\}$ 也是一个**正交矩阵**，其中 $i = 1, 2, 3$ 和 $j = 1, 2, 3$ 分别表示**行标**和**列标**。于是，式 (2.54) 可以被写为：

$$\mathrm{Tr}\left(\mathbf{Q}^T\mathbf{A}\right) = p_{1,1}\sigma_1 + p_{2,2}\sigma_2 + p_{3,3}\sigma_3 \tag{2.56}$$

注意，$\mathbf{P} = \{p_{i,j}\}$ 是一个**正交矩阵**，因此，$p_{i,j} \leq 1$。最终，我们分析得到：当 $p_{1,1} = p_{2,2} = p_{3,3} = 1$ 时，式 (2.56) 中的 $\mathrm{Tr}\left(\mathbf{Q}^T\mathbf{A}\right)$ 取得最大值。此时，矩阵 $\mathbf{P} = \mathbf{I}$ 变成了一个 3×3 的**单位矩阵**。

根据式 (2.55) 不难发现：当且仅当 $\mathbf{Q} = \mathbf{R}$ 时，矩阵 $\mathbf{P}$ 是一个单位矩阵。最终，我们求得了优化目标函数 (2.44) 的解析解：

$$\mathbf{Q} = \mathbf{U}\mathbf{V}^T = \mathbf{A}\left(\mathbf{A}^T\mathbf{A}\right)^{-\frac{1}{2}} \tag{2.57}$$

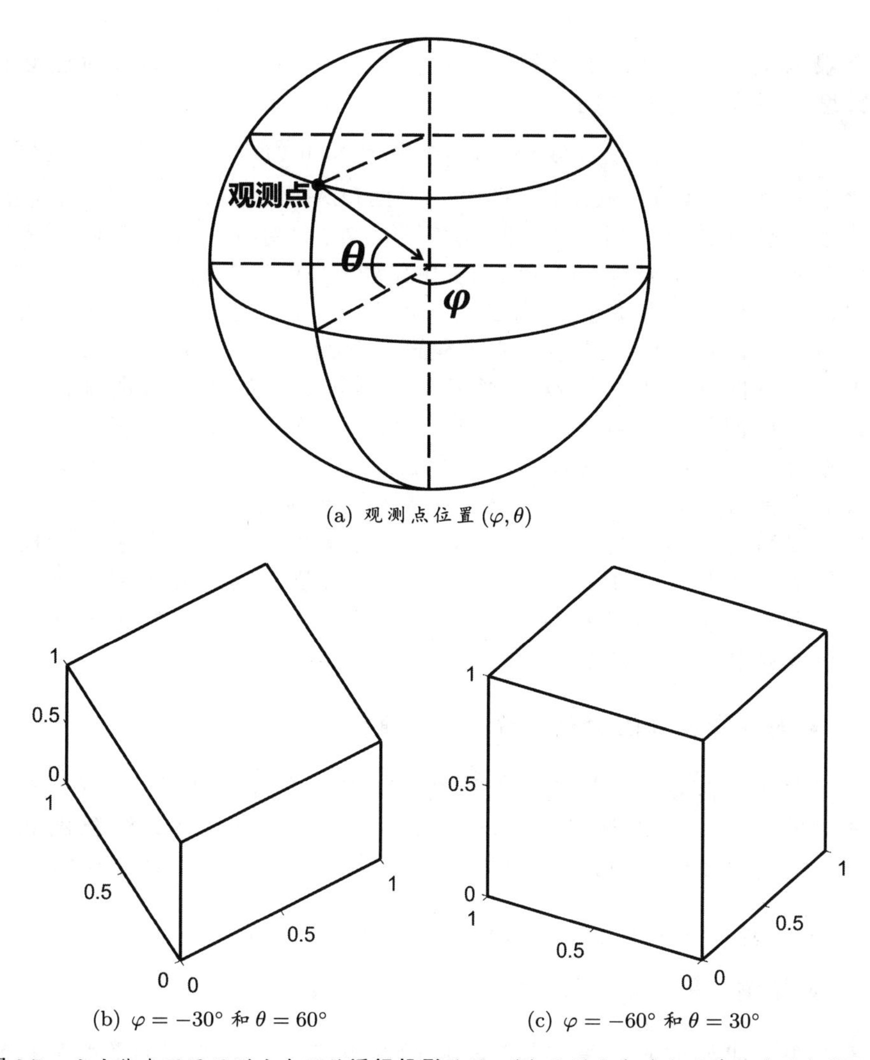

(a) 观测点位置 (φ, θ)

(b) $\varphi = -30^\circ$ 和 $\theta = 60^\circ$　　(c) $\varphi = -60^\circ$ 和 $\theta = 30^\circ$

图 2.7　立方体在不同观测方向下的**透视投影**结果。(a) 观测方向对应于单位球面上的一个**观测点**，参数 φ 和 θ 分别对应于观测点的**经度**和**维度**。(b) 当 $\varphi = -30^\circ$ 和 $\theta = 60^\circ$ 时，立方体的观测结果。(c) 当 $\varphi = -60^\circ$ 和 $\theta = 30^\circ$ 时，立方体的观测结果。

2.3.4 成像的逆问题

事实上，许多画图软件（例如 MATLAB 中的 Figure 图形窗口）都是根据**透视投影**绘制出三维物体在二维平面上的几何图形。MATLAB 通过函数 view(φ, θ) 来确定观测方向，观测方向对应于单位球面上的一个**观测点**，如图 2.7(a) 所示。参数 φ 和 θ 分别对应于观测点的**经度**和**维度**，相应的**观测方向**为：

$$-(\cos\theta\sin\varphi, \cos\theta\cos\varphi, \sin\theta)^T \tag{2.58}$$

对于一个立方体，图 2.7(b) 中给出了 MATLAB 命令 view(−30, 60) 的输出结果，也就是说，当 $\varphi = -30^\circ$ 和 $\theta = 60^\circ$ 时，对立方体的观测（透视投影）结果。作为对比，图 2.7(c) 中给出了 MATLAB 命令 view(−60, 30) 的输出结果，也就是说，当 $\varphi = -60^\circ$ 和 $\theta = 30^\circ$ 时，对立方体的观测（透视投影）结果。从不同的方向进行观测，立方体的各个面会形成不同形状的四边形。**透视投影**模型告诉我们：如何根据**观测方向**来计算这些四边形（在图像中）的形状。本节中，我们尝试解决一个"相反"的问题：如何根据这些四边形的具体形状来估计观测方向。最终，借助于**消失点**理论，我们解决了这一问题。

观测方向是"因"，四边形的形状是"果"。在数学上，根据"结果"来推测"原因"，又被称为**逆问题**理论。要求解一个逆问题，首先需要清晰明确地了解"因果关系"！光电感知常常伴随着"对成像求逆"的过程，因此，我们再次强调：

- **对成像原理的深刻理解是极其重要的！**

透视投影公式 (2.4) 为我们提供了实现光电感知的一种方式：通过严谨的数学分析来研究和分析感知问题，我们将其称为**计算感知**模型。人类感知的实现是一个复杂的系统，至少包括如下两个层面：

- **计算**：例如基于物理成像的摄影测量。
- **猜测**：例如基于神经网络的目标分类。

本书中，我们的研究重点是第一层面的内容：通过严谨的数学分析来建立理论模型，进而得出现实具体感知任务的有效方法。我们也会用部分章节介绍第二层面的内容。本书的附录中给出了一些实例，通过结合**计算**和**猜测**两个层面的内容，来实现复杂的光电感知任务。

2.4 透镜

事实上，上面介绍的透视投影是一个理论模型。要在像平面上得到一定强度的光照，相机的光圈必须有一定的尺寸。因此，我们前面介绍的小孔的直径就不能为零。于是，我们前面关于投影的简单分析

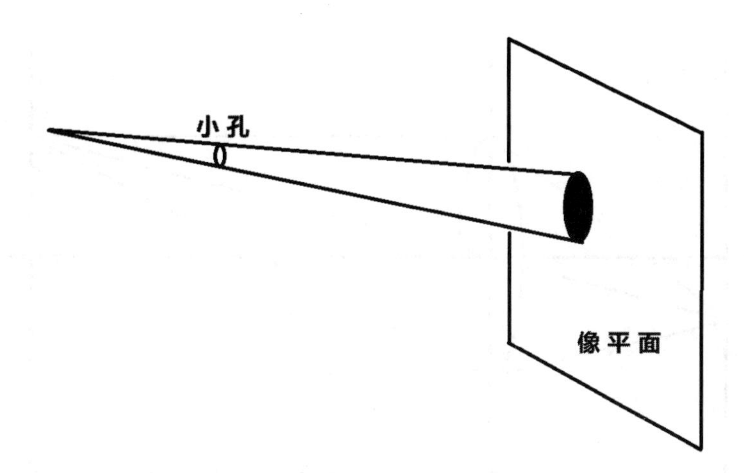

图 2.8 为了使像平面上的感光区域获得足够的光强，小孔必须有一定的面积。此时，透视投影模型不再成立。空间中的点透过小孔会在像平面上形成一个“光斑”，所形成的图像是这些光斑的叠加结果。正因如此，小孔成像实验得到的是一张模糊的图像。

（即：小孔成像模型）将不再适用，因为，当小孔的直径不为零时，场景中的一个点所成的像将会是一个小光斑，而不再是一个点（如图 2.8 所示）。此时，生成的图像是这些光斑叠加的结果。正因如此，小孔成像实验得到的图像往往是模糊的[①]。

我们不能将小孔做得太小的另外一个原因是由于光的波动性。在小孔的边缘上，光将发生**衍射**，因此，这些光将在像平面上“散播”。当小孔变得越来越小时，入射光的“散播”范围将变得越来越大，因此，入射光中越来越多的能量将会被“散播”到：偏离入射光方向的“地方”。

为了解决小孔相机的上述问题，我们现在考虑：在成像系统中使用**透镜**（如图 2.9 所示）。一个理想的透镜具有如下两个性质：1) 它的投影方式和小孔模型相同，同时，2) 将一定数量的光线汇聚在一起。透镜越大，从物体处看过去，对应的立体角也越大，相应的，透镜所截取的从物体表面反射（或发出）的光也会越多。通过透镜中心的光线不会发生偏转，在一个准确聚焦的成像系统中，射向其他方向的光线将会发生偏转，并且，这些光线最终会被汇聚，从而和通过透镜中心的光线相交于同一点。

[①] 本书第 9 章 9.2 小节中给出了光斑叠加过程的理论分析和数学模型。

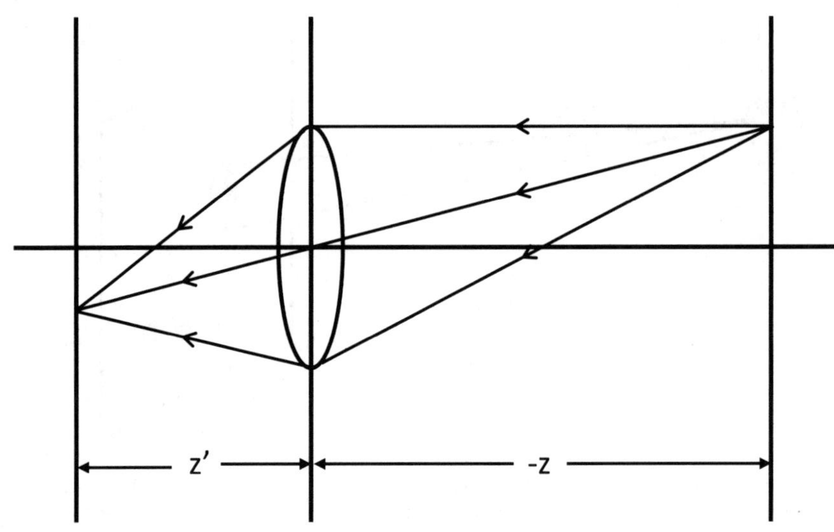

图 2.9　为了在像平面获得非零的辐照强度，透镜被用于替代理想小孔。一个完美的透镜所生成的图像，和小孔模型所成的像遵循相同的投影公式，但是同时，它聚集了一个面积非零的区域上的光。只有在某一特定距离，透镜才会产生出聚焦良好的图像。

理想透镜有一个缺点，也就是说，它只能被用来汇聚透镜前 $-z$ 处的点所发出的光。通过我们所熟悉的**透镜公式**：

$$\frac{1}{z'} + \frac{1}{-z} = \frac{1}{f} \tag{2.59}$$

我们可以计算出 $-z$。其中，z' 是像平面和透镜之间的距离，f 表示**焦距**，如图2.9所示①。如果场景中的点和透镜的垂直距离不等于 $-z$，那么，它们在像平面上所成的像是一个小圆斑；因为从物体表面某一点"出发"的光线，在经过透镜的汇聚后，会形成一个以"聚焦点"为顶点的圆锥，这个圆锥和像平面相交，会形成一个圆斑。

我们可以计算模糊圆斑的尺寸。一个和透镜之间的距离为 $-\overline{z}$ 的点所发出的光线，会被聚焦于：距离透镜 $\overline{z}'$ 处的位置，其中，

$$\frac{1}{\overline{z}'} + \frac{1}{-\overline{z}} = \frac{1}{f} \tag{2.60}$$

因此，我们可以得到：

$$\overline{z}' - z' = \frac{f}{\overline{z} + f}\frac{f}{z + f}(\overline{z} - z) \tag{2.61}$$

---

①在大多数应用中，物距远大于像距，因此，焦距和像距很接近。我们有时也将式 (2.4) 中的 f 称为"焦距"。

如果像平面的位置正好使得：距离透镜 $-z$ 处的点被准确聚焦，那么，距离透镜 $-\overline{z}$ 处的点在像平面上所产生的光斑的直径 b 为：

$$b = \frac{d}{\overline{z}'}|\overline{z}' - z'| \tag{2.62}$$

其中，d 为透镜的直径。

成像域的深度是指：物体能够被聚焦得“足够好”的距离范围，“足够好”是指：模糊光斑的直径小于成像仪器的分辨率。成像域的深度依赖于我们所使用的传感器，但是，不管我们使用什么样的传感器，都有这样的规律：透镜的直径越大，成像域的深度就越小。同时，使用大的光圈会增大聚焦误差。

通过简单的光线传播法则，我们可以理解单透镜的组合。正如我们前面提到的：1) 穿过透镜中心的光线不发生偏转，2) 平行于光轴的光线将被汇聚于光轴上的一点，并且，该点和透镜之间的距离等于焦距。事实上，这个结论正好就是焦距的定义，也就是说，从无穷远处的物体发出的光线会被透镜汇聚成一点，该点与透镜之间的距离被称为**焦距**。相反的，位于光轴上的、和透镜之间的距离等于焦距的点所发出的光线，经过透镜后，将在透镜的另一侧发生偏转，成为一条平行于光轴的光线。这个结论可以从**光线传播的可逆性**得出，也就是说，如果我们将原来的出射光线作为入射光线，那么，新的出射光线就是原来的入射光线。

简单透镜的制作方法是：将透明玻璃的两面打磨成两个球面，光轴即为穿过这两个球面的球心的直线。任何用这种方法做成的简单透镜都会产生缺陷和像差。出于这个原因，人们通常将几个简单透镜组合在一起，仔细地将它们沿着光轴排列起来，做成一个具有更好性质的**组合镜**。

厚透镜是关于这种透镜系统的一个有用模型，如图 2.10 所示。我们可以定义两个垂直于光轴的**主平面**。这两个主平面和光轴的两个交点，被称为**节点**。进入第一个节点的光线，将沿着相同的方向从第二个节点离开。这定义了组合透镜的投影方式。两个节点之间的距离就是该组合透镜的厚度。我们可以将**薄透镜**看作是**厚透镜**的特例，也就是说，让这两个节点重合在一起。

理论上，我们无法做出完美的透镜，不但因为透镜的投影方式不可能和理想小孔完全一样，更为重要的原因是：对所有光线的准确聚焦是无法实现的。这就产生了各种各样的**像差**。对于一个设计精良的透镜，这些缺陷会被尽可能地做到最小，但是，随着透镜光圈的增大，减少这些缺陷也变得越来越困难。因此，我们需要在光线的汇聚能力和图像的质量之间寻找一种平衡。

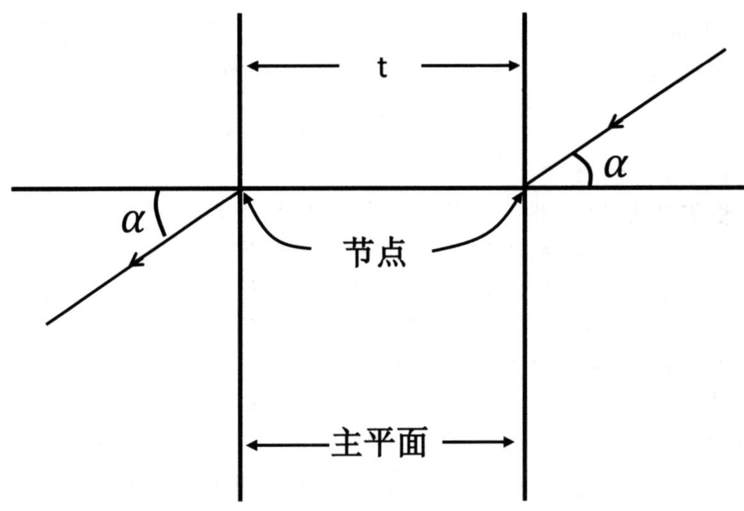

图 2.10　理想的厚透镜可以作为：绝大多数实际透镜的一个合理模型。厚透镜的透视投影方式和理想薄透镜是相同的；和薄透镜不同的是，厚透镜会沿着光轴产生一个偏移量：透镜的厚度 t。我们可以通过：主平面和节点，来理解厚透镜。节点是指：光轴与主平面的交点。

我们所特别关注的一种缺陷是**光晕**。想象我们将：一些不同直径的圆形光圈，依次排列在一起，并且，让它们的圆心位于同一条直线上（如图 2.11 所示）。当你沿着这条公共直线看过去时，最小的光圈将决定你的视野。当你沿着偏离这条线的方向看过去时，一些其他的光圈将会逐渐遮挡你的视野，直到最后你什么都看不见为止。对于一个单透镜来说，进入透镜的所有光线都会被聚焦在图像中；但是，对于一个组合透镜而言，一些透过第一个透镜的光线，可能会被第二个透镜挡住。这取决于：1) 入射光线相对于光轴的倾斜程度，以及，2) 两个透镜之间的距离。因此，相对于光轴上的点，图像中远离光轴的点的聚光效果会变差，随着该点和图像中心之间距离的增大，其灵敏度也会降低。

此外，随着入射光和光轴之间夹角的增大，透镜的**像差**会以指数形式增加。像差按其**级别**进行分类。像差的级别是指：像差与夹角之间的函数关系中所对应的指数（这个函数是一个指数函数）。光轴上的点可能会被很好地聚焦，而本应该被聚焦在图像角落上的点，由于像差的原因，其成像结果将会被“抹成一片”（而不再是一个点）。由于这个原因，在像平面上，只有一个有限的区域可以被用于成像。随着入射光线与光轴之间夹角的增大，像差的大小会以指数形式增

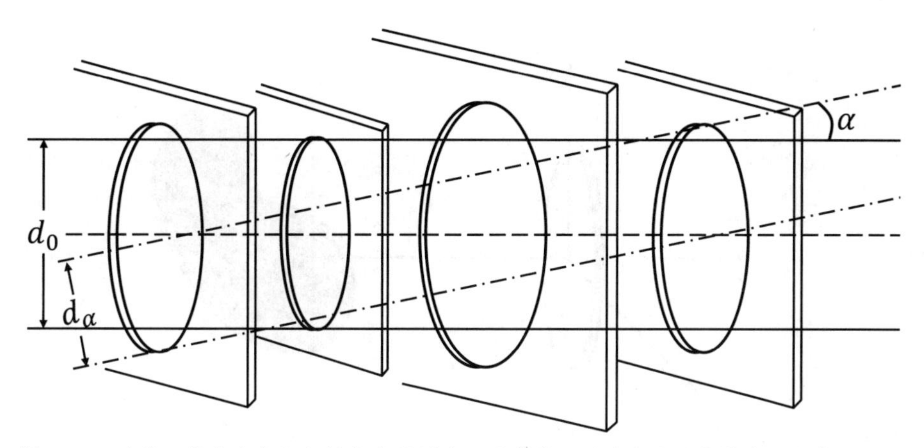

图 2.11 随着入射光和光轴之间夹角的增大，所能获取到的光的功率将变得越来越小，这种现象被称为**光晕**。产生光晕的原因是：透镜系统中的小孔阻挡了进入透镜系统的部分光线。由于存在光晕，因此，沿着指向图像区域边界的方向，（成像系统的）灵敏度会发生光滑的（但是有时非常快速的）衰减。

加。因此，只使用透镜的中心部分，可以提高成像质量。

在不需要完全利用成像系统的聚光能力的情况下，我们可以在透镜系统中加入光圈，从而提高成像质量。正如我们已经提到的，固定的光圈挡住了那些和光轴之间有较大夹角的入射光线，使得它们无法穿过透镜而“进入”远离图像中心的区域。这提高了（图像中）远离中心的区域的成像质量，但是，同时也极大地增加了**光晕**。在绝大多数使用透镜的普通应用中，这并不是一个严重的问题，因为对于图像亮度的光滑的空间变化，人眼是极其不敏感的。但是，对于机器视觉，这却是一个很大的问题，因为我们要通过：对图像亮度的测量结果，来判断场景的亮度①。

2.5 成像模式的拓展

我们如何能够指望：仅仅通过一张二维图像，就能恢复出三维场景的信息？即便是使用多张图像，我们所获取的信息量似乎也不够。但是，生物系统却能够使用视觉信息和周围世界进行智能交互。此外，我们还可以通过**层析成像**技术，来探索物体内部的结构。

①这里的两个“亮度”是两个不同的物理量。图像“亮度”指的是**图像辐照强度**；场景“亮度”指的是**场景辐射强度**。详细概念参见第 3 章 3.3 小节的内容。

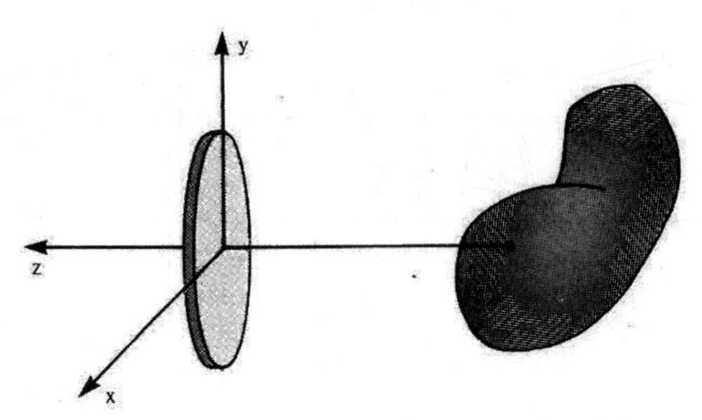

图 2.12　描述曲面形状的一种简便方法是：使用曲面上的点到参考平面的垂直距离 $z(x,y)$。通常，我们让参考平面平行于像平面。

2.5.1 物体表面：透视成像

我们所处的视觉世界有其自身的特性：我们处在均匀透明的介质之中，而我们所看见的物体却是不透明的。在我们所处的环境中，光线不会被折射或者被吸收。我们可以“跟踪”：从图像上的点出发、并且经过透镜的光线，直到它“穿过”某一个物体的表面为止。图像上某一点的亮度只依赖于：该点所对应的物体表面上的一个小区域的亮度。物体表面是一个二维流形，因此，物体表面的形状可以被表示为：图像坐标 x' 和 y' 的函数 $z(x',y')$，即：图像上的点 $(x',y')^T$ 所对应的曲面上的点 (x,y) 到像平面的距离 $z(x,y)$，参见图 2.12。

上述前提假设并不总是绝对成立的。远处的大山似乎在颜色和对比度上发生了变化，而在沙漠中，我们可能会看见海市蜃楼。基于上述前提假设所得出的图像分析结果，在这个假设条件不成立时，可能会发生错误。因此，我们不难想象：在这种情况下，对于和环境之间的智能交互，生物视觉和机器视觉系统将会产生误导。事实上，我们可以用这种方法来解释一些光学幻象。但是，这并不表示：我们应该抛弃这些附加的约束条件，因为如果没有这些约束条件，我们将无法求解：从图像中恢复出三维“世界”的信息的问题。

事实上，我们通常所处的视觉世界是很特别的。想象我们处在一个由胶状物质所构成的世界里面，并且，在这些胶状物质中，放有一些不同颜色的颜料块，这些颜料在胶状物质中逐渐扩散开来。我们不可能通过：从某一个方向得到的观察结果，来复原出这些颜料在三维空间中的分布，因为我们没有获得足够的信息！类似的，除非碰巧遇到：不同材料之间有“尖锐”对比度的情况（例如：骨骼和软组织），否则，对于复原物体内部结构信息的问题，单张X射线图像是没有用的。对于一般情况，我们需要进行极其大量的观测，并尝试采用**层析成像**的方法来进行复原。因此，我们不具有超人所拥有的X射线视觉能力，或许是一件好事。

总的来说，我们会将我们的注意力集中在：那些通过常见的光学成像方式所生成的图像。我们会尽量避免去考虑：那些环境中存在大量透明（或者，半透明）物质的情况，例如，那些放大倍数很高的显微镜图像。类似地，很大尺寸的图像往往会显示出：大气对光线的吸收和折射效应。有意思的是，通过其他方式所产生出的图像，有时确实和我们所熟知的图像非常相似。这些例子包括：1) 电子扫描显微镜，2) 合成孔径雷达。对于这两种图像，我们很容易对其进行解释，因此，我们有希望用本书中的方法来对这两类图像进行分析。

鉴于曲面的重要性，我们可能会希望：我们能够设计出一个机器视觉系统，使得该系统可以从给定的一张或几张图像中，恢复出曲面的形状。事实上，这方面的努力已经取得了一些成果，例如：通过分析图像的**明暗**（即：图像亮度模式的空间变化）来恢复出物体的表面形状。相应的技术被称为**光度立体视觉**，在第3章3.8小节中，我们还将对其进行深入探讨（参见图3.14）。

对成像过程的深刻理解，使得我们可以从图像中恢复出关于场景的量化信息；而计算出的曲面形状可以被用于：目标识别、环境监测、路径规划等具体的应用任务。

2.5.2 物体内部：层析成像

需要指出的是：成像的方式是多种多样的，并不仅仅限于前面介绍的透视投影。如果假设我们所处环境是：由不同密度的吸光材料所填充的空间，那么，这将是一个完全不同的情况。此时，我们所想要确定的是：吸光材料的密度分布$\rho(x, y, z)$，它是一个关于坐标x、y和z的函数。对于恢复曲面信息的问题，一张或多张图像提供了充足的约束条件；但是，对于恢复三维空间中的信息来说，一张或多张图像所提供的约束条件却是不够的。

理论上，要解决**层析成像**问题，需要无穷多张图像。所谓层析成像，就是指：确定吸收材料的密度分布。图2.13给出了层析成像的物理实现过程。顾名思义，所谓“层析”，就是对物体进行“切片”。通过对每一个“切片”进行成像，再将所有“切片”的图像“拼接”

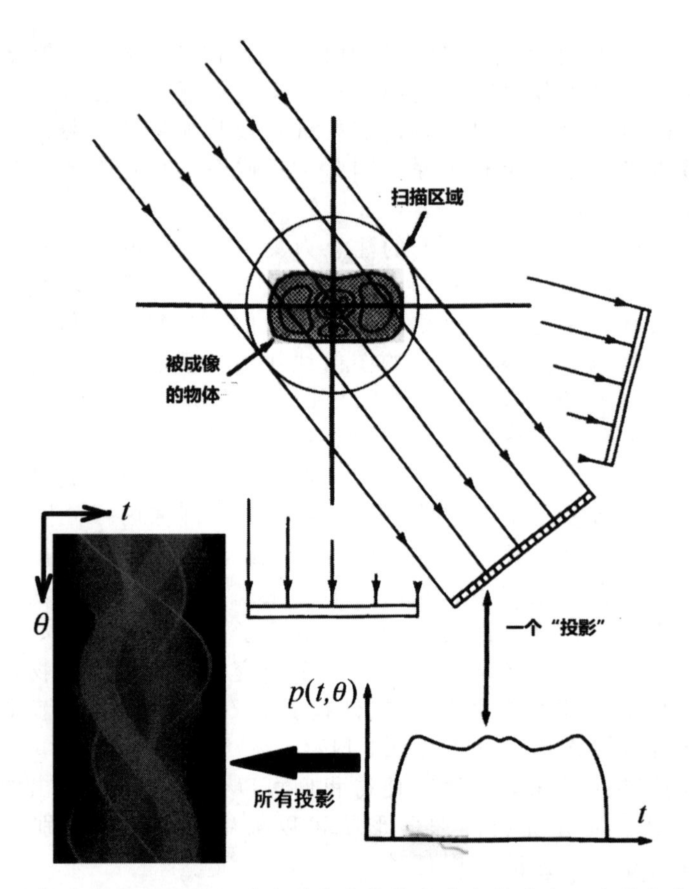

图 2.13　层析成像的主题是：通过测量射线的衰减来复原出一个物体内部的吸收率密度（即：单位体积的吸收率）。沿着一组平行线 $x\cos(\theta)+y\sin(\theta)+t=0$，可以得到 $\rho_{z_0}(x,y)$ 的一个（一维）“投影” $p(t,\theta)$，层析成像算法根据生成的一组投影（即：$0\leq\theta<\pi$）复原出“薄片”的吸收率密度 $\rho_{z_0}(x,y)$。

在一起，最终得到物体的三维内部结构图像。具体地说，首先，确定物体上 $z=z_0$ 处的“薄片”的密度分布 $\rho_{z_0}(x,y)=\rho(x,y,z_0)$；然后，将所有的“薄片”在 z 轴上按照 z_0 的顺序“拼接起来”，最终得到“薄片”的密度分布图 $\rho(x,y,z)$。

“薄片”内部的吸收率密度（即：单位面积的吸收率）$\rho_{z_0}(x,y)$ 是通过测量 X 射线的衰减来复原出的。如图 2.13 所示，沿着一组平行线 $x\cos(\theta)+y\sin(\theta)+t=0$，可以得到 $\rho_{z_0}(x,y)$ 的一个（一维）**投影** $p(t,\theta)$，层析成像算法根据生成的一组投影（即：$0\leq\theta<\pi$）复原出“薄片”的吸收率密度 $\rho_{z_0}(x,y)$。

物理上，一束X射线沿着直线 $l(t,\theta): x\cos(\theta)+y\sin(\theta)+t=0$ 穿过物体，发射端的射线能量为 E_0，接收端的收到射线能量为 E_l，薄片内部位于（直线 $l(t,\theta)$ 上的）点 (x,y) 处的射线能量为 $E(x,y)$，相应的X射线能量吸收率为 $\rho(x,y)$，则有：

$$\frac{d}{ds}E(x,y) = -E(x,y)\rho(x,y) \tag{2.63}$$

方程 (2.63) 可以进一步整理为：

$$\frac{1}{E(x,y)}\,dE(x,y) = -\rho(x,y)\,ds \tag{2.64}$$

沿着直线 $l(t,\theta): x\cos(\theta)+y\sin(\theta)+t=0$ 对上式进行积分，可以得到：

$$\ln E_0 - \ln E_l = \int_l \rho(x,y)\,ds \tag{2.65}$$

几何上，式 (2.65) 中等号右侧的积分结果：

$$p(t,\theta) = \int_l \rho(x,y)\,ds \tag{2.66}$$

是吸收率 $\rho(x,y)$ 沿着直线 $l(t,\theta): x\cos(\theta)+y\sin(\theta)+t=0$ 的**投影**。图 2.13 所示的是 $\rho(x,y)$ 沿着一个方向的投影，选取不同的 θ，可以得到 $\rho(x,y)$ 沿着各个方向的投影，参见图 7.9。总结：

- 层析成像（CT）通过物理手段（X光透射衰减）得到物体“薄片”内部吸收率 $\rho(x,y)$ 的投影：$p(t,\theta)=\ln E_0-\ln E_l$。

图 2.13 中层析成像所得到的“图像”为：物体“薄片”内部吸收率 $\rho(x,y)$ 沿着各个方向的**投影**（由投影曲线拼接而成的曲面），而不是吸收率 $\rho(x,y)$ 本身。因此，层析成像是“所见非所得”的，这一点与前面介绍的透视投影成像是不同的。我们需要使用**反演算法**[①]，根据投影 $p(t,\theta)$ 推算出吸收率 $\rho(x,y)$。注意，式 (2.65) 离散后得到一个**线性方程组**，求解该线性方程组，即可求得吸收率 $\rho(x,y)$ 的离散近似形式，该方法又称为**代数重建法（先离散，再求解）**。对于学习过信号与系统相关课程的读者朋友，应该会意识到：式 (2.65) 是一个**线性系统**，而求解 $\rho(x,y)$ 是一个**滤波**过程[②]！因此，可以通过设计滤波器

[①] Horn 教授的一位恩师 **A. Cormack** 因为这方面的理论工作而分享了 1979 年的**诺贝尔奖**。在获奖后的第二年，Cormack 教授发现：荷兰数学家 J. Radon 早在 1917 年就完成了类似的理论工作[47]。于是，式 (2.65) 由 **Cormack 线积分**更名为 **Radon 变换**。

[②] 详细内容请参考下面两篇文献：

[1] B.K.P. Horn, “Density Reconstruction Using Arbitrary Ray Sampling Schemes,” *Proceedings of the IEEE*, Vol. 66, No. 5, May 1978, pp. 551 - 562.

[2] B.K.P. Horn, “Fan-Beam Reconstruction Methods,” *Proceedings of the IEEE*, Vol. 67, No. 12, December 1979, pp. 1616 - 1623.

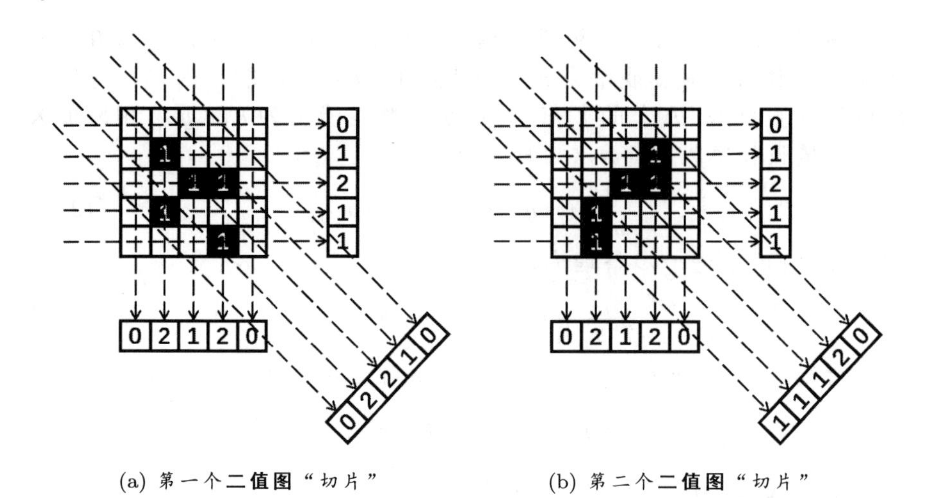

(a) 第一个**二值图**“切片”　　(b) 第二个**二值图**“切片”

图 2.14　只通过部分投影**无法**确定具体的结构信息。(a) 和 (b) 的结构信息完全不同，但是它们的**水平投影**和**竖直投影**却完全相同。随着投影数目的增加（例如斜 45° 投影），不同的结构信息就逐步地被识别和测量出来了。

来计算 $\rho(x,y)$，该方法又称为**滤波逆投影法**（先求解，再离散）。

图 2.14 所示的简化情况可以帮助我们更好地理解**反演成像**。**投影**是一个对“切片”内部结构信息的测量过程。随着投影数量的增加，越来越多的测量结果被获取到。我们希望依据获取到的测量结果，**反演**出“切片”内部结构信息。需要指出的是，只通过部分投影无法确定出“切片”内部的结构信息。例如：图 2.14(a) 和 2.14(b) 的结构信息不同，但是它们的**水平投影**和**竖直投影**却完全相同。随着投影数目的增加，不同的结构信息就逐步地被识别和测量出来了，例如：图 2.14(a) 和 2.14(b) 的结构信息在斜 45° 方向上的投影存在明显差别。

图 2.14 中，未知数总共有 25 个，记为 $\boldsymbol{x}=\left(x_1,x_2,\cdots,x_{25}\right)^T$（例如按照逐行扫描的方式进行编号），每一条“带箭头的虚线”对应于一个方程，所有（共 15 个）方程构成了一个**线性方程组**[2]：

$$\boldsymbol{A}\boldsymbol{x}=\boldsymbol{b} \tag{2.67}$$

其中，投影结果 $\boldsymbol{b}$ 是已知数据，可以通过 X 射线扫描的物理方式被测量出来，参见式 (2.65)。对于图 2.14(a)，

$$\boldsymbol{b}=(0\,1\,2\,1\,1\,0\,2\,1\,2\,0\,0\,2\,2\,1\,0)^T \tag{2.68}$$

对于图 2.14(b)，

$$\boldsymbol{b}=(0\,1\,2\,1\,1\,0\,2\,1\,2\,0\,1\,1\,1\,2\,0)^T \tag{2.69}$$

矩阵 $\boldsymbol{A}$ 中的元素是 0 或 1，$\boldsymbol{A}$ 中的每一行对应于一条“带箭头的虚线”。“虚线”经过的像素点所对应的 $\boldsymbol{A}$ 中的元素为 1；“虚线”不经过的像素点所对应的 $\boldsymbol{A}$ 中的元素为 0。对于图 2.14，相应的矩阵为：

$$\boldsymbol{A} = \begin{pmatrix} 1111100000000000000000000 \\ 0000011111000000000000000 \\ 0000000000111110000000000 \\ 0000000000000001111100000 \\ 0000000000000000000011111 \\ 1000010000100001000010000 \\ 0100001000010000100001000 \\ 0010000100001000010000100 \\ 0001000010000100001000010 \\ 0000100001000010000100001 \\ 0000000000000001000001000 \\ 0000010000010001100000010 \\ 1000001000001000001000001 \\ 0100000100000110000100000 \\ 0001000001000000000000000 \end{pmatrix} \tag{2.70}$$

在第 7 章的习题 7.10 中，我们将探索如何自动生成矩阵 $\boldsymbol{A}$。目前，我们还无法求解式 (2.67)，因为方程的个数小于未知数的个数。随着扫描方向的不断增加，当方程的个数大于未知数的个数时，通过求解式 (2.67)，我们就可以**反演**出“切片”内部的结构信息。这就是著名的**代数重建法**，我们将通过习题 2.8 进一步开展深入研究。

我们也可以直接求解式 (2.66) 中的**吸收密度** $\rho(x,y)$。首先，对式 (2.66) 中所有过点 $(x_0,y_0)^T$（沿着直线 $l_0(t,\theta): x_0\cos(\theta)+y_0\sin(\theta)+t=0$）的**投影** $p(t,\theta)=p(x_0\cos(\theta)+y_0\sin(\theta),\theta)$ 做积分，可以得到

$$P(x_0,y_0)=\int_{\theta=0}^{2\pi} p(x_0\cos(\theta)+y_0\sin(\theta),\theta)\,d\theta \tag{2.71}$$

式 (2.71) 中，θ 的积分区间取为 0 到 2π，而不是 0 到 π，是出于 CT 机械结构设计的考量。如果将 θ 的积分区间取为 0 到 π，那么，每做一次 CT 扫描，滑环只转半圈，在下次扫描时，还需要再转回来。在实现上，让滑环转一整圈会更加便捷！代入式 (2.66)，可以进一步得到：

$$P(x_0,y_0)=\iint \rho(x,y)\frac{1}{\sqrt{(x_0-x)^2+(y_0-y)^2}}\,dxdy \tag{2.72}$$

$$=\rho(x,y)*\frac{1}{r} \tag{2.73}$$

(a) 投影结果 $p(t,\theta)$

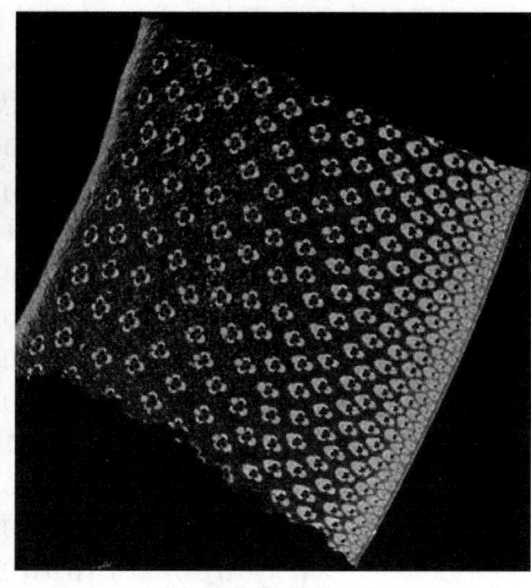

(b) 吸收密度 $\rho(x,y)$

图 2.15　对木质材料进行无损检测。层析成像检测技术能够连续穿透竹材，通过透照成像与断层成像获取其结构与全面的密度特征。(a) 对竹材“切片”进行 X 射线扫描而得到的**投影结果** $p(t,\theta)$; (b) 通过代数重建法得出的关于**吸收密度** $\rho(x,y)$ 的反演结果。

其中“$*$”表示**二维卷积** [6]，$r=\sqrt{x^2+y^2}$。式 (2.72) 是根据“微面积”之间的关系：$dxdy=\sqrt{(x-x_0)^2+(y-y_0)^2}\,d\theta ds$ 得出的。

最终，我们得到了求解 $\rho(x,y)$ 的方法，称为**滤波逆投影法**。该算法分为两步，1) **逆投影**：直接计算式 (2.71) 得到函数 $P(x_0,y_0)$ ；2) **滤波**：求解式 (2.73) 得到 $\rho(x,y)$。在第 9 章中，我们会详细讨论如何求解**卷积系统** (2.73)。

在中国科学院高能物理研究所**王哲**研究员所主持的一项研究课题中，应用**层析成像**技术来对木质材料进行无损检测，如图 2.15 所示。竹材具有生产周期短、经济价值高、易实现可持续经营等显著特征，属于一类非常重要的非木材产品，在我国森林资源不足的情况下，充分科学合理开发利用竹类资源，具有重要的意义。木材和竹材的结构检测既是研究其生长特征的重要内容，也是指导其科学合理加工，促进其利用率提高的重要手段，而竹材是一种变异多孔性、不均匀性的各向异性材料，这给研究竹材物理力学性质带来了难度。利用 X 射线**层析成像**技术可以很好地解决这个问题。

X 射线能够连续穿透竹材，通过层析成像检测技术（即：透照成像与断层成像），我们无需复杂的制样过程，就可以获取到关于竹

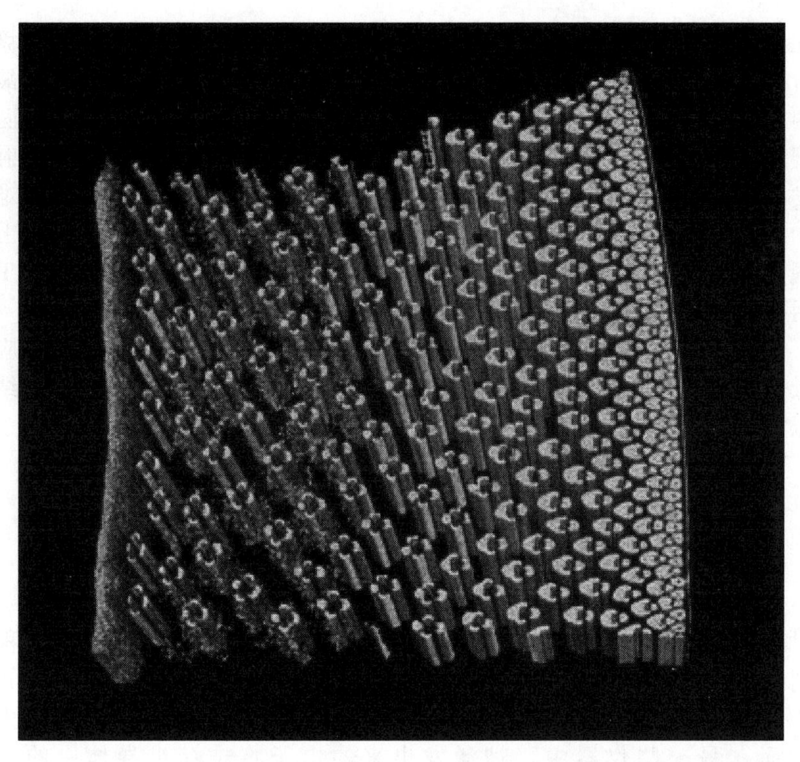

图 2.16 我们可以将所有的二维断层图（包括图 2.15(b)）按照“切片”顺序排列起来，形成一个三维立体图。进而，可以看到从竹材表皮到内部的维管束分布规律。

材的结构信息与密度特征。图 2.15(a) 是：对截面宽度为 $15mm\times15mm$ 的竹材“切片”进行 X 射线扫描而得到的**投影结果** $p(t,\theta)$；图 2.15(b) 是：通过代数重建法得出的关于**吸收密度** $\rho(x,y)$ 的反演结果。

进一步，我们可以将所有的二维断层图（包括图 2.15(b)）按照“切片”顺序排列起来，形成一个三维立体图，如图 2.16 所示。从图 2.16 中，我们可以看到（从竹材表皮到内部的）维管束分布的变化规律。利用 X 射线**层析成像**技术，我们获取到了竹材微观结构，包括：竹材节间维管束、薄壁组织的三维结构信息，以及竹节维管束的空间分布。在此基础上，我们可以建立竹材密度分布的数学模型，并利用模型预测和测试竹材密度，得出竹材密度变化规律，进而对树木生长规律等课题开展深入研究。

事实上，计算机层析成像（CT）技术的第一个应用并不是医学诊断（尽管这项技术在 1979 年获得了**诺贝尔医学奖**）。Berthold K.P.

Horn 教授曾经和我谈到过：他的老师 A. Cormack 教授在建立了计算机层析成像的理论模型后（1963 年），并没有马上得到实际应用。最初是瑞士的一家公司想尝试通过计算机层析成像技术来探测雪山里面的空洞，进而预测雪崩。位于雪山两侧的两架直升飞机分别携带 X 射线的发射和探测装置，用以实现 X 射线扫描。由于工程实施上的困难，例如：两架直升机之间的协同、使用放射性物质的法律约束等，雪山空洞探测最终没有得到广泛应用。直到 1972 年，G. Hounsfield 将 CT 技术用于医学**成像**，才使得这项技术迅速进入到大众的视野。

最后，我们再次强调：**成像**是对场景的测量过程，**图像**是对应的场景测量结果。成像的方式可以是多种多样的，例如：（与人眼结构类似的）透视投影、（所见非所得的）层析成像等。

2.6 像素

几乎所有图像传感器的工作原理都依赖于：光子击打某种特殊材料时所产生的“电子/空穴”对。这是生物视觉和摄影的基本过程。不同的图像传感器之间的区别在于：它们对带电粒子流的检测方式不同。一些仪器使用真空中的电场来分离从材料表面释放出来的自由电子；而在另一些仪器中，被激发出来的电子将击穿半导体中的耗尽层。我们将在第 5 章中进行详细讨论。

图像传感器中，像平面被划分为许多（小的）图像单元，这些图像单元又被称为**像素**。于是，图像就被表示成一个由整数构成的矩形数组。矩形数组中的每一个数所表示的是：对应的图像单元小区域上的平均**辐照强度**，我们将在第 3 章中详细讨论这一概念。光通量和感应区域的面积成正比，因此，我们无法测量出：图像中某一点的辐照强度。采样区域取多大最好呢？一个合理的选择方法是：让采样区域的大小和区域之间的间隔近似相等。这样做的优点是：能有效地在像平面上放置感应元件，既不会造成对所需光子的“浪费”，又不会造成近邻区域之间的相互重叠。

我们可以用一些边界线将像平面分割成许多小的感应区域。到目前为止，我们已经讨论了：用矩形网格将像平面分割成许多小的矩形区域的情况。在这种情况下，图像单元是完全相同的矩形，这会形成在横向和纵向上的不同分辨率。我们也可以采用其他的分割方法。假设我们想将像平面分割成许多全等的正多边形，并且，我们希望：这些正多边形之间既不存在相互覆盖，也没有“空隙”。事实上，这样的分割方法只有三种，分别基于：1) 正三角形，2) 正方形，3) 正六边

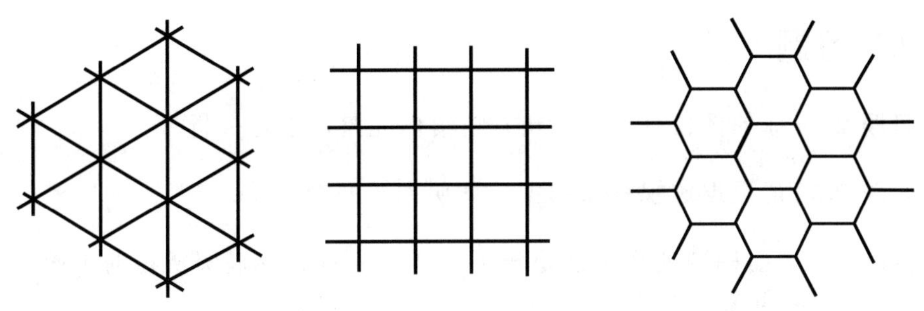

图 2.17 我们可以使用三种正多边形：正三角形、正方形和正六边形，来“完美”地铺满一个平面。因此，我们可以基于这三种基本图形来对像平面进行剖分。

形，如图 2.17 所示。

仔细观察图 2.17 中的节点，我们即可推出上述结论。正 n 边形的内角为 $(n-2)\pi/n$，“完美”覆盖整个像平面的意思是：节点周围的 m 个角加起来正好等于 2π，即：

$$\frac{n-2}{n}m\pi = 2\pi \tag{2.74}$$

进一步，我们可以整理得到：

$$\frac{1}{m}+\frac{1}{n}=\frac{1}{2} \tag{2.75}$$

由于 m 和 n 都是正整数，因此，$m \geq 3$ 且 $n \geq 3$。注意，式 (2.75) 关于 m 和 n 是**对称**的，也就是说，将式 (2.75) 中的 m 和 n 互换后，式 (2.75) 依然成立。如果 (m,n) 是式 (2.75) 的解，那么，(n,m) 也是式 (2.75) 的解，因此，式 (2.75) 的解中，(m,n) 和 (n,m) 总是成对出现的。不失一般性[①]，假设 $m \geq n$，由式 (2.75) 可得：

$$\frac{1}{n}+\frac{1}{n}\geq\frac{1}{2} \tag{2.76}$$

进一步可以整理得到 $3 \leq n \leq 4$。当 $n=3$ 时，由式 (2.75) 得到两组解：$(m,n)=(3,6)$ 和 $(m,n)=(6,3)$。当 $n=4$ 时，由式 (2.75) 得到一组解：$(m,n)=(4,4)$。总共有三种情况，如图 2.17 所示。基于正方形结构的采样模式便于实现，但是，正六边形结构在拓扑学上具有很多优点，例如：可以有效地解决（离散化所引起的）数字图像中的**“边界悖论”**[②]，参见第 7 章中（习题 7.10 中）的图 7.21。

①由于 (m,n) 和 (n,m) 总是成对出现的，所以只需要针对 $m \geq n$ 的情况进行求解。

②详细内容参见：《机器视觉》第四章的内容，Berthold K.P. Horn（著），王亮、蒋新兰（译），中国青年出版社，2014。

2.7 习题

习题 2.1 球的图像是什么形状？请给出完整的理论分析。

习题 2.2 请根据**透视投影**模型，证明如下两个结论：

(a) 一个平面椭圆的像仍然是一个椭圆。注意：该椭圆所在的平面不一定和像平面平行。

(b) 空间中一条直线的像仍然是一条（平面）直线。

习题 2.3 证明：对于一个正确聚焦的成像系统，透镜到像平面的距离 f' 为：$f' = (1+m)f$，其中 f 表示**焦距**，m 表示**放大倍数**。这个距离 f' 被称为：**主焦距**。证明：像平面和物体之间的距离必须为：

$$\left(m + 2 + \frac{1}{m}\right) f \tag{2.77}$$

要使得放大倍数 $m = 1$，那么，物体和透镜之间的距离应该是多少？

习题 2.4 如果一个**组合透镜**是：由两个焦距分别为 f_1 和 f_2 的**薄透镜**所组成的，那么，该组合透镜的焦距是多少？
提示：为什么在组合透镜一侧距离为 f_1 的物体，会被聚焦在：该组合透镜另一侧距离为 f_2 的地方？

习题 2.5 **f–数**是指：焦距与透镜的直径之间的比值。对于一个给定的镜头，如果其焦距是固定的，那么，我们可以通过：加入一个带有小孔的遮光板（即：光圈），来阻挡一些光线，从而达到减小透镜直径的效果。这样做可以增加该透镜的 **f– 数**。证明：图像亮度和 **f– 数**的平方成反比。
提示：考虑有多少光线被这个带有小孔的遮光板所遮挡。

习题 2.6 请设计一种方法，从以下三个测量结果中确定出：1) **焦距**，2) 主平面的位置。这三个测量结果分别为：

(a) 当“无穷远”处的场景被透镜清晰聚焦时，像平面所在的位置；

(b) 将无穷远处的场景放在相机的另一面（和透镜的距离也是无穷远），当场景被透镜清晰聚焦时，像平面所在的位置；

(c) 将两个平面放在透镜的两侧，使得其中一个平面在另一个平面上成像，并且，放大倍数 $m = 1$。此时，这两个平面所在的位置。

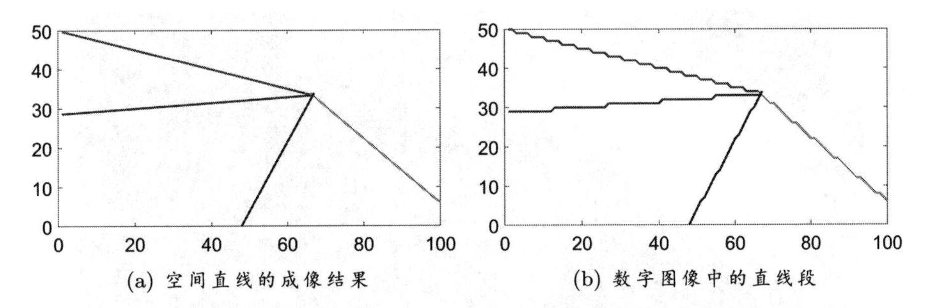

(a) 空间直线的成像结果 (b) 数字图像中的直线段

图 2.18 习题 2.7 中给出的（空间中的）4 条平行直线的**透视投影**成像结果，及其所对应的（离散形式的）**数字图像**。

习题 2.7 通过**透视投影**对空间中的 4 条直线进行成像。系统的**主焦距** $f = 50$ 个像素尺度。这 4 条直线的表达式分别为：

$$\begin{cases} X(t) = 4t + 2 \\ Y(t) = 2t + 3 \\ Z(t) = 3t + 5 \end{cases} \begin{cases} X(t) = 4t + 4 \\ Y(t) = 2t - 3 \\ Z(t) = 3t - 2 \end{cases} \begin{cases} X(t) = 4t + 7 \\ Y(t) = 2t - 4 \\ Z(t) = 3t + 1 \end{cases} \begin{cases} X(t) = 4t - 5 \\ Y(t) = 2t + 3 \\ Z(t) = 3t - 7 \end{cases}$$

(a) 请计算出这 4 条空间直线所对应的**图像**，也就是说，求出表达式

$$y = kx + b \tag{2.78}$$

中 k 和 b 的具体形式，以及 x 和 y 的范围，参见图 2.18(a)。

(b) 请验证：由式 (2.78) 所确定的 4 条直线相交于**消失点**。

(c) 请生成对应的**数字图像**（参见图 2.18(b)），也就是说，式 (2.78) 中的 x 和 y 都被离散为近似整数。数字图像的尺寸设为 100×50。

(d) 请根据：数字图像中的各条直线所包含的**像素点**，通过最小二乘拟合，估计出各条直线的解析表达式。

(e) 问题 **(c)** 中所估计出的 4 条直线是否相交于一点？此时，如何求出对应的“消失点”？

习题 2.8 本题中，我们将进一步探索图 2.14 中的**层析成像**问题。

(a) 请写出式 (2.67) 中线性方程组 $\boldsymbol{Ax} = \boldsymbol{b}$ 的具体形式。

(b) 为了求解线性方程组 (2.67)，我们需要增加投影数目。例如：我们可以增加 30°、60° 和 135° 方向上的投影。请写出投影方程，以及对应的线性方程组 $\boldsymbol{Ax} = \boldsymbol{b}$ 的具体形式。

图 2.19　根据椭球状镜面所成的像，来分析椭球的空间几何形状。

(c) 最终，我们需要求解线性方程组 $\boldsymbol{Ax}=\boldsymbol{b}$，请写出求解过程，并进行计算机仿真，完成实验报告。

习题 2.9 下面，我们来探索一个更为复杂的问题。图 2.19 是一个椭球状镜面所成的像。我们的问题是：

(a) 这个椭球状镜面所成的像的形状是什么？请证明：（平面上的一个）椭圆的**透视投影**仍然是一个椭圆。在此基础上，请给出上一问的详细分析。

(b) 进一步，我们想了解椭球面的空间几何形状。请根据图 2.19 中“地面”区域的直线段和“镜面”区域中对应的曲线段，来计算椭球面的空间几何形状。

(c) 进一步，我们想了解椭镜球面中的像的真实形状。请根据 (b) 中计算出椭球面的空间几何形状，结合**透视投影**模型，估计出椭球镜面中的各个“楼房”的真实形状。

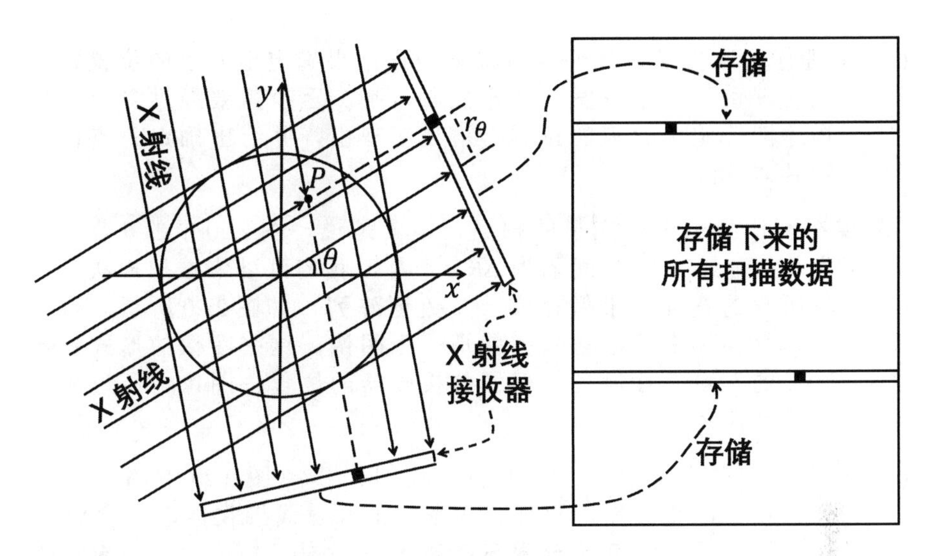

图 2.20 在半径为 1（个长度单位）的圆形区域内，只存在一个点 P，使得 X 射线无法透过这个点；而对于圆形区域内的其他部分，X 射线都能够几乎毫无衰减地透过去。因此，当一组**平行**的 X 射线“扫过”圆形区域时，在对应的一组“X 射线接收器”中，只有与 P 点位置对应的“X 射线接收器”接收不到“X 射线能量”，其他的接收器都能接收到（几乎相同的）“X 射线能量”。

习题 2.10 本题中，我们将探索**计算机层析成像**（CT）技术中的一个特例。在图 2.20 中半径为 1（个长度单位）的圆形区域内，只存在一个点 P，使得 X 射线无法透过这个点，例如：一个非常小的金属物体（或“金属点”）。对于圆形区域内的其他部分，X 射线都能够几乎毫无衰减地透过去。我们的任务是：设法找到 P 点的位置[①]。这个例子将有助于我们加深对**计算机层析成像**（CT）技术的理解。

(a) 当一组**平行**的 X 射线“扫过”圆形区域时，在对应的一组“X 射线接收器”中，只有与 P 点位置对应的“X 射线接收器”接收不到“X 射线能量”，其他的接收器都能接收到（几乎相同）的“X 射线能量”，如图 2.20 所示。于是，我们可以找到没有接收到X 射线的接收器的位置，即：图 2.20 中的 r_θ。请建立数学模型，给出 r_θ 的数学表达式，完成理论分析。

---

①事实上，这个问题可以追溯到第一次世界大战期间，大量士兵由于体内弹片没有被及时取出而感染死亡。**居里夫人**设计了图 2.20 中的 X 射线检测设备，用来辅助军医快速确定伤员体内的弹片位置。

(b) 只进行一次扫描，我们能否根据扫描结果确定出 P 点的位置？请说明理由。如果答案是“不能”，那么至少需要经过多少次扫描才能确定出 P 点的位置？请说明理由，并给出确定 P 点位置的具体方法。

(c) 现在，让我们进行完整的扫描，也就是说，图 2.20 中的 θ 范围选为从 0 到 $2\pi-\Delta\theta$，间隔为 $\Delta\theta$。于是，我们可以依据扫描次序，将所有的扫描结果保存成一个**数据阵列**，如图 2.20 所示。事实上，保存下来的数据阵列就是一张**图像**。这张图像的形式是什么样的？没有探测到 X 射线的接收器的位置在图像中所形成的图形是什么样子的？

(d) 假设点 P 的位置为：$(0.3, 0.4)^T$，我们来模拟图 2.20 中的扫描结果。首先，我们使用“低分辨率”的 X 射线接收器，包含 21 个**像素**，并且，将**角度分辨率**选为 $\Delta\theta=\pi/50$，扫描生成的**数据阵列**是什么？进一步，我们采用“高分辨率”的 X 射线接收器，包含 201 个像素。当角度分辨率仍为 $\Delta\theta=\pi/50$ 时，扫描生成的数据阵列是什么？请编写程序完成实验仿真，并且，绘制出数据阵列所对应的**图像**。

(e) 如何根据（由所有的扫描结果构成的**数据阵列**，来确定 P 点的位置？如果有 2 个“金属点”，应该如何拓展我们在本题中的分析？对于多个“金属点”的情况呢？请设计仿真系统，进行实验分析，完成研究报告。

(f) 有趣的是，在 CT 技术刚刚被应用于民用医疗诊断的时候（1972 年左右），大家并没有注意到这个问题，因为那时候还没有大量的人造假体（金属关节、金属支架、骨侧钢板、骨上钢钉等）被植入人体内，X 射线可以完全透过人体。但是，随着大量金属类的人造假体被植入被人体内，CT 检测技术也面临巨大挑战，请进行文献调研，完成调研报告。进一步，结合本题中所探讨的方法，尝试做一些探索性研究，撰写研究报告。

第 3 章　辐射与亮度

透视投影理论为我们解决了成像过程中的第一个核心问题：**物体表面某一点的像出现在像平面中的什么位置？**本章中，我们关注于成像过程中的第二个核心问题：**是什么决定：物体表面所成的像的亮度？**为了回答这个问题，我们首先需要了解一些关于**辐射**的知识。图像的亮度记录的是像平面接收到的辐射的强度（也称为**图像辐照强度**），当我们看见一张图像时，我们往往能够"想象"出被成像物体的几何形状，被成像物体（表面）的几何形状影响的是物体表面的辐射强度（也称为**场景辐射强度**）。我们根据图像"想象"被成像物体表面形状的过程是：

图像辐照强度 → 场景辐射强度 → 物体几何形状

要理解人眼如何实现上述功能，首先需要了解：**图像辐照强度**和**场景辐射强度**之间的关系。

3.1 图像亮度

对于成像，一个更为困难、但同时也更为有趣的问题是：图像中某一点的**亮度**由什么决定？亮度是一个非正式术语，它至少可以被用来表述下面两个不同的概念：图像亮度和场景亮度。对于图像，亮度

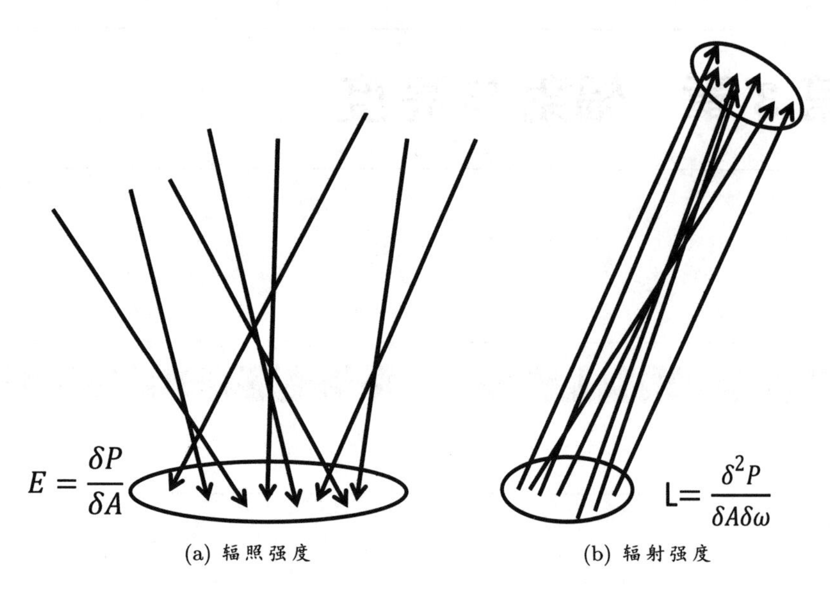

图 3.1　术语**亮度**是一个非正式用语。(a) 辐照强度是指：照射到物体表面单位面积上的光的功率。(b) 辐射强度是指：单位面积沿着单位立体角所发射出的光的功率。

和射入像平面的能流（即：射入像平面的光强的功率）有关，我们可以用许多不同的方法来度量亮度。这里，我们引入术语**辐照强度**，来替代**图像亮度**这个非正式术语。辐照强度是指：照射到某一个表面上的“辐射能”在单位面积上的功率（单位为：$W \cdot m^{-2}$，即：瓦特每平方米）。在图 3.1(a) 中，E 表示辐照强度，而 δP 表示：照射到一个面积为 δA 的极其微小的曲面“小块”上的“辐照能”的功率。例如，相机中胶片的亮度就是辐照强度的函数（如同我们下一章将要谈到的，对图像亮度的测量，同时还依赖于传感器的**光谱灵敏度**）。图像中某一点的辐照强度取决于：从该像点所对应的物体表面上的点所射过来的能流（连接图像中的点和小孔并延长，直到这条线“穿过”物体表面。通过这种方式，我们就得到了：图像上的点所对应的物体表面上的点）。

在场景中，亮度和从物体表面发射出的能流有关。位于成像系统前的物体表面上的不同的点，会有不同的亮度，而其亮度取决于：1) 光照情况，以及，2) 物体表面性质。我们现在引入**辐射强度**来替代**场景亮度**这个非正式术语。辐射强度是指：从物体表面的单位**透视面积**发出的、射到单位立体角中的功率（单位为：$W \cdot m^{-2} \cdot sr^{-1}$，即：瓦特每平方米每立体弧度），如图 3.1(b) 所示。在图 3.1(b) 中，L表示辐射强度，$\delta^2 P$ 是指：从一个面积为 δA 的极其微小的曲面“小块”射入到一个极其微小的立体角 $\delta\omega$ 中的能流大小。从表面上看，辐射强度的定义形式很复杂；因为，从某一微小表面发出的光，会射向各个不同的方向，所有的射出方向将会形成一个半球，沿着这个半球中的不同方向，光线的强度可能不同。因此，只有指定这个半球中的某个的立体角，谈论辐射强度才是有意义的。通常情况下，随着（我们对物体的）观测方向的不同，辐射强度会发生变化。当我们介绍**光电转换**时，还会详细讨论**辐射测量**方面的内容。

我们之所以对物体表面的辐射强度感兴趣，是因为：正如我们后面将要展示的：

- 我们对**图像辐照强度**的测量结果与**场景辐射强度**成正比。

比例系数取决于成像系统的参数。一个三维物体所成的图像取决于：

1. 物体的表面形状；
2. 物体表面的反射（或辐射）特性；
3. 光源的分布。

图 3.2 展示的是三张 Montreal 市 Ville–Marie 地区的风景图，这三张图是在三种不同的光照条件下，从同一个旅馆的窗户中拍摄的。我们很容易看出：对于相同的物体，较之于在太阳直接照射条件下所拍摄的图像，在阴云天所拍摄的图像的**亮度模式**却大相径庭。例如，在某一张图中对比度很明显的**边缘**，在另一张图中却根本看不见。**光源**的位置和分布对图像亮度模式有着重要影响。

三维物体的图像还依赖于：1) 物体相对于成像系统的位置，2) 物体在空间中的**姿态**。对于一个旋转对称的物体，其姿态只有两个**自由度**，因此，我们可以通过：给出旋转对称轴的方向，来定义物体的姿态。图 3.3 所展示的是：图钉的轮廓如何随着其姿态的改变而变化。更重要的是，注意观察：图钉的轮廓区域中的亮度模式的变化，特别需要注意观察的是：轮廓区域中，那些使得光线直接射向观测者的光滑表面。如果我们考虑的是一般的形状，那么，物体的姿态有三个自由度，物体的成像情况将变得更加复杂。很明显，后面将要讨论的二值图像处理方法并不适用于这种情况。

为了设法复原出物体的固有属性（例如：表面形状和反射率），我们必须先理解图像是如何形成的。但是，要理解图像上某一点的**亮度**由什么决定，我们必须先讨论**辐射**。

图 3.2　对场景的成像结果依赖于**光照条件**。我们需要理解：物体的表面形状、物体表面的反射性质、光源的分布这三个因素如何共同决定图像的**亮度模式**。

3.2 辐射

照射在物体表面上的光的强度被称为**辐照强度**。其物理意义为：照射到物体表面单位面积上的功率（单位：$W \cdot m^{-2}$，即：瓦特每平方米）。从物体表面发出的光的强度被称为**辐射强度**。其物理意义为：从物体表面的单位面积上射入单位立体角的功率（单位：$W \cdot m^{-2} \cdot sr^{-1}$，即：瓦特每平方米每立体弧度）。**辐射强度**的定义较为复杂。从物体表面的一个微小区域所发出的光，其所有可能的辐射方向形成一个半球；沿着不同的方向，辐射出的能量可能不同。

首先，让我们来定义**立体角**。在从某一点发出的光线中，和某一**辐射方向**相对应的小圆锥和**单位球**相交，所形成的球面区域的面积被称为：这个圆锥所张成的**立体角**。考虑一个和原点之间距离为 R、面积为 A 的小平面块，并且，（连接原点和小平面块的）直线与（小平面块的）法向量之间的夹角为 θ，该小块所对应的立体角为：

$$\Omega = \frac{A\cos\theta}{R^2} \tag{3.1}$$

如图 3.4 所示。**亮度**取决于：（成像系统）中单位表面积上所接收到的能量大小。在关于**辐射强度**的定义中，“单位面积”指的是单位**透视面积**，即：表面积乘以 $\cos\varphi$，而 φ 表示：物体表面的法向量和光线的射出方向之间的夹角。

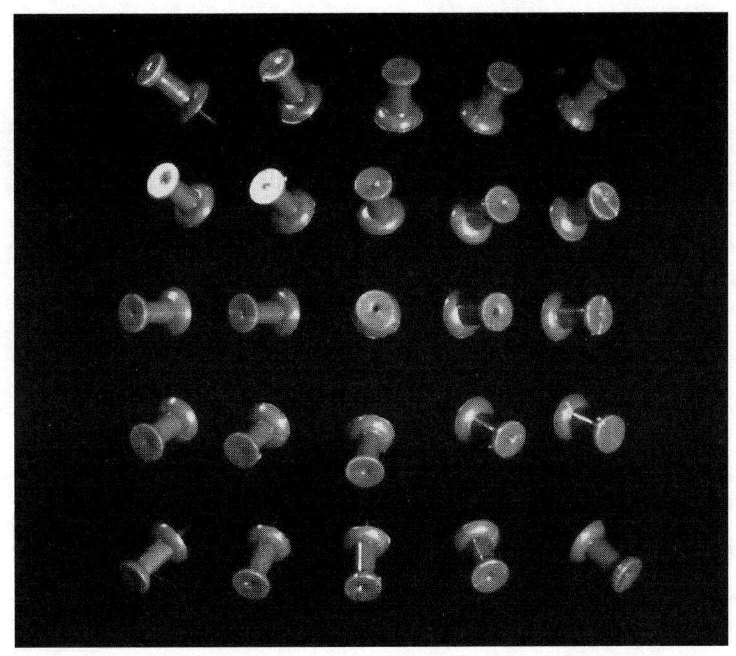

图 3.3 在很大程度上，物体表面的外观依赖于：物体在三维空间中（相对于观测者）的姿态。随着物体的空间姿态的变化，不仅物体的轮廓会发生变化，而且，物体轮廓内部的**亮度模式**也会发生相应的变化。

3.3 图像的形成

下一步，我们来寻找：物体上某一点的**辐射量**（即：场景的**辐射强度**）和其对应的图像上的点的**辐照量**（即：图像的**辐照强度**）之间的关系。让我们来考虑：一个直径为 d、和像平面之间的距离为 f 的透镜（如图 3.5 所示）。在物体表面选取一块面积为 $\delta\Omega$ 的小区域，它所对应的图像上的小区域的面积为 δI。假设：从物体上的小区域"出发"、延伸到透镜中心的射线，与**光轴**和（该小区域的）**法向量**之间的夹角分别为 α 和 θ，并且，物体位于透镜前方距离为 $-z$ 的位置上。（由于在定义成像系统的坐标系时，我们所使用的约定是：z 轴指向像平面，因此，z 前面需要加上负号）。

物体上的某一个小区域的面积和它所对应的图像区域的面积之间的比值，取决于：1) 这两个小区域和透镜之间的距离，以及，2) 我们所使用的**成像投影**模型。经过**透视中心**的光线不发生折射，因此，由所有指向物体小区域的射线所张成的圆锥的立体角，等于由所有指

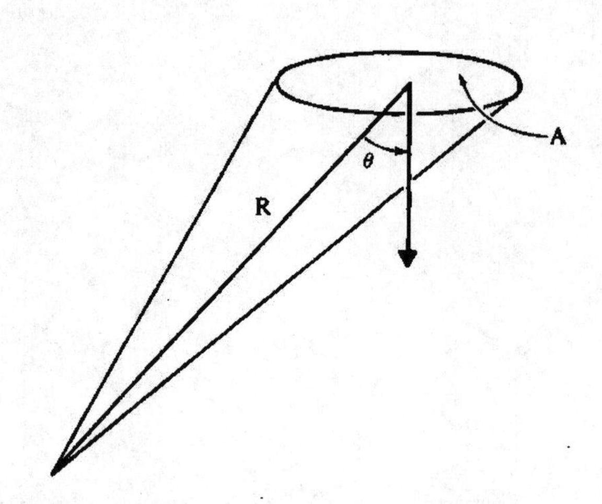

图 3.4　某一个“小块”所“占据”的**立体角**，和该小块的面积以及该小块和入射光之间的夹角 θ 的余弦成**正比**；和该小块到原点的距离 R 的平方成**反比**。

向其对应的图像区域的射线所张成的圆锥的立体角。从透镜中心看过去，图像区域的有效面积为：$\delta I\cos\alpha$，而图像区域和透镜中心之间的距离为：$f/\cos\alpha$，因此，由该图像区域所张成的立体角为：

$$\frac{\delta I\cos\alpha}{(f/\cos\alpha)^2}=\frac{\delta I\cos^3\alpha}{f^2} \tag{3.2}$$

类似的，由物体上的小区域所张成的立体角为：

$$\frac{\delta O\cos\theta}{(-z/\cos\alpha)^2}=\frac{\delta O\cos\theta\cos^2\alpha}{z^2} \tag{3.3}$$

这两个立体角相等，因此，我们可以整理得到：

$$\frac{\delta O}{\delta I}=\frac{\cos\theta}{\cos\alpha}\left(\frac{z}{f}\right)^2 \tag{3.4}$$

下一步，我们需要确定：在从物体上的某一个小区域所发出的光线中，有多少能够穿过透镜（如图 3.6 所示）。从物体上的小区域看过去，透镜所张成的立体角为：

$$\Omega=\frac{\pi}{4}\frac{d^2\cos\alpha}{(-z/\cos\alpha)^2}=\frac{\pi}{4}\left(\frac{d}{z}\right)^2\cos^3\alpha \tag{3.5}$$

因此，从物体上的小区域“出发”、穿过透镜的光的功率为：

$$\delta P=L\Omega\delta O\cos\theta=L\delta O\frac{\pi}{4}\left(\frac{d}{z}\right)^2\cos^3\alpha\cos\theta \tag{3.6}$$

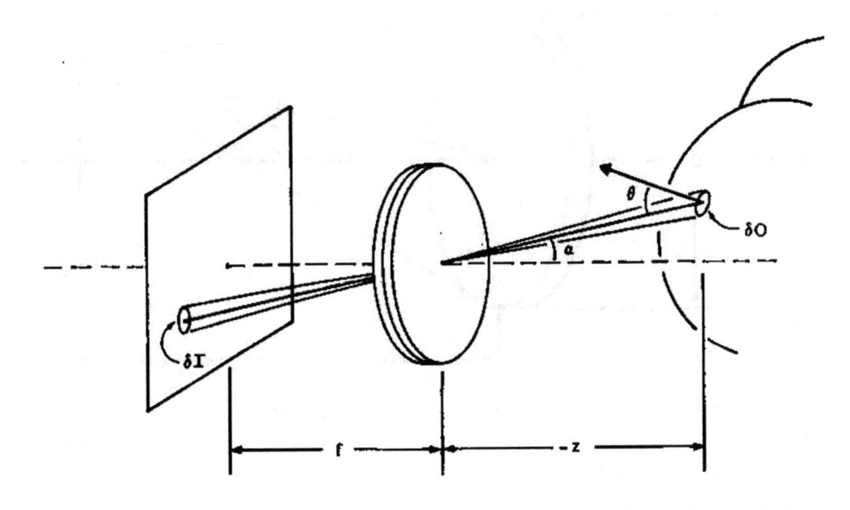

图 3.5 为了得到：图像**辐照强度**和物体表面**辐射强度**之间的关系，我们必须确定：物体表面“小块”所对应的图像区域的尺寸。

其中 L 是：物体上的小区域沿着透镜方向的**辐射强度**。这些光被全部汇聚在图像区域上（如果我们忽略透镜的缺陷的话）。再没有其他的光到达该图像区域，因此，该图像区域的辐照强度为：

$$E = \frac{\delta P}{\delta I} = L\frac{\delta O}{\delta I}\frac{\pi}{4}\left(\frac{d}{z}\right)^2\cos^3\alpha\cos\theta \tag{3.7}$$

将 $\delta O/\delta I$ 的表达式（即：式(3.4)）代入上式，于是，我们最终得到：

$$E = L\frac{\pi}{4}\left(\frac{d}{f}\right)^2\cos^4\alpha \tag{3.8}$$

因此，我们得到一个重要结论：

- **图像的辐照强度和场景的辐射强度成正比**。

这个关系是我们从图像中恢复出物体相关信息的基础！式(3.8)中的比例系数包括：(1) 有效 **f–数**（即：f/d）的倒数的平方，以及(（2) 一个衰减项。这个衰减项的衰减速率为：从图像上的点到透镜中心的射线与光轴的夹角的余弦的 4 次方。如果图像的视野范围很小，也就是说，这个夹角的取值范围非常小（例如：望远镜），那么，这个衰减项所起的作用并不是很大。

此外，通常的透镜系统是由：放置在光轴上的多个**光圈**所构成的，这种结构会阻挡：某些和光轴成一定夹角的光线，从而形成**光晕**

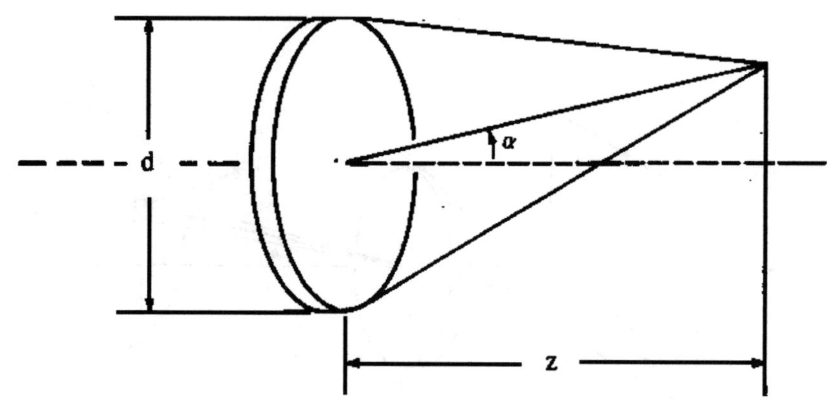

图 3.6　为了得到：图像的**辐照强度**和物体表面的**辐射强度**之间的关系，我们必须确定：从物体表面所发出的光，有多少被透镜汇聚到了图像上。这取决于：从物体表面上的某一点看过去，透镜所“占据”的立体角大小。

现象①。通常情况下，**光晕**所造成的衰减比式 (3.8) 中的余弦项更加严重。使用多**光圈**系统是为了减小图像失真，如果不使用多光圈系统，图像将会产生严重的失真，随着像素点偏离光轴的角度 α 的增大，失真的程度将以指数形式增加。在任意一种情况下，对于给定的成像系统，不同位置的像素点对场景**辐射强度**的灵敏度，和角度 α 之间的关系是确定的，并且，我们可以求出具体的函数形式。

总结：本节中，我们得到了一个非常重要的结论。我们所得到的测量结果（**图像辐照强度** E）与我们所关心的结果（**场景辐射强度** L）成正比！从另一个方面看，我们已经定义了**辐射**，从而使得**辐射**对应于：我们在谈论“亮度”时所真正想表达的意思，而我们所谈论的“亮度”竟然是和图像的**辐照强度**有关系的。

3.4 双向反射分布函数

是什么决定**场景的辐射强度**？场景的辐射强度依赖于：1)“落在”物体表面的光的强弱，2) 物体表面对入射光的**反射率**，3) 光反射过程中的一些几何关系。当我们观察镜子对光的反射时，很容易理解这一点。通常情况下，物体表面的**辐射强度**同时依赖于：1) 物体被观测的方向，以及，2) 物体被照射的方向。

①关于光晕的内容，请参见第2章的内容以及图2.9。

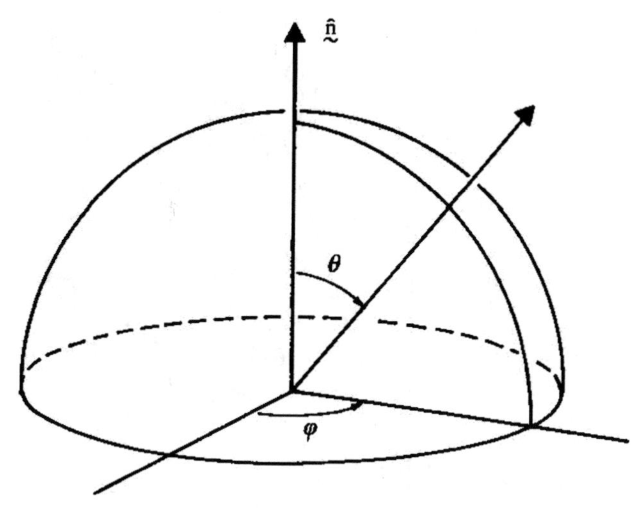

图 3.7 我们可以用：由**极角** θ 和**方位角** φ 所确定的局部坐标系，来表示：入射光线和出射光线的方向。

我们可以用："安放"在曲面上的**局部坐标系**，来描述这两个方向，如图 3.7 所示。通过 (1) 曲面的**法向量** $\hat{n}$ 和 (2) 曲面上的任意一条**参考线**，我们可以用两个角 θ 和 φ 来表示：射入或射出该曲面的光线的方向。θ 表示：该方向和曲面**法向量**之间的夹角；而 φ 表示：该方向在曲面上的**投影**与我们所选的**参考线**之间的夹角。这两个角 θ 和 φ 分别称为**极角**和**方位角**[①]。于是，我们可以将入射光的方向表示为 (θ_i, φ_i)，而将射向观测者的光的方向表示为 (θ_e, φ_e)，如图 3.8 所示。

我们可以定义**双向反射分布函数** $f(\theta_i, \varphi_i, \theta_e, \varphi_e)$。双向反射分布函数告诉我们：

- 当光从某一个方向射入物体表面时，我们从另一个方向对其进行观测，物体表面的亮度是多少。

如果沿着入射方向 (θ_i, φ_i) 射入物体表面的光的强度（**辐照强度**）为 $\delta E(\theta_i, \varphi_i)$，而从物体表面沿着方向 (θ_e, φ_e) 射出的光的强度（**辐射强度**）为 $\delta I(\theta_e, \varphi_e)$，那么，**双向反射分布函数**可以被表示为：**辐射强度**和**辐照强度**的比值，也就是说，

$$f(\theta_i, \varphi_i, \theta_e, \varphi_e) = \frac{\delta I(\theta_e, \varphi_e)}{\delta E(\theta_i, \varphi_i)} \tag{3.9}$$

---

①一个更加直观的理解是：$(90^\circ - \theta)$ 和 φ 分别对应于**维度**和**经度**。

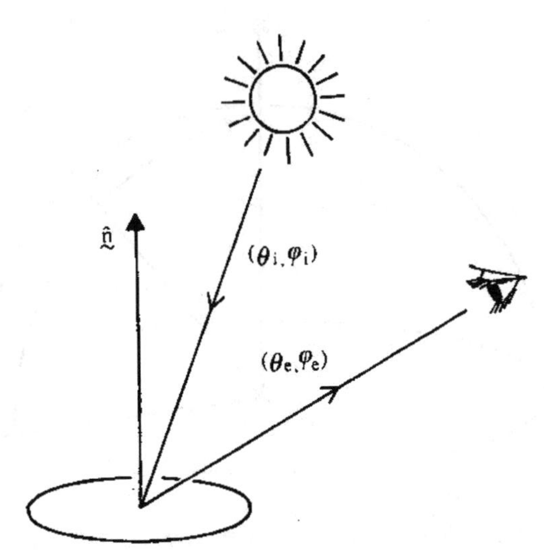

图 3.8　当物体表面的某一“小块”受到：沿着 (θ_i, φ_i) 方向的光的照射时，沿着方向 (θ_e, φ_e) 看过去，该小块的**辐射强度**与（该小块所受到的）**辐照强度**之间的比值，被称为**双向反射分布函数**。

后面，我们将研究几种**理想曲面**的双向反射分布函数。直接使用一个四元函数来研究：图像辐照强度和物体表面形状之间的关系，显得有点笨拙。幸运的是，对于许多物体的微表面，如果让该微表面绕着其**法线**旋转，那么，该微表面的**辐射强度**不会发生变化。在这种情况下，双向反射分布函数只依赖于：入射光和出射光之间的**方位角**之差 $\varphi_e - \varphi_i$，而并不单独依赖于 φ_e 和 φ_i。这对于**漫反射表面**和**镜面**都是成立的，但是，这并不适用于某些具有特殊朝向性质的微表面，例如：一种被称为“虎眼”的矿物，一些具有特殊光泽的鸟类羽毛。

双向反射分布函数的形式必须满足一个有趣的约束条件。如果两个表面处于热平衡状态，那么，从一个表面辐射到另一个表面的**辐射量**，必须和：从另一个表面沿着相反方向辐射过来的**辐射量**保持平衡，否则，接收到较多辐射量的表面将会被加热，而另一个表面将会被冷却，因此，**热平衡**将会被打破。这违背了**热力学第二定律**。容易证明，上面这个结论意味着：双向反射分布函数必须满足 **Helmholtz 相互性条件**，即：

$$f(\theta_i, \varphi_i, \theta_e, \varphi_e) = f(\theta_e, \varphi_e, \theta_i, \varphi_i) \tag{3.10}$$

也就是说，双向反射分布函数具有**对称性**。

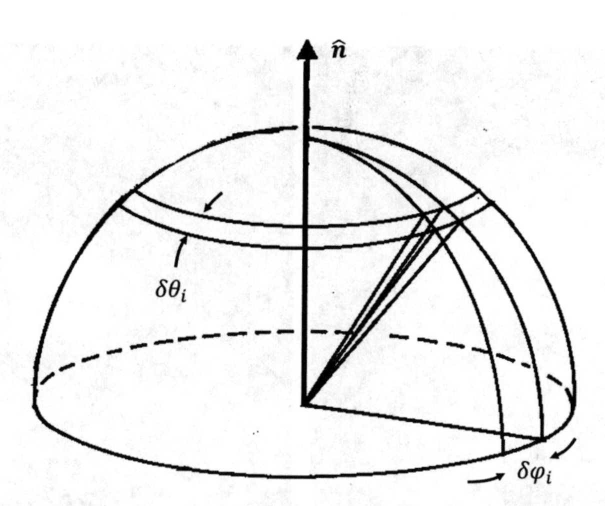

图 3.9 对于连续光源的情况，我们必须在所有的入射方向上，对**双向反射分布函数**与光源的**辐射强度**的乘积求积分。

3.5 连续光源

到目前为止，我们只考虑了：所有光都来自于同一个方向的情况。在实际情况中，可能存在多个光源，或者，甚至是**连续光源**（即：线光源或面光源），例如：天空。

对于连续光源，我们必须考虑：沿着某个方向的非零立体角，以得到非零的辐射强度。考虑“天空”中的一个微小区域（如图 3.9 所示），该区域沿**极角**方向的大小为 $\delta\theta_i$；沿**方位角**方向的大小为 $\delta\varphi_i$。这个区域所对应的立体角为：

$$\delta\omega = \sin\theta_i \delta\theta_i \delta\varphi_i \tag{3.11}$$

如果用 $E(\theta_i, \varphi_i)$ 表示：沿着 (θ_i, φ_i) 方向射入单位立体角的辐射强度，那么，从图 3.9 所示的“天空”中的小区域所发射出的辐射强度为：

$$E(\theta_i, \varphi_i) \sin\theta_i \delta\theta_i \delta\varphi_i \tag{3.12}$$

因此，物体表面“小块”上所受到的总的辐照强度为：

$$E_0 = \int_{-\pi}^{\pi} \int_0^{\frac{\pi}{2}} E(\theta_i, \varphi_i) \sin\theta_i \cos\theta_i d\theta_i d\varphi_i \tag{3.13}$$

其中，积分号中的 $\cos\theta_i$ 这一项用来计算：从“天空”中的(θ_i, φ_i) 方向看过去，物体表面“小块”所对应的**透视伸缩**。

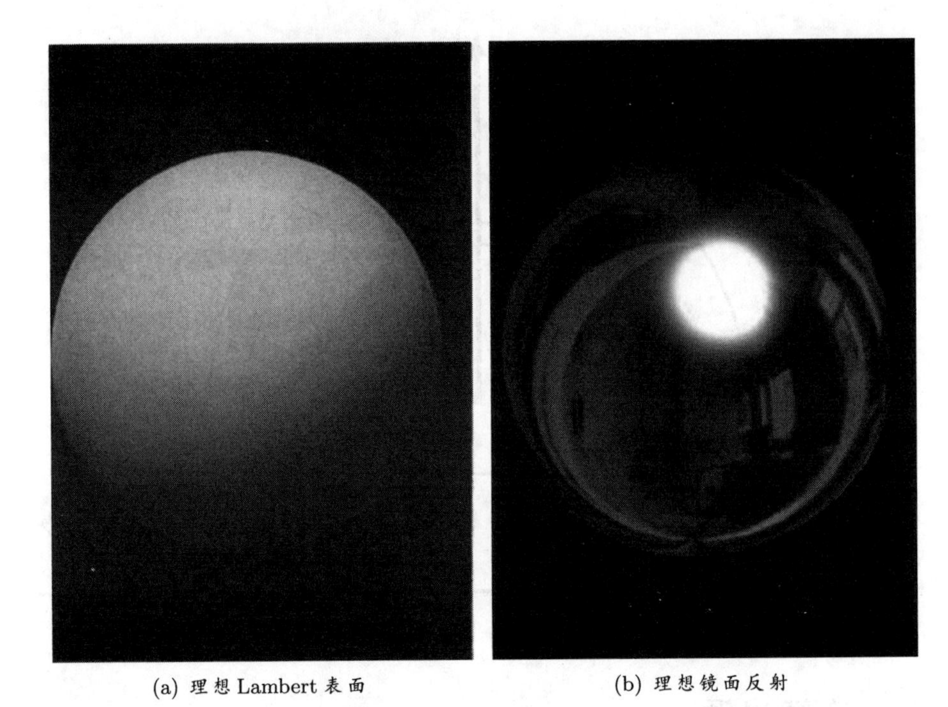

(a) 理想 Lambert 表面　　(b) 理想镜面反射

图 3.10　图像亮度取决于物体表面的反射性质。(a) 发生**漫反射**的球可以被近似看作一个**理想 Lambert 表面**。(b) 发生**理想镜面反射**的钢球会生成一张截然不同的图像。

为了得到物体表面“小块”的**辐射强度**，我们必须对：（物体表面“小块”所受到的）**辐照强度**与**双向反射分布函数**的乘积，（在由所有可能的入射光方向所张成的半球上）进行积分，即：

$$I(\theta_e, \varphi_e) = \int_{-\pi}^{\pi} \int_{0}^{\frac{\pi}{2}} f(\theta_i, \varphi_i, \theta_e, \varphi_e) E(\theta_i, \varphi_i) \sin\theta_i \cos\theta_i d\theta_i d\varphi_i \tag{3.14}$$

式 (3.14) 中，被积函数中的 $\cos\theta_i$ 这一项也是被用来计算透视伸缩的，而所得到的积分结果 $I(\theta_e, \varphi_e)$ 是一个关于 θ_e 和 φ_e 的二元函数。参数 θ_e 和 φ_e 被用来指定：指向观测者的射线方向。

3.6 物体表面的反射性质

除了光源分布以外，物体表面的反射性质也是决定成像结果的重要因素，参见图 3.10。一种最常见的漫反射模型是：**理想 Lambert 表面**（参见图 3.10(a)），它具有如下两个性质：

- 从各个方向进行观测，物体表面的亮度都一样；
- 物体表面对入射光进行完全反射（即：吸收率为0）。

从上述定义中，我们可以推导出：理想 Lambert 表面的双向反射分布函数是一个常数。为了确定这个常数，我们对物体表面的辐射强度沿着各个方向进行积分，所得到的物体表面的总的辐射强度，应该等于物体表面所接收到的总的辐照强度，也就是说，

$$\int_{-\pi}^{\pi}\int_{0}^{\frac{\pi}{2}} fE\cos\theta_i\sin\theta_e\cos\theta_e d\theta_e d\varphi_e = E\cos\theta_i \tag{3.15}$$

等式两边约去 $E\cos\theta_i$，然后对 φ_e 做积分，可以得到：

$$2\pi f\int_{0}^{\frac{\pi}{2}}\sin\theta_e\cos\theta_e d\theta_e = 1 \tag{3.16}$$

利用恒等式：$2\sin\theta_e\cos\theta_e = \sin 2\theta_e$。我们最终得到：$\pi f = 1$。因此，对于理想 Lambert 表面，其双向反射分布函数为：

$$f(\theta_i,\varphi_i,\theta_e,\varphi_e) = \frac{1}{\pi} \tag{3.17}$$

注意：由于理想 Lambert 表面的双向反射分布函数是常数，我们可以通过曲面的辐照强度，来计算出曲面的辐射强度，即：

$$L = \frac{1}{\pi}E_0 \tag{3.18}$$

当然，对于具有其他反射性质的物体表面，这个简单方法并不适用。

关于物体表面反射性质的另一个极端是：**理想镜面反射**，如图3.10(b) 所示。理想镜面反射将所有沿着 (θ_i,φ_i) 方向的入射光，沿着 $(\theta_i,\varphi_i+\pi)$ 方向射出（如图3.11 所示）。理想镜面反射的双向反射分布函数与 $\delta(\theta_e-\theta_i)\delta(\varphi_e-\varphi_i-\pi)$（即两个**单位无限冲积函数**的乘积）成正比，但是，比例系数 k 是多少？我们再一次使用：在前面计算理想 Lambert 表面的双向反射分布函数时，所使用的方法。首先，对物体表面的辐射强度沿各个方向进行积分，从而得到物体表面的**总辐射强度**；然后，令物体表面的总辐射强度等于物体表面所接收到的总的辐照强度。于是，

$$\int_{-\pi}^{\pi}\int_{0}^{\frac{\pi}{2}} k\delta(\theta_e-\theta_i)\delta(\varphi_e-\varphi_i-\pi)\sin\theta_e\cos\theta_e d\theta_e d\varphi_e = 1 \tag{3.19}$$

根据**单位无限冲击函数**的定义，我们可以得到：

$$k\sin\theta_i\cos\theta_i = 1 \tag{3.20}$$

于是，我们可以得到理想镜面的**双向反射分布函数**：

$$f(\theta_i,\varphi_i,\theta_e,\varphi_e) = \frac{\delta(\theta_e-\theta_i)\delta(\varphi_e-\varphi_i-\pi)}{\sin\theta_i\cos\theta_i} \tag{3.21}$$

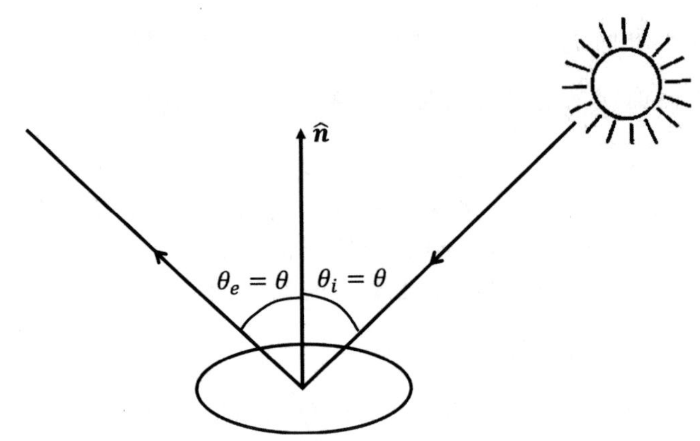

图 3.11　镜面反射将：沿着某一个方向的入射光，全部反射到：由入射光方向和曲面**法向量**所确定的平面中，并且，由反射光线和曲面法向量所确定的**反射角**，等于：由入射光线和曲面法向量所确定的**入射角**。

进一步，我们可以计算出：对于连续光源，镜面的辐射强度。根据式 (3.14)，我们可以求得：

$$I(\theta_e,\varphi_e)=\int_{-\pi}^{\pi}\int_{0}^{\frac{\pi}{2}}\frac{\delta(\theta_e-\theta_i)\delta(\varphi_e-\varphi_i-\pi)}{\sin\theta_i\cos\theta_i}E(\theta_i,\varphi_i)\sin\theta_i\cos\theta_i d\theta_i d\varphi_i \tag{3.22}$$

再次地，根据**单位无限冲击函数**的定义，我们可以得到：

$$I(\theta_e,\varphi_e)=E(\theta_e,\varphi_e-\pi) \tag{3.23}$$

对于镜面，沿着 (θ_e,φ_e) 方向的辐射强度正好等于：（连续光源所射出的光线中）沿着“与 (θ_e,φ_e) 对称的方向”射入镜面的那部分辐射强度。这和我们的实际观测结果极其一致，因为，我们通过镜面所看见的是：连续光源的**虚像**！对于具有其他反射性质的曲面，这种简单关系是不适用的。

我们可以通过实验的方式，来得到双向反射分布函数。用一个放置在**角度计**上的灯来照射：由某种特定材料做成的、表面平坦的样本，然后，用放置在另外一个角度计上的传感器来测量**辐照强度**。角度计有两个旋转轴，因此，安放在角度计上的仪器可以精确地对准任意一个给定方向。用实验方法来确定双向反射分布函数非常烦琐，因为它涉及四个变量。幸运的是，通常情况下，我们只需要处理三个变量 θ_i、θ_e 和 $(\varphi_e-\varphi_i)$ 即可。

另外一个获得双向反射分布函数的方法是：建立物体表面对入射光的反射模型，然后，通过数学分析或数值模拟的方法，找到对应的物体表面反射特性。这种方法被用于：一些简单的物体表面微结构的模型。如果使用近似逼近方法，通常还有可能得到模型的解析解。我们这里不再对其做深入讨论。

3.7 物体表面的亮度

当 **Lambert 表面**被一个辐射强度为 E 的**点光源**照射时，它会有多亮？位于 (θ_s, φ_s) 方向的点光源的辐射强度为：

$$E(\theta_i, \varphi_i) = E\frac{\delta(\theta_i - \theta_s)\delta(\varphi_i - \varphi_s)}{\sin\theta_i} \tag{3.24}$$

其中，$\sin\theta_s$ 这一项是为了保证上式的积分为 E。我们必须使得：

$$\int_{-\pi}^{\pi}\int_{0}^{\frac{\pi}{2}} E(\theta_i, \varphi_i)\sin\theta_i d\theta_i d\varphi_i = E \tag{3.25}$$

使用已知 **Lambert 表面**的双向反射分布函数 (3.17)，容易算出，在这种情况下，

$$L = \frac{1}{\pi}E\cos\theta_i \qquad (\text{对于} \cos\theta_i \geq 0) \tag{3.26}$$

这就是我们所熟知的**余弦准则**，也被称为：漫反射表面的 **Lambert 反射定律**。注意：在式(3.26)中，L 和入射角 θ_i 之间的余弦依赖关系，直接来自于：**辐照强度**和入射角之间的余弦依赖关系。从本质上说，余弦项来自于：从光源看过去，物体表面的**透视面积**和物体表面积之间的比值。如果物体表面涂有：细微的粉末状材料，例如：硫酸钡或碳酸锰，那么，该物体表面对光的反射性质十分接近 Lambert 反射定律。对于其他材料，例如：纸张、雪、无光泽的颜料等，用 Lambert 反射定律去模拟也是合理的。

现在，我们来考虑一个特殊情况：用布满整个"天空"的均匀光源，去照射一个 Lambert 表面，假设：光源的辐射强度为 E，那么，

$$L = \int_{-\pi}^{\pi}\int_{0}^{\frac{\pi}{2}} \frac{E}{\pi}\sin\theta_i\cos\theta_i d\theta_i d\varphi_i = E \tag{3.27}$$

物体表面"小块"的辐射强度等于：光源的辐射强度！

这启发我们去"想象"一个有趣的实验：假设我们做一个任意形状的瓶子，在瓶子的内部涂上 Lambert 材料，然后，通过一个小孔放进一些光，那么，瓶子（内）表面上的任意一个小区域都会具有相同的亮度。于是，当我们从另一个小孔看进去时，我们无法辨别瓶子内表面的形状，因为，瓶子内表面上的每一个"小块"都具有相同的亮度。出于同样的原因，在阴天下雪的环境中，你会觉得周围各个物体

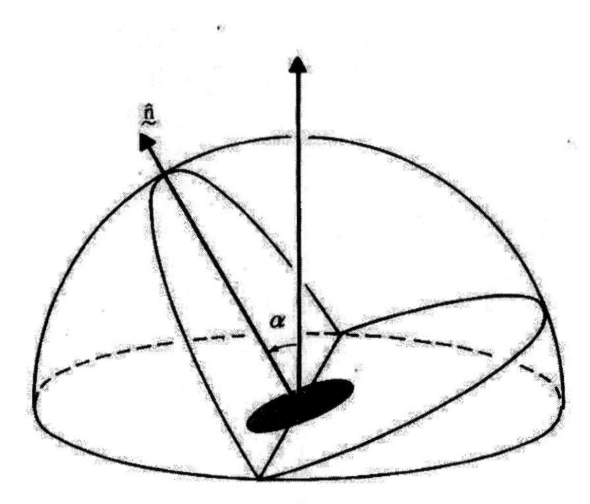

图 3.12　一个相对于水平面发生倾斜的物体表面小块，所受到的辐射只来自于：上半球面的一部分区域。

的对比度很低，很难看清楚周围的环境，这被称为**白化效果**。当然，产生这个现象的原因，并不是因为物体表面是白色的，在**点光源**照射的条件下，我们很容易辨别曲面的形状。回顾：均匀连续光源照射下的镜面反射，镜面的辐射强度和连续光源的辐射强度相同。因此，Lambert 反射并不是产生白化效果的必要条件。

让我们来考虑一个更复杂、但可能更符合实际情况的例子：在一个 Lambert 表面的“小区域”上，有一个半球形的“天空”（即：均匀分布的连续光源）。假设 Lambert 表面的法向量和半球面“天空”的顶点之间夹角为 $\alpha < \pi/2$，如图 3.12 所示。

在习题 3.3 中，我们将进行深入讨论，并且，进一步证明：这种情况下，Lambert 表面总的辐射强度为：

$$\frac{E}{2}(1+\cos\alpha) = E\cos^2\frac{\alpha}{2} \tag{3.28}$$

相比于点光源照射的情况，在均匀连续光源的照射下，物体表面因**朝向**不同而产生的亮度变化要小很多。

3.8 光度立体视觉

假设有三个点光源，我们可以控制每一个点光源的开和关。我们将这三个光源放置在：远离某一个 **Lambert 表面**“小块”的地方。

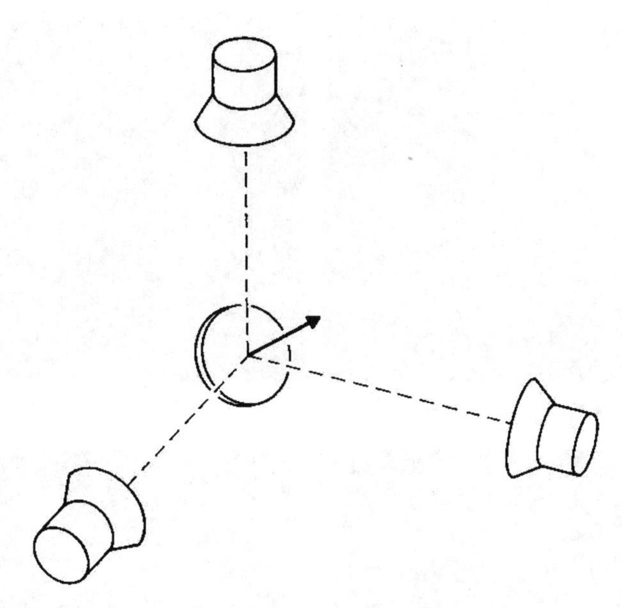

图 3.13 如果用三个点光源分别去照射一个 **Lambert 表面**，那么，所得到的亮度测量值将正比于：观测方向与曲面法向量的夹角的余弦。

从物体表面的“小块”看过去，小块到三个光源所形成的三个方向 $\boldsymbol{s}_1$、$\boldsymbol{s}_2$ 和 $\boldsymbol{s}_3$，分别对应于光源方向矩阵 $\boldsymbol{S}$ 中的三个**列向量**，如图 3.13 所示。通过控制灯的开关，我们可以得到三张图像。根据 **Lambert 表面** 的性质，我们可以进一步得到如下关系：

$$\rho\, \boldsymbol{S}^T \widehat{\boldsymbol{n}} = \boldsymbol{e} \tag{3.29}$$

其中，ρ 表示**反射率**；$\widehat{\boldsymbol{n}}$ 是物体表面“小块”的**单位法向量**；$\boldsymbol{e} = (E_1, E_2, E_3)^T$ 是由三个亮度测量值所组成的向量。通过求解式 (3.29)，我们可以得出（物体“小块”的）单位法向量 $\widehat{\boldsymbol{n}}$ 和反射率 ρ。这个方法被称为**光度立体视觉** ①。求解式 (3.29) 包括如下两个步骤：

1. 首先，求解线性方程组，计算 $\rho\widehat{\boldsymbol{n}}$，也就是说②，

$$\rho\widehat{\boldsymbol{n}} = \left(\boldsymbol{S}^T\right)^{-1} \boldsymbol{e} = \left(\boldsymbol{S}^{-1}\right)^T \boldsymbol{e} \tag{3.30}$$

---

①参见：Horn, B.K.P. & K. Ikeuchi (1984) “The Mechanical Manipulation of Randomly Oriented Parts,” *Scientific American*, Vol. 251, No. 2, pp. 100–111, August.

②我们可以通过：设定三个光源的照射方向，来进一步简化求解过程。最佳的选择是让这三个光源的照射方向**相互垂直**，此时，$\left(\boldsymbol{S}^{-1}\right)^T = \boldsymbol{S}$。

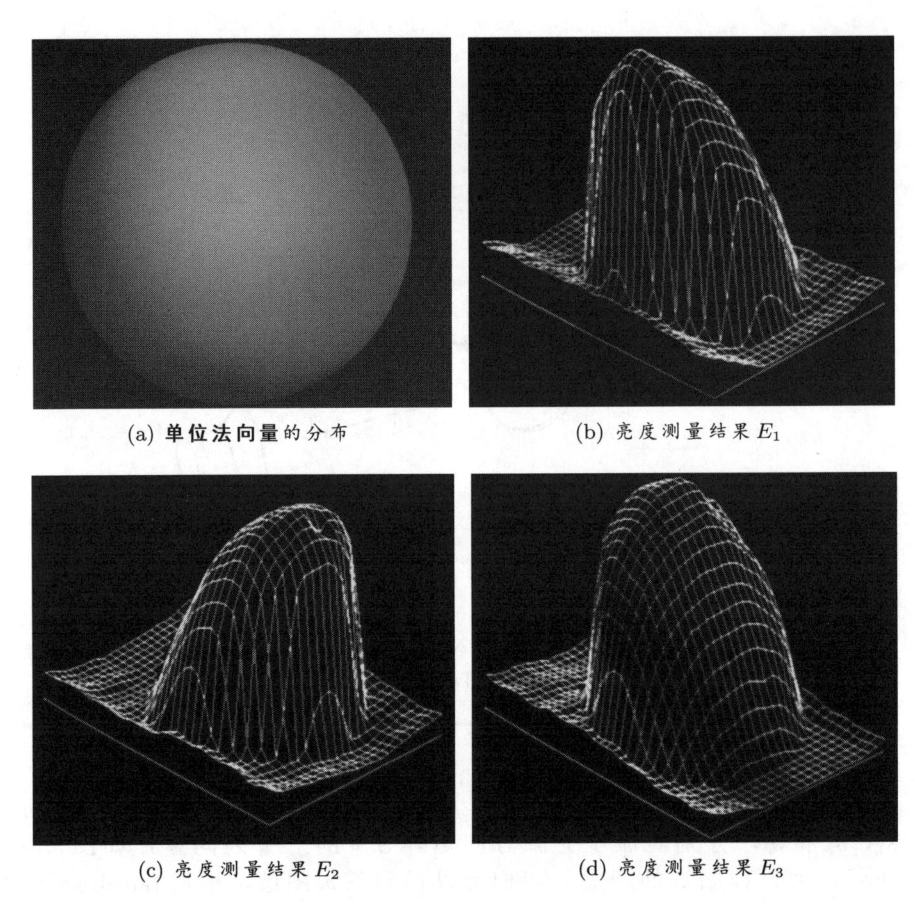

(a) **单位法向量**的分布　　(b) 亮度测量结果 E_1

(c) 亮度测量结果 E_2　　(d) 亮度测量结果 E_3

图 3.14　使用**光度立体视觉**技术，通过控制光源，我们可以根据三张图像中的**亮度模式** E_1、E_2 和 E_3，估计出物体表面**单位法向量**的分布，进而得出物体的**形状**。

2. 然后，计算 $\rho\widehat{\boldsymbol{n}}$ 的**模长**，求得反射率 ρ，也就是说，

$$\rho = \|\rho\widehat{\boldsymbol{n}}\| = \left\|\left(\boldsymbol{S}^{-1}\right)^T \boldsymbol{e}\right\| \tag{3.31}$$

最终，物体"小块"的单位法向量 $\widehat{\boldsymbol{n}}$ 为：

$$\widehat{\boldsymbol{n}} = \frac{1}{\left\|\left(\boldsymbol{S}^{-1}\right)^T \boldsymbol{e}\right\|}\left(\boldsymbol{S}^{-1}\right)^T \boldsymbol{e} \tag{3.32}$$

图 3.14 中给出了一个真实场景中的实验结果。我们通过控制三盏灯，来估计球体表面的**单位法向量**的分布，三盏灯和球体之间所形成的三个方向，两两之间夹角近似为 90°。

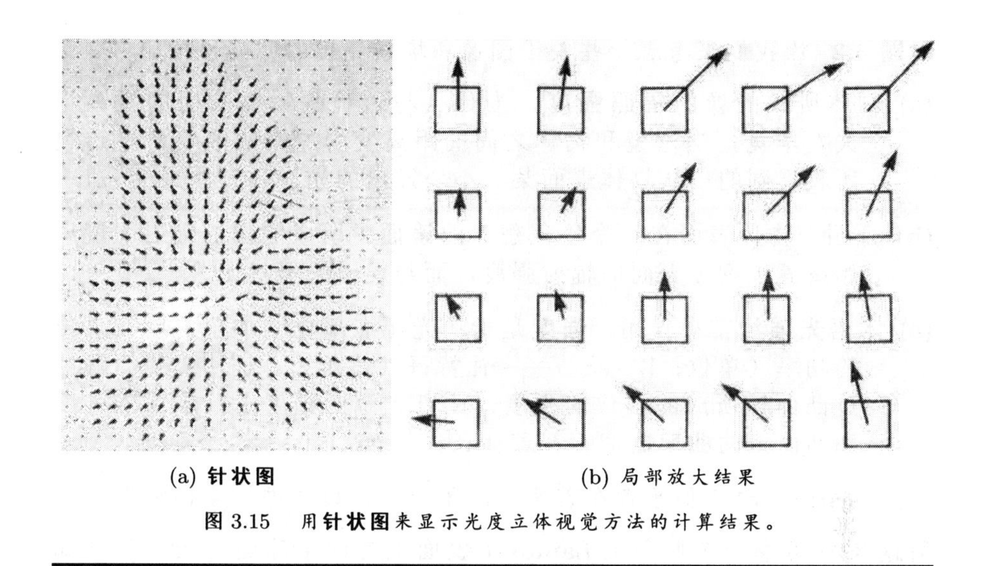

图 3.15 用**针状图**来显示光度立体视觉方法的计算结果。

图 3.14(a) 中给出了根据式 (3.32) 求解出的球面单位法向量的分布，其中，红、绿、蓝三个颜色分量分别表示：单位法向量在 x 轴、y 轴和 z 轴上的三个分量。图 3.14(b)、3.14(c) 和 3.14(d) 分别为：对应的三个**图像亮度模式** E_1、E_2 和 E_3。使用**光度立体视觉**技术，我们根据三张图像计算出物体表面单位法向量的分布，从而估计出了物体的**形状**。我们也可以用**针状图**来显示光度立体视觉方法的计算结果，如图 3.15(a) 所示。图 3.15(b) 中的"箭头"给出了：（某一个）**单位法向量** $\boldsymbol{e}$ 在二维平面上的投影。根据"箭头"的长短和方向，我们可以确定出：单位法向量 $\boldsymbol{e}$ 在三维空间中的方向。

在第 1 章 1.3.2 小节中，我们介绍了**光度立体视觉**技术的一个工程应用：抓取随意摆放的零件。在这个问题中，我们需要根据**针状图**来判断零件的空间摆放**姿态**，进而确定机器臂的最佳抓取方向。

3.9 习题

习题 3.1 我们用 p 和 q 来表示：入射角 θ_i 和出射角 θ_e 的余弦值。我们必须同时知道余弦值和正弦值。请证明：

$$\sin\theta_e = \sqrt{\frac{p^2+q^2}{1+p^2+q^2}}; \quad \sin\theta_i = \sqrt{\frac{(p-p_s)^2+(q-q_s)^2+(q_sp-p_sq)^2}{(1+p^2+q^2)(1+p_s^2+q_s^2)}}$$

习题 3.2 让我们来考虑一些关于图像和场景亮度的明显“悖论”。

(a) 物体所成的像的**辐照强度**，为什么与透镜到物体表面的距离无关？毕竟，当透镜和物体之间的距离变为原来的两倍时，透镜所收集到的、从物体表面某一小块发出的光，只有原来的1/4。

(b) 证明：物体表面在一个“理想”的**镜面**中所成的像的辐射强度，始终等于物体表面的辐射强度，而与镜子的形状无关。

(c) 术语**光强**经常被误用。**强度**是指：光源在单位立体角内所发射出的功率（单位：$W \cdot sr^{-1}$ —— 瓦特每立体角）。证明：点光源经过凸面镜所成的虚像的强度，比点光源的强度小。虚像的强度和凸面镜的**曲率**之间存在着什么关系？

(d) 在 (b) 和 (c) 中似乎存在着明显的矛盾，请设法进行“调和”。

习题 3.3 考虑一个倾斜的 **Lambert 表面**上方的半球面“天空”（如图3.12所示）。假设：Lambert 表面的法向量和半球面“天空”的顶点之间夹角为$\alpha < \pi/2$。Lambert 表面上方的半球面并不是闭合的，通过本章中关于Lambert 表面的分析结果，我们知道：Lambert 表面所产生的辐射强度等于$E/2$。剩下的半个球面是“黑暗”区域。只有和“天空”的顶点方向夹角小于θ'的那部分 Lambert 表面才是可见的。

(a) 通过考虑相应的球面三角形，请证明：

$$\sin\theta' \sin\alpha \cos\varphi = \cos\theta' \cos\alpha \tag{3.34}$$

通过上式，我们可以进一步整理得到：

$$\tan\left(\frac{\pi}{2} - \theta'\right) = \tan\alpha \cos\varphi \tag{3.35}$$

提示：参见附录A.1中关于球面三角几何的有用公式。

(b) 半球中的“明亮”区域对于 **Lambert 表面**的辐射强度的贡献为：

$$\int_{-\pi/2}^{\pi/2} \int_0^{\theta'} \frac{E}{\pi} \sin\theta \cos\theta d\theta d\varphi \tag{3.36}$$

证明：上式可以被进一步写为：

$$\frac{E}{2\pi} \int_{-\pi/2}^{\pi/2} \sin^2\theta' d\varphi = \frac{E}{2\pi} \int_{-\pi/2}^{\pi/2} \frac{1}{1+\tan^2\alpha \cos^2\varphi} d\varphi \tag{3.37}$$

提示：$\int \sin\theta \cos\theta d\theta = (1/2)\sin^2\theta$。

(c) 根据积分公式：

$$\int \frac{1}{1+c^2\cos^2\varphi} d\varphi = \frac{1}{\sqrt{1+c^2}} \tan^{-1}\left(\frac{\tan\varphi}{\sqrt{1+c^2}}\right) \tag{3.38}$$

我们可以进一步求解：积分式(3.37)，其结果为 $(E/2)\cos\alpha$。由此，我们可以算出**总的辐射强度**，其结果为：

$$\frac{E}{2}(1+\cos\alpha) = E\cos^2\frac{\alpha}{2} \tag{3.39}$$

习题 3.4 Minnaert 表面的双向反射分布函数为：

$$f(\theta_i,\varphi_i;\theta_e,\varphi_e) = \frac{k+1}{2\pi}(\cos\theta_i\cos\theta_e)^{k-1} \tag{3.40}$$

其中，$0 \le k < 1$。对于一个准确定位的、方向为 (θ_s,φ_s) 的单点光源，我们令点光源的辐射强度为：

$$E_i(\theta_i,\varphi_i) = E_0\frac{\delta(\theta_i-\theta_s)\delta(\varphi_i-\varphi_s)}{\sin\theta s} \tag{3.41}$$

那么，物体表面所受到的**辐照强度**为 E_0。请证明：如果 $-\pi/2 \le \theta_i \le \pi/2$，那么，物体表面的辐射强度为：

$$L_r = E_0\frac{k+1}{2\pi}cos^{k-1}\theta_e\cos^k\theta_i \tag{3.42}$$

当 k 取何值时，辐射强度和观测方向无关？

习题 3.5 证明：对于具有 **Lambert 反射性质**的物体表面，物体表面所成的图像在区域 R 中的**平均亮度**等于：曲面的**平均法向量** $\overline{\boldsymbol{n}}$ 与光源方向 $\widehat{\boldsymbol{s}}$ 的内积。这里，

$$A\overline{\boldsymbol{n}} = \iint\limits_R \widehat{\boldsymbol{n}}dA \tag{3.43}$$

其中 A 是指：图像区域的面积。

提示：注意，通常情况下，$\overline{\boldsymbol{n}}$ 并不是一个单位向量。

习题 3.6 让我们来模拟物体表面的微结构。我们假设：物体表面“起伏波动”的尺度，远远超出了仪器的分辨能力。同时假设：在尺度足够小的情况下，物体表面的“起伏”使得物体表面成为：一个 **Lambert 反射表面**。请问，在较大的尺度下（即：无法对物体表面的“起伏”形状进行分辨的情况下），物体表面是否还是一个 **Lambert 反射表面**？分别考虑两种极限情况，即：入射光线和观测方向分别“贴近”曲面的**切平面**的情况。

习题 3.7 对于Lambert 表面的情况，请证明：1) 外加的**连续光源**可以被等效地换作一个**点光源**，并且，2) 要确定点光源的亮度和位置，我们只需要沿着：（所有）入射光方向所形成的单位球，对连续光源的亮度进行积分，也就是说，

$$\overline{E\boldsymbol{s}} = \iint\limits_S E(\widehat{\boldsymbol{s}})\widehat{\boldsymbol{s}}dS \tag{3.44}$$

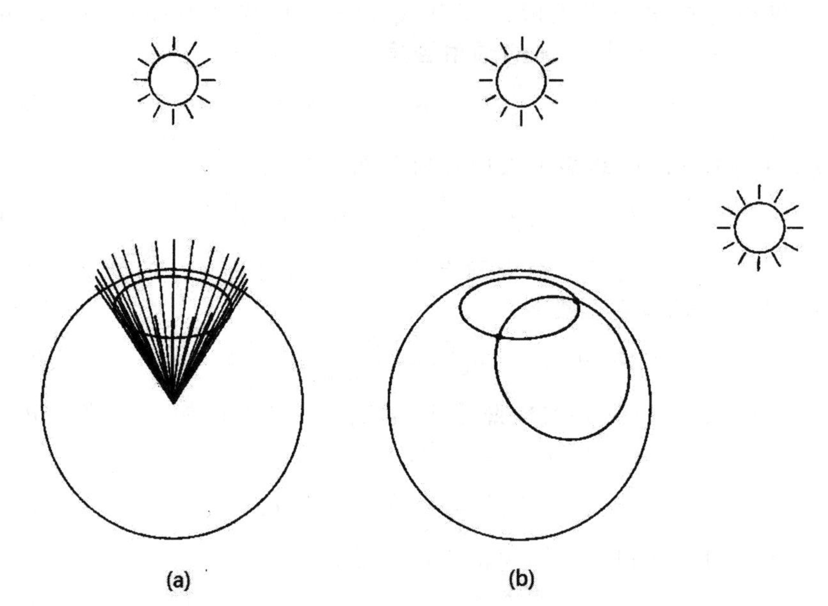

图 3.16　我们可以在 **Gauss 球**上来进行研究。(a) 对于单点光源照射 Lambert 表面的情况，**亮度等值线**为球面上的一个圆。(b) 这使得我们很容易证明：在这种情况下，对于由两个点光源所产生的**光度立体视觉**问题，最多存在两个解。

其中，$E(\widehat{\boldsymbol{s}})$ 是指：光源沿着 $\widehat{\boldsymbol{s}}$ 方向的辐射强度。

我们可以将这个想法用于：**连续光源**为上半球面的例子。这里的 α 是指：物体表面"小块"与竖直方向之间的夹角。参见图 3.12。请证明：**等效点光源**的方向和"天空顶部"的方向之间的夹角为 $\alpha/2$；并且，其亮度和 $\cos(\alpha/2)$ 成正比。

提示：从物体表面小块看过去，连续光源中的有些部分是看不见的。

习题 3.8　理想 Lambert 表面在单点光源照射的情况下，其**图像辐照强度**为 $\cos\theta_i$，我们可以将其写为：两个单位向量的**内积**，即：

$$E = \widehat{\boldsymbol{n}} \cdot \widehat{\boldsymbol{s}} \tag{3.45}$$

其中，$\widehat{\boldsymbol{n}}$ 是曲面的单位法向量；而 $\widehat{\boldsymbol{s}}$ 是指向点光源的单位方向向量。我们使用两个不同的点光源方向 $\widehat{\boldsymbol{s}}_1$ 和 $\widehat{\boldsymbol{s}}_2$，分别得到两个亮度测量结果 E_1 和 E_2。请求出：两个可能的**曲面法向量**方向。在什么情况下，曲面的**单位法向量**有唯一解？

提示：在图 3.16 的基础上，进一步开展理论分析。

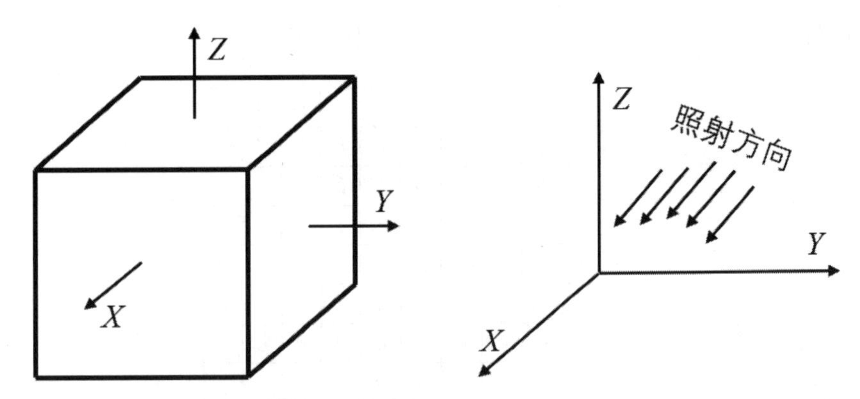

图 3.17 通过计算机仿真来模拟：点光源照射立方体物体所成的图像。假设立方体的表面为**理想 Lambert 表面**，图像的**亮度模式**依赖于光的照射方向。

习题 3.9 本题中，我们将完成对图 3.14 所示的**光度立体视觉**技术的实验和仿真。

(a) 通过计算机模拟的方式，对三个不同方向的点光源照射球面的情况进行仿真，得到三张球面亮度图像。

(b) 通过动画演示的方式，移动球的位置（或等价地移动三个点光源的照射方向），对三张球面亮度图像的变化进行计算机仿真。

(c) 根据式 (3.32)，通过三张球面亮度的图像来估计球面的法向量分布，分析估计结果是否符合真实结果。

(d) 进行实物实验，在一块黑布上放置一个球，用灯光从不同方向照射球体，得到三张球面亮度的图像，然后，根据式 (3.32) 来估计球面的法向量分布。根据实验结果完成研究报告。

习题 3.10 假设图 3.17 中的立方体物体的表面为**理想 Lambert 表面**，点光源的**极角**方向为 θ、**方位角**方向为 φ。

(a) 请计算立方体的三个可见表面的（归一化）亮度。计算出的“亮度”是**辐射强度**还是**辐照强度**？

(b) 三个表面的边缘是否一直清晰可见？请给出详细解释，并对各种不同的情况做详细的分析。

(c) 图 3.17 中的立方体物体对应于一张图像，假设其形式为：

			b	b	b	b	b	b	?
		b	b	b	b	b	b	?	c
	b	b	b	b	b	b	?	c	c
?	?	?	?	?	?	?	c	c	c
a	a	a	a	a	a	?	c	c	c
a	a	a	a	a	a	?	c	c	c
a	a	a	a	a	a	?	c	c	c
a	a	a	a	a	a	?	c	c	
a	a	a	a	a	a	?	c		
a	a	a	a	a	a	?			

请问：a、b 和 c 分别等于多少？图中的“?”对应于立方体物体的边缘所对应的像素点，我们可以将其取值设为：相邻区域亮度的平均值，请确定图中各个“?”的值。最终，我们得到了对立方体物体成像过程的计算模拟结果。

(d) 进一步，让我们来进行仿真实验：首先，选取多个不同的光源方向 $(\theta_n, \varphi_n)^T$，从而得到多张图像；然后，根据所得到的多张图像，估计出图 3.17 中立方体物体各个面的朝向。请根据实验结果完成研究报告。

第4章　颜色与光谱

在上一章中，我们详细探索了图像的**亮度**（**辐照强度**）。此时的图像仍然是“以物理形式”存在的**光学图像**，并不是我们所看见的图像或者相机所拍摄下来的图像。不管是对于人眼还是仪器设备，都只能感受到光学图像中的一部分**成分**，很多成分是“看不见”的。本章中，我们将详细探讨光学图像中的各个成分，包括看得见的光和看不见的光，由此，引出了一个重要概念——**颜色**，一种对光中成分的“挑选”方式。我们可以用**波长**（或者**频率**）来描述光中的各个成分，于是，颜色就对应着一个个**滤波器**，用来挑选不同的**光谱**频带。

我们首先介绍人眼感受颜色的方式：**三色刺激**，进一步，讨论了如何获取和处理**光谱频带**上不同“区域”的信息。于是，我们可以把：某些人眼看不见的光谱频带上的信息，用相应的图像传感器测量出来，再将测量结果用人眼看得见的光谱频带显示出来，最终变成我们“看得见”的图像。**红外成像**就是这方面的一个典型例子。为了深入理解红外成像原理和实现方式，我们需要掌握**黑体辐射**理论。

对于**图像传感器**，并不是所有的入射光子都会产生“电子/空穴”对。电子流和入射光子流的比值称为**量子效率**。量子效率依赖于入射光子的能量，因此，它依赖于入射光的波长 λ。同时，量子效率还依赖于：1) 材料，以及，2) 仪器收集自由电子的方式。真空仪器上的涂料具有相对较低的量子效率。对于某些特定波长，固态电子器件近乎为理想器件。摄影胶片的量子效率却很低。

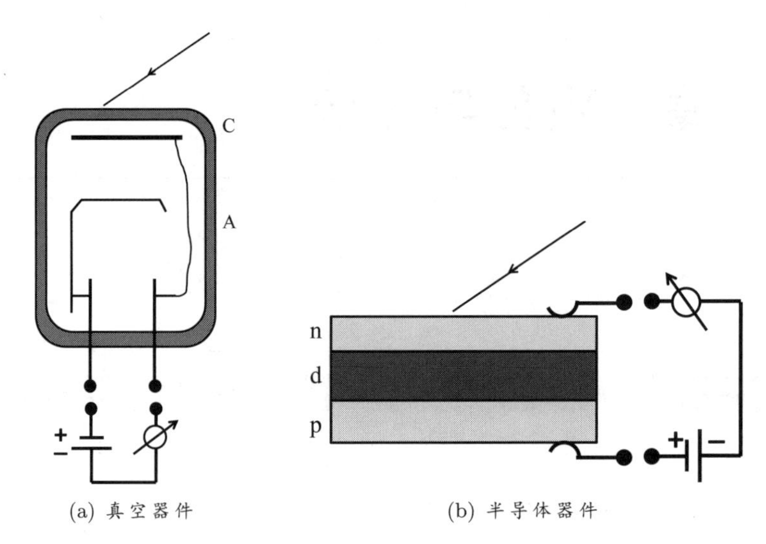

(a) 真空器件　　(b) 半导体器件

图 4.1　光子撞击感光材料的表面，会产生电荷载体。这些电荷载体被收集和测量，用来确定辐照强度。(a) 是真空器件的情况，电子从阴极被激发出来，然后再被阳极吸收。(b) 是半导体器件的情况，“电子/空穴”对被内建电场分离，然后，通过外接电路来收集“电子/空穴”对。

4.1 电子图像

人脑和电子计算机处理的都是电信号，因此，只有将前面章节中介绍的光学图像转换成**电子图像**，也就是说，一个**电信号阵列**，才能够对其进行传输、存储、分析和处理。不管是生物视觉还是摄影过程，其中的**图像传感器**的基本工作原理都依赖于：光子打击某种特殊材料是所产生的“电子/空穴”对，如图 4.1 所示。在第6章中，我们还将详细介绍图像传感器的相关内容。

仪器的灵敏度和入射光的**波长** λ 有关。具有很大能量的光子会直接进入材料，能量太小的光子可能在到达材料表面前就被拦截了。每一种材料都有属于其自身的、随光的波长而变化的**量子效率**特征。对于一个很小的波长区间 $\delta\lambda$，令 $b(\lambda)\delta\lambda$ 表示：能量大于等于 λ 而小于 $\lambda+\delta\lambda$ 的光子流，那么，材料表面所释放出的自由电子数目为：

$$\int_{-\infty}^{\infty} b(\lambda)q(\lambda)d\lambda \tag{4.1}$$

如果我们使用：由不同光敏材料做成的（图像）传感器，那么，我们将会得到不同的图像，因为传感器的**光谱灵敏度**不同。对于某一个曲面，假设：当我们用不同的传感器对其进行成像时，所得到的图像的灰度值不同；那么，我们可以利用这个结果来进行辨别。

另一种获得这种效果的方法是：使用相同的感光材料，但是，在相机前放上**滤光镜**。滤光镜会对光谱中的不同频率成分进行选择性吸收。如果第 i 个滤光镜的透光率为 $f_i(\lambda)$，那么滤光镜和传感器组合在一起的等效量子效率为 $f_i(\lambda)q(\lambda)$。我们究竟应该使用多少滤光镜？随着所使用的滤光镜数目的增加，对材料的辨别能力也会增加。但是，这些测量结果是**相关的**，这是因为：对于绝大多数材料，其**反射率**随入射光的改变而发生“光滑”变化。一般情况下，使用太多的滤光镜并不能有效地提高对材料的辨别能力。

4.2 三色刺激

在白光条件下，人类视觉系统所使用的“传感器”有三种。这些“传感器”被称为：**锥状体**。这三种锥状体中的每一种都具有特殊的**光谱灵敏度**。一种锥状体主要用于感知：可见光谱（其范围从 380 纳米到 760 纳米）中的长波长区；一种锥状体主要用于感知：可见光谱中的中波长区；第三种锥状体主要用于感知：可见光谱中的短波长区。这三种锥状体的感应曲线之间有相当大的重合。机器视觉系统使用红、绿、蓝三种**滤光镜**来获得图像。但是，需要指出的是：这种“选择方式”和人类的颜色感知方式没有任何关系；除非（正如我们下面所讨论的）红、绿、蓝三种滤光镜的**光谱响应曲线**正好是：人类的三种**锥状体**的光谱响应曲线的**线性组合**。

如果一个图像检测系统是：由少数几种具有不同**光谱灵敏度**的传感器所组成的，那么，它具有这样的性质：对于许多不同的**光谱分布**，系统将产生相同的“感应”结果。这是由于：我们所测量的并不是光谱分布本身，而是先将光谱分布和某种传感器的光谱灵敏度（函数）相乘，然后再（对乘积结果）进行积分。当然，对于生物系统也是如此。那些人眼难以区分的颜色被称作**同色异谱**（或**条件等色**）。

通过对条件等色的系统性研究，我们可以获得关于人类视觉系统的**光谱灵敏度**的有用信息。我们首先对大量的观测者进行颜色匹配实验；然后，再对实验结果取平均，并且，用所得到的数据来计算所谓的**三色刺激**或**标准观测曲线**。这些结果（如图 4.2 所示）被发表在 *Commission Internationale de l'Eclairage* (CIE) 上。

对于一个给定的光谱分布 $b(\lambda)$，我们按如下方法对其进行评估：首先，将这个光谱分布 $b(\lambda)$ 依次与三个函数 $x(\lambda)$, $y(\lambda)$, $z(\lambda)$ 中的每一

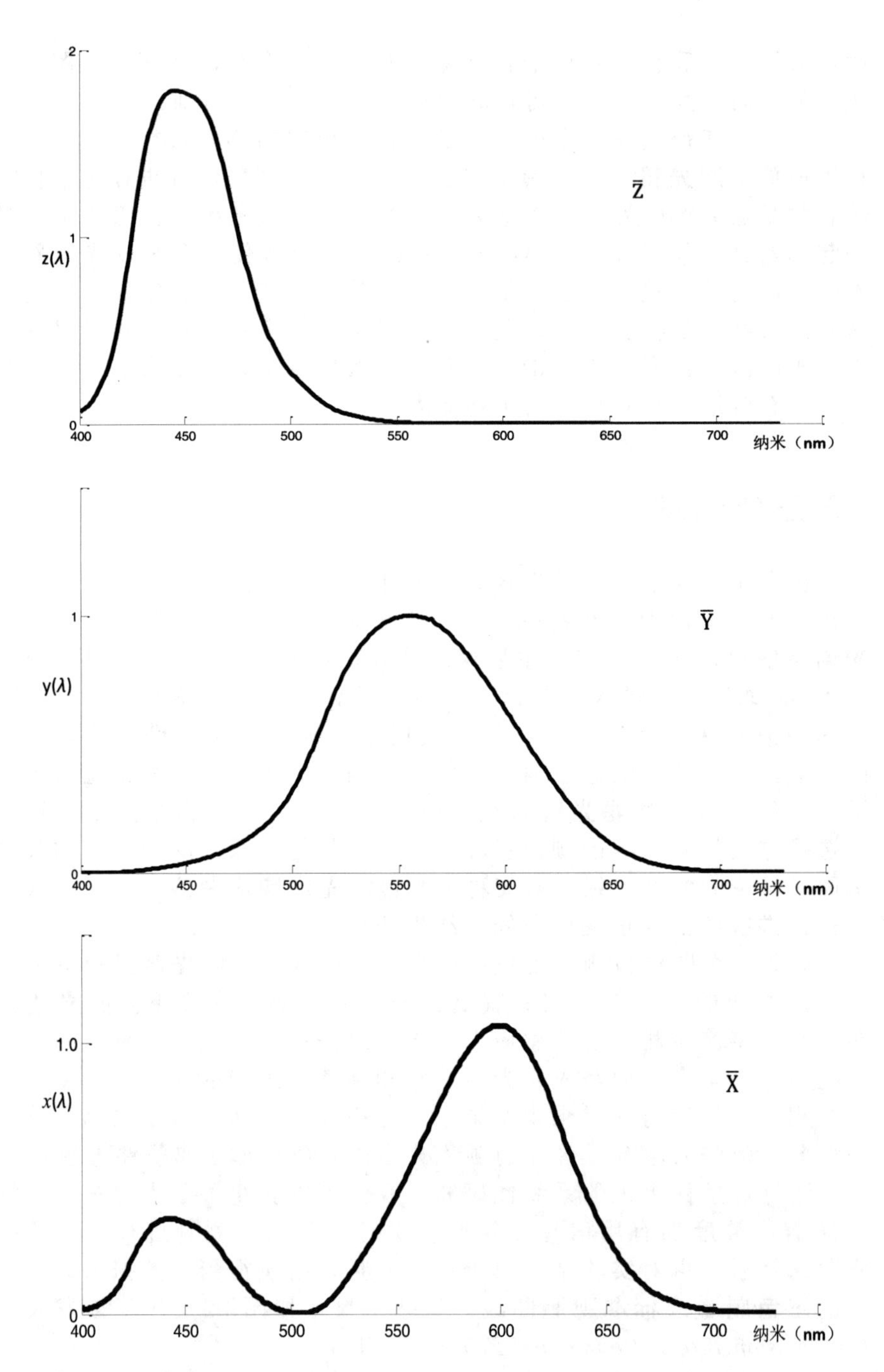

图 4.2　**三色刺激**曲线 $x(\lambda)$、$y(\lambda)$ 和 $z(\lambda)$ 被用以区分给定的光谱分布。通过积分得到的三色响应值 $\overline{X}$、$\overline{Y}$ 和 $\overline{Z}$，可以用来标识某一个**光谱分布**。

个相乘，然后，在可见光所对应的光谱区间上，对其乘积进行积分，也就是说[1]，

$$\overline{X} = \int_{-\infty}^{\infty} b(\lambda)x(\lambda)d\lambda \tag{4.2}$$

$$\overline{Y} = \int_{-\infty}^{\infty} b(\lambda)y(\lambda)d\lambda \tag{4.3}$$

$$\overline{Z} = \int_{-\infty}^{\infty} b(\lambda)z(\lambda)d\lambda \tag{4.4}$$

这三个积分结果 $(\overline{X}, \overline{Y}, \overline{Z})^T$ 被称作**三色刺激值**。在一定的受控条件下，将两个产生相同三色刺激值的光谱分布放在一起，我们很难将它们区分出来（顺便说一下，这里所使用的光谱分布，是用单位波长区域上的能量来表示的，而不是用光通量来表示的）。注意，通过这种方式，我们无法确定：三种锥状体的真实的光谱响应曲线，因为锥状体的光谱响应曲线存在多种可能的组合形式，它们所产生的结果和三色刺激曲线产生的结果完全相同。我们已知的是：三色刺激曲线是这三个（锥状体的）光谱响应曲线的**线性变换**结果；但是，我们并不知道这个线性变换的系数。

在习题 4.4 中，我们将说明：如果一个机器视觉系统的颜色匹配特性和人类视觉系统的颜色匹配特性相同，那么，该机器视觉系统所具有的光谱灵敏度，一定是人类的锥状体细胞的光谱响应曲线的**线性组合**。这也意味着，这个机器视觉系统的光谱灵敏度一定是：已知的标准观测曲线（即：三色刺激曲线）的线性组合。遗憾的是，我们以前在设计颜色感知系统时，几乎没有注意到这条准则。注意：我们并不是要去解决颜色感知问题，而只是想要让机器难以分辨出人类难以分辨的颜色，从而使机器拥有和人类视觉系统相同的颜色匹配特性。

4.3 光谱频带

三色刺激中的三种**颜色**分别对应于：**光谱频带**上可见光“区域”内的三个**滤波器** $x(\lambda)$, $y(\lambda)$, $z(\lambda)$。于是，我们可以拓展出关于“**颜色**”（包括人眼看得见的颜色和仪器看得见的颜色）的更一般的定义：**光谱频带**上的（选择性）滤波器 $c(\lambda)$。不管是人眼还是仪器设备，都只能感受到光谱频带中的一部分“频率成分”（“颜色”）。

[1]注意，我们将三个函数 $x(\lambda)$, $y(\lambda)$, $z(\lambda)$ 在可见光所对应的光谱区间（从 380 纳米到 760 纳米）外的值全部设置为零。

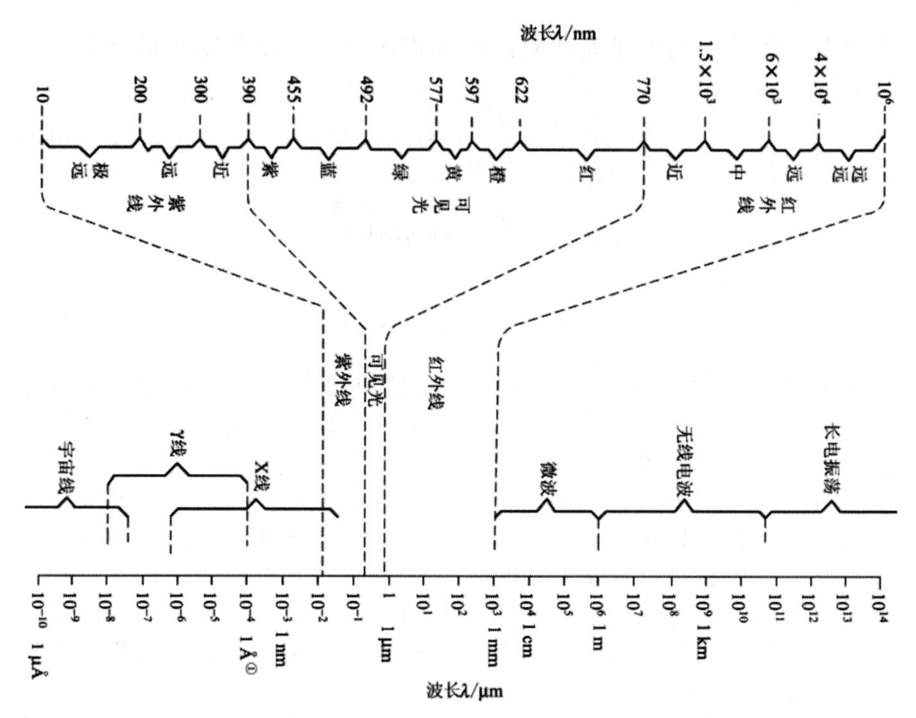

图 4.3　不管是人眼还是仪器设备，都只能感受到光谱频带中的一部分“频率成分”。

在整个光谱频带上，可见光“区域”是非常小的，因此，人眼的视觉感知能力是很有限的，参见图 4.4。

通过使用仪器设备，我们可以将人眼看不见的“颜色”测量出来，然后，用人眼看得见的“颜色”将其显示成一张**图像**，从而大大提升了人类的感知能力。图 2.13 中的 CT 扫描结果就是这方面的一个典型例子，人眼看不见的 X 射线探测结果被以**投影图**的形式显示了出来[1]。图 4.4 中给出了另外一个例子。对于同一个场景，采用两种不同的成像方式，得到了两个完全不同的成像结果。通过仪器对光谱频带上人眼看不见的“区域”进行测量，从而实现了对（夜间弱光照条件下的）场景和运动目标进行“可视化”显示。

距离图 4.3 中可见光“区域”最近的是**红外**和**紫外**，“红”和“紫”是指颜色，对应的波长分别为 760 纳米和 380 纳米。顾名思义，

[1]有时候，在不通过反演算法生成（如图 2.15(b) 所示的）**内部结构图**的情况下，直接通过（如图 2.15(a) 所示的）**投影图**，我们也能分析出一些结果。例如：如果物体内部有一个金属颗粒，那么图 2.15(a) 中就会出现一条明显的正弦曲线，参见习题 2.10。

(a) 全彩夜视成像

(b) 普通相机拍摄

图 4.4 对于同一个场景，采用两种不同的成像方式，所得到的两个不同的成像结果。通过仪器对光谱频带上人眼看不见的“区域”进行测量，从而实现了对（夜间无光照条件下的）场景和运动目标的可视化显示。

“红外”指的是（光谱频带上）波长大于760纳米的“区域”；“紫外”指的是波长小于380纳米的“区域”。我们将探索在**光谱频带**上这些“区域”成像的原理。首先，让我们来思考一个问题：我们能否看见热量（或热辐射）？很多人会立刻回答：不能！事实上，这个回答是不准确的。一般情况下，我们确实看不见，但是，当温度高到一定程度（例如3000摄氏度），就看见了。随着温度继续升高，热量（或热辐射）的颜色会由红色逐渐变为蓝色。换句话说，随着温度的升高，热量（或热辐射）的“主要成分”会逐渐从光谱频带上的红外区域“移向”可见光区域。我们首先要弄清楚其中的物理原理（**黑体辐射**理论），才能设计出有效的传感器，实现图4.4中的夜视功能。

4.4 黑体辐射

照射到物体上的辐射能量一部分被物体**吸收**了，另一部分被物体反射和透射。假设外界投射到物体表面上的总能量为Q，其中一部分能量Q_1在进入表面后被物体吸收，剩下的能量被物体反射或穿透物体。这一物体对投入辐射的**吸收率**为：

$$\alpha = Q_1/Q \tag{4.5}$$

显然，$0 \le \alpha \le 1$。**吸收率** α 不仅取决于材料，还和投射到物体上的辐射能量的**光谱分布**有关。我们将物体对某一波长 λ 辐射能的吸收率 α_λ 称为**单色吸收率**。如果物体在任何温度下对于任何波长的辐射能量的吸收率都等于 1，也就是说，$\alpha_\lambda = 1$，那么这个物体便被称为**绝对黑体**，简称黑体。**黑体**能够吸收向它辐射的全部能量。相同温度下，黑体向外辐射的能量最大。

一般说来，物体对不同波长辐射能的**单色吸收率**是不相同的。如果某一物体的单色吸收率与投射到该物体上的辐射能的波长 λ 无关，也就是说，$\alpha_\lambda = \alpha$ 是一个（小于 1 的）常数，那么这个物体被称为**灰体**。黑体和灰体都是理想化的物体，实际物体既不是绝对黑体，也不是灰体，被称为**选择性辐射体**。

绝对黑体是标准**热辐射源**的理想模型。常见的热辐射源（例如太阳、白炽灯等）都可以用黑体辐射规律来近似描述。绝对黑体的特性可以用四个基本定律来描述，称为**黑体辐射基本理论**，包括：

1. **普朗克黑体辐射方程**：黑体的**光谱辐射强度**为

$$R(\lambda, T) = \frac{2\pi c^2 h}{\lambda^5 \left(e^{\frac{hc}{\lambda k T}} - 1\right)} \tag{4.6}$$

   其中，$h = 6.626 \times 10^{-34}$ J s 为普朗克常数，$c = 3 \times 10^8$ m/s 为光速，$k = 1.381 \times 10^{-23}$ J/K 为玻尔兹曼常数，T 为绝对温度。对于**理想 Lambert 表面**，绝对黑体的**光谱亮度**为（参见式 (3.17)）：

$$L_\lambda = \frac{1}{\pi} R(\lambda, T) = \frac{2c^2 h}{\lambda^5 \left(e^{\frac{hc}{\lambda k T}} - 1\right)} \tag{4.7}$$

2. **瑞利-琴斯定律**：当波长较长（$\lambda \gg hc/(kT)$）时，

$$R(\lambda, T) \approx \frac{2\pi c}{\lambda^4} kT \tag{4.8}$$

3. **斯蒂芬-玻尔兹曼方程**：黑体辐射的**总辐射强度**为

$$E(T) = \int_0^\infty R(\lambda, T)\, d\lambda = \sigma T^4 \tag{4.9}$$

   其中 $\sigma = 2\pi^5 k^4/(15c^2 h^3)$ 被称为**斯蒂芬-玻尔兹曼常数**。

4. **维恩位移定律**：首先，定义**辐射峰值波长**

$$\lambda_{\max}(T) = \arg\max_\lambda R(\lambda, T) \tag{4.10}$$

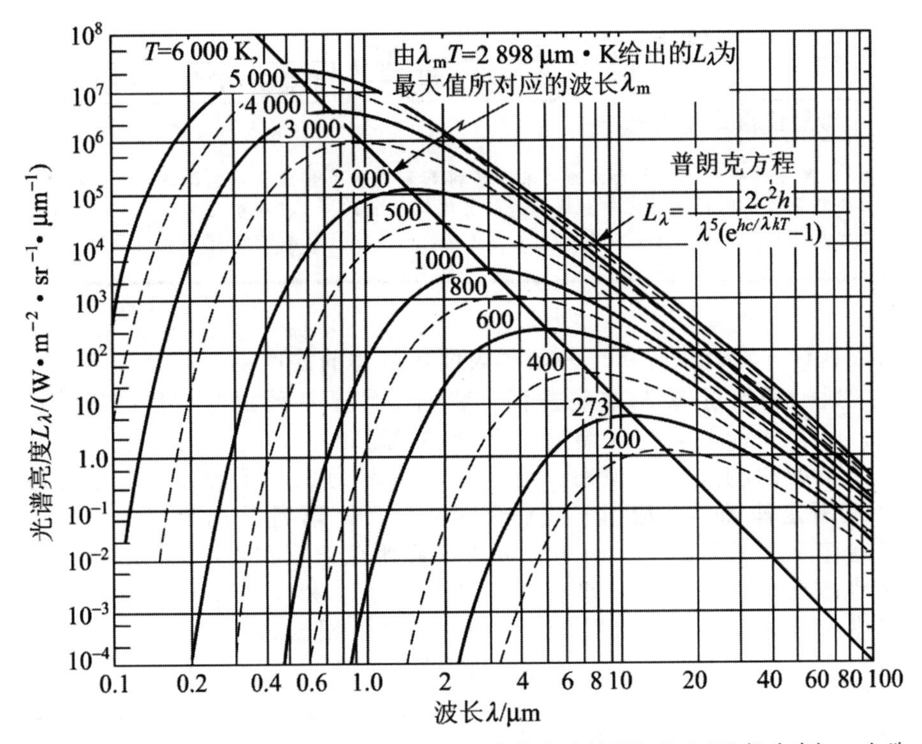

图 4.5 **绝对黑体**亮度的光谱分布曲线。当温度较低时（例如低于600摄氏度），光谱亮度的**主成分**（即：峰值波长附近的区间）位于红外区域，只有当温度足够高时（例如高于3000摄氏度），光谱亮度的主成分才位于可见光区域。

也就是说，黑体辐射强度的**光谱峰值**所对应的波长。实验表明：辐射峰值波长 $\lambda_{\max}$ 与绝对温度 T 的乘积是一个常数 2.898 m·K，也就是说，

$$\lambda_{\max}(T)=\frac{2.898}{T}\times 10^{-3}\mathrm{m} \tag{4.11}$$

图 4.5 中给出了：根据**普朗克方程**画出的绝对黑体**光谱亮度**的分布曲线，以及根据**维恩位移定律**画出的**辐射峰值波长**随绝对温度的变化曲线。可以清晰地看到：当温度较低时（例如低于 600 摄氏度），光谱亮度的**主成分**（即：峰值波长附近的区间）位于红外区域，只有当温度足够高时（例如高于 3000 摄氏度），光谱亮度的主成分才位于可见光区域。这与我们的常识相符：随着温度的升高，火焰逐渐由红变黄，再变为蓝色！这在天文观测中是非常有用的，我们可

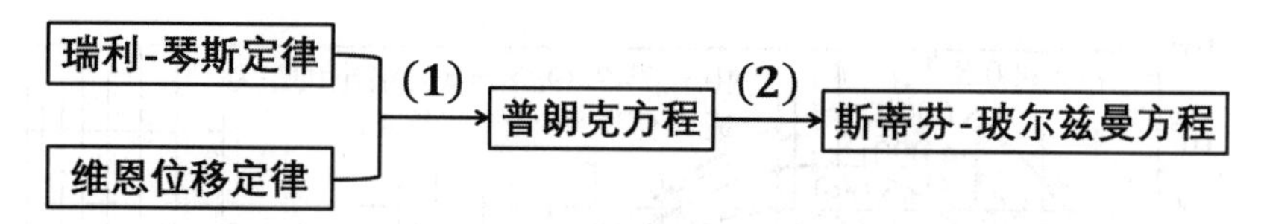

图 4.6　黑体辐射四大定理之间的关系。**瑞利-琴斯定律**和**维恩位移定律**源自实验观测结果，普朗克根据瑞利-琴斯定律和维恩位移定律找到了（与上述两个定律结论相匹配的）**普朗克方程**。对普朗克方程中的波长 λ 做积分，就可以得到**斯蒂芬-玻尔兹曼方程**。

以依据这一原理来分析一些天体表面热气体的温度①。

通过**斯蒂芬-玻尔兹曼方程**，我们理解了**红外成像**背后的物理原理：总辐射能量与绝对温度的**四次方**成正比，因此，可以有效地对不同温度的物体加以识别。但是，到目前为止，我们并没有看见**瑞利-琴斯定律**的具体应用。我们可能会觉得：**瑞利-琴斯定律**和**维恩位移定律**是“多余的”，因为直接通过**普朗克方程** (4.6)，就可以非常容易地得出这两个定律。事实上，是先有了瑞利-琴斯定律和维恩位移定律（源自实验观测结果），然后，普朗克根据这两个定律，才“找到”了（与上述两个定律结论相匹配的）**普朗克方程**。最后，通过对普朗克方程中的波长 λ 做积分，所得到的斯蒂芬-玻尔兹曼方程奠定了**红外成像**（热成像）的理论基础。

图 4.6 中给出了黑体辐射四大定理之间的关系。在图中给出的两个过程中，过程 (1) 有很大的难度，我们将其留作一个思考题；过程 (2) 要容易很多，具体的推导过程如下：

$$E(T) = \int_0^\infty R(\lambda, T)\, d\lambda \tag{4.12}$$

$$= 2\pi c^2 h \int_0^\infty \frac{1}{\lambda^5 \left(e^{\frac{hc}{\lambda kT}} - 1\right)}\, d\lambda \tag{4.13}$$

$$= \frac{2\pi h}{c^2} \int_0^\infty \frac{\nu^3}{e^{\tau\nu} - 1}\, d\nu, \qquad \left(令\ \nu = \frac{c}{\lambda}, \tau = \frac{h}{kT}\right) \tag{4.14}$$

$$= \frac{2\pi h}{c^2 \tau^4} \int_0^\infty u^3 e^{-u} \frac{1}{1 - e^{-u}}\, du, \qquad (令\ u = \tau\nu) \tag{4.15}$$

$$= \frac{2\pi h}{c^2 \tau^4} \int_0^\infty u^3 \left(\sum_{n=1}^{\infty} e^{-nu}\right) du, \qquad (等比级数展开) \tag{4.16}$$

---

①感谢上海交通大学物理学院天文系**刘当波**教授给我们的帮助和指导。

$$= \frac{2\pi h}{c^2\tau^4}\sum_{n=1}^{\infty}\int_0^{\infty} u^3 e^{-nu}\,du, \qquad (\text{积分的线性性质}) \tag{4.17}$$

$$= \frac{2\pi h}{c^2\tau^4}\sum_{n=1}^{\infty}\frac{1}{n^4}\int_0^{\infty} x^3 e^{-x}\,dx, \qquad (\text{令 } x = nu) \tag{4.18}$$

$$= \frac{12\pi h}{c^2\tau^4}\left(\sum_{n=1}^{\infty}\frac{1}{n^4}\right), \qquad \left(\text{分部积分 } \int_0^{\infty} x^3 e^{-x}\,dx = 6\right) \tag{4.19}$$

$$= \sigma T^4, \qquad \left(\text{系数 } \sigma = \frac{2\pi^5 k^4}{15c^2h^3} \approx 5.67\times 10^{-8}\,\mathrm{Wm^{-2}K^{-4}}\right) \tag{4.20}$$

通过 **Parseval 定理**，我们可以求得：

$$\sum_{n=1}^{\infty}\frac{1}{n^4} = \frac{\pi^4}{90} \tag{4.21}$$

在习题 4.3 中，我们详细分析了式 (4.21) 的计算过程。事实上，当我们做到式 (4.15) 时，就已经能够得出**斯蒂芬-玻尔兹曼方程**的结论了，只要我们能够意识到：式 (4.15) 中的积分结果是一个（不含任何参数的）常数。我们可以通过数值方法（或者直接查找积分表）来计算式 (4.15) 中的定积分，也就是说，

$$\int_0^{\infty} u^3 e^{-u}\frac{1}{1-e^{-u}}\,du = \int_0^{\infty}\frac{u^3}{e^u-1}\,du \approx 6.494 \tag{4.22}$$

由此，直接通过式 (4.15) 就可以得出结论：总辐射量 $E(T)$ 与绝对温度 T 的**四次方**成正比。式 (4.15) 后面的分析用到了很多的数学技巧，我曾经花了数周的时间来给出相应的分析和推导过程，之所以将这些内容保留在书中，并不是为了展示数学技巧[①]，而是为了复习 **Fourier 级数**（及其特殊形式**余弦级数**）的相关性质（参见习题 4.3 中的分析）。对于学习后续章节（例如第 9 章）中的相关内容，这些基础知识和思想是非常有用的！在习题 4.2 中，我们分析了图 4.6 中过程 (1) 的"逆过程"，也就是说，根据**普朗克方程**，推导出**瑞利-琴斯定律**和**维恩位移定律**。较之于过程 (1)，这个问题要相对简单得多。

对于**灰体**，普朗克方程相应地变为了：

$$R(\lambda, T) = \alpha \times \frac{2\pi c^2 h}{\lambda^5\left(e^{\frac{hc}{\lambda kT}}-1\right)}, \quad (\text{其中 } \alpha < 1) \tag{4.23}$$

斯蒂芬-玻尔兹曼方程的结论仍然成立，只是比例系数变成了 $\alpha\times\sigma$。

---

①**函数论**中有一个重要结论：计算积分时，可以求出解析解的情况微乎其微（也就是说，占比等于零）。对于绝大多数情况，我们不得不使用数值方法来计算积分。

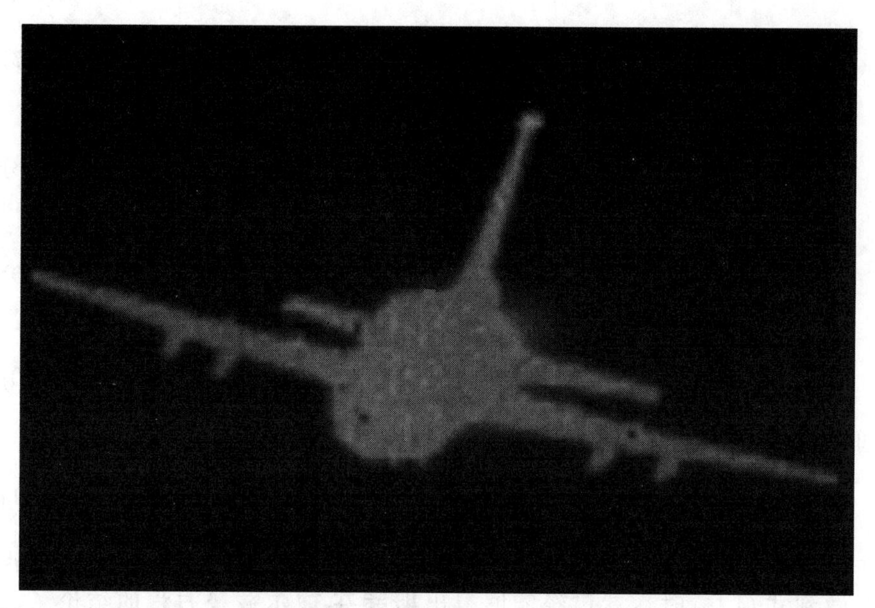

图 4.7　对夜空中飞机的**红外成像**结果（已脱密）。较之于可见光图像，红外图像非常模糊，图像中的物体区域没有清晰的边缘。

4.5 红外成像

辐射源有释放能量，并不意味着这些能量就能够被感受（或测量）到。我们能够测量到这些能量（进而形成图像）的前提条件是：**辐射能量能够穿过空气到达相应的传感器**。事实上，地球上的大气层会吸收大部分的辐射能量，但是，存在两个大气透过窗口（实验观测结果）：**中波红外**（3～5 微米）和**长波红外**（8～12 微米），这使得红外成像成为可能。作为一个应用实例，图 4.7 中给出了对夜空中飞机的红外成像结果。

总结起来，**红外成像**的基本原理包括如下两个方面的内容：

1. **理论成果**：理想辐射源的总辐射能量 $E(T)$ 与绝对温度 T 的**四次方**成正比①，

$$E(T) = \widetilde{\sigma}\, T^4 \tag{4.24}$$

对于黑体，比例系数为 $\widetilde{\sigma} = \sigma \approx 5.67 \times 10^{-8}\,\mathrm{Wm^{-2}K^{-4}}$，对于灰体，比例系数为 $\widetilde{\sigma} = \alpha \times \sigma$，其中**吸收率** $\alpha < 1$。

①理想辐射源包括**黑体**和**灰体**，这个结论对于黑体和灰体都是成立的。

图 4.8 红外图像非常模糊，而且图像中的物体区域没有清晰的边缘。可见光图像被用以配合红外图像，更好地提取人脸区域，从而提升温度测量精度。

---

2. **实验成果**：地球的大气层中存在两个辐射透过窗口：**中波红外**（3 ~ 5 微米）和**长波红外**（8 ~ 12 微米），使得部分辐射能量能够穿过大气到达**红外图像传感器**。

疫情让我们对**红外成像**变得更加熟悉，机场、高铁站、食堂、办公大楼的门口随处可见红外成像仪器，用以测量过往人员的体温。如果你仔细观察，不难发现：较之于可见光图像，红外图像非常模糊，而且图像中的物体区域没有清晰的边缘，参见图 4.8。可见光图像被用以配合红外图像，更好地提取人脸区域，从而提升温度测量精度。

我们将尝试从红外成像的基本原理出发，来解释这个问题。一个高温物体，它的热量会向周围**扩散**，从而使得周围的温度不断升高。假设物体放置在均匀介质中，于是，我们可以用如下的**热扩散方程**

$$\frac{\partial}{\partial t}T(x,y;t)=\frac{\partial^2}{\partial x^2}T(x,y;t)+\frac{\partial^2}{\partial y^2}T(x,y;t) \tag{4.25}$$

来描述物体的温度变化过程[①]。物体不断发热，温度恒定，可以作为第一个边界条件；距离物体较远处，温度几乎不受高温物体的影响，可以近似认为温度是恒定的，作为第二个边界条件。于是，我们可以求解出式 (4.25) 中的 $T(x,y;t)$，进而得到理论上的红外成像结果。我们

①此处，我们不过多解释热扩散方程的物理意义，因为后面的离散格式 (4.26) 可以帮助我们更好地理解热扩散过程。

通过一个具体的例子来加深我们的理解，在下面的模型中：

0	0	0	0	0	0	0	0	0	0	0	0	0	0	0	0	0
0	?	?	?	?	?	?	?	?	?	?	?	?	?	?	?	0
0	?	?	?	?	?	?	?	?	?	?	?	?	?	?	?	0
0	?	?	?	?	?	?	?	?	?	?	?	?	?	?	?	0
0	?	?	?	?	?	?	?	?	?	?	?	?	?	?	?	0
0	?	?	?	?	1	1	?	?	?	1	1	?	?	?	?	0
0	?	?	?	?	1	1	?	?	?	1	1	?	?	?	?	0
0	?	?	?	?	?	?	?	?	?	?	?	?	?	?	?	0
0	?	?	?	?	?	?	?	?	?	?	?	?	?	?	?	0
0	?	?	?	?	?	?	?	?	?	?	?	?	?	?	?	0
0	?	?	?	?	?	?	?	?	?	?	?	?	?	?	?	0
0	0	0	0	0	0	0	0	0	0	0	0	0	0	0	0	0

$\times 1000\,^\circ\mathrm{C}$

数字“0”和“1”为边界条件，始终保持不变，“?”的值随时间不断发生变化。相应地，热扩散方程 (4.25) 被离散为如下**迭代格式**①：

$$T_{i,j}^{(n+1)} - T_{i,j}^{(n)} = \tau \times \left(\overline{T_{i,j}}^{(n)} - T_{i,j}^{(n)} \right) \tag{4.26}$$

其中，

$$\overline{T_{i,j}}^{(n)} = \frac{1}{4} \left(T_{i-1,j}^{(n)} + T_{i+1,j}^{(n)} + T_{i,j-1}^{(n)} + T_{i,j+1}^{(n)} \right) \tag{4.27}$$

表示与点 (i,j) 相邻的四个点的**平均温度**。于是，我们一下子就看清楚了热扩散方程 (4.25) 的物理意义：

- 如果某一点的温度低于周围的平均温度，那么这一点的温度就会升高；否则，这一点的温度就会降低。

进一步，我们可以将式 (4.26) 整理为：

$$T_{i,j}^{(n+1)} = (1-\tau)\, T_{i,j}^{(n)} + \tau\, \overline{T_{i,j}}^{(n)} \tag{4.28}$$

熟悉数值分析的朋友可能会马上意识到：式 (4.28) 是一个**插值**过程，当 $0 \le \tau \le 1$ 时，式 (4.28) 属于**内插**形式，因此，迭代过程是稳定的。

图 4.9 中给出了 $\tau = 0.3$ 时的实验仿真结果。一开始的时候，所有的“？”都设为“0”，此时，物体的边缘是清晰的，参见图 4.9(a)。随后，物体边缘的温度分布迅速变得“模糊”（参见图 4.9(b)）；很快，扩散达到平衡，温度分布不再随时间发生明显变化（对比图 4.9(c) 和图 4.9(d) 中的结果）。

---

①在第 10 章的习题 10.5 中，我们详细地分析了 **Laplace 算子**的几种离散近似方式。

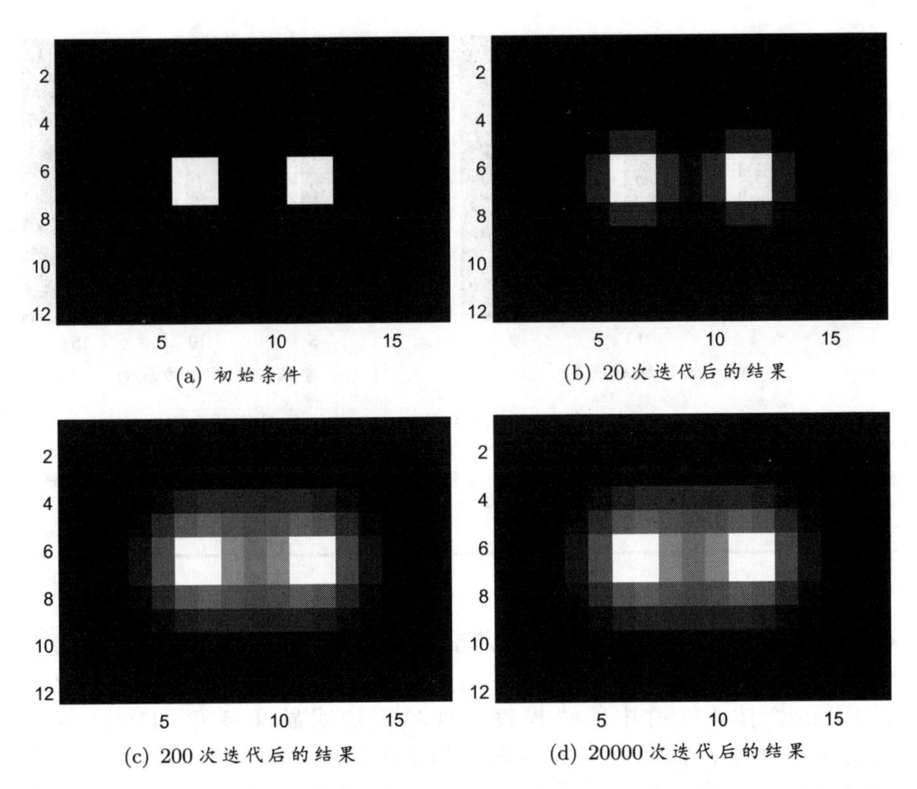

(a) 初始条件

(b) 20 次迭代后的结果

(c) 200 次迭代后的结果

(d) 20000 次迭代后的结果

图 4.9 实验结果（其中 $\tau = 0.3$）。(a) 初始时刻，物体边缘温度差别很明显；(b) 随后，物体边缘的温度分布迅速开始“模糊”；(c) 很快，扩散达到平衡状态；(d) 温度分布不再随时间发生明显变化。

根据**斯蒂芬-玻尔兹曼方程**，我们可以计算出：图 4.9(d) 中的（热平衡状态时的）温度分布所对应的（归一化的）辐射能量分布，如图 4.10(a) 所示。由于辐射能量与绝对温度的**四次方**成正比，较之于温度分布，辐射能量分布中的对比度得到了增强。由于大气吸收、物理模型的偏差等因素的影响，在实际情况中，辐射能量可能达不到与绝对温度的四次方成正比，图 4.10(b) 中给出了辐射能量与绝对温度的平方成正比的情况，辐射能量分布变得更加“模糊”。

我们可以进一步完善上面的算例，边界条件“0”所在的位置应该远离物体（即：边界条件“1”所在的位置）。我们将矩阵的尺寸扩大到 120×171，两个物体的尺寸仍然都设为 2×2，如图 4.11(a) 所示。图 4.11(b) 中给出了**平衡状态**时的温度分布（经过 50000 次迭代后的结果），我们已经较难辨识出图 4.11(b) 中的两个物体。对于理想情

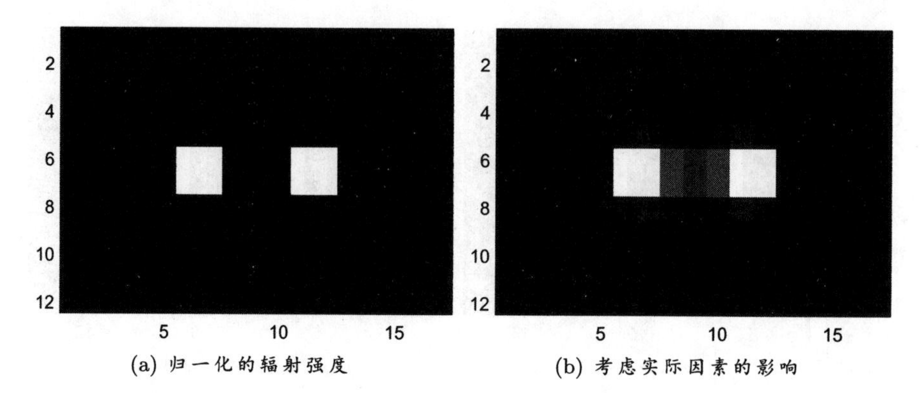

(a) 归一化的辐射强度　　(b) 考虑实际因素的影响

图 4.10　热平衡状态时的温度分布所对应的（归一化的）辐射能量分布。(a) 理想情况下，辐射能量与绝对温度的**四次方**成正比，较之于温度分布，辐射能量分布中的对比度得到了增强。(b) 由于大气吸收等原因，辐射能量可能达不到与绝对温度的四次方成正比，辐射能量分布会变得更加"模糊"。

况，我们可以根据**斯蒂芬-玻尔兹曼方程**计算出：图 4.11(b) 中的温度分布所对应的（归一化的）辐射能量分布，如图 4.11(c) 所示。较之于图 4.10(a)，图 4.11(c) 中的"模糊"现象更加明显（参见 4.11(e)）。考虑到大气吸收、物理模型的偏差等因素的影响，在实际情况中，辐射能量可能达不到与绝对温度的四次方成正比，图 4.11(d) 中给出了辐射能量与绝对温度的平方成正比的情况，这更加符合我们实际观测的结果。为了便于观察，图 4.11(e) 和图 4.11(f) 中分别给出了对图 4.11(c) 和图 4.11(d) 中"中心区域"的局部放大结果。

我们继续对这个算例做一些调整，让"右边"区域的温度稍微低于"左边"区域的温度，也就是说，将右边的 2×2 区域中的值由"1"调整为"0.8"，如图 4.12(a) 所示。图 4.12(b) 中给出了**平衡状态**时的温度分布（经过 50000 次迭代后的结果），我们很难辨识出图 4.12(b) 中"右边"的物体。对于理想情况，我们可以根据**斯蒂芬-玻尔兹曼方程**计算出：图 4.12(b) 中的温度分布所对应的（归一化的）辐射能量分布，如图 4.12(c) 所示。较之于图 4.11(c)，图 4.12(c) 中的结果会被错误地识别为"只有一个物体"（对比图 4.11(e) 和图 4.12(e)）。考虑到大气吸收、物理模型的偏差等因素的影响，在实际情况中，辐射能量可能达不到与绝对温度的四次方成正比，图 4.12(d) 中给出了辐射能量与绝对温度的平方成正比的情况，这更加符合我们实际观测的结果。为了便于观察，图 4.12(e) 和图 4.12(f) 中分别给出了对图 4.12(c) 和图 4.12(d) 中"中心区域"的局部放大结果。

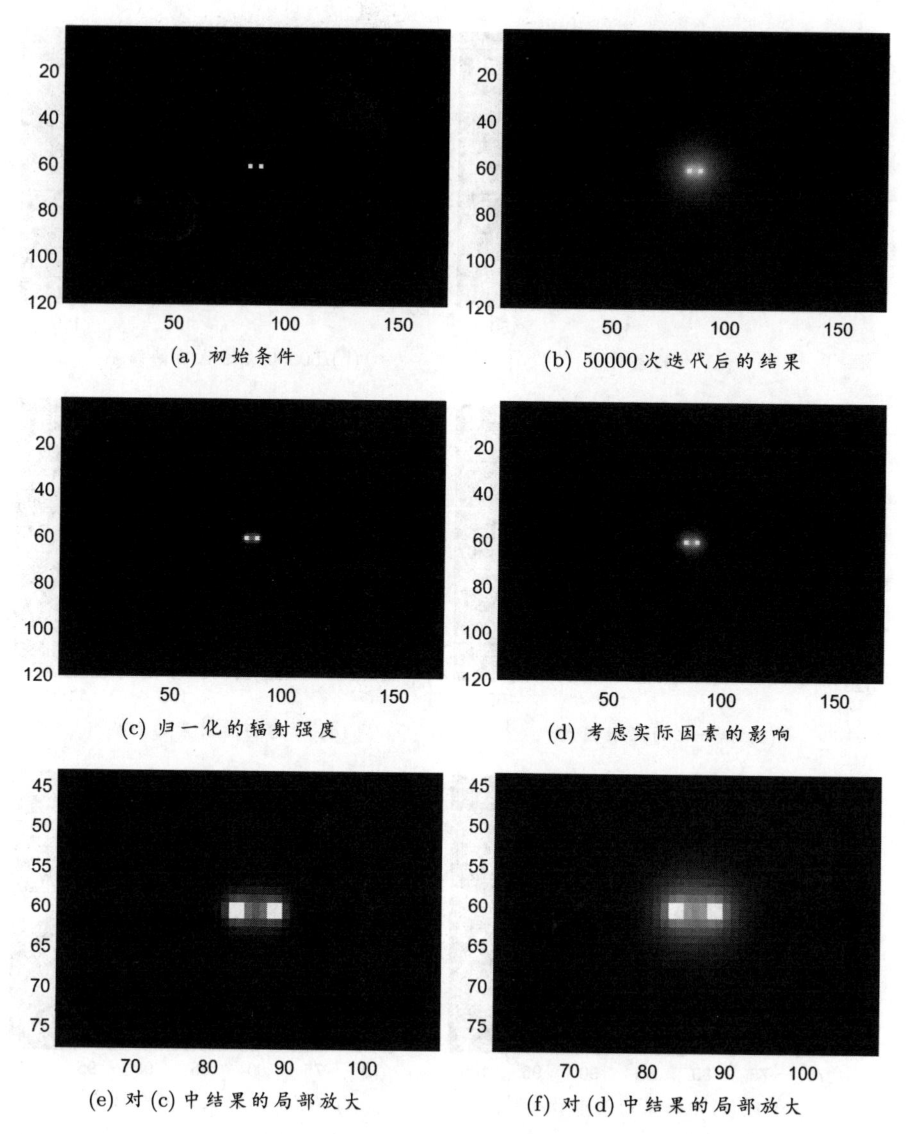

(a) 初始条件

(b) 50000 次迭代后的结果

(c) 归一化的辐射强度

(d) 考虑实际因素的影响

(e) 对 (c) 中结果的局部放大

(f) 对 (d) 中结果的局部放大

图 4.11 实验结果（其中 $\tau = 0.3$）。(a) 初始时刻，物体边缘温度差别很明显；(b) 物体边缘的温度分布迅速开始“模糊”；(c) 根据**斯蒂芬-玻尔兹曼方程**计算出的（归一化的）辐射能量分布；(d) 由于大气吸收等原因，辐射能量达不到与绝对温度的四次方成正比，辐射能量分布会变得更加“模糊”。(e) 和 (f) 分别为 (c) 和 (d) 的局部放大结果。

当然，我们也可以直接求解 **Laplace 方程**

$$\frac{\partial^2}{\partial x^2}T(x,y) + \frac{\partial^2}{\partial y^2}T(x,y) = 0 \tag{4.29}$$

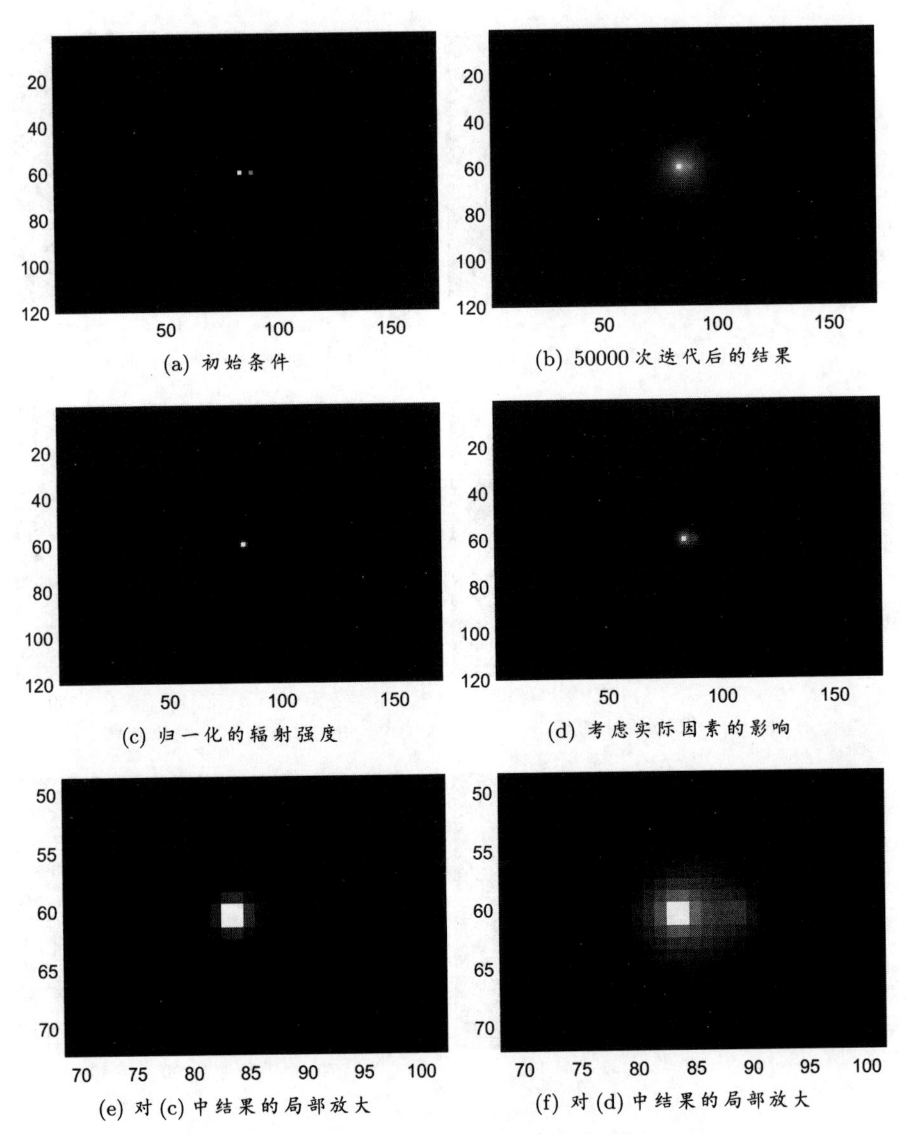

图 4.12　实验结果（其中 $\tau = 0.3$）。(a) 初始时刻，物体边缘温度差别很明显；(b) 物体边缘的温度分布迅速开始“模糊”；(c) 根据**斯蒂芬-玻尔兹曼方程**计算出的（归一化的）辐射能量分布；(d) 由于大气吸收等原因，辐射能量达不到与绝对温度的四次方成正比，辐射能量分布会变得更加“模糊”。(e) 和 (f) 分别为 (c) 和 (d) 的局部放大结果。

来计算**稳定状态**时的温度分布 $T(x, y)$，此时，每一点的温度都等于它周围点温度的**平均值**。对比**热扩散方程** (4.25)，不难发现两者之

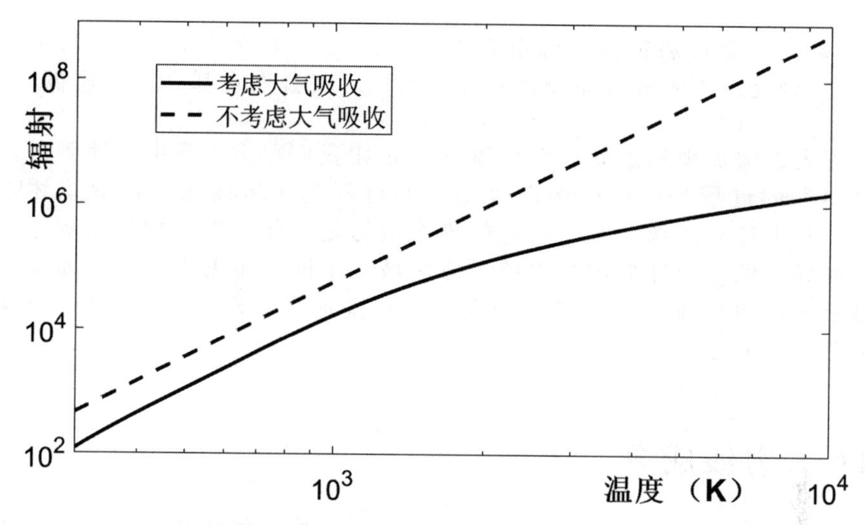

图 4.13 通过数值计算给出的辐射强度 $E(T)$ 与绝对温度 T 之间的近似关系。

间的关系：热扩散方程在时间 $t=\infty$ 时的解 $T(x,y;\infty)$，就是 **Laplace 方程** (4.29) 的解 $T(x,y)$，也就是说，**热扩散方程** (4.25) 给出了：求解 **Laplace 方程** (4.29) 的一种方法。在习题 4.8 和 4.9 中，我们尝试直接求解 **Laplace 方程**，并且，对上面的算例进行了扩展研究和探索。

当然，我们也可以通过数值计算的方式，来分析（在考虑大气吸收作用时）辐射强度 $E(T)$ 与绝对温度 T 之间的关系，如图 4.13 所示。我们采用最简单的“方波”形状的滤波器，

$$\eta(\lambda)=\begin{cases}1, & \text{当 } \lambda\in[3,5]\cup[8,12] \text{ (微米)}\\ 0, & \text{其他}\end{cases} \tag{4.30}$$

来描述大气对**光谱辐射强度** $R(\lambda,T)$ 的吸收。首先，将式 (4.12) 中的 $R(\lambda,T)$ 换成 $\eta(\lambda)R(\lambda,T)$，然后，通过数值积分得到图 4.13 中的结果。在习题 4.8 和 4.9 中，我们将进一步模拟：大气吸收对红外成像结果的影响。此外，从图 4.13 中可以看出：当温度低于 1000 K 时，我们可以近似认为：辐射强度仍然与温度的**四次方**成正比。

注意，图 4.10、4.11 和 4.12 中的**辐射强度分布**并不是红外成像系统的最终成像结果，只是理论上的“理想清晰图像”。在生成红外图像的过程中，我们还需要考虑：由成像系统自身的缺陷所引起的**图像模糊**和**噪声**，以及图像传感器的**量子效率**。因此，实际得到的红外图像会变得更加模糊，并且带有大量噪声，参见图 4.7。在第 6 章和第 9 章中，我们会详细介绍相关内容。通过这个算例，我们了解到：

- 由于存在**热扩散**，辐射强度并不是一个“边界分明”的特征，因此，不管成像系统是否存在缺陷，红外图像都会存在**模糊**！

这将大大增加**视觉感知**任务的难度。正如我们在第一章中所谈到的，“感”的过程是生成图像；“知”的过程是分析图像以获取描述信息。对于红外图像，一个有趣的描述信息是：什么样的物体轮廓才能“最好”地匹配红外图像中的对应区域。不同于可见光图像，即使是对于人，也很难直接在红外图像中“精确地”看出边缘轮廓[①]，特别是对于图 4.12 中的情况。

4.6 X 射线成像

在**光谱频带**上，可见光区域的“另一侧”是**紫外线**区域。正如我们在上一节中所讲到的，地球大气层的透过窗口位于红外区域，绝大部分紫外线被大气吸收了。事实上，正因如此，我们才能安全地生活在地球上：紫外线是诱发皮肤癌的最重要因素。

在紫外线区域“旁边”是 **X 射线**区域，参见图 4.3。在第 2 章 2.5.2 小节中，我们讲到了 **X 射线成像**的一个具体应用：通过**计算机层析成像**（CT）技术来进行医学诊断（1979 年的诺贝尔奖）。事实上，X 射线成像技术的应用远远早于 CT 技术，早在 1917 年，荷兰数学家 **J. Radon** 就已经详细地研究了 **X 射线成像**的问题，他当时考虑的应用场景是：确定天体的**方位**，参见图 4.14。虽然这个问题和 CT 技术“似乎”毫无关联，但是，两者在数学上却是“一致的”。

较之于紫外线，X 射线具有更高的能量，能够透过大气到达地面。天空中除了我们看得见的星星外，还有很多我们看不见的天体，但是，我们可以（在地面上）通过仪器设备探测其发出（并且到达地面）的射线，例如 **X 射线**，来发现这些天体。假设地球上的某一个天文观测站探测到了 X 射线，我们能否立刻确定发出该 X 射线的天体的方位？答案是“不能”（即使天空中只有一个这样的天体）。从每一个天文观测站“看过去”，看见的不是一条“直线”，而是一个“椎体”，如图 4.14 所示。我们只能判断：天体在这个椎体范围之内，而不能确定其具体方位。进一步，我们可以让其旁边的天文观测站继续

---

①曾经有很多朋友建议我将“知”的定义改为“识别”或“辨识”。在向 **Horn** 教授请教后，我才明白“描述”是更加准确和贴切的。事实上，“识别”可以看作是一种“不精确的描述”，对于很多机器视觉任务，特别是**早期视觉**，所需要的是“精确的描述”。寻找红外图像中的物体轮廓就是一个很好的例子，相应的描述需要精确到像素。

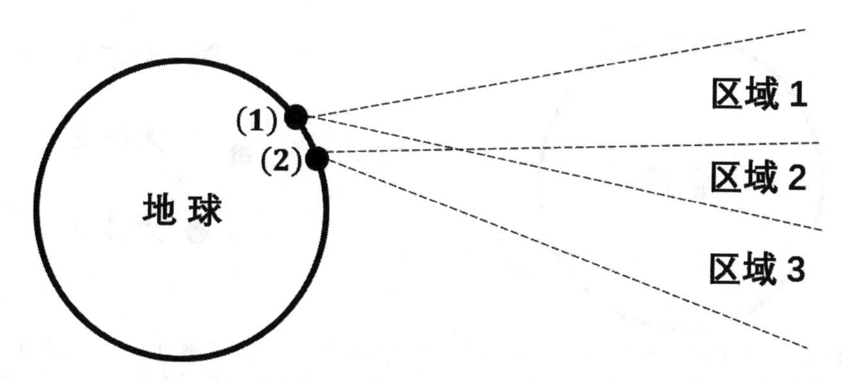

图 4.14 通过X射线成像来确定天体的方位。对于只有一个天体的情况，如果(1)观测站探测到了X射线而(2)观测站没有探测到X射线，那么，天体的方位一定位于图中的"区域1"中；如果(1)观测站探没有测到X射线而(2)观测站探测到了X射线，那么，天体的方位一定位于图中的"区域3"中；如果(1)和(2)观测站都探测到了X射线，那么，天体的方位一定位于图中的"区域2"中。

做观测，以减小天体方位的不确定性。对于只有一个天体的情况，在图4.14所示的例子中，如果(1)观测站探测到了X射线而(2)观测站没有探测到X射线，那么，天体的方位一定位于图中的"区域1"中；如果(1)观测站探没有测到X射线而(2)观测站探测到了X射线，那么，天体的方位一定位于图中的"区域3"中；如果(1)和(2)观测站都探测到了X射线，那么，天体的方位一定位于图中的"区域2"中。随着参与的天文观测站的数目不断增加，图4.14中的"区域"被划分得越来越精细，对天体方位的定位也就变得越来越精确。

事实上，空中不止一个释放X射线的天体，参见图4.15。于是，所有天文观测站所收集到的X射线就会形成一个**X射线能量分布**图像，类似于图2.15(a)。**J. Radon**在1910年代所思考的问题是：如何根据（地面上）所有天文观测站所收集到的X射线能量分布图像，来**反演**出天体（即X射线源）在天空中的分布情况。作为一个数学家，J. Radon建立了**线积分投影**的数学模型，并且，给出了解析解①：

$$\rho(x,y) = \frac{1}{4\pi^2}\int_0^{2\pi}\int_{-\infty}^{\infty}\left(-\frac{1}{l}\right)\frac{\partial}{\partial t}p(t,\theta)\,dt\,d\theta \tag{4.31}$$

其中，$l = t - x\cos\theta - y\sin\theta$。这就是著名的**Radon反演公式**。线积分$p(t,\theta)$又被称为**投影**，其定义参见第2章中的式(2.66)。

①参见：J. Radon, "Uber die Bestimmung von Funktionen dutch ihre Integralwerte Iangs gewisser Mannigfaltikeiten," *Ber. Saechsische Akad. WiSS.*, VOI. 69, pp. 262-278, 1917.

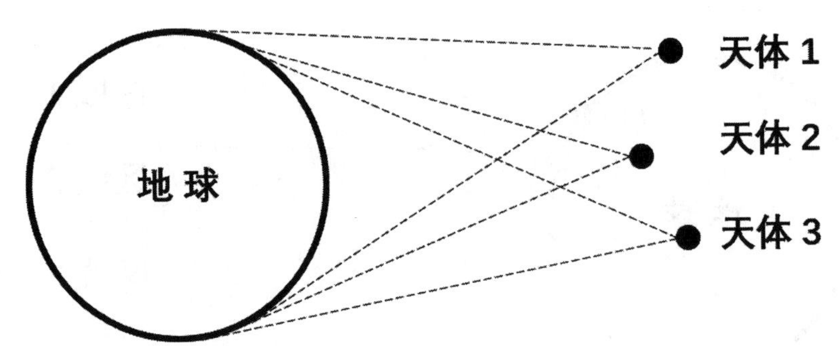

图 4.15　空中不止一个释放 X 射线的天体，所有天文观测站所收集到的 X 射线就会形成一个 **X 射线分布**图像。我们需要根据（地面上）所有天文观测站所收集到的 X 射线分布图像，来**反演**出（天空中的）天体分布情况。

学习过“信号与系统”相关课程的读者朋友，应该能够看出：式 (4.31) 是一个**卷积**，并且，通过式 (2.72)，能够给出卷积的具体形式。注意：当直线 $L(t,\theta): t - x\cos\theta - y\sin\theta = 0$ 经过点 (x,y) 时，$l = 0$，此时，$1/l = \infty$。因此，式 (4.31) 中的二重积分是一个**瑕积分**，计算过程中需要做一些工程化的近似处理，参见习题 4.11。

最后，我们需要解释的是：为什么估计天体分布和计算机层析成像具有相同（或及其相似）的数学模型？其实原因非常简单：

- X 射线沿**直线**传播，对应于图 2.14 中的**扫描线**。探测 X 射线的能量分布事实上就是一个**线扫描**过程。

因此，探测到的 **X 射线能量分布**就是：对放射源能量的**线积分**！

为了更好地理解上述关系，我绘制了图 4.16。让我们来考虑计算机层析成像（CT）中的**锥束扫描**（Fan-beam scanning）方式，如图 4.16(a) 所示。放射源和（扇形的）图像传感器都在围绕圆心不停地转动，不停地进行 **X 射线成像**。图 4.16(a) 中的数字“56”表示第 56 次成像。图 4.16(b) 中给出了：一次完整的 CT 扫描过程中所对应的所有的**扫描线**。图 4.16(c) 中给出了地球表面天文观测站进行 **X 射线探测**过程中所对应的“虚拟扫描线”，不同于图 4.16(a)，在图 4.16(c) 中，对应的 X 射线“图像传感器”（即天文观测仪器）位于地球表面。图 4.16(d) 中给出了地球上所有天文观测站对（天空中的）X 射线源的全方位观测过程中所对应的所有“虚拟扫描线”（即所有的观测方向）。通过图 4.16，我们不难发现两者之间的关系：

- 图 4.16(a) 与图 4.16(c) 中的直线是**一一对应**的，因此，图 4.16(b) 与图 4.16(d) 中的所有直线是**完全一致**的！

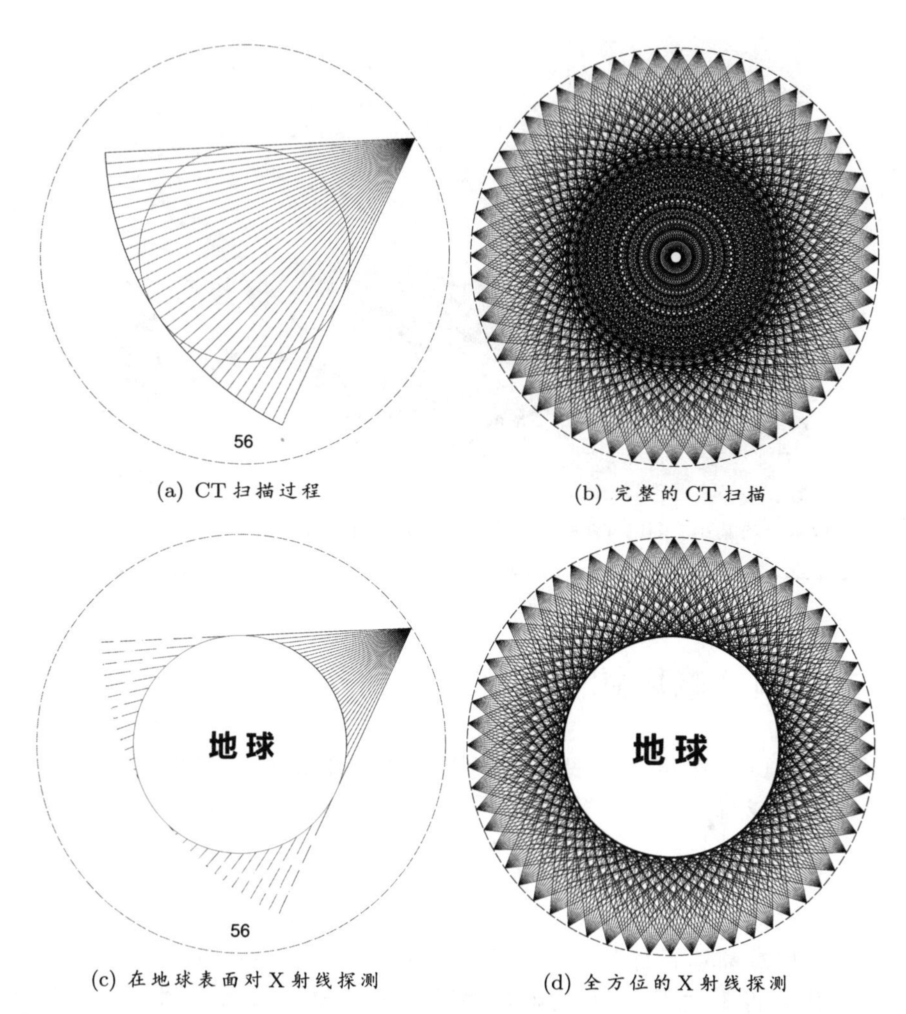

(a) CT 扫描过程　(b) 完整的 CT 扫描

(c) 在地球表面对 X 射线探测　(d) 全方位的 X 射线探测

图 4.16　两个不同的物理过程：计算机层析成像（CT）与（通过 X 射线）探测天体方位，对应于**同一个**数学模型。(a) 在**锥束扫描**过程中，放射源和（扇形的）图像传感器都在围绕圆心不停地转动，不停地进行 **X 射线成像**（数字“56”表示第 56 次成像）。(b) 一次完整的 CT 扫描过程中所对应的所有的**扫描线**。(c) 地球表面天文观测站进行 **X 射线探测**过程中所对应的“虚拟扫描线”，X 射线的“图像传感器”（即天文观测仪器）位于地球表面，但是，图中的直线与图 (a) 中的直线却是**一一对应**的。(d) 地球上所有天文观测站对（天空中的）X 射线源的全方位观测过程中的所有观测方向（或“虚拟扫描线”），这些直线与图 (b) 中的所有“扫描线”是**完全一致**的。

也就是说，两者对应于**同一个**数学模型，即第 2 章 2.5.2 小节中的式 (2.67)。在习题 4.10 中，我们详细分析了图 4.16 中的**线扫描**过程。

图 4.17　“响尾蛇”AIM-9 是世界上第一种**红外制导**空对空导弹（图片来自于网络）

4.7 仿制“响尾蛇”导弹

红外成像在军事和民用方面都有很多的用途。前面我们介绍了通过红外成像来测量体温的应用，其基本原理是**斯蒂芬-玻尔兹曼方程**：辐射能量与绝对温度的**四次方**成正比。在军事上，我们也可以利用这一原理来研制导弹的导引头。飞机的尾气管具有几千度的高温，因此，可以利用温度特征（或等价的红外辐射特征）来设计传感器，从而实现对高温目标的定位和跟踪。传感器位于导弹的前端，被称为**导引头**。世界上第一种**红外制导**空对空导弹是美制“响尾蛇”导弹（Sidewinder missile）AIM-9，参见图 4.17。

陈佳实教授参与了我国首枚**红外制导导弹**的研制工作，本小节的内容基于作者与陈佳实教授之间的多次交谈整理而成（不含涉密内容），作为爱国主义**课程思政**内容，激励我们学习老一辈科学家和科研人员“忘我工作、无私奉献、爱国敬业”的**两弹一星**精神。1958 年 9 月 24 日，国民党空军飞机和人民解放军空军飞机在浙江温州地区上空激战，国民党空军飞机使用了当时最先进的美制“响尾蛇”导弹，解放军空军飞行员**王自重**壮烈牺牲。战斗结束后，有 3 枚美制“响尾蛇”导弹落地之后没有爆炸，被我军捡到并立刻送到了北京。《人民日报》于 1958 年 9 月 29 日在头版刊登了一则消息，标题是“美国侵略者指使蒋机使用‘响尾蛇’导弹”，用事实告诉世人：美帝国主义恶

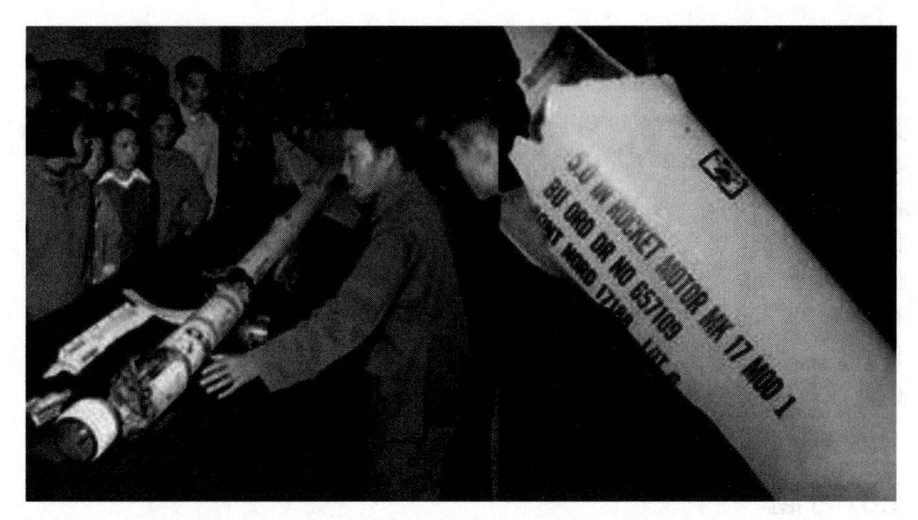

图 4.18 《人民日报》于 1958 年 9 月 29 日在头版刊登了一则标题为“美国侵略者指使蒋机使用‘响尾蛇’导弹”的消息，文中附上了“响尾蛇”导弹残骸的照片。

意干涉我国的内政。在这篇报道中，还专门刊登了“响尾蛇”导弹残骸的照片，参见图 4.18。

当时还在哈尔滨军事工程学院的**陈佳实**教授参与了导弹的解剖和仿制；后借调到北京跟随**钱学森**先生从事**红外导引头**和**制导控制系统**的研制工作[1]。许许多多像陈佳实教授一样的科研工作者，在当时物质条件极其匮乏、科研条件十分有限的艰苦环境下，经过艰苦卓绝的科研攻关与持续不断的努力拼搏，并且，在经过多次失败后仍然不放弃、不气馁，最终，成功研制出了新中国首批红外制导导弹。自此之后，我国的领空安全和人民群众的生命财产得到了更好的保护。

陈老给我们讲了两个具体的例子：1) 表盘大小的红外传感器被摔碎成几百个碎片。当时，他们的工作热情都很高，日以继夜一点点地将其拼接起来；对于遗失的部分反复地做研究和推算。最终，众多科研人员在经历了无数个无眠之夜后，成功研制出了红外传感器。2) 仿制出来的首枚红外制导导弹多次在打靶实验中脱靶，但是，大家并没有放弃和气馁，最终查找出了原因：导弹在空气中飞行的过程中存在**气动力反馈**，外加的反馈会引起飞控系统的不稳定。在解决了这一技术难点后，导弹在打靶实验中成功命中目标。

[1] 参见：陈佳实（主编）《导弹制导和控制系统的分析与设计》，宇航出版社。

最后，我们简要介绍一下**红外制导系统**的工作原理（不含涉密内容）。在“响尾蛇”导弹中，红外装置用以引导导弹追踪高温目标，类似于响尾蛇通过感知附近动物的体温，从而准确地捕获猎物。图 4.19 中给出了**红外制导**过程的示意图（已脱密）。首先，通过红外成像检测高温目标，如图 4.19(a) 所示；然后，控制系统不断调整姿态，使得目标始终位于图像中央，如图 4.19(b) 所示。目标位置和图像中心位置之间的偏差，被作为**反馈**，输入到控制系统，用以调整相机（和相机载体）的**姿态**。通过对第 12 章的学习，我们会进一步理解：1) 为什么碰撞点（又称为**膨胀中心**）位于图像的中心位置，以及，2) 如何根据图像来调整相机载体的姿态，参见图 12.2 和习题 12.14。

4.8 习题

习题 4.1 请调研现有的红外成像系统和红外相机，以及相应的应用场景和实际应用案例，完成调研报告。

习题 4.2 本题中，我们尝试完成图 4.6 中过程 (1) 的“逆过程”，也就是说，根据**普朗克方程**，推导出**瑞利-琴斯定律**和**维恩位移定律**。

(a) 请根据**普朗克方程** (4.6) 分析函数 $R(\lambda, T)$ 随 λ 的增大如何变化？

(b) 当 $\lambda \gg hc/(kT)$ 时，请通过极限分析（也就是说，舍去高价无穷小）来给出函数 $R(\lambda, T)$ 的近似表达式。

(c) 为了求函数 $R(\lambda, T)$ 关于 λ 的极值，我们需要对 λ 求偏导，然后，再令偏导数等于零。请给出具体分析过程。

提示：如果使用 $\ln(R(\lambda, T))$ 取代函数 $R(\lambda, T)$ 进行计算，会大大简化分析过程。

习题 4.3 本题中，我们将深入探索式 (4.21) 的具体计算过程，并且，回顾 **Fourier 级数**的相关内容。

(a) 首先，我们将一个定义在区间 $[-\pi, \pi]$ 的**偶函数** $f(x)$ 表示为：（一组）周期为 2π 的**余弦函数** $\{\cos nx\}$ 的线性叠加，也就是说，

$$f(x) = c_0 \frac{1}{\sqrt{2}} + c_1 \cos x + c_2 \cos 2x c_3 \cos 3x + c_4 \cos 4x + \cdots \tag{4.32}$$

其中的**线性叠加系数** $c_0, c_1, c_2, c_3, \cdots$ 也被称为**余弦变换**结果。我们的第一个任务是：给定某一个偶函数 $f(x)$ 后，设法确定式

(a) 在红外图像中识别高温目标

(b) 调整姿态使得目标位于图像中心

图 4.19 **红外制导**过程的示意图（已脱密）。(a) 通过**红外成像**，识别出高温目标。(b) 控制系统不断调整姿态，使得目标始终位于图像中央。

(4.32) 中的一组系数 $\{c_n\}$（其中 $n = 0, 1, 2, \cdots$）。为了解决这一问题，首先，请证明如下结论：

$$\int_{-\pi}^{\pi} \cos n_1 x \cos n_2 x \, dx = \begin{cases} 0, & \text{如果 } n_1 \neq n_2 \\ \pi, & \text{如果 } n_1 = n_2 \end{cases} \tag{4.33}$$

其中，$n_1 = 0, 1, 2, \cdots$，$n_2 = 0, 1, 2, \cdots$。进一步，请继续证明如下结论：1) 当 $n \neq 0$ 时，

$$c_n = \frac{1}{\pi} \int_{-\pi}^{\pi} f(x) \cos nx \, dx = \frac{2}{\pi} \int_0^{\pi} f(x) \cos nx \, dx \tag{4.34}$$

2) 当 $n = 0$ 时，

$$c_0 = \frac{1}{\sqrt{2}\pi} \int_{-\pi}^{\pi} f(x) \, dx = \frac{\sqrt{2}}{\pi} \int_0^{\pi} f(x) \, dx \tag{4.35}$$

(b) 进一步，请证明如下结论：

$$\frac{1}{\pi} \int_{-\pi}^{\pi} f^2(x) \, dx = c_0^2 + c_1^2 + c_2^2 + c_3^2 + \cdots \tag{4.36}$$

上式称为 **Parseval 定理**。等价地，我们可以将其写为：

$$\sum_{n=0}^{\infty} c_n^2 = \frac{2}{\pi} \int_0^{\pi} f^2(x) \, dx \tag{4.37}$$

也就是说，我们可以通过算**积分**来对级数求和。

(c) 让我们来看一个特殊的函数：

$$f(x) = \begin{cases} 1, & \text{当 } 0 \leq |x| \leq \pi/2 \\ 0, & \text{当 } \pi/2 \leq |x| \leq \pi \end{cases} \tag{4.38}$$

首先，让我们来计算 c_n。请证明如下结论：

$$c_{2k+1} = \frac{(-1)^k}{\pi} \frac{2}{2k+1}, \qquad (\text{其中 } k = 0, 1, 2, 3, \cdots) \tag{4.39}$$

此外 $c_0 = \sqrt{2}/2$，并且，对于所有的 $k = 1, 2, 3, \cdots$，都有 $c_{2k} = 0$。进一步，我们可以计算

$$\frac{2}{\pi} \int_0^{\pi} f^2(x) \, dx = 1 \tag{4.40}$$

请根据式 (4.37)，进一步推导出下面的结论：

$$\sum_{n=0}^{\infty} c_{2k+1}^2 = \frac{1}{2} \tag{4.41}$$

进一步，我们可以得到如下结论：

$$\sum_{n=0}^{\infty} \frac{1}{(2k+1)^2} = 1 + \frac{1}{3^2} + \frac{1}{5^2} + \frac{1}{7^2} + \cdots = \frac{\pi^2}{8} \tag{4.42}$$

(d) 根据上一问中的结论，我们可以进一步求得：

$$\sum_{n=1}^{\infty}\frac{1}{n^2}=1+\frac{1}{2^2}+\frac{1}{3^2}+\frac{1}{4^2}+\cdots=\frac{\pi^2}{6} \tag{4.43}$$

请证明上面的结论。

(e) 现在，我们来尝试完成对下面级数的求和运算：

$$\sum_{n=1}^{\infty}\frac{1}{n^4}=1+\frac{1}{2^4}+\frac{1}{3^4}+\frac{1}{4^4}+\cdots \tag{4.44}$$

事实上，如果式 (4.39) 中的 c_{2k+1} 变为：

$$|c_{2k+1}|=\tau\frac{1}{(2k+1)^2},\qquad (\text{其中 } k=0,\ 1,\ 2,\ 3,\ \cdots) \tag{4.45}$$

其中 τ 为一个固定的常数，依据 (c) 和 (d) 中的方法，我们就可以计算出式 (4.45)。我们可以尝试将函数 $f(x)$ 选为：

$$f(x)=|x| \tag{4.46}$$

请证明如下结论：

$$c_n=\frac{2}{\pi}\int_0^{\pi}x\cos nx\,dx=\frac{2(\cos n\pi-1)}{\pi}\frac{1}{n^2} \tag{4.47}$$

于是，我们可以整理得到：

$$c_{2k+1}=\frac{-4}{\pi}\frac{1}{(2k+1)^2},\qquad (\text{其中 } k=0,\ 1,\ 2,\ 3,\ \cdots) \tag{4.48}$$

此外 $c_0=\sqrt{2}\pi/2$，并且，对于所有的 $k=1,\ 2,\ 3,\ \cdots$，都有 $c_{2k}=0$。进一步，我们可以计算

$$\frac{2}{\pi}\int_0^{\pi}f^2(x)\,dx=\frac{2}{\pi}\int_0^{\pi}x^2\,dx=\frac{2\pi^2}{3} \tag{4.49}$$

请根据式 (4.37)，进一步推导出下面的结论：

$$\sum_{n=0}^{\infty}c_{2k+1}^2=\frac{1}{6}\pi^2 \tag{4.50}$$

进一步，我们可以得到如下结论：

$$\sum_{n=0}^{\infty}\frac{1}{(2k+1)^4}=1+\frac{1}{3^4}+\frac{1}{5^4}+\frac{1}{7^4}+\cdots=\frac{1}{96}\pi^4 \tag{4.51}$$

最终，我们可以求出式 (4.44)中级数的和，也就是说，

$$\sum_{n=1}^{\infty}\frac{1}{n^4}=1+\frac{1}{2^4}+\frac{1}{3^4}+\frac{1}{4^4}+\cdots=\frac{1}{90}\pi^4 \tag{4.52}$$

请证明上面的结论。

习题 4.4 假设：在一个颜色感应系统中有三种传感器，并且，每一种传感器的**光谱灵敏度**（函数）都是：人类（视网膜上）的**锥状体**（细胞）的光谱灵敏度的加权平均和。证明：两种（对人类来说的）“同素异构色”（metameric colors）会在传感器上产生相同的信号。

现在证明：如果一个颜色感应系统对所有的“**同素异构色**”都（在传感器上）产生相同的信号，那么，其充分必要条件为：对于系统的三种传感器，每一种的光谱灵敏度都是：人类的锥状体的（三种）光谱灵敏度（函数）的加权平均和。

提醒：这个问题的后半部分要比前半部分难很多。

习题 4.5 对于**灰体**，我们应该如何修改**黑体辐射四大定理**？对于**选择性辐射体**，考虑如下两种情况：

1. **单色吸收率** α_λ 设为：

$$\alpha_\lambda = \begin{cases} \tau, & \text{当 } |\lambda - \mu| \le L \\ 0, & \text{当 } |\lambda - \mu| > L \end{cases} \tag{4.53}$$

其中，τ、μ 和 L 都是常数。

2. **单色吸收率** α_λ 设为：

$$\alpha_\lambda = \tau\, e^{-\frac{1}{2}(\lambda-\mu)^2 \big/ \sigma^2} \tag{4.54}$$

其中，τ、μ 和 σ 都是常数。

对于上述两种情况，我们应该如何修改**黑体辐射四大定理**？

习题 4.6 在第 2 章中，我们介绍了**透镜**，可以用来汇聚可见光，从而形成一张清晰的图像。对于红外成像，是否存在类似的装置，用来汇聚红外线？如果存在**红外聚焦**技术，为什么我们所得到的红外图像仍然是模糊不清的呢？请查找资料完成调研报告。

习题 4.7 想象屋里面放着一个火盆，我们分别用可见光相机和红外相机对其成像，所得到的图像有什么差别？请分别对下面两种情况进行分析。

(a) 考虑一个长方形的发热区域，相应的边界条件为：$T(x_L, y; t) = T(x_R, y; t) = T(x, y_B; t) = T(x, y_U; t) = c_1$ 和 $T(x_l, y) = T(x_r, y) = T(x, y_b) = T(x, y_u) = c_2$。请求解**热扩散过程**：

$$\frac{\partial}{\partial t} T(x, y; t) = \frac{\partial^2}{\partial x^2} T(x, y; t) + \frac{\partial^2}{\partial y^2} T(x, y; t) \tag{4.55}$$

进一步，通过求解 **Laplace 方程**：

$$\frac{\partial^2}{\partial x^2}T(x,y)+\frac{\partial^2}{\partial y^2}T(x,y)=0 \tag{4.56}$$

我们可以计算出（最终的）**热平衡状态**。请设计模拟系统，通过计算机仿真，完成实验报告。

(b) 现在，我们来考虑一个圆形的发热区域，相应的边界条件为：$T(R_1;t)=c_1$ 和 $T(R_2;t)=c_2$。请证明：此时，对应的（极坐标下的）**Laplace 方程**为：

$$r\frac{d^2}{dr^2}T(r)+\frac{d}{dr}T(r)=0 \tag{4.57}$$

进一步，通过求解上面的 **Laplace 方程**，计算出（最终的）**热平衡状态**。通过计算机仿真给出真实验结果，完成研究报告。

习题 4.8 本题中，我们将通过**数值模拟**的方式，来验证上一题中的结论。下面的矩阵中给出了一个离散**温度场**的边界条件，

0	0	0	0	0	0	0	0	0	
0	?	?	?	?	?	?	?	0	
0	?	1	?	?	?	1	?	0	
0	?	?	1	?	1	?	?	0	
0	?	?	?	1	?	?	?	0	× 450 °C
0	?	?	1	?	1	?	?	0	
0	?	1	?	?	?	1	?	0	
0	?	?	?	?	?	?	?	0	
0	0	0	0	0	0	0	0	0	

矩阵中的数字“0”和“1”为边界条件，始终保持不变，矩阵中的“?”的值随时间不断发生变化。

(a) 假设一开始的时候，矩阵中的“?”全部等于零，请计算矩阵中的“?”随时间的变化过程。我们可以用：

$$\frac{\partial^2}{\partial x^2}+\frac{\partial^2}{\partial y^2}\approx\frac{1}{\epsilon^2}\begin{array}{|c|c|c|}\hline 0 & 1 & 0\\ \hline 1 & -4 & 1\\ \hline 0 & 1 & 0\\ \hline\end{array} \tag{4.58}$$

来作为 **Laplace 算子**的离散近似形式，进行迭代运算。

(b) 请根据**斯蒂芬-玻尔兹曼方程**计算：矩阵所对应的红外图像随时间的变化过程。进一步，给出红外图像**稳定**（不再随时间发生明显变化）时的结果。

(c) 我们可以用下面的滤波器

$$c(\lambda) = \begin{cases} 0.8, & \text{当 } \lambda \in [3,5] \cup [8,12] \text{ (微米)} \\ 0, & \text{其他} \end{cases} \tag{4.59}$$

来近似表示空气的选择性吸收过程。请计算：矩阵所对应的红外图像随时间的变化过程。进一步，给出红外图像稳定（不再随时间发生明显变化）时的结果。

习题 4.9 本题中，我们来分析另外一个例子。下面的矩阵中给出了一个离散**温度场**的边界条件，

0	0	0	0	0	0	0	0	0	0	0	0	0	0	0	0	0
0	?	?	?	?	?	?	?	?	?	?	?	?	?	?	?	0
0	?	?	?	?	?	?	?	?	?	?	?	?	?	?	?	0
0	?	?	?	?	?	?	?	?	?	?	?	?	?	?	?	0
0	?	?	?	?	2	2	1	1	1	2	2	?	?	?	?	0
0	?	?	?	?	2	2	1	1	1	2	2	?	?	?	?	0
0	?	?	?	?	?	?	?	?	?	?	?	?	?	?	?	0
0	?	?	?	?	?	?	?	?	?	?	?	?	?	?	?	0
0	?	?	?	?	1	1	2	2	2	1	1	?	?	?	?	0
0	?	?	?	?	1	1	2	2	2	1	1	?	?	?	?	0
0	?	?	?	?	?	?	?	?	?	?	?	?	?	?	?	0
0	?	?	?	?	?	?	?	?	?	?	?	?	?	?	?	0
0	?	?	?	?	?	?	?	?	?	?	?	?	?	?	?	0
0	0	0	0	0	0	0	0	0	0	0	0	0	0	0	0	0

$\times 450\,^{\circ}\mathrm{C}$

(a) 假设一开始的时候，矩阵中的“?”全部等于零，请计算矩阵中的“?”随时间的变化过程。本题中，我们采用：

$$\frac{\partial^2}{\partial x^2} + \frac{\partial^2}{\partial y^2} \approx \frac{1}{6\epsilon^2} \begin{array}{|c|c|c|} \hline 1 & 4 & 1 \\ \hline 4 & -20 & 4 \\ \hline 1 & 4 & 1 \\ \hline \end{array} \tag{4.60}$$

来作为 **Laplace 算子**的离散近似，进行迭代运算。

(b) 请根据**斯蒂芬-玻尔兹曼方程**计算：矩阵所对应的红外图像随时间的变化过程。进一步，给出红外图像**稳定**（不再随时间发生明显变化）时的结果。

(c) 我们可以用下面的滤波器

$$c(\lambda)=\begin{cases}0.8, & \text{当 } \lambda\in[3,5]\cup[8,12]\ (\text{微米})\\ 0, & \text{其他}\end{cases} \tag{4.61}$$

来近似表示空气的选择性吸收过程。请计算：矩阵所对应的红外图像随时间的变化过程。进一步，给出红外图像稳定（不再随时间发生明显变化）时的结果。

习题 4.10 本题中，我们将进一步探索：图 4.16 中的 **X 射线扫描成像**过程的数学模型。

(a) 首先，我们需要确定：**X 射线扫描成像**过程中每一条直线，参见图 4.20。我们可以将直线的解析表达式写为：

$$\rho=y\cos\theta-x\sin\theta \tag{4.62}$$

请根据图 4.20 对上式进行解释，并且，说明式 (4.62) 中各个参数的意义。

(b) 进一步，我们需要确定式 (4.62) 中的参数 θ 和 ρ。在 X 射线扫描过程中，总共经历了 N 次成像，也就是说，放射源的位置遍历了一个半径为 R 的大圆上 N 个均匀等分点。因此，图 4.20 中 α 为：

$$\alpha=\frac{2n}{N}\pi \tag{4.63}$$

其中，$n=0,1,2,\cdots,N-1$。（X 射线）图像传感器中总共包含 $2M+1$ 个**像素**，圆弧状的图像传感器与图 4.20 中的 P 点所形成的角度大小为 Ω，于是图 4.20 中的 β 为：

$$\beta=\frac{m-M}{2M}\Omega \tag{4.64}$$

其中，$m=0,1,2,\cdots,2M$。进一步，我们需要找到；X 射线扫描过程中所对应的直线参数 $\theta(n,m)$ 和 $\rho(n,m)$ 的具体表达式，请证明：

$$\theta(n,m)=\left(\frac{2n\pi}{N}+\frac{m\Omega}{2M}\right)-\frac{\Omega}{2}\quad \text{和} \quad \rho(n,m)=R\sin\left(\frac{m/M-1}{2}\Omega\right) \tag{4.65}$$

注意：对于某一个固定的 m，所有的 $\rho(m,n)$ 不随 n 的改变而发生变化。

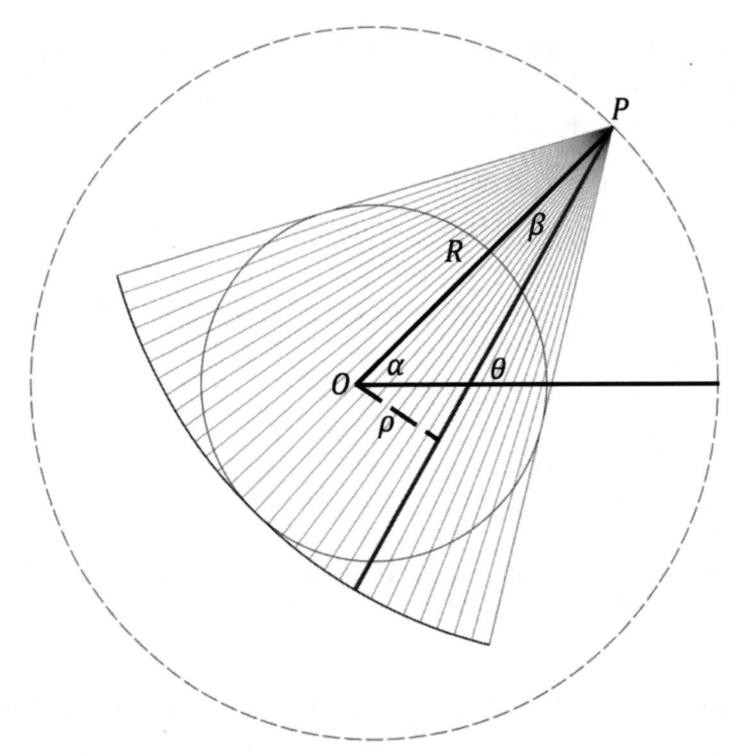

图 4.20　我们需要确定：**X 射线扫描成像**过程中每一条直线的解析表达式。也就是说，确定图中的参数 ρ 和 θ。

(c) 令 $R=2$，$\Omega=\pi/3$，$M=15$，$N=60$，我们可以画出这 $(2M+1)\times N$ 条直线的对应参数 $(\rho(n,m),\theta(n,m))$ 在 ρ-θ 空间中的**散点图**，如图 4.21(a) 所示。请编写程序绘制图 4.21(a)，并且选取不同的参数 R、Ω、M 和 N 进行实验仿真。

(d) 从图 4.21(a) 中可以看出，扫描线的参数 $(\rho(n,m),\theta(n,m))$ 在 ρ-θ 空间中近似于"**均匀分布**"，也就是说，这 $(2M+1)\times N$ 条直线可以被近似看作是：对直线方程 (4.62) 中的参数 θ 和 ρ 分别进行**均匀采样**所得。但是，注意：散点图 4.21(a) 中各个点的位置并不是和参数 (m,n) 直接对应的，为了说明这一点，图 4.21(b) 中画出了 $n=20$ 和 $n=40$ 时的情况。因此，我们需要对散点图 4.21(a) 中各个点重新进行编号，请探索我们应该如何进行编号，才能使得：当 n 固定时，根据编号索引找到的图 4.20 中的一组（$2M+1$ 点）近似位于同一条水平直线上？

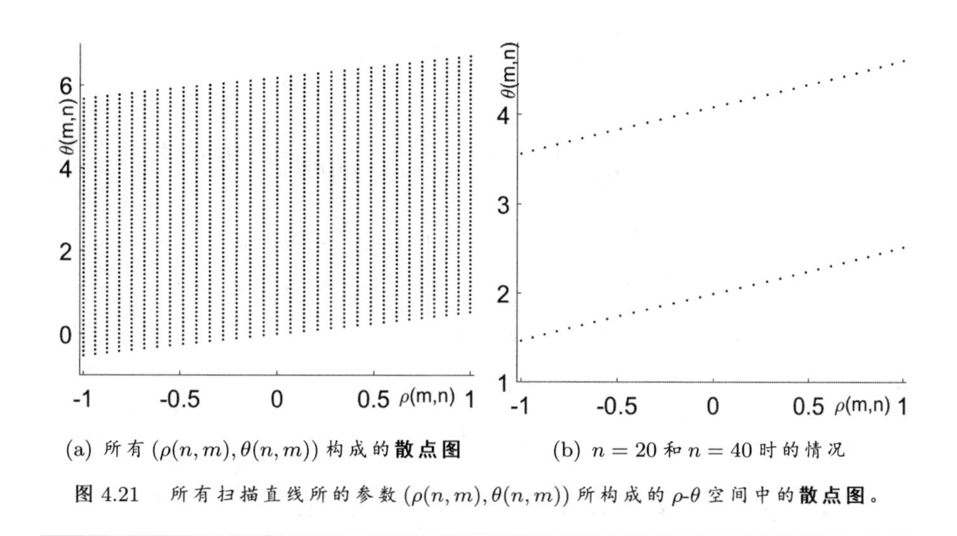

(a) 所有 $(\rho(n,m),\theta(n,m))$ 构成的**散点图**　　(b) $n=20$ 和 $n=40$ 时的情况

图 4.21　所有扫描直线所的参数 $(\rho(n,m),\theta(n,m))$ 所构成的 ρ-θ 空间中的**散点图**。

(e) 与图 2.13 中的**平行线扫描**方式相比，图 4.20 中的**锥束扫描**方式有什么优势？如何使用：我们在第 2 章 2.5.2 小节中介绍的（针对**平行线扫描**结果的）**反演算法**，来对**锥束扫描**结果进行处理？请根据你在本题中的实验和分析，完成研究报告。

习题 4.11　本题中，我们将深入研究 **Radon 反演公式** (4.31) 的具体计算过程，相应的算法又被称为：**滤波反投影**（FBP）方法。

(a) 式 (4.31) 的具体形式如下：

$$\rho(x,y)=\frac{1}{4\pi^2}\int_0^{2\pi}\int_{-\infty}^{\infty}\left(-\frac{1}{t-x\cos\theta-y\sin\theta}\right)\frac{\partial}{\partial t}p(t,\theta)\,dt\,d\theta \quad (4.66)$$

请对上式进行解释。

提示： 式中 $t-x\cos\theta-y\sin\theta$ 的几何意义是什么？

(b) 现在，我们来研究**反演**公式 (4.66) 的具体计算过程，首先，让我们来计算**内层积分**：

$$f(x,y;\theta)=\int_{-\infty}^{\infty}\left(-\frac{1}{t-x\cos\theta-y\sin\theta}\right)\frac{\partial}{\partial t}p(t,\theta)\,dt \quad (4.67)$$

但是，正如我们在前面所谈到的，这个积分是一个**瑕积分**，在 $t_0=x\cos\theta-y\sin\theta$ 处，我们需要做特殊处理。一种方法是：将式 (4.68) 定义为如下的形式：

$$
\begin{aligned}
f(x,y;\theta) = & \int_{-\infty}^{t_0-\epsilon} \left(-\frac{1}{t - x\cos\theta - y\sin\theta}\right) \frac{\partial}{\partial t} p(t,\theta)\, dt \\
& + \int_{t_0+\epsilon}^{\infty} \left(-\frac{1}{t - x\cos\theta - y\sin\theta}\right) \frac{\partial}{\partial t} p(t,\theta)\, dt \\
& - \frac{1}{2\epsilon}\left[p(t+\epsilon,\theta) + p(t-\epsilon,\theta) - 2p(t,\theta)\right]
\end{aligned} \tag{4.68}
$$

请对上式进行解释说明，然后，给出对应是数值计算方法。进一步，请编写程序进行仿真。

(c) 进一步，我们需要计算**外层积分**：

$$
\rho(x,y) = \int_0^{2\pi} f(x,y;\theta)\, d\theta \tag{4.69}
$$

请给出对应是数值计算方法。然后，编写程序进行仿真。

(d) 请综合上述过程，给出 **Radon 反演公式** (4.66) 所对应的算法实现过程。然后编写程序，完成仿真实验。

提示： 可以结合第 2 章中的习题 2.10 来开展研究。

第 5 章　半导体光电转换

在这一章中，我们将探索光电感知背后的机理以及实现光电感知的最基本器件。首先介绍半导体材料的光子吸收原理，然后讲解由半导体材料制备的基本器件 P-N 结。基于 P-N 结，我们将详细讨论光电二极管的工作原理和片上太阳能电池的设计。本章还将介绍量子效率，它是半导体光电器件的重要参数。

5.1 光子吸收原理

在 0 K 温度下，填充满电子的半导体能带称为**价带**，而最低未填充满的能带称为**导带**。价带中电子已经占据了所有可能的能级而无法移动，所以价带中的电子可以认为是不导电的。价带顶部与导带底部之间的能量差称为**禁带宽度**或**带隙能量** E_g。

半导体材料有两种能带结构：直接带隙和间接带隙。大部分半导体的价带顶部在**波矢**为零处，即 $k = 0$。有些半导体的导带底部也出现在 $k = 0$ 处，这种半导体叫**直接带隙半导体**，例如：GaAs、InP、GaN、InN 等。如果导带的底部不在 $k = 0$ 处，则称为**间接带隙半导体**，例如：Si、Ge、AlAs 等。图 5.1 是直接带隙半导体和间接带隙半导体的能级结构示意图。

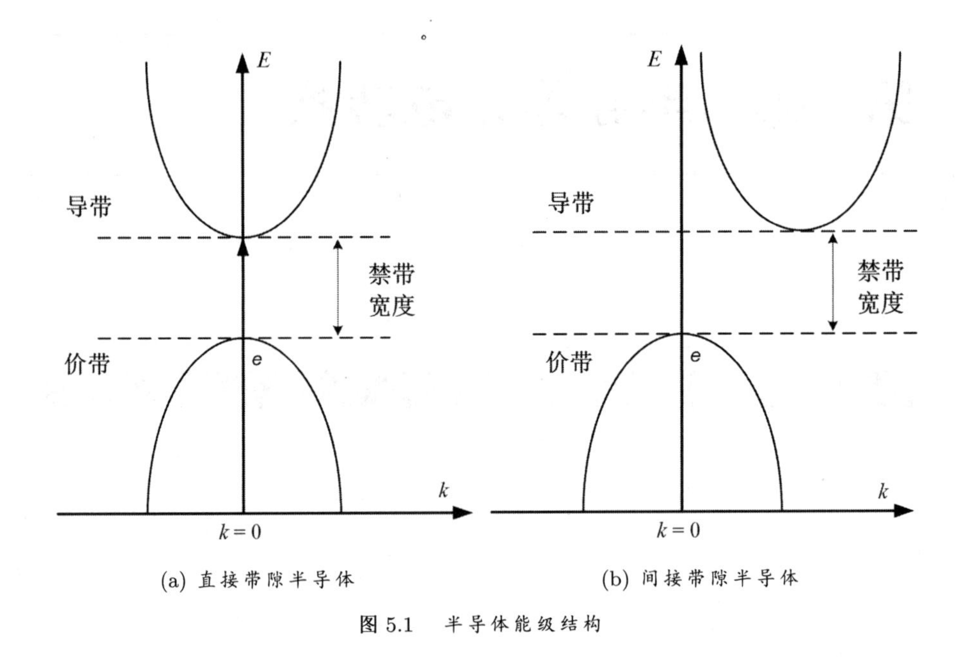

(a) 直接带隙半导体　　(b) 间接带隙半导体

图 5.1　半导体能级结构

价带中的电子通过吸收光子、声子（热生成）或其他粒子冲击电离等方式，可以跃迁到导带成为自由电子，而电子跃迁后导致价带中有未被占据的空穴，因此生成了**电子-空穴对**（EHP）。电子和空穴在电场作用下能做定向运动，又称为**载流子**。

对于直接带隙半导体，价带电子吸收的光子能量大于其带隙能量，便可以生成电子-空穴对，而对于间接带隙半导体，电子跃迁同时需要光子和声子。间接带隙半导体与直接带隙半导体相比，电子更难跃迁到导带，因此光子吸收率比直接带隙半导体低。图 5.2 是直接带隙半导体和间接带隙半导体光子吸收原理图。由吸收光子生成的电子-空穴对速率可以用式 (5.1) 表示：

$$G_0(z) = \alpha_0 \frac{I_{\rm opt}(0)}{h\nu} \exp\left[-\alpha_0 d\right] \tag{5.1}$$

其中，α_0 是光子吸收系数，$I_{\rm opt}(0)$ 是半导体表面接收到的光照强度，d 是光子穿透到半导体内部的深度，h 是普朗克常量，ν 是光子频率，$h\nu$ 是光子能量。目前半导体行业主要采用硅（Si），它是一种间接带隙半导体，在室温下其带隙能量是 1.12 eV。这个能量对应的光子波长大约是 1100 nm。因为光子的能量与波长成反比，所以只有小于该波长

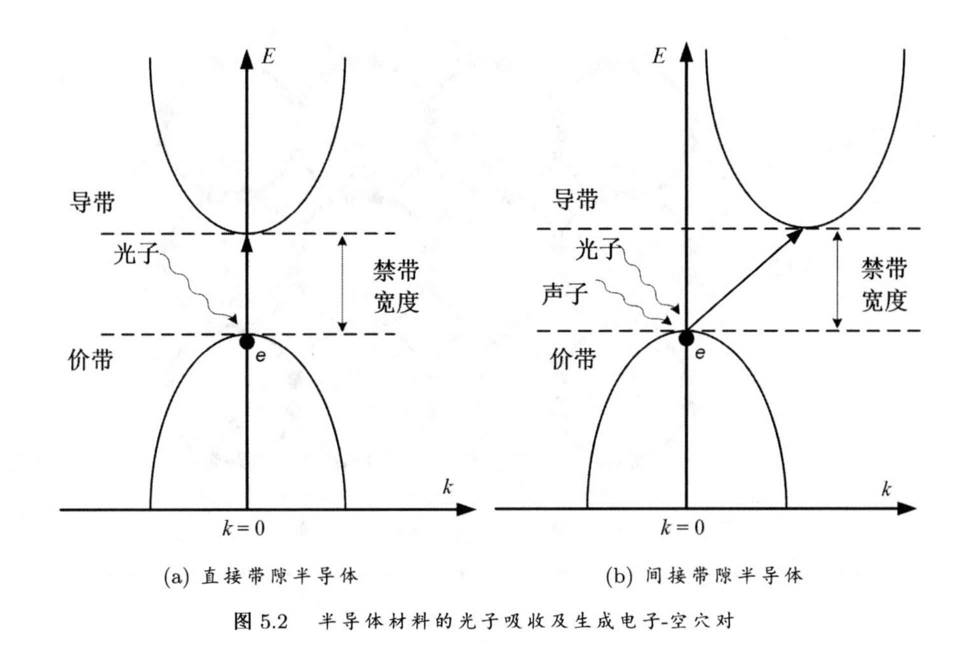

(a) 直接带隙半导体 (b) 间接带隙半导体

图 5.2 半导体材料的光子吸收及生成电子-空穴对

的光子才可能激发硅中的电子而生成电子-空穴对，这意味着硅只能用来探测小于 1100 nm 波长的光。

半导体中被激发产生的电子-空穴对是不稳定的，电子会和空穴发生复合。在此过程中会释放出能量，可能以辐射光子或声子的形式，也可能将能量传递给其他电子。电子-空穴对的产生和复合维持着一种动态平衡，本征半导体中电子和空穴的浓度分别用 n_i、p_i 表示，则有

$$n_{\mathrm{i}} = p_{\mathrm{i}} = AT^{\frac{3}{2}}\mathrm{e}^{\frac{-E_{\mathrm{g}}}{2kT}} \tag{5.2}$$

其中，A 是与半导体材料有关的常数，T 是绝对温度，E_{g} 是带隙能量，k 是玻尔兹曼常数。本征半导体在光信号照射下虽然可以生成自由电子，但是会快速与空穴复合，所以无法用来探测光信号。将本征半导体进行加工制作成 P-N 结，才能有效地探测光信号。

5.2 半导体 P-N 结

本征半导体的载流子浓度低，导电能力差，于是人们通过掺入特定杂质来提高电性能。在本征半导体中掺入三价元素硼（B），硼原

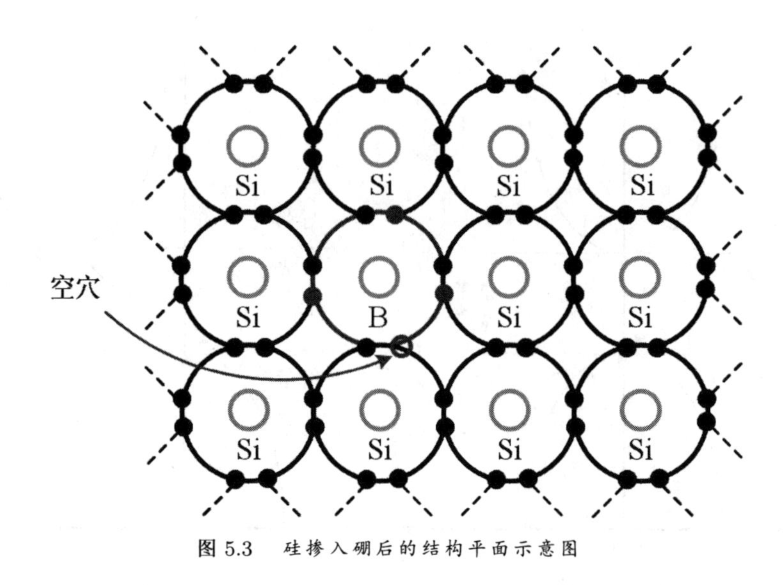

图 5.3　硅掺入硼后的结构平面示意图

子替代了硅晶体中某些硅原子的位置。由于硼只有三个价电子，它们分别和相邻的三个硅原子的价电子组成共价键，第四个共价键缺少一个电子，因此形成空穴。图 5.3 是硅掺入硼后的结构平面示意图。掺入一个硼原子就会出现一个空穴，尽管掺入的硼原子是微量的，但是其产生的空穴远远超过本征半导体中的电子-空穴对，所以导电能力大幅度提高。这种空穴为多数载流子的杂质半导体称为**P 型半导体**。如果在本征半导体硅中掺入微量的五价元素磷（P），由于磷原子有五个价电子，它的四个价电子分别和相邻的四个硅原子的价电子组成四个共价键，那么多余的一个电子就成为自由电子。图 5.4 是在硅中掺入磷后的结构，磷原子贡献的自由电子远远超过本征半导体的电子-空穴对，电子为多数载流子的杂质半导体称为**N 型半导体**。

杂质半导体是通过掺杂工艺制备的，掺杂的方法主要有扩散和离子注入两种，这两种方法在分立器件或集成电路中都有用到，并且两者是互补的。杂质扩散一般是将本征半导体晶片放入精确控制的高温石英管式炉中，与带有扩散杂质的混合气体发生化学反应。对于硅晶片，常用的温度范围一般在 800 ~ 1200 ℃。硼是最常用的 P 型杂质，砷和磷是最常用的 N 型杂质。离子注入是在真空中将具有一定动能的带电离子射入硅晶片中，入射动能在 1 keV 到 1 MeV，对应的平均离子分布深度范围是 10 nm 到 10 μm。相对于扩散工艺，离子注入的主要好处是能够较为精准地控制杂质掺入量，重复一致性较好，同时离子注

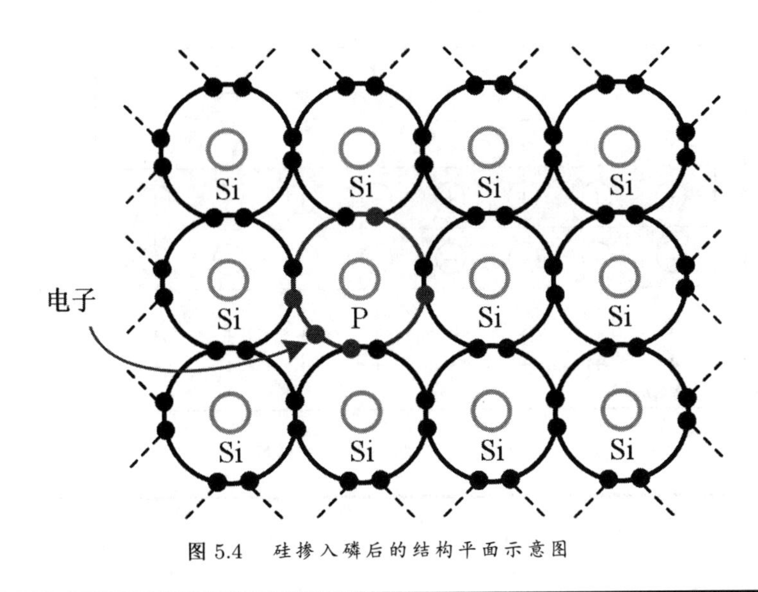

图 5.4　硅掺入磷后的结构平面示意图

入的加工工艺温度比扩散低。

如果P型半导体和N型半导体连接在一起，便形成**P-N结**。假设温度不是绝对零度，P区的空穴会扩散到N型材料中，这是因为P区的空穴浓度高于N区，与此同时自由电子从N区扩散到P区。这两个电流分量加在一起组成**扩散电流** I_D，其方向是从P区到N区。扩散到N区的空穴迅速与自由电子复合，这使N区在靠近交界的区域只剩下带正电的杂质离子。同样，P区在交界区域附近只剩下带负电的杂质离子，如图5.5所示。

由于这个区域耗尽了自由电子和空穴，因此我们将其称为**耗尽区**。这些带电离子在耗尽区中形成内部电场，叫作**势垒电势**，N区极性为正，P区极性为负。在该内部电场作用下，N区内的少数载流子（空穴）从N区流向P区，同时P区内的少数载流子（自由电子）从P区流向N区，两者合在一起形成**漂移电流** I_S，方向是从N区到P区。在P-N结开路时，外部电流为零，因此在稳定状态下两个电流 I_D 和 I_S 大小相等方向相反，P-N结的端电压为零。

事实上P-N结并不能通过将两种材料简单地连接在一起就能实现，而是通过扩散或离子注入的方法制造。例如：在P型材料中以离子注入的方式在表层掺入磷原子，该区域的磷原子浓度要高于硼原子浓度，因此自由电子浓度高于空穴浓度，这样表层区域就变成了N型材料，从而生成了P-N结。

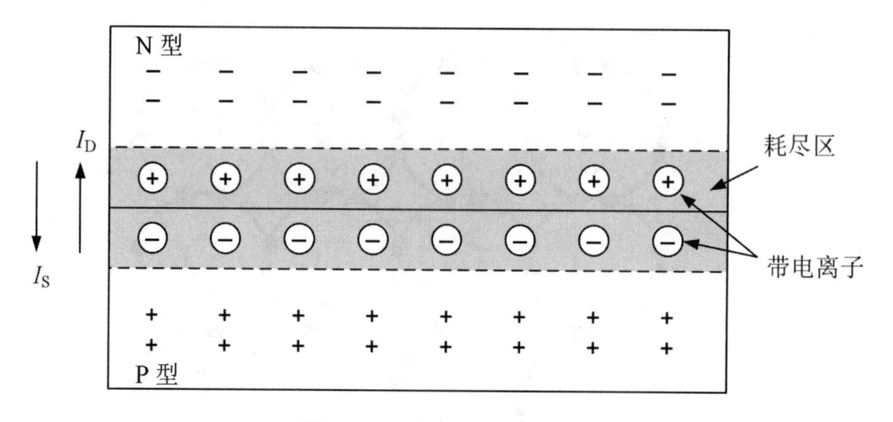

图 5.5　开路条件下的 P-N 结

现在我们考虑一下如果将 P-N 结与一个外部电压源连接会发生什么。有两种连接方式，一个是正向偏置，一个是反向偏置。图 5.6 显示的是正向偏置，P-N 结的 P 端连接到电压源的正极，其中虚线表示电子流动的方向（与电流方向相反）。首先电子从电压源的负极端流向 P-N 结的 N 区。在 N 区中多数载流子是电子，这些电子很容易在 N 区中移动，当进入耗尽区时，如果电压源提供的电势足够高，大量自由电子就会扩散到 P 区中，那里存在大量的空穴。电子可以从 P 区迁移到电压源的正极，从而形成电流回路（电路中的电阻用于限制电流）。电压源要确保提供的电势足够大，以克服耗尽区中的势垒电势。势垒电势精确值取决于所使用的材料。对于硅器件，势垒电势通常在 0.7 V 左右；对于锗器件，它接近 0.3 V；而 LED 在 1.5 V 至 3 V，取决于 LED 的颜色。

如果图 5.6 中的电压源极性相反，N 型材料中的电子将被拉向电压源的正极端，而 P 型材料中的空穴将被拉向负极端，从而产生一个瞬时的小电流，使得耗尽区扩大，达到稳定状态后反向电流基本不变，称为**反向饱和电流**。电源电压的进一步增加会不断地扩大耗尽区，直到 P-N 结被反向击穿。P-N 结这种正向偏置导通而反向偏置截止的特性十分重要，最简单的半导体器件二极管就是一种 P-N 结，它在电子技术中的应用十分广泛。**二极管**是一种允许电流在一个方向上容易通过但在相反方向上无法通过的器件。

正向偏置时 P-N 结的伏安关系可以用肖克利方程来表示：

$$I = I_S\left(e^{\frac{qV_D}{nkT}} - 1\right) \tag{5.3}$$

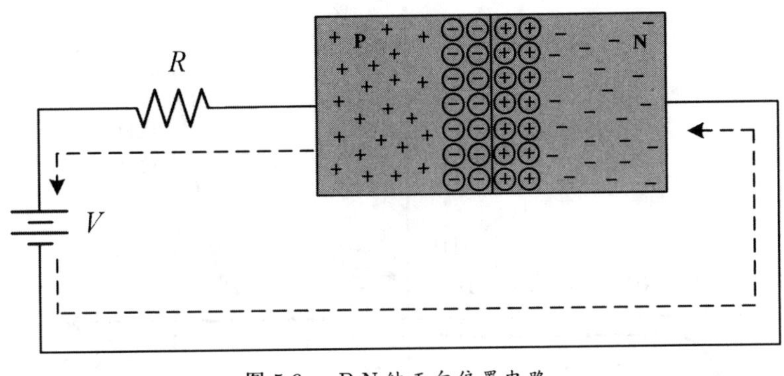

图 5.6 P-N 结正向偏置电路

其中 I 是二极管电流，I_S 是反向饱和电流，V_D 是二极管两端的电压，q 是电子电量，n 是品质因数（通常在1到2之间），k 是玻尔兹曼常数，T 是绝对温度。在 300 K 温度下，q/kT 约为 38.6，因此公式中的“-1”通常可以忽略。I_S 不是常数，它随温度升高成指数关系增加，每升高 10 ℃ 大约增加一倍。

我们以硅基二极管为例，它的伏安特性曲线如图 5.7 所示。当正向偏置电压较小时，外加电场不足以克服耗尽区内的势垒电势，多数载流子无法形成扩散电流，因此正向电流约等于零，我们称为二极管处在**死区**，如图 5.7 中 A 区域所示。当正向偏置电压达到死区电压，二极管开始有微弱的电流。不同半导体材料，死区电压各不相同。硅的死区电压约为 0.5 V，锗的死区电压约为 0.1 V。二极管导通以后（如图 5.7 中 B 区域所示），电流随着电压的升高成指数关系上升；当电压较大时，电流近似于直线上升。这是因为正向偏置电压较大时，耗尽区的宽度变得很窄，非线性的结电阻变得很小，这时耗尽区外的二极管体电阻和电极的接触电阻占主导地位，所以电压和电流的关系基本符合欧姆定律。

图 5.7 中 C 区域表示二极管在反向电压作用下的特性，反向电流即是反向饱和电流，从肖克利方程可以得出：当 V_D 为负数时，电流基本等于 $-I_S$，负号表示反向。当反向电压达到 U_{BR} 时，反向电流迅速增加，如图 5.7 中 D 区域所示。这是因为 P-N 结被反向击穿，此时肖克利方程不再适用。反向击穿是因为反向电压足够大，导致耗尽区内的电场很大，从而把共价键中的电子拉出来；或者少数载流子在耗尽区内漂移过程中获得足够高的速度，将共价键中的电子撞出来。如果反向击穿电流控制不要过大，当反向电压减小时，二极管性能是可以

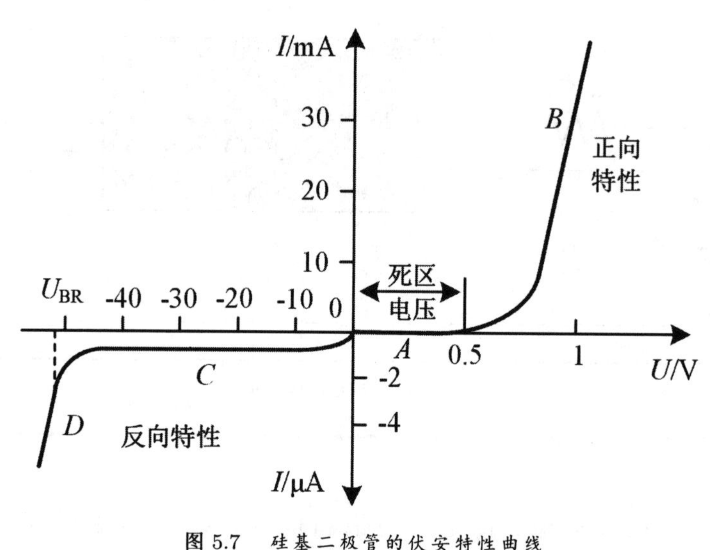

图 5.7　硅基二极管的伏安特性曲线

恢复的。但是如果击穿电流过大，产生过高的热量可能烧毁P-N结，二极管性能则无法再恢复。

5.3 光电二极管

前面小节我们讲过本征半导体通过光子吸收可以生成电子-空穴对（即光生载流子），但是两者会快速复合，所以无法用来探测光信号。那么有什么方法可以阻止电子-空穴对复合呢？我们知道P-N结的耗尽区中能够形成内建电场，可以用来分离正负电荷。当P-N结被光照时，光生载流子遍布P区、N区和耗尽区。光生载流子打破了P-N结原本的动态平衡。耗尽区内的光生载流子在内建电场的作用下移动，参与漂移运动的少子数大于参与扩散运动的多子数，电子与空穴分别在N型半导体侧与P型半导体侧开始聚集。这导致N型半导体侧的耗尽区得到电子补充，同理P型半导体侧的耗尽区也得到空穴补充，因此耗尽区的范围开始缩小，内建电场的强度逐渐减弱，少子的漂移能力减弱，参与漂移运动的少子数下降，直至与扩散运动的多子数再次达到平衡。光照导致光生电子与空穴分别在N区和P区聚集，使得P区的电势要高于N区，因此P型半导体侧与N型半导体侧存在电势差，即**光生伏特效应**。

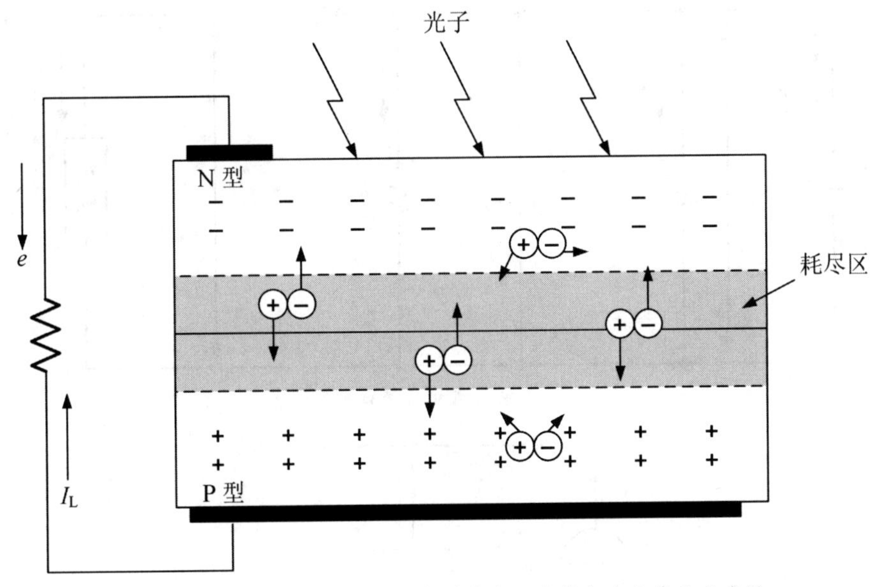

图 5.8 在光照条件下光电二极管与电阻负载相连的截面示意图

在光照下，如果将光电二极管的两个端口与电阻负载相连（如图 5.8 所示），因为 N 型半导体侧有高浓度的电子，所以电子通过电阻负载流向 P 型半导体侧，并与 P 型材料中的空穴复合。N 型材料中消失的电子和 P 型材料中消失的空穴由光子激发生成的电子和空穴进行补偿。因此，我们可以认为光子产生的光电流在外部电路中是从 P 型材料流向 N 型材料。

光电二极管的等效电路如图 5.9(a) 所示，其中电流源用来表示光生电流，可变电容 C_{pd} 表示结电容，R_{sh} 表示分流内阻，R_s 表示串联内阻。基于光电二极管等效电路，输出电流 I_L 可以用式 (5.4) 表示：

$$I_L = I_{pd} - I_D - I' = I_{pd} - I_S\left(\exp\frac{qV_{pd}}{kT} - 1\right) - I' \tag{5.4}$$

其中 I_{pd} 是光电流（与光强成正比），V_{pd} 是二极管两端电压，I' 表示分流内阻上的电流。

当输出电流 $I_L = 0$ 时，由式 (5.4) 可以得出光电二极管的开路电压

$$V_{oc} = \frac{kT}{q}\ln\left(\frac{I_{pd} - I'}{I_S} + 1\right) \tag{5.5}$$

通常状况下，I' 可以忽略不计。因为 I_S 相对于温度是呈指数关系增长的，所以 V_{oc} 与温度变化成反比，与 I_{pd} 的对数成反比。当负载电阻

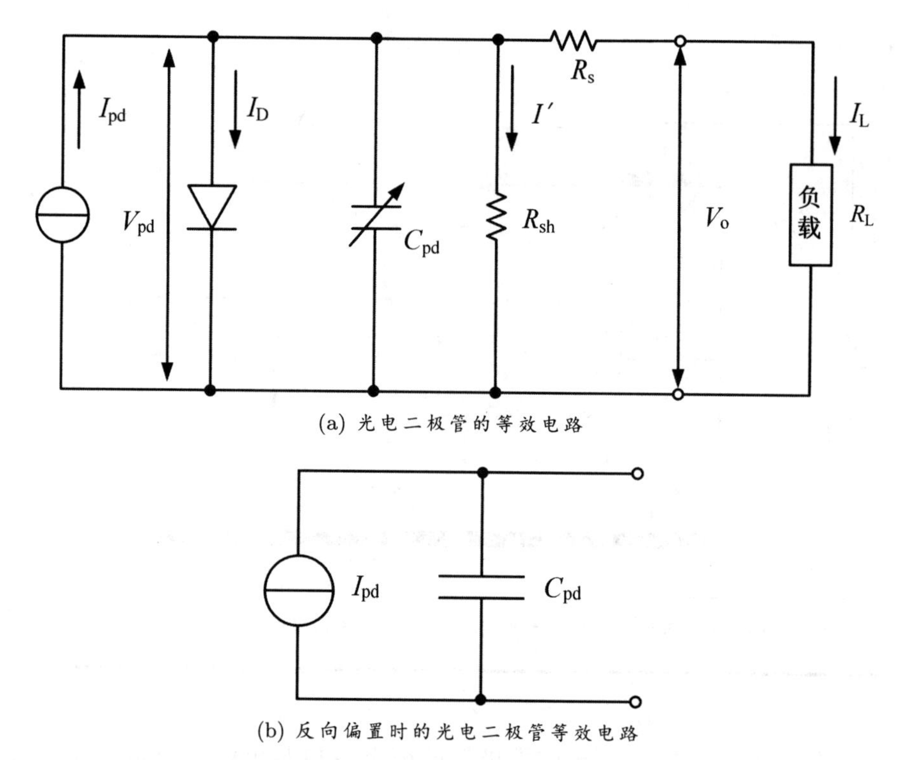

图 5.9　光电二极管的等效电路以及反向偏置的光电二极管简化等效电路

$R_L = 0$ 时，由式（5.4）可以得出光电二极管的短路电流 I_{sc}：

$$I_{sc} = I_{pd} - I_S \left(\exp \frac{q \times I_{sc} \times R_s}{kT} - 1 \right) - \frac{I_{sc} \times R_s}{R_{sh}} \tag{5.6}$$

式 (5.6) 中的第二项和第三项影响短路电流的线性范围，第二项因为 I_S 很小，可以忽略不计；R_s 只有几欧姆大小，R_{sh} 阻值较大（大概在 10^7 到 10^{11} 欧姆），第三项也可以忽略不计，因此光电二极管的短路电流近似等于光生电流 I_{pd}。

在很多实际应用中，尤其是在图像传感器的应用中，光电二极管是被反向偏置的，图 5.9(a) 所示的等效电路图可进行简化。等效电路中的二极管被反偏，相当于是断路，因此可以被忽略。R_s 阻值较小，R_{sh} 阻值较大，它们都可以被忽略。最后反偏的光电二极管简化等效电路如图 5.9(b) 所示，这时光电二极管就相当于一个电流源并联一个电容。电流源表示与光强成正比的光电流，电容表示光电二极管的结电容，具有存储电荷的功能。

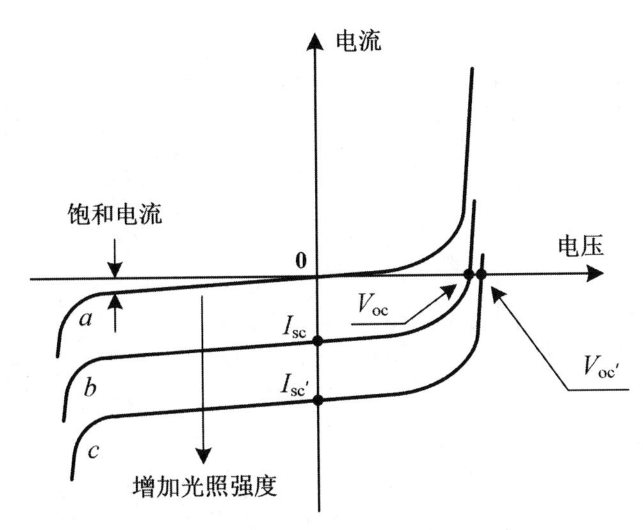

图 5.10 光电二极管的伏安特性曲线

当光电二极管处在没有光照的情况下，其伏安特性如图 5.10 中的 a 曲线所示，可以看出它与普通二极管的伏安特性一致。当光电二极管在光照的情况下，其伏安特性从曲线 a 移动到曲线 b。如果增加光照的强度，会使伏安特性曲线进一步下移到曲线 c。伏安特性曲线与 x 轴的交点对应着开路电压 V_{oc}，而与 y 轴的交点对应着短路电流 I_{sc}。短路电流是负的，这是因为我们定义二极管的电流是以流入 P 端为正，而光电二极管的光电流是从 P 端流出，因此电流值为负。

由于开路电压 V_{oc} 随温度变化影响很大，因此不适合用来测量光照强度。我们通常用光电流来测量光照强度，短路电流与光照强度成正比。典型的短路电流 I_{sc} 与入射光强之间的关系如图 5.11 所示，采用对数坐标系是为了可以展示几个数量级的范围。

测量短路电流的基本电路如图 5.12 所示，它由一个运算放大器和电阻组成了电压并联负反馈。根据虚短虚断的原理，我们可以得出输出电压 $V_o = I_{sc} \times R_f$。如果光照强度很大时，为了避免运算放大器饱和，要选择合适的反馈电阻 R_f。

光电二极管短路电流的大小反映了它将光能转换为电能的能力，但很显然其面积越大，转换的电能也就越多，所以我们通常用**短路电流密度** J_{sc} 来衡量光电二极管的光电转换能力，定义为在单位时间内单位面积的光生电子流经零负载回路截面的总电荷量。这些电子均来源于光照所产生的电子-空穴对，假设每一个光子都被半导体材料吸

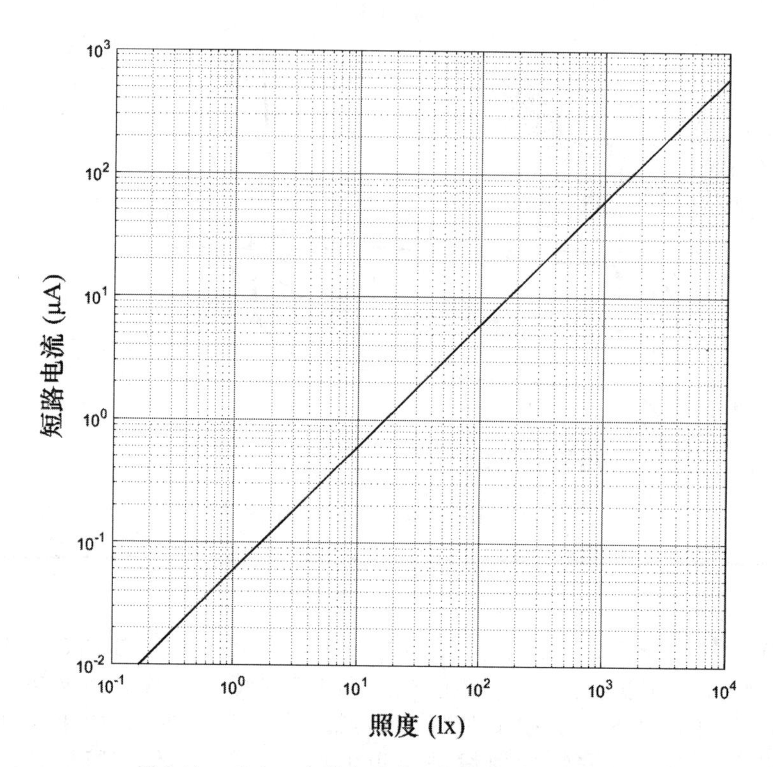

图 5.11　光电二极管短路电流与光照强度之间的关系

收，且都可以激发一个电子跃迁，那么理想状态下光生电子的数量应该与光子的数量一致，因此短路电流密度 J_{sc} 的关系式如下：

$$J_{\mathrm{sc}} = q\int_0^{\infty} \Phi_{\mathrm{inc}}(\lambda)d\lambda \tag{5.7}$$

其中 $\Phi_{\mathrm{inc}}(\lambda)$ 为单位面积光电二极管上的入射光强，表示在单位面积单位时间内光子的数量，其对波长的积分表示入射光中所含各波长光子数量的总和，q 为电子电量。

只有光子能量大于带隙能量时才能使电子发生跃迁，从而产生电子-空穴对。那么就存在一个截止波长 λ_c，大于截止波长的光子都没有足够能量使电子跃迁，

$$\lambda_c = \frac{1240}{E_g}(\mathrm{nm}) \tag{5.8}$$

其中 E_{g} 是带隙能量，单位是电子伏特（eV）。

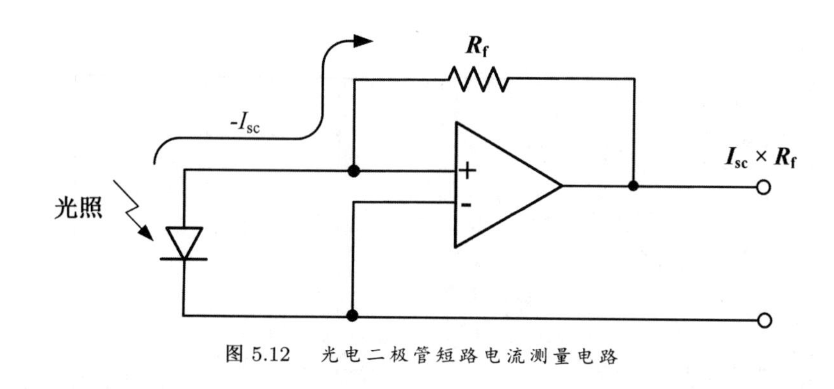

图 5.12 光电二极管短路电流测量电路

硅的带隙能量是 1.12 eV，因此其截止波长约为 1100 nm。硅对不同波长的光子有不同的吸收能力。一般来说，波长较短的光子在硅晶体较浅的区域内就可以被吸收，而波长较长的光子需要在硅晶体内行走较长的光程才能被有效地吸收，因此通常用量子效率 $QE(\lambda, d)$ 来表达光子的吸收与转化效率。量子效率主要与半导体材料的厚度 d 以及光子的波长有关，考虑量子效率因素，短路电流密度可表示为：

$$J_{\mathrm{sc}} = q\int_0^{\infty} QE(\lambda, d)\Phi_{\mathrm{inc}}(\lambda)d\lambda \tag{5.9}$$

5.4 量子效率

光电二极管产生的光电流大小主要取决于入射的光子数量和其本身的材料对光子的吸收与转化效率，入射的光子数量可以用入射光强 $\Phi_{\mathrm{inc}}(\lambda)$ 来描述，而对光子的吸收与转化效率可以用量子效率来描述。**量子效率**是指某一特定波长单位时间内产生的平均光电子数与入射光子数之比，它是描述光电器件光电转换能力的一个重要参数。从量子效率的定义，我们可以得到：

$$QE = \frac{N_{\mathrm{electrons}}}{N_{\mathrm{photons}}} = \frac{hcI_{\mathrm{pd}}}{\lambda q P_{\mathrm{opt}}} \tag{5.10}$$

其中 h 是普朗克常量，c 是光速，λ 是光子波长，q 是电子电量，I_{pd} 是光电流，P_{opt} 是光功率。

量子效率分为内量子效率与外量子效率。光子入射到光电二极管的表面时，被吸收的那部分光子会激发产生电子-空穴对，有一部分电子-空穴对又重新复合，在耗尽区能被收集起来的电子数（即形成光电流）与被吸收的光子数之比，就是**内量子效率**（IQE，Internal

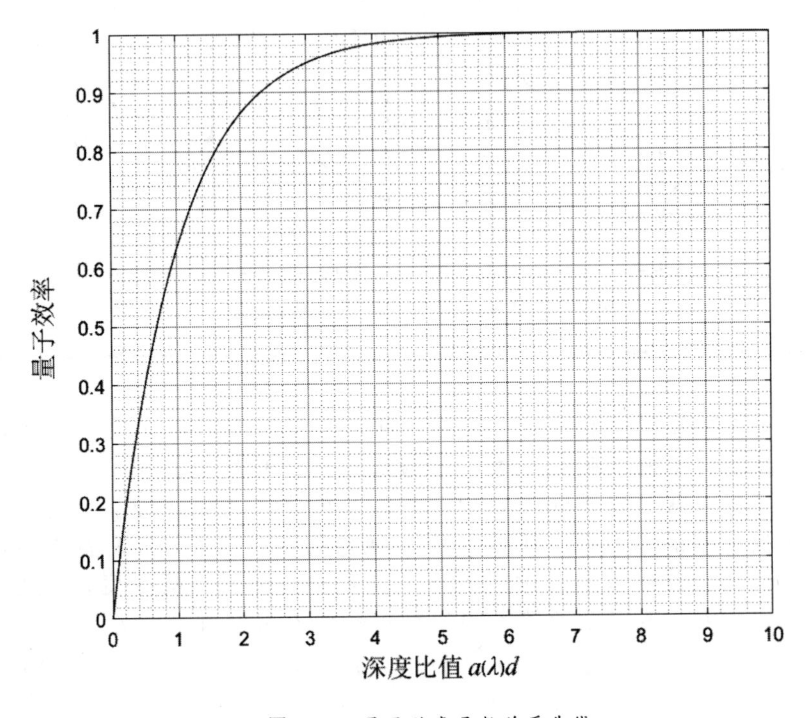

图 5.13　量子效率函数关系曲线

Quantum Efficiency）。内量子效率主要研究半导体原子通过吸收光子产生电子-空穴对后，最终能产生多大的光电流。**外量子效率**（EQE，External Quantum Efficiency）表示光电流中的电子数与所有入射的光子数之比。外量子效率主要由三个因素决定：材料表面对入射光的反射、半导体材料对入射光的吸收和电极对光生载流子的收集。因此外量子效率主要研究的是入射光照在光电二极管上时经过各种耗损后，最终能产生多大的光电流。很显然内量子效率不考虑光在二极管表面反射等方面的影响因素，因此内量子效率要高于外量子效率。外量子效率更具有实际意义，我们通常说的量子效率是指外量子效率。若只考虑半导体材料对入射光的吸收能力，量子效率可简化为：

$$QE(\lambda, d) = 1 - \exp[-\alpha(\lambda)d] \tag{5.11}$$

其中 $\alpha(\lambda)$ 为半导体材料的光吸收系数，d 为吸收深度（假设从材料表面到深度 d 都是耗尽区）。光吸收系数 $\alpha(\lambda)$ 等于波长为 λ 的光被完全吸收所需要的深度的倒数，因此 $\alpha(\lambda)$ 与 d 的乘积就表示耗尽区的深度与光子完全被吸收所需深度的比值。在理想状态下，量子效率与上述深度比值的函数关系如图 5.13 所示。当 $\alpha(\lambda)$ 与 d 的乘积大于 1 时，表示耗尽区的深度大于光子完全被吸收所需的深度，因此量子效率接近 1；当 $\alpha(\lambda)$ 与 d 的乘积小于 1 时，表示耗尽区的深度小于光子完全被吸收所需的深度，量子效率按指数关系衰减。没有被吸收的光子会穿透耗尽区，由它们生成的电子-空穴对较难被收集，因此会发生复合。

若进一步考虑光电二极管表面对入射光的反射影响，量子效率可用式 (5.12) 表示：

$$QE(\lambda, d) = \{1 - \exp[-\alpha(\lambda)d]\} \times (1 - R) \tag{5.12}$$

其中 R 为材料表面对入射光的反射率，因此 $(1 - R)$ 表示可射入到材料内部的光的比例。光吸收系数可以直接通过实验得到比较确切的数据，图 5.14 为仿真得到的单晶硅的光吸收系数和吸收深度曲线，两者互为倒数。对于短波长光，硅具有很强的吸收能力，吸收深度很浅；随着波长的增加，光吸收系数大幅度降低，吸收深度随之增大，直到波长增加到 1100 nm 左右，光吸收系数接近为零，因为这时光子的能量不足以激发电子-空穴对。

5.5 片上太阳能电池

光电二极管在光照下，P 端可以产生一个相对于 N 端的正电压，因此光电二极管除了可以探测光信号以外，还可以作为能量收集器件，将光能转化为电能，太阳能电池就是利用光电二极管实现的。通过标准 CMOS 工艺制备片上太阳能电池，可以使它与 CMOS 集成电路系统共享硅基设计，因此电源与电路系统可以高度集成在一块芯片上，可以实现一个自供电的微系统。该技术对于传感器的微型化具有十分重要的意义[①]。由式 (5.4) 可以得出光电二极管两端的电压 V_{pd} 与流经负载的电流 I_{L} 的函数：

$$V_{\mathrm{pd}} = \frac{kT}{q}\ln\left(\frac{I_{\mathrm{pd}} - I_{\mathrm{L}}}{I_{\mathrm{S}}} + 1\right) \tag{5.13}$$

在光照条件下，光电二极管在不同负载条件下的 I-V 特性曲线称为**负载线**，如图 5.15 所示。光电二极管作为太阳能电池提供的最大输

[①] 参见：J. J. Liu, et. al, “An optical transceiver powered by on-chip solar cells for IoT smart dusts with Optical Wireless Communications”, *IEEE Internet of Things Journal*, vol. 6, issue 2, pp.3248-3256, 2019.

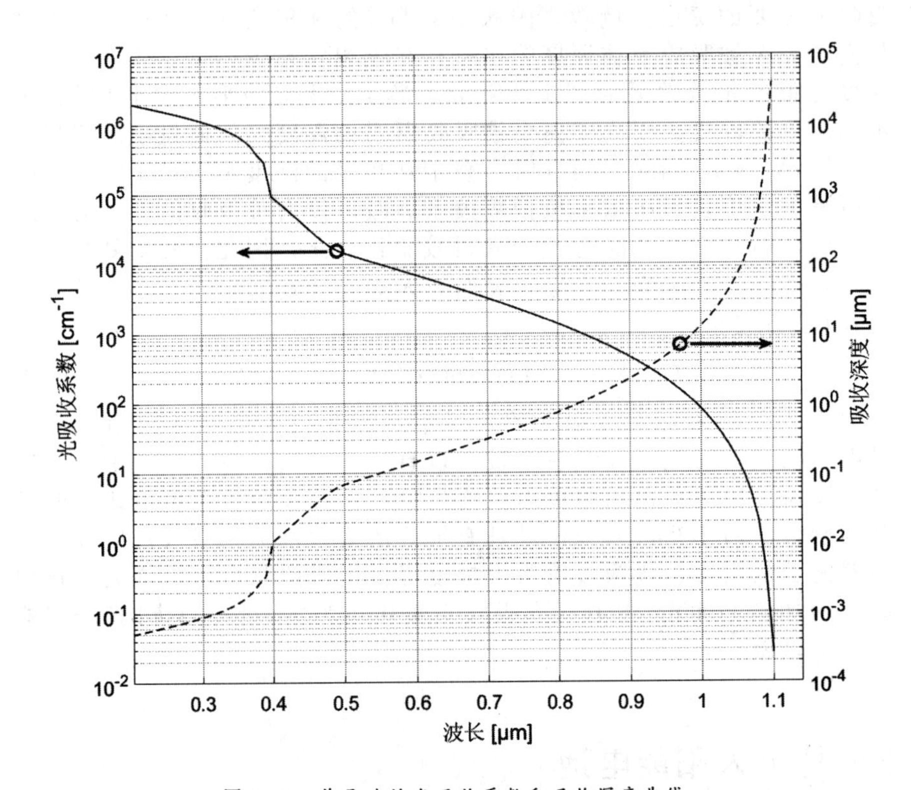

图 5.14　单晶硅的光吸收系数和吸收深度曲线

出功率可以通过 $I \times V$ 的最大值得到，如图 5.15 中的阴影部分。

我们以一个标准三阱（Triple Well）0.18 μm CMOS (Complementary Metal Oxide Semiconductor) 工艺为例。芯片的衬底材料是 P 型硅（P-sub），衬底内可以做出 N 型掺杂浓度较低的 N 阱（N-well）和深 N 阱（DN-well），也可以做出 N 型掺杂浓度较高的 N+ 层和 P 型掺杂浓度较高的 P+ 层。此外，在深 N 阱中可以做出 P 型掺杂浓度较低的 P 阱（P-well）以及掺杂浓度较高的 P+ 层。因此，在一个标准的三阱 CMOS 工艺中总共有 6 种 P-N 结，分别是 N+/P-sub、P+/N-well、P+/DN-well，N-well/P-sub，DN-well/P-sub 和 P-well/DN-well。图 5.16 中的粗线部分表示关注的 P-N 结，虚线部分表示寄生 P-N 结，即与关注的 P-N 结一同存在。不同 P-N 结具有不同的深度，深度浅的 P-N 结对于短波长光的量子效率高，深度深的 P-N 结对于长波长光的量子效率高。

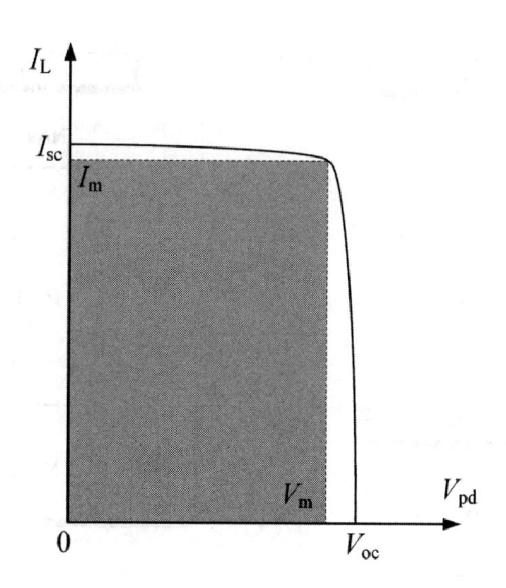

图 5.15 光电二极管作为太阳能电池的负载线

刘京京等详细研究了针对 830 nm 激光的标准 0.25 μm CMOS 三阱工艺的片上太阳能电池设计。为了获得针对 830 nm 光源的各种 P-N 结的量子效率，我们首先设计了不同 P-N 结及组合，并进行了流片，包括[①]：N+/P-sub、N-well/P-sub、DN-well/P-sub、P-well/DN-well、2P-well/DN-well 串联、3P-well/DN-well 串联和 2P+/N-well 串联。单个 P-N 结在 830 nm 激光源照射下只能产生 0.3 ~ 0.45V 的电压（基于安全的考虑，最大激光输出功率为 5 mW），不足以驱动电路系统，所以设计了两个及三个 P-N 结的串联。

图 5.17 展现了三种片上太阳能电池结构，金属导线通过高掺杂浓度的 N+ 或 P+ 实现 P-N 结之间的连接，因为掺杂浓度高具有更好的导电性能。图 5.17(a) 是两个 P-well/DN-well 串联。第一个 P-N 结的 DN-well 接地，它的 P-well 就会产生一个 P-N 结的正电压，然后将第一个 P-N 结的 P-well 连接到第二个 P-N 结的 DN-well，理论上第二个 P-N 结的 P-well 就会生成两个 P-N 结的正电压。图 5.17(b) 是 N-well/P-sub 和 P-well/DN-well 的串联。N-well 会生成低于 P-sub 的一个 P-N 结电压（即负电压），P-well 会生成高于 P-sub 的一个 P-N 结正电压（DN-well 与

[①] 参见：J. J. Liu, et.al., "Optically powered energy source in a standard CMOS process for integration in smart dust application," *IEEE Journal of Electron Devices Society*, vol. 2, No. 6, pp. 158-163, Nov. 2014.

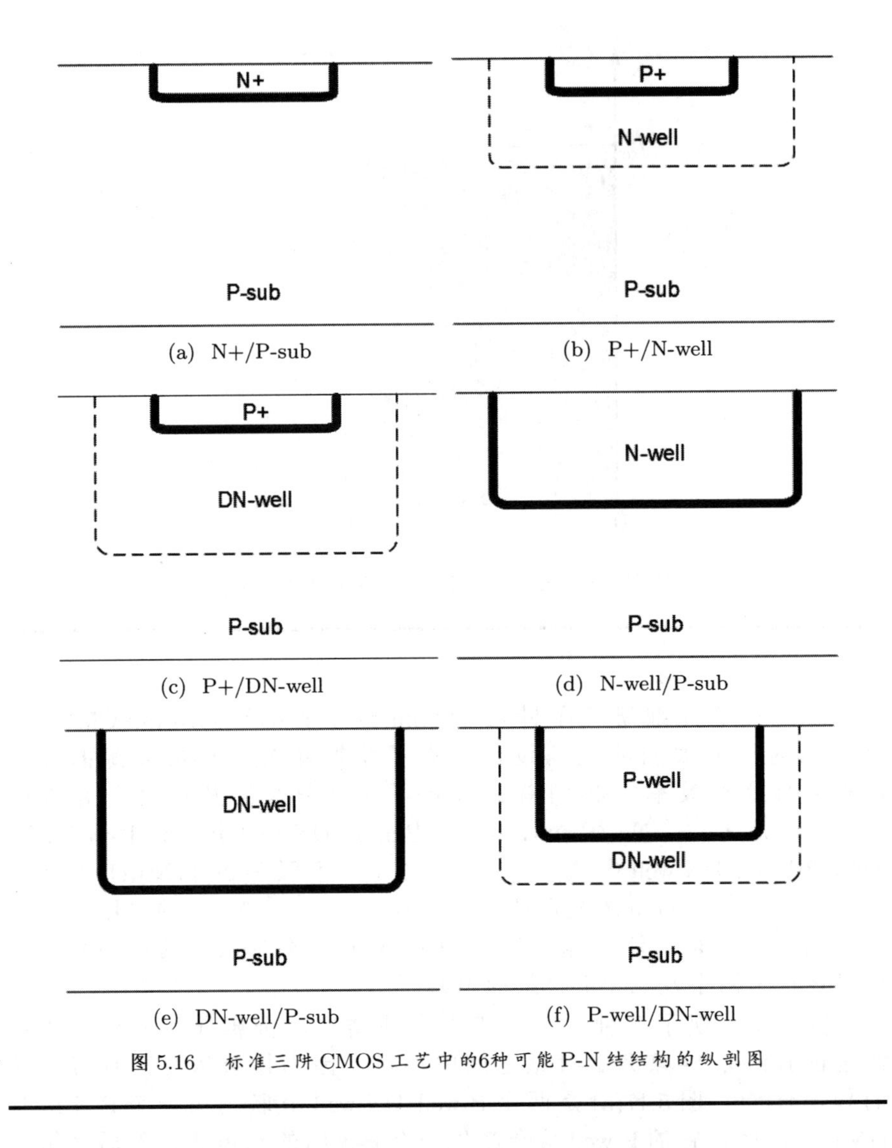

(a) N+/P-sub　(b) P+/N-well　(c) P+/DN-well　(d) N-well/P-sub　(e) DN-well/P-sub　(f) P-well/DN-well

图 5.16　标准三阱 CMOS 工艺中的6种可能 P-N 结结构的纵剖图

P-sub 短路），所以该组合可以生成两个 P-N 结的电压差。图 5.17(c) 是三个 P-well/DN-well 串联，理论上可以生成三个 P-N 结的正电压。

片上太阳能电池的芯片照片如图 5.18 所示，测试每个 P-N 结的负载线，并得到短路光电流，利用式 (5.10) 可以算出 P-N 结的量子效率。测试结果显示 N+/P-sub、N-well/P-sub、DN-well/P-sub 这三个 P-N 结产生的是负电压（P-sub接地），量子效率分别是 1.68%、64.64% 和 70.46%。因为光源（830 nm）波长较长，所以越深的P-N 结，量子效率

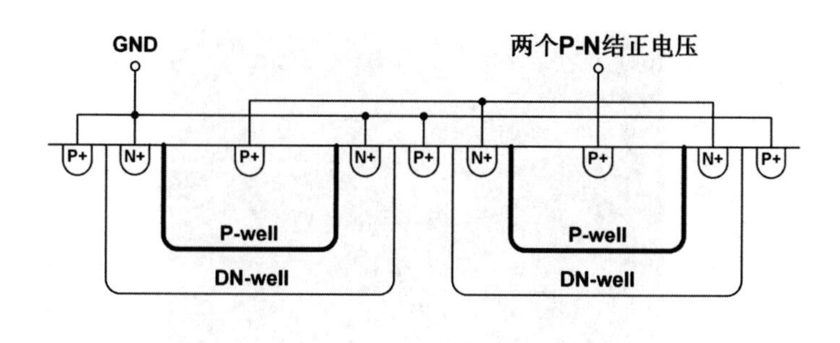

(a) 两个 P-well/DN-well 串联

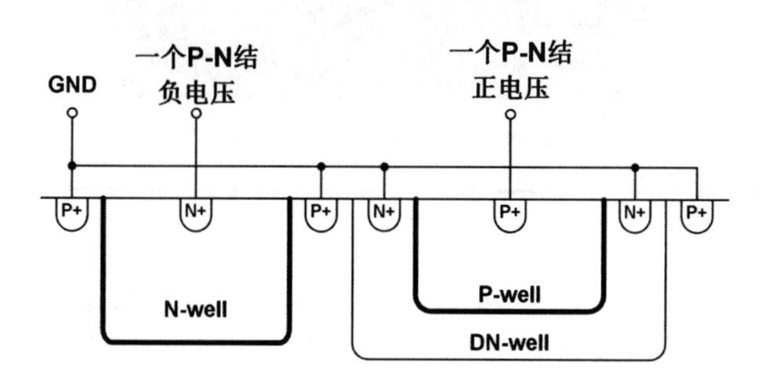

(b) N-well/P-sub 和 P-well/DN-well 串联

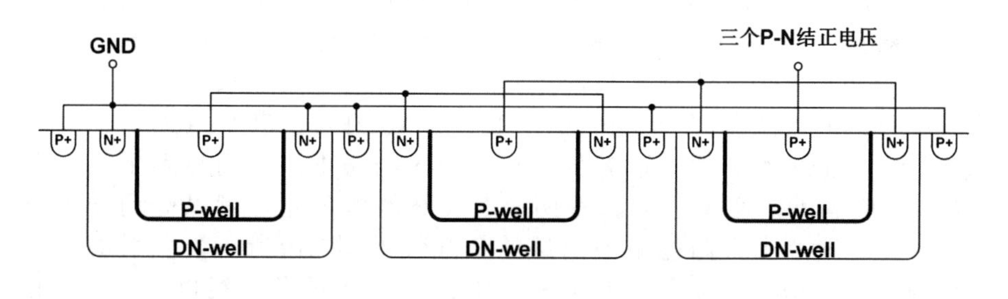

(c) 三个 P-well/DN-well 串联

图 5.17 片上太阳能电池结构图

就越高。P-well/DN-well、P+/N-well 和 P+/DN-well 这三个 P-N 结能够生成正电压（N-well 和 DN-well 接地），P-well/DN-well 的量子效率会高于

图 5.18　片上太阳能电池芯片照片

其他两个 P-N 结，但是也只有 7.45%，这是因为 830 nm 激光的吸收深度比 P-well/DN-well 要深，寄生 P-N 结 DN-well/P-sub 吸收了大部分激光产生的电子-空穴对。

串联多个 P-well/DN-well 或者 P+/N-well 都生成 0V 电压，这是因为第一个 P-N 结里生成的空穴都被第二个 P-N 结的寄生 P-N 结中和了。例如：P-well/DN-well 存在一个寄生 DN-well/P-sub，后者对于波长较长的 830 nm 光子具有更强的吸收能力，因此在长波长光照射下，串联 P-well/DN-well 无法生成多倍的电压。如果光源是短波长，则该方法是有效的。最后选择了 P-well/DN-well 和 N-well/P-sub 串联组成片上太阳能电池，在光照条件下前者生成一个 P-N 结正电压，而后者生成一个 P-N 结负电压，两者之间就有两个 P-N 结的电压差，可以驱动一个电路系统。该片上太阳能电池测试的负载线如图 5.19 所示，照射的光强为 79.45$\mu W/mm^2$。为了方便看图，N-well/P-sub 的负载线以 x 轴为中心翻到了上面。N-well/P-sub 的开路电压是 0.503V（实际是 -0.503V），P-well/DN-well 的开路电压是 0.464V，两个串联在一起的片上太阳能电池的开路电压是 0.907V，基本是两者电压之和。该片上太阳能电池的光电转换效率约为 3.5%。

日本东京大学采用 0.18 μm 的 CMOS 三阱工艺设计片上太阳能电池，测试了各种 P-N 结对白光 LED 的 I-V 曲线。在 31000lx 光强照射下，单个 P-well/DN-well 的开路电压是 0.5V，短路电流是 17.5μA；两个 P-well/DN-well 串联的开路电压是 0.96V，短路电流是 7μA；三个 P-

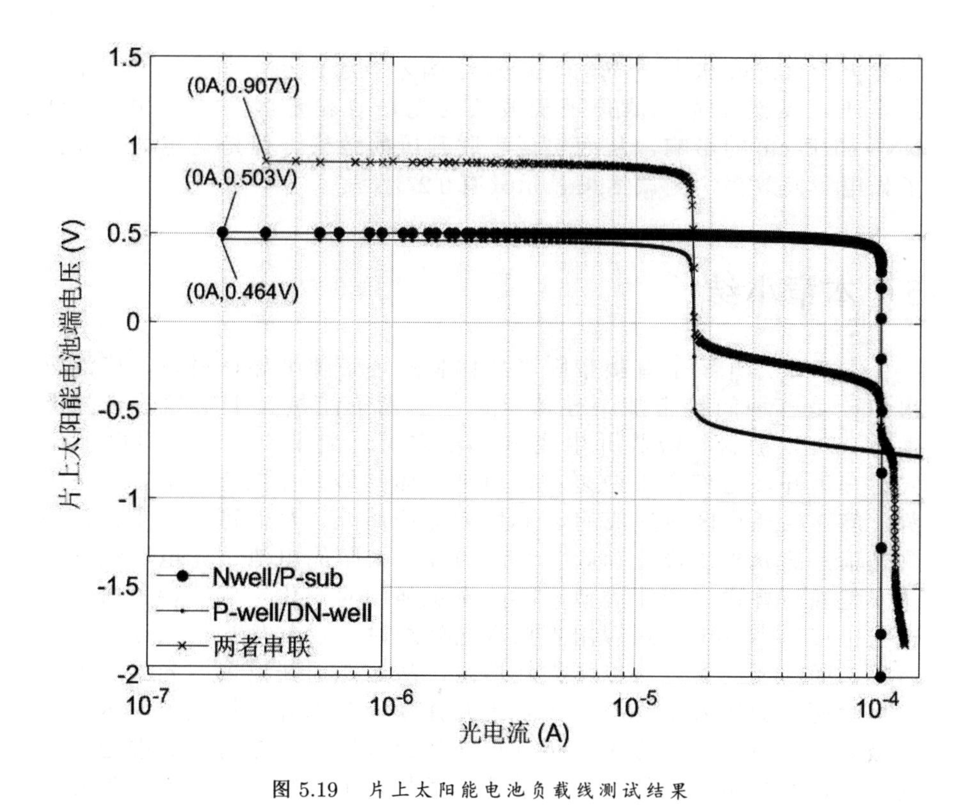

图 5.19 片上太阳能电池负载线测试结果

well/DN-well 串联的开路电压是 1.3V，短路电流是 3μA。前面讨论的结果是在 830 nm 激光照射下无法通过串联多个 P-well/DN-well 来提高电压，但是东京大学使用白光 LED 则可以实现，主要原因是在白光 LED 中，短波长的可见光占比大于红外线，所以 P-well/DN-well 的量子效率大于寄生 P-N 结 DN-well/P-sub。虽然通过串联多个 P-N 结提高了电压，但是由于寄生 P-N 结导致漏电流，整体的光电转换效率随着串联的 P-N 结个数的增加而不断降低。香港科技大学也做了类似的工作，利用 AMS 0.35 μm CMOS 工艺设计片上太阳能电池，采用卤灯作为光源。他们通过串联两个 P+/N-well 得到 0.84V，串联三个 P+/N-well 得到了 1.3V，但是两个串联的光电转换效率是 0.3%，三个串联的效率只有 0.06%。浅 P-N 结 P+/N-well 串联可以提高电压，这是因为该光源光谱主要集中在 360 ~ 740 nm 的短波长。韩国延世大学采用 0.25 μm CMOS 工艺设计片上太阳能电池，同样也是采用卤灯作为光源。他们串联两个 P-well/DN-well，并在太阳能电池上面加了滤光片。测试结果表明当滤掉大于 600 nm 波长的光时，串联结构才会起作用，得到双倍的 P-N 结电压。显然滤光片滤掉了长波长的光，也就是削弱了寄生 P-N 结 DN-well/P-sub 的影响，从而实现串联升压的效果，但是这也大大降低了光电转换效率，测试结果显示只有 0.27%。

5.6 本章小结

本章首先介绍了直接带隙半导体和间接带隙半导体材料，广泛应用的硅是一种间接带隙半导体材料。当光子能量大于半导体带隙能量时，可以被材料吸收并生成电子-空穴对。如果没有电场将电子-空穴对分离开，它们会很快复合。由半导体材料制作的 P-N 结有势垒电势，能够将耗尽区内生成的电子-空穴对分离开，从而可以用来设计探测光信息的光电二极管和收集光能的片上太阳能电池。光电二极管的伏安特性与普通二极管类似，随着光照强度的变化，伏安特性曲线会产生位移。当光电二极管用于探测光信息时，通常是被反偏连接在电路里，因为反向偏置可以增大耗尽区，从而能捕获更多的光子。光电二极管简化的等效电路是一个电流源并联一个电容，该电容表示光电二极管的结电容。当光电二极管用作片上太阳能电池时，P 端是电池的正极，N 端是电池的负极。量子效率是表示材料光电转换效率的一个重要参数，它与波长有关，通常间接带隙半导体材料的量子效率低于直接带隙半导体材料。

5.7 习题

习题 5.1 请解释直接带隙半导体和间接带隙半导体电子跃迁的异同点，并画出能级结构图进行说明。

习题 5.2 请写出光电二极管的全电流方程及其等效电路，说明各项的物理意义。

习题 5.3 请说明用光电二极管进行光电探测时应将其如何偏置，解释原因并画出等效电路图。

习题 5.4 太阳向地球辐射光波，设其平均波长 $\lambda = 0.7\,\mu\text{m}$，射到地球大气层外面的光强大约为 $I = 0.14\ \text{W}/cm^2$。如果恰好在大气层外放一个太阳能电池，试计算每秒到达每平方米太阳能电池上的光子数。

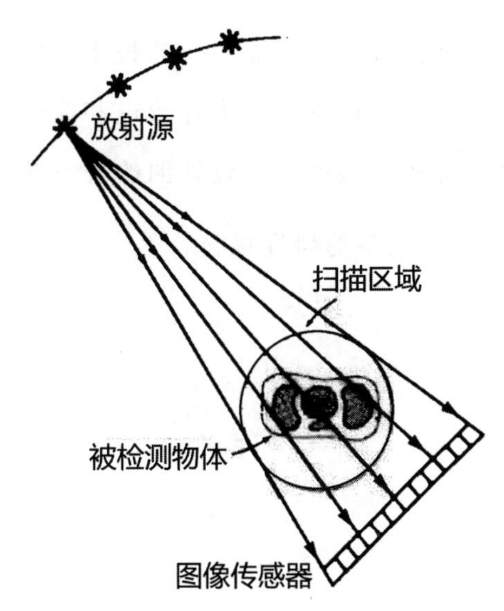

图 5.20 计算机层析成像（CT）扫描过程中，需要对 X 射线扫描结果进行**光电转换**。

习题 5.5 一个 GaAs 光电二极管平均每两个入射光子可以产生一个电子-空穴对，假设所有的电子都被接收，

1. 计算该器件的量子效率；
2. 设在 1.31 μm 波段的接收功率是 10^{-7} W，计算平均输出光电流；
3. 已知 GaAs 的禁带宽度为 1.424 eV，计算光电二极管的截止波长。

习题 5.6 为什么在光照强度增大到一定程度后，硅基太阳能电池的开路电压不再随着光照强度的增大而增大？最大开路电压是多少？为什么太阳能电池的有载输出电压总小于相同照度下的开路电压？
要求： 请用公式来进行说明。

习题 5.7 在第 2 章 2.5.2 小节中，我们介绍了**计算机层析成像**（CT）技术，参见图 5.20。在 CT 扫描的过程中，**线阵列**形状的图像传感器不断成像。请结合你在本章中所学的内容进行文献调研，设计图 5.20 中 X 射线扫描所对应的**光电转换**机理。在此基础上，请与我们更为常见的针对可见光的光电转换方式进行对比分析。

习题 5.8 在第 3 章 3.8 小节中，我们介绍了**光度立体视觉**方法。请结合本章所学内容，

1. 分析光度立体视觉方法中可能存在的技术缺陷；

2. 探索如何对光度立体视觉方法进行改进和完善；

3. 通过实验对比分析，验证你所设计的改进方法。

请以小组为单位，撰写完整的研究报告。

第6章 图像传感器

成像过程是通过图像传感器实现的。从1930年开始，电子技术被应用在图像传感器上，随着电子技术的迅速发展，图像传感器逐步实现数字化和小型化。1967年CMOS图像传感器原型诞生。1969年贝尔实验室的科学家才发明出CCD图像传感器。1975年柯达公司的工程师用CCD图像传感器设计出世界上第一台数字照相机。虽然CMOS图像传感器的问世要早于CCD图像传感器，但是CMOS图像传感器由于光电二极管的读出噪声大、感光度低等问题，导致早期的CMOS图像传感器被局限于一些低成本摄像机和特殊摄像系统的应用。CCD图像传感器则以其出色的光灵敏度、低噪声以及高质量的成像性能等优势占据图像传感器的市场。

20世纪90年代以后CMOS工艺技术不断进步，集成电路能够实现小型化、低成本，而且能够将模数转换、信号处理、存储等功能集成到一块芯片上，因此CMOS图像传感器得到迅速发展。直到1992年有源像素问世，CMOS图像传感器性能才得到大幅提升，并且开始取代CCD图像传感器的地位。CMOS图像传感器先是在成本敏感的消费电子市场替代了CCD的市场份额，之后随着CMOS图像传感器性能地进一步提升，其成像质量越来越高。CMOS图像传感器开始应用在生活中的各个方面，乃至在更高端的航空航天领域也发挥着极其重要的作用。目前CMOS图像传感器基本完全取代了CCD图像传感器。

本章将分别讨论CCD图像传感器和CMOS图像传感器的工作原

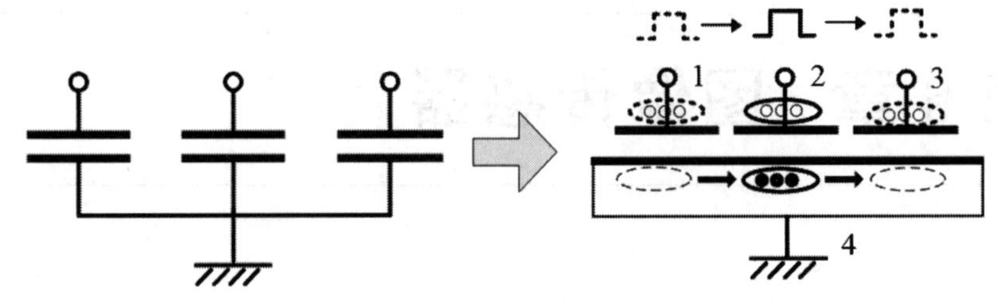

图 6.1　CCD电荷传递原理

理，以及常用的几种 CMOS 图像传感器的电路结构和特点。

6.1 CCD 图像传感器

CCD 是 Charge Couple Device 的缩写，顾名思义是指具有电荷传递功能的器件，其原理如图 6.1 所示。电容阵列中每个电容的一个电极都相连并接地，它们的另外一个电极则相互独立。该结构可进行简化，将公共连接的电极替换为一个电极。如果在电极 1 上加一个正电压，在公共电极中与电极 1 对应的位置就会聚集负电荷，然后电极 1 电压归零；在电极 2 上加一个正电压，此时存储在公共电极中的负电荷就会从与电极 1 对应的位置移动到与电极 2 对应的位置。通过这种依次在独立电极上加正电压的方式，实现了公共电极上的电荷传递。

一个典型四相 CCD 的工作原理如图 6.2(a) 所示，它有 4 个控制信号。P 型硅衬底作为 CCD 的公共电极。N 型硅作为沟道可提供大量自由电子，多晶硅作为转移电极，它们之间通过二氧化硅绝缘薄膜隔开，这样就形成了电容阵列。这些转移电极被分成循环排列的四组，并分别与 Φ1 、Φ2 、Φ3 和 Φ4 四个时钟控制信号连接，这四个控制信号的时序图如图 6.2(b) 所示。

在时间 t_{1-1}，在电极 1 和电极 2 上施加正电压，它们对应的沟道电势增高，聚集负电荷。注意图 6.2(a) 中沟道电势坐标轴是向下的，意思是电势下高上低。在时间 t_{1-2}，在电极 3 上施加正电压，负电荷均匀地分布在三个电极对应的沟道中。在时间 t_{1-3}，电极 1 上的正电压消失，其对应的沟道处不再存储负电荷，此时负电荷分布在电极 2 和电极 3 的沟道中。时间 t_{1-3} 与 t_{1-1} 相比，负电荷转移了一个电极位。重复上述过程，直到负电荷被转移到指定的电极位置。四相 CCD 每个时刻至少有两个电极存储电荷，意味着它能够传递更多的光生电

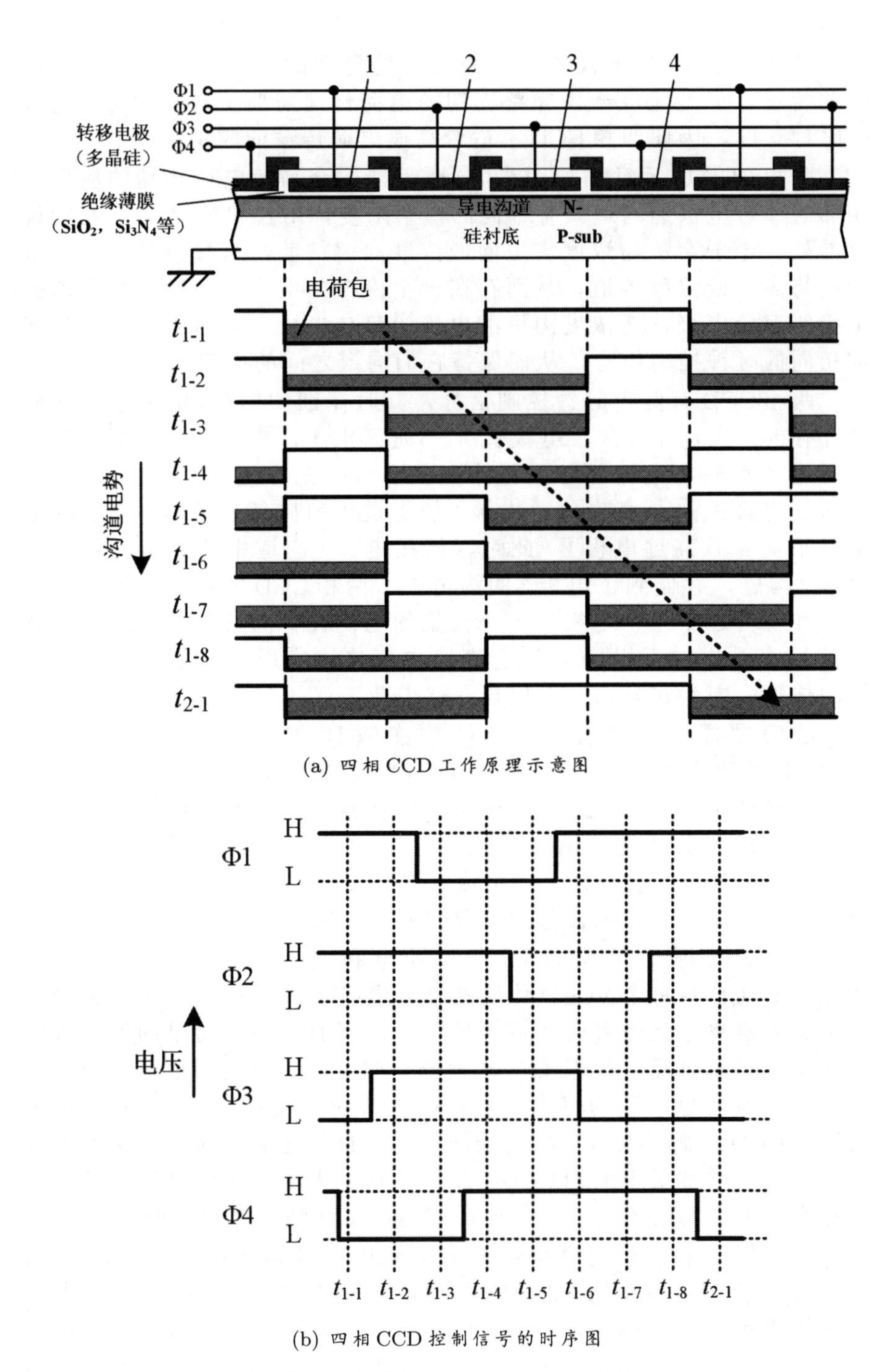

(a) 四相 CCD 工作原理示意图

(b) 四相 CCD 控制信号的时序图

图 6.2　四相 CCD 的工作原理和控制信号

子，因此四相 CCD 图像传感器能够承受更大的光强，具有高动态范围的特征，但是完成一个完整周期的电荷传递需要从 t_{1-1} 到 t_{2-1} 的八个时钟长度，因此四相 CCD 不适合高速电荷传输的应用。

两相 CCD 的示意图如图 6.3(a) 所示，适合高速电荷传输的应用。相邻的一对电极的沟道具有不同的掺杂浓度，用 N 和 N- 表示。在沟道交界处，电子会从高浓度沟道向低浓度沟道扩散，这导致高浓度沟道的电势高于低浓度沟道，从而存在一个内在的电势差。高浓度沟道的电极叫存储电极，低浓度沟道的电极叫势垒电极。成对的两个电极施加相同的时钟控制信号，从而保持它们沟道之间的电势差。

两相 CCD 有两个时钟控制信号，其时序图如图 6.3(b) 所示，它们是互补的。在 t_{1-1} 时刻，电极 1、4、5 是高电压，电极 2、3 是低电压，此时电荷存储在电极 1、5 沟道中。在 t_{1-2} 时刻，电极 1、4、5 变成低电压，电极 2、3 是高电压，电极 1 的沟道电势降低，而电极 2 的沟道电势抬高并且高过电极 1，此时存储在电极 1 沟道中的负电荷便流经电极 2 沟道，存储到了电极 3 的沟道中。两相 CCD 电荷只经过一个时钟脉冲就传递了一个电极，一个完整的电荷传输周期需要两个时钟脉冲信号。因此，两相 CCD 适合高速电荷传输应用，但不适合大电荷量的传输，因为它只用一个电极存储电荷。

CCD 图像传感器有三种：帧转移 CCD（FT-CCD）、行间转移 CCD（IT-CCD）和帧行间转移 CCD（FIT-CCD），其中广泛使用的是行间转移 CCD，下面我们以一个 3×3 的像素阵列来讲解行间转移 CCD 的工作原理，其结构如图 6.4 所示。每个像素都是由光电二极管、传输电极和 VCCD（纵向 CCD）组成，光电二极管接收光信号并将其转变成信号电荷，传输电极起到读取信号电荷的作用。

VCCD 把每个像素读取的信号电荷传递给 HCCD（横向 C-CD），HCCD 将每个 VCCD 传递的信号电荷依次传递给输出放大器。输出放大器将电流信号转变成电压信号，可通过一个简单的源极跟随器实现，然后再经过模拟-数字转换器（ADC）变成数字信号，便生成了数字图像信息。因为每个像素读取电荷的速度不高，VCCD 通常采用四相 CCD；而 HCCD 需要传输所有 VCCD 传递的电荷，对速度要求很高，所以通常采用两相 CCD。此外，除了光电二极管区域，其他部分都需要用金属层覆盖，避免光照对电路工作造成不良影响。

为了更清晰地说明每个像素的信号电荷是如何被传递的，3 × 3 像素阵列行间转移 CCD 电荷读取顺序示意图如图 6.5 所示，其中阴影方块表示电荷。图 6.5(a) 是光电二极管曝光结束时的情况，光电二极管中存储了含有光信息的信号电荷。图 6.5(b) 是将所有像素里的信

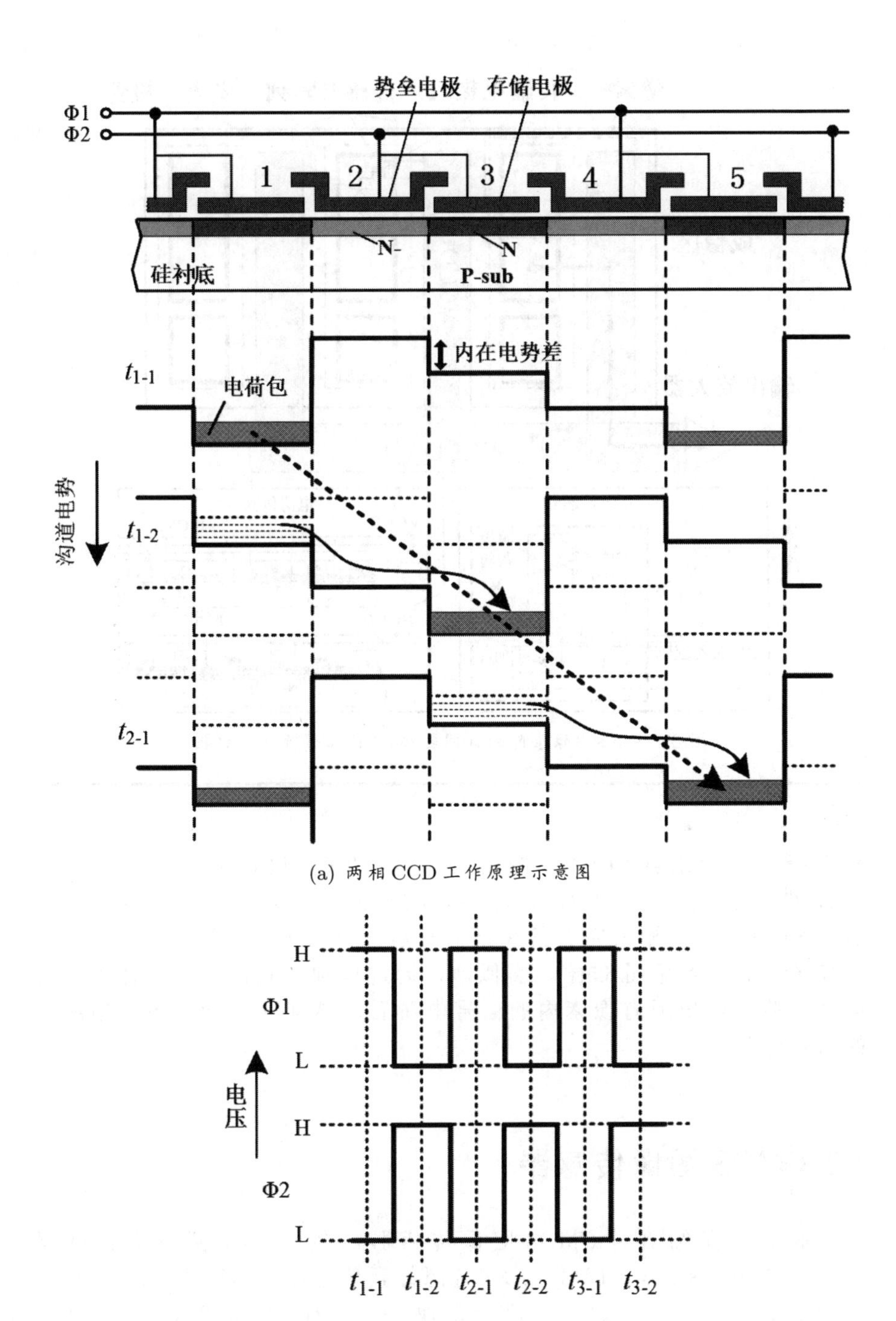

(a) 两相 CCD 工作原理示意图

(b) 两相 CCD 控制信号的时序图

图 6.3 两相 CCD 的工作原理和控制信号

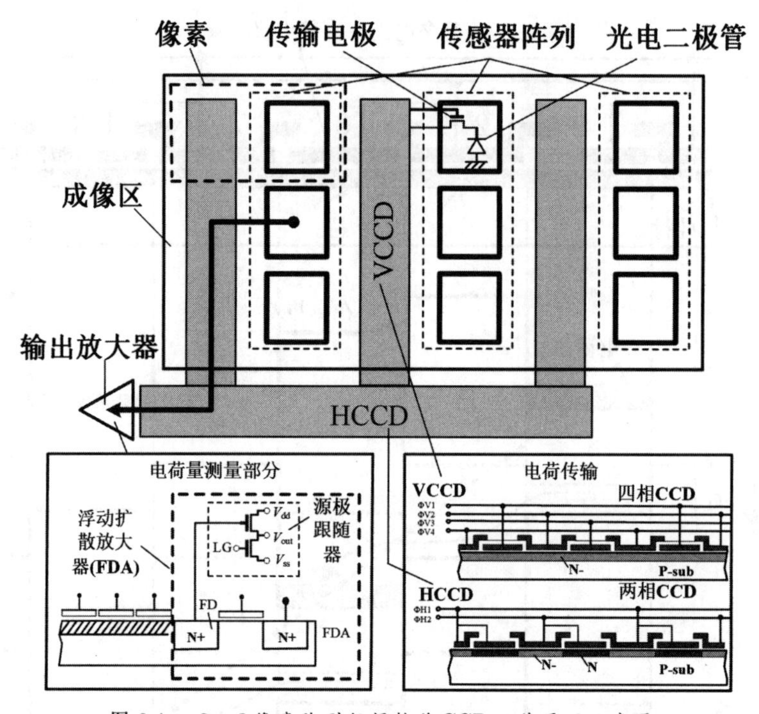

图 6.4　3×3 像素阵列行间转移 CCD 工作原理示意图

号电荷同时读出到 VCCD。图 6.5(c) 是将 VCCD 底部的一行电荷传递到 HCCD 上，然后依次被 HCCD 传递给输出放大器，生成电压信号 S11、S12 和 S13。输出完一条线路信号后，VCCD 中的下一行电荷转移到 HCCD 上，参见图 6.5(f)。类似地，通过这种方式读出每个像素内的信号电荷。读出所有像素内的信号电荷后，继续开始读取下一帧图像的信号电荷。

6.2 CMOS 图像传感器

本节将介绍五种 CMOS 图像传感器，包括：无源像素传感器（Passive Pixel Sensor，PPS）、3T 有源像素传感器（Three-Transistor Active Pixel Sensor，3T-APS）、4T 有源像素传感器（Four-Transistor Active Pixel Sensor，4T-APS）、对数像素图像传感器（Log Pixel Image Sensor）和脉冲调制图像传感器（Pulse Modulation Image Sensor）。

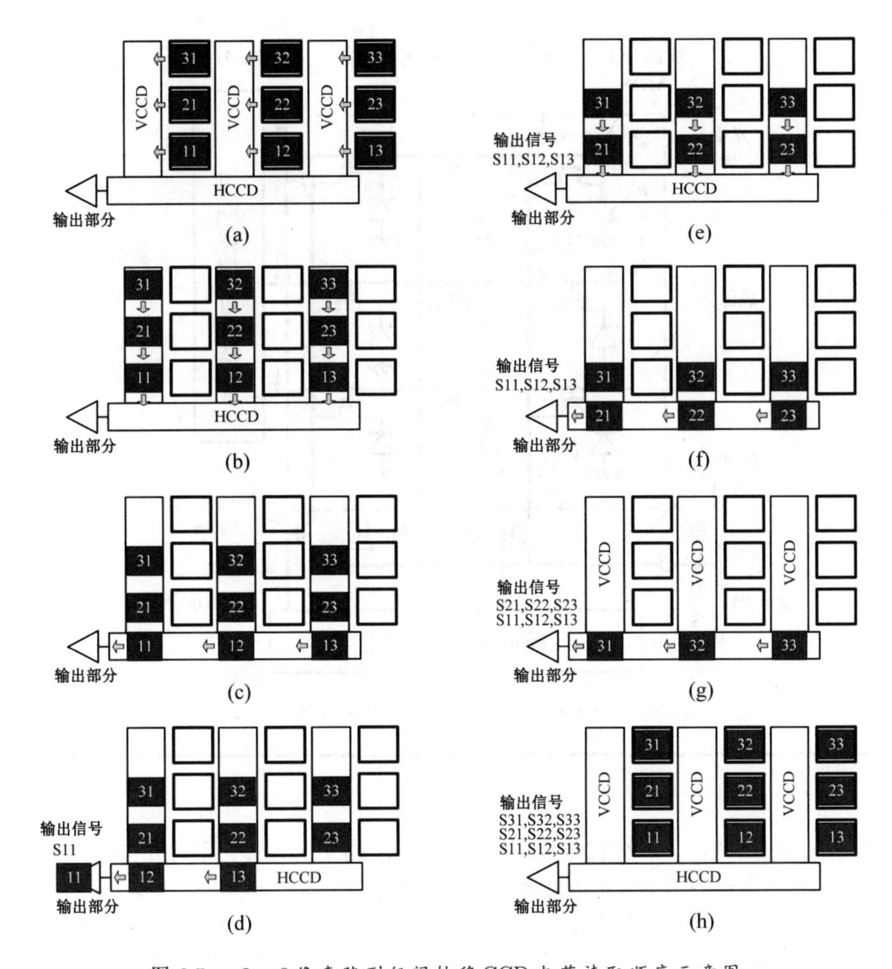

图 6.5　3 × 3 像素阵列行间转移 CCD 电荷读取顺序示意图

6.2.1 无源像素传感器

无源像素传感器中的“无源”是指光电二极管采集的电荷没有被放大而直接被读取，无源像素是由一个光电二极管和一个 MOS 开关组成，3 × 3 像素阵列的无源像素传感器结构示意图如图 6.6 所示，其中光电二极管被反向偏置，可简化等效成一个电容 C_{pd}。

每个像素都连接着纵向移位寄存器和横向移位寄存器。当读取光电二极管上收集的电荷时，纵向移位寄存器产生一个脉冲信号，纵向开关 MOS 导通，电容 C_{pd} 与纵向信号线相连。因为纵向信号线连着一

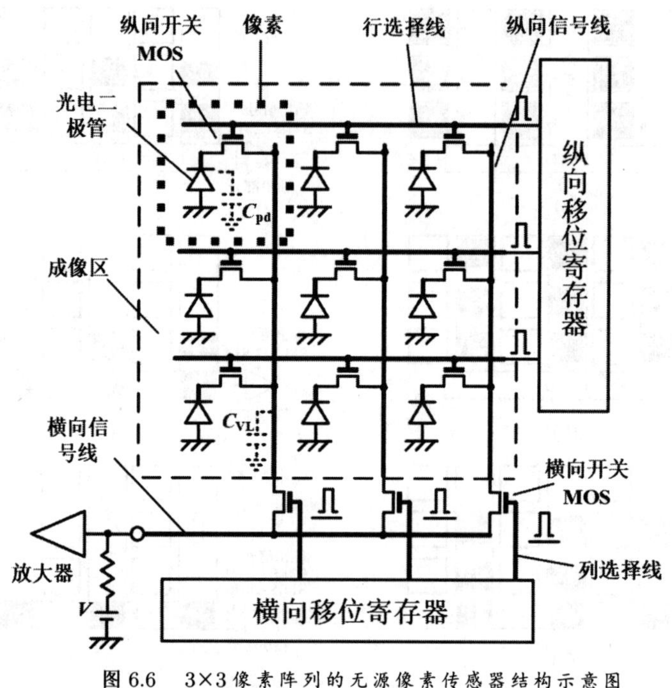

图 6.6　3×3 像素阵列的无源像素传感器结构示意图

列所有的像素，所以它的等效电容 C_{VL}（约几 pF）远大于 C_{pd}（约几 fF），这导致 C_{pd} 上存储的绝大部分电荷都移动到 C_{VL} 上。然后横向移位寄存器产生一个脉冲信号打开横向开关 MOS 使其导通，纵向信号线上存储的电荷流经输出电阻，产生一个电压信号，再经过放大器后成为输出信号。光电二极管在曝光以前，先通过纵向和横向的信号线连接到电压 V，然后再与电压源断开并开始曝光。在曝光期间，光电二极管的耗尽区分离电子-空穴对，使得电子向 N 区聚集，所以光电二极管的电压下降。曝光结束读取信号电荷时，光电二极管电压再次充电到电压 V。

无源像素传感器的电荷读取顺序如图 6.7 所示。曝光完成后，每个像素的光电二极管中都存储了信号电荷，如图 6.7 (a) 所示，阴影方块表示电荷。首先读取靠近横向信号线的第一行像素，纵向移位寄存器在第一行选择线上产生一个脉冲信号，第一行的纵向开关连通，聚集在第一行光电二极管中的信号电荷被移到相应的纵向信号线上，如图 6.7 (b) 所示。然后读取第一行中第一列的电荷 11，横向移位寄存器在第一列产生一个脉冲信号，连通横向开关，信号电荷 11 通过电阻

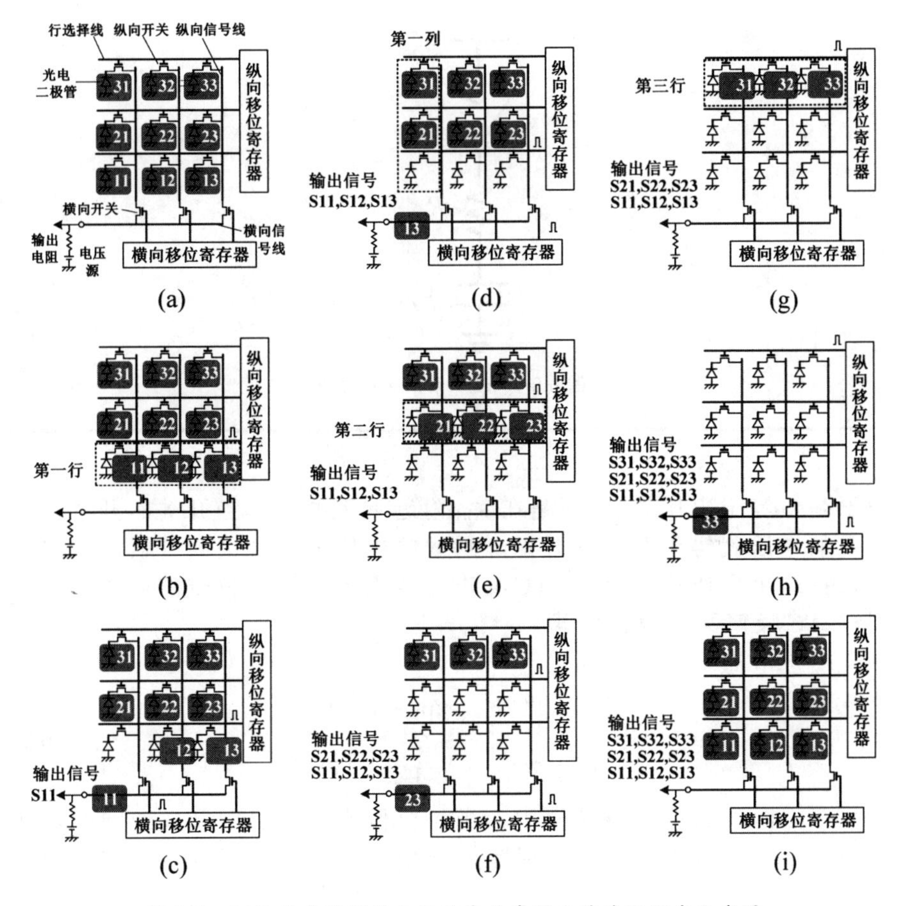

图 6.7 3×3 像素阵列的无源像素传感器电荷读取顺序示意图

流向电压源，电阻上由于电荷流动产生的压降被放大器放大得到信号S11，如图 6.7 (c) 所示。横向移位寄存器依次产生脉冲信号，完成第一行所有信号电荷的读取。按照上述方法，每个像素里的信号电荷被依次读取出来，这样就完成了一帧画面的信息读取，然后开始下一帧的曝光，以此类推。

无源像素传感器有较严重的 **kTC 噪声**，当一个电容通过一个带有内阻的开关与一个电压源相连，开关不断地打开和关闭产生一种热噪声，其等效电路如图 6.8 所示。在理想情况下，当开关闭合时电容与电压源相连，那么电容上的电压应该与电压 V_{dd} 相等。但在实际情况下，由于电子在做不规则的布朗运动，当开关闭合时，电容上的电

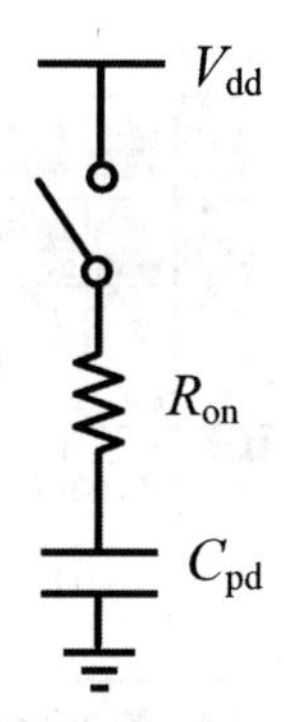

图 6.8　kTC 噪声等效电路

压不是恒等于电压 V_{dd}，而是在 V_{dd} 附近上下波动。当开关断开时，电容上的电压就等于开关断开那一瞬间的电压值，开关断开后电容将一直保持这个电压值。因此 kTC 噪声导致电容每次复位时的电压都不相同，kTC 噪声又叫**复位噪声**。

噪声电荷可以表示为：

$$\begin{aligned}\overline{q_n^2} &= \text{kTC}[1-\exp(-2t/RC)] \\ &\approx \text{kTC}, \qquad (\text{当}\, t \gg RC\, \text{时})\end{aligned} \tag{6.1}$$

在无源像素图像传感器中，当每个像素里的纵向开关连通时，在读取光电二极管上电荷的同时也对光电二极管进行了电压复位；当横向开关导通读取一个像素的输出信号时，纵向信号线的电压也完成了复位，这些复位操作都会产生 kTC 噪声。横向信号线一直与电压源相连，不产生 kTC 噪声。由式 (6.1) 可知，电容越大噪声就越大。光电二极管的等效电容在 fF 量级，而纵向信号线的等效电容在 pF 量级。由纵向信号线产生的 kTC 噪声，是无源像素传感器噪声的主要来源。

6.2.2　3T 有源像素传感器

3T 有源像素传感器的像素里面有三个 MOS 管，所谓“有源”是指光电二极管收集的信号电荷被放大了，从而可以抵抗纵向信号线上的噪声，提高信噪比。3T 有源像素的电路结构如图 6.9 所示，与无源像素相比，它多出了一个驱动 MOS 管 M_{SF} 和一个复位 MOS 管 M_{RST}。光电二极管的 N 极连到驱动 MOS 管的栅极输入端，驱动 MOS 管的源极输出端通过行选择 MOS 管 M_{RS} 连到纵向信号线。像素里的驱动

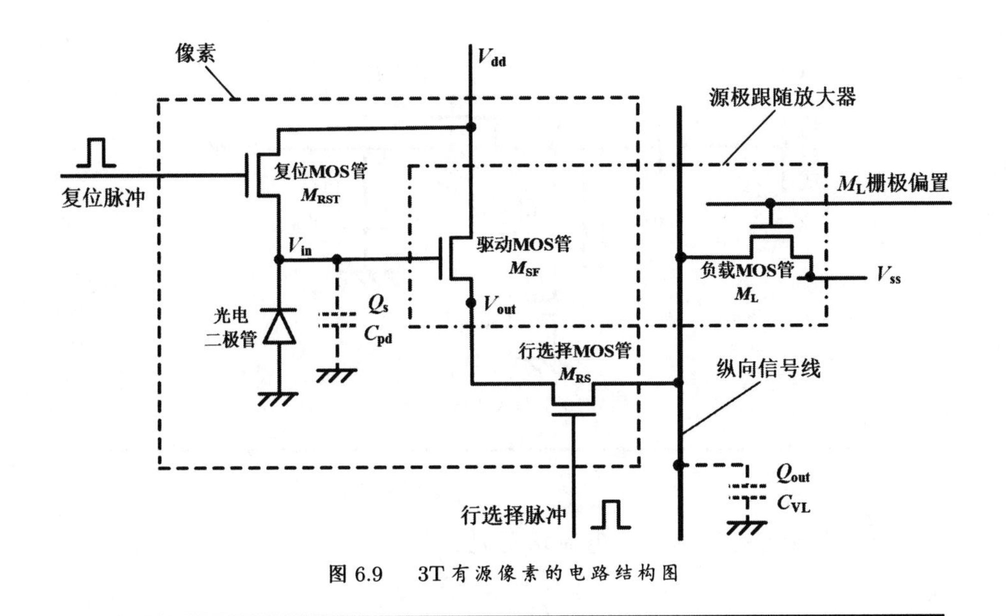

图 6.9　3T 有源像素的电路结构图

MOS 管实际是一个源极跟随器，它与纵向信号线上的负载 MOS 管 M_L 组成一个完整的源极跟随器放大电路。

源极跟随器输入为光电二极管上的电压信号，该节点的等效电容是 C_{pd}。源极跟随器的增益小于 1，所以输出电压信号会比输入略小些，但是输出端连接着纵向信号线，它的等效电容 C_{VL} 远大于 C_{pd}，这使纵向信号线上的信号电荷与光电二极管上存储的信号电荷相比被放大了很多倍。光电二极管上的电压首先通过 M_{RST} 复位，也就是光电二极管的起始电压是 V_{dd}，经过曝光后光电二极管上的电压 V_{in} 可以用式 (6.2) 表示：

$$V_{in} = V_{dd} - Q_s/C_{pd} \tag{6.2}$$

其中 Q_s 是光电二极管上收集的信号电荷量。由于曝光导致光电二极管上产生的电压信号是：

$$\Delta V_{in} = Q_s/C_{pd} \tag{6.3}$$

源极跟随器的增益是 G_{SF}，那么源极跟随器的输出电压信号是：

$$\Delta V_{out} = G_{SF}Q_s/C_{pd} \tag{6.4}$$

当行选择 MOS 管 M_{RS} 连通时，源极跟随器的输出电压信号就传输到纵向信号线上，那么纵向信号线上存储的电荷 Q_{out} 是：

$$Q_{out} = \Delta V_{out}C_{VL} = C_{VL}G_{SF}Q_s/C_{pd} \tag{6.5}$$

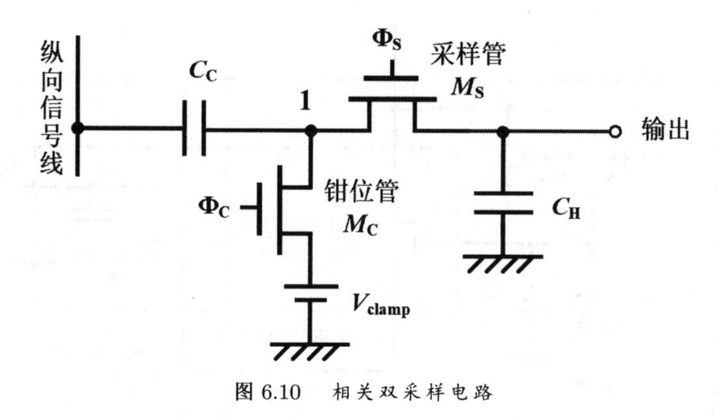

图 6.10　相关双采样电路

因此 3T 有源像素传感器的电荷增益是：

$$G_Q = \frac{Q_{out}}{Q_s} = \frac{C_{VL}}{C_{pd}} G_{SF} \tag{6.6}$$

电荷增益是输出和输入电容比值与源极跟随器增益的乘积，一般源极跟随器的增益约为0.9，C_{pd}是 fF 数量级，而 C_{VL} 是 pF 数量级，所以光电二极管收集的信号电荷被放大了千倍量级。

从图 6.9 中可以看出 V_{out} 等于 V_{in} 减去 V_{th}（MOS 管的阈值电压）。一片晶圆上不同区域的 V_{th} 会有较大变化，其变化范围可能在 10 ~ 100 mV，而电压信号 V_{in} 在几百毫伏数量级，因此 V_{th} 变化产生的噪声大幅度降低了信噪比。由于 V_{th} 与晶圆位置相关，所以对于一片图像传感器芯片，V_{th} 产生的噪声始终出现在图像的固定位置，我们把这种出现在固定位置的噪声叫做**固定模式噪声**（Fixed-Pattern Noise，FPN）。如果能够获得 ΔV_{out} ,就可以去除由 V_{th} 变化产生的噪声，通常采用**相关双采样**（Correlated Double Sampling，CDS）电路来实现。

相关双采样电路如图 6.10 所示，其输入端连到纵向信号线上，其输出端是纵向信号线的输出信号。当不提取像素信号电荷时，纵向信号线会复位，此时钳位管 M_C 栅极会得到一个脉冲信号 Φ_C 使其导通，节点 1 的电压就会等于 V_{clamp}。钳位管断开后，节点 1 就始终保持着该电压。这意味着纵向信号线复位，节点 1 就会对应着电压 V_{clamp}，与复位电压无关，这可有效消除纵向信号线的复位噪声。当提取像素信号电荷时，因为 C_C 具有通交流阻直流的作用，只有信号电压 V_{sig}（不受 V_{th} 影响）能够穿过 C_C 到达节点 1，所以此时节点 1 的电压是 $V_{clamp} - V_{sig}$。然后采样管 M_S 栅极会得到一个脉冲信号 Φ_S 使其

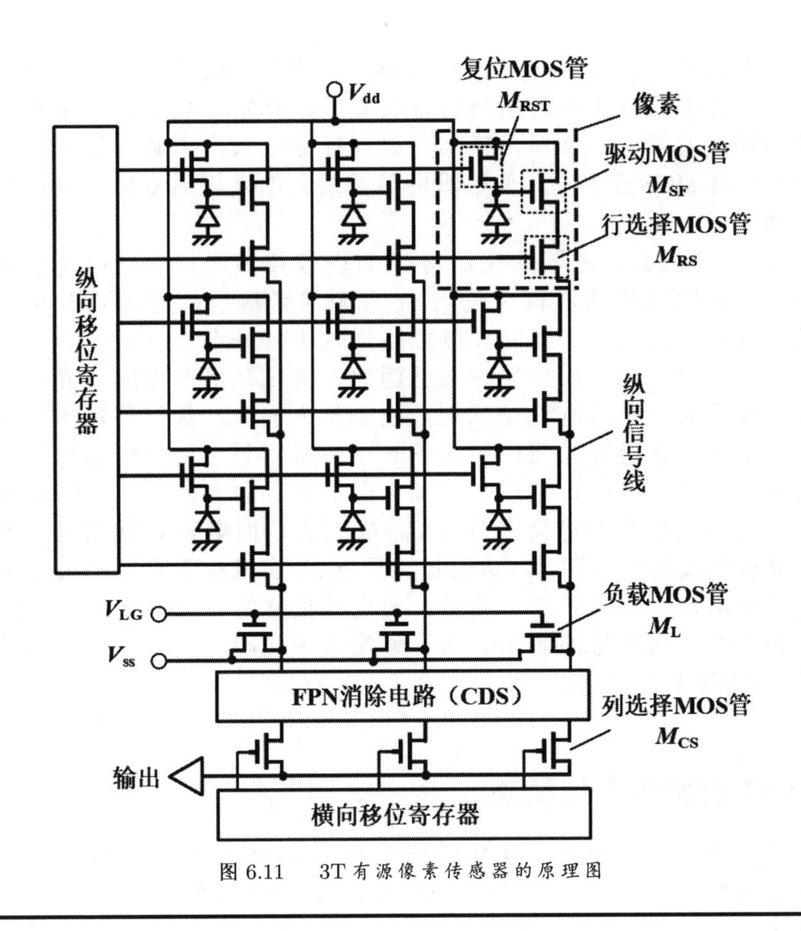

图 6.11　3T 有源像素传感器的原理图

导通，节点 1 的电压传到输出端，并存储在电容 C_H 上。通过 CDS 电路，去除了纵向信号线复位操作导致的 kTC 噪声，同时也消掉了 V_{th} 导致的固定模式噪声。CDS 电路结构相对简单，占用芯片的面积较小，所以在每一列的纵向信号线上都会有一个 CDS 电路。

3T 有源像素传感器的原理图如图 6.11 所示。当要读取某一像素的信号电荷时，纵向移位寄存器会输出一个脉冲信号，作用在行选择 MOS 管 M_{RS} 上使其瞬时导通，从而源极跟随器连通到纵向信号线。当 V_{out} 输出到纵向信号线上以后，纵向移位寄存器会产生一个复位信号，使得复位 MOS 管 M_{RST} 导通，光电二极管的电压被复位到 V_{dd}，为下一次曝光做好准备。这里需要注意的是，虽然源极跟随器没有放大电压信号，但是由于纵向信号线的寄生电容值 C_{VL} 较大，源极跟随器提供了放大很多倍的信号电荷；而无源像素传感器则是将光电二极管上积累的信号电荷直接提取到纵向信号线上，信号电荷并没有被放大。当信号电荷被读取到纵向信号线上后，首先，经过 CDS 电路降低了各种噪声的影响；然后，横向移位寄存器依次产生脉冲信号，驱动每个列选择 MOS 管 M_{CS}，使得纵向信号线上的电压信号依次被传送到输出端。

3T 有源像素传感器的性能与 CCD 图像传感器相当，但是现在主流的 CMOS 图像传感器很少使用 3T 有源像素结构，因为它存在一些问题。首先，光电二极管的 N 极直接与驱动 MOS 管栅级相连，这使 N 极必须在硅层表面，而硅层与其上面的二氧化硅层形成的交界面会产生大量热效应激发的电子-空穴对，它们进入光电二极管的耗尽区就会形成暗电流。在没有光照的情况下光电二极管的电流叫作**暗电流**，它是由热能激发产生的，硅层与二氧化硅层交界面会生成部分暗电流。其次，光电二极管的电荷容量与 C_{pd} 成正比，而**电荷转换增益**即单位电荷能够生成的电压与 C_{pd} 成反比，因此 3T 有源像素存在电荷容量和电荷转换增益之间的矛盾。最后，光电二极管的复位噪声很难消除，这直接影响输出信号的质量。为了解决上述问题，下一小节我们将讨论 4T 有源像素传感器。

6.2.3 4T 有源像素传感器

目前商用的 CMOS 图像传感器主要采用 4T 有源像素结构，其电路结构及物理层示意图如图 6.12 所示。与 3T 有源像素相比，4T 有源像素多出了一个开关 MOS 管 M_{TX} 和一个电位浮动的 N+ 区域，它可等效成一个存储电容 C_{FD}。此外，4T 有源像素采用了**埋入式光电二极管**（Buried Photodiode），在光电二极管 N-/P-sub 的 N 区与二氧化硅层之间嵌入很薄的 P+ 层，这样就有效地隔离了光电二极管与二氧化硅层相交，从而减小了交界面热效应产生的电子对光电二极管的影响。

下面讲解 4T 有源像素电路的工作原理。假设在初始阶段，光电二极管 PD 中没有累积电荷，满足完全耗尽的条件。光电二极管先曝光积累信号电荷，然后复位 MOS 管 M_{RST} 导通，对 C_{FD} 进行复位操作，紧接着行选择 MOS 开关 M_{RS} 连通，通过驱动 MOS 管 M_{SF}（源极跟随器）读取 C_{FD} 复位的电压。这个复位电压将用于相关双采样电路。复位读取结束后，开关 MOS 管 M_{TX} 导通，将 PD 中累积的信号电荷传输到 C_{FD} 上。最后再连通行选择 MOS 开关 M_{RS} 读取 C_{FD} 上的信号电压。重复上述过程，循环读取复位电压和信号电压。

4T 有源像素电路光电二极管负责光电检测（积累信号电

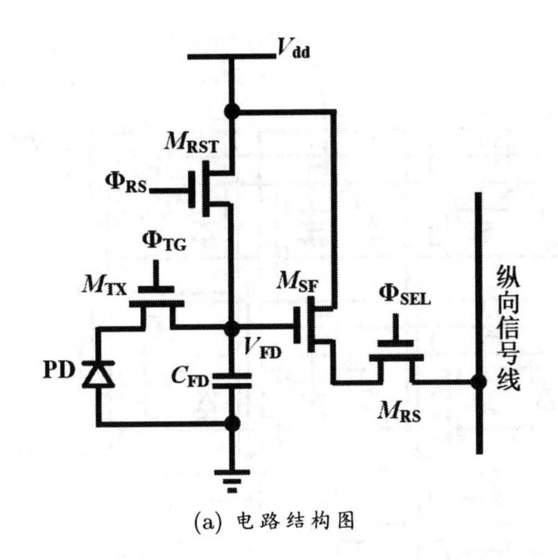

(a) 电路结构图

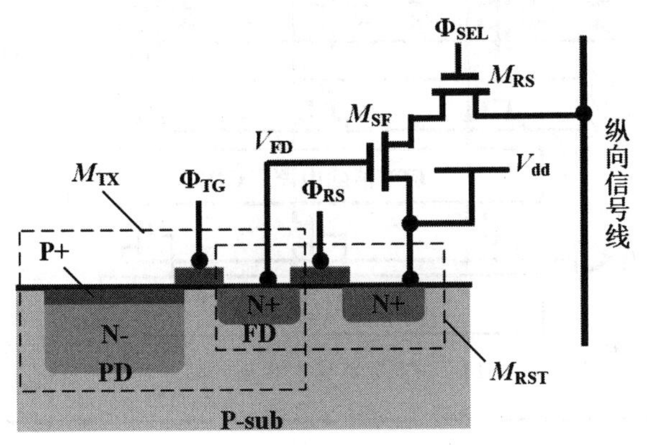

(b) 物理层示意图

图 6.12 4T 有源像素电路的结构图及物理层示意图

荷），C_{FD} 负责生成要输出的电压信号。光电检测区和光电转换区是分开的，这样就避免了 3T 有源像素电荷容量和电荷转换增益之间的矛盾。4T 有源像素电路可以设计较大的光电二极管提高信号电荷容量，同时还可以设计较小的 C_{FD} 实现较高的电荷- 电压转换因子。4T 有源像素电路光电二极管是没有复位操作的，FD 才有复位操作，并且会读取 FD 上的复位电压和信号电压，通过相关双采样电路去除了复位操作导致的 kTC 噪声，同时也去除了 V_{th} 变化导致的固定模式噪声。因此 4T 有源像素电路有效地解决了 3T 有源像素电路的问题，是目前高性能 CMOS 图像传感器采用的主流设计方案。

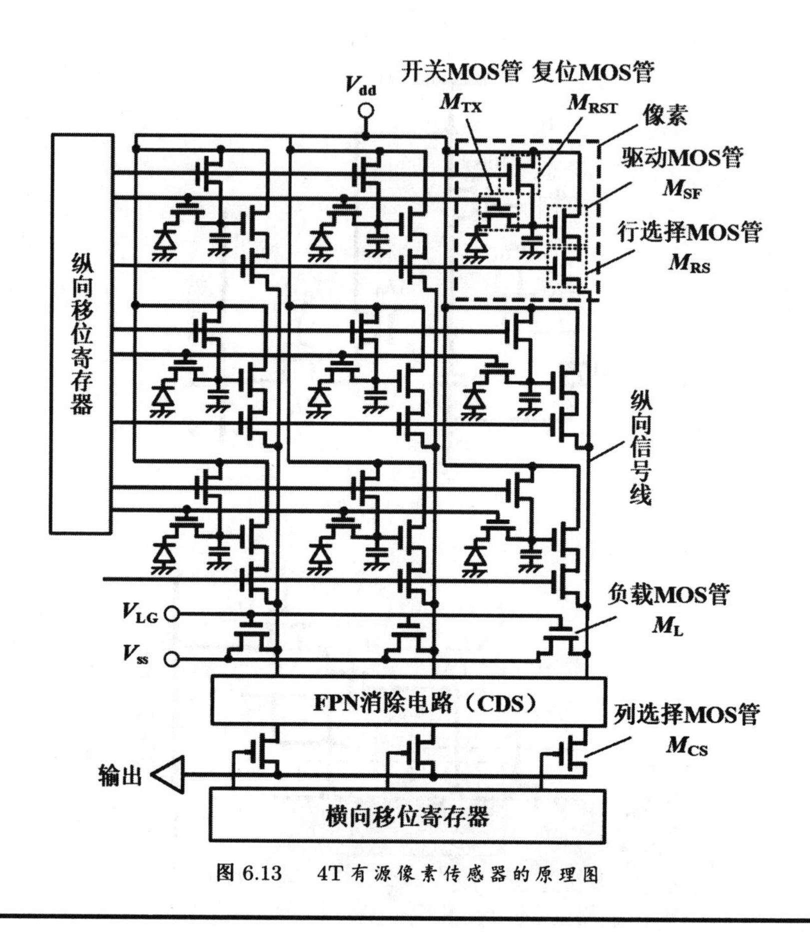

图 6.13 4T 有源像素传感器的原理图

4T 有源像素传感器的原理图如图 6.13 所示。总体来说其基本操作与 3T 有源像素传感器类似。不同之处在于信号电荷先是从 PD 转移到 C_{FD}，然后再被读取的；C_{FD} 有复位操作，而 PD 没有。

6.2.4 对数像素图像传感器

首先我们观察图 6.14 中的两张照片，图 6.14(a) 中光线较强和光线较弱的区域基本看不清，而图 6.14(b) 中强光和弱光区域都较清晰。这是什么原因导致的呢？为了说明这个问题，我们介绍一个概念“动态范围”。图像传感器在饱和状态下的信号电荷与最小能被探测的信号电荷的比值叫**动态范围**（Dynamic Range, DR），或者是图像传感器能够成像的最大光照强度与最小光照强度的比值。动态范围通常用分贝来表述，如下所示：

$$DR = 20\log\left(N_{\text{e-sat}}/N_{\text{e-min}}\right)\text{dB} \tag{6.7}$$

其中 $N_{\text{e-sat}}$ 表示饱和状态下的信号电荷，$N_{\text{e-min}}$ 是最小能被探测的信号电荷，大小与噪声电荷相当。前几个小节介绍的CCD、3T像素、4T像素都具有光照强度与信号电荷或信号电压成正比的特性，它们都是线性系统。对于一个线性图像传感器系统，其动态范围的示意图如图6.15所示。从动态范围的定义可以看出它是表达一个图像传感器同时捕捉强光和弱光能力的大小，现在我们再分析图6.14中的照片，(a)图不清晰是因为图像传感器的动态范围较小导致，较强的光使图像传感器饱和，较弱的光被图像传感器自身的噪声淹没。(b)图清晰是因为图像传感器的动态范围较大，在强光和弱光下都能正常成像。

人类眼睛的自适应动态范围可达到120dB，人们日常生活的环境中，阳光下和室内的光强相比可能达到100dB，而线性图像传感器的动态范围一般为40～70dB，无法满足人们的需求。提高图像传感器动态范围的一种简单方法是使用对数像素结构，实现对数关系的核心是使MOS管工作在亚阈值区，这同时也是提高光信号探测器动态范围的有效方法①。

我们以NMOS管为例，其**亚阈值区**（Subthreshold Region）的工作条件是：

$$0 < V_{\text{gs}} < V_{\text{th}} \tag{6.8}$$

其中 V_{gs} 是栅极和源极之间的电压差，V_{th} 是NMOS管阈值电压。在亚阈值区又可以细分成饱和工作区和线性工作区，通常情况下我们使用饱和工作区，其工作条件是：

$$V_{\text{ds}} \geqslant 4V_{\text{T}} \tag{6.9}$$

其中 V_{ds} 是漏极和源极之间的电压差。V_{T} 是热电压，在300 K温度下，约为26mV。因此 V_{ds} 要大于等于约100mV才能确保NMOS管工作在亚阈值饱和区。当NMOS管工作在亚阈值的饱和区时，其电流公式如下：

$$I = I_0 e^{(V_{\text{gs}}-V_{\text{th}})/mV_{\text{T}}} \tag{6.10}$$

其中 m 是体效应系数。I_0 可表示为：

$$I_0 \approx \mu_{\text{n}} C_{\text{ox}} \frac{W}{L} m V_{\text{T}}^2 \tag{6.11}$$

---

①参见：J. J. Liu, et.al., “A tunable passband logarithmic photodetector for IoT smart dusts,” *IEEE Sensors Journal*, vol. 18, issue 13, pp. 5321-5328, July, 2018.

(a) 动态范围较小

(b) 动态范围较大

图 6.14　具有不同动态范围的图像传感器拍摄的照片

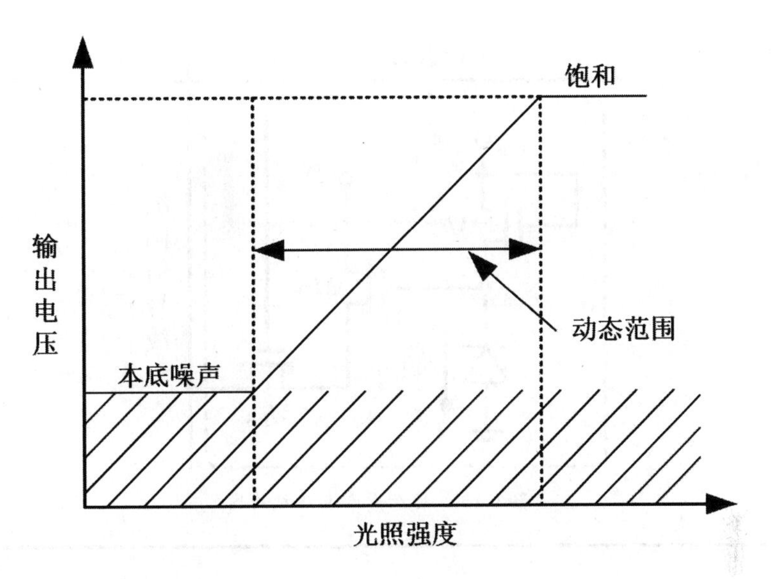

图 6.15 图像传感器动态范围示意图

其中 μ_n 是电子迁移速率，C_{ox} 是单位面积栅极氧化层电容，W/L 是栅极氧化层宽长比。从式 (6.10) 可以看出当 MOS 管工作在亚阈值的饱和区时，流经 MOS 管的电流与 V_{gs} 是指数关系。

图 6.16 是一个最基本的对数像素电路的结构图，比较类似 3T 像素电路，不同之处在于复位管被 NMOS 管 M 替代。M 工作在亚阈值饱和区，其栅极连接到了 V_{dd}，这意味着光电二极管没有复位操作。该对数像素电路的图像传感器读出操作与 3T 像素传感器相似，光电二极管的电压 V_{pd}（即 M 的源极电压 $V_{S,M}$）通过源极跟随器 M_{SF} 输出到纵向信号线。

M 工作在亚阈值饱和区，流经 M 的电流等于光电二极管的光电流 I_{pd}，根据式 (6.10) 可以得出 M 的源极电压为：

$$V_{S,\,M} = V_{G,\,M} - V_{th} - mV_T \ln\left(\frac{I_{pd}}{I_0}\right) \tag{6.12}$$

其中 $V_{G,M}$ 等于 V_{dd}。从式 (6.12) 可以看出 $V_{S,M}$ 与光电流成对数关系，光电流又与光照强度成正比，所以 $V_{S,M}$ 与光强成对数关系。

对数像素图像传感器将光强进行对数关系的压缩，因此得到更大的动态范围。图 6.16 所示的对数像素电路中没有复位操作，它是一个连续采样的过程，这导致其无法使用相关双采样电路去除固定模式噪声。为了解决这个问题，像素内可以设计校准电路，但是这会降低**填**

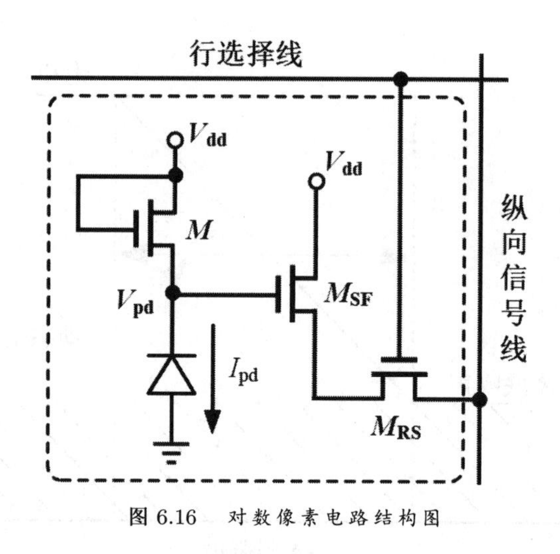

图 6.16　对数像素电路结构图

充系数（Fill Factor，FF），即光电二极管占像素总面积的比例。

6.2.5 脉冲调制图像传感器

前几个小节讨论的像素电路输出都是模拟信号，必须经过模数转换（ADC）变成数字信号，然后才能做后端的数字图像处理和识别。有一类图像传感器的像素电路可以直接输出数字信号，这样就不需要使用功耗较高的 ADC，它们是脉冲调制图像传感器。**脉冲调制图像传感器**分成两种：**脉宽调制**（Pulse Width Modulation，PWM）图像传感器和**脉频调制**（Pulse Frequency Modulation，PFM）图像传感器。

脉宽调制的像素电路结构如图 6.17(a) 所示，电路中有一个比较器，它用于比较光电二极管的电压 V_{pd} 和参考电压 V_{ref}。在曝光前，复位 NMOS 管 M_{RST} 在脉冲信号 Φ_{RST} 作用下将光电二极管电压复位（即拉到 V_{dd}），此时比较器的输出为高电平。然后曝光开始，光电二极管电压 V_{pd} 逐渐下降，当电压降到小于参考电压 V_{ref} 时，比较器输出低电平。脉宽调制的像素电路每个节点的电压关系如图 6.17(b) 所示。

光强越强，光电二极管电压从 V_{dd} 下降到 V_{ref} 的时间就越短，即输出信号的高电平的时间就越短，所以输出的数字信号脉宽可以表达光信号的强弱。脉宽调制图像传感器具有低电压、低功耗的优点，但是由于像素内带有比较器电路，降低了填充系数，所以无法用于高分辨率的图像传感器。

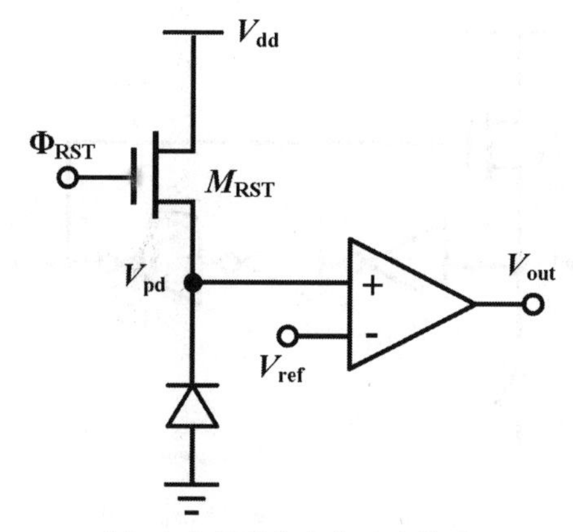

(a) 脉宽调制像素电路结构图

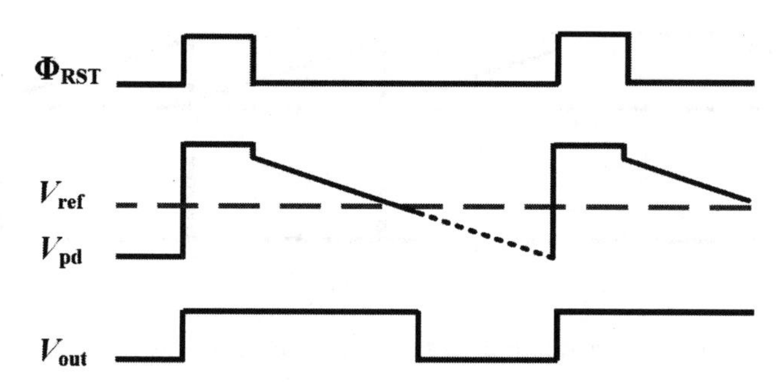

(b) 脉宽调制像素电路节点电压示意图

图 6.17 脉宽调制像素电路结构图及电路节点电压示意图

脉频调制的像素电路结构如图 6.18(a) 所示，与脉宽调制像素电路相比，主要区别是将比较器换成了 3 个反相器。在曝光前，假设光电二极管电压是 V_{dd}，此时像素输出电压 V_{out} 是低电平，复位 NMOS 管 M_{RST} 断开。然后曝光开始，光电二极管电压 V_{pd} 逐渐下降，当电压降到小于第一个反相器的阈值电压 V_{TH} 时，第一个反相器发生翻转并输出高电平，进而导致后面两个反相器也发生翻转，此时像素输出电压 V_{out} 迅速变成高电平。这时复位 NMOS 管 M_{RST} 在高电平的作用下瞬时导通，将光电二极管电压复位到 V_{dd}，经过 3 个反相器的传导，像素输出电压 V_{out} 又变成低电平并使复位 NMOS 管 M_{RST} 断开。脉频调制的像素电路每个节点的电压关系如图 6.18(b) 所示。

输出信号里的高电平脉冲的宽度是非常窄的，等于复位管和 3 个反相器的延时之和。在曝光期间，如果光照越强，意味着光电二极管

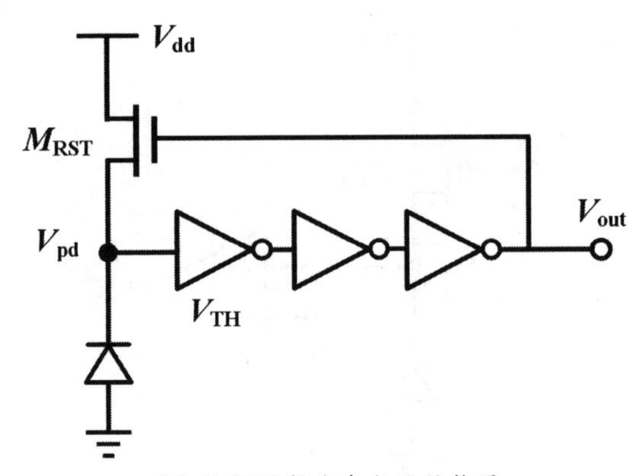

(a) 脉频调制像素电路结构图

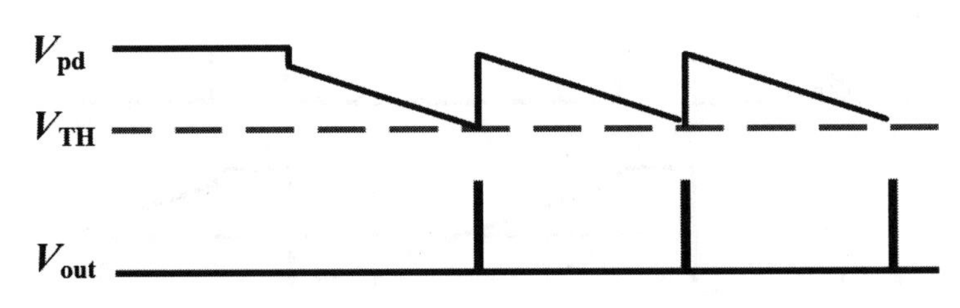

(b) 脉频调制像素电路节点电压示意图

图 6.18　脉频调制像素电路结构图及电路节点电压示意图

电压下降速度就越快，那么被复位的次数就会越多，也就是输出信号的脉冲个数越多，因此脉冲的频率可以表达光信号的强弱。脉频调制图像传感器因为使用了反相器，所以比较灵敏，适合于光强较弱的环境，在生物医疗方面有较好的应用。它的缺点是具有较低的填充系数，而且因为反相器不断地在开关，导致其功耗较高。

6.3 红外图像传感器

前几个小节介绍的图像传感器都是用于可见光波段，红外图像传感器在军事、气候、农业、生物医疗等领域有广泛的应用，本小节简单介绍一下红外图像传感器。红外波长范围是 750nm ~ 1 mm，其中近红外线是 700nm ~ 2.5μm，中红外线是 2.5 ~ 25μm，人体辐射的红外波长为 8 ~ 12μm。

硅是一种间接带隙半导体，它的禁带宽度较高（1.12 eV），导

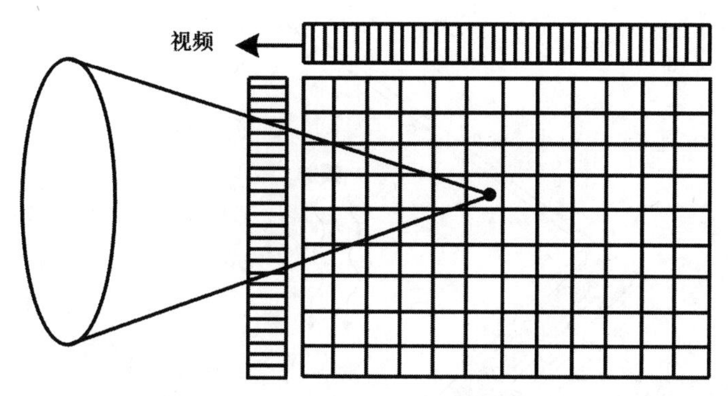

图 6.19 红外图像传感器通常采用的2D焦平面阵列结构示意图

致只有波长小于 $1.1\mu m$ 的光子才能激发电子-空穴对，并且波长大于750nm后硅的量子效率大幅度下降，因此硅通常不用做红外光子探测器。研究人员尝试使用很多其他材料制备红外光子探测器，例如：HgCdTe、PtSi、InGaAs、InAs、SiGe等，其中HgCdTe被认为是性能最好的红外光子探测材料，它的光电转换效率高，而且波长探测范围可以达到 $1-25\mu m$，包括了近红外线和中红外线的波长，可以满足大部分应用。

红外图像传感器可以分为两大类：制冷型红外图像传感器和非制冷型红外图像传感器。制冷型红外图像传感器是直接探测红外波长的光子，采用上述材料制备光电探测器，将红外线光子转换成光电流。但是这些材料由于禁带宽度较低，其自身的热能会激发大量的电子-空穴对，会产生较大的热噪声从而降低成像质量。因此为了提高信噪比，需要进行制冷处理。例如：HgCdTe材料的红外图像传感器工作温度为80 K，PtSi材料的工作温度为77 K。显然制冷型红外图像传感器体积大、成本高、不易便携，限制了它的应用范围。

非制冷型红外图像传感器是一种热能探测器，它是利用红外线热效应原理实现的。红外辐射被探测器接收后导致其温度发生变化，而这个温度变化可被转化成某物理结构的形变、电阻的变化或者某电流的变化等，最后导致其产生一种电压信号。例如：红外辐射的热能传导给一串二极管，导致其电流增加从而实现红外辐射的探测。热能探测与光子探测的红外图像传感器相比，它不需要制冷，可在室温下使用，成本较低且便于携带。但是它的灵敏度不高，而且响应速度较慢，因为探测器需要时间加热和散热。

红外图像传感器通常是采用二维**焦平面阵列**（Focal Plane Ar-

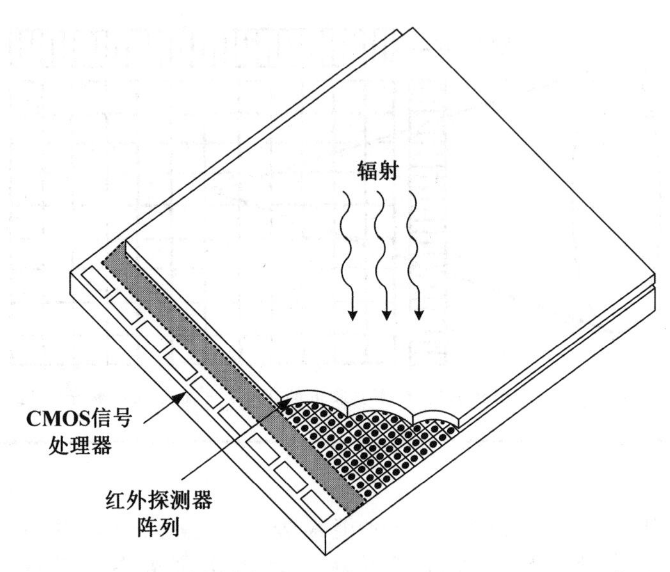

图 6.20　红外探测 FPA 芯片与 CMOS 读出电路芯片绑定示意图

ray，FPA）的结构实现成像的，如图 6.19 所示。信号读取电路可采用工艺十分成熟的标准 CMOS 集成电路实现，红外探测 FPA 芯片与 CMOS 读出电路芯片可以绑定在一起，如图 6.20 所示，每个红外探测器都与硅基电路有连接点。另外一种方式是将 FPA 与读出电路做在一块芯片上，例如：在硅基上做出 PtSi 肖特基势垒二极管作为红外探测单元，然后在硅基中做出 CCD 用于信号电荷传输。

6.4 图像传感器的外围电路

传统 CMOS 图像传感器的结构如图 6.21 所示，主要单元模块包括：像素阵列、纵向移位寄存器或行地址解码器、横向移位寄存器或列地址解码器、相关双采样电路和模拟-数字转化器（ADC）。前面几个小节对各种像素电路和相关双采样电路进行了详细讲解，下面将简单介绍寻址方案和模拟-数字转换方案。

CMOS 图像传感器的每个像素是通过移位寄存器或者地址解码器进行定位的。移位寄存器可以在时钟信号的驱动下将脉冲信号依次移位，所以如果采用移位寄存器寻址，每个像素将按排列顺序依次被读取，类似一种扫描的效果。如果想要读取一个任意位置的像素，那么

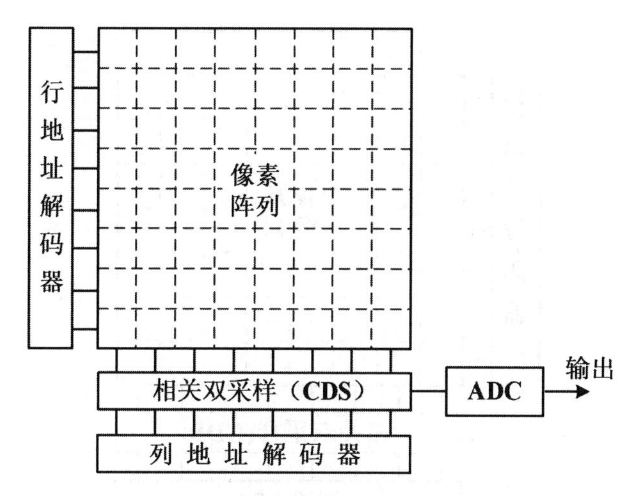

图 6.21 传统 CMOS 图像传感器的结构示意图

就必须采用地址解码器方案。地址解码器其实是一个 N 比特输入 2^N 比特输出的转换器，每个像素都有唯一的一个二进制地址。通过对行地址解码器和列地址解码器输入某像素对应的二进制地址，就可以读取该像素的信号电荷。

很多图像传感器具有可调分辨率的性能，它是通过改变寻址方案实现的。例如对于一个 1280×960 像素的图像传感器，可读取一半的像素（640×960），也可以读取 1/4 的像素（640×480）。在人工智能图像识别领域，为了快速识别目标，提取影像的边缘信息是关键，因此降低读取像素的数量也就意味着减少数据处理量，可加快识别速度。一旦识别到目标后，可对局部提高分辨率以获取更清晰的目标图像数据。

每个像素采集的信号均是模拟信号，需要通过模拟-数字转换器变成数字信号。从 ADC 的角度，模数转换方案可分为芯片级 ADC 、列级 ADC 和像素级 ADC。芯片级 ADC 是指所有像素共用同一个 ADC，如图 6.21 所示，它的好处是所有像素的模数转换一致性高。但是它的缺点也很明显：1）由于所有像素信号都要经过这个 ADC 处理，这要求 ADC 的速度必须非常快。如果像素阵列十分庞大，芯片级 ADC 则很难满足其要求。2）模拟信号从像素出来到芯片级 ADC，经过的路径较长，使信号更容易受到各种噪声的影响。

列级 ADC 是在每一列都有一个 ADC，如图 6.22 所示，这种方案适用于高像素阵列的图像传感器。模拟信号从像素读取到纵向信号线，

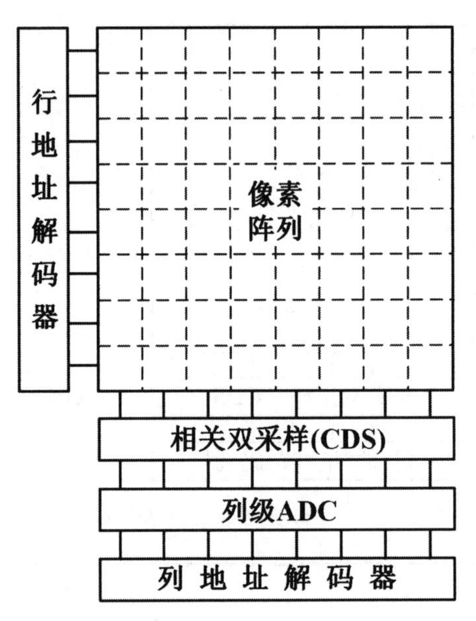

图 6.22　列级 ADC 图像传感器的结构示意图

经过相关双采样处理后就被数字化，缩短了模拟信号行走的路径，噪声的影响被减小了。但是它也有缺点：1）由于每一列都有各自的 ADC，模数转换的一致性差。2）列级 ADC 比芯片级 ADC 占用了更多的芯片面积。

像素级 ADC 是指在像素电路内实现模数转换，像素输出的是数字信号，如图 6.23 所示。这种方案模拟信号的行走路径是最短的，而且图像传感器的速度是最快的。但是因为每个像素都是自己完成模数转换的，所以其转换一致性在三种方案里是最差的。此外，像素里加入了模数转换的功能，会降低像素的填充系数。前面小节介绍的脉冲调制图像传感器就是像素级 ADC 的一种方案。

6.5 本章小结

早期的图像传感器都是采用 CCD 图像传感器，所以本章首先对它的工作原理和结构进行了介绍。CCD 图像传感器的主要优点是噪声低，而它的缺点是成本相对较高。现在主流图像传感器都是采用 CMOS 图像传感器，本章重点介绍了各种 CMOS 图像传感器，包括：

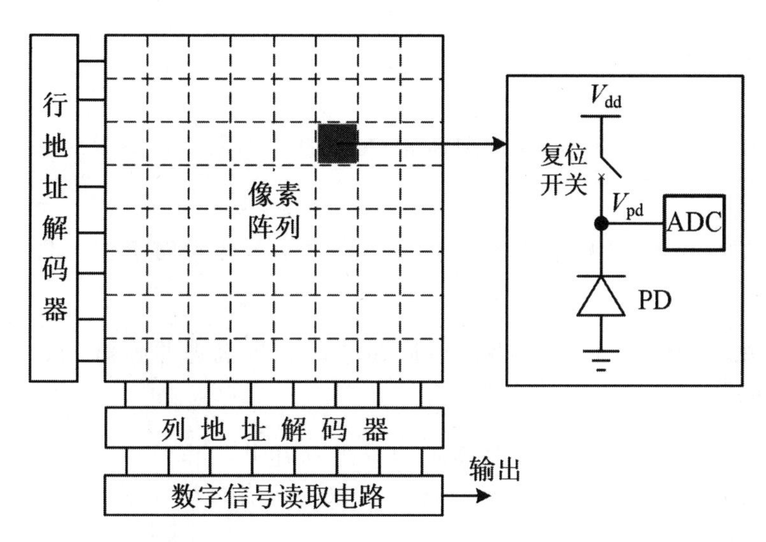

图 6.23 像素级 ADC 图像传感器的结构示意图

无源像素传感器、3T 有源像素传感器、4T 有源像素传感器、对数像素图像传感器和脉冲调制图像传感器。20 世纪 80 年代早期无源像素传感器因为价格较为便宜，成为 CCD 图像传感器的主要竞争对手，但是它的主要问题是噪声大。MOS 管具有天生的噪声问题。当时无源像素图像传感器主要用在对成本比较敏感且对照相质量要求不高的领域，比如手机的摄像头，而高性能照相机还是采用 CCD 图像传感器。随着 CMOS 图像传感器的设计改进，出现了 3T 图像传感器和 4T 图像传感器，它们通过各种噪声消除技术大幅度降低了 CMOS 图像传感器的噪声，例如相关双采样电路。这时 CMOS 图像传感器的噪声已经和 CCD 相当。CMOS 工艺按着摩尔定律飞速发展，这使 CMOS 图像传感器几乎完全取代了 CCD 图像传感器。

对数图像传感器能够实现光强与读出电压信号的对数转换关系，相当于是把光强进行了对数压缩，从而可以实现高动态范围的性能。脉冲调制图像传感器是一种在像素内实现模数转换的图像传感器，可以避免使用功耗较大的 ADC，但是由于每个像素独自进行了模数转换，这导致转换的一致性会有差异，从而降低了信噪比。本章还介绍了红外图像传感器，它通常不采用硅材料，而采用对红外光更为敏感的 HgCdTe、PtSi 等材料。最后，本章介绍了图像传感器的外围电路，包括寻址方案和模拟-数字转换方案。图像传感器输出的数字图像信息将作为下一步机器视觉和人工智能识别的分析数据。

6.6 习题

习题 6.1 请简述两相 CCD 和四相 CCD 的工作原理，并说明它们的优缺点。

习题 6.2 请画出无源像素的电路，简述无源像素的工作原理以及它的优缺点。

习题 6.3 什么是 kTC 噪声，请简述它的产生机理并画出 kTC 噪声的等效电路。

习题 6.4 请画出 3T 有源像素的电路并简述其工作原理，它与无源像素电路有何异同，它是如何克服无源像素缺陷的？

习题 6.5 请画出 4T 有源像素的电路并简述其工作原理，它与 3T 有源像素电路有何异同，它是如何克服 3T 有源像素缺陷的？

习题 6.6 请画出相关双采样的电路，并简述它是如何消除固定模式噪声和复位噪声的。

习题 6.7 请画出对数像素的电路，并简述其工作原理，说明它的优缺点。

习题 6.8 请画出脉冲调制图像传感器和脉频调制图像传感器的电路并简述其工作原理，它们有何异同？

习题 6.9 请简述红外图像传感器的分类、它们各自的工作原理及优缺点。

习题 6.10 图像传感器中的 ADC 按照其位置如何分类，简述每种类别的优缺点。

习题 6.11 请尝试设计一个 8×8 像素阵列的图像传感器，分别考虑两种不同的实现方式：1）**二值图**（每个像素只用 1 个寄存器进行存储）；2）**灰度图**（每个像素用 $8 \sim 14$ 个寄存器进行存储）。请结合本章所学内容，对这两种图像传感器进行比较。进一步，请设计一个软件系统，对两种图像传感器的成像结果进行实验仿真。完成研究报告。

第7章 二值图处理

在这一章中，我们将探索黑白图，其像素只有两个取值，这样的图像又被称为**二值图**。相对于具有很多不同亮度值的图像，二值更容易被获取、存储和处理。首先，我们要对图像中的不同区域进行标注，从而确定出各个连通区域。我们会介绍一些相关方法，例如：**种子算法**和**串行标注**算法。在此基础上，我们需要进一步研究：二值图的简单几何性质，例如：图像区域的面积、位置和朝向等。对于指导机器人和周围环境进行交互（例如：抓取零件）的任务，这些量是非常有用的。二值图还有一些其他方面的应用。

在计算二值图的朝向的过程中，我们详细分析了如何计算二值图的**投影**。根据投影，我们进一步计算了二值图的**转动惯量**，二值图的转动惯量除了给出二值图的朝向以外，还提供一些有趣的几何属性。最小转动惯量和最大转动惯量的比值是一个重要的参数，这个比值越接近于1，二值图区域就越接近于一个圆；相反，这个比值越接近于0，二值图区域就越接近于一条线段。这为我们判断二值图区域的形态学特征提供了一种有效的计算依据。

最后，我们运用本章介绍的方法，设计了一个夜间车灯预警系统，通过实时检测车灯轨迹，及时对危险车辆进行预警，从而为路边工作人员（例如交警）争取宝贵的逃离时间。

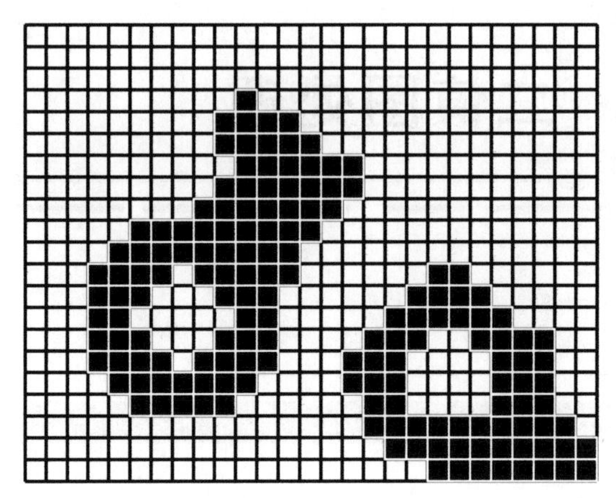

图 7.1 二值图只有两个灰度值：黑色和白色。在实际应用中，二值图之所以引起我们的关注，是因为我们非常容易对它们进行处理。

7.1 二值图

二值图只有两个灰度值：黑色和白色，如图 7.1 所示。在实际应用中，二值图之所以引起我们的关注，是因为我们非常容易对它们进行处理。例如，我们可以通过：对灰度图像 $\{E_{i,j}\}$ 设定一个**阈值** T，来获取二值图 $\{b_{i,j}\}$：

$$b_{i,j} = \begin{cases} 0, & \text{如果 } E_{i,j} < T \\ 1, & \text{如果 } E_{i,j} \geq T \end{cases} \tag{7.1}$$

也就是说，将亮度大于阈值的点的值取为1；而将亮度小于阈值的点的值取为0（或者，采用相反的取值方法）。这里，我们假设：图像已经被离散为一个 n 行 m 列的格栅，E_{ij} 是：图像中的第 i 行、第 j 列的点的灰度值，b_{ij} 是：二值图中的第 i 行、第 j 列的点的值。当然，也可以直接通过硬件生成二值图，此时，图像的感光单元（像素）是一个开关电路，当某个像素的光通量较大时，输出1；反之则输出0。

当然，我们也可以通过其他方式来生成二值图，例如图 7.2 中所给出的例子。借助二值图，我们可以在由稳定不动的摄像机所拍摄的视频中，快速检测出运动目标。首先，在没有运动目标的情况下，得到一张背景图片（参见图 7.2(a)）；然后，通过和背景图进行对比，找到视频帧中明显不同于背景的像素点，作为前景，从而生成一张“前景/背景”**二值图**（参见图 7.2(b)）；最后，根据二值图将视频帧

(a) 背景图像

(b) “前景/背景”**二值图**

(c) 识别运动目标

图 7.2 借助二值图，我们可以在由稳定不动的摄像机所拍摄的视频中，快速检测出运动物体。(a) 在没有运动目标的情况下，得到一张背景图片。(b) 通过和背景图进行对比，找到视频帧中明显不同于背景的像素点，作为前景，从而生成一张“前景/背景”**二值图**。(c) 根据二值图得到的目标区域标注结果。

中对应的目标区域标注出来，如图 7.2(c) 所示。

在上面的两个例子中，二值图都给出了：对图像中物体的分割结果。背景所对应的（图像上的）点的取值为 0，物体所对应的（图像上的）点的取值为 1。事实上，**二值图**就是一个由 0 和 1 组成的矩阵 $\boldsymbol{B} = \{b_{i,j}\}$，如图 7.3 所示。

二值图处理就是：通过分析二值矩阵（0/1 矩阵）$\boldsymbol{B}$，得到二值图中各个物体区域的相关信息。这些信息主要包括两方面内容：

- **拓扑性质**，例如：图像中物体的数量。
- **几何性质**，例如：某一个物体的尺寸和位置。

7.2 标注连通区域

首先，我们必须将图像中的各个区域分别标注出来，然后，分别计算各个区域的几何特征。计算机才能“看到”：**二值图** 7.2(b) 中包含 3 个区域，并将其中 2 个大的区域在图 7.2(c) 中标注出来。

7.2.1 种子算法

种子算法是一种对二值图中“物体”进行标注的方法，通过“填

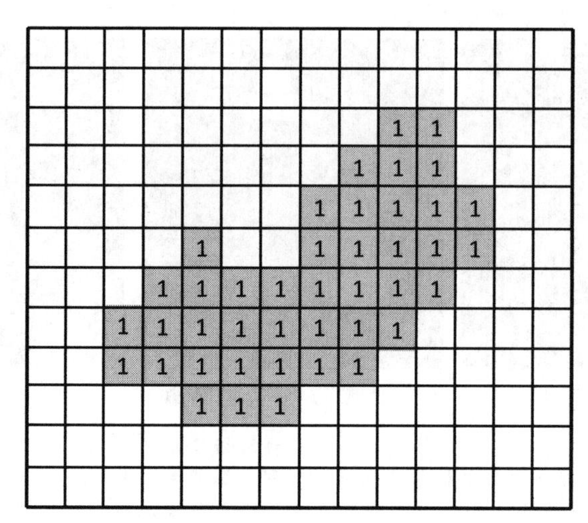

图 7.3　事实上，二值图就是一个由 0 和 1 组成的二值矩阵。

充”的方式，对各个连通区域逐一进行标注，具体过程为：选取一个 $b_{ij}=1$ 的点，并且，赋予这个点以及和它连接在一起的点一个标记；下一步，对所有与这些标记点相邻的点（除了那些已经被标注的点以外）进行标注；然后，不断地重复下去。当这个递归过程完成以后，这个图像区域就被标注完毕了。紧接着，我们可以继续选择一个新的起始点，然后，对下一个图像区域进行标注。为了能够找到一个新的未标记区域，我们可以使用一种“对称”的方式，来对图像进行简单扫描。一旦发现还没有被标注的 $b_{ij}=1$ 的点，我们就以该点作为新的起始点，然后进行标注。如果在对所有图像单元进行扫描以后，还没有发现这样的点，那么，我们就完成了对二值图像中所有“物体”的标注，如图 7.4 所示①。需要注意的是，背景可能会被分割为多个连通区域；并且，物体中也可能有“洞”。我们可以用类似的方法对背景（以及物体中的“洞”）进行标注，也就是说，我们将关注于 $b_{ij}=0$ 的点，而不是 $b_{ij}=1$ 的点。

为了实现种子算法，我们首先要定义**连通性**，以确定**近邻点**。假设我们使用正方形作为基本单元来对图像进行剖分，那么，在这种情况下，我们可以粗略地将近邻点“认为是”：和给定图像单元（即：像素点）的四条边相连接的四个图像单元。但是，我们应该如何看

①图 7.4 中的程序和演示视频参见：http://people.csail.mit.edu/wangliang。我们分别演示了如何采用**深度优先**算法和**广度优先**算法标注连通区域。

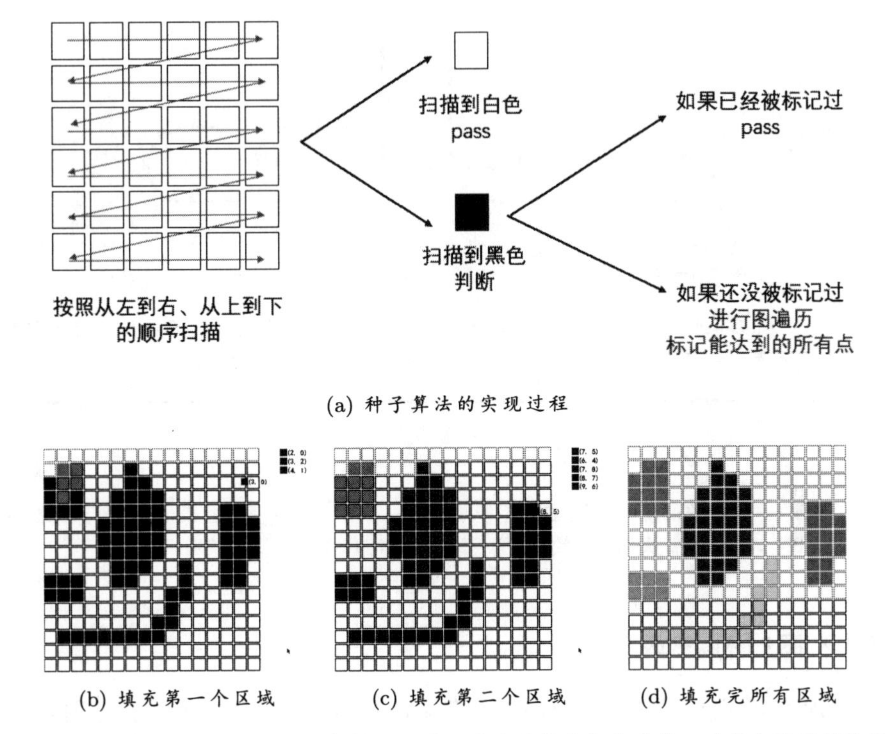

(a) 种子算法的实现过程

(b) 填充第一个区域　(c) 填充第二个区域　(d) 填充完所有区域

图 7.4　种子算法对二值图进行扫描，同时，通过“填充”的方式，对各个连通区域逐一进行标注。要实现种子算法，首先需要定义像素点之间的连通性，进而确定近邻点。

待：和给定像素点的四个角相连的四个像素点呢？因此，对近邻点的定义存在如下两种可能的情况：

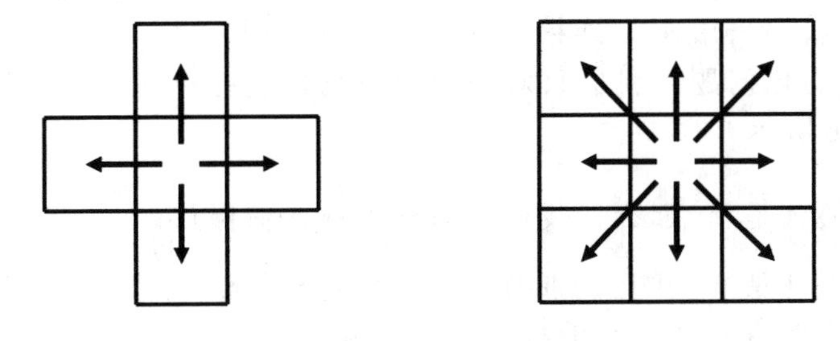

这两种不同的定义方式分别为：

- **4 — 连接：** 只有和给定图像单元（即：像素点）的（4条）边相连的（4个）像素点，才被认为是（给定像素点）的近邻点。

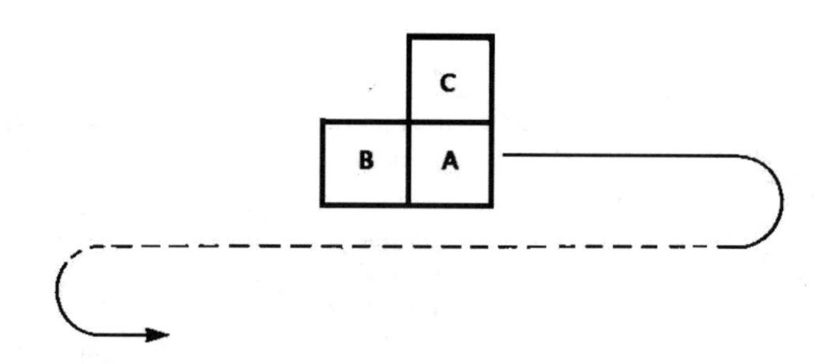

图 7.5　在一次常规的光栅扫描中，我们让模式窗口在图像中划动，再根据：模式窗口所对应的像素点上的标注值，来对相应的像素点进行标注。

- **8 — 连接**：和给定图像单元的（4个）角相连的（4个）像素点，也被认为是（给定像素点）的近邻点。

7.2.2 串行标注算法

现在，我们要介绍一种标注算法，这种标注算法更适于对图像进行**串行扫描**，并且，它不需要使用递归操作。我们约定：1) 对图像进行逐行扫描，并且，行的编号顺序是从上到下的；2) 对于每一行，我们按照从左到右的顺序，对该行中的像素点进行扫描（如图7.5所示）。如果我们采用**4 — 连接**，那么，B点正上方的像素点D也是和A相连的，因此，我们还需要考虑D的标注结果。根据我们事先约定的扫描顺序，当我们扫描到某一个像素点A时，A点左边的像素点B已经被标注过了，并且，A点正上方的像素点C也被标注过了。想一想，如果我们采用**8 — 连接**，应该如何修改图7.5?

为了简化问题，我们只对图像中的物体进行标注。具体过程如下（如图7.6所示）：

1. 如果A是0，那么，我们不需要进行任何操作。
2. 如果A是1，并且，点B或者点C也被标注了，那么，我们同样也需要将B或者C的标签复制给A。
3. 如果点B和C都没有被标注，并且，A是1，那么，我们必须选取一个新的标签，来对A进行标注。这表示：从A点开始，我们对一个新的物体进行标注。

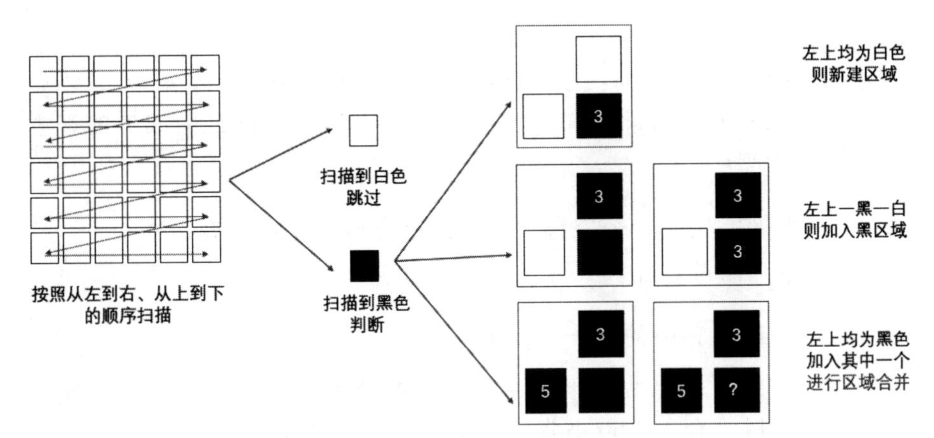

图 7.6 在串行标注过程中，我们可能会碰到这样的情况：前面认为是相互分离的两个区域，实际上是连接在一起的。我们必须记录下：这两个标签实际上是等价的，进而进行区域合并。

---

4. 还有一种可能性是：B 和 C 都被标注了。如果 B 和 C 的标签是相同的，那么，这并不会产生任何问题；但是，在我们关于 **4—连接**的约定中，B 和 C 是不相邻的，因此，B 和 C 的标签有可能不同。对于这种情况，我们会将两个不同的标签赋予同一个物体（如图 7.6 所示）。这意味着图像中的两个区域通过 A 点连接在了一起。此时，我们必须在 A 点做上新的“记号”，用来表示：A 点上的这两个标签（即：B 和 C 的标签）是等价的；然后，我们任意选取其中一个标签，来对 A 进行标注。

对于**串行标注算法**，我们无法避开的问题是：一个连通区域可能被标注了多个标签，这是串行标注算法必须付出的“代价”。串行扫描结束后，我们需要将图像中具有等价标签的各个区域合并在一起。

如果我们想要让图像中的各个区域都具有唯一的标签，那么，我们需要对串行扫描结果进行二次扫描，从而将同一个具有代表性的标签赋予：具有等价标签的多个区域。我们可以从该区域所拥有的多个等价标签中，随机选取出的一个标签，来作为该等价区域的标签。

串行扫描结束后，所有标签构成一个“图”，我们将其称为**标签图**，包括：**结点**（即：区域的标签）和**边**（即：连通的两个区域）。区域合并就是：

- 根据标签图中结点和边的信息生成（各个子图的）**最小张成树**（即：连通区域所包含的所有标签）。

在图 7.7 的例子中，串行扫描结束后，标签图中的结点为：$V = \{1,2,3,4,5,6,7,8\}$，边为：$E = \{\{2,3\},\{2,4\},\{3,5\},\{6,7\},\{7,8\}\}$，最小张成树结构为：$T = \{\{1\},\{2,3,4,5\},\{6,7,8\}\}$。根据 V 和 E 生成 T 的基本算法如下所示：

1. 初始化：生成一个空链表 T，作为最小张成树链表。
2. 循环：如果 V 非空，执行下面的操作
   - 选取 V 中的第一个元素 v_i；
   - 以 v_i 为根节点生成一个**最小张成树** T_i，将生成的最小张成树“合入”最小张成树链表：$T = \{T, T_i\}$。
   - 在 V 中删除 T_i 中包含的所有结点；在 E 中删除所有包含 T_i 中结点的边。

对于图 7.7 的例子，首先选取结点 1 作为根节点，遍历 E 以后，发现没有和结点 1 相连的边，因此，第一个最小张成树就是结点 1。

此时，$T = \{\{1\}\}$，$E = \{\{2,3\},\{2,4\},\{3,5\},\{6,7\},\{7,8\}\}$，$V = \{2,3,4,5,6,7\}$；然后，以结点 2 作为根节点，遍历 E 以后，得到第二个最小张成树 $T_2 = \{2,3,4,5\}$，此时，$V = \{6,7,8\}$，$E = \{\{6,7\},\{7,8\}\}$，$T = \{\{1\},\{2,3,4,5\}\}$；最后，以结点 6 作为根节点，遍历 E 以后，得到新的最小张成树 $T_3 = \{6,7,8\}$，此时，V 为空集，循环结束，最终得到的最小张成树结构为：$T = \{\{1\},\{2,3,4,5\},\{6,7,8\}\}$。

可以使用**深度优先算法**或**广度优先算法**进行图遍历，进而得到最小张成树。例如，采用广度优先算法，具体过程为：

1. 初始化：生成一个链表 $T_i = \{v_j\}$，其中 v_j 为 V 的第一个元素。令 $n = 0$，$m = 1$。
2. 循环：令 $n = n + 1$，如果 $n \leq m$，执行下面的操作：
   - 选取 T_i 中的第 n 个元素 v_k，遍历 E，如果发现某一条边 $\{v_k, v_l\}$ 包含 v_k，执行下面的操作：
     (a) 将 v_l 加入 T_i，即：$T_i = \{T_i, v_l\}$；
     (b) 在 E 中删除边 $\{v_k, v_l\}$，在 V 中删除结点 v_l；
     (c) 令 $m = m + 1$；
   - 继续遍历 E，直至完成对所有边的搜索。

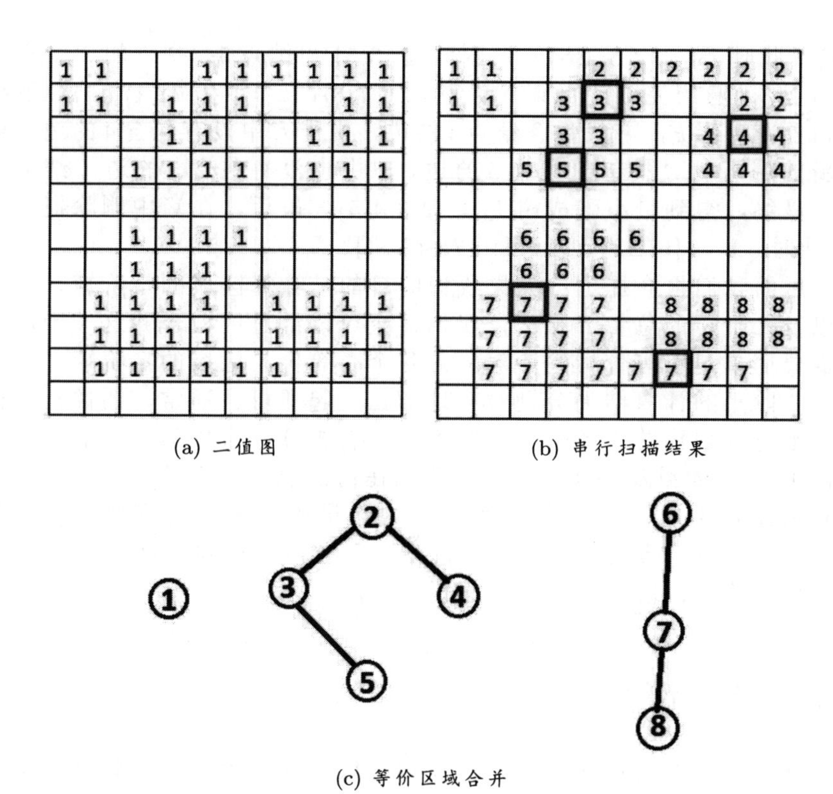

图 7.7 **串行扫描**过程所生成的“**图结构**”，包括：**结点** $V = \{1,2,3,4,5,6,7,8\}$ 和**边** $E = \{\{2,3\},\{2,4\},\{3,5\},\{6,7\},\{7,8\}\}$。区域合并就是：根据图中结点和边的信息生成（各个子图的）**最小张成树**结构 $T = \{\{1\},\{2,3,4,5\},\{6,7,8\}\}$。

- 在 V 中删除 v_k。

3. 在 V 中删除最小张成树的根节点 v_j。

在图 7.7 所示的例子中，以结点 2 作为根节点，此时，$V = \{2,3,4,5,6,7,8\}$，$E = \{\{2,3\},\{2,4\},\{3,5\},\{6,7\},\{7,8\}\}$，初始时，$T_2 = \{2\}$，遍历 E 的过程中，发现边 $\{2,3\}$ 包含结点 2，于是将结点 3 放入 T_2（此时 $T_2 = \{2,3\}$），删除边 $\{2,3\}$ 和结点 3；继续遍历，发现边 $\{2,4\}$ 包含结点 2，于是将结点 4 放入T_2（此时 $T_2 = \{2,3,4\}$），删除边 $\{2,4\}$ 和结点 4；剩下的边中不包含结点 2，（第一次）遍历完成，此时，$V = \{2,5,6,7,8\}$，$E = \{\{3,5\},\{6,7\},\{7,8\}\}$。于是，重新开始遍历 E，寻找包含结点 3 的边，发现边 $\{3,5\}$ 包含结点 3，于是将结点 5 放

入T_2（此时$T_2=\{2,3,4,5\}$），删除边$\{3,5\}$和结点5；剩下的边中不包含结点3，遍历完成，此时，$V=\{2,6,7,8\}$，$E=\{\{6,7\},\{7,8\}\}$。继续开始重新遍历E，寻找包含结点4的边，由于E中没有包含4的边，继续新的遍历，寻找包含结点5的边，E中也没有包含5的边，结束循环，最终，得到最小张成树$T_2=\{2,3,4,5\}$。最后，在V中删除根节点2，此时，$V=\{6,7,8\}$，$E=\{\{6,7\},\{7,8\}\}$。

后面我们将会提到：如果我们的目的是计算区域的零阶矩、一阶矩以及二阶矩的总量，那么，我们甚至可以绕过区域合并这一步，而只需要简单地将等价标签所对应的各个（等价）区域的零阶矩、一阶矩、二阶矩的计算结果分别对应地加在一起即可。通常，图像是一行一行地进行扫描的。当每一个像素点(i,j)被读进来以后，我们首先判断b_{ij}的值，如果$b_{ij}=1$，那么，我们在前面已经计算的累积量中，分别对应地加上1、i、j、i^2、ij和j^2。这些量的总和分别近似等于：面积、一阶矩和二阶矩[①]。扫描结束以后，通过这些量，我们可以非常容易地计算出：区域的面积、位置和朝向。

7.3 简单几何性质

标注出各个连通区域之后，我们可以对图像中的各个物体分别进行处理，进而分析其几何性质。本节中，我们针对二值图中的单个物体进行计算和分析。

7.3.1 区域的面积

对于给定的二值图$b_{i,j}$，我们可以通过下面的公式：

$$A=\sum_{i=1}^{m}\sum_{j=1}^{n}b_{i,j} \tag{7.2}$$

来计算图像中的物体的面积，其中，m和n是二值图（一个0/1矩阵）的行数和列数。注意，区域面积A也被称作：$b(x,y)$的**零阶矩**。对于图像中有多个物体的情况，式(7.2)计算的是所有物体的总面积。

7.3.2 区域的位置

我们如何确定物体在图像中的位置？通常情况下，物体包含很多

[①] 零阶矩（面积）是一个数；一阶矩构成一个向量；二阶矩构成一个矩阵。

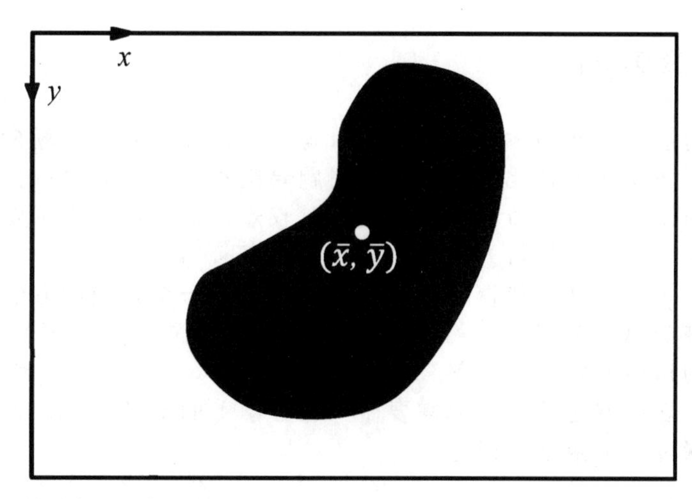

图 7.8 二值图中的一个区域的位置可以被定义为：该区域的中心，也就是说，和该区域形状相同的均匀薄片物体的质心。

点，因此，我们必须给出"位置"这个术语的精确意思。在实际应用中，我们通常使用物体的**区域中心**来表示物体的位置，即：

- 将这个区域看作是：由某一种均匀物质所构成的平面物体，物体的质心就是该区域的中心（如图7.8所示）。

质心是一个特殊的点，如果我们将物体的全部质量集中在这一点，那么，相对于任何方向，物体的静力矩都不发生变化。在二维情况下，物体关于y–轴方向的**一阶矩**（即：**静力矩**）为：

$$\left(\sum_{i=1}^{m}\sum_{j=1}^{n} b_{i,j}\right)\overline{x} = \sum_{i=1}^{m}\sum_{j=1}^{n} j\, b_{i,j} \tag{7.3}$$

物体关于x–轴方向的一阶矩（即：静力矩）为：

$$\left(\sum_{i=1}^{m}\sum_{j=1}^{n} b_{i,j}\right)\overline{y} = \sum_{i=1}^{m}\sum_{j=1}^{n} i\, b_{i,j} \tag{7.4}$$

其中$(\overline{x}, \overline{y})$为区域的**中心**，即：

$$\overline{x} = \sum_{i=1}^{m}\sum_{j=1}^{n} j\, b_{i,j} \Big/ \sum_{i=1}^{m}\sum_{j=1}^{n} b_{i,j} \quad 和 \quad \overline{y} = \sum_{i=1}^{m}\sum_{j=1}^{n} i\, b_{i,j} \Big/ \sum_{i=1}^{m}\sum_{j=1}^{n} b_{i,j} \tag{7.5}$$

在式(7.3)和(7.4)中，等号左边的积分正好等于区域面积A（参见式(7.2)）。为了计算$\overline{x}$和$\overline{y}$，区域面积A不能为0。

7.4 计算朝向

我们也想判断物体在视野中的放置方式，即：物体的**朝向**。和判断物体的面积和位置比起来，这个问题要困难一些。假设：物体沿着某个方向比较长，沿着其他方向则相对较短，那么，我们可以将物体的**朝向**定义为：（使得）物体“最长”的方向[①]。

我们如何定义（使得）物体最长的方向？一个直观的方法是：计算物体在直线（或方向）上的**投影**，然后将使得投影最长的直线方向，选为物体的朝向。如图 7.9 所示。

在建立模型之前，我们需要做一些数学上的准备工作。首先，需要深入探讨如下两个子问题：

- 如何描述一条直线？
- 如何计算一个点在直线上的**投影**？

在此基础上，我们可以通过计算：二值图中各个（非零）像素点在直线上的投影，从而得到整个二值图在直线上的投影。

7.4.1 投影

要确定平面上的某一条直线，需要一个**定点** $(\overline{x}, \overline{y})^T$ 和一个**方向** $(c, s)^T$，其中，

$$c = \cos\theta \qquad 和 \qquad s = \sin\theta \tag{7.6}$$

上标 ^{T} 表示“转置”，θ 为直线与 x–轴之间的倾斜角（如图 7.10 所示）。注意，向量 $(c, s)^T$ 的长度为 1，被称为直线的**方向向量**，对于确定物体朝向的问题，我们将定点 $(\overline{x}, \overline{y})^T$ 选为物体的**中心**。

向量 $(-s, c)^T$ 是方向向量（即：直线所在的方向）$(c, s)^T$沿逆时针方向旋转 90° 得到的，被称为直线的**法向量**。容易验证，法向量 $(-s, c)^T$ **垂直**于方向向量 $(c, s)^T$，即：$(c, s)^T(-s, c) = 0$。

对于直线上任意一点 $(x, y)^T$，向量 $(x - \overline{x}, y - \overline{y})^T$ **平行**于直线的方向向量 $(c, s)^T$（如图 7.10 所示）。因此，法向量方向 $(-s, c)^T$ **垂直**于向量 $(x - \overline{x}, y - \overline{y})^T$，也就是说，$(-s, c)(x - \overline{x}, y - \overline{y})^T = 0$，具体形式为：

$$-(x - \overline{x})\sin\theta + (y - \overline{y})\cos\theta = 0 \tag{7.7}$$

[①] 我们后面会讲到，这种定义方式的一种缺陷是：求解过程需要使用迭代，无法直接计算得到解析解。

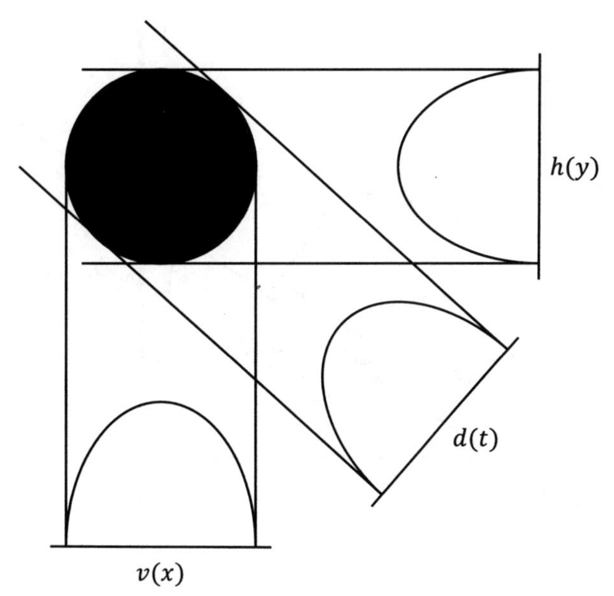

图 7.9 为了定义（使得）物体最长的方向？我们需要计算物体在直线上的**投影**，然后将使得投影最长的直线方向作为（使得）物体最长的方向。

注意：$(-s,c)^T(x-\overline{x},y-\overline{y})$ 表示：向量 $(x-\overline{x},y-\overline{y})^T$ 在法向量 $(-s,c)^T$ 上的**投影**长度。式 (7.7) 可以进一步整理为：

$$-x\sin\theta+y\cos\theta=-\overline{x}\sin\theta+\overline{y}\cos\theta \tag{7.8}$$

也就是说，

$$(x,y)^T(-s,c)=(\overline{x},\overline{y})^T(-s,c) \tag{7.9}$$

式 (7.9) 给出了直线的几何解释：

- 直线上所有的点在法向量方向 $(-s,c)^T$ 上的投影都**相同**，等于（直线上的某一个）固定点 $(\overline{x},\overline{y})^T$ 在法向量方向 $(-s,c)^T$ 上的投影。也就是说，法向量方向 $(-s,c)^T$ 上，（整条）直线被投影成了**一个点**。

进一步，我们需要计算平面上一点 $(x_n,y_n)^T$ 在直线（式 (7.7)）上的投影 $(x'_n,y'_n)^T$。向量 $(x_n-\overline{x},y_n-\overline{y})^T$ 在直线上的投影为向量 $(x'_n-\overline{x},y'_n-\overline{y})^T$，如图 7.11 所示。投影向量 $(x'_n-\overline{x},y'_n-\overline{y})^T$ 的长度为：向量 $(x_n-\overline{x},y_n-\overline{y})^T$ 与直线方向向量 $(c,s)^T$ 的**内积**（即 $(c,s)(x_n-\overline{x},y_n-\overline{y})^T$）；投影向量 $(x'_n-\overline{x},y'_n-\overline{y})^T$ 的方向为：直线方向向量 $(c,s)^T$，于

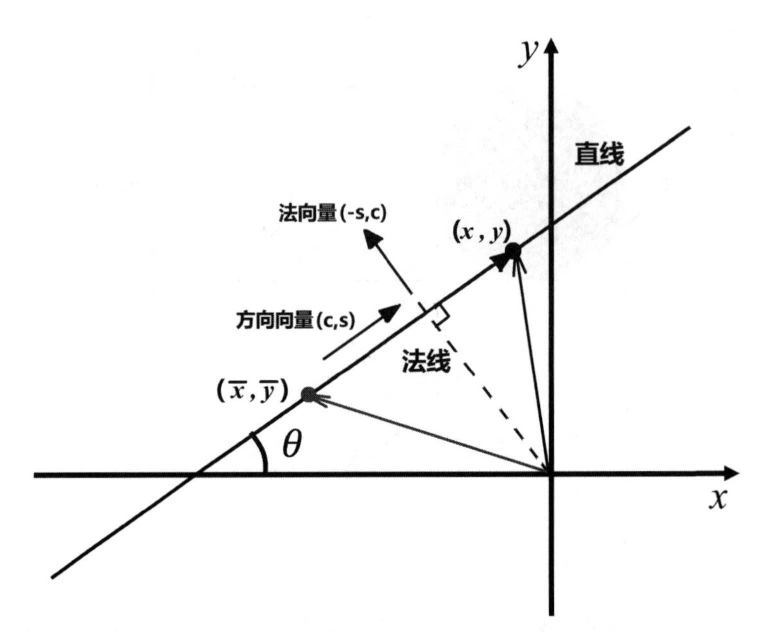

图 7.10　要确定平面上的一条直线，需要一个**定点** $(\overline{x},\overline{y})^T$ 和一个**方向** $(c,s)^T=(\cos\theta,\sin\theta)^T$，其中，$\theta$ 为直线与 x 轴之间的倾斜角。直线上的点 $(x,y)^T$ 在法向量 $(-s,c)^T$ 上的**投影**长度为定值，等于定点 $(\overline{x},\overline{y})^T$ 在法向量 $(-s,c)^T$ 上的投影长度。

是，我们得到如下关系式：

$$\begin{pmatrix} x'_n-\overline{x} \\ y'_n-\overline{y} \end{pmatrix}=\begin{pmatrix} c \\ s \end{pmatrix}\left((c,s)\begin{pmatrix} x_n-\overline{x} \\ y_n-\overline{y} \end{pmatrix}\right) \tag{7.10}$$

上式可以进一步整理为：

$$\begin{pmatrix} x'_n-\overline{x} \\ y'_n-\overline{y} \end{pmatrix}=\left(\begin{pmatrix} c \\ s \end{pmatrix}(c,s)\right)\begin{pmatrix} x_n-\overline{x} \\ y_n-\overline{y} \end{pmatrix}=\begin{pmatrix} c^2 & cs \\ cs & s^2 \end{pmatrix}\begin{pmatrix} x_n-\overline{x} \\ y_n-\overline{y} \end{pmatrix} \tag{7.11}$$

或者简写为：

$$(x'_n-\overline{x},y'_n-\overline{y})^T=\boldsymbol{P}(x_n-\overline{x},y_n-\overline{y})^T \tag{7.12}$$

其中，

$$\boldsymbol{P}=\begin{pmatrix} c^2 & cs \\ cs & s^2 \end{pmatrix} \tag{7.13}$$

称为**投影矩阵**[2]，向量$\boldsymbol{Pu}$ 为：向量 $\boldsymbol{u}$ 在 $(c,s)^T$ 方向上的**投影**①。注

①注意：$(c,s)^T$ 为单位长度向量，对于一般情况，首先需要进行归一化，即除以向量

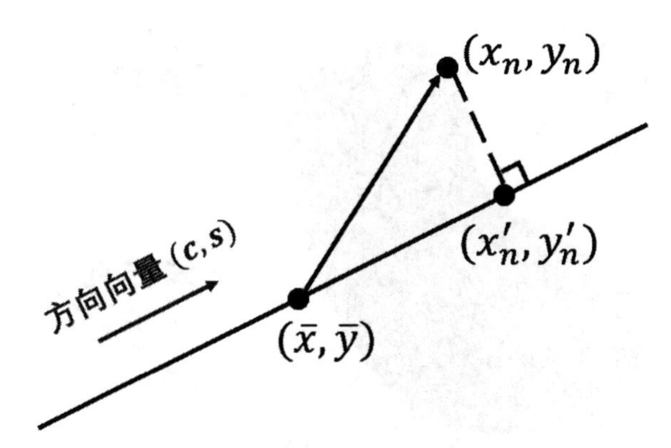

图 7.11 向量 $(x_n-\overline{x}, y_n-\overline{y})^T$ 在直线上的投影为向量 $(x'_n-\overline{x}, y'_n-\overline{y})^T$。投影向量 $(x'_n-\overline{x}, y'_n-\overline{y})^T$ 的长度为：向量 $(x_n-\overline{x}, y_n-\overline{y})^T$ 与直线方向向量 $(c,s)^T$ 的**内积**；投影向量 $(x'_n-\overline{x}, y'_n-\overline{y})^T$ 的方向为：直线方向向量 $(c,s)^T$。

意，$\boldsymbol{P}$ 是一个实对称矩阵，并且，容易验证：$\boldsymbol{P}^2=\boldsymbol{P}$，**连续投影两次等价于只投影一次**，因为投影的投影还是投影本身！

由式 (7.11)，可以得到点 $(x_n, y_n)^T$ 在直线（式 (7.7)）上的投影：

$$\begin{pmatrix} x'_n \\ y'_n \end{pmatrix} = \begin{pmatrix} c^2 & cs \\ cs & s^2 \end{pmatrix} \begin{pmatrix} x_n \\ y_n \end{pmatrix} + \begin{pmatrix} s^2 & -cs \\ -cs & c^2 \end{pmatrix} \begin{pmatrix} \overline{x} \\ \overline{y} \end{pmatrix} \tag{7.14}$$

进而可以通过遍历所有的 $\{x'_n\}$，找到最大值 x'_k 和最小值 x'_l，于是，我们就找到了物体在直线（式 (7.7)）上投影的两个端点 $(x'_k, y'_k)^T$ 和 $(x'_l, y'_l)^T$，进而，可以得到物体在直线上投影的长度：

$$L(\theta)=\sqrt{(x'_k-x'_l)^2+(y'_k-y'_l)^2} \tag{7.15}$$

最终，我们得出了计算"使得投影最长"的直线方向的算法：

1. 首先，遍历 $\theta=0, \Delta\theta, 2\Delta\theta, 3\Delta\theta, \cdots, \pi$，得到物体在不同直线上的投影长度 $\{L(\theta)\} := \{L(0), L(\Delta\theta), L(2\Delta\theta), L(3\Delta\theta), \cdots, L(\pi-\Delta\theta)\}$；

2. 然后，遍历 $\{L(\theta)\}$，找到使得 $L(\theta)$ 取得最大值的 θ；最终确定对应的直线（即：式 (7.7)）。

最后，需要指出的是，式 (7.14) 中的矩阵

$$\begin{pmatrix} s^2 & -cs \\ -cs & c^2 \end{pmatrix} = \begin{pmatrix} -s \\ c \end{pmatrix} (-s, c) \tag{7.16}$$

$(c,s)^T$ 的模长，此时，$\boldsymbol{P}=((c,s)^T(c,s))\,/\,((c,s)(c,s)^T)$。

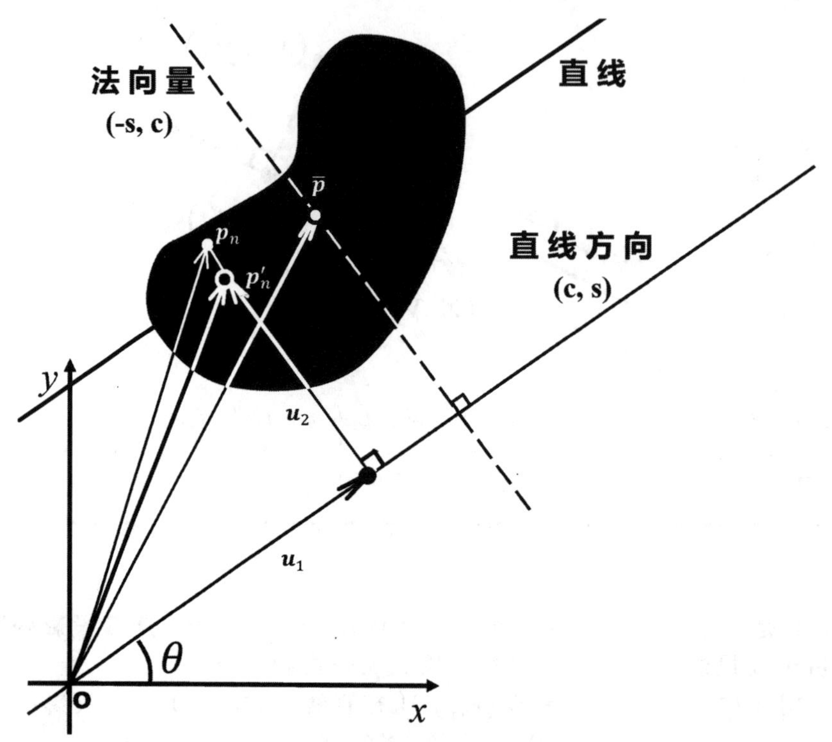

图 7.12　投影点 $\boldsymbol{p}'_n=(x'_n,y'_n)^T$ 所对应的（从原点出发的）向量等于向量 $\boldsymbol{u}_1$ 和 $\boldsymbol{u}_2$ 的和，即：$\boldsymbol{p}'_n=\boldsymbol{u}_1+\boldsymbol{u}_2$。向量 $\boldsymbol{u}_1$ 为：点 $\boldsymbol{p}_n=(x_n,y_n)^T$ 所对应的（从原点出发的）向量在直线方向向量 $(c,s)^T$ 上的**投影**；而向量 $\boldsymbol{u}_2$ 为：点 $\overline{\boldsymbol{p}}=(\overline{x},\overline{y})^T$ 所对应的（从原点出发的）向量在直线法向量 $(-s,c)^T$ 上的**投影**。

正好是：**在法向量方向的投影矩阵**！图 7.12 给出了式 (7.14) 的几何解释。投影点 $\boldsymbol{p}'_n=(x'_n,y'_n)^T$ 所对应的（从原点出发的）向量等于向量 $\boldsymbol{u}_1$ 和 $\boldsymbol{u}_2$ 的和，即：$\boldsymbol{p}'_n=\boldsymbol{u}_1+\boldsymbol{u}_2$。向量 $\boldsymbol{u}_1$ 为：点 $\boldsymbol{p}_n=(x_n,y_n)^T$ 所对应的（从原点出发的）向量在直线方向向量 $(c,s)^T$ 上的**投影**；而向量 $\boldsymbol{u}_2$ 为：点 $\overline{\boldsymbol{p}}=(\overline{x},\overline{y})^T$ 所对应的（从原点出发的）向量在直线法向量 $(-s,c)^T$ 上的**投影**。

上述通过计算物体在直线上的投影长度来寻找（使得）物体“最长”的方向的方法存在许多问题，例如：1) 计算复杂度较高，需要进行迭代；2) 只能求得近似的“最长”方向，而非精确结果。造成上述问题的原因是：计算式 (7.15) 中 $L(\theta)$ 以及最大化式 (7.15) 中 $L(\theta)$ 的过程都不存在解析解。我们希望建立一种存在解析解的模型来确定物体的朝向，以克服上述这些问题。

图 7.13 图像中某一区域的**朝向**可以被定义为：（使得图像中的物体具有）最小**转动惯量**的转动轴的方向，也就是说，当一个和图像区域形状相同的“均匀薄片”物体绕着这个轴旋转时，物体的转动惯量最小。

7.4.2 转动惯量

在实际应用中，我们通常选取：使得物体产生最小**二阶矩**的轴，来作为物体的**朝向**。在二维情况下，这个轴也是：使得物体产生最小**转动惯量**的轴。我们首先选取一条经过物体中心 $(\overline{x},\overline{y})$ 的线，然后计算：物体上所有点到这条线的距离平方的和：

$$E = \sum_{m=1}^{M} r_m^2 \tag{7.17}$$

我们希望：我们所找到的这条线使得这个平方和取得最小值。式 (7.17) 中，r_m 表示：物体上的第 m 个点 $(x_m, y_m)^T$ 到直线的距离。注意，我们还没有找到这条直线，我们的优化目标是找到这条直线。

为了计算式 (7.17) 中 E 的最小值，我们首先需要计算：平面上的点 $\boldsymbol{p}_m = (x_m, y_m)^T$ 到直线（式 (7.7)）的垂直距离 r_m，即：图 7.14 中向量 $\boldsymbol{p}_m - \boldsymbol{p}'_m$ 的长度。注意，向量 $\boldsymbol{p}_m - \boldsymbol{p}'_m = (x_m - x'_m, y_m - y'_m)^T$ 是向量 $\boldsymbol{p}_m - \overline{\boldsymbol{p}} = (x_m - \overline{x}, y_m - \overline{y})^T$ 在直线法向量 $\boldsymbol{n} = (-s, c)^T$ 上的**投影**，因此，

$$r_m = \boldsymbol{n}^T\left(\boldsymbol{p}_m - \overline{\boldsymbol{p}}\right) = \left(\boldsymbol{p}_m - \overline{\boldsymbol{p}}\right)^T \boldsymbol{n} \tag{7.18}$$

进一步，可以得到：

$$r_m^2 = r_m r_m = \boldsymbol{n}^T\left(\boldsymbol{p}_m - \overline{\boldsymbol{p}}\right)\left(\boldsymbol{p}_m - \overline{\boldsymbol{p}}\right)^T \boldsymbol{n} \tag{7.19}$$

于是，物体（包含 M 个点）的转动惯量为：

$$E = \sum_{m=1}^{M} r_m^2 = \boldsymbol{n}^T \boldsymbol{S} \boldsymbol{n} \tag{7.20}$$

其中矩阵 $\boldsymbol{S}$ 为：

$$\boldsymbol{S} = \sum_{m=1}^{M} (\boldsymbol{p}_m - \overline{\boldsymbol{p}})(\boldsymbol{p}_m - \overline{\boldsymbol{p}})^T \tag{7.21}$$

式 (7.20) 的具体形式为：

$$E = (-s\,c) \begin{pmatrix} a & b \\ b & d \end{pmatrix} \begin{pmatrix} -s \\ c \end{pmatrix} \tag{7.22}$$

其中，

$$a = \sum_{m=1}^{M} (x_m - \overline{x})^2 \tag{7.23}$$

$$b = \sum_{m=1}^{M} (x_m - \overline{x})(y_m - \overline{y}) \tag{7.24}$$

$$d = \sum_{m=1}^{M} (y_m - \overline{y})^2 \tag{7.25}$$

式 (7.22) 是一个**二次型**[2]，我们可以通过特征值分析来有效求解二次型极值问题①。注意，式 (7.22) 中的矩阵

$$\boldsymbol{S} = \begin{pmatrix} a & b \\ b & d \end{pmatrix} \tag{7.26}$$

是一个**实对称**矩阵，即：$\boldsymbol{S}^T = \boldsymbol{S}$，因此，矩阵 $\boldsymbol{S}$ 有两个相互**垂直**（或**正交**）的特征向量[2]。假设 $\boldsymbol{u}_1$ 和 $\boldsymbol{u}_2$ 是矩阵 $\boldsymbol{S}$ 的两个特征向量，对应的两个特征值为 λ_1 和 λ_2，根据定义：

$$\boldsymbol{S}\boldsymbol{u}_1 = \lambda_1 \boldsymbol{u}_1 \qquad \text{和} \qquad \boldsymbol{S}\boldsymbol{u}_2 = \lambda_2 \boldsymbol{u}_2 \tag{7.27}$$

进一步，可以计算：

$$(\boldsymbol{S}\boldsymbol{u}_1)^T \boldsymbol{u}_2 = \boldsymbol{u}_1^T (\boldsymbol{S}^T \boldsymbol{u}_2) = \boldsymbol{u}_1^T (\boldsymbol{S}\boldsymbol{u}_2) \tag{7.28}$$

带入式 (7.27)，我们发现：

$$\lambda_1 \boldsymbol{u}_1^T \boldsymbol{u}_2 = \lambda_2 \boldsymbol{u}_1^T \boldsymbol{u}_2 \tag{7.29}$$

---

①关于特征值和特征向量的相关内容参见：《线性代数引论》(第四版) 第六章内容，Gilbert Strang [著]，王亮，张全兴，于欣妍 [译]，中国青年出版社。

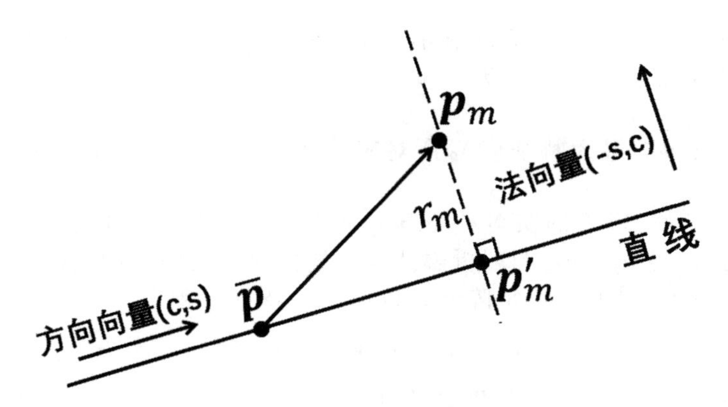

图 7.14 向量 $\boldsymbol{p}_m - \boldsymbol{p}'_m = (x_m - x'_m, y_m - y'_m)^T$ 是向量 $\boldsymbol{p}_m - \overline{\boldsymbol{p}} = (x_m - \overline{x}, y_m - \overline{y})^T$ 在直线的法向量方向 $\boldsymbol{n} = (-s, c)^T$ 上的**投影**，其中，$\boldsymbol{p}'_m = (x'_m, y'_m)^T$ 是点 $\boldsymbol{p}_m = (x_m, y_m)^T$ 在直线上的投影点。

如果 $\lambda_1 \neq \lambda_2$，那么 $\boldsymbol{u}_1^T \boldsymbol{u}_2 = 0$，也就是说，$\boldsymbol{u}_1$ 和 $\boldsymbol{u}_2$ 相互垂直（或**正交**）。如果 $\lambda_1 = \lambda_2$，那么 $\boldsymbol{u}_1$ 和 $\boldsymbol{u}_2$ 的线性组合也是矩阵 $\boldsymbol{S}$ 的特征向量，此时，特征向量 $\boldsymbol{u}_1$ 和 $\boldsymbol{u}_2$ 张成矩阵 $\boldsymbol{S}$ 的**特征子空间**，我们可以选取两个相互垂直（或正交）的向量 $\boldsymbol{u}_1$ 和 $\boldsymbol{u}_2$ 作为特征子空间的**基**。

进一步，我们可以将两个特征向量 $\boldsymbol{u}_1$ 和 $\boldsymbol{u}_2$ 归一化为单位长度的向量，此时，$\boldsymbol{u}_1$ 和 $\boldsymbol{u}_2$ 满足如下性质：

$$\boldsymbol{u}_1^T \boldsymbol{u}_1 = 1, \qquad \boldsymbol{u}_2^T \boldsymbol{u}_2 = 1 \qquad \text{和} \qquad \boldsymbol{u}_1^T \boldsymbol{u}_2 = 0 \tag{7.30}$$

于是，任意单位长度的向量 $\boldsymbol{n}$ 都可以表示成 $\boldsymbol{u}_1$ 和 $\boldsymbol{u}_2$ 的线性组合：

$$\boldsymbol{n} = w_1 \boldsymbol{u}_1 + w_2 \boldsymbol{u}_2 \qquad (\text{其中 } w_1^2 + w_2^2 = 1) \tag{7.31}$$

注意，$\boldsymbol{n}^T \boldsymbol{n} = w_1^2 \boldsymbol{u}_1^T \boldsymbol{u}_1 + 2 w_1 w_2 \boldsymbol{u}_1^T \boldsymbol{u}_2 + w_2^2 \boldsymbol{u}_2^T \boldsymbol{u}_2 = 1$，带入式 (7.30)，即可得到约束条件 $w_1^2 + w_2^2 = 1$。于是，我们可以进一步计算式 (7.20) 中的转动惯量，即：

$$E = (w_1 \boldsymbol{u}_1 + w_2 \boldsymbol{u}_2)^T \boldsymbol{S} (w_1 \boldsymbol{u}_1 + w_2 \boldsymbol{u}_2) = w_1^2 \lambda_1 + w_2^2 \lambda_2 \tag{7.32}$$

不是一般性，假设 $\lambda_1 \leq \lambda_2$，最终，我们得到：

$$\lambda_1 \leq E \leq \lambda_2 \tag{7.33}$$

转动惯量 E 的最小值 λ_1 对应于 $w_1^2 = 1$、$w_2^2 = 0$，此时，$\boldsymbol{n} = \boldsymbol{u}_1$；而 E 的最大值 λ_2 对应于 $w_1^2 = 0$、$w_2^2 = 1$，此时，$\boldsymbol{n} = \boldsymbol{u}_2$。使得物体转动惯量最小的朝向所在直线的法向量 $\boldsymbol{n}$ 为：矩阵 $\boldsymbol{S}$ 的最小特征值 λ_1 所对应的（单位长度）特征向量 $\boldsymbol{u}_1$。注意，直线的方向向量 $(c, s)^T$ **垂直**于直线

的法向量 $\boldsymbol{n}$，并且，$\boldsymbol{u}_1$ 垂直于 $\boldsymbol{u}_2$（参见式 (7.30)），因此，使得物体转动惯量**最小**的朝向 $(c,s)^T$ 为：

- 矩阵 $\boldsymbol{S}$ 的**最大**特征值 λ_2 所对应的（单位长度）特征向量 $\boldsymbol{u}_2$。

矩阵 $\boldsymbol{S}$ 是一个 2×2 的实对称矩阵，我们可以直接求出特征值 λ_1 和 λ_2 以及特征向量 $\boldsymbol{u}_1$ 和 $\boldsymbol{u}_2$ 的解析表达式。矩阵 $\boldsymbol{S}-\lambda\boldsymbol{I}$ 的行列式等于 0（其中矩阵 $\boldsymbol{I}$ 是 2×2 的单位矩阵），以此得到特征方程[①]：

$$\lambda^2-(a+d)\lambda+ac-b^2=0 \tag{7.34}$$

我们可以求得特征方程的两个根为：

$$\lambda_1=\frac{1}{2}\left(a+d-\sqrt{(a-d)^2+4b^2}\right) \qquad \lambda_2=\frac{1}{2}\left(a+d+\sqrt{(a-d)^2+4b^2}\right) \tag{7.35}$$

令 $e=\sqrt{(a-c)^2+4b^2}$，可以进一步得到：

$$\boldsymbol{S}-\lambda_1\boldsymbol{I}=\begin{pmatrix} \frac{1}{2}(a-d+e) & b \\ b & \frac{1}{2}(d-a+e) \end{pmatrix} \tag{7.36}$$

由 $(\boldsymbol{S}-\lambda_1\boldsymbol{I})\boldsymbol{u}_1=0$ 可得：

$$\boldsymbol{u}_1=\frac{1}{\sqrt{4b^2+(a-d+e)^2}}\begin{pmatrix} -2b \\ a-d+e \end{pmatrix} \tag{7.37}$$

同理，可以进一步得到：

$$\boldsymbol{S}-\lambda_2\boldsymbol{I}=\begin{pmatrix} \frac{1}{2}(a-d-e) & b \\ b & \frac{1}{2}(d-a-e) \end{pmatrix} \tag{7.38}$$

由 $(\boldsymbol{S}-\lambda_2\boldsymbol{I})\boldsymbol{u}_2=0$ 可得：

$$\boldsymbol{u}_2=\frac{1}{\sqrt{4b^2+(a-d-e)^2}}\begin{pmatrix} -2b \\ a-d-e \end{pmatrix} \tag{7.39}$$

最终，我们求得了物体朝向 $(c,s)^T$ 的解析解：

$$c=\frac{-2b}{\sqrt{4b^2+(a-d-e)^2}} \qquad \text{和} \qquad s=\frac{a-d-e}{\sqrt{4b^2+(a-d-e)^2}} \tag{7.40}$$

物体朝向 $(c,s)^T$ 与 x–轴的夹角为：

$$\theta=\arctan\left(\frac{e-(a-d)}{2b}\right) \tag{7.41}$$

较之于上一节中的基于投影长度的物体朝向判断方法，基于转动惯量方法可以直接计算物体的朝向，不需要使用迭代算法来近似求解。

[①] 更简洁的方法是使用特征值的性质：1) 特征值之和等于矩阵的**迹**；2) 特征值的乘积等于矩阵的**行列式**，也就是说，$\lambda_1+\lambda_2=a+d$ 和 $\lambda_1\lambda_2=ad-b^2$。

在一些智能交互任务中，物体的朝向信息是非常有用的，例如：在抓取物体的过程中，首先，根据**中心** $(\overline{x},\overline{y})^T$ 确定机械手要移动到的位置；然后，根据**朝向** $(c,s)^T$ 调整机器手的姿态；最后，对物体进行抓取操作。再比如，对物体的智能识别。直观上，物体越"圆"，朝向信息越不明显；物体越"长"，朝向信息越明显，因此，物体的最小转动惯量 λ_1 和最大转动惯量 λ_2 的比值：

$$\tau = \frac{\lambda_1}{\lambda_2} = \frac{a+d-\sqrt{(a-d)^2+4b^2}}{a+d+\sqrt{(a-d)^2+4b^2}} \tag{7.42}$$

可以作为判断物体形态特征（即：物体有"多么圆"）的一个标准。对于直线，$\tau = 0$；对于圆，$\tau = 1$。当然，也可以采用其他的判断准则，例如："差别"比上"均值"，具体形式为：

$$\overline{\tau} = \frac{\lambda_2 - \lambda_1}{(\lambda_1+\lambda_2)/2} = \frac{2\sqrt{(a-d)^2+4b^2}}{a+c} \tag{7.43}$$

另外一个计算量更小的判断标准是：**几何平均值**与**算术平均值**比值的平方（参见第10章10.5小节的内容），也就是说，

$$\widetilde{\tau} = \left(\frac{\sqrt{\lambda_1\lambda_2}}{(\lambda_1+\lambda_2)/2}\right)^2 = \frac{4(ad-b^2)}{(a+d)^2} \tag{7.44}$$

这里用到了矩阵特征值的下面两个性质：

$$\lambda_1\lambda_2 = \det(\boldsymbol{S}) = ad - b^2 \quad 和 \quad \lambda_1\lambda_2 = a+d \tag{7.45}$$

在下一节中，我们实现了一个夜间车灯识别系统，形态学指标τ被用来识别圆形的车灯。当然，区域面积也是一个重要的指标。

最后需要指出的是：矩阵 $\boldsymbol{S}$ 是一个**半正定**矩阵，也就是说，矩阵 $\boldsymbol{S}$ 的两个特征值 λ_1 和 λ_2 都是非负数。根据式(7.20)，对于任意的向量 $\boldsymbol{n}$，对应的二次型 $E = \boldsymbol{n}^T\boldsymbol{S}\boldsymbol{n}$ 都**非负**，因为 $E = \sum r_m^2 \geq 0$。这正好是**半正定**矩阵的定义。我们也可以直接计算两个特征值 λ_1 和 λ_2 的正负。根据式(7.23)和式(7.25)可知：$a \geq 0$ 和 $d \geq 0$，因此，式(7.35)中的 $\lambda_2 \geq 0$。根据**柯西-施瓦兹**不等式，$ad \geq b^2$，进一步，可以计算：

$$\lambda_1\lambda_2 = ad - b^2 \geq 0 \tag{7.46}$$

因此，$\lambda_1 \geq 0$。矩阵 $\boldsymbol{S}$ 的两个特征值 λ_1 和 λ_2 都非负。

7.5 夜间车灯预警系统

基于本章的理论知识，我们设计了一个夜间车灯预警系统，如图7.15所示。系统通过实时检测车灯轨迹，及时对危险车辆进行预警，

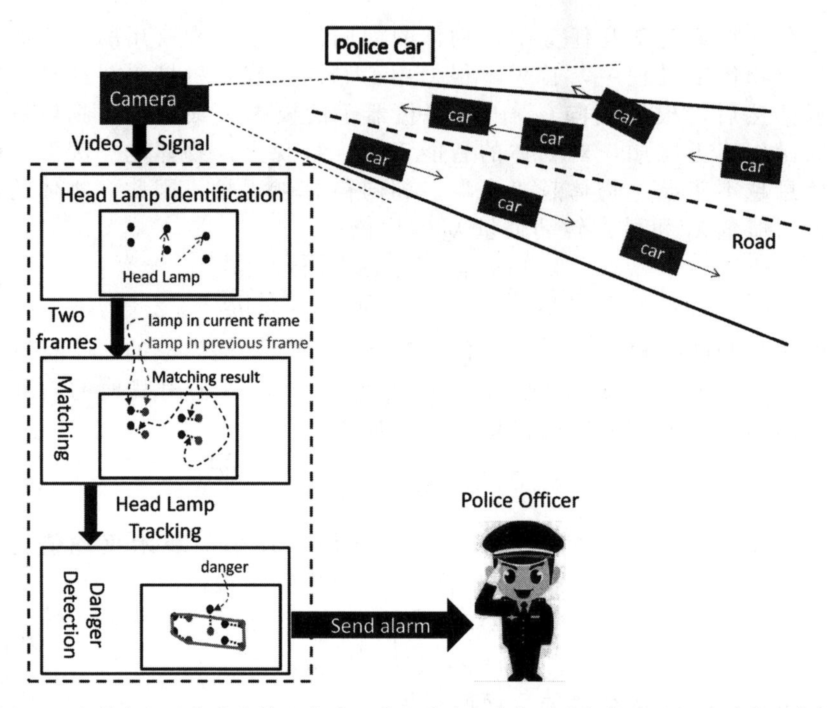

图 7.15　夜间车灯预警系统的示意图。系统通过实时检测车灯轨迹，及时对危险车辆进行预警，从而为路边工作人员（例如交警）争取宝贵的逃离时间。

从而为路边工作人员（例如交警）争取宝贵的逃离时间①。系统包括三个模块（参见图 7.15）：1) 识别和跟踪车灯，2) 正常车灯“区域”的学习与维护，3) 对危险车辆的预警。我们将逐一介绍系统三个模块的实现方式。

系统平台运行在智能手机上，考虑到智能手机计算性能的约束，我们采用本章中的二值图处理方法来进行车灯识别。首先，设置一个阈值（例如图像亮度最大值的 1/2），从而生成一张**二值图** $\{b_{i,j}\}$；然后，采用图 7.7 所示的**串行标注**算法，将图像中的各个区域标注出来。为了节省计算开销，在二值图的遍历标注过程中，设置一些累加器，用于记录下：

$$A_k = \sum_{b_{i,j}} \sum_{\in \mathcal{L}_k} b_{i,j} \tag{7.47}$$

①参见：L. Wang & B. K.P. Horn, “Machine Vision to Alert Roadside Personnel of Night Traffic Threats,” *IEEE Trans. on Intelligent Transportation Systems*, pp. 3245-3254, 2018.

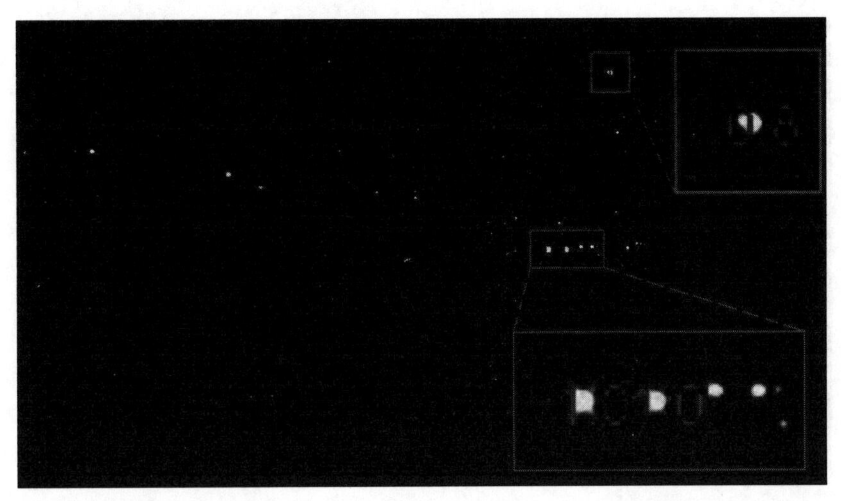

图 7.16 转动惯量可以被进一步用于判断图像区域的形状，然后，和面积一起作为**形态学特征**，对图像区域进行筛选。图中的数值表示：最小和最大转动惯量的比值 λ_1/λ_2。

其中 $\mathcal{L}_k$ 表示标号为 k 的区域。同时，还要记录下：

$$\sum_{b_{i,j}}\sum_{\in\mathcal{L}_k} b_{i,j}\, j \qquad \text{和} \qquad \sum_{b_{i,j}}\sum_{\in\mathcal{L}_k} b_{i,j}\, i \tag{7.48}$$

用于后面计算**区域中心**，同时记录下来的还有：

$$\sum_{b_{i,j}}\sum_{\in\mathcal{L}_k} b_{i,j}\, j^2, \qquad \sum_{b_{i,j}}\sum_{\in\mathcal{L}_k} b_{i,j}\, ij, \qquad \sum_{b_{i,j}}\sum_{\in\mathcal{L}_k} b_{i,j}\, i^2, \tag{7.49}$$

用于后面计算区域的**形状和朝向**。串行扫描结束后，根据扫描结果对**连通区域**进行归并，如图 7.7 所示。然后，根据连通区域归并结果，将上面的计算结果对应地叠加在一起，生成各个连通区域的对应数据。整个过程中，我们只对二值图进行了**一次遍历**，较之于传统的连通区域标注算法（需要进行两次遍历），节省了一半的工作量。

根据本章所介绍的方法，我们可以通过上述数据直接计算出：各个区域的**面积**、**中心**和**转动惯量**。转动惯量被进一步用于判断图像区域的形状，然后，和面积一起作为**形态学特征**，对图像区域进行筛选，如图 7.16 所示。区域中心将被用于后续的车灯跟踪过程。

受计算性能的约束，我们直接使用经典的**匈牙利算法**实现两帧图像中（多个）中心点之间的匹配，进而完成对车灯的跟踪，跟踪的结果可以帮助我们进一步区分“车灯”和“路灯”。根据车灯的识别和跟踪结果，我们用所有车灯（的中心点）所构成的**凸包**，来做为正常

图 7.17　根据车灯的识别和跟踪结果，我们用所有车灯（的中心点）所构成的**凸包**，来做为正常车灯“区域”，并定时（例如每隔五分钟）对其进行更新与维护。

车灯“区域”，并定时（例如每隔五分钟）对其进行更新与维护，如图 7.17 所示。

最后，我们需要实时识别：冲出正常车灯“区域”的车灯，及时发送预警信息给道路旁边的工作人员，例如交警。受智能手机计算能力的约束，我们需要使用一些技巧来减少计算量。如果车灯在正常车灯“区域”的内部，那么，凸包的面积不会发生明显变化，但是，一旦车辆突然冲出正常车灯“区域”，凸包的面积会立刻发生很大变化。因此，可以通过计算凸包的面积，来实现对危险车辆的预警。

为了完成这一任务，我们必须解决的一个熟悉问题是：如何根据多边形的（所有）顶点 $(x_0, y_0), (x_1, y_1), \cdots, (x_n, y_n)$ 来计算多边形的面积 A? 事实上，这个问题已经得到了解决，相应的面积计算公式为：

$$A = \frac{1}{2}\left|\sum_{n=0}^{n} x_n\big(y_{n+1} - y_{n-1}\big)\right| \tag{7.50}$$

参见习题 7.9。受到手机计算性能的约束，实时预警任务对识别和跟踪算法提出了很高的要求。通过运用本章中介绍的**二值图处理技术**，我们顺利地完成了这一任务，图 7.18 中给出了系统的实验结果。

图 7.19 中所示的是系统的测试与验证环境，系统运行在安卓手机上，通过蓝牙通信与智能穿戴设备进行交互，传送预警信号，后面的摄像机记录下实验结果，用于后续的实验效果分析和系统性能评估。

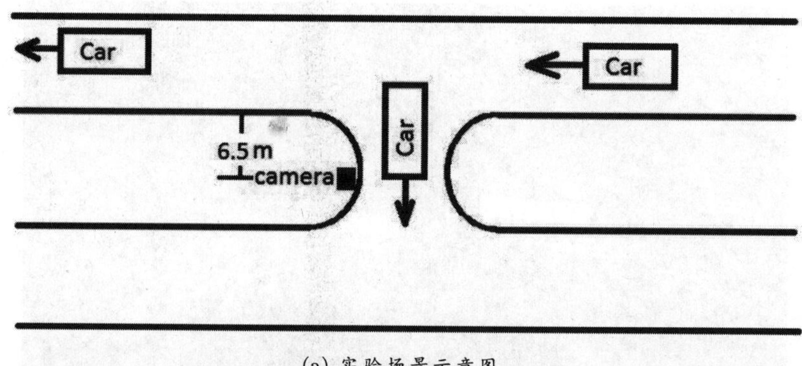

(a) 实验场景示意图

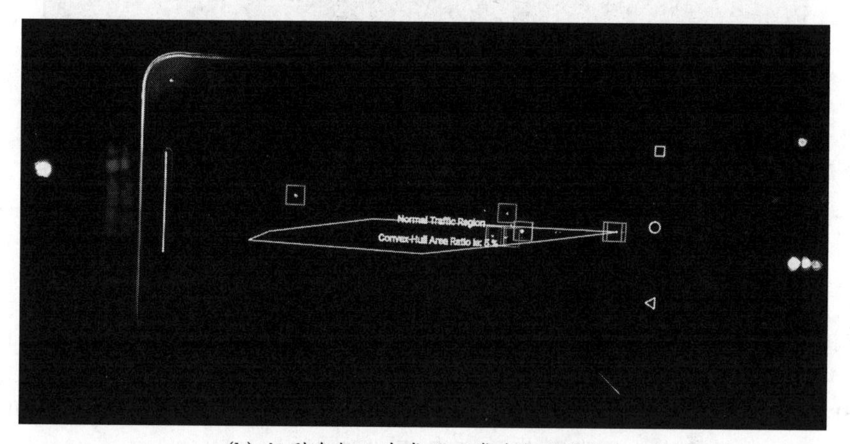

(b) 识别车灯，生成“正常车灯区域”

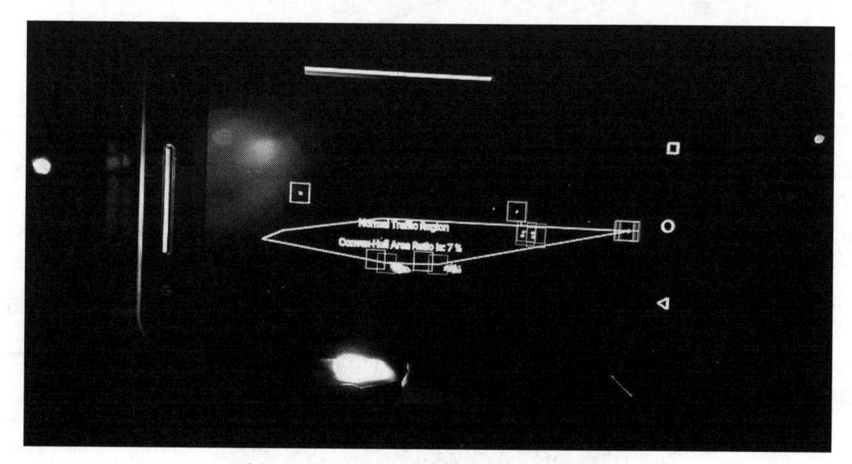

(c) 检测突然拐弯的车辆，及时报警

图 7.18 实验结果演示。正常车辆直行经过路口，系统对转弯的车辆实时预警。

图 7.19 预警系统运行在安卓手机上，通过蓝牙通信与智能穿戴设备进行交互，传送报警信号。后面的摄像机记录下的结果，被用于实验效果分析和系统性能评估。

7.6 习题

习题 7.1 根据图 7.3 中的二值图，请分别计算：区域面积、中心和朝向，从而为后续的机器臂抓取任务提供依据。

习题 7.2 在计算**朝向**的过程中，如果直接通过式 (7.23)、(7.24) 和 (7.25) 来计算 a、b 和 c，我们需要再次进行扫描，也就是说，通过第一次扫描来算出中心 $\overline{x}$ 和 $\overline{y}$，然后用于式 (7.23)、(7.24) 和 (7.25) 中所描述的第二次扫描计算。请问：是否可以只通过一次扫描，就直接计算出区域面积、中心和朝向？如果能，请给出具体方法。

提示： 请证明如下关系：

$$\sum_{m=1}^{M}(x_m-\overline{x})^2=\left(\sum_{m=1}^{M}x_m^2\right)-\frac{1}{M}\left(\sum_{m=1}^{M}x_m\right)^2 \tag{7.51}$$

习题 7.3 请证明：**转动惯量**的极值可以被写为如下形式

$$E=\frac{1}{2}(a+d)\pm\frac{1}{2}\sqrt{4b^2+(a-d)^2} \tag{7.52}$$

其中，a、b 和 d 的定义为：式 (7.23)、(7.24) 和 (7.25)。证明：$E\geq 0$。请说明：什么时候 $E=0$?

习题 7.4 请证明：式 (7.20) 中所给出的沿着倾角为 θ 的轴的**二阶矩**，可以被整理为如下的表达式

$$E = \frac{1}{2}(a+d) - \frac{1}{2}(a-d)\cos 2\theta - b\sin 2\theta \tag{7.53}$$

请证明：上式可以被进一步写为如下形式

$$E = \frac{1}{2}(a+d) + \frac{1}{2}\sqrt{4b^2+(a-d)^2}\cos 2(\theta-\phi) \tag{7.54}$$

上式中的 ϕ 等于多少？

习题 7.5 a、b 和 d 的定义分别为：式 (7.23)、(7.24) 和 (7.25)。

(a) 如果我们所使用的变量是 x 和 y，而不是 x' 和 y'，那么，a、b 和 d 的表达式是什么？

(b) 本章中给出了：**转动惯量**关于 $\sin 2\theta$ 和 $\cos 2\theta$ 的表达式。进一步，请将其写为：关于 $\sin\theta$ 和 $\cos\theta$ 的表达式。

习题 7.6 有时候，将一个图像的形状简化为：一个只具有**零阶矩**、**一阶矩**和**二阶矩**的简单图形，是非常有用的。让我们来考虑一个边界为椭圆的区域。椭圆的两个半轴分别为：x–轴和 y 轴，并且，两个半轴的长度分别为 α 和 β。因此，椭圆的方程为：

$$\left(\frac{x}{\alpha}\right)^2 + \left(\frac{y}{\beta}\right)^2 = 1 \tag{7.55}$$

证明：沿着某一条过原点的轴，该椭圆（区域）的**二阶矩**的最大值和最小值分别为：$\pi\alpha^3\beta/4$ 和 $\pi\alpha\beta^3/4$。

假设对于某一个图像区域，在给定一条倾角为 θ 的轴以后，该区域的**二阶矩**为如下形式：

$$E = a\sin^2\theta - b\sin\theta\cos\theta + c\cos^2\theta \tag{7.56}$$

请计算：该区域的“等效椭圆”的长轴和短轴。区域的“等效椭圆”是指：该区域和它的“等效椭圆”具有相同的**转动惯量**。

习题 7.7 如果向量 $\mathbf{v}$ 具有如下性质，也就是说，存在常数 λ，使得 $\mathbf{M}\mathbf{v} = \lambda\mathbf{v}$，那么，$\mathbf{v}$ 被称为：矩阵 $\mathbf{M}$ 的**特征向量**；常数 λ 被称为：相应的**特征值**。

(a) 证明：如下的 2×2 矩阵

$$\begin{pmatrix} a & b/2 \\ b/2 & c \end{pmatrix} \tag{7.57}$$

有两个实的特征值：

$$\frac{1}{2}(a+c)\pm\frac{1}{2}\sqrt{b^2+(a-c)^2} \tag{7.58}$$

提示：齐次线性方程组有非零解，当且仅当：它的系数矩阵的**行列式**等于零。

(b) 证明：对应的两个**特征向量**分别为：

$$\begin{pmatrix} \sqrt{\sqrt{(a-c)^2+b^2}-(c-a)} \\ \sqrt{\sqrt{(a-c)^2+b^2}-(a-c)} \end{pmatrix}^T, \begin{pmatrix} \sqrt{\sqrt{(a-c)^2+b^2}-(a-c)} \\ -\sqrt{\sqrt{(a-c)^2+b^2}-(c-a)} \end{pmatrix}^T$$

(c) 证明：这两个特征向量相互垂直，并且，其**模长**为：

$$\sqrt{2\sqrt{(a-c)^2+b^2}} \tag{7.60}$$

(d) 最小**转动惯量**所对应的轴是什么？

习题 7.8 请说明如何通过：水平投影、竖直投影、沿着倾角 θ 方向的投影 $p_\theta(t)$，来计算积分：

$$\iint_I xyb(x,y)dxdy \tag{7.61}$$

其中，沿着倾角 θ 方向的投影 $p_\theta(t)$ 为：

$$p_\theta(t)=\int b(t\cos\theta-s\sin\theta, t\sin\theta+s\cos\theta)ds \tag{7.62}$$

请问：θ 需要满足什么约束条件？

习题 7.9 本章中，我们假设：二值图是一个 0/1 矩阵（即：由 0 和 1 所构成矩阵）。同样，我们可能会用到：图中的一组区域边界。我们可以将每一个边界都近似地表示为一个多边形。

请证明：我们可以通过下式来计算曲面的面积。

$$A=+\oint_{\partial R} xdy=-\oint_{\partial R} ydx \tag{7.63}$$

式(7.63)中的积分是沿着：R 的边界 ∂R，按逆时针方向进行的。进一步，请说明：如何通过上述结论来推导出式(7.50)。

提示：使用 Green **积分定理**：边界上的**线积分**等于边界所围成的区域上的**面积分**。

习题 7.10 本题中，我们将研究：如何生成标准图形（例如：直线和圆）所对应的**离散二值图**。在很多实际应用中，都会涉及这个问题，例如：在第 2 章 2.5.2 小节中，我们介绍了**计算机层析成像**（CT）技

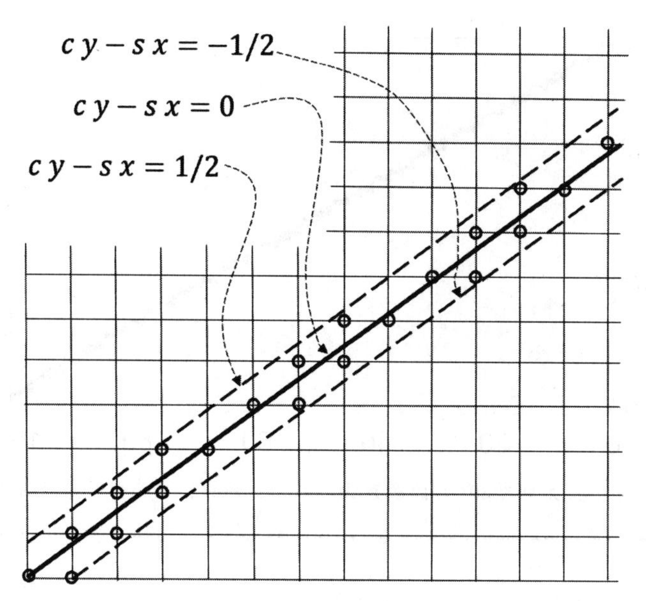

图 7.20 假设直线过原点，并且，和 x–轴之间的夹角 θ 在 0° 和 45° 之间。我们将直线的宽度设为 1 个像素距离，此时，直线的离散二值图就是：所有使得 $-\frac{1}{2}\leq cy-sx\leq\frac{1}{2}$ 成立的**整数对** (x_n,y_n)。

术，其中的一个重要任务是：自动确定图 2.14 中的某一条直线所对应的**离散点集**，进而自动生成式 (2.70) 中的 0/1 矩阵 $\boldsymbol{A}$。

(a) 首先，让我们来考虑一个特殊情况：直线过原点，并且，和 x–轴之间的夹角 θ 在 0° 和 45° 之间。我们将直线的宽度设为 1 个像素距离，如图 7.20 所示。此时，我们的问题就变得清晰明确了，也就是说，寻找所有使得

$$-\frac{1}{2}\leq cy-sx\leq\frac{1}{2} \tag{7.64}$$

成立的**整数对** (x_n,y_n)，其中 $c=\cos\theta,\ s=\sin\theta$。使得式 (7.64) 成立的整数对都是从 $(x_0,y_0)=(0,0)$ 开始的，我们可以通过“跟踪”（包括计算和存储两个过程）：

$$\tau_1(x_n,y_n)=cy_n-sx_n+\frac{1}{2} \tag{7.65}$$

$$\tau_2(x_n,y_n)=cy_n-sx_n-\frac{1}{2} \tag{7.66}$$

来找到所有的**整数对** (x_n,y_n)。算法的基本过程为：假设 (x_n,y_n)

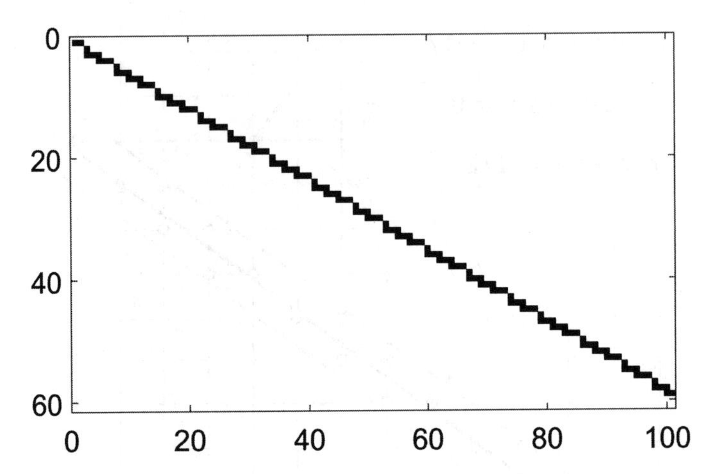

图 7.21　与 x–轴夹角为 30° 的**离散直线**。在二值图中，直线所对应于**离散点集**。

满足式 (7.64)，计算

$$\tau_1(x_n+1, y_n) = \tau_1(x_n, y_n) - s \tag{7.67}$$

然后，执行下面的更新过程：

1. 如果 $\tau_1 \geq 0$，令 $(x_{n+1}, y_{n+1}) = (x_n+1, y_n)$；更新 τ_1 和 τ_2，也就是说，$\tau_1(x_{n+1}, y_{n+1}) = \tau_1(x_n, y_n) - s$，$\tau_2(x_{n+1}, y_{n+1}) = \tau_2(x_n, y_n) - s$。

2. 如果 $\tau_1 < 0$，进一步，计算

$$\tau_2(x_n, y_n+1) = \tau_2(x_n, y_n) + c \tag{7.68}$$

   然后，继续执行下面的更新过程：

   - 如果 $\tau_2 \leq 0$，令 $(x_{n+1}, y_{n+1}) = (x_n, y_n+1)$；进一步，更新 τ_1 和 τ_2，也就是说，令 $\tau_1(x_{n+1}, y_{n+1}) = \tau_1(x_n, y_n) + c$，$\tau_2(x_{n+1}, y_{n+1}) = \tau_2(x_n, y_n) + c$。
   - 如果 $\tau_2 > 0$，令 $(x_{n+1}, y_{n+1}) = (x_n+1, y_n+1)$；进一步，更新 τ_1 和 τ_2，也就是说，令 $\tau_1(x_{n+1}, y_{n+1}) = \tau_1(x_n, y_n) + c - s$，$\tau_2(x_{n+1}, y_{n+1}) = \tau_2(x_n, y_n) + c - s$。

请结合图 7.20 说明算法的正确性。进一步，请编写程序生成一条 $\theta = 30°$ 的**离散直线**，如图 7.21 所示。

提示：可否去掉条件“和 x–轴之间的夹角 θ 在 0° 和 45° 之间”？

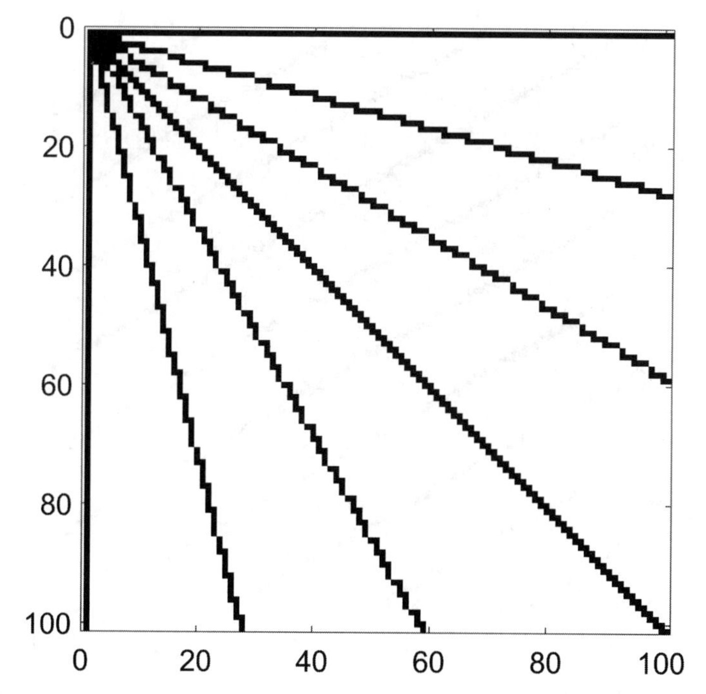

图 7.22 与 x–轴的夹角 θ 从 0° 到 90°，间隔为 15° 的所有（过原点的）直线

(b) 在上一小题给出的算法中，我们需要“跟踪”两个量 τ_1 和 τ_2，来生成对应的直线。如果我们想要只“跟踪”一个量，例如 τ_1，来生成一条**离散直线**，应该做何调整？请用这种方法编写程序生成一条 $\theta = 30°$ 的离散直线（图像大小为 60×100）。

提示：如何确保式 (7.68) 中的 τ_2 始终是一个正数（或者始终是一个负数）？

(c) 如果直线和 x–轴之间的夹角 θ 在 45° 和 90° 之间，我们应该如何调整算法，生成对应的**离散直线**？如何将其拓展到任意角度的情况？请画出 θ 从 0° 到 90°，间隔 15° 的所有（过原点的）直线，如图 7.22 所示。

(d) 如果直线不经过原点，我们应该如何调整算法，生成对应的**离散直线**？于是，我们可以逐一地生成一组**平行直线**。请生成一组与 x–轴之间的夹角 $\theta = 30°$、线与线之间等间距（例如 13 个像素距离）的平行直线，如图 7.23 所示。

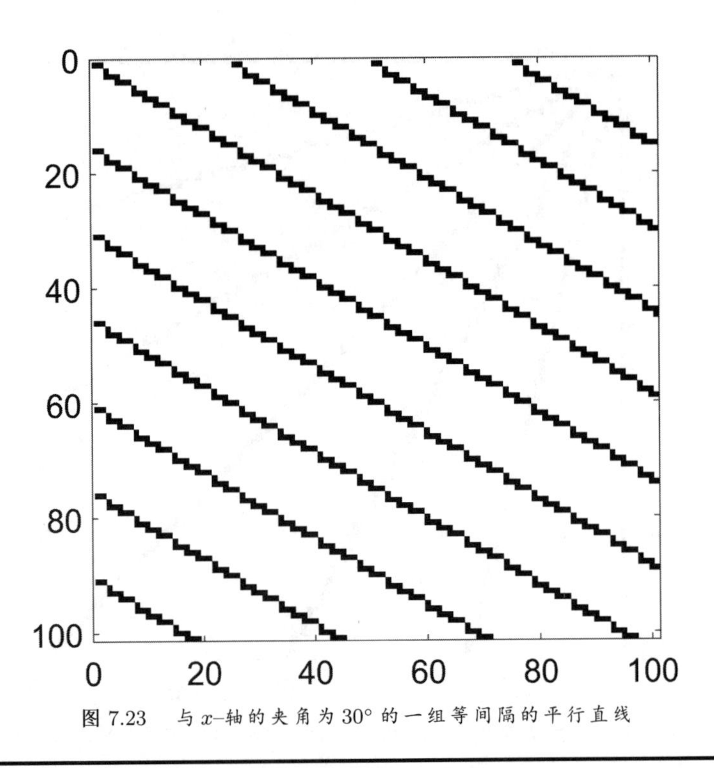

图 7.23　与 x–轴的夹角为 30° 的一组等间隔的平行直线

(e) 对于每个方向，我们都可以生成一组平行直线，从而完成图 2.13 中的 **CT 扫描**过程。请用一张 100×100 的图像，例如图 2.3(a)，来进行 CT 扫描实验，完成研究报告。

提示：在 CT 扫描实验的过程中，二值图 7.21 中的离散直线事实上就是一个**索引表**，用以逐个“查找”对应的像素点。

第 8 章　离散线性系统

添加本小节完全是出于教学需要，我们在讲授图像处理相关内容时，发现很多学生对信号与系统的相关知识缺乏深刻理解，因此，重新简要回顾离散信号与线性系统的知识内容，对于进一步深刻理解图像处理相关方法和理论是必要的！我们尝试从线性代数的基本思想出发，将**离散线性系统**的相关思想深入浅出地解释清楚，以便读者将相关知识推广到二维的情况，进而深入理解图像处理的理论与方法。

记得在 2011 年 9 月，我刚刚到 MIT 数学系访学，我的恩师 **Gilbert Strang** 教授给我出的第一道题是：求矩阵

$$\begin{pmatrix} \ddots & \ddots & & & \\ \ddots & 5 & -2 & & \\ & -2 & 5 & -2 & \\ & & -2 & 5 & \ddots \\ & & & \ddots & \ddots \end{pmatrix}$$

的逆。对这道题的研究使我探寻到了信号与系统中很多深邃的思想和观点，例如：Fourier 变换、Laplace 变换和 Z 变换都是信号的**多项式**表现形式，**线性移不变**系统所对应矩阵的特征向量是：**离散 Fourier 变换**（DFT）的一组基。这些基本思想和观点对于学习下一章中的图像处理相关内容是至关重要的！当然，我们并不是要将信号与系统的内

容重复讲解一遍，而是要从线性代数的角度对其进行回顾！

8.1 离散信号与线性系统

所谓离散信号，就是一个**向量**，实际应用中，我们研究的是有限维向量 $\boldsymbol{x}=(x_1,x_2,\cdots,x_n)^T$，对应的线性系统是一个**矩阵**：

$$\boldsymbol{A}=\begin{pmatrix} a_{1,1} & a_{1,2} & \cdots & a_{1,n} \\ a_{2,1} & a_{2,2} & \cdots & a_{2,n} \\ \vdots & \vdots & \ddots & \vdots \\ a_{m,1} & a_{m,2} & \cdots & a_{m,n} \end{pmatrix} \tag{8.1}$$

线性系统的作用是：将一个向量 $\boldsymbol{x}=(x_1,x_2,\cdots,x_n)^T$ 变成另一个向量 $\boldsymbol{y}=(y_1,y_2,\cdots,y_m)^T$，也就是说，

$$\boldsymbol{y}=\boldsymbol{A}\boldsymbol{x} \tag{8.2}$$

我们也称向量 $\boldsymbol{x}$ 为系统的**输入信号**，向量 $\boldsymbol{y}$ 为系统的**输出信号**。

8.1.1 单位冲击响应

我们的第一个问题是：如何通过观察系统的输入信号和输出信号来了解系统的特性？乍一看，这是一个难以实现的任务，因为系统的“输入/输出”信号是关于向量 $\boldsymbol{x}$ 和 $\boldsymbol{y}$ 的，而系统的特性是关于矩阵 $\boldsymbol{A}$ 的。解决这个问题的方法是：选取一系列“特殊”的输入信号！如果我们将输入信号选为 $\boldsymbol{x}=\boldsymbol{e}_1=(1,0,0,\cdots,0)^T$，那么，所得到的输出信号 $\boldsymbol{y}=\boldsymbol{A}\boldsymbol{e}_1=(a_{1,1},a_{2,1},\cdots,a_{m,1})^T$ 正好是矩阵 $\boldsymbol{A}$ 的第一列！然后，我们可以将输入信号选为 $\boldsymbol{x}=\boldsymbol{e}_2=(0,1,0,\cdots,0)^T$，那么，所得到的输出信号 $\boldsymbol{y}=\boldsymbol{A}\boldsymbol{e}_2=(a_{1,2},a_{2,2},\cdots,a_{m,2})^T$ 正好是矩阵 $\boldsymbol{A}$ 的第二列。同理，我们可以继续得到矩阵的第三列 $\boldsymbol{A}\boldsymbol{e}_3$、第四列 $\boldsymbol{A}\boldsymbol{e}_4$、$\cdots\cdots$，直到最后一列 $\boldsymbol{A}\boldsymbol{e}_n$。也就是说，

- 通过观察一系列特殊的输入信号 $\boldsymbol{e}_1$, $\boldsymbol{e}_2$, $\cdots$, $\boldsymbol{e}_n$ 所对应的输出信号 $\boldsymbol{A}\boldsymbol{e}_1$, $\boldsymbol{A}\boldsymbol{e}_2$, $\cdots$, $\boldsymbol{A}\boldsymbol{e}_n$，我们就得到了线性系统（即：矩阵 $\boldsymbol{A}$）的全部信息！

向量 $\boldsymbol{e}_1=(1,0,0,\cdots,0)^T$ 类比于连续信号情况下的“无限冲击函数”，对应的向量 $\boldsymbol{A}\boldsymbol{e}_1=(a_{1,1},a_{2,1},\cdots,a_{m,1})^T$类比于连续信号情况下的“无限冲击响应”。我们不妨将单位向量 $\boldsymbol{e}_1$ 的系统输出结果（即矩阵 $\boldsymbol{A}$

的第一列）

$$\boldsymbol{a}=\boldsymbol{A}\boldsymbol{e}_1=(a_1,a_2,\cdots,a_m)^T \tag{8.3}$$

称为系统的**单位冲击响应**，在信号与系统理论中，“无限冲击响应”相关内容的核心是：通过观察系统的“输入/输出”信号来了解系统的特性！从线性代数的观点来看，就是将矩阵的各个列向量 $\boldsymbol{A}\boldsymbol{e}_1$, $\boldsymbol{A}\boldsymbol{e}_2,\cdots,\boldsymbol{A}\boldsymbol{e}_n$ 提取出来！

对于任意的 $\boldsymbol{x}$，向量 $\boldsymbol{A}\boldsymbol{x}$ 是：矩阵 $\boldsymbol{A}$ 的各个列向量的**线性组合**，线性组合系数为 $\boldsymbol{x}$ 的各个元素，即：

$$\boldsymbol{y}=\boldsymbol{A}\boldsymbol{x}=(\boldsymbol{A}\boldsymbol{e}_1)x_1+(\boldsymbol{A}\boldsymbol{e}_2)x_2+\cdots+(\boldsymbol{A}\boldsymbol{e}_n)x_n \tag{8.4}$$

注意：矩阵的各个列向量 $\boldsymbol{A}\boldsymbol{e}_1,\boldsymbol{A}\boldsymbol{e}_2,\cdots,\boldsymbol{A}\boldsymbol{e}_n$ 是一组特殊的输出信号。对于任意的输入信号 $\boldsymbol{x}$，其对应的输出信号为：这组特殊的输出信号 $\boldsymbol{A}\boldsymbol{e}_1,\boldsymbol{A}\boldsymbol{e}_2,\cdots,\boldsymbol{A}\boldsymbol{e}_n$ 的**线性叠加**，相应的叠加系数 $x_1,x_2,\cdots,x_n$ 为输入信号 $\boldsymbol{x}$ 的各个元素。这个结果又被称为**叠加原理**。

- 通过观察线性系统的“输入/输出”信号，可以了解线性系统的特性，进而可以根据（已有的）对系统“输入/输出”信号的观察结果，预测线性系统对任意输入信号的输出结果。

要了解系统的特性，我们需要一组（特殊的）输出信号 $\boldsymbol{A}\boldsymbol{e}_1$, $\boldsymbol{A}\boldsymbol{e}_2,\cdots,\boldsymbol{A}\boldsymbol{e}_n$，但是，在某些特殊的情况下，我们只需要一个输出信号 $\boldsymbol{A}\boldsymbol{e}_1$（系统的**单位冲击响应**）即可。例如，

$$\boldsymbol{A}=\begin{pmatrix} a_0 & a_0 & a_0 & \cdots & a_0 \\ a_1 & a_1 & a_1 & \cdots & a_1 \\ a_2 & a_2 & a_2 & \cdots & a_2 \\ \vdots & \vdots & \vdots & \vdots & \vdots \\ a_{m-1} & a_{m-1} & a_{m-1} & \cdots & a_{m-1} \end{pmatrix} \tag{8.5}$$

矩阵的所有列向量都相同，此时，$\boldsymbol{A}\boldsymbol{e}_1=\boldsymbol{A}\boldsymbol{e}_2=\cdots=\boldsymbol{A}\boldsymbol{e}_n$。这种情况过于特殊，我们将讨论一种更为一般的情况，即所谓的**移不变**系统。

8.1.2 移不变系统与卷积

我们将探寻一种特殊的系统，该系统可以根据系统的**单位冲击响应**（即：矩阵 $\boldsymbol{A}$ 的第一列）$\boldsymbol{A}\boldsymbol{e}_1$ 得到（或推出）系统的全部信息。要根据矩阵 $\boldsymbol{A}$ 的第一列推出矩阵 $\boldsymbol{A}$ 的所有列，其前提条件是：

- 矩阵 $\boldsymbol{A}$ 的各个列向量都是根据矩阵 $\boldsymbol{A}$ 的第一列按照某种已知的方式生成的！

除了式 (8.5) 所示的对矩阵 $\boldsymbol{A}$ 的第一列进行重复复制的情况外，一种更加一般的情况是：

- 对矩阵 $\boldsymbol{A}$ 中的第一列进行**整体平移**，从而逐一地生成矩阵 $\boldsymbol{A}$ 中的其他列向量。

也就是说，矩阵的第二列是矩阵的第一列整体向下平移一个位置形成的；矩阵的第三列是矩阵的第二列整体向下平移一个位置形成的；按照上述规律继续进行下去，从而（逐一地）生成矩阵中所有的列向量。此时，生成的矩阵 $\boldsymbol{A}$ 为：

$$\boldsymbol{A} = \begin{pmatrix} a_0 & & & & \\ a_1 & a_0 & & & \\ a_2 & a_1 & a_0 & & \\ \vdots & \vdots & \vdots & \ddots & \\ a_{m-1} & a_{m-2} & a_{m-3} & \cdots & a_0 \\ & a_{m-1} & a_{m-2} & \cdots & a_1 \\ & & a_{m-1} & \cdots & a_2 \\ & & & \ddots & \vdots \\ & & & & a_{m-1} \end{pmatrix} \tag{8.6}$$

矩阵 $\boldsymbol{A}$ 又被称为**移不变系统**，“移”是指：列向量的整体（向下）平移；“不变”是指：列向量的模式（元素 $a_0, a_1, \cdots, a_{m-1}$ 的排列顺序）始终保持不变。不难发现，式 (8.6) 中矩阵 $\boldsymbol{A}$ 的各个对角线上的元素都相同，这类矩阵又被称为 **Toeplitz 矩阵**[①]，是一类重要的矩阵。

式 (8.2) 中的输出信号 $\boldsymbol{y}$ 是线性系统 $\boldsymbol{A}$ 与输入信号 $\boldsymbol{x}$ 的作用结果，而线性移不变系统 $\boldsymbol{A}$ 又是由列向量（系统的**单位冲击响应**）

$$\boldsymbol{a} = \boldsymbol{A}\boldsymbol{e}_1 = (a_0, a_1, \cdots, a_{m-1})^T \tag{8.7}$$

生成的，因此，输出信号 $\boldsymbol{y}$ 可以表示为：系统的单位冲击响应 $\boldsymbol{a}$ 与输入信号 $\boldsymbol{x}$ 的作用结果，记为：

$$\boldsymbol{y} = \boldsymbol{a} * \boldsymbol{x} = \boldsymbol{A}\boldsymbol{x} \tag{8.8}$$

我们称 $\boldsymbol{a} * \boldsymbol{x}$ 为向量 $\boldsymbol{a}$ 与向量 $\boldsymbol{x}$ 的**卷积**。具体定义为：

- 首先，通过（逐一地）对列向量 $\boldsymbol{a}$ 进行整体（向下）平移，生成一个 **Toeplitz 矩阵** $\boldsymbol{A}$；然后，通过“矩阵/向量”相乘 $\boldsymbol{A}\boldsymbol{x}$，得到卷积结果 $\boldsymbol{a} * \boldsymbol{x} = \boldsymbol{A}\boldsymbol{x}$。

---

① “Teplitz”这个词还是 Horn 教授最早告诉我的，他的出生地 Teplitz-Schönau 小镇，就是为了纪念这位伟大的数学家而命名的。

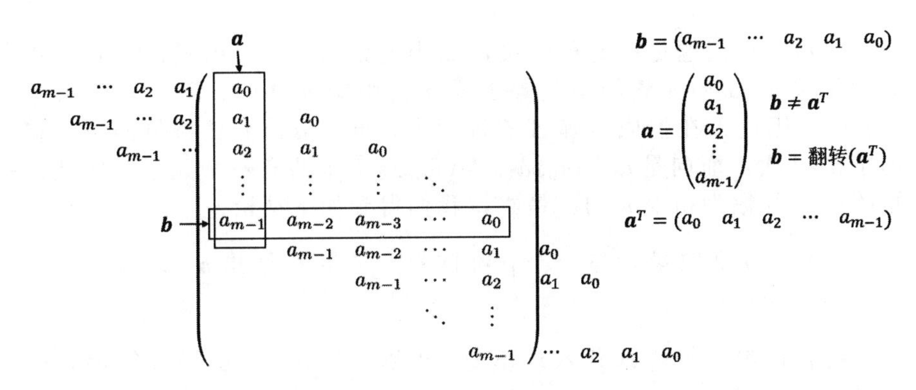

图 8.1 移不变系统和离散卷积。矩阵 $\boldsymbol{A}$ 的各个列向量是：矩阵 $\boldsymbol{A}$ 的第一列 $\boldsymbol{a} = (a_0, a_1, \cdots, a_{m-1})^T$ 逐一整体向下平移而生成的。矩阵 $\boldsymbol{A}$ 的各个行向量是：向量 $\boldsymbol{b} = (a_{m-1}, a_{m-2}, \cdots, a_0)$ 逐步“进入”矩阵 $\boldsymbol{A}$ 再“走出”矩阵 $\boldsymbol{A}$ 而生成的。矩阵 $\boldsymbol{A}$ 的（代表性）行向量 $\boldsymbol{b}$ 与列向量 $\boldsymbol{a}$ 之间的关系是：$\boldsymbol{b}$ 是 $\boldsymbol{a}^T$ 经过**翻转**后得到的。

注意，式 (8.8) 只给出了卷积的定义，并没有（直接）给出卷积的计算式。向量 $\boldsymbol{y}$ 中的各个元素是：由矩阵 $\boldsymbol{A}$ 中的各行（逐一）与向量 $\boldsymbol{x}$ 做**内积**而得到的。我们前面一直在讨论矩阵 $\boldsymbol{A}$ 中的各个列向量，而计算卷积要用到矩阵 $\boldsymbol{A}$ 中的各个行向量，因此，计算卷积的核心问题是：

- 如何根据矩阵 $\boldsymbol{A}$ 中的列向量得到矩阵 $\boldsymbol{A}$ 中的行向量？或者，如何根据矩阵 $\boldsymbol{A}$ 的第一列 $\boldsymbol{a}$ 得到矩阵 $\boldsymbol{A}$ 中的（各个）行向量？

矩阵 $\boldsymbol{A}$ 的（代表性）行向量 $\boldsymbol{b} = (a_{m-1}, a_{m-2}, \cdots, a_0)$ 并**不等于**矩阵 $\boldsymbol{A}$ 的（代表性）列向量 $\boldsymbol{a}$ 的转置 $\boldsymbol{a}^T = (a_0, a_1, \cdots, a_{m-1})$，而是 $\boldsymbol{a}^T$ 经过**翻转**后得到的结构（如图 8.1 所示），也就是说，

- 向量 $\boldsymbol{b}$ 的第一个元素对应于向量 $\boldsymbol{a}$ 的最后一个元素，向量 $\boldsymbol{b}$ 的第二个元素对应于向量 $\boldsymbol{a}$ 的倒数第二个元素，以此类推。

此外，矩阵 $\boldsymbol{A}$ 的各个行向量是：

- 整体平移向量 $\boldsymbol{b}$，使得 $\boldsymbol{b}$ 逐步“进入”矩阵 $\boldsymbol{A}$ 再“走出”矩阵 $\boldsymbol{A}$ 而生成的。行标每增加 1，向量 $\boldsymbol{b}$ 就整体向左平移一个位置。

通过上述步骤，我们根据向量 $\boldsymbol{a}$（系统的**单位冲击响应**）生成了矩阵 $\boldsymbol{A}$ 中的各个行向量，进而可以直接计算 $\boldsymbol{A}$ 中各个行向量与 $\boldsymbol{x}$ 的**内积**，得到卷积结果 $\boldsymbol{a} * \boldsymbol{x}$ 中的各个元素。

最后一个问题是：卷积结果 $\boldsymbol{a}*\boldsymbol{x}$ 中元素的个数。由式 (8.8)可知：卷积结果 $\boldsymbol{a}*\boldsymbol{x}$ 中元素的个数等于式 (8.6) 中矩阵 $\boldsymbol{A}$ 的行数。矩阵 $\boldsymbol{A}$ 共有 n 列，因此，在生成矩阵 $\boldsymbol{A}$ 的过程中，向量 $\boldsymbol{a}$ 总共被整体向下平移的了 $n-1$ 次，而向量 $\boldsymbol{a}=(a_0,a_1,\cdots,a_{m-1})^T$ 中共有 m 个元素，因此，矩阵 $\boldsymbol{A}$ 的行数为 $m+n-1$。最终，我们得到如下结论：

- 一个 m 维向量 $\boldsymbol{a}$ 与一个 n 维向量 $\boldsymbol{x}$ 的卷积结果 $\boldsymbol{a}*\boldsymbol{x}$ 的维数是 $m+n-1$。

将式 (8.6) 中矩阵 $\boldsymbol{A}$ 代入式 (8.8)，可以得到卷积的具体计算形式：

$$\begin{pmatrix} y_0 \\ y_1 \\ y_2 \\ \vdots \\ y_{m-1} \\ y_m \\ y_{m+1} \\ \vdots \\ y_{m+n-2} \end{pmatrix} = \begin{pmatrix} a_0 & & & & \\ a_1 & a_0 & & & \\ a_2 & a_1 & a_0 & & \\ \vdots & \vdots & \vdots & \ddots & \\ a_{m-1} & a_{m-2} & a_{m-3} & \cdots & a_0 \\ & a_{m-1} & a_{m-2} & \cdots & a_1 \\ & & a_{m-1} & \cdots & a_2 \\ & & & \ddots & \vdots \\ & & & & a_{m-1} \end{pmatrix} \begin{pmatrix} x_0 \\ x_1 \\ x_2 \\ \vdots \\ x_{n-1} \end{pmatrix} \tag{8.9}$$

逐一计算向量 $\boldsymbol{y}$ 中的各个元素：$y_0=a_0x_0$，$y_1=a_1x_0+a_0x_1$，$y_2=a_2x_0+a_1x_1+a_0x_2$，$\cdots$。观察对应元素的下标，不难发现如下规律：

$$y_s=\sum_{k+l=s}a_kx_l=\sum_{l=0}^{m}a_{s-l}x_l \tag{8.10}$$

其中 $s\geq l,k\geq 0$，$s=0,1,2,\cdots,m+n-2$。

8.2 循环卷积

我们还有一个问题没有解决，式 (8.8) 中矩阵 $\boldsymbol{A}$ 中的“空白”位置的元素是什么？注意，我们在整体向下平移向量 $\boldsymbol{a}=(a_1,a_2,\cdots,a_m)^T$ 的过程中，矩阵 $\boldsymbol{A}$ 中出现了没有被“触碰”到的“空白”位置（矩阵 $\boldsymbol{A}$ 的“右上角”）。

这些空白位置的元素应该被“设置”成什么值？一种自然的选择是将这些元素全部设置为0，如图 8.1 所示。当然，这并不是唯一的选择，我们还可以选择：

- **将移出矩阵的元素“放回”到矩阵的相应列中的空白位置！**

具体地说，将矩阵的第一列 $\boldsymbol{a}$ 整体向下平移，形成矩阵的第二列，移出去的元素 a_{n-1} 被“放回”作为第二列的第一个元素（空白位置）；然后，矩阵的第二列整体向下平移，形成矩阵第三列，移出去的元素 a_{n-2} 被“放回”作为第三列的第一个元素（空白位置）；以此类推进而生成矩阵 $\boldsymbol{A}_c$，

$$\boldsymbol{A}_c = \begin{pmatrix} a_0 & \boxed{a_{n-1}} & \boxed{a_{n-2}} & \cdots & \boxed{a_1} \\ a_1 & a_0 & \boxed{a_{n-1}} & \cdots & \boxed{a_2} \\ a_2 & a_1 & a_0 & \cdots & \boxed{a_3} \\ \vdots & \vdots & \vdots & \ddots & \vdots \\ a_{n-1} & a_{n-2} & a_{n-3} & \cdots & a_0 \end{pmatrix} \tag{8.11}$$

我们用“方框”标出了被“放回”的元素。此时，矩阵 $\boldsymbol{A}_c$ 是一个方阵，也就是说，$m = n$。

注意：矩阵 $\boldsymbol{A}_c$ 同时也是一个 **Toeplitz 矩阵**，也就是说，矩阵 $\boldsymbol{A}_c$ 的对角线上的元素都相同。因此，存在一种与图 8.1 类似的方式，来生成矩阵 $\boldsymbol{A}_c$，首先，对向量 $\boldsymbol{a}$ 进行**周期延拓**，即令：

$$\boldsymbol{a}_c = \begin{pmatrix} \vdots \\ \boldsymbol{a} \\ \boldsymbol{a} \\ \boldsymbol{a} \\ \vdots \end{pmatrix} \tag{8.12}$$

然后，通过逐一向下（整体）平移向量 $\boldsymbol{a}_c$，即可生成矩阵 $\boldsymbol{A}_c$，如图 8.2 所示。注意观察矩阵 $\boldsymbol{A}_c$ 的代表列（第一列）$\boldsymbol{a}^T$ 与代表行（最后一行）$\boldsymbol{b}$ 之间的关系不难发现同样的规律：

- 向量 $\boldsymbol{b} = (a_{n-1}, a_{n-2}, \cdots, a_0)$ 是 $\boldsymbol{a}$ 的转置 $\boldsymbol{a}^T = (a_0, a_1, \cdots, a_{m-1})$ 经过**翻转**后得到的！

所不同的是，矩阵 $\boldsymbol{A}_c$ 并**不是**整体平移向量 $\boldsymbol{b}$，使得 $\boldsymbol{b}$ 逐步“进入”矩阵 $\boldsymbol{A}$ 再“走出”矩阵 $\boldsymbol{A}$ 而生成的。矩阵 $\boldsymbol{A}_c$ 的生成过程为：首先对向量 $\boldsymbol{b}$ 进行周期延拓，生成

$$\boldsymbol{b}_c = \begin{pmatrix} \cdots & \boldsymbol{b} & \boldsymbol{b} & \boldsymbol{b} & \cdots \end{pmatrix} \tag{8.13}$$

然后，整体平移向量 $\boldsymbol{b}_c$，使得 $\boldsymbol{b}_c$ 逐步“进入”（$n \times n$ 的）矩阵区域再“走出”（$n \times n$ 的）矩阵区域而生成的（如图 8.2 所示）。

由于系统 $\boldsymbol{A}_c$ 也是由列向量（系统的**单位冲击响应**）$\boldsymbol{a} = \boldsymbol{A}\boldsymbol{e}_1 = (a_0, a_1, \cdots, a_{n-1})^T$ 生成的，因此，输出信号 $\boldsymbol{y}$ 可以表示为：系统的单

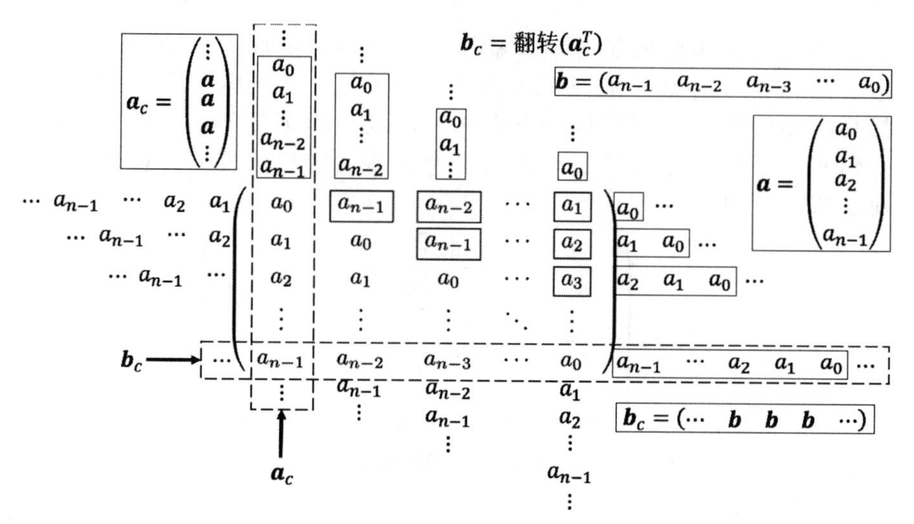

图 8.2　对于**循环卷积**（周期卷积）。矩阵 $\boldsymbol{A}_c$ 的各个列向量也是：矩阵 $\boldsymbol{A}_c$ 的第一列 $\boldsymbol{a}=(a_1,a_2,\cdots,a_m)^T$ 逐一整体向下平移而生成的。与图 8.1 所示的离散卷积不同的是：移出矩阵 $\boldsymbol{A}_c$ 的元素被"放回"到矩阵中相应列中的空白位置（用"方框"标出）。矩阵 $\boldsymbol{A}_c$ 的第一列整体向下平移，形成第二列，移出去的元素 a_{n-1} 被"放回"作为第二列的第一个元素（空白位置）；然后，矩阵 $\boldsymbol{A}_c$ 的第二列整体向下平移，形成第三列，移出去的元素 a_{n-2} 被"放回"作为第三列的第一个元素（空白位置）；以此类推而生成矩阵 $\boldsymbol{A}_c$ 中的所有列向量。矩阵 $\boldsymbol{A}$ 的各个行向量是：向量 $\boldsymbol{b}=(a_m,a_{m-1},\cdots,a_1)$ 逐步"进入"矩阵 $\boldsymbol{A}$ 再"走出"矩阵 $\boldsymbol{A}$ 而生成的。矩阵 $\boldsymbol{A}$ 的（代表性）行向量 $\boldsymbol{b}$ 与列向量 $\boldsymbol{a}$ 之间的关系是：$\boldsymbol{b}$ 是 $\boldsymbol{a}^T$ 经过**翻转**后得到的。

位冲击响应 $\boldsymbol{a}$ 与输入信号 $\boldsymbol{x}$ 的作用结果，记为：

$$\boldsymbol{y}=\boldsymbol{a}\otimes\boldsymbol{x}=\boldsymbol{A}_c\boldsymbol{x} \tag{8.14}$$

我们称 $\boldsymbol{a}\otimes\boldsymbol{x}$ 为向量 $\boldsymbol{a}$ 与向量 $\boldsymbol{x}$ 的**循环卷积**（或**周期卷积**）。

将式 (8.11) 中的矩阵 $\boldsymbol{A}_c$ 代入式 (8.14)，可以得到循环卷积（或周期卷积）的具体计算形式[①]：

$$\begin{pmatrix} y_0 \\ y_1 \\ y_2 \\ \vdots \\ y_{n-1} \end{pmatrix}=\begin{pmatrix} a_0 & a_{n-1} & a_{n-2} & \cdots & a_1 \\ a_1 & a_0 & a_{n-1} & \cdots & a_2 \\ a_2 & a_1 & a_0 & \cdots & a_3 \\ \vdots & \vdots & \vdots & \ddots & \vdots \\ a_{n-1} & a_{n-2} & a_{n-3} & \cdots & a_0 \end{pmatrix}\begin{pmatrix} x_0 \\ x_1 \\ x_2 \\ \vdots \\ x_{n-1} \end{pmatrix} \tag{8.15}$$

逐一计算向量 $\boldsymbol{y}$ 中的各个元素。事实上，**周期**本身就对应着**模运算**：

①向量 $\boldsymbol{a}$ 和向量 $\boldsymbol{x}$ 中的元素个数可能不同，但是，我们可以通过"补充"0 的方式，强行使得：向量 $\boldsymbol{a}$ 和向量 $\boldsymbol{x}$ 中的元素个数相同。

除以 n 的**余数**。观察对应元素的下标，不难发现如下规律：

$$y_s = \sum_{\text{mod}(k+l,n)=s} a_k x_l = \sum_{l=0}^{m} a_{\text{mod}(s-l,n)} x_l \tag{8.16}$$

其中 $n-1 \geq l, k \geq 0$，$s = 0, 1, 2, \cdots, n-1$，而 $\text{mod}(a, n)$ 表示 a 除以 n 后所得到的**余数**。

8.3 多项式与平移操作

在上面的讨论中，我们始终围绕“矩阵中的某一列整体向下平移一个单位”这项操作而进行的，也就是说，

$$\underbrace{\begin{pmatrix} a_0 \\ a_1 \\ a_2 \\ \vdots \\ a_{m-1} \\ 0 \\ 0 \\ \vdots \\ 0 \end{pmatrix}}_{\boldsymbol{a}} -? \rightarrow \underbrace{\begin{pmatrix} 0 \\ a_0 \\ a_1 \\ \vdots \\ a_{m-2} \\ a_{m-1} \\ 0 \\ \vdots \\ 0 \end{pmatrix}}_{\boldsymbol{a}\text{ 整体向下平移一个单位}} \tag{8.17}$$

我们需要将“整体向下平移一个单位”这个语言性描述，变成数学运算和操作，以完成进一步的理论分析。解决这一问题的一种方式是：将向量转化为一个**多项式**，然后对多项式进行处理，最后再还原出处理后的向量。首先，定义多项式：

$$p(z) = \begin{pmatrix} 1 & z & z^2 & z^3 & \cdots & z^{m-1} & \cdots & z^{m+n-1} \end{pmatrix} \begin{pmatrix} a_0 \\ a_1 \\ a_2 \\ \vdots \\ a_{m-1} \\ 0 \\ 0 \\ \vdots \\ 0 \end{pmatrix} \tag{8.18}$$

$$= 1 \cdot a_0 + za_1 + z^2 a_2 + \cdots z^{m-1} a_{m-1} \tag{8.19}$$

其中，$1, z, z^2, z^3, \cdots, z^{m+n-1}$ 称为多项式 $p(z)$ 的一组**基**，相应地，多项式的系数向量 $(a_0, a_1, \cdots, a_{m-1}, 0, 0, \cdots)^T$ 为：对应的**线性组合系数**。在多项式的两端同时乘以 z，就得到了“整体平移一个单位”后的向量所对应的**多项式**，也就是说，

$$z\,p(z) = 1 \cdot 0 + z \cdot a_0 + z^2 \cdot a_1 + \cdots z^{m-1} a_{m-2} + z^m a_{m-1} \tag{8.20}$$

$$= \begin{pmatrix} 1 & z & z^2 & z^3 & \cdots & z^{m+n-1} \end{pmatrix} \begin{pmatrix} 0 \\ a_0 \\ a_1 \\ \vdots \\ a_{m-2} \\ a_{m-1} \\ 0 \\ \vdots \\ 0 \end{pmatrix} \tag{8.21}$$

于是，相应的多项式系数所构成的向量 $(0, a_0, a_1, \cdots, a_{m-1}, 0, 0, \cdots)^T$ 就是：原始向量 $(a_0, a_1, \cdots, a_{m-1}, 0, 0, \cdots)^T$“整体平移一个单位”后的结果。至此，我们借助**多项式**这一工具，建立了“整体平移一个单位”这一操作的数学计算模型：多项式乘以 z。

事实上，我们对上面这个结论并不陌生。多项式是我们最熟悉的数学模型，因为“钱”本身就是一个多项式。例如：53 元钱事实上是 $3 \times 10^0 + 5 \times 10^1$，对应着 5 张 10 元的纸币和 3 张 1 元的纸币。**整体平移**操作对应着：将 10 元的纸币更换为 100 元的纸币、将 1 元的纸币更换为 10 元的纸币，于是，钱的总数变成了 $0 \times 10^0 + 3 \times 10^1 + 5 \times 10^2 = 530$ 元，正好等于53 元乘以 10。对比上式不难发现，这个我们所熟悉的关于钱的例子正好是 $z = 10$ 时的特殊情况。我们平时生活中所熟悉的是 10 进制，而多项式与平移操作之间的关系只是将其推广到了更为一般的 z 进制的情况！

我们可以用多项式的一组基 $1, z, z^2, z^3, \cdots, z^{m+n-1}$ 去乘以矩阵 $\boldsymbol{A}$ 中的某一列，就可以用这组基 $1, z, z^2, z^3, \cdots, z^{m+n-1}$ 去乘以整个矩阵 $\boldsymbol{A}$，于是可以得到：

$$\begin{pmatrix} 1 & z & z^2 & z^3 & \cdots & z^{m+n-1} \end{pmatrix} \boldsymbol{A}$$

$$= \begin{pmatrix} p(z) & zp(z) & z^2 p(z) & z^3 p(z) & \cdots & z^{n-1} p(z) \end{pmatrix}$$

$$= p(z)\begin{pmatrix} 1 & z & z^2 & z^3 & \cdots & z^{n-1} \end{pmatrix} \tag{8.22}$$

可以看到，一组基 $1, z, z^2, z^3, \cdots, z^{m+n-1}$ 经过矩阵 $\boldsymbol{A}$ 的作用后，还是一组基 $1, z, z^2, z^3, \cdots, z^{n-1}$，只是基的个数变少了。基于上面的结论，我们可以进一步计算

$$\begin{pmatrix} 1 & z & z^2 & z^3 & \cdots & z^{m+n-1} \end{pmatrix}\boldsymbol{y}$$

$$= \begin{pmatrix} 1 & z & z^2 & z^3 & \cdots & z^{m+n-1} \end{pmatrix}\boldsymbol{A}\boldsymbol{x} \tag{8.23}$$

$$= p(z)\begin{pmatrix} 1 & z & z^2 & z^3 & \cdots & z^{n-1} \end{pmatrix}\boldsymbol{x} \tag{8.24}$$

$$= p(z)q(z) \tag{8.25}$$

其中，多项式

$$q(z) = \begin{pmatrix} 1 & z & z^2 & z^3 & \cdots & z^{n-1} \end{pmatrix}\boldsymbol{x} \tag{8.26}$$

$$= 1 \cdot x_0 + zx_1 + z^2x_2 + \cdots z^{n-1}x_{n-1} \tag{8.27}$$

注意，$\boldsymbol{A}\boldsymbol{x} = \boldsymbol{a} * \boldsymbol{x}$ 是卷积运算，参见式 (8.8)。因此，式 (8.25) 已经给出了**卷积定理**的“雏形”：多项式的**乘积**对应于多项式系数的**卷积**。在这里，我们要强调一个重要的观念：我们应该从**多项式**的角度去理解 **Fourier 变换**。后面，我们会结合这个观点来深入理解**卷积定理**。

8.4 离散 Fourier 变换

进一步，我们想将上一小节中的分析拓展到**循环卷积**的情况。此时，相应的操作除了把向量“整体向下平移一个单位”外，还需要把“移出去”的元素 a_{n-1} 再“补回来”，作为向量 $\boldsymbol{a}$ 的第一个元素，也就是说，

$$\underbrace{\begin{pmatrix} a_0 \\ a_1 \\ a_2 \\ \vdots \\ a_{n-1} \end{pmatrix}}_{\boldsymbol{a}} -?\rightarrow \underbrace{\begin{pmatrix} \boxed{a_{n-1}} \\ a_0 \\ a_1 \\ \vdots \\ a_{n-2} \end{pmatrix}}_{\boldsymbol{a}\ \text{循环向下平移}} \tag{8.28}$$

正如在上一小节中所分析的，借助于多项式，可以将向量中的元素“整体向下平移”，因此，我们先从多项式开始进行推理和分析，

在分析的过程中，再逐步考虑如何对多项式施加约束，从而将“移出”向量的元素“补回去”。首先，定义多项式：

$$p(z) = 1 \cdot a_0 + za_1 + z^2 a_2 + \cdots z^{n-1} a_{n-1} \tag{8.29}$$

$$= \begin{pmatrix} 1 & z & z^2 & \cdots & z^{n-1} \end{pmatrix} \begin{pmatrix} a_0 \\ a_1 \\ a_2 \\ \vdots \\ a_{n-1} \end{pmatrix} \tag{8.30}$$

在多项式的两端同时乘以 z，就得到了“整体平移一个单位”后的向量所对应的**多项式**，也就是说，

$$z\,p(z) = 1 \cdot 0 + z \cdot a_0 + z^2 \cdot a_1 + \cdots z^{n-1} a_{n-2} + z^n a_{n-1} \tag{8.31}$$

$$= \begin{pmatrix} 1 & z & z^2 & \cdots & z^{n-1} & z^n \end{pmatrix} \begin{pmatrix} 0 \\ a_0 \\ a_1 \\ \vdots \\ a_{n-2} \\ a_{n-1} \end{pmatrix} \tag{8.32}$$

被移出向量的元素 a_{n-1} 所对应的**基**是 z^n。如果元素 a_{n-1} 被“补回去”作为向量的第一个元素，那么，它所对应的**基**是 1。因此，要想将被移出向量的元素 a_{n-1} 被“补回去”，只需令：

$$z^n = 1 \tag{8.33}$$

此时，多项式 (8.31) 可以被进一步写为：

$$z\,p(z) = 1 \cdot a_{n-1} + z \cdot a_0 + z^2 \cdot a_1 + \cdots z^{n-1} a_{n-2} \tag{8.34}$$

$$= \begin{pmatrix} 1 & z & z^2 & \cdots & z^{n-1} \end{pmatrix} \begin{pmatrix} \boxed{a_{n-1}} \\ a_0 \\ a_1 \\ \vdots \\ a_{n-2} \end{pmatrix} \tag{8.35}$$

此时，z 的取值不再是任意的，而是必须满足方程式 (8.33)。这样的 z 总共有 n 个：

$$z_k = w^k = e^{-i\frac{2\pi}{n}k}, \qquad (\text{其中 } k = 0, 1, 2, \cdots, n-1) \tag{8.36}$$

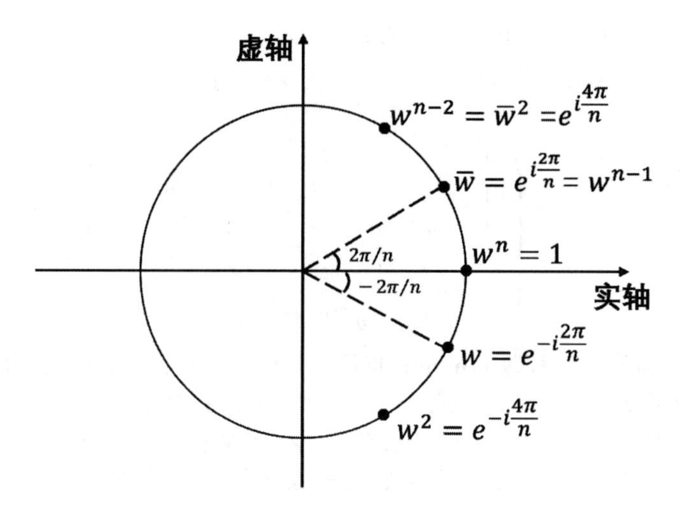

图 8.3 为了将被移出向量的元素 a_{n-1} 被"补回去",作为向量的第一个元素,需要满足条件 $z^n = 1$。这样的 z 总共有 n 个,它们恰好构成了复平面中**单位圆上的** n **等分点**。

这 n 个 z_k 恰好构成了复平面中**单位圆上的** n **等分点**,如图 8.3 所示。

此时,基(函数)z 也相应地变成了:由一组 $\{z_k\}$(其中 $k = 0,1,2,\cdots,n-1$)所组成的**一个** n **维列向量**:

$$\mathbf{z} = \begin{pmatrix} z_0 \\ z_1 \\ z_2 \\ \vdots \\ z_{n-1} \end{pmatrix} = \begin{pmatrix} w^0 \\ w^1 \\ w^2 \\ \vdots \\ w^{n-1} \end{pmatrix} \tag{8.37}$$

其中,

$$w = e^{-i\frac{2\pi}{n}} = \sqrt[n]{1} \tag{8.38}$$

相应的,我们可以计算向量 $\mathbf{z}$ 的 l 次方:

$$\mathbf{z}^l = \begin{pmatrix} z_0^l \\ z_1^l \\ z_2^l \\ \vdots \\ z_{n-1}^l \end{pmatrix} = \begin{pmatrix} w^0 \\ w^l \\ w^{2l} \\ \vdots \\ w^{(n-1)l} \end{pmatrix} \tag{8.39}$$

此时,基(函数)z^l 也相应地变成了:由一组 $\{z_k^l\}$(其中 $k = 0,1,2,\cdots,n-1$)所组成的**一个** n **维列向量** $\mathbf{z}^l$。将这 n 个列向量放

在一起，就构成了**一组基**，记为：

$$\mathbf{W}_n = \begin{pmatrix} \mathbf{z}^0 & \mathbf{z}^1 & \mathbf{z}^2 & \cdots & \mathbf{z}^{n-1} \end{pmatrix} \tag{8.40}$$

$$= \begin{pmatrix} 1 & 1 & 1 & \cdots & 1 \\ 1 & w & w^2 & \cdots & w^{n-1} \\ 1 & w^2 & w^4 & \cdots & w^{2(n-1)} \\ \vdots & \vdots & \vdots & \ddots & \vdots \\ 1 & w^{n-1} & w^{2(n-1)} & \cdots & w^{(n-1)^2} \end{pmatrix} \tag{8.41}$$

矩阵 $\mathbf{W}_n$ 又被称为**离散 Fourier 变换（DFT）**矩阵。本质上，DFT矩阵是一组（多项式）基 $1, z, z^2, z^3, \cdots, z^{n-1}$ 在约束条件 (8.33) 下的离散形式。矩阵 $\mathbf{W}_n$ 中的列向量 $\mathbf{z}^0, \mathbf{z}^1, \mathbf{z}^2, \cdots, \mathbf{z}^{n-1}$ 又称为**离散 Fourier 变换的一组基**。一个重要的结论是这组基相互之间是**正交**的，也就是说，

$$\mathbf{z}^0 \perp \mathbf{z}^1 \perp \mathbf{z}^2 \perp \cdots \perp \mathbf{z}^{n-1} \tag{8.42}$$

我们可以通过计算：两个向量的**内积**，来判断两个向量之间是否正交。对于两个复向量 $\mathbf{z}^k$ 和 $\mathbf{z}^l$，内积的定义为：

$$\left\langle \mathbf{z}^k, \mathbf{z}^l \right\rangle = \left(\overline{\mathbf{z}^k}\right)^T \mathbf{z}^l = \sum_{m=0}^{n-1} w^{(l-k)m} = \begin{cases} n, & \text{当 } k = l \text{ 时} \\ 0, & \text{当 } k \neq l \text{ 时} \end{cases} \tag{8.43}$$

其中，$\overline{\mathbf{z}^k}$ 表示向量 $\mathbf{z}^k$ 的**共轭**，也就是说，对向量 $\mathbf{z}^k$ 中的每一个元素取**共轭**。注意，$w^{(l-k)m}$ 构成一个关于 m 的等比数列。我们可以应用等比数列求和公式（以及条件 $w^n = 1$），直接得到上面的结论。

矩阵 $\mathbf{W}_n$ 的 **Hermitian 转置**（也称为**共轭转置**）为：

$$\mathbf{W}_n^H = \overline{\mathbf{W}}_n^T = \begin{pmatrix} \left(\overline{\mathbf{z}^0}\right)^T \\ \left(\overline{\mathbf{z}^1}\right)^T \\ \left(\overline{\mathbf{z}^2}\right)^T \\ \vdots \\ \left(\overline{\mathbf{z}^{n-1}}\right)^T \end{pmatrix} = \begin{pmatrix} \left(\mathbf{z}^0\right)^T \\ \left(\mathbf{z}^{-1}\right)^T \\ \left(\mathbf{z}^{-2}\right)^T \\ \vdots \\ \left(\mathbf{z}^{-(n-1)}\right)^T \end{pmatrix} \tag{8.44}$$

进一步，我们可以直接计算：

$$\mathbf{W}_n^H \mathbf{W}_n = \begin{pmatrix} \left(\mathbf{z}^0\right)^T \mathbf{z}^0 & \left(\mathbf{z}^0\right)^T \mathbf{z}^1 & \left(\mathbf{z}^0\right)^T \mathbf{z}^2 & \cdots & \left(\mathbf{z}^0\right)^T \mathbf{z}^{n-1} \\ \left(\mathbf{z}^{-1}\right)^T \mathbf{z}^0 & \left(\mathbf{z}^{-1}\right)^T \mathbf{z}^1 & \left(\mathbf{z}^{-1}\right)^T \mathbf{z}^2 & \cdots & \left(\mathbf{z}^{-1}\right)^T \mathbf{z}^{n-1} \\ \left(\mathbf{z}^{-2}\right)^T \mathbf{z}^0 & \left(\mathbf{z}^{-2}\right)^T \mathbf{z}^1 & \left(\mathbf{z}^{-2}\right)^T \mathbf{z}^2 & \cdots & \left(\mathbf{z}^{-2}\right)^T \mathbf{z}^{n-1} \\ \vdots & \vdots & \vdots & \ddots & \vdots \\ \left(\mathbf{z}^{1-n}\right)^T \mathbf{z}^0 & \left(\mathbf{z}^{1-n}\right)^T \mathbf{z}^1 & \left(\mathbf{z}^{1-n}\right)^T \mathbf{z}^2 & \cdots & \left(\mathbf{z}^{1-n}\right)^T \mathbf{z}^{n-1} \end{pmatrix}$$

$$= n\mathbf{I}_n \tag{8.45}$$

其中 $\mathbf{I}_n$ 表示一个 $n\times n$ 的**单位矩阵**。于是，我们求出了矩阵 $\mathbf{W}_n$ 的逆：

$$\mathbf{W}_n^{-1} = \frac{1}{n}\mathbf{W}_n^H = \frac{1}{n}\overline{\mathbf{W}}_n \tag{8.46}$$

上式也被称为：**离散 Fourier 逆变换（IDFT）**的矩阵。注意，根据式 (8.33)，可以得到：

$$\mathbf{z}^n = \begin{pmatrix} 1 & 1 & 1 & \cdots & 1 \end{pmatrix}^T \tag{8.47}$$

于是，我们可以进一步得到：

$$\mathbf{z}^{n-1} = \mathbf{z}^{-1} = \overline{\mathbf{z}}, \quad \mathbf{z}^{n-2} = \mathbf{z}^{-2} = \overline{\mathbf{z}}^2, \quad \cdots \tag{8.48}$$

进一步，离散 Fourier 变换（DFT）矩阵可以被简化为：

$$\mathbf{W}_n = \begin{pmatrix} \mathbf{z}^0 & \mathbf{z}^1 & \mathbf{z}^2 & \cdots & \overline{\mathbf{z}}^2 & \overline{\mathbf{z}}^1 \end{pmatrix} \tag{8.49}$$

离散 Fourier 逆变换（IDFT）的矩阵可以被进一步简化为：

$$\mathbf{W}_n^{-1} = \frac{1}{n}\begin{pmatrix} \mathbf{z}^0 & \overline{\mathbf{z}}^1 & \overline{\mathbf{z}}^2 & \cdots & \mathbf{z}^2 & \mathbf{z}^1 \end{pmatrix} \tag{8.50}$$

注意，$\mathbf{W}_n$ 是一个**对称矩阵**，也就是说，$\mathbf{W}_n^T = \mathbf{W}_n$。

8.5 卷积定理

两个向量 $\boldsymbol{a}$ 和 $\boldsymbol{b}$ 经过相互作用，从而生成一个新的向量。这并不是我们非常熟悉的“操作”。这两个向量之间可以进行**内积**，但是其结果是一个数 $\boldsymbol{a}^T\boldsymbol{b}$。这两个向量之间可以进行**外积**，但是其结果是一个矩阵 $\boldsymbol{a}\boldsymbol{b}^T$。前面所讨论的**卷积**和**循环卷积**，其结果是一个向量。从线性代数或矩阵论的观点来看，卷积的生成方式为：用其中的一个向量 $\boldsymbol{a}$ 来生成一个矩阵 $\boldsymbol{A} = (\boldsymbol{a}*)$，然后矩阵 $\boldsymbol{A}$ 乘以向量 $\boldsymbol{b}$ 得到一个新的向量 $\boldsymbol{A}\boldsymbol{b} = \boldsymbol{a} * \boldsymbol{b}$。当然，通过向量 $\boldsymbol{a}$ 来生成一个矩阵 $\boldsymbol{A}$ 的方式有很多，例如，我们可以定义如下的 $\boldsymbol{A} = (\boldsymbol{a}\circ)$：

$$\underbrace{\begin{pmatrix} a_0 \\ a_1 \\ a_2 \\ \vdots \\ a_{n-1} \end{pmatrix}}_{\boldsymbol{a}} \to \underbrace{\begin{pmatrix} a_0 & & & & \\ & a_1 & & & \\ & & a_2 & & \\ & & & \ddots & \\ & & & & a_{n-1} \end{pmatrix}}_{\boldsymbol{A}=(\boldsymbol{a}\circ)} \tag{8.51}$$

也就是说，将向量 $\boldsymbol{a}$ 中的各个元素逐一地“放到”矩阵 $\boldsymbol{A}$ 的**对角线**

上。于是，我们可以将两个向量 $\boldsymbol{a}$ 和 $\boldsymbol{b}$ 之间的**线性运算**定义为：

$$\boldsymbol{a} \circ \boldsymbol{b} = (\boldsymbol{a}\circ)\boldsymbol{b} \tag{8.52}$$

$$= \begin{pmatrix} a_0 & & & & \\ & a_1 & & & \\ & & a_2 & & \\ & & & \ddots & \\ & & & & a_{n-1} \end{pmatrix} \begin{pmatrix} b_0 \\ b_1 \\ b_2 \\ \vdots \\ b_{n-1} \end{pmatrix} \tag{8.53}$$

$$= \begin{pmatrix} a_0\, b_0 \\ a_1\, b_1 \\ a_2\, b_2 \\ \vdots \\ a_{n-1}\, b_{n-1} \end{pmatrix} \tag{8.54}$$

也就是说，两个向量 $\boldsymbol{a}$ 和 $\boldsymbol{b}$ 中对应元素相乘所得到的向量，也称为：向量 $\boldsymbol{a}$ 和 $\boldsymbol{b}$ 的**点乘**。首先，点乘满足**交换律**，也就是说，

$$\boldsymbol{a} \circ \boldsymbol{b} = \boldsymbol{b} \circ \boldsymbol{a} \tag{8.55}$$

我们可以通过**点乘**来描述**离散 Fourier 变换**矩阵 $\boldsymbol{W}_n$ 中各个列向量之间的关系，也就是说，

$$\mathbf{z}^2 = \mathbf{z} \circ \mathbf{z}, \qquad \mathbf{z}^3 = \mathbf{z} \circ \mathbf{z}^2 = \mathbf{z} \circ \mathbf{z} \circ \mathbf{z}, \qquad \cdots \tag{8.56}$$

此外，式 (8.11) 中的**循环卷积**矩阵 $\boldsymbol{A}_c$ 可以被表示为：

$$\boldsymbol{A}_c = \begin{pmatrix} \boldsymbol{a} & \mathbf{z} \circ \boldsymbol{a} & \mathbf{z}^2 \circ \boldsymbol{a} & \cdots & \mathbf{z}^{n-1} \circ \boldsymbol{a} \end{pmatrix} \tag{8.57}$$

进一步，根据**点乘**的性质，我们可以计算[①]：

$$\begin{aligned} \mathbf{W}_n \boldsymbol{A}_c &= \begin{pmatrix} \mathbf{W}_n \boldsymbol{a} & (\mathbf{z} \circ \mathbf{W}_n)\boldsymbol{a} & (\mathbf{z}^2 \circ \mathbf{W}_n)\boldsymbol{a} & \cdots & (\mathbf{z}^{n-1} \circ \mathbf{W}_n)\boldsymbol{a} \end{pmatrix} \\ &= \begin{pmatrix} \mathbf{W}_n \boldsymbol{a} & \mathbf{z} \circ (\mathbf{W}_n \boldsymbol{a}) & \mathbf{z}^2 \circ (\mathbf{W}_n \boldsymbol{a}) & \cdots & \mathbf{z}^{n-1} \circ (\mathbf{W}_n \boldsymbol{a}) \end{pmatrix} \\ &= \begin{pmatrix} (\mathbf{W}_n \boldsymbol{a}) \circ \mathbf{z}^0 & (\mathbf{W}_n \boldsymbol{a}) \circ \mathbf{z} & (\mathbf{W}_n \boldsymbol{a}) \circ \mathbf{z}^2 & \cdots & (\mathbf{W}_n \boldsymbol{a}) \circ \mathbf{z}^{n-1} \end{pmatrix} \\ &= (\mathbf{W}_n \boldsymbol{a}) \circ \begin{pmatrix} \mathbf{z}^0 & \mathbf{z}^1 & \mathbf{z}^2 & \cdots & \mathbf{z}^{n-1} \end{pmatrix} \\ &= (\mathbf{W}_n \boldsymbol{a}) \circ \mathbf{W}_n \end{aligned} \tag{8.58}$$

---

①注意，$\mathbf{W}_n$ 是一个**对称矩阵**，因此，对于所有的 $k = 0, 1 \cdots, n-1$，都有 $\mathbf{W}_n(\mathbf{z}^k\circ) = \mathbf{z}^k \circ \mathbf{W}_n$ 成立。

将式 (8.14) 代入，最终，我们得到了如下结论：

$$\mathbf{W}_n\boldsymbol{y} = \mathbf{W}_n\boldsymbol{A}_c\boldsymbol{x} = (\mathbf{W}_n\boldsymbol{a})\circ\mathbf{W}_n\boldsymbol{x} = (\mathbf{W}_n\boldsymbol{a})\circ(\mathbf{W}_n\boldsymbol{x}) \tag{8.59}$$

注意，$\mathbf{W}_n\boldsymbol{y}$、$\mathbf{W}_n\boldsymbol{a}$ 和 $\mathbf{W}_n\boldsymbol{x}$ 分别是 $\boldsymbol{y}$、$\boldsymbol{a}$ 和 $\boldsymbol{x}$ 的**离散 Fourier 变换**结果。我们令：

$$\widehat{\boldsymbol{y}} = \mathbf{W}_n\boldsymbol{y} \qquad \widehat{\boldsymbol{x}} = \mathbf{W}_n\boldsymbol{x} \qquad \text{和} \qquad \widehat{\boldsymbol{a}} = \mathbf{W}_n\boldsymbol{a} \tag{8.60}$$

于是式 (8.59) 可以被进一步写为：

$$\widehat{\boldsymbol{y}} = \widehat{\boldsymbol{a}}\circ\widehat{\boldsymbol{x}} \tag{8.61}$$

或者进一步写为：

$$\underbrace{\begin{pmatrix} \widehat{y}_0 \\ \widehat{y}_1 \\ \widehat{y}_2 \\ \vdots \\ \widehat{y}_{n-1} \end{pmatrix}}_{\widehat{\boldsymbol{y}}} = \underbrace{\begin{pmatrix} \widehat{a}_0 & & & & \\ & \widehat{a}_1 & & & \\ & & \widehat{a}_2 & & \\ & & & \ddots & \\ & & & & \widehat{a}_{n-1} \end{pmatrix}}_{\widehat{\boldsymbol{a}}\circ} \underbrace{\begin{pmatrix} \widehat{x}_0 \\ \widehat{x}_1 \\ \widehat{x}_2 \\ \vdots \\ \widehat{x}_{n-1} \end{pmatrix}}_{\widehat{\boldsymbol{x}}} = \underbrace{\begin{pmatrix} \widehat{a}_0\,\widehat{x}_0 \\ \widehat{a}_1\,\widehat{x}_1 \\ \widehat{a}_2\,\widehat{x}_2 \\ \vdots \\ \widehat{a}_{n-1}\,\widehat{x}_{n-1} \end{pmatrix}}_{\widehat{\boldsymbol{a}}\circ\widehat{\boldsymbol{x}}} \tag{8.62}$$

对比式 (8.14) 和 (8.61)，我们得到了卷积定理：

- 两个向量 $\boldsymbol{a}$ 和 $\boldsymbol{x}$ 的**循环卷积** $\boldsymbol{a}\otimes\boldsymbol{x}$ 对应于：这两个向量的**离散 Fourier 变换**结果（$\widehat{\boldsymbol{a}}$ 和 $\widehat{\boldsymbol{x}}$）的**点乘** $\widehat{\boldsymbol{a}}\circ\widehat{\boldsymbol{x}}$。反之亦然。

最后，我们可以从多项式的角度来深入理解卷积定理。事实上，式 (8.60) 中的**离散 Fourier 变换**结果是：多项式在（$w^n=1$ 的解锁对应的）n 个点上的离散采样。离散 Fourier 变换结果之间的**点乘**等价于：多项式的乘积在（$w^n=1$ 的解锁对应的）n 个点上的离散采样。从这个角度出发，卷积定理在说：多项式之间的乘积对应于多项式系数之间的卷积；反之亦然。事实上，这个结论是显然的，参见习题 8.5。

想想我们计算乘法的过程，例如；312×564。我们在小学三年级学的乘法运算法则背后的原理是：将多项式的**乘积** $(2\times z^0+1\times z^1+3\times z^2)\times(4\times z^0+6\times z^1+5\times z^2)$ 展开，再对系数进行归并。由于 $z^3=1$，归并的结果为：$(2\times4+1\times5+3\times6)z^0+(2\times6+3\times5+1\times4)z^1+(2\times5+1\times6+3\times4)z^2$。相应的多项式系数正好是：相乘的两个多项式的系数的**循环卷积**。

8.5.1 特征值分析

熟悉线性代数的朋友可能会一眼看出：式 (8.58) 事实上是矩阵的**特征值分解**形式。我们对式 (8.58) 的等号两端进行转置，可能更容易

看出这一点，也就是说，

$$\boldsymbol{A}_c^T \mathbf{W}_n = \mathbf{W}_n \boldsymbol{D} \tag{8.63}$$

其中，

$$\boldsymbol{D} = (\widehat{\boldsymbol{a}}\circ) = \begin{pmatrix} \widehat{a}_0 & & & & \\ & \widehat{a}_1 & & & \\ & & \widehat{a}_2 & & \\ & & & \ddots & \\ & & & & \widehat{a}_{n-1} \end{pmatrix} \tag{8.64}$$

是一个对角矩阵。在特征值分解中，我们常将对角矩阵 $\boldsymbol{D}$ 记为 $\boldsymbol{\Lambda}$，称为矩阵 $\boldsymbol{A}_c^T$ 所对应的**特征值矩阵**；而离散 Fourier 变换矩阵 $\boldsymbol{W}$ 也称为：矩阵 $\boldsymbol{A}_c^T$ 所对应的**特征向量矩阵**。离散 Fourier 变换矩阵 $\boldsymbol{W}$ 实现了对矩阵 $\boldsymbol{A}_c^T$ 的**对角化**，也就是说，

$$\mathbf{W}_n^{-1} \boldsymbol{A}_c^T \mathbf{W}_n = \mathbf{W}_n \boldsymbol{A}_c \mathbf{W}_n^{-1} = \boldsymbol{D} = (\widehat{\boldsymbol{a}}\circ) \tag{8.65}$$

于是，从特征值分析的角度，我们将**离散 Fourier 变换**和**卷积定理**联系在了一起，也就是说，

$$\boldsymbol{y} = \boldsymbol{a} \otimes \boldsymbol{x} = \boldsymbol{A}_c \boldsymbol{x} \tag{8.66}$$

$$= \mathbf{W}_n^{-1} \mathbf{W}_n \boldsymbol{A}_c \mathbf{W}_n^{-1} \mathbf{W}_n \boldsymbol{x} \tag{8.67}$$

$$= \mathbf{W}_n^{-1} \boldsymbol{D} \mathbf{W}_n \boldsymbol{x} \tag{8.68}$$

进一步，我们可以得到：

$$\underbrace{\mathbf{W}_n \boldsymbol{y}}_{\widehat{\boldsymbol{y}}} = \widehat{\boldsymbol{a}} \circ \underbrace{\mathbf{W}_n \boldsymbol{x}}_{\widehat{\boldsymbol{x}}} \tag{8.69}$$

这正好是式 (8.61) 中给出的**卷积定理**的结论。

8.5.2 快速 Fourier 变换

在本小节的最后，我们来谈一下离散 Fourier 变换（DFT）的快速计算方法：**快速 Fourier 变换（FFT）**。快速 Fourier 变换（FFT）被誉为二十世纪最伟大的算法之一，其探索和研究过程可以追溯到**高斯**。本小节中，我们将介绍一种全新的方法，从**矩阵分解**的角度来理解快速 Fourier 变换。

我们可以直接通过矩阵 $\boldsymbol{W}$ 和向量 $\boldsymbol{a}$ 相乘的形式，来计算 $\boldsymbol{a}$ 的离散 Fourier 变换 $\widehat{\boldsymbol{a}}$，也就是说，矩阵 $\boldsymbol{W}$ 的第 k 行与向量 $\boldsymbol{a}$ 做**内积**，从而得

到 $\widehat{\boldsymbol{a}}$ 中的第 k 个元素。每次内积需要做 n 次乘法运算，因此，整个离散 Fourier 变换过程共包含 n^2 次乘法运算。

注意观察离散 Fourier 变换所对应的矩阵和向量相乘的形式：

$$\begin{array}{l} \text{第 1 行} \\ \text{第 2 行} \\ \text{第 3 行} \\ \vdots \\ \text{第 } \frac{n}{2} \text{ 行} \\ \text{第 } \frac{n}{2}+1 \text{ 行} \\ \text{第 } \frac{n}{2}+2 \text{ 行} \\ \vdots \end{array} \underbrace{\begin{pmatrix} 1 & 1 & 1 & 1 & \cdots & 1 \\ 1 & w & w^2 & w^3 & \cdots & w^{n-1} \\ 1 & w^2 & w^4 & w^6 & \cdots & w^{2(n-1)} \\ \vdots & \vdots & \vdots & \vdots & \vdots & \vdots \\ 1 & -1 & 1 & -1 & \cdots & -1 \\ 1 & -w & w^2 & -w^3 & \cdots & -w^{n-1} \\ 1 & -w^2 & w^4 & -w^6 & \cdots & w^{2(n-1)} \\ \vdots & \vdots & \vdots & \vdots & \vdots & \vdots \end{pmatrix}}_{\text{离散 Fourier 矩阵 } \boldsymbol{W}} \underbrace{\begin{pmatrix} a_0 \\ a_1 \\ a_2 \\ a_3 \\ \vdots \\ a_{n-1} \end{pmatrix}}_{\text{向量 } \boldsymbol{a}} \tag{8.70}$$

我们可以发现其中的一些规律。比如说，我们要计算第 1 行和第 $n/2$ 行的结果，按照矩阵和向量相乘的形式，我们总共需要进行 $2n$ 次操作，也就是说，

$$a_0+a_1+a_2+\cdots+a_{n-2}+a_{n-1} \quad \text{和} \quad a_0-a_1+a_2-\cdots+a_{n-2}-a_{n-1} \tag{8.71}$$

但是，我们稍微做一下调整，就可以大大减少上面两个过程的计算量。例如，我们令：

$$\tau_1=a_0+a_2+a_4+\cdots+a_{n-2} \quad \text{和} \quad \tau_2=a_1+a_3+a_5+\cdots+a_{n-1} \tag{8.72}$$

于是，(8.71) 中的两个计算过程则可以通过：

$$\tau_1+\tau_2 \quad \text{和} \quad \tau_1-\tau_2 \tag{8.73}$$

直接求得。而上面的计算方式只进行了 $n+2$ 次操作，节省了将近一半的计算量。

然后，我们来计算第 2 行和第 $n/2+1$ 行的结果，也会发现类似的规律。此时，

$$\tau_1=a_0+w^2a_2+\cdots+w^{n-2}a_{n-2} \quad \text{和} \quad \tau_2=a_1+w^2a_3+\cdots+w^{n-2}a_{n-1} \tag{8.74}$$

此时，我们可以通过：

$$\tau_1+w\tau_2 \quad \text{和} \quad \tau_1-w\tau_2 \tag{8.75}$$

计算第 2 行和第 $n/2+1$ 行的结果。同样，上面的计算方式只进行了 $n+2$ 次操作，节省了将近一半的计算量。继续计算下去，不难发现：

$$\widehat{\boldsymbol{a}}=\mathbf{W}_n\boldsymbol{a} \tag{8.76}$$

$$= \begin{pmatrix} \mathbf{I}_{\frac{n}{2}} & \mathbf{D}_{\frac{n}{2}} \\ \mathbf{I}_{\frac{n}{2}} & -\mathbf{D}_{\frac{n}{2}} \end{pmatrix} \begin{pmatrix} \mathbf{W}_{\frac{n}{2}} & \\ & \mathbf{W}_{\frac{n}{2}} \end{pmatrix} \begin{pmatrix} \boldsymbol{a}_{\text{偶}} \\ \boldsymbol{a}_{\text{奇}} \end{pmatrix} \tag{8.77}$$

$$= \begin{pmatrix} \mathbf{I}_{\frac{n}{2}} & \mathbf{D}_{\frac{n}{2}} \\ \mathbf{I}_{\frac{n}{2}} & -\mathbf{D}_{\frac{n}{2}} \end{pmatrix} \begin{pmatrix} \mathbf{W}_{\frac{n}{2}} & \\ & \mathbf{W}_{\frac{n}{2}} \end{pmatrix} \begin{pmatrix} \mathbf{P}_0 \\ \mathbf{P}_1 \end{pmatrix} \boldsymbol{a} \tag{8.78}$$

其中，

$$\mathbf{I}_{\frac{n}{2}} = \begin{pmatrix} 1 & & & \\ & 1 & & \\ & & \ddots & \\ & & & 1 \end{pmatrix} \tag{8.79}$$

是一个单位矩阵，而矩阵

$$\mathbf{D}_{\frac{n}{2}} = \begin{pmatrix} 1 & & & & & \\ & w & & & & \\ & & w^2 & & & \\ & & & w^3 & & \\ & & & & \ddots & \\ & & & & & w^{\frac{n}{2}-1} \end{pmatrix} \tag{8.80}$$

是一个对角矩阵，而矩阵：

$$\mathbf{P}_0 = \begin{pmatrix} 1 & 0 & 0 & 0 & 0 & 0 & \cdots & 0 & 0 & 0 \\ 0 & 0 & 1 & 0 & 0 & 0 & \cdots & 0 & 0 & 0 \\ 0 & 0 & 0 & 0 & 1 & 0 & \cdots & 0 & 0 & 0 \\ \vdots & \vdots & \vdots & \vdots & \vdots & \vdots & \ddots & \vdots & \vdots & \vdots \\ 0 & 0 & 0 & 0 & 0 & 0 & \cdots & 0 & 1 & 0 \end{pmatrix} \tag{8.81}$$

用于获取向量 $\boldsymbol{a}$ 中的**偶数项**元素；矩阵

$$\mathbf{P}_1 = \begin{pmatrix} 0 & 1 & 0 & 0 & 0 & 0 & 0 & \cdots & 0 & 0 \\ 0 & 0 & 0 & 1 & 0 & 0 & 0 & \cdots & 0 & 0 \\ 0 & 0 & 0 & 0 & 0 & 1 & 0 & \cdots & 0 & 0 \\ \vdots & \vdots & \vdots & \vdots & \vdots & \vdots & \vdots & \ddots & \vdots & \vdots \\ 0 & 0 & 0 & 0 & 0 & 0 & 0 & \cdots & 0 & 1 \end{pmatrix} \tag{8.82}$$

用于获取向量 $\boldsymbol{a}$ 中的**奇数项**元素。下面的**置换矩阵**

$$\mathbf{P} = \begin{pmatrix} \mathbf{P}_0 \\ \mathbf{P}_1 \end{pmatrix} \tag{8.83}$$

用以对向量 $\boldsymbol{a}$ 中的元素进行重新排列。事实上，从式 (8.76) 到 (8.78) 所

给出的是：离散 Fourier 变换矩阵 $\mathbf{W}_n$ 的**矩阵分解形式**，也就是说，

$$\mathbf{W}_n = \begin{pmatrix} \mathbf{I}_{\frac{n}{2}} & \mathbf{D}_{\frac{n}{2}} \\ \mathbf{I}_{\frac{n}{2}} & -\mathbf{D}_{\frac{n}{2}} \end{pmatrix} \begin{pmatrix} \mathbf{W}_{\frac{n}{2}} & \\ & \mathbf{W}_{\frac{n}{2}} \end{pmatrix} \begin{pmatrix} \mathbf{P}_0 \\ \mathbf{P}_1 \end{pmatrix} \tag{8.84}$$

一个不包含“0”元素的矩阵 $\mathbf{W}_n$ 被分解成了 3 个**稀疏矩阵**，从而使得计算量减小了一半[①]。继续对上式中 $\frac{n}{2} \times \frac{n}{2}$ 的矩阵 $\mathbf{W}_{\frac{n}{2}}$ 做分解，我们可以进一步得到：

$$\begin{pmatrix} \mathbf{W}_{\frac{n}{2}} & \\ & \mathbf{W}_{\frac{n}{2}} \end{pmatrix} = \tag{8.85}$$

$$\begin{pmatrix} \mathbf{I}_{\frac{n}{4}} & \mathbf{D}_{\frac{n}{4}} & & \\ \mathbf{I}_{\frac{n}{4}} & -\mathbf{D}_{\frac{n}{4}} & & \\ & & \mathbf{I}_{\frac{n}{4}} & \mathbf{D}_{\frac{n}{4}} \\ & & \mathbf{I}_{\frac{n}{4}} & -\mathbf{D}_{\frac{n}{4}} \end{pmatrix} \begin{pmatrix} \mathbf{W}_{\frac{n}{4}} & & & \\ & \mathbf{W}_{\frac{n}{4}} & & \\ & & \mathbf{W}_{\frac{n}{4}} & \\ & & & \mathbf{W}_{\frac{n}{4}} \end{pmatrix} \begin{pmatrix} \mathbf{P}_{00} & \\ \mathbf{P}_{01} & \\ & \mathbf{P}_{00} \\ & \mathbf{P}_{01} \end{pmatrix}$$

其中，

$$\mathbf{D}_{\frac{n}{4}} = \begin{pmatrix} 1 & & & & & \\ & w^2 & & & & \\ & & w^4 & & & \\ & & & w^6 & & \\ & & & & \ddots & \\ & & & & & w^{\frac{n}{2}-2} \end{pmatrix} \tag{8.86}$$

于是，在原有基础之上，又节省了一半的计算量。将上面的操作过程一直进行下去，矩阵 $\mathbf{W}$ 变得越来越稀疏，也就是说，

$$\underbrace{\mathbf{W}_n}_{\text{不包含0}} \Rightarrow \underbrace{\begin{pmatrix} \mathbf{W}_{\frac{n}{2}} & \\ & \mathbf{W}_{\frac{n}{2}} \end{pmatrix}}_{n^2/2\text{ 个非零元素}} \Rightarrow \underbrace{\begin{pmatrix} \mathbf{W}_{\frac{n}{4}} & & & \\ & \mathbf{W}_{\frac{n}{4}} & & \\ & & \mathbf{W}_{\frac{n}{4}} & \\ & & & \mathbf{W}_{\frac{n}{4}} \end{pmatrix}}_{n^2/4\text{ 个非零元素}} \Rightarrow \cdots \tag{8.87}$$

直到最后变为一个**单位矩阵**为止，如图 8.4 所示。

每经过一次操作，非零元素都减少为原来的一半。非零元素由最初的 n^2 个变为（单位矩阵中的）n 个，因此，操作次数为 $\log_2 n$。式 (8.78) 中最左边矩阵中非 0 且非 1 的元素个数为 n，该次操作对应值 n 次乘法运算；式 (8.85) 中最左边矩阵中非 0 且非 1 的元素个数也为 n，

①**置换矩阵**中的 $\mathbf{P}_0$ 和 $\mathbf{P}_1$ 只更换向量中元素的位置，较之于乘法运算，上述操作的工作量可以直接被“忽略”。

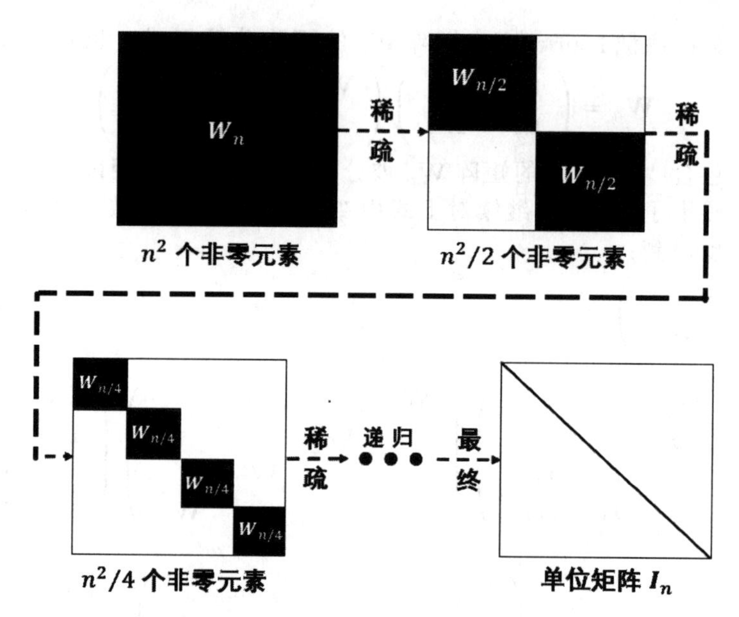

图 8.4　**快速 Fourier 变换**算法是：对离散 Fourier 变换矩阵 **W** 做矩阵分解。使得矩阵变得越来越稀疏，直到最终变为一个**单位矩阵**为止。

该次操作也对应值 n 次乘法运算。继续分析下去，不难证明：对应每一次操作，都要进行 n 次乘法运算。因此，**快速 Fourier 变换**中，乘法运算的总次数为 $n\log_2 n$，远低于直接使用**离散 Fourier 变换**（即：矩阵乘以向量）的乘法运算次数 n^2。最后，我们再次强调：

- 快速 Fourier 变换（FFT）只是离散 Fourier 变换（DFT）的快速计算方法，而并非一种新的变换！

因此，**快速 Fourier 变换（FFT）的计算结果就是离散 Fourier 变换（DFT）的结果！**

8.6 二维信号的情况

图像是一个二维信号，因此，我们需要将上述对一维信号的分析方法拓展到二维信号的情况。事实上，二维或高维信号在计算机中都是按照一维信号进行存储的，因此，这个拓展也是比较自然的，我们可以尝试将二维图像重新排列成一维信号，同时记录下图像的尺寸，就可以在（被重新排列成的）一维信号中对图像中的像素点进行索引。本节中，我们将探讨一些相关细节。

首先要解决的第一个问题是：对于二维输入信号 $\boldsymbol{x}=\{x_{i,j}\}$（其中 $i=0,1,\cdots m-1$，$j=0,1,\cdots n-1$），式 (8.2) 的具体形式是什么？

事实上，式 (8.2) 中的矩阵 $\boldsymbol{A}$ 是**一组行向量**，每一个行向量与 $\boldsymbol{x}$ 做**内积**，从而生成了输出信号 $\boldsymbol{y}$ 中的各个元素分量。我们将这个过程“移植”过来，就能解决上面提出的问题。首先，我们需要定义二维信号（图像或矩阵）$\boldsymbol{a}=\{a_{i,j}\}$ 和 $\boldsymbol{x}=\{x_{i,j}\}$ 之间**内积**：

$$<\boldsymbol{a},\boldsymbol{x}>=\sum_{i=0}^{m-1}\sum_{j=0}^{n-1}a_{i,j}x_{i,j} \tag{8.88}$$

也就是说，两个矩阵的对应元素相乘再相加。我们可以将矩阵 $\boldsymbol{a}=\{a_{i,j}\}$ 称为一个**作用子**，而式 (8.2) 中的 $\boldsymbol{A}$ 对应着一组**作用子**。我们需要对这一组作用子进行编号，也就是说，

$$\boldsymbol{A}=\left\{\boldsymbol{a}^{(k,l)}\right\} \tag{8.89}$$

其中 $k=0,1,2,\cdots,m'-1$，$l=0,1,2,\cdots,n'-1$，索引号 (k,l) 用于在 $\boldsymbol{A}$ 中查找和定位**作用子**。此时，$\boldsymbol{A}$ 是一个四维的矩阵，又称为**张量**，编号为 (k,l) 的**作用子** $\boldsymbol{a}^{(k,l)}$ 仍然是一个矩阵：

$$\boldsymbol{a}^{(k,l)}=\left\{a_{i,j}^{(k,l)}\right\} \tag{8.90}$$

其中 $i=0,1,2,\cdots,m-1$，$j=0,1,2,\cdots,n-1$，如图 8.5 所示。

张量 $\boldsymbol{A}$ 中的所有**作用子** $\boldsymbol{a}^{(k,l)}$ 逐一地作用于输入图像 $\boldsymbol{x}=\{x_{i,j}\}$，也就是说，与图像 $\boldsymbol{x}=\{x_{i,j}\}$ 做**内积**，所得到的结果：

$$y_{k,l}=<\boldsymbol{a}^{(k,l)},\boldsymbol{x}>=\sum_{i=0}^{m-1}\sum_{j=0}^{n-1}a_{i,j}^{(k,l)}x_{i,j} \tag{8.91}$$

按照作用子 $\boldsymbol{a}^{(k,l)}$ 的索引号 (k,l) 排列成矩阵 $\boldsymbol{y}=\{x_{k,l}\}$，就是系统输出的图像信号。现在，我们来考虑一种极其特殊的情况：张量 $\boldsymbol{A}$ 中的所有作用子 $\boldsymbol{a}^{(k,l)}$ 都是通过同一个作用子 $\boldsymbol{a}$ 进行（左右和上下）平移而得到的。也就是说，作用子 $\boldsymbol{a}^{(k,l)}$ 中的元素

$$a_{i,j}^{(k,l)}=a_{i-k,j-l} \tag{8.92}$$

可以直接通过查找作用子 $\boldsymbol{a}=\{a_{i,j}\}$ 而得到，相应的索引号为 $(i-k,j-l)$。此时，式 (8.91) 可以进一步写为：

$$y_{k,l}=\sum_{i=0}^{m-1}\sum_{j=0}^{n-1}a_{i-k,j-l}x_{i,j} \tag{8.93}$$

对应的输出图像 $\boldsymbol{y}$ 称为 $\boldsymbol{a}$ 和 $\boldsymbol{x}$（输入图像）的（二维）**相关**。上式描

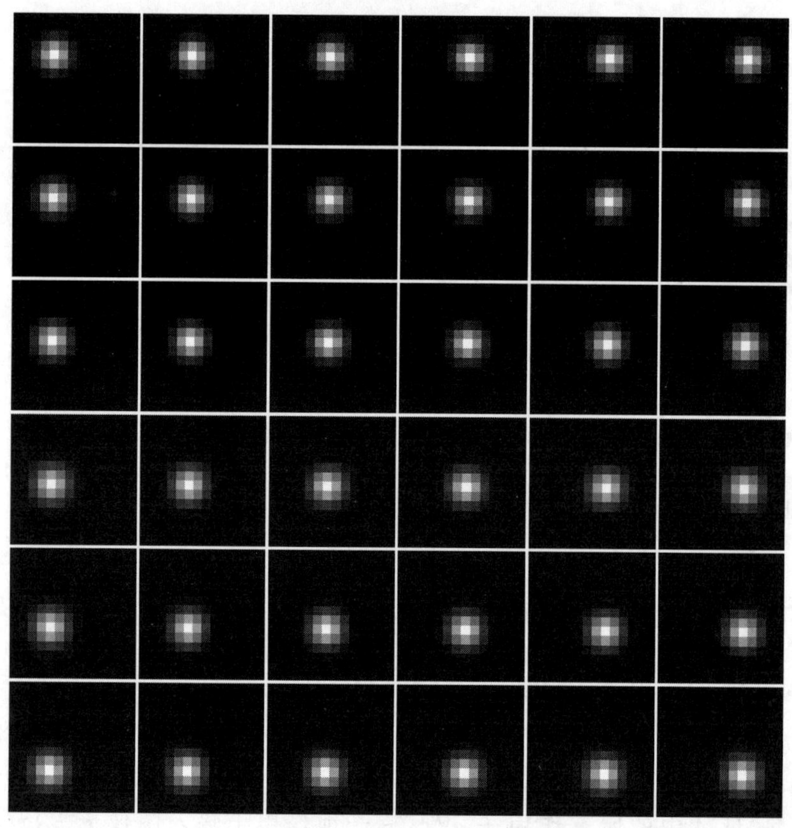

图 8.5　对于二维信号的情况，$\boldsymbol{A} = \{\boldsymbol{a}^{(k,l)}\}$ 是一个四维**张量**，编号为 (k,l) 的**作用子** $\boldsymbol{a}^{(k,l)}$ 仍然是一个**矩阵**，其中 $k,l = 0,1,\cdots 5$。为了便于显示，矩阵尺寸选为 14×14。

述的是：我们所熟知的**模板**（也称**滑动窗口**）$\boldsymbol{a}$ 在图像 $\boldsymbol{x}$ 上“滑动”的计算过程，如图 8.6 所示。参数 k 和 l 描述了**模板** $\boldsymbol{a}$ 的移动量。我们将**模板** $\boldsymbol{a}$ 称为**生成作用子**，用以生成**张量** $\boldsymbol{A}$。

图 8.6 中所示的通过“窗口滑动”来计算**相关**的过程，是图像处理中的一种基本操作方式，有着诸多应用，例如：滤波、边缘检测、模板匹配等等。在后续章节中，我们还会对其进行详细讨论。

另一种极其特殊的情况：张量 $\boldsymbol{A}$ 中的所有作用子 $\boldsymbol{a}^{(k,l)}$ 都是通过同一个作用子 $\boldsymbol{a}$ 经过“翻转”和平移而得到的。此时，我们也可以直接通过查找（固定的）作用子 $\boldsymbol{a} = \{a_{i,j}\}$ 中的元素，来得到任意一个作用子 $\boldsymbol{a}^{(k,l)}$ 中的所有元素

$$a_{i,j}^{(k,l)} = a_{k-i,l-j} \tag{8.94}$$

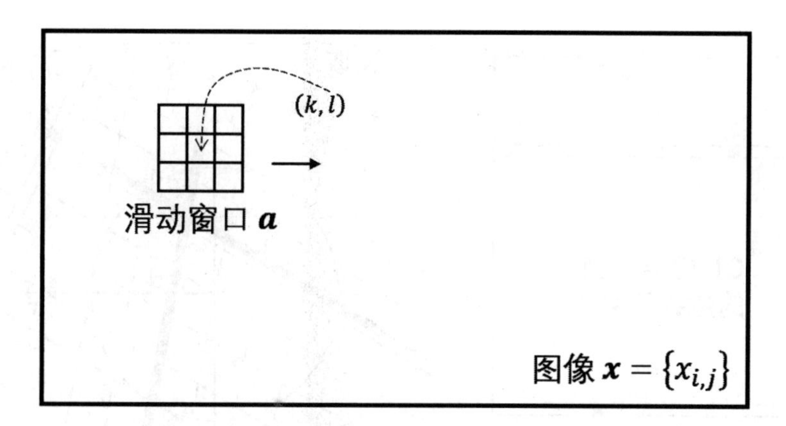

图 8.6 计算**相关**所描述的是：**模板**（也称为**滑动窗口**）$\boldsymbol{a}$ 在图像 $\boldsymbol{x}$ 上“滑动”的过程。参数 k 和 l 描述了模板（即“滑动窗口”）$\boldsymbol{a}$ 的移动量。计算**相关**所对应的“滑动窗口”过程是图像处理的基本操作方式。

相应的索引号为 $(k-i,l-j)$。此时，式 (8.91) 可以进一步写为：

$$y_{k,l}=\sum_{i=0}^{m-1}\sum_{j=0}^{n-1}a_{k-i,l-j}x_{i,j} \tag{8.95}$$

对应的输出图像 $\boldsymbol{y}$ 称为：输入图像 $\boldsymbol{x}$ 与矩阵 $\boldsymbol{a}$ 的（二维）**卷积**。上式常常被用来描述图像的模糊模型，其中 $\boldsymbol{a}$ 也被称为**点扩散函数**。在第 9 章中，我们将详细讨论相关内容。

最后，我们要对二维**相关** (8.93) 和二维**卷积** (8.95) 做一些补充说明。注意：在式 (8.93) 的计算过程中，会出现 $a_{i-k,j-l}$ 中的 $i-k<0$（或 $j-l<0$））的情况。出现上述情况时，我们需要将 $i-k$ 相应地调整为 $i-k+m$（或将 $j-l$ 相应地调整为 $j-l+n$）。同样地，在式 (8.95) 的计算过程中，当出现 $k-i<0$（或 $l-j<0$）时，需要将其相应地调整为 $k-i+m$（或 $l-j+n$）。

事实上，我们可以通过**模运算**来描述上述过程：

$$a_{i-k,j-l}=a_{\mathrm{mod}(i-k,m),\mathrm{mod}(j-l,n)} \tag{8.96}$$

$$a_{k-i,l-j}=a_{\mathrm{mod}(k-i,m),\mathrm{mod}(l-j,n)} \tag{8.97}$$

其中 $\mathrm{mod}(i-k,m)$ 表示：$i-k$ 除以 m 后所得到的**余数**，取值在 0 到 $m-1$ 之间。事实上，上述操作是采用**周期化**的方式，来查找**作用子** $\boldsymbol{a}=\{a_{i,j}\}$ 中的各个元素。

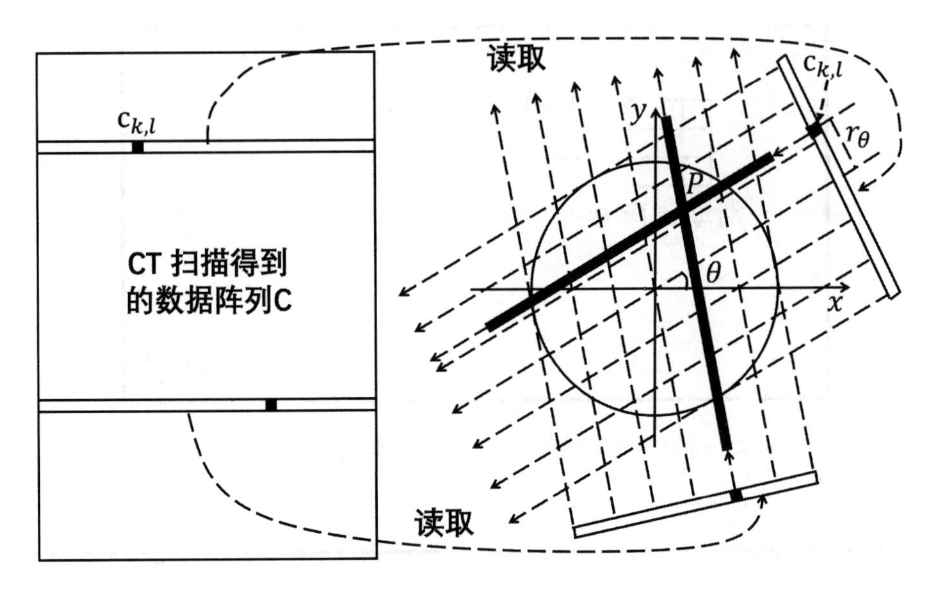

图 8.7　后向投影的具体实现过程为：首先，根据图 2.20 中的 CT 扫描结果**矩阵**（一个**数据阵列**）$\mathbf{C}=\{c_{k,l}\}$，逐行读取数据；然后，根据数据 $c_{k,l}$ 所对应的直线参数 θ 和 r_θ，将 $c_{k,l}$ 的值“加在”直线 $r_\theta=x\cos\theta+y\sin\theta$ 所经过的图像**像素点** $(x,y)^T$ 上。

8.7 后向投影

最后，让我们来看一个具体的例子：对计算机层析成像（CT）的结果进行**后向投影**（back-projection）。在第 2 章的习题 2.10 中，我们研究了 **CT 扫描**的实现过程，参见图 2.20。事实上，本小节中所研究的后向投影，是 CT 扫描的“**对偶**”过程，如图 8.7 所示。

后向投影的具体实现过程分为如下两个步骤：首先，根据图 2.20 中的 CT 扫描结果（一个**数据阵列**）$\mathbf{C}=\{c_{k,l}\}$，逐个读取数据 $c_{k,l}$；然后，根据数据 $c_{k,l}$ 所对应的直线参数 θ 和 r_θ，将 $c_{k,l}$ 的值“加在”直线

$$r_\theta=x\cos\theta+y\sin\theta \tag{8.98}$$

所经过的图像**像素点** $(x,y)^T$ 上（参见图 8.7）。

经过 **CT 扫描**，我们从**图像**生成了一个**数据阵列**，也就是说，

$$\textbf{图像}\longrightarrow\boxed{\textbf{CT 扫描}}\longrightarrow\textbf{数据阵列}$$

再经过**后向投影**，又通过**数据阵列**生成了一张**图像**，也就是说，

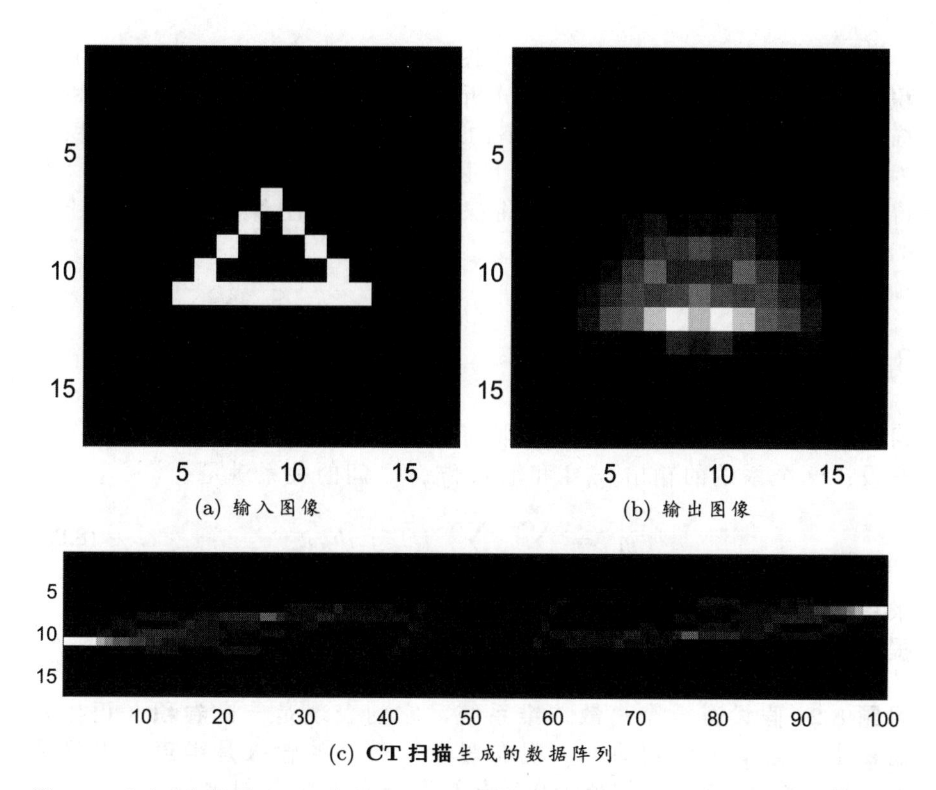

(a) 输入图像 (b) 输出图像

(c) **CT 扫描**生成的数据阵列

图 8.8 通过**后向投影**，可以直接得到一张**图像处理系统**的输出图像。于是，我们在不需要求解 CT 模型的情况下，也可以进行粗糙的观察和测量。

$$\text{数据阵列} \longrightarrow \boxed{\text{后向投影}} \longrightarrow \text{图像}$$

我们可以将上述两个过程“合并”在一起，从而得到一个**图像处理系统**，也就是说，

$$\text{图像} \longrightarrow \boxed{\text{图像处理系统}} \longrightarrow \text{图像}$$

上面的“图像处理系统”包含两个**级联**的子系统：“CT 扫描”和“后向投影”，也就是说，

$$\boxed{\text{图像处理系统}} = \boxed{\boxed{\text{CT 扫描}} \longrightarrow \boxed{\text{后向投影}}}$$

图 8.8 中给出了一个例子。在习题 8.7 中，我们将进一步研究：图 8.8(b) 和 8.8(c) 中结果的具体计算过程。

通过图 8.8 不难看出：这个“图像处理系统”近似对应于一个**卷积**，参见第 2 章 2.5.2 小节中的分析。“近似”是由于：1) 图像和扫描线的离散化过程，2) 有限大小的图像尺寸。根据式 (2.73)，卷积核为 $1/r$ 的离散形式。不难发现，上面的**图像处理系统**将输入图像“变得”**模糊**。在下一章中，我们将探索如何通过**图像处理**方法，让图 8.8(b) 中的结果变得清晰。

8.8 习题

习题 8.1 一个**二维离散系统**的特征表现在：它的**点扩散函数** $\{h_{ij}\}$。假设：一个系统的输出 $\{g_{ij}\}$ 和输入 $\{f_{ij}\}$ 之间的关系满足：

$$g_{i,j} = \sum_{k=-\infty}^{\infty} \sum_{l=-\infty}^{\infty} f_{i-k,j-l} h_{k,l} \tag{8.99}$$

求系统的**调制传递函数**：$\{h_{ij}\}$ 的 **Fourier 变换**结果。
提示：系统的调制传递函数是离散的吗？是周期函数吗？

习题 8.2 假设有一个离散二维系统，它的表现是一个**卷积**（正如我们在上一题中所看到的）。现在假设：系统的输入是噪声，也就是说，每一个 f_{ij} 都是：均值为 0、方差为 σ^2 的独立随机变量。

(a) 系统的输出 g_{ij} 的均值和方差是什么？

(b) 所有的**点扩散函数**都必须满足下面的约束条件，即：

$$\sum_{k=-\infty}^{\infty} \sum_{l=-\infty}^{\infty} h_{k,l} = 1 \tag{8.100}$$

我们希望：系统输出中所包含的噪声最小。请问：应该选取什么样的**点扩散函数**？

(c) 对于满足约束条件

$$\sum_{k=-\infty}^{\infty} \sum_{l=-\infty}^{\infty} (k^2 + l^2) h_{k,l} = 1 \tag{8.101}$$

的所有的**点扩散函数**，哪一个使得系统的输出中所含有的噪声最小？

提示：你可能会想要使用 **Lagrang 乘子**，将约束条件加入到优化表达式中。

习题 8.3 考虑 Laplace **算子**的离散近似形式。我们使用如下的**模板**（即：权重系数模式）：

$$\frac{1}{6\epsilon^2}\begin{array}{|c|c|c|}\hline 1 & 4 & 1 \\ \hline 4 & -20 & 4 \\ \hline 1 & 4 & 1 \\ \hline \end{array} \tag{8.102}$$

其中，ϵ 是：图像单元（即：像素点）之间的距离。请将：式(8.102)中的权重系数模式，写为：9 个**无限冲击函数**的和的形式。然后，请求出：其对应的 **Fourier 变换**。进一步，请证明：当 $\epsilon \to 0$ 时，式(8.102) 在原点附近（即：当 u^2+v^2 很小的时候）的 **Fourier 变换**结果趋近于：$-(u^2+v^2)$。

习题 8.4 考虑上一题中所使用的 Laplace **算子**的离散近似形式。对（模板的）中心点处的图像亮度进行 Taylor **展开**，并且，将(8.102)中的**权重系数模式**代入到 Taylor **展开式**中。请证明：最终所得结果与**常数项**和**线性项**无关。并且，进一步证明：上述过程所得到的结果是：我们所期望得到的二阶项的组合。同时，请求出：误差项的最小阶数。

习题 8.5 本题中，我们将建立一种：幂级数与**离散点扩散函数**之间的有用关系。同时，我们将展示一种：使用**离散滤波器**来逼近 Gauss **滤波器**的方法。考虑两个多项式 $f(x,y)$ 和 $g(x,y)$。

(a) 证明：由多项式的乘积 $f(x)g(x)$ 的各项系数所组成的**系数序列**等于：多项式 $f(x)$ 和 $g(x)$ 这两个系数序列之间的**卷积**。请将这个结论进一步扩展为：包含 x 的负幂项的情况。

我们可以将上面的结果推广到二维情况，也就是说，乘积 $f(x,y)g(x,y)$ 的**系数序列**等于：多项式 $f(x,y)$ 和 $g(x,y)$ 的（这两个）系数序列之间的**二维离散卷积**。注意，此时的“系数序列”应该排列成一个矩阵。此外，还需注意的是：根据**二维离散卷积**的性质，我们可以直接得出如下结论，即：幂级数的乘法满足**结合律**和**交换律**。现在，让我们来考虑一个具体的例子，即问题**(b)**。

(b) 证明：如果在一个卷积过程中，滤波器的**权重系数模式**为：

$$\frac{1}{16}\begin{array}{|c|c|c|}\hline 1 & 2 & 1 \\ \hline 2 & 4 & 2 \\ \hline 1 & 2 & 1 \\ \hline\end{array} \tag{8.103}$$

那么，该卷积可以被分解为：两次卷积。并且，在这两次卷积过程中，滤波器的形式是相同的，其权重系数为：

$$\frac{1}{4}\begin{array}{|c|c|}\hline 1 & 1 \\ \hline 1 & 1 \\ \hline\end{array} \tag{8.104}$$

使用式 (8.104) 中的 2×2 的**权重系数模式**来进行 3 次卷积，那么，我们可以通过一次卷积，来得到：这三次卷积所得到的结果，请问：这个等效的一次卷积的**权重系数模式**是什么？

(c) 证明：我们只需要将幂级数中的 x 换为 e^{-iuw}、将 y 换为 e^{-ivh}，就可以得到：幂级数的系数所对应的**离散滤波器**。

(d) 请问：和多项式 $1+x+y+xy$ 所对应的卷积滤波器的 **Fourier 变换**是什么？

通过 $(1+x)^n$ 的展开式，我们可以得到一个特别重要的多项式：

$$(1+x)^n = \begin{pmatrix} n \\ 0 \end{pmatrix} + \begin{pmatrix} n \\ 1 \end{pmatrix} x + \begin{pmatrix} n \\ 2 \end{pmatrix} x^2 + \cdots \begin{pmatrix} n \\ n-1 \end{pmatrix} x^{n-1} + \begin{pmatrix} n \\ n \end{pmatrix} x^n \tag{8.105}$$

其中，**二次项系数**为：

$$\begin{pmatrix} n \\ r \end{pmatrix} = \frac{n!}{(n-r)!r!} \tag{8.106}$$

(e) 我们可以通过：**(d)** 中的滤波器和它自身**卷积** n 次，从而得到：一个二维的**二项式分布**，其通项为：

$$\begin{pmatrix} n \\ k \end{pmatrix}\begin{pmatrix} n \\ l \end{pmatrix} x^k y^l \quad (\text{其中 } 0 \le k \le n;\ 0 \le l \le n) \tag{8.107}$$

证明：上式的**调制传递函数**的幅度为：

$$4^n \cos^n\left(\frac{1}{2}uw\right)\cos^n\left(\frac{1}{2}vh\right) \tag{8.108}$$

如何消除式 (8.108) 中的系数 4^n？通过何种操作，我们可以使得：所得到的**调制传递函数**为实数（至少当 n 为奇数时）？

(f) n 阶**二项式分布**近似于：均值为 $(n-1)/2$、方差为 2^{n-1} 的 **Gauss 函数**。Gauss 函数的幅度为 2^{n-1}。n 阶二项式分布的**调制传递函数**也近似于一个 **Gauss 函数**。请求出：式 (8.108) 所逼近的 **Gauss 函数**的幅度、均值和方差。

当我们想用（有限大小的）**离散滤波器**来近似表示 **Gauss 函数**时，上面的分析是很有用的。

习题 8.6 请分析下面 3 个模板的意义，也就是说，用下面三个模板和图像做**卷积**，分别起到什么作用？

$$\frac{1}{4}\begin{array}{|c|c|}\hline +1 & +1 \\ \hline +1 & +1 \\ \hline \end{array} \qquad \frac{1}{2}\begin{array}{|c|c|}\hline +1 & -1 \\ \hline +1 & -1 \\ \hline \end{array} \qquad \frac{1}{2}\begin{array}{|c|c|}\hline +1 & +1 \\ \hline -1 & -1 \\ \hline \end{array}$$

上面三个模板分别和下面的图像做**卷积**，得到的结果是什么？

0	0	0	0	0	0	0	0	0	0	0	0	0	0	0	0	0	0	0	0
0	0	0	0	0	0	0	0	0	0	0	0	0	0	0	0	0	0	0	0
0	0	1	1	1	1	1	1	0	0	1	1	0	0	0	0	1	0	0	0
0	0	1	1	1	1	1	1	0	0	1	1	0	0	0	0	0	1	0	0
0	0	1	1	0	0	1	1	0	0	0	0	1	1	0	0	1	0	0	0
0	0	1	1	0	0	1	1	0	0	0	0	1	1	0	0	0	1	0	0
0	0	1	1	1	1	1	1	0	0	1	1	0	0	0	0	1	0	0	0
0	0	1	1	1	1	1	1	0	0	1	1	0	0	0	0	0	1	0	0
0	0	0	0	0	0	0	0	0	0	0	0	0	0	0	0	0	0	0	0
0	0	0	0	0	0	0	0	0	0	0	0	0	0	0	0	0	0	0	0

上面的三个模板依次和图像做**卷积**，得到的结果是什么？请根据计算结果进行理论分析，完成实验报告。

习题 8.7 本题中，我们来看一个具体的算例：图 8.8 中的例子。请计算输入图像经过 **CT 扫描**后所得到的结果，以及（CT 扫描所生成的）数据阵列在经过**后向投影**以后，所得到的输出图像。系统的输入图像选为下面的“三角形”二值图：

0	0	0	0	0	0	0	0	0	0	0	0	0	0	0	0	0
0	0	0	0	0	0	0	0	0	0	0	0	0	0	0	0	0
0	0	0	0	0	0	0	0	0	0	0	0	0	0	0	0	0
0	0	0	0	0	0	0	0	0	0	0	0	0	0	0	0	0
0	0	0	0	0	0	0	0	0	0	0	0	0	0	0	0	0
0	0	0	0	0	0	0	0	0	0	0	0	0	0	0	0	0
0	0	0	0	0	0	0	0	1	0	0	0	0	0	0	0	0
0	0	0	0	0	0	0	1	0	1	0	0	0	0	0	0	0
0	0	0	0	0	0	1	0	0	0	1	0	0	0	0	0	0
0	0	0	0	0	1	0	0	0	0	0	1	0	0	0	0	0
0	0	0	0	1	1	1	1	1	1	1	1	1	0	0	0	0
0	0	0	0	0	0	0	0	0	0	0	0	0	0	0	0	0
0	0	0	0	0	0	0	0	0	0	0	0	0	0	0	0	0
0	0	0	0	0	0	0	0	0	0	0	0	0	0	0	0	0
0	0	0	0	0	0	0	0	0	0	0	0	0	0	0	0	0
0	0	0	0	0	0	0	0	0	0	0	0	0	0	0	0	0
0	0	0	0	0	0	0	0	0	0	0	0	0	0	0	0	0

(a) 请分析**后向投影**算法的具体实现过程。给出算法的伪代码描述形式，然后，编写程序实现算法。

(b) 根据第 2 章的习题 2.10 中的分析，对本题中给出的输入图像进行**CT 扫描**，给出实验仿真结果。例如：当**方向采样精度**选为 $\Delta\theta = \pi/100$ 时，所得到的**CT 扫描**结果如图 8.8(c) 所示。

(c) 进一步，请给出对（经过 CT 扫描所得到的）数据阵列的**后向投影**结果，如图 8.8(b) 所示。

(d) 不难看出，“图像处理系统”的输入图像 8.8(b) 是对输入图像 8.8(a) 的**模糊化**结果，可以“近似”描述为一个**卷积**过程。请依据图 8.8 中的结果，分析**卷积核**的特征。进一步，请根据输入图像 8.8(a) 和输出图像 8.8(b)，来确定卷积核的具体形式。

(e) 在第 2 章的习题 2.10 中，我们研究了一个极其特殊的情况：只存在一个“金属点” $P = (x_0, y_0)^T$。在习题 2.10 中，我们通过求解线性方程组，来寻找“金属点” P 的位置。我们能否通过**后向投影**来寻找“金属点” P 的位置？如果能，应该如何查找？

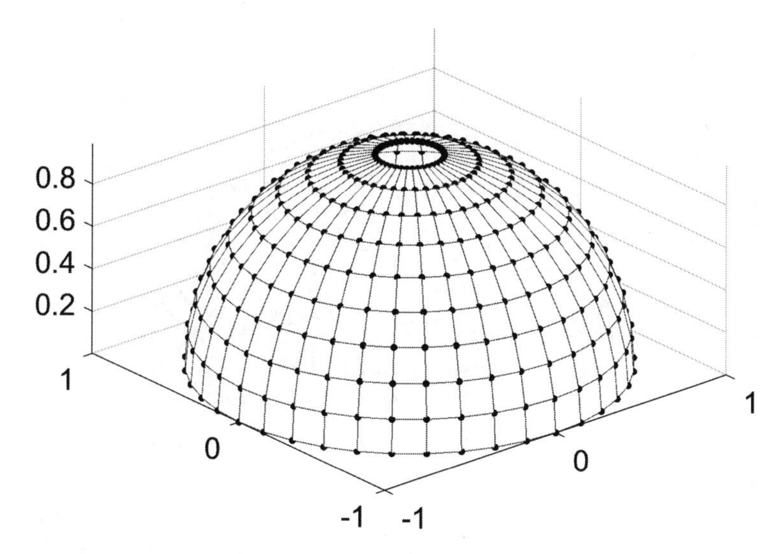

图 8.9 图像可以被显示在一个**半球面**上。对应的“**像素**”点并不是均匀地分布在半球面上。我们需要想办法让这些“像素”点均匀（或尽量均匀）地分布在球面上。

(f) 当扫描区域中存在两个或多个“金属点”时，我们在第 2 章的习题 2.10 中介绍的寻找“金属点”位置的方法，是否能让有效？如果无效，我们应该如何对其进行修正？我们能否通过**后向投影**来寻找这些“金属点”的位置？如果能，请给出具体实现方法；如果不能，请说明理由。

提示：你可能会想要参见第 7 章习题 7.10 中的分析过程。

习题 8.8 除了（我们平时常见的）以矩阵形式显示出来的图像以外，我们还可以通过多种不同的形式来显示一张图像。例如，在图 8.9 中，图像被显示在一个**半球面**上。

(a) 如果仔细观察，你会发现：图 8.9 中的“**像素**”并不是均匀地分布在半球面上。请问：能否让这些“像素”均匀地分布在半球面上？如果能，应该如何操作？如果不能，请说明理由。

(b) 事实上，图 8.9 中的每一个“像素”点，都对应着一个**方向**。我们之所以要让这些“像素”点均匀地分布在半球面上，是为了对探测方向进行**均匀采样**。这具有非常大的应用价值，因此，

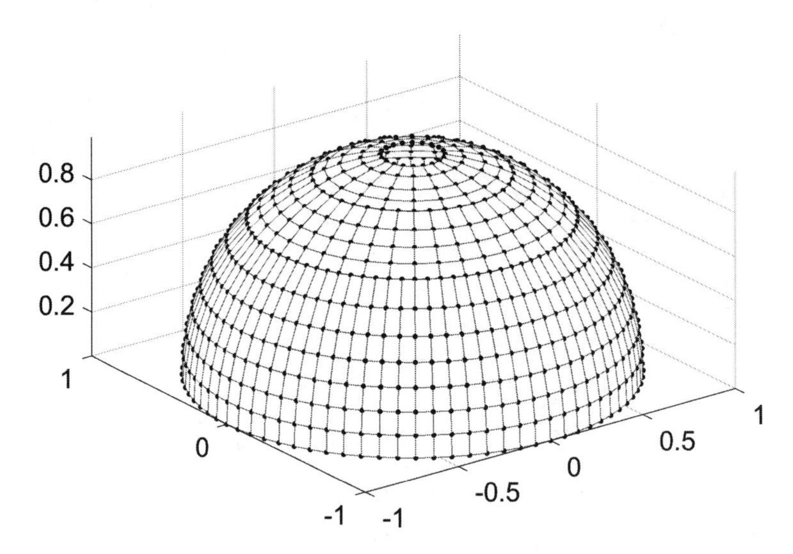

图 8.10　要实现对探测方向进行**均匀采样**，并不是一个简单的问题。

不管能否让这些“像素”点均匀地分布在半球面上，我们都要想办法让这些“像素”点均匀（或尽量均匀）地分布在半球面上。请设计具体的实现方法。

(c) 在此基础上，请进一步探索：如何将习题 8.7 中研究的 **CT 扫描**和**后向投影**过程，拓展到图 8.9 所示的半球面上图像的情况？

提示：这个问题并不简单。可以在图 8.10 的基础上做进一步探索。

第 9 章　图像处理

通过对图像进行某种变换，产生一个便于后续处理的结果，通常是非常有用的。图像处理就是：寻找实现这种变换的方法。到目前为止，我们所研究的绝大多数方法都是**线性移不变**（**LSI**）的。线性移不变是一个非常重要的性质，因为它使得我们可以将：强大的数学分析工具，应用于图像处理问题中。本章中，我们将说明：线性移不变系统可以被描述为一个**卷积**。我们在上一章中详细介绍过一维卷积。

我们还将展示：1) 空间和频率这两个概念的用处，以及，2) **空间域**和**频率域**之间的相互变换。无论是对于光学图像处理系统，还是对于数字图像处理系统，我们都既可以在空间域对系统进行描述，也可以在频率域对系统进行描述。在空间域，我们是通过系统的**点扩散函数**（**PSF**）来对系统进行描述的；而在频率域，我们是通过系统的**调制传递函数**来对系统进行描述的。我们会将本章中所讨论的方法用于对**最优滤波器**的分析。在边缘检测中，我们会用到偏导数算子；而最优滤波器则被用于抑制噪声。

本章中所用到的大部分方法都只是：将用于处理一维信号的线性系统方法拓展到二维信号的情况，但是，我们假设读者对于这些（处理一维信号的）方法并不是非常熟悉。在这一章中，我们只讨论了对连续图像的处理；而在下一章中，我们将会讨论相应的离散情况。

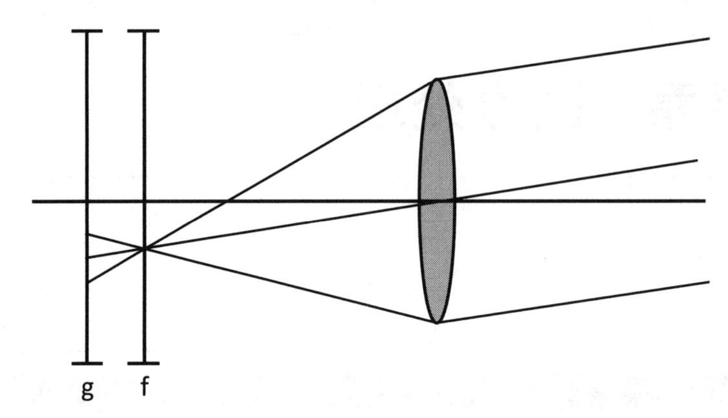

图 9.1　我们可以将失焦图像 $g(x, y)$ 看作是：一个图像处理系统对理想聚焦图像 $f(x, y)$ 的处理结果。

9.1 线性移不变系统

图像可以被看作一个**二维信号**，以矩阵的形式进行存储。图像处理系统将一张图像转换成另一张新的图像，也就是说，将一个矩阵变成另一个新的矩阵。对于图 9.1 所示的一张**失焦**图像，如果像平面的位置合理，成像系统将场景中的每一个点，都汇聚到了图像上相应的**像素点**；如果像平面的位置不合理，成像系统将场景中的每一个点，都汇聚到了图像上相应的**光斑**，最终得到的图像是所有这些光斑的**叠加**，因此，图像会变得模糊。

我们可以用**线性系统**来对上述过程进行建模。系统的输入为：一张理想的对焦图像 $\mathbf{f} = \{f_{i,j}\}$，系统的输出是：对应的失焦图像 $\mathbf{g} = \{g_{k,l}\}$，线性系统将对焦图像 $\mathbf{f} = \{f_{i,j}\}$ 变为失焦图像 $\mathbf{g} = \{g_{k,l}\}$，称为**图像退化**。我们将在下一小节中详细讨论图像退化过程的数学模型，本节中，我们着重弄清楚一个基本概念：**线性移不变**。

假设 $\mathbf{f} = \{f_{i,j}\}$ 是由准确聚焦的成像系统所生成的图像。现在，如果我们改变光照条件，使得理想图像的亮度变为原来的两倍，那么，失焦图像的亮度也将变为原来的两倍。进一步，如果我们将成像系统稍稍移动一下，使得理想图像在像平面上轻微地移动一下位置，那么，失焦图像也将会做类似的移动。我们将从理想图像到失焦图像之间的变换，称作是一个**线性移不变**的操作。事实上，对于许多非相干光学图像处理系统，通常情况下，它们是线性移不变的（尽管它们的结构更加复杂）。

下面，我们将会给出一个关于**线性移不变**的更精确的定义。假设：当一个系统的输入为$\mathbf{f}_1$和$\mathbf{f}_2$时，系统的输出分别为$\mathbf{g}_1$和$\mathbf{g}_2$，也就是说，

$$\mathbf{f}_1 \longrightarrow \boxed{\textbf{系统}} \longrightarrow \mathbf{g}_1$$

$$\mathbf{f}_2 \longrightarrow \boxed{\textbf{系统}} \longrightarrow \mathbf{g}_2$$

如果对于任意α和β，当系统的输入为$\alpha\mathbf{f}_1+\beta\mathbf{f}_2$时，系统的输出都为$\alpha\mathbf{g}_1+\beta\mathbf{g}_2$，也就是说，

$$\alpha\mathbf{f}_1+\beta\mathbf{f}_2 \longrightarrow \boxed{\textbf{系统}} \longrightarrow \alpha\mathbf{g}_1+\beta\mathbf{g}_2$$

那么，我们称这个系统是**线性**的。

在实际应用中，大多数系统的最大输出值的大小都是有限的，因此，这些系统并不是严格线性的。

现在，让我们来考虑一个系统，当系统的输入为$\mathbf{f}=\{f_{i,j}\}$时，系统的输出结果为$\mathbf{g}=\{g_{k,l}\}$，也就是说，

$$\mathbf{f} \longrightarrow \boxed{\textbf{系统}} \longrightarrow \mathbf{g}$$

如果对于任意a和b，我们先将系统的输入移动$(a,b)^T$；然后，将移动后的结果$\{f_{i-a,j-b}\}$输入系统，此时，系统所产生的输出结果正好为$\{g_{k-a,l-b}\}$，即：$\{g_{k,l}\}$移动$(a,b)^T$所得到的结果，也就是说，

$$\{f_{i-a,j-b}\} \longrightarrow \boxed{\textbf{系统}} \longrightarrow \{g_{k-a,l-b}\}$$

那么，我们称这个系统是**移不变**的。

在实际情况中，图像的大小是有限的。因此，系统的移不变性质往往只是近似成立的。

对于理解成像系统的性质来说，掌握对线性移不变系统的分析方法是非常重要的。成像系统的缺陷常常被看作是一个**线性移不变系统**。该系统将一张理想图像变为我们所观察到的图像。

一个关于线性移不变系统的简单例子是：产生输入图像在“水平”和“竖直”方向上的**差分**。容易验证，该系统是线性移不变的。在后面的章节中，我们将会看到：对于**边缘检测**来说，这个差分系统是一个非常重要的预处理阶段。在我们运用针对一维信号的强大处理

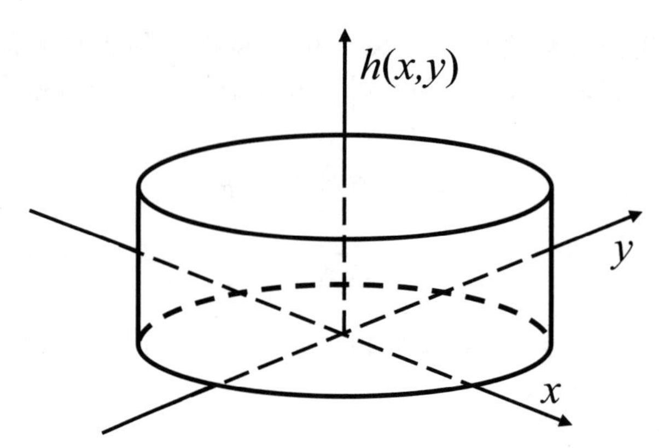

图 9.2　对于图像失焦，**点扩散函数** $h(x,y)$ 的形状是一个“小圆柱体”。一个单位的能量意味着函数 $h(x,y)$ 具有**单位体积**。

方法的同时，我们也必须指出其不足。**线性移不变**这个约束条件虽然方便了理论分析，但是，也极大地制约着图像处理操作的种类。

9.2 点扩散函数

现在，我们来研究**失焦**所引起的图像模糊过程。此时，聚焦在图像上的每一个“点”，都相应地“扩散”成了一个“光斑”。这个光斑的亮度取决于两个因素：1) 聚焦“点” (i,j) 处的亮度 $f_{i,j}$，2)“光斑”的能量分布 $h(x,y)$（总能量为一个单位）。能量分布函数 $h(x,y)$ 所描述的单位能量的“光斑”是由：（单位能量的）聚焦“点”经过“扩散”而成的，因此，又被称为**点扩散函数**。对于图像失焦，**点扩散函数** $h(x,y)$ 的形状是一个“小圆柱体”，如图 9.2 所示。

于是，(i,j) 处的聚焦“点”所对应的“光斑”为：

$$f_{i,j}h(x-i,y-j) \tag{9.1}$$

而最终生成的**失焦图像** $g(x,y)$ 就是所有光斑的**叠加**结果，也就是说，对式 (9.1) 中的 i 和 j 进行求和，

$$g(x,y)=\sum_i\sum_j f_{i,j}h(x-i,y-j) \tag{9.2}$$

注意，$g(x,y)$ 是一张连续图像（例如胶片），而我们现在所熟悉和常见的是数字图像。我们只需稍加处理，令 x 和 y 只取整数 k 和 l，即可

得到相应的（数字）失焦图像 $\mathbf{g}=\{g_{k,l}\}$，也就是说，

$$g_{k,l}=\sum_{i}\sum_{j}f_{i,j}h_{k-i,l-j} \tag{9.3}$$

其中 $\mathbf{h}=\{h_{k,l}\}$ 是（连续）点扩散函数 $h(x,y)$ 的离散形式，我们也将其称为**点扩散函数**。此时，对应的“光斑”是由多个像素点拼接而成的。于是，我们可以将图像失焦的过程总结如下：

点 ⟶ [扩散] ⟶ 光斑 ⟶ [叠加] ⟶ 失焦图像

失焦图像的形成包括两个子过程：1)“光斑”的形成，2)“光斑”的叠加。这两个过程分别对应于两个问题：

1. 对于某一个“光斑”，哪些像素“点”受到了它的影响？
2. 对于某一个像素“点”，哪些“光斑”影响到了它？

上面两个问题之间是一种**对偶**关系，如图 9.3 所示。**点扩散函数** $\mathbf{h}=\{h_{k,l}\}$ 给出的第一个问题的答案，如图 9.3(a) 所示。要灰度第二个问题，我们需要根据：给定像素“点” (k,l) 与“光斑”中心点 (i,j) 之间的相对位置 $(k-i,l-j)$，然后，通过 $h_{k-i,l-j}$ 来分析“光斑”对像素“点”的影响，如图 9.3(b) 所示。

正如我们在上一章中所介绍的，式 (9.3) 所描述的图像失焦过程是一个二维**卷积**过程。失焦图像 $\mathbf{g}$ 也被称为：$\mathbf{f}$ 和 $\mathbf{h}$ 的**卷积**。不难看出，式(9.3) 所描述的是一个**线性移不变**系统。如果我们将 $\alpha\mathbf{f}_1+\beta\mathbf{f}_2$ 代入式(9.3) 中，其结果为 $\alpha\mathbf{g}_1+\beta\mathbf{g}_2$。这里，$\mathbf{g}_1$ 是指：当输入为 $\mathbf{f}_1$ 时，系统 (9.3) 的输出结果；而 $\mathbf{g}_2$ 是指：当输入为 $\mathbf{f}_2$ 时，系统的输出结果。同样容易验证的是，将 $\{f_{i-a,j-b}\}$ 代入式(9.3) 中，系统的输出结果为 $\{g_{k-a,l-b}\}$。

对于一个系统，如果其系统响应可以被表示成一个**卷积**的形式，那么，该系统是一个**线性移不变**系统。反之亦然，也就是说，任何一个线性移不变系统都可以被表示为一个**卷积**。事实上，我们前面对图像失焦的分析，就是从一个**线性移不变**系统推导出**卷积**形式的过程。因此，我们得到了一个重要结论：**线性移不变系统对应于一个卷积**！我们用符号 $*$ 来表示**卷积**，于是，式(9.3) 可以被简写为：

$$\mathbf{g}=\mathbf{f}*\mathbf{h} \tag{9.4}$$

对于一个**线性移不变**系统，我们总是可以用一个**点扩散函数** $\mathbf{h}=\{h_{i,j}\}$ 来对其进行表示。通过点扩散函数 $\mathbf{h}$，我们可以计算出：系统对

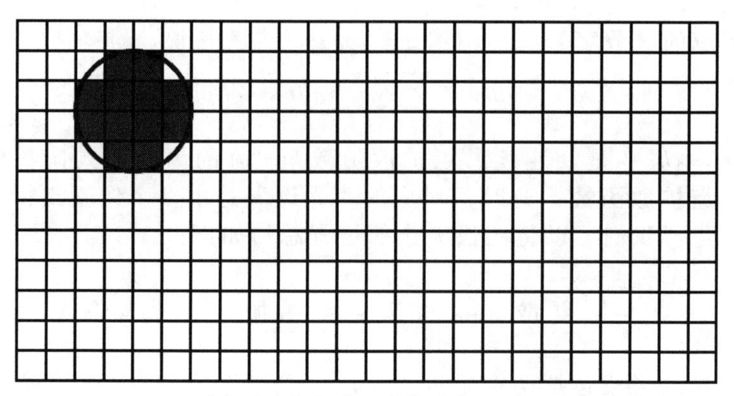

(a) “点”失焦，变成“光斑”

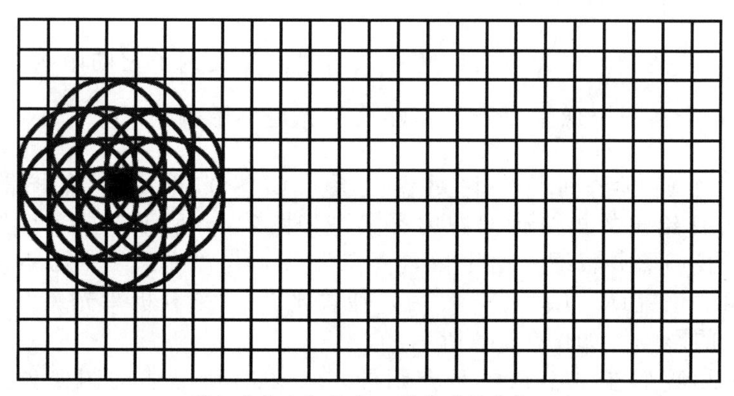

(b) “光斑”叠加，形成“图像”

图 9.3　失焦图像的形成包括两个子过程：1)“光斑”的形成，2)“光斑”的叠加。(a) 对于“光斑”的形成过程，我们需要回答的问题是：对于某一个“光斑”，哪些像素“点”受到了它的影响？(b) 对于“光斑”的叠加过程，我们需要回答的问题是：对于某一个像素“点”，哪些“光斑”影响到了它？

任意输入 $\mathbf{f} = \{f_{i,j}\}$ 的（输出）响应。点扩散函数表述了一个线性移不变系统的全部特征。

正如我们在上一章中所分析的：**卷积满足交换律**，也就是说，

$$\mathbf{a} * \mathbf{b} = \mathbf{b} * \mathbf{a} \tag{9.5}$$

此外，**卷积满足结合律**，也就是说，

$$(\mathbf{a} * \mathbf{b}) * \mathbf{c} = \mathbf{a} * (\mathbf{b} * \mathbf{c}) \tag{9.6}$$

因此，我们可以考虑：将两个点扩散函数分别为 $\mathbf{h}_1$ 和 $\mathbf{h}_2$ 的系统**级联**在一起，也就是说，

$$\mathbf{f} \longrightarrow \boxed{\mathbf{h}_1} \longrightarrow \boxed{\mathbf{h}_2} \longrightarrow \mathbf{g}$$

如果输入矩阵为 $\mathbf{f}$，那么第一个系统的输出为 $\mathbf{h}_1 * \mathbf{f}$；然后，我们用第一个系统的输出来作为第二个系统的输入，于是，第二个系统的输出为 $\mathbf{h}_2 * (\mathbf{h}_1 * \mathbf{f})$。由于卷积满足**结合律**，也就是说，$\mathbf{h}_2 * (\mathbf{h}_1 * \mathbf{f}) = (\mathbf{h}_2 * \mathbf{h}_1) * \mathbf{f}$，因此，最终得到的结果等价于：将 $\mathbf{f}$ 输入一个点扩散函数为 $\mathbf{h}_1 * \mathbf{h}_2$ 的系统，也就是说，

$$\mathbf{f} \longrightarrow \boxed{\mathbf{h}_1 * \mathbf{h}_2} \longrightarrow \mathbf{g}$$

9.3 调制传递函数

和两个函数相乘比起来，直接看出卷积的作用效果要困难得多。空间域的卷积对应于频率域的乘积，因此，对于**线性移不变**系统，从**空间域**到**频率域**的变换就显得极其有用。在我们探索这些方法之前，我们首先需要弄清楚：**二维频率**到底是指什么。

在上一章中，我们谈到：对于一维线性移不变系统，**离散 Fourier 变换**的一组**基向量** $\mathbf{z}^l = (1, w^l, w^{2l}, w^{(n-1)l})^T$ 是卷积（算子）的**特征向量**，其中 $w = e^{2i\pi/n}$ 是方程 $w^n = 1$ 的根。**特征向量**经过系统的作用之后，方向并不发生变化，只有模长发生变化，也就是说，

$$\mathbf{z}^l \longrightarrow \boxed{\text{系统}} \longrightarrow A_l \mathbf{z}^l$$

这里的 A_l 是：输入信号被乘以的一个因子（可能是复数）。

对于一个二维的线性移不变系统，如果输入矩阵为 $\mathbf{f} = \{f_{i',j'}\}$，其中，$f_{i',j'} = u^{i'p} v^{j'q} = e^{2i\pi(i'p/m + j'q/n)}$，而

$$u = e^{2i\pi/m} \quad 和 \quad v = e^{2i\pi/n} \tag{9.7}$$

那么，对应的输出结果 $\mathbf{g} = \{g_{k,l}\}$ 中的元素 $g_{k,l}$ 为：

$$g_{k,l} = \sum_{i'} \sum_{j'} e^{2i\pi((k-i')p/m + (l-j')q/n)} h_{i',j'} \tag{9.8}$$

$$= e^{2i\pi(kp/m + lq/n)} \sum_{i'} \sum_{j'} e^{-2i\pi(i'p/m + j'q/n)} h_{i',j'} \tag{9.9}$$

$$= f_{k,l} H(p, q) \tag{9.10}$$

系统的输出 $\{g_{k,l}\}$ 只是对输入 $\{f_{k,l}\}$ 进行了尺度和相位的变换。因

此，$\left\{e^{2i\pi(kp/m+lq/n)}\right\}$ 是二维卷积的（矩阵形式的）**特征向量**。

$$\left\{e^{2i\pi(kp/m+lq/n)}\right\} \longrightarrow \boxed{\textbf{系统}} \longrightarrow H(p,q)\left\{e^{2i\pi(kp/m+lq/n)}\right\}$$

注意：（二维）**频率**具有两个分量 p 和 q。我们用 $p-q$ 平面来表示**频率域**，用 $x-y$ 平面来表示**空间域**。如果我们令:

$$H(p,q)=\sum_{i'}\sum_{j'}h_{i',j'}e^{-2i\pi(i'p/m+j'q/n)} \tag{9.11}$$

那么，对于我们所处理的特殊情况，式(9.9)可以写为:

$$g_{k,l}=H(p,q)f_{k,l} \tag{9.12}$$

因此，$H(p,q)$ 表征了：系统对于离散**复指数波形** $\{e^{2i\pi(kp/m+lq/n)}\}$ 的**响应特性**。正如 $\mathbf{h}=\{h_{i,j}\}$ 表征了：系统对于聚焦“点”的响应特性（“光斑”的能量分布），对于每一个二维频率 (p,q)，$H(p,q)$ 告诉我们：系统（对于 $\{e^{2i\pi(kp/m+lq/n)}\}$）的响应幅度和相位。对于二维系统，$H(p,q)$ 被称为**调制传递函数** 。它是二维系统的频率响应，和我们所熟悉的一维系统的频率响应极其相似。

我们可以从**频率响应曲线**中看出关于**音频放大器**品质的许多信息。类似的，通过分析相机镜头的**调制传递函数**，我们可以比较相机镜头的好坏。

9.4 二维 Fourier 变换

我们可以将输入信号 $\mathbf{f}=\{f_{k,l}\}$ 看作是（离散）**正弦波**的叠加，这是对输入信号进行分解的另一种方法，因为，一旦给定**调制传递函数** $H(p,q)$，我们就已经知道了：系统对于输入信号中的每一个“**成分**”（即：具有不同频率和相位的二维正弦波）的响应。

如果我们将 $\mathbf{f}=\{f_{k,l}\}$ 分解为:

$$f_{k,l}=\sum_{p}\sum_{q}F(p,q)e^{2i\pi(kp/m+lq/n)} \tag{9.13}$$

那么，根据下面两个结论：1) 系统的**线性性质**，2) $e^{2i\pi(kp/m+lq/n)}$ 是系统的**特征向量**，我们可以得到:

$$g_{k,l}=\sum_{p}\sum_{q}H(p,q)F(p,q)e^{2i\pi(kp/m+lq/n)} \tag{9.14}$$

现在剩下的唯一问题是：如何将信号分解为一系列的**正弦波**？正如我

们一会儿将要证明的，这个问题的答案是：

$$F(p,q)=\frac{1}{mn}\sum_k\sum_l f_{k,l}e^{-2i\pi(kp/m+lq/n)} \tag{9.15}$$

让我们来进行简单的证明，首先，我们将式 (9.13) 中的求和变量的“名字”换一下，即：

$$f_{k,l}=\sum_{p'}\sum_{q'}F(p',q')e^{2i\pi(kp'/m+lq'/n)} \tag{9.16}$$

然后，将式 (9.16) 代入式 (9.15) 中，等号右边的项可以进一步写为：

$$\frac{1}{mn}\sum_{p'}\sum_{q'}F(p',q')\left[\sum_k\sum_l e^{-2i\pi((p-p')k/m+(q-q')l/n)}\right] \tag{9.17}$$

上式可以进一步写为：

$$\frac{1}{mn}\sum_{p'}\sum_{q'}F(p',q')\left[\sum_k e^{-2i\pi(p-p')k/m}\right]\left[\sum_l e^{-2i\pi(q-q')l/n}\right] \tag{9.18}$$

注意，方括号内部是**等比数列求和**的形式，正如我们在上一章中所分析的，其结果为：

$$\sum_{k=0}^{m-1}e^{-2i\pi(p-p')k/m}=\begin{cases} m, & \text{如果 } p=p' \\ 0, & \text{如果 } p\neq p' \end{cases} \tag{9.19}$$

$$\sum_{l=0}^{n-1}e^{-2i\pi(q-q')l/n}=\begin{cases} n, & \text{如果 } q=q' \\ 0, & \text{如果 } q\neq q' \end{cases} \tag{9.20}$$

将上面两式代入式 (9.18)，在对 p' 和 q' 求和的众多项中，只有 $p'=p$ 且 $q'=q$ 的那一项不为零，其他项都是零。因此，

$$\frac{1}{mn}\sum_{p'}\sum_{q'}F(p',q')\left[\sum_k e^{-2i\pi(p-p')k/m}\right]\left[\sum_l e^{-2i\pi(q-q')l/n}\right]=F(p,q) \tag{9.21}$$

因此，式 (9.15) 成立。式 (9.15) 中的 $F(p,q)$ 被称为：图像 $\mathbf{f}=\{f_{i',j'}\}$ 的**离散 Fourier 变换**，而式 (9.13) 被称为相应的**离散 Fourier 逆变换**。

类似地，我们可以定义图像 $\mathbf{g}=\{g_{k,l}\}$ 的离散 Fourier 变换，记为 $G(p,q)$。根据式 (9.14)，我们可以得到：

$$G(p,q)=H(p,q)F(p,q) \tag{9.22}$$

较之于下式

$$g_{k,l}=\sum_{i'}\sum_{j'}f_{k-i',l-j'}h_{i',j'} \tag{9.23}$$

式 (9.22) 要简单很多。对比式 (9.22) 和 (9.23)，可以得到**卷积定理**：

- 通过**离散 Fourier 变换**，**空间域**的**卷积**变成了**频率域**的**乘积**！

我们再一次看到，**调制传递函数** $H(p,q)$ 描述了：系统是如何对输入信号的每一个（频率）成分 $F(p,q)$ 进行放大或缩小的。因此，**线性移不变**系统的作用好比是一个**滤波器**，该滤波器对输入信号的所有**频谱成分**进行选择性地放大或缩小。这就是滤波器所做的全部事情。

我们可能会得出这样的结论：只使用**线性移不变**滤波器会严重地制约着我们所能实现的功能。但是，**线性移不变**系统在数学上容易处理，因此，**线性移不变**滤波器使得我们可以推导出许多有用的结果。注意：**离散 Fourier 变换**：

$$F(p,q)=\frac{1}{mn}\sum_k\sum_l f_{k,l}e^{-2i\pi(kp/m+lq/n)} \tag{9.24}$$

和**离散 Fourier 逆变换**：

$$f_{k,l}=\sum_p\sum_q F(p,q)e^{2i\pi(kp/m+lq/n)} \tag{9.25}$$

之间并不完全对称。我们将 Fourier 正变换和逆变换中的常数因子选为如上形式，只是为了与其他教科书保持一致。由于 Fourier 变换与其逆变换几乎对称，因此，我们所推导出的关于离散 Fourier 变换的性质，对于离散 Fourier 逆变换也是成立的。

此外，我们得到了如下结论：

- 系统的**调整传递函数** $H(p,q)$ 是：**点扩散函数** $h(x,y)$ 的离散 Fourier 变换结果。

根据卷积定理，我们可以直接得出卷积的**交换律**和**结合律**（乘法的性质）。

注意：由于 Fourier 正变换和逆变换是几乎对称的，因此，我们可以证明：对于两个矩阵的点乘 $d_{k,l}=a_{k,l}b_{k,l}$，其离散 Fourier 变换为：

$$D(p,q)=A(p,q)*B(p,q) \tag{9.26}$$

其中，$D(p,q)$、$A(p,q)$ 和 $B(p,q)$ 分别为：$d_{k,l}$、$a_{k,l}$ 和 $b_{k,l}$ 的离散 Fourier 变换结果。这个结论的证明过程和我们上面的证明过程很相似。进一步，我们可以考虑卷积 $\mathbf{c}=\mathbf{a}*\mathbf{b}$ 在点 $(0,0)$ 处的值，即：

$$c_{0,0}=\sum_{i'}\sum_{j'}a_{-i',-j'}b_{i',j'} \tag{9.27}$$

对 $C(p,q)$ 做离散 Fourier 逆变换，我们可以得到：

$$c_{0,0}=\sum_p\sum_q C(p,q) \tag{9.28}$$

由于 $C(p,q)=A(p,q)B(p,q)$，根据式 (9.27) 和 (9.28)，我们可以得到：

$$\sum_{i'}\sum_{j'}a_{-i',-j'}b_{i',j'}=\sum_{p}\sum_{q}A(p,q)B(p,q) \tag{9.29}$$

注意：矩阵 $\{a_{-i',-j'}\}$ 的离散 Fourier 变换为 $A^*(p,q)$，即 $A(p,q)$ 的**共轭**（注意观察式(9.15)）。用 $a_{i',j'}$ 替代式(9.29)中的 $a_{-i',-j'}$，我们可以得到：

$$\sum_{i'}\sum_{j'}a_{i',j'}b_{i',j'}=\sum_{i'}\sum_{j'}A^*(p,q)B(p,q) \tag{9.30}$$

如果 $\{a_{i',j'}\}$ 是实数，并且，令 $b_{i',j'}=a_{i',j'}$（对于所有 i 和 j 都成立），那么，我们可以得到：

$$\sum_{i'}\sum_{j'}a_{i',j'}^2=\sum_{i'}\sum_{j'}|A(p,q)|^2 \tag{9.31}$$

这里，$|A(p,q)|^2=A^*(p,q)A(p,q)$。这个结果说明：**空间域的能量**和**频率域的能量**是相等的！这个结论被称为 **Parseval 定理**；其等价的连续形式被称为 **Raleigh 定理**。

9.5 模糊和失焦

对于一个成像系统而言，我们发现，根据理想成像模型本应该汇聚到一点的那些光线，事实上会轻微地扩散开来，形成一个小光斑。这种**图像模糊**可能会有多种形式，但是，我们有时可以使用：具有单位体积的 **Gauss 点扩散函数**，来对其进行建模，即：

$$h(x,y)=\frac{1}{2\pi\sigma^2}e^{-\frac{1}{2}\frac{x^2+y^2}{\sigma^2}} \tag{9.32}$$

由于式(9.32) 中 $h(x,y)$ 的值依赖于 x^2+y^2，而不是单独依赖于 x 和 y，因此，式(9.32)中的 **Gauss点扩散函数**是一个旋转对称的函数。我们可以使用 **Hankel 变换**来计算其**Fourier 变换**，但是，由于 **Gauss 函数**的特殊性，我们可以采用更加简单方法，来计算其 **Fourier 变换**。

注意，式(9.32)中的 **Gauss 函数**正好可以被分解为：两个函数的乘积，并且，这两个函数分别为：一个关于 x 的函数和一个关于 y 的函数。因此，我们可以先将二重求和分解为：两个一重求和的乘积，然后，再进行计算。这样做可能会更容易计算一些。

首先，我们来计算式(9.32)中的 Gauss 函数的 Fourier 变换：

$$\left[\frac{1}{\sqrt{2\pi}\sigma}\int_{-\infty}^{\infty}e^{-\frac{1}{2}\left(\frac{x}{\sigma}\right)^2}e^{-ipx}dx\right]\left[\frac{1}{\sqrt{2\pi}\sigma}\int_{-\infty}^{\infty}e^{-\frac{1}{2}\left(\frac{y}{\sigma}\right)^2}e^{-iqy}dy\right] \tag{9.33}$$

式(9.33)中的第一个积分等于：

$$\frac{2}{\sqrt{2\pi}\sigma}\int_{0}^{\infty}e^{-\frac{1}{2}\left(\frac{x}{\sigma}\right)^{2}}\cos(px)dx=e^{-\frac{1}{2}p^{2}\sigma^{2}} \tag{9.34}$$

因此，我们最终得到了：

$$H(p,q)=e^{-\frac{1}{2}(p^{2}+q^{2})\sigma^{2}} \tag{9.35}$$

与我们所预料的一样，上式也是**旋转对称**的。

注意观察式(9.35)，我们注意到，低频信号得以通过，而对于频率的**模长**（即：$\sqrt{p^2+q^2}$）大于 $1/\sigma$ 的高频信号，其幅度得到很大的衰减。因此，我们可以将 σ 作为：对 Gauss 点扩散函数的“分散大小”的一种测量，因此，模糊越大，能通过式(9.35) 中的滤波器的**低频信号**的频率范围就越小。我们不难发现：空间域的尺度变化和相应的频率域的尺度变化成**反比**。事实上，如果 $\overline{r}$ 是空间域上的**有效半径**，$\overline{\rho}$ 是对应频率域上的有效半径，那么，它们的乘积 $\overline{r}\,\overline{\rho}$ 是一个常数。

图像模糊的一种情况是**失焦**。在这种情况下，光线的汇聚点并不在像平面上，而是在像平面靠前或靠后一点的位置上。相应的**点扩散函数**为一个**小圆柱**，如图 9.1 所示。从镜头发出并且汇聚于空间中某一点的所有光线，会形成一个圆锥，这个圆锥与像平面相交，会形成一个圆斑，这个圆斑就是：图像**失焦**所对应的**点扩散函数**。在这个圆斑内，亮度是一致的，如图 9.2 所示，因此，我们可以得到：

$$h(x,y)=\begin{cases}1/(\pi R^{2}), & \text{如果 } x^{2}+y^{2}\leq R^{2}\\ 0, & \text{如果 } x^{2}+y^{2}>R^{2}\end{cases} \tag{9.36}$$

这里，

$$R=\frac{1}{2}\frac{d}{f'}e \tag{9.37}$$

其中，d 是透镜的直径、f' 是透镜到聚焦点的距离、e 是聚焦点到像平面的距离。使用 **Hankel 变换**，我们可以得到：

$$\overline{H}(\rho)=\frac{2}{R^{2}}\int_{0}^{R}rJ_{0}(r\rho)dr=2\frac{J_{1}(R\rho)}{R\rho} \tag{9.38}$$

其中，$J_0(z)$ 和 $J_1(z)$ 分别表示零阶和一阶 **Bessel 函数**。可以证明：

$$\lim_{z\to 0}\frac{J_{1}(z)}{z}=\frac{1}{2} \tag{9.39}$$

因此，$\overline{h}(r)$ 在原点处取得最大值；然后，缓慢地在 $rB=3.83171\cdots$ 处衰减到零；然后，$\overline{h}(r)$ 为负值；然后；再以衰减的振幅增大到零，如图 9.4 所示。对于二维系统，函数 $J_1(z)/z$ 所起的作用类似于：函数

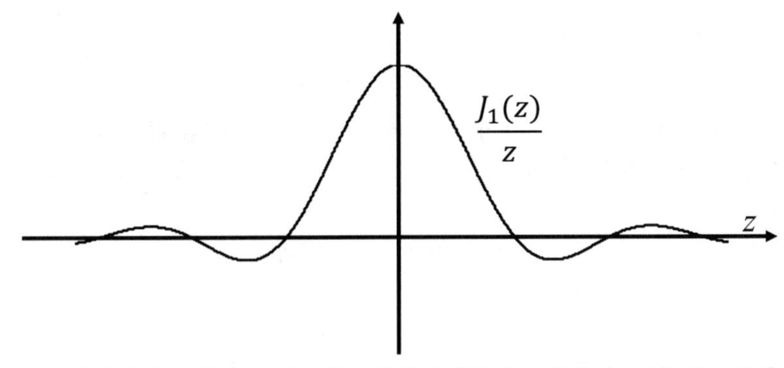

图 9.4 二维系统中，函数 $J_1(z)/z$ 所起的作用类似于：函数 $\sin(x)/x$ 在一维系统中所起的作用。和函数 $J_1(z)/z$ 做卷积，输入信号中频率高于**截止频率**的频率成分会被系统“吃掉”，也就是说，点扩散函数为 $J_1(z)/z$ 的系统是一个**理想的低通滤波器**。

$\sin(x)/x$ 在一维系统中所起的作用。函数 $J_1(z)/z$ 的振幅的**渐近衰减速率**为 $z^{-3/2}$。

同样，低频分量得以通过式(9.38) 中的滤波器，高频分量的幅度会得到很大的衰减，有些频率分量则完全不能通过该滤波器。由于 $J_1(z)$ 围绕水平面振荡，因此，一些频率成分发生“变号”。对于 $J_1(z) < 0$ 的频率成分，**失焦图像**中最亮的部分，对应于**理想图像**中最暗的部分；反之亦然。

使得 $J_1(z) = 0$ 的频率成分则完全被系统“吃”掉了。从失焦图像中，我们无法对这些频率成分进行复原。正如我们前面所提到的，$J_1(z)$ 的第一个零点为 $z = 3.83171\cdots$。我们再一次发现：频率域的尺度变化和空间域的尺度变化成**反比**关系，也就是说，失焦半径 R 越大，使得 $J_1(R\rho) = 0$ 的频率 ρ 就越小。

事实上，时间上的周期变化对应于**频率**，空间上的周期变化对应于**波长**，波长乘以频率等于**波速**。波速只和材料的性质有关，可以被看作一个常量。因此，对于在同种材料中传播的波，如果频率变为原来的 k 倍，那么，波长一定会变为原来的 $1/k$。从这个角度出发，我们不难理解：频率域的尺度变化总是和空间域的尺度变化成**反比**。

9.6 图像复原与增强

为了对图像模糊进行复原，我们可以将模糊图像输入一个系统，该系统的**调制传递函数** $H'(p, q)$ 正好是：产生图像模糊的系统所对应

的调制传递函数 $H(p,q)$ 的**代数逆**，也就是说，

$$H(p,q)H'(p,q) = 1 \tag{9.40}$$

这个问题等价于：寻找一个系统，使得该系统的**点扩散函数** $h'(x,y)$ 和图像模糊系统的**点扩散函数** $h(x,y)$ 的卷积，是一个**单位冲击函数**，也就是说，

$$h'(x,y) * h(x,y) = \delta(x,y) \tag{9.41}$$

从而使得：

$$\mathbf{f} = \{f_{i,j}\} \longrightarrow \boxed{\quad h(x,y) \quad} - g(x,y) \rightarrow \boxed{\quad h'(x,y) \quad} \longrightarrow \mathbf{f} = \{f_{i,j}\}$$

即：两个系统的**级联**正好构成一个**恒等系统**。我们前面提到过，模糊图像 $g(x,y)$ 可以是一张连续图像（例如胶片），参见式 (9.2)。我们可以将点扩散函数 $h(x,y)$ 离散化，从而使得 $g(x,y)$ 成为一张数字图像 $\mathbf{g} = \{g_{k,l}\}$。在这里，我们针对连续的情况进行理论分析，得出一般性结论。在最后设计算法时，才进行相应的离散化处理。

我们马上能够想到的一个问题是：我们无法复原那些被系统完全“吃掉”（即：使得 $H(p,q) = 0$）的频率成分。第二个问题产生于：我们试图通过计算 $H'(p,q)$ 的 **Fourier 逆变换**来得到 $h'(x,y)$。我所进行的求和可能并不收敛。虽然我们可以通过引入**收敛因子**，从而得到一个结果。但是，这样的结果往往并不是一个传统意义上的函数。

最严重的问题是**噪声**。实际的图像测量结果并不是完全准确的。通常，我们可以使用**加性噪声**来对这种缺陷进行建模。图像中某一点的噪声通常和图像中其他点的噪声无关。可以证明，这个性质隐含的一个结论是：噪声的**功率谱**是平的，也就是说，在频率域上的任意给定的频带区间上，噪声的（相应的频率成分的）能量等于：噪声在其他任意具有相同频带宽度的区间上的（相应的频率成分的）能量。

不幸的是，我们这里所考虑的噪声，是在图像模糊以后才被引入的。因此，经过衰减以后的（原始图像的）部分频率成分，可能会被“淹没”在噪声之中，当我们对这些被衰减的频率成分进行放大时，我们同时也放大了噪声。这是图像复原所要面对的基本问题，因为，对于任意给定的频率成分，我们无法区分信号与噪声。

我们可以设计一个图像复原系统，该系统的调制传递函数近似等于：模糊系统的调制传递函数的倒数。但是，我们需要约束：复原系统的调制传递函数的**上界**，例如，我们可以令：

$$|H'(p,q)| = \min\left(\frac{1}{|H(p,q)|}, A\right) \tag{9.42}$$

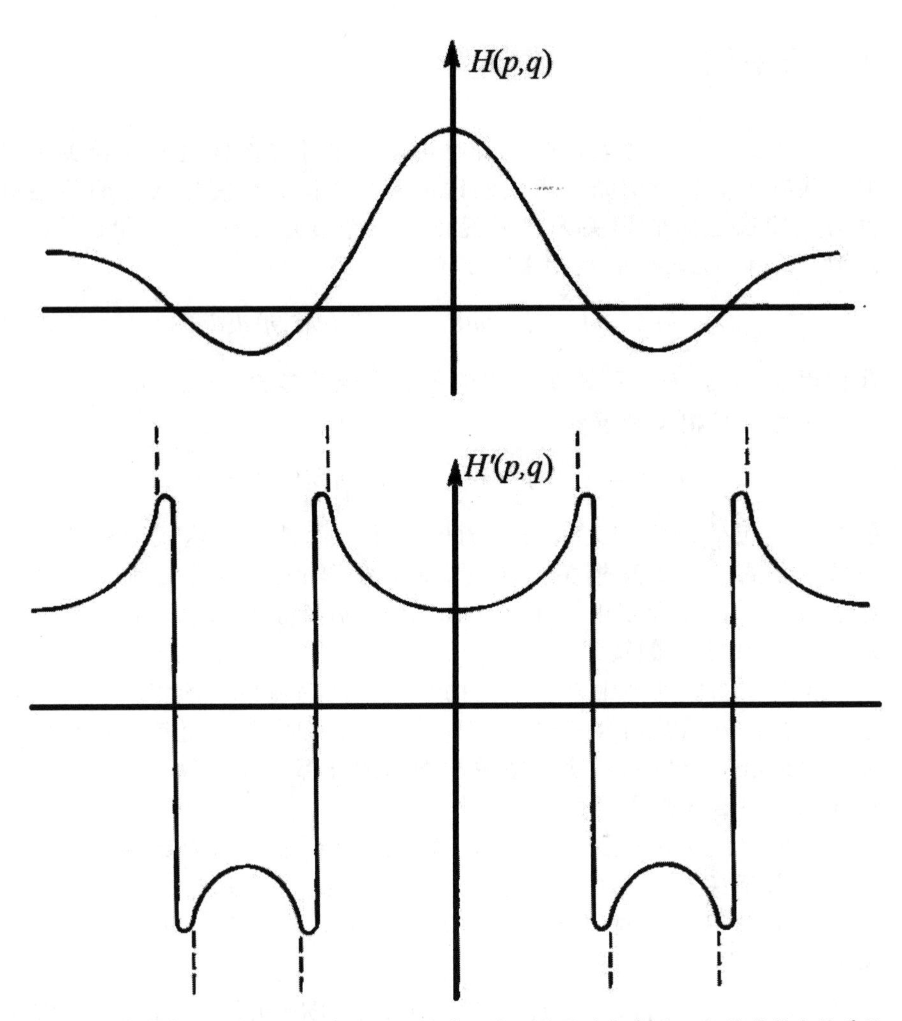

图 9.5 **求逆系统**的作用是：对某一给定的系统处理结果进行复原。假设所给定的系统的**调制传递函数**为 $H(p,q)$，那么，求逆系统的**调制传递函数** $H'(p,q)$ 应该和给定系统的**调制传递函数** $H(p,q)$ 成反比。在实际应用中，我们需要对求逆系统的调制传递函数设置阈值，从而抑制噪声的放大。

其中 A 是系统的**最大增益**。我们也可以采用更加优美的形式，例如：

$$H'(p,q) = \frac{H^*(p,q)}{|H(p,q)|^2 + B^2} \tag{9.43}$$

在式(9.43) 中，我们所选取的 B 应该使得：如果 $H(p,q)$ 为实数，那么，系统的**最大增益**为 $1/(2B)$，如图 9.5 所示。

9.7 功率谱

当我们进行图像处理时，有时可以通过计算图像之间的**相关**来获取一些有用信息。例如，当我们讨论两张图像的**亮度模式**之间的**相似性**时，图像之间的**相关**为我们提供了一个度量标准，如图9.6 所示。函数 $a(x,y)$ 和 $b(x,y)$ 的**互相关**的定义为：

$$a\star b=\int_{-\infty}^{\infty}\int_{-\infty}^{\infty}a(\xi-x,\eta-y)b(\xi,\eta)\,d\xi d\eta \tag{9.44}$$

我们用 $\phi_{ab}(x,y)$ 来表示式(9.44)中的积分，也就是说，$\phi_{ab}=a\star b$。

注意，**互相关**和**卷积**

$$a*b=\int_{-\infty}^{\infty}\int_{-\infty}^{\infty}a(x-\xi,y-\eta)b(\xi,\eta)\,d\xi d\eta \tag{9.45}$$

的定义很相似，它们之间唯一的区别在于：被积表达式中的第一个函数的形式。对于**互相关**，函数 $a(x,y)$ 在和 $b(x,y)$ 相乘之前，先被**平移**了 (x,y)；而在卷积中，第一个函数 $a(x,y)$ 除了**平移**以外，还要沿着 $x-$轴和 $y-$轴进行**翻转**。

我们在图像处理中常常使用的基于“滑动窗口”的相关操作，事实上是在计算**相关**而并非**卷积**。只是由于我们常常选用具有**对称性**的模板（或滑动窗口），使得**相关**和**卷积**的计算结果一致，我们才“习惯性地”将这些操作“称为”卷积。

如果 $a(x,y)=b(x,y)$，那么，式(9.44)的结果被称为**自相关**。一个函数的**自相关**是对称的，也就是说，$\phi_{aa}(-x,-y)=\phi_{aa}(x,y)$。注意：任意函数的**自相关**都在 $(x,y)=(0,0)$ 处取得最大值。根据 **Cauchy – Schwarz 不等式**，

$$\iint a(x,y)b(x,y)\leq\|a(x,y)\|_2\|b(x,y)\|_2 \tag{9.46}$$

其中，$a(x,y)$ 和 $b(x,y)$ 是两个实函数，$\|a(x,y)\|_2$ 是 $a(x,y)$ 的 L_2 范数，也就是说，$\|a(x,y)\|_2=\sqrt{\iint a^2(x,y)}$。当且仅当 $a(x,y)=k\cdot b(x,y)$ 时（其中 k 为常数），等号才成立。因此，对于任意的 (x,y)，都有：

$$\phi_{aa}(0,0)\geq\phi_{aa}(x,y) \tag{9.47}$$

如果 $b(x,y)$ 是由 $a(x,y)$ 经过**移动**后形成的，即：

$$b(x,y)=a(x-x_0,y-y_0) \tag{9.48}$$

那么，$a(x,y)$ 和 $b(x,y)$ 的**互相关**将在经过一个合适的**移动** (x_0,y_0) 后，取得最大值，也就是说，对于任意的 (x,y)，我们都有：

$$\phi_{ab}(x_0,y_0)\geq\phi_{ab}(x,y) \tag{9.49}$$

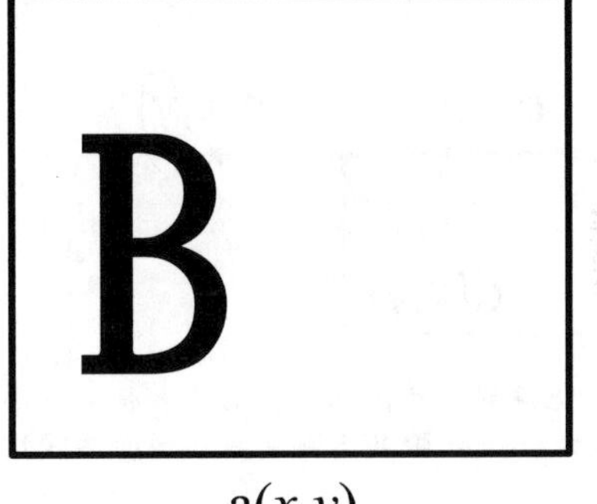

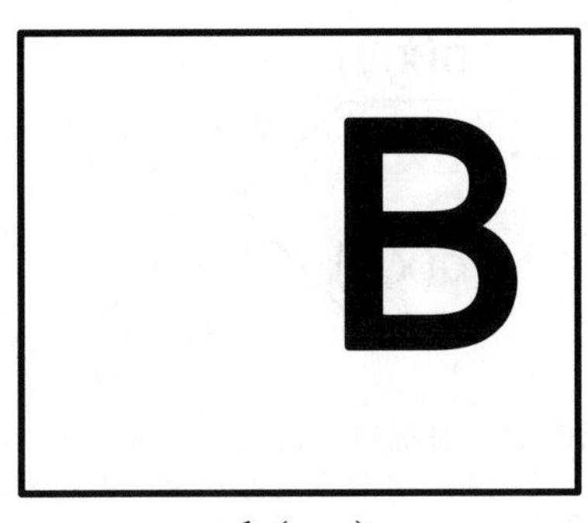

图 9.6 相关可以用于：对两张相似图像 $a(x,y)$ 和 $b(x,y)$ 进行比较；此外，它还可以被用于判断：由某种**已知模式**所组成的图像“片段”在图像中的位置。

注意：可能存在其他的最大值点，特别是当 $a(x,y)$ 为周期函数时。但是无论如何，如果 $b(x,y)$ 可以被近似看作是：由 $a(x,y)$ 经过移动而形成的，那么，我们可以通过计算 $\phi(a,b)$，来对移动量进行估计。

通常，**互相关**和**自相关**的 Fourier 变换是很重要的。它们被称为**功率谱**，分别记为：$\Phi_{a,b}(p,q)$ 和 $\Phi_{a,a}(p,q)$。如果函数 $a(x,y)$ 的 Fourier 变换为 $A(p,q)$，那么，

$$\Phi_{aa}(p,q) = |A(p,q)|^2 = A^*(p,q)A(p,q) \tag{9.50}$$

其中 $A^*(p,q)$ 表示 $A(p,q)$ 的**共轭**。因此，$\Phi_{aa}(p,q)$ 总是一个非负实数。根据如下两个性质：1) ϕ_{aa} 的对称性，以及，2) $a(-x,-y)$ 的 **Fourier 变换**为 $A^*(p,q)$，我们可以直接得出式(9.50) 中的结论。

对于很小的 δu 和 δv，下式：

$$\Phi_{aa}(p,q)\delta u\delta v \tag{9.51}$$

表示的是：频率域上 u 到 $u+\delta u$ 和 v 到 $v+\delta v$ 之间的长方形区域内的**功率**。这正是“**功率谱**”这个术语的原始意义。

一个有趣的例子是随机噪声。如果在一张图像中，每一个点的值都是：一个均值为 0、标准差为 σ 的随机噪声，那么，这张图像的 **Fourier 变换**是：一张和原图非常相似的**随机图像**①，其均值为 0，标准差为 $2\pi\sigma$。对无数张这样的随机图像取平均，在所得到的结果的**功率谱**中，所有频率分量的值都会趋近于常数 $(2\pi\sigma)^2$。

①参见图 14.7 中的子图 14.7(a) 和 14.7(d)。这样的噪声也称为**白噪声**。这个名称是非常形象的。白光是所有颜色的的光混杂在一起形成的。如果包含所有的频率成分，就会呈现出白色；否则，就会（由于某些频率成分的缺失而）呈现出其他颜色。

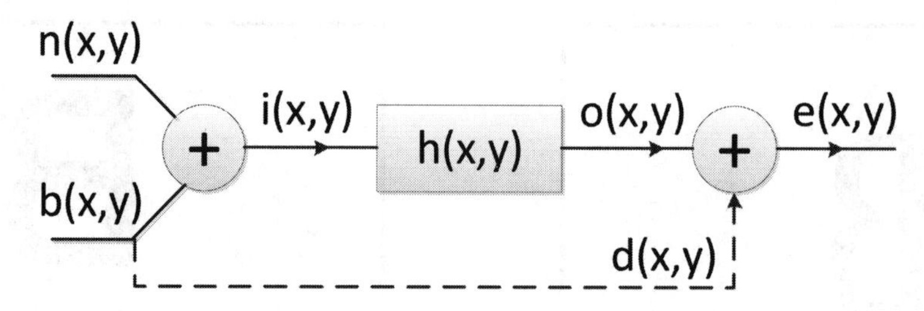

图 9.7　**最优滤波器**是使得输出结果 $o(x,y)$ 与所希望得到的信号 $d(x,y)$ 的“差别”最小的滤波器。将信号 $b(x,y)$ 加上噪声 $n(x,y)$ 以后，输入一个**无限冲击响应**为 $h(x,y)$ 的**线性移不变**系统后，得到了滤波器的输出结果 $o(x,y)$。

9.8 Wiener 滤波器

本节将探讨**最优滤波器**，Wiener 的研究工作奠定了最优滤波器的理论基础。1966年，Wiener 在他的著作《*Extrapolation, Interpolation, and Smoothing of Stationary Time Series with Engineering Applications*》中，通过一个绝妙的关于 Fourier 变换的对称定义，使用**变分法**导出了最优滤波器，也称为 **Wiener 滤波器**。

本小节中，我们针对连续情况进行理论分析，得出一般性结论。在最后才给出离散化的算法处理方式。假设我们所得到的测量结果中包含：信号 $b(x,y)$ 与加性噪声 $n(x,y)$，也就是说，我们所得到的是 $b(x,y)+n(x,y)$；任务是尽可能地复原出信号 $b(x,y)$，如图 9.7 所示。

9.8.1 优化模型

我们用：**处理结果** $o(x,y)$ 和**理想信号** $d(x,y)$ 的差的平方的积分，也就是说，

$$E=\int_{-\infty}^{\infty}\int_{-\infty}^{\infty}(o(x,y)-d(x,y))^2dxdy \tag{9.52}$$

来作为衡量处理结果好坏的标准。通常，$d(x,y)$ 就是 $b(x,y)$，如图 9.7 所示。我们需要最小化式(9.52)。我们之所以选择最小化误差平方的积分（**最小二乘法**），是因为在数学上容易进行处理。如果我们使用一个**线性系统**来进行滤波操作，那么，我们可以通过**点扩散函数** $h(x,y)$ 来描述这个系统。系统的输入为：

$$i(x,y)=b(x,y)+n(x,y) \tag{9.53}$$

系统的输出为：

$$o(x,y) = i(x,y) \otimes h(x,y) \tag{9.54}$$

将式(9.54) 代入(9.52) 中，我们可以得到：

$$E = \int_{-\infty}^{\infty}\int_{-\infty}^{\infty}\left[o^2(x,y) - 2o(x,y)d(x,y) + d^2(x,y)\right]dxdy \tag{9.55}$$

由于 $o^2 = (i \otimes h)^2$，我们可以进一步计算：

$$\begin{aligned} o^2(x,y) = &\int_{-\infty}^{\infty}\int_{-\infty}^{\infty} i(x-\xi, y-\eta)h(\xi,\eta)d\xi d\eta \\ &\times \int_{-\infty}^{\infty}\int_{-\infty}^{\infty} i(x-\alpha, y-\beta)h(\alpha,\beta)d\alpha d\beta \end{aligned} \tag{9.56}$$

首先，将式(9.56)中的两个二重积分的乘积化为一个四重积分；然后，交换积分次序，即：先对 x 和 y积分，再对其他变量积分；最后，我们可以进一步得到：

$$\begin{aligned} &\int_{-\infty}^{\infty}\int_{-\infty}^{\infty} o^2(x,y)dxdy \\ &= \int_{-\infty}^{\infty}\int_{-\infty}^{\infty}\int_{-\infty}^{\infty}\int_{-\infty}^{\infty} \phi_{ii}(\xi-\alpha, \eta-\beta)h(\xi,\eta)h(\alpha,\beta)d\xi d\eta d\alpha d\beta \end{aligned} \tag{9.57}$$

式 (9.57) 中的 $\phi_{ii}(x,y)$ 是函数 $i(x,y)$ 的**自相关**。此外，

$$o(x,y)d(x,y) = \int_{-\infty}^{\infty}\int_{-\infty}^{\infty} i(x-\xi, y-\eta)h(\xi,\eta)d(x,y)d\xi d\eta \tag{9.58}$$

因此，

$$\int_{-\infty}^{\infty}\int_{-\infty}^{\infty} o(x,y)d(x,y)dxdy = \int_{-\infty}^{\infty}\int_{-\infty}^{\infty} \phi_{id}(\xi,\eta)h(\xi,\eta)d\xi d\eta \tag{9.59}$$

其中，$\phi_{id}(x,y)$ 是函数 $i(x,y)$ 和 $d(x,y)$ 的**互相关**。最后，我们有：

$$\int_{-\infty}^{\infty}\int_{-\infty}^{\infty} d^2(x,y)dxdy = \phi_{dd}(0,0) \tag{9.60}$$

其中，$\phi_{dd}(x,y)$ 是函数 $d(x,y)$ 的**自相关**。

现在，我们可以将**误差平方项**的表达式 (9.55) 写为：

$$\begin{aligned} E = &\int_{-\infty}^{\infty}\int_{-\infty}^{\infty}\int_{-\infty}^{\infty}\int_{-\infty}^{\infty} \phi_{ii}(\xi-\alpha, \eta-\beta)h(\xi,\eta)h(\alpha,\beta)d\xi d\eta d\alpha d\beta \\ &- 2\int_{-\infty}^{\infty}\int_{-\infty}^{\infty} \phi_{id}(\xi,\eta)h(\xi,\eta)d\xi d\eta + \phi_{dd}(0,0) \end{aligned} \tag{9.61}$$

我们将在下一小节中介绍：如何通过寻找一个“最好”的点扩散函数 $h(x,y)$ 来**最小化**式 (9.61)。

9.8.2 变分法求解

求解式 (9.61) 是一个**变分问题**，我们将使用**变分法**来解决这个问题。在传统的微积分（特别是有关最优化的）问题中，我们所要寻找的是一个**参数值**，通过这个参数值，我们可以计算出函数的值。而在这里，我们所需要寻找的是一个**函数**，通过这个函数，我们可以计算出某个给定泛函的值。

泛函是一个依赖于函数的表达式，例如，式(9.61) 中的 E 依赖于函数 $h(\xi,\eta)$。我们假设：函数 $h(x,y)$ 使得 E 取得最小值，那么，无论 $\delta h(x,y)$ 的形式是什么，由函数 $h(x,y)+\epsilon\delta h(x,y)$ 所确定的**泛函值** $E+\delta E$，都不能比 E 小。其中，$\delta h(x,y)$ 表示任意函数，用以对函数 $h(x,y)$ 进行调整。如果 $h(x,y)$ 真的使得 E 取得最小值，那么，对于任意函数 $\delta h(x,y)$，都有：

$$\lim_{\epsilon\to 0}\frac{\partial}{\partial\epsilon}(E+\delta E)=0 \tag{9.62}$$

否则，我们可以通过将 $h(x,y)$ 换为 $h(x,y)+\epsilon\delta h(x,y)$。新的函数 $h(x,y)+\epsilon\delta h(x,y)$ 会使得 E 的值减小。这与我们的假设（即：$h(x,y)$ 使得 E 取得最小值）是矛盾的。现在，我们计算式(9.62)，即：

$$\begin{aligned}&\lim_{\epsilon\to 0}\frac{\partial}{\partial\epsilon}(E+\delta E)\\&=2\int_{-\infty}^{\infty}\int_{-\infty}^{\infty}\int_{-\infty}^{\infty}\int_{-\infty}^{\infty}\phi_{ii}(\xi-\alpha,\eta-\beta)h(\xi,\eta)\delta h(\alpha,\beta)d\xi d\eta d\alpha d\beta\\&\quad-2\int_{-\infty}^{\infty}\int_{-\infty}^{\infty}\phi_{id}(\xi,\eta)\delta h(\xi,\eta)d\xi d\eta\end{aligned} \tag{9.63}$$

我们可以将上式进一步整理为：

$$\lim_{\epsilon\to 0}\frac{\partial}{\partial\epsilon}(E+\delta E)=-2\times \tag{9.64}$$

$$\int_{-\infty}^{\infty}\int_{-\infty}^{\infty}\left[\phi_{id}(\xi,\eta)-\int_{-\infty}^{\infty}\int_{-\infty}^{\infty}\phi_{ii}(\xi-\alpha,\eta-\beta)h(\alpha,\beta)d\alpha d\beta\right]\delta h(\xi,\eta)d\xi d\eta$$

极值条件（即式(9.62)）意味着：对于所有的 $\delta h(x,y)$，式(9.64)的结果都等于零。要满足这个条件，在式(9.64) 中，中括号里面的表达式必须等于零，也就是说，

$$\phi_{id}(\xi,\eta)=\int_{-\infty}^{\infty}\int_{-\infty}^{\infty}\phi_{ii}(\xi-\alpha,\eta-\beta)h(\alpha,\beta)d\alpha d\beta \tag{9.65}$$

也就是说：

$$\phi_{id}=\phi_{ii}\otimes h \tag{9.66}$$

（或许你会对这个结果感到惊讶）。我们可以通过 **Fourier 变换**，来求解上面这个关于 $h(x,y)$ 的简单表达式，也就是说，

$$\Phi_{id} = H\Phi_{ii} \tag{9.67}$$

其中，Φ_{ii} 和 Φ_{id} 是功率谱。因此，我们只需要知道功率谱，就能设计出（基于给定假设的）图像复原系统。对于某“一类图像”来说，这个系统都是最优的。注意：我们并不知道 $d(x,y)$，因此，无法计算 ϕ_{id} 和 Φ_{id}。但是，我们可以赋予 $d(x,y)$ 一些约束条件，从而对“一类图像”进行描述。

9.8.3 两个具体例子

首先，让我们来考虑第一个例子：设计一个噪声抑制系统，也就是说，系统的输入是：图像 $b(x,y)$ 与噪声 $n(x,y)$ 的和；系统的目标是：产生一个（在**最小二乘**意义上）尽可能和原始图像 $b(x,y)$ 接近的输出 $o(x,y)$。对于这个问题，$d(x,y) = b(x,y)$，并且，

$$i(x,y) = b(x,y) + n(x,y) \tag{9.68}$$

根据 Φ_{ii} 和 Φ_{id} 的定义，我们可以得到：

$$\Phi_{id} = \Phi_{bb} + \Phi_{bn} \tag{9.69}$$

并且：

$$\Phi_{ii} = \Phi_{bb} + \Phi_{bn} + \Phi_{nb} + \Phi_{nn} \tag{9.70}$$

我们假设：信号与噪声不相关，那么，$\Phi_{bn} = \Phi_{nb} = 0$。于是，

$$H = \frac{\Phi_{id}}{\Phi_{ii}} = \frac{\Phi_{bb}}{\Phi_{bb} + \Phi_{nn}} = \frac{1}{1 + \Phi_{nn}/\Phi_{bb}} \tag{9.71}$$

Φ_{bb}/Φ_{nn} 被称为**信噪比**。从式(9.71)中可以清楚地看出“最优系统”所做的操作：对于信噪比很高的频率成分，系统的**增益**几乎等于1，而对于噪声占主导的频率成分，系统的**增益**非常低、接近于信噪比。

现在，让我们来考虑另外一种情况：信号 $b(x,y)$ 首先经过一个点扩散函数为 $h(x,y)$ 的系统，然后，再被加上噪声 $n(x,y)$，也就是说，

$$i = b \otimes h + n \tag{9.72}$$

我们希望设计一个点扩散函数为 $h'(x,y)$ 的系统，使得式 (9.72) 中的信号 $i(x,y)$ 经过该系统的作用以后，所得到的输出结果为：

$$o = i \otimes h' \tag{9.73}$$

和原始图像 $b(x,y)$（在**最小二乘**的意义上）尽可能地接近。对于这个

问题，$d(x,y) = b(x,y)$，因此，

$$\Phi_{id} = H^* \Phi_{bb} + \Phi_{bn} \tag{9.74}$$

并且，

$$\Phi_{ii} = |H|^2 \Phi_{bb} + H^* \Phi_{bn} + H \Phi_{nb} + \Phi_{nn} \tag{9.75}$$

假设噪声和信号无关，即：$\Phi_{bn} = \Phi_{nb} = 0$，于是，我们可以得到：

$$H' = \frac{\Phi_{id}}{\Phi_{ii}} = \frac{H^* \Phi_{bb}}{|H|^2 \Phi_{bb} + \Phi_{nn}} = \frac{H^*}{|H|^2 + \Phi_{nn}/\Phi_{bb}} \tag{9.76}$$

对于**信噪比**很高（也就是说，Φ_{bb}/Φ_{nn} 很大）的频率成分，

$$H' \approx \frac{1}{H} \tag{9.77}$$

但是，对于 $\Phi_{nn} > |H|^2 \Phi_{bb}$ 的频率成分，系统的**增益**

$$H' \geq \frac{\Phi_{bb}}{\Phi_{nn}} H^* \tag{9.78}$$

这个结果和我们前面用“启发式方法”所导出的结果，即式(9.42) 和 (9.43)，具有一定的相似性。

9.9 离散情况

上面两节中，我们针对连续情况进行了理论分析，本节中，我们将讨论相应的离散情况，包括两部分内容：1. **离散 Gauss 模糊**所对应的**模板**，2. 数字图像的 **Gauss 模糊**过程与相应的 **Wiener 滤波器**。

离散 Gauss 模糊所对应模板的生成方式并**不是**：直接对式 (9.32) 中的二维 Gauss 分布进行离散采样。这主要有两方面的原因：1. 离散采样后，权重系数的和并不等于一；2. 有更加方便简洁的方式来近似计算二维 Gauss 分布的离散形式（参见习题8.5）。

通常，我们可以用“二项式分布”来近似给出：式 (9.32) 中二维 Gauss 分布的**离散采样结果**，其背后的原理是**中心极限定律**。一维 Gauss 分布可以被采样为：一个含有 n 个元素的向量 $\mathbf{g}_n$。向量 $\mathbf{g}_n$ 中的元素对应于：多项式 $(1+z)^{n-1}/2^{n-1}$ 的系数。例如，当 $n=5$ 时，

$$\mathbf{g}_5 = \frac{1}{16} \begin{pmatrix} 1 & 4 & 6 & 4 & 1 \end{pmatrix}^T \tag{9.79}$$

相应地，二维 Gauss 分布的离散采样结果 $\mathbf{G}_n$ 为：两个一维 Gauss 分布采样结果 $\mathbf{g}_m$ 和 $\mathbf{g}_n$ 的**外积**，也就是说，

$$\mathbf{G}_{m,n} = \mathbf{g}_m \mathbf{g}_n^T \tag{9.80}$$

例如，当 $m=n=5$ 时，

$$\mathbf{G}_{5,5}=\mathbf{g}_5\mathbf{g}_5^T=\frac{1}{256}\begin{pmatrix}1&4&6&4&1\\4&16&24&16&4\\6&24&36&24&6\\4&16&24&16&4\\1&4&6&4&1\end{pmatrix}\tag{9.81}$$

为了便于观察，我们将 $\mathbf{G}_{5,5}$“放置”在一个 21×21 的全零矩阵的中心位置，如图 9.8(a) 所示。我们让 $\mathbf{G}_{5,5}$ 与自身做**卷积**，得到了一个新的二维 Gauss 分布的离散采样结果：$\mathbf{G}_{9,9}=\mathbf{G}_{5,5}*\mathbf{G}_{5,5}$。同样地，我们将 9×9 的矩阵 $\mathbf{G}_{9,9}$“放置”在一个 21×21 的全零矩阵的中心位置，如图 9.8(b) 所示。

我们对图 9.8(a) 做**离散 Fourier 变换**，然后对变换结果做“平移”[①]，所得到结果的幅度也近似为 Gauss 函数的离散形式，如图 9.8(c) 所示。我们继续对图 9.8(b) 做离散 Fourier 变换，然后对变换结果做“平移”，所得到结果的幅度也近似为 Gauss 函数的离散形式，如图 9.8(d) 所示。图 9.8 中的结果验证了我们前面的结论：空间域的尺度越大，对应的频率域的尺度就越小；反之亦然。

图 9.9 是数字图像的 **Gauss 模糊**以及相应的 **Wiener 滤波器**处理结果。图 9.9(a) 所示的是原始清晰图像（包含 21×21 个像素点），图像亮度归一化为 0 到 1 之间。图 9.9(b) 所示的是模糊加噪声的图像，模糊核为图 9.8(a) 所示的 5×5 的离散 Gauss 模板；加性噪声设置为 0 到 0.1 之间的随机数。我们将式 (9.76) 中的 Φ_{nn}/Φ_{bb} 设置为 0.01。此时，Wiener 滤波器的复原结果如图 9.9(c) 所示，边缘和角点得到了锐化，但是，噪声被明显地放大了。作为对比，我们将式 (9.76) 中的 Φ_{nn}/Φ_{bb} 设置为 0.1。此时，Wiener 滤波器的复原结果如图 9.9(d) 所示，噪声被有效抑制住了，但是，边缘和角点的锐化效果不佳。当然，我们可以进一步对 Wiener 滤波器做改进，例如，**Tikhonov 正则化**方法将式 (9.76) 中的 Φ_{nn}/Φ_{bb} 替换为关于 (p,q) 的函数 $\lambda\times(p^2+q^2)$。

让我们来看一个算例，考虑如下 3×3 的**离散 Gauss 核**：

$$\frac{1}{16}\begin{pmatrix}1&2&1\\2&4&2\\1&2&1\end{pmatrix}\tag{9.82}$$

我们用该离散 Gauss 核来对：图像中“棋盘格”形状的二值图区域，

[①] 在**离散 Fourier 变换**结果中，高频成分位于“中心”位置，低频成分位于“四周”位置，参见式 (9.24)。对变换结果做“平移”，就是将低频成分“移动到”中心位置，高频成分“移动到”四周位置，MatLab 自带命令“fftshift”用于完成这一操作。

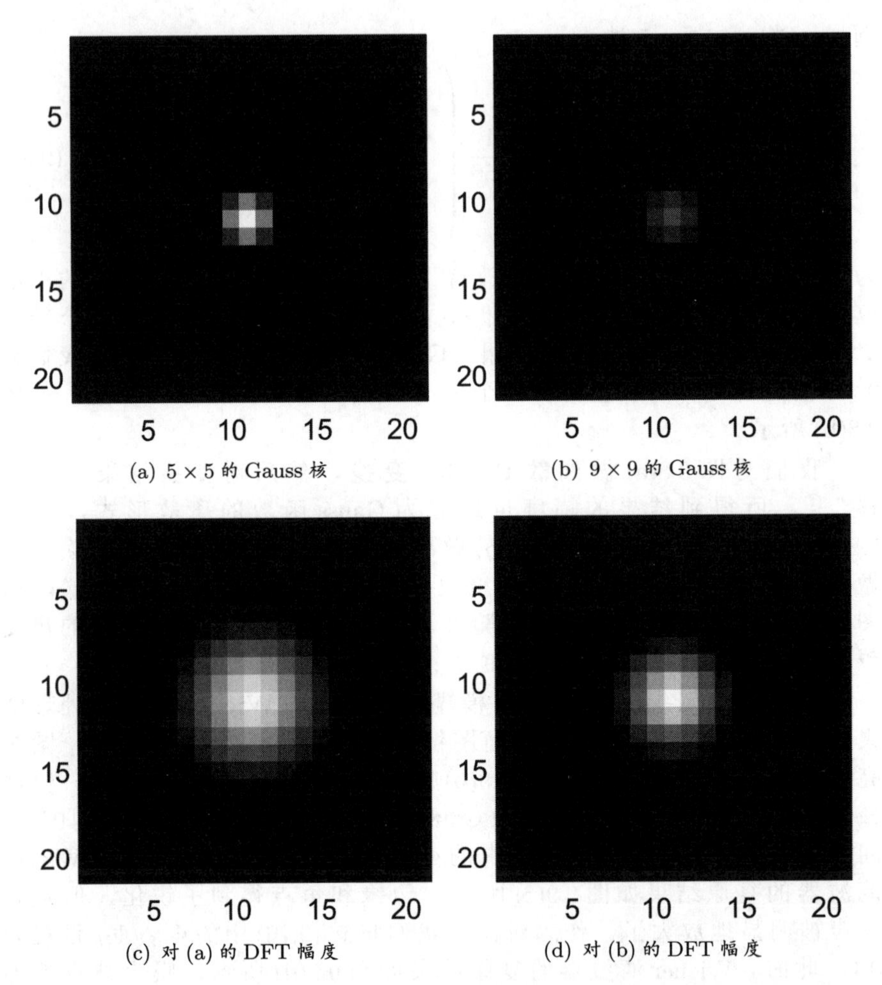

(a) 5×5 的 Gauss 核　(b) 9×9 的 Gauss 核

(c) 对 (a) 的 DFT 幅度　(d) 对 (b) 的 DFT 幅度

图 9.8　二维**离散 Gauss 模糊核**及其离散 Fourier 变换。(a) 将 $\mathbf{G}_{5,5}$ “放置”在一个 21×21 全零矩阵的中心位置。(b) $\mathbf{G}_{5,5}$ 的**自卷积**结果 $\mathbf{G}_{9,9}$。(c) 图 9.8(a) 的离散 Fourier 变换“平移”后的结果。(d) 图 9.8(b) 的离散 Fourier 变换“平移”后的结果。

进行模糊化模拟。将下面的 6×6 的“棋盘格”图像区域

$$\begin{pmatrix} 1 & 1 & 1 & 0 & 0 & 0 \\ 1 & 1 & 1 & 0 & 0 & 0 \\ 1 & 1 & 1 & 0 & 0 & 0 \\ 0 & 0 & 0 & 1 & 1 & 1 \\ 0 & 0 & 0 & 1 & 1 & 1 \\ 0 & 0 & 0 & 1 & 1 & 1 \end{pmatrix} \tag{9.83}$$

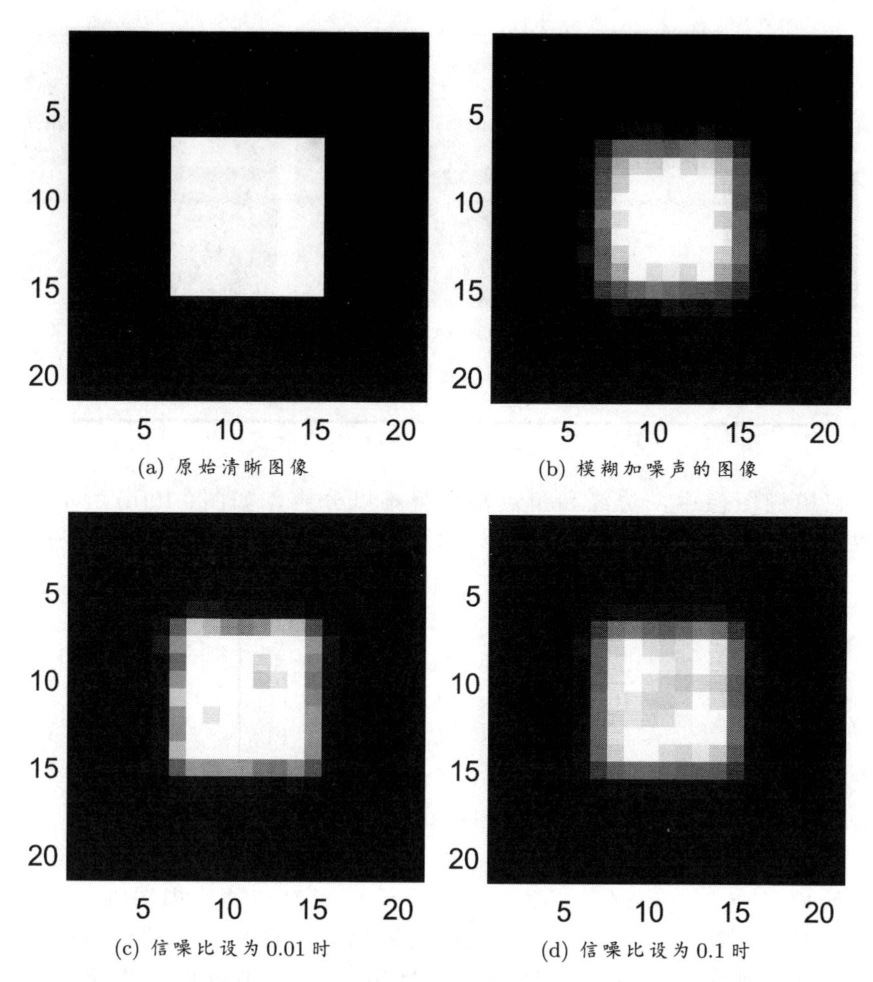

图 9.9 图像的 **Gauss 模糊**以及**Wiener 滤波器**的复原效果。(a) 原始清晰图像，包含 21×21 个像素。(b) 模糊加噪声的图像，Gauss 模糊核如图 9.8(a) 所示。(c) 信噪比设置为 0.01 时的图像复原结果。(d) 信噪比设置为 0.1 时的图像复原结果。

与 3×3 的离散 Gauss 核进行**循环卷积**后，得到的模糊图像为：

$$\frac{1}{16}\begin{pmatrix} 10 & 12 & 10 & 6 & 4 & 6 \\ 12 & 16 & 12 & 4 & 0 & 4 \\ 10 & 12 & 10 & 6 & 4 & 6 \\ 6 & 4 & 6 & 10 & 12 & 10 \\ 4 & 0 & 4 & 12 & 16 & 12 \\ 6 & 4 & 6 & 10 & 12 & 10 \end{pmatrix} \tag{9.84}$$

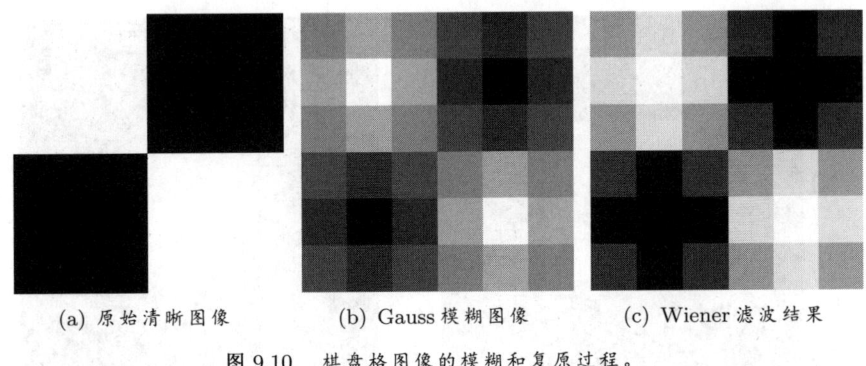

(a) 原始清晰图像　(b) Gauss 模糊图像　(c) Wiener 滤波结果

图 9.10　棋盘格图像的模糊和复原过程。

模糊图像中，边缘和角点都变得难以分辨，如图 9.10(b) 所示。采用 Wiener 滤波器 (9.76) 进行复原，信噪比设为 0.01，复原结果为：

$$\frac{1}{16}\begin{pmatrix} 11 & 14 & 11 & 4 & 1 & 4 \\ 14 & 21 & 14 & 1 & -6 & 1 \\ 11 & 14 & 11 & 4 & 1 & 4 \\ 4 & 1 & 4 & 11 & 14 & 11 \\ 1 & -6 & 1 & 14 & 21 & 14 \\ 4 & 1 & 4 & 11 & 14 & 11 \end{pmatrix} \tag{9.85}$$

较之于模糊图像 9.10(b)，复原图像 9.10(c) 中的边缘和角点更清晰。

很多时候，我们往往并不知道 **Gauss 模糊核**的实际大小，图 9.11 中给出了一个具体例子。图 9.11(a) 中给出了对应的模糊图像，包含 6 81×421 个像素点。在使用**Wiener 滤波器**进行图像复原的过程中，我们需要设置两组参数：1) Gauss 模糊核 $\mathbf{G}_{m,n}$ 的大小 $m \times n$，2) 信噪比的倒数 $\tau = \Phi_{nn}/\Phi_{bb}$（参见式 (9.75)）。图 9.11(b) 和 9.11(c) 中给出了选取 33×33 的高斯模糊核所得到的图像复原效果，参数 τ 分别设为 0.005 和 0.0001。此时，图像复原效果并不明显，并且，在 $\tau = 0.0001$ 时，图 9.11(c) 中明显出现：（噪声放大所引起的）“细碎状波纹”。

通过对比图 9.11(d)、9.11(e) 和 9.11(f)，我们发现：随着（所选取的）高斯模糊核的尺寸不断增大，复原图像变得越来越清晰。另一方面，当所选取的高斯模糊核过大时，图像中（边缘附近的）“伪影”现象变得十分严重（参见图 9.11(f)）。

当然，我们也可以将图 中的多张复原图像“融合”在一起，从而形成一张“更好”的图像。要解决这个问题，首先需要给出一个合理的评价标准，用来确定复原图像的好坏。对于实际应用，我们却并

(a) 模糊图像（681×421） (b) $\mathbf{G}_{33,33}, \tau = 0.005$ (c) $\mathbf{G}_{33,33}, \tau = 0.0001$

(d) $\mathbf{G}_{65,65}, \tau = 0.005$ (e) $\mathbf{G}_{129,129}, \tau = 0.005$ (f) $\mathbf{G}_{257,257}, \tau = 0.005$

图 9.11 在使用**Wiener 滤波器**进行图像复原时，选取不同参数所得到的结果。其中，$\mathbf{G}_{m,n}$ 表示：大小为 $m \times n$ 的 Gauss 模糊核，$\tau = \Phi_{nn}/\Phi_{bb}$ 表示：信噪比的倒数。

没有原始图像用来做参考，因此，找到一个合理的评价标准并不是一件容易的事。到目前为止，这仍是一个开放性的问题，有待于大家的进一步探索。在习题 9.9 我们还将继续探索更多的图像模糊形式，例如：运动模糊和均匀模糊，以及对应的图像复原结果。

9.10 习题

习题 9.1 求函数 $k(\sigma)$ 的表达式，使得当 $\delta \to 0$ 时，下面的函数族：

$$\delta_\sigma(x,y) = k(\sigma)e^{-\frac{1}{2}\frac{x^2+y^2}{\sigma^2}} \tag{9.86}$$

定义了一个**单位冲击函数**。

习题 9.2 考虑下面的函数族：

$$L_\delta = \begin{cases} a, & 如果\ r \le \delta \\ b, & 如果\ \delta < r \le 2\delta \\ 0, & 如果\ r > 2\delta \end{cases} \tag{9.87}$$

其中 $r = \sqrt{x^2+y^2}$。当 a 和 b 取什么值时，这个函数族定义了一个：对应于 Laplace 算子的广义函数？也就是说，在什么情况下，L_δ 和 $f(x,y)$ 的**卷积**的极限等于 $\nabla^2 f(x,y)$？

提示：你可能会想将该算子作用于函数：

$$f(x,y) = \frac{1}{4}\left(x^2+y^2\right) \tag{9.88}$$

式(9.88)中的函数 $f(x,y)$ 的 **Laplace 算子**处理结果等于 1。

习题 9.3 证明：如果一个矩阵 $\mathbf{f} = \{f_{i',j'}\}$ 可以被分解为两个向量 $\mathbf{f}_1 = \{f_k^{(1)}\}$ 和 $\mathbf{f}_2 = \{f_l^{(2)}\}$ 的**外积**，也就是说，$\mathbf{f} = \mathbf{f}_1\mathbf{f}_2^T$，那么，矩阵 $\mathbf{f} = \{f_{i',j'}\}$ 的（二维）**离散 Fourier 变换**结果 $F(p,q)$，也可以被分解为两个向量 $\mathbf{f}_1$ 和 $\mathbf{f}_2$ 的（一维）离散 Fourier 变换结果的**乘积**，并且，其中一个是关于 p 的函数，而另一个是关于 q 的函数，也就是说，$F(p,q) = F_1(p)F_2(q)$。

习题 9.4 证明：如果 $\mathbf{f} = \{f_{i',j'}\} \ge 0$ 对于所有的 x 和 y 都成立，那么，对于所有的 p 和 q，都有 $F(0,0) \ge |F(p,q)|$。请问：什么时候 $F(0,0) = F(p,q)$？

习题 9.5 通常，对于一个用于进行“光滑化”处理的算子，其点扩散函数的“形状”为：1) 在原点 $(x,y) = (0,0)$ 处，点扩散函数的值最大；2) 在其他点处，点扩散函数的值都为正，并且，随着 x 和 y 趋于无穷，点扩散函数的值衰减到 0。为了方便，我们可以将这样的点扩散函数，看作一种质量分布。不失一般性，我们假设：该质量分布的中心位于原点处。我们必须能够描述：这个质量分布的“分散情况”。一个质量分布的**回转半径**是：一个到质心的距离，具体地说，如果我们将该质量分布的全部质量集中在：到质心的距离等于回转半径的质点上，那么，该质点所产生的**转动惯量**等于：原来的质量分布（所产生）的转动惯量。质点的转动惯量等于：质点的质量与该质点到原点的距离平方的乘积。

质量分布 $h(x,y)$ 的总质量 M 为：

$$M = \sum_x \sum_y h(x,y) \tag{9.89}$$

我们令：$r^2 = x^2 + y^2$，于是，回转半径 R 的定义为：

$$\sum_x \sum_y r^2 h(x,y) = R^2 \sum_x \sum_y h(x,y) = MR^2 \tag{9.90}$$

(a) 求：圆柱体的回转半径，其中，圆柱体的定义为：

$$b_V(x,y) = \begin{cases} 1/(\pi V^2), & \text{如果 } r \leq V \\ 0, & \text{如果 } r > V \end{cases} \tag{9.91}$$

(b) 求 Gauss 函数的回转半径，其中，**Gauss 函数**为：

$$G_\sigma(x,y) = \frac{1}{2\pi\sigma^2} e^{-\frac{1}{2}\frac{x^2+y^2}{\sigma^2}} \tag{9.92}$$

注意：**(a)**和**(b)**中的分布都具有**“单位质量”**；并且，将式(9.90) 中的积分转化为：**极坐标**下的积分形式，可能会有助于求解。

(c) 证明：两个函数的**卷积**的质量，等于这两个函数的质量的乘积。同时证明：两个函数的**卷积**的回转半径的平方，等于这两个函数的回转半径的平方和，也就是说，如果 $f = h * g$，那么，$R_f^2 = R_g^2 + R_h^2$。其中，R_f、R_g 和 R_h 分别为：f、g 和 h 的回转半径。

(d) 如果一个旋转对称的光滑函数和“自身”进行多次**卷积**，那么，所得到的卷积结果将变得和 **Gauss 函数**及其相似。假设：式(9.91) 中的函数和自身卷积 n 次，那么，其对应的近似 **Gauss 函数**的**标准差** σ 是多少？

习题 9.6 证明：$a \star (b * c) = (a \star b) * c$。其中，符号 $\star$ 表示**相关**；而 $*$ 表示**卷积**。

习题 9.7 一个光学望远镜的**调制传递函数**为：

$$A(p,q) = P(p,q) * P(p,q) \tag{9.93}$$

其中：$P(p,q)$ 是一个旋转对称的低通滤波器：

$$P(p,q) = \begin{cases} 1, & \text{如果 } p^2 + q^2 \leq \omega^2 \\ 0, & \text{如果 } p^2 + q^2 > \omega^2 \end{cases} \tag{9.94}$$

其中，截至频率 ω 取决于：入射光的波长以及光学器件的尺寸。

(a) 两个半径相同的圆，当它们的圆心不重合时，公共部分的面积是多少？

(b) 求 $A(p,q)$。

(c) 相应的**点扩散函数**是什么？

习题 9.8 考虑一个图像模糊系统，该系统的点扩散函数为：标准差为 σ 的Gauss 函数。假设：噪声的功率谱是平的，功率为 N^2；信号的功率谱也是平的，功率为 S^2，并且，$S^2 > N^2$。此外，我们假设：噪声是在图像模糊以后加上去的。

(a) 请给出：去除图像模糊的**最优滤波器**所对应的调制传递函数。

(b) 该调制传递函数的低频响应是什么？

(c) 放大倍数最大的频率成分是什么？

(d) 该最优滤波器的最大**增益**是多少？

习题 9.9 让我们来考虑如下的两张图像：

0	0	0	0	0	0	0	0	0
0	0	0	0	0	0	0	0	0
0	0	1	0	0	1	1	0	0
0	0	1	1	0	0	1	0	0
0	0	0	1	1	0	0	0	0
0	0	0	0	1	1	0	0	0
0	0	1	0	0	1	1	0	0
0	0	0	0	0	0	0	0	0
0	0	0	0	0	0	0	0	0

和

0	0	0	0	0	0	0	0	0
0	0	0	0	0	0	0	0	0
0	0	1	0	1	0	1	0	0
0	0	0	1	0	1	0	0	0
0	0	1	0	1	0	1	0	0
0	0	0	1	0	1	0	0	0
0	0	1	0	1	0	1	0	0
0	0	0	0	0	0	0	0	0
0	0	0	0	0	0	0	0	0

(a) 对于如下的 **Gauss 模糊核**：

$$\mathbf{G}_{3,3} = \frac{1}{16}\begin{pmatrix} 1 & 2 & 1 \\ 2 & 4 & 2 \\ 1 & 2 & 1 \end{pmatrix} \tag{9.96}$$

上面两张二值图模糊后的结果是什么？

(b) 请解释如下的**运动模糊核**：

$$\mathbf{M}=\frac{1}{5}\begin{pmatrix}1&0&0\\0&2&0\\0&1&1\end{pmatrix} \tag{9.97}$$

进一步，请计算：上面两张二值图经过运动模糊后的结果。

(c) 请解释如下的**均匀模糊核**：

$$\mathbf{M}=\frac{1}{14}\begin{pmatrix}1&2&1\\2&2&2\\1&2&1\end{pmatrix} \tag{9.98}$$

进一步，请计算：上面两张二值图经过均匀模糊后的结果。

(d) 我们选用 **Wiener 滤波器**进行图像复原，当参数 $\tau=\Phi_{nn}/\Phi_{bb}$ 选取为不同的值时，例如 $\tau=0.1, 0.01, 0.001, 0.0001$，对应的图像复原结果是什么？请编写程序进行计算机仿真，然后，根据仿真结果完成实验报告。

习题 9.10 本题中，我们将探索图 9.2 中的**圆柱形光斑**所对应的离散图像，也即是说①，在**离散二值图**中生成一个"圆"。

(a) 首先，生成圆的边缘，假设圆的半径为 r，也就是说，

$$x^2+y^2=r^2 \tag{9.99}$$

于是，离散二值图中"圆"就是一系列**整数对** (x_n,y_n)，满足：

$$\left(r-\frac{1}{2}\right)^2\leq x_n^2+y_n^2\leq\left(r+\frac{1}{2}\right)^2 \tag{9.100}$$

其中 x_n 和 y_n 都是**整数**。对于 0° 到 45° 的那段圆弧，我们可以通过求解：

$$\left(x_n-\frac{1}{2}\right)^2\leq r^2-y_n^2\leq\left(x_n+\frac{1}{2}\right)^2 \tag{9.101}$$

来进行查找，参见图 9.12。请分析式 (9.100) 和 (9.101) 之间的关系，进一步，根据图 9.12 设计出**整数对** (x_n,y_n) 的查找算法。

(b) 式 (9.101) 告诉我们：在算法执行过程中，需要"跟踪"参数：

$$\tau_1=\left(x_n-\frac{1}{2}\right)^2+y_n^2-r^2 \text{ 和 } \tau_2=\left(x_n+\frac{1}{2}\right)^2+y_n^2-r^2 \tag{9.102}$$

①参见论文：B.K.P. Horn, "Circle Generators for Display Devices," Computer Graphics and Image Processing, Vol. 5, No. 1, June 1976, pp. 280 - 288.

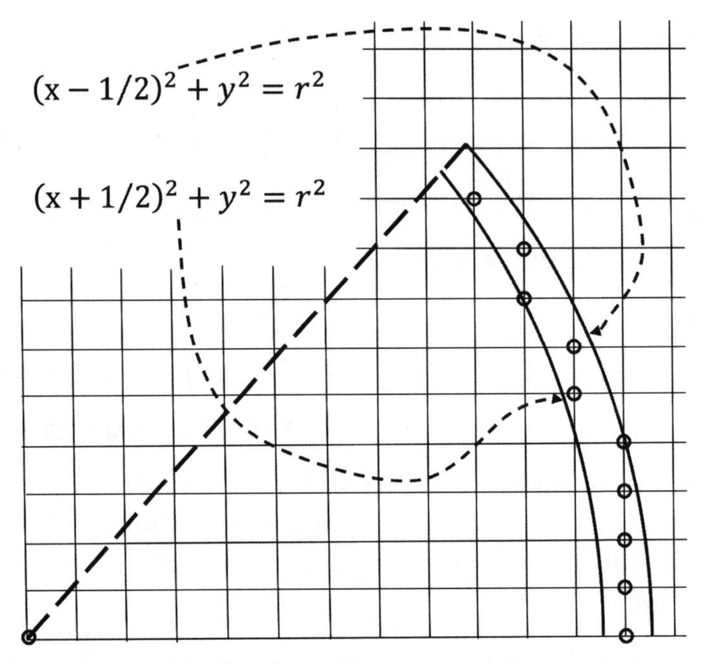

图 9.12　对于 0° 到 45° 的圆弧，可以通过求解式 (9.101) 来“查找”**整数对** (x_n, y_n)。

事实上，我们只需要跟踪一个参数 $\tau_1 \leq 0$，即可实现数据的迭代更新，请完成理论分析。

(c) 对于 45° 到 90° 的圆弧，应该如何处理？请完成**离散圆**生成算法。

(d) 对于尺度较小的光斑（例如 10×10 个像素），我们可以采用如下策略：首先，生成一个大尺度的光斑（例如 100×100 个像素）；然后，将大尺度光斑划分为一系列相同大小的“小区块”（包含 10×10 个像素）；最后，对“小区块”取平均，就得到了尺度较小的光斑。请设计程序实现上述操作，完成实验报告。

第 10 章　边缘和角点

一直以来，边缘提取都是机器视觉中的一个非常活跃的领域。本章中，我们将探讨：对**边缘**和**角点**的检测和定位。边缘是指：图像中亮度（或亮度关于空间位置的导数）发生快速变化的（点所构成的）曲线。两条或多条曲线的汇聚点称为**角点**。我们之所以对边缘和角点感兴趣，是因为它们反映出关于被成像物体表面的一些重要信息。这些发生亮度快速变化的地方可能是：物体表面的**朝向**发生不连续变化的地方、物体之间相互**遮挡**的地方、产生**阴影线**的地方、物体表面的**反射性质**发生不连续变化的地方。对于每种情况，我们都希望定位出：图像亮度（或其导数）发生不连续变化的地方，从而了解被成像物体的相应特征。

本章中，我们将展示：如何使用**微分算子**来突显出这些特征，进而帮助我们定位图像中的边缘片段。在此基础上，我们将进一步展示：如何提取图像中的角点。**边缘检测**可以被看作是**图像分割**的补充，因为我们可以使用边缘来将图像分割为：对应于场景中不同物体的各个区域。角点则可以很好地描述出图像之间的运动变化特征，在介绍**光流**算法时，我们还会反复提到这一点。

最后，需要指出的是[①]：将**方向导数算子**用来进行边缘检测的方

[①] 参见：D. Marr, *Vision: A computational Investigation into the Human Representation and Processing of Visual Information*, 1982.

法由 **D. Marr** 在 1976 年首次提出。后来，他断言：具有旋转对称性的算子是最优的。当下盛行的关于早期视觉的很多观点，在很大程度上都受到 Marr 的影响。本章中，我们在给出方法和结论前，会简要回顾一下前人的开创性思想和工作。

10.1 图像中的边缘

直观上，一个简单的**边缘**是：两个图像区域的交界。每一个区域都有近似相同的亮度。大多数图像中的边缘是由物体的**闭合轮廓**产生的。对于这种情况，上面提到的两个图像区域是指：由两个不同物体的表面所生成的图像。物体表面的**朝向**发生突变，以及，物体表面的**反射性质**发生突变，都会产生边缘。如果我们沿着：垂直于边缘的方向，来截取图像亮度的“横截面”，那么，在理想情况下，我们将会看到：图像的亮度值发生“阶梯形”的突变。实际上，由于**图像模糊**以及成像系统的局限，图像亮度不会发生阶梯形突变。同样，对于一些边缘，如果我们将：其亮度的**一阶导数**（而不是亮度本身）随空间位置的变化率，描述为一个**阶梯函数**，将会取得更好的效果。

基于上述分析，我们首先要考虑的是：如何计算图像亮度沿着“垂直于边缘的方向上”的变化（或变化率）。这种计算使得边缘得到了增强。对**边缘增强**结果设置阈值，可以得到边缘点或边缘片段，在此基础上，还需要进一步检测和定位这些边缘片段。最终，将定位好的边缘片段“合并”成大的闭合轮廓，才是图像区域的边缘。

10.2 微分算子

对于图像中的**边缘**，一个简单的模型是：一条直线将两个相邻的区域分隔开来（如图 10.1 所示）。在对简单**边缘模型**的分析过程中，我们将会用到**单位阶梯函数**，其定义为：

$$u(z)=\begin{cases}1, & \text{如果} z>0\\ 1/2, & \text{如果} z=0\\ 0, & \text{如果} z<0\end{cases} \tag{10.1}$$

注意：$u(z)$ 是对一维**单位冲击函数** δ 的积分，即：

$$u(z)=\int_{-\infty}^{z}\delta(t)dt \tag{10.2}$$

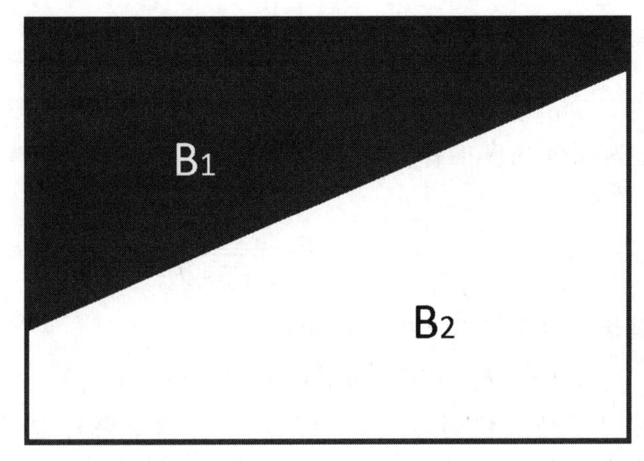

图 10.1 理想的边缘是：区分两个具有相同亮度的图像区域的一条线。

假设：**边缘**所在的直线方程为

$$x\sin\theta - y\cos\theta + \rho = 0 \tag{10.3}$$

那么，对于简单的**边缘模型**，图像的**亮度**可以被写为如下形式：

$$E(x,y) = B_1 + (B_2 - B_1)u(x\sin\theta - y\cos\theta + \rho) \tag{10.4}$$

其中，B_1 和 B_2 分别为两个不同区域的亮度。图像亮度 $E(x,y)$ 的（一阶）偏导数为：

$$\frac{\partial E}{\partial x} = +(B_2 - B_1)\delta(x\sin\theta - y\cos\theta + \rho)\sin\theta \tag{10.5}$$

$$\frac{\partial E}{\partial y} = -(B_2 - B_1)\delta(x\sin\theta - y\cos\theta + \rho)\cos\theta \tag{10.6}$$

这两个**微分算子**的结果依赖于边缘的**朝向**。向量

$$\nabla E = (E_x, E_y)^T = \left(\frac{\partial E}{\partial x}, \frac{\partial E}{\partial y}\right)^T \tag{10.7}$$

被称为**图像亮度的梯度**。当图像发生平移或旋转时，图像亮度的**梯度**（包括大小和方向）和图像之间的对应关系并不发生变化，从这个意义上说，图像亮度的梯度是一个**和坐标系的选取无关**的量。根据图像亮度的梯度，我们可以计算：图像中某一点 $(x,y)^T$ 和其附近任意一点 $(x_1,y_1)^T$ 之间的亮度变化率。这两个点确定了一个方向：

$$\mathbf{n} = (\cos\alpha, \sin\alpha)^T = \frac{(x_1 - x, y_1 - y)^T}{\sqrt{(x_1 - x)^2 + (y_1 - y)^2}} \tag{10.8}$$

而点 $(x,y)^T$ 和 $(x_1,y_1)^T$ 之间的亮度变化率就是：亮度 $E(x,y)$ 沿着方向

$\mathbf{n}$ 的**方向导数**，

$$\frac{d}{d|\mathbf{n}|}E(x,y)=\mathbf{n}^T(\nabla E)=E_x\cos\alpha+E_y\sin\alpha \tag{10.9}$$

当方向 $\mathbf{n}$ 选为图像亮度的**梯度方向**时，式 (10.9) 中的方向导数取得**最大值**，其大小

$$\max_{\alpha}\frac{d}{d|\mathbf{n}|}E(x,y)=E_x\frac{E_x}{\sqrt{E_x^2+E_y^2}}+E_y\frac{E_y}{\sqrt{E_x^2+E_y^2}}=\sqrt{E_x^2+E_y^2} \tag{10.10}$$

为**梯度的模长**。对于图 10.1 中的理想边缘，

$$\sqrt{E_x^2+E_x^2}=|B_2-B_1|\delta(x\sin\theta-y\cos\theta+\rho) \tag{10.11}$$

这个非线性算子是**旋转对称**的，因此，其检测结果与**边缘**的**朝向**无关。**单位冲击函数** δ 的定义参见第 6 章相关内容。在实际应用中，我们常常直接使用 $E_x^2+E_x^2$ 来进行边缘检测。

进一步，对于某一个边缘点（也就是说，梯度的模长 $\sqrt{E_x^2+E_y^2}$ 大于阈值），我们将图像亮度的**梯度**方向

$$\frac{1}{\sqrt{E_x^2+E_y^2}}\left(E_x,\,E_y\right)^T \tag{10.12}$$

定义为：边缘在该点处的**法线**方向。沿着这个方向，该点处的图像亮度变化最明显。边缘在该点处的**切线**方向垂直于法线方向，因此，该点处的**切线**方向为：

$$\frac{1}{\sqrt{E_x^2+E_y^2}}\left(-E_y,\,E_x\right)^T \tag{10.13}$$

我们也将其称为：该点处的**边缘方向**。事实上，图像中的边缘比图 10.1 中的理想边缘复杂得多。在图 10.2 中，图像区域内部的亮度是渐变的，在边缘处，亮度并没有发生阶跃性突变，但是，亮度的变化发生了阶跃性突变。较之于图 10.1 中的理想边缘（也称为**强边缘**），我们将这类边缘称为**弱边缘**。

我们不能继续使用图像亮度的梯度（一阶导数）来对弱边缘进行检测，因为我们需要计算图像“亮度变化的变化”，这需要用到更高阶的微分或导数。我们可以尝试二阶导数，包括：

$$\frac{\partial^2E}{\partial x^2}=(B_2-B_1)\delta'(x\sin\theta-y\cos\theta+\rho)\sin^2\theta \tag{10.14}$$

$$\frac{\partial^2E}{\partial x\partial y}=-(B_2-B_1)\delta'(x\sin\theta-y\cos\theta+\rho)\sin\theta\cos\theta \tag{10.15}$$

图 10.2 **弱边缘**所分割出的区域内部的亮度并不是常数

$$\frac{\partial^2 E}{\partial y^2} = (B_2 - B_1)\delta'(x\sin\theta - y\cos\theta + \rho)\cos^2\theta \tag{10.16}$$

上面三个二阶偏微分算子都不具有旋转不变性。在习题 10.1 中，我们将探索通过上面三个线性算子的线性组合：

$$a\frac{\partial^2 E}{\partial x^2} + b\frac{\partial^2 E}{\partial x\partial y} + c\frac{\partial^2 E}{\partial y^2} \tag{10.17}$$

来构造出一个满足旋转不变性的二阶线性偏微分算子。当且仅当 $a = c$ 且 $b = 0$ 时，相应的二阶线性偏微分算子才满足旋转不变性，参见习题 10.1。不是一般性，我们令 $a = c = 1$，可以得到图像 $E(x, y)$ 的 **Laplace 算子**处理结果：

$$\Delta E(x, y) = \frac{\partial^2 E}{\partial x^2} + \frac{\partial^2 E}{\partial y^2} \tag{10.18}$$

注意：Laplace 算子是满足旋转对称性的**唯一**的二阶线性偏微分算子。此外，**二次变分**：

$$\begin{aligned}&\left(\frac{\partial^2 E}{\partial x^2}\right)^2 + 2\left(\frac{\partial^2 E}{\partial x\partial y}\right)\left(\frac{\partial^2 E}{\partial x\partial y}\right) + \left(\frac{\partial^2 E}{\partial y^2}\right)^2 \\ &= \left((B_2 - B_1)\delta'(x\sin\theta - y\cos\theta + \rho)\right)^2\end{aligned} \tag{10.19}$$

也是**旋转对称**的，但是，它是一个二阶非线性算子。对于图 10.2 中的简单边缘模型，**二次变分**正好等于 **Laplace 算子**处理结果的平方。

注意，对于上面提到的三种**旋转对称算子**，只有 **Laplace 算子**的处理结果中保留了：边缘两侧**亮度差**的“正负”信息，即 $B_2 - B_1$。

这使得我们可以确定：在**边缘增强图像**中，边缘的哪一侧更亮。因此，Laplace **算子**也是这三种算子中唯一的一个：有可能从**边缘增强图像**中复原出原始图像的算子。同时，在这三种**旋转对称算子**中，Laplace **算子**也是唯一的**线性算子**！

10.3 离散近似

对于数字图像，我们先通过数值计算的方式，对上一小·节中谈到的算子进行离散化近似。由于数字图像已经进行了像素剖分，因此，我们采用**有限差分**对偏导数进行近似估计，也就是说，使用相邻离散点之间的差值来进行近似计算。

10.3.1 梯度算子的离散近似

让我们来考虑：一个由 2×2 的图像单元所构成的区域，即：

$E_{i,j+1}$	$E_{i+1,j+1}$
$E_{i,j}$	$E_{i+1,j}$

我们可以用如下方法来估计：这个区域的**中心点**处的偏导数，即：

$$\frac{\partial E}{\partial x}\approx\frac{1}{2\epsilon}\left[(E_{i+1,j+1}-E_{i,j+1})+(E_{i+1,j}-E_{i,j})\right]\tag{10.20}$$

$$\frac{\partial E}{\partial y}\approx\frac{1}{2\epsilon}\left[(E_{i+1,j+1}-E_{i+1,j})+(E_{i,j+1}-E_{i,j})\right]\tag{10.21}$$

其中，ϵ 是：相邻两个**像素中心**之间的距离。上面的每一个估计值都是：对相邻的两个**有限差分**近似值取平均后得到的。我们使用式 (10.20) 和 (10.21) 来估计偏导数，是因为这两个公式所提供的对两个偏导数的**无偏估计**针对的是同一个点：四个像素点所共同拥有的公共角点。我们可以将式 (10.20) 和 (10.21) 进一步整理为：

$$\frac{\partial E}{\partial x}\approx\frac{1}{2\epsilon}\left[(E_{i+1,j+1}-E_{i,j})+(E_{i+1,j}-E_{i,j+1})\right]\tag{10.22}$$

$$\frac{\partial E}{\partial y}\approx\frac{1}{2\epsilon}\left[(E_{i+1,j+1}-E_{i,j})-(E_{i+1,j}-E_{i,j+1})\right]\tag{10.23}$$

现在，我们可以将**梯度模长的平方**近似表示为：

$$\left(\frac{\partial E}{\partial x}\right)^2 + \left(\frac{\partial E}{\partial y}\right)^2 \approx \frac{1}{2\epsilon^2}\left((E_{i+1,j+1} - E_{i,j})^2 + (E_{i+1,j} - E_{i,j+1})^2\right) \quad (10.24)$$

如果我们将这个简单的计算过程应用于整张图像，那么，在图像亮度发生快速变化的地方，所得到的计算结果会非常大；而对于图像亮度为常数的区域，其输出结果为零（如果图像中存在噪声，那么，输出结果不为零，但是非常小）。我们可以将：**梯度平方算子**的输出结果（即：亮度梯度模长的平方），保存为一张新的图像。在这张新的图像中，原图中的边缘区域得到了很大的增强，因此，我们将其称为**边缘增强图像**。

在计算过程中，被处理图像中相应的像素点会被乘以一个系数，这个系数被称为**权重**。权重的排列模式被称为**模板**，或者**计算结构单元**。所谓权重的排列模式是指：将权重放置在不同的空间位置上，其空间位置用于：指明该权重系数应该与哪个像素点的灰度值相乘。式 (10.20) 和 (10.21) 所对应的**模板**为：

$$\frac{1}{2\epsilon}\begin{array}{|c|c|}\hline -1 & +1 \\ \hline -1 & +1 \\ \hline\end{array} \quad 和 \quad \frac{1}{2\epsilon}\begin{array}{|c|c|}\hline +1 & +1 \\ \hline -1 & -1 \\ \hline\end{array} \quad (10.25)$$

上面的模板又被称为 **Prewitt 算子**，在实际计算过程中，我们可以忽略前面的系数 $1/(2\epsilon)$。注意，Prewitt 算子是对一个 2×2 像素区域中心点的梯度估计，而不是对某一个像素点的梯度估计。

事实上，Prewitt 算子所针对的 2×2 像素区域的中心点，正好位于像素点 (i, j) 的右上角，如图 10.3 所示。我们只需要继续使用 Prewitt 算子，求出像素点 (i, j) 的另外三个角的梯度估计结果，然后，对这四个梯度估计结果取平均，即可得到对像素点 (i, j) 的梯度估计。

取平均的过程对应于一个**卷积**，也就是说，

$$\frac{1}{4}\begin{array}{|c|c|}\hline +1 & +1 \\ \hline +1 & +1 \\ \hline\end{array} * \frac{1}{2\epsilon}\begin{array}{|c|c|}\hline -1 & +1 \\ \hline -1 & +1 \\ \hline\end{array} = \frac{1}{8\epsilon}\begin{array}{|c|c|c|}\hline -1 & 0 & +1 \\ \hline -2 & 0 & +2 \\ \hline -1 & 0 & +1 \\ \hline\end{array} \quad (10.26)$$

$$\frac{1}{4}\begin{array}{|c|c|}\hline +1 & +1 \\ \hline +1 & +1 \\ \hline\end{array} * \frac{1}{2\epsilon}\begin{array}{|c|c|}\hline +1 & +1 \\ \hline -1 & -1 \\ \hline\end{array} = \frac{1}{8\epsilon}\begin{array}{|c|c|c|}\hline +1 & +2 & +1 \\ \hline 0 & 0 & 0 \\ \hline -1 & -2 & -1 \\ \hline\end{array} \quad (10.27)$$

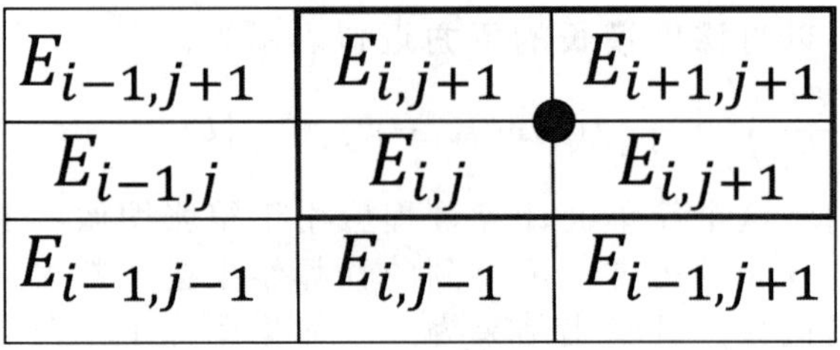

$E_{i-1,j+1}$	$E_{i,j+1}$	$E_{i+1,j+1}$
$E_{i-1,j}$	$E_{i,j}$	$E_{i,j+1}$
$E_{i-1,j-1}$	$E_{i,j-1}$	$E_{i-1,j+1}$

图 10.3　Prewitt 算子所针对的 2×2 像素区域的中心点，正好位于像素点 (i,j) 的右上角。我们只需要继续使用 Prewitt 算子，求出像素点 (i,j) 的另外三个角的梯度估计结果，然后，对这四个梯度估计结果取平均，即可得到对像素点 (i,j) 的梯度估计。

卷积后所得到的两个**模板**又被称为 **Sobel 算子**：

$$\frac{1}{8\epsilon}\begin{array}{|c|c|c|}\hline -1 & 0 & +1 \\ \hline -2 & 0 & +2 \\ \hline -1 & 0 & +1 \\ \hline \end{array} \quad 和 \quad \frac{1}{8\epsilon}\begin{array}{|c|c|c|}\hline +1 & +2 & +1 \\ \hline 0 & 0 & 0 \\ \hline -1 & -2 & -1 \\ \hline \end{array} \tag{10.28}$$

同样地，在实际计算过程中，我们可以忽略前面的系数 $1/(8\epsilon)$。注意，**均值滤波器**

$$\frac{1}{4}\begin{array}{|c|c|}\hline 1 & 1 \\ \hline 1 & 1 \\ \hline \end{array} \tag{10.29}$$

是一个典型的低通滤波器。至此，Prewitt 算子和 Sobel 算子之间的关系变得清晰明确了：

- Sobel 算子的处理结果是：对 Prewitt 算子处理结果做**均值滤波**后所得到的结果。

因此，较之于 Prewitt 算子，Sobel 算子可以有效地抑制随机噪声带来的影响。根据 Prewitt 算子和均值滤波器来计算 Sobel 算子是直接的，但是，能够通过观察 Prewitt 算子和 Sobel 算子来发现两者之间的关系，却并不那么容易，需要一定的数学基础。

我们还可以尝试通过**二维 Fourier 变换**来得出 Prewitt 算子和 Sobel 算子之间的关系。对于 Sobel 算子 (10.28) 中第一个算子，相应的二维

Fourier 变换结果为：

$$-u^{-1}v^{-1} - 2u^{-1} - 2u^{-1}v + uv^{-1} + 2u + 2uv \tag{10.30}$$

其中

$$u = e^{-j2\pi\omega_x} \quad 和 \quad u = e^{-j2\pi\omega_y} \tag{10.31}$$

式 (10.30) 可以被进一步整理为：

$$\begin{aligned}&\left(u-u^{-1}\right)\left(v^{1/2}+v^{-1/2}\right)^2 = \\ &\left(\left(u^{1/2}+u^{-1/2}\right)\left(v^{1/2}+v^{-1/2}\right)\right)\times\left(\left(u^{1/2}-u^{-1/2}\right)\left(v^{1/2}+v^{-1/2}\right)\right)\end{aligned} \tag{10.32}$$

上式中，等号右端的两个相乘项分别对应于**模板**：

$$\begin{array}{|c|c|}\hline 1 & 1 \\ \hline 1 & 1 \\ \hline \end{array} \quad 和 \quad \begin{array}{|c|c|}\hline -1 & +1 \\ \hline -1 & +1 \\ \hline \end{array} \tag{10.33}$$

对于 Sobel 算子 (10.28) 中第二个算子，相应的二维 Fourier 变换结果为：

$$\begin{aligned}&-u^{-1}v^{-1} - 2v^{-1} - 2uv^{-1} + u^{-1}v + 2v + 2uv \\ &= \left(v-v^{-1}\right)\left(u^{1/2}+u^{-1/2}\right)^2 \qquad (10.34)\\ &= \left(\left(u^{1/2}+u^{-1/2}\right)\left(v^{1/2}+v^{-1/2}\right)\right)\times\left(\left(u^{1/2}+u^{-1/2}\right)\left(v^{1/2}-v^{-1/2}\right)\right) \qquad (10.35)\end{aligned}$$

上式中的两个相乘项分别对应于**模板**：

$$\begin{array}{|c|c|}\hline 1 & 1 \\ \hline 1 & 1 \\ \hline \end{array} \quad 和 \quad \begin{array}{|c|c|}\hline +1 & +1 \\ \hline -1 & -1 \\ \hline \end{array} \tag{10.36}$$

根据**卷积定理**：

- **频率域的乘积对应于空间域的卷积。**

我们得到了 Prewitt 算子和 Sobel 算子之间的关系式 (10.26) 和 (10.27)。

10.3.2 Laplace 算子的离散近似

现在，让我们使用如下的离散近似：

$$\frac{\partial^2 E}{\partial x^2} \approx \frac{1}{\epsilon^2}(E_{i-1,j} - 2E_{i,j} + E_{i+1,j}) \tag{10.37}$$

$$\frac{\partial^2 E}{\partial y^2} \approx \frac{1}{\epsilon^2}(E_{i,j-1} - 2E_{i,j} + E_{i,j+1}) \tag{10.38}$$

在一个由 3×3 的像素点所构成的区域

$E_{i-1,j+1}$	$E_{i,j+1}$	$E_{i+1,j+1}$
$E_{i-1,j}$	$E_{i,j}$	$E_{i+1,j+1}$
$E_{i-1,j-1}$	$E_{i,j-1}$	$E_{i+1,j-1}$

上来估计**中心像素点**的 **Laplace 算子**计算结果。于是，我们可以将 Laplace 算子的处理结果近似表示为：

$$\frac{\partial^2 E}{\partial x^2} + \frac{\partial^2 E}{\partial y^2} \approx \frac{4}{\epsilon^2}\left(\frac{1}{4}(E_{i-1,j} + E_{i+1,j} + E_{i,j-1} + E_{i,j+1}) - E_{i,j}\right) \tag{10.39}$$

即：某一像素点的**近邻像素点**的亮度平均值与该像素点的亮度值之差。对于亮度值为常数的区域，这个结果显然为零。即使对于亮度值发生**线性变化**的区域，这个结果也是零。

在使用**有限差分**方法求解偏微分方程的过程中，我们常常会用到**微分算子**的这种离散近似方法，并且，将权重系数排列成**模板**或者**计算结构单元**的形式。式(10.39)所对应的**模板**为：

$\frac{1}{\epsilon^2}$

	1	
1	−4	1
	1	

(10.40)

在上面的模板中，最左面的项（即：$1/\epsilon^2$）是：用于和所有**权重**相乘的因子。注意，使用 **Laplace 算子**对图像进行处理，相当于该图像和一个**广义函数**进行**卷积**。该**广义函数**的定义为：一组具有“中心点处朝下、中心点周围被一圈正值所包围”（即：“**中心/环绕**”结构）特征的函数序列的极限。式 (10.40) 的**模板**会让你联想起：这个**函数序列**中的某一个函数。

对于**正方形**的**格栅**，我们难以得到一个**旋转对称**的模板，用来

近似表示 **Laplace 算子**。在前面，我们曾经尝试：通过得到一种"一致的"方式，从而定义：**二值图像**中像素点之间的**连接**关系。要解决这个问题，我们首先必须确定：对于某一个像素点所在邻域中的所有像素点，哪些像素点应该被认为是和该像素点连接在一起的。现在，我们面对同样的问题，也就是说，和某一个像素点相连的像素点应该是：只包括和该像素点的四条边连接在一起的四个像素点，还是应该将和该像素点的四个角相连的四个像素点也算进去？

对于正方形格栅，我们仍然可以继续进行处理。考虑：相对于原来的 $x-y$ 坐标系旋转 $45°$ 后所得到的新坐标系。我们将新坐标系的坐标轴记为：x' 和 y'。在 $x'-y'$ 坐标系中，新的离散近似形式为：

$$\frac{\partial^2 E}{\partial x'^2} \approx \frac{1}{2\epsilon^2}(E_{i-1,j} - 2E_{i,j} + E_{i+1,j}) \tag{10.41}$$

$$\frac{\partial^2 E}{\partial y'^2} \approx \frac{1}{2\epsilon^2}(E_{i,j-1} - 2E_{i,j} + E_{i,j+1}) \tag{10.42}$$

于是，在新的 $x'-y'$ 坐标系下，**Laplace 算子**的离散近似形式为：

$$\frac{\partial^2 E}{\partial x^2} + \frac{\partial^2 E}{\partial y^2} \approx \frac{2}{\epsilon^2}\left(\frac{1}{4}(E_{i+1,j+1} + E_{i+1,j-1} + E_{i-1,j+1} + E_{i-1,j-1}) - E_{i,j}\right) \tag{10.43}$$

其对应的**模板**为：

$\frac{1}{2\epsilon^2}$ (10.44)

1		1
	−4	
1		1

显然，通过这两种**模板**（即：式 (10.40) 和 (10.44)）的**线性组合**，我们可以得到：关于 **Laplace 算子**的多种近似估计形式。一种被广泛使用的形式为：

$\frac{1}{6\epsilon^2}$ (10.45)

1	4	1
4	−20	4
1	4	1

我们将通过习题 10.5 来说明：使用该形式来对 **Laplace 算子**进行估计，具有某一特定的精度。得到式 (10.45) 中**模板**的过程是：首先，将式 (10.40) 中的**模板**乘以 2/3；然后，再将式 (10.44) 中**模板**乘以 1/3；最后，将这两个结果加在一起。我们将通过习题 10.5 说明：式 (10.45) 中

(a) 原始图像 240 × 240　　(b) Sobel 算子的检测结果

(c) Laplace 算子的检测结果　　(d) 对 (c) 的 Gauss 滤波结果

图 10.4　边缘增强图像的仿真结果。(a) 原始图像，包含 240×240 个像素。(b) 基于 Sobel 算子的边缘增强图像，（背景中的）弱边缘被"忽略"掉了。(c) 基于 Laplace 算子的边缘增强图像，（背景中的）弱边缘被检测出来了，但是噪声被明显放大了。(d) 用 3 × 3 的离散 Gauss 核对(c) 做低通滤波，可以缓解噪声放大问题。

的模板所对应的**算子**可以被写为如下形式：

$$\nabla^2 + \frac{\epsilon^2}{12}\nabla^2(\nabla^2) + e \tag{10.46}$$

其中，∇^2 表示 **Laplace 算子**，误差项 e 中包含六阶或六阶以上导数算子，这些导数算子前面的系数是 ϵ^4 和更高的次幂。

图 10.4 中给出了一个实验仿真结果。图 10.4(b) 是基于 Sobel 算子的边缘增强图像，（背景中的）弱边缘被"忽略"掉了。图 10.4(c) 是基

于Laplace算子的边缘增强图像，（背景中的）弱边缘被检测出来了，但是噪声被明显放大了。对图10.4(c)做低通滤波，可以缓解这一问题。图10.4(d)所示的是：用式(9.82)中3×3的**离散 Gauss 核**对Laplace算子检测的结果进行滤波后，所得到的结果。

10.4 确定边缘

经过**边缘增强**以后，如果所得到的信号（边缘增强图像）比噪声大得多，那么，我们可能会推断出：图像中的某一点是否位于边缘上。但是，这个推断并不一定可靠，因为噪声可能恰巧使得：这一点和周围的点之间出现显著的差别。

10.4.1 边缘检测和定位

我们所能做的是：选择一个阈值来对边缘增强图像做二值化处理，从而减少“假的边缘点被接受”的情况所发生的概率。如果阈值选得太大，那么，一些弱的边缘会被忽略掉。因此，我们需要在两种误差之间选择一个平衡。在**边缘检测**过程中，通过增加用来取平均值的小图像块的尺寸，我们可以减小噪声的影响，从而使得“弱的”边缘更容易被检测处理。我们可以从频率域来考虑这个问题，小图像块的尺寸越大，对应的低通滤波器的截止频率就越低，因此，增加用来取平均值的小图像块的尺寸，等价于：增加被抑制的频域范围。但是，我们又必须面对另一个取舍问题，在**抑制噪声**和**定位边缘**之间取得一种平衡。因为，如果小图像块中包含多个边缘，那么，所得到的边缘检测结果是不可靠的。我们注意到：**短的边缘必须具有更大的对比度，才能够被检测出来！**

经过边缘增强的图像，并不是只有边缘上的点有很大的值，边缘附近的点也有很大的值。如果为了去噪，我们预先对图像进行了“光滑”处理，那么，这种现象会更加明显。因此，这就产生了**边缘定位**的问题。如果不考虑噪声，我们可以期望：（在边缘增强图像中）边缘上的点取得**局部最大值**。这些局部最大值可以被用于：抑制**边缘点**附近的“很大的”值的影响。

如果我们使用**梯度平方算子**进行**边缘检测**，那么，在经过**边缘增强**的图像中，每一条边缘处都有一个**“山脊状”突起**，其大小与该边缘两侧的**亮度差**成正比。对于**Laplace 算子**和**二次变分**的情况，边缘处会有两条平行的“山脊状”突起，这两条“山脊状”突起分别位于边缘两侧。对于 Laplace 算子，这两条“山脊状”突起的方向是相反的（即：一条是**凸出**，一条是**凹陷**），我们可以将边缘定为：这两条“山脊状”突起的方向发生变化的地方。

10.4.2 简单边缘模型的缺陷

经过**边缘检测**，我们所定位的是：（图像中的）一些**边缘点**，还不是一条条完整的**边缘**。事实上，根据检测出的边缘点来生成边缘并不是一个简单的任务。为此，我们必须明确：引起**边缘**的物理原因。被**边缘检测器**所检测出的图像亮度的快速变化，是由三维**场景**中的哪些“因素”产生的？到目前为止，我们关于这方面还知之甚少。人们已经意识到了简单边缘模型的局限性，并且，已经提出了很多更加符合实际情况的边缘模型。

简单边缘模型将边缘看作是：理想**阶梯函数**加**噪声**。许多**边缘检测**方法所共有的一个问题是：它们所基于的前提假设通常并不符合实际情况。尽管许多物体表面具有相同的**反射率**，但是，这些物体表面所形成的图像却不一定具有相同的**亮度**；相反地，对应于不同物体表面“小块”的像素点，其灰度值却可能非常相似，参见图 3.2。只有在极其特殊的情况下，我们才可以将图像看作是：由一组具有“一致亮度”的区域所组成的集合。对边缘检测方法的评估是很困难的，这其中的一个原因是：我们缺乏对任务的明确定义。我们如何辨别：边缘是否被“漏掉了”，或者，“伪边缘”出现在什么地方？这些问题的答案依赖于：我们要用边缘检测的结果来做什么？

我们在第 1 章的图 1.13 中所给出的例子，就形象地说明了上面所谈到的一些问题。图 1.13(a) 所显示的是：一个用积木搭建起来的简单场景所生成的图像。图 1.13(b) 显示的是：一个**边缘查找器**对该图像的输出结果。即使对于这种简单的情况，边缘查找器所检测到的边缘“碎片”也是不完美的。要将这些边缘“碎片”组合成：用来描述物体轮廓的清晰的**线条图**，还有许多细致的处理工作要做。图 1.13(a) 中物体的轮廓对应于图 1.13(b) 中的**长直线**，我们的任务逐渐变得明确了：如何根据（二值）图 1.13(b) 中的**边缘点**来确定**长直线边缘**？

10.4.3 确定长直线边缘

对于一些极其特殊的情况，我们可以探索如何确定图像中的边缘。本节中，我们讨论一种特殊的情况：根据检测出的**边缘点**，确定图像中**长直线**形状的边缘。我们以第2章中的图2.2为例，详细说明：根据图2.2(a)生成图2.2(b)的具体过程。首先，通过本章介绍的**Sobel算子**，我们共检测到了64409个边缘点，如图10.5(a)所示。

进一步，我们需要判断：（图10.5(a)中的）某一个边缘点$\boldsymbol{p}_m = (x_m, y_m)^T$位于哪一条**直线**上。我们需要两个参数$\theta_n$和$\rho_l$来指定一条直线：

$$s_{n,l}: \quad \rho_l = x\cos\theta_n + y\cos\theta_n \tag{10.47}$$

参见图7.10。直线经过点$\boldsymbol{p}_m$的意思是：$(x_m, y_m)^T$满足式(10.47)，也就是说，表达式

$$\rho_l = x_m\cos\theta_n + y_m\cos\theta_n \tag{10.48}$$

成立。给定点$\boldsymbol{p}_m$，我们无法确定直线的参数θ_n和ρ_l，但是，我们却可以轻易地判断：图10.5(a)中的某一个点在哪一条直线上。我们是如何做到的呢？虽然图10.5(a)中过某一个点有很多$\boldsymbol{p}_m$的直线$\{s_{n,l}\}$，但是，在其中的一条直线$s_{n',l'}$上，有大量的点。“有大量的点”这几个字的具体意思是：有很多点$\{(x_i, y_i)^T\}$都满足式(10.47)。于是，我们得到了寻找直线的一种方法：

- 首先，对于每组给定的直线参数θ_n和ρ_l，将所有的边缘点$\{(x_i, y_i)^T\}$逐一地代入式(10.47)，验证其是否成立；
- 然后，统计（代入边缘点过程中）式(10.47)成立的次数；
- 如果成立次数大于给定阈值，则判定（由参数θ_n和ρ_l确定的）直线$s_{n,l}$是一条**直线形边缘**，否则，判定直线$s_{n,l}$不是边缘。

如果我们生活在**Paul Hough**的时代（20世纪60年代），相信我们也能设计出相应的**直线查找**方法，但是，和Hough的工作比起来，上述方法还有一个明显的差距：存在**计算冗余**。假设边缘点$(x_i, y_i)^T$对于式(10.47)不成立，在上述过程中，计算结果被直接舍弃了。事实上，计算结果中是包含更多有用信息的，通过计算，我们不仅知道：边缘点$(x_i, y_i)^T$不属于参数为θ_n和ρ_l的直线，进一步，我们还知道：边缘点$(x_i, y_i)^T$**属于**某一条参数为θ_n和$\rho_i^{(n)}$的直线，其中$\rho_i^{(n)} = x_i\cos\theta_n + y_j\cos\theta_n$，进一步，我们还知道，对于某一个固定的参数$\theta_n$，边缘点$(x_i, y_i)^T$**只属于**这一条直线。

为了提升计算效率，我们可以将上述过程中的“验证式(10.47)（对于直线参数θ_n和ρ_l）是否成立”变为：对于某一个固定的θ_n，计算使得边缘点$(x_i, y_i)^T$代入后成立的参数：

$$\rho_i^{(n)} = x_i\cos\theta_n + y_j\cos\theta_n \tag{10.49}$$

然后直接得出结论：对于某一固定的参数 θ_n，边缘点 $(x_i, y_i)^T$ **只属于**某一条参数为 θ_n 和 $\rho_m = \rho_i^{(n)}$ 的直线，对于剩下的一系列参数 $\{\rho_l\}_{l \neq m}$ **都不成立**。总结起来，**一次计算取代了一系列验证过程**。经过上述优化调整，我们就得到了是著名的 **Hough 变换**：

- 首先，对于每一个给定的 θ_n，将所有的边缘点 $\{(x_i, y_i)^T\}$ 逐一地代入，根据式 (10.49) 计算出 $\rho_i^{(n)}$，对应参数 θ_n 和 $\rho_m = \rho_i^{(n)}$ 的**计数器** $N_{m,n}$ 增加一次计数[①]：$N_{m,n} = N_{m,n} + 1$；
- 然后，遍历所有的 θ_n，统计出每一条直线 $s_{n,l}$（边缘点代入后）的成立次数 $N_{l,n}$；
- 如果成立次数大于给定阈值，则判定（由参数 θ_n 和 ρ_l 确定的）直线 $s_{n,l}$ 是一条**直线形边缘**，否则，判定直线 $s_{n,l}$ 不是边缘。

图 10.5(b) 中给出了：根据（图 10.5(a) 中的）边缘点而得到的 **Hough 变换**统计结果 $N_{l,n}$，其中，l 为**行标**，从 1 到 1801，对应的 ρ_l 从 −1800 到 1800，间隔为 2；n 为**列标**，从 1 到 900，对应的 θ_n 从 −90° 到 89.8°，间隔为 0.2°。图 10.5(a) 中的亮度对应于 $N_{l,n}$ 的数值，其最大值为 720。

Hough 变换的统计结果 $N_{l,n}$ 给出了：直线 $s_{n,l}$ 上的**边缘点**数目。只有拥有足够多边缘点的直线，才被认为是**直线形边缘**。因此，我们可以对 $N_{l,n}$ 设置一个阈值，从而选取相应的直线形边缘。图 10.5(c) 中给出了：通过判断标准 $N_{l,n} > 400$ 选取出的 206 组直线参数。每一组直线参数对应于一条直线，图 10.5(d) 中画出了对应的 206 条直线，就是根据图 10.5(a) 中的边缘点所确定出的**长直线边缘**。对比图 10.5(a) 和 10.5(d)，我们可以进一步观察：这些直线形边缘与边缘点之间的对应关系。图 10.5(d) 进一步验证了我们在第 2 章 2.2 小节中得出的结论：空间中一组平行直线的像都相交（或汇聚）于**消失点**。

我们可以进一步“筛选”图 10.5(a) 中的边缘点，只保留位于长直线上的点，如图 2.2(b) 所示。边缘点 $(x_i, y_i)^T$ 到直线 $l_{n,l}$ 的距离为：

$$e_{n,l}^{(l)} = |x_m \cos\theta_n + y_m \cos\theta_n - \rho_l| \tag{10.50}$$

如果边缘点 $(x_i, y_i)^T$ 到所有长直线的距离都大于某一阈值（例如 4 个像素点距离），则将其舍弃。最终，图 2.2(b) 中只保留了 38413 个边缘点，占图 10.5(a) 中边缘点总数的 59.64%。

注意，**Hough 变换**图像 10.5(b) 与 **CT 扫描**图像 2.15(a) 很相似。这并非偶然，事实上，**Hough 变换就是在对二值图做 CT 扫描**！

[①] 在数值计算过程中，ρ_m 只能取一系列的离散值（例如：取整数值），此时，$\rho_m = \rho_i^{(n)}$ 应该相应地调整为 $\rho_m = \lfloor \rho_i^{(n)} \rceil$，其中 $\lfloor \bullet \rceil$ 表示“四舍五入”操作。

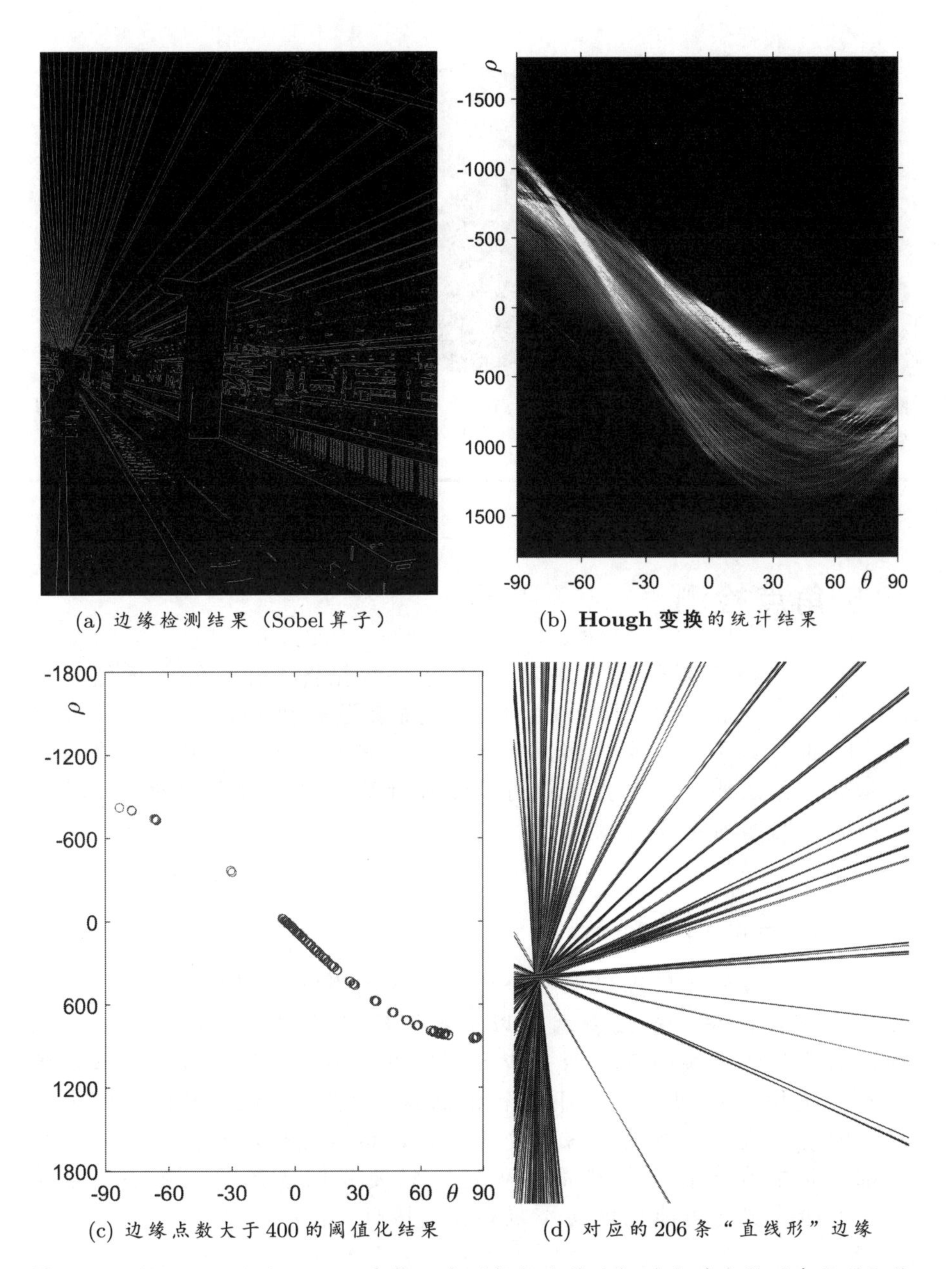

(a) 边缘检测结果（Sobel 算子）

(b) **Hough 变换**的统计结果

(c) 边缘点数大于 400 的阈值化结果

(d) 对应的 206 条“直线形”边缘

图 10.5 我们可以通过 **Hough 变换**，来（根据边缘点）确定对应的“直线形”边缘。(a) **Sobel 算子**对图 2.2(a) 的**边缘检测**结果，共检测出 64409 个**边缘点**。(b) 根据边缘点得到的 **Hough 变换**统计结果 $N_{l,n}$，其中，ρ_l 从 -1800 到 1800，间隔为 2；θ_n 从 $-90°$ 到 89.8°，间隔为 0.2°。(c) 我们可以对 $N_{l,n}$ 设置一个阈值，从而选取相应的**直线形边缘**。通过判断标准 $N_{l,n} > 400$，总共选取出了 206 组直线参数。(d) 每一组直线参数对应于一条直线，对应的 206 条直线就是检测出的**直线形边缘**。

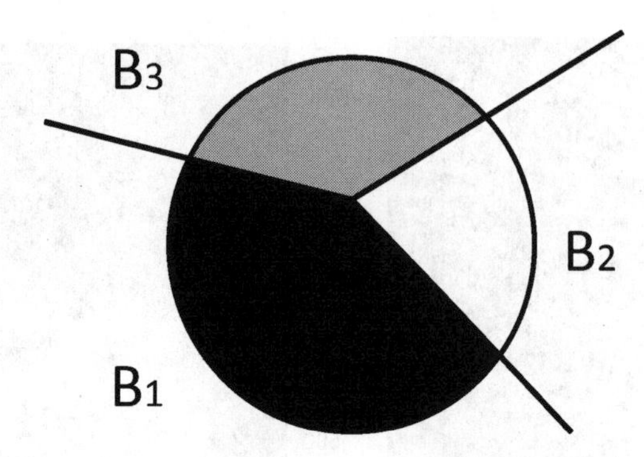

图 10.6　多条边缘汇聚的地方被称为**角点**。"多条边缘"这几个字本身就暗示着：无法通过一个点来进行观察和计算；"汇聚"这两个字暗示着：观察的区域不需要太大。

10.5 角点检测

多条边缘汇聚的地方被称为**角点**，参见图 10.6。角点虽然是局部特征，但是却不能通过前面介绍的**局部微分算子**，例如：梯度算子、Laplace 算子等，来直接进行计算。"多条边缘"这几个字本身就暗示着：无法通过一个点来进行观察和计算；"汇聚"这两个字暗示着：观察的区域不需要太大。

10.5.1 角点的判断标准

上述分析为我们提供了一个检测边缘的思路：判断某一个图像小块里面是否存在两条或者两条以上**不平行**的边缘。但是，这并不完善，即使图像小块中存在两条或者两条以上不平行的边缘，这些边缘也不一定相交；即使这些不平行的边缘相交，也不一定只有一个交点；即使这些不平行的边缘相交于一点，这一点也不一定在图像区域内部，可能在图像区域外面。但是，只要我们选择的图像小块足够小，上面的那些可能性就将不复存在。因此，

- 只要在**足够小**的图像块中存在两条以上**不平行的边缘**，那么，图像小块中就一定存在**角点**！

前面关于边缘检测的分析为我们进一步查找角点提供了基础，我们只需将其直接应用于图像小块中的像素点即可。图像亮度的梯度

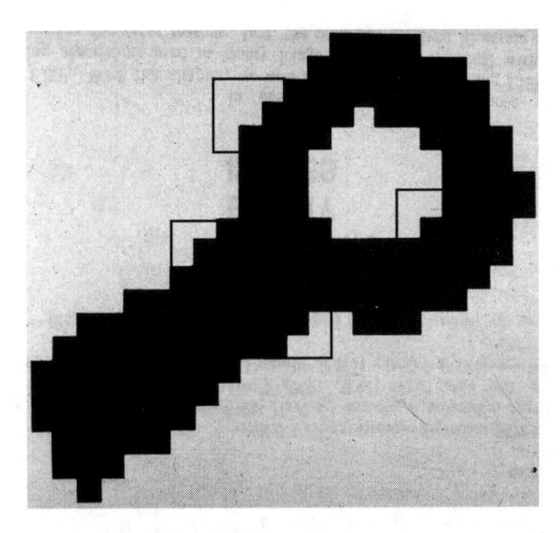

图 10.7 图像亮度的**梯度**给出了边缘点的**法向**方向，因此，我们只需要分析图像小块内部各个像素点的图像亮度梯度，看看是否存在多个**法向**方向，即可实现角点检测。

(10.12) 给出了边缘点的**法向**方向，在边缘检测过程中，我们已经计算出了各个像素点的图像亮度梯度，因此，我们只需要分析图像小块内部各个像素点的图像亮度梯度，看看是否存在多个**法向**方向，即可实现角点检测，如图 10.7 所示。

注意，我们所要确定的，是图像小块中是否存在不同的**法向方向**，而不是去判断图像小块中是否存在不同的**法向量**。因此，我们不能直接通过：对（边缘检测过程中所得到的）图像亮度梯度做统计，来判断图像小块中是否存在角点。对于要分析的 $n \times n$ 图像小块，我们将其中所有 n^2 个像素的图像亮度梯度列写成一个 $n^2 \times 2$ 矩阵：

$$\mathbf{G} = \begin{pmatrix} E_x^{(1)} & E_y^{(1)} \\ E_x^{(2)} & E_y^{(2)} \\ \vdots & \vdots \\ E_x^{(n^2)} & E_y^{(n^2)} \end{pmatrix} \tag{10.51}$$

事实上，矩阵 $\mathbf{G}$ 中的每一行，都是“E_x—E_y 空间”中的一个点。我们将“E_x—E_y 空间”称为**梯度空间**。因此，矩阵 $\mathbf{G}$ 对应着梯度空间中的一个**二值图**，如图 10.8 所示。我们可以将在二值图相关章节中学习到的分析方法应用过来。在图像小块中，每一条边缘片段上的所有点的图像亮度梯度都位于：梯度空间中的某一条直线附近。因此，如果图像小块中存在角点，梯度空间中的二值图至少分布在两条直线附近，如图 10.8 所示。

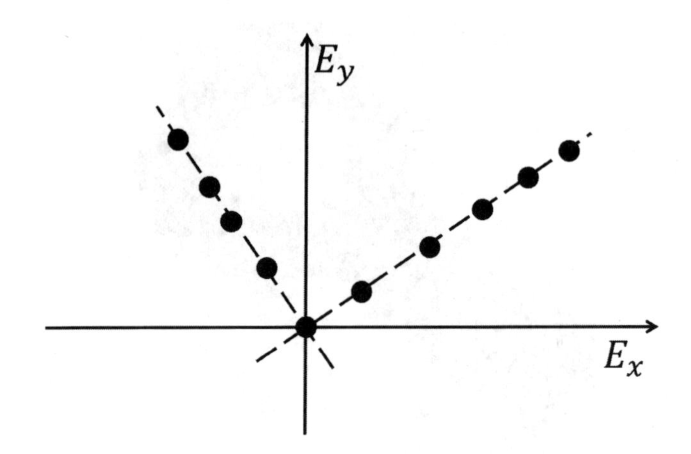

图 10.8　图像小块中每一个像素点的**亮度梯度** (E_x, E_y)，都对应于"**梯度空间**"中的一个点。图像小块中所有像素点的亮度梯度，就构成了梯度空间中的一个**二值图**。

10.5.2 角点检测算法

至此，角点检测问题被转化成了：梯度空间中的二值图形状分析问题。在前面关于二值图的章节中，我们分析过类似问题：通过计算二值图绕着过原点的轴旋转所产生的**转动惯量**，来判断二值图的形状。在这里，我们可以采用相同的方法来进行分析，首先计算：

$$\mathbf{S} = \mathbf{G}^T\mathbf{G} = \begin{pmatrix} a & b \\ b & c \end{pmatrix} \tag{10.52}$$

其中，

$$a = \sum_{k=1}^{n^2} \left(E_x^{(k)}\right)^2, \quad b = \sum_{k=1}^{n^2} E_x^{(k)} E_y^{(k)}, \quad c = \sum_{k=1}^{n^2} \left(E_y^{(k)}\right)^2 \tag{10.53}$$

如果矩阵 $\mathbf{S}$ 的两个特征值 λ_1 和 λ_2 的比值接近于 0，那么图 10.8 中的二值图接近于一条过原点的直线。此时，图像小块内只有平行的边缘，不存在角点。因此，矩阵 $\mathbf{S}$ 的两个特征值 λ_1 和 λ_2 的比值是区别边缘和角点的一个重要指标。最终，我们得到了下面的两个标准：

$$\lambda_1 > T \qquad \text{和} \qquad \frac{\lambda_1}{\lambda_2} > \eta \tag{10.54}$$

来确定图像小块中是否存在角点，其中 T 和 η 为设定的阈值，我们令 $\lambda_1 \leq \lambda_2$。注意，条件 $\lambda_1 > T$ 已经保证了 $\lambda_2 \neq 0$。由于需要对图像中的所有图像小块进行遍历，因此，我们希望每一个图像小块的计算都能尽量简洁。由于特征值的计算过程较为复杂，即：

$$\lambda_1 = \frac{1}{2}\left(a + c - \sqrt{(a-c)^2 + 4b^2}\right) \tag{10.55}$$

$$\lambda_2 = \frac{1}{2}\left(a + c + \sqrt{(a-c)^2 + 4b^2}\right) \tag{10.56}$$

我们需要对式 (10.54) 中的标准做一些优化。由于

$$\lambda_1 + \lambda_2 = a + c \quad \text{和} \quad \lambda_1\lambda_2 = \det(\mathbf{S}) = ac - b^2 \tag{10.57}$$

可以很容易地通过矩阵 $\mathbf{S}$ 直接计算出来。因此，**Harris** 提出使用

$$R = \det(\mathbf{S}) - k \times (a+c)^2 = ac - b^2 - k \times (a+c)^2 \tag{10.58}$$

来判断图像小块中是否存在角点，参数 k 的取值一般设为 0.04 到 0.06 之间。上述方法被称为 **Harris 角点检测算法**。当然，还有其他的判断方法。注意，式 (10.54) 分别给出了特征值 λ_1 和 λ_2 的**算术平均值**和**几何平均值**，我们可以用两者比值的平方来作为判断标准，也就是说，

$$\left(\frac{\sqrt{\lambda_1\lambda_2}}{(\lambda_1+\lambda_2)/2}\right)^2 = \frac{ac - b^2}{(a+c)^2/4} > T \tag{10.59}$$

上式中用到了除法运算，从计算的角点考虑，做除法不如做减法，也就是说，不等号两边同乘以 $(a+c)^2/4$，再移项进行整理。于是，我们又回到了 **Harris 判断标准** (10.58)。

10.6 平行轴旋转定理

注意，在二值图分析的章节中，我们在计算图像区域的**朝向**时，首先，将旋转轴移动到了区域的**中心**，然后，计算图像区域绕着该轴旋转时的**转动惯量**。最小和最大转动惯量的**比值**，给出了图像区域形状的一种描述。比值越接近 0，图像区域的形状越接近一条直线；比值越接近 1，图像区域的形状越接近一个圆。

在上一小节中，我们用了上面的结论来设计角点检测算法，但是，我们并没有将旋转轴移动到梯度空间中二值图的**中心**，而是让旋转轴过**原点**。注意：图像中的一组平行的边缘对应于：梯度空间中一条**过原点**的直线。图 10.9 中所示的梯度空间中的一条不过原点的直线，对应着很多条**不平行**的边缘，因此，图像区域中存在角点（如果图像区域足够小）！

下面，我们将通过数学分析，说明两种不同情况：1) 将旋转轴移动到梯度空间中二值图的**中心**和 2) 让旋转轴过**原点**，之间的关系。

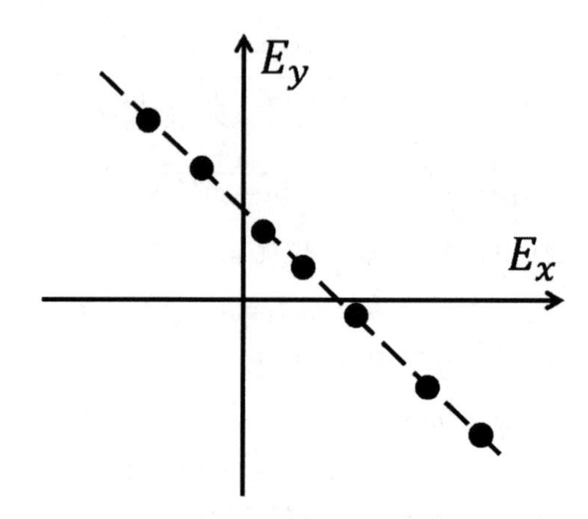

图 10.9　边缘图像**并不是**对应于梯度空间中的一条直线，而是对应于梯度空间中的一条**过原点**的直线。梯度空间中的一条不过原点的直线，对应着很多条**不平行**的边缘，因此，图像区域中存在角点。

我们令 $(\overline{E_x}, \overline{E_y})^T$ 为梯度空间中二值图的**中心**，也就是说，

$$\overline{E_x} = \frac{1}{n^2}\sum_{k=1}^{n^2} E_x^{(k)} \qquad \text{和} \qquad \overline{E_y} = \frac{1}{n^2}\sum_{k=1}^{n^2} E_y^{(k)} \tag{10.60}$$

于是，式 (10.51) 可以被进一步写为：

$$\mathbf{G} = \begin{pmatrix} E_x^{(1)} - \overline{E_x} & E_y^{(1)} - \overline{E_y} \\ E_x^{(2)} - \overline{E_x} & E_y^{(2)} - \overline{E_y} \\ \vdots & \vdots \\ E_x^{(n^2)} - \overline{E_x} & E_y^{(n^2)} - \overline{E_y} \end{pmatrix} + \begin{pmatrix} 1 & 1 \\ 1 & 1 \\ \vdots & \vdots \\ 1 & 1 \end{pmatrix} \begin{pmatrix} \overline{E_x} & 0 \\ 0 & \overline{E_y} \end{pmatrix} \tag{10.61}$$

我们令：

$$\widetilde{\mathbf{G}} = \begin{pmatrix} E_x^{(1)} - \overline{E_x} & E_y^{(1)} - \overline{E_y} \\ E_x^{(2)} - \overline{E_x} & E_y^{(2)} - \overline{E_y} \\ \vdots & \vdots \\ E_x^{(n^2)} - \overline{E_x} & E_y^{(n^2)} - \overline{E_y} \end{pmatrix} \tag{10.62}$$

进一步，我们令：

$$\widetilde{\mathbf{S}} = \widetilde{\mathbf{G}}^T \widetilde{\mathbf{G}} \tag{10.63}$$

于是，式 (10.52) 可以被进一步写为：

$$\mathbf{S} = \mathbf{G}^T \mathbf{G} \tag{10.64}$$

$$= \widetilde{\mathbf{S}} + \begin{pmatrix} \overline{E_x} & 0 \\ 0 & \overline{E_y} \end{pmatrix} \begin{pmatrix} n^2 & n^2 \\ n^2 & n^2 \end{pmatrix} \begin{pmatrix} \overline{E_x} & 0 \\ 0 & \overline{E_y} \end{pmatrix} \tag{10.65}$$

$$= \widetilde{\mathbf{S}} + n^2 \begin{pmatrix} \overline{E_x} \\ \overline{E_y} \end{pmatrix} \begin{pmatrix} \overline{E_x} & \overline{E_y} \end{pmatrix} \tag{10.66}$$

上式又被称为：**平行轴旋转定理**。对于任意给定方向 $\boldsymbol{u} = (c,s)^T$，当旋转轴过**原点**时，转动惯量为 $\boldsymbol{u}^T\mathbf{S}\boldsymbol{u}$；当旋转轴过**中心**时，转动惯量为 $\boldsymbol{u}^T\widetilde{\mathbf{S}}\boldsymbol{u}$。因此，两者之间的关系为：

$$\boldsymbol{u}^T\mathbf{S}\boldsymbol{u} = \boldsymbol{u}^T\widetilde{\mathbf{S}}\boldsymbol{u} + n^2\left(\overline{E_x}c + \overline{E_y}s\right)^2 \tag{10.67}$$

对于图 10.9 中的情况，当 $\boldsymbol{u} = (c,s)^T$ 恰巧平行于图中的直线方向时，$\boldsymbol{u}^T\widetilde{\mathbf{S}}\boldsymbol{u} = 0$，但是，$\boldsymbol{u}^T\mathbf{S}\boldsymbol{u} = n^2\left(\overline{E_x}c + \overline{E_y}s\right)^2 \neq 0$。只有当图 10.9 中的直线**过原点**时，对于所有的图像亮度梯度 $(E_x, E_y)^T$，才有 $E_xc + E_ys = 0$，也就是说，$\overline{E_x}c + \overline{E_y}s = 0$；此时，$\boldsymbol{u}^T\mathbf{S}\boldsymbol{u} = 0$。这种情况所对应的图像小块正好是**边缘**。因此，在上一小节中，我们通过：分析矩阵 $\mathbf{S}$ 的两个特征值之间的关系，来实现角点检测，而不是去分析矩阵 $\widetilde{\mathbf{S}}$ 的特征值。

10.7 角点的动态特征

在上一个小节中，我们将**角点**定义为：两条或两条以上不平行边缘的交点。这是角点的**静态特征**，也就是说是，通过单个图像区域来确定角点。此外，角点的还有一个明显的**动态特征**：角点的任意运动都是可见的。较之于角点，图像区域内部的运动是不可见的，边缘的运动是“部分可见”的，也就是说，只有垂直于边缘的运动才是可见的，沿着边缘的运动并不可见！

我们将根据角点的**动态特征**来给出相应的角点检测方法，然后，我们会发现：我们所得出的角点检测方法与（上一小节中介绍的）基于角点的**静态特征**所得到的检测方法是**一致的**。为了方便，我们使用连续图像 $E(x,y)$ 的形式来进行分析。将图像小块 $E(x,y)$ 整体（微小地）平移 $(u,v)^T$ 后，得到新的图像小块 $E(x+u,y+v)$。如果图像小块是角点，那么，不论 $(u,v)^T$ 朝什么方向，两个图像小块 $E(x,y)$ 与 $E(x+u,y+v)$ 之间的亮度模式存在着明显的差别。

我们可以通过计算

$$\iint\limits_{\Omega} \left[E(x+u,y+v) - E(x,y)\right]^2 dxdy \tag{10.68}$$

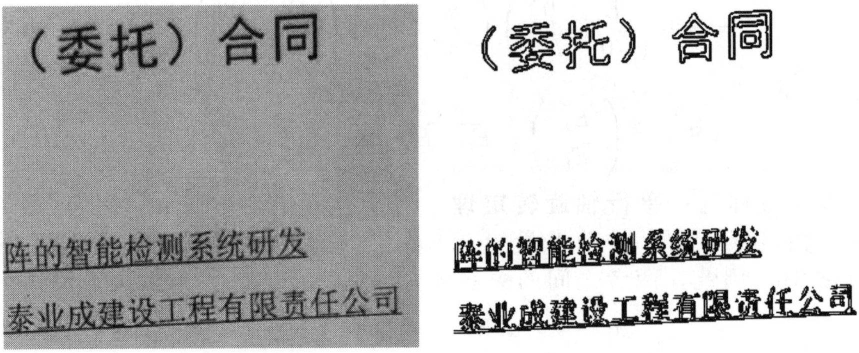

(a) 测试图像，尺寸 282×352　　(b) 边缘检测结果，尺寸 280×350

图 10.10　图像的边缘检测结果。(a) 原始图像为一个 282×353 的灰度图。(b) 通过对梯度模长的平方 $E_x^2 + E_y^2$ 设置阈值，得到一张基于边缘增强结果的**二值图**。

来度量两个图像小块 $E(x,y)$ 与 $E(x+u,y+v)$ 之间亮度模式的差别大小。由于 $(u,v)^T$ 是微小的平移量，

$$E(x+u,y+v) - E(x,y) \approx E_x u + E_y v \tag{10.69}$$

于是，式 (10.68) 的近似计算结果为：

$$\iint_\Omega (E_x u + E_y v)^2 \, dxdy = \begin{pmatrix} u & v \end{pmatrix} \begin{pmatrix} a & b \\ b & c \end{pmatrix} \begin{pmatrix} u \\ v \end{pmatrix} \tag{10.70}$$

其中，

$$a = \iint_\Omega E_x^2 dxdy, \quad b = \iint_\Omega E_x E_y dxdy, \quad c = \iint_\Omega E_y^2 dxdy \tag{10.71}$$

而式 (10.53) 正好对应于上式中 a、b 和 c 的**离散求和形式**。因此，跟据角点的**动态特征**得出的检测方法，与上一小节中介绍的基于**转动惯量**的方法是一致的！

10.8 一个具体的例子

本小节中，我们将通过一个具体的例子，来进一步理解前面的理论分析。原始图像为一个 282×352 的灰度图，参见图 10.10(a)。

我们使用 **Sobel 算子** (10.28) 进行边缘检测，然后，对梯度模长的平方 $E_x^2 + E_y^2$ 设置阈值 T，从而得到一张基于边缘增强结果的**二值图**，

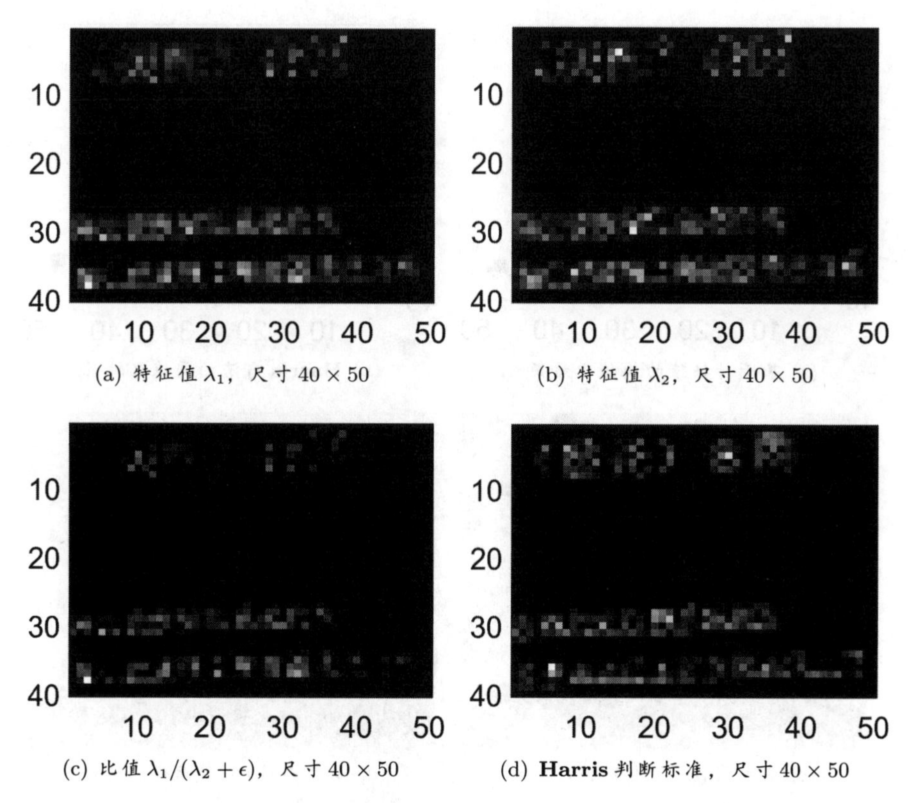

(a) 特征值 λ_1，尺寸 40×50

(b) 特征值 λ_2，尺寸 40×50

(c) 比值 $\lambda_1/(\lambda_2+\epsilon)$，尺寸 40×50

(d) **Harris** 判断标准，尺寸 40×50

图 10.11 我们将矩阵 $\mathbf{G}_1$ 和 $\mathbf{G}_2$ 都划分成 40×50 个 7×7 的小块，遍历每一个小块，逐一进行计算分析，判断其中是否存在**角点**。

如图 10.10(b) 所示。阈值 T 选为[1]：

$$T = 0.25\times \max\left(E_x^2+E_y^2\right) \tag{10.72}$$

边缘检测结果是一个 280×350 的矩阵。**Sobel 算子**的处理结果中，所有 E_x 被保存成一个 280×350 的矩阵 $\mathbf{G}_1$，所有 E_y 也被保存成一个 280×350 的矩阵 $\mathbf{G}_2$。

我们将矩阵 $\mathbf{G}_1$ 和 $\mathbf{G}_2$ 都划分成 40×50 个 7×7 的小块，遍历每一个小块，逐一地计算其中是否存在**角点**，结果如图 10.11 所示。图

[1] 注意，沿着边缘**法线**方向的**方向导数**为：$\sqrt{E_x^2+E_y^2}$。为了“节省”计算量，我们才直接使用 $E_x^2+E_y^2$ 进行边缘增强。因此，式 (10.72) 中的阈值设置相当于：$\sqrt{E_x^2+E_y^2} > 0.5\times\left(\max\sqrt{E_x^2+E_y^2}\right)$。

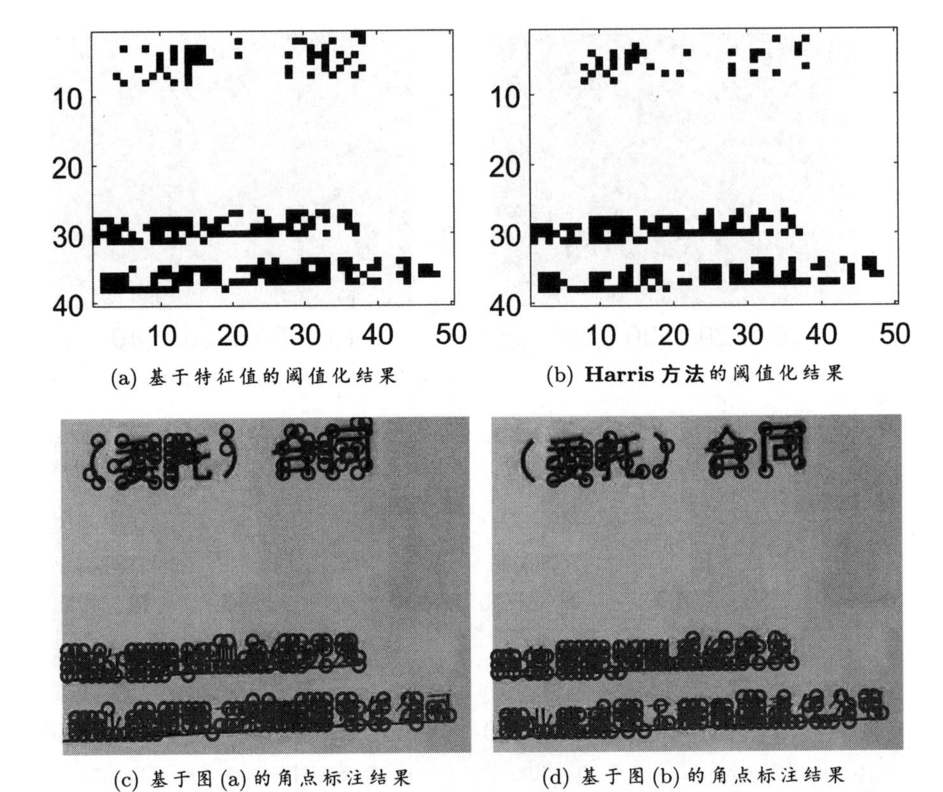

(a) 基于特征值的阈值化结果　　(b) **Harris 方法**的阈值化结果

(c) 基于图 (a) 的角点标注结果　　(d) 基于图 (b) 的角点标注结果

图 10.12　通过对图 10.11 中的结果设置阈值，可以最终确定各个图像小块中是否存在角点。进一步，可以在原图中将角点标注出来。

10.11(a) 中给出了每一个图像小块（共40×50个）所对应的特征值 λ_1；图 10.11(b) 中给出了每一个图像小块（共40×50个）所对应的特征值 λ_2。在数据保存的过程中，我们强行选取 $\lambda_1 \leq \lambda_2$。图 10.11(c) 中给出了（每一个图像小块所对应的）两个特征值之间的比值：

$$\lambda_1 / (\lambda_2 + \epsilon) \tag{10.73}$$

其中 $\epsilon = 0.001$，用以避免出现 0/0 的情况。图 10.11(d) 中给出了（每一个图像小块所对应的）**Harris 判断标准** (10.58) 的计算结果，其中参数 $k = 0.05$。进一步，通过对图 10.11 中的结果设置阈值，可以最终确定各个图像小块中是否存在角点，结果如图 10.12 所示。图 10.12(a) 中给出了式 (10.54) 所对应的阈值化结果，其中阈值设为：

$$T = 0.2 \times (\max \lambda_1) \qquad 和 \qquad \eta = 0.25 \tag{10.74}$$

图 10.12(c) 中给出了：依据图 10.12(a) 得到的角点标注结果。图 10.12(b) 中给出了 **Harris 判断标准** (10.58) 所对应的阈值化结果，其中，阈值设为：

$$T = 0.25 \times (\max R) \tag{10.75}$$

相应地，图 10.12(d) 中给出了：依据图 10.12(b) 得到的角点标注结果。

当然，上述参数不一定是最优选择，我们可以尝试选用其他参数进行实验，然后对比和分析实验结果。我们将其留作课后练习。

10.9 习题

习题 10.1 请证明：下面 3 个**二阶偏导数算子**

$$\frac{\partial^2 E}{\partial x^2} = (B_2 - B_1)\delta'\big((x - x_0) - k\,(y - y_0)\big)\sin^2\theta \tag{10.76}$$

$$\frac{\partial^2 E}{\partial x \partial y} = -(B_2 - B_1)\delta'\big((x - x_0) - k\,(y - y_0)\big)\sin\theta\cos\theta \tag{10.77}$$

$$\frac{\partial^2 E}{\partial y^2} = (B_2 - B_1)\delta'\big((x - x_0) - k\,(y - y_0)\big)\cos^2\theta \tag{10.78}$$

不满足旋转不变性。

进一步，我们想通过上面三个线性算子的线性组合：

$$a\frac{\partial^2 E}{\partial x^2} + b\frac{\partial^2 E}{\partial x \partial y} + c\frac{\partial^2 E}{\partial y^2} \tag{10.79}$$

来构造出一个满足旋转不变性的二阶线性偏微分算子，也就是说，与θ无关，请确定上式中参数a、b和c的值。最终，我们证明了：Laplace 算子是满足旋转不变性的**唯一**的二阶线性偏微分算子。

习题 10.2 连续图像上的噪声并不是一个非常简单的概念。但是，它对于分析：用于进行**边缘提取**的算子的连续形式，却是非常有用的。假设我们所处理的噪声的波形为$n(x, y)$，其均值为0，也就是说，对于整个图像区域R，我们有：

$$\iint\limits_R n(x, y)dxdy = 0 \tag{10.80}$$

同时，我们假设：噪声的波形在图像中不同点的值，可以被看作是：独立的随机变量；并且，在不同的图像区域中，噪声具有相同的“功率”。假设：在给定的区域 R 中，噪声波形的**自相关**函数为：

$$\phi_R(x,y) = \iint_R n(\xi - x, \eta - y)n(\xi,\eta)d\xi d\eta = AN^2\delta(x,y) \tag{10.81}$$

其中，A 为区域 R 的面积。注意，自相关函数和区域面积之间存在**线性**依赖关系。这个结果是合理的，因为，我们希望：在半个图像区域中所计算出的结果，独立于在另外半个图像区域中所计算出的结果。因此，当我们将这两个随机变量加在一起时，和的方差等于各个随机变量的方差的和。

式 (10.81) 中的 N^2 确定了：噪声在单位面积上的“功率”大小。注意，单位面积上的真实功率是无穷大的，这是因为我们所处理的“信号”，其频谱是“平的”，也就是说，噪声的带宽是无穷大。只有限制频带宽度，我们才能使得：噪声在单位面积上的“功率”是有限的。我们可以让噪声通过一个低通滤波器，来实现这个目的。

(a) 我们感兴趣的是：噪声通过一个**点扩散函数**为 $h(x,y)$ 的滤波器后，在单位面积上的功率。滤波后的噪声的平方的积分为：

$$\iint_R o^2(x,y)dxdy \tag{10.82}$$

其中，$o(x,y) = n(x,y) \otimes h(x,y)$。证明：滤波器输出结果的平方的积分（即：式(10.82)）为

$$AN^2 \int_{\infty}^{\infty}\int_{\infty}^{\infty} h^2(x,y)dxdy \tag{10.83}$$

注意：噪声的滤波结果不再是不相关的了，但是，这并不影响：我们计算噪声波形的平方的积分。

(b) 我们让一张图像通过一个 **Gauss 平滑滤波器**，该滤波器的**点扩散函数**为：

$$g(x,y) = \frac{1}{2\pi\sigma^2}e^{-\frac{1}{2}\frac{x^2+y^2}{\sigma^2}} \tag{10.84}$$

请问：输出结果中，单位面积上的噪声的功率是多少？随着 σ 的变化，这个结果将发生什么变化？请考虑：当 $\sigma \to 0$ 时的极限情况。

习题 10.3 在这个问题中，我们将比较：三种**边缘增强算子**的“表现”。对于每一种情况，我们都先使用 **Gauss 函数**（即：式 (10.84)）和图像做卷积，从而减小噪声的影响；然后，使用微分算子来“突出”高频分量。这三种算子分别为：1) 一阶方向导数，2) 二阶方向导数，3) Laplace 算子（它是一个旋转对称算子）。我们将探索：每一个

算子对于阶梯函数（即：信号）和随机噪声的响应。我们使用：信号波峰值与噪声的均方根的比值（即：PSNR），来衡量每一种算子的“表现”。令：

$$G_x = \frac{1}{\sqrt{2\pi}\sigma} e^{-\frac{1}{2}\frac{x^2}{\sigma^2}} \quad \text{并且} \quad G_y = \frac{1}{\sqrt{2\pi}\sigma} e^{-\frac{1}{2}\frac{y^2}{\sigma^2}} \tag{10.85}$$

于是，旋转对称的 **Gauss 函数** G 可以表示为 G_x 和 G_y 的乘积，即：$G = G_x G_y$。或者，我们也可以令：

$$G'_x = \frac{1}{\sqrt{2\pi}\sigma} e^{-\frac{1}{2}\frac{x^2}{\sigma^2}} \delta(y) \quad \text{并且} \quad G'_y = \frac{1}{\sqrt{2\pi}\sigma} e^{-\frac{1}{2}\frac{y^2}{\sigma^2}} \delta(x) \tag{10.86}$$

此时，G 可以表示为 G'_x 和 G'_y 的卷积，即：$G = G'_x \otimes G'_y$。同时，我们还需要注意的是：对 Gauss 函数与图像的**卷积**结果进行求导运算，等价于：Gauss 函数的导数与图像的卷积。这是由于求导是一个：线性移不变算子，因此，这两个算子（即：求导和卷积）是可交换的。

我们可以使用：相应的**点扩散函数**，来表示三种算子，即：

$$O_1 = \frac{\partial}{\partial x} G, \quad O_2 = \frac{\partial^2}{\partial x^2} G \quad \text{和} \quad O_3 = \nabla^2 G \tag{10.87}$$

我们的测试函数选为：单位阶梯函数，它的边缘经过原点，即：

$$E(x, y) = u(x) \tag{10.88}$$

我们也可以将单位阶梯函数 $E(x, y)$ 看作：

$$E(x, y) = \int_{\infty}^{x} \delta(s) ds \tag{10.89}$$

其中 δ 是**单位无限冲击函数**。

(a) 对于**单位阶梯函数**，请判断：式 (10.87) 中的每一种算子的响应。
提示：在第 6 章中，我们曾经介绍过：求导和积分可以看作：某一恰当的**广义函数**的卷积。注意：这些算子是可交换的！注意到这一点，可以大大简化我们的工作，例如，你可能不会想要去：求出式 (10.87) 中的三种算子所对应的**点扩散函数**的显式格式。

(b) 使用式 (10.87) 中的每一种算子，所得到的**边缘增强图像**中，最大值和最小值所对应的点各是什么？在这三张**边缘增强图像**中，有两张应该具有相同的极值点。

和上一题一样，我们使用如下积分：

$$\iint_R n(\xi - x, \eta - y) n(\xi, \eta) d\xi d\eta = A N^2 \delta(x, y) \tag{10.90}$$

来表征图像的噪声，那么，在**边缘增强**结果中，单位面积上噪声的功率为：

$$N^2 \int_{\infty}^{\infty} \int_{\infty}^{\infty} O^2(x,y)dxdy \tag{10.91}$$

其中 $O(x,y)$ 是：算子的**点扩散函数**。

(c) 对于式 (10.87) 中的每一种算子，请计算：1) 它们各自所对应的噪声的方差，以及，2) 信号峰值和噪声的均方差的比值。在这里，均方差正好是方差的平方根。如果算子的“尺度” σ 是固定的，那么，三种算子中，哪一种表现最好？哪一种最差？

(d) 信噪比依赖于：算子的“尺度” σ。要使得式 (10.87) 中的第一种算子的信噪比等于第三种算子的信噪比，那么，第一种算子的“尺度” σ，应该是第三种算子的多少倍？

习题 10.4 对于一张理想的、直的**单位阶梯边缘**的图像，使用 **Laplace – Gauss 级联滤波器**对其作用以后，所得到的 **“跳变零”点**，正好位于边缘上。这里，我们将探索：当边缘是一条曲线时，将发生什么情况？考虑一个理想的圆盘图像，即：

$$L(x,y) = \begin{cases} 1, & \text{如果 } x^2+y^2 \le R^2 \\ 0, & \text{如果 } x^2+y^2 > R^2 \end{cases} \tag{10.92}$$

在该图像与 **Laplace – Gauss 级联滤波器**的卷积结果中，如果存在“跳变零”点，那么，这些“跳变零”点一定形成一个圆，这是因为：图像和算子都是旋转对称的。请判断：由“跳变零”点形成的圆，其半径是否为 R？如果不是，那么其半径是否接近于 R？是否存在由其他半径的 **“跳变零”点**所形成的“假的”圆？

提示：计算 **Gauss 函数**与圆盘的**卷积**，是非常困难的，但是，我们可以使用如下事实：**Laplace 算子**和 **Gauss 卷积**是可交换的。

习题 10.5 请使用 **Taylor 展开式**来证明：下面三个模板

$$\frac{1}{\epsilon^2}\begin{array}{|c|c|c|}\hline & 1 & \\ \hline 1 & -4 & 1 \\ \hline & 1 & \\ \hline\end{array}, \quad \frac{1}{2\epsilon^2}\begin{array}{|c|c|c|}\hline 1 & & 1 \\ \hline & -4 & \\ \hline 1 & & 1 \\ \hline\end{array}, \quad \frac{1}{6\epsilon^2}\begin{array}{|c|c|c|}\hline 1 & 4 & 1 \\ \hline 4 & -20 & 4 \\ \hline 1 & 4 & 1 \\ \hline\end{array}$$

所产生的结果分别为：

$$\nabla^2 + \frac{\epsilon^2}{12}\left(\frac{\partial^4}{\partial x^4} + \frac{\partial^4}{\partial y^4}\right) + O(\varepsilon^4) \tag{10.93}$$

$$\nabla^2 + \frac{\epsilon^2}{12}\left(\frac{\partial^4}{\partial x^4} + 6\frac{\partial^4}{\partial x^2 \partial y^2} + \frac{\partial^4}{\partial y^4}\right) + O(\varepsilon^4) \tag{10.94}$$

$$\nabla^2 + \frac{\epsilon^2}{12}\nabla^2\left(\nabla^2\right) + O(\varepsilon^4) \tag{10.95}$$

其中 ∇^2 表示：**Laplace 算子**。

习题 10.6 证明：如果我们用一个**失焦**的成像系统对一条理想的边缘进行成像，那么，所得到的“模糊”边缘的亮度 $b(x)$ 为：

$$b(x) = \frac{1}{2} + \frac{1}{\pi}\left(\sin^{-1}\left(\frac{x}{R}\right) + \frac{x}{R}\sqrt{1 - \left(\frac{x}{R}\right)^2}\right) \tag{10.96}$$

其中，$|x| < R$，并且，我们使用竖直朝向的**单位阶梯函数**作为输入，此外，我们假设模糊核（即：一个圆）的半径为 R。记住：模糊核的积分一定等于 1，这是因为：能量只是被分散了，并没有凭空产生或消失。进一步，请证明：**边扩散函数**的最大斜率等于$b(x)$ 的高和宽的比值再乘以 $4/\pi$。

提示：边扩散函数是对**线扩散函数**的积分。

习题 10.7 如果我们要生成一个**独立于坐标系**的尺度输出，那么，**旋转对称算子**是非常有用的。我们已经介绍过一些旋转对称算子，包括：梯度的平方、二次变分和 Laplace 算子。另一个有用的概念是：**与坐标系无关的向量**。这种向量的模长与坐标系的选取无关；并且，向量所在的方向，相对于曲面来说是固定的。亮度梯度就是一个**与坐。标系无关的向量**。

(a) 假设：从点 (x, y) 到点 (x', y') 之间的变换为：

$$\begin{pmatrix} x' \\ y' \end{pmatrix} = \boldsymbol{R}\begin{pmatrix} x \\ y \end{pmatrix} \tag{10.97}$$

其中，矩阵 $\boldsymbol{R}$ 是一个正交的**旋转矩阵**，即：

$$\boldsymbol{R} = \begin{pmatrix} c & s \\ -s & c \end{pmatrix} \tag{10.98}$$

并且，$c^2 + s^2 = 1$。请证明：

$$\begin{pmatrix} E_{x'} \\ E_{y'} \end{pmatrix} = \boldsymbol{R}\begin{pmatrix} E_x \\ E_y \end{pmatrix} \tag{10.99}$$

(b) 证明：$(E_x, E_y)^T$ 是一个**与坐标系无关的向量**。请通过 $(E_x, E_y)^T$ 推导出：一个**旋转对称的尺度**。

(c) 现在证明：

$$\begin{pmatrix} E_{x'x'} \\ E_{x'y'} \\ E_{y'x'} \\ E_{y'y'} \end{pmatrix} = \boldsymbol{R} \otimes \boldsymbol{R} \begin{pmatrix} E_{xx} \\ E_{xy} \\ E_{yx} \\ E_{yy} \end{pmatrix} \tag{10.100}$$

其中，$\boldsymbol{R} \otimes \boldsymbol{R}$ 是：旋转矩阵 $\boldsymbol{R}$ 与其自身的 **Kronecker 积**，即：

$$\boldsymbol{R} \otimes \boldsymbol{R} = \begin{pmatrix} c^2 & cs & sc & s^2 \\ -cs & c^2 & -s^2 & sc \\ -cs & -s^2 & c^2 & sc \\ s^2 & -cs & -sc & c^2 \end{pmatrix} \tag{10.101}$$

(d) 由此，我们可以进一步推断出：向量

$$\begin{pmatrix} \sqrt{\sqrt{(E_{xx}-E_{yy})^2+4E_{xy}^2}+(E_{xx}-E_{yy})} \\ \sqrt{\sqrt{(E_{xx}-E_{yy})^2+4E_{xy}^2}-(E_{xx}-E_{yy})} \end{pmatrix} \tag{10.102}$$

是一个**与坐标系无关的向量**。请通过该向量，推导出一个**旋转对称的尺度**。

(e) 请将：一阶和二阶**与坐标系无关的向量**组合在一起，推导出：两个**旋转对称的尺度**。

提示： 使用**点积**，然后将其中一个向量旋转 90°，从而获得第二个尺度。

(f) 证明：如果 $(a,b)^T$ 和 $(c,d)^T$ 都是**与坐标系无关的向量**，那么，$(a^2-b^2)(c^2-d^2)+4abcd$ 和 $(a^2+c^2)(b^2+d^2)$ 都是**旋转对称的尺度**。

(g) 由此，我们可以得出：下面的两个量 $(E_x^2-E_y^2)(E_{xx}-E_{yy})-4E_xE_yE_{xy}$ 和 $(E_x^2-E_y^2)E_{xy}+E_xE_y(E_{xx}-E_{yy})$ 都是**旋转对称**的。

习题 10.8 在某些情况下，我们希望检测图像中的直线，而不是边缘。例如，一个有趣的课题是：将工程图转化为符号形式，以便于**计算机辅助设计**（CAD）系统对其做进一步处理。这种情况下的“线”是指：具有低亮度的一维曲线。因此，不同于前面介绍的问题，即：寻找一阶导数的极值或二阶导数的“跳变零”点，我们这里所寻找的是：亮度的极值或一阶导数的“跳变零”点。

(a) 请解释：为什么对于这种情况，寻找 $E_x=0$ 和 $E_y=0$ 的**边缘检测器**无法取得好的效果？

提示： 如果**亮度极小值**沿着直线方向不是常数，会如何？

(b) 我们可以将 $E(x,y)$ 看作一个三维空间中的曲面。请证明：最速上升的方向为如下单位向量，即：

$$\frac{1}{\sqrt{E_x^2+E_y^2}}(E_x,E_y)^T \tag{10.103}$$

并且，沿着该方向的方向导数为：$\sqrt{E_x^2+E_y^2}$。

(c) 请求出：使得**二阶方向导数**取得极值的两个方向。你可以用两个单位向量来表示这两个方向。证明：这两个方向之间的夹角是90°；并且，它们所对应的**二阶方向导数**的极值分别为：

$$\frac{1}{2}\left((E_{xx}+E_{yy})\pm\sqrt{(E_{xx}-E_{yy})^2+4E_{xy}^2}\right) \tag{10.104}$$

提示：在练习3.5中，我们求得了：2×2 的实对称矩阵的**特征值**和**特征向量**。

(d) 我们现在需要确定：我们所寻找的线的**中心点**。我们可以求出：1) 最速上升的方向，以及，2) **二阶方向导数**的最小值所对应的方向。使得这两个方向平行的点，就是我们所要找的**中心点**。请解释为什么我们可以这么做。

(e) 请设计一个非线性算子，用来检测问题 (d) 中所定义的中心点。

(f) 当图像区域的亮度为常数时，或者，当亮度随着 x 和 y 而发生线性变化时，你在上一问中所导出的算子将会有什么问题？请设法解决这个问题。

习题 10.9 本题中，我们将通过对简化模型的计算，来深入理解 **Hough 变换**。假设**边缘检测**结果构成一个 4×4 的**二值图**。请针对下面给出的4种情况逐一进行分析。

0	0	1	0
0	0	1	0
0	0	0	0
0	1	0	1

0	0	0	1
0	0	1	0
0	0	0	0
1	0	0	1

0	1	0	1
0	0	0	0
0	0	0	0
0	1	0	1

1	0	0	0
0	1	0	0
0	0	1	0
0	0	0	1

我们将 ρ_l 的11个取值设定为 $\{-5, -4, \cdots, 0, 1, \cdots, 5\}$；将 θ_n 的8个取值设定为 $\{-90°, -60°, -45°, -30°, 0°, 30°, 45°, 60°\}$。相应地，**Hough 变换**统计结果 $N_{n,l}$ 构成一个 11×8 的**矩阵**，对应于下面的表格。请完成 **Hough 变换**的计算，填写下表。

	−90°	−60°	−45°	−30°	0°	30°	45°	60°
−5								
−4								
−3								
−2								
−1								
0								
1								
2								
3								
4								
5								

习题 10.10 对于下面的二值图，请通过计算查找边缘和角点。

0	0	0	0	0	0	0	0	0	0	0	0	0
0	0	0	0	0	0	0	0	0	0	0	0	0
0	0	1	1	1	1	1	1	1	1	1	0	0
0	0	1	1	1	1	1	1	1	1	1	0	0
0	0	1	1	1	1	1	1	1	1	1	0	0
0	0	1	1	1	0	0	0	1	1	1	0	0
0	0	1	1	1	0	0	0	1	1	1	0	0
0	0	1	1	1	0	0	0	1	1	1	0	0
0	0	1	1	1	1	1	1	1	1	1	0	0
0	0	1	1	1	1	1	1	1	1	1	0	0
0	0	1	1	1	1	1	1	1	1	1	0	0
0	0	0	0	0	0	0	0	0	0	0	0	0
0	0	0	0	0	0	0	0	0	0	0	0	0

(a) 请计算：式 (10.25) 中的 **Prewitt 算子**所得到边缘增强图像，进而给出 Prewitt 算子的边缘检测结果。

(b) 请计算：式 (10.28) 中的 **Sobel 算子**所得到边缘增强图像，进而给出 Sobel 算子的边缘检测结果。

(c) 分别选用 4×4、5×5、6×6 的窗口进行 Harris 角点检测，对所得到的结果进行对比分析，完成实验报告。

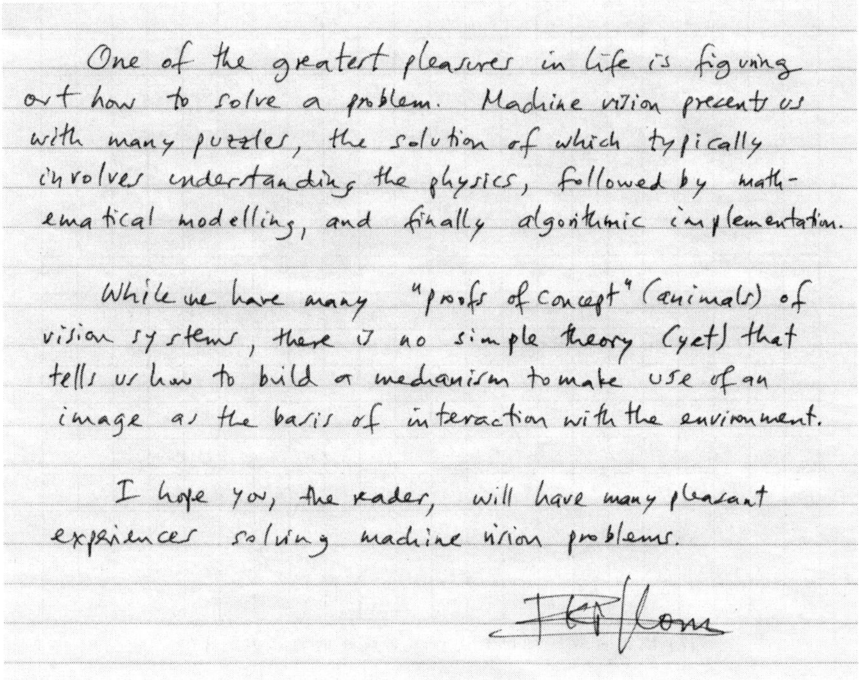

One of the greatest pleasures in life is figuring out how to solve a problem. Machine vision presents us with many puzzles, the solution of which typically involves understanding the physics, followed by mathematical modelling, and finally algorithmic implementation.

While we have many "proofs of concept" (animals) of vision systems, there is no simple theory (yet) that tells us how to build a mechanism to make use of an image as the basis of interaction with the environment.

I hope you, the reader, will have many pleasant experiences solving machine vision problems.

图 10.13 Horn 教授在《Robot Vision》中文版中题写的“致广大中国读者”。

习题 10.11 本题中，我们来探索一个具有挑战性的问题：对小图像区域进行拼接。一张写了文字的纸张，被碎纸机切割成许多形状规则的“小纸片”。我们将所有的“小纸片”收集起来后，希望能够通过算法，复原出纸张上的文字内容。图 10.13 中给出了 Horn 教授在《Robot Vision》中文版中题写的“致广大中国读者”[1]，我们以这张图像为例，来进行实验。首先，我们将图 10.13 切割成一系列的“小方块”，如图 10.14(a) 所示；然后，对这些“小方块”进行**随机排列**，参见图 10.14(b)。我们要探索的问题是：如何根据图 10.14(b) 复原出图 10.13？显然，在这个任务中，**边缘**和**角点**发挥着重要作用。

[1] 参见：《机器视觉》, Berthold K.P. Horn(著), 王亮、蒋新兰(译), 中国青年出版社。

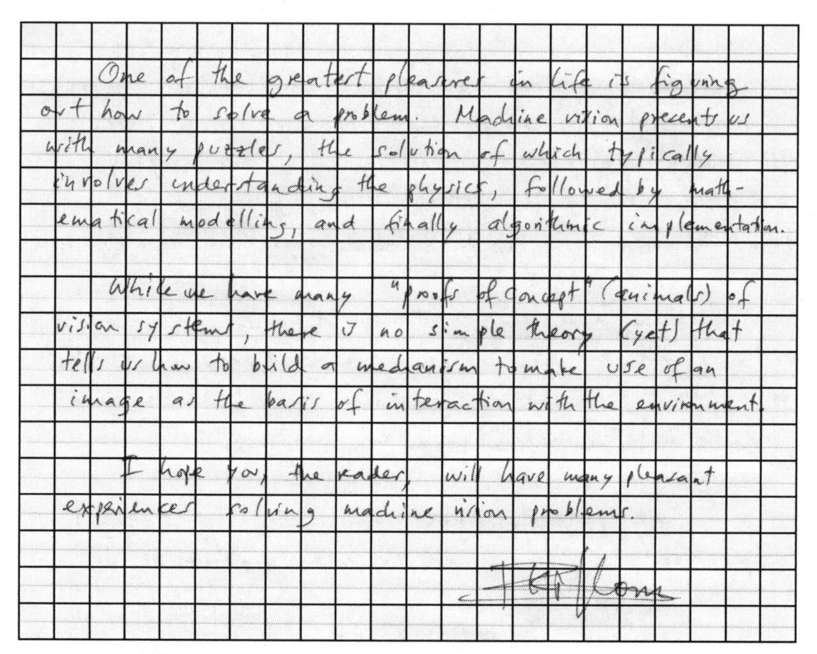

(a) 纸张被碎纸机切割成许多形状规则的“小纸片”

(b) 收集到的所有“小纸片”的**随机排列**结果

图 10.14　碎纸机对（写了文字的）纸张的处理过程和结果。

第 11 章　光流估计

从**时变图像**中，我们可以提取出很多信息。对一张图像进行解释已经是一个很困难的任务了，因此，在一开始的时候，对于处理**图像序列**，我们可能会感到望而却步。尽管如此，奇怪的是，有些信息却更容易从**图像序列**中提取出来。当相机和被成像物体之间存在相对运动时，在物体所成的图像的序列中，我们所观测到的亮度模式的明显的运动，被称为**光流**。“光流”这个术语最早由 Gibson 于 1959年提出，后来的视觉先驱们（例如 Ullman）也做了很多开创性的工作，但是，一直缺乏理论基础和数学分析的支撑。直到 1978 年，Horn 教授提出的**稠密光流算法**，才将完整的理论基础建立了起来，从而推动了**运动视觉**的快速发展。本章中，我们基于 Horn 教授的经典论文《Determine Optical Flow》(1978)，回顾了 Horn 教授在这个问题上的思考和研究过程。在相关内容的学习过程中，除了掌握知识，更重要的是学习和借鉴前人在探索和解决未知问题时的经验和方法。

即使是在物体表面发生形变的情况下，**光流**仍然是一个有用的概念。在一些特殊的情况下（例如物体做**刚体运动**），**光流**具有非常明显的特点。在第 12 章中，我们将探索**无源导航**，在这个问题中，我们需要同时恢复出：1) 相机与固定环境之间的相对运动，2) 被成像物体的表面形状。我们在讨论**无源导航**时，会将**光流**作为中间结果。

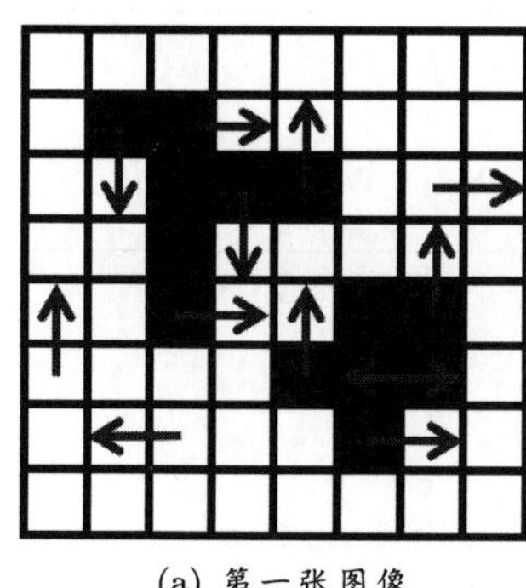

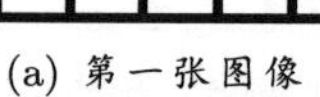

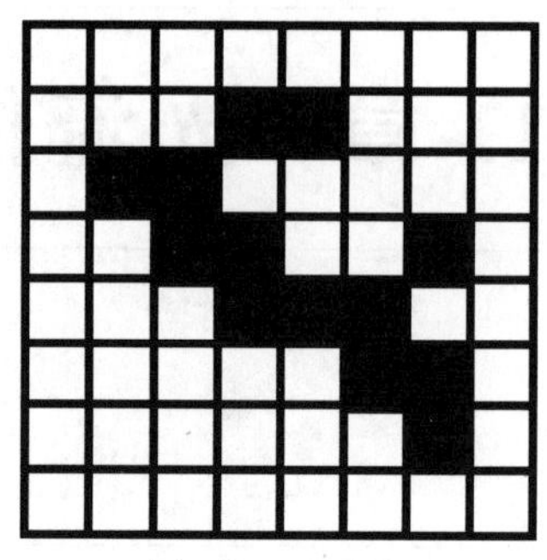

(a) 第一张图像　　(b) 第二张图像

图 11.1　像素点的运动是使得图像亮度模式发生变化的内在原因。(a) 图中的“箭头”描述了各个像素点的移动情况。(b) 由于像素点的运动，图像的亮度模式发生了变化。

11.1 观测运动

当物体在相机前面运动，或者，相机在固定环境中运动时，在物体所成的图像上，**亮度模式**会发生相应的变化。这些变化可以被用于恢复物体和相机之间的相对运动，以及物体的形状。事实上，要完成这个任务，需要解答如下两个子问题：

- 第一张图像如何变化，才能生成第二张图像？
- 物体和相机之间如何运动，才能匹配上图像的变化？

本章中，我们将详细分析和求解第一个问题。基于第一个问题的解，在第 12 章中，我们将进一步深入研究和解答第二个问题。第一个问题中的“如何变化”，具体是指：如何对各个像素点进行移动。图 11.1 可以帮助我们深入理解这个问题。图 11.1(a) 中的“箭头”描述了各个像素点的移动情况，由于像素点的运动，图 11.1(a) 最终变成了图 11.1(b) 所示的亮度模式。因此，

- **像素点的运动是使得图像亮度模式发生变化的内在原因！**

我们的任务是探索一个“相反”的过程，我们所看到的是图 11.1 中的两张图像（参见图 11.2(a) 和图 11.2(b)），我们所希望“观测”出的运动，是图 11.1(a) 中的红色“箭头”，也就是说，每一个像素点（在像平面上）的运动速度，如图 11.2 所示。

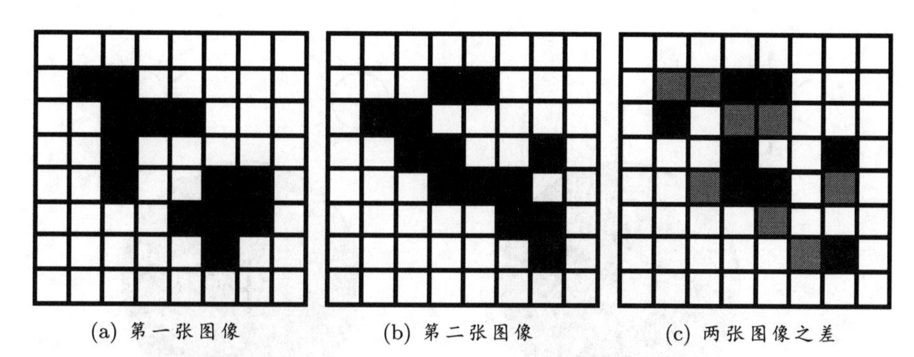

图 11.2 我们需要对两张图像进行对比，判断其差别，进而推测像素点的运动。(a) 初始图像。(b) 变化后的图像。(c) 两张图像之间的对比，“白色”表示亮度不变，“灰色”表示变亮了，“黑色”表示变暗了。

正如我们前面所提到的，像素点的运动是使得图像亮度模式发生变化的内在原因，我们要估计像素点的运动，首先要“观察”图像亮度模式的变化。因此，我们需要对两张图像进行对比，判断其差别，这提示我们对两张图像做差，如图 11.2(c) 所示。图 11.2(c) 中，“白色”表示亮度不变的像素点，“灰色”表示变亮的像素点，“黑色”表示变暗的像素点。图 11.2(c) 中“灰色”和“黑色”的像素点上的运动，是我们可以通过观测进行估计的，称为“看得见的运动”；而白色像素点上即使有运动，我们也是无法观测到的，称为“看不见的运动”。因此，我们通过图 11.2 所估计出来（或“观测”到）的运动信息，并不完全等价于图 11.1(a) 中的“箭头”。

我们将图 11.1(a) 中的“箭头”（像素点的速度）称为**速度场**，而将通过图 11.2 所估计出来运动信息称为**光流**①。需要指出的是：

- **光流并不等同于速度场，而是对速度场的一种视觉估计！**

事实上，我们所要解决的问题远比图 11.1 和 11.2 中所示的情况复杂。首先，我们所处理的是**灰度图**而非**二值图**，其次，（各个）像素点的运动情况也更加复杂，可以沿着任意方向（而并非只是“上”“下”“左”“右”四个方向）运动，并且，速度大小也不一定是整数。图 11.1 和 11.2 只是用来帮助我们理解本章中我们所要研究的问题和完成的任务，接下来，我们将建立严谨的理论模型，来逐步实现对问题的分析和求解，进而建立起相应的**光流估计**算法。

---

①J. Gibson 于 1959 年提出了术语**光流**和**运动感知**问题，最终由 Horn 教授解决。

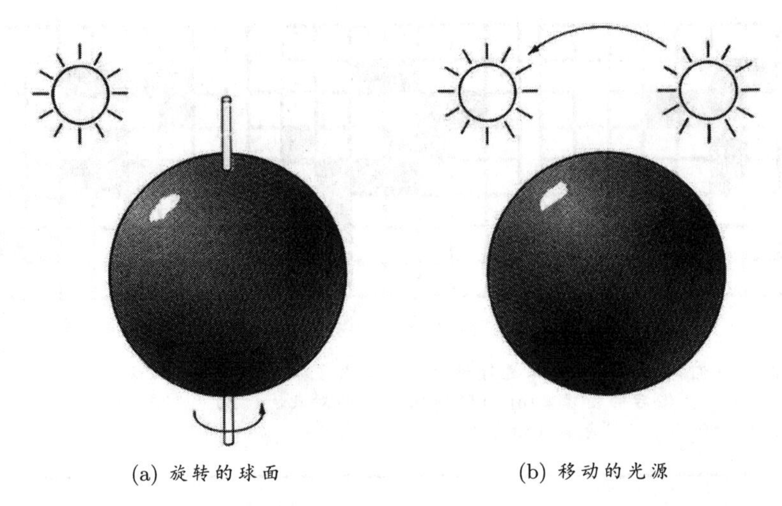

(a) 旋转的球面　　(b) 移动的光源

图 11.3　**光流**并不总是等于**速度场**。图(a)中，光源是固定的，一个光滑的球在不断的转动，在这种情况下，图像并不发生变化，但是，**速度场**却并不为零。图(b) 中，球面是固定的，但是，光源在不断地运动，在这种情况下，图像的**明暗**在不断的变化，但是，**速度场**却为零。

11.2 光流：估算速度场

当物体运动时，物体在图像上所产生的**亮度模式**也会发生运动。这种**亮度模式**的明显的运动，被称为**光流**。在我们的想象中，**光流**会对应于某一**速度场**，但是，正如我们接下来要说明的，其实，并不是一定非得这样！

首先，让我们来考虑一个特殊的情况：在成像系统的前面，放置着一个理想的均匀球面，并且，球面在不停地转动着（如图 11.3(a) 所示）。球面是弯曲的，因此，球面所成的图像的亮度（或**明暗**）会发生变化，但是，图像上的这种**亮度**（或**明暗**）的模式，并不会随着球面的转动而发生变化，因此，图像不会随时间而发生变化。在这种情况下，尽管速度场不为**0**（注意，速度场是根据球的运动速度，通过式 (2.4) 计算得到的），但是，**光流**却处处为**0**。接下来，让我们来考虑另一种情况：球面是固定的，而光源绕着球面运动（如图 11.3(b) 所示）。图像中的**明暗**会随着光源的移动而变化，因此，**光流**显然不为**0**，但是，**速度场**却为**0**（因为球面的运动速度为**0**）。此外，**虚像**和**阴影**也会导致：**光流**和**速度场**不一致的情况。

对我们来说，我们能（从图像序列中）得到的信息是**光流**，而不

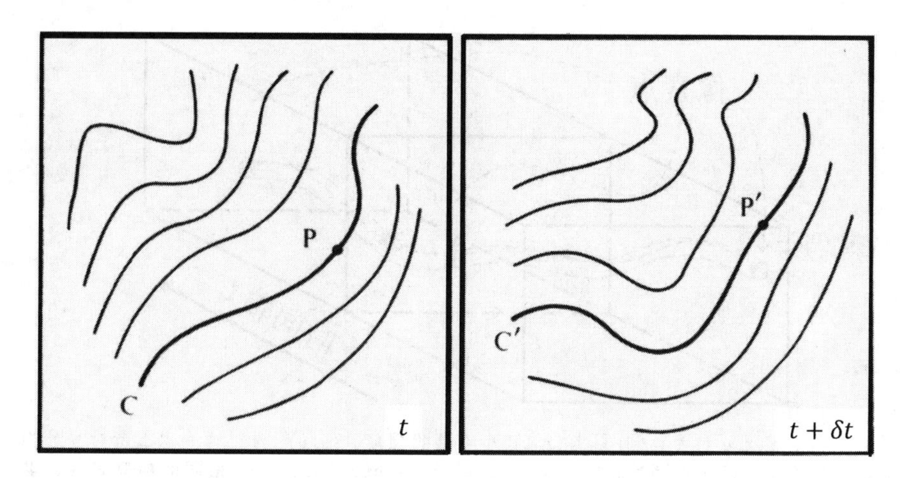

图 11.4 图像亮度模式的明显的运动，是一个很“别扭”的概念。要确定：第二张图像中的**亮度等值线** C' 上的某一点 P' 对应于：第一张图像中的**亮度等值线** C 上的哪一个点 P，并不是一件容易的事。

是**速度场**。因此，我们不得不依赖于下面的这个事实：除了像我们上面所讨论的特殊情况以外，**光流**和**速度场**的区别并不是很大。这将使得我们可以利用图像的变化，来估计：物体和相机之间的相对运动。

我们上面所说的“图像亮度模式的明显运动”是什么意思？考虑：t 时刻图像上亮度为 E 的某一点 P (如图 11.4 所示)，在 $t+\delta t$ 时刻，它将对应于图像上的哪一点 P'？也就是说，在时间段 δt 内，图像亮度模式如何运动？通常情况下，P 点附近会有许多：具有相同亮度值的点。如果在图像中的相关区域内，亮度值的变化是连续的，那么点 P 会位于亮度值为 E 的**亮度等值线** C 上。在 $t+\delta t$ 时刻，在 C 的附近，会有一条：亮度值也为 E 的**亮度等值线** C'。但是，点 P 和 P' 分别对应于 C 和 C' 上的哪一点？这个问题是很难回答的，因为，通常情况下，这两条**亮度等值线**甚至连形状都不一样。

因此，我们注意到：我们不能通过变化的图像的**局部**信息，唯一地确定出**光流**。我们也可以通过另一个例子，来将这一个观点说清楚。考虑图像中的一个“小块”，该“小块”的亮度是一个常数，并且，其亮度不随时间而变化，我们可能会认为：这个“小块”的光流“最可能”是处处为0，但是，事实上，这个“小块”内的点可以在这个“小块”内任意自由移动。可见，尽管有多种可能，但是，我们会选择最简单的解释，来对：我们观察到的**变化的图像**（或者，在这个例子中，图像是不变的）进行说明。

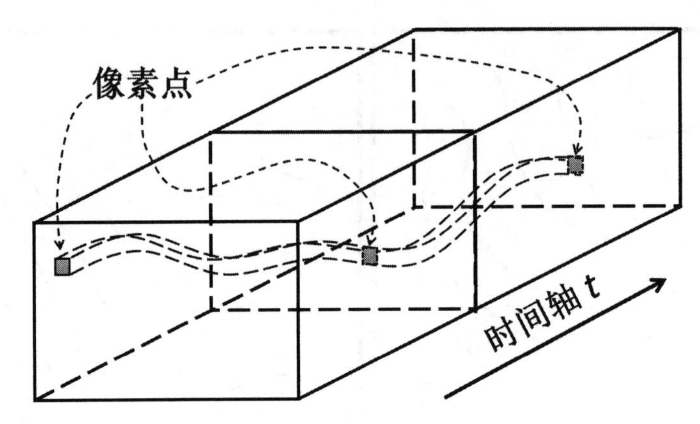

图 11.5　令 $E(x,y,t)$ 为：t 时刻点 (x,y) 处的**辐照强度**，$(u,v)^T$ 为：这一点上所对应的**光流**。我们期望：在 $t+\delta t$ 时刻，图像上 $(x+\delta x, y+\delta y)$ 处的点具有**相同**的辐照强度，其中，$\delta x = u\delta t, \delta y = v\delta t$。这一条件被称为**亮度恒常假设**。

我们假设：像素点的运动是由于相机和（场景中的）物体之间的相对运动引起的。于是，对应于同一个物体表面“小块”的像素点，在不同时刻出现在图像中的不同位置。我们进一步假设：在物体运动的过程中，某一个物体表面“小块”所对应的所有像素点，其亮度始终保持不变，称为**亮度恒常假设**，如图 11.5 所示。

令 $E(x,y,t)$ 为：t 时刻点 (x,y) 处的**辐照强度**；令 $u(x,y)$ 和 $v(x,y)$ 分别为：这一点上所对应的**光流**向量在 $x-$ 轴和 $y-$轴方向的分量。我们期望：在 $t+\delta t$ 时刻，图像上 $(x+\delta x, y+\delta y)$ 处的点具有**相同**的辐照强度，其中，$\delta x = u\delta t, \delta y = v\delta t$，参见图 11.5。于是，下面的等式成立：

$$E(x+\delta x, y+\delta y, t+\delta t) = E(x,y,t) \tag{11.1}$$

这一个约束条件并不足以唯一地确定 u 和 v。显然，我们需要用到如下假设：**向量场**是几乎处处连续的。如果图像的亮度值关于 x、y 和 t 的变化是光滑的，那么，我们可以将 $E(x+\delta x, y+\delta y, \delta t)$ 展开成 **Taylor 级数**的形式，于是，我们得到：

$$E(x,y,t) + \frac{\partial E}{\partial x}\delta x + \frac{\partial E}{\partial y}\delta y + \frac{\partial E}{\partial t}\delta t + e = E(x,y,t) \tag{11.2}$$

其中，误差项 e 包含：关于 δx、δy 和 δt 的二阶以及高阶误差。消掉上式中的 $E(x,y,t)$，然后，等式两边再除以 δt，最后，令 $\delta t \to 0$。于是，我们可以得到：

$$\frac{\partial E}{\partial x}\frac{dx}{dt} + \frac{\partial E}{\partial y}\frac{dy}{dt} + \frac{\partial E}{\partial t} = 0 \tag{11.3}$$

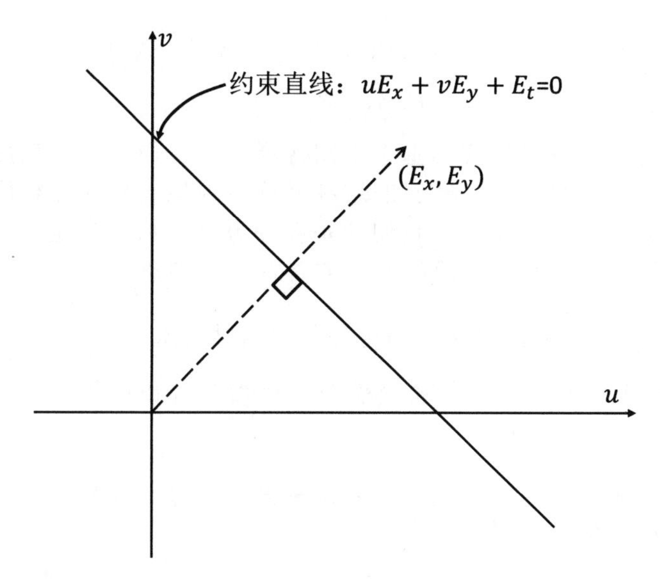

图 11.6 亮度**梯度**的局部信息，以及亮度关于时间的变化率，只提供了：关于**光流**向量的一个约束条件。光流向量必须位于：一条和亮度梯度垂直的直线上。我们只能确定出：光流向量在亮度梯度方向上的分量。

上式正好是：E 关于 t 的全微分方程，即：

$$\frac{dE}{dt} = 0 \tag{11.4}$$

的展开式。我们可以将式(11.3)简写为：

$$E_x u + E_y v + E_t = 0 \tag{11.5}$$

式(11.5)被称为：**光流约束方程**。它提供了一个关于**光流** $(u, v)^T$ 的约束条件。偏导数 E_x、E_y 和 E_t 可以从图像中估计出来。式(11.5) 中，

$$u = \frac{dx}{dt}, \quad v = \frac{dy}{dt}, \quad E_x = \frac{\partial E}{\partial x}, \quad E_y = \frac{\partial E}{\partial y} \quad 和 \quad E_t = \frac{\partial E}{\partial t} \tag{11.6}$$

考虑一个由 u 轴和 v 轴所张成的二维空间，我们称这个空间为**速度空间**，如图 11.6 所示。满足光流约束方程的光流向量 (u, v) 位于：速度空间中的一条直线上。通过对：E_x、E_y 和 E_t 的局部测量结果，我们只能确定出这条直线。

我们可以进一步把光流约束方程写成如下形式：

$$(E_x, E_y) \cdot (u, v) = -E_t \tag{11.7}$$

其中，“$\cdot$”表示：两个向量的**内积**。从上式中，我们可以看出：沿

着亮度梯度方向（即：$\nabla E = (E_x, E_y)^T$）的光流分量的大小为:

$$E_t \Big/ \sqrt{E_x^2 + E_y^2} \tag{11.8}$$

但是，我们不能确定**光流**在垂直于图像梯度的方向（即：**亮度等值线**方向）上的分量的大小。**光流**的这种不确定性也被称为**孔径问题**。

出于实际应用的需求，我们还是要想办法克服上述困难，完成光流估计任务。我们可以有两种不同的解决问题的思路：

1. 先离散后求解，直接导出可行的光流估计算法。
2. 先求解后离散，完善理论模型，进而推导出解析解，最终给出相应的离散算法。

第一种思路所建立的方法又称为**稀疏光流法**；我们将第二种思路所得出的算法称为**稠密光流法**。

11.3 稀疏光流算法

孔径问题的产生是由于方程个数小于变量个数，从而使得光流约束方程有无穷多个解。解决这一问题的一种方式是：**强行使得方程个数多于变量个数**，然后对方程进行求解。具体应该怎么做呢？我们不妨令：图像中的某一个小区域内的所有像素点具有**相同的**速度。于是，对于图像区域内的每一个像素点，都有一个光流约束方程。我们可以尝试通过多个光流约束方程，来求解**图像小区域**的运动速度。

上述过程中，我们先对图像进行了离散化处理，然后，通过增加约束条件：**图像小区域内的所有像素点具有相同速度**，来求解**光流约束方程组**。求解过程也就是相应的算法。

11.3.1 一个具体例子

首先，我们通过一个具体例子，来理解**稀疏光流算法**的实现过程。对于图 11.7 中的两个图像小块，每一个像素点的运动都是一致的，我们要设法求出图像小块的**整体运动速度**。

对于每一个像素点，都可以计算一组 $\{E_x, E_y, E_t\}$，然后，用所求得的多组 $\{E_x, E_y, E_t\}$ 数据来共同求解**光流约束方程** (11.5)。在此之前，我们还有一个细节问题需要解决，如何计算数据 $\{E_x, E_y, E_t\}$？如果我们直接采用一阶差分格式来计算各个像素点的 $\{E_x, E_y, E_t\}$，那

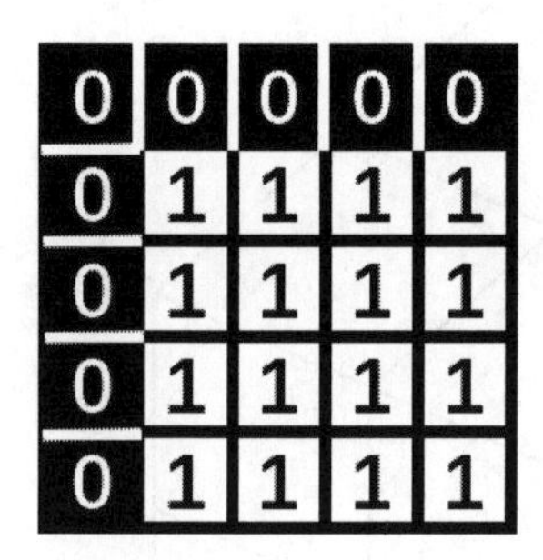

(a) 第一个图像小块

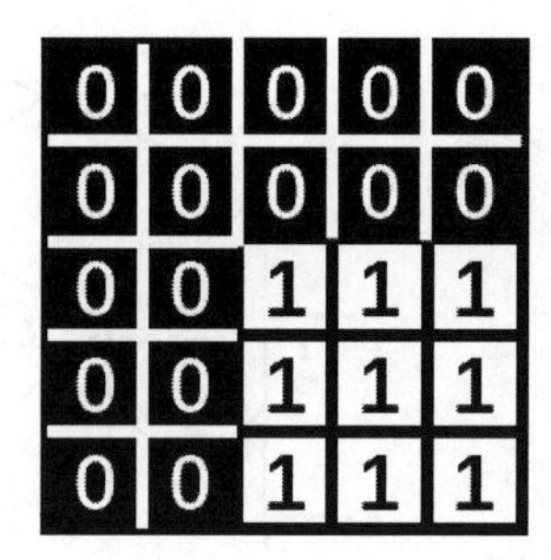

(b) 第二个图像小块

图 11.7 对于图中的两个图像小块，每一个像素点的运动都是一致的，我们要设法求出图像小块的**整体运动速度**。

么，所得到的结果中，E_x、E_y 和 E_t 的总个数是不一致的。对于图 11.7 中的情况，所有的 E_x 会形成一个 5×4 的矩阵，所有的 E_y 会形成一个 4×5 的矩阵，而所有的 E_t 会形成一个 5×5 的矩阵。

为了解决这一问题，我们需要合理地设计一阶差分格式，对**同一个**像素点（或格栅点）的 $\{E_x, E_y, E_t\}$ 进行估计。我们可以采用图 11.8 所示的差分格式，来进行近似计算。在图 11.8 中，指标 i、j 和 k 分别对应于：x、y 和 t 的离散量，我们可以用如下形式

$$\begin{aligned}E_x^{(i,j)} =&\frac{1}{4}\left(E_{i+1,j,k}+E_{i+1,j,k+1}+E_{i+1,j+1,k}+E_{i+1,j+1,k+1}\right)\\&-\frac{1}{4}\left(E_{i,j,k}+E_{i,j,k+1}+E_{i,j+1,k}+E_{i,j+1,k+1}\right)\end{aligned}\tag{11.9}$$

$$\begin{aligned}E_y^{(i,j)} =&\frac{1}{4}\left(E_{i,j+1,k}+E_{i,j+1,k+1}+E_{i+1,j+1,k}+E_{i+1,j+1,k+1}\right)\\&-\frac{1}{4}\left(E_{i,j,k}+E_{i,j,k+1}+E_{i+1,j,k}+E_{i+1,j,k+1}\right)\end{aligned}\tag{11.10}$$

$$\begin{aligned}E_t^{(i,j)} =&\frac{1}{4}\left(E_{i,j,k+1}+E_{i,j+1,k+1}+E_{i+1,j,k+1}+E_{i+1,j+1,k+1}\right)\\&-\frac{1}{4}\left(E_{i,j,k}+E_{i,j+1+1,k}+E_{i+1,j,k}+E_{i+1,j+1,k}\right)\end{aligned}\tag{11.11}$$

来估计**一阶偏微分**。计算过程中，我们用到了该像素点附近邻域内的像素点的亮度值。注意，这里的“附近领域”是针对视频而言的，也就是说，我们所考虑的是：视频中邻接的两张图像。

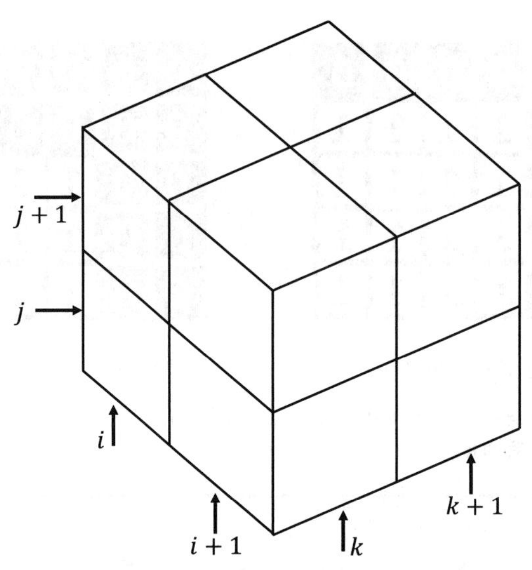

图 11.8　我们可以使用：$2 \times 2 \times 2$ 的**立方体**中的亮度值的**一阶差分**，来近似估计：迭代方法中所需要的**一阶导数**。我们使用：空间上连接在一起的四个图像单元（像素点）在相邻的两帧图像中的**亮度**值，来形成这个 $2 \times 2 \times 2$ 的立方体。

通过计算，我们最终得到了3个“尺寸一样”的数据矩阵：

$$\mathbf{E}_x = \left\{E_x^{(i,j)}\right\}, \qquad \mathbf{E}_y = \left\{E_y^{(i,j)}\right\} \qquad \text{和} \qquad \mathbf{E}_t = \left\{E_t^{(i,j)}\right\} \tag{11.12}$$

对于图 11.7 中的两个图像小块，相应地，

$$\mathbf{E}_x = \frac{1}{4}\begin{pmatrix} 1 & 0 & 0 & 0 \\ 2 & 1 & 0 & 0 \\ 2 & 2 & 0 & 0 \\ 2 & 2 & 0 & 0 \end{pmatrix} \tag{11.13}$$

$$\mathbf{E}_y = \frac{1}{4}\begin{pmatrix} 1 & 2 & 2 & 2 \\ 0 & 1 & 2 & 2 \\ 0 & 0 & 0 & 0 \\ 0 & 0 & 0 & 0 \end{pmatrix} \tag{11.14}$$

$$\mathbf{E}_t = -\frac{1}{4}\begin{pmatrix} 1 & 2 & 2 & 2 \\ 2 & 3 & 2 & 2 \\ 2 & 2 & 0 & 0 \\ 2 & 2 & 0 & 0 \end{pmatrix} \tag{11.15}$$

式 (11.5) 所对应的一组**光流约束方程**为：

$$\mathbf{E}_x u + \mathbf{E}_y v + \mathbf{E}_t = \mathbf{0} \tag{11.16}$$

其中 $\mathbf{0}$ 为一个 4×4 的全零矩阵。上式中包含 16 个方程，只含有 2 个未知数 u 和 v，因此，有望对其进行求解。

进一步，我们可以将式 (11.16) 整理为线性方程组

$$\mathbf{A}\mathbf{x} = \mathbf{b} \tag{11.17}$$

的形式，其中 $\mathbf{x} = (u, v)^T$，$\mathbf{A} = (\mathbf{a}_1, \mathbf{a}_2)$ 的两个列向量分别为：

$$\mathbf{a}_1 = \frac{1}{4}\begin{pmatrix} 1 & 2 & 2 & 2 & 0 & 1 & 2 & 2 & 0 & 0 & 0 & 0 & 0 & 0 & 0 & 0 \end{pmatrix}^T \tag{11.18}$$

$$\mathbf{a}_2 = \frac{1}{4}\begin{pmatrix} 1 & 0 & 0 & 0 & 2 & 1 & 0 & 0 & 2 & 2 & 0 & 0 & 2 & 2 & 0 & 0 \end{pmatrix}^T \tag{11.19}$$

也就是说，分别将 $\mathbf{E}_x$ 和 $\mathbf{E}_y$ 按列“拼接”成两个列向量。相应地，

$$\mathbf{b} = \frac{1}{4}\begin{pmatrix} 1 & 2 & 2 & 2 & 2 & 3 & 2 & 2 & 2 & 2 & 0 & 0 & 2 & 2 & 0 & 0 \end{pmatrix}^T \tag{11.20}$$

也就是说，将 $-\mathbf{E}_t$ 按列“拼接”成一个列向量。

求解 (11.17) 是一个众所周知的结论[2]，即：

$$\widehat{\mathbf{x}} = \left(\mathbf{A}^T\mathbf{A}\right)^{-1}\mathbf{A}^T\mathbf{b} \tag{11.21}$$

又称为方程组 (11.17) 的**最小二乘解**。

对于图 11.7 中的两个图像小块，

$$\mathbf{A}^T\mathbf{A} = \begin{pmatrix} \mathbf{a}_1^T\mathbf{a}_1 & \mathbf{a}_1^T\mathbf{a}_2 \\ \mathbf{a}_2^T\mathbf{a}_1 & \mathbf{a}_2^T\mathbf{a}_2 \end{pmatrix} = \frac{1}{16}\begin{pmatrix} 22 & 2 \\ 2 & 22 \end{pmatrix} \tag{11.22}$$

以及，

$$\mathbf{A}^T\mathbf{b} = \begin{pmatrix} \mathbf{a}_1^T\mathbf{b} \\ \mathbf{a}_2^T\mathbf{b} \end{pmatrix} = \frac{1}{16}\begin{pmatrix} 24 \\ 24 \end{pmatrix} \tag{11.23}$$

最终，我们求得：

$$\begin{pmatrix} u \\ v \end{pmatrix} = \left(\mathbf{A}^T\mathbf{A}\right)^{-1}\mathbf{A}^T\mathbf{b} = \begin{pmatrix} 1 \\ 1 \end{pmatrix} \tag{11.24}$$

这与我们对图 11.7 中的图像小块运动情况的“观测”结果是一致的。

11.3.2 算法实现过程

稀疏光流法的算法实现过程似乎是直接的。我们只需要将图像分割成许多小块，然后，通过上一小节中介绍的方法，直接进行求解即可。但是，我们还有一个细节问题需要处理。式 (11.21) 中的**最小二乘**

解 $\hat{\mathbf{x}}$ 并不一定存在。当且仅当 $\left(\mathbf{A}^T\mathbf{A}\right)^{-1}$ 存在时，我们才能求解 $\hat{\mathbf{x}}$。于是，我们的问题转化为了：矩阵 $\mathbf{A}^T\mathbf{A}$ 可逆（或“鲁棒”可逆）的条件是什么？

事实上，我们对于矩阵 $\mathbf{A}$（和$\mathbf{A}^T\mathbf{A}$）并不陌生，在第10章10.5小节中，矩阵 $\mathbf{A}$ 被用于进行**角点检测**。因此，我们得到如下结论：

- 当且仅当图像块中包含**角点**时，才可以通过式11.21来有效估计图像小块的（整体）运动速度。

这也意味着稀疏光流法的算法实现过程包括如下两步：

1. **角点检测**：将图像划分为若干小块，然后，逐一判断每一个小块中是否包含角点（参见第10章10.5小节的内容）。
2. **计算光流**：对于包含角点的小块，直接通过式(11.21)计算光流，即：图像小块的**平均速度**。

这与我们的直观感受是一致的。图像中，只有**角点**的运动信息是可以被精确感知的，参见10.7小节的内容。稀疏光流法直接估计角点的运动信息，因此，又被称为**角点流**。

11.4 稠密光流算法

对于角点丰富的图像，我们可以直接使用稀疏光流法来估计角点的运动信息，然后，基于角点运动信息完成后续的机器视觉任务。但是，并不是所有的图像都含有丰富的角点信息，对于图11.9所示的具有光滑边缘的图像区域，稀疏光流算法无法提供有效的运动信息。为了解决这一问题，我们需要尝试利用**边缘**的运动信息，相应的方法称为**稠密光流算法**，也就是说，对于图像中的每一个像素点，我们都要去估计它的运动速度。

11.4.1 光流的光滑性

现在，我们要引入附加信息。在第17章中，当我们讨论**无源导航**时，我们将假设：我们所处理的物体是**刚体**，那时，我们所需要从**图像序列**中恢复的主要的信息是：相机的**平动**速度和**转动**速度。**刚体运动**是一个很有约束性的假设，它提供了：一个关于解的很有效

图 11.9 并不是所有的图像都含有丰富的角点信息。对于具有光滑边缘的图像区域，稀疏光流算法无法提供有效的运动信息。

的约束。但是，在这里，我们希望我们的假设稍微宽泛一些，以使得我们可以对更一般的情况（例如：可以发生形变的弹性物体）进行讨论。通常，**速度场**在图像中的大部分区域中是均匀变化的。我们将尝试最小化所求得的光流的“不光滑”程度，即：

$$e_s = \iint \left[(u_x^2 + u_y^2) + (v_x^2 + v_y^2)\right] dxdy \tag{11.25}$$

也就是说，对光流的**梯度模长**的平方的积分。同时，**光流约束方程**的误差：

$$e_c = \iint (E_x u + E_y v + E_t)^2 \, dxdy \tag{11.26}$$

也应该尽可能地小。总的来说，我们应该最小化

$$e_s + \lambda e_c \tag{11.27}$$

其中，**权重**系数 λ 用来调节：（所求得的光流估计结果）对于光流约束方程的满足程度和对于“光滑性”的符合程度之间的平衡。如果对图像亮度的测量结果很精确，那么参数 λ 应该比较大；如果对图像亮度的测量结果中包含很大的噪声，那么，参数 λ 应该比较小。

11.4.2 离散求解

我们直接通过**离散近似**的方式，来进行求解。首先，使用格点 (i,j) 及其近邻点的光流来进行近似计算，如图 11.10 所示。我们可以用如下方式：

$$\begin{aligned} s_{i,j} = \frac{1}{4} &\left[(u_{i+1,j} - u_{i,j})^2 + (u_{i,j+1} - u_{i,j})^2 \right. \\ &\left. +(v_{i+1,j} - v_{i,j})^2 + (v_{i,j+1} - v_{i,j})^2\right] \end{aligned} \tag{11.28}$$

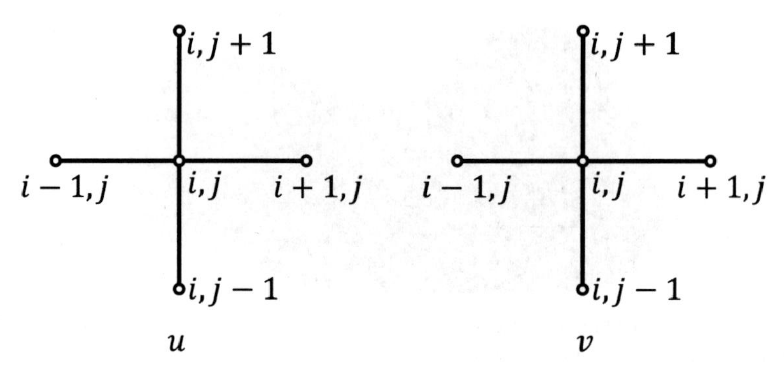

图 11.10　通过近邻点的光流分量的差分，我们可以估计：u 和 v 的一阶偏导数。

来测量：光流的“不光滑”程度。而光流约束方程的误差为：

$$c_{i,j}=\left(E_x^{i,j}u_{i,j}+E_y^{i,j}v_{i,j}+E_t^{i,j}\right)^2 \tag{11.29}$$

其中，$E_x^{i,j}$、$E_y^{i,j}$ 和 $E_t^{i,j}$ 分别表示：格点 (i,j) 处的**亮度**关于 x、y 和 t 的变化率的估计值。我们的目标是：寻找一组 $\{u_{i,j}\}$ 和 $\{v_{i,j}\}$，使得:

$$e=\sum_i\sum_j\left(s_{i,j}+\lambda c_{i,j}\right) \tag{11.30}$$

取得**最小值**。上式中的 e 分别对 $u_{k,l}$ 和 $v_{k,l}$ 求偏导，可以得到：

$$\frac{\partial e}{\partial u_{k,l}}=2\left(u_{k,l}-\overline{u}_{k,l}\right)+2\lambda\left(E_x^{k,l}u_{k,l}+E_y^{k,l}v_{k,l}+E_t^{k,l}\right)E_x^{k,l} \tag{11.31}$$

$$\frac{\partial e}{\partial v_{k,l}}=2\left(v_{k,l}-\overline{v}_{k,l}\right)+2\lambda\left(E_x^{k,l}v_{k,l}+E_y^{k,l}v_{k,l}+E_t^{k,l}\right)E_y^{k,l} \tag{11.32}$$

其中，$\overline{u}$ 和 $\overline{v}$ 分别表示 u 和 v 的局部平均值，即：

$$\overline{u}_{k,l}=\frac{1}{4}\left(u_{k-1,l}+u_{k+1,l}+u_{k,l-1}+u_{k,l+1}\right) \tag{11.33}$$

$$\overline{v}_{k,l}=\frac{1}{4}\left(v_{k-1,l}+v_{k+1,l}+v_{k,l-1}+v_{k,l+1}\right) \tag{11.34}$$

当上式中关于 e 的偏导数等于零时，e 取得**极值**。于是，我们可以整理得到：求解极值所对应的方程组，即：

$$\left(1+\lambda\left(E_x^{k,l}\right)^2\right)u_{k,l}+\lambda E_y^{k,l}E_x^{k,l}v_{k,l}=\overline{u}_{k,l}-\lambda E_x^{k,l}E_t^{k,l} \tag{11.35}$$

$$\lambda E_y^{k,l}E_x^{k,l}u_{k,l}+\left(1+\lambda\left(E_y^{k,l}\right)^2\right)v_{k,l}=\overline{v}_{k,l}-\lambda E_y^{k,l}E_t^{k,l} \tag{11.36}$$

式(11.35)和(11.36) 是一个关于 $u_{k,l}$ 和 $v_{k,l}$ 的**方程组**，该方程组的 2×2 的

系数矩阵的**行列式**为：

$$1+\lambda\left(\left(E_x^{k,l}\right)^2+\left(E_y^{k,l}\right)^2\right) \tag{11.37}$$

因此，该方程组（即：式(11.35)和(11.36)）的解为：

$$u_{k,l}=\frac{+\left(1+\lambda\left(E_y^{k,l}\right)^2\right)\overline{u}_{k,l}-\lambda E_x^{k,l}E_y^{k,l}\overline{v}_{k,l}-\lambda E_x^{k,l}E_t^{k,l}}{1+\lambda\left(\left(E_x^{k,l}\right)^2+\left(E_y^{k,l}\right)^2\right)} \tag{11.38}$$

$$v_{k,l}=\frac{-\lambda E_y^{k,l}E_x^{k,l}\overline{u}_{k,l}+\left(1+\lambda\left(E_x^{k,l}\right)^2\right)\overline{v}_{k,l}-\lambda E_y^{k,l}E_t^{k,l}}{1+\lambda\left(\left(E_x^{k,l}\right)^2+\left(E_y^{k,l}\right)^2\right)} \tag{11.39}$$

根据上面两式，我们可以立即设计出如下的迭代方法：

$$u_{k,l}^{(n+1)}=\overline{u}_{k,l}^{(n)}-\lambda\frac{E_x^{k,l}\overline{u}_{k,l}^{(n)}+E_y^{k,l}\overline{v}_{k,l}^{n}+E_t^{k,l}}{1+\lambda\left(\left(E_x^{k,l}\right)^2+\left(E_y^{k,l}\right)^2\right)}E_x^{k,l} \tag{11.40}$$

$$v_{k,l}^{(n+1)}=\overline{v}_{k,l}^{(n)}-\lambda\frac{E_x^{k,l}\overline{u}_{k,l}^{(n)}+E_y^{k,l}\overline{v}_{k,l}^{(n)}+E_t^{k,l}}{1+\lambda\left(\left(E_x^{k,l}\right)^2+\left(E_y^{k,l}\right)^2\right)}E_y^{k,l} \tag{11.41}$$

来进行求解。

11.4.3 算法实现过程

稠密光流算法的迭代更新过程包括如下两个步骤：

1. **光滑性约束**所对应的更新过程：$\left(u_{k,l}^{(n)},v_{k,l}^{(n)}\right)^T\rightarrow\left(\overline{u}_{k,l}^{(n)},\overline{v}_{k,l}^{(n)}\right)^T$，即式 (11.33) 和 (11.34)。
2. **数据匹配**所对应的更新过程：$\left(\overline{u}_{k,l}^{(n)},\overline{v}_{k,l}^{(n)}\right)^T\rightarrow\left(u_{k,l}^{(n+1)},v_{k,l}^{(n+1)}\right)^T$，即式 (11.40) 和 (11.41)。

每一个步骤中都只包含简单的计算过程，对于式 (11.40) 和 (11.41)，图 11.11 给出了一个有趣的解释。在某一像素点 (k,l) 处，新的光流速度 (u,v) 等于：该点周围的点的光流平均值 $(\overline{u},\overline{v})$ 减去一个**调节项**，在速度空间中，该调节项沿着：图像亮度的梯度方向。为了便于理解，我们不妨将式 (11.40) 和 (11.41) 进一步写为：

$$\begin{pmatrix}u_{k,l}^{(n+1)}\\ v_{k,l}^{(n+1)}\end{pmatrix}=\begin{pmatrix}\overline{u}_{k,l}^{(n)}\\ \overline{v}_{k,l}^{(n)}\end{pmatrix}-\frac{E_x^{k,l}\overline{u}_{k,l}^{(n)}+E_y^{k,l}\overline{v}_{k,l}^{n}+E_t^{k,l}}{1/\lambda+\left(E_x^{k,l}\right)^2+\left(E_y^{k,l}\right)^2}\begin{pmatrix}E_x^{k,l}\\ E_y^{k,l}\end{pmatrix} \tag{11.42}$$

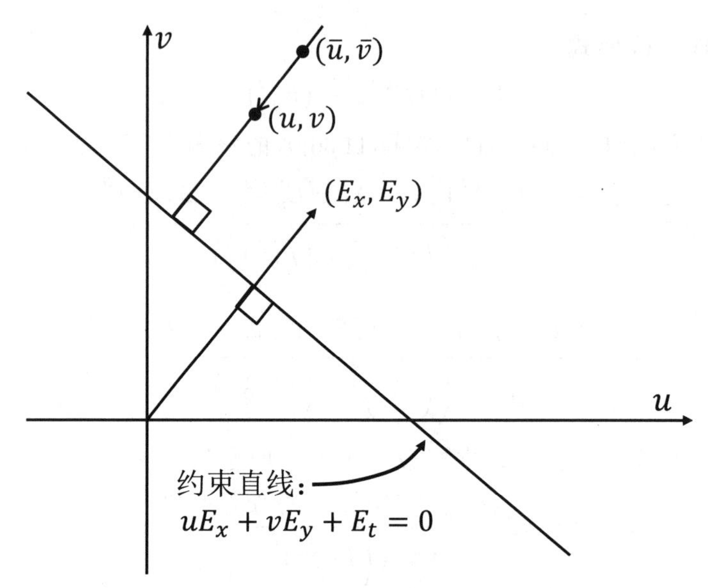

图 11.11　在估计光流的迭代算法中，某一点的新的光流值 (u,v) 等于：该点邻域内的光流平均值 $(\overline{u},\overline{v})$ 减去一个朝着**约束直线**方向的**调节项**。

当 $\lambda\to\infty$（或 $1/\lambda\to 0$）时，点 $\left(u_{k,l}^{(n+1)},v_{k,l}^{(n+1)}\right)^T$ 正好（沿着亮度梯度的方向）落在直线 $E_x^{k,l}\overline{u}_{k,l}^{(n)}+E_y^{k,l}\overline{v}_{k,l}^{n}+E_t^{k,l}=0$ 上，参见图 11.11。

对于图 11.7 中给出的具体算例，**稠密光流法**所给出的结果是：在一个 4×4 格栅上的 16 个**格栅点**的运动速度[①]。图 11.12(a) 中给出了：当 $\lambda=50$ 时，经过 30 步迭代后，稠密光流法的结果。图 11.12(a) 中给出了：当 $\lambda=0.1$ 时，经过 30 步迭代后，稠密光流法的结果。较之于稀疏光流法，稠密光流法对于**速度场**的描述更加细致。

图 11.13 所显示的是：某一段视频中相互邻接的四帧图像，这几张图像记录的是：一个表面覆盖有光滑变化的亮度模式的转动着的球。亮度关于空间和时间的变化率的估计结果，被作为输入提供给上面提到的光流迭代算法（即式(11.40)和(11.41)）。

经过 1 步、4 步、16 步和 64 步迭代后的结果如图 11.14 所示。第 1 步迭代的结果受球表面亮度模式的影响很大，经过几步迭代之后，除了球的轮廓部分，估计出的光流向量逐渐逼近正确的结果。

作为对比，图 11.15(b)给出了**速度场**。除了球的轮廓部分以外，估计出的光流（如图 11.15(a) 所示）和速度场之间只有微小的差别。

---

①在本章的最后一页，我们给出了：生成图 11.12 中结果的 MATLAB 程序代码。

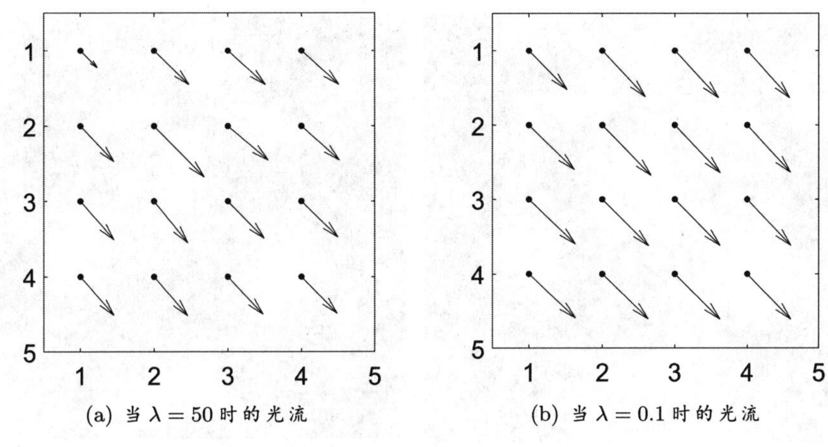

(a) 当 $\lambda = 50$ 时的光流　　(b) 当 $\lambda = 0.1$ 时的光流

图 11.12　对于图 11.7 中给出的具体算例，**稠密光流法**所给出的结果是：在一个 4×4 格栅上的 16 个**格栅点**的运动速度。

11.5 光流的不连续

在相互遮挡的物体的**轮廓**处，会出现光流的不连续（变化）。但是，通过我们前面所讨论的方法（即式(11.40)和(11.41)）所得到的解，在这些轮廓区域处会发生**连续**的变化。为了克服这个缺陷，我们必须先将这些轮廓区域找出来。这似乎是一个**鸡和蛋的问题**：如果我们有一个好的光流估计结果，那么，我们可以通过：查找图像中光流发生快速变化的地方，来实现对图像的分割；另一方面，如果我们可以对图像进行很好的分割，那么，我们将可以得到一个更好的光流估计结果。解决这个问题的方法是：将**图像分割**和光流的迭代求解过程结合在一起，也就是说，在每次迭代以后，我们先查找：图像中光流发生快速变化的地方；然后，我们在这些地方做上标记，以避免在下次迭代时，将这些“光流不连续区域”的解光滑地连接在一起。刚开始时，我们将：判断不连续区域的阈值，设得很高，以避免对图像过早地进行分割；随着光流估计结果越来越好，我们逐渐减小阈值。

对于某些特殊的情况，我们可以分析：关于**光流连续性**的假设的合理程度。一个常见情况是：物体做**刚体运动**，包括：**平动**和**转动**。为了简单，我们这里使用**正射投影**模型。对于做**平动**（并且，我们假设速度方向平行于像平面）的物体，在物体所对应的图像区域中，各个点的光流是相同的。因此，在该区域中，光流的变化是（极

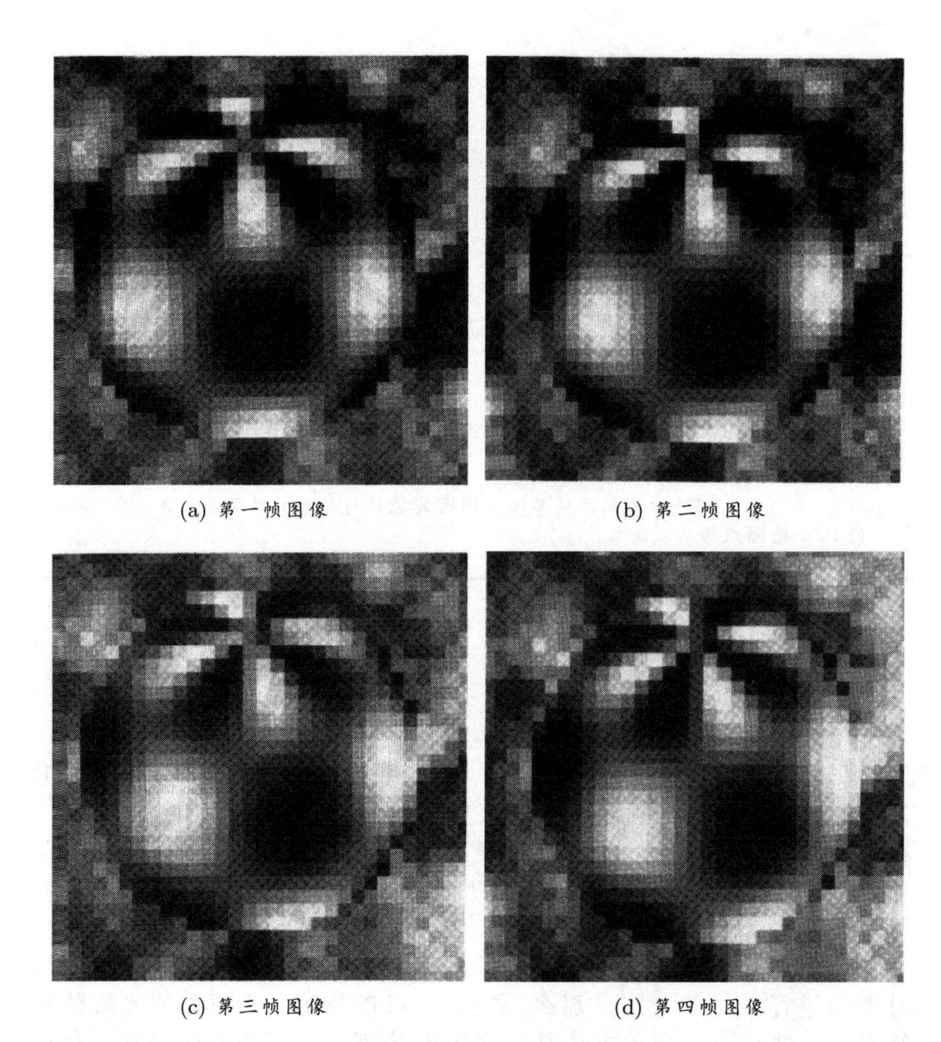

(a) 第一帧图像　(b) 第二帧图像

(c) 第三帧图像　(d) 第四帧图像

图 11.13　**图像序列**中相邻的四帧图像。这个**图像序列**所记录的是：在固定的随机噪声背景下，一个缓慢转动的球。球上覆盖有：光滑变化的亮度模式。我们用光流算法来处理这样的**图像序列**。

其）光滑的。正如我们所预料的，在区域的边界（即：物体“遮挡”背景的地方）上，光流将发生不连续变化。

对于**转动**的理解要稍难一些。首先，我们这里只考虑**瞬间量**，也就是说，我们只关心：物体坐标在某一时刻的变化率；我们并不去“跟踪”物体在一段时间内的运动。在习题 11.6 中，我们证明了：物体绕着某一轴转动的过程等价于如下两种运动的“合并”，即：1)

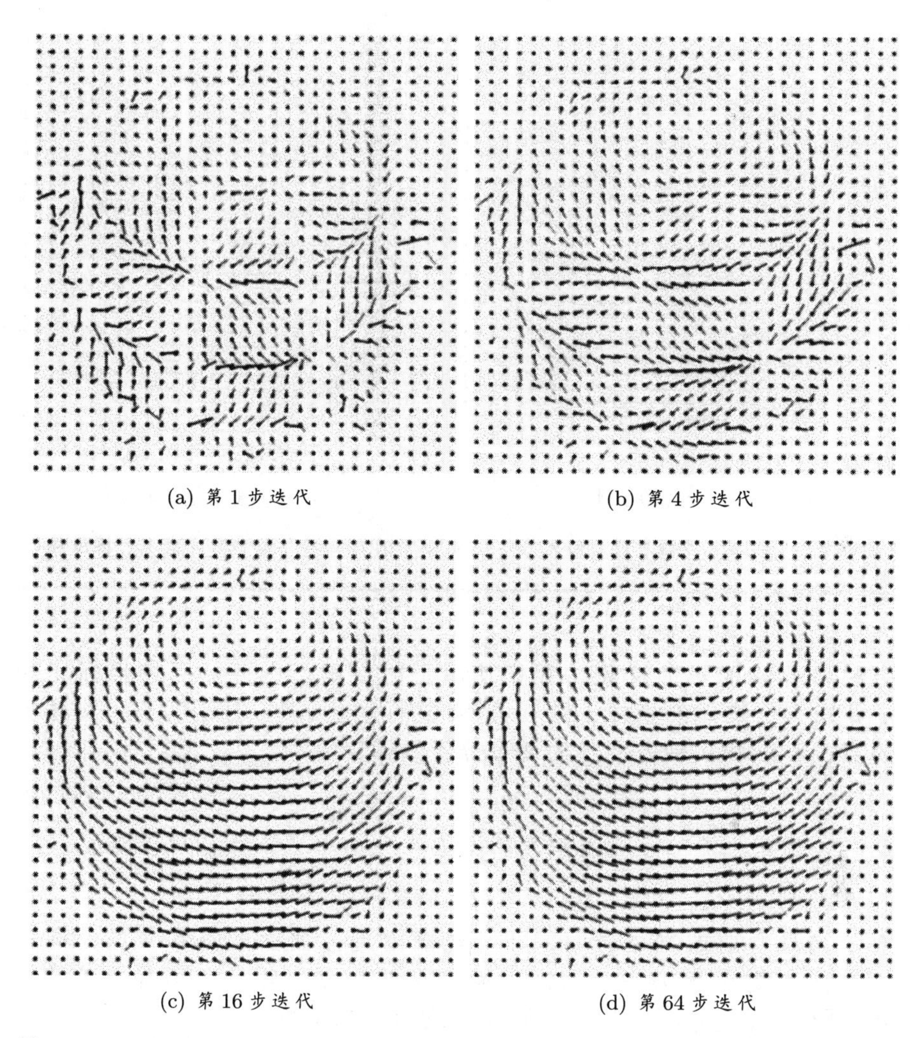

图 11.14 用针状图所表示出的光流估计结果。图中 (a)、(b)、(c) 和 (d) 所对应的算法迭代次数分别为：1、4、16 和 64。

物体绕着和这个轴平行并且经过物体中心的轴转动，2) 再加上一个平动。这个平动等于：一个从原点到转动轴的向量和旋转向量的叉积。因此，不失一般性，我们可以将**转动**限制为绕着过原点的轴转。

假设物体的**转动**（速度）由向量 $\boldsymbol{w} = (\alpha, \beta, \gamma)^T$ 所确定，其中，向量的长度表示旋转的角速度，并且，旋转轴和该向量的方向一致。物体上某一点的速度等于：从旋转轴指向该点的向量 $\boldsymbol{r} = (x, y, z)^T$ 与给

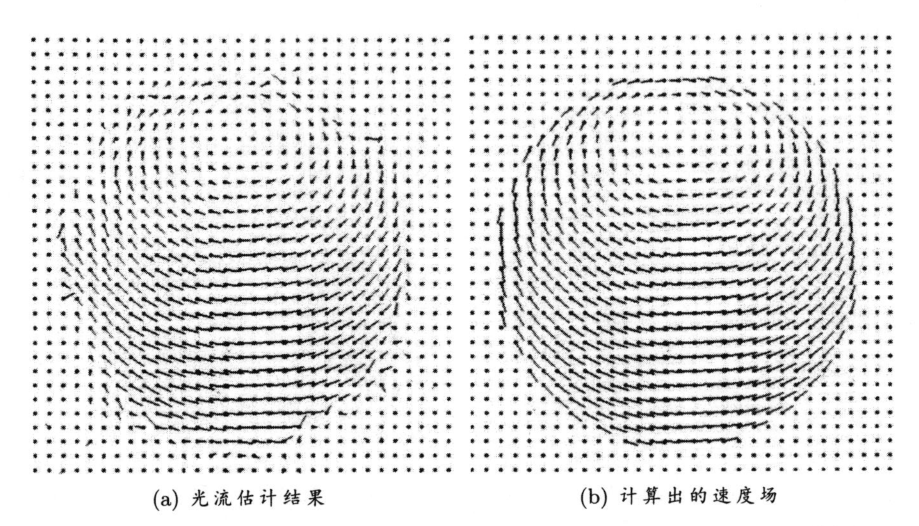

图 11.15　(a) 迭代算法所得到的光流估计结果。(b) 根据物体运动计算出来的**速度场**。

定的转动向量 $\boldsymbol{w}$ 的**叉积**。我们使用正射投影，因此，图像坐标 x' 和 y' 分别等于物体的坐标 x 和 y。光流中的分量 u 和 v 分别等于：物体上的点在 x–轴和 y–轴方向上的速度分量，即：

$$u = \beta z - \gamma y \quad \text{和} \quad v = \gamma x - \alpha z \tag{11.43}$$

此时，判断光流的不光滑程度就变得十分简单了，我们可以得到：

$$\left(u_x^2 + u_y^2\right) + \left(v_x^2 + v_y^2\right) = \left(\alpha^2 + \beta^2\right)\left(z_x^2 + z_y^2\right) - 2\gamma(\alpha z_x + \beta z_y) + 2\gamma^2 \tag{11.44}$$

对于光滑弯曲的物体表面，在其轮廓附近，曲面的**斜率**（即：向量 $(z_x, z_y)^T$）趋于无穷大，因此光流将不再光滑。此外，绕着**光轴**的旋转（即：$\boldsymbol{w} = (0, 0, \gamma)^T$），会增加光流的“光滑性”。

光流计算方法的一个重要应用是**无源导航**。在无源导航问题中，我们必须根据从环境中收集的信息，来控制某种交通工具的**路径**和**姿态**变化。并且，在收集信息的过程中，我们并没有从交通工具中发射辐射信号。我们将在第 12 章中详细讨论这个课题。

11.6 触觉传感器

应用本章的知识，航天五院的**曹哲**研究员与北京协和医院**张雪怡**医师共同设计研发了一种新型的触觉传感器，用来实现“末端”的**触**

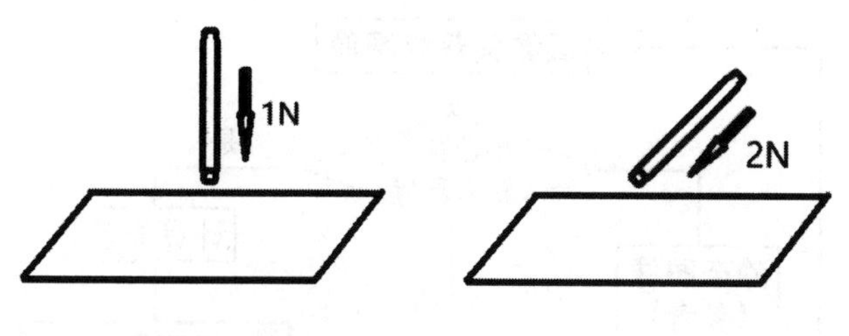

(a) 受力测试示意图

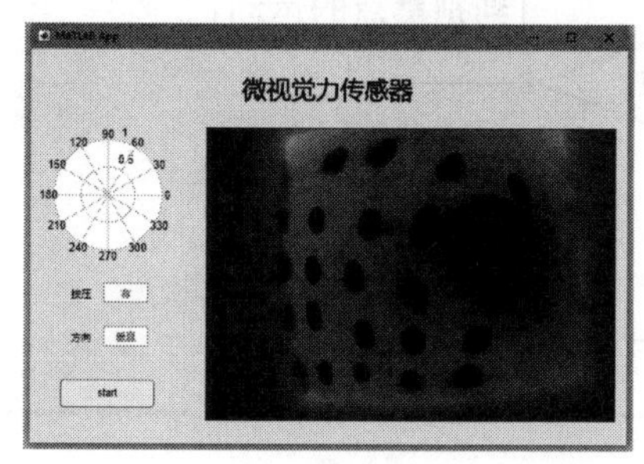

(b) 垂直力测试结果

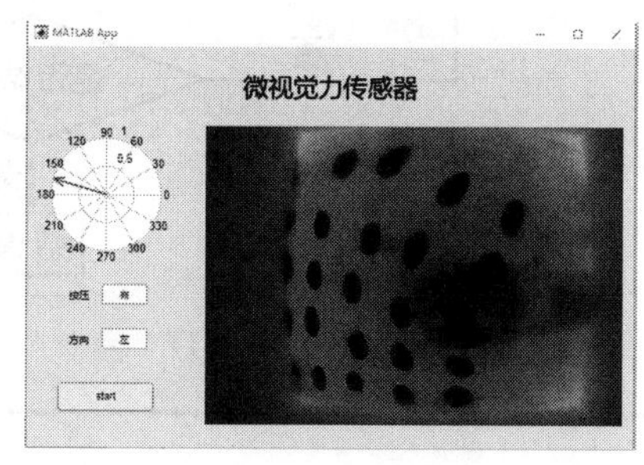

(c) 水平力测试结果

图 11.16 受力测试结果。(a) 垂直力和水平力的测试示意图。(b) 三维推拉力计显示为 1 N，上位机实时画面显示存在垂直按压的作用力。(c) 施加向左 2 N 的摩擦力，上位机实时画面显示存在向左的按压作用力。

觉感知功能。图 11.16 中给出了该触觉传感器对对“垂直力”和“水平力”的测试结果①。

该技术可以用来为航天员的舱外宇航服、宇航手套提供助力。航天员出舱活动时，大量操作需要手部完成，手部易疲惫。助力手套通过“感知/驱动”的方法，采集手部动作后，驱动手套完成相应动作，降低手部疲惫程度，提升航天员的工作效率。研究适用于手部的触觉传感器，是研发助力手套的重要内容。

这方面的早期工作可以追溯到 MIT 的 Gelsight 传感器，它具有柔软的弹性体接触面，它可以直接测量其垂直和横向变形，这与测量对象的确切形状和接触面上的张力相对应，接触力和滑动也可以从传感器的变形中推断出来，然而该方法需要多组光源，且判断方法复杂。我们对 Gelsight 传感器做了相应的简化，使用柔性橡胶薄膜来取代弹性硅胶介质，通过设计**光流**算法，实现了测量末端运动的**触觉传感器**。触觉传感器由三部分硬件组成，包括：

①硕士研究生**江伟弘**、**苏燮阳**参与了这项工作。

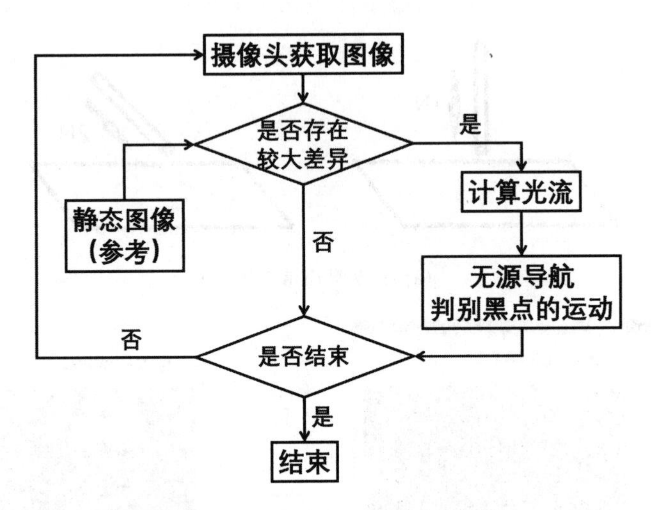

图 11.17　软件总体方案的系统框图。

- LED 灯环绕的微距摄像头；
- 固体支架；
- 作有标记的薄膜。

图 11.17 所示的是：软件总体方案的系统框图。

图 11.18 中给出了部分实验测试结果。手指按压在触觉传感器上，上位机的实时画面中显示出存在相应方向的按压作用力。薄膜上方的手指的触摸和运动，会导致微距摄像头“观测”到薄膜上方的黑点发生形变和位移。光流算法和无源导航技术用以估计出薄膜的运动，进而推测手指的（大致）运动方向。

较之于硅胶，薄膜具有更大的弹性，因此，具有更高的灵敏度，能够更好地估计手指的运动方向。

11.7 习题

习题 11.1 对于一个亮度为常数的局部图像区域，由于亮度的梯度为零，因此，我们无法判断：该区域的光流。因此，我们需要使用本章中提出的方法，使用 **Laplace 方程**，从（该区域的）边界向区域内部填充**光流信息**。这里，我们要研究的情况是：所填充的光流信息，正

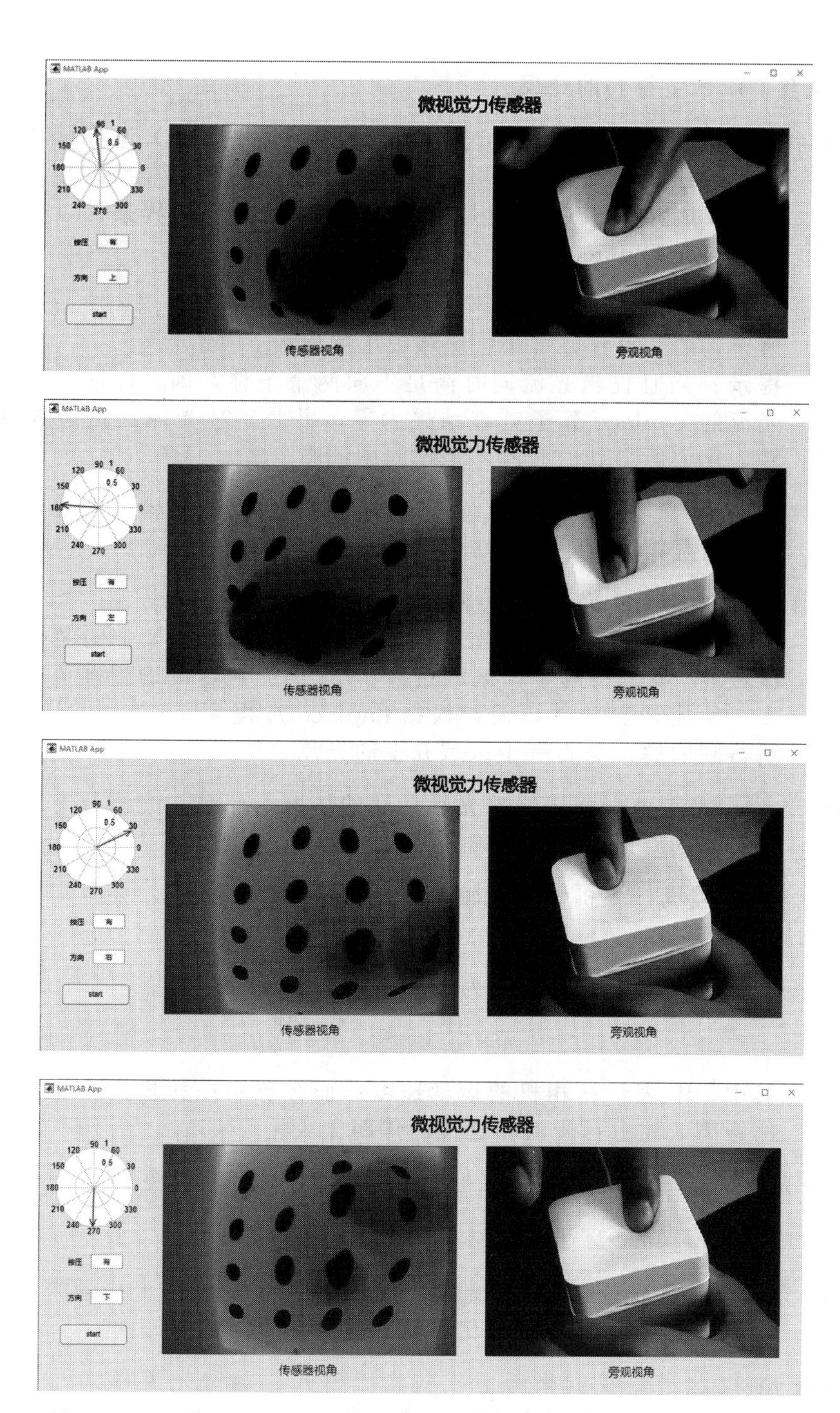

图 11.18 部分测试结果。光流算法和无源导航技术用以估计出薄膜的运动

好是我们所希望得到的结果。

(a) 我们让图像的亮度模式以速度 (u_0, v_0)（在像平面上）进行运动。假设：在某一个图像区域 R 的内部，图像亮度为常数；并且，在区域边界 ∂R 上的光流是精确的。证明：给定**边界条件**以后，通过求解 **Laplace 方程**：

$$\nabla^2 u = 0 \quad \text{和} \quad \nabla^2 v = 0 \tag{11.45}$$

所得到的结果正好等于：区域 R 上的光流。

提示：当且仅当光流同时满足下面两个条件，即：1) 区域内的光流的 **Laplace 算子**处理结果为零，并且，2) 光流满足**边界条件**，我们所得到的光流才是该问题的唯一解。

(b) 对于相机沿着平行于像平面（也就是说，垂直于**光轴**）的方向移动的情况，光流填充方法总是能够得到正确的光流吗？

(c) 假设图像的“亮度模式”绕着像平面上一点 (x_0, y_0) 转动，其角速度为 ω。这种情况下的光流是什么？假设对于图像中的某一个区域 R，我们得到了：区域边界 ∂R 上的光流速度的精确值，那么，给定边界条件以后，根据 **Laplace 方程** $\nabla^2 u = 0$ 和 $\nabla^2 v = 0$ 所得到的解，是否等于区域 R 上的光流？

(d) 让我们来考虑：相机绕着**光轴**转动的情况。此时，光流填充方法所得到的结果总是“正确”的吗？

习题 11.2 假设：相机沿着**光轴**“撞”向一个平面物体，并且，该平面物体垂直于光轴。

(a) 证明：这种情况下的光流为

$$u = \frac{W}{Z} x \quad \text{和} \quad v = \frac{W}{Z} y \tag{11.46}$$

其中，W 表示：相机的运动速度；而 Z 表示：相机到平面物体的距离（注意：光流和透镜的**焦距**无关）。

(b) 光流是静态的吗？（所谓“静态”是指：与时间无关）

(c) 光流的 **Laplace 算子**处理结果是否为零？

(d) 你如何预测**碰撞时间**？（注意：即使我们不能恢复出：景深 Z 和速度 W 的绝对值，我们仍然能够解决这个问题。）

习题 11.3 这里，我们来考虑一些光流模式。这些光流模式并不是由：物体（或相机）的刚体运动所产生的。

(a) 假设，你从上往下观察：一个圆形容器中的某种液体的表面。容器底部是平的，并且，在容器底部的正中央有一个洞。如果我们假设液体的高度不发生变化（尽管液体在不断地往外流），那么，光流是什么样子的？假设：**光轴**和液体表面垂直，并且，穿过容器底部的那个洞。

提示： 我们将容器中的液体看作是一个圆柱体。该圆柱体的**旋转对称轴**为：经过容器底部的洞并且垂直于容器底部的轴。我们以这个轴为公共轴，将圆柱体剖分为许多圆柱面，那么，流过每一个圆柱面的（液体）流量大小都是相同的。

(b) 对于上面这种情况，光流的 **Laplace 算子**处理结果是什么？是否存在**奇异点**[①]？

(c) 考虑三维空间中绕着某一个轴旋转的漩涡，这个漩涡的横截面是圆形对称的，既没有物质流出来，也没有物质流进去。同样，我们将这个圆面剖分成许多**同心圆**，同心圆的公共圆心为：漩涡的旋转轴与横截面的交点。现在假设：这些圆的“厚度”都是一样的，并且，不同半径的圆具有相同的**角动量**，那么，光流是什么样子的？

(d) 对于上面这种情况，光流的 **Laplace 算子**处理结果是什么？是否存在**奇异点**？

习题 11.4 现在，我们来考虑一个关于 x 和 y 的二阶多项式。如果（该多项式中）x^2 和 y^2 前面的系数是：大小相等、符号相反的两个数，那么，请证明：该多项式的 **Laplace 算子**处理结果为零。请将这个结论应用于上一题。

习题 11.5 假设我们使用下式：

$$e_s = \iint (\nabla^2 u)^2 + (\nabla^2 v)^2 dxdy \tag{11.47}$$

来测量光流速度的“不连续程度”的大小，而不是使用：

$$e_s = \iint ((u_x^2 + u_y^2) + (v_x^2 + v_y^2))dxdy \tag{11.48}$$

那么，其相应的 **Euler 方程**是什么？

习题 11.6 证明：物体绕着任意一个轴旋转，等价于下面两个过程的“组合”：1) 绕着过原点的轴旋转；2) 再加上一个**平移**运动。并且，相应的平移运动等价于两个向量的**叉积**，这两个向量分别是：1) 从原点到转动轴的向量、2) 旋转向量。

[①] 也就是说，液体流量大小为**无穷大**的地方。

习题 11.7 一个**刚体**绕着一个经过原点的轴转动，并且，旋转轴平行于向量 $\boldsymbol{w}$。旋转的**角速度**大小等于：向量 $\boldsymbol{w}$ 的模长。物体上的一个点 $\boldsymbol{r}$ 的速度等于**叉积** $\boldsymbol{w} \times \boldsymbol{r}$，其中，$\boldsymbol{r} = (x, y, z)^T$，$\boldsymbol{w} = (\alpha, \beta, \gamma)^T$。假设我们所使用的是**正射投影**模型。请证明：光流的光滑性对应于旋转物体的光滑性。请问：在轮廓处会怎么样？
提示： $\nabla^2 u$、$\nabla^2 v$ 与 $\nabla^2 z$ 之间存在什么关系？

习题 11.8 本题中，我们将研究：**明暗**和**运动**之间的关系。当一个物体在相机前面运动时，图像上给定点的亮度会发生变化。这是由于在不同的时刻，图像上的同一个点，对应于物体表面上的不同“小块”。这些“小块”可能具有：1) 不同的**反射性质**，2) 不同的**朝向**。我们现在假设：物体表面上所有的点具有相同的反射性质。因此，我们只考虑物体表面**朝向**的变化。现在，当一个新的“小块”进入**视野**时，在考虑“小块”的运动之前，我们首先必须考虑：新的“小块”的朝向和旧的“小块”有什么不同。但是，这还不够，我们必须考虑：如何通过旋转，将旧的小块“转成”新的小块。

(a) 假设物体表面某一部分的移动，使得其所对应的图像“小块”在像平面（即 $x-y$ 平面）上的移动速度为 (u, v)。那么，这个运动所产生的 p 和 q 的变化是什么？证明：亮度的变化结果为：

$$\frac{dE}{dt} = \frac{dR}{dt} = -\begin{pmatrix} u & v \end{pmatrix} \begin{pmatrix} r & s \\ s & t \end{pmatrix} \begin{pmatrix} R_p \\ R_q \end{pmatrix} \tag{11.49}$$

其中，r、s 和 t 分别为：z 的二阶偏导数。请将上式重新写为：**图像梯度** $(E_x, E_y)^T$ 的形式。
提示： 注意，和图像中某一个像素点相对应的、物体表面上的点的 $x-$ 坐标，如何随时间而变化？

(b) 一个**刚体**绕着经过原点的轴转动，并且，旋转轴平行于向量 $\boldsymbol{w}$。旋转的**角速度**大小等于：向量 $\boldsymbol{w}$ 的模长。物体表面上的一个点的坐标为 $\boldsymbol{r} = (x, y, z)^T$。转动向量的分量为 $\boldsymbol{w} = (\alpha, \beta, \gamma)^T$。证明：

$$\frac{d\boldsymbol{r}}{dt} = \begin{pmatrix} \beta z - \gamma y \\ \gamma x - \alpha z \\ \alpha y - \beta x \end{pmatrix} \tag{11.50}$$

现在，我们假设使用**正射投影**，也就是说，$x' = x$ 和 $y' = y$。在这种情况下，由物体的运动所产生的**速度场** (u, v) 是什么？

(c) 当物体转动时，物体表面的某一个“小块”的**朝向**会发生变化。

请用 $\boldsymbol{w}$ 和 $\widehat{\boldsymbol{n}}$ 来表示 $d\widehat{\boldsymbol{n}}/dt$。下一步，通过对方程：

$$\widehat{\boldsymbol{n}} = \frac{\boldsymbol{n}}{|\boldsymbol{n}|} \tag{11.51}$$

两边求导，我们可以得到：用 dp/dt 和 dq/dt 表示的 $d\widehat{\boldsymbol{n}}/dt$。请写出其具体表达式。在式(11.51) 中，

$$\boldsymbol{n} = (-p, -q, 1)^T \quad \text{并且} \quad |\boldsymbol{n}| = \sqrt{p^2 + q^2 + 1} \tag{11.52}$$

这两种关于 $d\widehat{\boldsymbol{n}}/dt$ 的表示方式是相等的，请证明下面两式：

$$\frac{\partial p}{\partial t} = pq\alpha - (1 + p^2)\beta - q\gamma \tag{11.53}$$

$$\frac{\partial q}{\partial t} = (1 + q^2)\alpha - pq\beta + p\gamma \tag{11.54}$$

(d) 正如前面提到的，一个物体在成像系统前面旋转，图像上某一点的亮度发生变化，包含如下两个原因：

1) 物体表面上具有不同朝向的曲面“小块”进入视野；

2) “小块”在运动过程中发生旋转，从而不断改变朝向。

假设**速度场**为 (u, v)，在问题**(a)**中，我们计算了：原因 1)对图像亮度变化的“贡献”。在问题**(b)**中，我们计算了：物体表面上某一点的像（在像平面上）的运动速度。在问题 **(c)** 中，我们计算了：原因 2)对图像亮度变化的“贡献”。现在，请将这两个原因合并在一起，将 dp/dt 和 dq/dt 分别表示成：向量 $\boldsymbol{w} = (\alpha, \beta, \gamma)^T$ 的分量 α, β, γ 的函数形式。

习题 11.9 在机器视觉算法的设计过程中，我们通常在一开始的时候，首先考虑一些可控的情况，在这些情况中，答案是已知的。这通常需要使用**合成图像**，合成图像是基于：1) 曲面形状的模型、反射率以及已知的运动情况而生成的。你需要根据已知的光流算法，生成一个合成图像序列。假设：物体表面形状是两个参数 ξ 和 η 的函数，并且，物体表面的辐射强度为 $L(\xi, \eta)$。物体表面相对于观测者的**平动速度**为 $\boldsymbol{t}$、**转动角速度**为 $\boldsymbol{w}$。请描述：你如何生成合成图像序列，并且，进一步确定：其关于空间和时间的导数。最终，请编程实现计算机仿真，然后根据仿真结果完成实验报告。

习题 11.10 如何我们将图 11.7 中的“0”和“1”互换，所得到的光流估计结果是否会发生变化？请解释原因。我们将图 11.7 中“左边”的图像作为初始图像，“右边”的图像作为变化后的图像，可以计算出一个光流估计结果；然后，我们将图 11.7 中“右边”的图像作为初始图像，“左边”的图像作为变化后的图像，可以计算出另一个光流估

计结果；这两个光流估计结果之间是什么关系？请解释原因。进一步，请分析上述关系成立的条件，并给出上述关系不成立的例子。

习题 11.11 请针对下面的两张二值图，选用 4×4 的窗口，使用**稀疏光流法**来估计光流。

0	0	0	0	0	0	0	0
0	0	0	0	0	0	0	0
0	0	1	1	1	1	0	0
0	0	1	1	1	1	0	0
0	0	1	1	1	1	0	0
0	0	1	1	1	1	0	0
0	0	0	0	0	0	0	0
0	0	0	0	0	0	0	0

0	0	0	0	0	0	0	0
0	1	1	1	1	1	1	0
0	1	1	1	1	1	1	0
0	1	1	1	1	1	1	0
0	1	1	1	1	1	1	0
0	1	1	1	1	1	1	0
0	1	1	1	1	1	1	0
0	0	0	0	0	0	0	0

然后，使用**稠密光流法**来估计光流。进一步，针对两种方法的光流估计结果，进行对比分析，完成研究报告。

习题 11.12 请针对下面的两张二值图，选用 4×4 的窗口，使用**稀疏光流法**来估计光流。

0	0	0	0	0	0	0	0	0	0	0	0	0	0	0	0
0	0	0	0	0	0	0	0	0	0	0	0	0	0	0	0
0	0	1	1	1	1	1	1	1	1	1	1	1	1	0	0
0	0	1	1	1	1	1	1	1	1	1	1	1	1	0	0
0	0	1	1	1	1	1	1	1	1	1	1	1	1	0	0
0	0	1	1	1	1	1	1	1	1	1	1	1	1	0	0
0	0	1	1	1	1	1	1	1	1	1	1	1	1	0	0
0	0	1	1	1	1	1	1	1	1	1	1	1	1	0	0
0	0	1	1	1	1	1	1	1	1	1	1	1	1	0	0
0	0	1	1	1	1	1	1	1	1	1	1	1	1	0	0
0	0	1	1	1	1	1	1	1	1	1	1	1	1	0	0
0	0	1	1	1	1	1	1	1	1	1	1	1	1	0	0
0	0	1	1	1	1	1	1	1	1	1	1	1	1	0	0
0	0	1	1	1	1	1	1	1	1	1	1	1	1	0	0
0	0	0	0	0	0	0	0	0	0	0	0	0	0	0	0
0	0	0	0	0	0	0	0	0	0	0	0	0	0	0	0

0	0	0	0	0	0	0	0	0	0	0	0	0	0	0	0
0	0	0	0	0	0	0	0	0	0	0	0	0	0	0	0
0	0	0	0	0	0	0	0	0	0	0	0	0	0	0	0
0	0	0	1	1	1	1	1	1	1	1	1	1	0	0	0
0	0	0	1	1	1	1	1	1	1	1	1	1	0	0	0
0	0	0	1	1	1	1	1	1	1	1	1	1	0	0	0
0	0	0	1	1	1	1	1	1	1	1	1	1	0	0	0
0	0	0	1	1	1	1	1	1	1	1	1	1	0	0	0
0	0	0	1	1	1	1	1	1	1	1	1	1	0	0	0
0	0	0	1	1	1	1	1	1	1	1	1	1	0	0	0
0	0	0	1	1	1	1	1	1	1	1	1	1	0	0	0
0	0	0	1	1	1	1	1	1	1	1	1	1	0	0	0
0	0	0	1	1	1	1	1	1	1	1	1	1	0	0	0
0	0	0	0	0	0	0	0	0	0	0	0	0	0	0	0
0	0	0	0	0	0	0	0	0	0	0	0	0	0	0	0
0	0	0	0	0	0	0	0	0	0	0	0	0	0	0	0

然后，再使用**稠密光流法**来估计光流。进一步，针对两种方法的光流估计结果，进行对比分析，完成研究报告。

习题 11.13 在这里，我们研究：一个旋转的球所产生的光流。球的表面的**反射率**是：随着球面上的点的位置而变化的。考虑一个半径为 R、球心位于原点的球。这个球绕着 y–轴转动，角速度为 ω。我们使用**正射投影**模型来得到球的图像，并且，将**光轴**选为 z–轴，也就是说，$x' = x$ 和 $y' = y$。其中，(x', y') 是：物体表面上的点 $(x, y, z)^T$ 的像的坐标。通过**经度** ξ 和**维度** η，我们可以确定 $t = 0$ 时刻球面上的一个点。坐标系随着球一起转动，因此，某一特定曲面对应于：一个固定的 (ξ, η)。我们需要求出**图像坐标系**与**球面坐标系**之间的转换关系。

(a) 请使用 ξ 和 η 来表示 x 和 y。请使用 x、y 和 t 来表示 ξ 和 η。

(b) 请确定：**速度场**中的分量 $\widetilde{u}$ 和 $\widetilde{v}$。对于时间而言，速度场是否是常数？也就是说，$\widetilde{u}$ 和 $\widetilde{v}$ 的函数表达式中是否包含 t?

(c) 请使用**稠密光流算法**估计光流分量 u 和 v。所得到的结果是否与 (b) 问中的速度场一致？请说明其中的原因。

请设计程序完成计算机仿真，然后，根据实验结果完成研究报告。

图 11.12 所对应的 MATLAB 程序①

```
E1 = zeros(5,5);   E2 = E1;
E1([2:5],[2:5])=1;   E2([3:5],[3:5])=1;
PX = [1,-1; 1,-1];   PY = [1,1; -1,-1];   PT = [1,1; 1,1];
EX = conv2(E1,PX,'valid') + conv2(E2,PX,'valid');
EY = conv2(E1,PY,'valid') + conv2(E2,PY,'valid');
ET = conv2(E2 - E1,PT,'valid');
U = zeros(6,6);
V = U;   Uave = U;   Vave = U;
t = 50;
for i = 1:30
   U(:,1) = U(:,2);   U(:,6) = U(:,5);
   U(1,:) = U(2,:);   U(6,:) = U(5,:);
   V(:,1) = V(:,2);   V(:,6) = V(:,5);
   V(1,:) = V(2,:);   V(6,:) = V(5,:);
   for k = 2:5
      for l = 2:5
         Uave(k,l) = U(k-1,l) + U(k+1,l) + U(k,l-1) + U(k,l+1);
         Uave(k,l) = Uave(k,l)/4;
         Vave(k,l) = V(k-1,l) + V(k+1,l) + V(k,l-1) + V(k,l+1);
         Vave(k,l) = Vave(k,l)/4;
         d = EX(k-1,l-1)*Uave(k,l) + EY(k-1,l-1)*Vave(k,l)+ ET(k-1,l-1);
         d = d/(1/t + EX(k-1,l-1)*EX(k-1,l-1) + EY(k-1,l-1)*EY(k-1,l-1));
         U(k,l) = Uave(k,l) - EX(k-1,l-1)*d;
         V(k,l) = Vave(k,l) - EY(k-1,l-1)*d;
      end
   end
end
x = 1:4;   y = -x;
[x,y]= meshgrid(x,y);
quiver(x,y,U([2:5],[2:5]),-V([2:5],[2:5]),'k')
```

---

①这段程序生成的是图 11.12(a)，其中的“t=50”对应于：在式 (11.40) 和 (11.41) 中设置“$\lambda = 50$”。只需将程序中的“t=50”更换为“t=0.01”，就可以得到图 11.12(b)。

第 12 章　无源导航

本章中，我们将利用**光流**信息来研究一种被称为**无源导航**的问题。我们希望从**时变图像**（或者，其对应的离散形式：**图像序列**）中，判断出相机的运动情况。我们的前提假设是：相机和固定的场景之间进行相对运动。如果场景中有多个物体，并且，物体各自进行独立的运动，那么，我们的前提假设是，图像已经被分割为：对应于场景中的不同运动物体的不同区域。因此，我们可以针对：对应于单个物体的图像区域，来进行研究。令人惊奇的是：如果运动中包含**平动**成分，那么，在恢复出相机的运动情况的同时，我们还可以得到一个很有意义的“副产品”：物体的表面形状。

我们会讨论：用于解决这个问题的三种现有方法。然后，我们会将注意力集中在：**最小二乘**方法，即：将图像中的所有信息全部考虑进去。对于两种特殊的运动情况：**平动**和**转动**，我们可以得到其**解析解**。对于更一般的情况，我们会得到：一组非线性方程。我们只能用迭代方法来求解该非线性方程。

对于一些特殊情况（例如平面物体），我们可以尝试直接估计物体的运动信息（而不需要计算**光流**）。作为这方面的一个应用，在本章的最后，我们介绍了**碰撞时间估计**技术。对于引导“智能无人平台”（例如无人车）在特定环境中运动的问题，相机和场景之间的相对运动信息是非常有用的，估计出的**碰撞时间**可以为无人车的智能控制（加速或减速）提供依据。

12.1 估计观测者的运动

假设我们现在正在观看一部电影，并且，假设我们已经知道：图像上每一个点的瞬时速度，即：光流，我们想要从**图像序列**中判断相机的运动。本章中，我们将使用整个**光流场**的信息，通过**最小二乘方法**来推导出一种确定相机运动情况的技术，称为**无源导航**。事实上，电影（图像序列）的形成可以被描述为如下过程：

运动和景深 – 产生 → **速度场** – 生成 → 图像序列

相机和景物之间的相对**运动**和场景的形状（也称为**景深**）是生成电影（图像序列）的内因。人在看电影的过程中，不断地（根据图像序列）分析和估计场景中对应的运动和景深，也就是说，

图像序列 – 估计 → **光流场** – 推测 → **运动和景深**

在上一章中，我们介绍了如何估计**光流场**。本章中所给出的**无源导航**技术，使得我们最终完成了对应的**视觉感知**任务：从输入图像序列中获取关于场景形状和相机运动的**描述**信息。我们所导出的算法使用了充足的数据，具有很好的**鲁棒**性，并且易于数值实现。

首先，让我们来回顾一些方程。这些方程描述了：相机运动与（由相机运动所引起的）**光流**之间的相互关系。我们既可以假设：相机固定、场景发生变化；也可以假设：相机在静态场景中运动。我们选择使用：相机在静态场景中运动的假设。坐标系被“安放”在相机上，Z–轴选为**光轴**。**刚体运动**可以被分解为两个成分：**平动**和（绕着某个经过原点的轴的）**转动**。相机的**平动速度**记为 $\boldsymbol{t}$；相机转动的**角速度**记 $\boldsymbol{w}$。场景中某一点 P 的瞬时坐标记为 $(X,Y,Z)^T$。虽然场景是固定的，但是，由于坐标系被安放在相机上，坐标系随着相机的运动而不断发生变化，也意味着点 P 的坐标随着时间而发生变化。因此，我们称其为：某一时刻的瞬时坐标。在这里，对于成像系统前面的点，都有$Z>0$。

我们用 $\boldsymbol{r}$ 表示列向量 $(X,Y,Z)^T$，其中，上标“^{T}”表示转置。那么，点 P 相对于 $X-Y-Z$ 坐标系的运动速度为：

$$\boldsymbol{V}_P = -\boldsymbol{t} - \boldsymbol{w} \times \boldsymbol{r} \tag{12.1}$$

如图 12.1 所示。如果我们将 $\boldsymbol{t}$ 和 $\boldsymbol{w}$ 的分量分别记为：

$$\boldsymbol{t} = (U,V,W)^T \quad 和 \quad \boldsymbol{w} = (A,B,C)^T \tag{12.2}$$

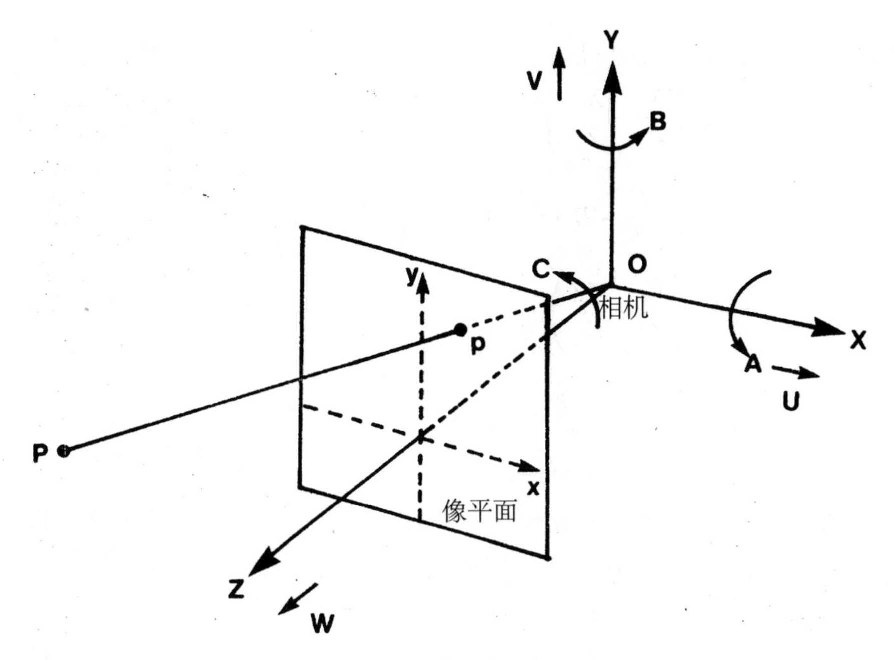

图 12.1 以相机为中心的坐标系。相机的运动包括：平动和转动。平动成分 $\boldsymbol{t}$ 包含三个分量 $(U,V,W)^T$，分别为：沿着 $x-$ 轴、$y-$ 轴和 $z-$轴的速度；转动成分 $\boldsymbol{w}$ 也包含三个分量 $(A,B,C)^T$，分别为：绕着 $x-$轴、$y-$轴和 $z-$轴的**角速度**。

那么，我们可以将公式 (12.1) 写为对应的分量形式，即：

$$\dot{X} = -U - BZ + CY \tag{12.3}$$

$$\dot{Y} = -V - CX + AZ \tag{12.4}$$

$$\dot{Z} = -W - AY + BX \tag{12.5}$$

在像平面上，每一个点的**光流**是指：该点上的**亮度模式**的瞬时速度。我们用 (x,y) 表示：像平面上某一个点 p 的坐标。这里，我们使用**透视投影**来确定：物体上的点 P 与相应的图像上的点 p 之间的关系。因此，p 的坐标 (x,y) 为：

$$x = f\frac{X}{Z} \quad 和 \quad y = f\frac{Y}{Z} \tag{12.6}$$

点 (x,y) 处的**光流**（记为 (u,v)）为：

$$u = \dot{x} \quad 和 \quad v = \dot{y} \tag{12.7}$$

即 x 和 y 关于时间的导数。将 x 和 y 的具体表达式 (12.6)代入，再对时间求导，我们最终可以得到：

$$u = \left(\frac{\dot{X}}{Z} - \frac{X\dot{Z}}{Z^2}\right) f \tag{12.8}$$

$$= \left(-\frac{U}{Z} - B + \frac{Cy}{f}\right) f - x\left(-\frac{W}{Z} - A\frac{y}{f} + B\frac{x}{f}\right) \tag{12.9}$$

$$v = \left(\frac{\dot{Y}}{Z} - \frac{Y\dot{Z}}{Z^2}\right) f \tag{12.10}$$

$$= \left(-\frac{V}{Z} - \frac{Cx}{f} + A\right) f - y\left(-\frac{W}{Z} - A\frac{y}{f} + B\frac{x}{f}\right) \tag{12.11}$$

我们可以将上面两式分别写为：

$$u = u_t + u_r \quad 和 \quad v = v_t + v_r \tag{12.12}$$

其中，(u_t, v_t) 表示：由于物体的**平动**所引起的**光流**分量；(u_r, v_r) 表示：由于物体**转动**所引起的**光流**分量。具体表达式为：

$$u_t = -\frac{f}{Z}U + \frac{x}{Z}W \tag{12.13}$$

$$u_r = A\frac{xy}{f} - B\left(\frac{x^2}{f} + f\right) + Cy \tag{12.14}$$

$$v_t = -\frac{f}{Z}V + \frac{y}{Z}W \tag{12.15}$$

$$v_r = A\left(\frac{y^2}{f} + f\right) - B\frac{xy}{f} - Cx \tag{12.16}$$

到目前为止，我们只考虑了一个点 P。为了在全局上定义**光流**，我们假设：点 P 位于由函数 $Z(X,Y)$ 所确定的曲面上。对于所有的 X 和 Y，都有 $Z(X,Y) > 0$。对于任何曲面以及相机的任何运动，我们都能相应地得到一种**光流**。因此，我们说：**曲面**以及**运动**产生了这个**光流**！

因此，光流取决于：相机运动的 6 个参数，以及，（与所分析的图像区域相对应的）曲面形状。图 12.2 中给出了：相机运动的 6 个参数所分别对应的**光流**（假设 $Z(x,y)$ 为常数）。单单从**光流**信息中，我们能否唯一地确定这些未知量？严格地说，答案是：不能。为了说明这一点，让我们来考虑一个曲面 S_2，曲面 S_2 是由 S_1 膨胀 k 倍后得到的（即 S_1 和 S_2 是**相似**曲面）。进一步，令两种运动 M_1 和 M_2 具有相同的**转动**分量，并且，令它们的**平动**分量成比例，比例系数也为 k（我们称：M_1 和 M_2 为**相似**运动）。由 S_1 和 M_1 所产生的**光流**，等

同于由 S_2 和 M_2 所产生的**光流**。根据上面给出的关于**光流**分量的表达式(12.13) ~ (12.16)，我们可以直接得出这个结论。

如果相机的运动只是单纯的**平动**或者**转动**，那么，通过**光流**信息恢复相机运动的问题将变得简单得多。在下面两节中，我们将分别对这两种特殊情况进行讨论。然后，我们将考虑更一般的情况，此时，我们并不知道任何有关相机运动的**先验**信息。

12.2 平动的情况

在这一节中，我们将考虑相机只做**平动**的情况。我们用 $\boldsymbol{t} = (U, V, W)^T$ 来表示相机的运动速度。于是，我们可以得到方程：

$$u_t = -\frac{f}{Z}U + \frac{x}{Z}W \quad 和 \quad v_t = -\frac{f}{Z}V + \frac{y}{Z}W \tag{12.17}$$

此时，在生成的**光流场**中，所有向量的反向延长线都会经过同一个点。这个点被称为：**膨胀中心**（focus of expansion (FOE)），它的**光流**速度等于零。从透镜出发、沿着相机的运动方向的射线，会“穿过”物体表面上的一个点，这个点所成的像（在像平面上）的位置 $(x_0, y_0)^T$ 就是**膨胀中心**。根据式 (12.18)，膨胀中心的坐标为：

$$x_0 = \frac{U}{W}f \quad 和 \quad y_0 = \frac{V}{W}f \tag{12.18}$$

膨胀中心是：**碰撞点**的像（在图像中）的位置，可以被用于**导航**。通过检测膨胀中心附近的图像区域中的目标属性，我们可以预测是否会发生碰撞，并且，进一步分析如何去避免发生碰撞（例如让膨胀中心始终位于图像中的指定区域）。这也正是**无源导航**这个词的由来。

当 $U = V = 0$ 时，膨胀中心 $(x_0, y_0)^T = (0, 0)^T$ 位于图像正中央。对于第 4 章 4.7 小节中的例子，以及习题 12.14 中的场景，我们的**导航控制**策略是：首先，通过调整飞行姿态，使得目标位于图像中心；然后，直接向前运动，冲过（或撞击）目标。

12.2.1 相似曲面与相似运动

我们想要说明：如果两种（相机的）**平动**所产生的光流是相同的，那么，两个曲面是**相似曲面**，并且，这两种运动也是**相似运动**。我们用 Z_1 和 Z_2 来表示两个曲面，并且，用 $\boldsymbol{t}_1 = (U_1, V_1, W_1)^T$ 和 $\boldsymbol{t}_2 = (U_2, V_2, W_2)^T$ 来表示相机的两种不同运动。两组参数：$\{Z_1, \boldsymbol{t}_1\}$ 和

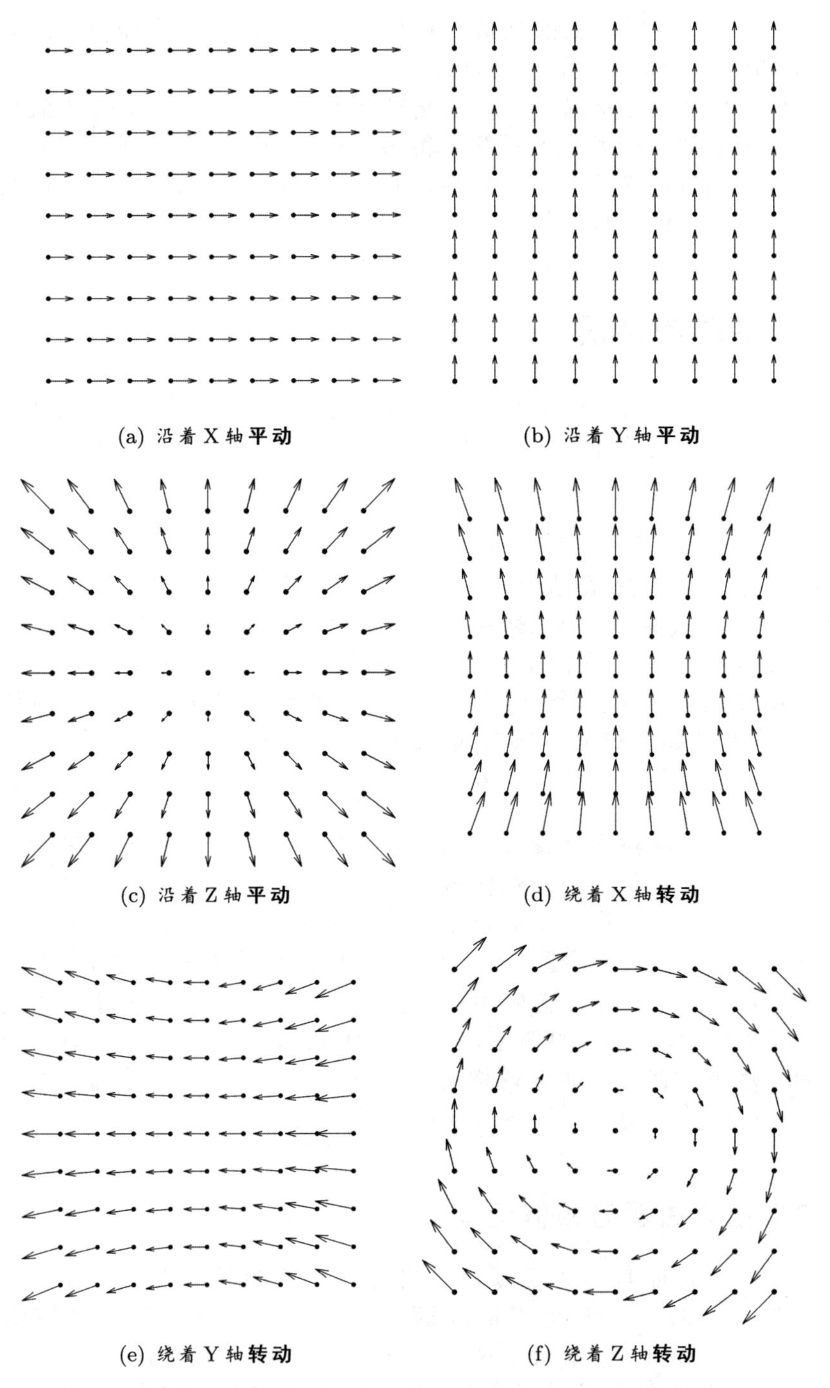

图 12.2　相机运动的 6 个参数所对应的**光流**（假设 $Z(x,y)$ 为常数）。

$\{Z_2, \boldsymbol{t}_2\}$ 产生出相同的光流，也就是说，

$$u = \frac{-U_1 f + xW_1}{Z_1} \quad \text{和} \quad v = \frac{-V_1 f + yW_1}{Z_1} \tag{12.19}$$

$$u = \frac{-U_2 f + xW_2}{Z_2} \quad \text{和} \quad v = \frac{-V_2 f + yW_2}{Z_2} \tag{12.20}$$

从这些方程中消去 Z_1、Z_2、u 和 v 后，我们可以得到：

$$\frac{-U_1 f + xW_1}{-V_1 f + yW_1} = \frac{-U_2 f + xW_2}{-V_2 f + yW_2} \tag{12.21}$$

我们可以将其写为：

$$(-U_1 f + xW_1)(-V_2 f + yW_2) = (-U_2 f + xW_2)(-V_1 f + yW_1) \tag{12.22}$$

或者进一步写为：

$$U_1 V_2 - xV_2 W_1 - yU_1 W_2 = U_2 V_1 - xV_1 W_2 - yU_2 W_1 \tag{12.23}$$

注意，我们假设：$\{Z_1, \boldsymbol{t}_1\}$ 和 $\{Z_2, \boldsymbol{t}_2\}$ 产生完全相同的光流。因此，对于所有的 x 和 y，上式都必须成立。于是，我们可以进一步推导出：下面的三个式子也必须成立，也就是说，

$$U_1 V_2 = U_2 V_1 \tag{12.24}$$

$$V_2 W_1 = V_1 W_2 \tag{12.25}$$

$$U_1 W_2 = U_2 W_1 \tag{12.26}$$

我们可以将这三个等式写为如下的比例形式，即：

$$U_1 : V_1 : W_1 = U_2 : V_2 : W_2 \tag{12.27}$$

通过上式，我们可以得出：Z_2 是 Z_1 通过膨胀扩大而形成的。显然，无论已知多少个点的**光流**，我们都无法通过**光流**求得 Z_1 和 Z_2 之间的比例因子（这个比例因子同样也是 $\boldsymbol{t}_1$ 和 $\boldsymbol{t}_2$ 之间的比例因子）。

我们说相机的运动被“唯一”确定是指：相机运动在“相差一个比例因子的意义上”被唯一地确定。注意：相机的**平动**是一个向量 $\boldsymbol{t} = (U, V, W)^T$，因此，我们只能确定向量 $\boldsymbol{t}$ 的方向，而不能确定其大小。这也是我们在下一小节中加入约束条件 $\|\boldsymbol{t}\|_2^2 = 1$ 的原因。

12.2.2 最小二乘方法

在设计求解算法之前，让我们先通过一个具体例子来深入理解这个问题。图 12.3 中给出的是一个极其特殊的情况：场景是一个竖直的

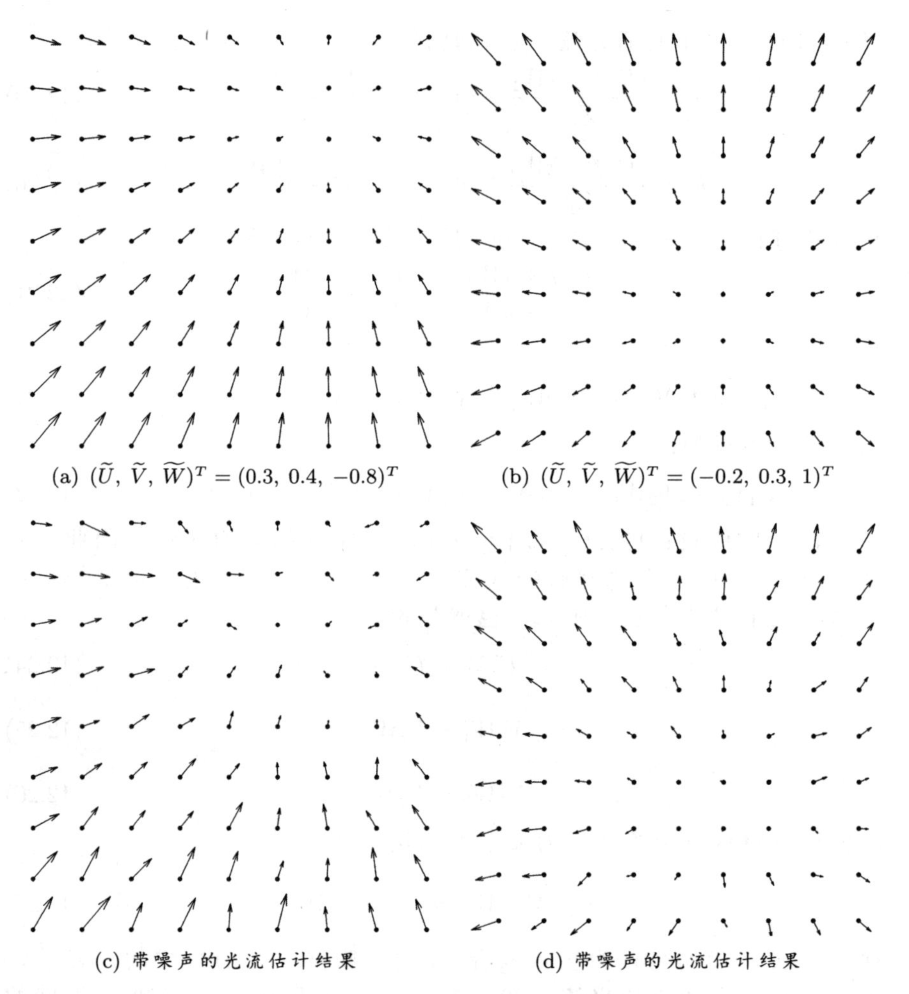

图 12.3　当**景深**为常数时，对于平动，所得到的**光流**应该是图 12.2(a)、图 12.2(b) 和图 12.2(c) 的**线性组合**。相应的**无源导航**问题就是：确定线性组合系数 $(\widetilde{U}, \widetilde{V}, \widetilde{W})^T$。

平面，也就是说，**景深** $Z(x,y) = Z_0$ 是一个常数。对于平动，所得到的**光流**应该是图 12.2 中的前三个图像，即：图 12.2(a)、图 12.2(b)、图 12.2(c)，的**线性组合**（或**线性叠加**）。相应的**无源导航**问题就是：要确定相应的线性组合系数，也就是说，如何通过图 12.2(a)、图 12.2(b) 和图 12.2(c) 来“合成”图 12.3 中的**光流**？此时，**无源导航**问题可以被简化为：求解一组线性组合系数 $(\widetilde{U}, \widetilde{V}, \widetilde{W})^T$，使得

$$u(x,y) = \widetilde{U} + x\widetilde{W} \quad 和 \quad v(x,y) = \widetilde{V} + y\widetilde{W} \tag{12.28}$$

成立。线性组合系数 $(\widetilde{U}, \widetilde{V}, \widetilde{W})^T = (0.3, 0.4, -0.8)^T$ 时，对应的**光流**如图 12.3(a)所示；当线性组合系数 $(\widetilde{U}, \widetilde{V}, \widetilde{W})^T = (-0.2, 0.3, 1)^T$ 时，对应的**光流**如图 12.3(b) 所示。光流估计过程中可能含有大量的**噪声**。图 12.3(c) 和图 12.3(d) 中分别给出了（与图 12.3(a) 和图 12.3(b) 对应的）带有噪声的光流估计结果，其中，噪声被选取为 −0.2 到 0.2 之间的随机数。在习题 12.13 中，我们将继续针对这个问题开展深入分析。

需要指出的是：即使是只包含**平动**的无源导航问题，也要比图 12.3 中给出特殊的情况复杂得多。除了确定**运动参数** $(\widetilde{U}, \widetilde{V}, \widetilde{W})^T$ 外，我们还需要确定曲面形状（也称为**景深**）$Z(x,y)$。也就是说，我们可以对图 12.3 中的每一个“箭头”任意地做**尺度伸缩**。

通常情况下，如果相机的运动只包含**平动**，那么，图像上两个点的**光流**方向，就可以唯一地确定相机的**平动**。但是，只使用如此少的信息有很大的缺点。我们测量的**光流**中包含很大的噪声，我们希望得到一种具有**鲁棒**性的方法。因此，我们考虑：使用**最小二乘方法**（也就是说：针对某种**范数**形式的最佳**拟合**），来确定：运动参数以及物体的表面形状。

在下面的内容中，我们假设像平面是一个矩形，即：$x \in [-w, w]$ 并且 $y \in [-h, h]$。如果像平面为其他形状，（我们将要导出的）这种方法也同样适用。事实上，如果场景中包含：多个以不同速度运动的物体，那么，我们可以将该方法用于：场景中某一物体所对应的图像区域。通常情况下，物体和相机之间的距离有一个下界，因此，我们可以假设 $1/Z$ 是一个有界函数。此外，绝大多数的**场景**是由具有光滑表面的物体所组成的，因此，我们可以假设：**场景深度**（**景深**）是“几乎处处”连续的。特别的，我们可以假设：场景中，$1/Z$ 不连续的点的集合是一个**零测集**[①]。这个假设保证了：进行积分所需要的所有必要条件。我们想要最小化下式：

$$\iint \left[\left(u - \frac{-fU + xW}{Z} \right)^2 + \left(u - \frac{-fV + yW}{Z} \right)^2 \right] dxdy \tag{12.29}$$

对于这种情况，我们所得到是：在 L_2 **范数**意义下的**最佳拟合**结果。函数 $f(x,y)$ 的 L_2 **范数**的定义为：

$$\|f(x,y)\| = \sqrt{\iint f^2(x,y)dxdy} \tag{12.30}$$

最小二乘方法中，求解式 (12.29) 的步骤如下：首先，我们确定每一个点 (x,y) 处的 Z 值，从而使得：在将 U、V 和 W 看作已知常数的情

[①] 我们首先定义一个**特征函数**，对于 $1/Z$ 不连续的点，特征函数的值为 1；对于其他的点，特征函数值为 0。然后，我们对特征函数进行积分，积分结果等于零。

况下，式 (12.29) 中的积分取得最小值；然后，我们确定 U、V 和 W 的值，以使得式 (12.29) 中的积分取得最小值。注意，在式 (12.29) 中，Z 是一个函数 $Z(x,y)$；而 U、V 和 W 是参数，因此，在优化过程中，我们将“对 $Z(x,y)$ 的优化”和“对 U、V 和 W 的优化”分为两步进行处理。在对 $Z(x,y)$ 的优化过程中，U、V 和 W 被看作已知常数，这是一个**变分问题**。经过这一步后，原来优化问题被简化为：一般的**参数优化问题**。为了方便，我们定义：

$$\alpha = -Uf + xW \quad 和 \quad \beta = -Vf + yW \tag{12.31}$$

注意：给定 U、V 和 W 以后，理论上，我们应该得到的**光流**为：

$$\bar{u} = \frac{\alpha}{Z} \quad 和 \quad \bar{v} = \frac{\beta}{Z} \tag{12.32}$$

于是，我们可以将积分式 (12.29) 简写为：

$$\iint \left[\left(u - \frac{\alpha}{Z} \right)^2 + \left(v - \frac{\beta}{Z} \right)^2 \right] dxdy \tag{12.33}$$

现在，我们进行：上面提到的求解优化问题的两个步骤中的第一步。首先，令式 (12.29) 中的被积函数对 Z 求导，再令所得到的表达式等于零，我们可以得到：

$$\left(u - \frac{\alpha}{Z} \right) \frac{\alpha}{Z^2} + \left(v - \frac{\beta}{Z} \right) \frac{\beta}{Z^2} = 0 \tag{12.34}$$

因此，我们可以得到 Z 的值：

$$Z = \frac{\alpha^2 + \beta^2}{u\alpha + v\beta} \tag{12.35}$$

顺便说一下，由于 $Z > 0$，因此，上式给出了一个关于 U、V 和 W 的约束条件。在后面，我们会利用这个约束条件，在所得到的两个符号相反的解中，选取一个合理的解。注意：我们现在有：

$$u - \frac{\alpha}{Z} = +\beta \frac{u\beta - v\alpha}{\alpha^2 + \beta^2} \quad 和 \quad v - \frac{\beta}{Z} = -\alpha \frac{u\beta - v\alpha}{\alpha^2 + \beta^2} \tag{12.36}$$

因此，我们可以将式 (12.29) 中的积分进一步写为：

$$\iint \frac{(u\beta - v\alpha)^2}{\alpha^2 + \beta^2} dxdy \tag{12.37}$$

首先，我们可以明显看出来的是：将 U、V 和 W 同时乘以一个相同的因子，并不改变上式中的积分结果。这反映出一个事实：我们所确定的运动参数，是在相差一个**尺度因子**的意义下而言的。

在进行下一步的处理之前，我们先给出一个：关于我们到目前为止所做的操作的几何解释（如图 12.4 所示）。对于任意给定的图像点 (x_0, y_0)，其**光流**不但取决于：该图像点所对应的物体上的点的速度

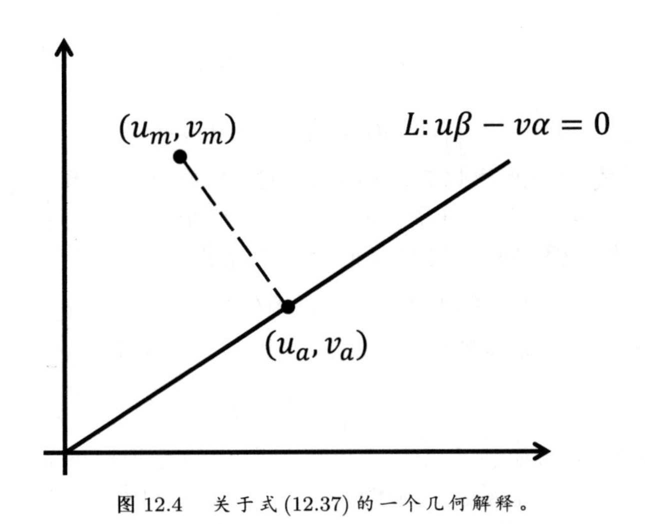

图 12.4 关于式 (12.37) 的一个几何解释。

U、V 和 W；同时还取决于：物体上的点在 Z 方向上的投影值 Z_0。但是，**光流**速度 (u, v) 的方向并不依赖于 Z_0。点 (u, v) 一定位于：$u-v$ 平面上由方程 $\beta u - \alpha v = 0$ 所确定的一条直线 L 上。假设：图像点 (x_0, y_0) 处光流的测量结果为 (u_m, v_m)，并且，在直线 L 上，和 (u_m, v_m) 距离最近的点为 (u_a, v_a)（该点对应于某一个 Z_a）。于是，残留的误差为：点 (u_m, v_m) 到直线 L 的距离。这个距离的平方就是：积分式 (12.37) 中的被积函数（即：积分号里面的部分）。

在优化求解的第二步中，积分式 (12.37) 分别对 U、V 和 W 求导，再令求导结果等于零，于是，我们得到：

$$\iint \frac{\beta(u\beta - v\alpha)(u\alpha + v\beta)}{(\alpha^2 + \beta^2)^2} dxdy = 0 \tag{12.38}$$

$$-\iint \frac{\alpha(u\beta - v\alpha)(u\alpha + v\beta)}{(\alpha^2 + \beta^2)^2} dxdy = 0 \tag{12.39}$$

$$\iint \frac{(y\alpha - x\beta)(u\beta - v\alpha)(u\alpha + v\beta)}{(\alpha^2 + \beta^2)^2} dxdy = 0 \tag{12.40}$$

如果我令：

$$K = \frac{(u\beta - v\alpha)(u\alpha + v\beta)}{(\alpha^2 + \beta^2)^2} \tag{12.41}$$

那么，我们可以将公式 (12.38) ~ (12.38) 简写为：

$$\iint ((-Vf + yW)K) dxdy = 0 \tag{12.42}$$

$$-\iint((-Uf+xW)K)dxdy=0 \tag{12.43}$$

$$\iint((-yU+xV)K)dxdy=0 \tag{12.44}$$

我们发现：式 (12.42) 乘以 U、加上式 (12.43) 乘以 V、再加上式 (12.44) 乘以 W，所得到的结果恒等于零。因此这三个方程（即：式 (12.42) ~ (12.44)）是**线性相关**的。这是我们的预料结果。如果

$$f(kU,kV,kW)=f(U,V,W) \tag{12.45}$$

（其中 f 是一个可导函数），那么，上式两边对 k 求导，可以得到：

$$U\frac{\partial f}{\partial U}+V\frac{\partial f}{\partial V}+W\frac{\partial f}{\partial W}=0 \tag{12.46}$$

这个结果同时也和如下事实是一致的，即：确定相机的运动速度这个问题，是在相差一个常数因子的意义下而言的！因此，我们只需要两个方程，但是，方程关于 U、V 和 W 是**非线性**的，并且，我们也无法证明：方程的解（在相差一个常数因子意义下）是唯一的。

12.3 使用其他的范数形式

但是，我们可以找到一种方法，来设计出另外一种**最小二乘法**，从而使得我们可以：求得关于运动参数的**解析解**。我们求上面提到的积分公式(12.29)的最小值，而改为极小化如下表达式：

$$\iint\left(\left(u-\frac{-fU+xW}{Z}\right)^2+\left(v-\frac{-fV+yW}{Z}\right)^2\right)(\alpha^2+\beta^2)dxdy \tag{12.47}$$

即：将被积函数乘以系数 $\alpha^2+\beta^2$。然后，我们用上面介绍的方法，对这个最小二乘问题进行求解。如果我们测得的**光流**没有受到噪声的影响，那么，这两个积分式都等于零，因此，这两个最优化问题的**最优解**是相同的。但是，如果我们所估计的**光流**并不精确，那么，最小化新的积分表达式 (12.47) 所得到的的结果，并不是针对 L_2 **范数**的最佳拟合，而是针对另外一种称为 $L_{\alpha\beta}$ 的**范数**形式，即：

$$\|f(x,y)\|_{\alpha\beta}=\sqrt{\iint f^2(x,y)(\alpha^2+\beta^2)dxdy} \tag{12.48}$$

我们这里所求解的优化问题是：对各个点的误差赋予一个**权重**，**光流**越大的点，所赋予的**权重**也越大。如果**光流**的测量结果具有这样的特性：**光流**值越大，测量结果越精确，那么新的积分形式（即 $L_{\alpha\beta}$ **范数**）比原来的积分形式（即 L_2 **范数**）更为合理。

使用哪种**范数**会得到最好的结果？这取决于：测量**光流**的过程中

所产生的噪声的特性。第一种**范数**（即 L_2 **范数**）形式更适合于：测量光流过程中所产生的噪声和光流的大小相互**独立**的情况。同时注意：如果我们真的想最小化 L_2 **范数**，我们可以使用：最小化 $L_{\alpha\beta}$ 范数所得的结果，作为初始值，然后，使用数值方法，对式 (12.42) ~ (12.44) 进行迭代求解。

现在，我们应用前面提到的求解最小二乘问题的方法，来最小化 $L_{\alpha\beta}$ **范数**情况下的积分式 (12.47)。首先，我们求：被积函数关于 Z 的导数，然后，让求导结果等于零，从而得到最优的 Z，即：

$$\left(u-\frac{\alpha}{Z}\right)\frac{\alpha}{Z^2}+\left(v-\frac{\beta}{Z}\right)\frac{\beta}{Z^2}=0 \tag{12.49}$$

于是，我们得到：

$$Z=\frac{\alpha^2+\beta^2}{u\alpha+v\beta} \tag{12.50}$$

将上式带入公式 (12.47)，最终，我们得到的优化目标函数为：

$$\iint(u\beta-v\alpha)^2dxdy \tag{12.51}$$

我们将积分表达式 (12.51) 记为 $g(U,V,W)$。根据 α 和 β 的定义式 (12.31)，我们可以将上式中的被积函数进一步写为：

$$u\beta-v\alpha=(vU-uV)f-(xv-yu)W \tag{12.52}$$

于是，我们可以将积分表达式 (12.51)进一步整理为：

$$g(U,V,W)=aU^2+bV^2+cW^2+2dUV+2eVW+2hUW \tag{12.53}$$

其中，

$$a=f^2\iint v^2dxdy \tag{12.54}$$

$$b=f^2\iint u^2dxdy \tag{12.55}$$

$$c=\iint(xv-yu)^2dxdy \tag{12.56}$$

$$d=-f^2\iint uvdxdy \tag{12.57}$$

$$e=f\iint u(xv-yu)dxdy \tag{12.58}$$

$$h=-f\iint v(xv-yu)dxdy \tag{12.59}$$

由于 $g(U,V,W)$ 非负，并且当 $U=V=W=0$ 时，$g(U,V,W)=0$。因此，我们找到了一个最优解：$U=V=W=0$。但是，这个最优解并不是我们所想要的！

事实上，为了得到由最小二乘模型（即：式 (12.53)）确定的平移速度，我们必须求解式 (12.53) 中的 $g(U,V,W)$ 取得**极值**的必要条件，也就是说，通过 $g(U,V,W)$ 分别对 U、V 和 W 求偏导，然后，再令求导结果等于零，所得到的一组方程。最终，我们得到了下面的关于 $\boldsymbol{t}=(U,V,W)^T$ 的**齐次线性方程组** [2]:

$$\boldsymbol{G}\boldsymbol{t}=0 \tag{12.60}$$

其中，

$$\boldsymbol{G}=\begin{pmatrix} a & d & h \\ d & b & e \\ h & e & c \end{pmatrix} \tag{12.61}$$

很明显，当且仅当 $\boldsymbol{G}$ 的**行列式**等于零时，式 (12.60) 才存在非零解。此时，式 (12.60) 中的三个方程**线性相关**，并且，非零解 $\boldsymbol{t}$ 可以相差一个常数因子。但是，通常情况下，由于数据中包含有噪声，因此，当 $\boldsymbol{t}$ 不等于零时，$g(U,V,W)$ 也不等于零。这使得：$\boldsymbol{t}=(0,0,0)^T$ 成为**最优解**。为了从另一方面来看出这一点，注意，式 (12.53) 中的 g 具有如下性质：

$$g(kU,kV,kW)=k^2g(U,V,W) \tag{12.62}$$

其中，k 是一个常数。显然，当 $U=V=W=0$ 时，$g(U,V,W)$ 取得最小值（由式 (12.51) 可知：$g(U,V,W)\geq 0$，由式 (12.62) 可知：$g(0,0,0)=0$，因此，$g(0,0,0)\leq g(U,V,W)$）。

我们真正想要得到的是：对于固定长度的 $\boldsymbol{t}$，使得 g 最小的 $\boldsymbol{t}$ 的方向。因此，我们加入约束条件：$\boldsymbol{t}$ 是一个单位向量。如果 $\boldsymbol{t}$ 为单位向量，那么，g 的最小值等于：矩阵 $\boldsymbol{G}$ 的最小的**特征值**，并且，我们可以通过：与该**特征值**对应的**特征向量**，来确定：使得 g 取得最小值的 $\boldsymbol{t}$。我们注意到：g 是一个**二次型**，并且，可以写为如下形式[2]:

$$g(U,V,W)=\boldsymbol{t}^T\boldsymbol{G}\boldsymbol{t} \tag{12.63}$$

注意：由于 $a\geq 0$，$b\geq 0$，$c\geq 0$，$ab\geq d^2$，$bc\geq e^2$，$ca\geq h^2$（后三个不等式可以通过 **Cauchy – Schwarz 不等式**得出），这说明 $\boldsymbol{G}$ 是一个**半正定**的实对称矩阵①。因此，所有的**特征值** λ_i 都是非负实数，这些特征值 λ_i 是下面的三阶多项式方程的解，即：

$$\begin{aligned}\lambda^3-(a+b+c)\lambda^2+(ab+bc+ca-d^2-e^2-h^2)\lambda \\ +(ae^2+bh^2+cd^2-abc-2deh)=0\end{aligned} \tag{12.64}$$

---

①这是由于 $g(U,V,W)\geq 0$，因此，根据式 (12.63)，对于任意 $\boldsymbol{t}$，都有 $\boldsymbol{t}^T\boldsymbol{G}\boldsymbol{t}\geq 0$，这正好是**半正定**矩阵的定义。

三次方程的根是有**解析表达式**的。因此，我们可以得到：三次方程式(12.64)的最小正根的显式表达式。对于我们的问题，这给出了我们所需要的解。但是，为了内容的完整性，我们接下来会讨论：各种可能出现的**病态情况**。尽管这些情况在实际问题中很难碰到。

注意，当且仅当$\boldsymbol{G}$是**奇异矩阵**（也就是说，特征多项式(12.64)中的常数项等于零）时，才会出现$\lambda = 0$的情况。事实上，如果$\boldsymbol{G}$的**行列式**等于零，那么，我们可以找到一个**平动**速度$\boldsymbol{t}$，使得$g = 0$。从微积分的理论来说，这意味着**光流**“几乎处处”是正确的。也就是说，**光流**不一致的点的集合是一个**零测集**。因此，误差只可能出现在**光流**不连续的点上，而这些点正好是：（由函数Z所表示的）曲面上的不连续的地方（这些点也正好是：用已有的方法来计算**光流**时，产生很大误差的地方）。

在矩阵$\boldsymbol{G}$的所有**特征值**中，不可能出现：有两个**特征值**为零的情况，因为，两个**特征值**为零意味着：在式(12.64)中的**特征多项式**中，常数项以及λ的一次项前面的系数都等于零，并且，λ^2的项前面的系数不为零。这也意味着：$ab = d^2$、$bc = e^2$、$ac = h^2$，并且，a、b、c不全为零。但是，由 **Cauchy – Schwarz 不等式**可知，上述三个等式意味着：u和v同时和$xv - yu$成正比。只有当像平面上所有点$(x, y)^T$的光流$u = v = 0$时，才可能出现这种情况。但是此时，所有6个积分（即：式(12.54) ~ (12.59)）都等于零，这意味着三个**特征值**都等于零。这种情况没有太大的研究意义，因为这意味着**光流**处处为零，也就是说，相机的运动速度为零。

一旦知道了矩阵$\boldsymbol{G}$的最小**特征值**，我们可以很容易求得：和给定数据匹配效果最好的**平动**速度。为了确定：和**特征值**λ_1相对应的**特征向量**，我们需要求出下面的线性方程组的**非零解**，即：

$$\left\{\begin{array}{llllllll}(a-\lambda_1) & U & + & d & V & + & h & W = 0\\ d & U & + & (b-\lambda_1) & V & + & e & W = 0\\ h & U & + & e & V & + & (c-\lambda_1) & W = 0\end{array}\right. \tag{12.65}$$

由于λ_1是**特征值**，因此，式(12.65)中的三个方程是**线性相关**的。我们暂时假设：矩阵$\boldsymbol{G}$的三个**特征值**是各不相同的，也就是说，$(\boldsymbol{G} - \lambda \boldsymbol{I})$的秩是2，其中$\boldsymbol{I}$表示**单位矩阵**。于是，我们可以用：式(12.65)中的三个方程中的其中两个，来进行求解。其基本技巧是：将U和V表示成只含有W项的形式。

共有三种方法来实现这个过程。为了得到具有**对称性**的解，我们将用这三种方法求得的结果加在一起。于是，我们最终得到：

$$\left\{ \begin{array}{lcl} U & = & (b-\lambda_1)(e-\lambda_1)-h(b-\lambda_1)-d(c-\lambda_1)+e(h+d-e) \\ V & = & (c-\lambda_1)(a-\lambda_1)-d(c-\lambda_1)-e(a-\lambda_1)+h(d+e-h) \\ W & = & (a-\lambda_1)(b-\lambda_1)-e(a-\lambda_1)-h(b-\lambda_1)+d(e+h-d) \end{array} \right. \quad (12.66)$$

注意，如果数据很好的话（即数据中包含较少的噪声），λ_1 将会很小。这种情况下，我们可以令：上式中的 $\lambda_1 = 0$，从而得到近似最优解（当然，此时我们没有必要再去求 λ_1 的值）。我们可以对所求得的速度进行**归一化**，从而使得其大小等于 1。我们还剩下一个难题：如果 $\boldsymbol{t}$ 是最优解，那么，$-\boldsymbol{t}$ 也将是最优解。但是，这两个"最优解"中只有一个使得 Z 取正值。我们可以通过：计算某些点的 Z 值，来确定 $\boldsymbol{t}$ 的正负。

进一步，让我们来分析：矩阵 $\boldsymbol{G}$ 有两个相同的最小**特征值**的情况。我们可以找到一个简单的几何解释，来说明我们到目前为止所做的工作。考虑一个由 $g(U,V,W)=k$ 所确定的曲面，其中 k 是一个常数。注意，我们总可以找到一个坐标系 $(\widetilde{U},\widetilde{V},\widetilde{W})$，从而使得：在这个坐标系中，$g(U,V,W)$ 可以被写为：

$$\lambda_1\widetilde{U}^2+\lambda_2\widetilde{V}^2+\lambda_3\widetilde{W}^2=k \quad (12.67)$$

其中，λ_i（$i=1,2,3$）是二次型的三个特征值。如果这三个特征值都不为零，那么，$g(U,V,W)=k$ 是一个椭球，其三个相互垂直的**对称轴**的长度分别为：$\sqrt{k/\lambda_i}$（其中，$i=1,2,3$）。我们所特别关心的是：常数 k 等于最小特征值的情况。此时，椭球的三个半轴的长度都小于或等于 1。因此，这个椭球位于一个单位球里面。如果，较小的两个**特征值**的取值不同，那么，单位球有两个点和椭球相切。这两个点位于椭球的**最长对称轴**上。但是，如果较小的两个特征值相同，那么，单位球和椭球相切于：球面上的一个大圆。于是，所有位于：由这两个**特征向量**所张成的平面上的速度向量，具有相同的误差。最终，如果三个特征向量都相同，那么，并不存在"最好的"速度方向 $\boldsymbol{t}$，因为，此时椭球变成了一个单位球。

对于正好有一个**特征值**等于 0 的情况，也有一个简单的几何解释。此时，由 $g(U,V,W)=0$ 所确定的曲面是一条直线。假设 $\lambda_3=0$，通过下面的方程：

$$\lambda_1\widetilde{U}^2+\lambda_2\widetilde{V}^2=0 \quad (12.68)$$

我们很容易看出这一点。注意：λ_1 和 λ_2 都是正数。显然，单位球和这条线正好相交于两点，其中的一个点对应于 Z 取正数的情况。

我们刚刚讨论的方法是非常易于实现的。最终，我们需要将这个问题离散化，从而对其进行处理。我们可以推导出类似的方程，只是将“积分号”换成“求和符号”。于是，我们前面所提出的求解最小化问题的方法，可以用来对相应的离散情况进行求解。所求得的结果具有相似的形式，只是将“积分号”换成了“求和符号”。我们可以用：最大特征值和最小特征值的比值（即：**条件数**），来作为：对所得结果的可信度的一种衡量标准。如果条件数远大于1，那么，我们所求得的速度 $\boldsymbol{t}$（即：式(12.66)）对噪声的灵敏度很高。

当我们使用 $L_{Z_{uv}}$ **范数**时，我们会得到：和前面讨论过的误差积分相同的形式。$L_{Z_{u,v}}$ **范数**的定义为：

$$\|f(x,y)\|_{Z_{uv}} = \sqrt{\iint (f(x,y)Z(x,y))^2(u^2+v^2)dxdy} \tag{12.69}$$

此外，我们可以让式(12.29)中的被积函数乘以 Z^2，而不是乘以 $\alpha^2+\beta^2$，从而，求得一个类似的解。对于这种情况，我们是针对：下面所定义的 L_Z **范数**，来求解最小化问题的。

L_Z **范数**的定义为：

$$\|f(x,y)\|_Z = \sqrt{\iint (f(x,y)Z(x,y))^2dxdy} \tag{12.70}$$

这里，场景中（距离相机）远的点所对应的**光流**，被赋予了更大的**权重**。对于：越大的**光流**对应于越低的精度的情况，最适合于使用这种**范数**形式。我们对这种情况进行求解，可以得到类似的 g，但是，矩阵 $\boldsymbol{G}$ 中的六个参数 a,b,c,d,e,f 所对应的六个积分形式，会变得更加复杂。令人感到奇怪的是，这六个积分形式只依赖于：每一点的**光流**方向，而与**光流**的大小无关。我们也可以使用其他的约束条件，例如，令 $U^2+V^2=1$，或者 $W=1$。

12.4 转动的情况

假设相机只做**转动**，为了从光流信息中判定相机的运动，我们再次用到：基于 L_2 范数的**最小二乘**算法。对于转动情况，光流为：

$$u_r = A\frac{xy}{f} - B\left(\frac{x^2}{f}+f\right) + Cy \tag{12.71}$$

$$v_r = A\left(\frac{y^2}{f}+f\right) - B\frac{xy}{f} - Cx \tag{12.72}$$

我们现在要说明的是：两个不同的**旋转**所对应的**光流**一定不同。我们用 $\boldsymbol{w}_1=(A_1,B_1,C_1)^T$ 和 $\boldsymbol{w}_2=(A_2,B_2,C_2)^T$ 来表示两个不同的旋转，然后，使用反证法来进行证明。

假设：$\boldsymbol{w}_1 = (A_1, B_1, C_1)^T$ 和 $\boldsymbol{w}_2 = (A_2, B_2, C_2)^T$ 所对应的光流相同，那么，我们会得到如下的方程组：

$$A_1 \frac{xy}{f} - B_1 \left(\frac{x^2}{f} + f \right) + C_1 y = A_2 \frac{xy}{f} - B_2 \left(\frac{x^2}{f} + f \right) + C_2 y \tag{12.73}$$

$$A_1 \left(\frac{y^2}{f} + f \right) - B_1 \frac{xy}{f} - C_1 x = A_2 \left(\frac{y^2}{f} + f \right) - B_2 \frac{xy}{f} - C_2 x \tag{12.74}$$

我们马上可以推断出：$\boldsymbol{w}_1 = \boldsymbol{w}_2$。

通常情况下，如果相机只做**转动**，那么，我们只需要两个点的**光流**方向，以及，其中一个点的光流大小，就可以唯一地确定：相机的**转动**。但是，我们通过最小化如下表达式：

$$\iint \left((u - u_r)^2 + (v - v_r)^2 \right) dxdy \tag{12.75}$$

来确定相机的**转动**。对于**纯转动**的情况，**光流**和相机到物体表面的距离无关。因此，我们可以略过：前面讨论**平动**情况时所使用的优化方法中的第一步。我们直接对：式 (12.75) 中的 A、B 和 C 求偏导，然后，令求导结果等于零，于是，我们得到：

$$\iint \left((u - u_r)xy + (v - v_r) \left(y^2 + f^2 \right) \right) dxdy = 0 \tag{12.76}$$

$$\iint \left((u - u_r) \left(x^2 + f^2 \right) + (v - v_r)xy \right) dxdy = 0 \tag{12.77}$$

$$\iint \left((u - u_r)y - (v - v_r)x \right) dxdy = 0 \tag{12.78}$$

我们可以将式 (12.76)、(12.77) 和(12.78)进一步写为如下形式：

$$\iint \left(u_r xy + v_r \left(y^2 + f^2 \right) \right) dxdy = \iint \left(uxy + v \left(y^2 + f^2 \right) \right) dxdy \tag{12.79}$$

$$\iint \left(u_r \left(x^2 + f^2 \right) + v_r xy \right) dxdy = \iint \left(u \left(x^2 + f^2 \right) + vxy \right) dxdy \tag{12.80}$$

$$\iint \left(u_r y - v_r x \right) dxdy = \iint \left(uy - vx \right) dxdy \tag{12.81}$$

我们可以将上面三式进一步展开成如下的**线性方程组**[2]：

$$\left\{ \begin{array}{lcl} \overline{a}A + \overline{d}B + \overline{h}C & = & \overline{k} \\ \overline{d}A + \overline{b}B + \overline{e}C & = & \overline{l} \\ \overline{h}A + \overline{e}B + \overline{c}C & = & \overline{m} \end{array} \right. \tag{12.82}$$

其中：

$$\overline{a} = \iint \left(x^2 y^2 + \left(y^2 + f^2 \right)^2 \right) dxdy \tag{12.83}$$

$$\overline{b} = \iint \left(\left(x^2 + f^2 \right)^2 + x^2 y^2 \right) dxdy \tag{12.84}$$

$$\bar{c} = f^2 \iint \left(x^2 + y^2\right) dxdy \tag{12.85}$$

$$\bar{d} = -\iint xy\left(x^2 + y^2 + 2f^2\right)\right) dxdy \tag{12.86}$$

$$\bar{e} = -f^3 \iint ydxdy \tag{12.87}$$

$$\bar{h} = -f^3 \iint xdxdy \tag{12.88}$$

$$\bar{k} = f \iint \left(uxy + v\left(y^2 + f^2\right)\right) dxdy \tag{12.89}$$

$$\bar{l} = -f \iint \left(u\left(x^2 + f^2\right) + vxy\right) dxdy \tag{12.90}$$

$$\overline{m} = f^2 \iint (uy - vx)\, dxdy \tag{12.91}$$

如果我们把线性方程组(12.82)中**系数矩阵**记为 $\boldsymbol{M}$，将等号右边的**列向量**记为 $\boldsymbol{n}$，那么，我们可以将式(12.82)简写为：

$$\boldsymbol{M}\boldsymbol{w} = \boldsymbol{n} \tag{12.92}$$

假设矩阵 $\boldsymbol{M}$ 是**非奇异**的，那么，相机转动的**角速度**为：

$$\boldsymbol{w} = \boldsymbol{M}^{-1}\boldsymbol{n} \tag{12.93}$$

我们将通过习题 17.9 来说明：在矩形像平面这种特殊情况下，矩阵 $\boldsymbol{M}$ 是**非奇异的**（也就是说，矩阵 $\boldsymbol{M}$ 的逆存在）。但是，随着像平面范围的缩小，矩阵 $\boldsymbol{M}$ 将会变得越来越**病态**，也就是说，当我们使用观测到的**光流**来计算 $\bar{l}$、$\bar{k}$ 和 $\overline{m}$ 时，误差会被迅速放大。这也是容易理解的，因为当观察范围只局限于：沿着光轴方向的一个很小的圆锥时，我们很难精确判断：相机绕着**光轴**的转动情况。

正如我们在前面多次提到的，通过用“求和”来近似表示“积分”，我们就可以得到该算法的数值实现方式。

12.5 刚体运动

现在，我们将在：没有关于相机运动的先验假设的情况下，应用**最小二乘算法**，从**光流**数据中，判断相机的运动情况。显然，如果所得到的方程关于所有的运动参数都是**线性**的，那么，**最小二乘方法**是最好用的。但是，不幸的是，我们找不到任何一种**范数**形式，使得：所得到的方程关于所有的运动参数都是**线性**的。再一次，我们需要处理：基于 $L_{\alpha\beta}$ 范数的最小化问题，并使用约束条件

$U^2 + V^2 + W^2 = 1$。

我们所得到的方程是关于 U、V、W、A、B 和 C 的多项式。我们可以使用：1) 标准迭代方法（例如：**Newton 法**、**Bairstow 方法**），或者，2) **插值**算法（例如：**Regula－Falsi 方法**）来进行求解。我们需要优化的目标函数为：

$$\iint \left[\left(u - (\frac{\alpha}{Z} + u_r)\right)^2 + \left(v - (\frac{\beta}{Z} + v_r)\right)^2 \right] (\alpha^2 + \beta^2) dxdy \tag{12.94}$$

第一步是：求被积函数（即：积分号里面的表达式）关于 Z 的导数，然后，令求导结果等于零。于是，我们可以得到：

$$Z = \frac{\alpha^2 + \beta^2}{(u - u_r)\alpha + (v - v_r)\beta} \tag{12.95}$$

将式 (12.95) 代入式 (12.94) 中。我们引入 **Lagrange 乘子**，并尝试求下式的极小值，即：

$$\iint ((u - u_r)\beta - (v - v_r)\alpha)^2 \, dxdy + \lambda(U^2 + V^2 + W^2 - 1) \tag{12.96}$$

根据极值的必要条件，分别对式 (12.96) 中的 U、V、W、A、B、C 和 λ 求偏导，然后令求导结果等于零，我们最终得到了：确定相机运动参数所需的方程组，即：

$$\iint ((u - u_r)\beta - (v - v_r)\alpha) \left(-xy\beta + (y^2 + f^2)\alpha\right) dxdy = 0 \tag{12.97}$$

$$\iint ((u - u_r)\beta - (v - v_r)\alpha) \left((x^2 + f^2)\beta - xy\alpha\right) dxdy = 0 \tag{12.98}$$

$$\iint ((u - u_r)\beta - (v - v_r)\alpha) (y\beta + x\alpha) \, dxdy = 0 \tag{12.99}$$

$$\iint ((u - u_r)\beta - (v - v_r)\alpha) (v - v_r) \, dxdy + \lambda U/f = 0 \tag{12.100}$$

$$\iint ((u - u_r)\beta - (v - v_r)\alpha) (u - u_r) \, dxdy - \lambda V/f = 0 \tag{12.101}$$

$$\iint ((u - u_r)\beta - (v - v_r)\alpha) ((u - u_r)y - (v - v_r)x) \, dxdy + \lambda W = 0 \tag{12.102}$$

$$U^2 + V^2 + W^2 = 1 \tag{12.103}$$

注意：在这些方程 (12.97) ~ (12.103)中，前三个方程关于 A、B 和 C 是线性的。因此，我们可以用：含有 U、V 和 W 的表达式，来唯一地将 A、B 和 C 这三个参数表示出来。（然后，将 A、B 和 C 的表达式代入后四个方程，从而使得后四个方程中只含有 U、V、W 和 λ）。最后，我们通过后四个方程，使用数值算法来求出 U、V 和 W 的值。这给我

图 12.5 **碰撞时间估计**技术在自动驾驶中的应用。我们设计的碰撞时间估计算法计算复杂度低，可以实时运行在智能手机上。

们提供了一个迭代算法。为进行数值求解，我们还需要将问题离散化，并导出相应的方程，在这些方程中，“积分”形式将被“求和”形式所取代。

总的来说，我们的目标是：探寻一种从**光流**中确定相机运动的方法，并且，允许测量数据中包含噪声。本章提出的**无源导航**方法满足我们的目标，并且，适于用数值方法来实现。对于某些特殊的应用，例如场景可以被近似描述为一个或多个平面的情况，我们可以尝试：直接通过图像的亮度变化来确定相机的运动信息，也就是说，不需要计算光流。相应的方法被称为**直接无源导航**技术①。在下一小节中，我们将给出一个这方面的具体应用实例。

12.6 碰撞时间估计

作为无源导航的一个具体应用，在这里，我们介绍一种称为**碰撞时间估计**的计算机视觉技术②。进一步，我们将展示“碰撞时间估计”技术在**自动驾驶**中的应用，如图 12.5 所示。

①参见：N. Shahriar & B. K.P. Horn. “Direct passive navigation.” *IEEE Transactions on Pattern Analysis and Machine Intelligence*, vol. 1 (1987): 168-176.

②参见：B. K.P. Horn, Y. Fang & I. Masaki, "Time to Contact Relative to a Planar Surface," *IEEE Transactions on Intelligent Transportation Systems*, June 2007.

出于实时性要求，我们需要尽可能地降低“碰撞时间估计”算法的计算复杂度。因此，我们没有采样基于目标识别和分割的方法，而是基于本章所介绍的**无源导航**技术，开发出了一个快速的碰撞时间估计算法，该算法可以实时运行于智能手机之上。

对于自动驾驶，我们最关注的是与前车之间的距离变化。因此，我们可以将模型简化为**平面物体的平移运动**，如图 12.6 所示[①]。注意，相机的摆放姿态可能使得相机的光轴方向和车辆的运动方向不一致，因此，相机的（平移）运动速度为 $\boldsymbol{t} = (U, V, W)^T$，而不是 $(0, 0, W)^T$。根据本章中 12.2 小节的分析，我们知道：对于图 12.6 中的情况，对应的**光流**应为（参见式 (12.18)）：

$$u = -\frac{f}{Z}U + \frac{x}{Z}W \quad 和 \quad v = -\frac{f}{Z}V + \frac{y}{Z}W \tag{12.104}$$

我们可以将式 (12.104) 进一步整理为：

$$u = \frac{W}{Z}\left(x - \frac{U}{W}f\right) \quad 和 \quad v = \frac{W}{Z}\left(y - \frac{V}{W}f\right) \tag{12.105}$$

使得**光流等于零**的点 (x_0, y_0)：

$$x_0 = \frac{U}{W}f \quad 和 \quad y_0 = \frac{V}{W}f \tag{12.106}$$

被称为**膨胀中心**（Focus of Expansion, FOE），也就是说，物体的图像以这一点为中心向外膨胀（或向内收缩）。

进一步，我们可以整理得到：

$$u = \frac{W}{Z}(x - x_0) \quad 和 \quad v = \frac{W}{Z}(y - y_0) \tag{12.107}$$

注意，Z 为与前方（平面）物体之间的距离，W 为相机的前向运动速度，因此，**碰撞时间**（Time to Contact, TTC）为：

$$\text{TTC} = \frac{Z}{W} \tag{12.108}$$

我们不妨令：

$$A = \frac{1}{\text{TTC}} = \frac{Z}{W}, \quad B = -A\,x_0 \quad 和 \quad C = -A\,y_0 \tag{12.109}$$

于是，式 (12.107) 可以进一步写为：

$$u = A\,x - B \quad 和 \quad v = A\,y - C \tag{12.110}$$

一个直观的想法是：通过匹配（从图像序列中估计出来的）光流来确定式 (12.110) 中的参数 (A, B, C)，然后，确定出**碰撞时间** TTC 和**膨胀**

[①] 参见：L. Wang & B. K.P. Horn, "Time-to-Contact control: improving safety and reliability of autonomous vehicles", *International Journal of Bio-Inspired Computation*, Vol. 16, No. 2, pp. 68-78, 2020.

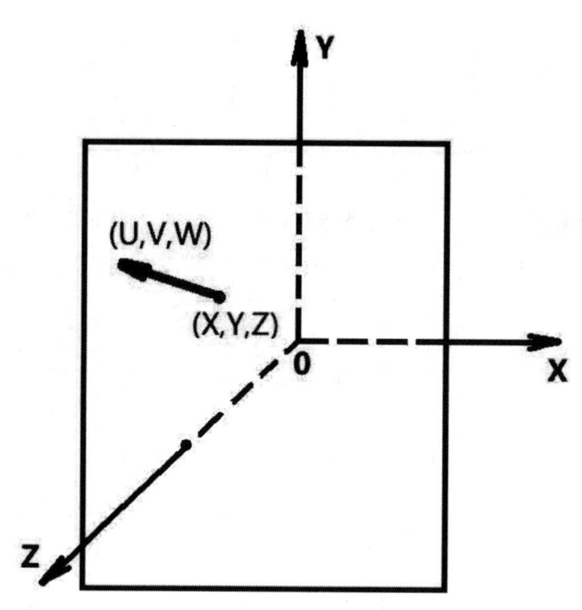

图 12.6 对于自动驾驶，我们最关注的是与前车之间的距离变化。因此，我们可以将模型简化为**平面物体的平移运动**。

中心 (x_0, y_0)，也就是说，

$$\text{TTC} = \frac{1}{A}, \quad x_0 = -\frac{B}{A} \quad 和 \quad y_0 = -\frac{C}{A} \tag{12.111}$$

需要指出的是：估计光流的计算复杂度较高。在这里，我们采用一种被称为**直接运动估计**的技术，来提高算法的效率。具体操作为，将式(12.110) 中的 (u, v) 直接代入**光流约束方程**（参见式 (11.5)）

$$E_x u + E_y v + E_t = 0 \tag{12.112}$$

可以进一步得到：

$$(E_x x + E_y y)\, A - E_x B - E_y C + E_t = 0 \tag{12.113}$$

注意，上式并不是针对某一特定的 (x, y)，而是对于所有的 (x, y) 都成立！由于噪声的影响，上式不可能对于所有的 (x, y) 都成立。正如我们在本章中所介绍的，可以通过**最小二乘法**来进行求解，也就是说，

$$\min_{(A,B,C)} \iint \left[(E_x x + E_y y)\, A + E_x B + E_y C + E_t\right]^2 \, dxdy \tag{12.114}$$

分别对 A、B 和 C 求偏导，再令求导结果等于零，我们得到了如下的线性方程组[2]：

$$\underbrace{\begin{pmatrix} a & b & c \\ b & d & e \\ c & e & g \end{pmatrix}}_{\mathbf{G}} \underbrace{\begin{pmatrix} A \\ B \\ C \end{pmatrix}}_{\mathbf{x}} = - \underbrace{\begin{pmatrix} p \\ q \\ r \end{pmatrix}}_{\mathbf{b}} \tag{12.115}$$

直接通过**解析解**公式，即可得到线性方程组 (12.115) 的解 $\mathbf{x} = \mathbf{G}^{-1}\mathbf{b}$。线性方程组 (12.115) 中的 9 个参数分别为：

$$a = \iint (E_x x + E_y y)^2 \, dxdy \tag{12.116}$$

$$b = \iint (E_x x + E_y y) \, E_x dxdy \tag{12.117}$$

$$c = \iint (E_x x + E_y y) \, E_y dxdy \tag{12.118}$$

$$d = \iint E_x^2 dxdy \tag{12.119}$$

$$e = \iint E_x E_y dxdy \tag{12.120}$$

$$g = \iint E_y^2 dxdy \tag{12.121}$$

$$p = \iint (E_x x + E_y y) \, E_t dxdy \tag{12.122}$$

$$q = \iint E_x E_t dxdy \tag{12.123}$$

$$r = \iint E_y E_t dxdy \tag{12.124}$$

图 12.7 中给出了**碰撞时间**和**膨胀中心**的估计结果。实验环境如图 12.5 所示。图 12.7(a) 中左上角给出了中间计算结果，其中上面的四幅子图分别为：E（灰度图）、E_t、E_x 和 E_y，最下面的两幅子图为：手机内置惯导传感器给出的转动速度。本小节给出的**碰撞时间估计**算法假设小车只进行平移运动，只有在惯导传感器没有检测出明显的转动的情况下，碰撞时间估计结果才被直接用于小车的控制。图 12.7(b) 中的红色“柱状图”表示：估计出的碰撞时间为正，也就是说，和前方物体之间的距离在变小；图 12.7(c) 中的绿色“柱状图”表示：估计出的碰撞时间为负，也就是说，和前方物体之间的距离在变大。自动驾驶系统可以根据碰撞时间的正负来控制车辆是否减速。

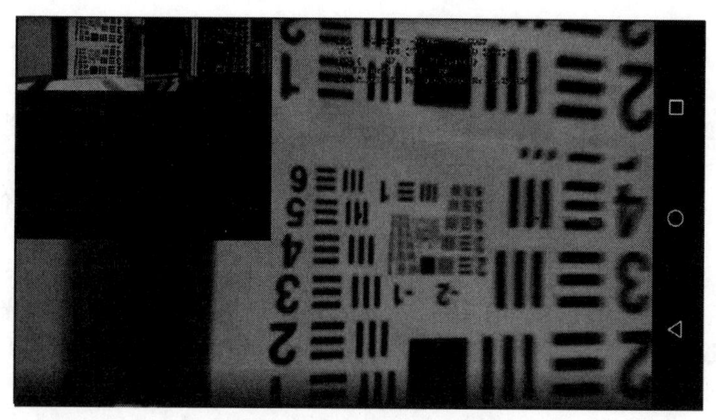

(a) 实验结果中的某一帧图像

(b) 小车冲向墙面时的结果

(c) 小车远离墙面时的结果

图 12.7 智能手机上的算法运行效果。对比 (a) 和 (b)，估计出的碰撞时间为正，和物体之间的距离变小；对比 (b) 和 (c)，估计出的碰撞时间为负，和物体之间的距离变大。

12.7 习题

习题 12.1　在分析**平动**和**转动**分量的过程中，我们得到了一些公式。本题中，我们将使用这些公式，来对第 12 章中所得到的一些结果进行扩展。在第 12 章中，我们讨论了：**光流**。请证明下面三个结论，即：

(a) 当我们用相机“观测”一个平面物体的表面时，如果相机沿着：平行于像平面的方向运动，那么，对于所得到的**光流**，其 **Laplace 算子**的处理结果为零。注意：该平面物体并不一定要平行于像平面。

(b) 我们用相机“观测”一个平面物体的表面，并且，假设平面物体平行于像平面。如果相机只做**平动**，而不发生**转动**，那么，对于所得到的**光流**，其 **Laplace 算子**的处理结果为零。注意：相机平动的方向并不一定要平行于像平面。

(c) 如果相机绕着（除了光轴以外的）其他的轴**转动**，那么，对于所得到的**光流**，其 **Laplace 算子**的处理结果不为零。

习题 12.2　对于**（纯粹）转动**的情况，光流场中的向量与物体和透镜之间的距离无关。向量的长度和方向取决于：**转动轴**和**角速度**。我们将**转动中心**定义为：**光流场**中速度为零的点。在某种程度上，这和我们在**（纯粹）平动**的问题中所定义的膨胀中心很相似。证明：在**（纯粹）转动**的情况下，我们可以通过：像平面上的两个点的光流，来确定：相机的运动方向。并且，请进一步说明：对于这两个点中的一个点，我们只需要知道其光流方向即可（而不需要知道其光流的大小）。请解释：为什么这并不是利用光流信息的最好方法？

习题 12.3　**无源导航**的另外一种方法需要用到：**“特征”的识别和追踪**。请设计和探索一些特征识别和追踪的方法，用来从物体上选取少数的**特征点**。当我们在视频中相邻的两张图上找到这些点之间的对应关系以后，我们就可以确定物体的运动情况。
提示：这并不是一个简单的问题。

习题 12.4　证明：如果 $f(k\boldsymbol{r}) = f(\boldsymbol{r})$，那么 $\nabla f(\boldsymbol{r}) \cdot \boldsymbol{r} = 0$。其中 ∇ 表示**梯度算子**。**梯度**是一个向量，其分量为：函数 f 关于 x 和 y 的偏导数。

习题 12.5　假设：$g(\boldsymbol{t}) = \boldsymbol{t}^T \boldsymbol{G} \boldsymbol{t}$，并且，$\boldsymbol{t}$ 为单位向量。请证明：$g(\boldsymbol{t})$ 的最优解对应于矩阵 $\boldsymbol{G}$ 的**特征向量**。

习题 12.6 如果我们只考虑**（纯粹）平动**的情况。请证明：最小化 $L_{z_{u,v}}$ 范数所得到的方程，和最小化 $L_{\alpha\beta}$ 范数所得到的方程相同。请解释其原因。

习题 12.7 考虑**纯粹平动**的情况。假设我选择最小化 L_Z 范数：

$$||f(x,y)||_Z = \sqrt{\iint (f(x,y)Z(x,y))^2 dxdy} \tag{12.125}$$

这里，远处的点的光流，将获得更大的权重。证明：这种情况下，所得到的结果只和光流的方向有关，而与光流的大小无关。

习题 12.8 证明：对于**纯粹转动**的情况，如果像平面的长为 $2W$、宽为 $2H$，那么，在式 (12.82) 中，

$$\overline{a} = 4WH\left(\frac{H^4}{5} + \frac{2H^2}{3} + 1\right) + \frac{4W^3H^3}{9} \tag{12.126}$$

$$\overline{b} = 4WH\left(\frac{W^4}{5} + \frac{2W^2}{3} + 1\right) + \frac{4W^3H^3}{9} \tag{12.127}$$

$$\overline{c} = \frac{4WH}{3}\left(W^2 + H^2\right) \tag{12.128}$$

$$\overline{d} = \overline{e} = \overline{f} = 0 \tag{12.129}$$

其中，$\overline{a}, \overline{b}, \overline{c}, \overline{d}, \overline{e}, \overline{f}$ 的定义参见式 (12.83) ~ (12.91)。证明：式(12.82)中的系数矩阵 $\boldsymbol{M}$ 是**非奇异**的（即：$\boldsymbol{M}$ 是一个**可逆矩阵**）。

习题 12.9 对于一些极端的情况，**无源导航**的解可能不唯一。这里，我们将探索：被成像的物体是一个平面的情况。

(a) 假设被成像的物体是一个平面，其表达式为：

$$Z = Z_0 + pX + qY \tag{12.130}$$

其中，$(X, Y, Z)^T$ 表示：曲面上某一点的坐标。证明：

$$\frac{Z_0}{Z} = 1 - px - qy \tag{12.131}$$

其中，$(x, y)^T$ 是对应的像平面上的点的坐标。

(b) 证明：在这种情况下，相机运动所生成的**运动场**为：下面给出的关于 x 和 y 的二次多项式，即：

$$u = \frac{1}{Z_0}(-U + xW)(1 - px - qy) + Axy - B(x^2 + 1) + Cy \tag{12.132}$$

$$v = \frac{1}{Z_0}(-V + yW)(1 - px - qy) + A(y^2 + 1) - Bxy - Cx \tag{12.133}$$

如果我们令：$U' = U/Z_0$、$V' = V/Z_0$、$W' = W/Z_0$，那么，我们可以对式 (12.132) 和(12.133) 做进一步化简。

(c) 现在想象：有两个不同的平面物体，当相机（以两组不同的运动参数）做着两种不同的运动时，这两个平面物体所产生的光流是相同的。我们用下标来表示：两组不同的**平面参数**，以及，两组不同的**运动参数**。我们用 (u_1, v_1) 和 (u_2, v_2) 来表示两组光流。于是，“两组光流相同”具体是指：$u_1 = u_2$ 并且 $v_1 = v_2$。请根据式 (12.132) 和(12.133) 推导出：要产生相同的光流，**平面参数**和**运动参数**所需满足的 8 个条件：

$$V_1{}' - V_2{}' = A_1 - A_2 \tag{12.134}$$

$$W_1{}'q_1 - V_2{}'q_2 = A_1 - A_2 \tag{12.135}$$

$$U_1{}' - U_2{}' = B_2 - B_1 \tag{12.136}$$

$$W_1{}'p_1 - V_2{}'p_2 = B_2 - B_1 \tag{12.137}$$

$$U_1{}'q_1 - U_2{}'q_2 = C_1 - C_2 \tag{12.138}$$

$$V_1{}'p_1 - V_2{}'p_2 = C_1 - C_2 \tag{12.139}$$

$$U_1{}'p_1 - U_2{}'p_2 = W_2' - W_1' \tag{12.140}$$

$$V_1{}'q_1 - V_2{}'q_2 = W_2' - W_1' \tag{12.141}$$

习题 12.10 到目前为止，我们始终假设：**无源导航**的计算过程包括两个步骤：首先，估计光流；然后，通过光流信息来确定物体的形状和运动速度。这种方法非常直观，但是，也有一些缺点。本题中，我们将对其做进一步探索。本章所导出的**最小二乘方法**，对于图像中每一点的光流信息，都“平等地”赋予权重。但是，我们知道，图像中的某些区域比另一些区域更“可靠”。例如，对于图中**亮度梯度**比较小的区域，我们可以赋予其较小的系数。此外，一种更加合理的方法是：直接从**时变图像**中复原出物体的**形状**和**运动**信息。也就是说，我们不计算**光流**，而是通过**光流约束方程**直接推导出误差项：

$$e_c = \iint (E_x u + E_y v + E_t)^2 dxdy \tag{12.142}$$

上式依赖于下面两组参数，即：1) 曲面的形状 $Z(x, y)$，以及，2) **运动参数** $(A, B, C)^T$ 和 $(U, V, W)^T$。（参见：u 和 v 的表达式(12.9) 和(12.11)）。当然，要“局部”地复原出所有的参数，只使用式

(12.142)来作为约束条件是不够的。我们还需要去“度量”：（估计出的）曲面是否光滑；例如，我们可以使用

$$e_s = \iint (\nabla^2(1/Z))^2 dxdy \tag{12.143}$$

来作为：曲面“不光滑程度”的判断标准。

(a) 我们令函数 $d(x,y) = 1/Z(x,y)$。请推导出：关于 $d(x,y)$ 的**Euler方程**，该 Euler 方程是通过最小化 $e_s + \lambda e_c$ 而得到的。
提示： 记住：除了 $d(x,y)$ 以外，“误差”总能量 $e_s + \lambda e_c$ 同时还依赖于：**刚体运动**的 6 个参数。

(b) 请探索：使用式 (12.143) 来作为“平滑项”的基本原理，也就是说，为什么式 (12.143) 使用的是 $1/Z$，而不是 Z？为什么使用 **Laplace 算子**处理结果的平方，而不直接使用两个一阶偏导数的平方和？

习题 12.11 请根据图 11.7 中的两张图像来计算**碰撞时间**（TTC）和**膨胀中心**（FOE）。在此基础上，请根据图 11.7 对计算结果做深入分析。进一步，请根据如下两张图像来计算 TTC 和 FOE。

0	0	0	0	0	0	0	0
0	0	0	0	0	0	0	0
0	0	1	1	1	1	0	0
0	0	1	1	1	1	0	0
0	0	1	1	1	1	0	0
0	0	1	1	1	1	0	0
0	0	0	0	0	0	0	0
0	0	0	0	0	0	0	0

0	0	0	0	0	0	0	0
0	0	0	0	0	0	0	0
0	1	1	1	1	1	0	0
0	1	1	1	1	1	0	0
0	1	1	1	1	1	0	0
0	1	1	1	1	1	0	0
0	1	1	1	1	1	0	0
0	0	0	0	0	0	0	0

在此基础上，请使用第 11 章 11.3 小节中介绍的“稀疏光流法”来计算**光流**（选用 4×4 的窗口），然后，根据光流估计结果来对（求解出的）TTC 和 FOE 进行深入分析，完成实验报告。

习题 12.12 本题中，我们来计算一个具体的例子。假设景深 Z 为常数，相机平动所对应的**速度场**为：

$$\widetilde{u}_{i,j} = \widetilde{U} + \left(2j/n - 1\right)\widetilde{W} \quad \text{和} \quad \widetilde{v}_{i,j} = \widetilde{V} + \left(2i/m - 1\right)\widetilde{W} \tag{12.144}$$

其中 $i = 0,1,2,\cdots,m$，$j = 0,1,2,\cdots,n$。我们想要根据**光流场** $\left\{(u_{i,j}, v_{i,j})^T\right\}$，来确定相机的**相对平动速度** $(\widetilde{U},\widetilde{V},\widetilde{W})^T$。

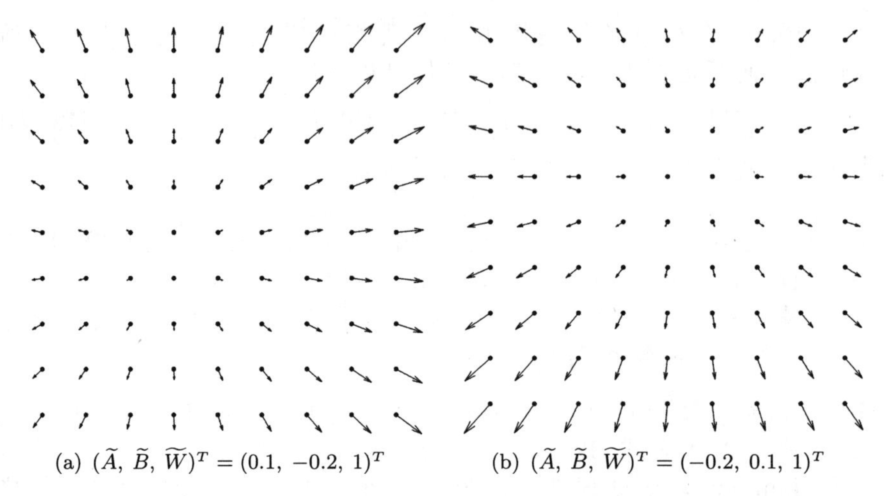

图 12.8　对于飞行器运动的情况，所得到的**光流**应该是图 12.2(d)、图 12.2(e) 和图 12.2(c) 的**线性组合**。相应的**无源导航**问题就是：确定相应的线性组合系数 $(\widetilde{A},\ \widetilde{B},\ \widetilde{W})^T$。

(a) 首先，我们定义**速度场**和**光流场**之间的“**误差能量**”：

$$\Psi\left(\widetilde{U},\widetilde{V},\widetilde{W}\right) = \sum_{i=0}^{m}\sum_{j=0}^{n}\left(u_{i,j}-\widetilde{u}_{i,j}\right)^2 + \left(v_{i,j}-\widetilde{v}_{i,j}\right)^2 \tag{12.145}$$

我们通过最小化误差能量，来进行求解，也就是说，

$$\arg\min_{\widetilde{U},\widetilde{V},\widetilde{W}} \Psi\left(\widetilde{U},\widetilde{V},\widetilde{W}\right) \tag{12.146}$$

请给出上面模型的具体表达式。

(b) 请根据极值必要条件：偏导数等于零，建立起关于最优估计结果的约束方程组。

(c) 通过求解 (b) 问中的方程组，得出最优估计结果。

提示：为了便于推导，可以令：

$$\overline{u} = \frac{1}{(m+1)(n+1)}\sum_{i=0}^{m}\sum_{j=0}^{n}u_{i,j} \quad 和 \quad \overline{v} = \frac{1}{(m+1)(n+1)}\sum_{i=0}^{m}\sum_{j=0}^{n}v_{i,j}$$

习题 12.13　本题中，我们将通过几个具体例子，来深入理解**无源导航**技术。我们将借助于计算机仿真实验，来完成分析和研究。

(a) 为了便于理解，我们考虑一个极其特殊的情况：场景是一个竖直

的平面，也就是说，**景深** $Z(x,y)=Z_0$ 是一个常数。请设计仿真系统，系统能够根据输入的**运动参数** $(\widetilde{U}, \widetilde{V}, \widetilde{W})^T$ 生成对应的光流图像（例如图 12.3(a) 和图 12.3(b)），然后，根据生成的光流图像，反过来估计运动参数 $(\widetilde{U}, \widetilde{V}, \widetilde{W})^T$。

(b) 光流估计过程中可能含有大量的**噪声**。对于图 12.3(c) 和图 12.3(d) 中给出的（带有噪声的）光流估计结果，如何进一步推测运动参数 $(\widetilde{U}, \widetilde{V}, \widetilde{W})^T$？请设计算法是实现程序，进一步完善 (a) 中设计的计算机仿真系统。

(c) 对于飞行器运动的情况，所得到的**光流**应该是图 12.2(d)、图 12.2(e) 和图 12.2(c) 的**线性组合**。**飞行参数控制**问题就是：如何设定相应的线性组合系数 $(\widetilde{A}, \widetilde{B}, \widetilde{W})^T$，从而使得（图像中的）目标所在区域的中心点附近的**光流**近似为零？请设计算法是实现程序，进一步完善计算机仿真系统。

最终，请设根据实验仿真的结果，完成研究报告。

习题 12.14 本题中，我们探索一个应用问题：使用**无源导航**技术来引导无人机穿门[①]，如图 12.9 所示。

(a) 请根据无人机拍摄的视频计算**光流**。

(b) 请根据无人机的飞行模式，建立相应的**无源导航**模型，并且，给出详细的分析说明。

(c) 进一步，请建立理论模型，进而分析如何根据光流确定出**膨胀中心**（即：碰撞点）？

(d) 请根据（前面章节中学习过的）边缘检测和角点检测的相关内容，建立理论模型和相应的检测算法，在图像中识别出门框，进而确定门框的**中心点**。

(e) 在什么情况下碰撞点位于图像的中心？请给出具体的理论分析，为后续的控制算法设计提供理论依据。

(f) 请根据：图像中门框中心点的位置，来调整无人机的姿态，从而使得门框的中心点始终位于图像中心附近。
提示：可以根据图 12.2 来设计姿态调整方法。

[①] 中山大学航空航天学院**朱波**教授提供了这一应用场景。

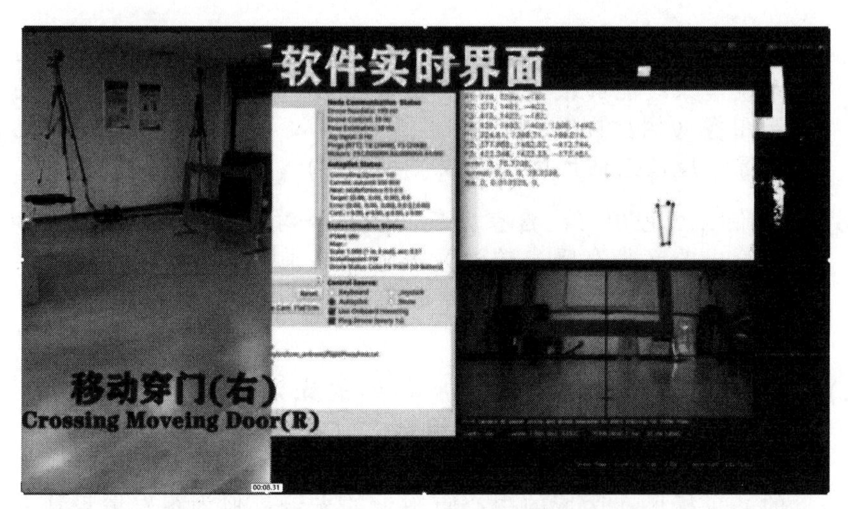

(a) “不正确”姿态，需要进行姿态调整

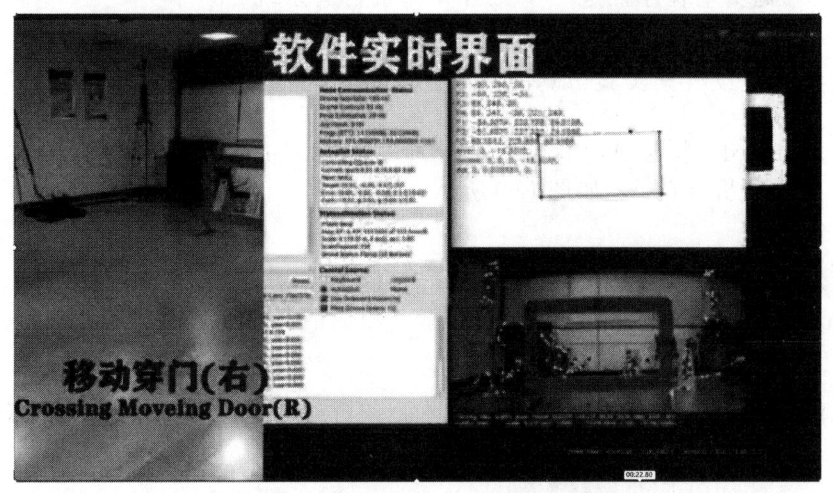

(b) “正确”姿态，可以顺利穿门

图 12.9　使用**无源导航**技术来引导无人机穿门。

(g) 最终，请设计一个系统仿真程序，能够根据无人拍摄的视频，通过虚拟仿真的形式，完成对上述功能效果的动画展示。

请设计基本算法，进行实验仿真，完成研究报告。

第 13 章　统计机器学习

到目前为止，本书所讨论的方法都属于**图像分析**或**早期视觉**领域，也就是说，都是从图像本身提取有用数据的过程。从图像中导出的信息可以生成一个**素描图**，即：一个关于图像内容的、详细的符号描述。在本书的剩下部分中，我们将要讨论的是**场景分析**，也就是说，我们可以用这些符号描述信息来干什么。本章将讨论其中一个应用：基于从图像中获取的测量结果来对物体进行**分类**。

机器视觉系统必须实现的一个任务是**识别**。在完成对物体各种特性的估计以后，系统需要找到一种方法，来将该物体归于某一个已知类。**模式分类**领域提供了完成这个任务的方法。模式分类的基本想法是提取**特征**。所谓**特征**，是指对某些量的测量结果，并且，这些测量结果对于区分不同类型的物体是有用的。我们可以将不同的特征组合在一起，形成一个**特征向量**。利用这种方法从某一个物体的图像中所得出的信息，可以被表示为高维空间中的一个点。本章中，我们将讨论：将此高维空间划分为不同区域的一些方法。每一个区域对应一个**类**。对于某一个新得到的特征向量，我们根据：该特征向量所对应的高维空间中点的所属区域，从而将其归为该区域所对应的类。

最后，我们强调：**分类方法的效果好坏受制于所选取的特征！**

13.1 一个简单的例子

模式分类的目的是：测量我们想要分类的物体的**特征**，并且，根据特征测量结果来判断物体的所属类别。例如，如果所有的猫的重量都小于 10 千克，而所有狗的重量都大于 10 千克，那么，我们可以用这个信息来对给定的一组动物进行**分类**。通过这个例子，我们可以看到模式分类过程的优点和缺点。由于一些猫的重量大于 10 千克，而许多狗的重量小于 10 千克，因此，我们的标准并没有很好的辨别力。我们的方法尽管简单，但是，分类效果并不好。为了得到更好的分类结果，我们可以加入其他的标准，但是，这样做同时会使得分类过程变得更加复杂。

继续考虑我们的简单例子，首先，我们可以尝试选择关于重量的更好的**阈值**。为了做到这一点，我们需要得到关于猫和狗的重量的**概率分布**的统计信息。通过观察这两个概率分布，我们可以期望：能够得到一个重量标准，来对猫和狗进行更好的区分。此外，知道**测试样本**中猫和狗的比例，对于分类任务也是有帮助的。

这里，我们可以得到两种误差：1) 一只猫被错误地判断成狗，或者反过来，2) 一只狗被错误地判断成猫。一个好的阈值可能是：使得**期望误差**最小的阈值。通常情况下，分类结果会导致一些后续的行为，我们可以将这些后续行为和误差结合起来，计算出误差所造成的代价。我们可以通过调整阈值，来使得这个代价最小，而不是使得总的期望误差最小。

13.2 特征向量

考虑到：只使用一个测量结果无法取得很好的**分类**效果，我们可能会引入其他的测量结果。例如，由于猫的寿命比狗稍微长一些，我们可能会去获得这些动物的年龄，然后选择第二个阈值用来区分猫和狗。我们可以用逻辑运算（例如，**与**（∧）、**或**（∨）），将不同类型的测试结果组合在一起。

使用这些数据的一个更“聪明”的方法是：假设年龄和重量是相关的。这两种测量结果可能以：重量除以年龄的方式，结合在一起；或者，使用其他一些更加复杂的方式，例如，重量除以该年龄的该种动物的平均重量。根据两种测量结果的商来进行辨别，其效果似乎比单独根据某种测量结果来进行判别要好。

我们可以通过考虑：关于重量和年龄的有标记的**散点图**，来进一步改进判别方法。散点图显示的是**特征空间**中的点，这些点对应于：从不同的类中抽样出的已知**样本**。随着样本数量的增加，对于某一个类来说，属于该类的点的密度将逐渐趋近于：该类的二维概率密度分布。如果幸运的话，我们可能找到一条光滑曲线，用来区分：所有被标记为“猫”的点和所有被标记为“狗”的点。但是，我们很可能做不到这一点。这种情况下，我们至少可以找到一条光滑曲线，以很小的误差，将被标记为“猫”的点和被标记为“狗”的点区分开来。

为了得到更好的分类效果，我们需要用到更多的测量结果，于是，特征空间的维数也会进一步增加。**分类**就是：将特征空间划分为对应于不同的类的一些区域。通常情况下，随着特征的不断加入，对分类效果的增效逐渐减弱，也就是说：新的特征测量结果常常是和已有的特征测量结果**相关**的，因此，新的特征测量结果几乎没有提供新的信息。这样的测量结果不能提高辨别效果。此外，一些特征测量结果可能和所做的决策无关。

为了使用统计信息来指导我们选择**决策边界**，我们必须导出**多元概率分布**。我们也可以构造其他复杂的决策方法，但是，通常情况下，这些方法要么难以实现，要么需要更多的计算量。

当然，如果你了解动物的话，你会知道：猫具有可以伸缩的爪子，而狗没有。因此，对于这个特例，我们可以用一个二值特征（即：爪子的特点）来对猫和狗进行辨别。这告诉我们：不应该盲目地选择模式分类方法，还有，分类结果的好坏与**特征**的选取有关。没有什么复杂的算法可以弥补：由于选择不合适的特征所造成的缺陷。

13.3 分类模型

分类模型的基本模式是：对被分类的物体进行 n 种测量；然后，将测量结果看作 n 维**特征空间**中的一个点。我们将探索使用各种算法，将特征空间划分为不同的区域。这些区域就是分类的依据，我们根据物体的特征向量落在哪个区域，来赋予物体相应的类别。被分类物体的每一种测量结果均被称为一个特征；将这 n 个特征测量结果“放在一起”，就构成了一个**特征向量**；特征向量所在的 n 维空间被称为特征空间。

这些和机器视觉又有什么关系呢？一旦图像被分割以后，我们可以对各个图像区域进行测量。然后，我们可以尝试通过：基于这些测量值的分类结果，来识别图像区域所对应的物体。一些简单的特征包括：二值图像区域的**面积**、**周长**、最小以及最大**转动惯量**。

对于这些方法，一个很重要的问题是：如何获取足够的信息，来智能地确定**决策边界**。如果我们可以得到“潜在的”**概率分布**，那么，我们可以通过：最小化某种误差标准，来确定边界的位置。尽管通常情况下，我们可以通过：从各个类采样出的有限个样本，来估计出相应的概率分布，但是，我们通常的做法是：直接利用这些信息，而不是估计概率密度。

这里，我们使用的一个基本假设是：属于同一个类的**特征点**会聚集在一起，而属于不同类的特征点会相互分离。有时，这个假设是不成立的，例如：模式分类方法无法很好地区分**有理数**和**无理数**，或者，（国际象棋的）棋盘上的黑色方块和白色方块。

在机器视觉的应用中，一个很严重的问题是：图像是三维实体的二维投影。因此，直接从图像中获得的简单的特征测量结果，会受到**物体的空间姿态**、**光照**以及**距离**等因素的影响。只有当模式分类方法是：基于那些不随成像条件的改变发生变化的特征时，才会取得好的结果。所谓“基于不随成像条件的改变而变化的特征”是指：我们能够通过图像得到对物体真实属性（例如：反射率和形状）的估计。当然，如果能做到这一点，我们的问题其实已经基本解决了。

13.3.1 最近邻分类

假设我们已经得到了从各个类中抽取出的样本。我们用 $\boldsymbol{x}_{i,j}$ 表示：第 i 个类中的第 j 个**特征向量**。对向量 $\boldsymbol{x}$ 进行分类的一种方法是：找到和 $\boldsymbol{x}$ 最近的**样本**，然后，将 $\boldsymbol{x}$ 归于该样本所属的类。也就是说，对于某一 k 和 l，如果下式：

$$\|\boldsymbol{x}_{k,l} - \boldsymbol{x}\| < \|\boldsymbol{x}_{i,j} - \boldsymbol{x}\| \tag{13.1}$$

对于任意的 i 和 j 都成立，那么，$\boldsymbol{x}$ 被分为第 k 类，如图 13.1(a) 所示。

这种简单方法有两个问题。首先，各个类的样本通常会形成**聚类**。这些聚类之间可能有重叠的部分。如果某一个特征向量落在重叠部分中，那么，它会被分到：碰巧与它邻近的点所属的那一类。因此，在重叠区域内，分类基本上是随机的。这可能是这种方法能够取得的最好结果，但是，我们更希望能够得到一个**简单边界**。

一个改进的方法是：使用多个**邻近点**。例如，我们可以统计：在特征向量周围的 k 个近邻点中，哪一类的点的数目最多。这种方法在重叠区域会得到更好的分类效果，因为，这种方法提供了：对重叠区域中哪一个类的**概率密度最大**的估计结果。

最近邻分类方法的第二个问题出现在计算上。如果给定很多样本，我们需要很大的存储量。此外，除非我们事先找到某种方法来划分特征空间，否则，我们需要计算：要被分类的特征向量和所有样本之间的距离。最近邻分类方法是一种直接的计算方法，它不需要对各个类的分布有太多的假设。

在某些情况下，不同的聚类会形成：彼此之间没有重叠的区域。如果聚类的**凸包**没有交集，那么，用凸包所形成的区域来代替聚类中的所有样本点，可以节省计算量和存储空间。

最近邻分类方法的一个很大的优点是：聚类可以有很复杂的形状。聚类的形状可以不必是旋转对称的，甚至不必是凸的。

13.3.2 最近中心分类

现在假设：每一个类的样本都形成一个很好的椭圆形聚类，不同类型的聚类区域的形状很相似，并且，聚类之间彼此没有太多的重叠。在这种情况下，保存每一个类中所有的**样本点**就显得太浪费了。我们可以使用每个类的**中心**来表示该类。对于一个要被分类的特征向量，我们将其归为：中心距离它最近的那一类，如图 13.1(b) 所示。

这种方法大大地节省了计算量和存储空间。此外，类和类之间也通过光滑边界划分开来了。事实上，每一个**类**所对应的空间区域是：由**超平面**分割出来的**凸多面体**。凸多面体是凸多边形在三维及三维以上空间中的推广，它们是由超平面相交而形成的。为了说明类所对应的空间区域的**边界**是超平面，假设点 $\boldsymbol{x}$ 位于：**聚类中心**分别为 $\overline{\boldsymbol{x}}_1$ 和 $\overline{\boldsymbol{x}}_2$ 的类所对应的空间区域的边界上，那么：

$$\|\overline{\boldsymbol{x}}_1 - \boldsymbol{x}\| = \|\overline{\boldsymbol{x}}_2 - \boldsymbol{x}\| \tag{13.2}$$

上式中，等号两边同时取平方，我们可以得到：

$$\|\overline{\boldsymbol{x}}_1 - \boldsymbol{x}\|^2 = \|\overline{\boldsymbol{x}}_2 - \boldsymbol{x}\|^2 \tag{13.3}$$

我们可以将上式进一步写为：

$$(\overline{\boldsymbol{x}}_1 - \boldsymbol{x})^T(\overline{\boldsymbol{x}}_1 - \boldsymbol{x}) = (\overline{\boldsymbol{x}}_2 - \boldsymbol{x})^T(\overline{\boldsymbol{x}}_2 - \boldsymbol{x}) \tag{13.4}$$

将上式展开，我们可以得到：

$$\overline{\boldsymbol{x}}_1^T\overline{\boldsymbol{x}}_1 - 2\overline{\boldsymbol{x}}_1^T\boldsymbol{x} + \boldsymbol{x}^T\boldsymbol{x} = \overline{\boldsymbol{x}}_2^T\overline{\boldsymbol{x}}_2 - 2\overline{\boldsymbol{x}}_2^T\boldsymbol{x} + \boldsymbol{x}^T\boldsymbol{x} \tag{13.5}$$

对上式做进一步整理，我们可以得到：

$$(\overline{\boldsymbol{x}}_1 - \overline{\boldsymbol{x}}_2)^T\boldsymbol{x} = \frac{1}{2}(\overline{\boldsymbol{x}}_1 - \overline{\boldsymbol{x}}_2)^T(\overline{\boldsymbol{x}}_1 + \overline{\boldsymbol{x}}_2) \tag{13.6}$$

这是一个关于 $\boldsymbol{x}$ 的线性方程。它描述了一个**法向量**为 $\overline{\boldsymbol{x}}_1 - \overline{\boldsymbol{x}}_2$ 并且经过

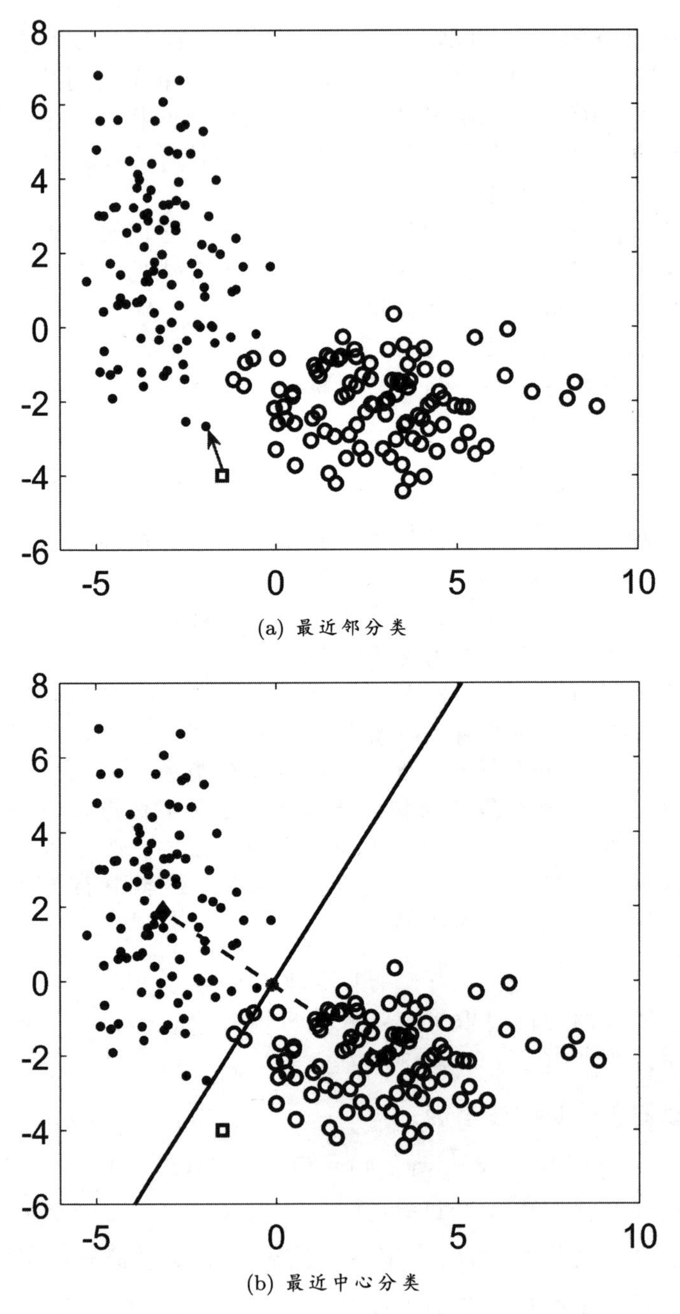

(a) 最近邻分类

(b) 最近中心分类

图 13.1　最近邻分类和最近中心分类。(a) 对向量 $\boldsymbol{x}$ 进行分类的一种方法是：找到和 $\boldsymbol{x}$ 最近的**样本**，然后，将 $\boldsymbol{x}$ 归于该样本所属的类。(b) 我们可以使用每个类的**中心**来表示该类。对于一个要被分类的特征向量，我们将其归为中心距离它最近的那一类。

点 $(\bar{\boldsymbol{x}}_1+\bar{\boldsymbol{x}}_2)/2$ 的平面。注意：曲面的法向量 $\bar{\boldsymbol{x}}_1-\bar{\boldsymbol{x}}_2$ 从一个聚类中心 $\bar{\boldsymbol{x}}_2$ 指向另一个聚类中心 $\bar{\boldsymbol{x}}_1$；而点 $(\bar{\boldsymbol{x}}_1+\bar{\boldsymbol{x}}_2)/2$ 正好是：两个聚类中心 $\bar{\boldsymbol{x}}_1$ 和 $\bar{\boldsymbol{x}}_2$ 的**中点**。因此，这个**边界**是连接两个聚类中心的线段的**垂直平分面**，如图 13.1(b) 所示。

如果聚类是旋转对称的，并且其区域形状相似，或者这些聚类在空间中是彼此分离的，那么，这种简单的空间划分方法是合适的。

13.3.3 概率分布模型

如果两个邻近的聚类中，其中一个聚类的区域比另一个小，那么，我们应该将它们的边界移向（区域）较小的那个聚类的中心。类似的，如果聚类沿着某个方向（除了连接两个**聚类中心**的方向以外）被拉长，那么，边界应该朝着被拉长的方向偏转。实现上述边界调节过程的最好方法是：使用**概率分布模型**。

一般情况下，我们常常使用 n **维 Gauss 分布**：

$$\frac{1}{(2\pi)^{\frac{n}{2}}\sigma^n}e^{-\frac{1}{2}\frac{\|\boldsymbol{x}-\bar{\boldsymbol{x}}\|^2}{\sigma^2}} \tag{13.7}$$

其中，$\bar{\boldsymbol{x}}$ 表示**均值**，σ 表示**标准差**。我们常常使用 n 维 Gauss 分布，不但因为它和实际应用中的概率分布很接近，而且因为其在数学上也易于处理。我们首先考虑：两个具有相同**分散度**（即：**标准差** σ）并且中心分别为 $\bar{\boldsymbol{x}}_1$ 和 $\bar{\boldsymbol{x}}_2$ 的 n 维 Gauss 分布。我们可以将它们的边界设为：使得这两个**概率密度**取得相同值的地方，也就是说，

$$\frac{1}{(2\pi)^{\frac{n}{2}}\sigma^n}e^{-\frac{1}{2}\frac{\|\boldsymbol{x}-\bar{\boldsymbol{x}}_1\|^2}{\sigma^2}}=\frac{1}{(2\pi)^{\frac{n}{2}}\sigma^n}e^{-\frac{1}{2}\frac{\|\boldsymbol{x}-\bar{\boldsymbol{x}}_2\|^2}{\sigma^2}} \tag{13.8}$$

或者，更简单地说：

$$\|\boldsymbol{x}-\bar{\boldsymbol{x}}_1\|^2=\|\boldsymbol{x}-\bar{\boldsymbol{x}}_2\|^2 \tag{13.9}$$

这里，我们又得到了一个关于连接两个聚类中心点 $\bar{\boldsymbol{x}}_1$ 和 $\bar{\boldsymbol{x}}_2$ 的线段的**垂直平分面**的方程。我们找到了一个理论模型，用以证明：我们在前面通过探索式推理所引入的方法的正确性。这样设置**边界**位置，可以使得：两种不同类型的误差取得相同的值。

13.3.4 特征空间的划分

现在，我们假设：一个类比另一个类更常见。使用（连接两个聚类中心的线段的）**垂直平分面**作为**边界**，会导致相同的相对误差。也就是说，每一个类中都有相同比例的成员可能被错分。这可能是（也

可能不是）我们想要的结果。显然，如果将**边界**移向：不常见的那一类的中心，那么，我们可以减小**总误差**。这是因为：这个调节过程虽然增加了罕见错误的发生概率，但是，减小了常见错误的发生概率。我们分别用 p_1 和 p_2 来表示：某一个要被分类的量分别属于第一类和第二类的概率，我们希望：

$$\frac{p_1}{(2\pi)^{\frac{n}{2}}\sigma^n}e^{-\frac{1}{2}\frac{\|\boldsymbol{x}-\overline{\boldsymbol{x}}_1\|^2}{\sigma^2}}=\frac{p_2}{(2\pi)^{\frac{n}{2}}\sigma^n}e^{-\frac{1}{2}\frac{\|\boldsymbol{x}-\overline{\boldsymbol{x}}_2\|^2}{\sigma^2}} \tag{13.10}$$

注意：p_1 和 p_2 与特征测量结果无关！p_1 和 p_2 两个量实际反映的是：对应的两个类中，哪一个类更加常见！也就是说，它们是人为赋予的一种“先验假设”。

通过对上式取对数，我们可以进一步得到：

$$\log p_1-\frac{\|\boldsymbol{x}-\overline{\boldsymbol{x}}_1\|^2}{2\sigma^2}=\log p_2-\frac{\|\boldsymbol{x}-\overline{\boldsymbol{x}}_2\|^2}{2\sigma^2} \tag{13.11}$$

也就是说，

$$(\overline{\boldsymbol{x}}_1-\overline{\boldsymbol{x}}_2)^T\boldsymbol{x}=\frac{1}{2}(\overline{\boldsymbol{x}}_1-\overline{\boldsymbol{x}}_2)^T(\overline{\boldsymbol{x}}_1+\overline{\boldsymbol{x}}_2)+\sigma^2(\log p_2-\log p_1) \tag{13.12}$$

这里，我们又一次得到了一个法向量为 $\overline{\boldsymbol{x}}_1-\overline{\boldsymbol{x}}_2$ 的超平面，但是，该**超平面**所经过的点（即：式(13.12) 的解）为[①]：

$$\boldsymbol{x}=\frac{1}{2}(\overline{\boldsymbol{x}}_1+\overline{\boldsymbol{x}}_2)+\frac{\sigma^2\log(p_2/p_1)}{\|\overline{\boldsymbol{x}}_1-\overline{\boldsymbol{x}}_2\|}\frac{\overline{\boldsymbol{x}}_1-\overline{\boldsymbol{x}}_2}{\|\overline{\boldsymbol{x}}_1-\overline{\boldsymbol{x}}_2\|} \tag{13.13}$$

也就是说，超平面从 $\overline{\boldsymbol{x}}_1$ 和 $\overline{\boldsymbol{x}}_2$ 的**中点** $(\overline{\boldsymbol{x}}_1+\overline{\boldsymbol{x}}_2)/2$ 开始，沿着法向量 $(\overline{\boldsymbol{x}}_1-\overline{\boldsymbol{x}}_2)/\|\overline{\boldsymbol{x}}_1-\overline{\boldsymbol{x}}_2\|$ 方向平移了一段距离。超平面的平移方向为：指向概率 p_1 和 p_2 中的较小值所对应的聚类中心；平移量的大小为：

$$\frac{\sigma^2}{\|\overline{\boldsymbol{x}}_1-\overline{\boldsymbol{x}}_2\|}\left|\log\frac{p_2}{p_1}\right| \tag{13.14}$$

注意：如果 σ 足够大，并且，p_2 和 p_1 的比例也足够大，那么，超平面的移动量可能会超出：连接两个聚类中心的线段的长度范围。

下一步，我们考虑一个聚类比另一个聚类更“紧凑”的情况。**边界**应该更靠近“更紧凑”的聚类的中心。假设两个 n 维 Gauss 分布的**标准差**分别为 σ_1 和 σ_2。如果我们要求：在两个聚类的边界上，两个 n 维 Gauss 分布的概率密度的大小相同，那么，我们可以得到：

$$\frac{1}{(2\pi)^{\frac{n}{2}}\sigma_1^n}e^{-\frac{1}{2}\|\boldsymbol{x}-\overline{\boldsymbol{x}}_1\|^2/\sigma_1^2}=\frac{1}{(2\pi)^{\frac{n}{2}}\sigma_2^n}e^{-\frac{1}{2}\|\boldsymbol{x}-\overline{\boldsymbol{x}}_2\|^2/\sigma_2^2} \tag{13.15}$$

[①] 注意：我们所说的“超平面所经过的点”指的是：超平面所经过的、连接两个聚类中心 $\overline{\boldsymbol{x}}_1$ 和 $\overline{\boldsymbol{x}}_2$ 的线段上的点，因此，我们令 $\boldsymbol{x}=\overline{\boldsymbol{x}}_2+\lambda(\overline{\boldsymbol{x}}_1-\overline{\boldsymbol{x}}_2)$，然后，将其代入式(13.12)，可以求得 λ，最终，我们可以得到 $\boldsymbol{x}$ 的表达式 (13.13)。

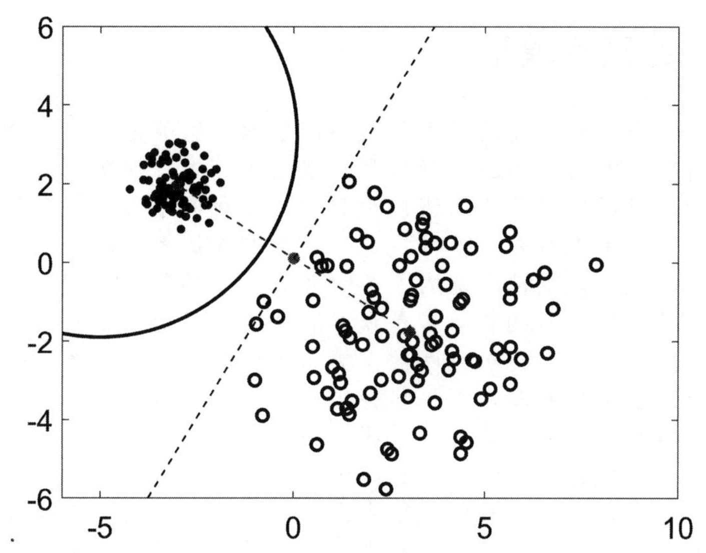

图 13.2 如果一个聚类比另一个聚类更“紧凑”，那么，边界应该更靠近“更紧凑”的聚类的中心。此时，边界曲面不再是一个超平面（图中的黑色虚线），而是一个**抛物面**（图中的黑色曲线）。

对上式中的等号两边取对数，我们可以进一步得到：

$$-n\log\sigma_1-\frac{\|\boldsymbol{x}-\overline{\boldsymbol{x}}_1\|^2}{2\sigma_1^2}=-n\log\sigma_2-\frac{\|\boldsymbol{x}-\overline{\boldsymbol{x}}_2\|^2}{2\sigma_2^2} \tag{13.16}$$

在上式的进一步整理结果中，我们无法消掉 $\boldsymbol{x}^T\boldsymbol{x}$，因此，边界曲面不再是一个超平面，而是一个**抛物面**，如图 13.2 所示。

尽管我们无法“看见”高维**抛物面**，但是，仍然可以通过式 (13.16) 来进行决策。我们可以将上述方法和结果推广到多个类的情况。概率密度相等并不是确定边界位置的唯一准则。我们也可以使用：**最大似然估计**或者最小化某一目标函数，来确定边界的位置，但是，这些方法在数学上更难以处理。

到目前为止，我们所使用的**简单概率分布模型**无法处理：聚类形状很复杂的情况，例如：香蕉形、轮胎形、螺旋管形的聚类。有时，一个聚类甚至可能是由好几个分散的聚类所组成的，在这种情况下，我们上面使用的分类方法可能会：将这个聚类的各个组成部分作为单独的聚类来进行处理。通常情况下，如果我们所选取的特征很合理的话，那么，简单分类方法是有效的。相反的，如果我们所选取的特征不合理，那么，即使是复杂的分类方法也于事无补。

13.4 神经网络模型

前面介绍的分类方法是“单级决策”的，也就是说，一个决策单元直接对输入的特征向量进行分类。现实生活中，很多决策（特别是重大决策）是需要进行“多级决策”的。让我们来考虑一个具体的问题：判断一个大项目是否值得投资。最终的决策者是总经理，底层数据（人均收入、人均消费能力、各个业务区域的男女比例、各个业务区域的年龄结构等）的收集者是众多的基层业务员。所有这些数据连同各个基层业务员的分析判断被汇集到各个业务组长；各个业务组长再附上自己的分析判断，汇报给各个部门经理；各个部门经理再附上自己的分析判断，汇报给各个地区经理；各个地区经理做出自己的分析判断后，再呈报给总经理；总经理根据各个地区经理的分析判断做出最终决策。在上述过程中，很多人都做了决策，这些决策可能互相矛盾，此外，各个决策的地位和重要性也是不同的。各个决策被“一级一级”地组织起来，形成了一个最终决策。**神经网络**模型就是这样一种经典的“多级决策”机制。本节中，我们主要介绍：神经网络模型的一些基本理论和思想。附录中给出了一些相关的应用实例。

13.4.1 线性神经网络模型

事实上，我们可以将式 (13.6) 形象地“画出来”，如图 13.3(a) 所示。式 (13.6) 中的特征向量 $\boldsymbol{x} = (x_1, x_2)^T$ 的两个分量 x_1 和 x_2 作为系统的**输入**，系统的**输出**为：分类结果 c。我们用 $\boldsymbol{w}_1 = (w_{1,1}, w_{1,2}, w_{1,3})^T$ 表示系统中的三个参数，对比式 (13.6) 不难发现：

$$(w_{1,1}, w_{1,2})^T = \overline{\boldsymbol{x}}_2 - \overline{\boldsymbol{x}}_1 \quad 和 \quad w_{1,3} = \frac{1}{2}(\overline{\boldsymbol{x}}_1 - \overline{\boldsymbol{x}}_2)^T(\overline{\boldsymbol{x}}_1 + \overline{\boldsymbol{x}}_2) \tag{13.17}$$

为了数学分析上的方便，我们令 $\widehat{\boldsymbol{x}} = (\boldsymbol{x}^T, 1)^T = (x_1, x_2, 1)^T$。于是，式 (13.6) 可以进一步写为 $\boldsymbol{w}_1^T \widehat{\boldsymbol{x}} = 0$。分类过程是通过计算：

$$y_1 = \boldsymbol{w}_1^T \widehat{\boldsymbol{x}} \tag{13.18}$$

来实现的，也就是说，根据 y_1 的“正负”来输出分类结果 c。

需要指出的是，确定参数 $\boldsymbol{w}_1 = (w_{1,1}, w_{1,2}, w_{1,3})^T$ 的方式并不是唯一的。正如我们前面所介绍的，用式 (13.18) 来作为分类标准是有条件的。对于某一个包含 N 个训练样本的数据集：

$$\mathbb{D} = \left\{ \left\{ \boldsymbol{x}^{[1]}, c^{[1]} \right\}, \left\{ \boldsymbol{x}^{[2]}, c^{[2]} \right\}, \cdots, \left\{ \boldsymbol{x}^{[n]}, c^{[n]} \right\}, \cdots, \left\{ \boldsymbol{x}^{[N]}, c^{[N]} \right\} \right\}$$

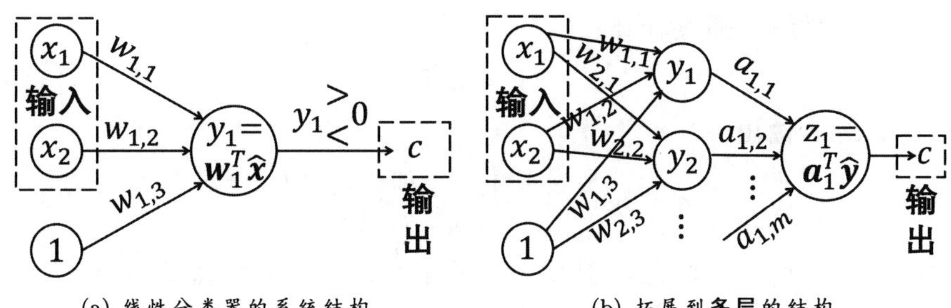

图 13.3 线性神经网络的结构。(a)“单层”的线性神经网络对应于一个线性分类器的系统结构；(b) 以“单层”的线性神经网络为基本结构单元，拓展出“多层”的线性神经网络结构。

如何确定系统的参数 $\boldsymbol{w}_1 = (w_{1,1}, w_{1,2}, w_{1,3})^T$？我们可以尝试使用：线性方程组的最小二乘解，来解决这一问题。我们要确定的参数 $\boldsymbol{w}_1 = (w_{1,1}, w_{1,2}, w_{1,3})^T$，应该使得：数据集 $\mathbb{D}$ 中各个输入的所产生的系统输出结果，尽可能地与数据集中对应的标签匹配起来。

对于数据集中的每一组数据，我们都可以建立方程：

$$\left(\widehat{\boldsymbol{x}}^{[n]}\right)^T \boldsymbol{w}_1 = c^{[n]}, \quad (n = 1,\ 2,\ \cdots,\ N) \tag{13.20}$$

其中 $\widehat{\boldsymbol{x}}^{[n]} = \left(\left(\boldsymbol{x}^{[n]}\right)^T, 1\right)^T$。我们令：

$$\mathbf{X} = \begin{pmatrix} \widehat{\boldsymbol{x}}^{[1]} & \cdots & \widehat{\boldsymbol{x}}^{[n]} & \cdots & \widehat{\boldsymbol{x}}^{[N]} \end{pmatrix}^T, \quad \boldsymbol{c} = \left(c^{[1]} \cdots c^{[n]} \cdots c^{[N]}\right)^T$$

于是，式 (13.20) 中（由 N 个方程所构成）的线性方程组可以写为：

$$\mathbf{X}\boldsymbol{w}_1 = \boldsymbol{c} \tag{13.22}$$

对于上面的这个**超定方程**（有效方程的个数大于未知数的个数），相应的**最小二乘解**为（参见第 2 章 2.2.2 小节内容）：

$$\boldsymbol{w}_1 = \left(\mathbf{X}^T\mathbf{X}\right)^{-1}\mathbf{X}^T\boldsymbol{c} \tag{13.23}$$

上述过程也被称为（机器）**学习**：从数据样本中获取（进行决策判断的）依据标准！

进一步，我们可以将图 13.3(a) 中的结构作为基本结构单元，拓展出更加复杂的结构。首先，根据另外一组参数 $\boldsymbol{w}_2 = (w_{2,1}, w_{2,2}, w_{2,3})^T$，可以构造出 $y_2 = \boldsymbol{w}_2^T\widehat{\boldsymbol{x}}$；然后，继续进行下去，构造出 $y_3 = \boldsymbol{w}_3^T\widehat{\boldsymbol{x}}$，$y_4 = \boldsymbol{w}_4^T\widehat{\boldsymbol{x}}$，$\cdots$，$y_m = \boldsymbol{w}_m^T\widehat{\boldsymbol{x}}$；进一步，将得到的所有结果 $\widehat{\boldsymbol{y}} = (y_1, y_2, \ldots, y_m)^T$ 作为下一级系统的**输入**，与下一级系统的参数 $\boldsymbol{a}_1 = (a_{1,1}, a_{1,2}, \cdots a_{1,m})^T$

相结合；最终，通过计算：

$$z_1 = \boldsymbol{a}_1^T \widehat{\boldsymbol{y}} \tag{13.24}$$

生成系统的**输出**：

$$c = \text{sign}(z_1) = \begin{cases} 1, & \text{如果}\, z_1 \geq 0 \\ 0, & \text{如果}\, z_1 < 0 \end{cases} \tag{13.25}$$

如图 13.3(b) 所示。注意，图 13.3(b) 所示系统的输入仍然是 x_1 和 x_2。我们能否通过：设置参数 $\{w_{i,j}\}$ 和 $\{a_{1,k}\}$，使得区域边界 $z_1 = 0$ 变成一条曲线（例如图 13.2 中的分界线）？答案是否定的。我们令矩阵：

$$\mathbf{W} = \begin{pmatrix} \boldsymbol{w}_1 & \boldsymbol{w}_2 & \cdots & \boldsymbol{w}_m \end{pmatrix}^T \tag{13.26}$$

不难看出 $\widehat{\boldsymbol{x}}$ 与 $\widehat{\boldsymbol{y}}$之间的关系：$\widehat{\boldsymbol{y}} = \mathbf{W}\widehat{\boldsymbol{x}}$。进一步，我们可以得到：

$$z_1 = \boldsymbol{a}_1^T \mathbf{W} \widehat{\boldsymbol{x}} = \left(\mathbf{W}^T \boldsymbol{a}_1\right)^T \widehat{\boldsymbol{x}} \tag{13.27}$$

因此，不管参数 $\mathbf{W}$ 和 $\boldsymbol{a}_1$ 如何选取，区域边界 $z_1 = 0$ 都对应于：特征空间（即 x_1-x_2 空间）中的一条**直线**！于是我们得到了一个重要结论：图 13.3(a) 和图 13.3(b) 在功能上是**等效**的（尽管图 13.3(b) 的结构比图 13.3(a) 复杂得多）。我们对图 13.3(a) 的拓展似乎并不成功！

我们将图 13.3 的结构称为**线性神经网络**。我们之所以不提它是“单层”还是“多层”的，是因为我们在上面证明的结论：

- “多层”的线性神经网络（例如图 13.3(b)）一定能够被**等效**地约减为一个“单层”的线性神经网络（例如图 13.3(a)）！

13.4.2 非线性神经网络模型

线性神经网络无法真正实现多级决策。事实上，式 (13.20) 并不是根据图 13.3(a) 中的结构得出的，图 13.3(a) 给出了一组**非线性方程**：

$$\text{sign}\left(\boldsymbol{w}_1^T \widehat{\boldsymbol{x}}^{[n]}\right) = c^{[n]}, \quad (n = 1,\, 2,\, \cdots,\, N) \tag{13.28}$$

其中，符号函数 sign(•) 的定义参见式 (13.25)。此时，我们无法直接求得非线性方程组 (13.28) 的解析解，甚至难以求得其数值解。我们可以通过**最小二乘法**来进行求解，也就是说，

$$\min_{\boldsymbol{w}_1} \sum_{n=1}^{N} \left(\text{sign}\left(\boldsymbol{w}_1^T \widehat{\boldsymbol{x}}^{[n]}\right) - c^{[n]}\right)^2 \tag{13.29}$$

由于符号函数 sign(•) **不可导**（参见图 13.4），因此，我们无法通过**偏导数等于零**这个极值条件来进行求解。为了解决这个问题，我们需要想办法使得符号函数“变得”可导。一种方法是选择一个**可导**函

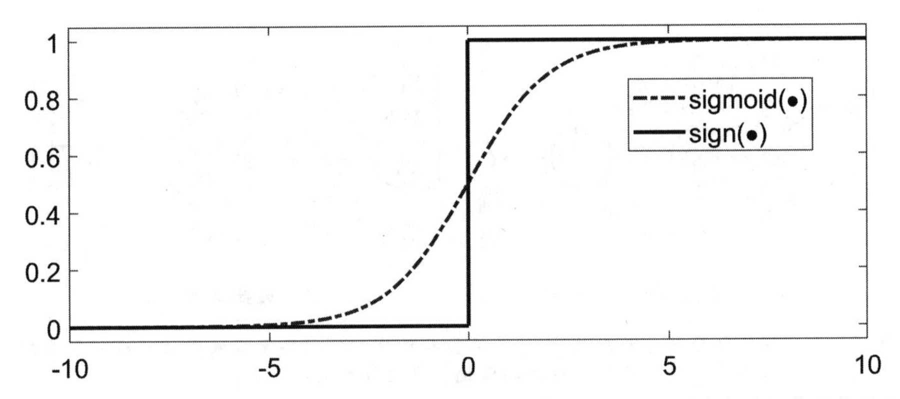

图 13.4 符号函数 sign(•) **不可导**。我们可以选择**可导**函数 sigmoid(•) 来近似替代符号函数，再进行**最小二乘**求解。

数来近似替代符号函数，从而保证最小二乘问题 (13.29) 求解过程的顺利进行。这样的近似函数很多，例如 arctan、三次样条等，也被称为**激活函数**。一种比较常用的激活函数是：

$$s(t)=\frac{1}{1+e^{-t}} \tag{13.30}$$

称为 **sigmoid 函数**，如图 13.4 所示。于是，最小二乘问题 (13.29) 被近似转化为：

$$\min_{\boldsymbol{w}_1}\sum_{n=1}^{N}\left(s\left(\boldsymbol{w}_1^T\widehat{\boldsymbol{x}}^{[n]}\right)-c^{[n]}\right)^2 \tag{13.31}$$

此时，我们可以使用基于偏导数的数值计算方法（例如**梯度下降法**）来近似求解式 (13.31)。进一步，我们只需要将图 13.3(a) 中的 $y_i=\boldsymbol{w}_i^T\widehat{\boldsymbol{x}}$（其中 $i=1,\ 2,\ ,\ \cdots,\ m$）全部更换为①：

$$s\left(y_i\right)=s\left(\boldsymbol{w}_1^T\widehat{\boldsymbol{x}}\right)=s\left(\sum_{j=1}^{3}w_{1,j}x_j\right) \tag{13.32}$$

就可以有效地“阻止”：（图 13.5(a) 中的）“多层”**非线性神经网络**被等效地约减为（图 13.3(a) 中的）“单层”神经网络结构，如图 13.5(a) 所示。此时，图 13.3(b) 中的 z_1 也应该相应地调整为：

$$s\left(z_1\right)=s\left(\boldsymbol{a}_1^T s\left(\widehat{\boldsymbol{y}}\right)\right)=s\left(\sum_{j=1}^{m}s\left(\sum_{i=1}^{3}w_{j,i}x_i\right)\times a_j\right) \tag{13.33}$$

①系统的输入只有 x_1 x_2，出于数学描述的需要，我们令 $x_3=1$。

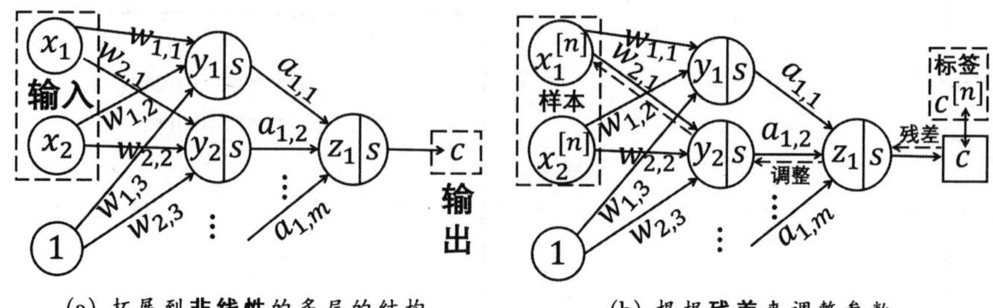

(a) 拓展到**非线性**的多层的结构　　(b) 根据**残差**来调整参数

图 13.5　非线性神经网络的结构。(a) 多层的非线性神经网络无法被等效约减为单层结构。(b) 训练过程中，残差被逐层地**后向传播**，来进行参数调整。

对于图 13.3(b) 中的“多层”**线性神经网络**结构，区域边缘 $z_1 = 0.5$ 仍然是一条**直线**，但是，对于图 13.5(a) 中的“多层”**非线性神经网络**，区域边缘 $z_1 = 0.5$ 变成了一条**曲线**：

$$\sum_{j=1}^{m} a_j \times s\left(\sum_{i=1}^{3} w_{j,i} x_i\right) = 0 \tag{13.34}$$

这大大提升了非线性神经网络的分类效果，解决了诸如**异或问题**这类的线性不可分问题。

另一方面，随着层数的增加，参数估计也会变得越来越复杂。例如，对于图 13.3(b) 的情况，相应的最小二乘问题

$$\min_{\mathbf{W},\boldsymbol{a}_1} \sum_{n=1}^{N} \left(s\left(\sum_{j=1}^{m} s\left(\sum_{i=1}^{3} w_{j,i} x_i^{[n]}\right) \times a_j\right) - c^{[n]}\right)^2 \tag{13.35}$$

要比 (13.31) 复杂得多。对于**梯度下降**算法，一个核心的问题是：求目标函数关于各个参数的**偏导数**。对于式 (13.31) 中的目标函数：

$$\Phi_1(\boldsymbol{w}_1) = \sum_{n=1}^{N} \left(s\left(\boldsymbol{w}_1^T \widehat{\boldsymbol{x}}^{[n]}\right) - c^{[n]}\right)^2 \tag{13.36}$$

我们进一步计算目标函数 Φ_1 关于参数 $w_{1,i}$ 的偏导数，即：

$$\frac{\partial \Phi_1}{\partial w_{1,i}}(\boldsymbol{w}_1) = 2\sum_{n=1}^{N} \left(s\left(\boldsymbol{w}_1^T \widehat{\boldsymbol{x}}^{[n]}\right) - c^{[n]}\right) \times s'\left(\boldsymbol{w}_1^T \widehat{\boldsymbol{x}}^{[n]}\right) \times x_i^{[n]} \tag{13.37}$$

其中，偏导数 $\frac{\partial \Phi_1}{\partial w_{1,i}}$ 是一个关于 $\boldsymbol{w}_1$ 的函数，$x_i^{[n]}$ 表示：第 n 个训练样本 $\boldsymbol{x}^{[n]}$ 中的第 i 个分量，$s'(t)$ 表示：sigmoid 函数 $s(t)$ 的导数，即：

$$s'(t) = \frac{d}{dt}s(t) = \frac{e^{-t}}{(1+e^{-t})^2} = s(t) \times (1 - s(t)) \tag{13.38}$$

梯度下降算法使用**偏导数**来更新相应的参数，具体迭代格式为：

$$w_{1,i}^{(k+1)} = w_{1,i}^{(k)} - \eta_k \times \frac{\partial \Phi_1}{\partial w_{1,i}}\left(\boldsymbol{w}_1^{(k)}\right) \tag{13.39}$$

其中，k 表示迭代次数，向量 $\boldsymbol{w}_1^{(k)} = \left(w_{1,1}^{(k)} w_{1,2}^{(k)} w_{1,3}^{(k)}\right)^T$ 表示：第 k 次迭代后，对参数集 $\boldsymbol{w}_1$ 的估计结果，η_k 是一个（大于零的）系数，可以依据迭代次数 k 来灵活选取，又称为**学习率**。注意，式 (13.37) 中关于一组数据 $\left\{\boldsymbol{w}_1^T \widehat{\boldsymbol{x}}^{[n]}\right\}$ 的计算出现了 3 次（其中 $n = 1, 2, \cdots, N$），我们可以将其结果存储起来，避免重复计算。

总结起来，迭代过程包括如下三个子过程：首先，计算和存储 $\left\{\boldsymbol{w}_1^T \widehat{\boldsymbol{x}}^{[n]}\right\}$；然后，根据式 (13.37) 计算**偏导数** $\left\{\frac{\partial \Phi_1}{\partial w_{1,i}}(\boldsymbol{w}_1)\right\}$；最后，根据式 (13.39) 来更新参数集 $\boldsymbol{w}_1$。

对于式 (13.35) 中的目标函数：

$$\Phi_2(\mathbf{W}, \boldsymbol{a}_1) = \sum_{n=1}^{N}\left(s\left(\sum_{j=1}^{m} s\left(\sum_{i=1}^{3} w_{j,i} x_i^{[n]}\right) \times a_j\right) - c^{[n]}\right)^2 \tag{13.40}$$

我们进一步计算：函数 Φ_2 关于参数 $a_{1,i}$ 和 $w_{j,i}$ 的偏导数，分别为：

$$\frac{\partial \Phi_2}{\partial a_{1,i}}(\mathbf{W}, \boldsymbol{a}_1) = 2\sum_{n=1}^{N}\left(s\left(z_1^{[n]}\right) - c^{[n]}\right) s'\left(z_1^{[n]}\right) s\left(y_i^{[n]}\right) \tag{13.41}$$

$$\frac{\partial \Phi_1}{\partial w_{j,i}}(\mathbf{W}, \boldsymbol{a}_1) = 2\sum_{n=1}^{N}\left(s\left(z_1^{[n]}\right) - c^{[n]}\right) s'\left(z_1^{[n]}\right) a_{1,j} \times s'\left(y_i^{[n]}\right) \widehat{x}_j^{[n]} \tag{13.42}$$

其中，

$$z_1^{[n]} = \sum_{i=1}^{m} s\left(y_i^{[n]}\right) a_i \quad 和 \quad y_i^{[n]} = \sum_{j=1}^{m} w_{j,i} \widehat{x}_j^{[n]} \tag{13.43}$$

不难发现：1) 只需将式 (13.37) 中的 $x_i^{[n]}$ 换成 $s\left(y_i^{[n]}\right)$，就得到了式 (13.41)；此外，2) 式 (13.42) 与式 (13.41) 有“共同”的部分。我们可以尝试通过图 13.3 和 13.5 来探寻原因：1) 将图 13.5(a) 中的节点 $s(y_1), s(y_2), \cdots$ 看作输入，这些节点以及后面的系统所构成的“输入/输出”结构，与图 13.3(a) 中的结构是一致的；2) 从图 13.3(b) 中的 c 出发，要“走到”参数 $w_{j,i}$ 所在的箭头，必然要经过参数 $a_{1,i}$ 所在的箭头。从这个角度出发，我们不难理解为什么参数的迭代更新过程被形象地称为：**后向传播**，也就是说，与图 13.5(a) 中的箭头方向相反，参见图 13.5(b)。注意，在计算偏导数 (13.41) 和 (13.42) 的过程中，式 (13.43) 中关于 $\left\{y_1^{[n]}\right\}$ 和 $\left\{z_1^{[n]}\right\}$ 的计算重复了很多次，我们可以将其计算结果存储下来，在后续计算中直接调用，我们将这个过程称为：（数据的）**前向传播**，也就是说，与图 13.5(a) 中的箭头方向一致。

当然，我们也可以选用不同的**优化目标**和**激活函数**。在本书的附录中，我们给出了一些基于神经网络模型的工程应用。

13.4.3 对模型的深入理解

图 13.3(a) 中描述的是：计算两个向量的**内积**（参见式 (13.18)），其中的一个向量 $\boldsymbol{x}$ 是数据，另一个向量 $\boldsymbol{w}_1$ 是权重系数。通过计算内积，我们实现了**数据融合**；然后，根据数据融合的结果 y_1 来做决策。事实上，内积也是我们能够想到的**最简单**的数据融合方式。

正如我们在本小节一开始所给出的“多级决策”的例子中，在整个机构中，从“最下面”的基层业务员，到“最上面”的总经理，每个人都在做决策。假设每个人的决策过程中，都通过**内积**来实现数据融合，然后，按照人员的“级别”将所有的决策“一级一级”地组织起来，就形成了图 13.5 中的结构。

基于上述分析，我们不难理解：（前面谈到的）数据的**前向传播**过程和（参数调整的）**后向传播**过程。注意，做最终决策的总经理并不（直接）接触数据。数据是通过基层业务员“一层一层”地**向上**（或**向前**）**传播**到决策层的，对应于图 13.5(a) 中的结构。假设项目失败（或者获得巨大成功），总经理会不会直接冲过去指责（或褒奖）基层业务员？不会，他会先去问责（直接向他汇报的）地区经理；然后，地区经理们再**向下**（或**向后**）问责他们管理的各个部门经理；就这样，从决策层开始，问责过程被“一层一层”地**向下**（或**向后**）**传播**到基层业务员，对应于图 13.5(b) 中的结构。数据融合（内积）过程中的权重系数反映的是一种“信任度”或“看重程度”，问责的一种体现形式（或直接结果）就是：对这些权重系数（也称为参数）进行调整。因此，参数调整是**后向传播**的！

最后，我们的脑海中似乎还有一个疑问：整个过程中，我们谈的都是**公司治理**方面的内容，“神经网络”这几个字究竟从何而来？事实上，公司结构可以被看作是：社会组织形式的缩小和简化模型。人类大脑中的神经网络究竟是如何组织运作的？至今为止，我们还没有找到这个问题的确切答案。早期的人工智能科学家们曾经尝试：借鉴一些（简化的）社会组织架构模式，来建立人脑的神经网络模型。例如，人工智能之父 **Marvin Minski** 将他的经典著作命名为《The Society of Mind》，就是这方面思想的一个集中体现。

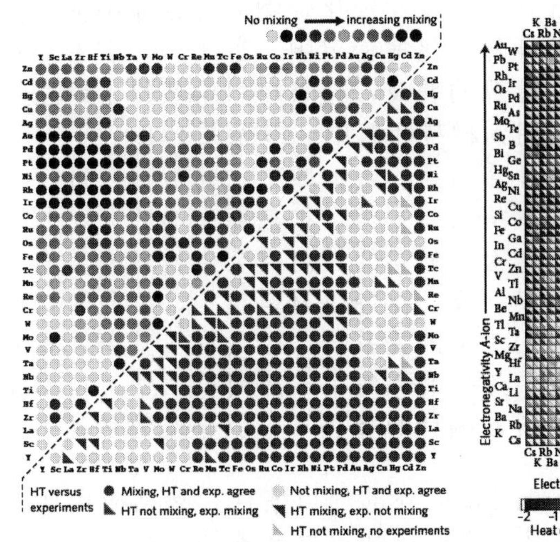

(a) 合金的热力学性质

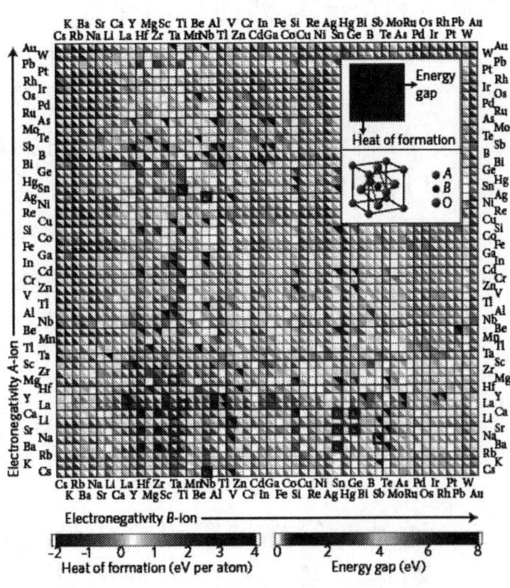

(b) 筛选新型光电材料

图 13.6 随着高性能计算的普及，材料基因的概念被广泛运用到材料科学中。(a) 材料基因方法分析二元金属合金的热力学性质。(b) 材料基因方法筛选新型光电材料。

13.4.4 应用案例：材料基因计算方法

在本书的附录中，我们给出了一些基于神经网络模型的**机器视觉**应用案例，例如：目标识别、动作行为识别等。事实上，统计机器学习的应用范围很广，远不止限于机器视觉和智能感知领域。近年来，人工智能技术在材料学、生物学、新能源等学科领域都得到了广泛应用，成为了上述交叉学科中新兴的研究热点。

在中广核研究院**龚恒风**研究员所主持的一项科研课题中，创新性地建立了“**新型材料基因计算模型**”，通过**神经网络模型**来改进原有的数据挖掘算法数据挖掘方法，有效地从大量的数据中提取需要的信息，指导材料的发现和设计。在新型计算模型中，机器学习和数据挖掘技术被用于：1）对已有的经验数据或实验数据（ICSD、CRYSTMET 等数据库）进行学习，进行特征提取和相关测试；2）对预测材料给出新组分和结构的“推荐组合”；3）预测材料信息输入，通过DFT 计算确定预测材料的热力学稳定性等。

传统的计算方法聚焦在获得某种材料的具体特性，而材料基因计算方法侧重于得到材料元的相关信息，为搜寻具有特定特征的材料体系做指导。材料基因计算方法对材料发展和材料预测是非常有效的，它能够利用一系列的自动化优化技术从候选化合物的数据库中筛选符合条件的化合物，为进一步的计算细化搜索范围。近年来，随着计算机运算能力的提高以及高性能计算的普及，计算材料学获得了迅速的发展，材料基因的概念也被运用到材料计算中，参见图 13.6。

材料基因计算方法首先从外部的结构数据库中选择数据，进行计算得到材料相应的性质数据，获得的新知识可扩充原先的数据库并有助于更为准确的数据选择。事实上，材料的性能完全由材料的结构和组分两个因素决定，通过大规模计算，挖掘出材料结构、组分和材料性能之间的联系，构建出材料的“构效关系”，也是材料基因计算的重要目标之一。在龚恒风研究员主持的课题中，应用机器学习技术和神经网络模型建立了“**新型材料基因计算模型**”，具体功能包括：

- 通过对筛选过程设立由针对性的外部约束条件，包括应用要求约束、基本物理规律约束、温度压强等外部条件，构建材料组分和结构模型。
- 通过材料基因技术来计算这些结构模型对应的化合物的各种性能，并反馈到结构性能数据库，用于研究核材料中的物理问题，同时筛选出满足应用约束条件的材料。
- 通过各种实验方法制备这些材料，然后测试和表征这些材料的物理化学性能，从而理解核材料物理问题，发现新材料。

13.5 聚类的自动形成

通常情况下，**特征点**会形成多个不同的聚类。我们可以通过自动的方法去发现：应该将哪些点结合在一起来形成聚类。这个过程被称为**无监督学习**。这类方法的工作原理是：不断地合并已有的聚类。一开始的时候，我们将每一个数据点看作一个独立的初始聚类；然后，在每一步的迭代过程中，我们找到：距离最小的两个聚类，并且，将这两个聚类合并为一个聚类；当聚类的种类等于我们所期望得到的数目时，或者，当聚类之间的最小距离大于某一阈值时，我们停止迭代。现在已经有许多启发式的方法用于指导这个迭代过程。

另外一个相反的方法是：将已有的聚类沿着某些合理的线分开。一开始的时候，所有的点被看作是一个大的聚类；在每一步迭代中，找到一个聚类将其分为两个聚类；当已经得到足够多的**聚类**种类，或者，如果继续分下去，不会使得某些我们提前设置的**指标**有很大提高时，我们停止迭代。但是，对于绝大多数我们感兴趣的情况，我们实际上是知道哪些点是属于同一类的。

事实上，分类的结果可以直接用于实现聚类。如果我们已经知道每一个类的中心，那么，我们可以根据：样本点到每一个中心点的距离，来确定样本点属于哪一类，这个过程已经实现了聚类；如果我们已经完成了聚类，那么，我们可以计算每一个类的中心。这是一个“鸡生蛋、蛋生鸡”的问题，因此，我们可以使用**交叉迭代**的方式进行求解，即著名的**k-均值**算法：

1. 初始化：随机选取 k 个**中心**点 $\overline{\boldsymbol{x}}_i^{(0)}$（其中 $i=1,2,\cdots,k$），然后，对所有样本进行标注[①]：

$$L_j^{(0)}=\arg\min_i \left\|\boldsymbol{x}_j-\overline{\boldsymbol{x}}_i^{(0)}\right\|^2 \tag{13.44}$$

其中 $j=1,2,\cdots,m$ 为样本点的下标。最后，统计每一类样本点的数目：

$$N_i^{(0)}=\sum_{j=1}^m \delta(L_j^{(0)}=i) \tag{13.45}$$

其中 $\delta(L_j^{(0)}=i)$ 称为**示性函数**：当 $L_j^{(0)}=i$ 时，$\delta(L_j^{(0)}=i)=1$；否则，$\delta(L_j^{(0)}=i)=0$。

2. 循环迭代：首先，根据第 n 次的标注结果 $\{L_j^{(n)}\}$，将 k 个中心点 $\overline{\boldsymbol{x}}_i^{(n)}$ 更新为：

$$\overline{\boldsymbol{x}}_i^{(n+1)}=\frac{1}{N_i^{(n)}}\sum_{L_j^{(n)}=i}\boldsymbol{x}_j \tag{13.46}$$

然后，根据更新后的中心点，对所有样本进行标注：

$$L_j^{(n+1)}=\arg\min_i \left\|\boldsymbol{x}_j-\overline{\boldsymbol{x}}_i^{(n+1)}\right\|^2 \tag{13.47}$$

进一步，统计每一类样本点的数目：

$$N_i^{(n+1)}=\sum_{j=1}^m \delta(L_j^{(n+1)}=i) \tag{13.48}$$

3. 重复过程 2，直到所有的中心点不再发生明显变化，也就是说，

$$\left\|\boldsymbol{x}_i^{(n+1)}-\overline{\boldsymbol{x}}_i^{(n)}\right\|^2\le\epsilon \tag{13.49}$$

对于所有的 $i=1,2,\cdots,k$ 都成立。

---

① 正如我们在本章的 13.3.3 小节中所讨论的，式 (13.44) 成立的基本假设是：所有的类都服从 **Gauss 分布**，并且具有**完全相同**的方差。

图 13.7 中给出了一个实验仿真结果，原始数据中共包含 3 个聚类，聚类的中心点分别为 $(3,0)$、$(-3,0)$ 和 $(0,3)$。样本点服从 $\sigma = 1$ 的**二维 Gauss 分布**，如图 13.7(a) 所示。

随机选取三个样本点，作为三个聚类中心的初始估计结果，即图 13.7(b) 中的红色“方框”。然后，对每个样本点进行“归类”，结果如图 13.7(b) 所示。进一步，根据样本点的“归类”结果，更新相应的聚类中心，即图 13.7(b) 中的红色“圆点”。图 13.7(b) 中，更新前后的聚类中心估计结果发生了明显的变化，因此，继续进行迭代运算。在进行完 4 次迭代后，聚类中心估计结果不再随迭代更新而发生了明显变化，图 13.7(c) 中的红色“方框”与红色“圆点”几乎重合。

我们选择**中心点**来作为样本点的聚类中心，是因为中心点使得距离的平方和最小。对于所有第 k 类样本点 $\boldsymbol{x}_i$，我们需要求解：

$$\overline{\boldsymbol{x}}_k = \arg\min_{\boldsymbol{x}} \sum_{i=1}^{N_k} \|\boldsymbol{x}_i - \boldsymbol{x}\|^2 \tag{13.50}$$

通过对 $\overline{\boldsymbol{x}}$ 求导，然后，令求导结果等于零，我们最后可以求得极值 $\overline{\boldsymbol{x}}_k$ 为：所有第 k 类样本点 $\boldsymbol{x}_i$ 的**平均值** $\left(\sum_{i=1}^{N_k} \boldsymbol{x}_i\right)/N_k$，也就是说，第 k 类样本 $\{\boldsymbol{x}_i\}$ 的**中心点**。

注意，**k-均值**算法直接使用（和聚类中心之间的）最近距离，来对样本点进行归类。这一操作暗含的假设是：所有的类都服从 **Gauss 分布**，并且，各个类的标准差都**相同**。有兴趣的读者可以在此基础上针对更一般的情况继续进行分析和探索。

13.6 铁轨表面擦伤的自动检测

在铁科院**王胜春**研究员主持的一个课题中，通过机器视觉技术来对铁轨表面擦伤进行自动分检测。图 13.8 中给出了一些铁轨表面擦伤的样本，大致分为两类：“磨损”类型的擦伤（如图 13.8(a) 所示）和“剐蹭”类型的擦伤（如图 13.8(b) 所示）。

为了对检测出来的铁轨表面擦伤进行自动分类，我们用如下两个特征：(1) 擦伤区域的面积 s 和 (2) 擦伤的宽高比 η，来对检测出来的铁轨表面擦伤进行表征。于是，每一个检测出来的铁轨表面擦伤都被映射成了：二维特征空间中的一个点 $(s_k, \eta_k)^T$，其中 k 表示擦伤样本的编号。为了方便，我们用矩形框标注出擦伤区域，然后，用矩形框的面积近似表征擦伤区域的面积，并没有精确计算擦伤区域的面积。图 13.9 中给出了 830 个擦伤样本所对应的特征空间中的**散点图**。我们对

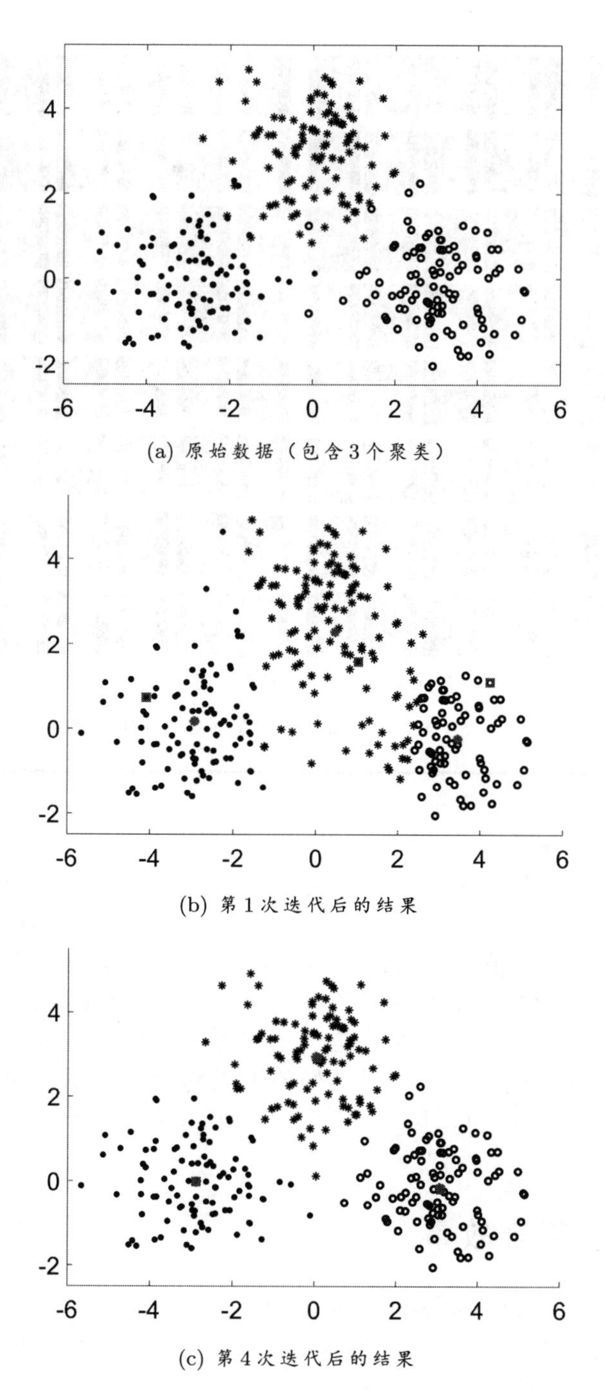

(a) 原始数据（包含3个聚类）

(b) 第1次迭代后的结果

(c) 第4次迭代后的结果

图 13.7 k-均值算法的实验结果。经过4次迭代，聚类中心不再发生明显变化。红色方框和红色圆点分别为更新前后的聚类中心。

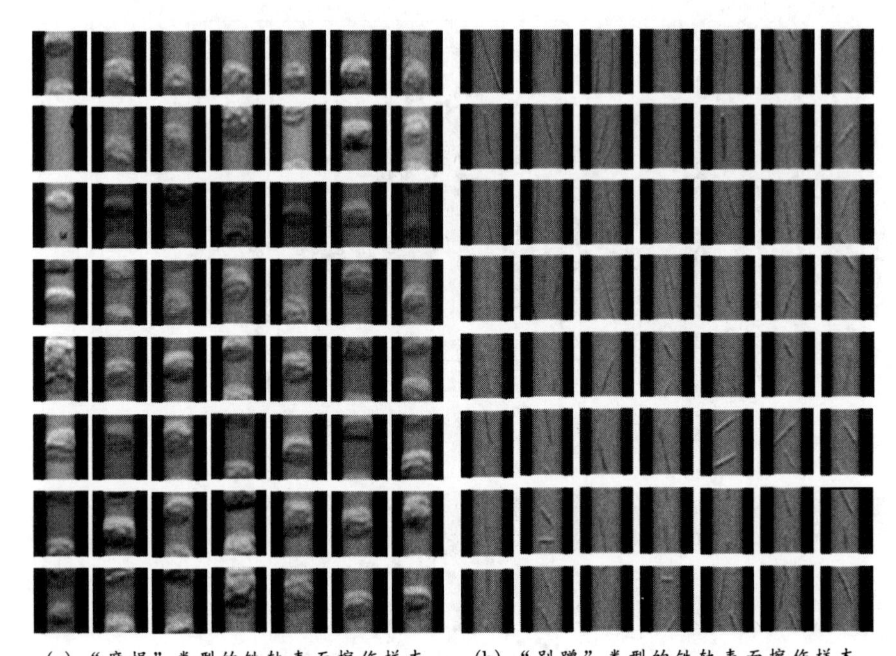

(a) “磨损”类型的铁轨表面擦伤样本　　(b) “剐蹭”类型的铁轨表面擦伤样本

图 13.8　铁轨表面擦伤的样本。(a)“磨损”类型的擦伤；(b)“剐蹭”类型的擦伤。

这 830 个擦伤样本进行了人为标注，根据标注结果，在图 13.9 中用不同颜色和形状的点来分别表示“磨损”和“剐蹭”这两类擦伤。

我们使用 k-均值算法自动生成**聚类**，从而确定出各个类之间的边界，最终实现对铁轨表面擦伤的自动分类，结果如图 13.10 所示。注意：面积是以像素为单位的，是一个相对大小的值，因此，我们可以对其进行比例伸缩。为了取得更好的聚类和分类效果，我们将面积大小等比例缩放到 0 和 4 之间，因为宽高比的范围在 0 和 4 之间。

13.7 一个预言故事

很久以前，有两个农夫，他们的名字是 Jed 和 Ned，他们住在一起。他们每人都有一匹马，这两匹马都喜欢在他们两个的农场之间的栅栏跳来跳去。显然，这两个农夫需要找到某个方法来确认各自的马匹。于是，Jed 和 Ned 经过商量，找到了一种判别他们各自马匹

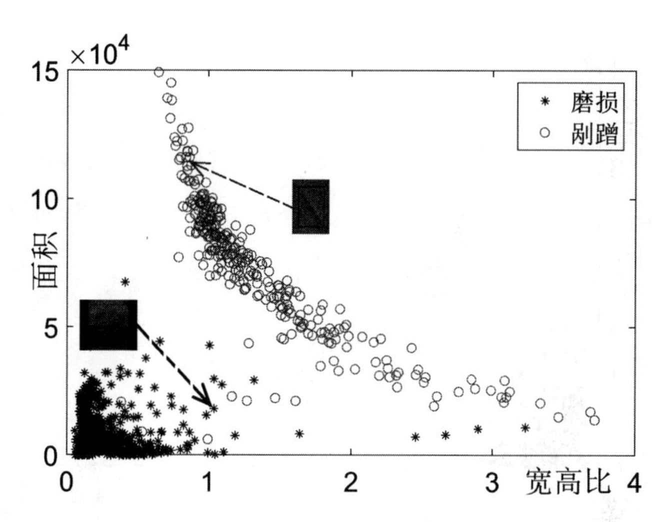

图 13.9 用如下两个特征：(1) 擦伤的面积 s 和 (2) 擦伤的宽高比 η，来对检测出来的铁轨表面擦伤进行表征。

的方法。Jed 在他的马的耳朵上剪了一个小缺口，这个缺口不大，但是，却足以让人一眼就认出来。让你料想不到的是：Jed 刚将他的马的耳朵剪了个缺口，就在第二天，Ned 的马被栅栏上带刺的铁丝剐了一下，在自己的耳朵上留下了一个一模一样的缺口！

于是，他们必须找别的方法来区分这两匹马。Ned 在他的马的尾巴上粘了一个很大的蓝色蝴蝶结。但是第二天，Jed 的马跳过栅栏，冲到 Ned 的马正在吃草的地方，将它尾巴上的蝴蝶结咬下来吃掉了！

最后，Jed 建议（并且 Ned 也同意）：他们需要找到一种不容易改变的特征。高度似乎是一个很好的特征。但是，这两匹马的高度是否不同呢？这两个农夫都去量了一下各自的马。你猜怎么着？**黑色**的那匹马竟然比**白色**的那匹马足足高了 3 厘米！每一个童话故事都会告诉我们一个道理。通过这个童话故事，我们应该记住：

- **当你在分类问题中遇到困难时，不要去寻找更加深奥的数学技巧；而是去寻找更好的特征！**

13.8 习题

习题 13.1 事实上，统计机器学习的应用范围很广，远不止限于机器

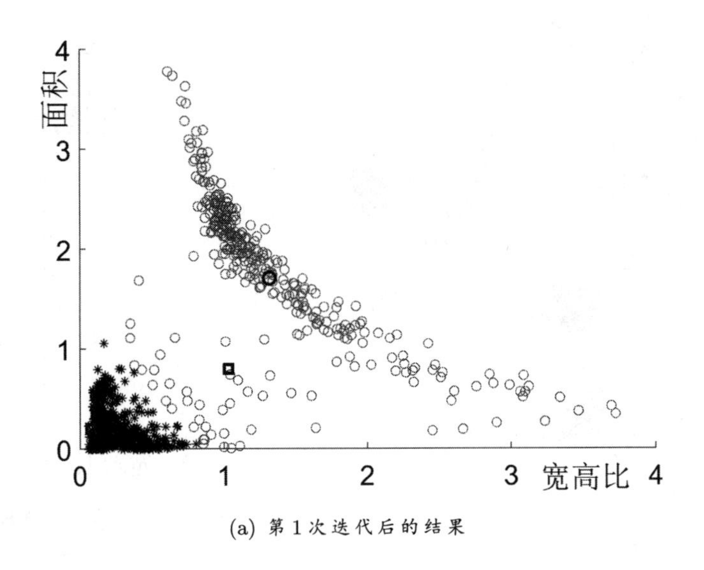

(a) 第 1 次迭代后的结果

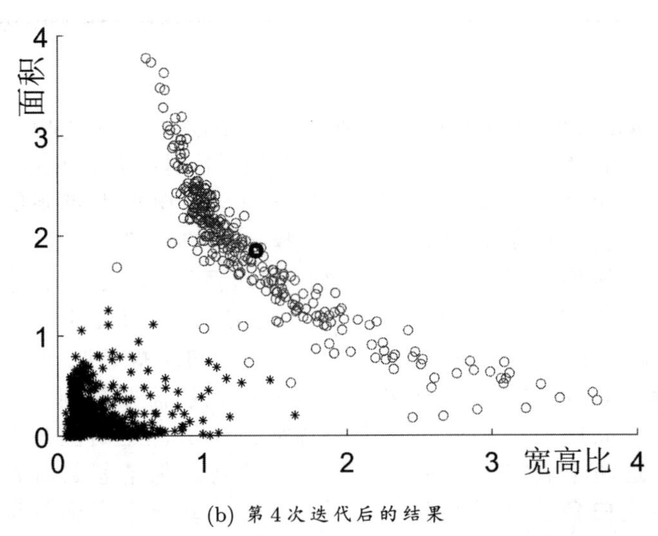

(b) 第 4 次迭代后的结果

图 13.10 k-均值聚类结果。蓝色方框和蓝色圆点分别为更新前后的聚类中心。

视觉和智能感知领域。近年来，随着人工智能技术的不断发展，在材料科学、生物科学、新能源等交叉学科领域，统计机器学习都成为了新兴的研究热点。请在下面的几个课题中选取一个你所感兴趣的问题，进行文献调研，完成研究报告。

- 人工智能服务于材料设计研发的现状。
- 神经网络方法在材料传热中的应用。
- 机器学习在材料基因组计算方法中的应用。

要求：以小组为单位，查找10到15篇相关的期刊文献，精读其中的1到2篇；然后，开展小组讨论，研究文献内容，完成调研报告。

习题 13.2 我们想把向量$\boldsymbol{x}$归为c个类中的某一个。向量$\boldsymbol{x}$属于类C_i的概率为$P_r(C_i|\boldsymbol{x})$，那么，一种合理的分类方法是：将向量$\boldsymbol{x}$赋予“最可能”的一类C_m，也就是说，对于$i=1,2,\cdots,c$，都有：

$$P_r(C_m|\boldsymbol{x}) \geq P_r(C_i|\boldsymbol{x}) \tag{13.51}$$

(a) 证明：

$$P_r(C_m|\boldsymbol{x}) \geq \frac{1}{c} \tag{13.52}$$

(b) 误差的平均概率为：

$$P_e = 1 - \int P_r(C_m|\boldsymbol{x})p(\boldsymbol{x})d\boldsymbol{x} \tag{13.53}$$

证明：

$$P_e \leq \frac{c-1}{c} \tag{13.54}$$

请问：上式中的等号什么时候成立？

习题 13.3 含有n个变量的**多元正态分布**的一般形式为：

$$p(\boldsymbol{x}) = \frac{1}{(2\pi)^{n/2}\|\boldsymbol{\Sigma}\|^{1/2}}e^{-\frac{1}{2}(\boldsymbol{x}-\overline{\boldsymbol{x}})^T\boldsymbol{\Sigma}^{-1}(\boldsymbol{x}-\overline{\boldsymbol{x}})} \tag{13.55}$$

其中，$\overline{\boldsymbol{x}}$被称为**均值向量**；而$\boldsymbol{\Sigma}$被称为**协方差矩阵**。如果向量$\boldsymbol{x}$中的元素相互独立，那么，协方差矩阵$\boldsymbol{\Sigma}$中的元素为：

$$\sigma_{i,j} = \begin{cases} \sigma_i^2, & \text{如果 } i=j; \\ 0, & \text{如果 } i \neq j \end{cases} \tag{13.56}$$

假设：向量$\boldsymbol{x}$中的元素是**相互独立**的，请证明：式(13.55)中的$p(\boldsymbol{x})$可以被进一步写为

$$p(\boldsymbol{x}) = \prod_{i=1}^{n} p_i(x_i) \tag{13.57}$$

请问：$p_i(x_i)$的形式是什么样的？

习题 13.4 我们可以使用多种不同的方法来估计：**最近邻分类**的误差率。在这个问题中，对于我们所探索的情况，其基本假设是：对于每

一个类，我们都有很多已知的样本。令 $p_{e,i}(\boldsymbol{x})$ 为：将向量 $\boldsymbol{x}$ 错分到第 i 类的概率；而 $p_{c,i}(\boldsymbol{x})$ 为：将向量 $\boldsymbol{x}$ 正确地分到第 i 类的概率。

(a) 如果第 i 类的**先验概率**为 P_i，那么，请证明：将向量 $\boldsymbol{x}$ 正确地分到第 i 类的概率为：

$$p_{c,i}(\boldsymbol{x}) = \frac{P_i p_i(\boldsymbol{x})}{\sum_j P_j p_j(\boldsymbol{x})} \tag{13.58}$$

其中，$p_i(\boldsymbol{x})$ 是第 i 个类（所对应）的概率分布。请问：$p_{e,i}(\boldsymbol{x})$ 的表达式是什么？

(b) 现在假设只有两个类，并且，这两个类的可能性是相同的。证明：将一个向量正确地分给第 i 类的平均概率为：

$$P_{c,i} = \int \frac{p_i^2(\boldsymbol{x})}{p_1(\boldsymbol{x}) + p_2(\boldsymbol{x})} d\boldsymbol{x} \tag{13.59}$$

证明：$P_{c,i}$ 与 i 无关。证明：错分的平均概率 $P_{e,i}$ 同样与 i 无关，并且，其形式为：

$$P_e = P_{e,i} = \int \frac{p_1(\boldsymbol{x}) p_2(\boldsymbol{x})}{p_1(\boldsymbol{x}) + p_2(\boldsymbol{x})} d\boldsymbol{x} \tag{13.60}$$

(c) 现在，令第 i 类的概率分布为：

$$p_i(\boldsymbol{x}) = \frac{1}{(2\pi)^{n/2}\sigma^n} e^{-\frac{1}{2}\frac{|\boldsymbol{x}-\overline{\boldsymbol{x}}_i|^2}{\sigma^2}} \tag{13.61}$$

证明：误差的概率为：

$$P_e = \frac{1}{2\sqrt{2\pi}} e^{-\frac{1}{8}d^2} \int e^{-\frac{1}{2}z^2} \left(\cosh\frac{zd}{2}\right)^{-1} dz \tag{13.62}$$

其中，$d = |\overline{\boldsymbol{x}}_1 - \overline{\boldsymbol{x}}_2|/\sigma$。由此，我们可以得到：$P_e \leq \frac{1}{2}e^{-\frac{1}{8}d^2}$。请问：什么时候 $P_e = \frac{1}{2}e^{-\frac{1}{8}d^2}$？

注意：我们最好在数据服从**正态分布**的情况下，使用**最近中心分类**。然而，当类的中心之间的距离大于 σ 时，即使是使用**最近邻分类**方法，我们也能取得很低的误差率。

习题 13.5 我们通常使用：已知分类结果的**样本向量**，来估计**分类器**中的参数。这个过程被称为：**训练**（或者**有监督学习**）。本题中，我们要探索的问题是：要对分类器进行训练，最少需要使用多少个样本。假设：总共有 c 个类，各个类的“可能性”是相同的，并且，特征空间的维数是 n。此外，我们假设：选取样本的过程是“智能的”，也就是说，同一个样本不会被“挑选”两次。

(a) 要建立一个**最近邻分类器**，最少需要多少个样本点？（注意，严格地说，**最近邻分类器**并不是被“训练”出来的。）

每一个类都被：均值向量 $\overline{\boldsymbol{x}}_i$ 和协方差矩阵 $\boldsymbol{\Sigma}_i$，所唯一确定。其中，$\boldsymbol{\Sigma}_i$ 是一个**半正定的实对称矩阵**。

(b) 假设：**协方差矩阵** $\boldsymbol{\Sigma}_i = \sigma^2\mathbf{I}$ 与 i 无关。那么，要对**最近中心分类器**进行训练，至少需要多少个样本点？

通过 s 个样本点，我们可以估计出：服从正态分布的单个随机变量 x 的方差 σ^2。我们可以使用**无偏估计**：

$$\sigma^2 = \frac{1}{s-1}\sum_{j=1}^{s}(x_j - \overline{x})^2 \tag{13.63}$$

其中，$\overline{x}$ 是：估计出的随机变量 x 的**均值**。

(c) 假设：**协方差矩阵**

$$\boldsymbol{\Sigma_i} = \begin{pmatrix} \sigma_1^2 & & 0 \\ & \ddots & \\ 0 & & \sigma_n^2 \end{pmatrix} \tag{13.64}$$

和 i 无关，那么，要对**分类器**进行**训练**，至少需要多少个样本点？

(d) 如果 $\boldsymbol{\Sigma_i} = \sigma_i^2\mathbf{I}$，那么，要对分类器进行训练，至少需要多少个样本点？

(e) 假设：协方差矩阵 $\boldsymbol{\Sigma_i}$ 为**对角矩阵**，即：

$$\boldsymbol{\Sigma_i} = \begin{pmatrix} \sigma_{i,1}^2 & & 0 \\ & \ddots & \\ 0 & & \sigma_{i,n}^2 \end{pmatrix} \tag{13.65}$$

那么，要对分类器进行训练，至少需要多少个样本点？

提请注意：在实际应用中，训练集的大小至少要是：对**分类器**的参数进行有效估计所需的**最小样本数**的三到四倍。

习题 13.6 我们采用图 13.3(a) 中的模型，训练一个 3×3 的**滤波器**，用以对图像中的角点和边缘进行**分类**。训练集中包含如下 18 个样本，

1	1	0
1	1	0
0	0	0

0	0	0
1	1	0
1	1	0

0	1	1
0	1	1
0	0	0

0	0	0
0	1	1
0	1	1

0	0	1
0	1	1
0	0	1

0	0	0
0	1	0
1	1	1

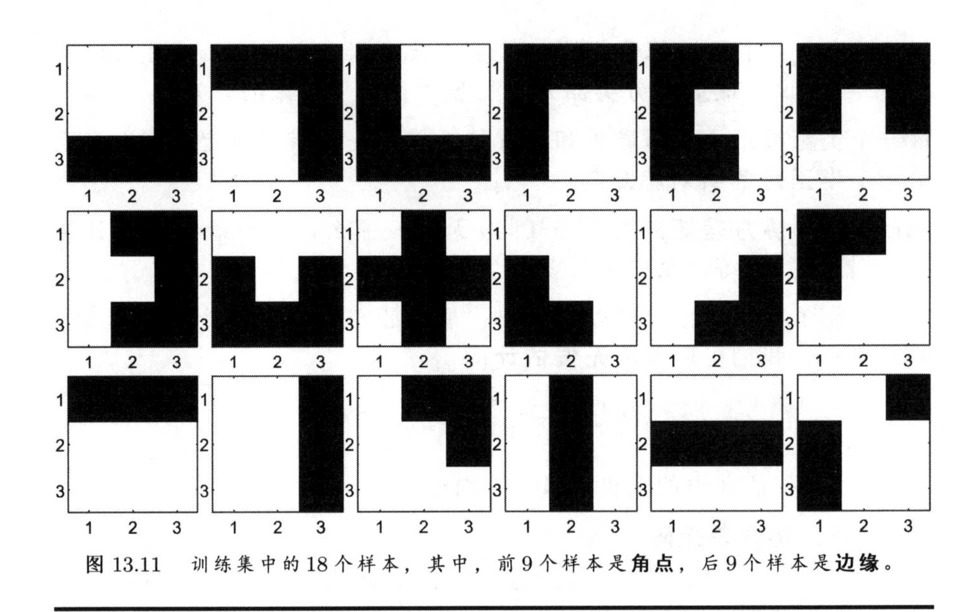

图 13.11　训练集中的 18 个样本，其中，前 9 个样本是**角点**，后 9 个样本是**边缘**。

1	0	0
1	1	0
1	0	0

1	1	1
0	1	0
0	0	0

1	0	1
0	0	0
1	0	1

1	1	1
0	1	1
0	0	1

1	1	1
1	1	0
1	0	0

0	0	1
0	1	1
1	1	1

0	0	0
1	1	1
1	1	1

1	1	0
1	1	0
1	1	0

1	0	0
1	1	0
1	1	1

1	0	1
1	0	1
1	0	1

1	1	1
0	0	0
1	1	1

1	1	0
0	1	1
0	1	1

其中，前 9 个样本是**角点**，后 9 个样本是**边缘**，参见图 13.11。

(a) 请建立**线性神经网络**的训练模型，通过式 (13.23) 进行求解。

(b) 请建立**非线性神经网络**的训练模型，求出对应的**滤波器**。

(c) 请分析和评估 (a) 和 (b) 的结果，想想如何进行改进和提升（例如使用图 13.5(a) 中的模型）。请根据实验结果完成研究报告。

第 14 章　随机分析与过程

我写作本章是出于教学上的需求，以往在讲到基于**概率分析**和**随机过程**的智能推理、概率图模型等内容时，很多学生放弃了对基本原理的学习和理解，而去选择背诵算法。因此，在讲解算法之前，有必要认真回顾概率分析和随机过程的相关内容。我们希望学生掌握的不仅仅是算法，而是基于现有算法去继续探索和创新的能力，毕竟，**算法是死的，思想才是活的！**

概率论是一门极其深邃的科学，很容易把初学者吓到。我们想通过 4 个学时来介绍概率论中的部分基本概念与重要结论（及其背后的思想），有必要进行一些“简化”，具体体现在：

- 以离散形式的概率来理解基本概念，弱化从离散形式到连续形式推广过程中严谨的数学证明（仍指出其核心问题）。
- 避免使用抽象的数学概念，例如，我们将“测度”称为：点的“质量”（离散形式）或线段的“质量”（连续形式）。
- 更多地采用“图解”方式来讲道理，取代大段的定理证明。

在不失正确性的前提下，尽量从工科学生的视角来进行讲述，为进一步学习统计机器学习和自动推理算法打下坚实的理论基础。

14.1 引例：动物行为分析

在前面的章节中，我们重点研究了智能光电感知的一些基础内容，包括：如何生成图像，如何进行图像处理，如何从图像中获取**描述**信息，如何对描述信息进行智能处理（例如自动分类）。很多时候，感知的过程是**持续进行**的：我们不断地生成**图像**（感），进而，对每一帧图像都输出一个（关于图中各个物体的）**描述**信息（知）。于是，我们最终得到的是：一个由时序的“描述信息”所组成的**时间序列**，我们可以将其称为**时序描述集**。

图 14.1 中给出了一个具体的例子。视频中总共出现了 3 只动物，为了简单，每只动物只定义了两种状态：“走”和“跑”。为了便于显示，我们将第一只动物的“走”和“跑”分别记为 1 和 2，第二只动物的“走”和“跑”分别记为 3 和 4，第三只动物的“走”和“跑”分别记为 5 和 6。于是，整个视频（包含 256 帧图像）就被转化为了：图 14.1(g) 中的三条曲线，我们将其称为**时序状态图**。

当我们观看这段视频时，脑海中会浮现出很多问题：动物的精神状态如何？相互之间的关系如何？例如，在图 14.1(d) 和 14.1(e) 中，两只动物之间有眼神交互，很可能是朋友。我们希望能够依据图 14.1(g) 中的三条曲线，来对动物做**行为分析**，从而**智能**地回答上述问题。

需要指出的是：视觉感知的结果并不是完全准确的，例如，在图 14.1(e) 中，两只动物在奔跑，但是，却被识别为一只动物在行走，此外，图 14.1(a) 和 14.1(f) 中都出现了漏检，图 14.1(f) 还将奔跑识别成了行走。因此，图 14.1(g) 中的三条曲线并不是完全准确的，而是一个包含**随机误差**的时序过程。为了进行分析，我们首先需要学习**概率论**和**随机过程**中的相关理论和方法，这构成了本章的核心内容。

14.2 集合及其结构

我们开始来逐步理解相关内容。“不确定性”意味着我们的实验结果存在多种可能：$\omega_1, \omega_2, \cdots, \omega_n$。所有这些可能的实验结果构成一个集合 Ω：

$$\Omega = \{\omega_1, \omega_2, \cdots, \omega_n\} \tag{14.1}$$

我们面临的第一个问题是：如何描述这个集合 Ω？我们需要从两个方面来描述集合 Ω，即：

1. 集合 Ω 中所包含的元素：$\omega_1, \omega_2, \cdots, \omega_n$。

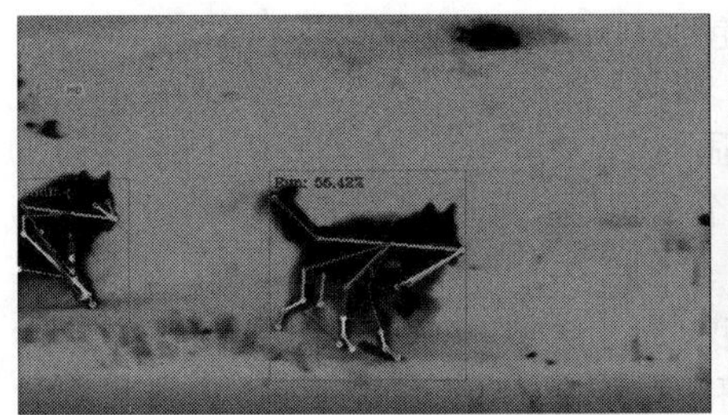

(a) 视频帧：两个目标重合

(b) 视频帧：目标开始分离

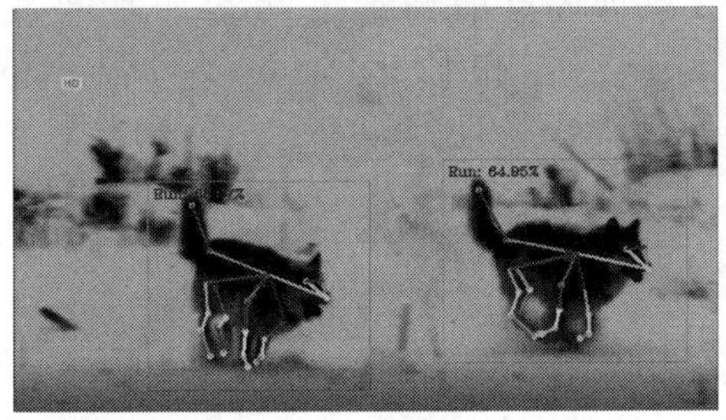

(c) 视频帧：识别结果正确

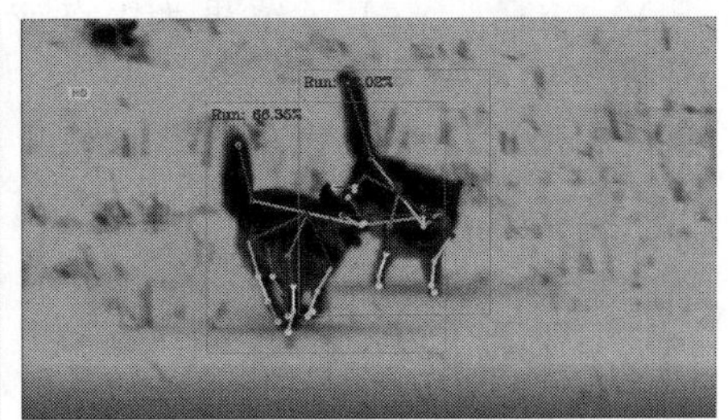

(d) 视频帧：目标即将重合

(e) 视频帧：识别结果错误

(f) 视频帧：漏检且错误

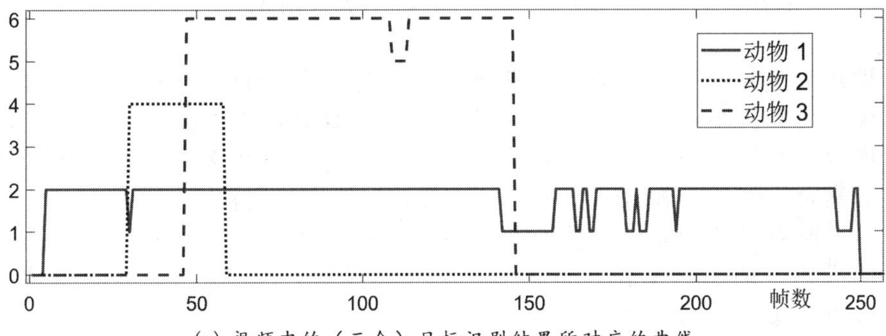

(g) 视频中的（三个）目标识别结果所对应的曲线

图 14.1 通过视觉感知，每一帧图像都生成了：一个关于图中各个物体的**描述**，整个视频就被转化为：由“描述”所组成的**时间序列**，例如：一组曲线。

2. 集合 Ω 的结构：集合 Ω 中所包含的子集的形式。

集合 Ω 中所包含的元素是已知（固定不变）的，但是集合的结构却是由实际问题决定的。我们以一个例子来说明这个问题，扔一次骰子，总共有六种可能的结果：$\omega_1 = 1$ 点，$\omega_2 = 2$ 点，$\omega_3 = 3$ 点，$\omega_4 = 4$ 点，$\omega_5 = 5$ 点，$\omega_6 = 6$ 点。如果我们关注骰子的点数，那么，集合 Ω 中所包含的子集（包括空集 ϕ 和全集 Ω）总共有 $2^6 = 64$ 个[①]，例如：$\{\omega_1\}$（结果为 1 点的情况），$\{\omega_2, \omega_3\}$（结果为 2 点或 3 点的情况），$\{\omega_1, \omega_3, \omega_5\}$（结果为 1 点或 3 点或 5 点的情况）等等。如果我们将实验结果分为两类：$\{小\} = \{\omega_1, \omega_2, \omega_3\}$ 和 $\{大\} = \{\omega_4, \omega_5, \omega_6\}$，那么，相应的子集（包括空集 ϕ 和全集 Ω）总共有 $2^2 = 4$ 个，分别是：ϕ, $\{\omega_1, \omega_2, \omega_3\}$, $\{\omega_4, \omega_5, \omega_6\}$ 和 Ω。

14.2.1 集合的 σ-代数

我们需要找到一种有效的方式，来描述上述两种情况（赌“点数”和赌“大小”）下集合 Ω 的结构。一种方式是将集合 Ω（在具体问题中所对应）的子集全部列写出来，但是，这种方式过于“笨拙”。另一种更加简洁和有效的方式是：

第一步： 列写出集合 Ω（在具体问题中所对应）的子集中的一部分，作为的“生成单元”：$A_1, A_2, \cdots, A_m$。

第二步： 对“生成单元”进行**交**、**并**、**补**集合运算，得到所有可能的运算结果（记为：$\sigma(A_1, A_2, \cdots, A_m)$），所有运算结果（都是集合 Ω 的子集）构成一个“集族” $\mathcal{F} = \sigma(A_1, A_2, \cdots, A_m)$。

集族 $\mathcal{F}$ 被称为：集合 Ω 的 **σ-代数**，它描述了集合 Ω 的结构信息。我们称 σ-代数 $\mathcal{F}$ 中的元素（也是 Ω 的子集）为**事件**，事件并不是某种可能出现的结果，而是一种情况，具体表现为（一种或多种）结果所组成的集合，例如，抛骰子点数小于 3 的情况为 $\{\omega_1, \omega_2\}$。

所有可能的实验结果 Ω 与所有可能的事件 $\mathcal{F}$ 合在一起，才能完整地描述不确定性实验的具体情形。也就是说，$(\Omega, \mathcal{F})$ 作为一个整体，给出对集合 Ω 的完整描述。

[①]注意，每一个子集对应于一个 n 位的二进制码，具体规则如下：如果 ω_k 属于该子集，那么这个二进制码的第 k 位取 1，反之取 0。这样的 n 位的二进制码的总个数为 2^n，因此，包含 n 个元素的集合的所有子集个数为 2^n。

注意，“交”运算可以通过“并”运算和“补”运算来实现：

$$A_1 \cap A_2 = \overline{\overline{A_1} \cup \overline{A_2}} \tag{14.2}$$

因此，我们可以从**交**、**并**、**补**三种集合运算中选取两种（必须包含**补**运算），来定义集合运算。许多概率论书籍采用这种方式（例如：并运算和补运算）来定义σ代数。

需要指出的是：集合运算$\sigma(A_1, A_2, \cdots, A_m)$并不是一次运算，而是不断反复运算，直到没有新的结果产生为止[1]。因此，

- 集合Ω的σ-代数$\mathcal{F}$具有**封闭性**，也就是说，$\mathcal{F}$中的元素（Ω的子集）经过任意“交、并、补”运算后，仍然属于$\mathcal{F}$。

否则，如果有新的子集产生，说明$\sigma(A_1, A_2, \cdots, A_m)$运算没有结束，只需继续运行$\sigma(A_1, A_2, \cdots, A_m)$，直至运算结束。此外，

- 空集ϕ和全集Ω都属于$\mathcal{F}$。

因为$A_1 \in \mathcal{F} \Rightarrow \overline{A_1} \in \mathcal{F}$，进而推出$A_1 \cap \overline{A_1} = \phi \in \mathcal{F}$，以及$\overline{\phi} = \Omega \in \mathcal{F}$。对于抛骰子的例子，在“赌点数”的情况下，我们可以选取：$A_k = \{\omega_k\}$（其中$k = 1, 2, \cdots, 5$），于是，

$$\mathcal{F} = \sigma\left(\{\omega_1\}, \{\omega_2\}, \{\omega_3\}, \{\omega_4\}, \{\omega_5\}\right) \tag{14.3}$$

在“赌大小”的情况下，我们可以选取：$A_1 = \{\omega_1, \omega_2, \omega_3\}$和$A_2 = \{\omega_4, \omega_5, \omega_6\}$，于是，

$$\mathcal{F} = \sigma\left(\{\omega_1, \omega_2, \omega_3\}, \{\omega_4, \omega_5, \omega_6\}\right) \tag{14.4}$$

需要指出的是，“生成单元”$A_1, A_2, \cdots, A_m$的选取并不唯一。对于式(14.4)，我们也可以令$\mathcal{F} = \sigma\left(\{\omega_1, \omega_2, \omega_3\}\right)$。

14.2.2 对集合的分割

我们所感兴趣的是一组特殊的“生成单元”$B_0, B_1, B_2, \cdots, B_k$，满足如下三个条件：

1) $B_0 = \phi$，当$0 \leq i \leq k$时，都有$B_i \neq \phi$;

2) $B_1 \cup B_2 \cup \cdots \cup B_k = \Omega$;

[1] 注意，$\mathcal{F} = \sigma(A_1, A_2, \cdots, A_m)$中的元素个数最多为$2^n$个（集合$\Omega$所有子集的个数），而并非无穷多个，因此，集合运算$\sigma(A_1, A_2, \cdots, A_m)$最终一定会停下来。对于$n \to \infty$的情况，上述分析不再成立，我们将其留作思考题。

3) 对于任意$i \neq j$，都有 $B_i \cap B_j = \phi$。

满足上述条件的 $\{B_0, B_1, B_2, \cdots, B_k\}$ 称为：对集合 Ω 的**分割**（或**划分**）。于是，我们得到了一种生成$\mathcal{F}$的方法：

第一步：根据给定的“生成单元”$A_1, A_2, \cdots, A_m$，通过**交**、**并**、**补**三种集合运算，构造出对集合Ω的**分割**$\{B_0, B_1, B_2, \cdots, B_k\}$；

第二步：在 $B_0, B_1, B_2, \cdots, B_k$ 中选取若干个（包括 1 个和 k 个）进行**并**运算，（总共可以）生成2^k个集合①。所生成的 2^k 个集合就构成了（集族）$\mathcal{F}$中的所有元素。

需要指出的是，对于某一给定的σ-代数 $\mathcal{F}$，虽然“生成单元” $A_1, A_2, \cdots, A_m$ 的形式不唯一，但是，（对集合Ω的）**分割**形式 $B_0, B_1, B_2, \cdots, B_k$ 是唯一的！也就是说，（对集合Ω的）**分割** $\{B_0, B_1, B_2, \cdots, B_k\}$与（集合$\Omega$的$\sigma$-代数）$\mathcal{F}$之间是一一对应的。并且，只需要通过一种运算②：$B_0, B_1, B_2, \cdots, B_k$ 之间（包括和自身）的**集合并**运算，即可生成$\mathcal{F}$。换句话说，

- **分割** $\{B_0, B_1, B_2, \cdots, B_k\}$ 是集族$\mathcal{F}$的一组**完备**的、**不冗余**的、**只基于一种运算**（集合并）的、**形式唯一**的“**基本生成单元**”。

因此不难理解：我们常常通过分析和处理（集合Ω的）**分割** $\{B_0, B_1, B_2, \cdots, B_k\}$，来对（集合$\Omega$的$\sigma$-代数）$\mathcal{F}$进行研究。

通过上述分析，我们得到了集合Ω的完整描述$(\Omega, \mathcal{F})$，要深入分析集合Ω，我们还需要做进一步处理。具体地说，Ω和$\mathcal{F}$都是抽象的集合，我们首先要想办法给Ω和$\mathcal{F}$这两个集合赋予数的结构，才能应用数学工具对其进行分析。一个直接和自然的方法是：将Ω和$\mathcal{F}$分别映射到具有数结构的空间（例如我们熟悉的实数轴）中，然后在被映射到的（具有实数结构的）空间中进行分析。这两个映射（或函数）：**随机变量**和**概率**，无疑是概率论中最基础和最重要的概念，使得后续的数学分析成为可能。

在这里，我们并不直接一下子给出**随机变量**和**概率**的正确完整定义，而是采用逐步修正的探索过程，从而深刻理解这两个基本概念背

---

①首先，从 $B_1, B_2, \cdots, B_k$ 中选取若干个（包括 1 个和 k 个）进行**并**运算，总共可以生成 $2^k - 1$ 个集合，加上空集（即 $\phi = B_0 \cup B_0$），总共有 2^k 个集合。

②注意：直接通过“基本单元”$A_1, A_2, \cdots, A_m$，需要至少两种集合运算（例如：**并**和**补**），才能生成$\mathcal{F}$。现在，我们可以理解：在（对集合Ω的）**分割**中强行加入空集（即 $B_0 = \phi$）的必要性，否则，只通过**集合并**运算无法生成$\mathcal{F}$中的空集ϕ。

后的核心思想。正如我们上面所分析的，这两个概念最初步的定义是从集合到实数轴的映射，即：

- **随机变量**（初步）：从集合Ω到实数轴R上的**函数**映射$X:\Omega\to R$，记为$X(\omega)$，其中$\omega\in\Omega$，$X(\omega)\in R$。
- **概率**（初步）：从集族$\mathcal{F}$到实数轴R中$[0,1]$区间上的**函数**映射$P:\mathcal{F}\to[0,1]$，记为$P(A)$，其中$A\in\mathcal{F}$，$0\leq P(A)\leq 1$。

后面，我们还将进一步完善上面两个定义。

14.3 概率空间

首先，我们对上面的"**概率**（初步）"概念进行修正。我们前面提到：集族$\mathcal{F}$是由一组"基本生成单元"$B_0,B_1,B_2,\cdots,B_k$（称为对集合Ω的**分割**）通过**并**运算生成的。这是集族$\mathcal{F}$的**基本结构**。上面所定义的"**概率**（初步）"只做了一件事：**将集族$\mathcal{F}$映射到实数轴R中$[0,1]$区间上**。同时，我们还需要：**将集族$\mathcal{F}$的基本结构也映射过去**。具体地说，当我们将这组"基本生成单元"$B_0,B_1,B_2,\cdots,B_k$映射到实数轴R中$[0,1]$区间上，得到一组结果$P(B_0),P(B_1),P(B_2),\cdots,P(B_k)$后，我们希望：可以通过对$P(B_0),P(B_1),P(B_2),\cdots,P(B_k)$进行（某种单一的）运算，来生成任意子集$A\in\mathcal{F}$的映射结果$P(A)$。注意：$A$是$B_0,B_1,B_2,\cdots,B_k$中某些集合的并（因为$A\in\mathcal{F}$），因此，只需令：

$$P(B_i\cup B_j)=P(B_i)+P(B_j)\quad(\forall i\neq j)\tag{14.5}$$

那么，对于任意的$A\in\mathcal{F}$，都可以通过：$P(B_0)$, $P(B_1)$, $P(B_2)$, $\cdots$, $P(B_k)$中某些（对应的）值之间的加法，算出A的映射结果（称为A的概率）$P(A)$。令式(14.5)中的$i=0$、$j=1$，可以直接得到$P(B_1)=P(\phi)+P(B_1)$，因此，我们得到如下结论：

$$P(\phi)=0\tag{14.6}$$

根据概率（初步）的定义，对于任意$A\in\mathcal{F}$，都有$0\leq P(A)\leq 1$和$0\leq P(\overline{A})\leq 1$（因为$\overline{A}\in\mathcal{F}$），进一步，根据式(14.5)可以得到：

$$P(\Omega)=P(A\cup\overline{A})=P(A)+P(\overline{A})\geq P(A)\tag{14.7}$$

因此，对于任意$A\in\mathcal{F}$，都有$0\leq P(A)\leq P(\Omega)\leq 1$。我们强行令：

$$P(\Omega)=\sum_{i=1}^{k}P(B_i)=1\tag{14.8}$$

于是，$P(B_1), P(B_2), \cdots, P(B_k)$ 正好对应于一组（归一化的）权重系数。直观地理解，就是对（集合 Ω 的子集）$B_0, B_1, B_2, \cdots, B_k$ 进行“测量”后，所得到的（归一化的）测量结果。

最终，我们得到了关于**概率**的完整定义：

- **概率**：从集族 $\mathcal{F}$ 到实数轴 R 中 $[0,1]$ 区间上的**函数映射** $P: \mathcal{F} \to [0,1]$，记为 $P(A)$，其中 $A \in \mathcal{F}$。并且，函数 $P(A)$ 满足如下 3 条性质：

  1. $0 \le P(A) \le 1$
  2. $P(\phi) = 0$，$P(\Omega) = 1$
  3. $\forall A, B \in \mathcal{F}$，如果 $A \cap B = \phi$，那么 $P(A \cup B) = P(A) + P(B)$

简言之，概率是一种对集合的（归一化的）测量方式，“测量”的具体意思是：从集合到实数的映射，也称为**集函数**或**测度**。当然，我们更加倾向于一种更加亲切的名称：集合的“质量”（对于离散情况）或“长度”（对于连续情况），因为这些名称能让我们感受到物理测量过程，而“测度”事实上就是这些物理测量过程的数学抽象。

到此为止，我们得到了关于随机性实验结果的完整的描述，包括下面三方面内容：

- 所有可能的实验结果：集合 $\Omega = \{\omega_1, \omega_2, \cdots, \omega_n\}$
- 所有可能的事件：集合 Ω 的 σ-代数 $\mathcal{F} = \sigma(A_1, A_2, , \cdots, A_m)$
- 所有事件的权重大小：（集合测量函数）概率 $P: \mathcal{F} \to [0,1]$

上述三个内容合在一起，所形成的整体 $(\Omega, \mathcal{F}, P)$，称为**概率空间**。

14.4 随机变量

根据**概率空间**，我们可以完整地了解（随机性）实验结果的详细情况：可能的结果、可能的事件、各个事件的概率（归一化权重）。但是，这些信息还不足以支持我们做决策，因为，我们还需要知道实验结果到底意味着什么。一个极端的例子是：抛骰子来赌大小，“小”可以赢得小半瓶别人喝剩的可乐、“大”需要无偿送二十年快递，就算使用特殊的骰子，让“小”的可能性很大（概率空间提供的信息），是否就值得我们去参与这个活动？

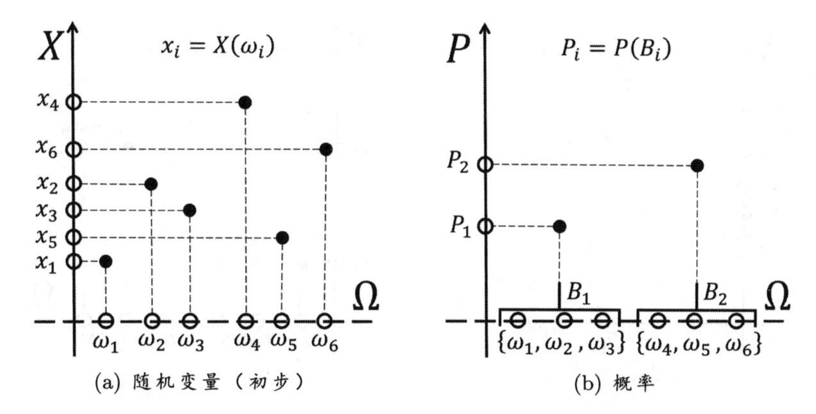

(a) 随机变量（初步） (b) 概率

图 14.2 “抛骰子赌大小”例子中的随机变量（初步）和概率。(a) 随机变量（初步）中所定义的“随机变量”将集合 Ω 中的六个元素映射成实数轴上的六个点：$x_i = X(\omega_i)$（其中 $i = 1, 2, \cdots, 6$）。(b) 概率将（集合 Ω 的分割 $\{\phi, B_1, B_2\}$ 中的）两个（非空）集合 $B_1 = \{\omega_1, \omega_2, \omega_3\}$ 和 $B_2 = \{\omega_4, \omega_5, \omega_6\}$ 映射成实数轴上（$[0, 1]$ 区间中）的两个点：$P_i = P(B_i)$（其中 $i = 1, 2$）。

为了解决这一问题，我们通过（前面提到的**随机变量**（初步）中定义的）映射 $X(\omega_i)$ 将（所有）可能的实验结果 $\omega_i \in \Omega$（全部）映射到实数轴上，来赋予（由所有实验结果所组成的）集合 Ω 以数的结构，从而可以对 Ω 中的元素进行排序和比较大小。整个想法肯定是睿智和正确的，但是，需要做进一步的完善。

我们通过一个具体的例子：“抛骰子赌大小”，来具体说明。在这个例子中，$\Omega = \{\omega_1, \omega_2, \omega_3, \omega_4, \omega_5, \omega_6\}$；$\mathcal{F} = \{\phi, B_1, B_2, \Omega\}$。六种可能的结果分别是：$\omega_1 = 1$ 点，$\omega_2 = 2$ 点，$\omega_3 = 3$ 点，$\omega_4 = 4$ 点，$\omega_5 = 5$ 点，$\omega_6 = 6$ 点。在（集合 Ω 的）分割（或划分）$\{\phi, B_1, B_2\}$ 中，两个非空的集合分别是：$B_1 = \{\omega_1, \omega_2, \omega_3\}$ 和 $B_2 = \{\omega_4, \omega_5, \omega_6\}$。随机变量（初步）中所定义的“随机变量”将集合 Ω 中的六个元素映射成实数轴上的六个点[①]：$x_i = X(\omega_i)$（其中 $i = 1, 2, \cdots, 6$），如图 14.2(a) 所示。概率将（集合 Ω 的分割 $\{\phi, B_1, B_2\}$ 中的）两个（非空）集合 B_1 和 B_2 映射成实数轴上（$[0, 1]$ 区间中）的两个点：$P_i = P(B_i)$（其中 $i = 1, 2$），如图 14.2(b) 所示。

[①]注意，随机变量 X 是一个函数，而不是一个变量，因此，不存在诸如“当 $X = 5$ 时”或“令 $X = 5$”之类的说法，而应该是“$X = 5$ 所对应的事件”。这是初学者常犯的一个的概念性错误（我也曾经犯过）。你可以尝试解释 $P(X = 5)$ 的含义，来判断你

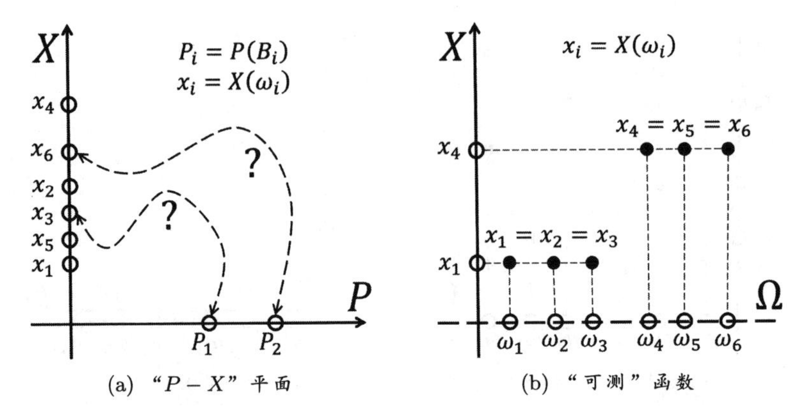

(a) "$P-X$" 平面　　　　(b) "可测" 函数

图 14.3　要将（概率空间中的）$(\Omega, \mathcal{F})$ 整体映射到（由 X 轴和 P 轴张成的）二维空间 R^2，除了将 Ω 和 $\mathcal{F}$ 分别映射到 X 轴和 P 轴上以外，还要**建立起两组映射结果之间的对应关系**！(a) 在两组映射结果中，点的个数并不一致（X 轴上有六个点而 P 轴上只有两个点），如何将这两组点匹配起来？(b) 我们可以强行使得 X 轴上只有两个点，也就是说，强行使得 X 轴上的某些点重合在一起，由此产生了**可测函数**这个重要概念。

图 14.2 中的抽象集合 Ω **不是**数轴，加上"虚线"只是为了美观。由于 Ω 中的元素没有先后顺序和大小关系，图 14.2 中的"虚线"也不应该有"箭头"。我们的进展似乎很顺利，通过（待完善"随机变量"的）和概率这两个函数[①]，分别将（概率空间中的）Ω 和 $\mathcal{F}$ 映射到了两条实数轴（图 14.2(a) 中的 X 轴和图 14.2(b) 中的 P 轴）上。注意，X 轴和 P 轴这两条实数轴**张成**了一个二维空间，称为"$P-X$"平面。那么，我们能否认为："随机变量"（函数 $X:\Omega \to R$）和概率（函数 $P:\mathcal{F} \to [0,1] \in R$）将（概率空间中的）$(\Omega, \mathcal{F})$ 整体映射到了（由 X 轴和 P 轴张成的）二维"$P-X$"平面上？答案是**否定**的！"随机变量"和概率只是将概率空间中的 $(\Omega, \mathcal{F})$ 分别映射到两条实数轴（X 轴和 P 轴）上。要将 $(\Omega, \mathcal{F})$ 映射到（由 X 轴和 P 轴张成的）二维空间 R^2，还需要：**建立起两组映射结果之间的对应关系**！

对于"抛骰子赌大小"的例子，我们需要建立 X 轴上六个点与 P 轴上两个点之间的对应关系，如图 14.3(a) 所示。这似乎是一个不可能实现的任务：这两组点的个数并不一致（X 轴上有六个点而 P 轴

是否正确理解了随机变量。

[①]这里，带引号的随机变量（"随机变量"）表示：前面的**随机变量**（初步）中所定义的随机变量，在后续完善随机变量的定义后，我们将去掉引号。

上只有两个点），难以进一步实现匹配对应。因此，我们首先要想办法使这两组点的个数一致起来，例如：强行使得 X 轴上只有两个点，也就是说，强行使得 X 轴上的某些点重合在一起，如图 14.3(b) 所示。为此，我们需要进一步完善“随机变量”的定义：对函数映射 $X:\Omega\rightarrow R$ 加以约束，使其由图 14.2(a) 所示的“一般形式”变为图 14.3(b) 所示的“特殊形式”，从而实现与概率映射结果（P 轴上的点）之间的匹配对应。具备上述“特殊形式”的函数映射称为**可测函数**。我们将逐步探索和理解：(1) “特殊形式”的具体内涵，(2) “可测”两个字的具体含义。

图 14.3(b) 中，函数映射 $x_i=X(\omega_i)$ 的“特殊形式”体现在：**（对集合 Ω 的分割中的）每一个非空 B_i 中的所有元素都被映射成同一个数**，也就是说，$x_1=x_2=x_3$ 和 $x_4=x_5=x_6$。我们将具有上述性质的映射称为**可测函数**[①]。注意，我们不应该继续使用 $X:\Omega\rightarrow R$ 来描述可测函数，而应该使用：

$$X:(\Omega,\mathcal{F})\rightarrow R \tag{14.9}$$

因为可测函数在映射 Ω 中的元素的时候，还用到了（集合 Ω 的）分割 $\{\phi,B_1,B_2,\cdots,B_k\}$ 进行“配合”：**每一个非空集合 B_i 中的所有元素必须被映射到同一个数**！正如我们前面所提到的：（集合 Ω 的）分割 $\{\phi,B_1,B_2,\cdots,B_k\}$ 是（集合 Ω 的）σ-代数 $\mathcal{F}$ 的“只基于并运算”的（唯一的）**基本生成单元**，两者是一一对应的！我们并不过多地对 $\{\phi,B_1,B_2,\cdots,B_k\}$ 和 $\mathcal{F}$ 加以区分。

注意，概率 $P:\mathcal{F}\rightarrow[0,1]\in R$ 是“针对”$\mathcal{F}$ 的函数映射，对比式 (14.9)，我们不难理解为什么可测函数的映射结果（图 14.4 中 X 轴上的点）能够和概率的映射结果（图 14.4 中 P 轴上的点）对应起来，$\mathcal{F}$（或等价的 $\{\phi,B_1,B_2,\cdots,B_k\}$）在其中起到了“纽带”的作用。具体说，（非空）集合 $B_1,B_2,\cdots,B_k$ 被映射成 P 轴上的 k 个点，从 $B_1,B_2,\cdots,B_k$ 中的每一个集合里面各取一个元素，取出来的 k 个元素被映射成 X 轴上的 k 个点，最终，P 轴上的 k 个点与 X 轴上的 k 个点通过 $B_1,B_2,\cdots,B_k$ 对应匹配在了一起，如图 14.4 所示。

上面的“对应匹配”四个字还是太抽象，我们需要将其进一步描述清楚。函数 X 将集合 Ω 中的元素 ω_i 映射成实数（X 轴上的点）$x_i=X(\omega_i)$，那么，X 的**逆映射**将 X 轴上的点 x_i 映射成什么呢？是不是集合 Ω 中的元素 ω_i？答案是**否定**的，集合 Ω 中可能有多个元素都被函数 X 映射成**同一个**实数！因此，函数 X 的**逆映射** X^{-1} 将实数

①我们后面会给出可测函数的更加具体和严谨的定义，并说明这两种定义方式是一致的。

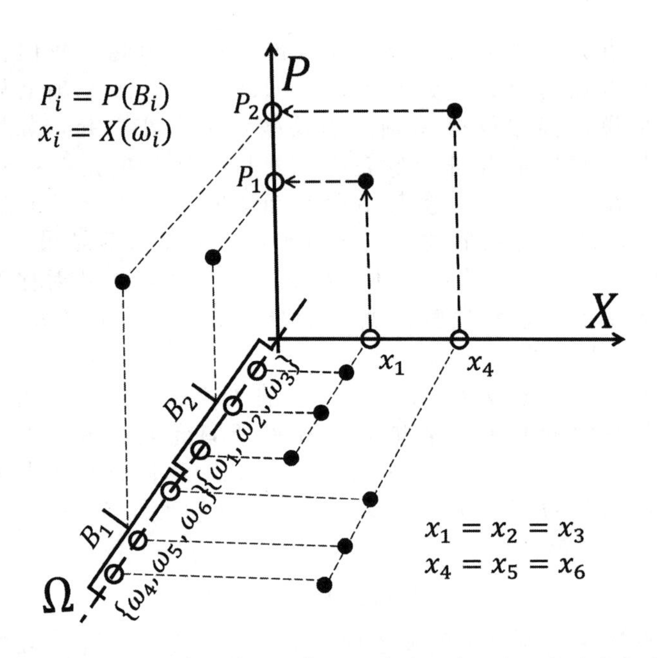

图 14.4　对于可测函数 X，每一个非空集合 B_i 中的所有元素必须被映射到同一个值。从（非空）集合 $B_1, B_2, \cdots, B_k$ 中的每一个集合里面各取一个元素，取出来的 k 个元素被映射成 X 轴上的 k 个点；而 $B_1, B_2, \cdots, B_k$ 被映射成 P 轴上的 k 个点；最终，P 轴上的 k 个点与 X 轴上的 k 个点通过 $B_1, B_2, \cdots, B_k$ 对应匹配在了一起。

轴上的点 x_i 映射成：集合 Ω 的子集 $A_i \in \Omega$（包括空集 ϕ），即：

$$X^{-1} : R \to \mathcal{G} \tag{14.10}$$

其中，$\mathcal{G}$ 为由（集合 Ω 的）子集 $A_i \in \Omega$ 所组成的集族。于是，我们找到了这两组点（P 轴上的 k 个点与 X 轴上的 k 个点）之间“对应匹配”的具体过程（如图 14.4 所示）：首先，通过 X 的逆映射，将 X 轴上的 k 个点映射成集合 Ω 的一组子集 $B_1, B_2, \cdots, B_k$；然后，通过概率（函数），将 $B_1, B_2, \cdots, B_k$ 映射成 P 轴上的 k 个点。

上述两个过程能够“衔接”起来的关键是[①]：**X 的逆映射结果能够继续被概率（函数）进行映射**！前面关于**可测函数**的定义正是为了保障这一点。我们也可以直接从这个约束条件出发，给出关于**可测函数**的另一个（也是很多教科书所普遍采用的）定义：

[①]注意：概率（函数）只能对（集合 Ω 的）σ-代数 $\mathcal{F}$ 中的元素（也是 Ω 的子集）进行映射。

- **可测函数**：如果函数 X 的逆映射 $X^{-1}: R \to \mathcal{G}$ 满足 $\mathcal{G} \subseteq \mathcal{F}$，也就是说，对于任意 $\omega_i \in \Omega$，都有 $X^{-1}(X(\omega_i)) \in \mathcal{F}$，那么，我们称函数 $X: (\Omega, \mathcal{F}) \to R$ 为**可测函数**。

我们分别采用**直接**（即：映射 X 需要满足的条件）和**间接**（即：逆映射 X^{-1} 需要满足的条件）两种方式，对可测函数进行描述，这两个定义是一致的：要使得 $X^{-1}(X(\omega_i)) \in \mathcal{F}$ 对于任意 $\omega_i \in \Omega$ 都成立，每一个 B_j 中的所有元素必须被 X 映射为同一个数；反之亦然。

直接描述方式启发我们将图 14.4 画了出来；间接描述方式便于用数学符号进行分析和推理：

$$\boxed{\omega_j \in \Omega} \underbrace{\xrightarrow{X}}_{\text{过程(1)}} \boxed{x_i \in R} \underbrace{\xrightarrow{X^{-1}}}_{\text{过程(2)}} \boxed{A_i \in \mathcal{F}} \underbrace{\xrightarrow{P}}_{\text{过程(3)}} \boxed{P_i \in [0,1]}$$

“过程(1)”要使得“过程(3)”能够顺利进行，也就是说，$A_i \in \mathcal{F}$ 始终成立。最终，我们可以完善**随机变量**的定义：

- **随机变量**：从集合 Ω 到实数轴 R 上的**可测函数**映射 $X: \Omega \to R$，记为 $X(\omega)$，其中 $\omega \in \Omega$，$X(\omega) \in R$。

对比**随机变量**（初步）的定义，我们的修正只是加了“可测”两个字。通过上面对**可测函数**的分析和描述，可以看出，“可测”两个字是下面这句话的缩写，即：

- **可**以用概率对：通过函数逆映射找到的集合，进行**测**量。

正如我们前面所提到的：概率是一种对集合的（归一化）测量函数，其定义域为（集合 Ω 的）σ-代数 $\mathcal{F}$。当集合 $A \in \mathcal{F}$ 时，可以通过概率对 A 进行测量；否则，便不能用概率对其进行测量。

图 14.4 还留有一个小小的“瑕疵”需要完善，在前面关于可测函数的直接描述中，只要求：同一个 B_i 中的元素被随机变量 X 映射成同一个数，即 $x_1 = x_2 = x_3$ 和 $x_4 = x_5 = x_6$，但是，我们并没有强行要求：不同 B_i 中的元素被随机变量 X 映射成不同的数，也就是说，可能会出现 $x_1 = x_2 = x_3 = x_4 = x_5 = x_6$ 的情况。此时，X 轴上只有一个点，而 P 轴上却有两个不同的点 P_1 和 P_2，前面描述的“对应匹配”过程“似乎”遇到了问题。

在这种情况下，逆映射 X^{-1} 的结果是 $B_1 \cup B_2$，因此，X 轴的那个点 $x_1 = x_2 = x_3 = x_4 = x_5 = x_6$ 应当与 $P(B_1 \cup B_2) = P_1 + P_2$ 进行“对应匹配”（而不是与 P 轴上的两个点 P_1 和 P_2 进行“对应匹配”）。

现在，我们应该对 $P(X=5)=0.3$ 有一个正确的理解，它的意思并不是：概率 P 将实数 X 映射成另一个实数 $P(X)$，当 $X=5$ 时，对应的函数值是 $P(5)=0.3$。事实上，$P(X=5)=0.3$ 的具体形式是 $P(X^{-1}(5))=0.3$，它的意思是：$X=5$ **（所对应的）这个事件的概率是** 0.3。逆映射 $X^{-1}(5)$ 给出了对应的事件（即：集合 Ω 的一个子集），（集合测量函数）概率将这个事件映射成了实数 0.3。

最终，通过**随机变量**（一个可测函数 X）和**概率**（一个集合测量函数 P），我们成功地将概率空间中的 $(\Omega,\mathcal{F})$ 映射到了一个二维空间 $X-P$ 平面，也就是说，

$$\{X,P\}:(\Omega,\mathcal{F})\to R^2 \tag{14.12}$$

从而给 $(\Omega,\mathcal{F})$ 空间赋予了数的结构，使得后续的数学分析成为可能。

14.5 概率分布

现在，我们可以直接在 $X-P$ 平面上进行分析，集合 Ω 中的元素 ω_i 被映射成了二维空间中的点 $\big(X(\omega_i),P(X^{-1}(X(\omega_i)))\big)$。正如我们前面所指出的：图 14.4 中的抽象集合 Ω **不是**数轴，加上“虚线”只是为了美观。一般情况下，我们不将图 14.4 中的 Ω 空间画出来，而是将其记在心中。对于图 14.4 中 X 轴上的（除了 $X(\Omega)$ 以外的）其他点，X 的逆映射将它们映射为空集 ϕ，因此，这些点都对应于 P 轴上的零点。也就是说，对于 X 轴上的任意一点 $x\in R$，都有（且仅有）P 轴上的一个点 $P(X^{-1}(x))\in[0,1]$ 与之相对应！因此，我们不再关心 x 轴上的点是否有集合 Ω 中的元素与之相对应，函数 $P(X^{-1}(x))$ 的定义域是整个 X 轴（而不是 $X(\Omega)$）。

14.5.1 概率密度函数

当函数 $P(X^{-1}(x))$ 在某一区间 Δx 连续时，如果某一点 $x\in\delta$ 的值大于零，那么这一点的值一定**无限接近于零**[①]。对于这种情况，很难直接分析 $P(X^{-1}(x))$，于是，我们自然想到去分析函数 $P(X^{-1}(x))$ 的“导数”。需要指出的是：$P(X^{-1}(x))$ 并不是一个复合函数，因为

---

①假设 $P(X^{-1}(x))=a>0$，由于 $P(X^{-1}(x))$ 在 x 点连续，可以找到 x 点附近的一个小区间 Δx，使得其中任意一点 x_i 都满足 $P(X^{-1}(x_i))>0.5a>0$。区间 Δx 中有无穷多个点，我们从中挑选出 n 个点，可以得到 $\sum_{i=1}^{n}P(X^{-1}(x_i))>0.5na$，由于 $\sum_{i=1}^{n}P(X^{-1}(x_i))\le 1$，因此，$0<a<2/n$。令 $n\to\infty$，则 $a\to 0$。

$X^{-1}(x)$ 是一个“一对多”的映射，而并非一个函数。因此，无法直接通过复合函数求导的方式来对函数 $P(X^{-1}(x))$ “求导”。为了解决这个问题，我们首先需要探讨 $P(X \in \Delta x)$ 的含义。对于区间 Δx 中的任意一点 x，都可以通过逆映射 $X^{-1}(x_i)$ 找到其对应的 $A_i \in \mathcal{F}$，于是，整个区间 Δx 的逆映射结果就是：所有这些 A_i 的并集，也就是说，$X^{-1}(\Delta x) = \cup_i A_i$；然后，我们再通过概率（一个集合测量函数）对其进行测量（其中 $x_i \in \Delta x$）：

$$P(X^{-1}(\Delta x)) = P\left(\bigcup_i A_i\right) = P\left(\bigcup_i X^{-1}(x_i)\right) \tag{14.13}$$

所得到的结果就是 $P(X \in \Delta x)$。我们可以通过 $P(X \in \Delta x)$ 来定义（X 轴上）区间 Δx 的测度（线段 Δx 的质量）$\mu(\Delta x)$，即：

$$\mu(\Delta x) = P(X \in \Delta x) = P(X^{-1}(\Delta x)) \tag{14.14}$$

也就是说，（集合 Ω 中）被映射到区间 Δx 中（的元素所构成的）子集的概率，如图 14.5(a) 所示。

通过计算线段质量 $\mu(\Delta x)$ 与区间长度 Δx 之间的比值，可以得到区间 Δx 的（平均）密度；进一步，令 $\Delta x \to 0$，所得到的极限：

$$p(x) = \frac{\mu(dx)}{dx} = \lim_{\Delta x \to 0} \frac{\mu(\Delta x)}{\Delta x} \tag{14.15}$$

被称为**概率密度函数**或**概率分布**。根据概率的定义，概率密度函数 $p(x)$ 需满足两个重要性质：1) 非负性，也就是说，$p(x) \geq 0$；2) 归一性，也就是说，

$$\int_{-\infty}^{\infty} \mu(dx) = \int_{-\infty}^{\infty} p(x)dx = 1 \tag{14.16}$$

最后，需要指出的是，对于离散型随机变量（$X(\Omega)$ 对应于 X 轴上的一系列不连续的点），上面的分析方式仍然成立，只是对于某些区间，当区间长度 Δx 趋于零时，$\mu(\Delta x) = P(X^{-1}(x_i))$ 不再趋于零，此时，式 (14.15) 的计算结果为：

$$p(x) = \sum_i P_i \delta(x_i) \tag{14.17}$$

其中 $P_i = P(X = x_i) = P(X^{-1}(x_i))$，而 $\delta(x_i)$ 是位于 $x = x_i$ 处的**单位冲击函数**。函数 $\delta(x_i)$ 满足如下三条性质：1) 当 $x \neq x_i$ 时，$\delta(x_i) = 0$；2) 当 $x = x_i$ 时，$\delta(x_i) = +\infty$；3) 对于任意函数 $f(x)$，都有

$$\int_{-\infty}^{\infty} f(x)\delta(x_i)dx = f(x_i) \tag{14.18}$$

事实上，概率分布给出了 X 轴的（归一化）密度分布！对于连续

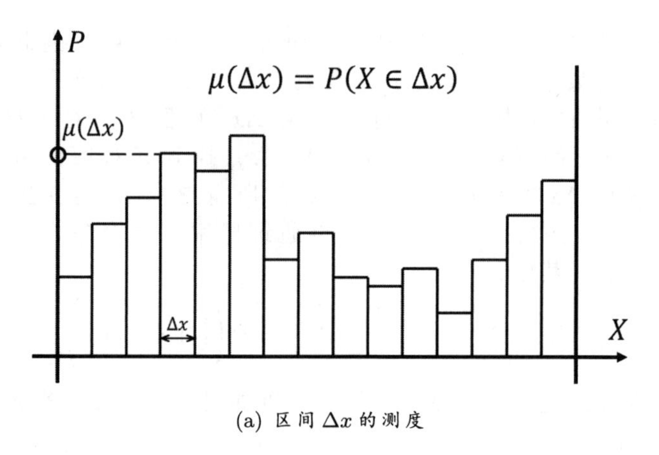

(a) 区间 Δx 的测度

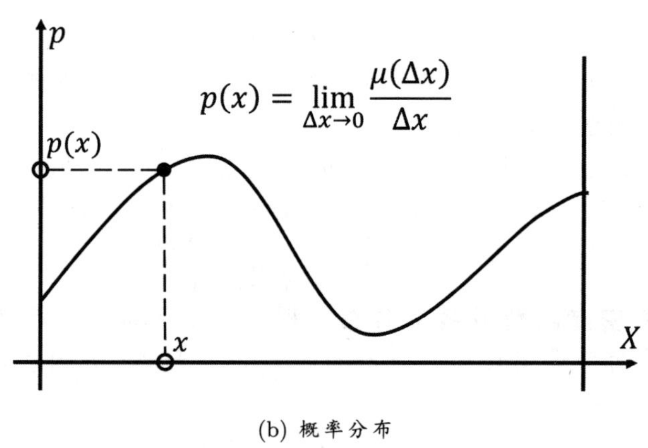

(b) 概率分布

图 14.5　(a) 我们可以通过 $P(X \in \Delta x)$ 来定义（X 轴上）区间 Δx 的测度（线段 Δx 的质量）$\mu(\Delta x)$。(b) 将区间划分得越来越小，所得到的极限被称为**概率分布**。

型随机变量，X 轴上的点没有质量，可以通过区间的质量来计算（X 轴上）点的密度；对于离散型随机变量，X 轴上的（某些）点有质量，对应的密度为无穷大，需要借助**单位冲击函数**来对其进行表示。

14.5.2 两个具体例子

让我们来看两个具体的例子，以加深对相关概念的理解。首先，我们谈一下如何通过“抛骰子赌大小的方式”来实现图 14.5 所示的过程。抛一次骰子，会出现两个实验结果“大”和“小”。继续抛下去，所得到的实验结果是一串由“大”和“小”组成的序列，例如：

大大小小小大小小大……

在数学家的眼里，例如 **G. Cantor**，这个序列“就是”一个二进制的数：令“大”对应1，小对应0，上面的那个实验结果对应于数：

$$110001001\cdots$$

我们可以进一步将上面的（二进制）数“放到”实数轴上的区间 [0,1] 中去[①]，只需要在这串数前面加上“0.”，即：

$$0.110001001\cdots$$

其对应的十进制数为：

$$1\times\frac{1}{2}+1\times\frac{1}{2^2}+0\times\frac{1}{2^3}+0\times\frac{1}{2^4}+0\times\frac{1}{2^5}+1\times\frac{1}{2^6}+0\times\frac{1}{2^7}+0\times\frac{1}{2^8}+1\times\frac{1}{2^9}+\cdots$$

不断地抛骰子，永远不停下来，所得到的结果（一串无限长的“大”“小”序列）就和实数轴上区间 $[0,1]$ 中的所有点形成了一一对应的关系，也就是说，$X(\Omega)=[0,1]$。因此，X 是一个**连续型**的随机变量。

在集合 Ω 中，前 n 次实验结果（即只关注“大”“小”序列中的前 n 个）不同的序列总共有 2^n 个，分别被随机变量 X 映射成了：实数轴上 $[0,1]$ 区间的 2^n 个等分点，即：

$$\frac{1}{2^n}\times\left(0,\,1,\,2,\,3,\,\cdots,\,2^n-2,\,2^n-1\right) \tag{14.19}$$

对应的 2^n 个（长度为 2^{-n}）的小区间为：

$$\left[0,\frac{1}{2^n}\right),\left[\frac{1}{2^n},\frac{2}{2^n}\right),\left[\frac{2}{2^n},\frac{3}{2^n}\right),\cdots,\left[\frac{2^n-1}{2^n},1\right) \tag{14.20}$$

小区间 Δx 的逆映射结果 $X^{-1}(\Delta x)$ 为：一系列“大”“小”序列所组成的集合，这些“大”“小”序列的前 n 次实验结果对应于：区间 Δx 的左端点乘以 2^n 后的 n 位二进制表示形式。例如，区间 $[2/2^n,3/2^n)$ 的左端点 $2/2^n$ 乘以 2^n 后的 n 位二进制表示形式为：

$$00\cdots0010 \qquad (\text{共 } n \text{ 个数})$$

逆映射 $X^{-1}(\Delta x)$ 所得到的集合 $A=X^{-1}(\Delta x)$（Ω 的子集）中的元素 ω 具有如下形式：

$$\omega=\underbrace{\text{小小}\cdots\text{小小大小}}_{\text{前 } n \text{ 次结果固定}}\ \underbrace{\cdots\cdots}_{\text{后面任意}}$$

[①] 我们只需将“0.”换成“1.”或者“0.0”，即可将上述（二进制）数“放到”实数轴上的区间 [0,2) 或者 [0,1/2) 中去。点的个数始终保持不变，但区间长度却不相同。我们不对此做深入讨论，只是想强调：线段并不等价于无穷多个点排列在一起，因此，不能通过点来描述线段，而是要通过小区间描述线段。

假设抛骰子结果为“大”的概率为$0 < a < 1$，结果为“小”的概率为$1-a$，那么，前n次实验结果出现上面所示的“小小$\cdots$小小大小”（n个结果所组成的）序列的概率为：$(1-a)^{n-1}a^1$，这就是集合$A = X^{-1}(\Delta x)$的概率$P(A)$。对于其他的小区间，我们都可以通过上述方法计算其概率，所有这些概率具体表现为如下形式：

$$\mu(\Delta x) = P(X^{-1}(\Delta X)) = (1-a)^{n-k}a^k \tag{14.21}$$

其中k为（前n次）实验结果中出现“大”的次数。

当$n \to \infty$时，区间长度$\Delta x \to 0$，对应的概率$\mu(\Delta x) \to 0$，我们可以进一步计算其比值（平均概率密度）：

$$\frac{\mu(\Delta x)}{\Delta x} = \frac{(1-a)^{n-k}a^k}{2^{-n}} = (2-2a)^{n-k}(2a)^k \tag{14.22}$$

图 14.6(a) 给出了$a = 0.51$时的仿真结果，其中图 14.6(a) 是$n = 5$时的$2^5 = 32$个小区间所对应的平均概率密度$\frac{\mu(\Delta x)}{\Delta x}$，图 14.6(b) 是$n = 20$时的$2^{20} = 1048576$个小区间所对应的平均概率密度$\frac{\mu(\Delta x)}{\Delta x}$。为了便于观察，图 14.6(b) 中并没有画出区间Δx，只画出了区间的左端点$i/2^n$（其中$i = 0, 1, 2, \cdots, 2^n - 1$）。不难看出，概率密度函数$p(x)$并**不是**一个关于$x$的连续函数（尽管$X$是一个连续型随机变量）。连续型随机变量中的“连续”二字只是针对随机变量X而言的，与概率分布的性质无关。

通过这个例子，我们可以看到：（连续随机变量的）概率密度函数$p(x)$并不等同于我们脑海中的“一条连续曲线”。当我们用传统微积分的观点对其进行处理时，会碰到很多难以解决的问题。

当$a \neq 1/2$时，对式 (14.22) 取极限（令$n \to \infty$），某些点x的概率密度$p(x) = \infty$，并且，这样的点有无穷多个①。当然，这并不是说$p(x)$不存在，只是说明$p(x)$不存在“显式”的初等函数表达形式，而是通过极限形式表示出来的。遗憾的是我们难以通过计算机进行仿真，当$n = 30$时，普通个人电脑已经很难进行计算和存储。

另一个重要的困难是：如何求$p(x)$（或含有$p(x)$）的积分？函数$p(x)$的点并不是“$\approx$在一起”的，没有形成曲线（参图 14.6(b)），因此，难以通过（从计算曲线下面积的观点出发的）**黎曼积分**的方式，来求$p(x)$的积分。于是，出现了很多新的积分方式②，对这些积分的深入讨论超出了本书的范围。

---

①例如：$k = 1$所对应于的一组（共n个）点与$k = n-1$所对应的一组（共n个）点中，一定有一组点的概率密度$p(x) = \infty$；同理，$k = 2$所对应的一组（共$C_n^2 = \frac{1}{2}n(n-1)$个）点与$k = n-2$所对应的一组（共$C_n^2 = \frac{1}{2}n(n-1)$个）点中，一定有一组点的概率密度$p(x) = \infty$；以此类推。

②注意，“积分就是算面积”这句话本身是没有错的。**黎曼积分**用来算“曲线下的

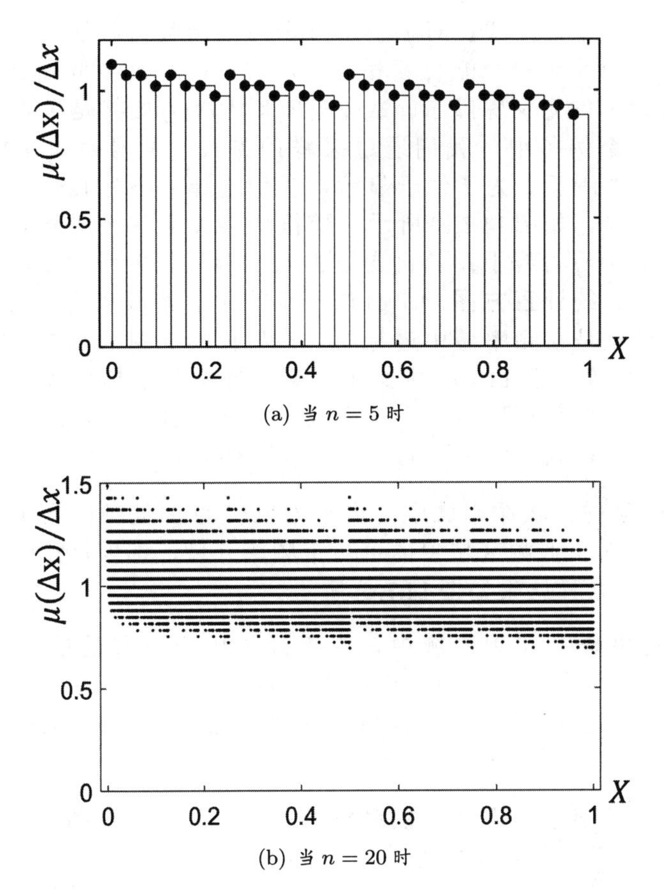

(a) 当 $n=5$ 时

(b) 当 $n=20$ 时

图 14.6 当 $a=0.51$ 时的仿真结果。(a) 当 $n=5$ 时，对应的 $2^5=32$ 个小区间的平均概率密度。(b) 当 $n=20$ 时，对应的 $2^{20}=1048576$ 个小区间的平均概率密度。

需要指出的是，我们通常将对函数 $f(x)$ 的积分写为：

$$\int f(x)\mu(dx) \tag{14.23}$$

只有在（黎曼积分）可积的条件下，才将式 (14.23) 进一步写为：

$$\int f(x)\mu(dx)=\int f(x)p(x)dx \tag{14.24}$$

面积”，而其他积分形式的设计，是为了克服“曲线”这两个字的约束。当然，除了著名的**勒贝格积分**外，还有多种不同的积分方式。这些积分往往只是形式表达而非具体计算公式，即使是对于黎曼积分，绝大多数函数也无法直接通过公式来计算。

式 (14.23) 是一个描述式：对 $f(x)$ 的（所有）函数值做加权平均。无论式 (14.24) 中的黎曼积分能否顺利进行，式 (14.23) 始终是有定义的，因为可测函数 X 的定义保障了 $\mu(\Delta x) = P(X^{-1}(\Delta x))$ 始终是可以计算的！

在第二个例子中，我们通过**采样**的方式，从噪声中生成**纹理**图像，如图 14.7 所示。为了便于显示，我们选择大小为 128×128 的噪声图像进行实验，如图 14.7(a) 所示。**随机变量** X 服从区间 $[0, 1]$ 中的**均匀分布**，图 14.7(a) 对应于：随机变量 X 在实验过程中所生成的 128×128 个观测结果。**统计直方图** 14.7(g) 进一步验证了 X 服从均匀分布。

采样过程是在**频率域**中进行的。对随机噪声图像 14.7(a) 做二维**离散 Fourier 变换**，图 14.7(d) 中给出了频率域中各个频率成分的**幅值**分布。然后，我们就可以对各个频率成分进行**采样**。我们通过两类不同的采样方式，得到了两种不同的中的**纹理图案**：

- **随机采样**：在频率域中的大小为 32×32 的低频区域进行随机采样[①]，对于低频区域中的每一个频率分量，都以 50% 的**概率**进行舍弃。采样结果如图 14.7(e) 所示。
- **固定采样**：在频率域中，沿着经过中心位置的四条直线进行采样，其方向分别为：$0°$、$45°$、$90°$ 和 $135°$，其中水平和竖直方向的“线宽”取为 2，倾斜方向“线宽”取为 3。采样结果如图 14.7(f) 所示。

图 14.7(b) 中给出了：通过**随机采样**方式所得到的纹理图像；图 14.7(c) 中给出了：通过**固定采样**方式所得到的纹理图像。我们可以轻易地看出：1) 两张纹理图像 14.7(b) 和 14.7(c) 之间存在“明显”的不同，2) 噪声图像 14.7(a) 与两张纹理图像之间存在“明显”的不同。如何将这三张图像中的“明显的不同”描述出来，却不是一件容易的事。我们可以尝试使用**概率分布**。对噪声图像 14.7(a) 和两张纹理图像 14.7(b) 和 14.7(c) 中的数据分别进行统计，可以得到三个**统计直方图**，参见图 14.7(g)。为了便于观察，三张图像中的数据都被归一化到区间 $[0, 1]$。显然，图 14.7(b) 和 14.7(c) 中的数据不再服从均匀分布；此外，两个分布中心之间的距离足够大，约为 0.55，分布之间的明显重合区域较小，不到 0.2。因此，概率分布是一个有效的**描述特征**。

这个例子还告诉我们：图像中的某些纹理可能是噪声的**滤波结果**。这将使得某些**机器视觉**任务变得更加困难，因为我们可能会难以分辨哪些纹理是真实存在的（也就是说，由场景中的物体产生的）。

[①] 在二维**离散 Fourier 变换**的结果中，中间的区域对应于高频分量，我们需要将低频分量“移到”中间，例如，可以调用 MATLAB 中的命令 fftshift。

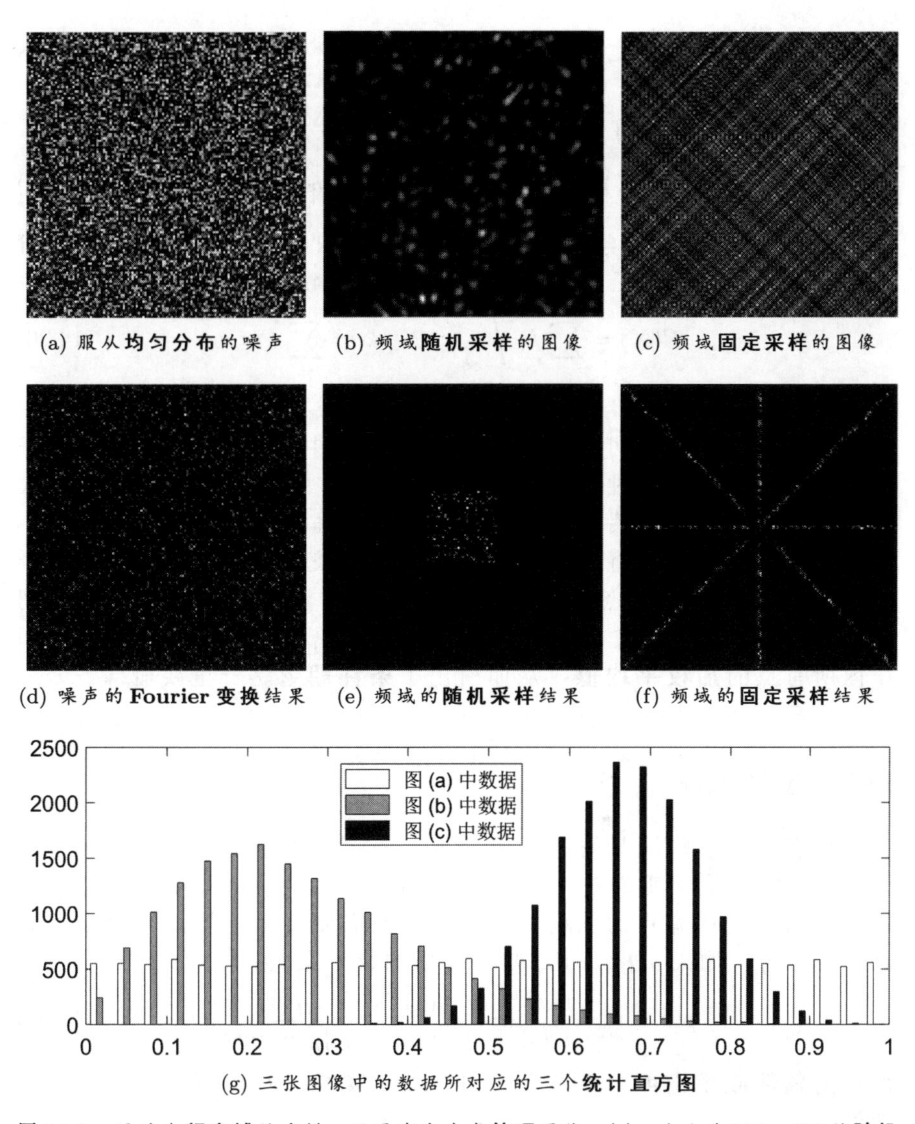

(a) 服从**均匀分布**的噪声 (b) 频域**随机采样**的图像 (c) 频域**固定采样**的图像

(d) 噪声的 **Fourier 变换**结果 (e) 频域的**随机采样**结果 (f) 频域的**固定采样**结果

(g) 三张图像中的数据所对应的三个**统计直方图**

图 14.7 通过在**频率域**的采样，从噪声中生成**纹理**图像。(a)。大小为 128×128 的**随机噪声**图像，每一个像素点的值都服从 $[0,1]$ **均匀分布**。(b) 对随机噪声的频率域（**离散 Fourier 变换**结果）中的低频区域（大小为 32×32）进行**随机采样**，所得到的**纹理**图像。(c) 对随机噪声的频率域沿着 $0°$、$45°$、$90°$ 和 $135°$ 方向的直线进行**固定采样**，所得到的**纹理**图像。(d) 随机噪声图像 (a) 的**离散 Fourier 变换**结果的幅值分布（中间位置对应低频区域）。(e) 对频率域中大小为 32×32的（中间部分的）低频区域进行随机采样，所得到的频域采样结果。(f) 在频率域中，沿着 $0°$、$45°$、$90°$ 和 $135°$ 方向的直线进行采样（水平和竖直“线宽”取为2，倾斜“线宽”取为3），所得到的频域采样结果。(g) 对噪声图像和两张纹理图像中的数据分别进行统计，得到的三个**统计直方图**。为了便于观察，三张图像中的数据都被归一化到区间 $[0,1]$。

14.6 条件期望

根据概率分布，可以进一步计算随机变量 X 的**加权平均值**：

$$E(X) = \int_{-\infty}^{\infty} x\mu(dx) = \int_{-\infty}^{\infty} xp(x)dx \tag{14.25}$$

称为随机变量 X 的**数学期望**。上式右边的积分被称为：$p(x)$ 的**一阶矩**。对于离散型随机变量，代入式 (14.17) 和(14.18)，可以计算得到：

$$E(X) = \sum_i P_i \int_{-\infty}^{\infty} x\delta(x_i)dx = \sum_i P_i x_i \tag{14.26}$$

数学期望可以为我们的决策提供一种定量的参考依据。

熟悉物理的朋友可能会发现：式 (14.25) 中的数学期望 $E(X)$ 正好是 X 轴的**重心**。从某种意义上说[①]，可以用点 $E(X)$ 来“等效替代” X 轴上所有的点。对于某些实际应用，这种处理方式可能太“粗糙”，一种提升的方式为：将 X 轴划分为一组不相交的区间 $\{I_k\}$，对于每一个区间 I_k，都用一个点来对其进行“等效替代”。对于某一个区间 I_k，该选哪一个点来进行“等效替代”呢？我们自然想到：选用区间 I_k 内所有点的**加权平均值**，从而引出了**条件期望**这一重要概念。

14.6.1 条件概率

我们还有一些细节问题需要处理，概率密度 $p(x)$ 给出了计算（式 (14.25) 中的）数学期望 $E(X)$ 的一组权重，但是，$p(x)$ 却**不能**直接用来计算区间 I_k 内所有点的加权平均值，我们需要对其进行**归一化**处理！对于区间 I_k，如果 $\mu(I_k) \neq 0$，归一化后的权重系数：

$$p(x|I_k) = \frac{p(x)}{\mu(I_k)} = \frac{p(x)}{\int_{I_k} \mu(dx)} = \frac{p(x)}{\int_{I_k} p(x)dx} \tag{14.27}$$

被称为**条件概率密度**。于是，我们可以计算区间 I_k 内所有点的加权平均值，即：

$$E(X|I_k) = \int_{I_k} xp(x|I_k)dx = \frac{1}{\int_{I_k} \mu(dx)} \int_{I_k} x\mu(dx) \tag{14.28}$$

称为区间 I_k 的**条件期望**。如果 $\mu(I_k) = 0$，则令 $E(X|I_k) = 0$。

注意，式 (14.27) 只针对 $x \in I_k$（区间 I_k 内的点）有定义。通过定

[①] 事实上，牛顿在提出万有引力之后，花了近二十年的时间来创立**微积分**，一个很重要的需求就是：用一个点来“等效替代”一个球体。对于我们来说，用天体的重心来替代天体进行分析，似乎是很自然的，但是，在当时却是一个棘手的问题。

义示性函数:

$$1_{I_k}(x) = \begin{cases} 1, & \text{如果 } x \in I_k \\ 0, & \text{如果 } x \in \overline{I_k} \end{cases} \tag{14.29}$$

可以有效地“规避”这个问题,

$$E(X|I_k) = \frac{1}{\int_{-\infty}^{\infty} 1_{I_k}(x)\mu(dx)} \int_{-\infty}^{\infty} x 1_{I_k}(x)\mu(dx) = \frac{E(X1_{I_k})}{E(1_{I_k})} \tag{14.30}$$

进而,我们可以将所有区间 $\{I_k\}$ 的条件期望全部合在一起,形成一个关于 x 的函数 $y(x)$,即:

$$y = y(x) = \sum_k E(X|I_k)1_{I_k}(x) \tag{14.31}$$

注意,$x = X(\omega)$ 是随机变量 X(对集合 Ω 中的元素)ω 的映射结果。因此,y 是对(集合 Ω 中元素)ω 的函数映射结果,也就是说,

$$y = Y(\omega) = \sum_k E(X|I_k)1_{I_k}(X(\omega)) \tag{14.32}$$

令 $A_k = X^{-1}(I_k)$,则式 (14.32) 可以进一步写为:

$$y = Y(\omega) = \sum_k E(X|A_k)1_{A_k}(\omega) \tag{14.33}$$

对于任意的 $k \neq l$,都有 $A_k \cap A_l = \phi$,并且,$\cup_k A_k = \Omega$。因此,所有非空的 A_k 加上空集 ϕ 所组成的集合,就构成了对集合 Ω 的一组**分割**,记为 $\{B_l\}, (l = 0, 1, 2, \cdots)$,其中 $B_0 = \phi$。(集合 Ω 的)分割 $\{B_l\}$ 通过并运算,生成了集合 Ω 的一组 σ-代数 $\mathcal{G} = \sigma(\{B_l\})$,并且,$\mathcal{G} \subseteq \mathcal{F}$。

由于 $1_\phi(\omega) = 0$ 且 $E(X|\phi) = 0$,式 (14.33) 可以进一步写为:

$$y = Y(\omega) = \sum_l E(X|B_l)1_{B_l}(\omega) \tag{14.34}$$

我们将式 (14.34) 中的函数映射 $Y : \Omega \to R$ 称为:基于(集合 Ω 的)分割 $\{B_l\}, (l = 0, 1, 2, \cdots)$ 的**条件期望**,简称**条件期望**,记为:

$$Y = E(X|\mathcal{G}) = \sum_l E(X|B_l)1_{B_l} \tag{14.35}$$

由于随机变量 X 是可测函数,因此,$B_l \in \mathcal{F}$。根据式 (14.34),函数 $Y(\omega)$ 的逆映射结果 $Y^{-1}(y)$ 为:空集 ϕ 或 B_l 或多个 B_l 的并集,也就是说,$Y^{-1}(y) \in \mathcal{F}$,因此,映射 $Y : \Omega \to R$ 是一个**可测函数**。也就是说,

- **条件期望 $Y = E(X|\mathcal{G})$ 是一个随机变量!**

图 14.8 给出了上面的分析过程。根据 X 轴上一组不相交的区间 I_1, I_2, I_3, I_4,通过逆映射 X^{-1} 可以找到:(集合 Ω 的)一组**分割**中的非空子集 B_1, B_2, B_3, B_4。每一个集合 B_k 中的所有元素 $\omega \in B_k$ 都被映射

为同一个数 $y=y_k$。我们令 $y_k=E(X|I_k)$，即 X 轴上区间 I_1 的加权平均值。于是，对于任意 $\omega\in\Omega$，我们通过 $\omega\to x\to y$ 的方式定义了一个新的函数映射 $Y:\Omega\to R$，称为**条件期望**。

当然，X 轴上的某些区间（例如图 14.8 中的 I_5）并没有 ω 与之相对应，也就是说，$\mu(I_5)=P(\phi)=0$，因此，$E(X|I_5)=0$。根据式 (14.31)，我们可以直接忽略这样的区间。

14.6.2 复合函数映射

我们在上一节中谈到，通过随机变量和概率将概率空间中的 $(\Omega,\mathcal{F})$ 映射到二维实数空间 $X-P$ 平面（参见式 (14.12)），从而赋予概率空间数的结构，以进行定量分析。事实上，条件期望就是一个很好的例子。条件期望所实现的函数映射 $y=Y(\omega)$ 包括两个过程 $x=X(\omega)$ 和 $y=y(x)$（式 (14.31)），即：

$$\omega\to\underbrace{\boxed{\text{过程 }1: x=X(\omega)}-x\to\boxed{\text{过程 }2: y=y(x)}}_{\text{等价的复合函数：}Y(\omega)=y(X(\omega))}\to y$$

条件期望是这两个过程（$x=X(\omega)$ 和 $y=y(x)$）的复合函数形式，即：$Y(\omega)=y(X(\omega))$。“过程 2”是在 $X-P$ 空间中进行的，计算过程中用到了**条件概率**，来对随机变量在区间内的取值做加权平均。

我们来做一下总结，集合 Ω 的 σ-代数 $\mathcal{F}$ 对应于一组（集合 Ω 的）分割 $\{A_k\},(k=0,1,2,\cdots)$，我们将其中的某些 A_k 合并在一起，形成一组“粒度”更大的对（集合 Ω 的）分割 $\{B_l\},(l=0,1,2,\cdots)$。这组分割生成了集合 Ω 的另一个 σ-代数 $\mathcal{G}=\sigma(\{B_l\})$。显然，$\mathcal{G}\subseteq\mathcal{F}$。随机变量 X 将集合A_k 中的元素 $\omega\in A_k$ 映射成同一个实数 x_k（**可测函数**的定义）。随机变量 Y 应该将集合 B_l 中的元素 $\omega\in B_l$ 映射成什么？集合 $B_l=\cup_m A_m$（可能）是多个 A_m 的并集，这组 $\{A_m\}$ 被随机变量 X 映射为一组数 $\{x_m\}$，**条件期望** $Y=E(X|\mathcal{G})$ 将集合 B_l 中的元素 $\omega\in B_l$ 映射成 $\{x_m\}$ 的**加权平均值**：

$$y_l=Y(\omega\in B_l)=\sum_m w_m x_m \tag{14.36}$$

权重系数 $w_m=P(A_m)/P(B_l)$ 为：事件 B_l 发生的情况下，事件 A_m 的**条件概率**。总结如下：

- **条件期望**是在不同“粒度”的 σ-代数 $\mathcal{G}$ 情况下的**随机变量**（即一个**可测函数**映射），其中，$\mathcal{G}\subseteq\mathcal{F}$。

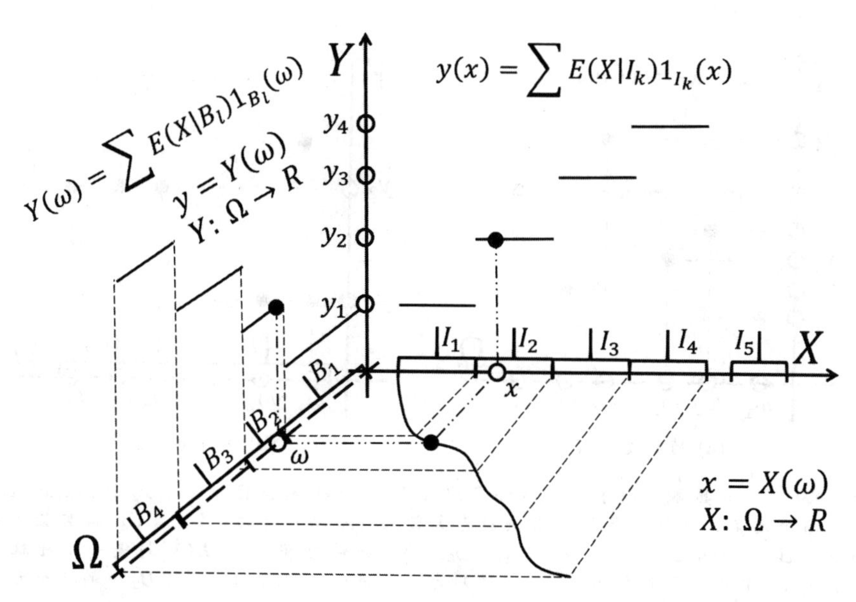

图 14.8 根据 X 轴上一组不相交的区间 I_1, I_2, I_3, I_4，通过逆映射 X^{-1} 找到：（集合 Ω 的）一组**分割**中的非空子集 B_1, B_2, B_3, B_4。每一个集合 B_k 中的所有元素 $\omega \in B_k$ 都被映射为同一个数 $y_k = E(X|I_k)$，即 X 轴上区间 I_1 的加权平均值。上述方式所定义的函数映射 $Y: \Omega \to R$ 被称为**条件期望**。区间 I_1 的逆映射结果为空集 ϕ，也就是说，$\mu(I_5) = P(\phi) = 0$，因此，$E(X|I_5) = 0$，我们可以直接将其“忽略”。

具体地说，我们对随机变量 X 的取值进行归并，然后，通过逆映射 X^{-1} 找到：归并在一起的各个 x_m 所对应的（集合 Ω 的）子集 A_m，进而，以各个 A_m 的**条件概率**作为权重系数，计算各个 x_m 的**条件期望**（加权平均值），来取代归并在一起的这些 $\{x_m\}$，从而实现了**复合函数映射** $Y(\omega) = E(X(\omega)|\mathcal{G})$。显然，对于最细“粒度” $\mathcal{G} = \mathcal{F}$ 的情况，

$$E(X|\mathcal{F}) = X \tag{14.37}$$

对于最粗“粒度” $\mathcal{G} = \{\phi, \Omega\}$ 的情况，

$$E(X|\{\phi, \Omega\}) = E(X) \tag{14.38}$$

另外一个显然的结果是：

$$E(Y) = E(E(X|\mathcal{G})) = E(X) \tag{14.39}$$

这是一个不需要证明的结论，既然通过**条件期望**所选取的点能够“替代”相应的区间，那么对这些点求加权平均，自然等价于对这些区间（即整个 X 轴）求加权平均。

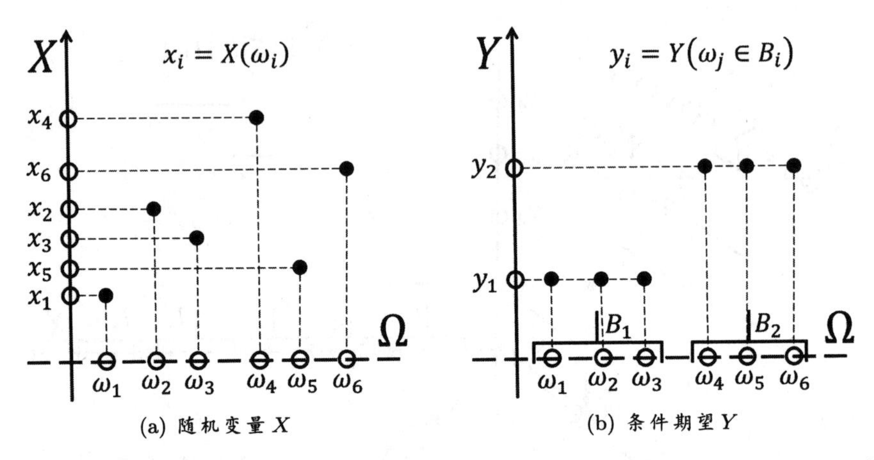

(a) 随机变量 X　　(b) 条件期望 Y

图 14.9　一个具体的例子："抛骰子赌大小"。(a) 集合 $\Omega = \{\omega_1, \omega_2, \omega_3, \omega_4, \omega_5, \omega_6\}$ 共有 6 个元素，随机变量 X 将其映射为实数轴（X 轴）上的 6 个点。(b) 将实验结果分为：$B_1 = \{\omega_1, \omega_2, \omega_3\}$ 和 $B_2 = \{\omega_4, \omega_5, \omega_6\}$，**条件期望** $Y = E(X|\mathcal{G})$ 是一个随机变量，将 B_1 中的三个元素 ω_1、ω_2、ω_3 映射为一个值 $y_1 = E(X|B_1)$，将 B_2 中的三个元素 ω_4、ω_5、ω_6 映射为另一个值 $y_2 = E(X|B_2)$。

最后，我们来看一个具体的例子："抛骰子赌大小"，如图 14.9 所示。集合 $\Omega = \{\omega_1, \omega_2, \omega_3, \omega_4, \omega_5, \omega_6\}$，其中 $\omega_1 = 1$ 点，$\omega_2 = 2$ 点，$\omega_3 = 3$ 点，$\omega_4 = 4$ 点，$\omega_5 = 5$ 点，$\omega_6 = 6$ 点。随机变量 X 将其映射为实数轴上的六个点 $x_i = X(\omega_i)$，其中 $i = 1, 2, \cdots, 6$，如图 14.9(a) 所示。集合 Ω 的**分割**中的非空集合：$\{\omega_1\}, \{\omega_2\}, \{\omega_3\}, \{\omega_4\}, \{\omega_5\}, \{\omega_6\}$，对应的概率为：$P_i = P(\{\omega_i\})$，其中 $i = 1, 2, \cdots, 6$。集合 Ω 的 σ-代数 $\mathcal{F}$ 为：由集合 Ω 的 64 个子集所组成的集族。

如果我们将实验结果分为"小"和"大"两类：$B_1 = \{\omega_1, \omega_2, \omega_3\}$ 和 $B_2 = \{\omega_4, \omega_5, \omega_6\}$，此时，集合 Ω 的 σ-代数 $\mathcal{G}$ 为：$\{\phi, B_1, B_2, \Omega\}$。此时，$P(B_1) = P_1 + P_2 + P_3$，$P(B_2) = P_4 + P_5 + P_6$。进一步，可以求得：

$$E(X|B_1) = \frac{1}{P(B_1)} \sum_{k=1}^{3} x_k p_k \tag{14.40}$$

$$E(X|B_2) = \frac{1}{P(B_2)} \sum_{k=4}^{6} x_k p_k \tag{14.41}$$

在 σ-代数 $\mathcal{G}$ 下的**条件期望**为：

$$Y = E(X|\mathcal{G}) = E(X|B_1) 1_{B_1} + E(X|B_2) 1_{B_2} \tag{14.42}$$

此时，$y_i = Y(\omega_j \in B_i)$，也就是说，随机变量 Y 将 B_1 中的三个元素 ω_1、ω_2、ω_3 映射为一个值 $y_1 = E(X|B_1)$，将 B_2 中的三个元素 ω_4、ω_5、ω_6 映射为另一个值 $y_2 = E(X|B_2)$，如图 14.9(b) 所示。

条件期望 $Y = E(X|\mathcal{G})$ 是一个随机变量，其定义域 Ω 也是随机变量 X 的定义域，我们可以尝试去比较这两个随机变量 X 和 Y，例如：将图 14.9(a) 和 14.9(b) “叠加” 在一起，来探索从 X 到 Y 到底是 “变好” 了还是 “变坏” 了。由此引出了一个重要概念**鞅**，我们将在下一节中对其进行详细讨论。

14.7 随机过程与鞅

我们不断地进行实验，到第 n 次实验时，所有可能的结果构成集合 Ω_n。根据集合 Ω_n，可以生成集合 Ω 的σ-代数为 $\mathcal{F}_n$，对应的**随机变量**（一个从 Ω 到实数轴 R 的**可测函数**映射）为：

$$X_n : (\Omega, \mathcal{F}_n) \to R \tag{14.43}$$

所形成的一个随机变量序列：

$$(X_n)_{n\geq 0} = X_0,\ X_1,\ X_2,\ X_3,\ \cdots \tag{14.44}$$

被称为（离散时间的）**随机过程**。注意，“到第 n 次实验时” 和 “第 n 次实验” 并不是一回事。例如，在 “抛骰子赌大小” 的例子中，“第 n 次实验” 的结果有两个：“大” 和 “小”，而 “到第 n 次实验时” 的结果确有 2^n 个：一个 n 位的 “大” “小” 序列。

14.7.1 随机过程的概率空间

集合 Ω 中的元素 ω 是：所有实验结果按顺序排列所组成的一个**无穷长**的序列[①]：

$$\omega = \omega_{i_1}\, \omega_{i_2}\, \cdots\, \omega_{i_n}\, \omega_{i_{n+1}}\, \cdots\cdots \tag{14.45}$$

其中 ω_{i_k} 表示第 k 次实验的结果。元素 ω 有无穷多个。集合 Ω_n 中的元素是：前 n 次实验结果按顺序排列所组成的一个长度为 n 的序列：

$$\omega_{i_1}\, \omega_{i_2}\, \cdots\, \omega_{i_n} \tag{14.46}$$

假设：在第 k 次实验中共有 m_k 种可能的实验结果，那么，Ω_n 中（形如式 (14.46) 的）的元素个数为：$m_1 \times m_2 \times \cdots \times m_n$。我们将前 n 次实

①参见本章 14.5.2 小节中的分析。

验结果相同的情况全部归为一类，记为：

$$B_{i_1 i_2 \cdots i_n} = \{\underbrace{\omega_{i_1}\,\omega_{i_2}\,\cdots\,\omega_{i_n}}_{\text{前}\,n\,\text{位形式固定}}\ \underbrace{\cdots\cdots}_{\text{后面任意}}\} \tag{14.47}$$

集合 $B_{i_1 i_2 \cdots i_n}$ 是 Ω 的子集，并且，所有的 $\{B_{i_1 i_2 \cdots i_n}\}$ 再加上空集 ϕ 就构成了：对集合 Ω 的一组**分割**，进而可以通过并运算生成（集合 Ω 的）σ-代数 $\mathcal{F}_n$。也就是说，根据集合 Ω_n，实现了对集合 Ω 的分割，从而生成集合 Ω 的 σ-代数为 $\mathcal{F}_n$。随机变量 X_n 是一个**可测函数**，必须将 $B_{i_1 i_2 \cdots i_n}$ 中的所有元素映射为同一个值！我们并不知道（式 (14.47) 所示的）集合 $B_{i_1 i_2 \cdots i_n}$ 中元素的具体信息，只知道集合 $B_{i_1 i_2 \cdots i_n}$ 中元素的前 n 位的信息：式 (14.46) 所示的集合 Ω_n 中的元素。随机变量 X_n 通过：对 Ω_n 中的元素的函数映射，来实现：对（集合 Ω 的一组**分割** $\{B_{i_1 i_2 \cdots i_n}\}$ 中的）子集 $B_{i_1 i_2 \cdots i_n}$ 中所有元素的**可测函数**映射！具体地说，对集合 $B_{i_1 i_2 \cdots i_n}$ 中元素 ω 的映射结果 $X_n\,(\omega \in B_{i_1 i_2 \cdots i_n})$，是通过元素 $\omega \in B_{i_1 i_2 \cdots i_n}$ 的前 n 位（即前 n 次实验结果 $\omega_{i_1}, \omega_{i_2}, \cdots, \omega_{i_n}$）计算出来的。

根据式 (14.47)，在进行第 $n+1$ 次实验后，集合 $B_{i_1 i_2 \cdots i_n}$ 将被进一步细分为多个子集$\{B_{i_1 i_2 \cdots i_n i_{n+1}}\}$，对应于不同的 $\omega_{i_{n+1}}$，也就是说，

$$B_{i_1 i_2 \cdots i_n} = \bigcup_{i_{n+1}} B_{i_1 i_2 \cdots i_n i_{n+1}} \tag{14.48}$$

于是，所有的 $\{B_{i_1 i_2 \cdots i_n i_{n+1}}\}$ 再加上空集 ϕ 就构成了：对集合 Ω 的一组更“精细”的**分割**，进而可以通过并运算生成（集合 Ω 的）更“精细”的 σ- 代数 $\mathcal{F}_{n+1}$，并且，$\mathcal{F}_n \subseteq \mathcal{F}_{n+1}$。也就是说，所有这些 σ- 代数之间形成了一种嵌套包含关系：

$$\mathcal{F}_0 \subseteq \mathcal{F}_1 \subseteq \cdots \mathcal{F}_n \subseteq \mathcal{F}_{n+1} \subseteq \cdots \tag{14.49}$$

我们将其称为**过滤子**。（集合 Ω 的）σ-代数 $\mathcal{F}_n$ 描述了：到第 n 次实验时，我们所获取到的关于集合 Ω 的（一部分）信息。随着实验的不断进行，获取到的关于集合 Ω 的信息越来越多，因此，不难理解式 (14.49) 所描述的**过滤子**关系。

图 14.10 展示了“抛骰子赌大小”的例子。单次的实验结果包括两种情况：$\{\omega_1 =$ 大, $\omega_2 =$ 小$\}$。根据这两个结果，对于每一次实验，集合 Ω 都被相应地分成了两部分：

1. 第 k 次实验结果为 ω_1（其他实验结果任意），记为：$A_1^{(k)}$；
2. 第 k 次实验结果为 ω_2（其他实验结果任意），记为：$A_2^{(k)}$。

在图 14.10 中，我们用“双箭头线”标出了：（不同 k 的情况下）$A_1^{(k)}$

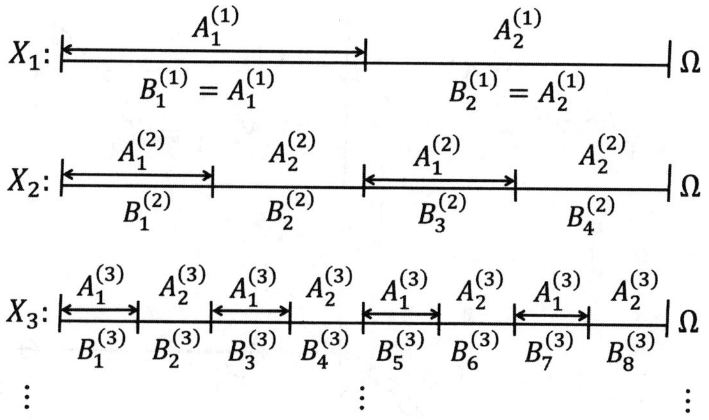

图 14.10 对于每一次实验，集合 Ω 都被相应地分成了两部分：(1) 第 k 次实验结果为 ω_1（其他实验结果任意），记为：$A_1^{(k)} \in \Omega$; (2)第 k 次实验结果为 ω_2（其他实验结果任意），记为：$A_2^{(k)} \in \Omega$。根据（所有的）$A_1^{(k)}$ 和 $A_2^{(k)}$ （$k = 1, 2, 3, \cdots$），可以计算出（所有 $n = 1, 2, 3, \cdots$ 所对应的）对集合 Ω 的**分割** $\{B_m^{(n)}\}, m = 1, 2, \cdots, 2^n$，具体过程为：$B_{2m-1}^{(n+1)} = B_m^{(n)} \cap A_1^{(n+1)}$ 和 $B_{2m}^{(n+1)} = B_m^{(n)} \cap A_2^{(n+1)}$，也就是说，将区间 $B_m^{(n)}$ 一分为二，得到两个新的区间 $B_{2m-1}^{(n+1)}$ 和 $B_{2m}^{(n+1)}$。所有新生成的区间 $\{B_m^{(n+1)}\}$ 就形成了：对集合 Ω 的一组“粒度”更细的**分割**。相应的 σ-代数之间形成了一种嵌套包含关系：$\mathcal{F}_1 \subseteq \mathcal{F}_2 \subseteq \mathcal{F}_3 \cdots$，称为**过滤子**。随机变量 X_n 要将集合 Ω 的分割 $\{B_m^{(n)}\}, (m = 1, 2, \cdots, 2^n)$ 中的每一个小区域 $B_m^{(n)}$ 中的所有元素都映射成同一个值。因此，X_1 （的映射结果）中包含 2 个点，X_2 中包含 $2^2 = 4$ 个点，X_3 中包含 $2^3 = 8$ 个点，以此类推。

所对应的集合 Ω 中的区域。没有用“双箭头线”标出的区域对应于：（不同 k 的情况下所对应的）$A_2^{(k)}$。子集 $A_1^{(k)}$ 和 $A_2^{(k)}$ 可以包含 Ω 中的多个不连通区域。我们用 $\{B_m^{(n)}\}, m = 1, 2, \cdots, 2^n$ 表示：（到第 n 次实验时）σ 代数 $\mathcal{F}_n$ 所对应的（对 Ω 的一组）**分割**中的所有非空集合。

根据（所有的）$A_1^{(k)}$ 和 $A_2^{(k)}$（$k = 1, 2, 3, \cdots$），通过如下过程：

1. 初始值：$B_1^{(1)} = A_1^{(1)}$ 和 $B_2^{(1)} = A_2^{(1)}$。

2. 当 $k \geq 1$ 时，计算：
$$B_{2m-1}^{(k+1)} = B_m^{(k)} \cap A_1^{(k+1)} \quad \text{和} \quad B_{2m}^{(k+1)} = B_m^{(k)} \cap A_2^{(k+1)} \tag{14.50}$$
也就是说，将区间 $B_m^{(k)}$ 一分为二，得到两个新的区间 $B_{2m-1}^{(k+1)}$ 和 $B_{2m}^{(k+1)}$，即：$B_m^{(k)} = B_{2m-1}^{(k+1)} \cup B_{2m}^{(k+1)}$。

3. 所有新生成的 $\{B_m^{(k+1)}\}$（其中 $m = 1, 2, \cdots, 2^{k+1}$）就形成了：到第 $k+1$ 次实验时，对集合 Ω 的一组“粒度”最细的**分割**。

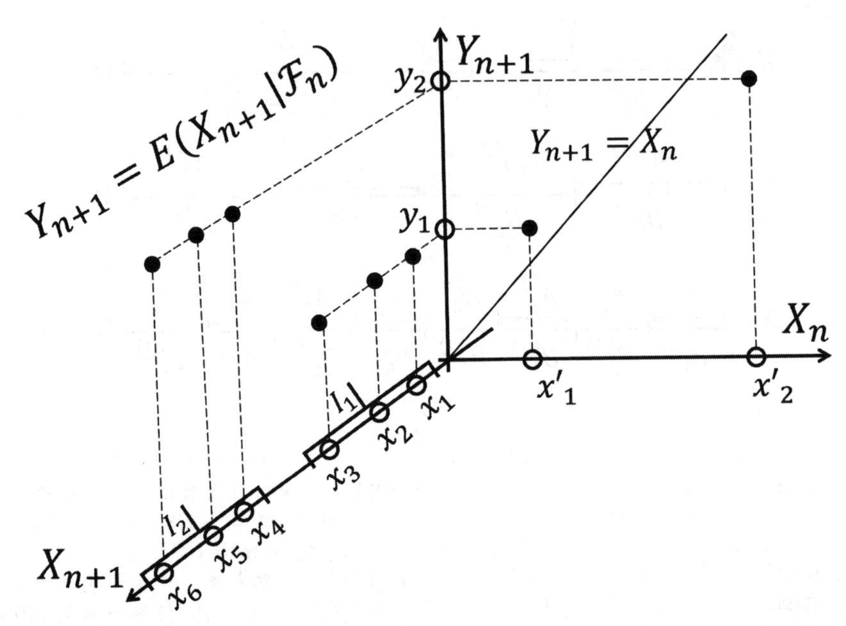

图 14.11　为了分析第 $n+1$ 次操作的效果，我们需要比较 X_n 和 X_{n+1}。由于 $X_n = \{x'_1, x'_2\}$ 和 $X_{n+1} = \{x_1, x_2, \cdots, x_6\}$ 中包含的点的个数不一致，首先要对 X_{n+1} 中包含的点进行“合理的归并”，计算出 X_{n+1} **条件期望** $Y_{n+1} = E(X_{n+1}|\mathcal{F}_n)$；然后，再对 $Y_{n+1} = \{y_1, y_2\}$ 和 $X_n = \{x'_1, x'_2\}$ 进行比较。由于 $y_1 > x'_1$ 而 $y_2 < x'_2$，因此，随机过程 $(X_n)_{n\geq 0}$ 既不是**鞅**，也不是**超鞅**，也不是**子鞅**。

可以逐步计算出：（所有 $n = 1, 2, 3, \cdots$ 所对应的）对集合 Ω 的**分割** $\{B_m^{(n)}\}$, $(m = 1, 2, \cdots, 2^n)$，如图 14.10 所示。随机变量 X_n 要将：集合 Ω 的分割 $\{B_m^{(n)}\}$, $(m = 1, 2, \cdots, 2^n)$ 中的每一个小区域 $B_m^{(n)}$ 中的所有元素，都映射成同一个值。因此，X_1（的映射结果）中包含 2 个点，X_2 中包含 $2^2 = 4$ 个点，X_3 中包含 $2^3 = 8$ 个点，以此类推。

14.7.2 鞅、超鞅、子鞅

对于随机过程，我们所关心的一个问题是：“情况”在如何变化？进而确定是否应该将过程继续进行下去。要回答这一问题，我们需要对 X_n 和 X_{n+1} 进行比较。注意，X_n 和 X_{n+1} 中包含的点（或区间）的个数都不一致，要对其进行比较，首先要想办法将相应的点（或区间）的个数“变得”一致，参见图 14.11。

注意，$\mathcal{F}_n \subseteq \mathcal{F}_{n+1}$，因此，$X_{n+1}$ 中包含的点（或区间）的个数多于 X_n 中包含的点（或区间）的个数，我们需要对 X_{n+1} 中包含的点（或区间）进行“合理的归并”。“归并”过程要依据 $\mathcal{F}_n$，以确保归并后的点（或区间）的个数与 X_n 中包含的点（或区间）的个数一致。“合理”是指：归并后的结果能够等效地“替代” X_{n+1}。上一小节中所介绍的**条件期望**：

$$Y_{n+1} = E(X_{n+1}|\mathcal{F}_n) \tag{14.51}$$

正好可以用来完成这一任务。于是，我们可以通过比较 X_n 和 Y_{n+1}，来对第 $n+1$ 次操作做出评价。如果 $Y_{n+1} \geq X_n$，说明第 $n+1$ 次的操作带来了利益；相反，如果 $Y_{n+1} \leq X_n$，说明第 $n+1$ 次的操作造成了损失。当然，还存在其他的情况：$Y_{n+1} \geq X_n$ 只对于某些点（或区间）成立，对于其他的点（或区间），则是 $Y_{n+1} \leq X_n$，如图 14.11 所示。

鞅是一种特殊的随机过程，对于所有的 $n \geq 0$，都有

$$E(X_{n+1}|\mathcal{F}_n) = X_n \tag{14.52}$$

几乎确定成立。也就是说，每一次的操作（从统计意义上）既不带来额外的利益，也不造成损失[①]。进一步，我们可以定义**超鞅**和**子鞅**：

超鞅： 对于所有的 $n \geq 0$，都有 $E(X_{n+1}|\mathcal{F}_n) \leq X_n$ 几乎确定成立。

子鞅： 对于所有的 $n \geq 0$，都有 $E(X_{n+1}|\mathcal{F}_n) \geq X_n$ 几乎确定成立。

如果第 $n+1$ 次操作什么都不做，那么[②]，$X_{n+1} = X_n$。通过进行第 $n+1$ 次操作，使得 X_{n+1} 变成一个新的随机变量，我们会不会后悔？**鞅**所描述的是一种“边界”情况，超过这个边界（**超鞅**），这些操作（在统计意义上）不断造成损失；在这个边界以内（**子鞅**），这些操作（在统计意义上）不断带来利益。当然，正如我们上面所指出的：**鞅**、**超鞅**和**子鞅**只是三种极其特殊的情况。随机过程 $(X_n)_{n\geq 0}$ 也可能既**不是**鞅，也**不是**超鞅，也**不是**子鞅，如图 14.11 所示。

14.7.3 两个具体例子

最后，我们通过两个例子，来深入理解上述内容。第一个是“抛骰子赌大小”的过程，单次实验有两种可能的结果：$\{\omega_1 =$ 大, $\omega_2 =$

① “鞅”这个字的翻译并不好，其中文意思“古代用马拉车时套在马颈上的皮套子”是对英文 martingale 的直译。事实上，martingale 所“隐喻”的意思是：今年投资，明年会不会后悔。也就是说，明年所得回报的期望值是否会高于今年的投资。

② 我们再次强调，X_{n+1} 是关于“前 $n+1$ 次”实验结果的随机变量，而不是关于“第 $n+1$ 次”实验结果的随机变量。

小}。相应的概率分为：$P(\{\omega_1\}) = a$ 和 $P(\{\omega_1\}) = 1-a$，其中 $0 < a < 1$。对于第 k 次实验，定义随机变量：

$$Y_k = y_1 1_{A_1^{(k)}} + y_2 1_{A_2^{(k)}} \tag{14.53}$$

其中 $A_1^{(k)} \in \Omega$ 是由所有第 k 次实验结果为 ω_1（其他实验结果任意）元素所构成的集合，$A_2^{(k)} \in \Omega$ 是由所有第 k 次实验结果为 ω_2（其他实验结果任意）元素所构成的集合，参见图 14.10。对于所有的 $k = 1, 2, 3, \cdots$，都有：

$$E(Y_k) = y_1 a + (1-a) y_2 \tag{14.54}$$

令初始值 $X_0 = 0$，当 $n \geq 1$ 时，定义随机变量：

$$X_n = \sum_{k=1}^{n} Y_k \tag{14.55}$$

即：前 n 次实验的总“收益”。于是，X_n 和 X_{n+1} 之间的关系为：

$$X_{n+1} = X_n + Y_{n+1} \tag{14.56}$$

进而，可以得到[①]：

$$E(X_{n+1}|\mathcal{F}_n) = E(X_n + Y_{n+1}|\mathcal{F}_n) \tag{14.57}$$

$$= E(X_n|\mathcal{F}_n) + E(Y_{n+1}|\mathcal{F}_n) \tag{14.58}$$

$$= X_n + E(Y_{n+1}) \tag{14.59}$$

$$= X_n + y_1 a + (1-a) y_2 \tag{14.60}$$

式 (14.58) 称为条件期望的**线性**性质。式 (14.59) 中的第一项参见式 (14.37)，第二项参见图 14.10 和定义式 (14.35)。

对于 σ-代数 $\mathcal{F}_n$ 所对应的（对集合 Ω 的）一组**分割** $\{\mathcal{F}_n\}$ 中的每一个非空区间 $B_m^{(n)}$（其中 $m = 1, 2, 3, \cdots, 2^n$），随机变量 Y_{n+1} 的**加权平均值**都是：

$$E(Y_{n+1}|B_m^{(n)}) = E(Y_{n+1}) = y_1 a + (1-a) y_2 \tag{14.61}$$

其中 $m = 1, 2, 3, \cdots, 2^n$，因此，

$$E(Y_{n+1}|\mathcal{F}_n) = \sum_{m=1}^{2^n} E(Y_{n+1}|B_m^{(n)}) 1_{B_m^{(n)}} \tag{14.62}$$

---

① 式 (14.59) 中第二项的一个更简单的理解方式是：Y_{n+1} 只取决于第 $n+1$ 次实验，与前 n 次实验无关。从这个角度出发，我们不难理解为什么对于所有的 $m = 1, 2, 3, \cdots, 2^n$，都有 $E(Y_{n+1}|B_m^{(n)}) = E(Y_{n+1})$。

$$= E(Y_{n+1}) \sum_{m=1}^{2^n} 1_{B_m^{(n)}} \tag{14.63}$$

$$= E(Y_{n+1}) \tag{14.64}$$

根据式 (14.60)，可以得出如下结论：

1. 当 $y_1 a + (1-a)y_2 = 0$ 时，随机过程 $(X_n)_{n\geq 0}$ 是一个**鞅**。
2. 当 $y_1 a + (1-a)y_2 \leq 0$ 时，随机过程 $(X_n)_{n\geq 0}$ 是一个**超鞅**。
3. 当 $y_1 a + (1-a)y_2 \geq 0$ 时，随机过程 $(X_n)_{n\geq 0}$ 是一个**子鞅**。

第二个例子称为 **Pólya 罐子**，是很多现实问题的数学模型。在刚开始的时候，罐子里面有一个黑球和一个白球，我们不断地从罐子随机地抓球。如果抓到白球，就往罐子里面放回两个白球；同样地，如果抓到黑球，就往罐子里面放回两个黑球。在进行 n 次操作以后，罐子里面总共有 $n+2$ 个球，我们用 W_n 表示：抓到白球的次数，那么，此时罐子里面总共有 W_n+1 个白球。我们定义随机变量：

$$X_n = \frac{W_n+1}{n+2} \tag{14.65}$$

也就是说，n 次操作以后罐子中白球所占的比例。随机过程 $(X_n)_{n\geq 0}$ 构成一个**鞅**。事实上，**Pólya 罐子**和"抛骰子赌大小"非常相似，"抓到白球"类比于"大"，"抓到黑球"类比于"小"。两个例子之间的不同在于："抛骰子赌大小"过程中，每次实验都是独立的，出现"小"和"大"的概率是固定的，与第几次实验无关，但是，在 Pólya 罐子的例子中，"抓到白球"和"抓到黑球"的概率依据是：罐子里面（现有的）白球和黑球之间的比例，也就是说，第 $n+1$ 次实验依赖于前 n 次实验的结果。

对于 **Pólya 罐子**的例子，集合 Ω 和**过滤子** $\mathcal{F}_1 \subseteq \mathcal{F}_2 \subseteq \mathcal{F}_3 \cdots$ 与前面"抛骰子赌大小"例子中的定义是完全一致的，只是此时 $\{\omega_1 =$ 抓到白球, $\omega_2 =$ 抓到黑球$\}$，因此，我们在此不再进行赘述。此外，第 k 次操作所对应的随机变量 Y_k 也与式 (14.53) 一致，只是此时 $y_1 = 1$、$y_2 = 0$，于是，式 (14.53) 可以进一步写为：

$$Y_k = 1_{A_1^{(k)}} \tag{14.66}$$

经过第 $n+1$ 次操作后，罐子里白球的数目变为：

$$W_{n+1} = W_n + Y_{n+1} \tag{14.67}$$

第 $n+1$ 次操作抓到白球的概率等于：罐子里白球的所占的比例 X_n。

因此，Y_{n+1} 在 σ-代数 $\mathcal{F}_n$ 下的条件期望为：

$$E(Y_{n+1}|\mathcal{F}_n) = 1 \times X_n + 0 \times (1 - X_n) = X_n \tag{14.68}$$

根据定义，

$$X_{n+1} = \frac{W_{n+1}+1}{n+3} \tag{14.69}$$

于是，可以进一步计算得到：

$$E(X_{n+1}|\mathcal{F}_n) = \frac{1}{n+3}E(W_n + 1 + Y_{n+1}|\mathcal{F}_n) \tag{14.70}$$

$$= \frac{1}{n+3}\big(E(W_n+1|\mathcal{F}_n) + E(Y_{n+1}|\mathcal{F}_n)\big) \tag{14.71}$$

$$= \frac{1}{n+3}\big((n+2)E(X_n|\mathcal{F}_n) + X_n\big) \tag{14.72}$$

$$= \frac{1}{n+3}\big((n+2)X_n + X_n\big) \tag{14.73}$$

$$= X_n \tag{14.74}$$

因此，随机过程 $(X_n)_{n\geq 0}$ 构成一个**鞅**。进一步，我们可以计算：事件 $X_n = (k+1)/(n+2)$（或等价的 $W_n = k$）的概率，结果为：

$$P\left(X_n = \frac{k+1}{n+2}\right) = P(W_n = k) = \frac{1}{n+1} \tag{14.75}$$

其中 $k = 0, 1, 2, 3, \cdots, n$。我们可以用**数学归纳法**来进行证明。当 $n = 0$ 时，式 (14.75) 成立。假设式 (14.75) 在 $n = m$ 时成立，当 $n = m+1$ 时，

$$P(W_{m+1} = k) = P(W_m = k-1)P(Y_{m+1} = 1|W_m = k-1)$$

$$+ P(W_m = k)P(Y_{m+1} = 0|W_m = k) \tag{14.76}$$

$$= \frac{1}{m+1}\frac{k}{m+2} + \frac{1}{m+1}\left(1 - \frac{k+1}{m+2}\right) \tag{14.77}$$

$$= \frac{1}{m+2} \tag{14.78}$$

对于 $k = 1, 2, 3, \cdots, m$ 都成立。当 $k = 0$ 时，

$$P(W_{m+1} = 0) = P(W_m = 0)P(Y_{m+1} = 0|W_m = 0) \tag{14.79}$$

$$= \frac{1}{m+1}\left(1 - \frac{1}{m+2}\right) \tag{14.80}$$

$$= \frac{1}{m+2} \tag{14.81}$$

成立；当 $k = m+1$ 时，

$$P(W_{m+1} = m+1) = P(W_m = m)P(Y_{m+1} = 1|W_m = m) \tag{14.82}$$

$$= \frac{1}{m+1}\frac{m+1}{m+2} \tag{14.83}$$

$$= \frac{1}{m+2} \tag{14.84}$$

成立。因此，式 (14.78) 对于 $k = 0, 1, 2, \cdots, m+1$ 都成立，证明完毕。

当 $n \to \infty$ 时，随机过程 $(X_n)_{n \geq 0}$ 的极限 X_∞ 是什么？是不是实数轴上的连续区间 $[0,1]$？答案是否定的！虽然 X_n 中的点都在实数轴上的连续区间 $[0,1]$ 内，但是，X_n 中的点具有“分数形式” $k+1/(n+2)$（其中 $k = 0, 1, 2, \cdots, n$），也就是说，**X_n 中的点一定是有理数，而不可能是无理数**！因此，当 $n \to \infty$ 时，随机过程 $(X_n)_{n \geq 0}$ 的极限 X_∞ 是：**实数轴上的连续区间 $[0,1)$ 中的有理数集** $\mathbb{Q}_{[0,1]}$，记为：

$$X_\infty = \lim_{n\to\infty} X_n = \mathbb{Q}_{[0,1]} \tag{14.85}$$

虽然有理数集 $\mathbb{Q}_{[0,1]}$ 在区间 $[0,1]$ 中并不连续（甚至其“长度”等于 0），但是，我们仍然可以定义 X_∞ 的概率分布。事实上，X_n 中所包含的 $n+1$ 个点 $k+1/(n+2)$（其中 $k = 0, 1, 2, \cdots, n$）分布在：对区间 $[0,1]$ 进行 $n+1$ 等分所形成的一组（共 $n+1$ 个）小区间

$$\left[0, \frac{1}{n+1}\right), \left[\frac{1}{n+1}, \frac{2}{n+1}\right), \cdots, \left[\frac{k-1}{n+1}, \frac{k}{n+1}\right), \cdots, \left[\frac{n}{n+1}, 1\right)$$

里面。不难验证：

$$\frac{k}{n+1} < \frac{k+1}{n+2} < \frac{k+1}{n+1} \tag{14.86}$$

因此，每一个小区间 $\left[\frac{k-1}{n+1}, \frac{k}{n+1}\right)$ 里面只包含一个点 $\frac{k+1}{n+2}$。图 14.12 给出了 $n = 9$ 的情况，区间 $[0,1]$ 被等分成 10 个小区间，X_9 中所包含的 10 个点位于这 10 个小区间内，每个小区间内都有且仅有一个点。

与 X_n 相对应的（对区间 $[0,1]$ 进行 $n+1$ 等分所形成的）小区间 Δx 的长度为 $|\Delta x| = 1/(n+1)$，相应小区间所对应的概率为：小区间 Δx 中所包含的 X_n 中的点（所对应事件）的概率，也就是说，

$$\mu(\Delta x) = P\left(X_n = \frac{k+1}{n+2}\right) = \frac{1}{n+1} \tag{14.87}$$

因此，对于所有的小区间 Δx，其平均概率密度 $\mu(\Delta x)/\Delta x$ 都为 1。令

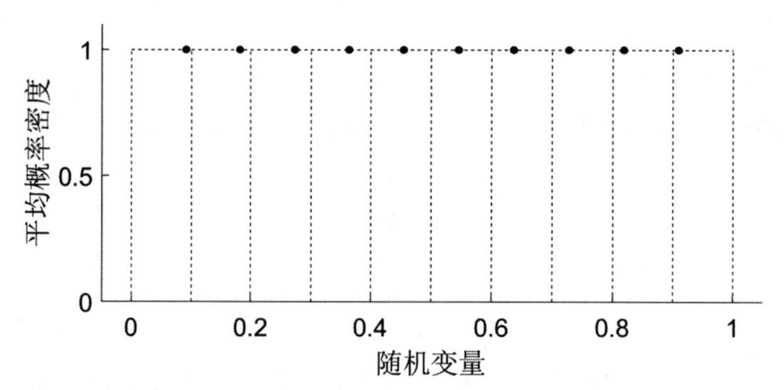

图 14.12　随机变量 X_n 中所包含的 $n+1$ 个点 $k+1/(n+2)$（其中 $k=0,1,2,\cdots,n$）分布在：对区间 $[0,1]$ 进行 $n+1$ 等分所形成的一组（共 $n+1$ 个）小区间里面。每一个小区间里面只包含一个点。对于所有的小区间 Δx，其平均概率密度 $\mu(\Delta x)/\Delta x$ 都为 1。随着 n 不断增大，区间被越分越细，X_∞ 的**概率分布** $p(x)=1$ 对实数轴上 $[0,1]$ 区间中的每一个点 $x\in[0,1]$ 都有定义。

$n\to\infty$，此时 $\Delta x\to 0$，于是，可以求得 X_∞ 的**概率分布**：

$$p(x)=\lim_{\Delta x\to 0}\frac{\mu(\Delta x)}{\Delta x}=1 \tag{14.88}$$

注意，$p(x)$ 对实数轴上 $[0,1]$ 区间中的每一个点 $x\in[0,1]$ 都有定义。因此，我们可以将 X_∞ **完备化**为：一个实数轴上 $[0,1]$ 区间的**连续型随机变量** X，对应的概率分布为：$p(x)=1$（对于所有 $x\in[0,1]$）。那么，X_∞ 与 X 之间是什么关系呢？完备化的过程中，在实数轴上 $[0,1]$ 区间内添加了许多（无理数）点 $x\in\overline{\mathbb{Q}}_{[0,1]}$，对于这些点，**不存在**集合 Ω 中的元素与之相对应，也就是说，

$$X^{-1}(x\in\overline{\mathbb{Q}}_{[0,1]})\subseteq\phi \tag{14.89}$$

因此，对于由新添加的（无理数）点 $x\in\overline{\mathbb{Q}}_{[0,1]}$ 所组成的区间 $I_{\overline{\mathbb{Q}}_{[0,1]}}=\{x:x\in\overline{\mathbb{Q}}_{[0,1]}\}$，所对应事件的概率为零，也就是说，

$$\mu\left(I_{\overline{\mathbb{Q}}_{[0,1]}}\right)=P\left(X^{-1}(I_{\overline{\mathbb{Q}}_{[0,1]}})\right)=P(\phi)=0 \tag{14.90}$$

对于剩下的 $[0,1]$ 区间中的有理数点 $x\in\mathbb{Q}_{[0,1]}$，随机变量 X_∞ 与 X 是一致的。我们将这种情况称为：**X_∞ 和 X 几乎确定相等**，也就是说，

$$\mu(\{x:X_\infty\neq X\})=0 \tag{14.91}$$

通过上述分析，我们可以深入理解：**鞅**的定义式 (14.52) 中的“几乎确定成立”。本章中，如果不做特殊说明，随机变量之间的“相等”或

“成立”，都是指“几乎确定相等”或“几乎确定成立”。

根据前面的分析，在**Pólya 罐子**这个随机过程中，**鞅**$(X_n)_{n\geq 0}$的极限“几乎确定”是：区间$[0,1]$上的服从均匀分布$p(x)=1$的随机变量X。进一步，我们可以计算：在一组给定实验结果$W_1, W_2, \cdots, W_n, \cdots$条件下，$X$的一组**条件概率分布**$p(x|W_n)$（其中$n=0,1,2,\cdots$）。

我们“铸造”一个骰子，使得其结果为“大”（对应于“抓到白球”）的概率服从$[0,1]$之间的**均匀分布**。注意，这个骰子本身就是一个（服从$[0,1]$之间均匀分布的）**随机变量**X，而并非一个“实物”，我们不妨称其为“随机骰子”。在$X=x\in[0,1]$这个事件下，经过n次“抛骰子赌大小”后，结果为“大”（对应于“抓到白球”）的总数是一个随机变量W_n。

在事件$X=x\in[0,1]$的条件下，事件$W_n=k$的**条件概率**为：

$$P(W_n=k|X=x)=C_n^k x^k(1-x)^{n-k} \tag{14.92}$$

其中$k=0,1,2,\cdots,n$。式(14.92)也称为**二项式分布**：k次“大”的概率x^k乘以$n-k$次“小”的概率$(1-x)^{n-k}$再乘以“出现这种情况的次数”C_n^k，其中，C_n^k为：从“n个”中取“k”个的所有组合数目，即：

$$C_n^k=\frac{n!}{k!(n-k)!} \tag{14.93}$$

其中$n!=n\times(n-1)\times\cdots\times 2\times 1$表示$n$的阶乘。用“随机骰子”$X$进行$n$次实验后，事件$W_n=k$的**条件概率**也是一个随机变量：

$$P(W_n=k|X)=C_n^k X^k(1-X)^{n-k} \tag{14.94}$$

事件$W_n=k$的概率是：这个随机变量的**数学期望**，也就是说，

$$P(W_n=k)=E\big(P(W_n=k|X)\big) \tag{14.95}$$

$$=E\left(C_n^k x^k(1-x)^{n-k}\right) \tag{14.96}$$

$$=C_n^k\int_0^1 x^k(1-x)^{n-k}p(x)dx \tag{14.97}$$

$$=\frac{1}{n+1} \tag{14.98}$$

其中，$p(x)=1$。注意，上面这个（基于“随机骰子”X的）$(W_n)_{n\geq 0}$的概率分布**完全等同**于在**Pólya 罐子**实验中的$(W_n)_{n\geq 0}$的概率分布，参见式(14.75)。因此，基于“随机骰子”X的实验和Pólya罐子实验是**相同**的随机过程。我们用基于“随机骰子”X的随机过程来**等效替代**基于Pólya罐子的随机过程，进而计算出：根据Pólya罐子实验结果

$W_1, W_2, \cdots, W_n, \cdots$ 得出的关于 X 的**条件概率分布**。

在继续分析之前，我们有必要先解释一下式 (14.97) 的计算过程（其中 $p(x) = 1$）。事实上，式 (14.97) 是微积分中的一道有趣的习题[①]。首先，令：

$$\Gamma_n^k = C_n^k \int_0^1 x^k (1-x)^{n-k} dx \tag{14.99}$$

通过**分部积分**，可以进一步计算得到：

$$\Gamma_n^k = C_n^k \frac{1}{k+1} \int_0^1 (1-x)^{n-k} dx^{k+1} \tag{14.100}$$

$$= -C_n^k \frac{1}{k+1} \int_0^1 x^{k+1} d(1-x)^{n-k} \tag{14.101}$$

$$= C_n^k \frac{n-k}{k+1} \int_0^1 x^{k+1} (1-x)^{n-k} dx \tag{14.102}$$

$$= C_n^{k+1} \int_0^1 x^{k+1} (1-x)^{n-k} dx \tag{14.103}$$

$$= \Gamma_n^{k+1} \tag{14.104}$$

上式的一个直接结论是：$\Gamma_n^0 = \Gamma_n^1 = \Gamma_n^2 = \cdots = \Gamma_n^n$，因此，对于所有的 $k = 0, 1, 2, \cdots, n$，都有

$$\Gamma_n^k = \Gamma_n^n = \int_0^1 x^n dx = \frac{1}{n+1} \tag{14.105}$$

根据**贝叶斯公式**，可以进一步计算：在事件 $W_n = k$ 的情况下，事件 $X = x$ 的**条件概率**（称为**后验概率**），即：

$$P(X = x | W_n = k) = \frac{P(W_n = k | X = x) P(X = x)}{P(W_n = k)} \tag{14.106}$$

$$= (n+1) C_n^k x^k (1-x)^{n-k} P(X = x) \tag{14.107}$$

相应的概率密度分布：

$$p(x | W_n = k) = (n+1) C_n^k x^k (1-x)^{n-k} p(x) \tag{14.108}$$

$$= (n+1) C_n^k x^k (1-x)^{n-k} \tag{14.109}$$

称为：在事件 $W_n = k$ 的情况下，随机变量 X 的**条件概率分布**。图

[①] 事实上，这个问题困惑了我很长时间。通过数值计算实验，我猜测出了这个结果，但是，一直没能给出相应的证明。最终，南京大学数学系的**张明敬**老师给出了数学分析。

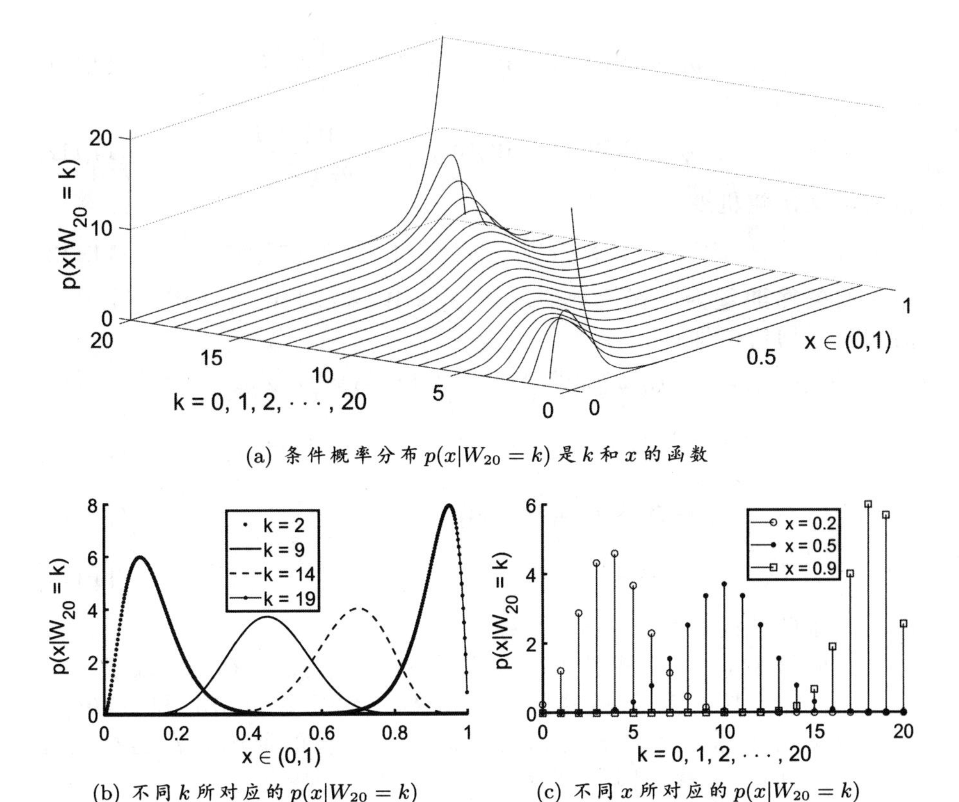

(a) 条件概率分布 $p(x|W_{20}=k)$ 是 k 和 x 的函数

(b) 不同 k 所对应的 $p(x|W_{20}=k)$ (c) 不同 x 所对应的 $p(x|W_{20}=k)$

图 14.13 当 $n=20$ 时的条件概率分布。(a) 函数 $p(x|W_{20}=k)$ 的取值同时取决于 k 和 x。(b) 对于某一固定的 k，条件概率分布在 $x=k/n$ 处取得最大值。(c) 当 x 固定时，$p(x|W_{20}=k)$ 是一个关于 k 的离散函数，在 nx 附近的整数 $k\approx nx$ 处取得最大值。

14.13 给出了 $n=20$ 所对应的条件概率分布 $p(x|W_{20}=k)$。随机变量 X 的条件概率分布依赖于 W_n 的取值 k，并且在 $x=k/n$ 处取得最大值[①]，参见图 14.13(b)。当 x 固定时，$p(x|W_{20}=k)$ 是一个关于 k 的离散函数，在 nx 附近的整数 $k\approx nx$ 处取得最大值，参见图 14.13(c)。

条件概率分布 $p(x|W_n)$ 也是一个随机变量，记为：

$$Z_n^x = p(x|W_n) = (n+1)C_n^{W_n}x^{W_n}(1-x)^{n-W_n} \tag{14.110}$$

相应的随机过程 $(Z_N^x)_{n\geq 0}$ 构成一个**鞅**。经过一步操作后，W_{n+1} 有两种可能的结果：W_n+1 或 W_n，相应的概率为：

① 式 (14.109) 对 x 求导，再令导数等于零，可以求得极值点为 $x^*=k/n$。

$$p_1 = P(W_{n+1} = W_n + 1|W_n) = \frac{W_n + 1}{n+2} \tag{14.111}$$

$$p_2 = P(W_{n+1} = W_n|W_n) = \frac{n - W_n + 1}{n+2} \tag{14.112}$$

根据定义，随机变量

$$Z_{n+1}^x = (n+2)C_{n+1}^{W_{n+1}} x^{W_{n+1}} (1-x)^{n+1-W_{n+1}} \tag{14.113}$$

相应的**条件期望**为：在两种情况 $W_{n+1} = W_n + 1$ 和 $W_{n+1} = W_n$ 下，Z_{n+1}^x 的加权平均值，即：

$$E(Z_{n+1}^x|\mathcal{F}_n) = (n+2)C_{n+1}^{W_n+1} x^{W_n+1}(1-x)^{n-W_n} \times p_1$$

$$+ (n+2)C_{n+1}^{W_n} x^{W_n}(1-x)^{n-W_n+1} \times p_2 \tag{14.114}$$

$$= Z_n^x \times (x + (1-x)) \tag{14.115}$$

$$= Z_n^x \tag{14.116}$$

因此，随机过程 $(Z_N^x)_{n\geq 0}$ 是一个**鞅**。

前面谈到，“随机骰子”实验中的 $(W_n)_{n\geq 0}$ 和 **Pólya 罐子**实验中的 $(W_n)_{n\geq 0}$ 具有**完全相同**的概率分布，参见式 (14.75) 和 (14.98)。之所以会出现这个“巧合”，其背后更深层次的原因是：随机过程 $(X_n)_{n\geq 0}$ 构成一个**鞅**，因此，对于 $n = 1, 2, 3, \cdots$, 都有

$$X_n = E(X|\mathcal{F}_n) \tag{14.117}$$

而 X_n 和 W_n 之间存在一一对应的关系。

Pólya 罐子实验之所以重要，是因为它是很多现实问题的数学抽象。例如：做好了一个项目同时带来了一个新的项目，干砸了一个项目同时失去了一个潜在的项目。在本章给出的 **Pólya 罐子**例子中，“奖励”和“惩罚”的力度是一样的，因此不难想象：罐子里面白球所占的比例 X_n 的**数学期望**始终维持在 1/2。通过提高“奖励”力度（例如放回 3 个白球）或降低“惩罚”力度（例如放回 1 个黑球），会使得 X_n 的**数学期望**不断增加；相反，降低“奖励”力度（例如放回 1 个白球）或提高“惩罚”力度（例如放回 3 个黑球），会使得 X_n 的**数学期望**不断减少。我们将相关分析留作练习题。

14.7.4 停止时间

对于一个随机过程，我们自然地想试图对其施加人为控制。一般情况下，我们无法控制（随机）过程中的规则，但是，能够决定是否

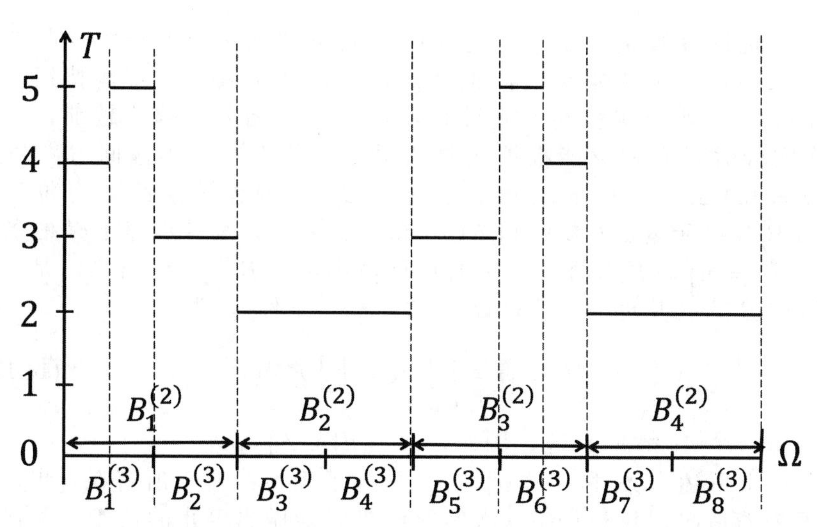

图 14.14 停止时间是一个随机变量，其函数映射结果是整数。随机过程被执行步数所对应的控制条件，是通过 Ω 的"某个子集"（或区间）来定义的，也就是说，出现了具有"某些特征"的实验结果。到第 n 次实验时，我们只能根据实验结果"定位"一组小区间 $B_k^{(n)}$（其中 $k=0,1,2,\cdots$），而无法继续"定位"小区间 $B_k^{(n)}$ 中元素 ω（参见 14.7.1 小节）。因此，第 n 步停下来的条件 $A_n=\{T=n\}=T^{-1}(n)$ 一定是通过这些小区间 $B_k^{(n)}$ 描述出来，是这些小区间 $B_k^{(n)}$ 的并集。

应该停下来。于是，引出了一个重要概念**停止时间**：

- **停止时间**：如果随机变量

$$T:\Omega\to\{1,2,3,\cdots\}\cup\{\infty\} \tag{14.118}$$

满足：$\{T\leq n\}\in\mathcal{F}_n$ 对于所有的 $n\geq 0$ 都成立，那么我们称 T 是一个**停止时间**。其中 $\{T\leq n\}$ 表示：$T\leq n$ 所对应的事件，

$$\{T\leq n\}=\bigcup_{k=0}^{n}T^{-1}(k) \tag{14.119}$$

也就是说，$\{0,1,2,\cdots,n\}$ 经过逆映射 T^{-1} 所得到的 Ω 的子集。

停止时间是一个随机变量，其函数映射结果是整数，如图 14.14 所示。在本章 14.7.1 小节中，我们详细讨论了随机过程所对应的概率空间，到第 n 次实验时，我们只了解集合 Ω 的部分信息：Ω_n。根据已获取信息 Ω_n，实现了对集合 Ω 的分割，从而生成（集合 Ω 的）σ- 代数 $\mathcal{F}_n$。随着对集合 Ω 分割的不断细化，（集合 Ω 的）σ-代数之间形成了**过滤关系**：$\mathcal{F}_0\subseteq\mathcal{F}_1\subseteq\mathcal{F}_2\subseteq\cdots$。

随机过程被执行步数所对应的控制条件，是通过 Ω 的“某个子集”（或区间）来定义的，也就是说，出现了具有“某些特征”的实验结果。随着实验的不断进行，集合 Ω 被划分得越来越细，到第 n 次实验时，我们只能根据实验结果“定位”一组小区间 $B_k^{(n)}$（其中 $k=0,1,2,\cdots$）中的某一个小区间 $B_k^{(n)}$，而无法继续“定位”小区间 $B_k^{(n)}$ 中元素 ω（参见 14.7.1 小节）。因此，第 n 步停下来的条件 $A_n=\{T=n\}=T^{-1}(n)$ 一定是通过这些小区间 $B_k^{(n)}$ 描述出来，是这些小区间 $B_k^{(n)}$ 的并集，也就是说，$A_n \in \mathcal{F}_n$。事件

$$\{T \leq n\} = \bigcup_{k=0}^{n} A_k = \bigcup_{k=0}^{n} T^{-1}(k) \tag{14.120}$$

中的每一个 A_k 都属于 $\mathcal{F}_n$，因此，$\{T \leq n\} \in \mathcal{F}_n$。

综上所述，条件 $\{T \leq n\} \in \mathcal{F}_n$ 是为了确保：对于所有在 n 步以内停下来的情况，仅根据前 n 次实验结果就能做出停止的决策。从应用的角度看，这一点是显然的，无需特别说明，但是，在数学上，只有明确了上述条件，才能将停止时间 T 和随机过程 $(X_n)_{n\geq 0}$ 结合在一起。随机变量 T 和 X_n 不仅仅是关于 Ω 的函数映射，而且是**可测函数**映射，两者要结合，对应的 σ-代数之间必须能够相容！

我们再次强调，停止时间 T 是一个随机变量，根据不同的实验结果取不同的值。容易验证：当 T 取固定值时（也就是说，对于所有 $\omega \in \Omega$，都有 $T(\omega)=N$），T 也是一个停止时间。此时，事件 $\{T \leq n\}$ 为：空集 ϕ 或全集 Ω，都属于 $\mathcal{F}_n$。

对于一个给定的随机过程 $(X_n)_{n\geq 0}$，我们定义：

$$X_T(\omega) = X_{T(\omega)}(\omega) \tag{14.121}$$

为一个**受停止时间 T 控制的随机过程**。

最后，我们通过一个定理来加深对上述概念的理论，并以此来结束本节内容。

- **最优停止定理：**
  随机过程 $(X_n)_{n\geq 0}$ 是一个**超鞅**，S 和 T 是两个有界的**停止时间**，且 $S \leq T$，那么 $E(X_T) \leq E(X_S)$。

也就是说，对于超鞅，我们要“及时止损”。这符合我们的常识，通过证明过程，我们来检验是否真正理解和掌握了本小节的内容。要比较两者的大小，可以做减法，也可以做除法，通过除法比较大小需要预先知道其取值的正负，我们不知道这一点，所以做减法。注意，

$$E(X_T) - E(X_S) = E(X_T - X_S) \tag{14.122}$$

上式是数学期望的线性性质。进一步，可以计算：

$$X_T - X_S = \sum_{k=S}^{T-1} (X_{k+1} - X_k) \tag{14.123}$$

于是可以进一步得到：

$$E(X_T) - E(X_S) = E\left(\sum_{k=S}^{T-1} (X_{k+1} - X_k)\right) \tag{14.124}$$

上式中的 S 和 T 是两个随机变量，而不是两个固定的数。因此，无法将式 (14.124) 中的求和符号直接提到括号外面。我们需要将式 (14.124) 中求和符号中的 S 和 T 换成两个固定的数，可以通过**示性函数** $1_{S\le k<T}$来实现，也就是说，

$$\sum_{k=S}^{T-1} (X_{k+1} - X_k) = \sum_{k=0}^{n} (X_{k+1} - X_k) 1_{S\le k<T} \tag{14.125}$$

根据数学期望的线性性质，式 (14.124) 可以进一步写为：

$$E(X_T) - E(X_S) = \sum_{k=0}^{n} E\big((X_{k+1} - X_k) 1_{S\le k<T}\big) \tag{14.126}$$

根据停止时间的定义[①]，$\{S \le k\} \in \mathcal{F}_k$，$\{T > k\} \in \mathcal{F}_k$。因此，事件 $\{S \le k < T\} = \{S \le k\} \cap \{T > k\}$ 也属于 $\mathcal{F}_k$。由于 $(X_n)_{n\ge0}$ 是一个**超鞅**，因此，$E(X_{k+1}|\mathcal{F}_k) \le X_k$，也就是说，

$$E(X_{k+1} - X_k|\mathcal{F}_k) \le 0 \tag{14.127}$$

因此，在任意一个区间 $\{S \le k < T\} \in \mathcal{F}_k$ 上，都有

$$E\big((X_{k+1} - X_k) 1_{S\le k<T}\big) \le 0 \tag{14.128}$$

代入式 (14.126)，最终完成了证明：

$$E(X_T) - E(X_S) \le 0 \tag{14.129}$$

定理要求 S 和 T 是两个**有界**的停止时间，“有界”这两个字体现在式 (14.126) 中只有“有限项”进行求和。

通过这个定理的证明过程，我们想再次强调：**停止时间是一个随机变量**！在习题 15.1 中，我们通过一个应用实例“最优投资方案”，来研究如何通过设计**停止时间**进行随机优化控制。

[①] 注意，事件 $\{T \le k\} \in \mathcal{F}_k$，而事件 $\{T > k\}$ 是事件 $\{T \le k\}$ 的补集，根据 σ-代数的定义，事件 $\{T > k\} \in \mathcal{F}_k$。

14.8 习题

习题 14.1 这里，我们将考虑：两个随机变量的和的**均值**和**方差**。

(a) 证明：对于两个独立的随机变量 x_1 和 x_2，它们的和 $x_1 + x_2$ 的**均值** μ 等于：这两个随机变量（各自的）**均值**（分别为 μ_1 与 μ_2）的和。也就是说 $\mu = \mu_1 + \mu_2$。

(b) 证明：对于两个独立的随机变量 x_1 与 x_2，它们的和 $x_1 + x_2$ 的**方差** σ^2 等于：这两个随机变量（各自的）**方差**（分别为 σ_1^2 与 σ_2^2）的和。也就是说 $\sigma^2 = \sigma_1^2 + \sigma_2^2$。

习题 14.2 假设一个随机变量的概率密度分布为：

$$p(x) = \begin{cases} 1/(2w), & \text{if } |x| \leq w; \\ 0, & \text{if } |x| > w. \end{cases} \tag{14.130}$$

并且，我们独立地随机抽取出两个值，那么，这两个值的平均数的概率分布是什么？

习题 14.3 让我们来考虑 **Gauss 分布**和 **Poisson 分布**的一些性质。

(a) 证明：**Gauss 分布**

$$p(x) = \frac{1}{\sqrt{2\pi}\sigma} e^{-\frac{1}{2}\left(\frac{x-\mu}{\sigma}\right)^2} \tag{14.131}$$

的**均值**和**方差**分别为：μ 和 σ^2。

(b) 证明：**Poisson 分布**

$$p_n = e^{-m} \frac{m^n}{n!} \tag{14.132}$$

的**均值**和**方差**都为 m。

习题 14.4 考虑多个独立随机变量的加权平均和：

$$y = \sum_{i=1}^{N} w_i x_i \tag{14.133}$$

其中，x_i 的均值为 m、标准差为 σ。权重系数 w_i 非负，并且，所有权重系数的和为1。求：y 的均值和标准差。对于固定的 N，求：使得 y 的**方差**取得最小值的系数 w_i。

习题 14.5 假设随机变量 $X \in L^p$，也就是说，$E(|X|^p) < \infty$，其中 $1 \leq p < \infty$。请证明：对于任意 $\lambda \geq 0$，都有：

$$P(|X| > \lambda) \leq \lambda^{-p} E(|X|^p) \tag{14.134}$$

这个结论称为**Chebyshev 不等式**。进一步，我们得到了一个关于概率 P 的**尾部估计**：当 $\lambda \to \infty$ 时，

$$P(|X| > \lambda) \sim O(\lambda^{-p}) \tag{14.135}$$

习题 14.6 函数 f 的定义域为区间 $I \in R$，如果对于任意 $x, y \in I$ 以及 $t \in [0,1]$，都有：

$$f(tx + (1-t)y) \leq t f(x) + (1-t) f(y) \tag{14.136}$$

那么，我们称映射 $f: I \to R$ 为一个**凸函数**。请证明：对于任意的凸函数 f，都有

$$E(f(X)) \geq f(E(X)) \tag{14.137}$$

其中 X 为在区间 $I \in R$ 中取值的随机变量。这个结论称为**Jensen 不等式**。进一步，请证明如下两个结论：

1. 如果随机过程 $(X_n)_{n\geq 0}$ 构成一个**鞅**，那么，随机过程 $(|X_n|)_{n\geq 0}$ 构成一个**子鞅**。

2. 如果随机过程 $(X_n)_{n\geq 0}$ 构成一个**鞅**，那么，随机过程 $(X_n^2)_{n\geq 0}$ 构成一个**子鞅**。

习题 14.7 假设随机变量 $X, Y \in L^1$，也就是说，$E(|X|) \leq \infty$ 和 $E(|Y|) \leq \infty$。请证明：对于任意的 σ-代数 $\mathcal{G}$，都有

$$E(X + Y|\mathcal{G}) = E(X|\mathcal{G}) + E(Y|\mathcal{G}) \tag{14.138}$$

几乎确定成立。

习题 14.8 假设 X 是一个非负的随机变量，$Y = E(X\mathcal{G})$ 是 X σ-代数 $\mathcal{G}$ 下的条件期望，请证明：

$$\{X > 0\} \subseteq \{Y > 0\} \tag{14.139}$$

几乎确定成立，也就是说，

$$1_{\{X>0\}} \leq 1_{\{Y>0\}} \tag{14.140}$$

几乎确定成立。

习题 14.9 假设随机变量 $X, Y \in L^2$，也就是说，$E(|X|^2) \leq \infty$ 和 $E(|Y|^2) \leq \infty$。如果

$$E(X|Y) = Y \quad 并且 \quad E(Y|X) = X \tag{14.141}$$

几乎确定成立，请证明 $X = Y$ **几乎确定**成立。进一步，请证明这个结论对于 $X, Y \in L^1$ 的情况也成立。

提示：首先通过习题 14.6 中的 **Jensen 不等式**分析 L^1 空间与 L^2 空间之间的相互关系。

习题 14.10　假设随机过程 $(X_n)_{n\geq 0}$ 中各个随机变量 X_n 只从由 k 个实数组成的集合 $E=\{x_1,x_2,\cdots,x_k\}$ 中进行取值。请证明如下结论：

- 随机过程 $(X_n)_{n\geq 0}$ 构成鞅的**充分必要**条件为：对于所有的 n 和所有的 $x_{i_0},x_{i_1},\cdots,x_{i_n}\in E$，都有

$$E(X_{n+1}|X_0=x_{i_0},X_1=x_{i_1},\cdots,X_n=x_{i_n})=x_{i_n} \tag{14.142}$$

习题 14.11　假设随机变量 $X_1,X_2,\cdots$ 之间相互独立，并且满足：

$$P(X_n=-1/p_n)=p_n \qquad 和 \qquad P(X_n=1/q_n)=q_n \tag{14.143}$$

其中 $p_n,q_n>0$，并且 $p_n+q_n=1$。令 $S_n=X_1+X_2+,\cdots,+X_n$，请证明：随机过程 $(S_n)_{n\geq 1}$ 构成鞅。进一步，请证明：当 $p_n=1/n^2$ 时，随机过程 $(S_n/n)_{n\geq 1}$ **几乎确定收敛**，也就是说，当 $n\to\infty$ 时，S_n/n 收敛**几乎确定**成立。

习题 14.12　对于随机过程 $(X_n)_{n\geq 0}$，定义：

$$X_n^\star=\max_{k\leq n}|X_k| \tag{14.144}$$

请证明：如果 $(X_n)_{n\geq 0}$ 是一个**鞅**[①]，那么对于任意 $\lambda\geq 0$，都有

$$\lambda P(X_n^\star>\lambda)\leq E\left(|X_n|1_{X_n^\star>\lambda}\right)\leq E(|X_n|) \tag{14.145}$$

这个结论称为 **Doob 极大值不等式**，在**鞅**理论中起到了奠基石作用。

习题 14.13　请进一步完善图 14.7 中的实验，完成研究报告。

(a) 分别选取频率域中8×8、16×16、32×32 和 64×64 的中心区域进行**随机采样**，舍弃概率分别选为 0.3、0.5、0.7 和 0.8。通过观察和对比所得到的**纹理**图像，你能发现什么规律？

(b) 选取频率域中更多方向的直线，例如 30°、60°、120° 和 150° 的方向，进行**固定采样**，通过观察和对比所得到的**纹理**图像，你能发现什么规律？固定采样的实现方式参见第 7 章习题 7.10。

(c) 在频率域中上述方向的直线上进行**随机采样**，舍弃概率分别选为 0.4、0.5、0.6、0.7 和 0.8。通过观察和对比所得到的**纹理**图像，你能发现什么规律？

---

①根据习题 14.6，如果 $(X_n)_{n\geq 0}$ 是一个**鞅**，那么 $(|X_n|)_{n\geq 0}$ 是一个**非负的子鞅**。因此，这个结论对于非负**子鞅**也成立。

提示：为了便于开展对本题的研究，我们在此附上了图 14.7 所对应的 MATLAB 程序，如下所示：

```
Noise = rand(128);
NoiseFFT = fft2(Noise);
NoiseFFT = fftshift(NoiseFFT);
Noise1 = Noise - mean(mean(Noise));
NoiseFFT1 = fft2(Noise1);
NoiseFFT1 = fftshift(NoiseFFT1);
figure
subplot(121)
imagesc(Noise)
colormap gray
axis equal
axis off
subplot(122)
imagesc(abs(NoiseFFT1))
colormap gray
axis equal
axis off
[m,n] = size(NoiseFFT);
FF = zeros(m,1);
FF(floor(m/2)-15:floor(m/2)+16)=1;
FF = FF*FF';
F = ones(size(Noise));
F2 = F + diag(diag(F)) + diag(diag(F,1),1) + diag(diag(F,-1),-1)-1;
F2 = F2 + flipud(F2);
F = round(0.7*rand(size(Noise)));
F1 = F.*FF;
F2([64,65],:) = 1;
F2(:,[64,65]) = 1;
F2 = min(F2,1);
NoiseFFT = fftshift(NoiseFFT);
recover = abs(ifft2(F1.*NoiseFFT));
figure
subplot(121)
imagesc(recover)
```

```
colormap gray
axis equal
axis off
subplot(122)
recover1 = abs(ifft2(F2.*NoiseFFT));
imagesc(recover1)
colormap gray
axis equal
axis off
figure
subplot(121)
imagesc(F1.*abs(NoiseFFT1))
colormap gray
axis equal
axis off
subplot(122)
imagesc(F2.*abs(NoiseFFT1))
colormap gray
axis equal
axis off
recovern = recover(:)/max(max(recover));
recovern1 = recover1(:)/max(max(recover1));
Noisen = Noise(:);
data =[Noisen';recovern';recovern1'];
figure
hist(data',30)
```

第 15 章 随机过程的图模型

有一次，在旁听人工智能之父 **Marvin Minski** 的“The Society of Mind”课程时，我了解到：在人工智能刚刚提出的时候，大家并没有过多地考虑概率分析和随机理论，直到几年后，概率论才被引入进来，作为一种有效的数学分析工具，极大地推动了人工智能技术的发展。**智能分析**中的一个核心任务是**认知推理**：根据观测结果来推测深层次的本质原因。传感器所获取的信号，经过感知算法的计算处理，就得到了所谓的观测结果；智能分析（或认知推理）算法将进一步挖掘这些观测结果背后的深层次原因。

我们在看电视节目《动物世界》时，感知算法的观测结果是：识别每一个动物，然后判断各个动物的状态（站、走、跑）。智能分析（或认知推理）的结果是：动物的行为策略。动物的行为策略决定了动物的状态，是产生动物的**时序状态集**的深层次本质原因，但是，我们无法直接“测量”动物的行为策略，只能通过某些可以测量到的观察结果（例如各个动物的状态），来推测动物的行为策略。我们在上一章中谈到：“时序状态集”是对某一个**随机过程**的观测结果。**状态迁移图**和**概率图**都是用来分析和描述随机过程的有效方式！

在进行这些令人兴奋的应用研究之前，我们需要先打好理论基础。在第 16 章中，基于本章介绍的数学方法和工具，我们将详细探讨一个应用案例：课堂教学中对学生听课状态的感知与评估。

15.1 Markov 链

Markov 链是一种特殊的随机过程。实际应用中，一种常见的随机过程形式为：

$$X_{n+1} = X_n + Y_{n+1} \tag{15.1}$$

也就是说，第 $n+1$ 步操作 Y_{n+1} 使得：（到第 n 步时的）结果 X_n 更新为（到第 $n+1$ 步时的）结果 X_{n+1}。在很多情况下，第 $n+1$ 步操作 Y_{n+1} 是依据（到第 n 步时的）结果 X_n 来进行的，而与前面的过程 $(X_m)_{m\leq n-1}$ 无关。例如 14.7.3 小节中介绍的 **Pólya 罐子**实验。

后面我们会说明：Pólya 罐子实验并**不是**一个 Markov 链（尽管其构成一个**鞅**）。Markov 链中的“链”字是指：一连串实验结果，实验结果是通过式 (15.1) 中的更新过程生成的，并且，更新过程要保持一种“固定性”，也就是说，更新规则始终保持不变。

15.1.1 人口迁移模型

我们还是从一个例子开始说起。假设人口只在 A 和 B 两个城市之间流动，每一年，A 城市人口中有 $p_{1,1} = 80\%$ 留在 A，$p_{2,1} = 20\%$ 移居到 B；B 城市人口中有 $p_{1,2} = 30\%$ 移居到 A，$p_{2,2} = 70\%$ 留在 B。多年以后，A 和 B 两个城市之间的人口比例如何？假设刚开始时，A 和 B 两个城市之间的人口比例为 $\mathbf{u}_0 = (u_A^{(0)}, u_B^{(0)})^T$，并且 $u_A^{(0)} \geq 0$、$u_B^{(0)} \geq 0$、$u_A^{(0)} + u_B^{(0)} = 1$。一年后，$A$ 和 B 两个城市之间的人口比例为 $\mathbf{u}_1 = (u_A^{(1)}, u_B^{(1)})^T$，而 $\mathbf{u}_1$ 和 $\mathbf{u}_0$ 之间的关系满足 $\mathbf{u}_1 = \mathbf{P}\mathbf{u}_0$，其中矩阵

$$\mathbf{P} = \begin{pmatrix} p_{1,1} & p_{1,2} \\ p_{2,1} & p_{2,2} \end{pmatrix} = \begin{pmatrix} 0.8 & 0.3 \\ 0.2 & 0.7 \end{pmatrix} \tag{15.2}$$

称为**转移矩阵**[2]。在继续往下分析之前，我们首先要问的一个问题是：为什么 $u_A^{(1)} + u_B^{(1)} = 1$？总人口既没有增加，也没有减少，只是在两个城市之间相互迁移，显然应该有 $u_A^{(1)} + u_B^{(1)} = 1$，但是，我们如何从关系式 $\mathbf{u}_1 = \mathbf{P}\mathbf{u}_0$ 中看出这一点？注意，$u_A^{(1)} + u_B^{(1)}$ 是两个向量 $\mathbf{1} = (1,1)^T$ 与 $\mathbf{u}_1 = (u_A^{(1)}, u_B^{(1)})^T$ 之间的**内积**，也就是说，

$$u_A^{(1)} + u_B^{(1)} = \mathbf{1}^T\mathbf{u}_1 = \mathbf{1}^T\mathbf{P}\mathbf{u}_0 = (\mathbf{P}^T\mathbf{1})^T\mathbf{u}_0 \tag{15.3}$$

进一步，我们可以计算：

$$\mathbf{P}^T\mathbf{1} = \begin{pmatrix} 0.8 & 0.2 \\ 0.3 & 0.7 \end{pmatrix}\begin{pmatrix} 1 \\ 1 \end{pmatrix} = \begin{pmatrix} 1 \\ 1 \end{pmatrix} = \mathbf{1} \tag{15.4}$$

因此，$u_A^{(1)}+u_B^{(1)}=\mathbf{1}^T\mathbf{u}_0=u_A^{(0)}+u_B^{(0)}=1$。式 (15.4) 说明：

- 向量 $\mathbf{1}$ 是矩阵 $\mathbf{P}^T$ 的**特征向量**，对应的**特征值**是 $\lambda_1=1$。

这是**Markov 链**最核心的本质特征。我们的设置使得：转移矩阵 $\mathbf{P}$ 的每一列加起来都**等于 1**，从而保证了上述性质。

于是，我们得到了一个迭代更新过程，每过一年，新的人口比例 $\mathbf{u}_n$ 满足：

$$\mathbf{u}_n=\mathbf{P}\,\mathbf{u}_{n-1}=\mathbf{P}^n\,\mathbf{u}_0 \tag{15.5}$$

线性代数有一个关于特征值的重要结论：矩阵 $\mathbf{P}$ 和 $\mathbf{P}^T$ 有**相同**的特征值！因此，$\lambda_1=1$ 也是矩阵 $\mathbf{P}$ 的**特征值**，对应的**特征向量**为 $\mathbf{w}_1=(0.6,0.4)^T$。两个特征值之和等于矩阵的**迹**，也就是说，矩阵对角线元素之和。因此，另一个特征值为 $\lambda_2=0.5$，对应的**特征向量**为 $\mathbf{w}_2=(1,-1)^T$。初始条件 $\mathbf{u}_0$ 可以写为：

$$\mathbf{u}_0=\mathbf{w}_1+c\,\mathbf{w}_1 \tag{15.6}$$

其中 $0\le c\le 0.4$（注意条件：$u_A^{(0)}\ge 0$、$u_B^{(0)}\ge 0$、$u_A^{(0)}+u_B^{(0)}=1$）。将 $\mathbf{u}_0$ 代入式 (15.5)，可以进一步得到：

$$\mathbf{u}_n=\lambda_1^n\mathbf{w}_1+c\lambda_2^n\mathbf{w}_2 \tag{15.7}$$

$$=\mathbf{w}_1+\frac{c}{2^n}\mathbf{w}_2 \tag{15.8}$$

当 n 足够大时，$\mathbf{u}_n\approx\mathbf{w}_1=(0.6,0.4)^T$ 不再发生明显的变化。从任意初始条件 $\mathbf{u}_0$ 开始，经过一段时间，人口比例会维持在一个（与初始条件无关的）**平衡状态** $\mathbf{w}_1$。

注意：在迁徙的过程中，人口总量始终保持不变！也就是说，$\mathbf{1}^T\mathbf{u}_n=1$ 对于所有的 $n\ge 0$ 都成立。因此，我们可以直接得出一个结论：所有特征值的绝对值一定**小于等于** 1（否则 $\mathbf{1}^T\mathbf{u}_\infty=\infty$），并且，至少有一个特征值的绝对值**等于** 1（否则 $\mathbf{1}^T\mathbf{u}_\infty=0$）。

15.1.2 Markov 过程

我们将这个例子拓展到更一般的情况。首先，$\mathbf{u}_0,\mathbf{u}_1,\mathbf{u}_2,\cdots$ 对应于：随机过程 $(X_n)_{n\ge 0}$ 中各个随机变量 $X_0,X_1,X_2,\cdots$ 的**概率分布**：

$$\mathbf{u}_n=\mu(X_n)=\left(u_1^{(n)},u_2^{(n)},u_3^{(n)},\cdots,u_N^{(n)}\right)^T \tag{15.9}$$

其中 $u_k^{(n)}$ 表示：事件 $X_n=x_k$ 的概率，也就是说，

$$u_k^{(n)}=P(X_n=x_k)=P\left(X_n^{-1}(x_k)\right) \tag{15.10}$$

此外，所有随机变量 X_n 都在的相同的点集 $E = \{x_1, x_2, x_3, \cdots, x_N\}$ 中进行取值（N 可以取无穷大）。

相应地，式 (15.2) 中的**转移矩阵**变为[2]:

$$\mathbf{P} = \begin{pmatrix} p_{11} & p_{12} & p_{13} & \cdots & p_{1N} \\ p_{21} & p_{22} & p_{23} & \cdots & p_{2N} \\ p_{31} & p_{32} & p_{33} & \cdots & p_{3N} \\ \vdots & \vdots & \vdots & \ddots & \vdots \\ p_{n1} & p_{n2} & p_{n3} & \cdots & p_{NN} \end{pmatrix} \tag{15.11}$$

转移矩阵 P 中第 i 行、第 i 列的元素为：

$$p_{i,j} = P(X_{n+1} = x_i | X_n = x_j) \tag{15.12}$$

也就是说，在 $X_n = x_j$ 的条件下，事件 $X_{n+1} = x_i$ 发生的**条件概率**。因此，**转移矩阵 P** 中每一列元素的和都等于 1。

根据**全概公式**，对于 $i = 1, 2, 3, \cdots, n$，都有：

$$u_i^{(n+1)} = P(X_{n+1} = x_i) \tag{15.13}$$

$$= \sum_{j=0}^{n} P(X_{n+1} = x_i | X_n = x_j) P(X_n = x_j) \tag{15.14}$$

$$= \sum_{j=0}^{n} p_{i,j} u_j^{(n)} \tag{15.15}$$

相应的向量表示形式为：

$$\mathbf{u}_{n+1} = \mathbf{P}\,\mathbf{u}_n \tag{15.16}$$

此时，我们称这个随机过程 $(X_n)_{n \geq 0}$ 是一个 **Markov 链**。

由于**转移矩阵 P** 中每一列的和都等于 1，矩阵 **P** 的一个**特征值**是 $\lambda = 1$，相应的**特征向量** $\mathbf{w} = (w_1, w_2, \cdots, w_3)$ 满足：

$$\mathbf{P}\,\mathbf{w} = \mathbf{w} \tag{15.17}$$

也就是说，对于 $i = 1, 2, 3, \cdots, n$，都有

$$w_i = \sum_{j=0}^{n} p_{i,j} w_j \tag{15.18}$$

特征向量 $\mathbf{w} = (w_1, w_2, \cdots, w_3)$ 是随机变量 X_n 的概率分布的**极限**情况，也就是说，

$$\mathbf{w} = w(X_n) = \lim_{m \to \infty} \mu(X_m) \tag{15.19}$$

我们称 $\mathbf{w}$ 为 Markov 链的**平衡状态**[2]。

对式 (15.18) 稍作变形，可以得到：

$$\sum_{k\neq i} p_{k,i} w_i = \sum_{j\neq i} p_{i,j} w_j \tag{15.20}$$

注意 $\sum_k p_{k,i} = 1$。从 x_j 流入到 x_i 的量为 $p_{i,j}w_j$，从 x_i 流出进 x_k 的量为 $p_{k,i}w_i$。因此，式 (15.20) 告诉我们：**对于平衡状态 w，每一个节点的流入总量等于流出总量**。这符合我们的常识，对于每一个节点，正因为总流入等于总流出，才能保持稳定的动态平衡状态，不会随时间而发生变化。**Markov 链**描述的是：节点之间的流入和流出，而总量始终保持不变。总量常常被归一化为“一个单位”，看作是一种概率分布。因此，可以直接得到如下结论：

1. **转移矩阵 P** 的所有特征值的绝对值都**小于等于** 1，即 $|\lambda(\mathbf{P})| \leq 1$。
2. **转移矩阵 P** 的特征值中，至少有一个特征值为 1，我们将其称为 λ_1，对应的特征向量为**平衡状态 w**。

否则，随着时间增加，总量要么变大到无穷，要么变小到零，不会始终保持不变。对转移矩阵 $\mathbf{P}$ 做**特征值分解**[2]，也就是说，

$$\mathbf{P}\,\mathbf{W} = \mathbf{W}\,\boldsymbol{\Lambda} \quad 和 \quad \mathbf{P}^T\,\mathbf{S} = \mathbf{S}\,\boldsymbol{\Lambda} \tag{15.21}$$

其中 $\boldsymbol{\Lambda}$ 是一个对角矩阵，对角线上的元素为矩阵 $\mathbf{P}$ 的所有**特征值** $\lambda_1, \lambda_2, \cdots, \lambda_N$。矩阵 $\mathbf{W} = (\mathbf{w}_1\,\mathbf{w}_2\,\cdots\,\mathbf{w}_N)$ 的各个列向量 $\mathbf{w}_k$ 分别为矩阵 $\mathbf{P}$ 的特征值 λ_k 所对应的**特征向量**，也就是说，

$$\mathbf{P}\,\mathbf{w}_k = \lambda_k\,\mathbf{w}_k \tag{15.22}$$

矩阵 $\mathbf{S} = (\mathbf{s}_1\,\mathbf{s}_2\,\cdots\,\mathbf{s}_N)$ 的各个列向量 $\mathbf{s}_k$ 分别为矩阵 $\mathbf{P}^T$ 的特征值 λ_k 所对应的**特征向量**，也就是说，

$$\mathbf{P}^T\,\mathbf{s}_k = \lambda_k\,\mathbf{s}_k \tag{15.23}$$

事实上，$\mathbf{s}_k^T$ 和 $\mathbf{w}_k$ 分别称为：$\mathbf{P}$ 的特征值 λ_k 所对应的**左特征向量**和（**右**）**特征向量**。矩阵 $\mathbf{P}$ 的**特征值分解**结果为：

$$\mathbf{P} = \mathbf{W}\,\boldsymbol{\Lambda}\,\mathbf{S}^T = \sum_{k=1}^{N} \lambda_k \mathbf{w}_k \mathbf{s}_k^T \tag{15.24}$$

对比式 (15.21)，不难发现；

$$\mathbf{S}^T = \mathbf{W}^{-1} \tag{15.25}$$

因此，可以进一步得到：

$$\mathbf{P}^m = \mathbf{W}\,\boldsymbol{\Lambda}^m\,\mathbf{S}^T = \sum_{k=1}^{N} \lambda_k^m \mathbf{w}_k \mathbf{s}_k^T \tag{15.26}$$

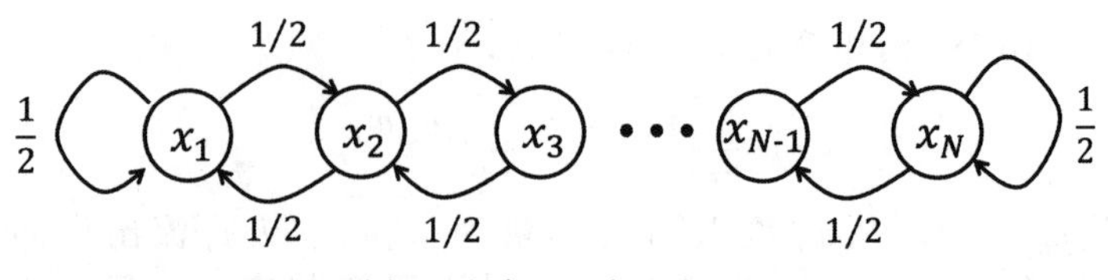

(a) 边缘节点“有流出”

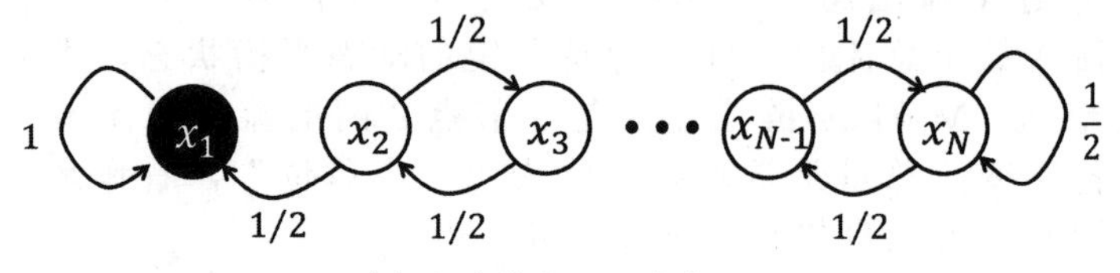

(b) 边缘节点“不流出”

图 15.1　在随机游走过程中，每一个内部节点 x_n 都有一半概率变为 x_{n+1}，一半概率变为 x_{n-1}。(a) 边缘节点“有流出”，**平衡状态**为均匀分布：$\mathbf{w} = \frac{1}{N} \times (1 1 1 \cdots 1)^T$。(b) 将边缘节点 x_1 设置为“不流出”，**平衡状态** $\mathbf{w} = (1 0 0 \cdots 0)^T$ 发生了根本变化。

其中 $\lambda_1 = 1$，$\mathbf{w}_1 = \mathbf{w}$ 为**平衡状态**，$\mathbf{s}_1 = \mathbf{1} = (1, 1, \cdots, 1)^T$。

假设平衡状态唯一，也就是说，对于 $k = 2, 3, \cdots, N$，都有 $|\lambda_k| < 1$，根据式 (15.21)，可以进一步得到：

$$\mathbf{P}^{\infty} = \lim_{m \to \infty} \mathbf{P}^m = \mathbf{w}_1 \mathbf{s}_1^T = (\mathbf{w}\,\mathbf{w} \cdots \mathbf{w}) \tag{15.27}$$

也就是说，矩阵 $\mathbf{P}^{\infty}$ 的每一列都是**平衡状态** $\mathbf{w}$。于是，对于任意的初始概率分布 $\mathbf{u}_0$，**Markov过程**的最终概率分布都是：

$$\mathbf{u}_{\infty} = \mathbf{P}^{\infty} \mathbf{u}_0 = \mathbf{w} \tag{15.28}$$

我们来看一个例子：在图 15.1 所示的随机游走过程中，每一个内部节点 x_n 都以 1/2 的概率变为 x_{n+1}，另外 1/2 的概率变为 x_{n-1}，不同的边界条件将产生完全不同的结果。图 15.1(a) 所对应的**转移矩阵**为：

$$\mathbf{P} = \begin{pmatrix} \frac{1}{2} & \frac{1}{2} & 0 & 0 & \cdots & 0 & 0 & 0 \\ \frac{1}{2} & 0 & \frac{1}{2} & 0 & \cdots & 0 & 0 & 0 \\ 0 & \frac{1}{2} & 0 & \frac{1}{2} & \cdots & 0 & 0 & 0 \\ 0 & 0 & \frac{1}{2} & 0 & \ddots & 0 & 0 & 0 \\ \vdots & \vdots & \vdots & \ddots & \ddots & \vdots & \vdots & \vdots \\ 0 & 0 & 0 & 0 & \cdots & 0 & \frac{1}{2} & 0 \\ 0 & 0 & 0 & 0 & \cdots & \frac{1}{2} & 0 & \frac{1}{2} \\ 0 & 0 & 0 & 0 & \cdots & 0 & \frac{1}{2} & \frac{1}{2} \end{pmatrix} \tag{15.29}$$

注意，$\mathbf{P}^T = \mathbf{P}$，因此，（特征值 $\lambda_1 = 1$ 所对应的）**平衡状态**

$$\mathbf{w} = \frac{1}{N} \times (1\,1\,1\,\cdots 1)^T \tag{15.30}$$

为（离散的）均匀分布。

我们稍稍做一下调整，将边缘节点 x_1 设置为“不流出”，称为**吸收节点**，如图 15.1(b) 所示。对应的**转移矩阵**为：

$$\mathbf{P} = \begin{pmatrix} 1 & \frac{1}{2} & 0 & 0 & \cdots & 0 & 0 & 0 \\ 0 & 0 & \frac{1}{2} & 0 & \cdots & 0 & 0 & 0 \\ 0 & \frac{1}{2} & 0 & \frac{1}{2} & \cdots & 0 & 0 & 0 \\ 0 & 0 & \frac{1}{2} & 0 & \ddots & 0 & 0 & 0 \\ \vdots & \vdots & \vdots & \ddots & \ddots & \vdots & \vdots & \vdots \\ 0 & 0 & 0 & 0 & \cdots & 0 & \frac{1}{2} & 0 \\ 0 & 0 & 0 & 0 & \cdots & \frac{1}{2} & 0 & \frac{1}{2} \\ 0 & 0 & 0 & 0 & \cdots & 0 & \frac{1}{2} & \frac{1}{2} \end{pmatrix} \tag{15.31}$$

也就是说，将 $\mathbf{P}$ 的第一列调整为 $(1, 0, 0, \cdots, 0)^T$。此时，**平衡状态**

$$\mathbf{w} = (1\,0\,0\,\cdots\,0)^T \tag{15.32}$$

却发生了根本变化，成了一个确定的值。正如图 15.1(b) 所标注出来的，随机变量 X_n 一旦取到 x_1，后续的实验结果立即变成一个确定的值 x_1，于是，整个随机过程停了下来，变成了一个确定过程。我们可以用 14.7.4 小节中介绍的**停止时间**来进行分析。

15.1.3 有限停止时间

事实上，图 15.1(b) 中的**吸收节点** x_1 给出了随机过程的“停止条件”，通过边缘节点 x_1，我们定义**停止时间**：

$$T = \min\{n \leq 0 : X_n = x_1\} \tag{15.33}$$

正如我们在 14.7.1 小节中所讨论的，随机过程 $(X_n)_{n\leq 0}$ 所对应的集合 Ω 中的元素 $\omega \in \Omega$ 为：

$$\omega = x_{k_1}, x_{k_2}, x_{k_3}, x_{k_4}, \cdots \tag{15.34}$$

其中 x_{k_n} 表示第 n 次实验的结果，k_n 的取值范围为整数 $1, 2, 3, \cdots, N$。例如，如果第 3 次实验的结果为 x_{10}，那么，下标 $k_3 = 10$。**停止时间** T 是一个随机变量，对 ω 的函数映射过程 $T(\omega)$ 为：检查 ω 所对应的一组下标序列 $k_1k_2k_3\cdots$ 在第几位最先出现 1，注意，一旦下标出现 1 以后，后续的下标都是 1。例如，当 $\omega = x_2, x_3, x_1, x_1, \cdots$ 时，$T(\omega) = 3$;

当 $\omega = x_2, x_3, x_2, x_1, x_1, \cdots$ 时，$T(\omega) = 4$。当然，存在 $T = \infty$ 的情况，对应的 ω 为：一串无穷长的、不包含 x_1 的序列，这样的序列有无穷多个，但是其概率为**零**。一种**错误**的理解方式是：

$$P(T = \infty) = \big(1 - P(X_n = x_1)\big)^{\infty} = 0 \tag{15.35}$$

注意，上式隐含的一个假设是：随机过程 $(X_n)_{n\leq 0}$ 的每一次实验是相互独立的，可是事实上并非如此，X_{n+1} 的取值依赖于 X_n，**转移矩阵** $\mathbf{P}$ 给出了两者之间的关系。因此，式 (15.35) 中的 $P(X_n = x_1)$ 并不是固定不变的，而是一个关于 n 的函数：

$$P(X_n = x_1) = \mathbf{e}_1^T \mathbf{P}^n \mathbf{u}_0 \tag{15.36}$$

其中 $\mathbf{e}_1 = (1\,0\,0\cdots 0)^T$ 是 N 阶单位矩阵的第一列，也就是说，第一个元素为 1 其余元素都为 0 的 N 维列向量。当 n 足够大时，$\mathbf{P}^n\mathbf{u}_0 \approx \mathbf{w}$，其中 $\mathbf{w} = \mathbf{e}_1$ 见式 (15.32)，因此，$P(X_n = x_1) \approx \mathbf{e}_1^T\mathbf{w} = 1$，也就是说，

$$P(X_n = x_1) = 1 - \varepsilon_n \tag{15.37}$$

其中 $0 \leq \varepsilon_n \leq 1$，并且，数列 $\{\varepsilon_n\}$ 的极限是零！由于序列 ω 中一旦出现 x_1，后面的结果都是 x_1，也就是说，事件 $T > n$ 所对应的事件为 $X_n \neq x_1$，因此，$P(T > n) = 1 - P(X_n = x_1) = \varepsilon_n$。

最终，我们可以计算得到：

$$P(T = \infty) = \lim_{n\to\infty} P(X_n \neq x_1) = \lim_{n\to\infty} \varepsilon_n = 0 \tag{15.38}$$

这个例子可以推广为一个一般性的结论：

- 对于包含有限个节点的 Markov 链，如果其中含有**吸收节点**，那么，随机过程 $(X_n)_{n\leq 0}$ **几乎确定会停下来**[①]，也就是说，

$$P(T < \infty) = 1 \tag{15.39}$$

15.1.4 调和函数与鞅

在继续往下分析之前，我们做一下总结。对于一个随机过程 $(X_n)_{n\geq 0}$，通过式 (15.1) 中的更新过程，不断生成新的随机变量。例如 14.7.3 小节中介绍的 **Pólya 罐子**实验。在此基础上，**Markov 链**的特殊性还表现在：

1. 随机变量 Y_{n+1} 的作用使得 X_{n+1} 在不同的状态之间跳转，并不产生新的状态，也就是说，Y_{n+1} 的取值只能是 $\{x_l - x_k\}$，其中 $k, l = 1, 2, 3, \cdots, N$。这些取值正好对应图 15.1 中的各条边。

---

①关于“几乎确定”的定义和具体解释，参见式 (14.90)。

2. 在 $X_n = x_k$ 的情况下，随机变量 Y_{n+1} 取值 $\{x_l - x_k\}$ 的条件概率

$$P(Y_{n+1} = (x_l - x_k)|X_n = x_k) = p_{l,k} \tag{15.40}$$

只取决于 k 和 l，而与 n 无关。所有这些条件概率 $p_{l,k}$ 构成了**转移矩阵 P**，对应于图 15.1 中各条边上所标注的**转移概率**。

Markov 链要求式 (15.1) 中的更新过程保持一种"固定性"，也就是说，更新规则始终不变。**Pólya 罐子**实验中的随机变量 $(W_n)_{n\geq 0}$（罐子中白球的个数）并不构成一个 Markov 链，因为条件概率

$$P(W_{n+1} = k+1|W_n = k) = \frac{k+1}{n+2} \tag{15.41}$$

依赖于 n 的取值。另一方面，Markov 链也不一定构成一个**鞅**。要构成一个鞅，需要满足：

$$E(X_{n+1}|X_n = x_k) = x_k \tag{15.42}$$

对于所有的 $k = 1, 2, 3, \cdots, N$ 都成立。根据条件期望的定义：

$$E(X_{n+1}|X_n = x_k) = \sum_{l=1}^{N} x_l P(X_{n+1} = x_l|X_n = x_k) = \sum_{l=1}^{N} x_l p_{l,k} \tag{15.43}$$

因此，一个 Markov 链构成**鞅**的条件为：

$$\sum_{l=1}^{N} x_l p_{l,k} = x_k \tag{15.44}$$

对于 $k = 1, 2, 3, \cdots, N$ 都成立，也就是说，向量 $(x_1, x_2, \cdots, x_N)^T$ 是：矩阵 $\mathbf{P}^T$ 的与特征值 $\lambda = 1$ 相对应的**特征向量**。

一般情况下，$x_1, x_2, \cdots, x_N$ 并不满足上述条件，但是，可以通过函数 $f(x)$ 使得一组映射结果 $\{f(x_k)\}$ 满足**鞅**的成立条件，也就是说，

$$\sum_{l=1}^{N} f(x_l) p_{l,k} = f(x_k) \tag{15.45}$$

对于所有的 $k = 1, 2, 3, \cdots, N$ 都成立。我们将使得式 (15.45) 成立的函数称为**调和函数** 。显然，$f(x) = 1$ 是一个调和函数，因为向量 $(1, 1, 1, \cdots, 1)^T$ 是矩阵 $\mathbf{P}^T$ 的与特征值 $\lambda = 1$ 相对应的特征向量。

当然，与 $\mathbf{P}^T$ 的特征值 $\lambda = 1$ 相对应的特征向量可能并不唯一。例如：对于下面的转移矩阵

$$\mathbf{P} = \begin{pmatrix} 0.5 & 0.3 & & \\ 0.5 & 0.7 & & \\ & & 0.2 & 0.4 \\ & & 0.8 & 0.6 \end{pmatrix} \tag{15.46}$$

还存在新的调和函数：

$$f(x) = c_1\, 1_A(x) + c_2\, 1_{\overline{A}}(x) \tag{15.47}$$

其中 A 为 x 轴上的一个（任意）区间，这个区间包含点 x_1 和x_2，但是不包含点 x_3 和x_4。区间 $\overline{A}$ 为 A 的补集，也就是说，x 轴上“剩余”的部分。参数 c_1 和 c_2 是两个任意实数。当 $c_1 = c_2 = 1$ 时，式 (15.47) 就变成了 $f(x) = 1$。经过**调和函数**映射，随机过程 $\big(f(X_n)\big)_{n\geq 0}$ 构成一个**鞅**，相应的 σ-代数 $\mathcal{F}_n = \sigma(X_k : k \leq n)$ 参见 14.7.1 小节中的定义。

15.2 基于 Markov 链的随机采样

Markov 链的一个重要应用是：产生服从给定概率分布 $\mathbf{w}$ 的样本。假设我们只能对服从均匀分布的随机变量进行采样，也就是说，1) 每次都随机地在 $1, 2, 3, \cdots, N$ 中选取一个数，每个数被选取的概率都一样，或者，2) 每次都从区间$[0, 1]$ 中随机选取一个数，相应的概率分布为均匀分布。我们的目标是：通过控制上述两种采样过程，来生成一些服从给定概率分布 $\mathbf{w}$ 的样本。

事实上，式 (15.19) 是一个算法迭代过程：

$$\mu(X_0) \to \mu(X_1) \to \mu(X_2) \to \cdots \to \mu(X_N) \approx \mathbf{w} \tag{15.48}$$

每一步的迭代过程为式 (15.16)。我们要解决的第一个问题是：将每一步的迭代过程转换为一个采样过程，假设第 n 步时的样本为 x_k，在第 $n+1$ 步时，首先，通过均匀分布的随机采样得到新的样本 x_l，然后，采用“接受/拒绝”采样进行筛选，判断是否更新 x_k。具体过程为：首先，生成一个随机数 $u \in [0, 1]$，如果 $u < \alpha_{lk}$，则将样本更新为 x_l；反之，样本不变，仍为 x_k。样本由 x_k 更新为 x_l 的条件概率为 p_{lk}，因此，采样过程应该通过条件 $u < p_{lk}$ 来控制是否将 x_k 更新为 x_l。需要注意的是，不将 x_k 更新为 x_l，并不等于说 x_k 继续保持不变，还包括将 x_k 更新为其他 x_j的情况。“x_k 继续保持不变”的概率 p_{kk} 远小于“x_k 不被更新为 x_l”的概率 $1 - p_{lk}$。一种修正方法为：将 p_{lk} 做同比例放大，也就是说，

$$\alpha_{lk} = \min\left\{1,\ \frac{1 - p_{kl}}{p_{kk}} p_{kl}\right\} \tag{15.49}$$

但是此时**转移矩阵 P** 发生了变化，无法保障其**平衡状态**仍然是 $\mathbf{w}$。另一种方法是：等比例地保留“x_k 持续保持不变”过程中采集到的 m 个样本中的 $p_{kk}m/(1 - p_{kl})$ 个样本，而不是保留全部 m 个样本 x_k。于是，大量的样本被舍弃掉了。此外，对于一些极端情况，例如式 (15.29) 和

(15.31) 中的矩阵 **P**，由于大量的 $p_{kk}=0$，随机采样将难以进行下去。

值得庆幸的是：我们的任务是根据**平衡状态 w** 来设计**转移矩阵 P**，进而实现式 (15.49) 所对应的采样过程。我们在设计 **P** 的过程中，要将上述问题考虑进去，这也是 **Hasting** 对 **Metropolis** 1954 年提出的原创算法进行改进的根本出发点。

我们现在来介绍 **Metropolis-Hasting 采样**算法（简称 **M-H 采样**），也称为 **Markov 链 Monte Carlo 方法**[①]（简称 MCMC 方法）。正如我们前面所谈到的，对于**平衡状态 w**，每一个节点的流入总量**等于**流出总量，参见式 (15.20)。当然，这并不等价于：沿着每条边的流入量等于沿着相同的边的流出量，但是，如果沿着每条边的流入量等于沿着相同边的流出量，那么每一个节点的流入总量一定**等于**流出总量。这为我们设计**转移矩阵 P** 提供了依据，具体地说，就是令：

$$p_{j,i}w_i = p_{i,j}w_j \tag{15.50}$$

上式中，w_i 和 w_j 是已知的，而 $p_{j,i}$ 和 $p_{j,i}$ 是未知的。我们只需令：

$$p_{j,i} = c_{i,j}w_j \quad 和 \quad p_{i,j} = c_{i,j}w_i \tag{15.51}$$

即可使式 (15.50) 成立，其中，$c_{i,j}>0$ 是任意常数。此时，$p_{j,i}$ 已经进行了比例放大，因此，不再是条件概率。在比例放大的过程中，始终保障了“流入等于流出”，因此，**平衡状态 w** 始终保持不变。

剩下的一个问题是：$c_{i,j}$ 应该取多大。正如式 (15.49) 所描述的，算法中将“x_k 不更新为 x_l”替换成了“x_k 继续保持不变”，使得 p_{kk} 被放大成了 $1-p_{lk}$，因此，应该对 $p_{i,j}$ 做相应的放大，但是，采样过程是通过对比随机数 $u\in[0,1]$ 和 $p_{i,j}=c_{i,j}w_j$（或 $p_{j,i}=c_{i,j}w_i$）来进行的，因此，$p_{i,j}=c_{i,j}w_j$ 和 $p_{j,i}=c_{i,j}w_i$ 中的一个最大可以被放大到 1，也就是说，$c_{i,j}$ 应该选为[②]

$$c_{i,j} = \min\left\{\frac{1}{w_i}, \frac{1}{w_j}\right\} \tag{15.52}$$

此时，相应的 $p_{j,i}$ 和 $p_{i,j}$ 分别为：

$$p_{j,i} = \min\left\{\frac{w_j}{w_i}, 1\right\} \quad 和 \quad p_{i,j} = \min\left\{\frac{w_i}{w_j}, 1\right\} \tag{15.53}$$

于是，我们得到了（基于均匀分布采样的）**MCMC** 方法（也称为 **M-H 采样**）：

[①] Monte Carlo 是摩纳哥的一个著名赌场，用在这里就是指**随机采样**。— 王亮

[②] 在 Metropolis 1954年提出的原创性算法中，所有的$c_{i,j}=1$。Hasting 对 Metropolis 的工作做出了改进，提出了式 (15.52)。当然，我们的假设条件“只能进行均匀分布采样”可以适当放宽，例如：可以采样出高斯分布样本，此时，式 (15.51) 将变得更加复杂，高斯分布的函数 $q_{j,i}$ 和 $q_{i,j}$ 将被引入。

1. 随机选取初始值 $x^{(0)} = x_k$。
2. 进行迭代采样，令 $n = 1, 2, 3, \cdots$
   (a) 假设 $x^{(n)} = x_i$，通过均匀分布随机采样，得到一个 1 到 N 之间的正整数 j。令 x_j 作为 $x^{(n+1)}$ 的备选采样结果。
   (b) 生成一个随机数 $u \in [0,1]$，如果 $u < p_{j,i}$，则令 $x^{(n+1)} = x_j$，其中 $p_{j,i} = \min\{w_j/w_i, 1\}$（参见式 (15.2)）。
   (c) 如果 $u \le p_{j,i}$，就令 $x^{(n+1)} = x_i$。
3. 选取一个足够大的 m，将 $x^{(m)}$ 后续生成的 M 个采样结果 $x^{(m+1)}$, $x^{(m+2)}, x^{(m+3)}, \cdots, x^{(m+M)}$ 作为最终的样本集。

图 15.2 给出了一个具体的例子。我们令 $x_k = k$，其中 $k = 1,2,3,\cdots,11$。假设随机变量 X_n 服从 $\theta = 0.4$ 的二项式分布，也就是说，$P(X_n = x_k) = C_{10}^{k-1}0.4^{k-1}0.6^{(11-k)}$，如图 15.2(c) 中的“黑圈”所示。采用上面介绍的（基于均匀分布采样的）**MCMC** 方法进行 20000 次采样，结果（包含 20000 个样本点）如图 15.2(a) 所示。我们分别对：1) 第 5000 次到第 10000 次的采样结果（共 5001 个样本点）和 2) 第 10000 次到第 20000 次的采样结果（共 10001 个样本点）做统计，所得到的统计直方图如图 15.2(b) 所示。进一步对图 15.2(b) 中的统计结果做“归一化”处理，所得到的统计分布如图 15.2(c) 所示。可以看到，统计分布非常接近随机变量 X_n 的概率分布 $P(X_n = k) = C_{10}^{k-1}0.4^{k-1}0.6^{(11-k)}$（其中 $k = 1,2,3,\cdots,11$），说明了 **M-H 采样**方法的有效性。

图 15.3 给出了另外一个实验结果。我们令 $x_k = k$，其中 $k = 1,2,3,\cdots,40$，随机生成一个概率分布，如图 15.3(c) 中的“黑圈”所示。采用上面介绍的（基于均匀分布采样的）**MCMC** 方法进行 40000 次采样，结果（包含 40000 个样本点）如图 15.3(a) 所示。我们分别对：1) 第 5000 次到第 10000 次的采样结果（共 5001 个样本点）和 2) 第 10000 次到第 20000 次的采样结果（共 10001 个样本点）做统计，所得到的统计直方图如图 15.3(b) 所示。进一步，对图 15.3(b) 中的统计结果做“归一化”处理，所得到的统计分布如图 15.3(c) 所示。可以看到，统计分布非常接近随机变量 X_n 的概率分布。这个实验进一步验证了 **M-H 采样**方法的有效性。

虽然 M-H 采样算法在理论上存在一些缺陷：将“x_k 不被更新为 x_l”替换成“x_k 继续保持不变”的过程中，忽略了“x_k 被更新为其他 x_i”的情况，但是，MCMC 方法有效地实现了随机采样。图 15.4 所示

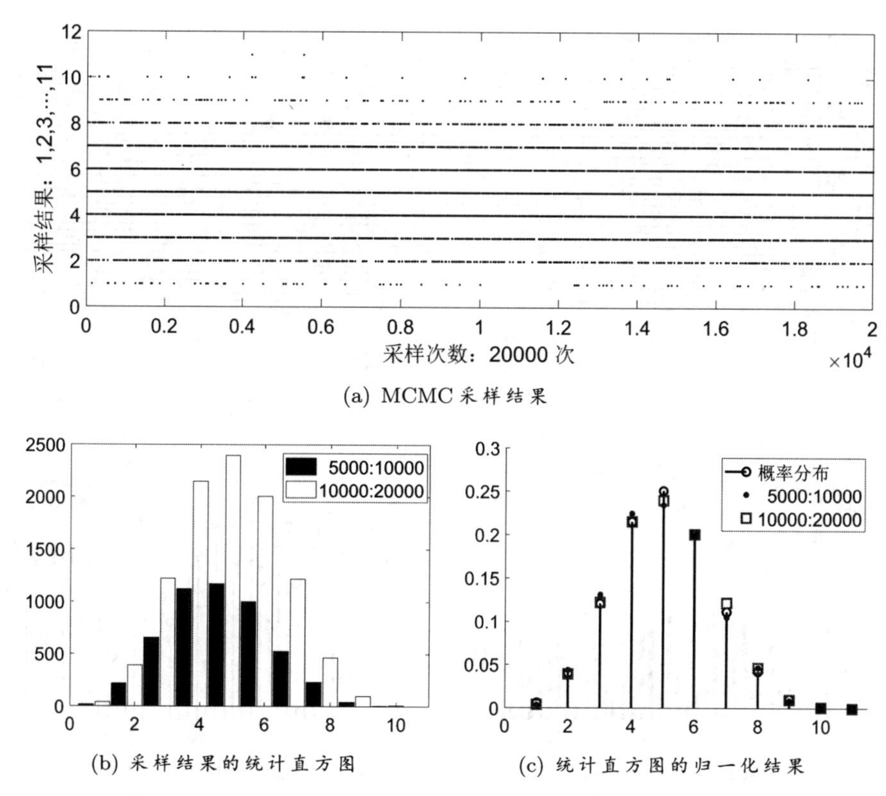

(a) MCMC 采样结果

(b) 采样结果的统计直方图

(c) 统计直方图的归一化结果

图 15.2 我们令 $x_k = k$，其中 $k = 1, 2, 3, \cdots, 11$，将随机变量 X_n 的概率分布设置为一个二项式分布，也就是说，$P(X_n = x_k) = C_{10}^{k-1} 0.4^{k-1} 0.6^{(n+1-k)}$。(a) 采用（基于均匀分布采样）的 **MCMC** 方法进行 20000 次采样，所得到的 20000 个样本点。(b) 分别对：1) 第 5000 次到第 10000 次的采样结果（共 5001 个样本点）和 2) 第 10000 次到第 20000 次的采样结果（共 10001 个样本点）做统计，所得到的统计直方图。(c) 对统计直方图做“归一化”处理，所得到的统计分布。这两个统计分布非常接近随机变量的概率分布。

的是：直接采用“接受/拒绝”采样方法所得到的结果。

为了与图 15.3 进行对比，我们也令 $x_k = k$，其中 $k = 1, 2, 3, \cdots, 40$，然后，随机生成一个概率分布，如图 15.4(c) 中的“黑圈”所示。直接采用“接受/拒绝”采样方法进行 40000 次实验，每次实验都随机生成：一个 1 到 40 之间的整数 k 和一个 0 到 1 之间的随机数 u，如果 $u < P(X_n = k)$，则保留该采样结果，否则，直接舍弃该采样结果。在 40000 次实验中，共舍弃了 38989 次采样结果（约 97.47%），只保留了 1011 个采样结果（约 2.53%），图 15.4(a) 中给出了相应的实验结果（即保留下来的 1011 个样本点）。对“接受/拒绝”采样方法所得到

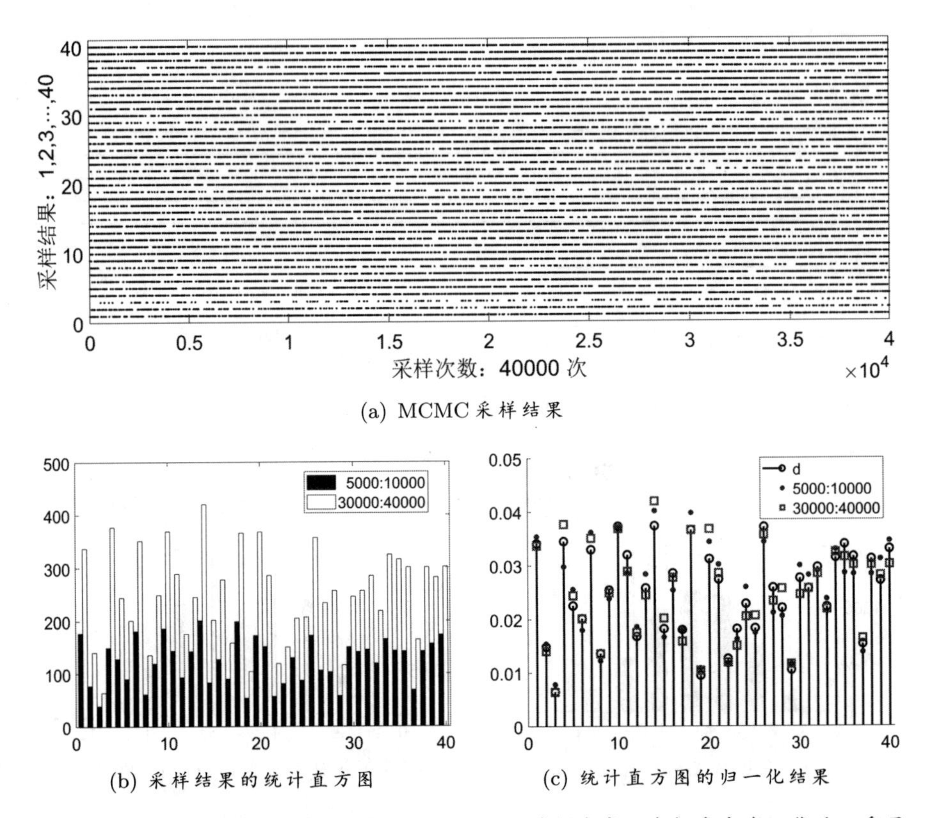

(a) MCMC 采样结果

(b) 采样结果的统计直方图

(c) 统计直方图的归一化结果

图 15.3　我们令 $x_k = k$，其中 $k = 1, 2, 3, \cdots, 40$，随机生成一个概率分布，然后，采用（基于均匀分布采样）的 **MCMC** 方法进行随机采样。(a) MCMC 采样所得到的 40000 个样本点。(b) 分别对：1) 第 5000 次到第 10000 次的采样结果（共 5001 个样本点）和 2) 第 30000 次到第 40000 次的采样结果（共 10001 个样本点）做统计，所得到的统计直方图。(c) 对统计直方图做"归一化"处理，所得到的统计分布。这两个统计分布非常接近随机变量的概率分布。

的 1011 个样本点做统计，所得到的统计直方图如图 15.4(b) 所示。进一步，对图 15.4(b) 中的统计结果做"归一化"处理，所得到的统计分布如图 15.4(c) 所示。可以看到，由于有效样本点数目不足（共 1011 个，约占采样次数的 2.53%），统计分布与概率分布之间存在一定的偏差，参见图 15.4(c)。

随机变量的取值 x_k 可以是任意的（甚至可以是一张图像）。此时，我们仍然对 $k = 1, 2, 3, \cdots, N$ 进行随机采样，再根据样本点 k 找到相应的 x_k。通过随机采样的方式，我们可以根据一个小的样本集生成一个大的数据集，例如：

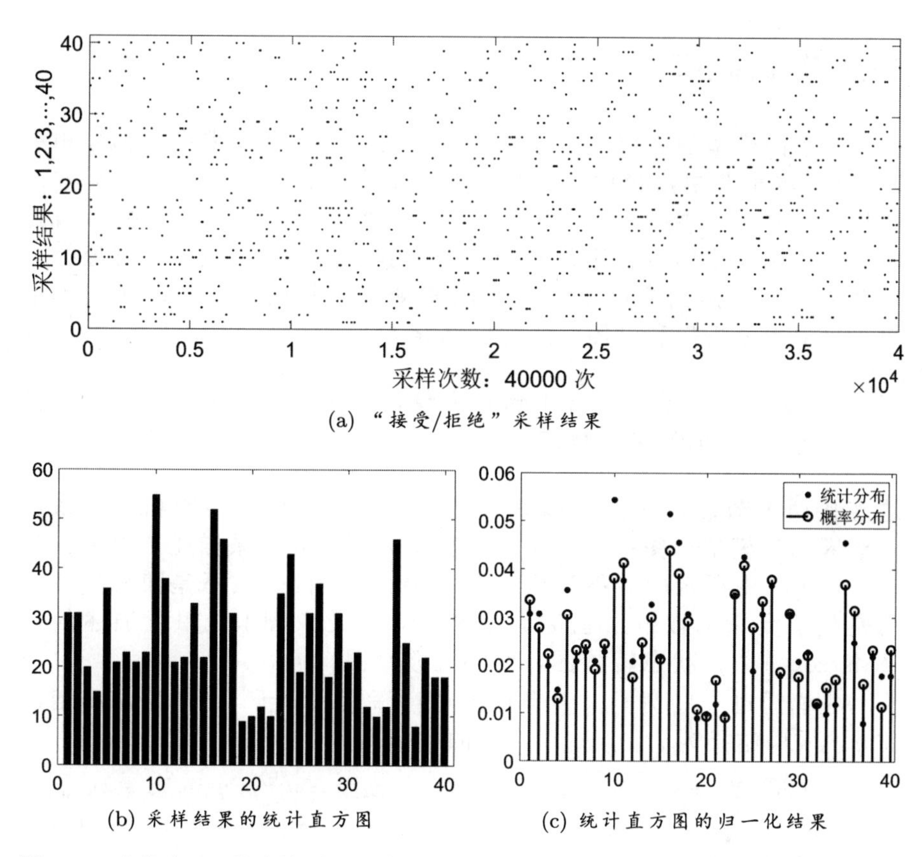

(a) “接受/拒绝”采样结果

(b) 采样结果的统计直方图

(c) 统计直方图的归一化结果

图 15.4 直接采用“接受/拒绝”方法得到的采样结果。经过 40000 次采样共保留了 1011 个有效样本（约占采样次数的 2.53%），由于有效样本数目不足，统计分布与概率分布之间存在一定偏差。(a) 在 40000 次实验中，共舍弃了 38989 次采样结果，只保留了 1011 个有效样本。(b) 对“接受/拒绝”采样方法所得到的 1011 个样本点做统计，所得到的统计直方图。(c) 根据 1011 个有效采样结果所得到的统计分布，对比给定的概率分布，两者之间存在一定的偏差。

小样本集 – 参数估计 → 概率分布 – MCMC采样 → 大样本集

当然，我们也可以直接对小样本集做统计，然后，根据**统计直方图**来进行 MCMC 采样，从而生成大的样本集。

需要指出的是，**Markov 链**的应用远不止于此。此外，我们还可以通过设置**停止时间**，来对**Markov 过程**进行优化控制。在习题 15.1 中，我们详细讨论了一个基于 Markov 链的最优控制策略问题。在后续章节中，我们还会介绍一些相关的实际应用案例。

15.3 链式概率图模型

概率图模型的内容非常丰富，需要通过一门课程来讲解部分相关内容[①]。本小节中，我们结合具体的应用实例来介绍相关理论、方法和思想。顾名思义，“概率图”就是将“概率分析”和“图”结合起来。“图”里面包含**边**和**节点**。正如我们在 14.2 小节中所讨论的，“概率分析”是围绕**概率空间**和**随机变量**进行的。于是，我们不难想象“概率分析”和“图”之间的结合方式：

- “图”中的**节点**对应于**随机变量**，“图”中的**边**对应于（随机变量之间的）**条件概率**。

边连接两个**节点**，而**条件概率**描述两个随机变量之间的相互关系。“概率图”模型以**图**的形式将随机变量之间相互关系描述了出来。注意，图 15.1 中所示的并**不是**概率图。图 15.1 中的节点**不是**随机变量，而是随机变量的取值（也称为**状态**），因此，图 15.1 中所描述的是（Markov 链的）**状态转移图**，而不是概率图。

我们通过一些例子来逐步往下进行探索。对于一个 **Markov 链**，前 n 次实验结果为 $x_{k_0}x_{k_1}x_{k_2}\cdots x_{k_n}$ 的概率为：

$$P\left(X_0=x_{k_0},X_1=x_{k_1},X_2=x_{k_2},\cdots,X_{n_k}=x_{k_n}\right)=u_{k_0}^{(0)}p_{k_1k_0}p_{k_2k_1}\cdots p_{k_nk_{n-1}} \tag{15.54}$$

也就是说，随机变量 X_k 之间的关系满足

$$P\left(X_0X_1X_2\cdots X_n\right)=P\left(X_0\right)P\left(X_1|X_0\right)P\left(X_2|X_1\right)\cdots P\left(X_n|X_{n-1}\right) \tag{15.55}$$

$$=P\left(X_0,X_1,X_2,\cdots,X_{n-1}\right)P\left(X_n|X_{n-1}\right) \tag{15.56}$$

因此，**Markov 链**（一个特殊的随机过程 $(X_n)_{n\geq 0}$）中的各个随机变量 X_n 之间形成了图 15.5(a) 所示的**链式结构**，称为 Markov 链的**概率图**。图 15.5(a) 中的**转移矩阵 P**（参见式 (15.11)）始终保持不变，这也是 Markov 链的一个基本特征。

对于 14.7.3 小节中讨论的 **Pólya 罐子**实验，随机过程 $(W_n)_{n\geq 0}$ 中的随机变量（抓到白球的次数）W_n 序列也构成一个**链式的概率图结构**，如图 15.5(b) 所示。此时，**转移矩阵 $\mathbf{P}_n$** 随着 n 而不断发生变化。

转移矩阵 $\mathbf{P}_n$ 中只有第 1 到第 $n+1$ 列中含有非零元素（n 从 0 开始），其他列中元素全为零。在第$k+1$ 列中（其中 $k\leq n$ 也是从 0 开

[①] 关于概率图模型相关详细内容，我们推荐 CMU 的课程 Probabilistic Graphical Models 和 MIT 的课程 Introduction to Inference。

(a) **Markov 链**的概率图

(b) **Pólya 罐子**实验中抓取白球过程的概率图

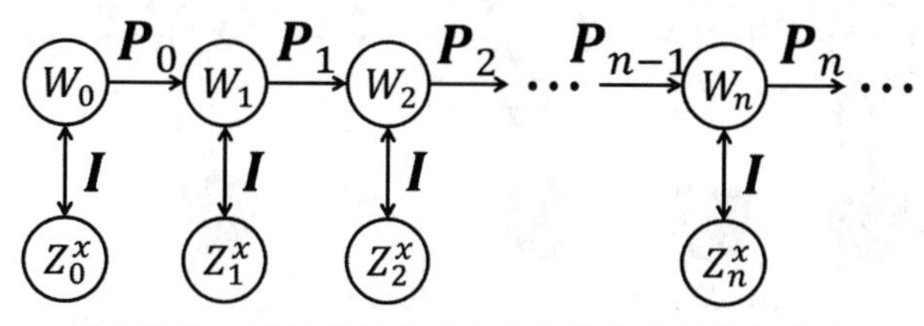

(c) **Pólya 罐子**实验中后验分布估计过程的概率图

图 15.5 在概率图模型中，**节点**对应于随机变量，**边**对应于（随机变量之间的）**条件概率**。(a) Markov 链 $(X_n)_{n\geq 0}$ 中的随机变量 X_n 之间形成了一种**链式**的概率图结构，**转移矩阵 P** 始终保持不变。(b) **Pólya 罐子**实验中，抓到白球的次数 $(W_n)_{n\geq 0}$ 也构成一个**链式**的概率图结构，但是，相应的**转移矩阵** $\mathbf{P}_n$ 随着 n 的增加不断发生变化。(c) **后验概率分布** $\{Z_n^x\}$ 与实验结果 $\{W_n\}$ 之间存在一一对应的关系，也就是说，随机变量 Z_n^x 和 W_n 之间的条件概率构成一个**单位矩阵** $\boldsymbol{I}$。

始），只有两个非零元素 $p_{k+1,k+1}$ 和 $p_{k+2,k+1}$，分别位于第 $k+1$ 行和第 $k+2$ 行，具体取值为：

$$p_{k+1,k+1}^{(n)} = 1 - \frac{k+1}{n+2} \quad \text{和} \quad p_{k+2,k+1}^{(n)} = \frac{k+1}{n+2} \tag{15.57}$$

也就是说，在 $W_n = k$ 的情况下，事件 $W_{n+1} = l$ 的**条件概率**，参见 14.7.3 小节中的分析。通过计算：

$$\mathbf{P}_0 = \begin{pmatrix} \frac{1}{2} & 0 & 0 & 0 & \cdots \\ \frac{1}{2} & 0 & 0 & 0 & \cdots \\ 0 & 0 & 0 & 0 & \cdots \\ \vdots & \vdots & \vdots & \ddots & \vdots \\ 0 & 0 & 0 & 0 & \cdots \end{pmatrix} \quad \mathbf{P}_1 = \begin{pmatrix} \frac{2}{3} & 0 & 0 & 0 & \cdots \\ \frac{1}{3} & \frac{1}{3} & 0 & 0 & \cdots \\ 0 & \frac{2}{3} & 0 & 0 & \cdots \\ \vdots & \vdots & \vdots & \ddots & \vdots \\ 0 & 0 & 0 & 0 & \cdots \end{pmatrix} \tag{15.58}$$

不难发现**转移矩阵** $\mathbf{P}_n$ 随着实验次数 n 的变化规律。在 14.7.3 小节中，我们证明了，对于任意 $x \in [0,1]$，由**后验概率分布**

$$Z_n^x = p(x|W_n) = (n+1)C_n^{W_n} x^{W_n} (1-x)^{n-W_n} \tag{15.59}$$

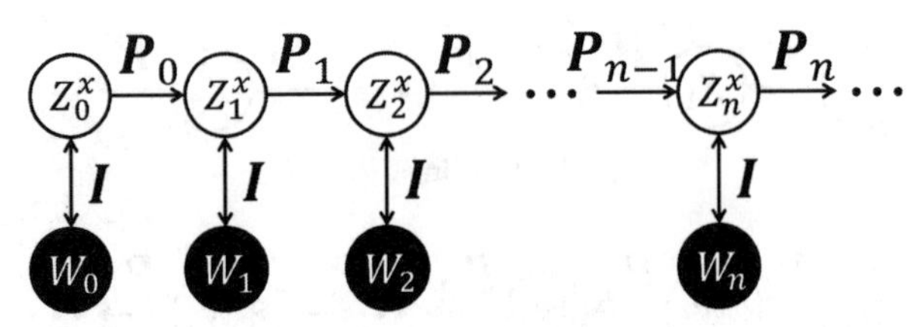

(a) 黑色节点是可以直接观测的

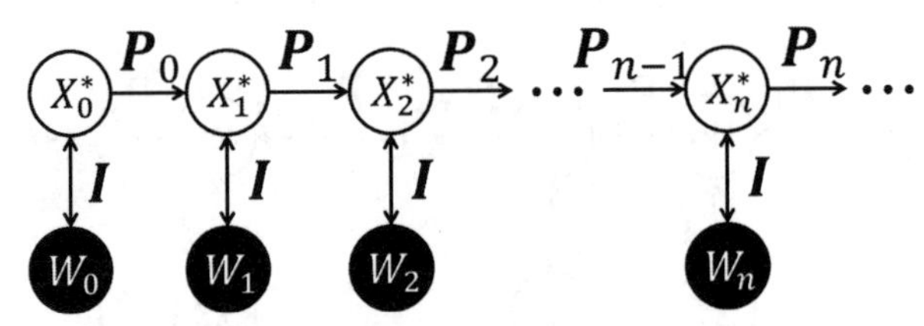

(b) **最大后验估计**过程构成一个随机过程

图 15.6　一部分节点所对应的随机变量是**可观测的**，剩余的节点并不是直接观测得到的，而是（根据观测结果）**推测**出来的。(a) 随机变量 $\{W_n\}$ 可以通过随机过程 $(W_n)_{n\geq 0}$ 实验直接观测得到，而后验概率分布 $\{Z_n^x\}$ 是依据 $\{W_n\}$ 推测出来的。(b) 使得 $\{Z_n^x\}$ 最大的 $x = X_n^*$ 也是一个随机变量，称为（基于一组可观测的随机变量的）**最大后验估计**。

构成的随机过程是一个**鞅**[1]。当 x 固定时，式 (15.59) 中的随机变量 Z_n^x 和 W_n 之间存在一一对应的关系，也就是说，随机变量 Z_n^x 和 W_n 之间的条件概率构成一个**单位矩阵** $\boldsymbol{I}$，如图 15.5(c) 所示。注意，图中 15.5(c) 节点 Z_n^x 和 W_n 之间的边是**双向**的，因此，Z_n^x 和 Z_{n+1}^x 之间是**连通**的，也就是说，$Z_n^x \to W_n \to W_{n+1} \to Z_{n+1}^x$。

从**图**的观点出发，我们可以将图 15.5(c) 中的节点 Z_n^x 和 W_n 互换（其中 $n = 0, 1, 2, \cdots$），整个概率图的拓扑结构不发生变化。因此，随机过程 $(Z_n^x)_{n\geq 0}$ 中的随机变量（白球比例的后验概率分布）Z_n^x 序列也构成一个**链式的概率图结构**，如图 15.6(a) 所示。

图 15.5(c) 和图 15.6(a) 具有**完全相同**的拓扑结构。我们将图 15.6(a) 中的节点 W_n（其中 $n = 0, 1, 2, \cdots$）标注成黑色，是为了强调：节点所对应的随机变量 W_n 是**可观测的**。剩余的节点 Z_n^x（其中 $n = 0, 1, 2, \cdots$）并不是直接观测得到的，而是根据观测结果 W_n，通过式 (15.59) 计算出来的。相应的过程被称为**推理**。

后验概率分布 $Z_n^x = p(x|W_n)$ 是根据随机变量 W_n 的取值（实验观测结果）而生成的一个关于 x 的函数，我们更感兴趣的是：**后验概率**

---

[1] 注意，式 (15.59) 中的后验概率分布 Z_n^x 同时也是一个**随机变量**。

分布关于 x 的最大值：

$$Z_n^* = \max_{x\in[0,1]} Z_n^x \tag{15.60}$$

式 (15.59) 对 x 求导，再令导数等于零。可以进一步求得：当

$$x = X_n^* = \frac{W_n}{n} \tag{15.61}$$

时，**后验概率分布** $Z_n^x = p(x|W_n)$ 取得最大值

$$Z_n^* = \frac{(n+1)!}{W_n!(n-W_n)!}\left(\frac{W_n}{n}\right)^{W_n}\left(1-\frac{W_n}{n}\right)^{n-W_n} \tag{15.62}$$

于是，我们得到了两个新的随机变量 X_n^* 和 Z_n^*，其中 X_n^* 被称为：基于一组**可观测的**随机变量 $W_1, W_2, W_3, \cdots, W_n$ 的**最大后验估计**。相应的 $Z_n^* = p(X_n^*|W_n)$ 为后验概率密度的极值。新生成的随机变量 X_n^* 也具有**链式的概率图结构**，如图 15.6(b) 所示。

最大后验估计 X_n^* 所形成的随机过程 $(X_n^*)_{n\geq 0}$ 可以作为进一步优化控制的依据。例如，根据 $(X_n^*)_{n\geq 0}$ 来定义**停止时间**。

15.4 隐 Markov 模型

上一小节中，我们给出了两个具有**链式结构**的概率图模型，分别对应于前面详细分析过的两个随机过程：**Markov 链**和 **Pólya 罐子**实验。这两个随机过程都是**单步更新过程**：

$$X_{n+1} = X_n + Y_{n+1} \tag{15.63}$$

也就是说，更新过程中的随机变量 Y_{n+1} 只依赖于 X_n，而与 $X_0, X_1, X_2, \cdots, X_{n-1}$ 无关，因此，这两个随机过程都具有**链式**的概率图结构。概率图 15.5 也很好地描述出了这两个随机过程之间的区别：条件概率矩阵（或**转移矩阵**）是否始终保持不变。我们还谈到，有些随机变量是**可观测的**，有些随机变量无法直接进行观测，只能进行“推测”，如图 15.6 所示。

将上述两个特点结合在一起，我们就得到了**隐 Markov 模型**，如图 15.7 所示。隐 Markov 模型首先是一个 **Markov 链** $(X_n)_{n\geq 0}$，具有固定的转移矩阵 $\mathbf{P}$，其中第 l 行、第 k 列的元素为：

$$p_{l,k} = P(X_{n+1} = l|X_n = k) \tag{15.64}$$

也就是说，在事件 $X_n = k$ 的情况下，事件 $X_{n+1} = l$ 的**条件概率**。与 **Markov 链**不同的是，随机变量 X_n 是无法被直接观测的，只能观测到与 X_n 相关的另一个随机变量 W_n，例如，X_n 表示选用不同的骰

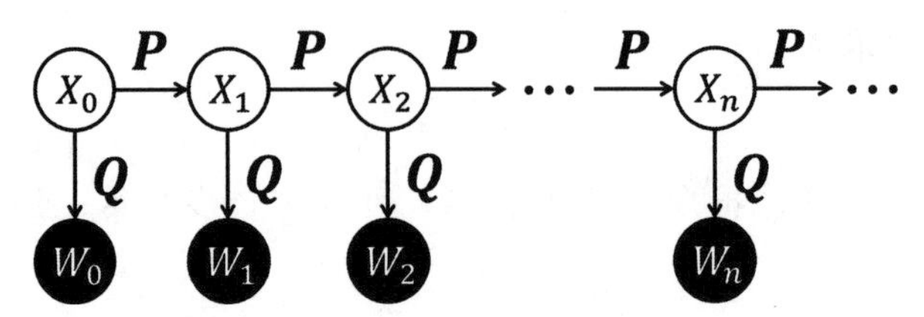

图 15.7　隐 Markov 模型是一个 **Markov 链** $(X_n)_{n\geq 0}$，具有固定的转移矩阵 $\mathbf{P}$。与 Markov 链不同的是，一组随机变量 $\{X_n\}$ 是无法被直接观测到的（例如是否偷偷更换骰子），只能观测到与 $\{X_n\}$ 相关的另一组随机变量 $\{W_n\}$（例如抛骰子的实验结果序列）。条件概率矩阵 $\mathbf{Q}$ 对应于连接两个**节点** X_n 和 W_n 的一条**边**。注意，从节点 X_n 到节点 W_n 的边是**单向**的，因为随机变量 X_n 无法被观测，只能被推测。

子，W_n 表示实验结果序列。类似地，这两个随机变量 X_n 和 W_n 通过**条件概率矩阵 Q** 联系在了一起，其中第 l 行、第 k 列的元素为：

$$q_{l,k} = P(W_n = l|X_n = k) \tag{15.65}$$

也就是说，在事件 $X_n = k$ 的情况下，事件 $W_n = l$ 的**条件概率**。在**概率图模型**中，条件概率矩阵 $\mathbf{Q}$ 对应于连接两个**节点**（随机变量）X_n 和 W_n 的一条**边**。注意，从节点 X_n 到节点 W_n 的边是**单向**的。随机变量 X_n 无法被观测，因此，我们无法通过 W_n 得出 X_n，只能通过 W_n 推测出：X_n 的后验概率分布 Z_n^x 或最优估计结果 X_n^*，参见图 15.6。

在图 15.7 所示的**隐 Markov 模型**的概率图中，可直接观测的一组随机变量 $\{W_n\}$ 称为**可见节点**，无法直接观测的一组随机变量 $\{X_n\}$ 称为**隐藏节点**。我们的一个重要任务是：根据一组**可观测的**随机变量 $\{W_n\}$ 来**推测**出无法直接观测的一组随机变量 $\{X_n\}$，也就是说，根据概率图 15.7 中的**可见节点**来估计图中的**隐藏节点**。

解决上述问题的一种方法是：首先，求解**条件概率**

$$P(X_0X_1X_2\cdots X_n|W_0W_1W_2\cdots W_n) \tag{15.66}$$

然后，通过**最大化条件概率** (15.66) 来估计隐藏节点，也就是说，

$$X_0^*, X_1^*, X_2^*, \cdots, X_n^* = \arg\max P(X_0X_1X_2\cdots X_n|W_0W_1W_2\cdots W_n) \tag{15.67}$$

我们将逐步解决上述两个问题。首先，根据 **Bayes 公式**，可以得到：

$$P(X_0X_1X_2\cdots X_n|W_0W_1W_2\cdots W_n) = \frac{P(W_0W_1W_2\cdots W_n|X_0X_1X_2\cdots X_n)P(X_0X_1X_2\cdots X_n)}{P(W_0W_1W_2\cdots W_n)} \tag{15.68}$$

在式 (15.68) 中，$P(X_0X_1X_2\cdots X_n)$ 为：整条 **Markov 链**的概率（参

见式 (15.55)），也就是说，

$$P(X_0X_1X_2\cdots X_n) = P(X_0)\prod_{l=0}^{n-1} P(X_{l+1}|X_l) \tag{15.69}$$

在概率图 15.7 中，从节点 X_k 到 W_k 的（单向）边相互之间是**不联通**的，也就是说，条件概率 $P(W_k|X_k)$ 相互之间是**独立**的（其中 $k = 0, 1, 2, \cdots$），因此，式 (15.68) 中的

$$P(W_0W_1W_2\cdots W_n|X_0X_1X_2\cdots X_n) = \prod_{k=0}^{n} P(W_k|X_k) \tag{15.70}$$

概率 $P(W_0W_1W_2\cdots W_n)$ 只起到归一化的作用，不影响极值问题 (15.67) 的求解结果。于是，极值问题 (15.67) 可以进一步写为：

$$X_0^*, X_1^*, \cdots, X_n^* = \arg\max P(X_0)\prod_{l=0}^{n-1} P(X_{l+1}|X_l)\prod_{k=0}^{n} P(W_k|X_k) \tag{15.71}$$

式 (15.69) 中的 $P(X_0X_1X_2\cdots X_n)$ 与观测结果 $\{W_k\}$ 无关，称为**先验**（概率）。式 (15.70) 中的条件概率 $P(W_0W_1W_2\cdots W_n|X_0X_1X_2\cdots X_n)$ 称为**似然**（概率），描述了 $\{X_k\}$ 和 $\{W_k\}$ 之间的关联关系。式 (15.68) 中的 $P(X_0X_1X_2\cdots X_n|W_0W_1W_2\cdots W_n)$ 称为**后验**（概率），是依据观测结果 $\{W_k\}$ 对**隐藏节点** $\{X_k\}$ 的估计。式 (15.71) 中的极值解 $X_0^*, X_1^*, X_2^*, \cdots, X_n^*$ 被称为**最大后验估计**（结果）。

现在，我们来探索如何求解极值问题 (15.71)。求解 (15.71) 的过程中，我们将 $\{W_k\}$ 看作是常数，然后对 $\{X_k\}$ 进行优化求解。注意，极值解 $X_0^*, X_1^*, X_2^*, \cdots, X_n^*$ 是一个序列，随着实验不断进行，这些序列也在不断增加，也就是说，优化问题 (15.71) 是一个迭代更新过程，随着新观测数据 W_{n+1} 的引入，应该如何更新已经求得的最大后验估计结果，从而生成一组新的优化估计结果 $X_0^*, X_1^*, X_2^*, \cdots, X_n^*, X_{n+1}^*$？熟悉算法的朋友可能会立刻反应过来，上述过程是一个**动态规划**。

事实上，动态规划方法是最常用的算法之一。当我们对求解一个“大问题”一筹莫展时，我们改而研究：如何通过求解一个“小一点”的相同问题，来求解这个“大问题”；进而，将求解这个“小一点”的问题转化为：求解一个“更小一点”的相同问题；将上述过程进行下去，直到将问题递归“约减”到我们能够解决的情况；最后，从能够解决的问题开始，逐步进行求解，直到“大问题”得到解决。

根据前 $n-1$ 次的观测结果所求得的**最大后验估计** $X_0^*, X_1^*, X_2^*, \cdots, X_{n-1}^*$，还不足以求出极值问题 (15.71) 的解。随着 W_n 的引入，相应地，X_{n-1}^* 可能发生变化。因此，对于随机变量 X_n 的每一个可能取值 x_m，都需要找到一个对应的（根据前 $n-1$ 次的观测结果得到的）**最**

优解，也就是说，

$$\widetilde{X}_0^*, \widetilde{X}_1^*, \cdots, \widetilde{X}_{n-1}^*, x_m = \tag{15.72}$$

$$\arg\max P(X_n = x_m | X_{n-1}) P(X_0) \prod_{l=0}^{n-2} P(X_{l+1}|X_l) \prod_{k=0}^{n-1} P(W_k|X_k)$$

每一个 x_m 都对应着一个估计结果“序列”，相应的极值记为：

$$\Phi_{n-1}^{(m)} = P(\widetilde{X}_0^*) P(X_n = x_m | \widetilde{X}_{n-1}^*) \prod_{l=0}^{n-2} P(\widetilde{X}_{l+1}^* | \widetilde{X}_l^*) \prod_{k=0}^{n-1} P(W_k | \widetilde{X}_k^*) \tag{15.73}$$

优化问题 (15.71) 的求解就是要去选定 (15.73) 中的 x_m，也就是说，

$$X_n^* = \arg\max_{x_m} \Phi_{n-1}^{(m)} P(W_n | X_n = x_m) \tag{15.74}$$

然后根据 X_n^* 从众多的“最优估计结果”序列 $\{\widetilde{X}_0^*, \widetilde{X}_1^*, \cdots, \widetilde{X}_{n-1}^*, x_m\}$ 中取出以 X_n^* 结尾的序列，作为新的**最大后验估计** $X_0^*, X_1^*, X_2^*, \cdots, X_n^*$。

我们的工作并没有结束，还需要将 (15.73) 中的“最优估计结果”序列 $\widetilde{X}_0^*, \widetilde{X}_1^*, \cdots, \widetilde{X}_{n-1}^*, x_m$ 更新为 $\widetilde{X}_0^*, \widetilde{X}_1^*, \cdots, \widetilde{X}_n^*, x_m$。通过求解：

$$\widetilde{X}_n^* = \arg\max_{x_l} \Phi_{n-1}^{(l)} P(X_{n+1} = x_m | X_n = x_l) P(W_n | X_n = x_l) \tag{15.75}$$

可以确定以 $\widetilde{X}_n^*$ 结尾的序列$\widetilde{X}_0^*, \widetilde{X}_1^*, \cdots, \widetilde{X}_n^*$，进而和 x_m 一起最终形成更新后的序列 $\widetilde{X}_0^*, \widetilde{X}_1^*, \cdots, \widetilde{X}_n^*, x_m$。式 (15.73) 中的 $\Phi_{n-1}^{(m)}$ 则相应地更新为

$$\Phi_n^{(m)} = \Phi_{n-1}^{(m')} P(X_{n+1} = x_m | X_n = x_{m'}) P(W_n | X_n = x_{m'}) \tag{15.76}$$

其中 $x_{m'}$ 是式 (15.75) 的最优解。对于有限状态（离散随机变量 X_n 的取值为有限个离散值）的 **Markov 链**，只需对式 (15.74) 和 (15.75) 中所有可能的取值进行遍历，然后根据极值解进行状态更新。对于包含无限个状态的 **Markov 链**，可以通过设置**转移矩阵 P**，从而使得每次更新都只在有限的几个状态中进行跳转，例如，可以令

$$\mathbf{P} = \begin{pmatrix} \ddots & \ddots & \ddots & \ddots & & & \\ \ddots & p_0 & p_1 & \cdots & p_k & & \\ \ddots & p_{-1} & p_0 & p_1 & \cdots & p_k & \\ \ddots & \vdots & \vdots & \ddots & \ddots & \vdots & \ddots \\ & p_{-k} & p_{1-k} & \cdots & p_0 & p_1 & \ddots \\ & & p_{-k} & p_{1-k} & \cdots & p_0 & \ddots \\ & & & \ddots & \ddots & \ddots & \ddots \end{pmatrix} \tag{15.77}$$

为一个**“条带形”矩阵**（又称为**有界带宽矩阵**）。此时 $\mathbf{P}$ 中元素的下标不再是元素在矩阵中的位置，而是矩阵中对角线的编号。对于任意的 m 和 n，都有**条件概率** $p_{m,n} = p_{n-m}$。

我们常常将条件概率 $P(W_n|X_n)$ 设置为以 X_n 为中心的 **Gauss 分布**（或**正态分布**）：

$$P(W_n|X_n) \sim e^{-\frac{1}{2\sigma^2}(W_n - X_n)^2} \tag{15.78}$$

此时，优化问题 (15.74) 可以进一步变为：

$$X_n^* = \arg\min_{x_{m'}} (W_n - x_{m'})^2 - 2\sigma^2 \log \Phi_{n-1}^{(m')} - 2\sigma^2 \log p_{m,m'} \tag{15.79}$$

初始问题为：

$$X_0^* = \arg\min_{X_0} (W_0 - X_0)^2 \tag{15.80}$$

相应的解为：与 W_0 最接近的值。事实上，式 (15.79) 给出了一种判定“状态跳转”的依据：除了考虑数据信息 $(W_n - X_n)^2$ 外，还有状态跳转所需付出的“代价” $-2\sigma^2 \log \Phi_{n-1}^{(m')} - 2\sigma^2 \log p_{m,m'}$。在习题 15.3 中，我们将详细讨论上述动态规划过程的算法实现方式，即著名的 **Viterbi 算法**。该算法在动态规划的更新过程中，巧妙地实现了：对以式 (15.79) 中 X_n^* 结尾的序列进行有效维护、更新和存储。

图 15.8 给出了一个仿真实验。**Markov 链** $(X_n)_{n\geq 0}$ 只包含两个状态 $x_1 = +1$ 和 $x_2 = -1$。可见节点 W_n 与隐藏节点 X_n 之间的**似然**条件概率选为**标准正态分布**[①]。假设状态具有一定的持续性，也就是说，状态 $X_n = x_k$ 在时间段 T （10 到 100 之间的随机数）内保持不变，直到 X_{n+T+1} 才跳转到新的状态，如图 15.8(a) 所示。为了便于观察，我们在图 15.8(a) 中同时画出了 $(X_n)_{n\geq 0}$ 和 $(W_n)_{n\geq 0}$。只有 $(W_n)_{n\geq 0}$ 是“可见的”，$(X_n)_{n\geq 0}$ 只是用于对比仿真结果。根据观测结果 $(W_n)_{n\geq 0}$，我们通过**隐 Markov 模型**来估计隐藏节点 $(X_n)_{n\geq 0}$ 的状态变化过程 $(X_n^*)_{n\geq 0}$。针对“状态具有一定的持续性”这一**先验信息**，我们设置**转移矩阵** $\mathbf{P}$ 使得：保持现有状态具有更高的概率，例如：

$$\mathbf{P} = \begin{pmatrix} 0.8 & 0.3 \\ 0.2 & 0.7 \end{pmatrix} \tag{15.81}$$

图 15.8(b) 给出了：式 (15.79) 中 $\sigma = 1$ 时的**隐 Markov 模型**估计结果。**最大后验估计** $(X_n^*)_{n\geq 0}$ 与图 15.8(a) 中的 $(X_n)_{n\geq 0}$ 基本符合。适当增加**先验信息**的权重，例如，令式 (15.79) 中的 $\sigma = 2$，可以进一步抑制状态之间的跳转，如图 15.8(c) 所示。

---

①也就是说，令式 (15.78) 中的 $\sigma = 1$。虽然有多种方式生成 $(W_n)_{n\geq 0}$ 的样本集，但是我们建议使用 15.2 小节中介绍的 **MCMC 采样**算法，来回顾 15.2 小节内容。

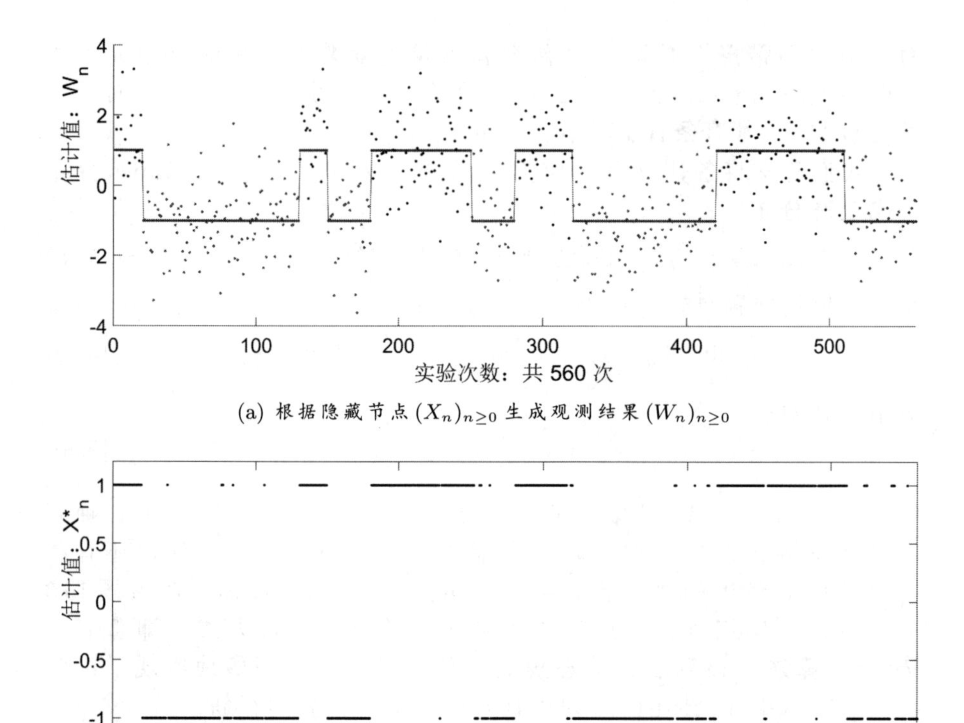

(a) 根据隐藏节点 $(X_n)_{n\geq 0}$ 生成观测结果 $(W_n)_{n\geq 0}$

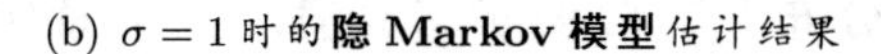

(b) $\sigma = 1$ 时的**隐 Markov 模型**估计结果

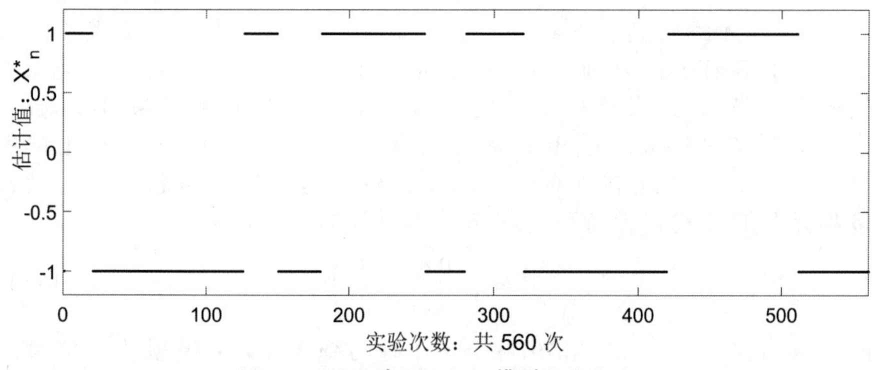

(c) $\sigma = 2$ 时的**隐 Markov 模型**估计结果

图 15.8　根据观测结果 $(W_n)_{n\geq 0}$，我们通过**隐 Markov 模型**来估计隐藏节点 $(X_n)_{n\geq 0}$ 的状态变化过程 $(X^*_n)_{n\geq 0}$。**Markov 链** $(X_n)_{n\geq 0}$ 只包含两个状态 $x_1 = +1$ 和 $x_2 = -1$。(a) 可见节点 W_n 与隐藏节点 X_n 之间的**似然**条件概率选为**标准正态分布**。(b) $\sigma = 1$ 时的**隐 Markov 模型**估计结果 $(X^*_n)_{n\geq 0}$ 与 $(X_n)_{n\geq 0}$ 基本符合。(c) 适当增加**先验信息**的权重（$\sigma = 2$）可以进一步抑制状态之间的跳转。

当然，我们也可以选取不同的**似然**函数，例如 **Laplace 分布**：

$$P(W_n|X_n) \sim e^{-|W_n - X_n|/\lambda} \tag{15.82}$$

此时，**动态规划**算法中的更新过程 (15.79) 相应地变为：

$$X_n^* = \arg\min_{x_m} |W_n - x_m| - \lambda \ln \Phi_{n-1}^{(m)} \tag{15.83}$$

当 W_n 与 X_n 偏差较大时，$|W_n - X_n| < (W_n - X_n)^2$，因此，较之于式 (15.79)，更新过程 (15.83) 对数据的敏感程度要“迟钝”一些，相应地，状态之间的跳动也会相对“缓和”一些。

15.5 Bayes 网络

在很多应用中，随机过程 $(X_n)_{n\geq 0}$ 的状态具有一定的“持续性”，不会太过频繁地跳动，如图 15.8(a) 所示。对于这种情况，更新过程 (15.63) 中的随机变量 Y_{n+1} 不再是仅仅取决于随机变量 X_n 的取值，还与前面的 $k-1$ 个随机变量 $X_{n-1}, X_{n-2}, \cdots, X_{n-k+1}$ 有关。此时，各个状态之间相互转移的**条件概率**

$$P(X_n|X_{n-1}X_{n-2}\cdots X_{n-k}) \tag{15.84}$$

不再是一个矩阵，而是一个 $k+1$ 维的**张量** $\mathbb{P}$，其中的元素

$$p_{m_k m_{k-1}\cdots m_0} = P(X_n = x_{m_k}|X_{n-1} = x_{m_{k-1}}, \cdots, X_{n-k} = x_{m_0}) \tag{15.85}$$

事实上，张量是一个**高维矩阵**，而矩阵是一个二维张量。矩阵可以看作是一种“数据管理方式”，根据下标（或索引）(m_1, m_0) 对数据集中的某一个数 $p_{m_1 m_0}$ 进行查找。对于矩阵，下标（或索引）由两个数组成，分别对应于矩阵的行标和列表，用于查找矩阵中的元素。对于 $k+1$ 维张量，下标（或索引）$(m_k, m_{k-1}, \cdots, m_0)$ 由 $k+1$ 个数组成，用于查找张量 $\mathbb{P}$ 中的元素 $p_{m_k m_{k-1}\cdots m_0}$。此时，概率图中的隐藏节点 $(X_n)_{n\geq 0}$ 不再具有链式结构，如图 15.9 所示。

在图 15.9 中，共有 3 条件边“指向”隐藏节点 X_3，此外，还有另外 3 条件边“指离”隐藏节点 X_3。我们首先需要定义这些边和条件概率之间的对应关系：所有“指向”同一节点 X_3 的三条边 $X_0 \to X_3$、$X_1 \to X_3$ 和 $X_2 \to X_3$ 合在一起，**共同确定**了关于 X_3 的条件概率 $P(X_3|X_2X_1X_0)$；某一条“指离”隐藏节点 X_3 的边（例如 $X_3 \to X_4$）**配合**另外两条边 $X_2 \to X_4$ 和 $X_1 \to X_4$，从而最终确定了所指向的节点 X_4 条件概率 $P(X_4|X_3X_2X_1)$。

注意，只有当某一个节点被**唯一**的箭头（有向的边）所指向

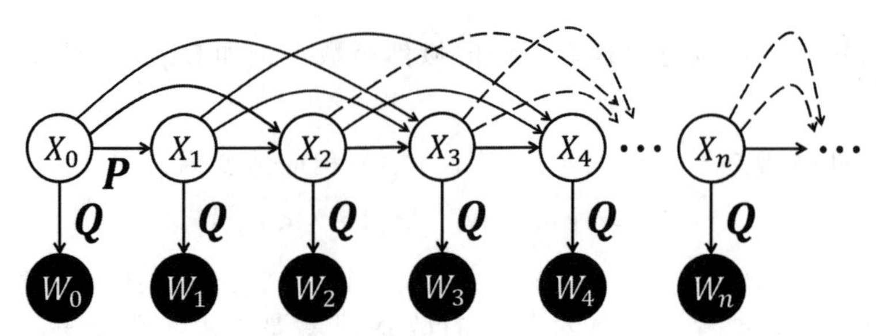

图 15.9　对于更复杂的随机过程，状态的更新不仅仅取决于当下的随机变量，还与前面的多个随机变量有关。此时，概率图模型不再具有链式结构。在 **Bayes 网络**中，指向同一节点 X_n 的所有边 $X_{m_1} \to X_n, X_{m_2} \to X_n, \cdots, X_{m_k} \to X_n$ **共同确定**关于 X_n 的条件概率 $P(X_n|X_{m_1}X_{m_2}\cdots X_{m_k})$。通过上述规则，Bayes 网络将具有链式结构的概率图模型，例如**隐 Markov 模型**，拓展到更一般的**有向图**上。

时，才存在箭头两端两个节点之间的条件概率。例如，在概率图 15.9 中，存在条件概率 $P(X_1|X_0)$ 和 $P(W_n|X_n)$，但是，不存在条件概率 $P(X_2|X_1)$，因为节点 X_2 是由节点 X_1 和 X_0 共同确定的。

通过上述方式，我们建立起了一种有向图和概率分析之间的对应关系，称为 **Bayes 网络** [①]。Bayes 网络通过定义如下规则：

- 指向同一节点 X_n 的所有边 $X_{m_1} \to X_n, X_{m_2} \to X_n, \cdots, X_{m_k} \to X_n$ **共同确定**关于 X_n 的条件概率 $P(X_n|X_{m_1}X_{m_2}\cdots X_{m_k})$。

将具有**链式结构**的概率图模型，例如**隐 Markov 模型**，拓展到更一般的**有向图**上。具有链式结构的图中不存在**环**，Bayes 网络中也不允许出现**环**。对于随机过程 (15.63)，这一点是得到保障的。

我们的任务仍然是根据一组可见节点 $W_0, W_1, \cdots, W_n$ 来估计隐藏节点 $X_0, X_1, \cdots, X_n$。估计方法仍然是最大化**后验概率**：

$$X_0^*, X_1^*, \cdots, X_n^* = \arg\max P(X_0, X_1, \cdots, X_n|W_0, W_1, \cdots, W_n) \tag{15.86}$$

根据 **Bayes 公式**，可以进一步得到：

$$P(X_0X_1\cdots X_n|W_0W_1\cdots W_n) = \frac{P(W_0W_1\cdots W_n|X_0X_1\cdots X_n)P(X_0X_1\cdots X_n)}{P(W_0W_1\cdots W_n)} \tag{15.87}$$

---

① 这项工作由加州大学洛杉矶分校的 Pearl 教授于 1985 年首次提出，更多详细内容可以参见文献 Pearl, J. (1988). *Probabilistic Reasoning in Intelligent Systems: Networks of Plausible Inference*. San Mateo, CA: Morgan Kaufman.

在图 15.9 所示的 Bayes 网络中，**似然**条件概率为：

$$P(W_0W_1\cdots W_n|X_0X_1\cdots X_n)=\prod_{k=0}^{k=n}P(W_k|X_k) \tag{15.88}$$

同样，概率 $P(W_0W_1W_2\cdots W_n)$ 只起到归一化的作用，不影响极值问题 (15.87) 的求解结果，参见 15.4 小节中的分析。于是，极值问题 (15.87) 可以进一步写为：

$$X_0^*,X_1^*,\cdots,X_n^*=\arg\max P(X_0X_1\cdots X_n)\prod_{k=0}^{n}P(W_k|X_k) \tag{15.89}$$

注意，图 15.9 所示的 **Bayes 网络**不再具有链式的概率图结构，因此，**先验**概率 $P(X_0X_1\cdots X_n)$ 不再具有式 (15.55) 中的表达形式。为了求解**最大后验估计**结果 $X_0^*,X_1^*,\cdots,X_n^*$，我们首先需要推导出**先验**概率 $P(X_0X_1\cdots X_n)$ 的具体形式。

对于图 15.9 中的概率图模型，

$$P(X_0X_1\cdots X_n)= \tag{15.90}$$

$$\underbrace{P(X_0)\prod_{m=1}^{k-1}P(X_m|X_{m-1}\cdots X_0)}_{\text{初始过程}}\underbrace{\prod_{l=k}^{n}P(X_l|X_{l-1}\cdots X_{l-k})}_{\text{持续过程}}$$

每一个随机变量 X_l 的状态转移概率，都依赖于前面 k 个随机变量 $X_{l-1},X_{l-1},\cdots,X_{l-k}$ 的状态。示意图 15.9 中 $k=3$，在这里我们讨论更一般的情况，不具体化 k 的取值。最终，我们得到了**最大似然估计** (15.89) 中优化目标的具体形式：

$$X_0^*,X_1^*,\cdots,X_n^*=\arg\max \tag{15.91}$$

$$\underbrace{P(X_0)\prod_{m=1}^{k-1}P(X_m|X_{m-1}\cdots X_0)}_{\text{初始过程}}\underbrace{\prod_{l=k}^{n}P(X_l|X_{l-1}\cdots X_{l-k})}_{\text{持续过程}}\underbrace{\prod_{i=0}^{n}P(W_i|X_i)}_{\text{似然概率}}$$

在实际操作中，我们可以对“初始过程”做一些简化，例如，先用 15.4 小节中介绍的**隐 Markov 模型**运行m步（并且 $m>k$），然后，从第 $m+1$ 步开始使用 **Bayes 网络模型**。此时，**最大似然估计**问题为：

$$X_m^*,X_{m+1}^*,\cdots,X_n^*=\arg\max\prod_{l=m}^{n}P(X_l|X_{l-1}\cdots X_{l-k})\prod_{i=m}^{n}P(W_i|X_i) \tag{15.92}$$

前 m 步**隐 Markov 模型**的运行结果 $X_0^*,X_1^*,\cdots,X_{m-1}^*$ 将作为已知条

件，直接用于求解式 (15.92)。

如同我们在 15.4 小节中所分析的，式 (15.92) 的求解是一个不断更新的过程：在 $X_m^*, X_{m+2}^*, \cdots, X_{n-1}^*$ 的基础上，依据新引入的观测结果 W_n，来更新极值问题 (15.92) 的解 $X_m^*, X_{m+2}^*, \cdots, X_{n-1}^*, X_n^*$。自然地，我们想到用**动态规划**来进行求解。

在**隐 Markov 模型**的求解过程中，对于随机变量 X_n 的每一个可能的取值 x_i，都需要维护一个以 x_i 结尾的“最优估计结果”序列 $\widetilde{X}_0^*, \widetilde{X}_1^*, \cdots, \widetilde{X}_{n-1}^*, x_i$，参见 15.4 小节中的分析。对于 **Markov 链**，随机变量 X_{n+1} 的取值仅依赖于随机变量 X_n，但是，对于图 15.9 所示的 **Bayes 网络**，随机变量 X_{n+1} 的取值同时依赖于前面的 k 个随机变量 $X_n, X_{n-1}, \cdots, X_{n-k+1}$。因此，不难想象，对于这 k 个随机变量序列 $X_{n-k+1}, X_{n-k+2}, \cdots, X_n$ 的每一组可能的取值 $x_{i_{n-k+1}}, x_{i_{n-k+2}}, \cdots, x_{i_n}$，都需要维护一个以 $x_{i_{n-k+1}}, \cdots, x_{i_n}$ 结尾的“最优估计结果”序列：

$$\widetilde{X}_m^*, \widetilde{X}_{m+1}^*, \cdots, \widetilde{X}_{n-k}^*, x_{i_{n-k+1}}, \cdots, x_{i_n} = \arg\max \left\{ \prod_{j=m}^{n-1} P(W_j|X_j) \right. \tag{15.93}$$

$$\left. \prod_{s=0}^{k-1} P(x_{i_{n-s}}|x_{i_{n-s-1}} \cdots x_{i_{n-k+1}} X_{n-k} \cdots X_{n-k-s}) \prod_{l=m}^{n-k} P(X_l|X_{l-1} \cdots X_{l-k}) \right\}$$

每一个最优估计结果 $\widetilde{X}_m^*, \widetilde{X}_{m+1}^*, \cdots, \widetilde{X}_{n-k}^*, x_{i_{n-k+1}}, x_{i_{n-k+2}}, \cdots, x_{i_n}$ 都对应于一个索引 $(x_{i_{n-k+1}}, \cdots, x_{i_n})$，相应的极值记为：

$$\Phi_{n-1}^{(i_{n-k+1}, \cdots, i_n)} = \prod_{l=m}^{n-k} P(X_l^*|X_{l-1}^* \cdots X_{l-k}^*) \prod_{j=m}^{n-1} P(W_j|X_j^*)$$

$$\times \prod_{s=0}^{k-1} P(x_{i_{n-s}}|x_{i_{n-s-1}} \cdots x_{i_{n-k+1}} X_{n-k}^* \cdots X_{n-k-s}^*) \tag{15.94}$$

求解优化问题 (15.92) 就是去选定式 (15.93) 中的 $(x_{i_{n-k+1}}, \cdots, x_{i_n})$，也就是说，

$$X_{n-k+1}^*, \cdots, X_n^* = \arg\max \Phi_{n-1}^{(i_{n-k+1}, \cdots, i_n)} P(W_n|X_n = x_i) \tag{15.95}$$

然后根据 $X_{n-k+1}^*, \cdots, X_n^*$ 从众多的“最优估计结果”序列

$$\widetilde{X}_m^*, \widetilde{X}_{m+1}^*, \cdots, \widetilde{X}_{n-k}^*, x_{i_{n-k+1}}, \cdots, x_{i_n} \tag{15.96}$$

中取出以 $X_{n-k+1}^*, \cdots, X_n^*$ 结尾的序列 $X_m^*, X_{m+1}^*, \cdots, X_n^*$，作为更新后的**最大后验估计**结果。

根据新引入的 W_n，我们需要对 (15.93) 中的“最优估计结果”序列 $\widetilde{X}_m^*, \widetilde{X}_{m+1}^*, \cdots, \widetilde{X}_{n-k}^*, x_{i_{n-k+1}}, \cdots, x_{i_n}$ 进行更新，也就是说，对于所有

可能的 $(x_{i_{n-k+2}},\cdots,x_{i_{n+1}})$，都需要求解：

$$\widetilde{X}^*_{n-k+1}=\arg\max_{X_{n-k+1}} \Phi^{(i_{n-k+1},\cdots,i_n)}_{n-1}P(x_{i_{n+1}}|x_{i_n}x_{i_{n-1}}\cdots x_{i_{n-k+2}}X_{n-k+1})P(W_n|x_{i_n}) \tag{15.97}$$

然后，将以 $\widetilde{X}^*_{n-k+1}$ 结尾的序列 $\widetilde{X}^*_m,\widetilde{X}^*_{m+1},\cdots,\widetilde{X}^*_{n-k+1}$ 与相应的子序列（已具体给定）$x_{i_{n-k+2}},\cdots,x_{i_{n+1}}$ 合在一起，最终形成更新后的序列：

$$\widetilde{X}^*_m,\widetilde{X}^*_{m+1},\cdots,\widetilde{X}^*_{n-k},\widetilde{X}^*_{n-k+1}x_{i_{n-k+2}},\cdots,x_{i_{n+1}} \tag{15.98}$$

进一步，根据式 (15.97) 所求出的最优解 $\widetilde{X}^*_{n-k+1}$，我们需要对极值 $\Phi^{(i_{n-k+1},\cdots,i_n)}_{n-1}$ 进行更新，以便继续求解 (15.95)。根据式 (15.73)，不难发现 $\Phi^{(i_{n-k+1},\cdots,i_n)}_{n-1}$ 的更新规则：

$$\Phi^{(i_{n-k+2},\cdots,i_{n+1})}_{n}=\Phi^{(i_{n-k+1},\cdots,i_n)}_{n-1}P(x_{i_{n+1}}|x_{i_n}\cdots x_{i_{n-k+2}}\widetilde{X}^*_{n-k+1})P(W_n|x_{i_n}) \tag{15.99}$$

当 W_{n+1} 被引入后，根据更新后的极值 $\Phi^{(i_{n-k+2},\cdots,i_{n+1})}_{n-1}$，可以从更新后的“最优估计结果”序列 $\{\widetilde{X}^*_m,\widetilde{X}^*_{m+1},\cdots,\widetilde{X}^*_{n-k+1},x_{i_{n-k+2}},\cdots,x_{i_{n+1}}\}$ 中继续挑选出更新后的**最大后验估计**结果 $X^*_m,X^*_{m+1},\cdots,X^*_{n+1}$，参见式 (15.95)。当 $k=1$ 时，上述过程相应地退化成了**隐 Markov 模型**。

条件概率所组成的**张量** $\mathbb{P}$ 可以用“矩阵集合”的形式进行存储。例如，对于图 15.8(a) 所示的实验，当 $k=2$ 时，张量 $\mathbb{P}=\{\mathbf{P}_1,\mathbf{P}_2\}$ 中包含两个 2×2 的矩阵。图 15.10 中给出了

$$\mathbf{P}_1=\begin{pmatrix}0.85 & 0.60\\ 0.40 & 0.15\end{pmatrix}\quad 和 \quad \mathbf{P}_2=\begin{pmatrix}0.15 & 0.40\\ 0.60 & 0.85\end{pmatrix} \tag{15.100}$$

时的实验结果。矩阵 $\mathbf{P}_i$ 的下标 i 表示随机变量 X_{n+1} 的状态 x_i 的下标 i。矩阵 $\mathbf{P}_i$ 中元素 $p_{j,k}$ 的行标 j 表示随机变量 X_n 的状态 x_j 的下标 i，列表 k 表示随机变量 X_{n-1} 的状态 x_k 的下标 k。较之于 Markov 链中的**转移矩阵** (15.81)，式 (15.100) 更细致地描述了关于“状态转移特性”的先验信息。图 15.10(a) 中的参数设置与图 15.8(a) 中的设置完全相同，然后，选取参数 $\sigma=1$ 进行最大后验估计。虽然 $k=2$ 时的 **Bayes 网络**只比**隐 Markov 模型**（$k=1$ 时的情况）多考虑了一个隐藏节点，但是，一部分（由于随机噪声引起的）频繁状态跳动已经得到了有效抑制。

较之于**隐 Markov 模型**，图 15.9 所示的 **Bayes 网络**的计算量要大很多，此外，还需要更多的存储容量。假设随机变量 X_n 有 s 个不同的状态，在**隐 Markov 模型**的求解过程中，需要维护 s 个“最优估计结果”序列，但是，在（图 15.9 所示的）**Bayes 网络**的求解过程

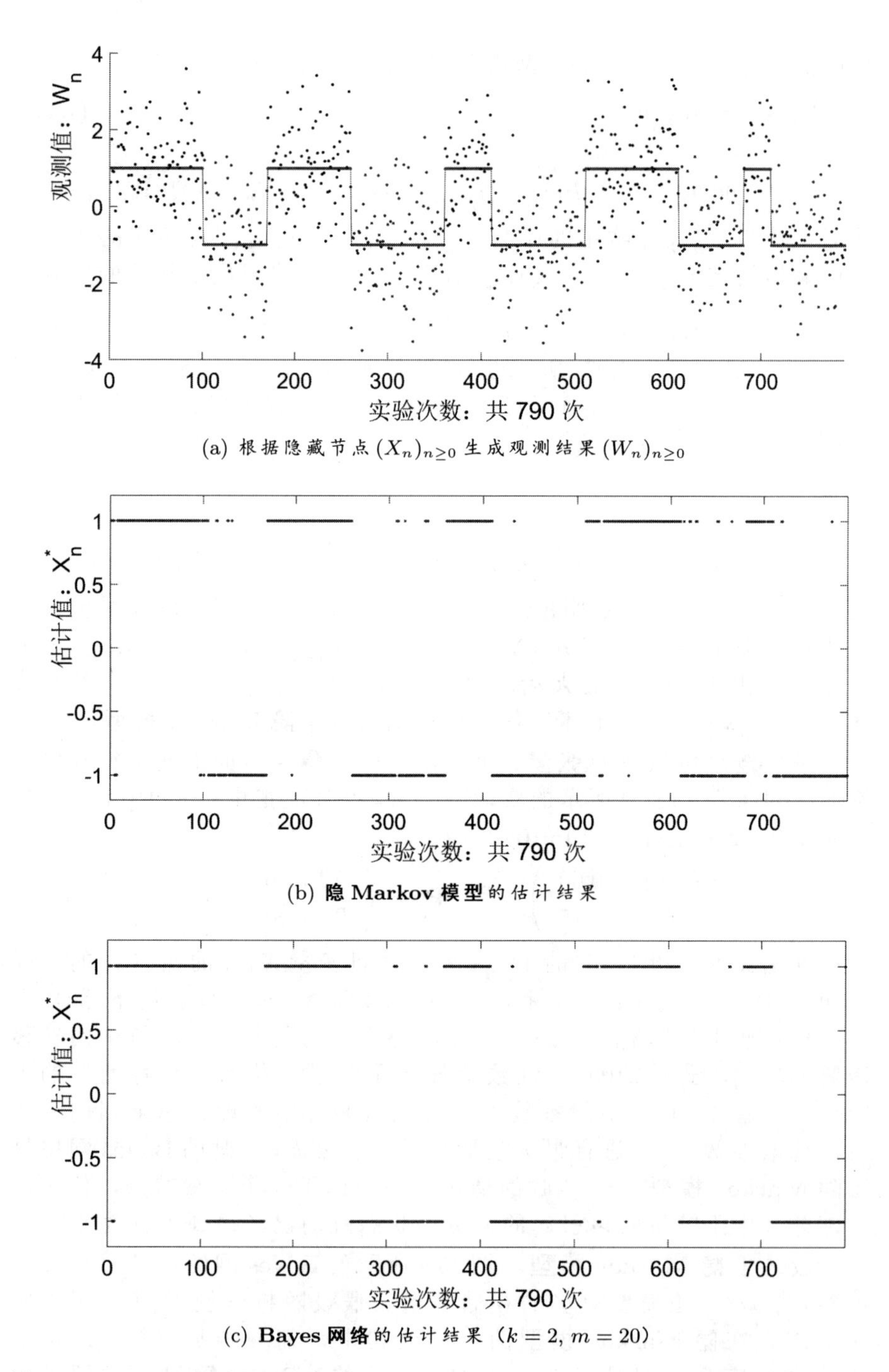

(a) 根据隐藏节点 $(X_n)_{n\geq 0}$ 生成观测结果 $(W_n)_{n\geq 0}$

(b) **隐 Markov 模型**的估计结果

(c) **Bayes 网络**的估计结果（$k=2$, $m=20$）

图 15.10　隐 Markov 模型与 Bayes 网络的实验结果对比。隐 Markov 模型的**转移矩阵**选为式 (15.81)，Bayes 网络的**条件概率张量**选为式 (15.100)。

中，却需要维护 s^k 个“最优估计结果”序列。在迭代更新的过程中，**隐 Markov 模型**每次只需要进行 $O(s)$ 次计算，但是，（图 15.9 所示的）**Bayes 网络**却需要进行 $O(s^k)$ 次计算。虽然**Bayes 网络**在计算和存储上需要付出额外的开销，但是，却增强了系统的鲁棒性，有效抑制了单次判断失误或随机噪声所引起的频繁状态跳转，参见图 15.10。

当然，概率图模型的内容远不止于此。在习题 15.4 中，我们将进一步探讨算法实现中的一些细节问题。我们介绍**概率图模型**的相关内容，是为了对教学课堂中的学生**专注度**进行分析（参见第 16 章的内容）。因此，本章只详细探讨了图 15.9 中所示的一种特殊的 **Bayes 网络**模型。

15.6 习题

习题 15.1 假设在第 n 次操作时，单位投入的回报比例 τ_n 满足：

$$P(\tau_n = 1) = p \quad \text{和} \quad P(\tau_n = -1) = 1 - p \tag{15.101}$$

其中 $p \in (0.5, 1)$，并且，$\tau_1, \tau_2, \cdots$ 之间相互独立。经过第 n 次操作后，你的总资产为 X_n，因此，在第 n 次操作中，你动用的资金 Y_n 介于 0 和 X_{n-1} 之间。你的目标是：使得投资回报率的数学期望 $E(\log(X_N/X_0))$ 最大，其中 N 表示给定的操作次数，一开始的资产 X_0 为常数。相应的过滤子选为 $\mathcal{F}_n = \sigma(\tau_1, \tau_2, \cdots, \tau_n)$。如果 $(Y_n)_{n\geq 1}$ 是**固定策略**的随机过程，也就是说，对于所有的$n \geq 1$，都有 Y_n 在 $\mathcal{F}_{n-1}$ 下**可测**，请证明：随机过程 $(\log X_n - n\alpha)_{n\geq 0}$ 是一个**超鞅**，其中

$$\alpha = p \log p + q \log q + \log 2 \tag{15.102}$$

其中 $q = 1 - p$。进一步，请证明：

$$E(\log(X_N/X_0)) \leq N\alpha \tag{15.103}$$

请找到一个**最优策略** $(Y_n)_{n\geq 0}$，从而使得随机过程 $(\log X_n - n\alpha)_{n\geq 0}$ 构成一个**鞅**。

习题 15.2 请设计一个仿真程序，完成图 15.1 中随机游走的仿真实验，基本过程如下：

1. 生成一个服从均匀分布的随机整数序列 $(Y_n)_{n\geq 1}$，随机整数的取值为 +1 和 −1，并且，

$$P(Y_n = 1) = P(Y_n = -1) = \frac{1}{2} \tag{15.104}$$

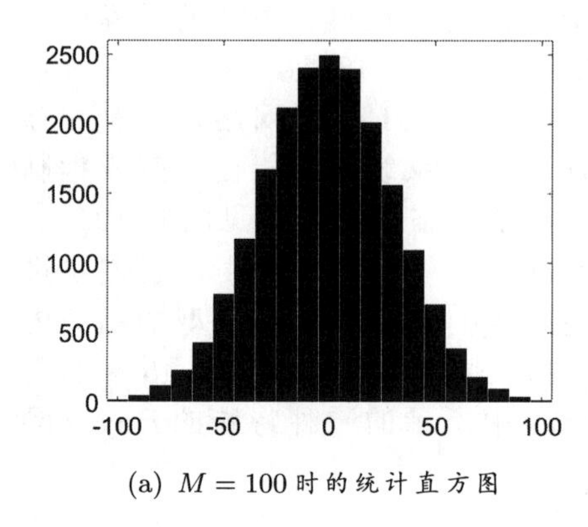

(a) $M = 100$ 时的统计直方图

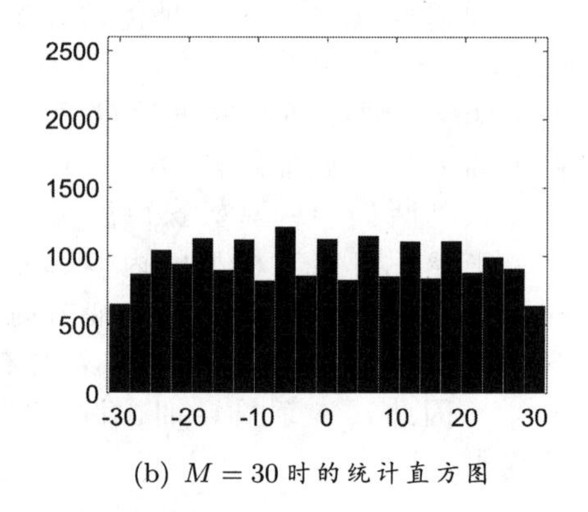

(b) $M = 30$ 时的统计直方图

图 15.11　对于图 15.1(a) 中的随机游走的仿真结果，参数 $N = 1000$、$m = 20000$。(a) 当 $M = 100$ 时，关于 X_N 的统计直方图。(b) 当 $M = 30$ 时，关于 X_N 的统计直方图。

---

2. 初始值设为 $X_0 = 0$，然后，对 $(Y_n)_{n\geq 1}$ 求和

$$X_n = \sum_{k=1}^{n} Y_n = X_{n-1} + Y_n \tag{15.105}$$

生成一组新的随机变量 $X_1, X_2, \cdots, X_N$。

3. 重复上述操作 m 次，对所得到 X_N 的 m 个仿真结果做统计，来估计随机变量 X_N 的概率分布。

在此基础之上，我们来考虑边界条件，需要对上述过程做一些小的调整。对于图 15.1(a) 中的随机游走，当 $X_n = -M$ 时，将 Y_{n+1} 调整为：

$$P(Y_{n+1} = +1) = P(Y_n = 0) = \frac{1}{2} \tag{15.106}$$

当 $X_n = +M$ 时，将 Y_{n+1} 调整为：

$$P(Y_{n+1} = -1) = P(Y_n = 0) = \frac{1}{2} \tag{15.107}$$

对于图 15.1(b) 中的随机游走过程，当 $X_n = -M$ 时，令 $Y_{n+1} = 0$。

请分析 M 取不同值对仿真结果的影响。例如，对于图 15.1(a) 中的随机游走过程，我们取 $N = 1000$、$m = 20000$，仿真结果如图 15.11 所示。当 M 较大时（例如 $M = 100$），图 15.11(a) 中关于 X_N 的统计结果有什么特点？当 M 较小时（例如 $M = 30$），图 15.11(b) 中关于 X_N 的统计结果有什么特点？请给出理论分析，完成实验报告。

习题 15.3　本题中，我们将探索**隐 Markov 模型**的算法实现过程。在 15.4 小节中，我们详细介绍了通过**动态规划**算法求解**最大后验估计**的

基本思想和理论分析，本题中，我们将从算法实现的角度来详细探讨求解过程，即著名的 **Viterbi 算法**。

(a) 首先，我们对 15.4 小节中的迭代过程做一下总结。我们需要不断维护和更新两个“最优估计结果”序列：

$$\widetilde{X}_0^*, \widetilde{X}_1^*, \cdots, \widetilde{X}_{n-1}^*, x_0 \quad 和 \quad \widetilde{X}_0^*, \widetilde{X}_1^*, \cdots, \widetilde{X}_{n-1}^*, x_1 \tag{15.108}$$

以及上面两个“最优估计结果”序列所对应的后验概率：

$$\Phi_{n-1}^{(0)} \quad 和 \quad \Phi_{n-1}^{(1)} \tag{15.109}$$

式 (15.108) 中序列的初始条件为 x_0 和 x_1，对应的后验概率为：

$$\Phi_0^{(0)} = P(W_0|X_0 = x_0) = \frac{1}{\sqrt{2\pi}\sigma} e^{-(W_0 - x_0)^2 / 2\sigma^2} \tag{15.110}$$

$$\Phi_0^{(1)} = P(W_0|X_0 = x_1) = \frac{1}{\sqrt{2\pi}\sigma} e^{-(W_0 - x_1)^2 / 2\sigma^2} \tag{15.111}$$

后验概率 $\Phi_{n-1}^{(i)}$（其中 $i = 0, 1$）的更新过程为：

$$\Phi_n^{(i)} = \max_{j=0,1} \Phi_{n-1}^{(j)} P(W_n|x_j) p_{i,j} \tag{15.112}$$

其中 $p_{i,j} = P(X_n = x_i|X_{n-1} = x_j)$ 可以直接在**转移矩阵**中查找得到。请写出迭代更新算法，并编写程序实现仿真。

(b) 现在，让我们来更新式 (15.108) 中的“最优估计结果”序列。在求解式 (15.112) 的极值后，同时保存式 (15.112) 的极值解

$$\widetilde{X}_n^* = \arg\max_{x_j} \Phi_{n-1}^{(j)} P(W_n|x_j) p_{i,j} \tag{15.113}$$

然后，在式 (15.108) 中的两个“最优估计结果”序列中，找到以 $\widetilde{X}_n^*$ 结尾的序列，从而将“最优估计结果”序列更新为：

$$\widetilde{X}_0^*, \widetilde{X}_1^*, \cdots, \widetilde{X}_{n-1}^*, X_n^*, x_i \qquad 其中\ i = 1, 2 \tag{15.114}$$

我们接下来要设计上述过程的具体实现方式，也就是说，根据给定的 x_j 在式 (15.108) 中的两个“最优估计结果”序列中，找到以 x_j 结尾的序列，进而将“最优估计结果”序列更新为 (15.114)，再进行存储。请写出迭代更新算法，并编写程序实现仿真。

(c) 式 (15.108) 中的两个“最优估计结果”序列的更新过程比较烦琐，需要在迭代过程中的每一步都维护、更新和存储两个链表。此外，两个链表之间可能存在“合并”，也就是说，在第 k 次迭代中，出现 $X_{k+1} = x_0$ 和 $X_{k+1} = x_0$ 前面节点相同的情况，从而导致前面的 $X_{k+1} = x_0$ 和 $X_{k+1} = x_0$ 前面的链表完全一样。此

时，对另一个链表的前期维护工作事实上是不需要的，但是，为了后续迭代，另一个链表还需要被继续维护下去。一个相对简洁的处理方式是：每次迭代后，只记录式 (15.113) 中优化结果 $\widetilde{X}_n^*$ 的状态 x_j 的下标 j，从而形成两个索引列表 L_0 和 L_1。在每次迭代中，列表 L_0 的最后一个元素都是 0，表示以 x_0 结尾；而列表 L_1 的最后一个元素都是 1，表示以 x_1 结尾。我们甚至可以将这两个索引列表合在一起，以矩阵的形式进行存储：

$$\mathbf{L} = (L_0 \quad L_1) \tag{15.115}$$

也就是说，将索引列表 L_0 和 L_1 分别作为矩阵 $\mathbf{L}$ 的第一列和第二列，如图 15.12(b) 所示。

在完成迭代计算后，我们需要通过遍历矩阵 $\mathbf{L}$，来最终生成**最大后验估计**结果

$$X_0^*, X_1^*, X_2^*, \cdots, X_N^* \tag{15.116}$$

这个过程是从后往前递推的，称为**回溯**。首先，根据 X_n^* 的状态的下标 i，找到索引列表 L_i；然后，查找索引列表 L_i 中的第 $n-1$ 个元素 j；进而确定 X_{n-1}^* 的状态 x_j。重复上述过程，就可以生成式 (15.116) 中的最大后验估计结果。

请写出迭代更新算法，并编写程序实现仿真。进一步，请证明：“回溯”过程所得到的结果与（本题 **(b)** 问中介绍的）通过维护两个链表所得到的结果是一样的。

图 15.12 给出了一个实验仿真结果。图 15.12(b) 中给出了：通过“向前”更新迭代而生成的两个索引列表 L_0 和 L_1。然后，根据两个索引列表 L_0 和 L_1“向后”回溯，最终得到的最大后验估计结果如图 15.12(c) 所示。请在 **(a)**、**(b)**、**(c)** 三个问题的基础上，编写程序实现图 15.12 中的仿真，并对选取不同参数的情况进行对比分析，完成实验报告。

习题 15.4　对于图 15.9 所示的 Bayes 网络，在通过动态规划算法实现**最大后验估计**的过程中，一个核心的问题是：如何维护众多备选的“最优估计结果”序列

$$\widetilde{X}_m^*, \widetilde{X}_{m+1}^*, \cdots, \widetilde{X}_{n-k}^*, x_{i_{n-k+1}}, \cdots, x_{i_n} \tag{15.117}$$

不同于**隐 Markov 模型**，上面每一个“最优估计结果”序列都是通过给定 k 个编号 $i_{n-k+1}, i_{n-k+2}, \cdots, i_n$ 来进行索引的。

(a) 假设随机变量 X_n 共有 s 个状态 $x_0, x_1, \cdots, x_{s-1}$，也就是说，对于任

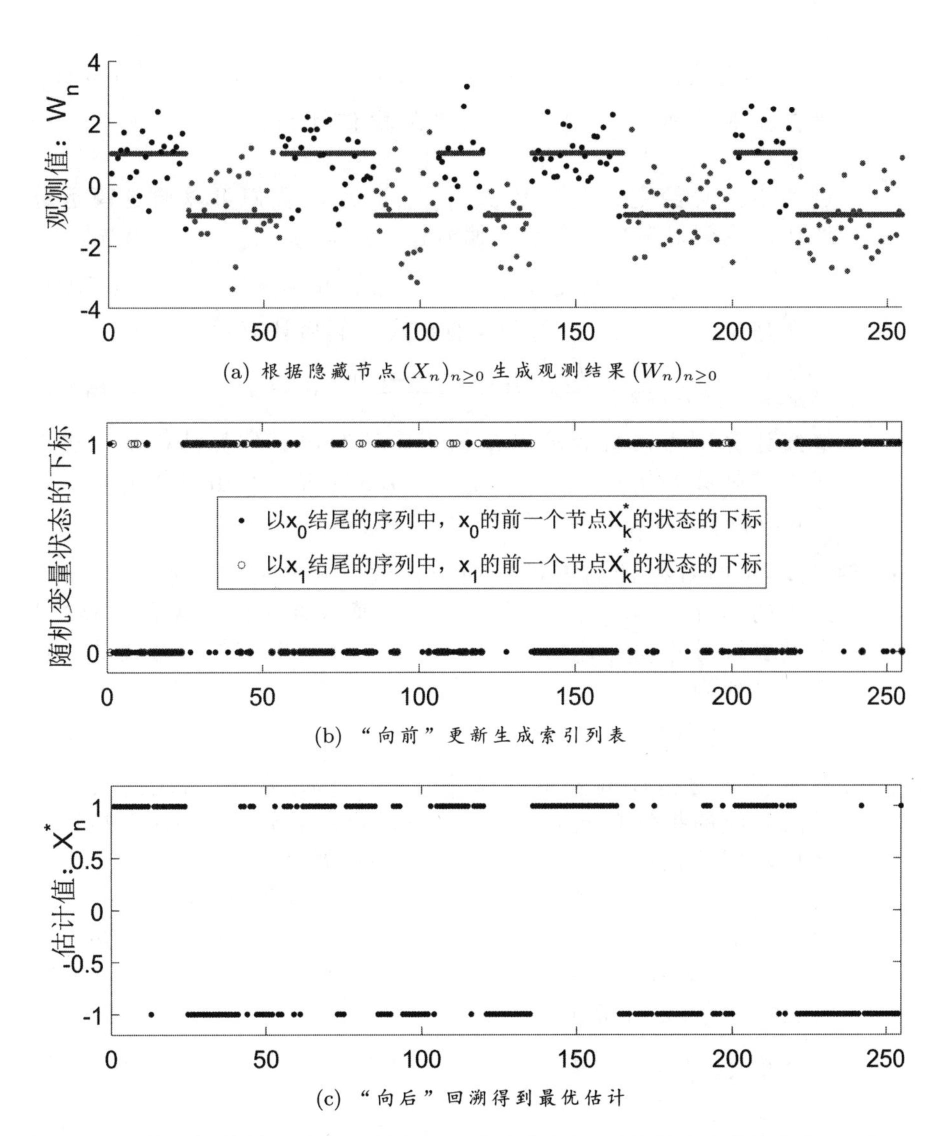

(a) 根据隐藏节点 $(X_n)_{n\geq 0}$ 生成观测结果 $(W_n)_{n\geq 0}$

(b) "向前"更新生成索引列表

(c) "向后"回溯得到最优估计

图 15.12 **Viterbi 算法**的实现过程演示。(a) 实验数据。(b) 根据迭代算法"向前"更新，形成两个索引列表 L_0 和 L_1。(c) 根据索引列表"向后"回溯，得到最优估计结果。

意的 l，下标 i_l 共有 s 个可能的取值 $0,1,2,\cdots,s-1$。于是，我们需要维护 s^k 个"最优估计结果"序列。

我们需要定义一个十进制的数：

$$d_{i_{n-k+1},\cdots,i_n} = d(i_{n-k+1}, i_{n-k+2}, \cdots, i_n)$$

$$= i_{n-k+1} + i_{n-k+2} \times s + i_{n-k+3} \times s^2 +, \cdots, + i_n \times s^{k-1} \quad (15.118)$$

来指定和查找式 (15.117) 中的“最优估计结果”序列所对应的“指针”或“索引值”。

进一步，当给定十进制数 $d_{i_{n-k+1},\cdots,i_n}$ 后，我们可以通过**模运算**迭代，找到对应的 k 个索引编号 $i_{n-k+1}, i_{n-k+2}, \cdots, i_n$。首先，

$$i_{n-k+1} = d_{i_{n-k+1},\cdots,i_n} \mod s \quad (15.119)$$

也就是说，$d_{i_{n-k+1},\cdots,i_n}$ 除以 s 的余数。然后计算：

$$i_{n-k+2} = \frac{d_{i_{n-k+1},\cdots,i_n} - i_{n-k+1}}{s} \mod s \quad (15.120)$$

继续计算下去，直到求出 i_n 为止。请写出具体算法模块，实现（十进制数）指针 $d_{i_{n-k+1},\cdots,i_n}$ 与（k 位 s 进制数组成的）索引编号 $i_{n-k+1}, i_{n-k+2}, \cdots, i_n$ 之间的相互转换。

(b) 现在，我们对指针列表进行遍历，逐一进行更新。根据某一个给定的指针 $d_{i'_{n-k+2},\cdots,i'_{n+1}}$，首先通过**模运算**迭代，找到对应的 k 个索引编号 $i'_{n-k+2}, i'_{n-k+3}, \cdots, i'_{n+1}$，与之相对应的“最优估计结果”序列为：

$$\widetilde{X}^*_m, \widetilde{X}^*_{m+1}, \cdots, \widetilde{X}^*_{n-k+1}, x_{i'_{n-k+2}}, \cdots, x_{i'_n}, x_{i'_{n+1}} \quad (15.121)$$

在更新前的指针列表中，以 $i'_{n-k+2}, i'_{n-k+3}, \cdots, i'_n$ 结尾的索引编号所对应的指针总共有 s 个。首先，我们需要找到这 s 个指针，然后，根据式 (15.97) 选出一个，作为更新结果。

这 s 个的指针所对应的（由 k 位 s 进制数组成的）索引编号为 $z, i'_{n-k+2}, \cdots, i'_n$，其中，$i'_{n-k+2}, \cdots, i'_n$ 是固定的，z 分别取 $0, 1, \cdots, s-1$，就找到了对应的 s 个备选的索引编号。进一步，根据式 (15.118) 可以计算出对应的 s 个指针

$$d_{z,i'_{n-k+2},\cdots,i'_n} = d(z, i'_{n-k+1}, \cdots, i'_n) =$$

$$z + i'_{n-k+2} \times s + i'_{n-k+3} \times s^2 +, \cdots, + i'_n \times s^{k-1} \quad (15.122)$$

然后，根据这 s 个指针找到相应的数据，代入式 (15.97) 中进行计算，从而确定 z 的取值 z^*，完成指针更新过程：

$$d_{i'_{n-k+2},\cdots,i'_{n+1}} \leftarrow d_{z^*,i'_{n-k+2},\cdots,i'_n} \quad (15.123)$$

请写出具体算法模块，实现指针之间的对应查找和更新过程。

(c) 事实上，通过使用一些数学技巧，可以优化上述指针之间的对应查找和更新过程，从而避免十进制数和 s 进制数之间的相互转

换。注意，式 (15.118) 中的后 $k-1$ 位 s 进制数始终保持不变，如果我们可以通过十进制数 $d_{i'_{n-k+2},\cdots,i'_{n+1}}$ 直接得出：式 (15.118) 中的后 $k-1$ 位 s 进制数所对应的十进制数，那么，我们就可以直接计算出（式 (15.118) 中 z 分别取 $0,1,\cdots,s-1$ 时所对应的）s 个指针。事实上，通过**模运算**可以建立两者之间的联系。根据

$$d_{i'_{n-k+2},\cdots,i'_{n+1}} = d(i'_{n-k+2},\cdots,i'_n,i'_{n+1}) =$$

$$i'_{n-k+2} + i'_{n-k+3} \times s+,\cdots,+i'_n \times s^{k-2} + i'_{n+1} \times s^{k-1} \quad (15.124)$$

可以进一步计算得到：

$$i'_{n-k+2} \times s + i'_{n-k+3} \times s^2+,\cdots,+\,i'_n \times s^{k-1} =$$

$$s \times d_{i'_{n-k+2},\cdots,i'_{n+1}} \mod s^k \quad (15.125)$$

对比 (15.122) 可以发现：

$$d_{z,i'_{n-k+2},\cdots,i'_n} = \left(s \times d_{i'_{n-k+2},\cdots,i'_{n+1}} \mod s^k\right) + z \quad (15.126)$$

最终，我们实现了对指针列表的直接维护更新。当 $s=2$, $k=3$ 时，初始指针列表为：

0	1	2	3	4	5	6	7

根据式 (15.126)，每一个指针都有两个备选的更新值，即下表相应列中的两个元素：

0	2	4	6	0	2	4	6
1	3	5	7	1	3	5	7

根据这两个指针找到相应的（两组）数据代入式 (15.97) 中进行计算，在这两个指针中确定一个最优选择，从而完成指针列表的更新。假设更新结果如下：

0	3	4	7	1	3	4	6

根据式 (15.126)，继续计算每一个指针的两个备选的更新值

0	6	0	6	2	6	0	4
1	7	1	7	3	7	1	5

根据上表中每一列的两个指针找到相应的两组数据代入式

(15.97) 中进行计算，从而在这两个指针中确定一个最优选择，进而完成新一轮的指针列表更新。

请写出具体算法模块，并且，对 $k = 3, 4, \cdots$ 的情况进行仿真，进而和图 15.10 中的结果进行对比分析，完成实验报告。

注意，由于我们的 s 个下标选为 $0, 1, 2, \cdots, s-1$，因此，式 (15.118) 和 (15.124) 才成立，如果我们将 s 个下标选为 $1, 2, \cdots, s$，那么，式 (15.118) 和 (15.124) 将不再确保成立。这是设计仿真程序时的一个常见问题。

第 16 章　学生听课状态分析

在华南师范大学**黄甫全**教授主导的一项研究中，尝试将教育机器人开发为AI教师来帮助教师与学生开展课堂教学。几年来，该项研究已经开发出数十节语文、数学、英语系列课例，并且，进入学校课堂进行“AI与真人教师”同课异构式的教学观摩活动。研究结果显示：AI教师主讲课程的学习效应显著高于真人教师，此外，AI教师一方面可以显著减轻教师的教学负担，另一方面能够显著提高教学质量[102, 103, 104, 105]。AI教师主讲课程的开发，展现了美好的前景，有望根本解决乡村优秀教师短缺的难题，赋能基础教育的均衡发展。

目前国内外已经开发了多款机器人教师或AI教师，但是，这些教育机器人要能够真正组织起课堂教学（而不仅仅是一个“多功能播放器”），亟须进一步提升**智能交互**的能力。不同于一般的应用场景，在课堂教学中，教师起着主导作用。机器人要想承担起教师的职责，特别是要承担起学生学习评价的职责，首先需要实现**自主感知**和**主动交互**功能，也就是说，能够实时、自主地对课堂氛围、学生状态、教学效果等情况进行感知、分析、预测和判断。在此基础上，才能谈得上进一步调整和优化教学策略，提升教学效果。当然，这是一个庞大的系统工程。本章中，我们只关注其中的一个任务：通过**智能光电感知**技术来分析学生的听课状态。

16.1 概率图模型的完善

在 15.4 小节中，我们详细讨论了一组具有链式结构的概率图模型：**隐 Markov 模型**，参见图 15.7。进一步，我们给出了关于隐藏节点的**最大后验估计**分析，以及如何通过**动态规划**算法，（根据新引进的**可见节点**）来更新**最大后验估计**结果。对于实际应用，我们还留有一个待解决的问题：如何获取或估计**转移矩阵** $\mathbf{P}$、似然关系 $\mathbf{Q}$ 中的参数？一般情况下，似然关系 $\mathbf{Q}$ 被设置为 **Gauss 分布**，方差 σ^2 仍然是待确定的参数。图 15.8 中的结果也说明：选取不同的方差 σ^2 进行最大后验估计，结果之间存在一定差别。我们首先探索**隐 Markov 模型**的参数估计问题，即如何确定 $\mathbf{P}$ 和 $\mathbf{Q}$，然后将其推广到更一般的情况：**具有链式结构的概率图模型**。

16.1.1 隐 Markov 模型的参数估计

对于**隐 Markov 模型**，当新的**可见节点** W_n 被引入后，我们通过

$$X_n^* = \arg\max_{x_m} \Phi_{n-1}^{(m)} P(W_n|X_n = x_m) \tag{16.1}$$

去选定 (15.73) 中的 x_m，然后根据 X_n^*，从众多的“最优估计结果”序列 $\{\widetilde{X}_0^*, \widetilde{X}_1^*, \cdots, \widetilde{X}_{n-1}^*, x_m\}$ 中，选取出以 X_n^* 结尾的序列：

$$X_0^*, X_1^*, X_2^*, \cdots, X_n^* \tag{16.2}$$

作为新的**最大后验估计**结果，参见 15.4 小节内容。式 (16.2) 中的最大后验估计结果依赖于参数 $\mathbf{P}$ 和 $\mathbf{Q}$ 的选取，于是，我们找到了一种优化估计参数 $\mathbf{P}$ 和 $\mathbf{Q}$ 的依据：使得式 (16.2) 中的最大后验估计结果的“效果最好”。要做到这一点，我们首先需要找到一种方式，对 $X_0^*, X_1^*, X_2^*, \cdots, X_n^*$ 的效果进行“评价”。

在最大后验估计过程中，一组**可见节点** $W_0, W_1, W_2, \cdots, W_n$ 也被同时获取到了，因此，我们可以尝试通过：分析 $X_0^*, X_1^*, X_2^*, \cdots, X_n^*$ 与 $W_0, W_1, W_2, \cdots, W_n$ 之间的“耦合度”，来评价式 (16.2) 中的最大后验估计结果的“效果好坏”。相应的，**似然**条件概率

$$P(W_0, W_1, \cdots, W_n|X_0^*, X_1^*, \cdots, X_n^*) \tag{16.3}$$

正好给出了两组数据之间“耦合度”的一种描述方式。经过上述分析，我们明确了参数估计的具体数学描述：通过选择 $\mathbf{P}$ 和 $\mathbf{Q}$ 中的参数来最大化似然条件概率 (16.3)。虽然我们还没有得出具体算法，但是，至少已经把模型建立起来了。最坏的情况无非是用“蛮力法”去

试验各个参数，然后进行选择。当然，我们应该继续探索具体求解算法。根据式 (15.70)，似然函数 (16.3) 的具体形式为：

$$P(W_0, W_1, \cdots, W_n | X_0^*, X_1^*, \cdots, X_n^*) = \prod_{k=0}^{n} P(W_k | X_k^*) \tag{16.4}$$

假设 $P(W_k|X_k)$ 服从 Gauss 分布，我们可以对 (16.4) 取对数，再进行优化求解，也就是说，

$$\{\mathbf{P}^*, \mathbf{Q}^*\} = \arg\min_{\mathbf{P},\mathbf{Q}} \sum_{k=0}^{n} \left(W_k - X_k^*\right)^2 \tag{16.5}$$

注意，通过参数 $\{\mathbf{P}, \mathbf{Q}\}$ 确定 $X_0^*, X_1^*, X_2^*, \cdots, X_n^*$ 是一个“隐式过程”，无法进行求导，参见式 (15.79) 和 (15.75)。因此，不能直接用“偏导数等于零”的极值条件来进行求解。

在给出具体算法之前，让我们先来把这个问题具体分析一下。首先，我们可以求出与**可见节点** $W_0, W_1, W_2, \cdots, W_n$ 耦合度最高的一组隐藏节点，记为：

$$\widehat{X}_0^*, \widehat{X}_1^*, \widehat{X}_2^*, \cdots, \widehat{X}_n^* = \arg\min_{\{X_k\}} \sum_{k=0}^{n} \left(W_k - X_k\right)^2 \tag{16.6}$$

每一个隐藏节点 $\widehat{X}_k^*$ 的求解也非常简单和直接，

$$\widehat{X}_k^* = \arg\min_{X_k} \left|W_k - X_k\right| \tag{16.7}$$

也就是说，逐个查找与每一个**可见节点**最接近的**隐藏节点**。我们是否能让根据式 (16.5) 求出来的估计结果等于式 (16.6) 的最优解？答案是**不能**！因为**最大后验估计**结果 $X_0^*, X_1^*, X_2^*, \cdots, X_n^*$ 是根据参数 $\{\mathbf{P}, \mathbf{Q}\}$ 优化计算出来的，因此，在序列 $X_0^*, X_1^*, X_2^*, \cdots, X_n^*$ 中，只有部分节点能够与序列 $\widehat{X}_0^*, \widehat{X}_1^*, \widehat{X}_2^*, \cdots, \widehat{X}_n^*$ 匹配上。当我们调整参数 $\{\mathbf{P}, \mathbf{Q}\}$ 后，根据 15.4 小节中介绍的**动态规划**算法，会得到一组新的**最大后验估计**结果。同样地，在新得到的序列 $X_0^*, X_1^*, X_2^*, \cdots, X_n^*$ 中，也只有部分节点能够与序列 $\widehat{X}_0^*, \widehat{X}_1^*, \widehat{X}_2^*, \cdots, \widehat{X}_n^*$ 匹配上。具体地说，我们可以通过调整参数 $\{\mathbf{P}, \mathbf{Q}\}$ 使得某一个节点 X_k^* 与 $\widehat{X}_k^*$ 匹配上后，但是，某些原来匹配上的节点可能会因此而变得匹配不上。

这并不代表前面的分析是毫无意义的，我们的探索不一定成功，但是，我们不能因此而停止探索。相对于知识本身而言，有时候更有价值的是前人探索知识过程中所积累的经验。我们写这本书的目的也是更多地想将这些经验介绍给大家。事实上，后面我们会谈到：通过评估某个节点 X_k 的状态变化对整个“最优估计结果”序列 $X_0^*, X_1^*, X_2^*, \cdots, X_n^*$ 的影响，我们可以基于上述理论分析得出相应的参

数估计算法。在介绍这个算法之前，我们需要补充一些理论分析，建立起关于隐 Markov 链的**条件概率模型**。

16.1.2 条件概率模型

在前面的分析中，我们尝试采用 15.4 小节中介绍的**动态规划**算法，即习题 15.3 中详细探讨的 **Viterbi 算法**，来直接得出**最大后验估计**结果，然后，通过最大化**可见节点序列** $W_0, W_1, W_2, \cdots, W_n$ 与**最大后验估计**结果 $X_0^*, X_1^*, X_2^*, \cdots, X_n^*$ 之间的“耦合度”，来估计参数 $\mathbf{P}$ 和 $\mathbf{Q}$。遗憾的是，我们在求解最大“耦合度”的过程中遇到了困难，只能通过“蛮力法”来进行计算求解。因此，我们不得不“从头开始”建立理论分析模型，进而推导出相应的参数估计算法。

在两个**隐藏节点** $X_k = x_i$ 和 $X_{k+1} = x_j$ 设定为固定值的情况下，依据（给定）参数 $\{\mathbf{P}, \mathbf{Q}\}$ 所得出的**可见节点序列** W_0, W_1, W_n 的概率：

$$\gamma_{j,i}(k) = P(W_0, W_1, \cdots, W_n | X_k = x_i, X_{k+1} = x_j, \mathbf{P}, \mathbf{Q}) P(X_k = x_i) p_{j,i} \tag{16.8}$$

其中条件概率

$$p_{j,i} = P(X_{k+1} = x_j | X_k = x_i) \tag{16.9}$$

为**转移矩阵** $\mathbf{P}$ 中第 j 行、第 i 列的元素。事实上，给定的两个隐藏节点 $X_k = x_i$ 和 $X_{k+1} = x_j$ 将 **Markov 链**分为了两个子链，第一个子链包含 k 个未知的隐藏节点，以给定的隐藏节点 $X_k = x_i$ 结尾；第二个子链包含 $n-k-1$ 个隐藏节点，从给定的隐藏节点 $X_{k+1} = x_j$ 开始。因此，式 (16.8) 可以被进一步写成这两个子链的级联形式，也就是说，

$$\begin{aligned}\gamma_{j,i}(k) = & P(W_0, W_1, \cdots, W_k | X_k = x_i, \mathbf{P}, \mathbf{Q}) P(X_k = x_i) \\ & \times P(W_{k+1}, W_{k+2}, \cdots, W_n | X_{k+1} = x_j, \mathbf{P}, \mathbf{Q})\, p_{j,i}\end{aligned} \tag{16.10}$$

或者进一步将其写为：

$$\begin{aligned}\gamma_{j,i}(k) = & \underbrace{P(W_0, W_1, \cdots, W_k, X_k = x_i | \mathbf{P}, \mathbf{Q})}_{\text{第一个子链的条件概率}} \\ & \times \underbrace{P(W_{k+2}, \cdots, W_n | X_{k+1} = x_j, \mathbf{P}, \mathbf{Q})}_{\text{第二个子链的条件概率}} P(W_{k+1} | X_{k+1} = x_j)\, p_{j,i}\end{aligned} \tag{16.11}$$

剩下的问题是：如何计算式 (16.11) 中的两个子链的条件概率？注意，我们处理的是具有链式结构的概率图模型，参见图 15.7。因此，我们可以采用**递归**的方式来逐步计算这两个子链的条件概率。

首先，我们令：

$$\alpha_i(m) = P(W_0, W_1, \cdots, W_m, X_m = x_i|\mathbf{P}, \mathbf{Q}) \tag{16.12}$$

然后推导 $\alpha_j(m+1)$ 和 $\alpha_i(m)$ 之间的关系。根据定义，

$$\alpha_j(m+1) = P(W_0, W_1, \cdots, W_m, W_{m+1}, X_{m+1} = x_j|\mathbf{P}, \mathbf{Q}) \tag{16.13}$$

$$= \sum_{i=0}^{N-1} P(W_0, W_1, \cdots, W_m, W_{m+1}, X_m = x_i, X_{m+1} = x_j|\mathbf{P}, \mathbf{Q}) \tag{16.14}$$

其中 N 为状态数目。进一步，可以计算：

$$P(W_0, W_1, \cdots, W_m, W_{m+1}, X_m = x_i, X_{m+1} = x_j|\mathbf{P}, \mathbf{Q}) \tag{16.15}$$

$$= P(W_{m+1}|W_0, W_1, \cdots, W_m, X_m = x_i, X_{m+1} = x_j\mathbf{P}, \mathbf{Q})$$

$$\times P(X_{m+1} = x_j|W_0, W_1, \cdots, W_m, X_m = x_i, \mathbf{P}, \mathbf{Q})$$

$$\times P(W_0, W_1, \cdots, W_m, X_m = x_i, \mathbf{P}, \mathbf{Q}) \tag{16.16}$$

$$= P(W_{m+1}|X_{m+1} = x_j) \times P(X_{m+1} = x_j|X_m = x_i) \times \alpha_i(m) \tag{16.17}$$

$$= \alpha_i(m)p_{j,i}P(W_{m+1}|X_{m+1}) \tag{16.18}$$

将上式代入式 (16.14)，可以得到递推公式：

$$\alpha_j(m+1) = \left(\sum_{i=0}^{N-1} \alpha_i(m)p_{j,i}\right) P(W_{m+1}|X_{m+1} = x_j) \tag{16.19}$$

上式又称为**前向递推**算法。类似地，我们令：

$$\beta_j(l+1) = P(W_{l+2}, \cdots, W_n|X_{l+1} = x_j, \mathbf{P}, \mathbf{Q}) \tag{16.20}$$

然后推导 $\beta_i(l-1)$ 和 $\alpha_j(l)$ 之间的关系。根据定义，

$$\beta_i(l) = P(W_l, W_{l+1}, W_{l+2}, \cdots, W_n|X_l = x_i, \mathbf{P}, \mathbf{Q}) \tag{16.21}$$

$$= \sum_{j=0}^{N-1} P(W_{l+1}, W_{l+2}, \cdots, W_n, X_{l+1} = x_j|X_l = x_i, \mathbf{P}, \mathbf{Q}) \tag{16.22}$$

其中 N 为状态数目。进一步，可以计算：

$$P(W_{l+1}, W_{l+2}, \cdots, W_n, X_{l+1} = x_j|X_l = x_i, \mathbf{P}, \mathbf{Q})$$

$$= P(W_{l+1}, W_{l+2}, \cdots, W_n|X_{l+1} = x_j, X_l = x_i, \mathbf{P}, \mathbf{Q}) \tag{16.23}$$

$$\times P(X_{l+1} = x_j | X_l = x_i) \tag{16.24}$$

$$= P(W_{l+2}, \cdots, W_n | X_{l+1} = x_j, \mathbf{P}, \mathbf{Q}) \times P(W_{l+1} | X_{l+1} = x_j)$$

$$\times P(X_{l+1} = x_j | X_l = x_i) \tag{16.25}$$

$$= \beta_j(l+1) p_{j,i} P(W_{l+1} | X_{l+1} = x_j) \tag{16.26}$$

式 (16.24) 到 (16.25) 是根据图 15.7 所示的**链式概率图结构**而得出的，在已知 $X_{l+1} = x_j$ 的情况下，W_l 和 $X_l = x_i$ 对于确定 W_{l+1} 不提供附加信息；另外，在已知 $X_l = x_i$ 的情况下，W_l 和 $X_{l+1} = x_j$ 是相互独立的，称为**条件独立**。将式 (16.26) 代入式 (16.22)，可以得到递推公式：

$$\beta_i(l) = \sum_{j=0}^{N-1} \beta_j(l+1) p_{j,i} P(W_{l+1} | X_{l+1} = x_j) \tag{16.27}$$

上式又称为**后向递推**算法。于是，式 (16.11) 可以被进一步写为：

$$\gamma_{j,i}(k) = \alpha_i(k) \beta_j(k+1) p_{j,i} P(W_{k+1} | X_{k+1} = x_j) \tag{16.28}$$

首先，通过**前向递推**算法生成所有的 $\alpha_i(k)$，结果保存成一个 $N \times n$ 的矩阵 $\mathbf{A}$；然后，通过**后向递推**算法生成所有的 $\beta_j(k)$，结果保存成一个 $N \times n$ 的矩阵 $\mathbf{B}$；最后，根据式 (16.28) 生成所有的 $\gamma_{j,i}(k)$，保存成一个三维**张量** $\mathcal{C}$ 或一个 $N^2 \times n$ 的矩阵 $\mathbf{C}$。注意，$k = 0, 1, 2, \cdots, n-1$。在习题 16.1 中，我们将详细探讨 $\alpha_i(k)$、$\beta_j(k)$ 和 $\gamma_{j,i}(k)$ 的算法实现过程，以及矩阵 $\mathbf{A}$、$\mathbf{B}$ 和 $\mathbf{C}$ 的具体生成过程。

条件概率 $\gamma_{j,i}(k)$ 给出了：在给定参数 $\{\mathbf{P}, \mathbf{Q}\}$ 的情况下，每一对隐藏节点 $X_k \to X_{k+1}$ 在不同状态之间跳转时所对应的一组可见节点序列 $W_0, W_1, \cdots, W_m, W_{m+1}$ 的**条件概率**。我们可以用这组条件概率来评判隐藏节点在不同状态之间的跳转，进而用于更新和调整**转移矩阵** $\mathbf{P}$ 中的状态转移概率 $\{p_{i,j}\}$、初始节点 X_0 各个状态的概率分布（向量）$\mathbf{p}_0$ 以及 Gauss 分布中的均值和方差（即：$\mathbf{Q}$ 中的参数）。

正如我们在上一小节中所分析的，参数 $\{\mathbf{P}, \mathbf{Q}\}$ 的优化估计不存在解析求解过程，需要通过设计算法来实现。下一小节中，我们将详细讨论一种经典的参数估计方法：**Baum-Welch 算法**。

16.1.3 Baum-Welch 算法

式 (16.8) 中的 $\gamma_{j,i}(k)$ 定量地描述节点 $X_k \to X_{k+1}$ 在不同状态之间跳转所带来的影响，也就是说，在两个**隐藏节点** $X_k = x_i$ 和 $X_{k+1} = x_j$ 设定为固定值的情况下，一组可见节点 $W_0, W_1, \cdots, W_n$ 对于给定参数

$\{\mathbf{P}, \mathbf{Q}\}$ 的**条件概率**。进一步，我们可以通过计算：

$$\gamma_i(k) = \sum_{j=0}^{s-1} \gamma_{j,i}(k) \tag{16.29}$$

来对 $\gamma_{j,i}(k)$ 进行**归一化**，使得 $\gamma_{j,i}(k)/\gamma_i(k)$ 成为一组归一化的系数，从而定量地分析和描述 X_k 状态变化的影响。进一步，我们可以将所有的 $\{\gamma_{j,i}(k)/\gamma_i(k)\}$ 排列成矩阵，来作为对 $X_k \to X_{k+1}$ 在不同状态之间跳转所对应的**转移矩阵**的一种估计。进一步，同时考虑隐藏节点中的所有随机变量在不同状态之间的跳转，于是，我们可以将

$$\widetilde{p}_{j,i} = \sum_{k=1}^{n-1} \gamma_{j,i}(k) \Bigg/ \sum_{j=0}^{s-1} \sum_{k=1}^{n-1} \gamma_{j,i}(k) = \sum_{k=1}^{n-1} \gamma_{j,i}(k) \Bigg/ \sum_{k=1}^{n-1} \gamma_i(k) \tag{16.30}$$

作为对转移矩阵中的条件概率 $p_{j,i}$ 的一种估计，其中 s 表示随机变量的状态数目。这一思想和后续推导出的方法就是著名的 **Baum-Welch 算法**。进一步，为对起始节点的状态分布的估计可以选为：

$$P(X_0 = x_i) = \gamma_i(0) \Bigg/ \sum_{i=0}^{s-1} \gamma_i(0) \tag{16.31}$$

我们需要继续对 $\mathbf{Q}$ 中的参数进行估计。此时，状态 x_l 也是未知的（其中 $l = 0, 1, 2 \cdots, s-1$），需要对其进行估计。我们假设隐藏节点 X_k 和可见节点 W_k 之间服从 **Gauss 分布**，也就是说，

$$P(W_k | X_k = x_l) = \frac{1}{\sqrt{2\pi\sigma_l^2}} e^{-\frac{1}{2}(W_k - x_l) / \sigma_l^2} \tag{16.32}$$

待估计的未知量共 $2k$ 个，包括 x_l 和 σ_l^2，其中，$l = 0, 1, 2, \cdots, s-1$。这一任务相对简单一些，有很多现成的方法，例如：使用著名的 **k-means 聚类**算法对可见节点 $W_0, W_1, \cdots, W_n$ 的一组观测结果进行聚类。需要注意的是：对于我们的问题，$\gamma_i(k)$ 给出了对节点 X_k 取各个状态的一种权重评估，但是，在 k-means 聚类算法中，却没有这一信息。因此，在 k-means 聚类算法中，每一个样本都“确定”地划归某**一个类**，但是，基于 $\gamma_i(k)$，我们可以让每一个样本都按照比例被“分配”给**所有的类**。这样做的一个好处是：相当于大大增加了样本量，另外，还可以避免某一类的样本没有出现的极端情况。因此，**Baum-Welch 算法**采用如下的参数估计方式：

$$\widetilde{x}_l = \sum_{k=1}^{n-1} W_k \gamma_l(k) \Bigg/ \sum_{k=1}^{n-1} \gamma_l(k) \tag{16.33}$$

$$\widetilde{\sigma}_l^2 = \sum_{k=1}^{n-1} (W_k - \widetilde{x}_l)^2 \gamma_l(k) \Bigg/ \sum_{k=1}^{n-1} \gamma_l(k) \tag{16.34}$$

也就是说，以 $\gamma_l(k)/\sum_{k=1}^{n-1}\gamma_l(k)$ 作为**归一化权重**进行加权平均。事实上，式 (16.33) 中的 $\widetilde{x}_l$ 和式 (16.34) 中的 $\widetilde{\sigma}_l^2$ 是关于 Gauss 分布 (16.32) 中参数 x_l 和 σ^2 的**最大似然估计**结果。这是一个众所周知的结果。

至此，我们估计出了参数 $\{\mathbf{P},\mathbf{Q}\}$，参见式 (16.31)、(16.30)、(16.33) 和 (16.34)。但是，我们的任务还没有完成，因为在计算 $\gamma_{j,i}(k)$ 和 $\gamma_l(k)$ 的过程中需要用到参数 $\{\mathbf{P},\mathbf{Q}\}$。对于这类"鸡生蛋— 蛋生鸡"的问题，我们自然想到了**迭代**计算，也就是说，

$$\cdots \to \boxed{\{\mathbf{P},\mathbf{Q}\}} \to \boxed{\{\gamma_{j,i}(k)\}} \to \boxed{\text{新的}\{\mathbf{P},\mathbf{Q}\}} \to \boxed{\text{新的}\{\gamma_{j,i}(k)\}} \to \cdots$$

将上面的迭代进行下去，直到 $\{\mathbf{P},\mathbf{Q}\}$ 不再发生明显变化为止，就得到了 **Baum-Welch 算法**的输出结果 $\{\widetilde{\mathbf{P}},\widetilde{\mathbf{Q}}\}$。我们可以直接使用 Baum-Welch 算法的结果 $\{\widetilde{\mathbf{P}},\widetilde{\mathbf{Q}}\}$，或者，使用"蛮力法"在 $\{\widetilde{\mathbf{P}},\widetilde{\mathbf{Q}}\}$ 附近计算式 (16.5)，进一步逼近 $\{\mathbf{P}^*,\mathbf{Q}^*\}$。

图 16.1 中给出了一个实验仿真结果。图 16.1(a) 中给出了隐 Markov 模型中可见节点的一组观测结果。我们使用 **Baum-Welch 算法**进行 10 次迭代，所得到的参数估计结果为：

$$\mathbf{P}=\begin{pmatrix} 0.7369 & 0.2657 \\ 0.2631 & 0.7343 \end{pmatrix} \tag{16.35}$$

初始节点各个状态的概率估计结果为：

$$P(X_0=x_0)=0.9976 \quad \text{和} \quad P(X_0=x_1)=0.0024 \tag{16.36}$$

式 (16.32) 中 Gauss 分布的参数估计结果为：均值分别为 $\widetilde{x}_0=0.8049$ 和 $\widetilde{x}_1=-0.3889$，方差分别为 $\widetilde{\sigma}_0^2=2.5415$ 和 $\widetilde{\sigma}_1^2=2.7506$。依据上述参数估计结果，我们采用 15.4 小节中介绍的**动态规划**算法，即习题 15.3 中详细探讨的 **Viterbi 算法**，来直接得出**最大后验估计**结果，如图 16.1(b) 所示。对比图 15.8，状态间的频繁跳动得到了有效抑制，在下一小节中，我们还会尝试对 **Baum-Welch 算法**进行一些新的调整。

16.1.4 条件最大后验估计

我们常常碰到的一种情况是：在通过**隐 Markov 模型**进行状态估计时，有些**隐藏节点** X_k 已经（根据可见节点 W_n 附近的几个观测结果）做了人为标注，也就是说，$X_k=x_m$ 是提前确定好了的，不允许更改。对于上述这种情况，我们在使用习题 15.3 中的 **Viterbi 算法**进行模型求解时，还必须确保"最优估计结果"序列中包含 $X_k=x_m$，但是，Viterbi 算法无法确保这一点。

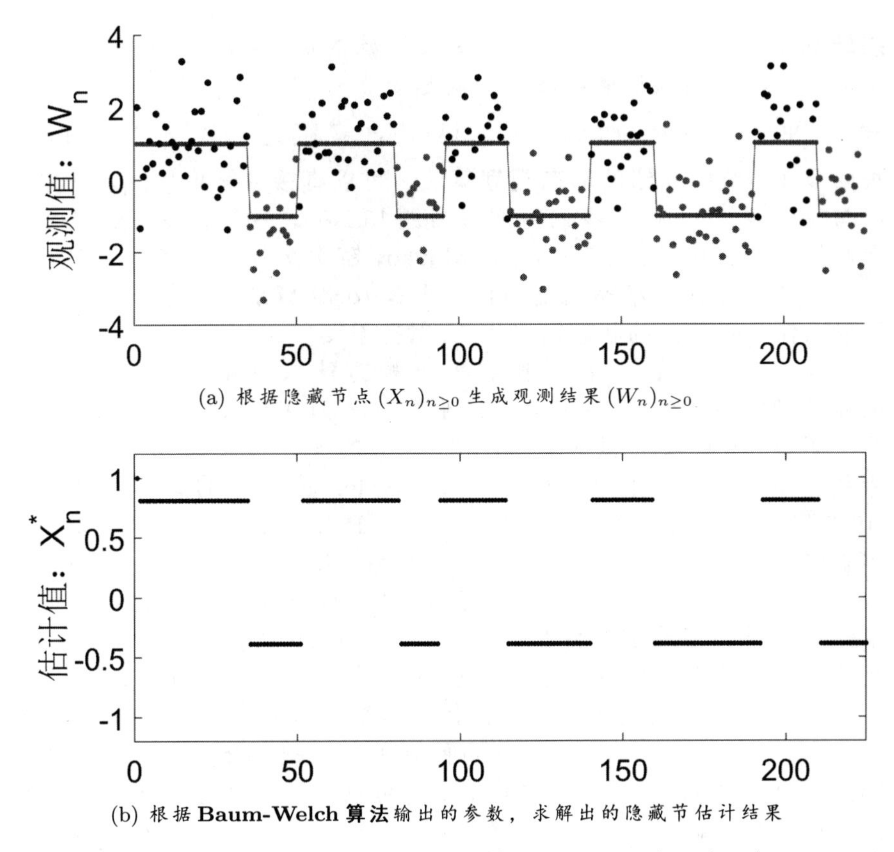

(a) 根据隐藏节点 $(X_n)_{n\geq 0}$ 生成观测结果 $(W_n)_{n\geq 0}$

(b) 根据 **Baum-Welch 算法**输出的参数，求解出的隐藏节点估计结果

图 16.1 **隐 Markov 模型**实验结果。**Markov 链** $(X_n)_{n\geq 0}$ 只包含两个状态 $x_0=+1$ 和 $x_1=-1$。(a) 可见节点与隐藏节点之间的服从**标准正态分布**。(b) 根据 **Baum-Welch 算法**迭代 30 次后的参数求解出的估计结果。

本节中，我们将讨论如何求解 $X_k=x_m$ 固定时的“最优估计结果”序列，我们将其称为**条件最大后验估计**结果。首先，我们需要计算当 $X_k=x_i$ 和 $X_{k+1}=x_j$ 设定为固定值的情况下，通过动态规划算法所得到的“最优估计结果”序列 $X_0^*, X_1^*, \cdots, X_{k-1}^*, x_i, x_j, X_{k+1}^*, \cdots, X_n^*$ 所对应的**后验概率**：

$$\gamma_{i,j}(k)=\max P(X_0X_1\cdots X_{k-1}x_ix_jX_{k+2}\cdots X_n|W_0W_1\cdots W_n) \tag{16.37}$$

上式可以进一步写为：

$$\gamma_{j,i}(k)=\Phi_{k-1}^{(i)}\Psi_{n-k-1}^{(j)}P(W_k|x_i)P(W_{k+1}|x_j)p_{j,i} \tag{16.38}$$

其中 $\Phi_{k-1}^{(i)}$ 的定义参见式 (15.73)，$p_{j,i}=P(X_{k+1}=j|X_k=i)$ 为相应的**状

态转移概率，Ψ^j_{n-k-1} 为从 $X_{k+1}=x_j$ 开始的后 $n-k-1$ 个状态 X_{k+2}, $X_{k+2},\cdots X_n$ 的**最大后验概率**，也就是说，

$$\Psi^{(j)}_{n-k-1}=\max P(X_{k+2}\cdots X_n|X_{k+1}=x_j,W_{k+2}\cdots W_n) \tag{16.39}$$

采用 15.4 小节中介绍的**动态规划**算法，可以直接求解 $\Psi^{(j)}_{n-k-1}$，基本过程与求解 $\Phi^{(i)}_{k-1}$ 一致。我们将通过习题 16.2 对其进行详细讨论。事实上，给定的隐藏节点 $X_k=x_m$ 将 **Markov 链**分为了多个子链，对于每一个子链，在使用**动态规划**方法（即 **Viterbi 算法**）求解的过程中，还要确保起始节点的状态始终为 x_m 保持不变。

基于上述分析，我们找到了一种方法去评估：某个节点 X_k 的状态变化对整个“最优估计结果”序列 $X^*_0,X^*_1,X^*_2,\cdots,X^*_n$ 的影响。我们也可以尝试使用式 (16.38) 中的 $\gamma_{j,i}(k)$ 来代替替式 (16.8) 中所使用的 $\gamma_{j,i}(k)$，然后，使用 **Baum-Welch 算法**中的参数估计公式 (16.31)、(16.30)、(16.33) 和 (16.34) 来更新 $\{\mathbf{P},\mathbf{Q}\}$。图 16.2 中给出了一个实验仿真结果。类似于图 15.8(a) 中的设置，**Markov 链** $(X_n)_{n\geq 0}$ 只包含两个状态 $x_0=+1$ 和 $x_1=-1$。可见节点 W_n 与隐藏节点 X_n 之间的**似然**条件概率服从**标准正态分布**，也就是说，式 (16.32) 中的 $\sigma_0^2=\sigma_1^2=1$。此外，状态具有一定的持续性，也就是说，状态 $X_n=x_k$ 在时间段 T（一个15 到 35 之间的随机数）内保持不变，直到 X_{n+T+1} 才跳转到新的状态，如图 16.2(a) 所示。为了便于观察，图 16.2(a) 中同时画出了 $(X_n)_{n\geq 0}$ 和 $(W_n)_{n\geq 0}$，只有 $(W_n)_{n\geq 0}$ 是“可见的”，$(X_n)_{n\geq 0}$ 只是用于对比仿真结果。

采用上面介绍的方法（将 **Baum-Welch 算法**中的 $\gamma_{j,i}(k)$ 替换成式 (16.38) 中的 $\gamma_{j,i}(k)$）进行参数估计，经过 1 次迭代，转移矩阵更新为：

$$\widetilde{\mathbf{P}}_1=\begin{pmatrix}0.7124 & 0.2906\\ 0.2876 & 0.7094\end{pmatrix} \tag{16.40}$$

相应地，式 (16.32) 中，Gauss 分布的均值估计结果更新为 $\widetilde{x}_0=0.5610$ 和 $\widetilde{x}_1=-0.6241$，方差的估计结果更新为 $\widetilde{\sigma}_0^2=1.4158$ 和 $\widetilde{\sigma}_1^2=1.6405$。继续进行迭代，到第 9 次迭代时，转移矩阵更新为：

$$\widetilde{\mathbf{P}}_9=\begin{pmatrix}0.9064 & 0.0788\\ 0.0936 & 0.9212\end{pmatrix} \tag{16.41}$$

再次进行迭代计算，第 9 次迭代时的转移矩阵更新为：

$$\widetilde{\mathbf{P}}_{10}=\begin{pmatrix}0.9071 & 0.0784\\ 0.0929 & 0.9216\end{pmatrix} \tag{16.42}$$

基本趋于稳定。此时，式 (16.32) 中，Gauss 分布的均值估计结果更新为 $\widetilde{x}_0=0.9517$ 和 $\widetilde{x}_1=-0.7664$，方差的估计结果更新为 $\widetilde{\sigma}_0^2=0.9308$ 和

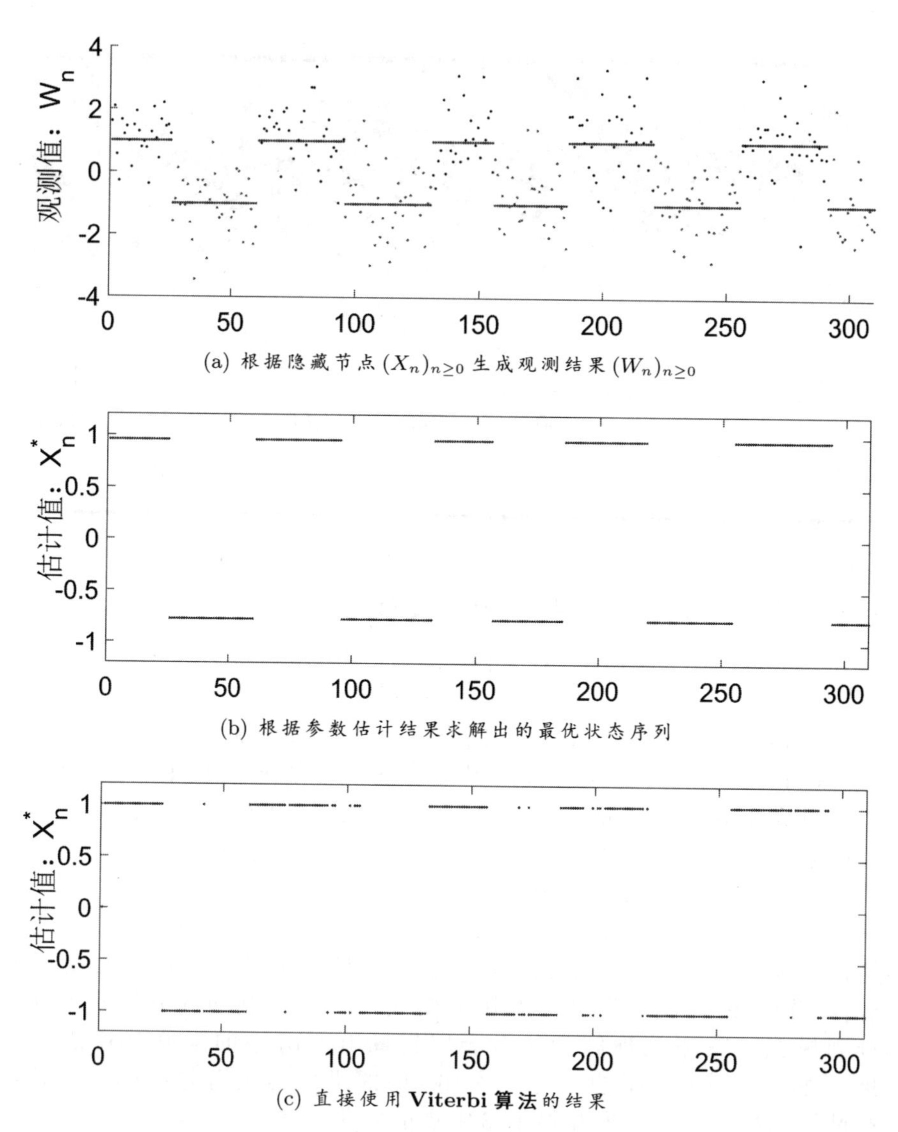

(a) 根据隐藏节点 $(X_n)_{n\geq 0}$ 生成观测结果 $(W_n)_{n\geq 0}$

(b) 根据参数估计结果求解出的最优状态序列

(c) 直接使用 **Viterbi 算法**的结果

图 16.2 **隐 Markov 模型**实验结果。(a) 实验数据。(b) 根据参数估计算法迭代 10 次，用相应参数求解出的估计结果。(b) 直接使用 **Viterbi 算法**的估计结果。

$\widetilde{\sigma}_1^2 = 1.4326$。作为对比，图 16.2(c) 中给出了直接用**动态规划**算法解出的隐 Markov 模型中隐藏节点的估计结果，参见 15.4 小节内容。求解过程中，相应的参数选为图 16.2(a) 中实验所对应的参数，也就是说，隐藏节点的状态也选为 $x_0 = +1$ 和 $x_1 = -1$，式 (15.79) 中的参数选为

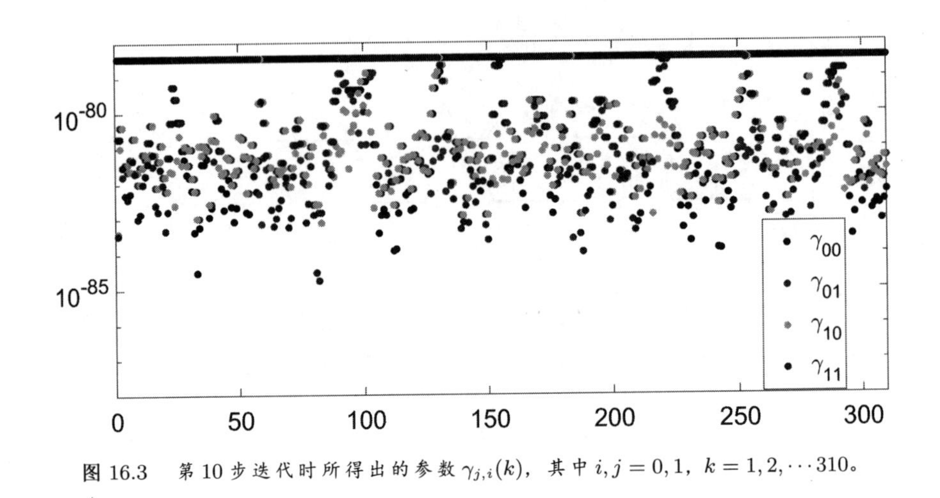

图 16.3　第 10 步迭代时所得出的参数 $\gamma_{j,i}(k)$，其中 $i,j=0,1$，$k=1,2,\cdots 310$。

$\sigma^2=1$。实验中，我们将相应的**转移矩阵**设置为：

$$\mathbf{P}=\begin{pmatrix}0.6 & 0.4\\ 0.4 & 0.6\end{pmatrix} \tag{16.43}$$

正如我们在图 15.8 中看到的，图 16.2(c) 中的**最大后验估计**结果与图 16.2(a) 中的 $(X_n)_{n\geq 0}$ 基本符合，但是状态之间存在一些频繁的跳转。

图 16.3 中给出了相应的 $\gamma_{j,i}(k)$，其中 $i,j=0,1$，$k=1,2,\cdots,310$。可以看到，在优化结果中，$\gamma_{0,0}$ 和 $\gamma_{1,1}$（在统计意义上）占“主导地位”，因此，在估计出的转移矩阵中，对角线元素 $p_{0,0}$ 和 $p_{1,1}$ 远大于非对角线元素。另外，注意观察图 16.3 中 $\gamma_{j,i}(k)$ 在每一个 k 时的最大值，也就是说，图 16.3 中上方由红点 $\gamma_{0,0}(k)$ 构成的“线段”与由黑点 $\gamma_{1,1}(k)$ 构成的“线段”之间的排列模式，对比图 16.2(c) 中蓝色线段的排列模式，就不难理解为什么会取得图 16.2(b) 中的隐藏节点估计结果。注意，为了显示的方便，图 16.3 中的纵坐标采用对数形式，需要通过纵轴标尺刻度来衡量图 16.3 中点的真是取值。

16.1.5 解决下溢问题

从图 16.3 中可以看出，$\gamma_{j,i}(k)$ 的取值都非常小，范围在 10^{-86} 到 10^{-78} 之间，对于一些老式的计算机，$\gamma_{j,i}(k)$ 已经超出了其精度范围，随之将全部变为 0，这种现象在数值计算中被称为**下溢**。随着链条长度 n 的增加，这一问题将变得愈发严重。因此，在计算过程中，我们

对式 (16.38) 中的 $\gamma_{j,i}(k)$ 取对数，记为 $\widehat{\gamma}_{j,i}(k)$，也就是说，

$$\widehat{\gamma}_{j,i}(k) = \log \Phi_{k-1}^{(i)} + \log \Psi_{n-k-1}^{(j)} - \frac{(W_k - x_i)^2}{2\sigma_i^2} - \frac{(W_{k+1} - x_j)^2}{2\sigma_j^2} + \log p_{j,i} - \log \sigma_i \sigma_j \tag{16.44}$$

然后进行优化求解。注意，我们在后续计算中所需要的不是 $\gamma_{j,i}(k)$ 的真实值，而是 $\gamma_{j,i}(k)$ 相互之间的比例关系，参见式 (16.30)、(16.33) 和 (16.34)。因此，我们可以对所有的 $\gamma_{j,i}(k)$ 进行等比例放大。那么，究竟该放大多少呢？一个选择是：将 $\gamma_{j,i}(k)$ 中的最大值放大为 1，对其他的 $\gamma_{j,i}(k)$ 进行同比例放大。相应地，$\widehat{\gamma}_{j,i}(k)$ 中的最大值应该被增大到 0。因此，我们首先计算：

$$\widehat{\gamma}_{\max} = \max_{i,j,k} \widehat{\gamma}_{j,i}(k) \tag{16.45}$$

然后对 $\widehat{\gamma}_{j,i}(k) - \widehat{\gamma}_{\max}$ 进行指数运算，得到

$$\gamma_{j,i}(k) = \exp\left[\widehat{\gamma}_{j,i}(k) - \widehat{\gamma}_{\max}\right] \tag{16.46}$$

将上式中的 $\gamma_{j,i}(k)$ 代入式 (16.31)、(16.30)、(16.33) 和 (16.34) 中进行计算，可以得到相同的参数估计结果，同时避免了数值计算过程中的**下溢**问题。需要指出的是：**Baum-Welch 算法**无法采用上述方式来解决下溢问题。注意，在前向递推公式 (16.19) 和后向递推公式 (16.27) 中，都存在“相加”和“相乘”的项，通过“取对数”，可以把“相乘”的项拆分出来，但是，无法对“相加”的项进行处理。通过采用（上一小节提出的）基于**条件最大后验估计**的参数估计方法，也就是说，将 **Baum-Welch 算法**中的 $\gamma_{j,i}(k)$ 替换成式 (16.38) 中的 $\gamma_{j,i}(k)$，然后代入式 (16.31)、(16.30)、(16.33) 和 (16.34) 中进行参数更新，我们成功地解决了上述问题。此时，前向递推公式 (16.19) 和后向递推公式 (16.27) 中的“相加”项被转换成了“求最大”（参见式 (15.75) 和 (16.53)），使得连乘的形式得以维持，因此，可以通过（本小节中所介绍的）“取对数”的方式来解决下溢问题。

16.2 教育机器人

在华南师范大学**黄甫全**教授主导的一项研究中，尝试通过引入教育机器人来辅助教师进行课堂教学，这项研究工作对于改善偏远贫困地区的教育教学质量有着重要的意义。教育机器人的普及应用，一方面可以减轻教师的教学压力和工作量，另一方面可以将优秀教师的优秀课程有效地“迁移”到边缘贫困地区的课堂上，从而真正实现对优

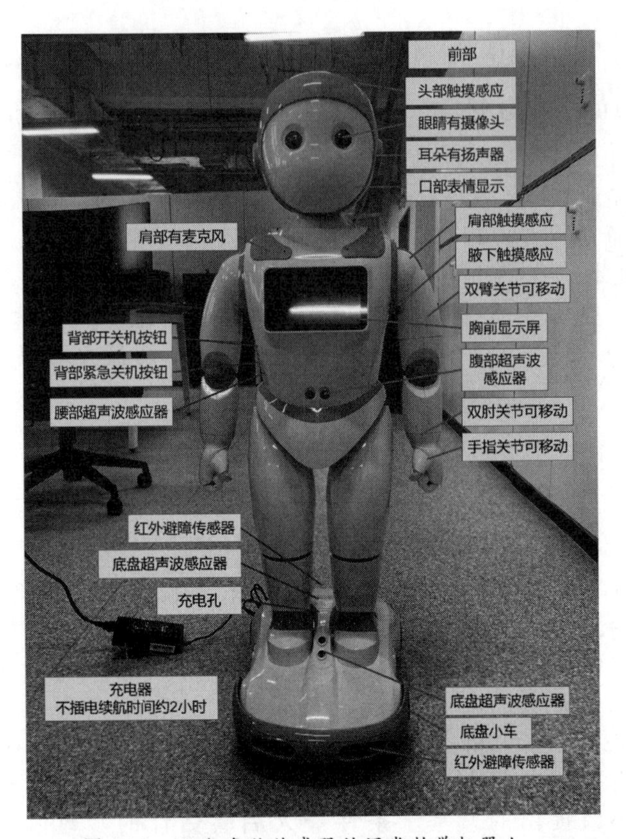

图 16.4 配备多种传感器的课堂教学机器人。

质教学资源的共享。

目前市面上已有多款教育机器人，参见图 16.4，但是，课堂教学仍然需要教师来组织和开展，教育机器人在教师的超控下（例如使用遥控器），按照预设程序“机械式”地讲解部分教学内容，如图 16.5(a) 所示。这与真正意义上的**机器人教师**还有很大差距。这些教育机器人要能够真正组织起课堂教学（而不仅仅是一个“多功能播放器”），亟须进一步提升**智能交互**的能力。

16.3 基于感知的智能交互

不同于一般的应用场景，在课堂教学中，教师起着**主导**作用。机器人要想承担起教师的职责，特别是要承担起学生学习评价的职责，

(a) 教育机器人辅助教师进行课堂教学

(b) 机器人在课堂教学中所看到的画面

图 16.5 教育机器人要真正用于课堂教学，亟须进一步提升智能交互能力。在课堂教学中，教师起着主导的作用，因此，教育机器人需要具备**自主感知**和**主动交互**功能。

首先需要实现**自主感知**和**主动交互**功能，也就是说，能够实时、自主地对课堂氛围、学生状态、教学效果等情况进行感知、分析、预测和判断。在此基础上，才能谈得上进一步调整和优化教学策略，提升教学效果。当然，这是一个庞大的系统工程。本章中，我们只关注其

图 16.6　教室范围内学生面部检测效果。我们先针对简单场景进行算法尝试，也就是说，小班上课的情况。此时，我们可以稳定地获取（完整的）人脸跟踪序列，

中的一个任务：通过**智能光电感知**技术来分析学生的听课状态[①]。图 16.5(b) 所示的是教育机器人所“看到”的教学场景，目前，已有很多成熟的基于深度学习的目标识别算法，例如著名的 YOLO（You Only Look Once）算法[②]，可以直接提供目标检测结果，如图 16.5(b) 所示。

需要指出的是：图 16.5(b) 中的目标检测结果并不等价于对课堂氛围或学生状态的描述。我们需要对目标检测结果的**时序过程**进行分析，从而实现对学生听课状态的分析和描述。基于前面两章介绍的数学基础和算法实现，为我们完成这一任务打下了坚实的基础。

我们可以根据人脸检测结果的时间序列，应用**隐 Markov 模型**来对每一个学生的听课状态进行评估。本章介绍的模型参数估计方法，使得我们可以不断更新模型参数，进一步提升系统的鲁棒性。基于智能感知的结果，教育机器人在播放教学内容的过程中，可以自主地实现**智能交互**，例如，当发现某一个同学听课时的专注度较低时，主动提醒同学认真听课，并主动进行问答式的交互，判断是否需要重复讲解前面的哪部分内容。我们先针对较为简单的教学场景进行尝试，也就是说，图 16.6 中的小班上课的情况。此时，我们可以稳定地获取完整的人脸，并且，人脸的跟踪序列也是完善的。

①参见：**张源**, 基于机器视觉的学生专注度智能检测研究, 中山大学优秀毕业论文.

②附录 A.1 中给出了 YOLO 目标检测算法的详细介绍。

16.4 数据收集与整理

我们可以将图 16.6 的框中人的脸提取出来，效果如图 16.7(a) 所示，其中“行标”为时间序列，“列标”为学生编号。对于每一个学生，都会形成一个序列，然后，我们请教育专家和小学老师判断人脸所对应的上课专注度，对人脸序列中的每一个人脸进行打分（归一化为 0 到 1 之间的数），从而得到样本序列。

需要指出的是，YOLO 对每一帧图像的人脸检测结果，其编号不能保障是匹配的，第 k 帧中编号为 m 的人脸，可能对应于第 $k+1$ 帧中编号为 n 的人脸。例如图 16.7(a) 中最后一行和倒数第二行中的人脸编号就发生了“错位”。因此，得到某一帧中的人脸框图之后，需要根据人脸框图（的中心点）在图像中的位置，与前一帧中的人脸框图编号进行匹配。对于图 16.6 中的小班教学场景，人脸比较稀疏，并且，我们假设学生在上课过程中不发生大范围移动，因此，基于人脸框图中心点位置的人脸编号匹配方式是稳定的。于是，我们收集到的关于教学课堂学生人脸的数据包括两部分内容：1) 人脸数据集：以每一帧检测出的结果作为一个子集，进行存储和索引；2) 人脸编号链表：对每一个同学的人脸生成一个编号序列，也就是说，每一帧中哪个编号的人脸对应于这个同学。由于人脸在教室大范围内的目标较小，我们可以将每位学生的面部图片进行归一化处理，例如统一设置为 300×300 的图像，如图 16.7(b) 所示。

16.5 实验结果与分析

在实验算法 1 中，首先按照每秒 30 帧的帧率对学生上课的视频进行切割，得到大量图片。对于每一帧图片，如果该帧检测到人脸，视为出勤，否则视为缺勤。如果检测到人脸，继续检测是否出现打哈欠、闭眼、大笑、向左看、向右看等动作，如果出现上述动作，即视为不专注，否则视为专注，如流程图 16.8 所示。

在视觉识别的基础上，我们进一步对识别效果进行评估、对比与分析，为此，我们引入**检测率**、**漏警率**、**虚警率**三个指标。由于课堂教学中有些动作样本较少，例如打哈欠，我们使用了人为模仿学生听课行为的视频，包括专注听课和不专注听课的情况。同时，我们也使用了 1 段 5 位同学的小班教学公开课视频，选取 28459 帧。对于人为模仿学生专注听课的视频（共 1253 帧），实验结果如表 16.1 所示。

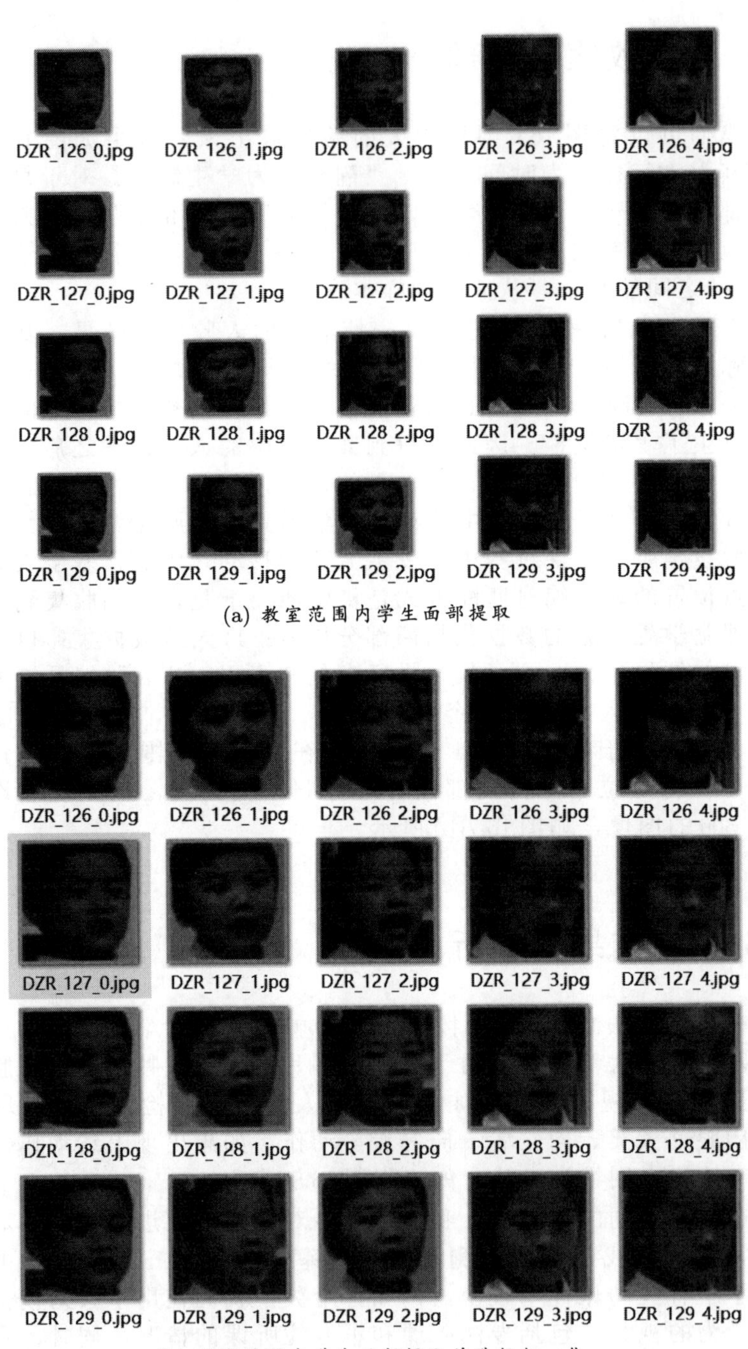

(a) 教室范围内学生面部提取

(b) 教室范围内学生面部提取并进行归一化

图 16.7　学生人脸数据包括两部分内容：1) 人脸数据集；2) 人脸编号链表。

```
Input: VIDEO
Output: Presence, Focus
NF ← 将视频按照每秒30帧的帧率切割得到的图片帧数
NWF, NFF, yawn, look_left, look_right, laugh, close_eye ← 0;
foreach VIDEO中每一帧图片 do
    if 该帧检测到人脸 then
        NWF ← NWF + 1;
        if 该帧检测到哈欠 then
            yawn ← yawn + 1;
        end
        else if 该帧检测到闭眼 then
            close_eye ← close_eye + 1;
        end
        else if 该帧检测到大笑 then
            laugh ← laugh + 1;
        end
        else if 该帧检测到向左看 then
            look_left ← look_left + 1;
        end
        else if 该帧检测到向右看 then
            look_right ← look_right + 1;
        end
        else
            NFF ← NFF + 1;
        end
    end
end
Presence ← NWF/NF × 100%;
Focus ← NFF/NF × 100%;
```

Algorithm 1: 学生专注度判决方法

表 16.1 人脸检测实验结果（模仿学生专注听课视频，共 1253 帧）

人脸	机器**有**	机器**无**	检测率	漏警率	虚警率
专家**有**	1253	0	100.00%	0.00%	0.00%
专家**无**	0	0			

在表 16.1 中，“机器**有**”表示“机器识别结果为**有**”，“机器**无**”表示“机器识别结果为**无**”，“专家**有**”表示“专家判定结果为**有**”，“专家**无**”表示“专家判定结果为**无**”。

在学生专注听课的视频中，能够实现人脸的稳定跟踪。对于模仿学生不专注听课的视频，实验结果如表 16.2 所示。由于人脸有时候会离开摄像头的视线范围，有时候动作过大所以在机器检测中漏掉了一些帧，因此检测率只有 95.28%。

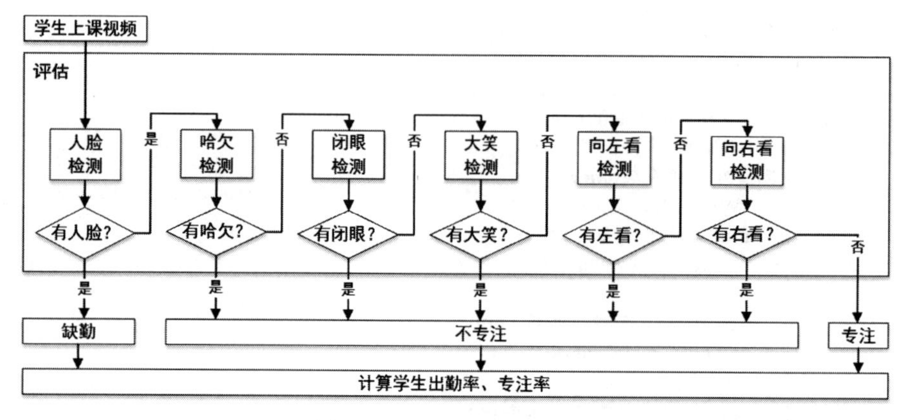

图 16.8　本实验的整体程序

表 16.2　人脸检测实验结果（模仿学生不专注听课视频，共 1907 帧）

人脸	机器**有**	机器**无**	检测率	漏警率	虚警率
专家**有**	1729	87	95.28%	4.79%	3.30%
专家**无**	3	88			

对于小班公开课视频（共 28459 帧），实验结果如表 16.3 所示。小班公开课视频由于人脸目标较小，所以准确率有所降低。但基本达到了检测的要求，能够实现对人脸的稳定跟踪。因为人脸训练的数据集最大，内容最为丰富，因此判定的效果也最好。

表 16.3　人脸检测实验结果（小班公开课视频，共 28459 帧）

人脸	机器**有**	机器**无**	检测率	漏警率	虚警率
专家**有**	24762	121	99.39%	0.49%	1.51%
专家**无**	54	3522			

进一步，系统通过检测“人脸”“哈欠”“闭眼”“大笑”“向左看”“向右看”等情况，来判断学生听课的**专注度**。对于模仿学生专注听课的视频（共 1253 帧），实验结果如表 16.4 所示，专注度综合检测检测率接近 95%。

表 16.4　专注度综合检测实验结果（模仿学生专注听课视频，共 1253 帧）

专注度综合	机器**有**	机器**无**	检测率	漏警率	虚警率
专家**有**	1089	45	94.89%	15.96%	3.97%
专家**无**	19	100			

对于模仿学生不专注听课的视频（共 1907 帧），实验结果如表 16.5 所示。在整段视频包括了各种不专注听课动作的极端条件下，专注度综合检测检测率较低，为 87.21%。

表 16.5 专注度综合检测实验结果（模仿学生不专注听课视频，共 1907 帧）

专注度综合	机器**有**	机器**无**	检测率	漏警率	虚警率
专家**有**	118	43	87.21%	26.71%	11.51%
专家**无**	201	1545			

对于小班公开课视频（共 28459 帧），实验结果如表 16.6 所示。在小班公开课的听课视频中，专注度综合检测率为 95.46%，取得了较好的效果。

表 16.6 专注度综合检测实验结果（小班公开课视频，共 28459 帧）

专注度综合	机器**有**	机器**无**	检测率	漏警率	虚警率
专家**有**	23341	735	95.46%	11.38%	3.29%
专家**无**	498	3885			

对于模仿学生专注听课的视频，目标检测率如表 16.7 所示。一般情况下，除了闭眼以外，其余动作的正确识别率均可达到 98% 以上。由于闭眼的识别率偏低，导致专注度综合识别率被拉低。

表 16.7 不同目标检测的检测率（模仿学生专注听课视频，共 1253 帧）

目标	人脸	哈欠	大笑	闭眼	向左	向右	综合
检测率	100.00%	98.00%	98.24%	92.50%	99.84%	99.44%	94.89%
漏警率	0.00%	11.11%	27.59%	19.70%	0.00%	0.00%	15.96%
虚警率	0.00%	1.86%	1.14%	6.82%	0.16%	0.56%	3.97%

对于模仿学生不专注听课的视频（共 1907 帧），目标检测率如表 16.8 所示。在极端情况下，除了闭眼以外，各动作的正确检测率可达到 92% 以上，但闭眼的正确检测率偏低，主要原因是在人眼张合度较低的情况下闭眼难以被正确检测出来，睁眼的动作会被误判为闭眼。

表 16.8 不同目标检测的检测率（模仿学生不专注听课视频，共 1907 帧）

目标	人脸	哈欠	大笑	闭眼	向左	向右	综合
检测率	95.28%	92.82%	92.08%	80.91%	96.49%	97.17%	87.21%
漏警率	0.16%	7.03%	16.96%	2.68%	5.90%	37.78%	26.71%
虚警率	4.79%	0.16%	16.41%	27.19%	12.07%	3.45%	11.51%

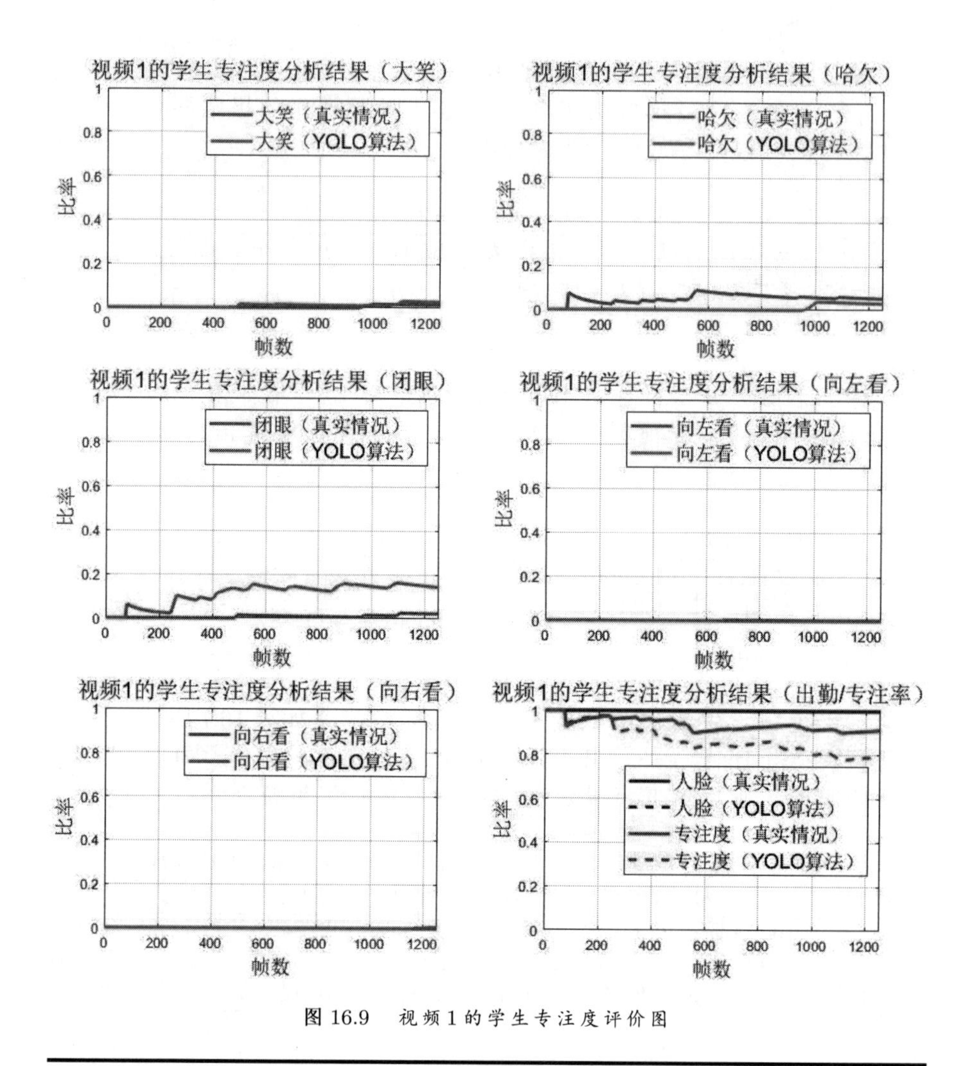

图 16.9　视频 1 的学生专注度评价图

对于小班公开课视频（共 28459 帧），目标检测率如表 16.9 所示。在小班公开课视频中，各项检测率和综合检测率均达到 95% 以上。

表 16.9　专注度综合检测实验结果（小班公开课视频，共 28459 帧）

目标	人脸	哈欠	大笑	闭眼	向左	向右	综合
检测率	99.39%	99.19%	99.03%	96.56%	99.18%	99.37%	95.46%
漏警率	0.49%	12.16%	8.26%	13.96%	9.44%	9.83%	11.38%
虚警率	1.51%	0.58%	0.35%	2.27%	0.48%	0.38%	3.29%

图 16.9 中给出了对视频 1 的分析结果。学生出勤率为 100%，人脸未离

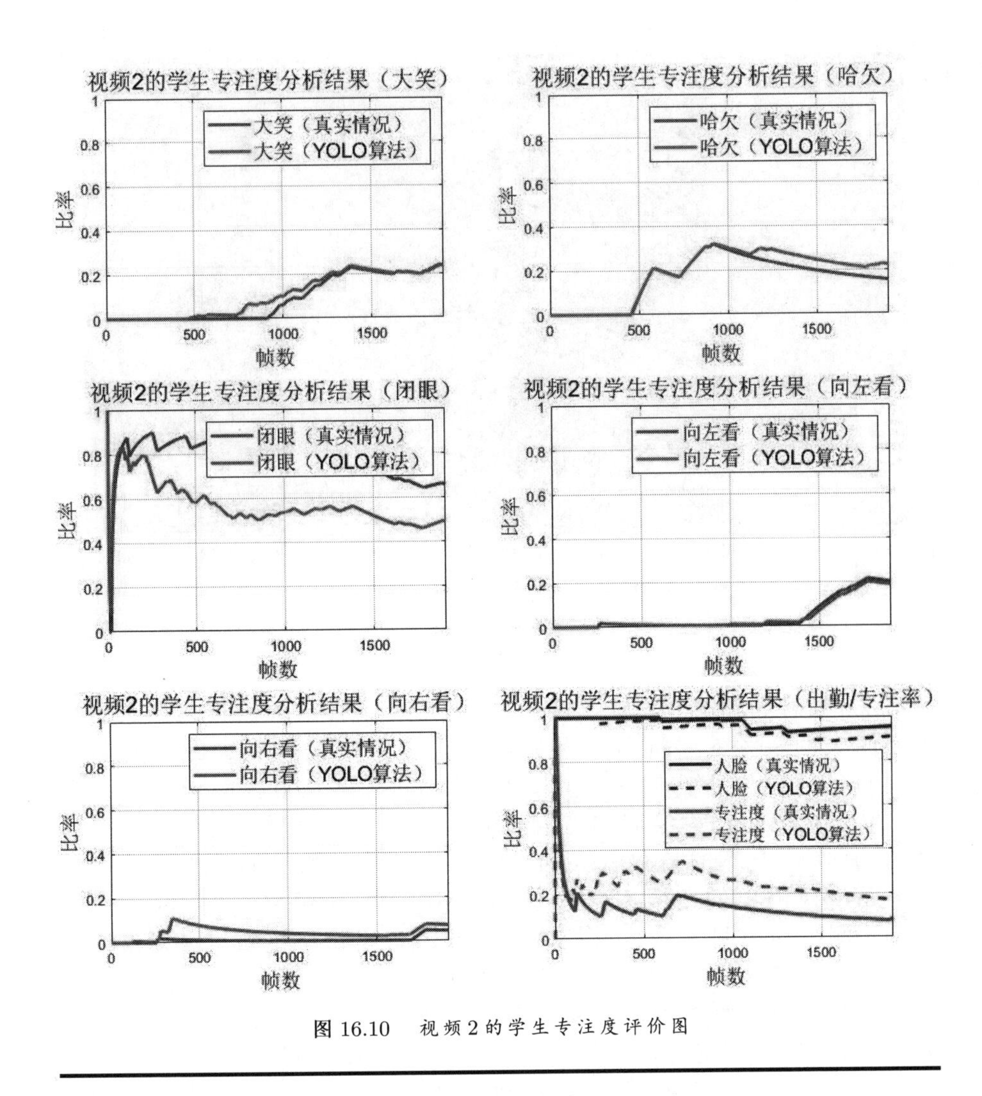

图 16.10 视频 2 的学生专注度评价图

开过摄像机视线范围。该学生听课较为专注，偶尔存在打哈欠情况，但系统识别出的打哈欠率比真实要低一些；几乎不存在闭眼、向左看、向右看情况，但是YOLO算法将一些未闭眼的帧识别成闭眼，因为眼睛的目标较小，睁眼和闭眼差距不明显。不过，向左看和向右看的识别较为准确，最终检测出的专注度为80%，真实情况为90%。

图 16.10 中给出了对视频 2 的分析结果。学生的出勤率大约为95%，人脸在录制视频到大约1100帧时短暂地离开了摄像机视线，故出勤率不为100%。该学生听课较为不专注，在录制视频到大约450帧

图 16.11　针对举手动作的识别结果。我们只能根据观测到的动作去“猜测”意图。例如，“举手”动作反映出学生想要“主动进行交互”的意图。

到第 550 帧时和从第 650 帧到第 900 帧时出现了打哈欠的行为，录制视频期间大约 80% 的时间处于闭眼状态，在录制视频到大约第 1400 到第 1800 帧时学生正在向左看，大约第 1000 到第 1400 帧时学生正在大笑。系统检测出的大笑和向左看较为准确。系统检测出的哈欠率大约 21%，真实情况下的哈欠率大约 18%，故系统检测出的哈欠率略微偏低。系统检测出的闭眼率大约 50%，而真实的闭眼率大约为 65%，故系统检测出的闭眼率显著偏低，主要原因是闭眼与睁眼的区别仅仅体现在眼睛的张合程度上，且眼睛在图片中较小，因此相比之下准确率偏低。系统的检测出的向右看率略微偏高，主要原因是在录制视频到大约第 400 帧被判定为向右看，实际上头部偏转不明显。

总的来说，对于视频 2，系统统计得到的专注度大约 19%，真实情况的专注度大约 10%。虽然有一定的偏差，但是，相比于专注度较高的视频 1，还是能够较为明显地评判出来。

需要指出的是：对学生**专注度**的自主分析只是**智能交互**任务中的一个问题，相关的课题还有很多，例如，对学生**意图**的识别和分析。“意图”这两个字的意义并不明确，在大多数情况下，我们无法直接观测到“意图”，只能根据观测到的结果去“猜测意图”。例如，图 16.11 中的“举手”动作，反映出学生想要“主动进行交互”的意图。我们可以设计**光电感知**算法来“识别”相关的动作；然后，通过**智能分析**算法来“推测”背后的意图。

16.6 本章小结

事实上，教育机器人相关的理论和应用已经得到了广泛的研究，目前，这些研究主要针对学生个体状态的评估和分析。近几年，这方面的研究成为了一个热点，一个重要的原因是疫情的出现加速了**线上教学**和**网络教育**的普及和推广。我们总结了一些教育机器人的相关工作，以便于读者进一步开展后续探索和研究。

2005年，王济军等[106][107]以**情感计算理论**为基础，**表情识别技术**为核心，提出了一种**情感计算模型**（Affective Computing Model Based on Expression Recognition，或简称ACMBER）。该研究团队在2007年做了调查，调查发现很多学生在进行远程教育时存在情感缺失的情况。根据调查结果，65.7%学习者认为教师的鼓励和表扬能提高自己的学习兴趣和情绪（比较符合的占41.4%，非常符合的占24.3%），可见，情感的存在对教育来说是一个不可缺失的环节，但与此同时，调查发现，60.5%学习者在远程教育学习中经常感到孤独和苦闷（比较符合的占45.4%，非常符合的占15.1%）。作者指出，情感体验的好坏会影响人的调节知觉、记忆和思维等功能，比如，比较差的情绪状态会使人精神萎靡，使学习效率降低。具体来说，上网课时，受试者期望能得到老师的认可、同学的尊重，但隔着屏幕产生的情感的缺失会使受试者缺乏这些感性认知。作者基于这个提出可以将情感计算应用到远程教育的想法，首先进行面部定位，然后使用几何来获取各个面部器官的相对位置等去分类出受试者的表情状态。最后通过表情的识别再推导出测试者的情感，再将所得到的情感表征进行反馈，达到使测试者在远程学习过程中得到情感满足的目的。

2016年，孙亚丽[108]提出了基于OpenCV等系统做出的小学生课堂专注度的检测的研究。作者提出，在新课改背景下，对课堂教学提出了新的要求。一方面，可以根据学生的课堂表现因材施教；另一方面，也可以让老师去了解本堂课的教学质量，有助于教学安排的改善。国外学者Durbrow也是基于调查得知，学生的学习行为对成绩的影响在各个因素中占主导位置。作者根据OpenCV实现人脸检测，规定大多数学生的表现方向为专注意向，将绝大多数学生的抬头或者低头记录为学生的专注状态，再基于此对各个学生个体进行判别，进而可以计算出有效抬头数和有效低头数。最后将这个有效低头和有效抬头次数相加，来估算出班级总体的专注次数，进而对学生课堂表现状态进行判断。

2017年，段巨力等[109]提出了一种优化的学生上课专注度的分析评测系统。作者采用了 Viola & Jones 面部检测算法，用优化的**基于 Haar 的特征的 Adaboost 算法**对人脸进行识别，采用这个算法根据三个指标去测量学生的专注度，这三个指标分别是学生侧脸专注度判定的算法、学生低抬头专注度判定的算法和眼睛的张合度判定的算法。

2018 年，李文倩 [110] 对学生进行人脸综合检测，最后通过各检测结果判断上课专注度。作者首先分析图片的 Haar 特征，然后进行积分图运算，根据 Haar 特征值交给 Adaboost 算法经行分类训练，结果发现在检测人脸方面体现出了很高的准确率，接着，将此算法运用到检测眼睛张合情况、检测打哈欠等表情状态上进行分类。作者利用上述特征对学生进行观测，用嘴巴特征、眼高特征等通过模糊逻辑的处理最终得到专注、正常、疲劳学生等的分类结果。

2019 年，唐康 [111] 通过学生**抬头率**与学生**表情**预测学生专注度，通过全班学生的专注度预测课堂教学质量的评价方法。唐康对于抬头率反应专注度机制的评测和孙亚丽差不多，也是通过大多数学生的行为来判定个体的走神与否，具体来说就是以 50% 为标量去观测班级的抬头率来反应出应该是抬头为专注状态还是低头为专注状态。而在图像处理中，作者使用了优化的卷积神经网络模型进行人脸检测后，对检测到的人脸进行表情识别和评分，接着提取与表情相关的 42 个人脸 dlib 特征点，以及人脸的 HOG 特征，使用朴素贝叶斯分类器进行表情分类。然后通过事先分好的上课的五种表情状况进行分类，结合抬头率去综合测量学生的上课表现。

2019 年，张双喜 [112] 利用深度学习的方法，结合课堂教学的场景，提出了一种新的人脸识别及专注度的判别方法，他提出了融合多深度神经网络的**密集人脸检测方法**（MDN）、融合 SVM 分类器的 **FaceNet 的人脸识别方法**（MSFN）和根据传统对眨眼、打哈欠等无法完全利用疲劳信息提出的基于深度学习的**面部专注度**判别方法（DFCN）。根据上面的三种方法，结合课堂环境下的考勤与学生学习专注度的判别，开发了课堂考勤与学生专注度判别系统。

2020 年，钟马驰等 [113] 提出一种基于人脸检测和模糊综合评判的在线教育专注度研究方法。进行模糊综合评判简单来说就是使用隶属函数将原来带有模糊性的属性量化，再使用传统定量手段进行评判的一种方法。在学生走神的课堂情境中，作者将单位时间内水平面部偏转角均值、垂直面部偏转角均值、闭眼次数、打哈欠次数以及其他 7 种表情作为评判的第一层因素，将第一层对应的面部朝向、疲劳度、情绪对应为第二层因素进行模糊综合评判。在检测途中作者使用 OpenCV 的 dlib 库进行头部姿态评估，再用 lib face 库标记眼睛和嘴巴的特征点后进行眼睛开闭程度和打哈欠的检测，最后结合模糊综合评判，对测试者专注状态进行综合评分，得到受试者课堂表现的结果。

2020年，任婕[114]提出使用基于机器视觉的融合**表情变化**、**注意力范围**、**身体姿态**三个维度的学生专注度综合评价研究。首先，作者用**OpenPose平台**对学生的人体特征信息进行提取，该平台可以提取70个面部特征点和18个人体关键点，根据提取的关键点进行建模，为了提高准确率，作者在通过面部特征点检测学生表情变化时，采用了**支持向量机**的算法来进行分类。接着采用几何方法（用特征点以及特征点之间构成的向量角）进行头部姿态的估计，同时结合教室建立坐标系，确定学生头部姿态角度与注意力范围的关系。最后，将学生特定时间的行为转化成一维向量，再采取**随机森林算法**对参数调优，得到一个分类器，之后用层次分析法对几个维度进行融合。而该文章中作者采取了问卷调查的方式对一线教师进行大范围的调查来获取各个不同指标的权重进行分析。

2020年，张璟[115]提出一种基于**卷积神经网络**（Convolutional Neural Networks，或简称CNN）的表情识别技术，并将其用于课堂专注度分析。作者首先针对实际课堂中出现的人脸密集、遮挡现象频繁发生和小尺寸人脸经常出现的情况进行讨论，作者提出了一种**特征金字塔**融合的人脸检测方法，并通过通道注意力和空间注意力的混合注意力机制增强有益信息。接着，针对移动设备的容量和计算要求，为了降低冗余的参数量，对传统卷积神经网络进行了压缩，提出了改进的轻量级卷积神经网络。最后，通过摄像头对教室进行实时拍摄，使用本文提出的人脸检测方法完成课堂考勤任务，结合表情识别技术对学生低头、面部朝向和微表情等进行专注度的联合判断和分析，实现课堂考勤和课堂表现报告的自动统计生成，提高了教学管理的效率。

2020年，袁霞[116]通过面部、头部、身体等多个维度的姿态信息，通过从**特征层**（Feature Layer）和**模型层**（Model Layer）两个层面来构建**多维度特征融合模型**（Multi-feature Fusion Model）的方法，用于检测教室环境下的**课堂专注度评价模型**。作者首先提出了两种新的特征处理方法，一是在**Gabor小波变换**基础上利用**LBP算法**处理面部情绪信息；二是利用**Alphapose算法**提取人体关键点信息并构建工作特征。然后对面部情绪特征、头部注视特征和人体姿态特征三种特征进行建模后识别，接着作者提出了多维度的课堂专注度评价体系。首先利用特征ID匹配算法排除干扰，然后基于关联性分析的**线性加权融合方法**（LE）对ID匹配后的多维度特征进行融合，最后从模型层面提出了**基于Voting的多核学习方法**（VML）对ID匹配后的多维度特征进行融合，以便于集成利用三维信息，比单一特征的检测体现出更好的效果。

2020 年，陶溢 [117] 通过表情识别和头部姿态识别的模糊综合评判为学生精神集中情况评分。该项工作用 TensorFlow 作为框架，对受试者人脸进行实时检测和定位，并利用 **OpenFace 2.0 面部识别模型**计算头部的仰角、俯角和偏转角，然后再根据这些角度的变化（通过模糊数学处理）变成一定的专注度分数，以 Django 作为网站设计框架实现专注度评价系统的可视化平台，并将数据反馈给老师，此网站平台支持的会看视频的功能还有助于教师回看课程去寻找课程的不足以及好的地方。

2020 年，邓小海 [118] 通过心理学情绪理论设计了一种专注度评价方法，并融合进教学评估系统中。作者观察到的问题是：目前国内智慧教室系统的解决方案，大多偏向于功能架构层面，并且系统的融合度不高，导致对教育数据的分析严重不足；再者，不同设备的开发语言、通信机制存在较大的差异，导致子系统切换以及数据交流不畅。首先，作者将智慧教室系统划分为三个子系统：**智能监控管理系统**、**智能录播系统**以及**课堂教学评估系统**，系统操作界面结合了 TPC7062Hn 型触屏研发的智能系统控制器实现设备智能调控，提高系统操作的便捷性，再借助智能录播系统以及 C# 开发 API 接口完成三个系统的融合，解决系统融合性较差的问题。同时，利用 face++ 提供的 API 接口实现自定义算法，再结合心理学开发出教学评估系统，可有效解决对教育数据分析不足的问题。

2020 年，王鹏程 [119] 等利用人脸识别技术，通过整合**多任务卷积神经网络**（Multi-task Cascaded Convolutional Networks，或简称 MTCNN）模型、**Insightface** 模型、**静态表情识别**模型提出一种新的专注度检测模型，应用于分析学生专注度。MTCNN 是中科院深圳研究院在 2016 年提出的一个深度卷积多任务的框架，Insightface 模型则是 2018 年英国帝国理工大学邓建康团队提出的一个模型，作者基于这两个模型来做人脸检测和识别，再整合静态表情识别模型，可以较为精确地测量学生走神的情况。

2020 年，袁源 [120] 通过表情识别技术，识别学生在远程学习的表情，再通过**三维学习情感模型**分析了对不同学习状态下的学习者的表情特点。此研究目的在于及时发现学生在远程教育中可能出现的产生负面情绪的行为。此文作者也是采用了 **Viola-Jones 目标检测框架**去进行人脸检测，然后作者再使用基于广义多核的表情分类算法进行表情的分类。在这个具体例子当中，作者将检测指标划分为**认知度**、

趋避度、**疲劳度**三个指标，再进行表情的分类。

上述工作为 AI 教育机器人真正走入课堂（承担起教师的角色）奠定了技术基础，但是，前面还有很长的路要走，大量有趣的问题等待着我们进行深入的研究和探索！

16.7 习题

习题 16.1 本题中，我们将详细讨论**前向递推**和**后向递推**的算法实现过程，相关内容参见式 (16.19) 和式 (16.27)。

(a) 对于**前向递推**过程，初始条件为：

$$\alpha_i(0) = P(W_0X_0 = x_i) = P(X_0 = x_i)P(W_0|X_0 = x_i) \tag{16.47}$$

我们可以假设 X_0 服从**均匀分布**，而 $P(W_0|X_0 = x_i)$ 服从 **Gauss 分布**，可以通过式 (16.32) 直接计算出来。

我们可以建立一个 $N \times n$ 的矩阵 $\mathbf{A}$，然后，将初始条件 $\alpha_i(0)$ 按照顺序 $i = 0, 1, 2, \cdots, N = 1$ 逐一放置在矩阵 $\mathbf{A}$ 的第 1 列、第 $i+1$ 行中。根据前向递推龚式 (16.19)，就可以通过矩阵 $\mathbf{A}$ 的第 1 列，计算出矩阵 $\mathbf{A}$ 的第 2 列中的各个元素，然后，继续计算出矩阵 $\mathbf{A}$ 的第 3 列、第 4 列、$\cdots$，直到填满整个矩阵 $\mathbf{A}$ 为止。请写出迭代算法，并编写程序实现仿真。

(b) 对于**后向递推**过程，初始条件为：

$$\beta_i(n-1) = \sum_{j=0}^{N-1} P(W_n|X_n = x_j)p_{j,i} \tag{16.48}$$

其中 N 为状态数。状态转移概率 $p_{j,i}$ 可以直接在**转移矩阵 $\mathbf{P}$** 中进行查找，然后，$P(W_n|X_n = x_j)$ 可以通过 **Gauss 分布** (16.32) 直接计算。我们可以建立一个 $N \times n$ 的矩阵 $\mathbf{B}$，然后，将初始条件 $\alpha_i(0)$ 按照顺序 $i = 0, 1, 2, \cdots, N = 1$ 逐一放置在矩阵 $\mathbf{B}$ 的第 n 列、第 $i+1$ 行中。根据后向递推龚式 (16.27)，就可以通过矩阵 $\mathbf{B}$ 的第 n 列，计算出矩阵 $\mathbf{B}$ 的第 $n-1$ 列中的各个元素，然后，继续计算出矩阵 $\mathbf{B}$ 的第 $n-2$ 列、第 $n-3$ 列、$\cdots$，直到填满整个矩阵 $\mathbf{B}$ 为止。请写出迭代算法，并编写程序实现仿真。

(c) 进一步，建立一个 $N^2 \times n$ 的矩阵 $\mathbf{C}$，然后，根据式 (16.28) 生成 $\mathbf{C}$ 中的各个元素 $\gamma_{j,i}(k)$，其中 k 为矩阵 $\mathbf{C}$ 的**行标**，我们需要确定二维索引 (j, i) 与矩阵 $\mathbf{C}$ 的**列标** $d(j, i)$ 之间的对应关系。一种设计方

法是使用 N 进制与十进制之间的转换关系，有两种实现方式

$$d(j,i) = j \times N + i \quad 或 \quad d(j,i) = i \times N + j \tag{16.49}$$

上述两种设计方法中哪一种更好？请给出具体说明和分析。请写出迭代算法，并编写程序实现仿真。

请基于上述分析实现 **Baum-Welch 算法**，并编写程序进行计算机仿真，得到类似图 16.1 中的仿真结果，完成实验报告。

习题 16.2 本题中，我们将详细讨论式 (16.39) 的优化求解过程及其算法。我们使用 15.4 小节中介绍的**动态规划**算法来进行求解。

(a) 首先定义：

$$\Psi_{k,l}^{(j)}(m) = \max P(X_{k+2} \cdots X_{k+2+l}, x_m | X_{k+1} = x_j, W_{k+2} \cdots W_{k+2+l}) \tag{16.50}$$

请证明：式 (16.50) 的具体形式为

$$\Psi_{k,l}^{(j)}(m) = \max \prod_{i=k+2}^{k+2+l-1} P(X_{i+1}|X_i) \prod_{i'=k+2+1}^{k+2+l} P(W_{i'}|X_{i'}) \tag{16.51}$$

$$\times P(X_{i+2}|x_j) P(x_m|X_{k+2+l})$$

提示：参见 15.4 小节中的相关内容。

(b) 假设相应的“最优估计结果”序列为：

$$x_j, X_{k+2}^*, X_{k+3}^*, \cdots, X_{k+l}^*, x_m \tag{16.52}$$

进一步，我们需要根据新的可见节点 $W_{K+2+l+1}$，更新式 (16.51) 和 (16.56)。首先更新式 (16.51)，请证明：更新后的 $\Psi_{k,l+1}^{(j)}(m')$ 与式 (16.51) 中的 $\Psi_{k,l}^{(j)}(m)$ 满足

$$\Psi_{k,l+1}^{(j)}(m') = \max_m \Psi_{k,l}^{(j)}(m) P(W_{k+2+l+1}|x_m) P(x_{m'}|x_m) \tag{16.53}$$

其中 $P(W_{k+2+l+1}|x_m)$ 可以根据 **Gauss 分布** (16.32) 直接计算出来，$P(x_{m'}|x_m) = p_{m',m}$ 可以直接在**转移矩阵**中进行查找。请写出迭代算法，并编写程序实现仿真。

提示：初始时刻（$l = 0$ 时）的值

$$\Psi_{k,0}^{(j)}(m) = P(W_{k+2}|x_m) P(x_m|x_j) \tag{16.54}$$

可以根据式 (16.32) 和**转移矩阵**直接计算得到。

(c) 在求解式 (16.53) 的过程中，我们同时保存下最优解：

$$X_{k+l+1}^* = \arg\max_{x_m} \Psi_{k,l}^{(j)}(m) P(W_{k+2+l+1}|x_m) P(x_{m'}|x_m) \tag{16.55}$$

图 16.12 骑马行为过程中的 12 张采样图像，通过**随机采样**的方法，来生成一段视频。

然后，在式 (16.56) 所示的一组“最优估计结果”序列中，找到以 X_{k+l+1}^* 结尾的序列 $x_j, X_{k+2}^*, X_{k+3}^*, \cdots, X_{k+l}^*, X_{k+l+1}^*$，从而实现对“最优估计结果”序列的更新，此时，与更新后的 $\Psi_{k,l+1}^{(j)}(m')$ 相对应的“最优估计结果”序列被更新为：

$$x_j, X_{k+2}^*, X_{k+3}^*, \cdots, X_{k+l}^*, X_{k+l+1}^*, x_{m'} \tag{16.56}$$

请写出迭代算法，并编写程序实现仿真。

(d) 对式 (16.51) 中等号两边取对数，令 $\widehat{\Psi}_{k,l}^{(j)}(m) = \log \Psi_{k,l}^{(j)}(m)$，我们用 $\widehat{\Psi}_{k,l}^{(j)}(m)$ 来替代 $\Psi_{k,l}^{(j)}(m)$ 进行迭代，以避免**下溢**问题。请证明，式 (16.53) 相应地变为了

$$\widehat{\Psi}_{k,l+1}^{(j)}(m') = \max_m \widehat{\Psi}_{k,l}^{(j)}(m) - \frac{(W_{k+2+l+1} - x_m)^2}{2\sigma_m^2} + \log p_{m',m} - \log \sigma_m \tag{16.57}$$

请写出迭代更新算法，并编写程序实现仿真。在对 $\widehat{\Psi}_{k,l}^{(j)}(m)$ 进行指数运算来复原 $\Psi_{k,l}^{(j)}(m)$ 的过程中，如何避免**下溢**问题？

最终，请基于上述分析进行计算机仿真，完成实验报告。

习题 16.3　图 16.12 中给出了：骑马行为过程中的 12 张采样图像，请尝试设计一个实验仿真系统，实现下面的功能：

(a) 根据图 16.12 中的图像帧，通过**随机采样**的方法，来生成一段视频（例如包含 1000 张视频帧）。

(b) 调整随机采样过程中的参数，生成多段视频；然后，分析生成的视频和（采样过程中的）参数设定之间的关系。

(c) 选择一些较为合理的视频，用**隐 Markov 模型**进行状态估计。根据实验结果完成分析报告。

提示：这是一个开放性问题，可以作为课程设计的题目。在算法设计过程中，可以借鉴和参考附录 A.5 中介绍的一些方法。

习题 16.4　针对单个学生的小型教学辅助设备和**机器人教师**之间有什么区别？请以小组为单位，开展研究和讨论，建立一个关于“机器人教师”的**原型系统**。首先，设计系统整体架构和各个功能模块；然后，针对一些教学场景，设计出“机器人教师”的应该有的功能效果；最后，根据上述功能需求进行文献调研，找到一些目前还没有实现的功能效果，开展深入研究，探索实现这些功能效果的技术和方法。请根据小组的调研和分析结果，完成研究报告。

附录：一些应用案例

在附录中，我们收集整理了中山大学电子与通信工程学院**智能光电感知课题组**所承担的部分研究课题。作为**智能光电感知**技术的一些实际应用，这些应用案例一方面可以帮助我们加深对前面章节中所介绍的相关基础理论的理解；另一方面，也可以作为有趣的研究课题，促使我们在此基础上进一步开展深入的研究和探索。

A.1 基于 YOLO 的目标检测

目标检测是计算机视觉领域核心问题之一[①]。目标检测任务是找出图像中所有感兴趣的目标，并确定它们的类别和位置。物体有不同的外观、形状和姿态，加上光照、遮挡等因素干扰，因此，目标检测是一个较有挑战性的问题。通常，目标检测包括面两项任务[②]：

- **分类**：判断出目标的类别，这是一个**分类**问题。
- **定位**：定位出目标的位置，这是一个**回归**问题。

[①] 本小节及后面两小节由中山大学电子与通信工程学院**张源**硕士整理完成。

[②] 分类（Classification）问题和回归（Regression）问题是机器学习领域的两个基本预测问题。简单来说，分类问题的输出为离散数据，是一种定性预测；回归问题的输出为连续数据，是一种定量预测。

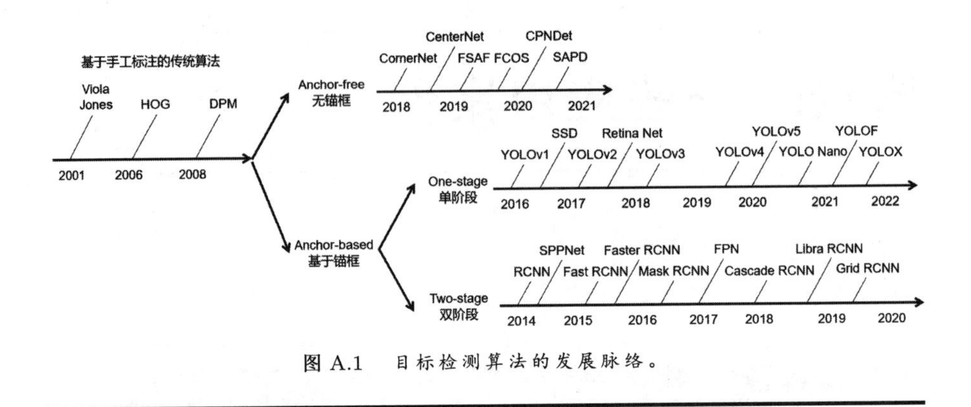

图 A.1　目标检测算法的发展脉络。

目标检测算法主要分为**基于手工标注特征的传统算法**和**基于深度学习的算法**两种 [100][121][122]。相比于手工标注特征的传统算法，基于深度学习的算法检测速度更快，检测精度更高。基于手工标注特征的目标检测算法主要有 **Viola-Jones**、**HOG** 和 **DPM** 。2012 年，**卷积神经网络**的兴起将目标检测领域推向了新的台阶①。基于深度学习的算法可根据是否有**锚框**（Anchor）分为**基于锚框**的（Anchor-Based）算法和**无锚框**（Anchor-free）算法。基于锚框的方法根据适用场景和数据集的特点预定义先验框，然后通过分类、回归的方法将预定义框生成物体边界框，可细分为**双阶段**（Two-stage）算法和**单阶段**（One-stage）算法。双阶段算法首先生成候选区域，再对候选区域进行微调，常见的算法有 **R-CNN** 系列等。单阶段算法通过神经网络获取图像特征，直接生成物体的边界框，常见的算法有 **YOLO** 系列、**SSD** 系列等。单阶段算法运行更快，可达到实时性，但精度比双阶段算法低。无锚框算法直接预测图像中各像素属于待检测物体的概率和物体的边界框信息，算法泛化能力更强，对小目标的检测精度更高，但对于通用目标检测精度低于基于锚框的算法，常见的算法有 **CornerNet**、**CenterNet** 等。目标检测算法的发展脉络如图 A.1 所示。

①卷积神经网络（Convolutional Neural Network，或简称 CNN）是一类包含卷积计算且具有深度结构的前馈神经网络，是深度学习的代表算法之一。卷积神经网络可以学习到非常鲁棒并具有表达能力的特征，故也可以被引入到目标检测流程中提取特征。基于深度学习的所有算法都使用了卷积神经网络，其创新性更多体现在网络结构、损失函数、性能计算方法等创新。卷积神经网络的结构主要包括**输入层**（Input）、**隐藏层**（Hidden）和**输出层**（Output），隐藏层里面包含多层，根据结构可分为**卷积层**（Convolution）、**池化层**（Pooling）、**全连接层**（Full Connection）等。由于篇幅限制，本书省略其详细介绍，之后仅对提及到的部分术语进行简单解释，感兴趣的读者可参考深度学习相关书籍。

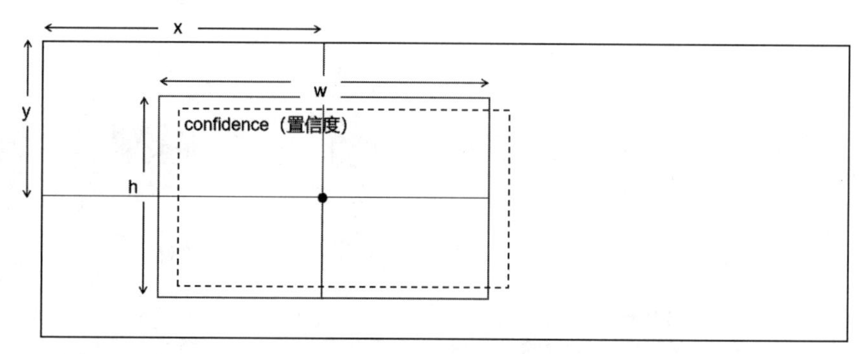

图 A.2 YOLOv1 每个边界框有 5 个预测值，分别为 x, y, w, h 和置信度。

本小节对 **YOLO 算法**进行简单介绍，A.2 小节为 YOLOv5 在计算机上的实际操作过程介绍，A.3 小节对其他目标检测算法进行简单介绍。YOLO 算法在本书 16.3 小节、A.5 小节、A.6 小节都有相关应用，故作为独立小节列出。

A.1.1 YOLOv1 简介

YOLOv1 算法于 2016 年提出 [61]。该算法将输入图像尺寸归一化为 224×224，并划分为 7×7 网格。如果物体中心落入某个网格单元，该网格单元负责检测该物体。每个边界框有 5 个预测值：x, y, w, h 和置信度。(x, y) 坐标代表目标框中心相对于网格单元边界。w 和 h 表示框宽度和高度，如图 A.2 所示。若该单元格中没有物体存在，那么置信度为 0，否则，置信度等于预测框与真实框的**交并比**（IoU）[①]。

YOLOv1 网络中的**卷积层**从图像中提取特征，**全连接层**预测输出位置和概率，最后一层使用 Leaky-ReLU **激活函数**[②]，最终输出 $7 \times 7 \times 30$ 张量，网络结构[③]如图 A.3 所示。

[①] 交并比（Intersection over Union，或简称 IoU）是目标检测性能计算中非常重要的函数，在 IoU 的基础上还存在 GIoU、DIoU、CIoU 等变体，其原理将在 A.1.7 中介绍。

[②] 激活函数（Activation Function）是神经网络的神经元上运行的函数，将神经元的输入映射到输出端，为神经元引入了非线性因素，使得神经网络在理论上可以逼近任何非线性函数。常见的激活函数有 Sigmoid、tanh、ReLU、Leaky-ReLU 等，在 YOLOv4 中使用的激活函数为 Mish。

[③] 我们可以用网络结构图直观表述卷积神经网络的网络结构，很多特定网络结构有它的名称，如 YOLOv2 的骨干网络名为 Darknet-19，YOLOv3 的骨干网络名为 Darknet-53，等等。A.3.2 小节对与目标检测相关的常见的网络结构进行介绍。

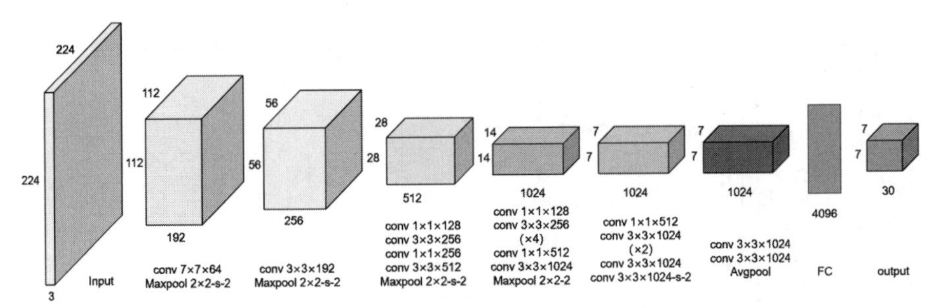

图 A.3　YOLOv1 网络结构。以上为网络结构图的一种画法，该画法突出各层卷积的尺寸变化，但忽略了部分细节（如激活函数、正则化方式等）。网络卷积层的顺序是从左到右。第一个长方体代表输入，在本算法中输入为 224×224 的图像，由于彩色图像有 RGB 三个维度，所以深度为 3。后面各长方体代表前面经过卷积层后网络大小的变化，一个长方体对应着多个卷积层与池化层。以第一个为例，conv 表示卷积层，7×7 表示卷积核的大小，64 表示卷积核深度为 64。×2 代表上面的卷积操作重复 2 次。Maxpool 表示最大值池化，2×2 表示卷积核大小，-s-2 表示步长为 2（如果省略了-s-，即步长为 1）。Avgpool 表示全局平均值池化。倒数第二层的矩形表示全连接层，也可画成长方体 $1 \times 1 \times 4096$，FC 表示全连接层。最右边的长方体代表输出，在该图中为 $7 \times 7 \times 30$ 的张量。后面的网络结构同理。

在训练期间，优化了**损失函数**[①]，如图 A.4 所示。

A.1.2 YOLOv2 简介

YOLOv2 于 2016 年提出 [62]，相比 YOLOv1 做了如下改进：

1. **批标准化**[②]。
2. **提高分类器的分辨率**。将图像尺寸归一化到 448×448，相比 YOLOv1 尺寸为 224×224 有更高的分辨率。
3. **带锚框卷积**。YOLOv2 移除了全连接层，使用锚框来预测边界框；取消了池化层，使卷积层输出分辨率更高。
4. **维度聚类**。YOLOv2 在训练集边界框上进行 **k-means 聚类**。
5. **直接位置预测**。每个边界框预测 5 个坐标：t_x, t_y, t_w, t_h 和 t_o。若图像左上角偏移量为 c_x 和 c_y，边界框先验宽度和高度为 p_w, p_h，

①损失函数（Loss Function）是评价模型的预测值和真实值的不一致程度，模型训练的过程也是使损失函数最小化的过程。损失函数一般由自己设定，其选择往往与模型的性能直接相关。常见的损失函数有均方误差（MSE）、二元交叉熵（BCE）等。

②批标准化（Batch Normalization，或简称 BN），通过调整和缩放激活来规范化输入层，加速网络收敛速度。在 YOLOv4 中提及到的交叉迭代批量归一化（CBN）和交叉迭代小批量归一化（CmBN）、为 BN 的变体。

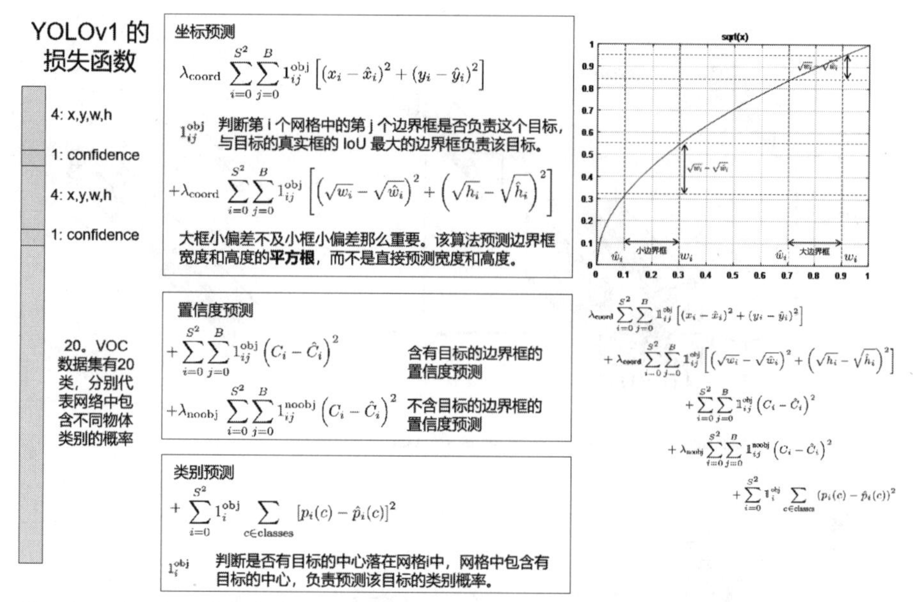

图 A.4 YOLOv1 的损失函数。YOLO 算法的损失包括三个部分：位置误差、置信度误差和分类误差。该损失函数在三个方面都采用了均方误差，对权重系数进行了平衡。值得一提的是，该算法对边界框宽度和高度不是直接相减，而是取平方根后再相减，使大框小偏差没有小框小偏差那么重要。

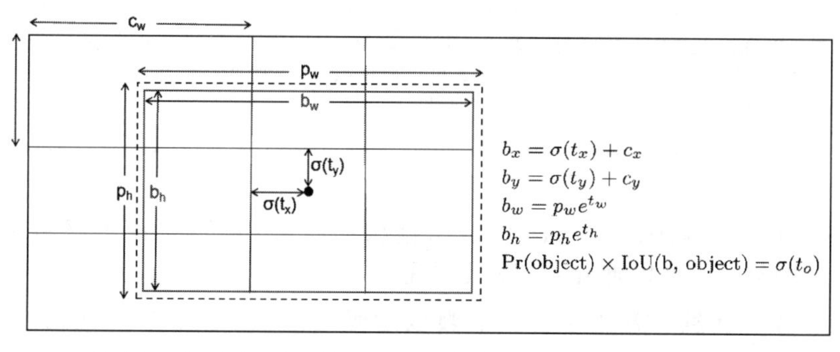

图 A.5 YOLOv2 预测 5 个坐标，比 YOLOv1 的方法更加稳定。

如图 A.5 所示。该预测方法比 YOLOv1 的方法更加稳定。

6. **细粒度特征**。添加 **passthrough 层**，通过将相邻特征堆叠到不同通道以连接高分辨率和低分辨率特征，如图 A.6 所示。

7. **多尺度训练**。原始 YOLO 使用 448×448 输入分辨率。随着锚框增加，YOLOv2 将分辨率更改为 416×416。

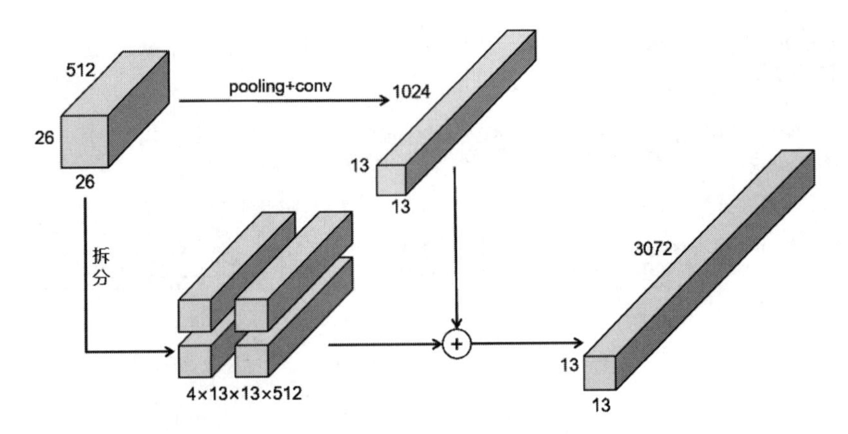

图 A.6　passthrough 层，那个 + 号是拼合（Concatenation），不是数值相加。

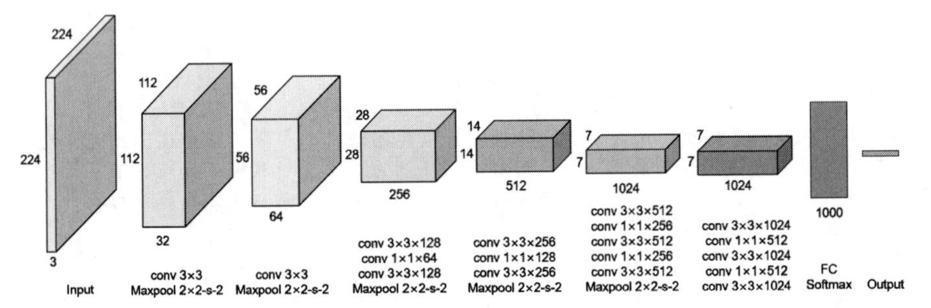

图 A.7　Darknet-19 的网络结构。其中，Softmax 是一种多分类方法，从多个选项中获得唯一选择，是分类问题的最后一步。在本图中的 conv 3×3 也可以写作 conv $32 \times 3 \times 32$，但系数 32 在相对应的长方体上有，故可省略。

---

8. **Darknet-19**。Darknet-19 网络结构如图 A.7 所示。使用**网络中的网络**①，**平均池化层**②进行预测。
9. **分类训练**。使用了传统的**数据增强**方法③，如图 A.8 所示。

---

①网络中的网络（NIN）在本书 A.3.2.3 小节中有相关介绍。

②池化（Pooling）操作一般都是下采样，用某一位置相邻输出的总体统计特征代替网络在该位置的输出。常见的池化类型包括最大值池化（Maxpool）、均值池化（AveragePool）、L^2 池化（矩形邻域内的 2-范数）等。

③数据增强（Data Augmentation）指在不实质性增加数据的前提下，让有限的数据产生更多的价值，可以减少网络的过拟合现象，训练出泛化能力更强的神经网络。在目标检测中，传统的数据增强方法为光度畸变和几何畸变。光度畸变包括调整图像的亮度、对比度、饱和度、噪声和色彩；几何畸变包括随机缩放、平移、旋转、翻转等。YOLOv2 主要使用了传统的数据增强方法。近年来，一些研究人员将重点放在模拟对象遮挡的问题上，常见的方法有 CutOut、MixUp、CutMix、Mosiac 和 GAN （生成对抗网络）等，YOLOv4 的模型训练中引入了一些新颖的数据增强方法。

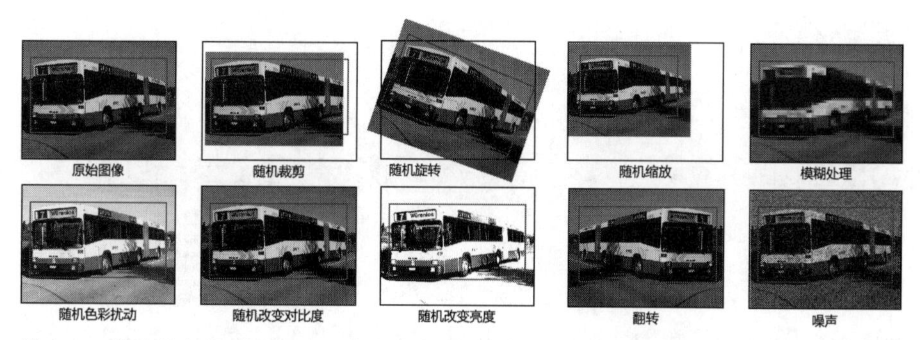

图 A.8 传统的数据增强方法，分为光度畸变和几何畸变。该图中，模糊处理、色彩扰动、改变对比度、改变亮度、加噪声属于光度畸变范畴；裁剪、旋转、缩放、翻转属于几何畸变范畴。

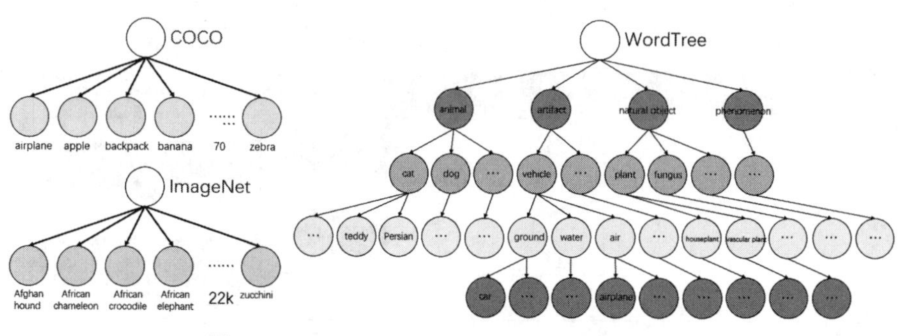

图 A.9 使用WordTree层次结构来组合数据集。

10. **分层分类**。YOLOv2通过从ImageNet中建立**分层树**以简化问题。
11. **用WordTree组合数据集**。用WordTree以合理的方式将多个数据集组合在一起，如图A.9所示。

A.1.3 YOLOv3简介

YOLOv3于2018年提出[63]，较之于YOLOv2，YOLOv3做了一些改进，总结如下：

1. YOLOv3使用**Logistic回归**预测每个边界框的目标分数。
2. YOLOv3使用**多标签分类**预测边界框可能包含的类，在训练过程中使用**二元交叉熵损失**（BCE）进行类别预测。
3. 使用**Darknet-53**进行特征提取，其网络结构如图A.10所示。

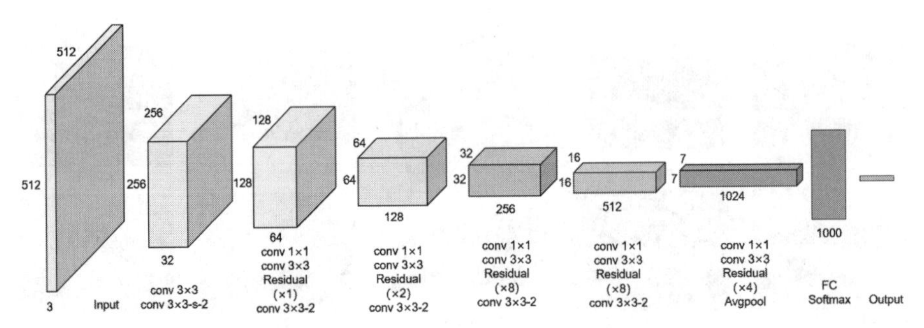

图 A.10　Darknet-53 的网络结构。其中 Residual 表示残差网络，详细可参考 A.3.2.9 小节。其中 3 × 3-s-2 在表述上可以省略 -s-，直接写作 3 × 3-2，也可以写作 3 × 3/2。

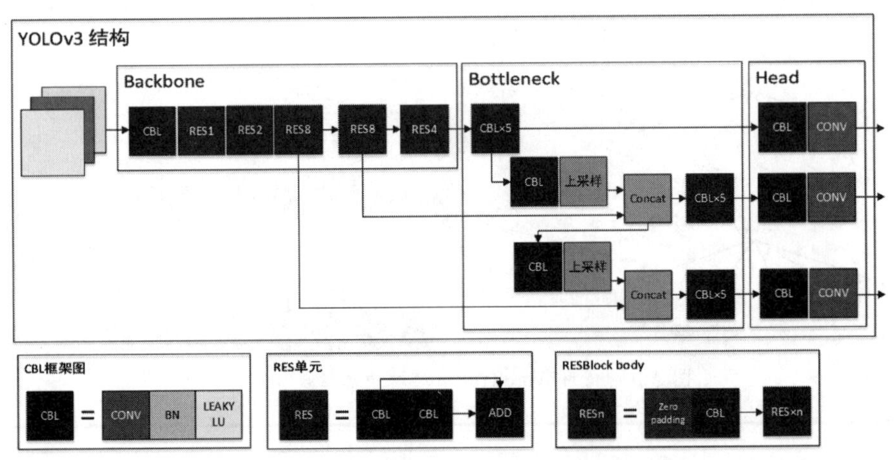

图 A.11　YOLOv3 的网络结构。上图是画神经网络的另一种方法，该方法突出神经网络的构造细节，但忽略各层输出尺寸。其中，CONV 表示卷积，BN 表示批归一化，Leaky ReLU 是激活函数，上采样是矩阵尺寸变大的过程，Concat 表示拼合，矩阵尺寸不变但通道数增加，ADD 表示增加，矩阵尺寸和通道数均不变，但各数值相加。Zero padding 指在矩阵的边缘用 0 填充。

YOLOv3 的主干[①]为 Darknet-53，最终网络结构如图 A.11 所示。

虽然 YOLOv3 相比过去的版本精度有所提高，但速度也变慢了。作者在发布 YOLOv3 的同时也发布了一个轻量级的 **Tiny YOLOv3**，其网络结构如图 A.12 所示。

---

①在基于深度学习的目标检测算法中，一般分为 4 个部分：输入（Input）、主干（Backbone）、颈部（Neck）和头部（Head）。输入指图像的输入端口；主干是网络的核心，用于提取特征；颈部用于进一步提升特征的多样性和鲁棒性[②]；头部指对提取特征机进行预测，获取网络输出。

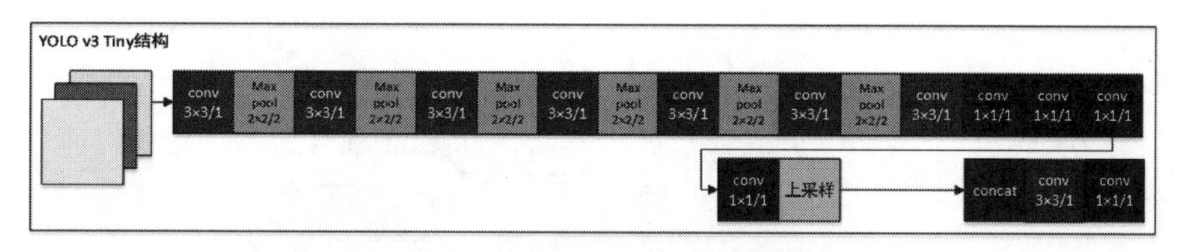

图 A.12 Tiny-YOLOv3的网络结构。

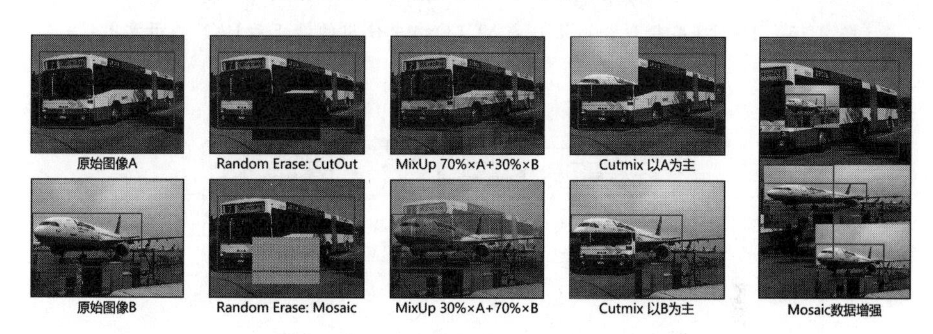

图 A.13 新颖的数据增强方法，包括Random Erase、MixUp、CutMix和Mosaic方法。

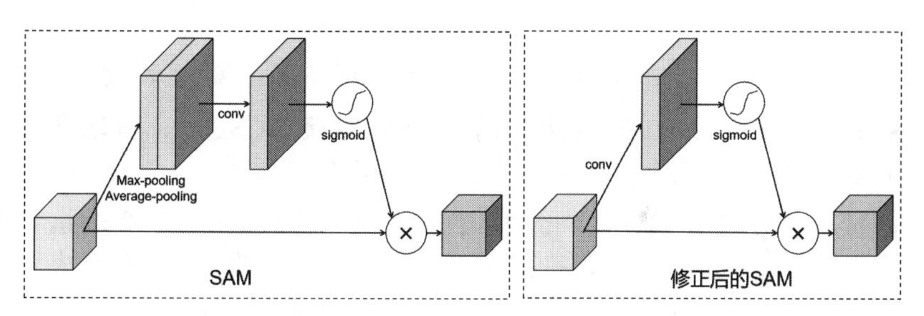

图 A.14 SAM（空间注意机制）与YOLOv4中使用的修正后SAM的示意图。

A.1.4 YOLOv4 简介

YOLOv4于2020年提出[64]，在YOLOv3基础上进行了如下改进：

1. 使用了新颖的**数据增强**方法，如Mosaic数据增强，如图A.1.4。
2. 通过**遗传算法**选择最佳超参数。
3. 修改一些现有方法，使YOLOv4适合有效的训练和检测：**空间注意机制**（SAM）、**路径聚合网络**（PAN）和**交叉迭代小批量归一化**（CmBN）。SAM和修正后SAM如图A.1.4所示，PAN和修正后PAN如图A.1.4所示。

YOLOv4使用：

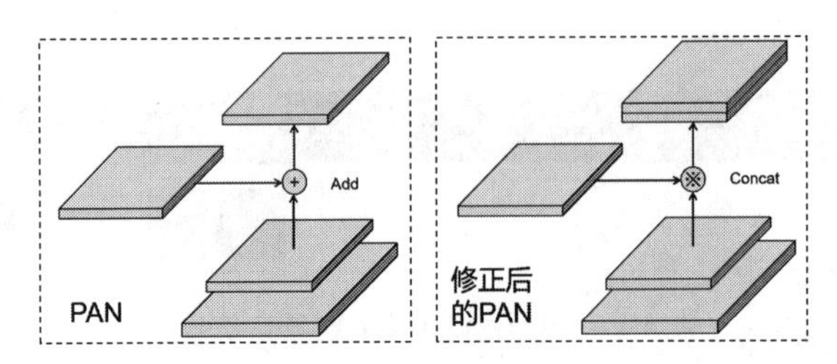

图 A.15　PAN（路径聚合网络）与 YOLOv4 中使用的修正后 PAN 的示意图。

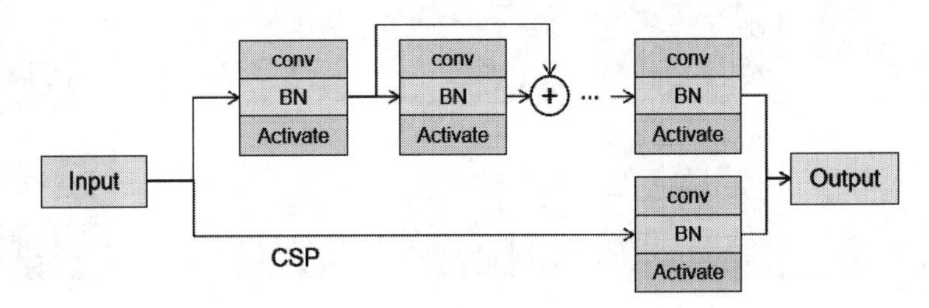

图 A.16　CSP（跨级部分连接）的示意图。

- 骨干 BoF[①]：**CutMix**、**Mosaic**、**DropBlock**、**标签软化**。
- 骨干 BoS[②]：**Mish 激活**、**跨级部分连接**（CSP）、**多输入加权残差网络**（MiWRC）。CSP 操作如图 A.16 所示。
- 检测器 BoF：CIoU、CmBN、DropBlock、Mosaic、**自我对抗训练**（SAT）、**消除网格敏感度**、**使用多个锚点**、**余弦退火调度器**、**遗传算法**获得最佳超参数、**随机训练形状**。
- 检测器 BoS：Mish 激活、**空间金字塔池化**（SPP）、SAM 块、PAN 块、DIoU 非极大值抑制（NMS）。

最终，YOLOv4 的**骨干**为 CSPDarknet-53，**颈部**为 SPP 和 PAN，**头部**为 YOLOv3；其网络结构如图 A.17 所示。

YOLOv4-Tiny 是 YOLOv4 的轻量化版本，具有更简单的网络结构和更少的参数，如图 A.1.4 所示。

[①] BoF（Bag of Freebies）：只改变训练策略，不会在推理过程中增加额外计算开销，并能有效提高目标检测性能的技巧。如数据增强、正则化等。

[②] BoS（Bag of Specials）：在推理过程中增加少量计算开销，但可以显著提升目标检测精确度的技巧。如改变激活函数、池化方法、网络结构等。

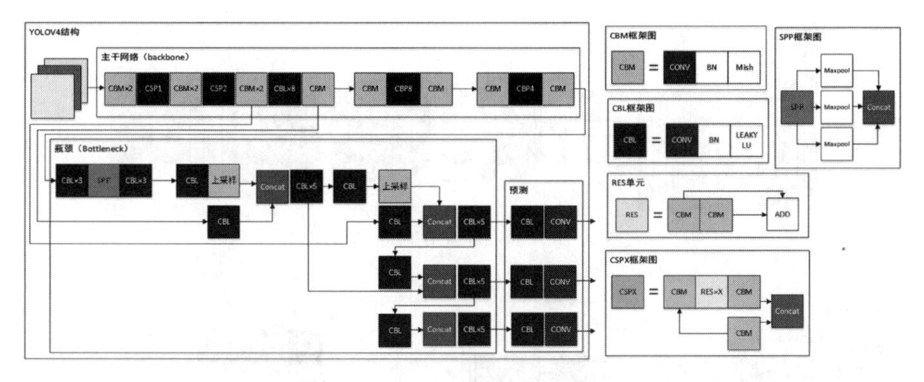

图 A.17 YOLOv4 的网络结构。

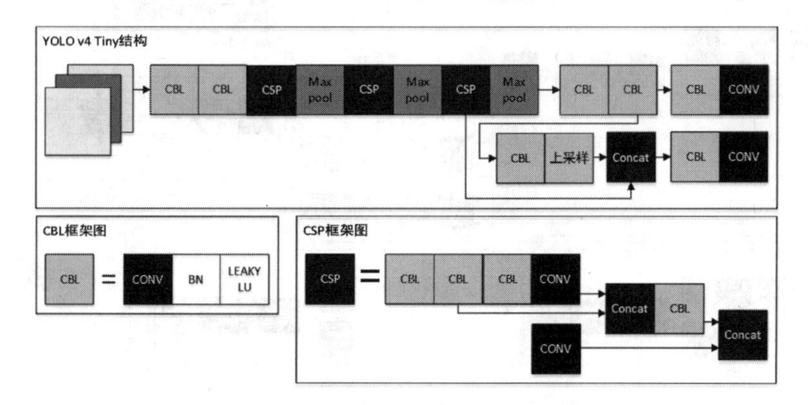

图 A.18 YOLOv4-Tiny 的网络结构。

A.1.5 YOLOv5 简介

YOLOv5 于 2020 年提出，其神经网络分为 4 个部分：**输入**、**主干**、**颈部**和**头部**。

- **输入**：Mosaic 数据增强、**图像自适应**、**瞄框自适应**。
- **主干**：**Focus 结构**和 CSP 结构，Focus 结构如图 A.19 所示，CSP 结构与 YOLOv4 中有介绍，如图 A.16 所示。
- **颈部**：**特征金字塔网络**（FPN）和 PAN 结构。FPN 在 A.3.3.5 中有介绍，CSP 结构与 YOLOv4 中有介绍，如图 A.1.4 所示。
- **头部**：使用 GIoU 作为边界框损失函数，并采用 NMS。

YOLOv5s 的结构如图 A.20 所示。

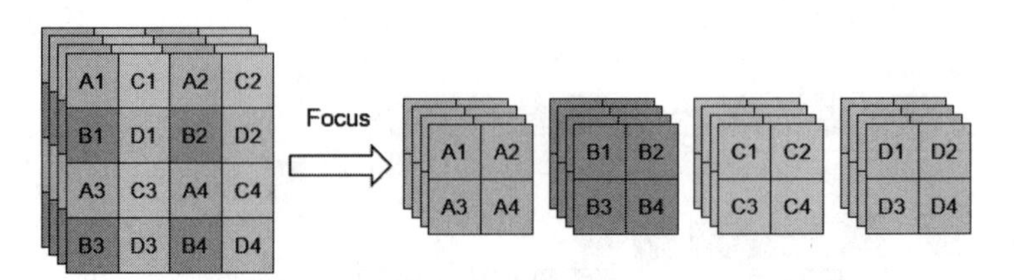

图 A.19　Focus 操作的示意图。

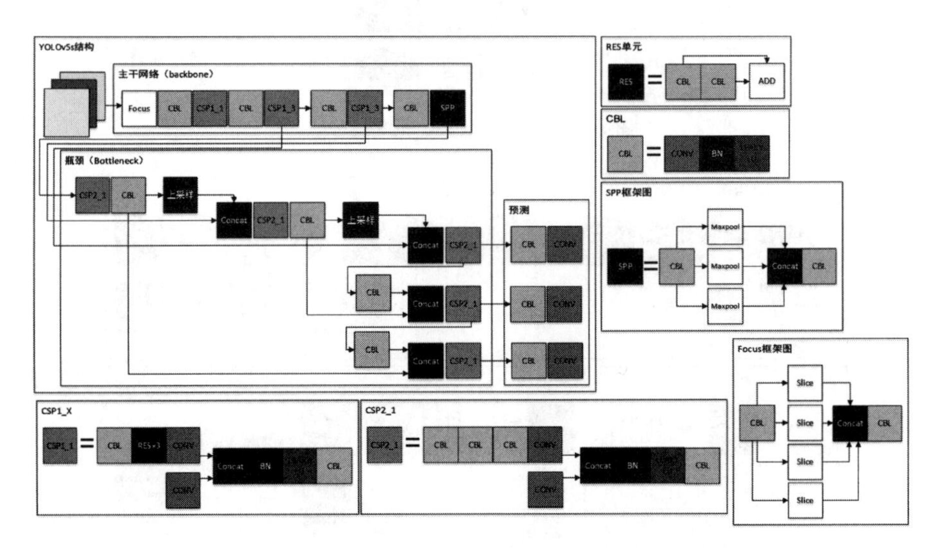

图 A.20　YOLOv5s 的网络结构。

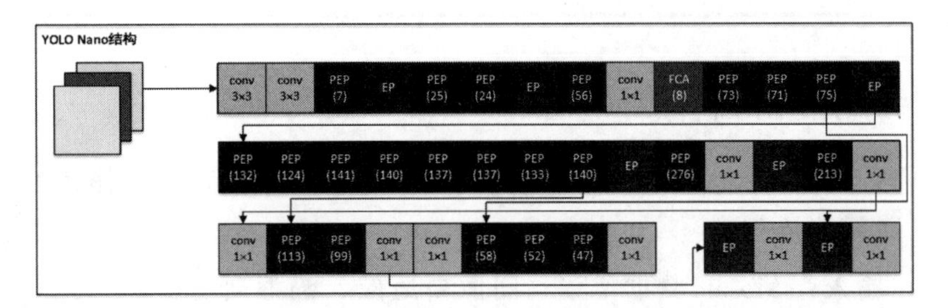

图 A.21　YOLO-Nano 的网络结构。

A.1.6 YOLO 拓展框架简介

YOLO Nano 于 2019 年提出 [65]。该模型结构通过人与机器协同设计模型架构大大提升了性能，其网络框架如图 A.21 所示。

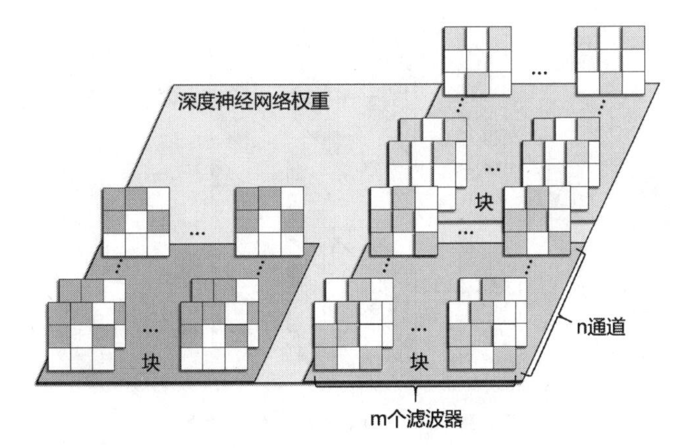

图 A.22 YOLObile 网络中的 Block-punched 剪枝示意图。

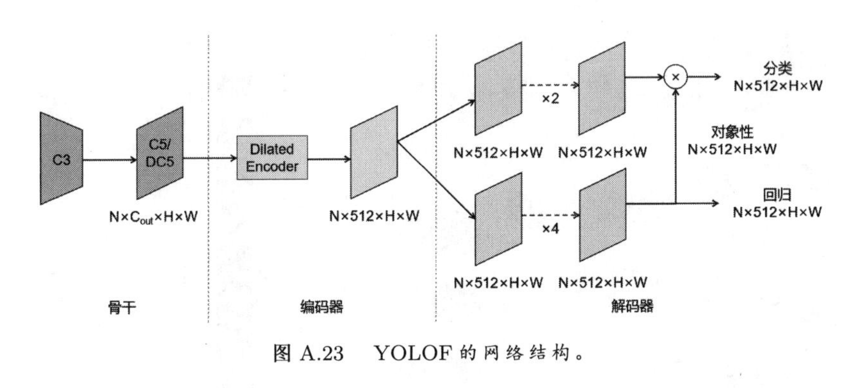

图 A.23 YOLOF 的网络结构。

YOLObile 于 2020 年提出 [66]。该框架通过压缩编译、协同设计减小模型的大小，并提升模型在移动设备上的运行速度。针对任何内核大小，提出了 **Block-punched** 剪枝方案，如图 A.22 所示。

YOLOF 于 2021 年提出 [67]。该算法对单阶段目标检测中的 FPN 进行了重新思考，并指出 FPN 的成功之处在于它对目标检测优化问题的分而治之解决思路而非多尺度特征融合。该算法引入了一种方式替换复杂的 FPN 优化问题，从而可以仅仅采用一级特征进行检测。YOLOF 有两个关键性模块 **Dilated Encoder** 与 **Uniform Matching**，它们对检测带来了显著的性能提升。YOLOF 的网络框架如图 A.23 所示。

YOLOX 于 2021 年提出 [68]，是对 YOLO 系列算法的改进。将 YOLO 检测器切换为无锚框，并且采用**解耦头**和领先的标签分配策略。YOLOX 解耦头如图 A.24所示，网络如图 A.25 所示。

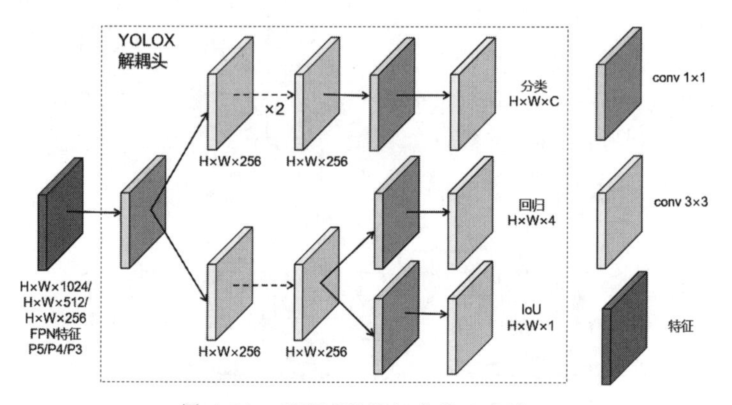

图 A.24　YOLOX 解耦头的示意图。

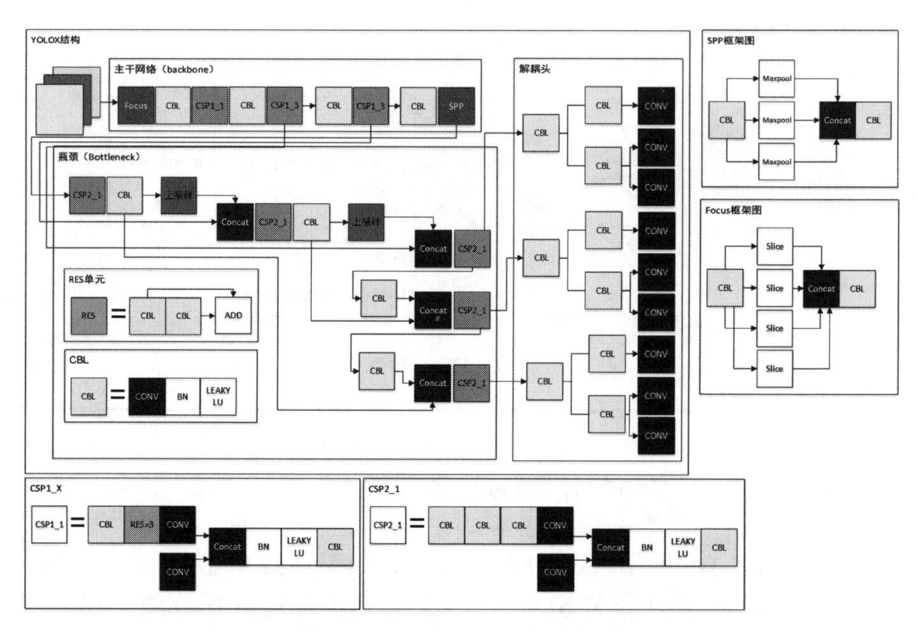

图 A.25　YOLOX 的网络结构。

A.1.7 交并比（IoU）介绍

IoU 计算预测框和真实框的交集和并集的比值 [69]。定义为：

$$\mathrm{IoU}=\frac{|B\cap B^{gt}|}{|B\cup B^{gt}|} \tag{A.1}$$

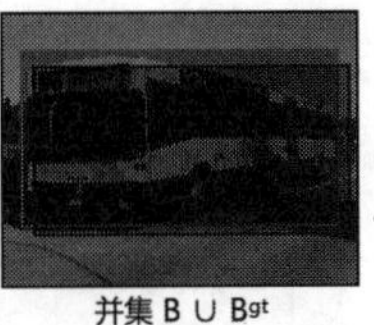

图 A.26　IoU 的计算过程的示意图。

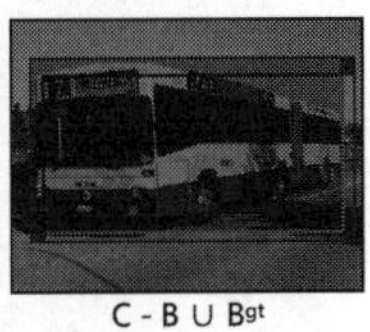

图 A.27　GIoU 的计算过程的示意图。

其中，B^{gt} 代表真实框[①]，B 代表预测框，如图 A.26 所示。

IoU 的缺点有以下两点：

1. 当预测框和真实框不相交，即 $|B \cap B^{gt}| = \emptyset$ 时，不能判断 B 和 B^{gt} 距离远近，此时损失函数均为 0。
2. 当预测框和真实框大小确定时，如果 $|B \cup B^{gt}|$ 确定，其 IoU 值相同，IoU 不能反映两个框如何相交。

GIoU[②] 充分利用 IoU 的优点，克服 IoU 的缺点 [70]。定义为：

$$\text{GIoU} = \text{IoU} - \frac{|C - B \cup B^{gt}|}{|C|} \tag{A.2}$$

其中，C 代表含预测框和真实框的最小外接矩形框，如图 A.27 所示。

相比 IoU，GIoU 能够更好地评价，如图 A.28 所示。

GIoU 仍然存在局限性。当真实框包含预测框时，GIoU 退化为 IoU，无法区分其相对位置关系。好的目标框回归损失函数应该考虑三个重要的几何因素：**重叠面积**、**中心点距离**、**边框长宽比**。IoU 和 GIoU 均只考虑了重叠面积这一因素，未考虑中心点距离和长宽比。

DIoU[③] 的提出考虑了中心点距离 [71]，定义如下：

[①]在 B^{gt} 中，gt 的全拼为 ground truth，是人工标注表示真实情况的框，可理解为评价交并比中的标准答案。

[②]GIoU 的全称为 Generalized Intersection over Union。

[③]DIoU 的全称为 Distance Intersection over Union。

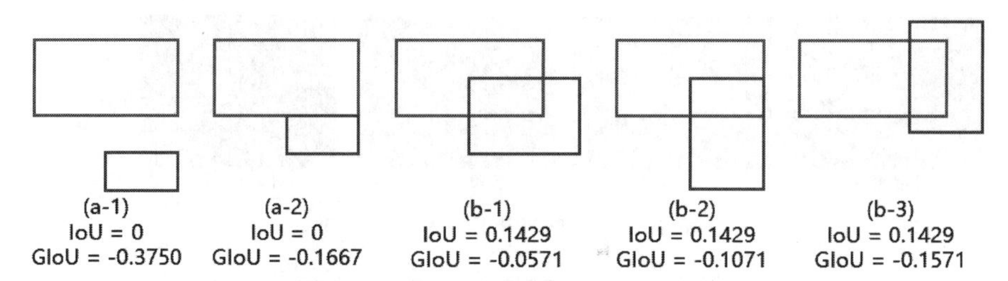

图 A.28　GIoU 相比 IoU 的优势。(a) 中两张图表示预测框与真实框不相交的例子，IoU 均为 0，但 (a-1) 的偏离比 (a-2) 更大，理应分数更低，使用 GIoU 准则即可达到此效果；(b) 中三张图为预测框和真实框大小和并集大小固定时的例子，IoU 均为 0.1429，但 (b-1) 的 GIoU 比 (b-2) 和 (b-3) 大。GIoU 可以在一定程度上克服 IoU 的缺点。

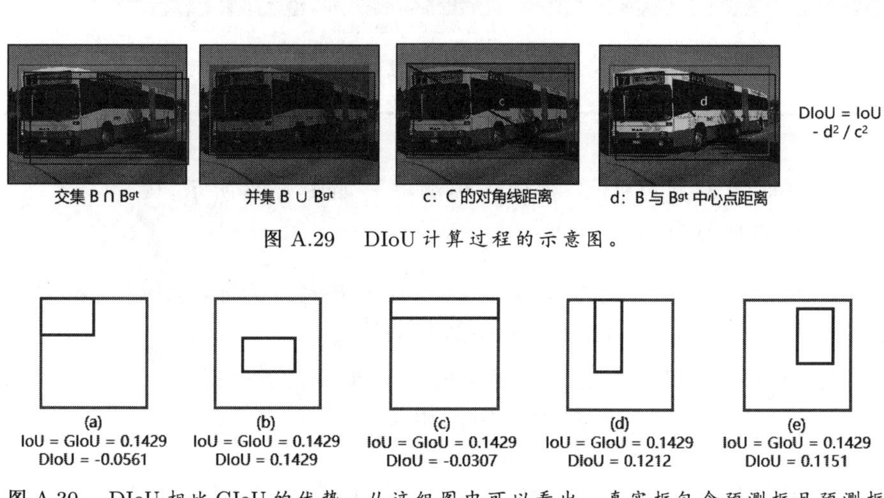

图 A.29　DIoU 计算过程的示意图。

图 A.30　DIoU 相比 GIoU 的优势。从这组图中可以看出，真实框包含预测框且预测框的面积大小相同时，GIoU 无法判断出偏离程度。但预测框偏中心，如图 (b)，理应相比预测框靠边的，如图 (a) 更准确，在 DIoU 评判标准中，(b) 相比 (a)有更好的评价。DIoU 相比 GIoU 引入了中心点距离这一因素，有效克服了 GIoU 在真实框包含预测框无法区分其相对位置的缺点。

$$\mathrm{DIoU} = \mathrm{IoU} - \frac{\rho^2\left(b, b^{gt}\right)}{c^2} \tag{A.3}$$

其中，$\rho^2\left(b, b^{gt}\right)$ 表示预测框中心点（b）和真实框中心点（b^{gt}）的欧氏距离，c 指最小外界矩形框（C）的对角线长度，如图 A.29 所示：

相比 GIoU，DIoU 能够更好地评价，如图 A.30 所示。边框长宽比也是重要的几何因素，因此提出了 **CIoU**[①]函数，即在 DIoU 的基础上

---

①CIoU 的全称为 Complete Intersection over Union。

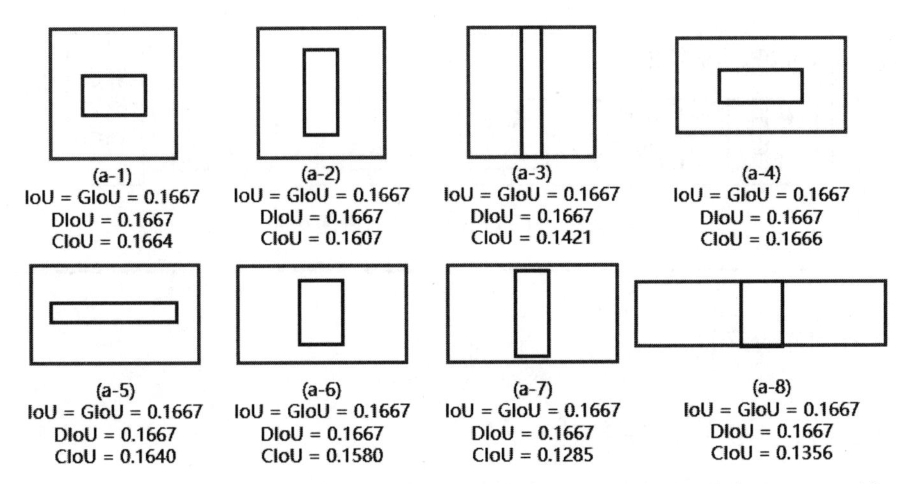

图 A.31 CIoU 相比 DIoU 的优势。在这组图中，真实框和预测框的面积相同，且预测框均在真实框正中心的位置，但真实框和预测框的长宽比不一定相同，此时使用 DIoU 也无法区分。CIoU 相比 DIoU 还增加了边框长宽比这一因素，使评价更加完善。

加上一影响因子 αv，把预测框长宽比拟合目标框的长宽比也考虑进去 [72]，定义如下：

$$\mathrm{CIoU} = \mathrm{DIoU} - \alpha v = \mathrm{IoU} - \frac{\rho^2\left(b, b^{gt}\right)}{c^2} - \alpha v \tag{A.4}$$

其中，α 是一个 trade-off 参数，v 衡量长宽比的一致性，定义如下：

$$v = \frac{4}{\pi^2}\left(\arctan\frac{w^{gt}}{h^{gt}} - \arctan\frac{w}{h}\right)^2 \tag{A.5}$$

$$\alpha = \frac{v}{(1 - \mathrm{IoU}) + v} \tag{A.6}$$

相比 DIoU，CIoU 能够更好地评价，如图 A.31 所示。

A.2 关于 YOLOv5 的实际操作

YOLOv5 由 Ultralyrics 公司于 2020年 6 月 10 日在 GitHub 平台发布①，提供了 4 种神经网络模型，分别为 YOLOv5s、YOLOv5m、YOLOv5l 和 YOLOv5x。YOLOv5s 模型最简单，训练速度最快，但精度最低，YOLOv5m、YOLOv5l 和 YOLOv5x 模型越来越复杂，训练速度越来越慢，精度也越来越高。本小节，我们对 YOLOv5 的实际操作过程

①YOLOv5 开源网址：https://github.com/ultralytics/yolov5。

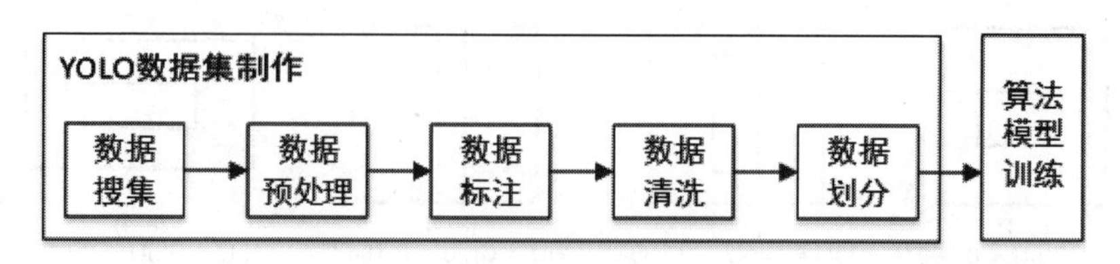

图 A.32　YOLO 数据集制作的流程图。

进行简单介绍[①]。

A.2.1 YOLO 数据集制作

YOLO 数据集制作过程包括**数据搜集**、**数据预处理**、**数据标注**、**数据清洗**、**数据划分**。如图 A.32 所示。

1. **数据搜集**。通过视频或网络搜集一些含待检测目标的图片。
2. **数据预处理**。筛除坏数据，统一格式，并统一重命名为编号。
3. **数据标注**。使用 LabelImg[②]软件给数据打标签。LabelImg 工作界面如图 A.33 所示，操作十分简单。拖动鼠标，将目标框起来，然后选择目标名称，之后选择保存的路径即可[③]。
4. **数据清洗**。将无目标的图片删除，确保图片和标签一一对应。
5. **数据划分**。将以上数据集划分成训练集和验证集。一般来说，训练集与验证集比例为3:1 到 5:1 较为合适。

A.2.2 YOLOv5 模型训练

YOLOv5 模型训练的硬件环境为 GPU（如 NVIDIA GTX 2080Ti + CUDA 10.1）或 CPU（如 Intel Core i7-8550U CPU 1.80GHz），操作系统为 Windows 或 Ubuntu，软件为 Python + Anaconda + Pytorch。

[①] YOLOv5 中还有细分版本，本小节使用 2021 年 1 月 5 日发布的 YOLOv5-4.0 进行实验，但之后还在 2021 年 4 月 12 日推出了 YOLOv5-5.0，在 2021 年 10 月 12 日推出了 YOLOv5-6.0，不同版本号的程序的神经网络和运行方法可能有略微不同。YOLOv5-4.0 的源码可在 https://github.com/ultralytics/yolov5/releases/tag/v4.0 中下载。

[②] LabelImg 软件的下载地址为 https://github.com/tzutalin/labelImg/releases/tag/v1.8.1。它导出标签有 XML 格式或 YOLO 格式，制作 YOLO 数据集时使用 YOLO 格式，制作其他目标检测算法的数据集是使用 XML 格式。

[③] 请注意，使用 LabelImg 软件需要注意文件路径名中不能出现非 ASCII 字符，否则无法完成数据标注。若文件路径名有中文或特殊字符，需要将其改成英文字母。

图 A.33 LabelImg 的工作界面。

在 Windows 中 Anaconda Prompt 或 Ubuntu 中 YOLOv5-master 文件夹对应的命令行窗口中输入如下代码，开始模型训练。中括号里的各参数均为缺省，可以根据训练的需要来输入，如下所示。

```
>> python train.py [-h 查看帮助]
[--weights 权重文件路径，默认为 yolov5s.pt]
[--cfg 配置文件路径，默认为 yolov5s.yaml]
[--data 数据集文件，默认为coco.yaml]
[--hyp 超参数文件，默认为 hyp.scratch.yaml]
[--epochs 训练周期数，默认为 300]
[--batch-size 小批量大小，默认为 16]
[--img-size 分别设置训练集和测试集中图片的归一化大小，默认值为 640×640]
[--rect 是否进行矩形训练，可减去冗余信息，加速模型推理，默认为 false]
[--resume 是否在最近训练的那个模型基础上继续训练，默认为 false]
[--nosave 是否只保存最后一个训练周期获得的权重文件，默认为 false]
[--notest 是否只在最后一个训练周期结束后才进行测试，默认为 false]
[--noautoanchor 是否不使用自适应锚框，默认为 false（使用自适应锚框）]
[--evolve 是否对超参数进行进化（利用遗传算法寻找最优超参数），默认为 false]
[--cache-images 是否对图片进行缓存（以便更好地进行训练），默认为 false]
[--image-weights 是否在下一轮训练中对不好的图片加权重，默认为 false]
[--multi-scale 是否对图片的尺寸进行缩放变换，默认为 false]
[--single-cls 是否使用单类别数据集，默认为 false，即使用多类别数据集]
```

```
[--adam 是否使用 Adam 优化器，默认为 false，则使用 SGD 优化器]
[--sync-bn 是否使用多 GPU 进行分布式训练，默认为 false]
[--linear-lr 是否对学习率进行线性调整，默认为 false，通过余弦调整学习率]
[--label-smoothing 是否对标签进行平滑处理，可防止过拟合情况，默认为 false]
[--exist-ok 预测结果保存位置，默认为 false，在新命名的文件夹中保存]
[--device 用于设置运行设备，如 CPU、GPU 编号等，默认为所有 GPU/CPU]
[--project 训练结果保存路径，默认为 runs/train]
[--name 训练结果文件名，默认为 exp]
```

训练结束后，在对应路径中找到训练得到的神经网络权重和相关日志，该权重可进行相应的目标检测。

A.2.3 YOLOv5 目标检测

在 Windows 中 Anaconda Prompt 或 Ubuntu 中命令行中输入如下代码，开始目标检测。中括号里的各参数均为缺省，可以根据训练的需要来输入，如下所示。

```
>> python detect.py [-h 查看帮助]
[--weights 目标检测使用的权重文件，默认为 yolov5s.pt]
[--source 目标检测的来源，可以为文件/文件夹/网址/摄像头，默认为 data/images，如
果来源为摄像头，则会对摄像头视线范围内进行目标检测]
[--img-size 输入网络的图像尺寸，不会改变输入输出的图像尺寸，默认为 640×640]
[--conf-thres 置信度阈值，只有大于设定值时才会显示目标检测结果，默认为 0.25]
[--iou-thres NMS 阈值，只有大于设定值时才会显示目标检测结果，默认为 0.45]
[--device 用于设置运行设备，如 CPU、GPU 编号等，默认为所有 CPU/GPU]
[--view-img 是否显示实时检测结果，默认为 false，true 则为实时显示视频检测结果]
[--save-txt 是否保存结果的 txt 文件，默认为 false，true 则导出检测框到 txt 中]
[--save-conf 是否保存置信度，默认为 false，true 则导出置信度到 txt 中]
[--classes 目标检测的类别编号，默认为所有编号]
[--agnostic-nms 是否激活 NMS，默认为 false]
[--augment 是否进行数据增强，默认为 false]
[--update 是否把网络中一些不必要的部分去掉，默认为 false]
[--project 目标检测结果保存路径，默认为 detect/train]
[--name 目标检测结果文件名，默认为 exp]
[--exist-ok 目标检测结果保存位置，默认为 false，在新命名的文件夹中保存]
```

目标检测结束后，检测结果将会保存在相应的路径中，图片或视频将会加上目标检测的框，在 A.5 小节和 A.6 中有相关实例的介绍。

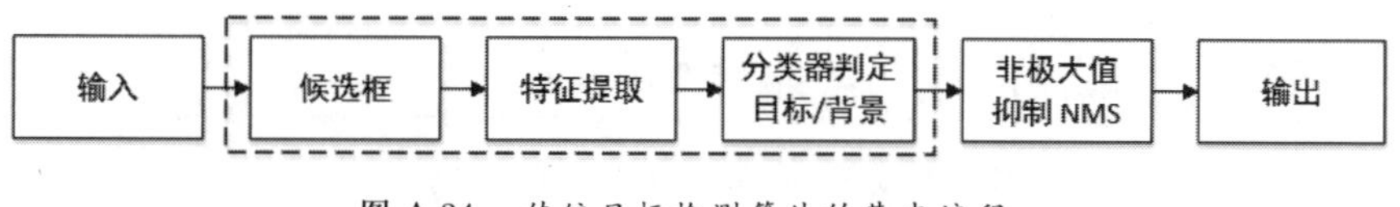

图 A.34 传统目标检测算法的基本流程。

A.3 常用目标检测算法介绍

本小节对除了 YOLO 算法外的其他目标检测算法进行简单介绍。

A.3.1 基于手工标注特征的传统算法

基于手工标注特征的传统算法流程如图 A.34 所示。

1. **输入**：待进行目标检测的图片。
2. **候选框**：通过滑动窗口生成候选框。
3. **特征提取**：对窗口的局部图像信息进行特征提取，可分为底层特征、中层特征、高层特征 3 大类。**底层特征**指来源于图片本身的特征，如颜色、纹理、形状等，如**方向梯度直方图**（HOG）特征。**中层特征**指基于底层特征进行机器学习后挖掘得到的特征，如**主成分分析**（PCA）特征。**高层特征**指对底层和中层特征的进一步挖掘得到的语义特征，如人物的性别等。
4. **分类器判定或背景**：对候选区域提取出的特征进行分类。
5. **非极大值抑制算法**（Non-Maximum Suppression，简称 NMS）：指抑制不是极大值的元素。在目标检测中，经过特征提取、分类识别后，每个边界框都有一个置信度分数，可能会导致很多窗口之间存在包含或大部分交叉的情况，这时需要利用 NMS 选取邻域里分数最高的框作为目标框，删除分数不是最高的窗口。其步骤如下：
   (a) 对所有检测到的候选框置信度得分进行排序。
   (b) 选出得分最高的候选框，计算每个候选框与最大得分值的 IoU 值，删除大于设定的阈值的候选框。
   (c) 对所有没处理过的框，再一次进行 (a)、(b) 操作。
   (d) 对筛选过程不断迭代，到只剩下一个框为止。

   经典 NMS 使用 IoU，其变体还有 DIoU-NMS 和 Soft-NMS。

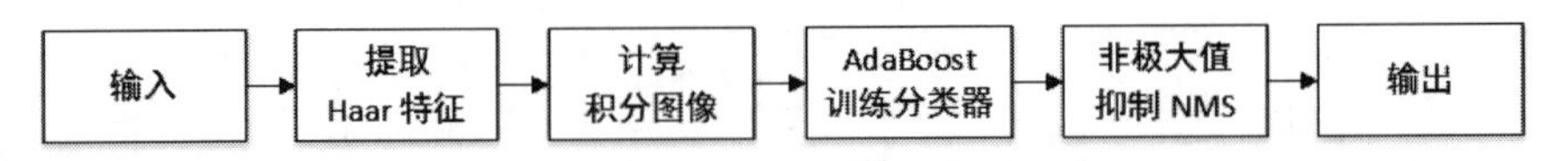

图 A.35　Viola-Jones 算法的基本流程。

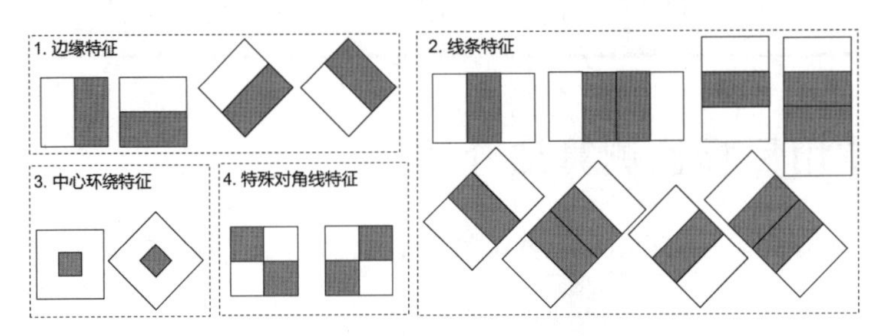

图 A.36　Haar 特征的提取算子。

6. **输出**：对输入图片的目标检测结果。

以下是 3 种具有代表性的传统目标检测算法，分别为 Viola-Jones 算法、HOG 算法和 DPM 算法，每种方法都有以上过程，但实现每个过程时采用的方法可能不一样。

A.3.1.1 Viola-Jones 算法

Viola-Jones 算法于 2001 年提出，是非常经典的目标检测算法，适用于检测正面的人脸图像，但对于侧脸图像的检测鲁棒性较差 [73]。Viola-Jones 算法流程如图 A.35 所示：

1. 利用 **Haar 特征**描述人脸特征 [74]。Haar 特征是纹理特征的一种，种类包括边缘、线性、中间和对角线特征，如图 A.36 所示。Harr 特征考虑某一特定位置相邻的矩形区域，把每个矩形区域像素相加然后再相减。我们需要将单一像素编程矩形区域，所以要先对每个矩形区域求和（积分图像），然后利用上面的算子进行运算，得到 Haar 特征。
2. 建立**积分图像**，并利用该图像快速获取几种不同的矩形特征。对于图像中的任何一点，该点的积分图像等于位于该点的左上角的元素之和，即：

$$I(x,y) = \sum_{x' \le x} \sum_{y' \le y} f(x',y') \tag{A.7}$$

其中，I 表示积分图像，f 表示原来的图像，x,y,x',y' 表示像素的位置。通过积分图像，我们可以计算一张图像上任意一个矩

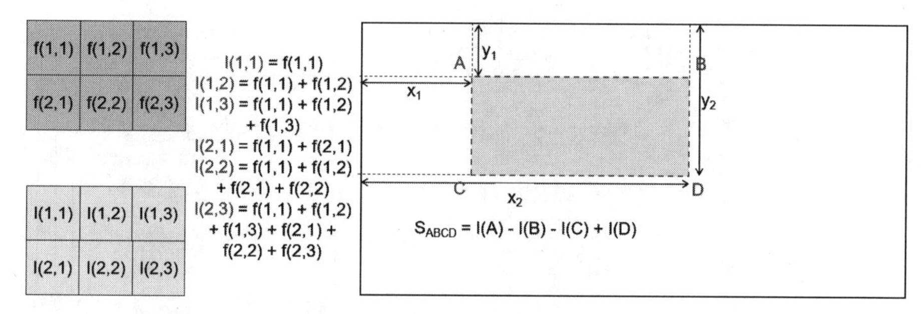

图 A.37 积分图像计算过程。

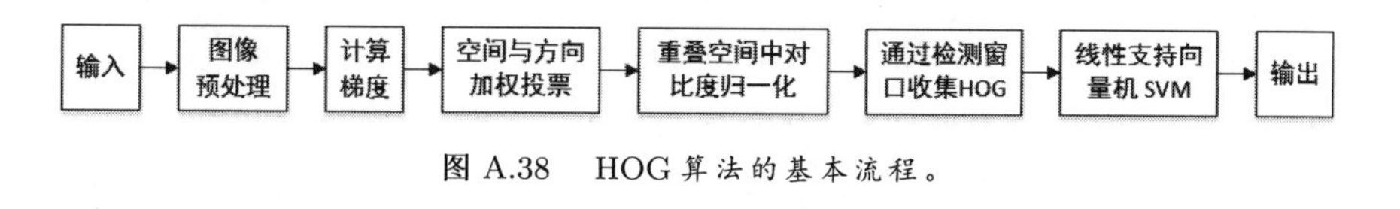

图 A.38 HOG 算法的基本流程。

形区域的像素和。积分图像满足如下关系：

$$I(x,y) = I(x-1,y) + I(x,y-1) + f(x,y) - I(x-1,y-1) \quad (A.8)$$

对于一个矩形 $ABDC$，$A(x_1,y_1), B(x_2,y_1), C(x_1,y_2), D(x_2,y_2)$，如图 A.37 所示，利用积分图像我们可以得到：

$$\begin{aligned} S_{ABDC} &= I(A) - I(B) - I(C) + I(D) \\ &= I(x_1,y_1) - I(x_2,y_1) - I(x_1,y_2) + I(x_2,y_2) \end{aligned} \quad (A.9)$$

3. 利用 **AdaBoost** 训练分类器，选出小特征。
4. 建立**级联分类器**。引入检测级联，提高计算速度。
5. 非极大值抑制（NMS）。

Viola-Jones 算法思路简单，但计算量大，时间复杂度高。

A.3.1.2 HOG 算法

HOG[①] 是一种能对物体进行检测的基于形状描述特征的描述算子。HOG 算法于 2005 年提出，的基本思想是利用**梯度**信息能很好地反映图像目标的**边缘**信息并通过局部梯度大小将图像局部的外观和形状特征化。一些研究者利用梯度 HOG 特征并结合其他特征对人体进行检测，得到了较好的结果 [75]。其整体流程如图 A.38 所示。

[①] HOG 全称为 Histogram of Oriented Gradient，即方向梯度直方图。

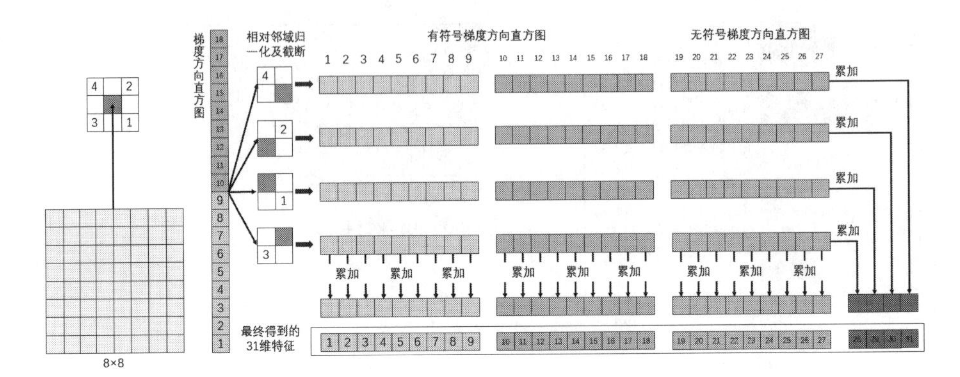

图 A.39　DPM 算法的示意图。

1. **图像预处理**：将彩色图像转成灰度图像，采用 **Gamma 修正法**对输入图像进行颜色空间归一化。
2. 计算图像中各像素的梯度。
3. 将图像划分成小的**单元格**。
4. 统计每个单元格的梯度直方图，形成每个单元格的**描述符号**。
5. 将每几个单元格组成**块**，每个块内所有单元格的特征描述符号串联起来得到块的 HOG 特征描述符号。
6. 将图像内各块 HOG 特征的描述符号串联起来，得到该图像的 HOG 特征描述符号，这也是最终可供分类使用的特征向量。
7. 通过 SVM①判别出目标类别。

A.3.1.3 DPM 算法

DPM②算法于 2008 年提出，是传统目标检测方法的巅峰之作，本质上是"整体 HOG + 组件 HOG + SVM + 滑动窗"进行目标识别，其识别效果非常好。其大体思路与 HOG 一致，先计算梯度方向直方图，然后用 SVM 训练得到物体的梯度模型 [76]。采用了 HOG 特征，并对 HOG 特征进行了一些改进，如图 A.39 所示。

DPM 是传统目标检测算法的 SOTA③，连续获得 VOC

①SVM 全称为 Support Vector Machine，即支持向量机，是一类按监督学习对数据进行二元分类的广义线性分类器。

②DPM 全称为 Deformable Parts Model，即可变形部件模型。

③SOTA 全称为 State-of-the-art，指特定任务中在当前表现得最好的算法或模型。

2007，2008，2009 三年的目标检测冠军。其运算速度较快，能够适应物体形变，但无法适应大幅度旋转，稳定性较差。

A.3.1.4 传统目标检测算法的缺点

基于手工提取特征的传统目标检测算法，缺点主要有：区域选择策略没有针对性，时间复杂度高、鲁棒性较差等等。

在 DPM 算法提出后的几年，目标检测技术停滞不前。然而，随着深度学习的发展和计算机算力的不断提升，有一个惊奇的发现：如果卷积神经网络能够在理论上拟合任何函数，那为什么不能将其引入目标检测流程呢？2012 年， AlexNet 在 ImageNet 分类任务取得巨大成功，为目标检测的发展提供了一条未曾设想的道路。之后，Girshick 等于 2013 年提出了 R-CNN[①]算法，是第一个成功将深度学习应用到目标检测的算法。自此，目标检测领域开始以前所未有的速度发展。下一节主要介绍一些用于目标检测的经典模型。

A.3.2 目标检测的经典模型

A.3.2.1 LeNet

LeNet 诞生于 1994 年，用于检测手写体识别数据集（MNIST），其基本结构如图 A.40 所示。该网络利用卷积、池化等操作提取特征，最后使用全连接层进行分类 [77]。该网络可谓卷积神经网络的鼻祖。

A.3.2.2 AlexNet

AlexNet 于 2012 年横空出世，使用了 8 层神经网络，以绝对优势赢得了 ImageNet 2012 图像识别挑战赛冠军 [78]。该网络有 5 个卷积层和 3 个池化层，如图 A.41 所示。与 LeNet 类似，但相比使用了更多卷积层和更大的参数空间来拟合 ImageNet 数据集，并取得了较好的结果，是浅层神经网络和深度神经网络的分界线。

A.3.2.3 NIN

网络中的网络（Network in Network，NIN）于 2013 年提出 [79]。其核心思想非常简单，即在卷积后面再跟一个 1×1 卷积核对图像进行卷积，能有效合并卷积特征，减少网络，提升网络的局部感知区域。如图 A.43 所示，左侧为普通卷积神经网络中的卷积层，右侧为 NIN 提出的多层感知机卷积层[②]（MLPconv）。YOLOv2 算法中用到了 NIN。

[①] R-CNN 的全称为 Regions with CNN features，区域卷积网络。

[②] 多层感知机（Multi-Layer Percepton，或简称 MLP）即全连接神经网络。

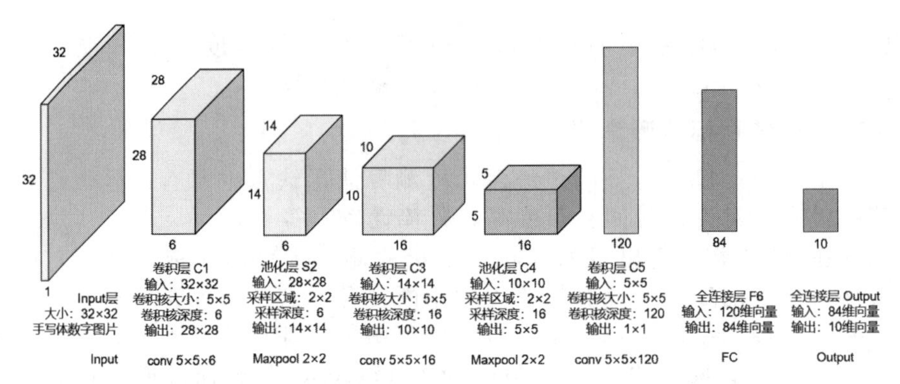

图 A.40　LeNet 的网络结构。该图比较详细地描述了神经网络模型的结构。输入为手写体识别数据集（MNIST）中的图片，大小为 32×32，由于是灰度图，故深度为 1。里面包括了 3 个卷积层和 2 个池化层，卷积核大小决定了下一层输出的大小，卷积核深度决定了下一层输出的深度。最下面的一行表示常见的描述形式。

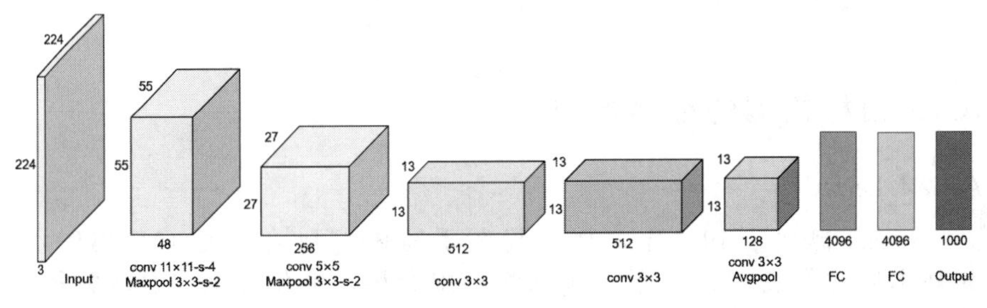

图 A.41　AlexNet 的网络结构。

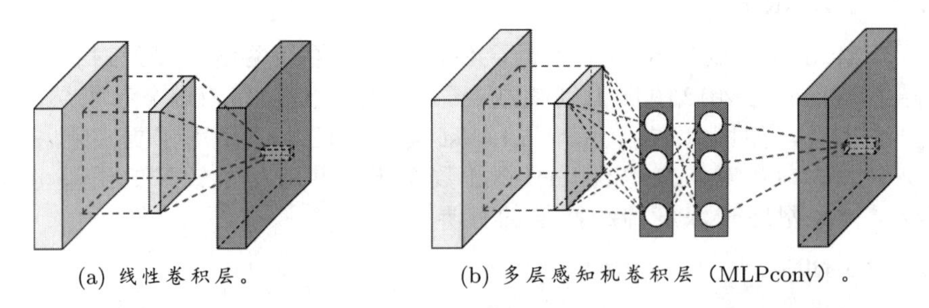

(a) 线性卷积层。　　(b) 多层感知机卷积层（MLPconv）。

图 A.42　线性卷积层与 MLPconv 层的比较，MLPconv 中的全连接层增大了感受野。中间的全连接层也可以看作是尺寸为 $1 \times 1 \times$ 深度的网络，可以画成长方体的形式。左侧中间的长方体不是输入或输出，而是左侧长方体到右侧长方体用到的卷积核。

图 A.43 的基本结构和 AlexNet 完全相同，但 AlexNet 中的各线性卷积层均改为了 MLPconv 层，在测试中取得了比 AlexNet 更好的成绩。

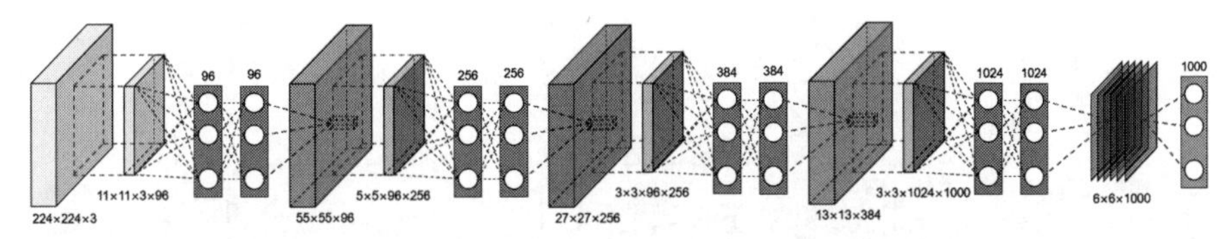

图 A.43 一个使用了 MLPconv 的模型，基本结构与 AlexNet 完全相同，但每一层都加了 1×1 卷积核，以提升网络的局部感知区域。

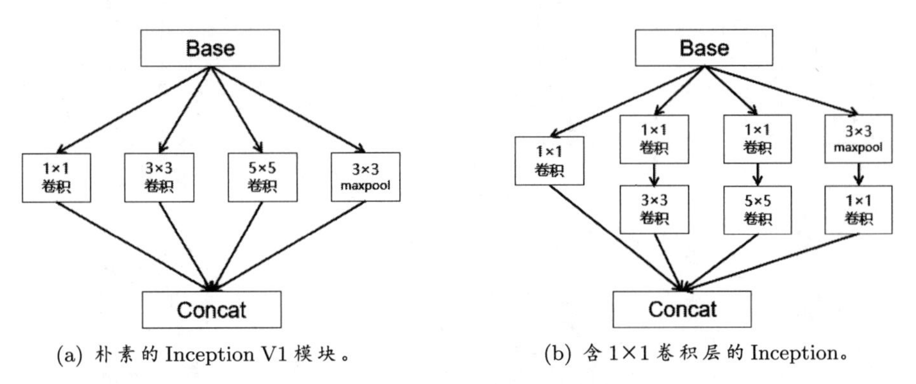

(a) 朴素的 Inception V1 模块。 (b) 含 1×1 卷积层的 Inception。

图 A.44 Inception 模块的网络结构。

A.3.2.4 Inception V1 模块

为了提取更高维特征，一般会进行更深层卷积，但随之带来了网络变大的问题。Inception 模块于 2014 年提出，借鉴了 NIN 中的 MLPconv 的思想，提出可以让网络变宽，在保证模型质量的前提下减少参数个数，提取高维特征 [80]。朴素的 Inception V1 模块如图 A.44(a) 所示，通过 1×1 卷积以聚集信息，再进行表尺度的特征提取和池化，得到多个尺度的信息，最后将特征进行叠加输出，如图 A.44(b) 所示。

A.3.2.5 GoogLeNet

GoogLeNet 于 2014 年提出，主要利用 Inception V1 模块叠加形成，取得了 ILSVRC-2014 比赛分类项目冠军 [80]。其神经网络模型如图 A.45 所示。值得一提的是，GoogLeNet 虽然是 Google 团队开发，但拼写时 L 为大写，是为了向卷积神经网络鼻祖 LeNet 致敬。

A.3.2.6 VGG

VGG 于 2014 年提出，取得了 ILSVRC-2014 比赛分类项目第二名，仅次于 GoogLeNet [81]。VGG 可以看作 AlexNet 的加深版，由卷积层和全连接层叠加而成，但使用的都是 3×3 的小尺寸卷积核。VGG 有 16

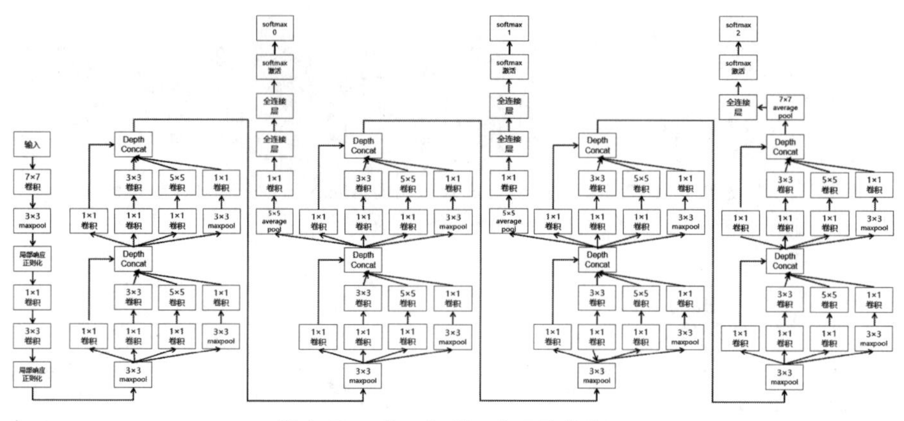

图 A.45　GoogLeNet 的网络结构。

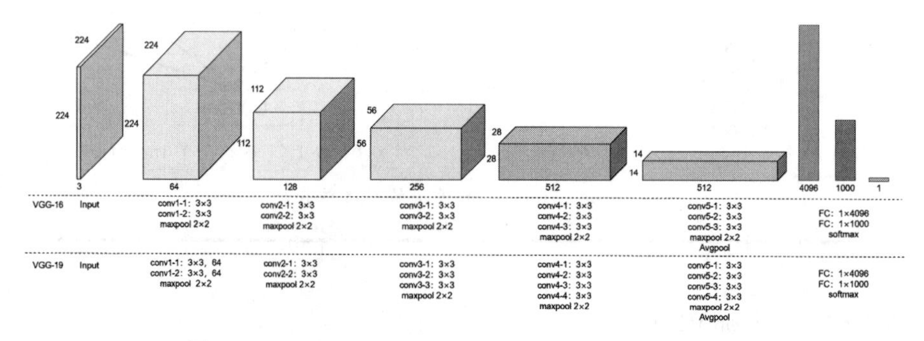

图 A.46　VGG 的网络结构，包括 VGG-16 和 VGG-19。

层和 19 层两个版本，结构如图 A.46 所示。

A.3.2.7 Inception V2

Inception V2 于 2015 年提出 [82]。相比 Inception V1，有如下改进：

1. 引入 BN 层对中间特征进行标准化。
2. 将 Inception V1 中 5×5 的卷积分解为两个 3×3 卷积运算，如图 A.47 所示；将 $n \times n$ 的卷积分解为 $1 \times n$ 和 $n \times 1$ 两个卷积，如图 A.48 所示；将卷积分解后计算速度得到了提升。
3. 扩展模型的宽度，有效解决表征性瓶颈问题。

A.3.2.8 Inception V3

Inception V3 于 2015 年提出 [83]，相比 Inception V2，有如下改进：

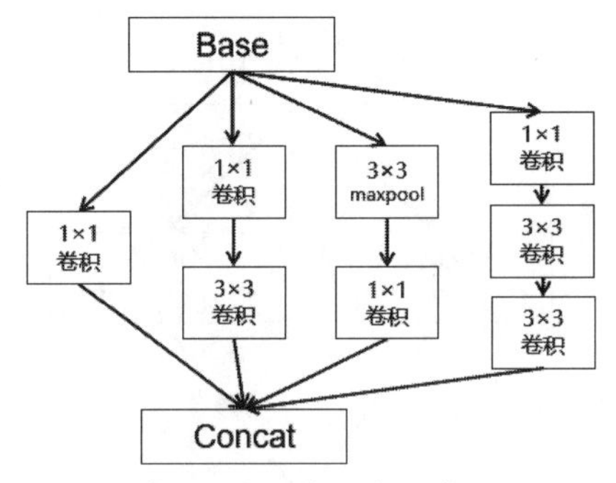

(a) 大卷积层转换成两个小卷积层。

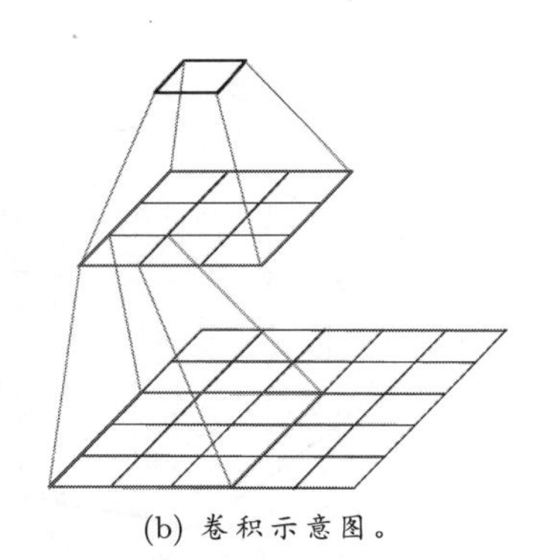

(b) 卷积示意图。

图 A.47　分两步完成 5×5 卷积。

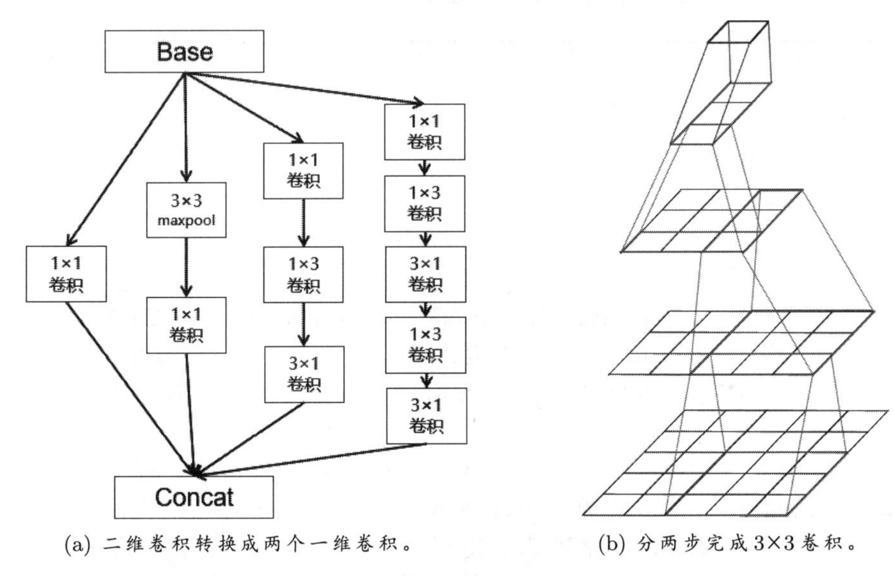

(a) 二维卷积转换成两个一维卷积。

(b) 分两步完成 3×3 卷积。

图 A.48　Inception 模块。

---

1. 不直接使用 Maxpool 进行下采样，因为会导致信息损失较大。一个可行方案是线性卷积增加特征通道数量，然后进行池化，但是计算量较大。作者设计了另外一种方案，可以通过两个并行的分支，一个池化层，另一个卷积层，最后两者结果拼合在一起，可在较小的计算量同时避免瓶颈层。如图 A.49 所示。
2. 使用了 RMSProp 优化器。

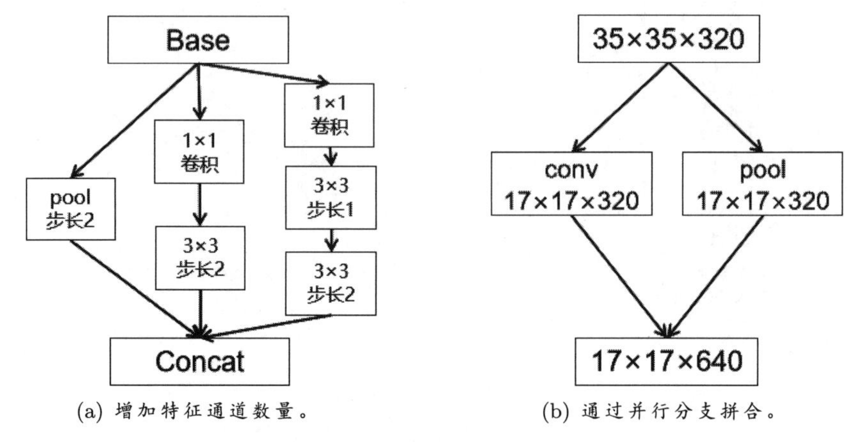

(a) 增加特征通道数量。　(b) 通过并行分支拼合。

图 A.49　Inception V3 不直接使用 Maxpool 进行下采样。

3. 分解了 7×7 卷积。
4. 辅助分类器使用了 BN。
5. 使用了标签软化。

A.3.2.9 ResNet

残差网络（Deep Residual Network，或简称 ResNet）于 2015 年由何恺明团队提出 [84]。ResNet-152 在 ILSVRC 和 COCO 2015 竞赛中取得了 5 项第一，解决了深度网络难训练的问题。ResNet 的提出是卷积神经网络历史上的一项里程碑事件。

增加网络层数后网络将以更加复杂的特征模式提取，理论上可以取得更好的结果。但实验发现深度网络出现了退化问题，当网络深度增加到一定程度时，网络准确度出现饱和，甚至下降。在 CIFAR-10 实验中，56 层网络的效果比 20 层网络的效果还要差，如图 A.50 所示。需要注意的是，这不是过拟合问题，因为 56 层网络训练集误差也比 20 层网络更高。深层网络存在**梯度消失**或**梯度爆炸**的问题，使得深度学习模型很难训练。

假设有一个浅层网络，通过向上堆积新层来的建立深层网络，一个极端情况就是新增加的层什么都不学习，完全复制浅层网络的特征（称为恒等映射）。在这种情况下，深层网络至少和浅层网络性能一样，不会变差。因此，肯定是因为目前的训练方法存在问题，使得深层网络很难去找到一个好参数。这让作者灵感爆发，提出了残差学习来解决模型退化问题。对于一个堆积层结构，当输入为 x 时，学习到

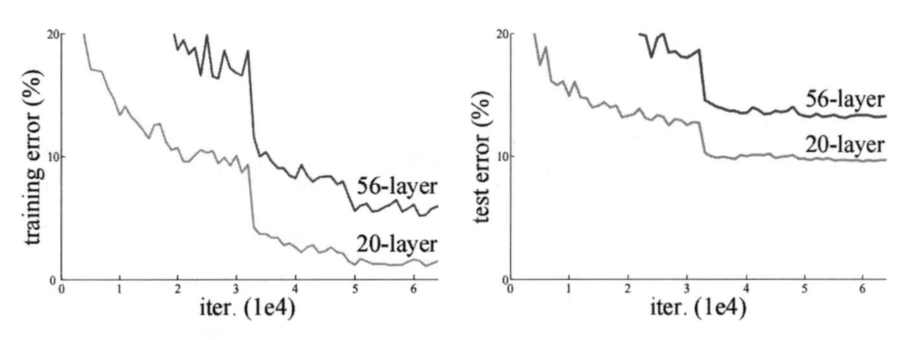

图 A.50 具有 20 层和 56 层的普通网络的 CIFAR-10 上的训练误差（左）和测试误差（右）。该图摘自 [84]。

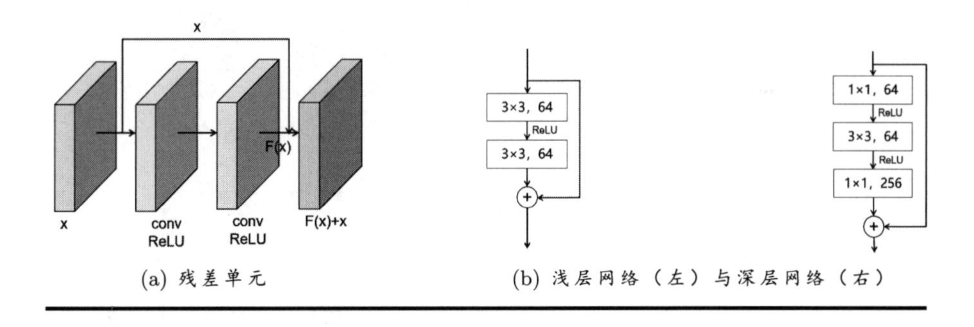

(a) 残差单元 (b) 浅层网络（左）与深层网络（右）

的特征为 $H(x)$，我们希望能学习到残差 $F(x) = H(x) - x$，这样原始的学习特征应该为 $F(x) + x$。之所以这样，是因为残差学习相比原始特征直接学习更容易。当残差为 0 时，堆积层仅仅做了恒等映射，至少网络结构不会下降，但实际上残差不会是 0，这也使得堆积层在输入特征基础上学习到了新的特征。残差学习的结构如图 A.51(a) 所示。

ResNet 网络参考了 VGG-19 网络，并在其基础上进行了修改，并引入了残差单元。ResNet 直接使用步长为 2 的卷积进行下采样，并且用全局平均池化层替换了全连接层。ResNet 的一个重要设计原则为，当特征图大小降低一半时，特征图的数量增加一倍，以保持网络层的复杂度。ResNet 中有两种残差单元，如图A.51(b) 所示。

ResNet 网络包括 ResNet-16、ResNet-34、ResNet-50、ResNet-101、ResNet-152 五种，如图 A.51 所示。

A.3.2.10 Inception V4

Inception V4 于 2016 年提出，将前面的 Inception 架构和残差连接结合起来 [85]。主要有以下改进：

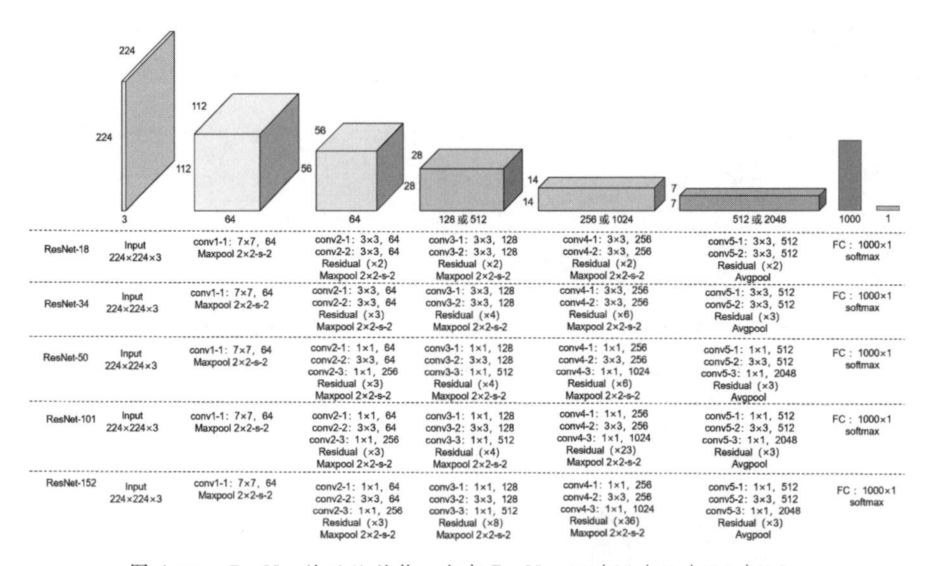

图 A.51　ResNet 的网络结构，包括 ResNet-16 / 34 / 50 / 101 / 152。

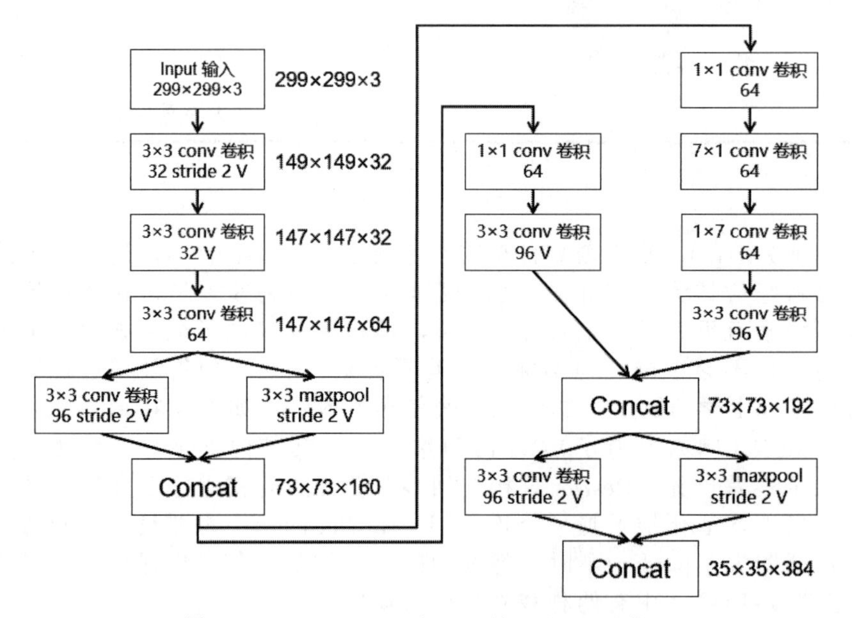

图 A.52　Inception V4 中 stem 模块的网络结构。

---

1. 引入了新的 stem 模块，如图 A.52 所示。
2. 基于新的 stem 提出了 3 种新的 Inception 模块，如图 A.53 所示。

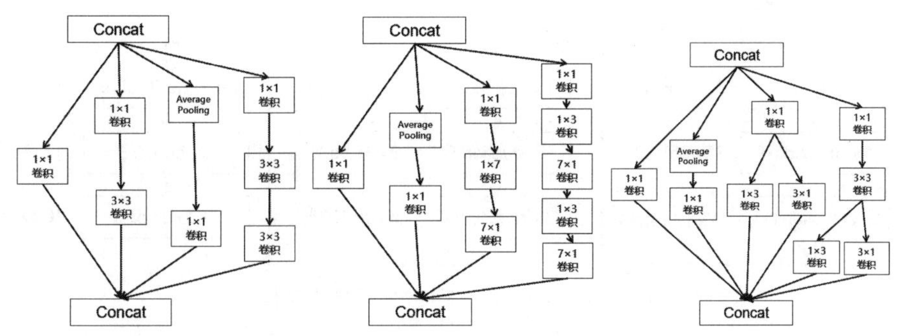

(a) Inception-A 网络结构。 (b) Inception-B 网络结构。 (c) Inception-C 网络结构。

图 A.53 Inception V4 中 3 个模块的网络结构。

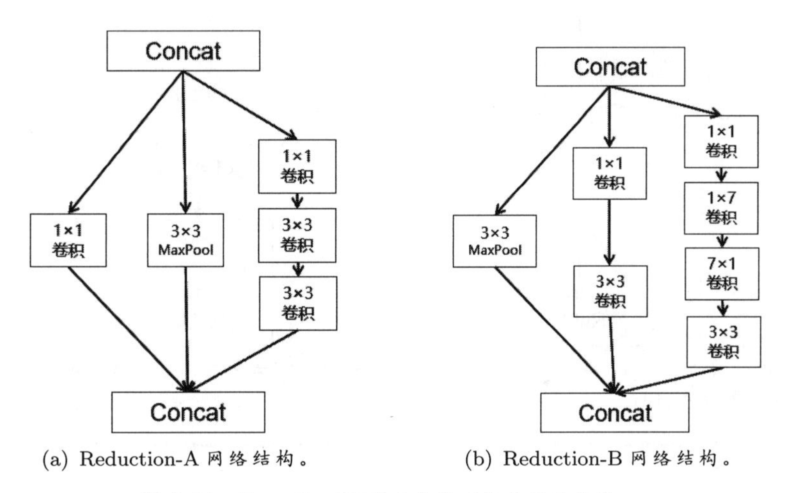

(a) Reduction-A 网络结构。 (b) Reduction-B 网络结构。

图 A.54 Inception V4 的 2 个缩减块的网络结构。

---

3. 引入了 2 种专用的缩减块以改变网格尺寸，如图 A.54 所示。
4. 最终的网络结构如图 A.55 所示。

A.3.2.11 Darknet

Darknet 是 YOLO 算法的作者搭建出来的深度学习框架，包括 Darknet-19 和 Darknet-53。DarkNet-19 是 YOLOv2 的基本框架，如图 A.7 所示。DarkNet-53 是 YOLOv3 的基本框架，如图 A.10 所示。

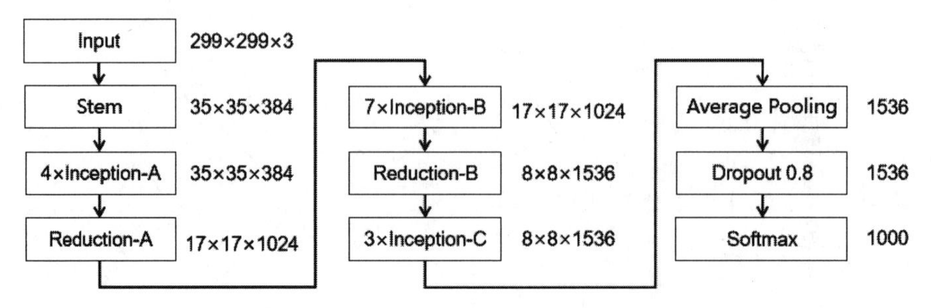

图 A.55　Inception V4 的完整网络结构。

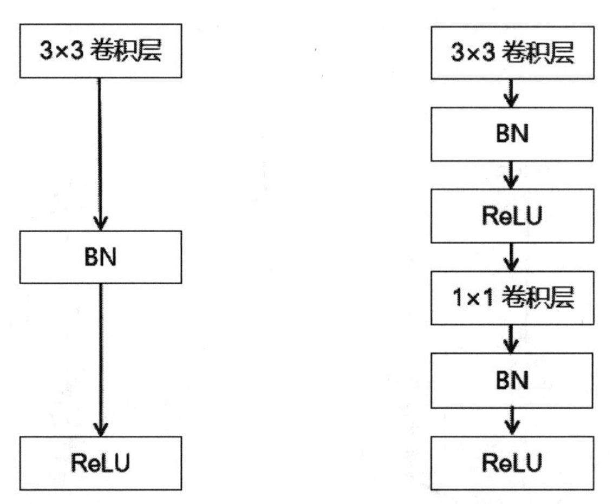

图 A.56　（左）带批归一化和 ReLU 的标准卷积层，（右）深度可分离卷积，卷积层后跟批归一化与 ReLU。

A.3.2.12 MobileNet

MobileNet 于 2017 年提出，是一种体积较小、计算量较少、适用于移动设备的卷积神经网络 [86]。主要创新点在于用**深度可分离卷积**代替普通卷积，以减少参数的数量，同时也会使特征丢失，导致精度下降。MobileNet 基于深度级可分离卷积构建的网络，其实这种结构最早是出现在 **Inception V3** 中，它是将标准卷积拆分成了**深度卷积**和**逐点卷积**。深度卷积和标准卷积不同。对于标准卷积，其卷积核是用在所有的输入通道上；对于深度卷积，针对每个输入通道采用不同的卷积核，如图 A.56 所示。逐点卷积是采用 1×1 的卷积核的普通卷积。

标准卷积核： 设输入特征维度为 $D_F \times D_F \times M$，M 为通道数。标准卷积核的参数为 $D_K \times D_K \times M \times N$，$D_K$ 为卷积核大小，M 为输入的通道数，N 为输出的通道数。卷积后输出维度为：$D_F \times D_F \times N$。卷积

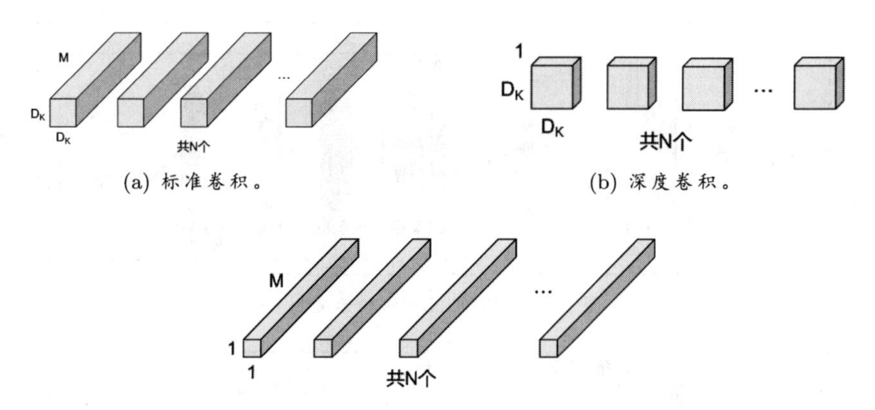

(a) 标准卷积。 (b) 深度卷积。

图 A.57 1×1 卷积滤波器，称为深度可分离卷积中的逐点卷积。

过程中每个卷积核对图像区域进行 $D_F \times D_F$ 次扫描，每次扫描的深度为 M（Channel），每个通道需要 $D_K \times D_K$ 次加权求和运算，所以理论计算量（FLOPs）为：$N \times D_F \times D_F \times M \times D_K \times D_K$。

深度卷积：设输入特征维度为 $D_F \times D_F \times M$，M 为通道数。卷积核的参数为 $D_K \times D_K \times 1 \times M$。输出深度卷积后的特征维度为：$D_F \times D_F \times M$。卷积时每个通道只对应一个卷积核（扫描深度为1），所以FLOPs为：$M \times D_F \times D_F \times D_K \times D_K$。

逐点卷积：输入为深度卷积后的特征，维度为 $D_F \times D_F \times M$。卷积核参数为 $1 \times 1 \times M \times N$。输出维度为 $D_F \times D_F \times N$。卷积过程中对每个特征做 1×1 的标准卷积，FLOPs为：$N \times D_F \times D_F \times M$。

深度卷积和逐点卷积FLOPs为：$M \times D_F \times D_F \times D_K \times D_K + N \times D_F \times D_F \times M$，相比普通卷积，计算量仅为 $\frac{1}{N} + \frac{1}{D_K^2}$ 倍。

$$\frac{M \times D_F \times D_F \times D_K \times D_K + N \times D_F \times D_F \times M}{N \times D_F \times D_F \times M \times D_K \times D_K} = \frac{1}{N} + \frac{1}{D_K^2}$$

A.3.3 基于锚框的双阶段目标检测算法

双阶段目标检测算法又称为**基于候选区域的目标检测算法**，通过显式的候选区域将检测问题转化为对生成的候选区域内局部图片的分类问题。主要分为两个阶段：

1. 框出候选区域：从图片中找出目标可能存在的位置，输出一系列边界框，这些边界框被称为**候选区域**（Region of Proposal）或**感兴趣区域**（Regions of Interest，或简称RoI）。

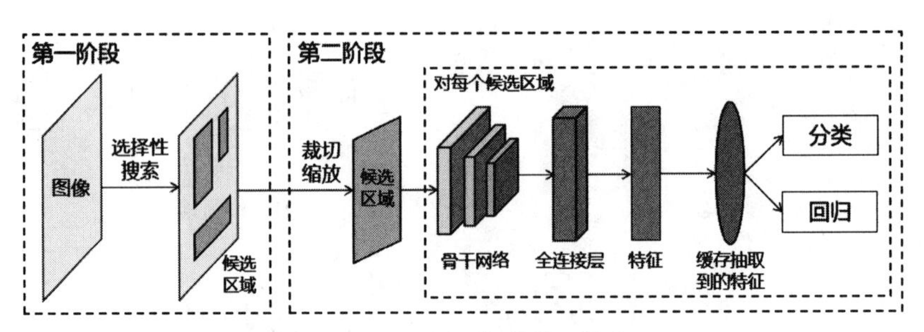

图 A.58　R-CNN 算法的示意图。

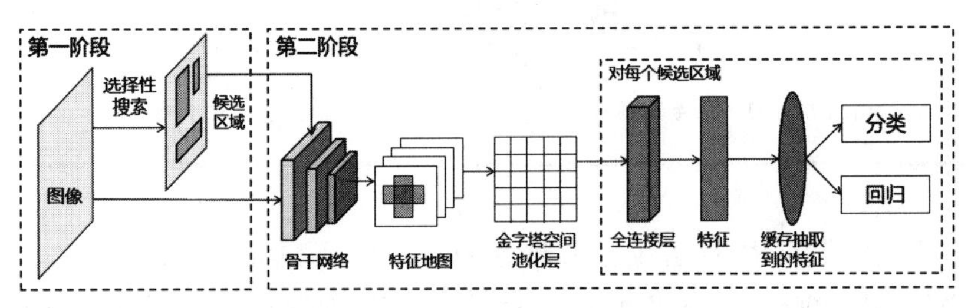

图 A.59　SPPNet 算法的示意图。

2. 预测：预测候选区域中是否存在目标以及目标类别。

A.3.3.1 R-CNN

R-CNN 于 2013 年提出，首次将深度学习技术应用到目标检测，识别效果相比传统算法有了飞跃性的提升 [87]。该算法从一组对象候选框中**选择性搜索**，选择可能的对象框，然后将选出对象框中的图像缩放到某一规定尺寸，放入卷积神经网络中提取特征，最后将提取出的特征送入 SVM 分类器。基本结构如图 A.58 所示。

A.3.3.2 空间金字塔池化网络（SPPNet）

SPPNet 于 2014 年提出，构建了一种空间金字塔池化层（Spatial Pyramid Pooling，或简称 SPP）[88]，将图像分成若干尺度图像块，然后对每一块提取的特征融合，兼顾多个尺度特征，如图 A.59 所示。

SPP 网络在全连接层之前，生成固定尺度的特征表示，无论输入图片尺寸如何，避免了卷积特征图的重复计算，如图 A.60 所示。

A.3.3.3 Fast R-CNN

Fast R-CNN 于 2015 年提出，是 R-CNN 和 SPPNet 的改进版，其基本结构如图 A.61 所示 [89]。Fast R-CNN 可同时训练检测器和边框回归器。CNN 提取图像特征，返回感兴趣区域（RoI）池化层。通过 RoI 池

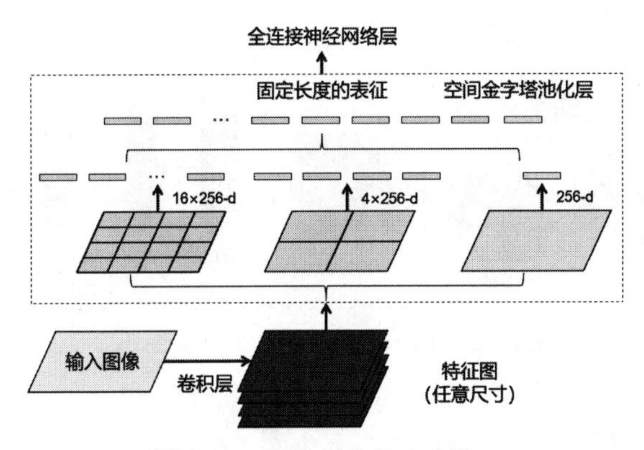

图 A.60 SPP 结构的示意图。

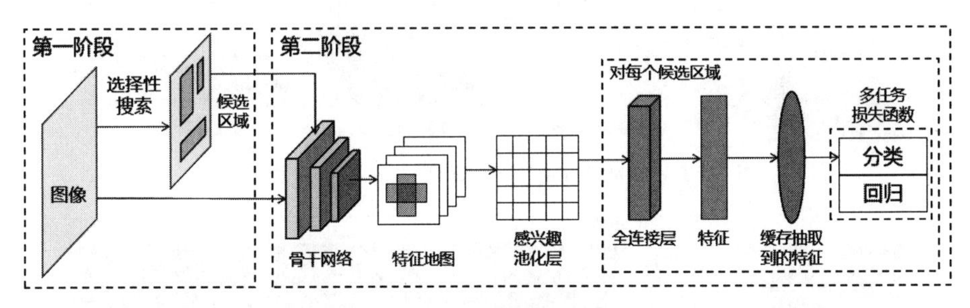

图 A.61 Fast R-CNN 算法的示意图。

化层，保证每个区域的尺寸相同，最后这些区域的特征，传递到全连接层的网络中进行分类，并用 **Softmax** 和**线性回归层**返回边界框。

A.3.3.4 Faster R-CNN

Faster R-CNN 于 2016 年提出，是第一个端到端，最接近于实时性能的深度学习检测算法，其基本结构如图 A.62 所示 [90]。该系统先通过 CNN 生成图像特征映射，应用区域候选网络返回候选目标（Object Proposal）和相应分数。应用 RoI 池化层，将所有候选区域修正到同样尺寸。最后，将建议传递到全连接层，生成目标边界框。

A.3.3.5 特征金字塔网络（FPN）

特征金字塔网络（Feature Pyramid Networks，FPN）是 2017 年 Lin 在 Faster R-CNN 的基础上进一步提出的，如图 A.3.3.5 所示 [90]。

在 FPN 技术出现之前，大多数检测算法的头部都位于网络的最深层，虽然说最深层的特征具备更丰富的语义信息，更有利于物体分类，但更深层的特征图由于空间信息的缺乏不利于物体定位，这大大

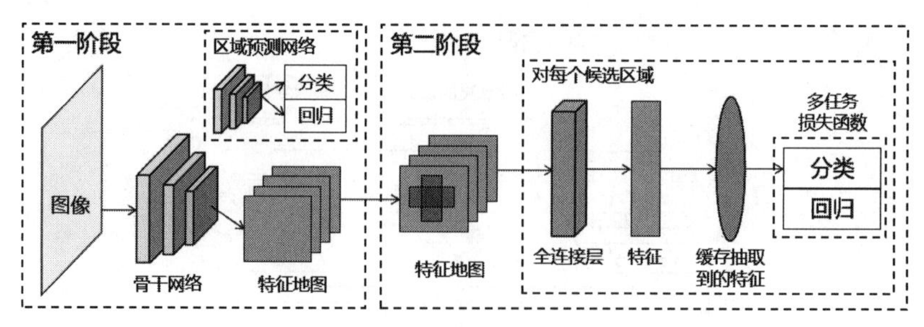

图 A.62　Faster R-CNN 算法的示意图。

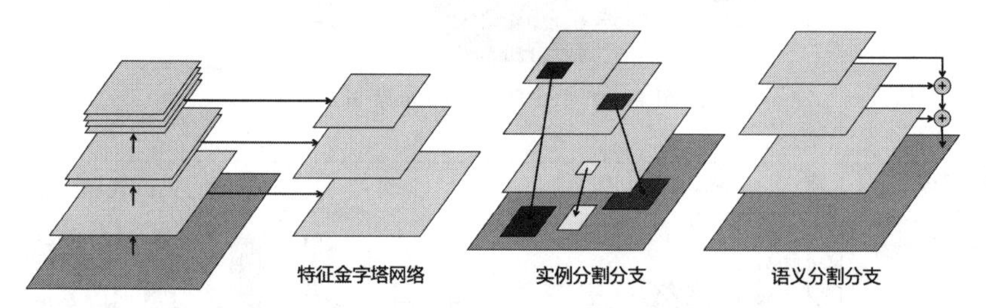

图 A.63　特征金字塔网络（FPN）的网络结构图。

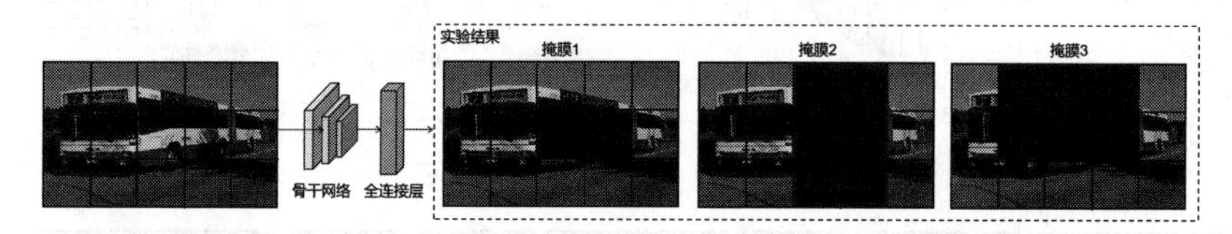

图 A.64　基于二进制掩膜的目标检测算法的示意图。

影响了目标检测的定位精度。

FPN 提出了一种具有横向连接的自上而下的网络架构，用于在所有具有不同尺度的高底层，都构筑出高级语义信息。FPN 的提出极大地促进了检测网络精度的提高，特别是对于一些待检测物体尺度变化大的数据集有非常明显的效果。此后，FPN 成为了各大网络（分类，检测与分割）提高精度最重要的技术之一。

A.3.4 基于锚框的单阶段目标检测算法

A.3.4.1 基于二进制掩膜的目标检测算法

论文 [92] 发表于 2013 年，是一种对单阶段算法的早期尝试。算法采用 AlexNet 作为主干，将网络最后一层替换成回归层，通过回归预测目标的二进制掩膜并提取目标边界框，如图 A.64 所示。

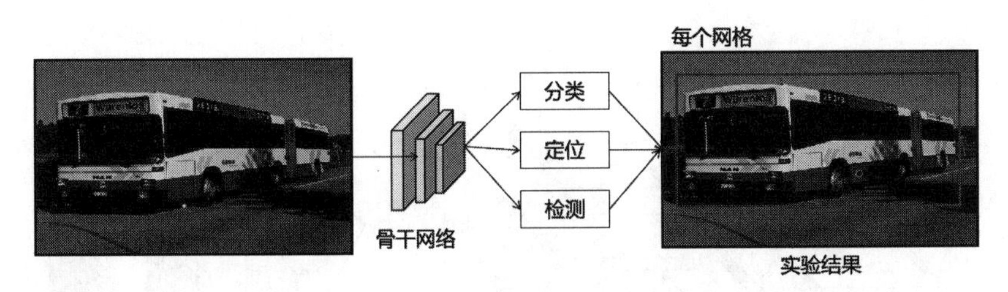

图 A.65 Overfeat 算法的示意图。

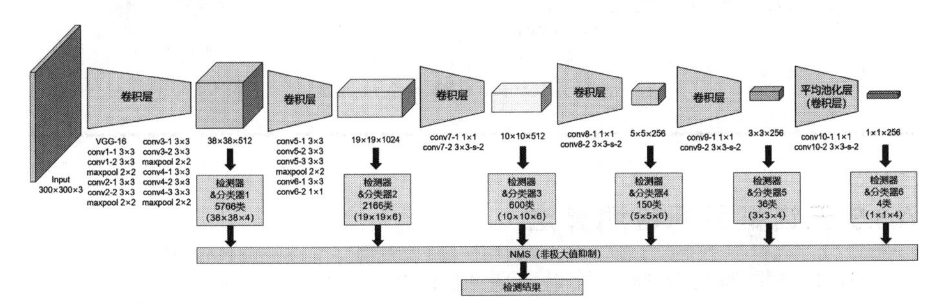

图 A.66 SSD 的网络结构图。

A.3.4.2 Overfeat

Overfeat 算法发表于 2013 年，也是一种对单阶段目标检测的早期尝试[93]。该算法针对分类、定位、检测 3 个不同任务将主干的最后一层替换成不同的分类或回归层，如图 A.65 所示。

A.3.4.3 SSD

SSD 算法① 于 2015 年提出，结合了 Faster-CNN 算法和 YOLO v1 算法的优点[94]。与 YOLO v1 相比，SSD 使用不同分辨率的特征层，显著提高了对小尺度目标的检测能力，如图 A.66 所示。SSD 系列还有 2015 年提出的 FSSD、2017 年提出的 DSSD、2017 年提出的 RSSD。

A.3.4.4 RetinaNet

单阶段检测算法推理速度快，但精度上与双阶段比还是不足[87]。一个重要原因是，单阶段检测生成的候选框内容类别不均衡。RetinaNet 于 2017 年提出，如图 A.67 所示，基于标准交叉熵损失改进得到焦点损失（Focal Loss）。焦点损失可以使算法根据候选框中的内容自动调节正负样本对损失的贡献度，使算法更关注于低置信度的样本，从而减少类别不均衡对算法精确度的影响。

---

①SSD 全称为 Single Shot MultiBox Detector，意思是“单阶段多边框探测器”。

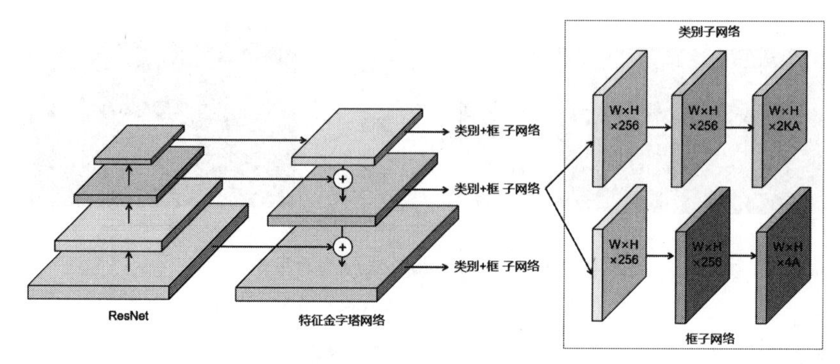

图 A.67　RetinaNet 的网络结构图。

A.3.5 无锚框目标检测算法

基于锚框的目标检测算法存在以下 4 点不足：

1. 锚框的设计依赖于先验知识；
2. 训练过程需要大量计算交并比，造成冗余计算；
3. 基于锚框生成的训练样本中正负样本失衡，影响检测精度；
4. 对异常物体的检测精度较差。

针对基于锚框的目标检测算法的缺陷，研究者们提出了无锚框目标检测算法。这类算法移除了预设锚框的过程，直接预测物体的边界框。相比之下，无锚框目标检测算法存在 3 点优点：

1. 锚框的参数从数据中学习而来，鲁棒性强；
2. 训练过程无需大量重复计算交并比，节省训练时间；
3. 可以避免训练过程中样本失衡的问题。

A.3.5.1 CornerNet

CornerNet 于 2018 年提出，是无锚框目标检测算法的鼻祖，其基本结构如图 A.68 所示 [96]。该算法通过对左上角点和右下角点的位置对边界框进行定位。模型与 Hourglass 作为主干网络，分别对左上角点和右下角点进行预测，同时对热力图（Heatmap）、嵌入（Embeddings）和偏移量（Offsets）进行预测，微调角点位置产生更为紧密的边界框。同时，CornerNet 通过 Corner pooling 池化层，有助于获得更精确的定位。将目标检测转成检测两个点的坐标，无需设计锚框。

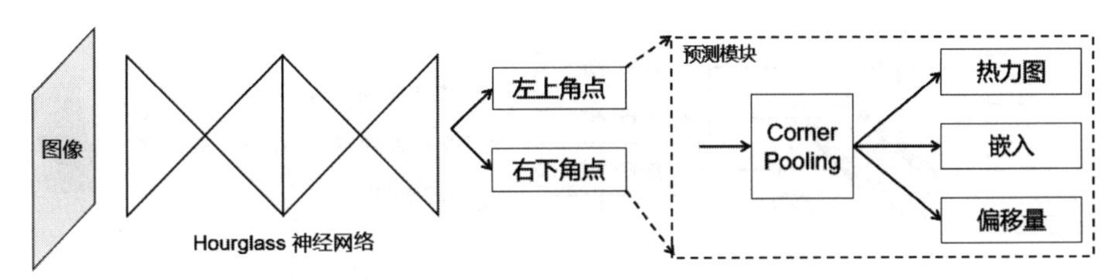

图 A.68 CornerNet 算法的示意图。

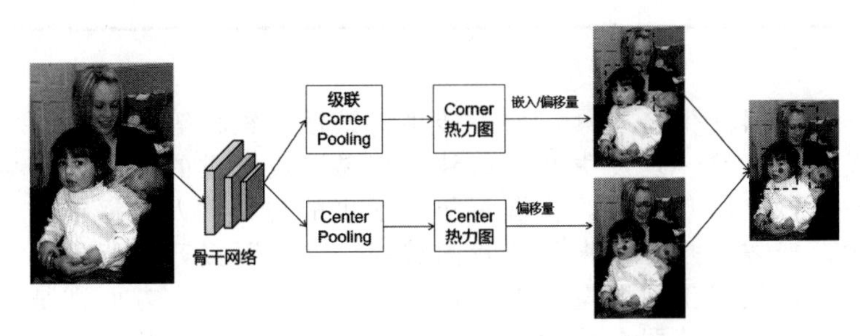

图 A.69 CenterNet 算法的示意图。

A.3.5.2 CenterNet

CenterNet 于 2019 提出，其基本结构如图 A.69 所示 [97]。它摒弃了左上角和右下角两关键点，而是直接检测目标的中心点，其他特征如大小、位置、方向，都可以使用中心点位置图像特征进行回归，可谓真正意义上的无锚框。该算法在精度和召回率上都有很大提高，同时该网络还提出两个模块：级联角池化模块和中心池化模块，进一步丰富了左上角和右下角收集的信息。

A.3.5.3 FSAF

FSAF 网络提出了一种 FSAF 模块用于训练特征金字塔中的无锚框分支，让每一个对象都自动选择最合适的特征，如图 A.70 所示 [98]。在该模块中，锚框的大小不再决定选择哪些特征进行预测，使得锚点的尺寸成为了无关变量，实现了模型自动化学习选择特征。

A.4 智慧工地暴力行为识别

建筑行业作为国家经济支柱产业之一，能吸纳大量劳动力就业，对推动经济发展具有重要作用。然而，建筑行业劳工具有从业人员数量多，平均受教育程度低的特点，同时，在建筑工地场景下存在较多

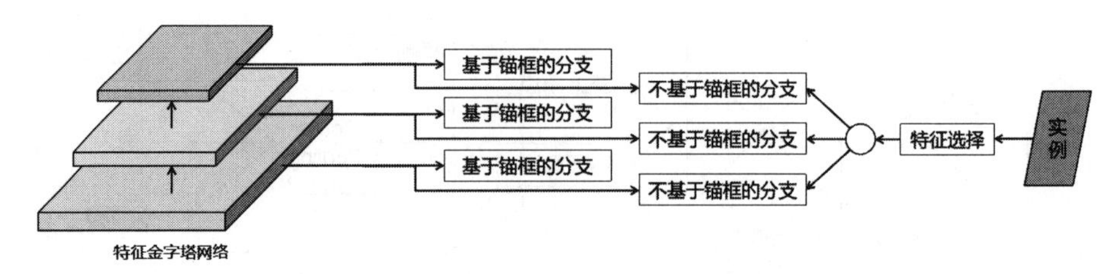

图 A.70　FSAF 的网络结构图。

容易作为武器的生产工具，如：砖头、铁锤、铁杆等，导致暴力事件时有发生。工地一旦发生暴力事件，容易造成严重的人身伤害事故。据调研，自 2015 年以来，全国每年工地事故与死亡人数逐年上升。究其原因，一方面是近年来伴随我国城市化率不断提升的背景下建筑业发展迅猛，施工工地数量与人员需求不断提升，另一方面则是由于施工人员安全意识薄弱、管理人员监管不到位和发生事故后伤员未能得到及时救助等。基于以上原因，我们需将实时安全监测系统应用于建筑施工现场监控中，以预防危险情况发生时造成的进一步人身财产损失。本小节探索一种智慧工地暴力行为识别方法①。

A.4.1 工地暴力行为识别需求分析

由于施工管理方需要对工地监控视频场景下的暴力行为进行识别，经过工地现场考察以及目标识别应用的经验，发现必须要满足以下四点需求。

1. 需要结合时序信息对暴力行为进行识别与报警，因为暴力行为的动作发生是连贯的，仅凭目标识别方法对单帧动作进行识别容易产生误判，所以需要图片序列的上下文信息对暴力行为进行识别。比如，在视频中捕捉到一个人在挥动锤子击打，而另外一个人由于摄像头的视角透视关系似乎站在了前者挥动锤子的击打位置，那么仅凭目标识别无法判断是否有暴力行为，而加入了上下文信息，网络则可以接收到后者是否被前者击打的动作序列，从而判断是否发生暴力行为。因此，需要在获取空间特征的同时结合获取时序信息对暴力行为进行识别。

---

①本小节由中山大学电子与通信工程学院**江伟弘**硕士整理，参见：江伟弘，基于视觉感知的智慧工地安全监测技术研究，中山大学硕士学位论文，2021 年 12 月。

2. 在工地场景下，由于监控摄像头一般与识别对象处于中远距离，且当暴力行为发生时容易发展成群体暴力。面对暴力行为发生时的“群体”与“小目标”这两个特征，基于人体骨架的暴力行为识别模型会因为识别骨架过多或骨架识别失效从而导致识别失效的情况。相比之下，使用图像特征提取模块将一张2维3通道图像信息提取成1维特征序列信息更为有效。
3. 工地暴力行为发生时，有多种可能产生的情况如：双人扭打、械斗、群体斗殴等。而在工地场景中重体力劳动较多，包括但不限于敲击钉子、砸破墙体、锤击地桩等。此类行为的识别容易与暴力行为产生混淆，因此这对工地场景下的暴力行为识别模型的泛化能力提出了较高的要求。
4. 由于在工地应用场景中，需要在单个服务器中对多个摄像头的视频流同时进行部署应用。这要求模型的算力消耗不能过高，否则不能满足实时性要求且会降低其他模块的识别速度，因此模型需要具有轻量化的特点。

A.4.2 研究思路

针对工地应用场景，可以从两个角度满足其暴力行为识别需求。

1. **模型角度**。将暴力行为检测模型分为空间特征提取模块与时域特征提取模块。其中，空间特征提取模块用于提炼单张图像的信息特征，降低时域特征提取模块处理的数据量；时域特征提取模块则是对空间特征提取模块输出的特征序列进行时序上的信息提取，即提取空间特征序列的上下文信息变化，进而判断是否为暴力行为，该判断可表示为暴力行为发生概率。
2. **数据角度**。通过多种数据收集方式建立工地暴力行为数据集，需要注意的是，负样本要包含多样的工地日常施工情况，降低模型误判的可能性。收集的数据集中视频长短不一，其中大部分视频并不是全程包含暴力行为，故需要对数据集进行切片，使得模型更容易学习到暴力行为发生时的特征信息。

综上所述，本文使用轻量化的时域–空间特征提取模型，在工地场景下进行暴力行为识别，如图 A.71 所示。最终，通过模型指标测试结果以及检测效果，展示模型能否满足工地场景的应用需求。

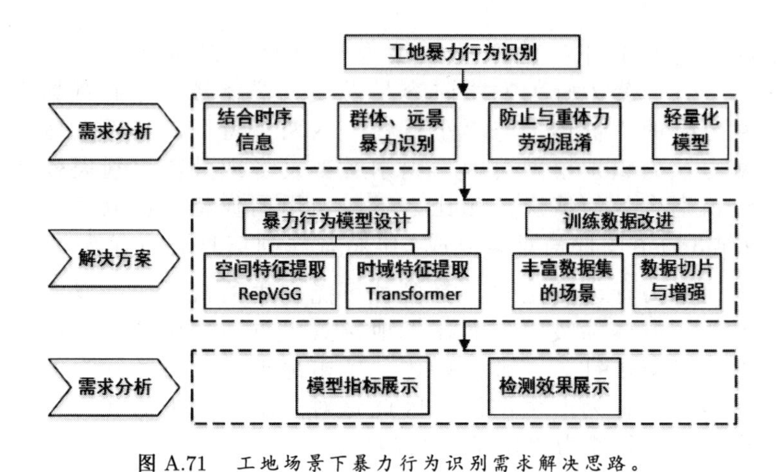

图 A.71　工地场景下暴力行为识别需求解决思路。

A.4.3 工地暴力行为识别检测运行框架的总体设计

本文研究的实时工地暴力行为检测框架如图 A.72 所示。首先，对工地现场监控摄像头生成的连续帧进行打包得到“帧包”，打包帧数可选。其次，将帧包中的每一帧输入 RepVGG 网络进行空间特征提取。在图中的第三阶段，为了让 Transformer 编码器学习帧序列的时间信息，对每一帧进行位置嵌入。然后，Transformer 编码器提取帧序列的时域特征。下图展示了 Transformer 编码器单位组成细节，K 个堆叠的编码器单位组成最终的 Transformer 编码器。最后，如果检测到暴力行为，系统会向施工现场管理人员发出警报，他们及时采取行动。

在本文工作中，暴力行为检测模型首先会将训练视频以 28 帧图像序列作为一份进行打包，生成帧包。然后，将帧包中的每帧图像输入 RepVGG 网络进行空间特征信息提取，输出得到包含 28 个 1 维向量序列。在输入 Transformer 编码器前，模型会对 RepVGG 输出的特征向量序列进行固定位置编码，以保证 Transformer 网络学习时序特征信息。

A.4.4 Transformer 编码器的实现

与基于 Transformer 的双向编码器表示（Bidirectional Encoder Representation from Transformers，或简称 BERT）网络的处理方法相似，本文在每份序列帧的开头加入分类标记，以标记这份序列帧是否包含暴力行为，分类标记在训练网络开始时会在 0 至 1 之间进行随机初始化，不需要直接给出。而在训练模型时，数据集给出的暴力行为视频

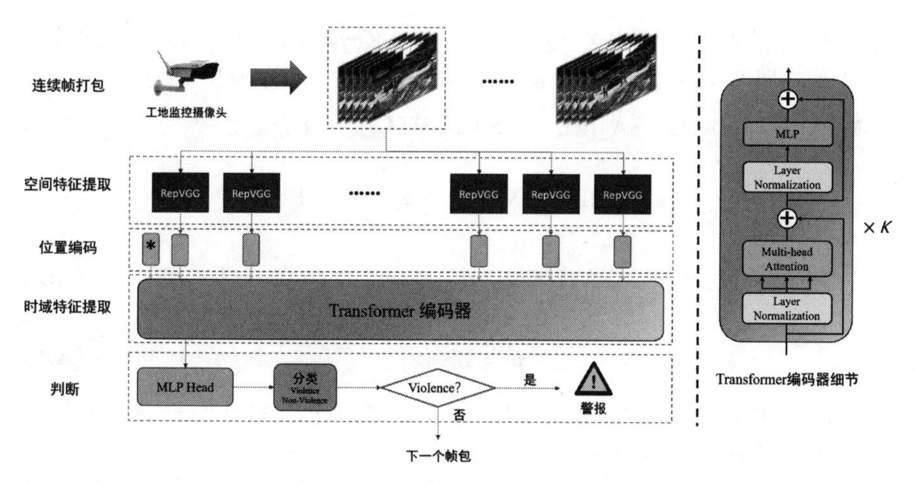

图 A.72 实时工地暴力行为检测运行框架。

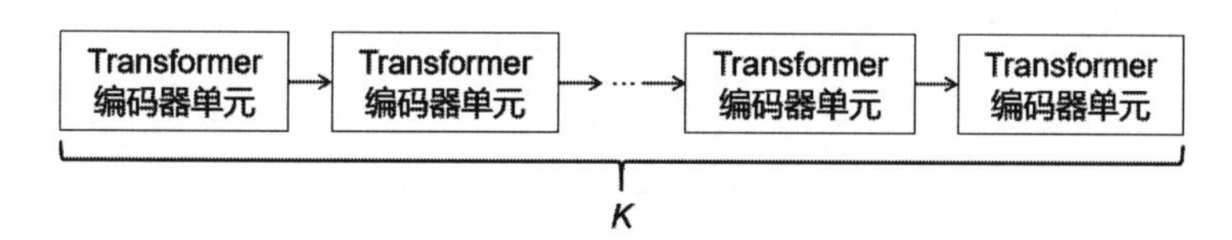

图 A.73 Transformer 编码器组成结构。

片段标记为1，非暴力行为视频片段标记为0。

如图A.72右侧所示，输入的Transformer编码器单元中由多头自注意力机制层与前馈神经网络块堆叠组成，在每个块前应用层归一化，并在每个块的前后使用残差结构，以防止训练时梯度消失问题。以上组成一个编码器单元，单元数 K 可选，取决于所需要的Transformer编码器网络深度，最终组成Transformer编码器，如图A.73所示。

对于输入序列 $\boldsymbol{S} \in \mathbb{R}^{N\times D}$ 中的所有元素，需要计算序列中所有值的加权和得到对应的 v。而注意力权重 $\boldsymbol{A}$ 是基于输入序列中每个元素之间的相似性以及对应的 q 和 k 相似性而得到的。

$$[\boldsymbol{q},\boldsymbol{k},\boldsymbol{v}] = \boldsymbol{S}U_{qkv}, U_{qkv} \in \mathbb{R}^{\mathrm{D\times 3D/n}} \tag{A.10}$$

$$\boldsymbol{A} = \mathrm{softmax}\left(\boldsymbol{q}\boldsymbol{k}^{\top}/\sqrt{\mathrm{D}_h}\right), \quad \boldsymbol{A} \in \mathbb{R}^{N\times N} \tag{A.11}$$

$$\mathrm{SA}(\mathbf{s}) = \boldsymbol{A}\mathbf{v} \tag{A.12}$$

而多头注意力机制则是在QKV（Query、Key、Value）自注意力机制上的扩展，即将n个自注意力机制模块并行化，并将输出进行拼接。

$$\mathrm{MSA}(\mathbf{z})=[\mathrm{SA}_1(\mathbf{z}),\mathrm{SA}_2(\mathbf{z}),\cdots,\mathrm{SA}_n(\mathbf{z})]\boldsymbol{U}_{msa},\quad \boldsymbol{U}_{msa}\in\mathbb{R}^{k\cdot D_h\times D} \tag{A.13}$$

$$\boldsymbol{z}_\ell=\mathrm{MLP}\left(\mathrm{LN}\left(\mathbf{z}_\ell'\right)\right)+\boldsymbol{z}_\ell',\quad \ell=1\cdots L \tag{A.14}$$

$$\mathbf{z}_\ell'=\mathrm{MSA}\left(\mathrm{LN}\left(\mathbf{z}_{\ell-1}\right)\right)+\mathbf{z}_{\ell-1},\quad \ell=1\cdots L \tag{A.15}$$

$$\boldsymbol{y}=\mathrm{LN}\left(\mathbf{z}_L^0\right) \tag{A.16}$$

此外，在Transformer编码器中应用了层归一化。与批归一化不同，层归一化直接从隐藏层内神经元的总输入估计归一化统计数据，因此归一化不会在训练案例之间引入任何新的依赖关系。它适用于RNN模型，并提高了几个现有RNN模型的训练效率和泛化性能。层归一化的计算公式如下：

$$\mu^l=\frac{1}{H}\sum_{i=1}^{H}a_i^l \tag{A.17}$$

$$\sigma^l=\sqrt{\frac{1}{H}\sum_{i=1}^{H}\left(a_i^l-\mu^l\right)^2} \tag{A.18}$$

其中H表示一层中隐藏单元的数量。在层归一化下，一层中的所有隐藏单元共享相同的归一化项μ和σ，但不同的训练数据具有不同的归一化项。与批归一化不同，层归一化对小批量大小无任何限制。

A.4.5 已有暴力行为数据集调研

根据标注方法，目前暴力行为的视频数据集可分为两大类：数据集中视频片段为被统一剪辑为帧数相同的，与未被处理的。经过剪辑的数据集中都是统一为几秒长的视频片段，每个视频片段都对应一个是否为暴力行为的标注。而未剪辑的数据集中的视频时长长短不一，且普遍帧数大于120帧。此外，有的数据集以时间戳的形式对视频中的暴力行为进行标注。表A.1展示了本文构建的工地暴力行为数据集与以前的数据集的比较。

Nievas等提出了两个用于暴力检测行为的视频数据集，即Movies Fights和Hockey Fights。Movies Fights数据集只有200段电影打斗片段，数量较少。在Hockey Fights数据集中，虽有总计1000个视频比赛的片表 A.1 已有公开的暴力行为数据集对比。

Dataset	Clips	Length/Clip	Resolution	Scenario
Hockey Fights	1000	43	360×288	Hockey Game
Movies Fights	200	50 – 60	720×480	Movie
Crowd Violence	246	26 – 161	Variable	Natural
SBU Kinect Int.	264	20 – 28	640×480	Acted Fights
UCF-Crime	1900	180 – 1800	Variable	Crime
Ours	3785	28 – 29	Variable	Construction

段。但场景单一，缺乏多样性。这两个数据集均为视频与注释对应。

Hassner 等提出了 Crowd Violence 数据集，旨在识别人群密集场景中的暴力行为。视频长度在 26 帧到 161 帧之间。该数据集的特点是多数为体育赛场或游行示威等人员密集场景，然而图像质量较低。

相比于仅使用红绿蓝三通道图像识别暴力行为，Yun 等首次使用 RGB-d 图像的形式提出了暴力行为数据集。该数据集包括八种双人交互行为，包括接近、远离、推、踢、拳击、交换物品、拥抱和握手。双人交互行为使用微软 Kinect 传感器记录。此外，该数据集提供交互时的人体骨架图数据。

以上展示的三个暴力行为数据集主要由单个场景拍摄的视频、演员表演的视频和从电影中剪辑的视频片段组成。为了使训练的模型更实用，Sultani 等提出了 UCF-Crime 数据集，其中包含由监控摄像头记录的 1900 个视频。这个数据集被设计用来检测 13 种异常行为，包括虐待、逮捕、纵火、袭击、交通事故、入室盗窃、爆炸、打斗、抢劫、射击、偷窃、入店行窃和故意破坏。虽然该数据集中的视频时间较长，从 1 分钟到 10 分钟不等，然而暴力行为标注只在单个视频层面，因此导致了从长视频中学习暴力行为需要高昂的硬件成本。

以上几个暴力行为数据集，都或多或少具有以下几个缺点：图像质量差、视频数量不足、视频时间长但标注没有细化到时间戳层面。此外，以上几个数据集并没有包含工地场景下的暴力行为。因此，本文收集并构建了工地环境下的暴力行为数据集。

A.4.6 数据采集及处理

为了使得工地暴力行为检测更具实用性与鲁棒性，本文构建了针对工地环境的暴力行为检测数据集。该数据集有两种主要收集途径：1) 视频网站：如优酷、腾讯视频、西瓜视频和 YouTube 检索收集相关视频；2) 聘请演员在工地场景下拍摄暴力行为视频。最终，我们

图 A.74　工地暴力行为数据特征示意图。

总共收集了 1974 段暴力行为视频片段与 1811 段非暴力行为视频片段，总计 3785 段视频片段，收集的部分视频图像如图 A.4.6 所示。

图 A.75 展示了工地暴力行为数据集的数据特征分布情况。首先，工地的施工任务繁重，施工工具如锤子、铁锹和砖头等具有一定的危险性，因此一旦发生暴力行为，这些施工工具容易成为施暴者的武器，导致严重人身伤害。本文收集的暴力行为视频中，有 20.41% 为发生在工地施工现场的持械暴力行为。其次，由于施工人员组成复杂，他们大部分会以利益、工种、地域等因素形成小团体，当小团体之间发生纠纷时，容易以两个人的暴力行为作为导火索发展成群体暴力行为。因此在本文的数据集中，群体暴力行为较多，占 65.2%。此外，由于网络搜集的大部分工地暴力行为视频为手机拍摄，导致视频画面抖动较多，因此聘请了演员装扮成施工工人在工地拍摄暴力行为视频。拍摄过程中，将工地暴力行为以群体暴力与双人暴力两类为主题进行拍摄。其中，拍摄了 211 段群体暴力行为视频，532 段双人暴力行为视频。此外，拍摄了 775 段单人、多人的非暴力行为视频作为负样本，其中内容以抽烟、闲聊和使用手机为主。同时，从网络上收集了 1036 段非暴力视频，其中一部分内容是从施工工地暴力行为视频中的非暴力片段中提取的，另一部分为普通的施工视频，包含搬运、打桩、拆迁等行为，在未进行训练与标注的情况下容易被识别成暴力行为。因此，此类负样本能有效提高工地场景暴力行为识别的鲁棒性。

由于从网络中收集的暴力行为视频在时长上存在差异，且视频中也包含非暴力行为。因此，为切合训练网络并严格区分暴力行为与非暴力行为，本文将暴力行为视频与非暴力行为视频以 28 帧为一段进行

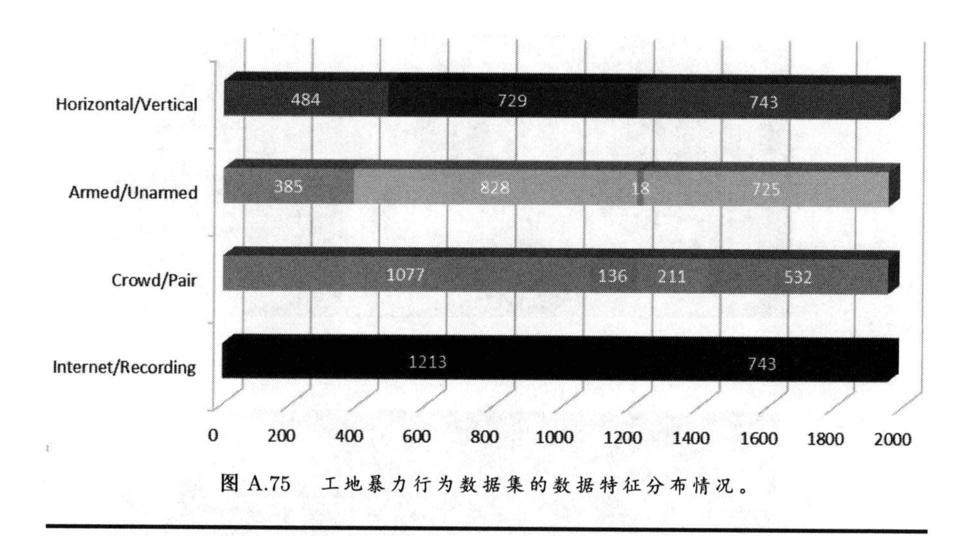

图 A.75 工地暴力行为数据集的数据特征分布情况。

切割，有 781 段暴力行为视频中的非暴力行为视频片段，本文将其归类于非暴力行为视频。有利于提升其识别鲁棒性与分类准确率。

为提升训练数据量，以增强模型鲁棒性，在视频切割同时，本文使用了水平镜像翻转的方法对视频数据进行增强。最终扩充了一倍的暴力行为视频数据，即由原来的 3785 段视频数据扩充至 7570 段。

为评估基于工地场景下的暴力行为识别模型，本文使用 2 种被广泛采用的基准数据集进行评估，并用 10 折交叉验证法对模型进行验证，以避免训练过程中网络对数据集过拟合，保证基准数据集对模型的有效评估。此外，针对工地暴力行为数据集，本文利用 10 折交叉验证法将本文的模型与其他优秀的模型进行对比。

A.4.7 实验设置

本文使用主流的两种基准数据集对基于 Transformer 的工地暴力行为检测模型进行评估：Hockey Fights 和 Violent Flows。这两个数据集分别对应了暴力行为发生时的两类典型情况：双人暴力行为与群体暴力行为，因此普遍被其他暴力行为检测模型作为性能测试基准。

Hockey Fights 的主要收集内容为冰球比赛打架斗殴片段，包含 1000 个来自美国国家冰球联盟的比赛实况视频剪辑。其中，500 段视频剪辑被标注为斗殴，另外 500 段被标注为非斗殴。每段视频固定帧数为 43 帧，图像分辨率为 360×288。由于两类视频中的行为都发生在相同的场景，因此可以判断出模型是否检测出比赛视频中的暴力场

图 A.76　Hockey Fights 数据集示例。

图 A.77　Violent Flows 数据集示例。

景。图 A.76 给出了该数据集的一些示例。

Violent Flows 的主要收集内容为群体暴力行为。该数据集包含 246 段来自 YouTube 的视频，呈现不同场景下的暴力行为。其中，数据集包含五组视频片段，对应五种场景。在每一组中，视频被标注为两类:暴力与非暴力。在实验中，本文将这五组视频合并成两类，其中 123 段视频被标注为暴力行为，余下的视频被标注为非暴力行为。每段视频的分辨率为 320×240 像素，帧数从 26 帧到 161 帧不等。图 A.77 中给出了该数据集的一些示例。

模型的部署平台为 Python 3.7，使用深度学习框架 Pytorch 1.7，并搭配 CUDA 10.2 显卡加速驱动。对于每个视频片段帧数固定的 Hockey Fights 数据集，实验设置的时间步参数为 40，这样能有效地读到所有视频片段的图片帧。而对于视频片段帧数不固定的数据集，本文以最少帧数（ 26 帧）为基准，对数据集中所有视频进行切片，并设置学习时间步为 26 帧，从而能完整地学习到所有暴力与非暴力行为视频片段内容。对于本文构建的工地暴力行为数据集，设置的时间步为28帧。在输入至模型学习前，所有的视频画面会被统一进行预处理，重塑为宽高为180×120像素的画面。

对于模型训练参数，本文使用的优化器为SGD优化器，设置的初始学习率为1×10^{-3}，每经过5轮训练学习率缩小至原来的0.1倍，经过多次训练实验发现模型在以1×10^{-3}的学习率学习至第五轮时损失值波动不再下降，因此利用固定步长学习率衰减方法将学习率衰减，使得模型更容易收敛。损失函数为**二分类交叉熵（Binary Cross Entropy，BCE）**损失函数。10折交叉验证法每一折的训练轮数为10轮。由于显存限制，每批训练视频数batch size为8个。

A.4.8 消融实验

在本小节中，本文针对不同空间特征提取模型与不同时域特征提取模型进行了一系列的消融实验。本文将七个模型组合在Hockey Fights数据集上进行测试，数据集按照7:3分成训练集与测试集，并使用相同的损失函数与训练参数，不使用预训练模型，每个模型在训练集上训练20轮，且每一轮训练完成后在测试集进行测试得到准确率。结果如表A.2所示，RepVGG-A0 + Transformer在做到参数量小和训练显存占用小的同时，准确率最高。此外，由RepVGG-B1和RepVGG-B2g4作为空间特征提取的模型结果可以得出，RepVGG特征提取网络深度对准确度几乎没有影响。而将RepVGG与ResNet和VGG作为主干网络进行对比，RepVGG作为主干网络的性能均优于ResNet与VGG。下面将分别展示各个网络的训练细节与对比。

表 A.2 RepVGG-A0 + Transformer与其他模型对比。

方法	参数 (Million)	大小 (Mb)	准确率
ResNet101 + Transformer	44.6	3291.6	96%
RepVGG-B1 + Transformer	51.8	755.2	98%
RepVGG-B2g4 + Transformer	55.8	888.0	98%
VGG19 + Transformer	143.7	2014.0	93%
RepVGG-A0 + LSTM	143.8	2014.5	91%
RepVGG-A0 + Transformer	8.3	224.8	98%

图A.78展示了使用不同深度的RepVGG作为主干网络的训练过程，可以看到，三个模型在第1轮训练完成后均有80%以上的准确率，且均在第4轮训练后达到较高的准确率并开始震荡收敛，学习速度很快，在学习速度上没有明显区别。

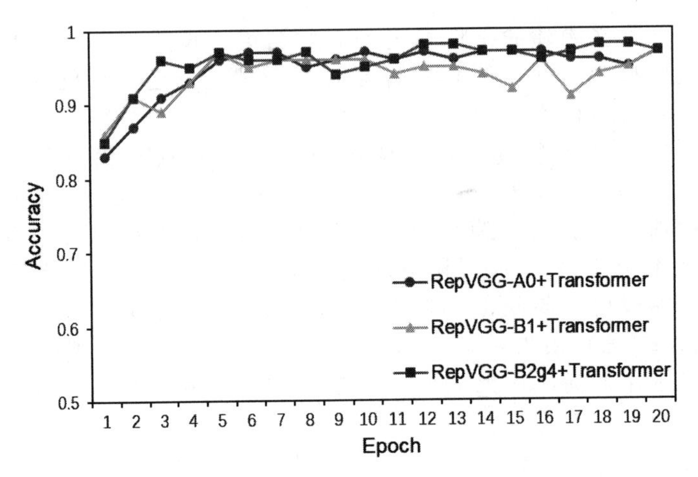

图 A.78　不同模型深度的主干网络 RepVGG 训练对比。

图 A.79(a) 展示了分别采用 RepVGG-A0、ResNet-101 和 VGG19 作为主干网络的训练过程，可以看到，整体上 RepVGG-A0 作为主干网络的训练效果最优，收敛后准确率震荡幅度较小。ResNet-101 作为主干网络时的识别效果优于 VGG19 作为主干网络的模型，但其准确率震荡幅度大于后者。

图 A.79(b) 展示了不同时域特征提取模型训练过程，可以看到，Transformer 时域特征提取效果最好，收敛速度快。而 BiLSTM 作为时域特征提取模型时在学习速度与稳定性方面均优于 LSTM。这是合理的，因为 BiLSTM 由两个 LSTM 组成，其中一个顺序接收时序信息，另一个逆序接收时序信息。相比于 LSTM，BiLSTM 有效地增加了网络可用信息量，提升了上下文的学习能力。

以上的实验结果显示，在时域特征与空间特征提取的模型组合中，RepVGG-A0 与 Transformer 的组合是最优的，它兼顾了小参数量的同时，仍然保持了收敛速度快、稳定的特点。

A.4.9 实验结果

在本节中，本文将利用 10 折交叉验证法，验证工地暴力行为识别检测模型在工地暴力行为数据集、Hockey Fights 数据集和 Violent Flows 数据集中的性能表现。首先，将工地暴力行为数据集按照正负样本比例随机分成 10 份。其次，将这 10 份数据集中的每一份轮流当作测试

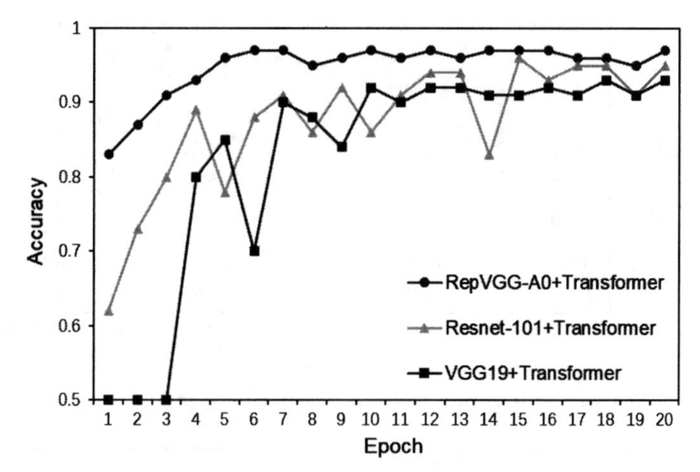

(a) 不同主干网络的训练对比

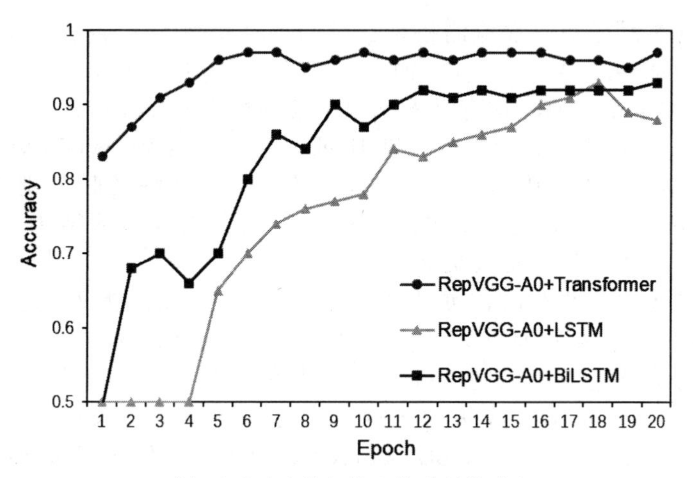

(b) 不同时域特征提取模型训练对比

图 A.79 不同模型训练结果的对比分析

集，并将其他9份数据集作为训练集进行训练，此为10折交叉验证中的1折。每折的训练轮数为10轮。如图A.80所示为工地暴力行为识别检测模型在10折交叉验证中每一折的准确率结果，对于准确率结果，使用3阶趋势线进行拟合，得到准确率在10轮训练中的走势。工地暴力行为识别检测模型在训练速度快的同时，收敛速度也很快。其中，特征提取网络RepVGG-A0采用ImageNet预训练模型。最终，模型在10轮训练后的平均准确率为92.4%。

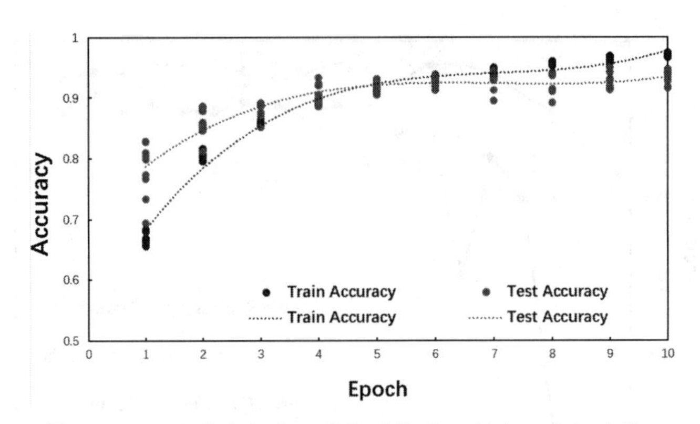

图 A.80　工地暴力行为识别检测模型10折交叉验证过程。

工地暴力行为识别检测模型在Hockey数据集与Violent数据集的10折交叉验证中均达到了100%的最优准确率。且根据数据显示，相比于BiLSTM与LSTM，具有并行计算优势的Transformer在GPU加速的情况下学习速度更快，该模型在Hockey数据集与Violent-Flows数据集的每轮训练耗时分别只有32s与14s，而LSTM训练耗时分别为50s与27s。BiLSTM最慢，分别为62s与39s。如果在更大的数据集中进行训练，三者的耗时差距将会更大。

由表A.3可以看出，暴力行为检测模型在以双人暴力为主题的Hockey Fights基准数据集与以群体暴力为主题的Violent-Flows基准数据集中都有十分优秀的识别准确率，其中在工地暴力行为数据集上的准确率为92.4%，在本文收集的工地暴力行为数据集中表现最优。虽然在Hockey Fights数据集中，3D ConvNet表现更好，但在Violent-Flows数据集中的群体暴力检测方面，暴力行为检测模型有更优秀的表现。之所以如此，根据以上实验对比可以推断是因为工地暴力行为数据集中

表 A.3　RepVGG-Transformer与其他方法在暴力行为基准检测数据集上准确度的比较。

Methods	Hockey Fights	Violent-Flows	Site Violence
Two-streams	91.83%	93.00%	-
LHOG+LOF	95.10%	94.31%	-
HOG+RF	88.32%	89.20%	78.30%
C3D	96.50%	84.44%	90.40%
ConvLSTM	97.10%	94.57%	89.60%
3D ConvNet	99.62%	94.30%	91.50%
Propoesd	98.90%	97.35%	92.40%

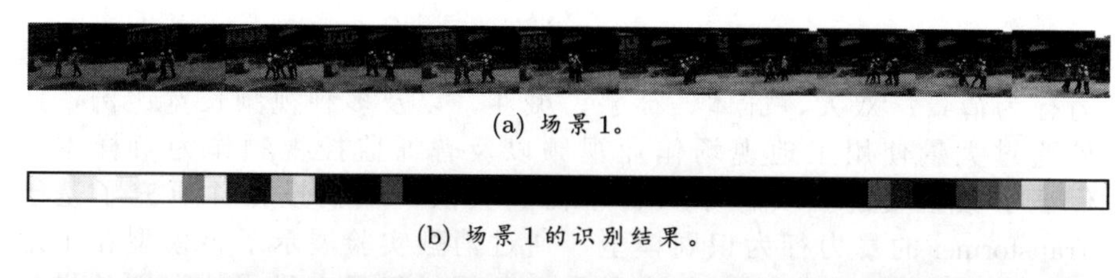

(a) 场景 1。

(b) 场景 1 的识别结果。

(c) 场景 2。

(d) 场景 2 的识别结果。

图 A.81 部署模型的可视化监控场景案例。

均有群体暴力与双人暴力场景，从 Violent-Flows 上的表现可以推断出 3D ConvNet 在群体暴力中的检测效果不如本文研究的模型。鉴于 3D ConvNet 的参数量更高，可以得知本文研究的模型在暴力行为训练方面的效能更高，更有利于工地应用场景的部署。

图 A.81 为模型对（监控场景下）暴力行为的识别案例。所使用的暴力行为检测模型在本文研究的工地暴力行为数据集中进行 30 轮的训练，使用 SGD 优化器，学习率为 1×10^{-3}，20 轮训练后学习率设置为 1×10^{-4} 训练 10 轮，损失函数为二分类交叉熵损失函数，每批训练视频数为 8。图中第一行为取自监控视频中的截图，每个视频中都包含了从争吵到打斗再到被拉开的过程。图中第二行为暴力行为识别的可视化，每小格代表所取得序列帧中存在暴力行为的概率，概率越高，则灰度值越高。可以看到，在工地暴力行为数据集中训练的暴力行为检测模型对在暴力行为做到了有效识别。此外，该模型对每 28 帧连续图像的平均处理时间为 2.1×10^{-2} 秒，满足实时识别的需求。

A.4.10 工作小结

首先，我们调研分析了工地场景下实现有效暴力行为检测的需求，针对该需求，从数据和模型两个角度提出了解决方案。调研了目前存在的暴力行为数据集，总结了现有的暴力行为数据集的优点与不足，并发现目前没有基于工地场景下的暴力行为数据集。因此，通过网络关键词搜索以及拍摄录制工地暴力行为视频的方式进行了数据的收集，最终构建了工地暴力行为检测数据集，该数据集包含了多种暴力行为情景：双人、群体、徒手、械斗，以及多种视频长宽比例，此外通过大量使用工地现场作业视频以及普通监控视频作为负样本，保证了数据集的正负样本数目平衡。其次，我们设计并研究了基于 Transformer 的暴力行为识别模型，通过消融实验展示了该模型在工地应用部署的优越性，在保持参数量小的同时仍具有优秀的识别效果。此外，采用 10 折交叉验证法将本文的模型与其他 6 个典型的暴力行为检测模型在三个数据集上进行实验对比，相比于 LSTM 作为时域特征提取网络，Transformer 的学习速度更快，在双人暴力与群体暴力识别中表现更优秀，结果显示本文的模型在参数量、群体暴力检测和双人暴力检测上综合性能最优。最后，将训练后的模型应用于施工工地监控摄像头，进行部署测试，检测效果良好，且满足实时识别需求。

综上所述，本文研究的工地暴力行为检测模型能结合时序信息对工地场景下的多种暴力行为做到有效识别，得益于其低参数量的特性，相比于以往暴力行为检测模型，其训练速度与识别速度更快，模型更加轻量化，算力消耗更低，且识别准确率没有降低。模型能够满足群体、远景暴力识别需求，并能对数据集中的重体力劳动与暴力行为进行有效区分。

A.5 工地抽烟行为的智能检测

抽烟行为检测是智慧工地中工地安全检测的一个分支。除却抽烟行为本身给人体带来的危害，在工地这样一个蕴含了多种易燃易爆危险品、人员与重型机械仪器密集的场所里，抽烟带来的未熄灭的烟头、火星等危险成分，将严重威胁到工人的人身、工地的财产安全。虽然大部分工地内都禁止工人吸烟，但是，由于工人本身的压力以及成长环境、文化影响，工人抽烟的比例较高，而工地的人力监管又不可能每时每刻对工人进行监督，这就导致了部分工人偷偷吸烟的情况。为了解决这一问题，我们设计了一个基于机器视觉的抽烟行为智能检测系统，对工地等禁烟区内的抽烟行为进行实时监控①。

A.5.1 问题描述

根据综合文献调研，我们将结合对抽烟手势的目标识别，引入人

①参见：**章炫锐**, 基于机器视觉的抽烟行为智能检测, 中山大学学位论文, 2021 年 5 月.

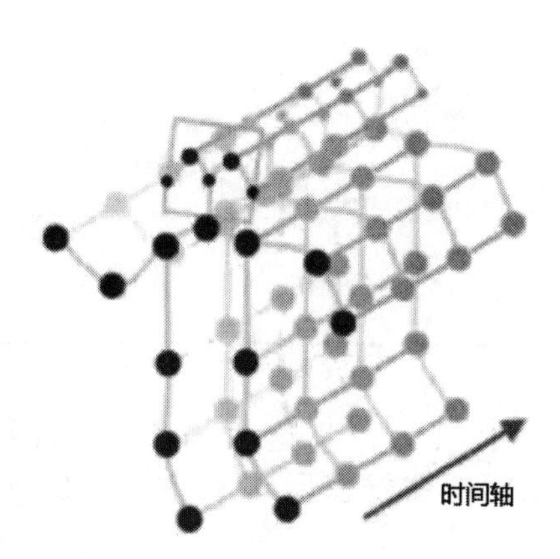

图 A.82 骨架时空图。

体姿态检测算法与时空序列卷积算法，研究一种基于人体姿态动作检测的（工地监控场景下的）抽烟实时监测系统。包括以下两个方面：

1. 基于工地监控场景下的抽烟行为检测这一背景，需要检测算法有较为快速的反应，以满足监测系统的实时性与高效性。基于此，我们采用了 YOLO 算法。
2. 除了检测速度的要求，监控画面下的抽烟检测有一个普遍性的问题，那便是烟头与烟雾的难测性。烟头因为尺寸小，在检测的网络传递过程中，会因为网络参数传递间的下采样而丢失了像素信息，进一步导致难以检测。烟雾同样有此问题，并且极易与监控画面的背景混淆。基于此，我们采用的是对人体上半身的人体姿态动作进行检测的方法，主要利用手腕骨骼点与脸部鼻子、双耳骨骼点的相对位置关系，用时空卷积神经网络训练：抽烟时上半身的姿态骨骼点特征，再基于 YOLOv5 检测出的识别目标进行联合判别检测，提高检测的精确性与鲁棒性。

基于上述的研究内容，我们的工作在于对应算法的数据集获取与处理，算法网络模型的训练，两种算法结合判断的整体代码框架，以及最终的程序检测界面设计、整体系统软件的落成。

A.5.2 基本算法简介

人体姿态动作检测算法：姿态检测算法与时空序列卷积网络的配合，首先，通过前置的 AlphaPose 姿态检测算法计算出视频图像中的

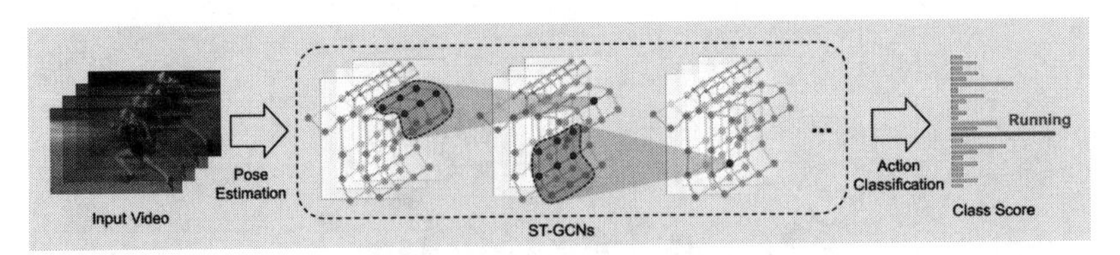

图 A.83　ST-GCN 的流程图。

人体姿态骨骼点信息；其次，将这些信息通过连续的视频图像组成骨架时空图，输入到**时空图卷积网络** ST-GCN（Spatial Temporal Graph Convolutional Networks）中；最后完成对视频中人体动作的检测。以下主要介绍联结 AlphaPose 与 ST-GCN 算法的骨架时空图。

骨架时空图是：以时空图形式表现的（经 AlphaPose 计算出的）人体动态骨架数据信息。我们将其用作（后续的）时空图卷积网络（ST-GCN）的输入数据。骨架时空图由节点和边组成。人体骨架中的骨骼关节点构成了骨架时空图中的节点。根据实际人体关节点之间的骨骼关系，将（每一张图像中）人体骨架上对应的两个关节点连成线，便是骨架时空图中的第一种边，用于描述同一时间不同骨架关节点之间的空间关系；之后，在一连串连续的图像中，每一个骨架关节点的移动轨迹，便构成了骨架时空图中的第二种边，用于描述同一骨架关节点在不同时间中的位置移动，也就是时间位移关系。

在图 A.82 中，我们可以直观地看出：在相同的时间刻度上，骨架关节点间的第一种边构成了人体骨架的形态；随着时间的推移，相同骨架关节点在相邻的单位时间刻度内就连成了第二种边。

如图 A.83 所示，利用骨架时空图，ST-GCN 用传统卷积的方法将（AlphaPose 对视频画面计算出的）人体骨骼点信息，通过采样函数与权重函数，整合时空节点的信息，用以计算出动作分类的分数，最终完成对人体姿态动作的检测。

基于 ST-GCN 的人体姿态动作检测算法，其最大的优点是：网络结构纯粹采用卷积层来设计，因此，相比传统算法的实现方式：通过 CNN 来学习空间特征“外加”通过 LSTM 来学习时间特征，ST-GCN 将空间特征与时间特征的学习糅合在一个卷积网络里面，使其使用起来更加方便，训练所需的参数更少，训练速度更快。

A.5.3 模型训练及测试

首先，按照图 A.84 所示的流程制作数据集。从数值来看，YOLO

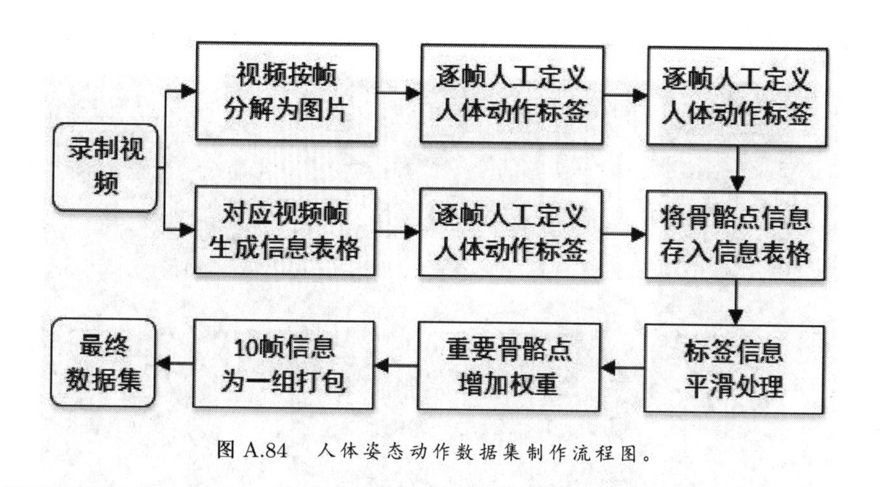

图 A.84 人体姿态动作数据集制作流程图。

训练的效果颇为理想。经过 100 轮训练后，Precision 值已到了 95% 以上，边框损失与标签损失也都降到 0.5% 左右，这代表 YOLO 对数据集的标签训练几乎达到了上限效果。此时，决定最终检测效果的重要因素：数据集的多样性、泛用性与完备性，以及网络模型本身的结构。

预测框识别的目标设置为“人脸-手势”。当对工地抽烟的实地场景进行进一步的检测时，我们发现识别效果十分不理想，识别不出远距离的抽烟行为。为此，我们再度采集了相关的工地抽烟视频数据集，补充了 667 张图片数据，在已有训练模型的基础上进行迁移学习，其中用于训练的数据集全部是中远距离的监控画面。

基于 YOLO 的目标识别速度非常快，但是数据集标注耗时长、工作量大，此外，由于人体抽烟相对于整个监控画面属于小目标，容易导致模型精确率不高。为此，我们尝试引入人体动作检测技术，将目标检测与时空动作检测相融合，利用人体抽烟时的姿态信息来进一步提高对抽烟行为的检测精度。

对人体姿态动作的检测主要分为 3 部分，(1) 人体姿态估计；(2) 骨架时空图的生成；(3) 是基于 ST-GCN 的动作识别。

我们采用 AlphaPose 检测来实现人体姿态识别。虽然 AlphaPose 检测算法可以“自底向上”地识别出多人的姿态骨架，但是，为了生成和维护后续的人体姿态骨架时空图，我们采用如下策略：首先，通过 YOLO 算法识别出人体的边界框，其次，在边界框内获取人体骨架信息，用作后续的骨架时空图维护。

图 A.85 所示的是：经过姿态估计后得到的某一帧图像的 15 个人体骨骼点。骨架图只包含了空间信息，在此基础上，还需要连续记录

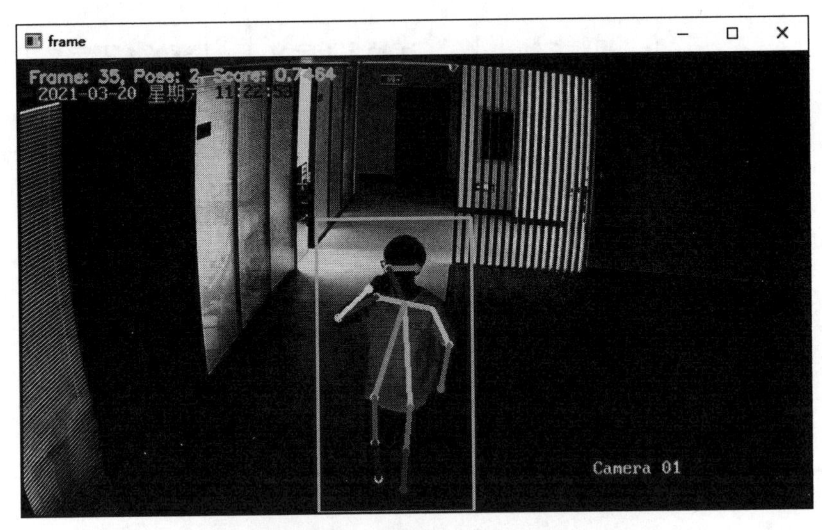

图 A.85 AlphaPose 姿态估计。

该目标人体在每一帧图像中的骨骼点数据，进而得到骨架时空图的时间信息。为此，需基于 YOLO 识别出的每一个人体框，建立一个跟踪器，其有如下三个功能：

1. **跟踪器的创建**：对于新出现的人体识别目标，初始化一个存储骨骼点信息的序列，指定序列编号；
2. **跟踪器的更新**：随着视频画面的更新，对每一个已存在序列进行信息更新。该更新基于 YOLO 与 AlphaPose 姿态估计，运用了卡尔曼滤波进行预测，逐帧进行信息序列的更新；
3. **跟踪器的终止**：当跟踪器基于 YOLO 识别与卡尔曼滤波判断目标已消失后，清除骨骼点信息序列。

在目标人体存在的这段时间里，每一个跟踪器都维护了一个骨架时空图，之后，再将骨架时空图输入到 ST-GCN 模型中，将 10 帧连续的图像信息作为数据元进行预测，即可得到最终的预测结果。

我们对 ST-GCN 模型的训练如图 A.86 所示。子图 A.86(a) 中的 Loss 为二分类交叉熵损失函数，子图 A.86(b) 中 accuracy 是准确率。

由图 A.86 可知，训练结果的 loss 值较大，最后收敛在 30%，这与姿态骨骼点随空间视角的变化有关，也与训练数据集中姿态点不全、下半身被遮挡、（背过身时）姿态估计点的“突变”有关。此外，在

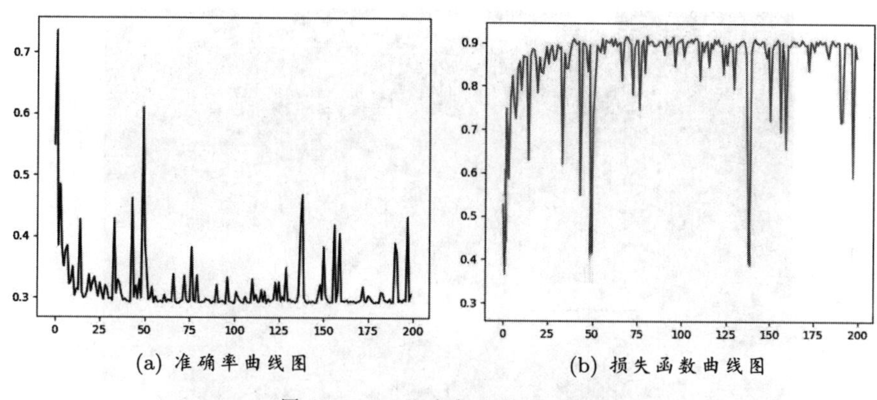

(a) 准确率曲线图 (b) 损失函数曲线图

图 A.86 人体姿态动作训练结果

图 A.87 数据集制作中的错误样本

训练时出现损失值峰值与准确率低谷现象，也就是说，在训练集中存在一些“错误”的训练样本。在数据集制作的过程中，人体的骨骼点姿态是由YOLO算法与AlphaPose算法自动生成的，由于工地数据集的图像背景复杂，在制作数据集的过程中，出现了YOLO错误识别的现象，例如：图A.87中的车尾轮廓被错误地识别为人体，进而导致骨骼点预测错误。

图A.88给出了人体姿态动作模型的检测效果。程序在跟踪框的上方显示出：估计出人体动作类别及其置信度。与YOLO模型（只有“抽烟”这一种标签类别）不同，人体姿态动作估计模型总共包含4个类别：Normal（正常未抽烟）、Hand_up（抬手）、Smoking（抽烟）与Hand_down（放手）。之所以分出这四个类别，是因为动作检

(a) 检测出抽烟动作

(b) 检测出抬手动作

(c) 检测出放手动作

图 A.88　人体姿态动作模型检测效果示例

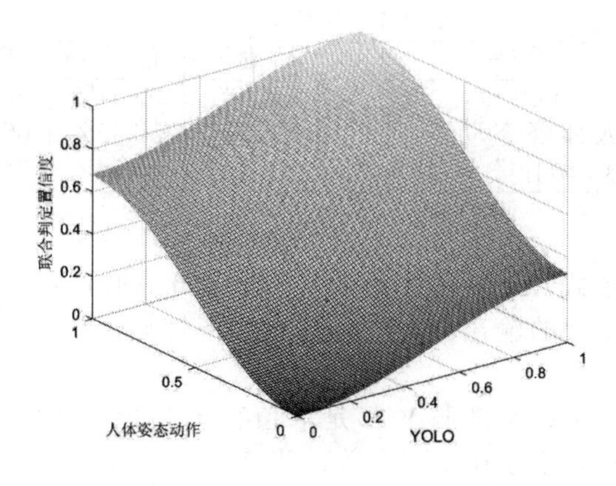

图 A.89 联合判定函数的图形。

测不同于目标检测，其时空双序列的特性决定了：当模型检测特定的动作类别时，动作的时间变化性也是一个重要指标。因此，为了保证模型训练类别区分的清晰程度，动作类别应尽量划分得细致。对于抽烟行为，可以划分为三个阶段：抬手、抽烟、放手。这样的划分不仅有利于模型准确率的提升，也有利于（后续的）认知算法对抽烟行为的进一步分析。

A.5.4 “目标+动作”联合检测模型

通过对 YOLO 目标检测模型和人体姿态动作模型的性能分析，我们知道：YOLO 模型精确率低、召回率高，而人体姿态动作模型精确率高、召回率低，两个模型间存在着互补。YOLO 模型（由于小目标导致的）在目标特征提取方面的不足，可以由人体姿态相对稳定清晰的信息来弥补；另一方面，人体姿态动作在目标细节特征提取方面的不足，也可以由 YOLO 的泛化特征提取能力来弥补。

基于上面的分析，我们提出了一种结合**静态目标检测**与**姿态动作检测**的综合检测方法，来提高模型的检测性能[?]。具体地说，就是通过设计一个简单的联合判定公式，来综合 YOLO 模型与人体姿态动作模型的检测置信度，从而获得一个更为准确的联合置信度。设 YOLO 模型预测的置信度为 X，人体姿态动作预测的置信度为 Y，那么，“目标+动作”联合判定模型的输出置信度设为：

$$O = -0.16\cos(\pi \times X) - 0.34\cos(\pi \times Y) + 0.5 \tag{A.19}$$

表 A.4　模型性能对比

模型	精确率	召回率	F1值
YOLO	38.20%	99.41%	55.19%
人体姿态动作	81.16%	56.45%	66.59%
“目标+动作”联合检测	82.92%	67.54%	74.44%

图 A.89 中给出了式 (A.19) 在 $X \in [0,1]$ 和 $Y \in [0,1]$ 时的图形。“目标+动作”联合判定模型的输出式 (A.19) 具有如下性质：

1. **归一性**：自变量 X 与 Y 都是取值范围为 [0,1] 的实数，因变量 O 也是取值范围为 [0,1] 的实数；当 X 与 Y 为 0 时，O 为 0；当 X 与 Y 为 1 时，O 为 1。
2. **连续性**：式 (A.19) 是一个连续的函数，处处可微。此外，当 X 为 1、Y 为 1 时，梯度为 0；当 X 为 0、Y 为 0 时，梯度也为 0。
3. **单调性**：随着自变量 X 与 Y 的增大，因变量 O 也随之增大。因此，当 YOLO 判定的置信度与人体姿态动作判定的置信度增大时，联合判定置信度也相应地增大。
4. **非线性**：当 X 与 Y 的值从 1 开始下降时，O 的下降速率由慢变快再变慢。这符合预测系统的置信度要求：当两个独立的检测模式置信度都极高或极低时，其对应的联合判定置信度接近饱和，变化速率趋于 0；当两个独立检测模式的置信度在一半左右时，其对应的联合判定置信度在未饱和的情况下变化速率快。注意，当YOLO模型置信度为 0.5、人体姿态动作模型置信度也为 0.5 时，联合判定置信度是 0.5。

此外，当 $X = 0, Y = 1$ 时，联合判定模型的输出 $O = 0.68$；反之，当 $X = 1, Y = 0$ 时，联合判定模型的输出 $O = 0.32$。这是根据实际测试结果得出的工程经验结果，由于 YOLO 目标的精确率低，容易将未抽烟的人脸识别为抽烟的目标，因此，我们选择适度降低 YOLO 置信度的权重，从而使得当 YOLO 检测出抽烟目标而人体动作姿态模型未检测出抽烟时，联合判定输出的置信度较低。在这里，我们选择用：两个模型的精确率之比，来作为两者的权重之比。

表 A.4 中给出了三种方法的性能对比，包括：YOLO 模型、人体姿态动作模型、“目标+ 动作”联合检测模型。我们可以直观地看出，联合检测模型的应用，使得检测精度（相较于两种单独的模型）有了全方位的提升。

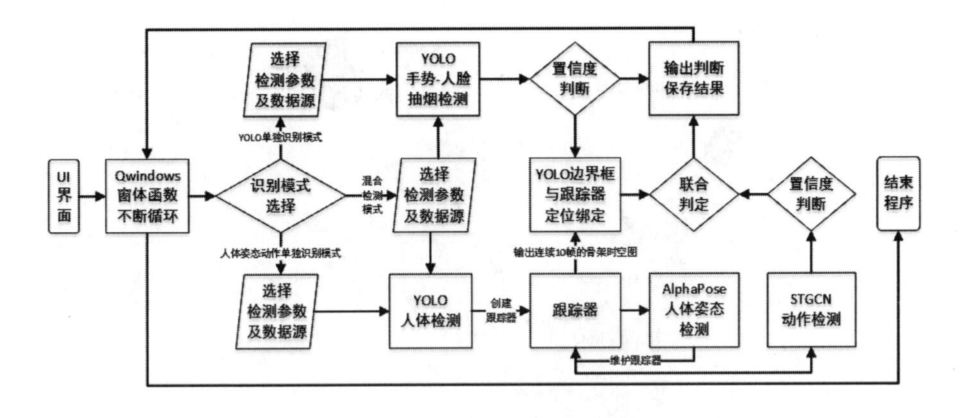

图 A.90 程序框图

根据上面的分析，我们完成了一个针对工地抽烟行为的智能检测系统。图 A.5.4 中给出了系统程序的框图。当然，我们可以对联合判定公式 (A.19) 做经验性修改，从而进一步提升系统的检测结果。

A.6 双模态钢轨缺陷快速检测

随着我国铁路运行向着高速、大密度和重载列车的方向发展，如何切实高效的保障铁路运行安全是正面临的严峻考验[1]。

钢轨是铁路轨道的基本承重结构，用于引导机车车辆行驶，同时为车轮的滚动提供最小阻力的接触面。受到重载、疲劳磨损以及外界环境影响，钢轨表面产生的擦伤、掉块、凹陷、划痕、裂纹等缺陷会给铁路运行安全造成重大安全隐患。如果不及时修复或更换钢轨，将发生严重的列车事故，从而造成更大的人员伤亡和经济损失。

我们从实际应用的角度出发，将 YOLOv4-Tiny 改进为一种基于钢轨表面双模态图像的轻量级钢轨表面缺陷检测方法，称为：Parallel-YOLOv4-Tiny，可部署在小型边缘计算设备上，在综合检测车上实现钢轨表面缺陷的快速采集和检测。

A.6.1 数据采集系统概述

我们的研究工作首先需要构建：基于多源传感器构建的数据采集

[1] 参见：**郑嘉俊**, 基于多源传感器的钢轨表面缺陷检测, 中山大学硕士论文, 2022 年.

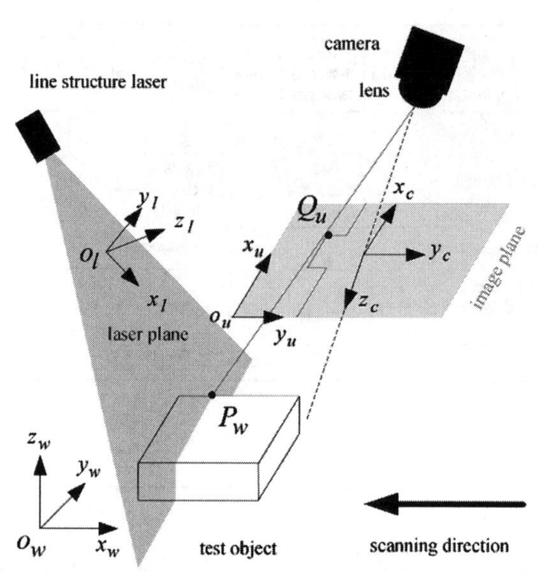

图 A.91　线结构光三维测量原理图

系统，该系统安装在综合检测车下方，用于实时采集钢轨表面数据。在此基础之上，我们进一步设计构建了：双模态钢轨表面缺陷图像数据集的组织架构。

本研究中，我们建立的双模态钢轨表面缺陷图像数据集是根据线结构光三维测量原理采集的。线结构光轮廓测量技术的透视投影几何模型如图 A.91 所示。一套线结构光轮廓测量组件由线激光器、镜头和相机组成。线结构光入射到被测物表面，被调制成反映被测物轮廓信息的光条，由相机拍摄该光条得到被测物的激光断面图像。对该图像进行光条中心提取得到光条中心像素坐标，结合光条中心的像素坐标和系统标定参数，便可计算出被测物实际轮廓。结合扫描运动可以等间距获取被测物轮廓数据，从而实现对整个被测物的三维测量。

基于线结构光三维测量原理，由 3D 相机、机器视觉镜头和线性激光器组成线结构光三维测量系统。如图 A.92 所示，线结构光的光刀平面垂直入射到钢轨表面，由 3D 相机获取钢轨等部件的激光截面图像。然后，对钢轨等间距扫描得到一系列钢轨轮廓数据，并根据实际采样间隔等间距排列钢轨轮廓数据，得到钢轨的三维点云数据。最后，同时对三维点云数据进行处理从而得到双模态图像，其中包含钢轨表面的灰度强度图像和相应的深度图像。强度图像包含丰富的钢轨表面纹理信息，而相应的深度图像包含钢轨表面的三维信息。

图 A.92 安装在综合检测车下的 3D 测量数据采集系统（1：线结构激光器，2：镜头，3：相机，4：三维测量模块，5：钢轨）

A.6.2 数据集概述

我们在以下实验中使用的数据集是上方所建立的双模态钢轨表面缺陷图像数据集。通过数据采集系统，对三维点云数据进行采集和处理，同时获得双模态图像，其中包含轨道表面的灰度强度图像和相应的深度图像。双模态图像具有不同的特征，即强度图像包含纹理信息，深度图像包含钢轨表面的三维信息。

在双模态钢轨表面缺陷图像数据集中，共有 400 个**灰度图像**和 400 个相应的**深度图像**，涉及四类典型缺陷（即磨损、异物、划痕和剥落）。数据集中的一些示例图像如图 A.93 所示。

数据集的整体图像按 0.7 : 0.15 : 0.15 的比例划分为训练集、验证集和测试集。因此，在这些轨道图像中，训练集包含 280 个灰度图像和（对应的 280 个）深度图像，验证集中包含 60 个灰度图像和（对应的 60 个）深度图像，测试集中包含其他图像。

A.6.3 Parallel-YOLOv4-Tiny 轻量级检测方法

YOLOv4-Tiny 是 YOLOv4 的轻量化版本，具有更简单的网络结构和更低的参数，并使用两个特征层进行分类和回归预测。因此，Tiny 版本的 YOLOv4 算法是移动嵌入式设备开发中的一种可行方案，更好地适配了边缘 AI 设备以实现更高的速度。基于本文所构建的双模态数据采集系统以及双模态钢轨表面缺陷数据集，我们对 YOLOv4-Tiny 进行了改进，采用**并行特征处理**策略，称为 Parallel-YOLOv4-Tiny。

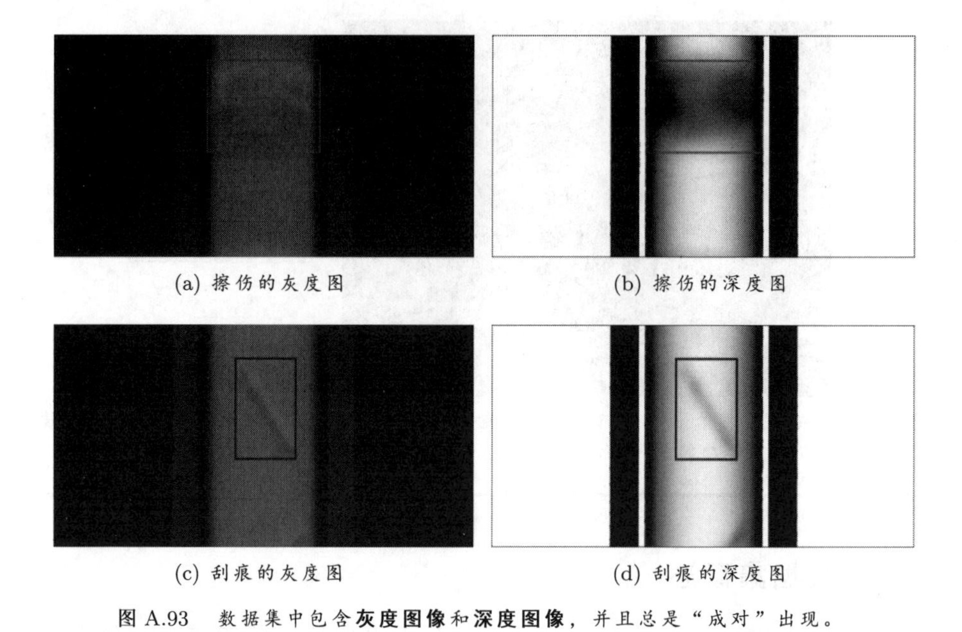

(a) 擦伤的灰度图　(b) 擦伤的深度图

(c) 刮痕的灰度图　(d) 刮痕的深度图

图 A.93　数据集中包含**灰度图像**和**深度图像**，并且总是“成对”出现。

如上所述，我们采用了并行特征处理策略来改进 YOLOv4-Tiny，如图 A.6.3 所示。由于双模态钢轨表面缺陷数据的数据特点，我们认为对于双模态钢轨表面缺陷图像，分别使用主干网络进行特征提取可以增强模型的特征提取能力和泛化能力，提高精度。

A.6.4 实验结果与分析

本节内容针对 A.6.2 小节所建立的钢轨表面缺陷双模态图像数据集进行了一系列实验，以评估 Parallel-YOLOv4-Tiny 的效果。

本实验的编译环境为 Windows 10。实验服务器配备了具有 8 GB 内存的 NVIDIA RTX 2060 Super 图形处理单元（GPU）。Parallel-YOLOv4-Tiny 算法基于 Python 语言，使用了 Keras、Tensorflow、Opencv、Numpy 等第三方工具库。此外，CUDA 还用于加速训练。训练输入的批量大小设置为 16。我们采用了 Adam 优化算法，最大训练轮次 Epoch 设置为 100 轮，初始学习率设置为 0.001。当训练轮次达到最大训练轮次的一半时，每训练 10 轮，学习率下调 10 倍。训练参数中，批量大小由训练设备的内存容量所决定，学习率变化是遵从目前流行的图像分类网络的训练配置。

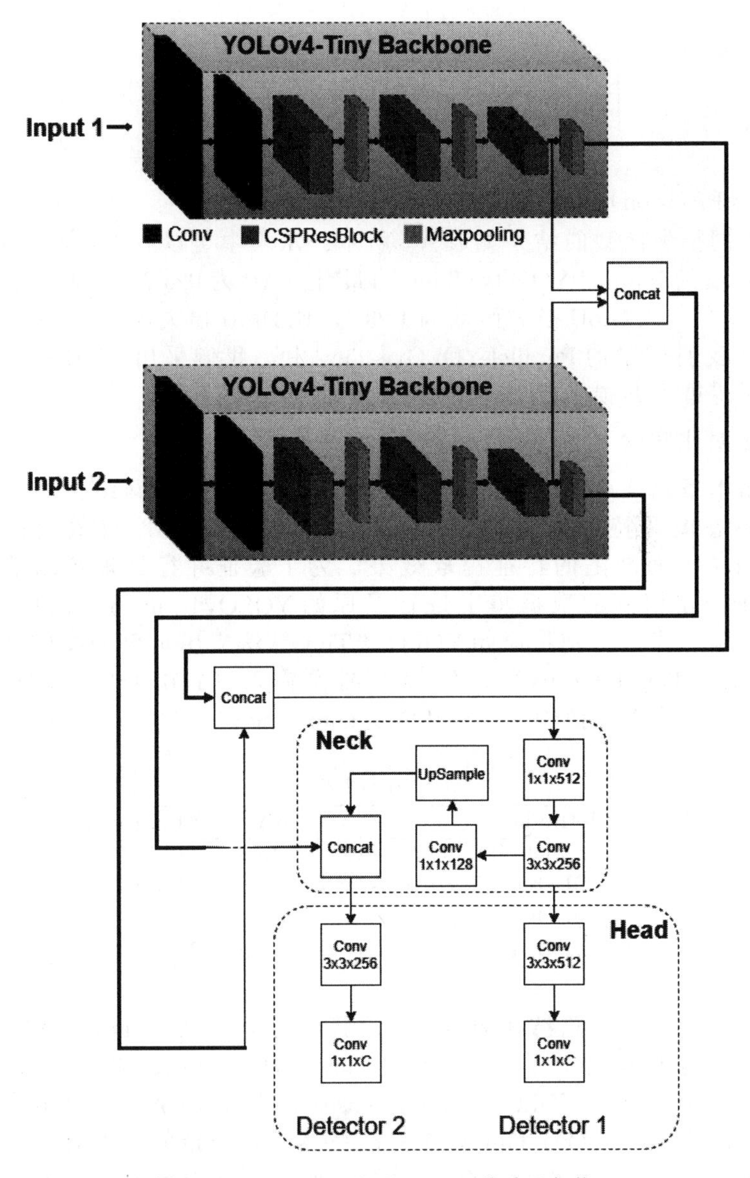

图 A.94 Parallel-YOLOv4-Tiny 的系统架构。

A.6.4.1 损失函数实验

我们基于双模态数据集对分别应用上述损失函数的 Parallel-YOLOv4-Tiny 进行训练，并在测试集上评估其对平均精度 mAP（mean

表 A.5　不同损失函数实验结果

	IoU	GIoU	DIoU	CIoU
mAP	89.28	90.95	91.16	**92.07**

Average Precision）的影响。

不同损失函数的结果如表 A.5 所示。从表中可以看出，具有 CIOU 损失函数的 Parallel-YOLOv4-Tiny 的最佳 mAP 为 92.07，比 IoU 损失函数高 3.12%，比 GIoU 损失函数高 1.23%，比 DIoU 损失函数高 1.00%。因此，在我们提出的 Parallel-YOLOv4-Tiny 中，我们采用 CIoU 损失函数作为边界框回归损失。

A.6.4.2 对比实验

如本章第 A.6.3 节所述，我们通过采用并行主干网络策略分别提取双模态图像特征来改进 YOLOv4-Tiny。这一策略能有效提高对双模态钢轨表面缺陷的特征提取效果。为了验证并行处理策略的有效性，我们在相同的数据集上进行了原始 YOLOv4-Tiny 算法训练和测试的实验。我们分别将原始 YOLOv4-Tiny 算法应用于仅强度图像输入（YOLOv4-Tiny-Intensity）、仅深度图像输入（YOLOv4-Tiny-Depth）以及融合双模态图像输入（YOLOv4-Tiny-Fusion）。

表 A.6　对比实验结果

Methods	mAP	FPS
Parallel-YOLOv4-Tiny	**92.07**	88
YOLOv4-Tiny-Intensity	85.29	125
YOLOv4-Tiny-Depth	48.24	126
YOLOv4-Tiny-Fusion	21.19	**142**

实验统计结果总结在表 A.6 中。我们可以看到：Parallel-YOLOv4-Tiny 的性能明显优于原始 YOLOv4-Tiny 算法的方法，其 mAP 值相较原始方法中最优的 YOLOv4-Tiny-Intensity 还高了 7.95%。表 A.6 中的结果显示出原始 YOLOv4-Tiny 算法方法虽然具有一定的速度优势，但其 mAP 精度差，准确率不能令人满意，而我们的 Parallel-YOLOv4-Tiny 方法的 mAP 精度有巨大的提升，并且同时其运行速度已经大大满足了实际应用的要求。

此外，如表 A.6 所示，YOLOv4-Tiny-Fusion 方法的性能最差，其 mAP 精度值仅有 21.19。由此，我们可以分析出，当双模态图像直接融合并一起输入到特征提取网络中时，不同模态图像的特征提取会相互干扰，无法有效提取体征，导致更差的结果。这一实验结果同时也进一步证明了我们的方法 Parallel-YOLOv4-Tiny 在双模态图像特征提取中的有效性和先进性。

A.6.5 工作小结

通过对 YOLOv4-Tiny 算法进行改进，提出了一种双模态钢轨表面缺陷图像的 Parallel-YOLOv4-Tiny 方法。Parallel-YOLOv4-Tiny 采用并行特征处理策略进行双模态图像特征提取。然后，分别融合不同层次的特征，进一步进行缺陷检测。我们进行了一系列的实验来证明我们的方法 Parallel-YOLOv4-Tiny 的有效性和先进性。实验表明，采用 CIOU 损失函数的 Parallel-YOLOv4-Tiny 算法在单个 GPU 上以 88 FPS 的速度获得 92.07 的 mAP，其性能明显优于原始的 YOLOv4-Tiny 算法。

A.7 本书总结

通过本章中的应用案例，我们再次看到了**光电感知**的核心思想：

光电**感知** = **成像** + **视觉**

这是本书最核心的内容。此外，我还要强调两个重要的认知。第一个是 **Berthold K.P. Horn 教授** 1981 年在下图中给出的**机器视觉**定义：

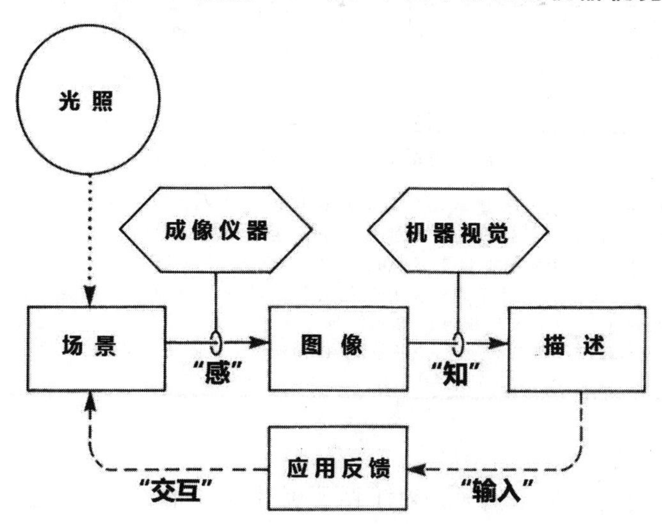

自此之后，**机器视觉**才成为了一门严谨的学科。另外一个重要的认知是：图像是关于场景的**信号测量**结果！注意，图像并不一定是我们眼

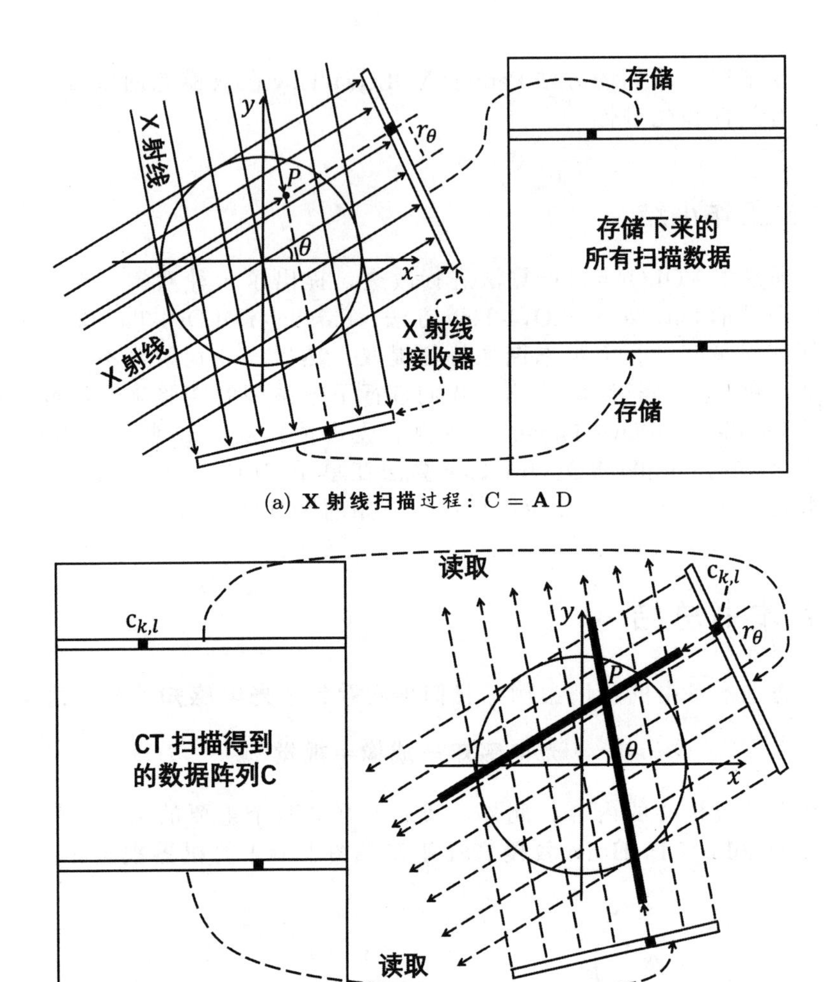

(a) **X 射线扫描**过程：C = **A** D

(b) **后向投影**过程：$\mathrm{R} = \mathbf{A}^T\mathrm{C} = \mathbf{A}^T\mathbf{A}\,\mathrm{P}$

图 A.95　在半径为 1（个长度单位）的圆形区域内，只存在一个点 P，使得 X 射线无法透过这个点；除此之外，X 射线都能够几乎毫无衰减地透过去。我们的任务是确定这个点的位置。(a) 当 **X 射线扫描**圆形区域时，在“X 射线接收器”中，只有与 P 点位置对应的“X 射线接收器”接收不到“X 射线能量”，其他的接收器都能接收到“X 射线能量”。(b) **后向投影**的实现过程为：首先，根据 X 射线扫描结果 $c_{k,l}$ 所对应的直线参数 θ 和 r_θ，将 $c_{k,l}$ 的值“加在”直线 $r_\theta = x\cos\theta + y\sin\theta$ 经过的所有点 $(x, y)^T$ 上。

睛直接看到的结果。例如，对于图 A.95 中给出的例子，

$$\text{密度分布} \rightarrow \boxed{\textbf{X 射线扫描}} - \text{数据} \rightarrow \boxed{\textbf{后向投影}} \rightarrow \text{图像}$$

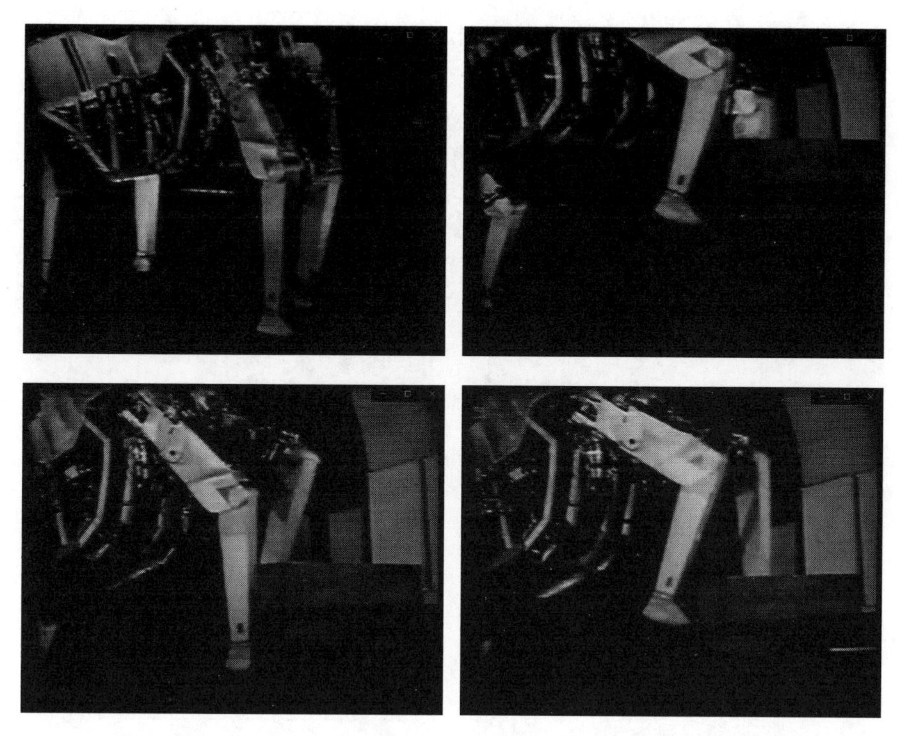

图 A.96 机器狗爬楼梯实验。光电感知系统从场景中获取的**描述**信息，被用于智能体与环境之间的有效**交互**。

多年以后，你可能会忘记本书中的大部分内容。但是，希望您能记住上面两个核心的认知。总结起来：“图像”是一个**测量信号**，“描述”是一种**抽象信息**，也就是说，“成像”是一个**信号测量**过程；而“视觉”是一个**信息提取**过程。因此，

光电感知系统 = **信号测量**系统 → **信息提取**系统

光电感知系统被用来从场景中直接获取有用的**描述**信息，实现智能体与环境之间的有效**交互**，例如图 A.96 中的机器狗爬楼梯实验。正如 Horn 教授 1986 年在其经典著作《*Robot Vision*》中所指出的[1]：

- 一个真正意义上的“通用”视觉系统，必须能处理视觉中的所有方面，并且，它能够被用来处理所有只需要视觉信息就能够解决的问题；此外，它还将具有探索物质世界的能力！

这应该成为**智能光电感知**系统设计的“出发点”和“落脚点”。

本书参考文献

[1] **Horn, B.K.P.**, *Robot Vision*, MIT Press, Massachusetts, 1986.

[2] Strang, G., *Introduction to Linear Algebra*, Wellesley-Cambridge Press, Wellesley, 2016.

[3] Gonzalez, R.C., & P. Wintz, *Digital Image Processing*, Addison-Wesley, Reading, Massachusetts, 2011.

[4] Wai Chung Liu, et. al., "An integrated photogrammetric and photoclinometric approach for illumination-invariant pixel-resolution 3D mapping of the lunar surface," *ISPRS Journal of Photogrammetry and Remote Sensing*, 2019.

[5] Marr, D., *Vision: A Computational Investigation into the Human Representation and Processing of Visual Information*, W.H. Freeman & Co., San Francisco, 1982.

[6] Oppenheim, A.V., & A.S. Willsky, *Signals and Systems*, Prentice-Hall, Englewood Cliffs, New Jersey, 2010.

[7] Wiener, N., *Extrapolation, Interpolatation, and Smoothing of Stationary Time Series with Engineering Applications*, MIT Press, Cambridge, Massachusetts, 1966.

[8] Brady, J.M., & **Horn, B.K.P.** (1983) "Rotationally Symmetric Operators for Surface Interpolation," *Computer Vision, Graphics and Image Processing*, Vol. 22, No. 1, pp. 70–95, April.

[9] Brooks, M.J., & **Horn, B.K.P.** (1985) "Shape and Source from Shading," *Proc. of the Intern. Joint Conf. on Artificial Intelligence*, Los Angeles, California, pp. 932–936, 18–23 August.

[10] Bruss, A.R., & **Horn, B.K.P.** (1983) "Passive Navigation," *Computer Vision, Graphics and Image Processing*, Vol. 21, No. 1, pp. 3–20, January.

[11] **Horn, B.K.P.** (1968) "Focusing," MIT AI Laboratory Memo 160, May.

[12] **Horn, B.K.P.** (1970) "Shape from Shading: A Method for Obtaining the Shape of a Smooth Opaque Object from One View," MIT Project MAC Internal Report TR-79 & MIT AI Laboratory Technical Report 232, November.

[13] **Horn, B.K.P.** (1971) "The Binford–Horn Linefinder," MIT AI Laboratory Memo 285, July.

[14] **Horn, B.K.P.** (1972) "VISMEM: A Bag of 'Robotics' Formulae," MIT AI Laboratory Working Paper 34, December.

[15] **Horn, B.K.P.** (1974) "Determining Lightness from an Image," *Computer Graphics and Image Processing*, Vol. 3, No. 1, pp. 277–299, December.

[16] **Horn, B.K.P.** (1974) "The Application of Linear Systems Analysis to Image Processing—Some Notes," MIT AI Laboratory Working Paper 100.

[17] **Horn, B.K.P.** (1975a) "Obtaining Shape from Shading Information," Chapter 4 in *The Psychology of Computer Vision*, P.H. Winston (ed.), McGraw-Hill Book Co., New York, pp. 115–155.

[18] **Horn, B.K.P.** (1975b) "A Problem in Computer Vision: Orienting Silicon Integrated Circuit Chips for Lead Bonding," *Computer Graphics and Image Processing*, Vol. 4, No. 1, pp. 294–303, September.

[19] **Horn, B.K.P.** (1977) "Image Intensity Understanding," *Artificial Intelligence*, Vol. 8, No. 2, pp. 201–231, April.

[20] **Horn, B.K.P.** (1979) "Sequins and Quills—Representations for Surface Topography," MIT AI Laboratory Memo 536, May.

[21] **Horn, B.K.P.** (1981) "Hill-Shading and the Reflectance Map," *Proc. of the IEEE*, Vol. 69, No. 1, pp. 14–47, January.

[22] **Horn, B.K.P.** (1983) "Non-Correlation Methods for Stereo Matching," *Photogrammetric Engineering and Remote Sensing*, Vol. 49, No. 4, pp. 536–536, April.

[23] **Horn, B.K.P.** (1983) "The Least Energy Curve," *ACM Trans. on Mathematical Software*, Vol. 9, No. 4, pp. 441–460, December.

[24] **Horn, B.K.P.** (1984a) "Exact Reproduction of Colored Images," *Computer Vision, Graphics and Image Processing*, Vol. 26, No. 2, pp. 135–167, May.

[25] **Horn, B.K.P.** (1984b) "Extended Gaussian Images," *Proc. of the IEEE*, Vol. 72, No. 12, pp. 1671–1686, December.

[26] **Horn, B.K.P.**, & B.L. Bachman (1978) "Using Synthetic Images to Register Real Images with Surface Models," *Communications of the ACM*, Vol. 21, No. 11, pp. 914–924, November.

[27] **Horn, B.K.P.**, & M.J. Brooks (1985) "The Variational Approach to Shape from Shading," MIT AI Laboratory Memo 813, March.

[28] **Horn, B.K.P.**, & K. Ikeuchi (1984) "The Mechanical Manipulation of Randomly Oriented Parts," *Scientific American*, Vol. 251, No. 2, pp. 100–111, August.

[29] **Horn, B.K.P.**, & B.G. Schunck (1981) "Determining Optical Flow," *Artificial Intelligence*, Vol. 17, Nos. 1–3, pp. 185–203, August.

[30] **Horn, B.K.P.**, & R.W. Sjoberg (1979) "Calculating the Reflectance Map," *Applied Optics*, Vol. 18, No. 11, pp. 1770–1779, June.

[31] **Horn, B.K.P.**, & E.J. Weldon (1985) "Filtering Closed Curves," *Proc. Computer Vision and Pattern Recognition Conf.* San Francisco, California, pp. 478–484, 19–23 June.

[32] **Horn, B.K.P.**, R.J. Woodham, & W. Silver (1978) "Determining Shape and Reflectance Using Multiple Images," MIT AI Laboratory Memo 490, August.

[33] Ikeuchi, K., & **Horn, B.K.P.** (1981) "Numerical Shape from Shading and Occluding Boundaries," *Artificial Intelligence*, Vol. 17, Nos. 1–3, pp. 141–184, August.

[34] Ikeuchi, K., & **Horn, B.K.P.** (1984) "Picking up an Object from a Pile of Objects," in *Robotics Research: The First International Symposium*, J.M. Brady & R. Paul (eds.), MIT Press, Cambridge, Massachusetts, pp. 139–162.

[35] Ikeuchi, K., H.K. Nishihara, **Horn, B.K.P.**, P. Sobalvarro, & S. Nagata, (1984) "Determining Grasp Points Using Photometric Stereo and the PRISM Binocular Stereo System," MIT AI Laboratory Memo 772, August.

[36] Negahdaripour, S., & **Horn, B.K.P.** (1985) "Determining 3-D Motion of Planar Objects from Image Brightness Measurements," *Proc. of the Intern. Joint Conf. on Artificial Intelligence*, Los Angeles, California, pp. 898–901, 18–23 August.

[37] Sjoberg, R.J., & **Horn, B.K.P.** (1983) "Atmospheric Effects in Satellite Imaging of Mountainous Terrain," *Applied Optics*, Vol. 22, No. 11, pp. 1702–1716, June.

[38] Wang L., & **Horn, B.K.P.** & Strang, G. (2016) "Eigenvalue and Eigenvector Analysis of Stability for a Line of Traffic," *Studies in Applied Mathematics*, September.

[39] **Horn, B.K.P.** & Wang, L. (2017) "Wave Equation of Suppressed Traffic Flow Instabilities," *IEEE Transactions on Intelligent Transportation Systems*, December.

[40] Wang, L. & **Horn, B.K.P.** (2018) "Machine Vision to Alert Roadside Personnel of Night Traffic Threats," *IEEE Transactions on Intelligent Transportation Systems*, Vol. 19, No. 10, October.

[41] Wang L. & **Horn, B.K.P.** (2019) "Multinode Bilateral Control Model," *IEEE Transactions on Automatic Control*, Vol. 64, No. 10, October.

[42] Wang L. & **Horn, B.K.P.** (2020a) "On the Stability Analysis of Mixed Traffic with Vehicles under Car-Following and Bilateral Control," *IEEE Transactions on Automatic Control*, Vol. 65, No. 7, pp. 3076-3083, July.

[43] Wang L. & **Horn, B.K.P.** (2020b) "On the Chain-Stability of Bilateral Control Model," *IEEE Transactions on Automatic Control*, Vol. 65, No. 8, pp. 3397-3408, August.

[44] Wang L. & **Horn, B.K.P.** (2020c) "Time-to-Contact control: improving safety and reliability of autonomous vehicles," *International Journal of Bio-Inspired Computation*, Vol. 16, No. 2, pp. 68-78, 2020.

[45] **Horn B.K.P.**, "Density Reconstruction Using Arbitrary Ray Sampling Schemes," *Proceedings of the IEEE*, Vol. 66, No. 5, May 1978, pp. 551 - 562.

[46] **Horn B.K.P.**, "Fan-Beam Reconstruction Methods," *Proceedings of the IEEE*, Vol. 67, No. 12, December 1979, pp. 1616 - 1623.

[47] J. Radon, "Uber die Bestimmung von Funktionen dutch ihre Integralwerte Iangs gewisser Mannigfaltikeiten," *Ber. Saechsische Akad. WiSS.*, VOI. 69, pp. 262-278, 1917.

[48] Liu J., Faulkner G., Choubey B. Choubey, Collins S. and O'Brien D. C., "An optical transceiver powered by on-chip solar cells for IoT smart dusts with Optical Wireless Communications ", IEEE Internet of Things Journal, vol. 6, issue 2, pp.3248-3256, April, 2019.

[49] Liu J., Zhou Y., Faulkner G., O'Brien D. C. and Collins S., "Optical receiver front end for optically powered smart dust", International Journal of Circuit Theory and Applications, vol. 43, issue 7, pp. 840-853, July 2015.

[50] Liu J., Faulkner G., Choubey B. Choubey, Liu J., Chen R., O'Brien D. C. and Collins S., "Optically powered energy source in a standard CMOS process for integration in smart dust applications," IEEE Journal of Electron Devices Society, vol. 2, No. 6, pp. 158-163, Nov. 2014.

[51] Horiguchi F., "Integration of series-connected on-chip solar battery in a triple-well CMOS LSI", IEEE Transactions on Electron Devices, vol. 59, no. 6, pp. 1580-1584, June 2012.

[52] Law M. F. and Bermak A., "High-voltage generation with stacked photodiodes in standard CMOS process", IEEE Electron Device Letters, vol. 31, no. 12, pp. 1425-1427, Dec. 2010.

[53] Hong G. and Han G., "Design optimization of photovoltaic cell stacking in a triple-well CMOS process", IEEE Transactions on Electron Devices, vol. 67, no. 6, pp.2381-2385, June 2020.

[54] Nakamura J., Image Sensors and Signal Processing for Digital Still Cameras, Taylor & Francis Group, page 285,2006.

[55] Liu J., Faulkner G., Choubey B. Choubey, Collins S. and O'Brien D. C., "A tunable passband logarithmic photodetector for IoT smart dusts", IEEE Sensors Journal, vol. 18, issue 13, pp. 5321-5328, July, 2018.

[56] Chou W. F., Yeh S. F., Chiu C. F. and Hsieh C. C., "A Linear-Logarithmic CMOS Image Sensor With Pixel-FPN Reduction and Tunable Response Curve", IEEE Sensors Journal,vol.14,no.5,pp.1625-1632, May 2014.

[57] Spyros K., Bart D., Danny S., Andre A., Dirk U. and Jan B., " A logarithmic response CMOS image sensor with on-chip calibration", IEEE Journal of Solid-State Circuits, vol. 35, no. 8, pp. 1146 - 1152, August, 2000.
[58] Ishikawa T., Ueno M., Nakaki Y., Endo K., Ohta Y., Nakanishi J., Kosasayama Y., Yagi H., Sone T., and Kimata M., "Performance of 320 ×240 Uncooled IRFPA with SOI Diode Detectors", In Proceedings of SPIE, vol. 4130, pages 152 - 159, 2000.
[59] Pommerenig D. H., Enders D. D., and Meinhardt T. E., "Hybrid silicon focal plane array development: An update", in Proceedings of SPIE - The International Society for Optical Engineering, vol. 267, pp. 23-30, 1981.
[60] Naoki Y., Hirofumi Y., Masafumi K., Junji N., Shinsuke N. and Natsuro T., "1040×1040 element PtSi Schottky-barrier IR image sensor", International Electron Devices Meeting, pages 175 - 178, Washington, DC, USA, 1991.
[61] Redmon J, Divvala S, Girshick R, et al. You only look once: Unified, real-time object detection, Proceedings of the IEEE conference on computer vision and pattern recognition. 2016: 779-788.
[62] Redmon J, Farhadi A. YOLO9000: better, faster, stronger, Proceedings of the IEEE conference on computer vision and pattern recognition. 2017: 7263-7271.
[63] Redmon J, Farhadi A. Yolov3: An incremental improvement. arXiv preprint arXiv:1804.02767, 2018.
[64] Bochkovskiy A, Wang C Y, Liao H Y M. Yolov4: Optimal speed and accuracy of object detection. arXiv preprint arXiv:2004.10934, 2020.
[65] Wong A, Famuori M, Shafiee M J, et al. Yolo nano: a highly compact you only look once convolutional neural network for object detection, 2019 Fifth Workshop on Energy Efficient Machine Learning and Cognitive Computing-NeurIPS Edition (EMC2-NIPS). IEEE, 2019: 22-25.
[66] Cai Y, Li H, Yuan G, et al. Yolobile: Real-time object detection on mobile devices via compression-compilation co-design. arXiv preprint arXiv:2009.05697, 2020.
[67] Chen Q, Wang Y, Yang T, et al. You only look one-level feature, Proceedings of the IEEE conference on computer vision and pattern recognition. 2021: 13039-13048.
[68] Ge Z, Liu S, Wang F, et al. Yolox: Exceeding yolo series in 2021. arXiv preprint arXiv:2107.08430, 2021.
[69] Yu J, Jiang Y, Wang Z, et al. Unitbox: An advanced object detection network, Proceedings of the 24th ACM international conference on Multimedia. 2016: 516-520.
[70] Rezatofighi H, Tsoi N, Gwak J Y, et al. Generalized intersection over union: A metric and a loss for bounding box regression, Proceedings of the IEEE conference on computer vision and pattern recognition. 2019: 658-666.
[71] Zheng Z, Wang P, Liu W, et al. Distance-IoU loss: Faster and better learning for bounding box regression, Proceedings of the AAAI Conference on Artificial Intelligence. 2020, 34(07): 12993-13000.
[72] Zheng Z, Wang P, Ren D, et al. Enhancing geometric factors in model learning and inference for object detection and instance segmentation. IEEE Transactions on Cybernetics, 2021.
[73] Viola P A, Jones M J. Rapid Object Detection using a Boosted Cascade of Simple Features, Computer Vision and Pattern Recognition, 2001. CVPR 2001. Proceedings of the 2001 IEEE Computer Society Conference on. IEEE, 2001.
[74] Lienhart R, Maydt J. An extended set of haar-like features for rapid object detection, Proceedings. international conference on image processing. IEEE, 2002, 1: I-I.
[75] Dalal N, Triggs B. Histograms of oriented gradients for human detection, 2005 IEEE computer society conference on computer vision and pattern recognition (CVPR'05). Ieee, 2005, 1: 886-893.

[76] Felzenszwalb P, McAllester D, Ramanan D. A discriminatively trained, multiscale, deformable part model, 2008 IEEE conference on computer vision and pattern recognition. Ieee, 2008: 1-8.
[77] LeCun Y, Bottou L, Bengio Y, et al. Gradient-based learning applied to document recognition. Proceedings of the IEEE, 1998, 86(11): 2278-2324.
[78] Krizhevsky A, Sutskever I, Hinton G E. Imagenet classification with deep convolutional neural networks. Advances in neural information processing systems, 2012, 25.
[79] Lin M, Chen Q, Yan S. Network in network. arXiv preprint arXiv:1312.4400, 2013.
[80] Szegedy C, Liu W, Jia Y, et al. Going deeper with convolutions, Proceedings of the IEEE conference on computer vision and pattern recognition. 2015: 1-9.
[81] Simonyan K, Zisserman A. Very deep convolutional networks for large-scale image recognition. arXiv preprint arXiv:1409.1556, 2014.
[82] Ioffe S, Szegedy C. Batch normalization: Accelerating deep network training by reducing internal covariate shift, International conference on machine learning. PMLR, 2015: 448-456.
[83] Szegedy C, Vanhoucke V, Ioffe S, et al. Rethinking the inception architecture for computer vision, Proceedings of the IEEE conference on computer vision and pattern recognition. 2016: 2818-2826.
[84] He K, Zhang X, Ren S, et al. Deep residual learning for image recognition, Proceedings of the IEEE conference on computer vision and pattern recognition. 2016: 770-778.
[85] Szegedy C, Ioffe S, Vanhoucke V, et al. Inception-v4, inception-resnet and the impact of residual connections on learning, Thirty-first AAAI conference on artificial intelligence. 2017.
[86] Howard A G, Zhu M, Chen B, Kalenichenko D, Wang W, Weyand T, Andreetto M, Adam H. MobileNets: Efficient Convolutional Neural Networks for Mobile Vision Applications. 2017.
[87] Girshick R, Donahue J, Darrell T, et al. Rich feature hierarchies for accurate object detection and semantic segmentation, Proceedings of the IEEE conference on computer vision and pattern recognition. 2014: 580-587.
[88] He K, Zhang X, Ren S, et al. Spatial pyramid pooling in deep convolutional networks for visual recognition. IEEE transactions on pattern analysis and machine intelligence, 2015, 37(9): 1904-1916.
[89] Girshick R. Fast R-CNN, Proceedings of the IEEE international conference on computer vision. 2015: 1440-1448.
[90] Ren S, He K, Girshick R, et al. Faster R-CNN: Towards real-time object detection with region proposal networks. Advances in neural information processing systems, 2015, 28.
[91] Lin T Y, et.al. Feature Pyramid Networks for Object Detection. 2017 IEEE Conference on Computer Vision and Pattern Recognition (CVPR), 2017.
[92] Szegedy C, Toshev A, Erhan D. Deep neural networks for object detection. Advances in neural information processing systems, 2013, 26.
[93] Sermanet P, Eigen D, Zhang X, et al. Overfeat: Integrated recognition, localization and detection using convolutional networks. arXiv preprint arXiv:1312.6229, 2013.
[94] Liu W, Anguelov D, Erhan D, et al. SSD: Single shot multibox detector, European conference on computer vision. Springer, Cham, 2016: 21-37.
[95] Lin T Y, Goyal P, Girshick R, et al. Focal loss for dense object detection, Proceedings of the IEEE international conference on computer vision. 2017: 2980-2988.
[96] Law H, Deng J. Cornernet: Detecting objects as paired keypoints, Proceedings of the European conference on computer vision (ECCV). 2018: 734-750.

[97] Duan K, Bai S, Xie L, et al. Centernet: Keypoint triplets for object detection, Proceedings of the IEEE international conference on computer vision. 2019: 6569-6578.
[98] Zhu C, He Y, Savvides M. Feature selective anchor-free module for single-shot object detection, Proceedings of the IEEE conference on computer vision and pattern recognition. 2019: 840-849.
[99] Zhang X, et.al. Combine Object Detection with Skeleton-Based Action Recognition to Detect Smoking Behavior. The 5th International Conference on Video and Image Processing (ICVIP 2021).
[100] Zou Z, Shi Z, Guo Y, et al. Object detection in 20 years: A survey. arXiv preprint arXiv:1905.05055, 2019.
[101] 《机器视觉》, Berthold K.P. Horn (著), 王亮, 蒋新兰(译), 中国青年出版社, 2014.
[102] 黄甫全, 伍晓琪, 唐玉溪, 等. 双师课堂课程开发引论: 缘起, 主题与方法. 电化教育研究, 2020.
[103] 黄甫全, 伍晓琪, 丘诗盈. AI 全科教师主讲课程学习成效试验研究. 开放教育研究, 2021, 1: 32-43.
[104] 黄甫全, 李义茹, 曾文婕, 等. 精准学习课程引论——教育神经科学研究愿景. 现代基础教育研究, 2018, 29(1): 5-14.
[105] 黄甫全. 研发师德高尚的AI 教师——德育神经科学和人工智能与有效教学论的交融愿景. 中国德育, 2019, 5.
[106] 王济军. 基于表情识别技术的情感计算在现代远程教育中的应用研究. 天津师范大学, 2005.
[107] 王济军, 马希荣, 何建芬. 现代远程教育中情感缺失的调查与对策研究. 现代远距离教育, 2007 (4): 29-31.
[108] 孙亚丽. 基于人脸检测的小学生课堂专注度研究. 湖北师范大学, 2016.
[109] 段巨力. 基于机器视觉的学生上课专注度的分析评测系统. 浙江工商大学, 2017.
[110] 李文倩. 面向远程教育的学习专注度识别方法研究. 杭州电子科技大学, 2018.
[111] 唐康. 人脸检测中表情识别研究及其在课堂教学评价中的应用. 重庆: 重庆师范大学, 2016.
[112] 张双喜. 基于深度学习的人脸识别及专注度判别方法研究与应用. 南京: 南京师范大学, 2019.
[113] 钟马驰, 张俊朗, 蓝扬波, 等. 基于人脸检测和模糊综合评判的在线教育专注度研究. 计算机科学, 2020, 47(11A): 196-203.
[114] 任婕. 基于机器视觉的学生专注度综合评价研究. 北京工业大学, 2020.
[115] 张璟. 基于表情识别的课堂专注度分析的研究. 山西大学, 2020.
[116] 袁霞. 基于多维度特征融合的课堂专注度检测研究. 江西财经大学, 2020.
[117] 陶溢. 基于面部表情和头部姿态识别的课堂专注度分析与评价研究. 云南师范大学, 2020.
[118] 邓小海. 智慧教室与课堂智能教学评估的应用研究. 杭州电子科技大学, 2020.
[119] 王鹏程, 王迪. 专注度识别技术在教学监测中的应用研究. 电脑知识与技术, 2020.
[120] 袁源. 远程教育中不良表情的识别研究. 四川师范大学, 2014.
[121] 李柯泉, 陈燕, 刘佳晨, 等. 基于深度学习的目标检测算法综述[J/OL]. 计算机工程: 1-17.
[122] 吕璐, 程虎, 朱鸿泰, 等. 基于深度学习的目标检测研究与应用综述. 电子与封装, 2022, 22(1): 010307.

索　引